폐기물처리
산업기사 필기

핵심요점 과년도 기출문제 해설

예문사

본서는 한국산업인력공단 최근 출제기준에 맞추어 구성하였으며, 폐기물처리산업기사를 준비하는 모든 수험생들이 효율적으로 학습할 수 있도록 핵심 요점과 함께 2014년부터 최근까지의 모든 기출문제에 풀이를 상세하게 정성껏 실었습니다.

본서는 다음과 같은 내용으로 구성하였습니다.
첫째, 각 과목별 중요&핵심 이론을 일목요연하게 수록
둘째, 2014~2024년 과년도 모든 문제 100% 풀이 수록

미흡하고 부족한 점은 계속 보완해 나가는 데 노력하겠습니다.
끝으로, 본서를 출간하기까지 끊임없는 성원과 배려를 해주신 예문사 관계자 여러분, 주경야독 윤대표님, 친구 김원식, 아들 지운에게 깊은 감사를 드립니다.

서 영 민

출제기준

직무 분야	환경 · 에너지	중직무 분야	환경	자격 종목	폐기물처리산업기사	적용 기간	2023. 1. 1.~2025. 12. 31

○ 직무내용 : 국민의 일상생활에 수반하여 발생하는 생활폐기물과 산업활동 결과 발생하는 사업장 폐기물을 기계적 선별, 여과, 건조, 파쇄, 압축, 흡수, 흡착, 이온교환, 소각, 소성, 생물학적 산화, 소화, 퇴비화 등의 인위적, 물리적, 기계적 단위조작과 생물학적, 화학적 반응공정을 주어 감량화, 무해화, 안전화 등 폐기물을 취급하기 쉽고 위험성이 적은 성상과 형태로 변화시키는 일련의 처리업무

필기검정방법	객관식	문제 수	80	시험시간	2시간

필기과목명	문제 수	주요항목	세부항목	세세항목
폐기물개론	20	1. 폐기물의 분류	1. 폐기물의 종류	1. 폐기물 분류 및 정의 2. 폐기물 발생원
			2. 폐기물의 분류체계	1. 분류체계 2. 유해성 확인 및 영향
		2. 발생량 및 성상	1. 폐기물의 발생량	1. 발생량 현황 및 추이 2. 발생량 예측 방법 3. 발생량 조사 방법
			2. 폐기물의 발생특성	1. 폐기물 발생 시기 2. 폐기물 발생량 영향 인자
			3. 폐기물의 물리적 조성	1. 물리적 조성 조사방법 2. 물리적 조성 및 삼성분
			4. 폐기물의 화학적 조성	1. 화학적 조성 분석방법 2. 화학적 조성
			5. 폐기물 발열량	1. 발열량 산정방법 (열량계, 원소분석, 추정식 방법 등)
		3. 폐기물 관리	1. 수집 및 운반	1. 수집 운반 계획 및 노선 설정 2. 수집 운반의 종류 및 방법
			2. 적환장의 설계 및 운전관리	1. 적환장 설계 2. 적환장 운전 및 관리

필기과목명	문제 수	주요항목	세부항목	세세항목
			3. 폐기물의 관리체계	1. 분리배출 및 보관 2. 폐기물 추적 관리 시스템 3. 폐기물 관리 정책
		4. 폐기물의 감량 및 재활용	1. 감량	1. 압축 공정 2. 파쇄 공정 3. 선별 공정 4. 탈수 및 건조 공정 5. 기타 감량 공정
			2. 재활용	1. 재활용 방법 2. 재활용 기술
폐기물처리기술	20	1. 중간처분	1. 중간처분기술	1. 기계적, 화학적 처분 2. 생물학적 처분 3. 고화 및 고형화 처분 4. 소각, 열분해 등 열적처분
		2. 최종처분	1. 매립	1. 매립지 선정 2. 매립 공법 3. 매립지내 유기물 분해 4. 침출수 발생 및 처분 5. 가스 발생 및 처분 6. 매립시설 설계 및 운전관리 7. 사후관리
		3. 자원화	1. 물질 및 에너지회수	1. 금속 및 무기물 자원화 기술 2. 가연성 폐기물의 재생 및 에너지화 기술 3. 이용상 문제점 및 대책
			2. 유기성 폐기물 자원화	1. 퇴비화 기술 2. 사료화 기술 3. 바이오매스 자원화 기술 4. 매립가스 정제 및 이용 기술 5. 유기성 슬러지 이용 기술
			3. 회수자원의 이용	1. 자원화 사례 2. 이용상 문제점 및 대책
		4. 폐기물에 의한 2차 오염 방지 대책	1. 2차 오염종류 및 특성	1. 열적처분에 의한 2차 오염 2. 매립에 의한 2차 오염

필기과목명	문제 수	주요항목	세부항목	세세항목
			2. 2차 오염의 저감기술	1. 기계적, 화학적 저감기술 2. 생물학적 저감기술 3. 기타 저감기술
			3. 토양 및 지하수 2차오염	1. 토양 및 지하수 오염의 개요 2. 토양 및 지하수 오염의 경로 및 특성 3. 처분 기술의 종류 및 특성
폐기물공정 시험기준(방법)	20	1. 총칙	1. 일반 사항	1. 용어 정의 2. 기타 시험 조작 사항 등 3. 정도보증/정도관리 등
		2. 일반 시험법	1. 시료채취 방법	1. 성상에 따른 시료의 채취방법 2. 시료의 양과 수
			2. 시료의 조제 방법	1. 시료 전처리 2. 시료 축소 방법
			3. 시료의 전처리 방법	1. 전처리 필요성 2. 전처리 방법 및 특징
			4. 함량 시험 방법	1. 원리 및 적용범위 2. 시험 방법
			5. 용출시험 방법	1. 적용범위 및 시료용액의 조제 2. 용출조작 및 시험방법 3. 시험결과의 보정
		3. 기기 분석법	1. 자외선/가시선분광법	1. 측정원리 및 적용범위 2. 장치의 구성 및 특성 3. 조작 및 결과분석방법
			2. 원자흡수분광광도법	1. 측정원리 및 적용범위 2. 장치의 구성 및 특성 3. 조작 및 결과분석방법
			3. 유도결합 플라즈마 원자발광분광법	1. 측정원리 및 적용범위 2. 장치의 구성 및 특성 3. 조작 및 결과분석방법
			4. 기체크로마토그래피법	1. 측정원리 및 적용범위 2. 장치의 구성 및 특성 3. 조작 및 결과분석방법
			5. 이온전극법 등	1. 측정원리 및 적용범위 2. 장치의 구성 및 특성 3. 조작 및 결과분석방법

필기과목명	문제 수	주요항목	세부항목	세세항목
		4. 항목별 시험방법	1. 일반항목	1. 측정원리 2. 기구 및 기기 3. 시험방법
			2. 금속류	1. 측정원리 2. 기구 및 기기 3. 시험방법
			3. 유기화합물류	1. 측정원리 2. 기구 및 기기 3. 시험방법
			4. 기타	1. 측정원리 2. 기구 및 기기 3. 시험방법
		5. 분석용 시약 제조	1. 시약제조방법	
폐기물 관계법규	20	1. 폐기물관리법	1. 총칙 2. 폐기물의 배출과 처리 3. 폐기물처리업 등 4. 폐기물처리업자 등에 대한 지도와 감독 등 5. 보칙 6. 벌칙(부칙 포함)	
		2. 폐기물관리법 시행령	1. 시행령 전문 (부칙 및 별표 포함)	
		3. 폐기물관리법 시행규칙	1. 시행규칙 전문(부칙 및 별표, 서식 포함)	
		4. 폐기물관련법	1. 환경정책기본법 등 폐기물과 관련된 기타 법규내용	

CONTENTS

PART 01 핵심 요점 PDF 파일 제공

PART 02 과년도 기출문제 해설

폐기물처리 필기

W A S T E S T R E A T M E N T

학습 전에 알아두어야 할 사항

핵심 이론에 정리되어 있는 내용을 여러 번 반복하면서
꼭 암기하세요.

PART

01 핵심 요점

[핵심 요점 PDF 파일 제공]

PDF 파일은 예문사 홈페이지 자료실에서 다운로드할 수 있습니다.
(패스워드 : summary wastes)

학습 전에 알아두어야 할 사항

1. 과년도 문제풀이는 가능한 한 최근 연도부터 학습하시기 바랍니다.
2. 이론 문제의 학습은 정독하시는 것이 좋으며 계산 문제는 눈으로만 학습하지 말고 반드시 손으로 직접 풀어 보셔야 2차(실기) 시험에 도움이 많이 됩니다.
3. 열공! 꼭 합격을 기원합니다.

PART

02

과년도 기출문제 해설

2024년 1회 CBT 복원·예상문제

제1과목 폐기물개론

01 분뇨의 특성과 가장 거리가 먼 것은?

① 악취가 유발된다.
② 질소농도가 높다.
③ 토사 및 협잡물이 많다.
④ 고액분리가 잘 된다.

해설 **분뇨의 특성**
① 유기물 함유도와 점도가 높아서 쉽게 고액분리되지 않는다.(다량의 유기물을 포함하여 고액분리 곤란)
② 토사 및 협착물이 많고 분뇨 내 협잡물의 양과 질은 도시, 농촌, 공장지대 등 발생 지역에 따라 그 차이가 크다.
③ 분뇨는 외관상 황색~다갈색이고 비중은 1.02 정도이며 악취를 유발한다.
④ 분뇨는 하수슬러지에 질소의 농도가 높다.
⑤ 분뇨 중 질소산화물의 함유형태를 보면 분은 VS의 12~20% 정도이고, 요는 VS의 80~90%이다.
⑥ 협잡물의 함유율이 높고 염분의 농도도 비교적 높다.
⑦ 일반적으로 1인 1일 평균 100g의 분과 800g의 요를 배출한다.
⑧ 고형물 중 휘발성 고형물의 농도가 높다.

02 어느 도시에서 쓰레기 수거 시 수거인부가 1일 3,500명, 수거인부 1인이 1일 8시간, 연간 300일을 근무하며 쓰레기 수거 운반하는 데 소요된 MHT가 10.7이라면 연간 쓰레기 수거량은?

① 593,000t/년
② 658,000t/년
③ 785,000t/년
④ 854,000t/년

해설 $\text{MHT} = \dfrac{\text{수거인부} \times \text{수거인부 총 수거시간}}{\text{총 수거량}}$

$\text{총수거량} = \dfrac{3{,}500\text{인} \times 8\text{hr/day} \times 300\text{day/year}}{10.7(\text{인} \cdot \text{hr/ton})}$

$= 785{,}046.73\text{ton/year}$

03 평균 입경이 20cm인 폐기물을 입경 1cm가 되도록 파쇄할 때 소요되는 에너지는 입경을 4cm로 파쇄할 때 소요되는 에너지의 몇 배인가?(단, Kick의 법칙 적용, $n=1$)

① 1.57배　　② 1.64배
③ 1.72배　　④ 1.86배

해설
- $E_1 = C\ln\left(\dfrac{20}{1}\right) = C\ln 20$
- $E_2 = C\ln\left(\dfrac{20}{4}\right) = C\ln 5$

$\text{동력비}\left(\dfrac{E_1}{E_2}\right) = \dfrac{\ln 20}{\ln 5} = 1.86\text{배}$

04 도시의 생활쓰레기를 분류하여 다음 표와 같은 결과를 얻었다. 이 쓰레기의 함수율은?

구성	구성비 중량(%)	함수율(%)
연탄재	30	15
식품폐기물	50	40
종이류	20	20

① 약 24%　　② 약 29%
③ 약 34%　　④ 약 39%

해설 함수율(%)

$= \left[\dfrac{(30\times0.15)+(50\times0.4)+(20\times0.2)}{30+50+20}\right]\times100$

$= 0.285\times100 = 28.5\%$

05 트롬멜 스크린에 대한 설명으로 옳지 않은 것은?

① [원통의 임계속도×1.45＝최적속도]로 나타낸다.
② 원통의 경사도가 크면 부하율이 커진다.
③ 스크린 중에서 선별효율이 좋고 유지관리상의 문제가 적다.
④ 원통의 경사도가 크면 효율이 떨어진다.

정답 01 ④ 02 ③ 03 ④ 04 ② 05 ①

해설 트롬멜 스크린(Trommel Screen) 특징
① 스크린 중에서 선별효율이 좋고 유지관리상 문제가 적어 도시 폐기물의 선별작업에서 가장 많이 사용된다.
② 원통의 경사도가 크면 선별효율이 떨어지고 부하율도 커진다.
③ 트롬멜의 경사각, 회전속도가 증가할수록 선별효율이 저하한다.
④ 일반적으로 '최적회전속도＝임계회전속도×0.45'로 나타낸다.
⑤ 원통의 직경 및 길이가 길면 동력소모가 많고 효율은 증가한다.
⑥ 수평으로 회전하는 직경 3m 정도의 원통형태이다.

06 쓰레기를 100톤 소각하였을 때 남은 재의 중량이 소각 전 쓰레기 중량의 20%이고 재의 용적이 $16m^3$이라면 재의 밀도는?

① $1,150kg/m^3$ ② $1,250kg/m^3$
③ $1,350kg/m^3$ ④ $1,450kg/m^3$

해설 $$\text{재의 밀도}(kg/m^3) = \frac{\text{질량}}{\text{부피}} = \frac{100ton \times 1,000kg/ton \times 0.2}{16m^3} = 1,250kg/m^3$$

07 5%의 고형물을 함유하는 슬러지를 하루에 $10m^3$씩 침전지에서 제거하는 처리장에서 운영기술의 발전으로 6%의 고형물을 함유하는 슬러지로 제거할 수 있게 되었다면 같은 고형물량(무게기준)을 제거하기 위하여 침전지에서 제거되는 슬러지양(m^3)은?(단, 비중은 1.0 기준)

① 8.99 ② 8.77
③ 8.55 ④ 8.33

해설 물질수지식을 이용하여 계산
$10m^3 \times 0.05$＝제거 슬러지양$\times 0.06$
제거 슬러지양(m^3)＝$8.33m^3$

08 수분이 96%이고 무게가 100kg인 폐수 슬러지를 탈수 시 수분이 70%인 폐수 슬러지로 만들었다. 탈수된 후의 폐수슬러지의 무게는?(단, 슬러지 비중은 1.0)

① 11.3kg ② 13.3kg
③ 16.3kg ④ 18.3kg

해설 물질수지식을 이용하여 계산
$100kg \times (1-0.96)$＝탈수 후 폐수슬러지 무게$\times(1-0.7)$
탈수 후 폐수슬러지 무게(kg)＝13.33kg

09 적환장에 대한 설명으로 옳지 않은 것은?

① 최종처리장과 수거지역의 거리가 먼 경우 사용하는 것이 바람직하다.
② 저밀도 거주지역이 존재할 때 설치한다.
③ 재사용 가능한 물질의 선별시설 설치가 가능하다.
④ 대용량의 수집차량을 사용할 때 설치한다.

해설 적환장 설치가 필요한 경우
① 작은 용량의 수집차량을 사용할 때($15m^3$ 이하)
② 저밀도 거주지역이 존재할 때
③ 불법투기와 다량의 어질러진 쓰레기들이 발생할 때
④ 슬러지 수송이나 공기수송방식을 사용할 때
⑤ 처분지가 수집장소로부터 멀리 떨어져 있을 때
⑥ 상업지역에서 폐기물 수집에 소형 용기를 많이 사용하는 경우
⑦ 쓰레기 수송 비용절감이 필요한 경우
⑧ 압축식 수거 시스템인 경우

10 함수율 80%의 슬러지 케이크 3,000kg을 소각 시 소각재 발생량(kg)은?(단, 케이크 건조 중량당 무기물 20%이며, 유기물 연소율은 95%이고, 소각에 의한 무기물 손실은 없다.)

① 144kg ② 178kg
③ 248kg ④ 273kg

해설 무기물＝$(1-0.8) \times 3,000kg \times 0.2 = 120kg$
잔류유기물＝$(1-0.8) \times 3,000kg \times 0.8(1-0.96) = 24kg$
소각재 발생량(kg)＝무기물＋잔류유기물(미연분)
＝120＋24＝144kg

11 폐기물의 새로운 수송방법인 Pipeline 수송에 관한 설명으로 옳지 않은 것은?

① 잘못 투입된 물건은 회수하기 어렵다.
② 부피가 큰 쓰레기는 일단 압축, 파쇄 등의 전처리가 필요하다.
③ 쓰레기 발생밀도가 높은 인구밀집지역 및 아파트 지역 등에서 현실성이 있다.
④ 단거리보다는 장거리 수송에 경제성이 있다.

해설 관거(Pipeline 수송)
① 장점
㉠ 자동화, 무공해화, 안전화가 가능하다.
㉡ 눈에 띄지 않아 미관 · 경관이 좋다.
㉢ 에너지 절약이 가능하다.

정답 06 ② 07 ② 08 ② 09 ④ 10 ① 11 ④

㉣ 교통소통이 원활하여 교통체증 유발이 없다.
㉤ 투입이 용이하고 수집이 편리하다.
㉥ 인건비 절감의 효과가 있다.

② 단점
㉠ 대형폐기물에 대한 전처리 공정이 필요하다.
㉡ 가설 후에 경로변경이 곤란하고 설치비가 비싸다.
㉢ 잘못 투입된 폐기물은 회수하기가 곤란하다.
㉣ 약 2.5km 이내의 거리에서만 현실성이 있다.
㉤ 초기투자 비용이 많이 소요된다.

12 세대 평균 가족 수가 4인인 1,000세대 아파트 단지에 쓰레기 수거사항을 조사한 결과가 다음과 같을 때 1인 1일 쓰레기 발생량은?(단, 1주일간의 수거용량 : 80m^3, 쓰레기 밀도 : 350kg/m^3)

① 1.6kg/인 · 일　　② 1.4kg/인 · 일
③ 1.2kg/인 · 일　　④ 1.0kg/인 · 일

해설 쓰레기 발생량(kg/인 · 일) $= \dfrac{\text{총배출량}}{\text{대상인구}}$

$$= \frac{80\text{m}^3 \times 350\text{kg/m}^3}{4\text{인/세대} \times 1{,}000\text{세대} \times 7\text{일}}$$

$= 1.0$kg/인 · 일

13 쓰레기 관리 체계에서 비용이 가장 많이 드는 것은?

① 수거　　② 저장
③ 처리　　④ 처분

해설 폐기물 관리에 소요되는 총비용 중 수거 및 운반 단계가 60% 이상을 차지한다. 즉, 폐기물 관리 시 비용이 가장 많이 든다.

14 폐기물 성분 중 비가연성이 60wt%를 차지하고 있다. 밀도가 550kg/m^{3}인 폐기물이 30m^3 있을 때 가연성 물질의 양(kg)은?(단, 폐기물을 비가연과 가연성분으로 구분)

① 5,400　　② 6,600
③ 7,400　　④ 8,200

해설 가연성 물질(kg) = 부피 × 밀도 × 가연성 물질 함유비율

$$= 30\text{m}^3 \times 550\text{kg/m}^3 \times \left(\frac{100-60}{100}\right)$$

$= 6{,}600$kg

15 직경이 3.2m인 Trommel Screen의 임계속도는?

① 약 21rpm　　② 약 24rpm
③ 약 27rpm　　④ 약 29rpm

해설 임계속도(rpm) $= \dfrac{1}{2\pi}\sqrt{\dfrac{g}{r}} = \dfrac{1}{2\pi}\sqrt{\dfrac{9.8}{1.6}}$

$= 0.39$cycle/sec × 60sec/min $= 23.65$rpm

2024

16 채취한 쓰레기 시료에 대한 성상분석을 위한 절차 중 가장 먼저 실시하는 것은?

① 건조　　② 분류
③ 전처리　　④ 밀도 측정

해설 **쓰레기 성상분석 절차 순서**

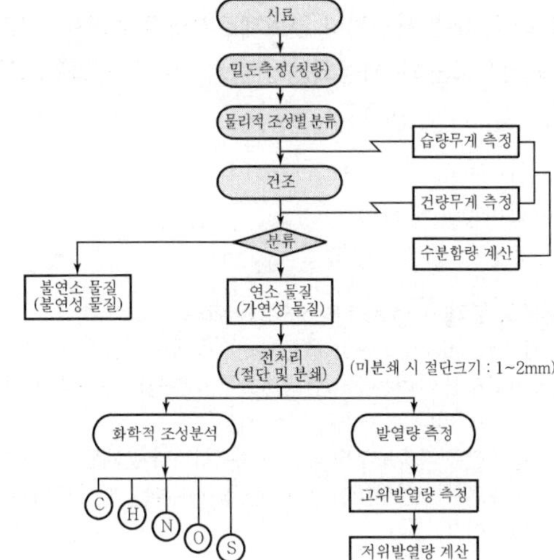

17 유기성 폐기물의 퇴비화 과정에 대한 설명으로 가장 거리가 먼 것은?

① 암모니아 냄새가 유발될 경우 건조된 낙엽과 같은 탄소원을 첨가해야 한다.
② 발효 초기 원료의 온도가 40~60℃까지 증가하면 효모나 질산화균이 우점한다.
③ C/N비가 너무 낮으면 질소가 암모니아로 변하여 pH를 증가시킨다.
④ 염분함량이 높은 원료를 퇴비화하여 토양에 시비하면 토양경화의 원인이 된다.

정답 12 ④　13 ①　14 ②　15 ②　16 ④　17 ②

해설 발효 초기 원료의 온도가 40~60℃까지 증가하면 고온성 세균과 방선균이 출현, 우점하여 유기물을 분해한다.

18 고로슬래그의 입도분석 결과 입도누적곡선상의 10%, 60% 입경이 각각 0.5mm, 1.0mm이라면 유효입경은?

① 0.1mm
② 0.5mm
③ 1.0mm
④ 2.0mm

해설 입도누적곡선상의 10%에 해당하는 입경이 유효입경이다.

19 폐기물선별방법 중 분쇄한 전기줄로부터 금속을 회수하거나 분쇄된 자동차나 연소재로부터 알루미늄, 구리 등을 회수하는 데 사용되는 선별장치로 가장 옳은 것은?

① Fluidized Bed Separators
② Stoners
③ Optical Sorting
④ Jigs

해설 **유동상 분리(Fluidized Bed Separators)**
① Ferrosilicon 또는 Iron Powder 속에 폐기물을 넣고 공기를 인입시켜 가벼운 물질은 위로, 무거운 물질은 아래로 내려가는 원리이다.
② 분쇄한 전기줄로부터 금속을 회수하거나 분쇄된 자동차나 연소재로부터 알루미늄, 구리 등을 회수하는 데 사용되는 선별장치이다.

20 어떤 폐기물의 압축 전 부피는 $3.5m^3$이고 압축 후의 부피가 $0.8m^3$일 경우 압축비는?

① 2.5
② 2.7
③ 3.5
④ 4.4

해설 압축비(CR) $= \frac{V_i}{V_f} = \frac{3.5}{0.8} = 4.38$

제2과목 폐기물처리기술

21 메탄올(CH_3OH) 5kg이 연소하는 데 필요한 이론공기량은?

① $15Sm^3$ ② $18Sm^3$
③ $21Sm^3$ ④ $25Sm^3$

해설 CH_3OH 분자량 : $12+(4\times4)+16=32$
각 성분의 구성비 : $C=12/32=0.375$
$H=4/32=0.125$
$O=16/32=0.5$
이론공기량(A_o)
$= \frac{1}{0.21}(1.867C+5.6H-0.70)$
$= \frac{1}{0.21}[(1.867\times0.375)+(5.6\times0.125)-(0.7\times0.5)]$
$=5.0Sm^3/kg\times5kg=25Sm^3$

22 유입수의 BOD가 250ppm 이고 정화조의 BOD 제거율이 80%라면 정화조를 거친 방류수의 BOD는?

① 50ppm ② 60ppm
③ 70ppm ④ 80ppm

해설 방류수 BOD(ppm) = 250ppm × (1 − 0.8) = 50ppm

23 유기적 고형화에 대한 일반적 설명과 가장 거리가 먼 것은?

① 수밀성이 작고 적용 가능 폐기물이 적음
② 처리비용이 고가
③ 방사선 폐기물 처리에 적용함
④ 미생물 및 자외선에 대한 안정성이 약함

해설 **유기성(유기적) 고형화 기술**
요소수지, 폴리부타디엔, 폴리에스테르, 에폭시, 아스팔트 등을 이용하여 주로 방사성 폐기물 등을 안정화시키는 방법이다.
① 일반적으로 물리적으로 봉입한다.
② 처리비용이 고가이다.
③ 최종 고화재의 체적 증가가 다양하다.
④ 수밀성이 매우 크고 다양한 폐기물에 적용이 용이하다.
⑤ 미생물, 자외선에 대한 안정성이 약하다.
⑥ 일반폐기물보다 방사성 폐기물 처리에 적용한다. 즉, 방사성 폐기물을 제외한 기타 폐기물에 대한 적용사례가 제안되어 있다.

정답 18 ② 19 ① 20 ④ 21 ④ 22 ① 23 ①

⑦ 상업화된 처리법의 현장자료가 미비하다.
⑧ 고도 기술을 필요로 하며, 촉매 등 유해물질이 사용된다.
⑨ 역청, 파라핀, PE, UPE 등을 이용한다.

24 혐기성 소화의 장단점으로 옳지 않은 것은?

① 반응이 더디고 소화기간이 비교적 오래 걸린다.
② 호기성 처리에 비해 슬러지가 많이 발생한다.
③ 소화 가스는 냄새가 나며 부식성이 높은 편이다.
④ 동력시설의 소모가 적어 운전비용이 저렴하다.

해설 **혐기성 소화의 장단점**

① 장점
㉠ 호기성 처리에 비해 슬러지 발생량이 적다.
㉡ 동력시설의 소모가 적어 운전비용(동력비)이 저렴하다.(산소공급 불필요)
㉢ 생성슬러지의 탈수 및 건조가 쉽다.
㉣ 메탄가스 회수가 가능하다.(회수된 가스를 연료로 사용 가능함)
㉤ 병원균의 사멸이 가능하다.
㉥ 고농도 폐수처리가 가능하다.(국내 대부분의 하수처리장에서 적용 중)

② 단점
㉠ 호기성 소화공법보다 운전이 용이하지 않다.(운전이 어려움)
㉡ 소화가스는 냄새(NH_3, H_2S)가 문제된다.(악취 발생 문제)
㉢ 부식성이 높은 편이다.
㉣ 높은 온도가 요구되며 미생물 성장속도가 느리다.
㉤ 상등수의 농도가 높고 반응이 더뎌 소화기간이 비교적 오래 걸린다.
㉥ 처리효율이 낮고 시설비가 많이 든다.

25 고화 처리법 중 피막형성법에 관한 설명으로 옳지 않은 것은?

① 낮은 혼합률을 가진다.
② 에너지 소요가 크다.
③ 화재위험성이 있다.
④ 침출성이 크다.

해설 **피막형성법의 장단점**

① 장점
㉠ 혼합률이 비교적 낮다.
㉡ 침출성이 고형화 방법 중 가장 낮다.

② 단점
㉠ 많은 에너지가 요구된다.
㉡ 값비싼 시설과 숙련된 기술을 요한다.
㉢ 피막 형성용 수지값이 비싸다.
㉣ 화재위험성이 있다.

26 유효공극률 0.2, 점토층 위의 침출수 수두 1.5m인 점토차수층 1.0m를 통과하는 데 10년이 걸렸다면 점토차수층의 투수계수는 몇 cm/sec인가?

① 2.54×10^{-7}　② 3.54×10^{-7}
③ 2.54×10^{-8}　④ 3.54×10^{-8}

해설 $t=\dfrac{d^2\eta}{k(d+h)}$

$$315,360,000\text{sec}=\frac{1.0\text{m}^2\times0.2}{k(1.0+1.5)\text{m}}$$

$$\text{투수계수}(k)=2.54\times10^{-10}\text{m/sec}=2.54\times10^{-8}\text{cm/sec}$$

27 1차 반응속도에서 반감기(초기 농도가 50% 줄어드는 시간)가 10분이다. 초기 농도의 75%가 줄어드는 데 걸리는 시간은?

① 20분　② 30분
③ 40분　④ 50분

해설 $\ln 0.5=-k\times10\text{min},\ k=0.0693\text{min}^{-1}$

$$\ln\left(\frac{C_t}{C_o}\right)=-kt$$

초기 농도의 75%가 줄어드는 데 걸리는 시간

$$\ln\left(\frac{25}{100}\right)=-0.0693\text{min}^{-1}\times t$$

$t=20\text{ min}$

28 쓰레기를 소각하였을 때 남는 재의 무게는 쓰레기의 10%이고 재의 밀도는 1.05g/cm^3이라면 쓰레기 50톤을 소각할 경우 남는 재의 부피는?

① 4.23m^3　② 4.76m^3
③ 5.26m^3　④ 5.83m^3

해설 $\text{부피}(\text{m}^3)=\dfrac{\text{질량}}{\text{밀도}}$

$$=\frac{50\text{ton}\times10^6\text{g/ton}\times0.1}{1.05\text{g/cm}^3\times10^6\text{cm}^3/\text{m}^3}=4.76\text{m}^3$$

정답 24 ② 25 ④ 26 ③ 27 ① 28 ②

29 점토를 매립지의 차수막으로 이용하기 위한 소성지수기준을 가장 알맞게 나타낸 것은?(단, 포괄적인 관점 기준)

① 5% 이상 10% 미만
② 10% 이상 30% 미만
③ 30% 이상 50% 미만
④ 50% 이상 70% 미만

해설 점토의 차수막 적합조건

항목	적합기준
투수계수	10^{-7}cm/sec 미만
점토 및 마사토 함량	20% 이상
소성지수(PI)	10% 이상 30 미만
액성한계(LL)	30% 이상
자갈함유량	10% 미만
직경 2.5cm 이상 입자 함유량	0%

30 매시간 10ton의 폐유를 소각하는 소각로에서 황산화물을 탈황하여 부산물인 80% 황산으로 전량 회수한다면 그 부산물량(kg/hr)은?(단, S : 32, 폐유 중 황성분 2%, 탈황률 90%라 가정함)

① 약 590 ② 약 690
③ 약 790 ④ 약 890

해설 $S \rightarrow H_2SO_4$

32kg : 98kg

10ton/hr × 0.02 × 0.9 : H_2SO_4(kg/hr) × 0.8

H_2SO_4(kg/hr)

$$= \frac{10\text{ton/hr} \times 0.02 \times 0.9 \times 98\text{kg} \times 1{,}000\text{kg/ton}}{32\text{kg} \times 0.8}$$

= 689.06kg/hr

31 함수율이 40%인 슬러지가 자연 건조되어 총 무게의 20%에 해당하는 수분이 증발하였다면 수분 증발 후 슬러지의 함수율은?

① 20% ② 25%
③ 30% ④ 35%

해설 물질수지식을 이용하여 계산

1×(1−0.4)=1×(1−0.2)×(1−수분 증발 후 슬러지 함수율)

수분 증발 후 슬러지 함수율=0.25×100=25%

32 퇴비를 효과적으로 생산하기 위하여 퇴비화 공정 중에 주입하는 Bulking Agent에 대한 설명과 가장 거리가 먼 것은?

① 처리대상물질의 수분함량을 조절한다.
② 미생물의 지속적인 공급으로 퇴비의 완숙을 유도한다.
③ 퇴비의 질(C/N비) 개선에 영향을 준다.
④ 처리대상물질 내의 공기가 원활히 유통될 수 있도록 한다.

해설 Bulking Agent(수분량 조절제)

① 팽화제 또는 수분함량 조절제라 하며 퇴비를 효과적으로 생산하기 위하여 주입한다.
② 톱밥, 왕겨, 볏짚 등이 이용된다.
③ 수분 흡수 능력이 좋아야 한다.
④ 쉽게 조달이 가능한 폐기물이어야 한다.
⑤ 퇴비의 질(C/N비) 개선에 영향을 준다.
⑥ 처리대상가스 내의 공기가 원활히 유동할 수 있도록 한다.
⑦ pH 조절효과가 있다.

33 함수율 99%의 슬러지 1,000m^3을 농축시켜 300m^3의 농축슬러지가 얻어졌다고 하면, 농축슬러지의 함수율은?(단, 탱크로부터 월류되는 SS는 무시하며, 모든 슬러지의 비중은 1.0)

① 93.6% ② 94.3%
③ 95.2% ④ 96.7%

해설 물질수지식을 이용하여 계산

1,000m^3×(1−0.99)=300m^3×(1−농축 후 슬러지 함수율)

농축 후 슬러지 함수율=0.967×100=96.7%

34 슬러지를 개량(Conditioning)하는 주된 목적은?

① 농축 성질을 향상시킨다.
② 탈수 성질을 향상시킨다.
③ 소화 성질을 향상시킨다.
④ 구성성분 성질을 개선, 향상시킨다.

해설 슬러지 개량목적

① 슬러지의 탈수성 향상 : 주된 목적
② 슬러지의 안정화
③ 탈수 시 약품 소모량 및 소요동력을 줄임

정답 29 ② 30 ② 31 ② 32 ② 33 ④ 34 ②

35 **연직차수막에 대한 설명으로 옳지 않은 것은?(단, 표면 차수막과 비교 기준)**

① 차수막 보강시공이 가능하다.
② 지중에 수평방향의 차수층이 존재할 때 사용한다.
③ 지하수 집배수 시설이 필요하다.
④ 단위면적당 공사비는 비싸지만 총공사비는 싸다.

해설 **연직차수막**
① 적용조건 : 지중에 수평방향의 차수층이 존재할 때 사용
② 시공 : 수직 또는 경사시공
③ 지하수 집배수시설 : 불필요
④ 차수성 확인 : 지하매설로서 차수성 확인이 어려움
⑤ 경제성 : 단위면적당 공사비는 많이 소요되나 총 공사비는 적게 듦
⑥ 보수 : 지중이므로 보수가 어렵지만 차수막 보강시공이 가능
⑦ 공법 종류
㉠ 어스 댐 코어 공법
㉡ 강널말뚝 공법
㉢ 그라우트 공법
㉣ 굴착에 의한 차수시트 매설 공법

표면차수막
① 적용조건
㉠ 매립지반의 투수계수가 큰 경우에 사용
㉡ 매립지의 필요한 범위에 차수재료로 덮인 바닥이 있는 경우에 사용
② 시공 : 매립지 전체를 차수재료로 덮는 방식으로 시공
③ 지하수 집배수시설 : 원칙적으로 지하수 집배수시설을 시공하므로 필요함
④ 차수성 확인 : 시공 시에는 차수성이 확인되지만 매립 후에는 곤란함
⑤ 경제성 : 단위면적당 공사비는 저가이나 전체적으로 비용이 많이 듦
⑥ 보수 : 매립 전에는 보수, 보강 시공이 가능하나 매립 후에는 어려움
⑦ 공법 종류
㉠ 지하연속벽 ㉡ 합성고무계 시트
㉢ 합성수지계 시트 ㉣ 아스팔트계 시드

36 **고형물 중 유기물이 90%이고, 함수율이 96%인 슬러지 $500m^3$을 소화시킨 결과 유기물 중 2/3가 제거되고 함수율 92%인 슬러지로 변했다면 소화슬러지의 부피는?(단, 모든 슬러지의 비중은 1.0 기준)**

① $100m^3$ ② $150m^3$
③ $200m^3$ ④ $250m^3$

해설 무기물 $=500m^3\times0.04\times0.1=2m^3$
잔류유기물 $=500m^3\times0.04\times0.9\times1/3=6m^3$
소화슬러지 부피(m^3)
$=(\text{무기물}+\text{잔류유기물})\times\left(\dfrac{100}{100-\text{함수율}}\right)$
$=(2+6)m^3\times\dfrac{100}{100-92}=100m^3$

37 **함수율 90%, 겉보기밀도 $1.0t/m^3$인 슬러지 $1,000m^3$을 함수율 20%로 처리하여 매립하였다면 매립된 슬러지의 중량은 몇 톤인가?**

① 100 ② 125
③ 130 ④ 135

해설 **물질수지식을 이용하여 계산**
$1,000ton\times(1-0.9)=$처리 후 슬러지 중량$\times(1-0.2)$
처리 후 슬러지 중량$=125ton$

38 **합성차수막 중 CR에 관한 설명으로 옳지 않은 것은?**

① 가격이 싸다.
② 대부분의 화학물질에 대한 저항성이 높다.
③ 마모 및 기계적 충격에 강하다.
④ 접합이 용이하지 못하다.

해설 **합성차수막 중 CR의 장단점**
① 장점
㉠ 대부분의 화학물질에 대한 저항성이 높음
㉡ 마모 및 기계적 충격에 강함
② 단점
㉠ 접합이 용이하지 못함
㉡ 가격이 고가임

39 **열교환기 중 과열기에 관한 설명으로 옳지 않은 것은?**

① 일반적으로 보일러의 부하가 높아질수록 대류 과열기에 의한 과열 온도가 상승한다.
② 과열기의 재료는 탄소강을 비롯하여 니켈, 몰리브덴, 바나듐 등을 함유한 특수 내열 강관을 사용한다.
③ 과열기는 보일러 전열면을 통하여 연소가스의 여열로 보일러 급수를 예열하여 효율을 높이는 장치이다.
④ 과열기는 부착 위치에 따라 전열 형태가 다르다.

정답 35 ③ 36 ① 37 ② 38 ① 39 ③

해설 과열기

① 보일러에서 발생하는 포화증기에 다량의 수분이 함유되어 있어 이것에 열을 과하게 가열하여 수분을 제거하고 과열도가 높은 증기를 얻기 위해서 설치하며, 고온부식의 우려가 있다.
② 과열증기는 온도가 높을수록 효과가 크며 과열도는 사용재료에 따라 제한된다.
③ 과열기의 재료는 탄소강을 비롯하여 니켈, 크롬, 몰리브덴, 바나듐 등을 함유한 특수 내열 강판을 사용한다.
④ 과열기는 그 부착위치에 따라 전열형태가 다르다. 즉 방사형, 대류형, 방사·대류형 과열기로 구분된다.

[Note] ③은 절탄기의 내용이다.

40 매립지에서 발생하는 침출수의 특성이 COD/ TOC : 2.0~2.8, BOD/COD : 0.1~0.5, 매립연한 : 5년~10년, COD(mg/L) : 500~10,000일 때 효율성이 가장 양호한 처리공정은?

① 생물학적 처리
② 이온교환수지
③ 활성탄 흡착
④ 역삼투

해설 **침출수 특성에 따른 처리공정구분**

	항목	I	II	III
침출수 특성	COD(mg/L)	10,000 이상	500~10,000	500 이하
	COD/TOC	2.7(2.8) 이상	2.0~2.7	2.0 이하
	BOD/COD	0.5 이상	0.1~0.5	0.1 이하
	매립연한	초기 (5년 이하)	중간 (5~10년)	오래(고령)됨 (10년 이상)
주 처리공정	생물학적 처리	좋음 (양호)	보통	나쁨 (불량)
	화학적 응집·침전 (화학적 침전 : 석회투여)	보통·불량	나쁨 (불량)	나쁨 (불량)
	화학적 산화	보통·나쁨 (불량)	보통	보통
	역삼투(R.O)	보통	좋음 (양호)	좋음 (양호)
	활성탄 흡착	보통·좋음 (양호)	보통·좋음 (양호)	좋음 (양호)
	이온교환 수지	나쁨 (불량)	보통·좋음 (양호)	보통

제3과목 폐기물공정시험기준(방법)

41 수은을 원자흡수분광광도법(환원기화법)으로 측정할 때 정밀도(RSD)는?

① ±10% ② ±15%
③ ±20% ④ ±25%

해설 **수은 – 원자흡수분광광도법(환원기화법)의 정도관리 목표값**

① 정량한계 : 0.0005mg/L
② 검정곡선 : 결정계수(R^2) 20.98
③ 정밀도 : 상대표준편차가 ±25% 이내
④ 정확도 : 75~125%

42 다음은 용출 시험을 위한 시료 용액 조제에 관한 내용이다. ( ) 안에 옳은 내용은?

> 시료의 조제방법에 따라 조제한 시료 100g 이상을 정확히 달아 정제수에 염산을 넣어 ( )(으)로 한 용매(mL)를 시료 : 용매 = 1 : 10(W : V)의 비로 2,000mL 삼각플라스크에 넣어 혼합한다.

① pH 5.8~6.3 ② pH 4.5~8.3
③ pH 6.5~7.5 ④ pH 6.3~7.2

해설 **용출시험 시료용액 조제**

① 시료의 조제 방법에 따라 조제한 시료 100g 이상을 정확히 단다.
⇩
② 용매 : 정제수에 염산을 넣어 pH를 5.8~6.3으로 한다.
⇩
③ 시료 : 용매 = 1 : 10(W : V)의 비로 2,000mL 삼각 플라스크에 넣어 혼합한다.

43 기체크로마토그래피 분석법으로 측정하여야 하는 항목은?

① 유기인 ② 시안
③ 기름 성분 ④ 비소

해설 ① 유기인 : 기체크로마토그래피, 기체크로마토그래피 – 질량분석법
② 시안 : 자외선/가시선 분광법, 이온전극법, 연속흐름법
③ 기름 성분 : 중량법
④ 비소 : 수소화생성 – 원자흡수분광광도법, 유도결합플라스마 – 원자발광분광법, 자외선/가시선 분광법

정답 40 ④ 41 ④ 42 ① 43 ①

44 이온전극법에 의한 시안 측정목적이다. ( ) 안의 내용으로 옳은 것은?

> 액상폐기물과 고상 폐기물을 pH ( )의 ( )으로 조절한 후 시안 이온전극과 비교전극을 사용하여 전위를 측정하고 그 전위차로부터 시안을 정량한다.

① 4 이하, 산성　② 6~8, 중성
③ 9~10, 알칼리성　④ 12~13, 알칼리성

해설 **시안 – 이온전극법**
액상폐기물과 고상폐기물을 pH 12~13의 알칼리성으로 조절한 후 시안 이온전극과 비교전극을 사용하여 전위를 측정하고 그 전위차로부터 시안을 정량하는 방법이다.

45 폐기물 소각시설의 소각재 시료 채취방법 중 회분식 연소방식의 소각재 반출 설비에서의 시료채취로 옳은 것은?

① 하루 운행시간에 따라 매시마다 2회 이상 채취하는 것을 원칙으로 하고, 시료의 양은 1회에 100g 이상으로 한다.
② 하루 운행시간에 따라 매시마다 2회 이상 채취하는 것을 원칙으로 하고, 시료의 양은 1회에 500g 이상으로 한다.
③ 하루 동안의 운전횟수에 따라 매 운전 시마다 2회 이상 채취하는 것을 원칙으로 하고, 시료의 양은 1회에 100g 이상으로 한다.
④ 하루 동안의 운전횟수에 따라 매 운전 시마다 2회 이상 채취하는 것을 원칙으로 하고, 시료의 양은 1회에 500g 이상으로 한다.

해설 **회분식 연소방식의 소각재 반출 설비에서 시료 채취**
① 하루 동안의 운전횟수에 따라 매 운전 시마다 2회 이상 채취
② 시료의 양은 1회에 500g 이상

46 매질효과가 큰 시험 분석방법에서 분석 대상 시료와 동일한 매질의 표준시료를 확보하지 못한 경우에 매질효과를 보정하여 분석할 수 있는 방법은?

① 절대검정곡선법
② 표준물질첨가법
③ 상대검정곡선법
④ 내부연적법

해설 **검정곡선**
① 절대검정곡선법 : 시료의 농도와 지시값과의 상관성을 검정곡선식에 대입하여 작성하는 방법
② 표준물질첨가법
㉠ 시료와 동일한 매질에 일정량의 표준물질을 첨가하여 검정곡선을 작성하는 방법
㉡ 매질효과가 큰 시험 분석방법에서 분석 대상 시료와 동일한 매질의 표준시료를 확실하지 못한 경우와 매질효과를 설정하여 분석할 수 있는 방법
③ 상대검정곡선법 : 검정곡선 작성용 표준용액과 시료에 동일한 양의 내부표준 물질을 첨가하여 시험분석 절차, 기기 또는 시스템의 변동으로 발생하는 오차를 설정하기 위해 사용하는 방법

2024

47 유기물 함량이 비교적 높지 않고 금속의 수산화물, 산화물, 인산염 및 황화물을 함유하는 시료에 적용되는 산분해법은?

① 질산 – 황산 분해법
② 질산 – 염산 분해법
③ 질산 – 과염소산 분해법
④ 질산 – 불화수소산 분해법

해설 **질산 – 염산 분해법**
① 적용 : 유기물 함량이 비교적 높지 않고 금속의 수산화물, 산화물, 인산염 및 황화물을 함유하고 있는 시료에 적용한다.
② 용액 산농도 : 약 0.5N

48 다음은 기체크로마토그래피의 전자포획 검출기에 관한 설명이다. ( ) 안에 내용으로 옳은 것은?

> 전자포획 검출기는 방사선 동위 원소 (^{63}Ni, ^{3}H 등)로부터 방출되는 ( )이 운반기체를 전리하여 미소전류를 흘려보낼 때 시료 중의 할로겐이나 산소와 같이 전자포획력이 강한 화합물에 의하여 전자가 포획되어 전류가 감소하는 것을 이용하는 방법이다.

① 알파(α)선　② 베타(β)선
③ 감마(γ)선　④ X선

해설 **전자포획 검출기(ECD ; Electron Capture Detector)**
전자포획 검출기는 방사선 동위원소(^{53}Ni, ^{3}H)로부터 방출되는 β선이 운반가스를 전리하여 미소전류를 흘려보낼 때 시료 중의 할로겐이나 산소와 같이 전자포획력이 강한 화합물에 의하여 전자가 포획되어 전류가 감소하는 것을 이용하는 방법으로 유기할로겐 화합물, 니트로화합물 및 유기금속화합물을 선택적으로 검출할 수 있다.

정답 44 ④ 45 ④ 46 ② 47 ② 48 ②

49 자외선/가시선 분광법으로 크롬을 측정할 때 시료 중에 총 크롬을 6가크롬으로 산화시키는 데 사용되는 시약은?

① 아황산나트륨
② 염화제일주석
③ 티오황산나트륨
④ 과망간산칼륨

해설 **크롬 – 자외선/가시선 분광법의 분석**
시료 중에 총 크롬을 과망간산칼륨을 사용하여 6가크롬으로 산화시킨 다음 산성에서 다이페닐카바자이드와 반응하여 생성되는 적자색 착화합물의 흡광도를 540nm에서 측정하여 총 크롬을 정량하는 방법이다.

50 다음은 자외선/가시선 분광법으로 비소를 측정하는 내용이다. ( ) 안에 옳은 내용은?

> 시료 중의 비소를 3가비소로 환원시킨 다음 아연을 넣어 발생되는 비화수소를 다이에틸다이티오카르바민산은의 피리딘용액에 흡수시켜 이때 나타나는 ( )에서 측정하는 방법이다.

① 적자색의 흡광도를 430nm
② 적자색의 흡광도를 530nm
③ 청색의 흡광도를 430nm
④ 청색의 흡광도를 530nm

해설 **비소 – 자외선/가시선 분광법**
시료 중의 비소를 3가비소로 환원시킨 다음 아연을 넣어 발생되는 비화수소를 다이에틸다이티오카르바민산은의 피리딘용액에 흡수시켜 이때 나타나는 적자색의 흡광도를 530nm에서 측정하는 방법이다.(흡광도의 눈금보정 시약 : 수산화중크롬산칼륨을 N/20 수산화칼륨용액에 녹여 사용)

51 편광현미경법으로 석면을 측정할 때 석면의 정량범위는?

① 1~25%
② 1~50%
③ 1~80%
④ 1~100%

해설 **석면 분석의 정량범위**
① 편광현미경법 : 1~100%
② X선회절기법 : 0.1~100.0wt%

52 폐기물 시료채취를 위한 채취도구 및 시료 용기에 관한 설명으로 옳지 않은 것은?

① 노말헥산 추출물질 실험을 위한 시료 채취 시에는 갈색경질의 유리병을 사용하여야 한다.
② 유기인 실험을 위한 시료 채취 시에는 갈색경질의 유리병을 사용하여야 한다.
③ 시료 중에 다른 물질의 혼입이나 성분의 손실을 방지하기 위하여 코르크 마개를 사용하며, 다만 고무마개는 셀로판지를 씌워 사용할 수도 있다.
④ 시료용기에는 폐기물의 명칭, 대상 폐기물의 양, 채취장소, 채취시간 및 일기, 시료번호, 채취책임자이름, 시료의 양, 채취방법, 기타 참고자료를 기재한다.

해설 **시료 용기**
① 구비조건
　㉠ 시료를 변질시키거나 흡착하지 않는 것일 것
　㉡ 기밀하고 누수가 없을 것
　㉢ 흡습성이 없을 것
② 시료 용기
　㉠ 무색경질의 유리병
　㉡ 폴리에틸렌 병
　㉢ 폴리에틸렌 백
　㉣ 갈색경질 유리병 사용 채취 물질
　　• 노말헥산 추출 물질
　　• 유기인
　　• 폴리클로리네이티드비페닐(PCBs)
　　• 휘발성 저급 염소화탄화수소류
③ 마개
　㉠ 코르크 마개를 사용해서는 안 됨
　㉡ 고무나 코르크마개에 파라핀지, 유지, 셀로판지를 씌워 사용할 수 있음
④ 시료용기 기재사항
　㉠ 폐기물의 명칭
　㉡ 대상 폐기물의 양
　㉢ 채취장소
　㉣ 채취시간 및 일기
　㉤ 시료번호
　㉥ 채취책임자의 이름
　㉦ 시료의 양
　㉧ 채취방법
　㉨ 기타 참고자료(보관상태 등)

정답 49 ④ 50 ② 51 ④ 52 ③

53 **원자흡수분광광도법을 이용한 크롬 측정에 관한 설명으로 옳지 않은 것은?**

① 정량범위는 사용하는 장치 및 측정조건 등에 따라 다르나 357.9nm에서 최종용액 중에서 0.01~5 mg/L이다.
② 공기-아세틸렌 불꽃에서는 철, 니켈 등의 공존물질에 의한 방해영향이 크므로 이때는 황산나트륨을 1% 정도 넣어서 측정한다.
③ 시료 중에 칼륨, 나트륨, 리튬, 세슘과 같이 이온화가 어려운 원소가 100mg/L 이상의 농도로 존재할 때에는 측정을 간섭한다.
④ 염이 많은 시료를 분석하면 버너 헤드 부분에 고체가 생성되어 불꽃이 자주 꺼지고 버너 헤드를 청소해야 하는데 이를 방지하기 위해서는 시료를 묽혀 분석하거나, 메틸아이소부틸케톤 등을 사용하여 추출하여 분석한다.

해설 **크롬-원자흡수분광광도법 분석 시 간섭물질**

① 공기-아세틸렌으로 아세틸렌 유량이 많은 쪽이 강도가 높지만 철, 니켈의 방해가 많음
② 아세틸렌-일산화질소는 방해는 적으나 감도가 낮음
③ 화학물질이 공기-아세틸렌 불꽃에서 분자상태로 존재하여 낮은 흡광도를 보일 경우의 원인
㉠ 불꽃의 온도가 너무 낮아 원자화가 일어나지 않는 경우
㉡ 안정한 산화물질로 바뀌어 불꽃에서 원자화가 일어나지 않는 경우
④ 염이 많은 시료를 분석하면 버너헤드 부분에 고체가 생성되어 불꽃이 자주 꺼질 때 버너헤드를 청소해야 하는 경우의 대책
㉠ 시료를 묽혀 분석
㉡ 메틸아이소부틸케톤 등을 사용하여 추출, 분석
⑤ 시료 중에 칼륨, 나트륨, 리튬, 세슘과 같이 쉽게 이온화되는 원소가 1,000mg/L 이상의 농도로 존재 시 금속측정을 간섭하는 경우 대책
시료와 표준물질 모두에 이온 억제제로 염화칼륨을 첨가하거나 간섭이온을 매질과 유사하게 표준물질에 넣어 보정함
⑥ 공기-아세틸렌 불꽃에서 철, 니켈 등의 공존물질에 의한 방해영향이 클 경우 대책
황산나트륨을 1% 정도 넣어서 측정함

54 **다음은 수분 및 고형물-중량법의 분석절차이다. ( ) 안의 내용으로 옳은 것은?**

> 물중탕에서 수분의 대부분을 날려 보내고 ( )의 건조기 안에서 ( ) 완전 건조시킨 다음 실리카겔이 담겨 있는 데시케이터 안에 넣어 식힌 후 무게를 정확히 단다.

① 105±5℃, 2시간
② 105±5℃, 4시간
③ 105~110℃, 2시간
④ 105~110℃, 4시간

해설 **수분 및 고형물-중량법**
시료를 105~110℃에서 4시간 건조하고 데시케이터에서 식힌 후 무게를 달아 증발접시의 무게차로부터 수분 및 고형물의 양(%)을 구한다.

55 **자외선/가시선 분광법으로 구리를 정량할 때 간섭물질에 대한 내용으로 옳은 것은?**

① 비스무트(Bi)가 구리의 양보다 2배 이상 존재할 경우에는 황색을 나타내어 방해한다.
② 비스무트(Bi)가 구리의 양보다 2배 이상 존재할 경우에는 청색을 나타내어 방해한다.
③ 비스무트(Bi)가 구리의 양보다 2배 이상 존재할 경우에는 적색을 나타내어 방해한다.
④ 비스무트(Bi)가 구리의 양보다 2배 이상 존재할 경우에는 적자색을 나타내어 방해한다.

해설 ① 구리-자외선/가시선 분광법에서 비스무트(Bi)가 구리의 양보다 2배 이상 존재할 경우 황색을 나타내어 방해한다. 이때는 시료의 흡광도를 A_1으로 하고 같은 양의 시료를 취하여 시료의 시험기준 중 암모니아수(1+1)를 넣어 중화하기 전에 시안화칼륨용액(5W/V%) 3mL를 넣어 구리를 시안착화함으로써 만든 다음 중화하여 실험하고 이 액의 흡광도를 A_2로 한다.
② 구리에 대한 흡광도는 A_1-A_2로 계산한다.

56 **대상 폐기물의 양이 550톤이라면 시료의 최소 수는?**

① 32 ② 34
③ 36 ④ 38

해설 **대상폐기물의 양과 시료의 최소 수**

대상 폐기물의 양(단위 : ton)	시료의 최소 수
~ 1 미만	6
1 이상 5 미만	10
5 이상 30 미만	14
30 이상 100 미만	20
100 이상 500 미만	30
500 이상 1,000 미만	36
1,000 이상 5,000 미만	50
5,000 이상 ~	60

정답 53 ③ 54 ④ 55 ① 56 ③

57 다음 중 감염성 미생물에 대한 검사방법과 가장 거리가 먼 것은?

① 아포균 검사법
② 세균배양 검사법
③ 멸균테이프 검사법
④ 일반세균 검사법

해설 **감염성 미생물 검사법**
① 아포균 검사법
② 세균배양 검사법
③ 멸균테이프 검사법

58 0.1N 수산화나트륨용액 20mL가 있다. 이 용액을 중화시키려면 다음 중 어느 것이 적합한가?

① 0.1M 황산 20mL ② 0.1M 염산 10mL
③ 0.1M 황산 10mL ④ 0.1M 염산 40mL

해설 **중화적정**
$NV = N'V'$
0.1N×20mL=(0.1×2)N×10mL
2 = 2
M농도×가수=N농도
NaOH 1가 → M농도=N농도
H_2SO_4 2가 → M농도×2=N농도

[Note] M농도×가수=N농도
0.1M H_2SO_4는 0.2N

59 온도 표시에 관한 내용으로 옳지 않은 것은?

① 찬 곳은 따로 규정이 없는 한 0~15℃의 곳을 뜻한다.
② 냉수는 4℃ 이하를 말한다.
③ 온수는 60~70℃를 말한다.
④ 상온은 15~25℃를 말한다.

해설 ① 온도용어

용어	온도(℃)
표준온도	0
상온	15~25
실온	1~35
찬 곳	0~15의 곳(따로 규정이 없는 경우)
냉수	15 이하
온수	60~70
열수	≒100

② 수욕상 또는 수욕 중에서 가열한다.
규정이 없는 한 수온 100℃에서 가열함을 뜻하고 약 100℃의 증기욕을 쓸 수 있다는 의미
③ 시험은 따로 규정이 없는 한 상온에서 조작(단, 온도의 영향이 있는 것의 판정은 표준온도를 기준으로 함)

60 실험실에서 폐기물의 수분을 측정하기 위해 다음과 같은 결과를 얻었다. 폐기물의 수분함량은?

[실험 결과치]
• 건조 전 시료무게 : 20g
• 증발접시 무게 : 2.345g
• 증발접시 및 시료의 건조 후 무게 : 17.287g

① 25.3% ② 28.3%
③ 34.3% ④ 38.6%

해설 $W_2 = 20 + 2.345 = 22.345\,g$

$$\text{수분함량}(\%) = \left(\frac{W_2 - W_3}{W_2 - W_1}\right) \times 100$$
$$= \left(\frac{22.345 - 17.287}{22.345 - 2.345}\right) \times 100 = 25.29\%$$

제4과목 폐기물관계법규

61 용어의 정의로 옳지 않은 것은?

① 폐기물처리시설 : 폐기물의 중간처분시설, 최종처분시설 및 재활용시설로서 대통령령으로 정하는 시설을 말한다.
② 처리 : 폐기물의 소각, 중화, 파쇄, 고형화 등의 중간처리와 매립하거나 해역으로 배출하는 등의 최종 처리를 말한다.
③ 지정폐기물 : 사업장폐기물 중 폐유, 폐산 등 주변환경을 오염시킬 수 있거나 의료폐기물 등 인체에 위해를 줄 수 있는 해로운 물질로서 대통령령으로 정하는 폐기물을 말한다.
④ 생활폐기물 : 사업장폐기물 외의 폐기물을 말한다.

해설 처리 : 폐기물의 수집, 운반, 보관, 재활용, 처분을 말한다.

정답 57 ④ 58 ③ 59 ② 60 ① 61 ②

62 **폐기물처리시설을 운영·설치하는 자가 그 시설의 유지·관리에 관한 기술업무를 담당할 기술관리인을 임명하지 아니하고 기술관리대행 계약을 체결하지 아니할 경우에 대한 처분기준은?**

① 1천만 원 이하의 과태료
② 2년 이하의 징역 또는 2천만 원 이하의 벌금
③ 3년 이하의 징역 또는 3천만 원 이하의 벌금
④ 5년 이하의 징역 또는 5천만 원 이하의 벌금

해설 폐기물관리법 제68조 참조

63 **주변지역 영향 조사대상 폐기물처리시설기준으로 옳지 않은 것은?**

① 매립면적 1만 제곱미터 이상의 사업장 지정폐기물 매립시설
② 매립면적 10만 제곱미터 이상의 사업장 일반폐기물 매립시설
③ 시멘트 소성로(폐기물을 연료로 사용하는 경우로 한정한다)
④ 1일 처리능력이 50톤 이상인 사업장 폐기물 소각시설(같은 사업장에 여러 개의 소각시설이 있는 경우에는 각 소각시설의 1일 처리능력의 합계가 50톤 이상인 경우를 말한다)

해설 **주변지역 영향 조사대상 폐기물처리시설 기준**
① 1일 처리능력이 50톤 이상인 사업장폐기물 소각시설(같은 사업장에 여러 개의 소각시설이 있는 경우에는 각 소각시설의 1일 처리능력의 합계가 50톤 이상인 경우를 말한다)
② 매립면적 1만 제곱미터 이상의 사업장 지정폐기물 매립시설
③ 매립면적 15만 제곱미터 이상의 사업장 일반폐기물 매립시설
④ 시멘트 소성로(폐기물을 연료로 사용하는 경우로 한정한다)
⑤ 1일 재활용능력이 50톤 이상인 사업장폐기물 소각열회수시설(같은 사업장에 여러 개의 소각열회수시설이 있는 경우에는 각 소각열회수시설의 1일 재활용능력의 합계가 50톤 이상인 경우를 말한다)

64 **폐기물 발생 억제지침 준수의무 대상 배출자의 규모기준으로 ( )에 알맞은 것은?**

> 최근 (㉠) 연평균 배출량을 기준으로 지정폐기물 외의 폐기물을 (㉡) 배출하는 자

① ㉠ 2년간, ㉡ 200톤 이상
② ㉠ 2년간, ㉡ 1천 톤 이상
③ ㉠ 3년간, ㉡ 200톤 이상
④ ㉠ 3년간, ㉡ 1천 톤 이상

해설 **폐기물 발생 억제지침 준수의무 대상 배출자의 규모**
① 최근 3년간 연평균 배출량을 기준으로 지정폐기물을 100톤 이상 배출하는 자
② 최근 3년간 연평균 배출량을 기준으로 지정폐기물 외의 폐기물을 1천 톤 이상 배출하는 자

65 **폐기물 처분시설 중 의료폐기물을 대상으로 하는 시설의 기술관리인의 자격으로 옳지 않은 것은?**

① 폐기물처리산업기사
② 임상병리사
③ 보건관리사
④ 위생사

해설 **폐기물 처분시설 또는 재활용시설의 기술관리인의 자격기준**

구분	자격기준
매립시설	폐기물처리기사, 수질환경기사, 토목기사, 일반기계기사, 건설기계기사, 화공기사, 토양환경기사 중 1명 이상
소각시설(의료폐기물을 대상으로 하는 소각시설은 제외한다), 시멘트 소성로 및 용해로	폐기물처리기사, 대기환경기사, 토목기사, 일반기계기사, 건설기계기사, 화공기사, 전기기사, 전기공사기사 중 1명 이상
의료폐기물을 대상으로 하는 시설	폐기물처리산업기사, 임상병리사, 위생사 중 1명 이상
음식물류 폐기물을 대상으로 하는 시설	폐기물처리산업기사, 수질환경산업기사, 화공산업기사, 토목산업기사, 대기환경산업기사, 일반기계기사, 전기기사 중 1명 이상
그 밖의 시설	같은 시설의 운영을 담당하는 자 1명 이상

정답 62 ① 63 ② 64 ④ 65 ③

66 **폐기물처리시설 중 환경부령이 정한 멸균분쇄시설의 검사기관이 아닌 것은?**

① 한국산업기술시험원
② 한국환경공단
③ 보건환경연구원
④ 수도권매립지관리공사

해설 **환경부령으로 정하는 검사기관**
① 소각시설
㉠ 한국환경공단
㉡ 한국기계연구원
㉢ 한국산업기술시험원
㉣ 대학, 정부 출연기관, 그 밖에 소각시설을 검사할 수 있다고 인정하여 환경부장관이 고시하는 기관
② 매립시설
㉠ 한국환경공단
㉡ 한국건설기술연구원
㉢ 한국농어촌공사
㉣ 수도권매립지관리공사
③ 멸균분쇄시설
㉠ 한국환경공단
㉡ 보건환경연구원
㉢ 한국산업기술시험원
④ 음식물 폐기물 처리시설
㉠ 한국환경공단
㉡ 한국산업기술시험원
㉢ 그 밖에 환경부장관이 정하여 고시하는 기관
⑤ 시멘트 소성로
소각시설의 검사기관과 동일
⑥ 소각열회수시설의 검사기관
소각시설의 검사기관과 동일(에너지회수 외의 검사)

67 **「폐기물관리법」의 적용범위에 관한 설명으로 틀린 것은?**

① 「원자력안전법」에 따른 방사성 물질과 이로 인하여 오염된 물질에 대하여는 적용하지 아니한다.
② 「하수도법」에 의한 하수는 적용하지 아니한다.
③ 용기에 들어 있는 기체상의 물질은 적용치 않는다.
④ 「폐기물관리법」에 따른 해역 배출은 해양환경관리법으로 정하는 바에 따른다.

해설 **폐기물관리법을 적용하지 않는 물질**
① 「원자력안전법」에 따른 방사성 물질과 이로 인하여 오염된 물질
② 용기에 들어 있지 아니한 기체상태의 물질
③ 「물환경보전법」에 따른 수질오염 방지시설에 유입되거나 공공수역으로 배출되는 폐수
④ 「가축분뇨의 관리 및 이용에 관한 법률」에 따른 가축분뇨
⑤ 「하수도법」에 따른 하수 · 분뇨
⑥ 「가축전염병예방법」이 적용되는 가축의 사체, 오염 물건, 수입 금지 물건 및 검역 불합격품
⑦ 「수산생물질병 관리법」에 적용되는 수산동물의 사체, 오염된 시설 또는 물건, 수입 금지 물건 및 검역 불합격품
⑧ 「군수품관리법」에 따라 폐기되는 탄약
⑨ 「동물보호법」에 따른 동물장묘업의 등록을 한 자가 설치 · 운영하는 동물장묘시설에서 처리되는 동물의 사체

68 **의료폐기물의 종류 중 위해의료폐기물의 종류와 가장 거리가 먼 것은?**

① 전염성류 폐기물
② 병리계 폐기물
③ 손상성 폐기물
④ 생물, 화학폐기물

해설 **위해의료폐기물의 종류**
① 조직물류 폐기물 : 인체 또는 동물의 조직 · 장기 · 기관 · 신체의 일부, 동물의 사체, 혈액 · 고름 및 혈액생성물질(혈청, 혈장, 혈액 제제)
② 병리계 폐기물 : 시험 · 검사 등에 사용된 배양액, 배양용기, 보관균주, 폐시험관, 슬라이드 커버글라스 폐배지, 폐장갑
③ 손상성 폐기물 : 주삿바늘, 봉합바늘, 수술용 칼날, 한방침, 치과용 침, 파손된 유리재질의 시험기구
④ 생물 · 화학폐기물 : 폐백신, 폐항암제, 폐화학치료제
⑤ 혈액오염폐기물 : 폐혈액백, 혈액투석 시 사용된 폐기물, 그 밖에 혈액이 유출될 정도로 포함되어 있는 특별한 관리가 필요한 폐기물

69 **폐기물처리시설 중 기계적 재활용시설이 아닌 것은?**

① 연료화시설
② 탈수 · 건조시설
③ 응집 · 침전시설
④ 증발 · 농축시설

해설 **기계적 재활용시설**
① 압축 · 압출 · 성형 · 주조시설(동력 7.5kW 이상인 시설로 한정한다)
② 파쇄 · 분쇄 · 탈피 시설(동력 15kW 이상인 시설로 한정한다)
③ 절단시설(동력 7.5kW 이상인 시설로 한정한다)

정답 66 ④ 67 ③ 68 ① 69 ③

④ 용융 · 용해시설(동력 7.5kW 이상인 시설로 한정한다)
⑤ 연료화시설
⑥ 증발 · 농축 시설
⑦ 정제시설(분리 · 증류 · 추출 · 여과 등의 시설을 이용하여 폐기물을 재활용하는 단위시설을 포함한다)
⑧ 유수 분리 시설
⑨ 탈수 · 건조 시설
⑩ 세척시설(철도용 폐목재 받침목을 재활용하는 경우로 한정한다)

70 **방치폐기물의 처리를 폐기물처리 공제조합에 명할 수 있는 방치폐기물의 처리량 기준으로 옳은 것은?(단, 폐기물처리업자가 방치한 폐기물의 경우)**

① 그 폐기물처리업자의 폐기물 허용보관량의 1배 이내
② 그 폐기물처리업자의 폐기물 허용보관량의 1.5배 이내
③ 그 폐기물처리업자의 폐기물 허용보관량의 2배 이내
④ 그 폐기물처리업자의 폐기물 허용보관량의 3배 이내

해설 **방치폐기물의 처리량과 처리기간**
① 폐기물처리 공제조합에 처리를 명할 수 있는 방치폐기물의 처리량은 다음과 같다.
㉠ 폐기물처리업자가 방치한 폐기물의 경우 : 그 폐기물처리업자의 폐기물 허용보관량의 1.5배 이내
㉡ 폐기물처리 신고자가 방치한 폐기물의 경우 : 그 폐기물처리 신고자의 폐기물 보관량의 1.5배 이내
② 환경부장관이나 시 · 도지사는 폐기물처리 공제조합에 방치폐기물의 처리를 명하려면 주변환경의 오염 우려 정도와 방치폐기물의 처리량 등을 고려하여 2개월의 범위에서 그 처리기간을 정하여야 한다. 다만, 부득이한 사유로 처리기간 내에 방치폐기물을 처리하기 곤란하다고 환경부장관이나 시 · 도지사가 인정하면 1개월의 범위에서 한 차례만 그 기간을 연장할 수 있다.

71 **폐기물 처리업자가 폐기물의 발생, 배출, 처리상황 등을 기록한 장부의 보존기간은?(단, 최종 기재일 기준)**

① 6개월간 ② 1년간
③ 2년간 ④ 3년간

해설 폐기물처리업자는 장부를 마지막으로 기록한 날부터 3년간 보존하여야 한다.

72 **누구든지 수입폐기물을 수입할 당시의 성질과 상태 그대로 수출하여서는 아니 된다. 이를 위반하여 수입폐기물을 수입 당시의 성질과 상태 그대로 수출한 자에 대한 벌칙 기준은?**

① 2년 이하의 징역 또는 5백만 원 이하의 벌금에 처함
② 2년 이하의 징역 또는 1천만 원 이하의 벌금에 처함
③ 3년 이하의 징역 또는 1천5백만 원 이하의 벌금에 처함
④ 3년 이하의 징역 또는 2천만 원 이하의 벌금에 처함

2024

73 **폐기물 처리업의 업종 구분으로 틀린 것은?**

① 폐기물 종합처분업
② 폐기물 중간처분업
③ 폐기물 재활용업
④ 폐기물 수집 · 운반업

해설 **폐기물 처리업의 업종 구분**
① 폐기물 수집 · 운반업
② 폐기물 중간처분업
③ 폐기물 최종처분업
④ 폐기물 종합처분업
⑤ 폐기물 중간재활용업
⑥ 폐기물 최종재활용업
⑦ 폐기물 종합재활용업

74 **관리형 매립시설에서 침출수 배출량이 1일 2,000m^3 이상인 경우, BOD의 측정주기 기준은?**

① 매일 1회 이상
② 주 1회 이상
③ 월 2회 이상
④ 월 1회 이상

해설 **측정주기(관리형 매립시설 침출수)**
① 침출수 배출량이 1일 2천 세제곱미터 이상인 경우
㉠ 화학적 산소요구량 : 매일 1회 이상
㉡ 화학적 산소량 외의 오염물질 : 주 1회 이상
② 침출수 배출량이 1일 2천 세제곱미터 미만인 경우 : 월 1회 이상

정답 70 ② 71 ④ 72 ④ 73 ③ 74 ②

75 설치신고대상 폐기물처리시설 기준으로 옳지 않은 것은?

① 일반소각시설로서 1일 처분능력이 100톤(지정폐기물의 경우에는 5톤) 미만인 시설
② 생물학적 처분시설로서 1일 처분능력이 100톤 미만인 시설
③ 열분해시설로서 시간당 처분능력이 100킬로그램 미만인 시설
④ 열처리조합시설로서 시간당 처분능력이 100킬로그램 미만인 시설

해설 **설치신고대상 폐기물처리시설의 규모기준**
① 일반소각시설로서 1일 처리능력이 100톤(지정폐기물의 경우에는 10톤) 미만인 시설
② 고온소각시설 · 열분해시설 · 고온용융시설 또는 열처리조합시설로서 시간당 처리능력이 100킬로그램 미만인 시설
③ 기계적 처분시설 또는 재활용시설 중 증발 · 농축 · 정제 또는 유수분리시설로서 시간당 처리능력이 125킬로그램 미만인 시설
④ 기계적 처분시설 또는 재활용시설 중 압축 · 파쇄 · 분쇄 · 절단 · 용융 또는 연료화 시설로서 1일 처리능력이 100톤 미만인 시설
⑤ 기계적 처분시설 또는 재활용시설 중 탈수 · 건조 시설, 멸균분쇄시설 및 화학적 처리시설
⑥ 생물학적 처분시설 또는 재활용시설로서 1일 처리능력이 100톤 미만인 시설
⑦ 소각열회수시설로서 1일 재활용능력이 100ton 미만인 시설

76 폐기물 처리업자의 폐기물보관량 및 처리기한에 관한 기준으로 옳은 것은?(단, 폐기물 수집, 운반업자가 임시보관장소에 폐기물을 보관하는 경우)

① 의료폐기물 외의 폐기물 : 중량이 450톤 이하이고 용적이 300세제곱미터 이하, 5일 이내
② 의료폐기물 외의 폐기물 : 중량이 500톤 이하이고 용적이 300세제곱미터 이하, 5일 이내
③ 의료폐기물 외의 폐기물 : 중량이 550톤 이하이고 용적이 300세제곱미터 이하, 5일 이내
④ 의료폐기물 외의 폐기물 : 중량이 600톤 이하이고 용적이 300세제곱미터 이하, 5일 이내

해설 **폐기물 수집 · 운반업자가 임시보관장소에 보관할 수 있는 폐기물(의료폐기물 제외) 허용량 기준**
① 450톤 이하인 폐기물
② 용적 300세제곱미터($300m^3$) 이하인 폐기물

77 폐기물처리업의 업종구분과 영업내용으로 옳지 않은 것은?

① 폐기물 수집 · 운반업 : 폐기물을 수집하여 재활용 또는 처분장소로 운반하거나 폐기물을 수출하기 위하여 수집 · 운반하는 영업
② 폐기물 중간재활용업 : 폐기물 재활용시설을 갖추고 중간가공 폐기물을 만드는 영업
③ 폐기물 최종재활용업 : 폐기물 재활용시설을 갖추고 최종가공 재활용폐기물을 만드는 영업
④ 폐기물 종합재활용업 : 폐기물 재활용시설을 갖추고 중간재활용업과 최종재활용업을 함께 하는 영업

해설 **폐기물처리업의 업종구분과 영업내용**
① 폐기물 수집 · 운반업
폐기물을 수집하여 재활용 또는 처분 장소로 운반하거나 폐기물을 수출하기 위하여 수집 · 운반하는 영업
② 폐기물 중간처분업
폐기물 중간처분시설을 갖추고 폐기물을 소각 처분, 기계적 처분, 화학적 처분, 생물학적 처분, 그 밖에 환경부장관이 폐기물을 안전하게 중간처분할 수 있다고 인정하여 고시하는 방법으로 중간처분하는 영업
③ 폐기물 최종처분업
폐기물 최종처분시설을 갖추고 폐기물을 매립 등(해역 배출은 제외한다)의 방법으로 최종처분하는 영업
④ 폐기물 종합처분업
폐기물 중간처분시설 및 최종처분시설을 갖추고 폐기물의 중간처분과 최종처분을 함께하는 영업
⑤ 폐기물 중간재활용업
폐기물 재활용시설을 갖추고 중간가공 폐기물을 만드는 영업
⑥ 폐기물 최종재활용업
폐기물 재활용시설을 갖추고 중간가공 폐기물을 용도 또는 방법으로 재활용하는 영업
⑦ 폐기물 종합재활용업
폐기물 재활용시설을 갖추고 중간재활용업과 최종재활용업을 함께하는 영업

78 폐기물처리업의 변경신고 사항으로 옳지 않은 것은?

① 상호의 변경
② 연락장소나 사무실 소재지의 변경
③ 임시차량의 증차 또는 운반차량의 감차
④ 처리용량 누계의 30% 이상 변경

정답 75 ① 76 ① 77 ③ 78 ④

해설 **폐기물처리업의 변경신고 사항**
① 상호의 변경
② 대표자의 변경
③ 연락장소나 사무실 소재지의 변경
④ 임시차량의 증차 또는 운반차량의 감차
⑤ 재활용 대상부지의 변경
⑥ 재활용 대상 폐기물의 변경
⑦ 폐기물 재활용 유형의 변경
⑧ 기술능력의 변경

79 「폐기물관리법」상 "재활용"에 해당하는 활동으로 틀린 것은?

① 폐기물을 재사용 · 재생이용하는 활동
② 폐기물을 재사용 · 재생이용할 수 있는 상태로 만드는 활동
③ 폐기물로부터 에너지를 회수하는 활동
④ 재사용 · 재생이용 폐기물 회수 활동

해설 **재활용**
① 폐기물을 재사용 · 재생이용하거나 재사용 · 재생이용할 수 있는 상태로 만드는 활동
② 폐기물로부터 「에너지법」에 따른 에너지를 회수하거나 회수할 수 있는 상태로 만들거나 폐기물을 연료로 사용하는 활동으로서 환경부령으로 정하는 활동

80 폐기물처리 담당자 등이 이수하여야 하는 교육과정명으로 틀린 것은?

① 폐기물 처분시설 기술담당자 과정
② 사업장폐기물 배출자 과정
③ 폐기물재활용 담당자 과정
④ 폐기물처리업 기술요원 과정

해설 **폐기물처리 담당자 이수 교육과정**
① 사업장폐기물 배출자 과정
② 폐기물처리업 기술요원 과정
③ 폐기물처리 신고자 과정
④ 폐기물 처분시설 또는 재활용시설 기술담당자 과정
⑤ 폐기물분석전문기관 기술요원과정
⑥ 재활용환경성평가기관 기술인력과정

정답 79 ④ 80 ③

2024년 2회 CBT 복원·예상문제

제1과목 폐기물개론

01 쓰레기 발생량 조사방법 중 주로 산업폐기물 발생량을 추산할 때 이용하는 방법으로 조사하고자 하는 계의 경계가 정확하여야 하는 것은?

① 물질수지법
② 직접계근법
③ 적재차량 계수분석법
④ 경향법

해설 **물질수지법(Material Balance Method)의 특징**

① 시스템으로 유입되는 모든 물질들과 유출되는 모든 폐기물의 양에 대하여 물질수지를 세움으로써 폐기물 발생량을 추정하는 방법
② 주로 산업폐기물 발생량을 추산할 때 이용하는 방법
③ 단점으로는 비용이 많이 소요되고 작업량이 많아 널리 이용되지 않음. 즉, 특수한 경우에만 사용됨
④ 우선적으로 조사하고자 하는 계의 경계를 정확하게 설정해야 함
⑤ 물질수지를 세울 수 있는 상세한 데이터가 있는 경우에 가능

02 A도시에서 수거한 폐기물량이 3,520,000톤/년이며, 수거인부는 1일 5,848인, 수거대상 인구는 6,373,288인 경우, A도시의 1인·1일 폐기물 발생량은?

① 1.51kg/1인·1일
② 1.87kg/1인·1일
③ 2.14kg/1인·1일
④ 2.65kg/1인·1일

해설 폐기물 발생량(kg/인·일)

$$= \frac{\text{수거폐기물량}}{\text{대상인구}}$$

$$= \frac{3,520,000\text{ton/year} \times \text{year}/365\text{일} \times 1,000\text{kg/ton}}{6,373,288\text{인}}$$

$= 1.51$kg/인·일

03 750세대, 세대당 평균 가족 수 4인인 아파트에서 배출하는 쓰레기를 2일마다 수거하는데 적재용량 $8m^3$의 트럭 5대가 소요된다. 쓰레기 단위 용적당 중량이 $0.14g/cm^3$이라면 1인 1일당 쓰레기 배출량은?

① 0.93kg/인·일
② 1.38kg/인·일
③ 1.67kg/인·일
④ 2.17kg/인·일

해설 쓰레기 배출량(kg/인·일)

$$= \frac{\text{쓰레기 수거량}}{\text{인구}}$$

$$= \frac{8.0m^3/\text{대} \times 5\text{대} \times 0.14g/cm^3 \times kg/1,000g \times 10^6cm^3/m^3}{750\text{세대} \times 4\text{인}/\text{세대} \times 2\text{일}}$$

$= 0.93$kg/인·일

04 어느 도시의 쓰레기를 수집한 후 각 성분별로 함수량을 측정한 결과가 다음 표와 같았다. 쓰레기 전체의 함수율(%) 값은?(단, 중량 기준)

성분	구성중량(kg)	함수율(%)
식품폐기물	10	70
플라스틱류	5	2
종이류	7	6
금속류	3	3
연탄재	25	8

① 18.1%　② 19.2%
③ 20.3%　④ 21.4%

해설 $$\text{함수율}(\%) = \frac{\text{총 수분량}}{\text{총 쓰레기중량}} \times 100$$

$$= \left[\frac{(10 \times 0.7) + (5 \times 0.02) + (7 \times 0.06) + (3 \times 0.03) + (25 \times 0.08)}{10+5+7+3+25}\right] \times 100$$

$= 19.2\%$

정답 01 ① 02 ① 03 ① 04 ②

05 **인구 2,000명인 도시에서 일주일간 쓰레기 수거상황을 조사한 결과, 차량대수 3대, 수거횟수 4회/대, 트럭 적재함 부피 $10m^3$, 적재 시 밀도 $0.6t/m^3$이었다. 1인당 1일 쓰레기 발생량은?**

① 3.43kg/1일 · 1인 ② 4.45kg/1일 · 1인
③ 5.14kg/1일 · 1인 ④ 6.38kg/1일 · 1인

해설 쓰레기 발생량(kg/인 · 일)

$$= \frac{\text{쓰레기 수거량}}{\text{인구}}$$

$$= \frac{10m^3/\text{대} \times 3\text{대} \times 0.6ton/m^3 \times 1{,}000kg/ton \times 4\text{회}}{2{,}000\text{인} \times 7\text{일}}$$

$= 5.14kg/인 \cdot 일$

06 **밀도가 $500kg/m^3$인 폐기물 5ton을 압축비(CR) 2.5 로 압축시켰다면 부피 감소율(VR, %)은?**

① 50 ② 60
③ 70 ④ 80

해설 $\text{부피감소율(VR)} = \left(1 - \frac{1}{CR}\right) \times 100 = \left(1 - \frac{1}{2.5}\right) \times 100$

$= 0.6 \times 100 = 60\%$

07 **다음 중 폐기물 관리에서 가장 우선적으로 고려해야 하는 것은?**

① 감량화 ② 최종처분
③ 소각열 회수 ④ 유기물 퇴비화

해설 폐기물 관리에서 가장 우선적으로 고려해야 하는 것은 감량화이다.

08 **다음은 다양한 쓰레기 수집 시스템에 관한 설명이다. 각 시스템에 대한 설명으로 옳지 않은 것은?**

① 모노레일 수송은 쓰레기를 적환장에서 최종처분장까지 수송하는 데 적용할 수 있다.
② 컨베이어 수송은 지상에 설치한 컨베이어에 의해 수송하는 방법으로 신속 정확한 수송이 가능하나 악취와 경관에 문제가 있다.
③ 컨테이너 철도수송은 광대한 지역에서 적용할 수 있는 방법이며 컨테이너의 세정에 많은 물이 요구되어 폐수처리의 문제가 발생한다.
④ 관거를 이용한 수거는 자동화, 무공해화가 가능하나 조대쓰레기는 파쇄, 압축 등의 전처리가 필요하다.

해설 **컨베이어(Conveyor) 수송**

① 지하에 설치된 컨베이어에 의해 쓰레기를 수송하는 방법이다.
② 컨베이어 수송설비를 하수도처럼 배치하여 각 가정의 쓰레기를 처분장까지 운반할 수 있다.
③ 악취문제를 해결하고 경관을 보전할 수 있는 장점이 있다.
④ 전력비, 시설비, 내구성, 미생물부착 등이 문제가 되며 고가의 시설비와 정기적인 정비로 인한 유지비가 많이 드는 단점이 있다.

컨테이너(Container) 수송

① 광대한 국토와 철도망이 있는 곳에서 사용할 수 있다.
② 수집차에 의해서 기지역까지 운반한 후 철도에 적환하여 매립지까지 운반하는 방법이다.
③ 사용 후 세정으로 세정수 처리문제를 고려해야 한다.
④ 수집차에 집중과 청결유지가 가능한 지역(철도역 기지)의 선정이 문제가 된다.

09 **함수율 80wt%인 슬러지를 함수율 10wt%로 건조하였다면 슬러지 5톤당 증발된 수분량은?(단, 슬러지 비중은 1.0)**

① 약 2,600kg
② 약 2,800kg
③ 약 3,400kg
④ 약 3,900kg

해설 **물질수지식을 이용하여 계산**

5ton × (1 − 0.8) = 건조 후 슬러지양 × (1 − 0.1)
건조 후 슬러지양 = 1.11ton
증발수분량(kg) = 건조 전 슬러지양 − 건조 후 슬러지양
= 5,000 − 1,111.11 = 3,888.88kg

10 **폐기물 매립 시 파쇄를 통해 얻을 수 있는 이점과 가장 거리가 먼 것은?**

① 매립작업만으로 고밀도 매립이 가능하다.
② 표면적 감소로 미생물 작용이 촉진되어 매립지 조기 안정화가 가능하다.
③ 곱게 파쇄하면 복토 요구량이 절감된다.
④ 폐기물의 밀도가 증가되어 바람에 멀리 날아갈 염려가 적다.

정답 05 ③ 06 ② 07 ① 08 ② 09 ④ 10 ②

해설 쓰레기를 파쇄하여 매립 시 장점

① 곱게 파쇄하면 매립 시 복토가 필요 없거나 복토요구량이 절감된다.
② 매립 시 폐기물이 잘 섞여서 호기성 조건을 유지하므로 냄새가 방지된다.
③ 매립작업이 용이하고 압축장비가 없어도 고밀도의 매립이 가능하다.
④ 폐기물 입자의 표면적이 증가되어 미생물 작용이 촉진된다.
⑤ 병원균의 매개체의 섭취가능 음식이 없어져 이들의 서식이 불가능하다.
⑥ 폐기물의 밀도가 증가되어 바람에 멀리 날아갈 염려가 없다.
⑦ 압축 시 밀도증가율이 크므로 운반비가 감소한다.

11 선별방법 중 주로 물렁거리는 가벼운 물질로부터 딱딱한 물질을 선별하는 데 사용되는 것은?

① Flotation
② Heavy Media Separator
③ Stoners
④ Secators

해설 Secators

① 경사진 컨베이어를 통해 폐기물을 주입시켜 천천히 회전하는 드럼 위에 떨어뜨려서 선별하는 장치이며 물렁거리는 가벼운 물질(가볍고 탄력 없는 물질)로부터 딱딱한 물질(무겁고 탄력 있는 물질)을 선별하는 데 사용한다.
② 주로 퇴비 중의 유리조각을 추출할 때 이용되는 선별장치이다.

12 다음 조건에 따른 지역의 쓰레기 수거는 1주일에 최소 몇 회 이상 하여야 하는가?(단, 발생된 쓰레기밀도 160kg/m^3, 차량적재용량 15m^3, 압축비 2.0, 발생량 1.2kg/인·일, 적재함 이용률 80%, 차량대수 1대, 수거대상 인구 4,000인, 수거인부 8명)

① 69 ② 76
③ 88 ④ 94

해설 $$\text{수거횟수(회/주)} = \frac{\text{총발생량(kg/주)}}{\text{1회 수거량(kg/회)}} = \frac{1.2\,\text{kg/인·일} \times 40{,}000\,\text{인} \times 7\,\text{일/주}}{15\,\text{m}^3/\text{대} \times 1\text{대/회} \times 160\,\text{kg/m}^3 \times 0.8 \times 2} = 87.5\,\text{회/주}$$

13 다음 중 적환장이 설치되는 경우로 옳지 않은 것은?

① 고밀도 거주지역이 존재할 때
② 작은 용량의 수집차량이 사용되는 경우
③ 상업지역에서 폐기물 수집에 소형용기를 많이 사용하는 경우
④ 불법투기와 다량의 어질러진 쓰레기들이 발생하는 경우

해설 적환장 설치가 필요한 경우

① 작은 용량의 수집차량을 사용할 때(15m^3 이하)
② 저밀도 거주지역이 존재할 때
③ 불법투기와 다량의 어질러진 쓰레기들이 발생할 때
④ 슬러지 수송이나 공기수송방식을 사용할 때
⑤ 처분지가 수집장소로부터 멀리 떨어져 있을 때
⑥ 상업지역에서 폐기물 수집에 소형 용기를 많이 사용하는 경우
⑦ 쓰레기 수송 비용절감이 필요한 경우
⑧ 압축식 수거 시스템인 경우

14 함수율 60%인 쓰레기와 함수율 90%인 하수슬러지를 5 : 1의 비율로 혼합하면 함수율은?(단, 비중은 1.0 기준)

① 60% ② 65%
③ 70% ④ 75%

해설 $$\text{함수율(\%)} = \left[\frac{(5\times0.6)+(1\times0.9)}{5+1}\right]\times100 = 65\%$$

15 쓰레기 관리 체계에서 비용이 가장 많이 드는 것은?

① 수거 ② 처리
③ 저장 ④ 분석

해설 폐기물 관리에 소요되는 총비용 중 수거 및 운반단계가 60% 이상을 차지한다. 즉, 폐기물 관리 시 비용이 가장 많이 든다.

16 폐기물 수거를 위한 노선을 결정할 때 고려하여야 할 내용으로 옳지 않은 것은?

① 언덕지역에서는 언덕의 꼭대기에서부터 시작하여 적재하면서 차량이 아래로 진행하도록 한다.
② 아주 많은 양의 쓰레기가 발생되는 발생원은 하루 중 가장 나중에 수거한다.

정답 11 ④ 12 ③ 13 ① 14 ② 15 ① 16 ②

③ 적은 양의 쓰레기가 발생하나 동일한 수거빈도를 받기를 원하는 적재지점은 가능한 한 같은 날 왕복 내에서 수거하도록 한다.

④ 가능한 한 시계방향으로 수거노선을 결정한다.

해설 **수거노선 설정 시 유의사항**

① 지형이 언덕인 지역에서는 언덕의 위에서부터 내려가며 적재하면서 차량을 진행하도록 한다.(안전성, 연료비 절약)
② 수거인원 및 차량형식이 같은 기존시스템의 조건들을 서로 관련시킨다.
③ 출발점은 차고와 가깝게 하고 수거된 마지막 컨테이너가 처분지의 가장 가까이에 위치하도록 배치한다.
④ 가능한 한 지형지물 및 도로경계와 같은 장벽을 사용하여 간선도로 부근에서 시작하고 끝나야 한다.(도로경계 등을 이용)
⑤ 가능한 한 시계방향으로 수거노선을 정한다.
⑥ 적은 양의 쓰레기가 발생하나 동일한 수거빈도를 받기 원하는 적재지점(수거지점)은 같은 날 왕복 내에서 수거한다.
⑦ 아주 많은 양의 쓰레기가 발생되는 발생원은 하루 중 가장 먼저 수거한다.
⑧ 될 수 있는 한 한 번 간 길은 다시 가지 않는다.
⑨ 반복운행 또는 U자형 회전은 피하여 수거한다.
⑩ 교통량이 많거나 출퇴근시간은 피하여 수거한다.

17 **다음 중 파쇄기에 관한 내용으로 옳지 않은 것은?**

① 전단파쇄기는 파쇄물의 크기를 고르게 할 수 있다.
② 충격파쇄기는 금속 및 고무 파쇄에 유리하다.
③ 압축파쇄기는 나무, 콘크리트 덩어리, 건축 폐기물 파쇄에 이용된다.
④ 습식 펄퍼(Wet Pulpur)는 소음, 분진, 폭발사고를 방지할 수 있다.

해설 **충격파쇄기**

① 원리

충격파쇄기(해머밀 파쇄기)에 투입된 폐기물은 중심축의 주위를 고속회전하고 있는 회전 해머의 충격에 의해 파쇄된다.

② 특징

㉠ 충격파쇄기는 주로 회전식이다.
㉡ 해머밀(Hammermill)이 대표적이다.
㉢ Hammer나 Impeller의 마모가 심하다.
㉣ 금속, 고무, 연질플라스틱류의 파쇄가 어렵다.
㉤ 도시폐기물 파쇄 소요동력 : 최소동력 15kWh/ ton, 평균 20kWh/ton
㉥ 대상폐기물 : 유리, 목질류

18 **폐기물의 압축 전 밀도는 500kg/m³이고, 압축시킨 후 밀도는 800kg/m³이었다. 이 폐기물의 부피감소율은?**

① 31.5% ② 33.5%
③ 35.5% ④ 37.5%

해설 $V_i = \dfrac{1\text{kg}}{500\text{kg/m}^3} = 0.002\text{m}^3$

$V_f = \dfrac{1\text{kg}}{800\text{kg/m}^3} = 0.00125\text{m}^3$

$$\text{부피감소율(VR)} = \left(1 - \frac{V_f}{V_i}\right) \times 100 = \left(1 - \frac{0.00125}{0.002}\right) \times 100 = 37.5\%$$

19 **폐기물 발생량 예측방법 중 모든 인자를 시간에 함수로 나타낸 후 시간에 대한 함수로 표현된 각 영향인자 간의 상관계수를 수식화하는 것은?**

① 상관모사모델
② 시간추정모델
③ 동적모사모델
④ 다중회귀모델

해설 **동적모사모델(Dynamic Simulation Model)**

① 쓰레기 발생량에 영향을 주는 모든 인자를 시간에 대한 함수로 나타낸 후 시간에 대한 함수로 표현된 각 영향인자들 간의 상관관계를 수식화하는 방법
② 시간만을 고려하는 경향법과 시간을 단순히 하나의 독립적인 종속인자로 고려하는 다중회귀모델의 문제점을 보안한 예측방법
③ Dynamo 모델 등이 있음

20 **채취한 쓰레기 시료에 대한 성상분석 절차로 가장 옳은 것은?**

① 밀도 측정 → 물리적 조성 → 건조 → 분류
② 밀도 측정 → 물리적 조성 → 분류 → 건조
③ 물리적 조성 → 밀도 측정 → 건조 → 분류
④ 물리적 조성 → 밀도 측정 → 분류 → 건조

정답 17 ② 18 ④ 19 ③ 20 ①

해설 쓰레기 성상분석 절차 순서

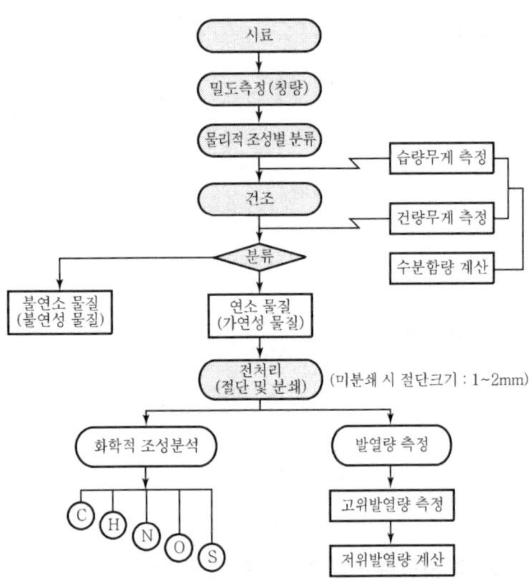

제2과목 폐기물처리기술

21 메탄올(CH_3OH) 3kg을 완전 연소하는 데 필요한 이론 공기량은?

① $10Sm^3$ ② $15Sm^3$
③ $20Sm^3$ ④ $25Sm^3$

해설 CH_3OH의 분자량은
$[C+H_4+O=12+(1\times4)+16=32]$이다.

각 성분의 구성비 : $C=12/32=0.375$
$H=4/32=0.125$
$O=16/32=0.500$

$$A_o=\frac{1}{0.21}(1.867\,C+5.6H-0.7O)$$

$$=\frac{1}{21}[(1.867\times0.375)+(5.6\times0.125)-(0.7\times0.5)]$$

$$=5.0Sm^3/kg\times3kg=15Sm^3$$

[Note] 다른 풀이

$CH_2OH\ +\ 1.5O_2 \rightarrow CO_2\ +\ 2H_2O$
32kg : $1.5\times22.4\ Sm^3$
3kg : $O_o(Sm^3)$
$O_o(Sm^3)=3.15Sm^3$

$$A_o=\frac{O_o}{0.21}=\frac{3.15}{0.21}=15Sm^3$$

22 폐기물 열분해의 장점으로 옳지 않은 것은?(단, 소각처리와 비교 기준)

① 황 및 중금속이 회분 속에 고정되는 비율이 크다.
② 저장 및 수송이 가능한 연료를 회수할 수 있다.
③ 환원성 분위기가 유지되어 Cr^{3+}가 Cr^{6+}로 변화된다.
④ 배기 가스양이 적다.

해설 열분해공정이 소각에 비하여 갖는 장점

① 대기로 방출하는 배기가스양이 적게 배출된다.(가스처리장치가 소형화)
② 황 · 중금속분이 Ash(회분) 중에 고정되는 비율이 크다.
③ 상대적으로 저온이기 때문에 NOx(질소산화물), 염화수소의 발생량이 적다.
④ 환원기가 유지되므로 Cr^{3+}이 Cr^{6+}으로 변화하기 어려우며 대기오염물질의 발생이 적다.(크롬산화 억제)
⑤ 폐플라스틱, 폐타이어, 오니류 등 스토커 소각처리가 곤란한 물질도 처리 가능하다.
⑥ 공기공급장치의 소형화 및 감량화로 매립용량이 감소한다.
⑦ 소각에 비교하여 생성물의 정제장치가 필요하다.
⑧ 고온용융식을 이용하면 재를 고형화할 수 있고 중금속의 용출이 없어서 자원으로 활용할 수 있다.
⑨ 저장 및 수송이 가능한 연료를 회수할 수 있다.

23 $C_{70}H_{130}O_{40}N_5$의 분자식을 가진 물질 100kg이 완전히 혐기 분해할 때 생성되는 이론적 암모니아의 부피는? [단, $C_{70}H_{130}O_{40}N_5$ + (가)H_2O → (나) CH_4 → (다)CO_2 + (라)NH_3]

① $3.7Sm^3$ ② $4.7Sm^3$
③ $5.7Sm^3$ ④ $6.7Sm^3$

해설 완전분해반응식

$C_{70}H_{130}O_{40}N_5$ + (가)H_2O → (나)CH_4 → (다)CO_2 + (라)NH_3
(라) = 5
$C_{70}H_{130}O_{40}N_5 \rightarrow 5NH_3$
$C_{70}H_{130}O_{40}N_5$의 분자량
$=(12\times70)+(1\times130)+(16\times40)+(14\times5)$
$=1,680$
1,680kg : $22.4Sm^3$
100kg : $NH_3(Sm^3)$

$$NH_3(Sm^3)=\frac{100\ kg\times(5\times22.4)Sm^3}{1,680\ kg}=6.67Sm^3$$

정답 21 ② 22 ③ 23 ④

24 혐기성 소화와 호기성 소화를 비교한 내용으로 옳지 않은 것은?

① 호기성 소화 시 상층액의 BOD 농도가 낮다.
② 호기성 소화 시 슬러지 발생량이 많다.
③ 혐기성 소화 슬러지 탈수성이 불량하다.
④ 혐기성 소화 운전이 어렵고 반응시간도 길다.

해설 **혐기성 소화의 장단점**

① 장점
㉠ 호기성 처리에 비해 슬러지 발생량이 적다.
㉡ 동력시설의 소모가 적어 운전비용(동력비)이 저렴하다(산소공급 불필요).
㉢ 생성슬러지의 탈수 및 건조가 쉽다(발생 양호).
㉣ 메탄가스 회수가 가능하다(회수된 가스를 연료로 사용 가능함).
㉤ 병원균의 사멸이 가능하다.
㉥ 고농도 폐수처리가 가능하다(국내 대부분의 하수처리장에서 적용 중).

② 단점
㉠ 호기성 소화공법보다 운전이 용이하지 않다(운전이 어려우므로 유지관리에 숙련이 필요함).
㉡ 소화가스는 냄새(NH_3, H_2S)가 문제된다(악취 발생 문제).
㉢ 부식성이 높은 편이다.
㉣ 높은 온도가 요구되며 미생물 성장속도가 느리다.
㉤ 상등수의 농도가 높고 반응이 더디어 소화기간이 비교적 오래 걸린다.
㉥ 처리효율이 낮고 시설비가 많이 든다.

호기성 소화의 장단점

① 장점
㉠ 혐기성 소화보다 운전이 용이하다.
㉡ 상등액(상층액)의 BOD와 SS 농도가 낮아 수질이 양호하며 암모니아 농도도 낮다.
㉢ 초기 시공비가 적고 악취발생이 저감된다.
㉣ 처리수내 유지류의 농도가 낮다.

② 단점
㉠ 소화 슬러지양이 많다.
㉡ 소화 슬러지의 탈수성이 불량하다.
㉢ 설치부지가 많이 소요되고 폭기에 소요되는 동력비가 상승한다.
㉣ 유기물 저감률이 적고 연료가스 등 부산물의 가치가 적다(메탄가스 발생 없음).

25 다음과 같은 조건에서 매립지에서 발생한 가스 중 메탄의 양은 몇 m^3인가?

[조건]
- 총 쓰레기양 : 50ton
- 쓰레기 중 유기물 함량 : 35%(무게 기준)
- 발생 가스 중 메탄함량 : 40%(부피 기준)
- kg당 가스발생량 : $0.6m^3$
- 유기물 비중 : 1

① 4,200 ② 5,200
③ 6,200 ④ 7,200

해설 메탄의 양(m^3) $= 50ton \times 0.35 \times 0.4 \times 0.6m^3/kg \times 1,000kg/ton$
$= 4,200m^3$

26 탄소, 수소 및 황의 중량비가 83%, 14%, 3%인 폐유 3kg/hr을 소각시키는 경우 배기가스의 분석치가 CO_2 12.5%, O_2 3.5%, N_2 84%이었다면 매시 필요한 공기량은?

① $35Sm^3/hr$ ② $40Sm^3/hr$
③ $45Sm^3/hr$ ④ $50Sm^3/hr$

해설 $m = \dfrac{N_2}{N_2 - 3.76O_2} = \dfrac{84}{84-(3.76\times3.5)} = 1.19$

$A_o = \dfrac{1}{0.21}(1.867C + 5.6H + 0.7S)$

$= \dfrac{1}{0.21}[(1.867\times0.87 + (5.6\times0.14) + (0.7\times0.03)]$

$= 11.21Sm^3/kg$

실제공기량$(A) = m \times A_o$
$= 1.19 \times 11.21Sm^3/kg \times 3kg/hr$
$= 40.03Sm^3/hr$

27 슬러지를 최종 처분하기 위한 가장 합리적인 처리공정 순서는?

A : 최종처분, B : 건조, C : 개량, D : 탈수, E : 농축, F : 유기물 안정화(소화)

① E−F−D−C−B−A ② E−D−F−C−B−A
③ E−F−C−D−B−A ④ E−D−C−F−B−A

해설 **슬러지 처리 공정(순서)**
농축 → 소화(안정화) → 개량 → 탈수 → 건조 → 소각 → 매립

정답 24 ③ 25 ① 26 ② 27 ③

28 분뇨 100kL에서 SS 24,500mg/L을 제거하였다. SS의 함수율이 96%라고 하면 그 부피는?(단, 비중은 1.0 기준)

① $25m^3$　② $40m^3$
③ $61m^3$　④ $83m^3$

해설 SS의 부피(m^3) $= 100m^3 \times 0.0245kg/L \times 1,000\ L/m^3 \times \frac{m^3}{1,000kg} \times \frac{100}{100-96}$
$= 61.25m^3$

29 밀도가 $600kg/m^3$인 도시형 쓰레기 200ton을 소각한 결과 밀도가 $100kg/m^3$인 소각재가 60ton이 되었다면 소각 시 부피감소율(%)은?

① 82%　② 86%
③ 92%　④ 96%

해설 $V_i = \frac{200ton}{0.6ton} = 333.33m^3$

$V_f = \frac{60ton}{1ton/m^3} = 60m^3$

부피감소율(VR) $= \left(1 - \frac{V_s}{V_i}\right) \times 100$
$= \left(1 - \frac{60}{333.33}\right) \times 100 = 81.99\%$

30 전기집진장치의 장단점으로 옳은 것은?

① 대량의 분진함유가스 처리는 곤란하다.
② 운전비와 유지비가 많이 소요된다.
③ 압력손실이 크다.
④ 회수할 가치가 있는 입자의 포집이 가능하다.

해설 **전기집진기의 장단점**
① 장점
㉠ 집진효율이 높다(0.01μm 정도 포집 용이, 99.9% 정도 고집진 효율).
㉡ 대량의 분진함유가스의 처리가 가능하다.
㉢ 압력손실이 적고 미세한 입자까지도 처리가 가능하다.
㉣ 운전, 유지 · 보수비용이 저렴하다.
㉤ 고온(500℃ 전 · 후) 가스 및 대량가스 처리가 가능하다.
㉥ 광범위한 온도범위에서 적용이 가능하며 폭발성 가스의 처리도 가능하다.
㉦ 회수가치 입자포집에 유리하고 압력손실이 적어 소요동력이 적다.
㉧ 배출가스의 온도강하가 적다.
② 단점
㉠ 분진의 부하변동(전압변동)에 적응하기 곤란하여, 고전압으로 안전사고의 위험성이 높다.
㉡ 분진의 성상에 따라 전처리시설이 필요하다.
㉢ 설치비용이 많이 소요되고 설치공간을 많이 차지한다.
㉣ 특정물질을 함유한 분진 제거에는 곤란하다.
㉤ 가연성 입자의 처리가 곤란하다.

31 소각로 설계의 기준이 되고 있는 발열량은?

① 고위발열량　② 저위발열량
③ 평균발열량　④ 최대발열량

해설 소각로 설계의 기준이 되는 것은 저위발열량이다.

32 처리장으로 유입되는 생분뇨의 BOD가 15,000 ppm, 이때의 염소이온 농도가 6,000ppm이었다. 이 생분뇨를 희석한 후 활성슬러지법으로 처리한 처리수의 BOD는 60ppm, 염소이온은 200ppm이었다면 활성슬러지법에서의 BOD 제거율은?

① 73%　② 78%
③ 82%　④ 88%

해설 $BOD_o = 60ppm$

$BOD_i = 1,500ppm \times \left(\frac{200}{6,000}\right) = 500ppm$

BCD 처리효율(%) $= \left(1 - \frac{BOD_o}{BOD_i}\right) \times 100$
$= \left(1 - \frac{60}{500}\right) \times 100 = 88\%$

33 매립 시 표면차수막에 관한 설명으로 옳지 않은 것은?

① 지중에 수평방향의 차수층이 존재하는 경우에 적용한다.
② 시공 시에는 눈으로 차수성 확인이 가능하나 매립 후에는 곤란하다.
③ 지하수 집배수시설이 필요하다.
④ 차수막 단위면적당 공사비는 싸지만 매립지 전체를 시공하는 경우가 많아 총 공사비는 비싸다.

해설 **표면차수막**
① 적용조건
㉠ 매립지반의 투수계수가 큰 경우에 사용
㉡ 매립지의 필요한 범위에 차수재료로 덮인 바닥이 있는 경우에 사용

정답 28 ③　29 ①　30 ④　31 ②　32 ④　33 ①

② 시공 : 매립지 전체를 차수재료로 덮는 방식으로 시공
③ 지하수 집배수시설 : 원칙적으로 지하수 집배수시설을 시공하므로 필요함
④ 차수성 확인 : 시공 시에는 차수성이 확인되지만 매립 후에는 곤란함
⑤ 경제성 : 단위면적당 공사비는 저가이나 전체적으로 비용이 많이 듦
⑥ 보수 : 매립 전에는 보수, 보강 시공이 가능하나 매립 후에는 어려움
⑦ 공법 종류
㉠ 지하연속벽 ㉡ 합성고무계 시트
㉢ 합성수지계 시트 ㉣ 아스팔트계 시트

34 고형물 중 VS가 60%이고, 함수율이 97%인 농축슬러지 100m³을 소화시켰다. 소화율(VS 대상)이 50%이고, 소화 후 함수율이 95%라면 소화 후의 부피는?(단, 모든 슬러지의 비중은 1.0이다.)

① $32m^3$ ② $35m^3$
③ $42m^3$ ④ $48m^3$

해설 VS'(잔류유기물)$=(100\times0.03)m^3\times0.6\times0.5=0.9m^3$
FS(무기물)$=(100\times0.03)m^3\times0.4=1.2m^3$

소화 후 슬러지양$(m^3)=(VS'+FS)\times\dfrac{100}{100-X_w}$

$=(1.2+0.9)m^3\times\dfrac{100}{100-95}=42m^3$

35 유동상 소각로의 장점과 가장 거리가 먼 것은?

① 반응시간이 빨라 소각시간이 짧다.
② 기계적 구동부분이 적어 고장률이 낮다.
③ 연소효율이 높아 투입이나 유동을 위한 파쇄가 필요 없다.
④ 유동매체의 축열량이 높아 단기간 정지 후 가동 시에 보조연료 사용 없이 정상가동이 가능하다.

해설 **유동층 소각로의 장단점**
① 장점
㉠ 유동매체의 열용량이 커서 액상, 기상, 고형 폐기물의 전소 및 환소, 균일한 연소가 가능하다.
㉡ 반응시간이 빨라 소각시간이 짧다(노 부하율이 높다).
㉢ 연소효율이 높아 미연소분이 적고 2차 연소실이 불필요하다.
㉣ 가스의 온도가 낮고 과잉공기량이 낮다. 따라서 NO_X도 적게 배출된다.
㉤ 기계적 구동부분이 적어 고장률이 낮아 유지관리가 용이하다.
㉥ 노 내 온도의 자동제어로 열회수가 용이하다.
㉦ 유동매체의 축열량이 높은 관계로 단시간 정지 후 가동 시 보조연료 사용 없이 정상가동이 가능하다.
㉧ 과잉공기량이 적으므로 다른 소각로보다 보조연료사용량과 배출가스양이 적다.
㉨ 석회 또는 반응물질을 유동매체에 혼입시켜 노 내에서 산성가스의 제거가 가능하다.
② 단점
㉠ 층의 유동으로 상으로부터 찌꺼기의 분리가 어려우며 운전비, 특히 동력비가 높다.
㉡ 투입이나 유동화를 위해 파쇄가 필요하다.
㉢ 상재료의 용융을 막기 위해 연소온도는 816℃를 초과할 수 없다.
㉣ 유동매체의 손실로 인한 보충이 필요하다.
㉤ 고점착성의 반유동상 슬러지는 처리하기 곤란하다.
㉥ 소각로 본체에서 압력손실이 크고 유동매체의 비산 또는 분진의 발생량이 가장 많다.
㉦ 조대한 폐기물은 전처리가 필요하다. 즉, 폐기물의 투입이나 유동화를 위해 파쇄공정이 필요하다.

36 어떤 도시에서 1일 50톤의 폐기물이 발생되었고 이 때 밀도가 400kg/m³이었다. 3m 깊이인 도랑식(Trench)으로 매립하고자 할 때 1년 동안 필요한 부지면적은? (단, 도랑점유율이 100%, 매립 시 압축에 따른 쓰레기 부피 감소율은 50%로 한다.)

① 약 $5,410m^2$ ② 약 $6,210m^2$
③ 약 $7,610m^2$ ④ 약 $8,810m^2$

해설 매립면적$(m^2)=\dfrac{\text{폐기물 발생량}}{\text{밀도}\times\text{깊이}}\times(1-\text{부피감소율})$

$=\dfrac{50ton/day\times365day/year\times1year}{0.4ton/m^3\times3m}\times0.5$

$=7,604.17m^2$

37 다이옥신 저감을 위한 대표적 설비인 '활성탄+백필터'의 장단점으로 옳지 않은 것은?

① 파손 여과포의 교체회수가 많아 인력 및 경비 부담이 크고 설비의 연속운전에 지장을 줄 수 있다.
② 다이옥신과 함께 중금속 등이 흡착된다.
③ 체류시간이 길어져 다이옥신 재형성 방지가 어렵다.
④ 활성탄 주입량을 변경하면 제거효율을 어느 정도 변경 가능하다.

해설 체류시간이 작아 다이옥신 재형성 방지가 어렵다.

정답 34 ③ 35 ③ 36 ③ 37 ③

38 인구가 300,000인 도시의 폐기물 매립지를 선정하고자 한다. 도시의 1인당 폐기물 발생량은 1.5kg/day이었으며 폐기물의 밀도는 500kg/m^3이었다. 매립지는 지형상 2m 정도 굴착 가능하다면 매립지 선정에 필요한 최소한의 면적(m^2/year)은?(단, 지면보다 높게 매립하지 않는다고 가정하며 기타 조건은 고려하지 않음)

① 129,350 ② 164,250
③ 228,350 ④ 286,550

해설

$$\text{매립면적}(m^2/year) = \frac{\text{매립폐기물의 양}}{\text{폐기물 밀도} \times \text{매립깊이}}$$

$$= \frac{1.5kg/\text{인} \cdot \text{일} \times 300{,}000\text{인} \times 365\text{일}/year}{500kg/m^3 \times 2m}$$

$$= 164{,}250m^2/year$$

39 일일 처리량이 35kL인 분뇨처리장에서 메탄가스를 생산을 하고자 한다. 가스 생산을 위한 탱크용량은?(단, 탱크체류시간 8시간, 메탄 가스발생량은 처리량의 8배로 가정)

① 약 42kL ② 약 68kL
③ 약 93kL ④ 약 124kL

해설 탱크용량(kL) = 35 kL/day × 8hr × day/24hr × 8 = 93.33kL

40 폐기물 고화처리방법 중 자가시멘트법의 장단점으로 옳지 않은 것은?

① 혼합률이 높다.
② 중금속 저지에 효과적이다.
③ 탈수 등 전처리가 필요 없다.
④ 고농도 황화물 함유 폐기물에 적용한다.

해설 **자가시멘트법의 장단점**

① 장점
㉠ 혼합률(MR)이 비교적 낮다.
㉡ 중금속의 고형화 처리에 효과적이다.
㉢ 전처리(탈수 등)가 필요 없다.
② 단점
㉠ 장치비가 크며 숙련된 기술이 요구된다.
㉡ 보조에너지가 필요하다.
㉢ 많은 황화물을 가지는 폐기물에 적합하다.

제3과목 폐기물공정시험기준(방법)

41 유리 전극법을 적용한 수소이온농도 측정 개요에 관한 내용으로 옳지 않은 것은?

① pH를 0.01까지 측정한다.
② 유리전극은 일반적으로 용액의 색도, 탁도, 콜로이드성 물질들에 의해 간섭을 받지 않는다.
③ 유리전극은 일반적으로 용액의 산화 및 환원성 물질들 그리고 염도에 의해 간섭을 받지 않는다.
④ pH 4 이하에서는 나트륨에 대한 오차가 발생할 수 있으므로 "낮은 나트륨 오차 전극"을 사용한다.

해설 **수소이온농도 – 유리전극법의 적용범위 및 간섭물질**

① 적용범위 : pH를 0.01까지 측정
② 간섭물질
㉠ 유리전극 : 용액의 색도, 탁도, 콜로이드성 물질들, 산화 및 환원성 물질들, 염도에 의해 간섭을 받지 않음
㉡ pH 10 이상에서 나트륨에 의해 오차가 발생하는 경우 "낮은 나트륨 오차 전극" 사용하여 줄임
㉢ 기름층이나 작은 입자상이 전극을 피복하여 pH 측정을 방해하는 경우
- 피복물을 부드럽게 문질러 닦아내거나 세척제로 닦아낸 후 정제수로 세척하고 부드러운 천으로 수분을 제거하여 사용함
- 염산(1+9) 용액을 사용하여 피복물을 제거할 수 있음
㉣ pH
- 온도변화에 따라 영향을 받음
- 대부분의 pH 측정기는 자동으로 온도 보정
- 온도별 표준액의 pH 값에 따라 보정할 수도 있음

42 "함침성 고상폐기물"의 정의로 옳은 것은?

① 종이, 목재 등 수분을 흡수하는 변압기 내부부재(종이, 나무와 금속이 서로 혼합되어 있어 분리가 어려운 경우를 포함한다)를 말한다.
② 종이, 목재 등 수분을 흡수하는 변압기 내부부재(종이, 나무와 금속이 서로 혼합되어 있어 분리가 어려운 경우는 제외한다)를 말한다.
③ 종이, 목재 등 기름을 흡수하는 변압기 내부부재(종이, 나무와 금속이 서로 혼합되어 있어 분리가 어려운 경우를 포함한다)를 말한다.

정답 38 ② 39 ③ 40 ① 41 ④ 42 ③

④ 종이, 목재 등 기름을 흡수하는 변압기 내부부재(종이, 나무와 금속이 서로 혼합되어 있어 분리가 어려운 경우는 제외한다)를 말한다.

해설 ① 함침성 고상폐기물 : 종이, 목재 등 기름을 흡수하는 변압기 내부부재(종이, 나무와 금속이 서로 혼합되어 분리가 어려운 경우 포함)를 말한다.
② 비함침성 고상폐기물 : 금속판, 구리선 등 기름을 흡수하지 않는 평면 또는 비평면 형태의 변압기 내부부재를 말한다.

43 다음은 시료의 분할채취방법 중 구획법에 관한 내용이다. ( ) 안의 내용으로 옳은 것은?

> ① 모아진 대시료를 네모꼴로 엷게 균일한 두께로 편다.
> ② 이것을 가로 4등분, 세로 5등분하여 20개의 덩어리로 나눈다.
> ③ (   )

① 20개 중 대각선으로 8개 덩어리를 취하여 혼합하여 하나의 시료로 한다.
② 20개 중 가로 2등분, 세로 3 등분을 임의로 취하여 혼합하여 하나의 시료로 한다.
③ 20개 중 가로 2등분, 세로 2 등분을 임의로 취하여 혼합하여 하나의 시료로 한다.
④ 20개의 각 부분에서 균등량씩을 취하여 혼합하여 하나의 시료로 한다.

해설 **구획법**
① 모아진 대시료를 네모꼴로 엷게 균일한 두께로 편다.
② 이것을 가로 4등분, 세로 5등분하여 20개의 덩어리로 나눈다.
③ 20개의 각 부분에서 균등량을 취한 후 혼합하여 하나의 시료로 만든다.

44 다음은 자외선/가시선 분광법을 적용하여 납을 측정할 때 시험방법에 관한 내용이다. ( ) 안에 옳은 내용은?

> 시료 중에 납 이온이 ( ) 공존하에 알칼리성에서 디티존과 반응하여 생성하는 납 디티존을 ( )용액으로 씻은 다음 납 착염의 흡광도를 520nm에서 측정하는 방법이다.

① 시안화칼륨　　② 수산화나트륨
③ 이염화주석　　④ 염화하이드록실아민

해설 **납 – 자외선/가시선 분광법**
시료 중에 납 이온이 시안화칼륨 공존하에 알칼리성에서 디티존과 반응하여 생성하는 납 디티존착염을 사염화탄소로 추출하고 과잉의 디티존을 시안화칼륨용액으로 씻은 다음 납 착염의 흡광도를 520nm에서 측정하는 방법이다.

45 자외선/가시선 분광법을 적용하여 구리(Cu)를 측정하고자 할 때 시험 개요에 관한 내용으로 옳지 않은 것은?

① 흡광도를 440mm에서 측정한다.
② 정량한계는 0.002mg이다.
③ 흡수셀 세척 시에는 과황산칼륨용액(2W/V%)에 소량의 계면활성제를 가하여 사용한다.
④ 비스무트(Bi)가 구리의 양보다 2배 이상 존재할 경우에는 황색을 나타내어 방해한다.

해설 **구리 – 자외선/가시선 분광법**
흡수셀이 더러워 측정값에 오차가 발생한 경우
① 탄산나트륨용액(2W/V%)에 소량의 음이온 계면활성제를 가한 용액에 흡수셀을 담가 놓고 필요하면 40~50℃로 약 10분간 가열한다.
② 흡수셀을 꺼내 정제수로 씻은 후 질산(1+5)에 소량의 과산화수소를 가한 용액에 약 30분간 담가 놓았다가 꺼내어 정제수로 잘 씻는다. 깨끗한 거즈나 흡수지 위에 거꾸로 놓아 물기를 제거하고 실리카겔을 넣은 데시케이터 중에서 건조하여 보존한다.
③ 급히 사용하고자 할 때는 물기를 제거한 후 에틸알코올로 씻고 다시 에틸에테르로 씻은 다음 드라이어로 건조해서 사용한다.

46 석면(편광현미경법) 측정 시 적용되는 용어 정의로 옳지 않은 것은?

① 굴절률 : 물질(시료)에 빛의 투과 시 빛의 속도와 진공에서 빛의 속도 비를 말하며 파장과 온도에 상관없이 일정하다.
② 색 : 편광현미경의 개방 니콜상에서 섬유나 미립자의 색을 말한다.
③ 형태 : 섬유나 미립자의 모양, 결정구조, 길고 짧음 등을 말한다.
④ 갈라지는 성질 : 원자들의 결합이 약해서 일정한 방향으로 쪼개지거나 갈라지는 성질을 말한다. 모든 석면 섬유는 한쪽 방향으로서 완전한 방향성을 가지고 있다.

정답 43 ④　44 ①　45 ③　46 ①

해설 **석면 – 편광현미경법의 용어정의**

① 굴절률(Refractive Index)
  ㉠ 물질(시료)에 빛의 투과 시 빛의 속도와 진공에서 빛의 속도 비
  ㉡ 파장과 온도에 따라 변함
② 색 : 편광현미경의 개방니콜(Single Polar 또는 Open Nicole)상에서 섬유나 미립자의 색을 말함
③ 다색성(Pleochroism) : 편광현미경의 개방니콜상에서 재물대를 회전시켰을 때 회전각에 따라 나타나는 섬유나 미립자 색의 변화를 말함
④ 형태(Morphology) : 섬유나 미립자의 모양, 결정구조, 길고 짧음 등을 말함
⑤ 갈라지는 성질(Cleavage)
  ㉠ 원자들의 결합이 약해서 일정한 방향으로 쪼개지거나 갈라지는 성질
  ㉡ 모든 석면섬유는 한쪽 방향으로의 완전한 방향성을 가지고 있음
⑥ 간섭색
  ㉠ 상광선과 이상광선의 상호작용에 의해서 나타나는 색
  ㉡ 미립자의 두께와 방향에 따라 다양하게 나타나며 광물 자체의 색은 아님
⑦ 간섭상
  ㉠ 편광경(Conoscope) 장치(Bertrand Lens를 넣었을 때)를 했을 때 빛의 간섭이 나타나는 현상
  ㉡ 광축의 수량에 따라 일축성과 이축성으로 나눌 수 있음
  ㉢ 각각 결정의 광학적 방향성에 따라 양(+) 또는 음(−)의 간섭상으로 나누어짐

47 총칙에서 규정하고 있는 용어 정의로 옳지 않는 것은?

① 무게를 "정확히 단다"라 함은 규정된 수치의 무게를 0.1mg까지 다는 것을 말한다.
② "정확히 취하여"라 하는 것은 규정한 양의 액체를 홀피펫으로 눈금까지 취하는 것을 말한다.
③ "정밀히 단다"라 함은 규정된 양의 시료를 취하여 화학저울 또는 미량저울로 청량함을 말한다.
④ "용기"라 함은 물질을 취급 또는 저장하기 위한 것으로 일정 기준 이상의 것으로 한다.

해설 **용어정리**

① 액상폐기물 : 고형물의 함량이 5% 미만
② 반고상폐기물 : 고형물의 함량이 5% 이상 15% 미만
③ 고상폐기물 : 고형물의 함량이 15%이상
④ 함침성 고상폐기물 : 종이, 목재 등 기름을 흡수하는 변압기 내부부재(종이, 나무와 금속이 서로 혼합되어 분리가 어려운 경우 포함)를 말함
⑤ 비함침성 고상폐기물 : 금속판, 구리선 등 기름을 흡수하지 않는 평면 또는 비평면 형태의 변압기 내부부재를 말함
⑥ 즉시 : 30초 이내에 표시된 조작을 하는 것을 의미
⑦ 감압 또는 진공 : 15 mmHg 이하
⑧ 이상과 초과, 이하, 미만
  ㉠ "이상"과 "이하"는 기산점 또는 기준점인 숫자를 포함
  ㉡ "초과"와 "미만"은 기산점 또는 기준점인 숫자를 불포함
  ㉢ a~b → a 이상 b 이하
⑨ 바탕시험을 하여 보정한다. : 시료에 대한 처리 및 측정을 할 때, 시료를 사용하지 않고 같은 방법으로 조작한 측정치를 빼는 것을 의미
⑩ 방울수 : 20℃에서 정제수 20방울을 적하할 때, 그 부피가 약 1mL 되는 것을 의미
⑪ 항량으로 될 때까지 건조한다. : 같은 조건에서 1시간 더 건조할 때 전후 무게의 차가 g당 0.3mg 이하
⑫ 용액의 산성, 중성 또는 알칼리성 검사 시 : 유리전극법에 의한 pH 미터로 측정
⑬ 용기 : 시험용액 또는 시험에 관계된 물질을 보존, 운반 또는 조작하기 위하여 넣어두는 것

구분	정의
밀폐 용기	취급 또는 저장하는 동안에 이물질이 들어가거나 또는 내용물이 손실되지 아니하도록 보호하는 용기
기밀 용기	취급 또는 저장하는 동안에 밖으로부터의 공기 또는 다른 가스가 침입하지 아니하도록 내용물을 보호하는 용기
밀봉 용기	취급 또는 저장하는 동안에 기체 또는 미생물이 침입하지 아니하도록 내용물을 보호하는 용기
차광 용기	광선이 투과하지 않는 용기 또는 투과하지 않게 포장한 용기이며 취급 또는 저장하는 동안에 내용물이 광화학적 변화를 일으키지 아니하도록 방지할 수 있는 용기

⑭ 여과한다. : KSM 7602 거름종이 5종 또는 이와 동등한 여과지를 사용하여 여과함을 말함
⑮ 정밀히 단다. : 규정된 양의 시료를 취하여 화학저울 또는 미량저울로 칭량함
⑯ 정확히 단다. : 규정된 수치의 무게를 0.1mg까지 다는 것
⑰ 정확히 취하여 : 규정된 양의 액체를 홀피펫으로 눈금까지 취하는 것
⑱ 정량적으로 씻는다. : 어떤 조작으로부터 다음 조작으로 넘어갈 때 사용한 비커, 플라스크 등의 용기 및 여과막 등에 부착한 정량대상 성분을 사용한 용매로 씻어 그 씻어낸 용액을 합하고 먼저 사용한 같은 용매를 채워 일정용량으로 하는 것
⑲ 약 : 기재된 양에 대하여 ±10% 이상의 차가 있어서는 안 되는 것
⑳ 냄새가 없다. : 냄새가 없거나 또는 거의 없는 것을 표시하는 것
㉑ 시험에 쓰는 물 : 정제수를 말함

정답 47 ④

48 다음은 용출시험방법에 관한 설명이다. 옳은 것은?

① 정제수에 폐기물을 넣고 pH를 4.5~5.8로 조절한다.
② 시료의 조제방법에 따라 조제한 시료 100g 이상을 사용한다.
③ 진탕회수는 매분 당 약 300회로 한다.
④ 진폭은 5~6cm로 4시간 이상 연속 진탕하며 원심 분리기로 분당 3,000회전 이상으로 분리한다.

해설 **용출시험방법**

① 시료용액의 조제
㉠ 시료의 조제방법에 따라 조제한 시료 100g 이상을 정확히 단다.
⇩
㉡ 용매 : 정제수에 염산을 넣어 pH를 5.8~8.3
⇩
㉢ 시료 : 용매=1 : 10(W/V)의 비로 2,000mL 삼각플라스크에 넣어 혼합

② 용출조작
㉠ 진탕 : 혼합액을 상온, 상압에서 진탕횟수가 매분당 약 200회, 진폭이 4~5cm의 진탕기를 사용하여 6시간 연속 진탕
⇩
㉡ 여과 : 1.0μm의 유리섬유여과지로 여과
⇩
㉢ 여과액을 적당량 취하여 용출실험용 시료용액으로 함

49 운반차량에서 시료를 채취할 경우, 5톤 미만의 차량에 폐기물이 적재되어 있을 때 평면상에서 몇 등분하여 각 등분마다 채취하는가?

① 3등분
② 6등분
③ 9등분
④ 12등분

해설 **폐기물이 차량에 적재되어 있는 경우 시료 채취수**

① 5ton 미만의 차량에 적재되어 있는 경우
적재폐기물을 평면상에서 6등분한 후 각 등분마다 시료 채취
② 5ton 이상의 차량에 적재되어 있는 경우
적재폐기물을 평면상에서 9등분한 후 각 등분마다 시료 채취

50 자외선/가시선 분광광도계 광원부의 광원 중 자외부의 광원으로 주로 사용되는 것은?

① 중수소방전관
② 텅스텐램프
③ 중공음극램프
④ 나트륨방전관

해설 **자외선/가시선 분광광도법 광원부의 광원**

① 가시부와 근적외부 : 텅스텐 램프
② 자외부 : 중수소 방전관

51 정량한계에 관한 내용으로 옳은 것은?

① 정량한계＝3×표준편차
② 정량한계＝3.3×표준편차
③ 정량한계＝5×표준편차
④ 정량한계＝10×표준편차

해설 정량한계란 시험분석 대상을 정량화할 수 있는 측정값이다.
정량한계(LOQ)＝표준편차(S)×10

52 다음은 자외선/가시선 분광법으로 6가크롬을 측정할 때 시료 중 잔류염소에 의한 간섭에 관한 내용이다. (   ) 안의 내용으로 옳은 것은?

> 시료 중에 잔류염소가 공존하면 발색을 방해한다. 이때는 시료에 (   )한 다음 입상 활성탄을 10% 정도 되게 넣고 자석교반기로 약 30분간 교반하여 여과한 액을 시료로 사용한다.

① 수산화나트륨용액(10%)을 넣어 pH 10 정도로 조절
② 수산화나트륨용액(20%)을 넣어 pH 12 정도로 조절
③ 묽은 황산 (1+9)을 넣어 pH 4 정도로 조절
④ 묽은 황산 (1+5)을 넣어 pH 2 정도로 조절

해설 **6가크롬 – 자외선/가시선 분광법(간섭물질)**

시료 중에 잔류염소가 공존하여 발색을 방해하는 경우, 시료에 수산화나트륨용액(20%)을 넣어 pH 12 정도로 조절한 다음 입상활성탄을 10% 정도 되게 넣고 자석교반기로 약 30분간 교반하여 여과한 액을 시료로 사용한다.

정답 48 ② 49 ② 50 ① 51 ④ 52 ②

53 중량법을 적용한 기름 성분 측정에 관한 내용으로 옳지 않은 것은?

① 전기열판 또는 전기멘틀은 80℃ 온도조절이 가능한 것을 사용한다.
② 증발접시는 알루미늄박으로 만든 접시, 비커 또는 증류플라스크로써 부피는 50~250mL인 것을 사용한다.
③ 정량한계는 1.0% 이하로 한다.
④ 폐기물 중의 비교적 휘발되지 않는 탄화수소, 탄화수소 유도체, 그리스유상물질 중 노말렉산에 용해되는 성분에 적용한다.

해설 기름 성분-중량법의 정량한계 : 0.1% 이하

54 다음 괄호에 들어갈 온도를 순서대로 적절하게 나열한 것은?

> 표준온도는 0℃, 상온은(㉠)℃, 실온은(㉡)℃로 하며, 찬 곳은 따로 규정이 없는 한 (㉢) ℃의 곳을 뜻한다. 온수는 60~70℃, 열수는 약 100℃, 냉수는 (㉣)℃ 이하로 한다. "수욕상(水浴上) 또는 물중탕에서 가열한다."라 함은 따로 규정이 없는 한 수온(㉤)℃에서 가열함을 뜻하고 약 100℃의 증기욕을 쓸 수 있다.

① ㉠ 1~35, ㉡ 15~25, ㉢ 0~15, ㉣ 15, ㉤ 100
② ㉠ 15~25, ㉡ 1~35, ㉢ 0~15, ㉣ 15, ㉤ 100
③ ㉠ 1~35, ㉡ 15~25, ㉢ 1~15, ㉣ 4, ㉤ 100
④ ㉠ 15~25, ㉡ 1~35, ㉢ 1~15, ㉣ 4, ㉤ 100

해설 ① 온도용어

용어	온도(℃)
표준온도	0
상온	15~25
실온	1~35
찬 곳	0~15의 곳(따로 규정이 없는 경우)
냉수	15 이하
온수	60~70
열수	≒100

② 수욕상 또는 수욕 중에서 가열한다.
규정이 없는 한 수온 100℃에서 가열함을 뜻하고 약 100℃의 증기욕을 쓸 수 있다는 의미
③ 시험은 따로 규정이 없는 한 상온에서 조작(단, 온도의 영향이 있는 것의 판정은 표준온도를 기준으로 함)

55 취급 또는 저장하는 동안에 밖으로부터의 공기 또는 다른 가스가 침입하지 아니하도록 내용물을 보호하는 용기는?

① 기밀용기 ② 밀폐용기
③ 밀봉용기 ④ 차광용기

해설 **용기의 규정**

구분	정의
밀폐용기	취급 또는 저장하는 동안에 이물질이 들어가거나 또는 내용물이 손실되지 아니하도록 보호하는 용기
기밀용기	취급 또는 저장하는 동안에 밖으로부터의 공기 또는 다른 가스가 침입하지 아니하도록 내용물을 보호하는 용기
밀봉용기	취급 또는 저장하는 동안에 기체 또는 미생물이 침입하지 아니하도록 내용물을 보호하는 용기
차광용기	광선이 투과하지 않는 용기 또는 투과하지 않게 포장한 용기이며 취급 또는 저장하는 동안에 내용물이 광화학적 변화를 일으키지 아니하도록 방지할 수 있는 용기

56 유기물의 함량이 높지 않고 금속의 수산화물, 산화물, 인산염 및 황화물을 함유하고 있는 시료에 적용하는 산분해법은?

① 질산-염산 분해법
② 질산-황산 분해법
③ 질산-과염소산 분해법
④ 질산-초산 분해법

해설 **산분해법**
① 질산분해법의 적용
유기물 함량이 낮은 시료
② 질산-염산 분해법의 적용
유기물 함량이 비교적 높지 않고 금속의 수산화물, 산화물, 인산염 및 황화물을 함유하고 있는 시료
③ 질산-황산 분해법의 적용
유기물 등을 많이 함유하고 있는 대부분의 시료
④ 질산-과염소산 분해법의 적용
유기물을 다량 함유하고 있으면서 산화분해가 어려운 시료
⑤ 질산-과염소산-불화수소산 분해법의 적용
다량의 점토질 또는 규산염을 함유한 시료
⑥ 회화법의 적용
목적성분이 400℃ 이상에서 휘산되지 않고 쉽게 회화될 수 있는 시료

정답 53 ③ 54 ② 55 ① 56 ①

57 다음은 이온전극법으로 시안을 측정하는 방법이다. ( ) 안에 옳은 내용은?

> 액상폐기물과 고상폐기물을 ( )으로 조절한 후 시안 이온전극과 비교전극을 사용하여 전위를 측정하고 그 전위차로부터 시안을 정량하는 방법이다.

① pH 4 이하의 산성
② pH 5~6의 산성
③ pH 9~10의 알칼리성
④ pH 12~13의 알칼리성

해설 **시안 – 이온전극법**
액상폐기물과 고상폐기물을 pH 12~13의 알칼리성으로 조절한 후 시안 이온전극과 비교전극을 사용하여 전위를 측정하고 그 전위차로부터 시안을 정량하는 방법이다.

58 수분 및 고형물(중량법) 측정 시 시료채취 및 관리에 관한 내용으로 옳지 않은 것은?

① 시료는 유리병에 채취하여 가능한 빨리 측정한다.
② 시료를 보관하여야 할 경우 미생물에 의한 분해를 방지하기 위해 pH 2 이하로 하여 냉암소에 보관한다.
③ 시료는 24시간 이내에 증발처리를 하여야 하나 최대한 7일을 넘기지 말아야 한다.
④ 시료를 분석하기 전에 상온이 되게 한다.

해설 **수분 및 고형물 – 중량법의 시료채취 및 관리**
① 채취 : 유리병에 채취하고 가능한 빨리 측정
② 보관 : 미생물에 의한 분해 방지를 위해 0~4℃로 보관
③ 기간 : 24시간 이내에 증발 처리하여야 하나 최대한 7일을 넘기지 말아야 함
④ 온도 : 분석 전 상온이 되게 함

59 대상폐기물의 양이 50톤일 때 시료의 최소수는?

① 14　② 20
③ 30　④ 36

해설 **대상폐기물의 양과 시료의 최소수**

대상 폐기물의 양(단위 : ton)	시료의 최소 수
~ 1 미만	6
1 이상 5 미만	10
5 이상 30 미만	14
30 이상 100 미만	20
100 이상 500 미만	30
500 이상 1,000 미만	36
1,000 이상 5,000 미만	50
5,000 이상 ~	60

60 다음은 회분식 연소방식의 소각재 반출 설비에서의 시료채취에 관한 내용이다. ( ) 안에 옳은 내용은?

> 회분식 연소방식의 소각재 반출설비에서 채취하는 경우에는 하루 동안의 운전횟수에 따라 매 운전 시마다 ( ) 이상 채취하는 것을 원칙으로 하고 시료의 양은 1회에 500g 이상으로 한다.

① 1회　② 2회
③ 3회　④ 4회

해설 **회분식 연소방식의 소각재 반출 설비에서 시료 채취**
① 하루 동안의 운전횟수에 따라 매 운전 시마다 2회 이상 채취
② 시료의 양은 1회에 500g 이상

제4과목 폐기물관계법규

61 폐기물 발생 억제 지침 준수 의무 대상 배출자의 규모 기준으로 옳은 것은?

① 최근 3년간의 연평균 배출량을 기준으로 지정폐기물을 200톤 이상 배출하는 자
② 최근 3년간의 연평균 배출량을 기준으로 지정폐기물을 500톤 이상 배출하는 자
③ 최근 2년간의 연평균 배출량을 기준으로 지정폐기물을 200톤 이상 배출하는 자
④ 최근 2년간의 연평균 배출량을 기준으로 지정폐기물을 500톤 이상 배출하는 자

해설 **폐기물 발생 억제지침 준수의무 대상 배출자의 규모**
① 최근 3년간 연평균 배출량을 기준으로 지정폐기물을 100톤 이상 배출하는 자
② 최근 3년간 연평균 배출량을 기준으로 지정폐기물 외의 폐기물을 1천 톤 이상 배출하는 자

정답 57 ④　58 ②　59 ②　60 ②　61 ②

62 **폐기물감량화시설의 종류에 해당되지 않는 것은?(단, 환경부장관이 정하여 고시하는 시설 제외)**

① 공정 개선시설
② 폐기물 파쇄 · 선별시설
③ 폐기물 재이용시설
④ 폐기물 재활용시설

해설 **폐기물감량화시설의 종류**
① 공정 개선시설
② 폐기물 재이용시설
③ 폐기물 재활용시설
④ 그 밖의 폐기물감량화시설

63 **폐기물처리시설을 설치 · 운영하는 자는 그 처리시설에서 배출되는 오염물질을 측정하거나 환경부령으로 정하는 측정기관으로 하여금 측정하게 할 수 있다. 환경부령으로 정하는 측정기관이 아닌 곳은?**

① 보건환경연구원
② 한국환경공단
③ 환경기술개발원
④ 수도권매립지관리공사

해설 **환경부령으로 정하는 오염물질 측정기관**
① 보건환경연구원
② 한국환경공단
③ 수질오염물질 측정대행업의 등록을 한 자
④ 수도권매립지관리공사
⑤ 폐기물분석전문기관

64 **폐기물처분시설 또는 재활용시설 중 음식물류 폐기물을 대상으로 하는 시설의 기술관리인의 자격으로 옳지 않은 것은?**

① 위생사
② 화공산업기사
③ 토목산업기사
④ 전기기사

해설 **폐기물 처분시설 또는 재활용시설의 기술관리인의 자격기준**

구분	자격기준
매립시설	폐기물처리기사, 수질환경기사, 토목기사, 일반기계기사, 건설기계기사, 화공기사, 토양환경기사 중 1명 이상
소각시설(의료폐기물을 대상으로 하는 소각시설은 제외한다), 시멘트 소성로 및 용해로	폐기물처리기사, 대기환경기사, 토목기사, 일반기계기사, 건설기계기사, 화공기사, 전기기사, 전기공사기사 중 1명 이상
의료폐기물을 대상으로 하는 시설	폐기물처리산업기사, 임상병리사, 위생사 중 1명 이상
음식물류 폐기물을 대상으로 하는 시설	폐기물처리산업기사, 수질환경산업기사, 화공산업기사, 토목산업기사, 대기환경산업기사, 일반기계기사, 전기기사 중 1명 이상
그 밖의 시설	같은 시설의 운영을 담당하는 자 1명 이상

65 **지정폐기물로 볼 수 없는 것은?**

① 할로겐족(환경부령으로 정하는 물질 또는 이를 함유한 물질로 한정한다) 폐유기용제
② 폐석면
③ 기름 성분을 5% 이상 함유한 폐유
④ 수소이온 농도지수가 3.0인 폐산

해설 액체상태의 폐기물로서 수소이온농도지수가 2.0 이하인 것을 폐산이라 한다.

66 **환경부장관이나 시 · 도지사가 폐기물처리업자에게 영업정지에 갈음하여 부과할 수 있는 과징금의 최대액수는?**

① 1억 원 ② 2억 원
③ 3억 원 ④ 5억 원

해설 **폐기물처리업자에 대한 과징금 처분**
환경부장관이나 시 · 도지사는 폐기물처리업자에게 영업의 정지를 명령하려는 때 그 영업의 정지가 다음의 어느 하나에 해당한다고 인정되면 대통령령으로 정하는 바에 따라 그 영업의 정지를 갈음하여 1억 원 이하의 과징금을 부과할 수 있다.
① 해당 영업의 정지로 인하여 그 영업의 이용자가 폐기물을 위탁처리하지 못하여 폐기물이 사업장 안에 적체됨으로써 이용자의 사업활동에 막대한 지장을 줄 우려가 있는 경우
② 해당 폐기물처리업자가 보관 중인 폐기물이나 그 영업의 이용자가 보관 중인 폐기물의 적체에 따른 환경오염으로 인하여 인근지역 주민의 건강에 위해가 발생되거나 발생될 우려가 있는 경우
③ 천재지변이나 그 밖의 부득이한 사유로 해당 영업을 계속하도록 할 필요가 있다고 인정되는 경우

정답 62 ② 63 ③ 64 ① 65 ④ 66 ①

67 위해의료폐기물 중 조직물류폐기물에 해당되는 것은?

① 폐혈액백
② 혈액투석 시 사용된 폐기물
③ 혈액, 고름 및 혈액생성물(혈청, 혈장, 혈액제제)
④ 폐항암제

해설 **위해의료폐기물의 종류**
① 조직물류 폐기물 : 인체 또는 동물의 조직 · 장기 · 기관 · 신체의 일부, 동물의 사체, 혈액 · 고름 및 혈액생성물질(혈청, 혈장, 혈액 제제)
② 병리계 폐기물 : 시험 · 검사 등에 사용된 배양액, 배양용기, 보관균주, 폐시험관, 슬라이드 커버글라스 폐배지, 폐장갑
③ 손상성 폐기물 : 주삿바늘, 봉합바늘, 수술용 칼날, 한방침, 치과용 침, 파손된 유리재질의 시험기구
④ 생물 · 화학폐기물 : 폐백신, 폐항암제, 폐화학치료제
⑤ 혈액오염폐기물 : 폐혈액백, 혈액투석 시 사용된 폐기물, 그 밖에 혈액이 유출될 정도로 포함되어 있는 특별한 관리가 필요한 폐기물

68 환경부령으로 정하는 폐기물처리시설의 설치를 마친 자는 환경부령으로 정하는 검사기관으로부터 검사를 받아야 한다. 폐기물처리시설이 소각시설인 경우, 검사기관으로 옳지 않은 것은?

① 보건환경연구원　② 한국환경공단
③ 한국산업기술시험원　④ 한국기계연구원

해설 **환경부령으로 정하는 검사기관**
① 소각시설
　㉠ 한국환경공단
　㉡ 한국기계연구원
　㉢ 한국산업기술시험원
　㉣ 대학, 정부 출연기관, 그 밖에 소각시설을 검사할 수 있다고 인정하여 환경부장관이 고시하는 기관
② 매립시설
　㉠ 한국환경공단　㉡ 한국건설기술연구원
　㉢ 한국농어촌공사　㉣ 수도권매립지관리공사
③ 멸균분쇄시설
　㉠ 한국환경공단　㉡ 보건환경연구원
　㉢ 한국산업기술시험원
④ 음식물 폐기물 처리시설
　㉠ 한국환경공단　㉡ 한국산업기술시험원
　㉢ 그 밖에 환경부장관이 정하여 고시하는 기관
⑤ 시멘트 소성로 : 소각시설의 검사기관과 동일
⑥ 소각열회수시설의 검사기관 : 소각시설의 검사기관과 동일(에너지회수 외의 검사)

69 주변지역에 대한 영향 조사를 하여야 하는 '대통령령으로 정하는 폐기물처리시설' 기준으로 옳지 않은 것은?(단, 폐기물처리업자가 설치, 운영)

① 시멘트 소성로(폐기물을 연료로 사용하는 경우로 한정한다)
② 매립면적 15만 제곱미터 이상의 사업장 일반폐기물 매립시설
③ 매립면적 3만 제곱미터 이상의 사업장 일반폐기물 매립시설
④ 1일 처리능력이 50톤 이상인 사업장폐기물 소각시설(같은 사업장에 여러 개의 소각시설이 있는 경우에는 각 소각시설의 1일 처리능력의 합계가 50톤 이상인 경우를 말한다)

해설 **주변지역 영향 조사대상 폐기물처리시설 기준**
① 1일 처리능력이 50톤 이상인 사업장폐기물 소각시설(같은 사업장에 여러 개의 소각시설이 있는 경우에는 각 소각시설의 1일 처리능력의 합계가 50톤 이상인 경우를 말한다)
② 매립면적 1만 제곱미터 이상의 사업장 지정폐기물 매립시설
③ 매립면적 15만 제곱미터 이상의 사업장 일반폐기물 매립시설
④ 시멘트 소성로(폐기물을 연료로 사용하는 경우로 한정한다)
⑤ 1일 재활용능력이 50톤 이상인 사업장폐기물 소각열회수시설(같은 사업장에 여러 개의 소각열회수시설이 있는 경우에는 각 소각열회수시설의 1일 재활용능력의 합계가 50톤 이상인 경우를 말한다)

70 폐기물 중간재활용업, 폐기물 최종재활용업 및 폐기물 종합재활용업의 변경허가를 받아야 하는 중요사항으로 옳지 않은 것은?

① 운반차량(임시차량 포함)의 감차
② 폐기물 재활용시설의 신설
③ 허가 또는 변경허가를 받은 재활용 용량의 100분의 30 이상(금속을 회수하는 최종재활용업 또는 종합재활용업의 경우에는 100분의 50 이상)의 변경(허가 또는 변경허가를 받은 후 변경되는 누계를 말한다)
④ 폐기물 재활용시설 소재지의 변경

해설 **폐기물 중간재활용업, 폐기물 최종재활용업 및 폐기물 종합재활용업**
① 재활용 대상 폐기물의 변경
② 폐기물 재활용 유형의 변경
③ 폐기물 재활용시설 소재지의 변경

정답 67 ③　68 ①　69 ③　70 ①

④ 운반차량(임시차량은 제외한다)의 증차
⑤ 폐기물 재활용시설의 신설
⑥ 허가 또는 변경허가를 받은 재활용 용량의 100분의 30 이상(금속을 회수하는 최종재활용업 또는 종합재활용업의 경우에는 100분의 50 이상)의 변경(허가 또는 변경허가를 받은 후 변경되는 누계를 말한다)
⑦ 주요 설비의 변경. 다만, 다음 ㉠ 및 ㉡의 경우만 해당한다.
㉠ 폐기물 재활용시설의 구조 변경으로 인하여 기준이 변경되는 경우
㉡ 배출시설의 변경허가 또는 변경신고의 대상이 되는 경우
⑧ 허용보관량의 변경

71 **폐기물매립시설의 사후관리 업무를 대행할 수 있는 자는?(단, 환경부 장관이 사후관리를 대행할 능력이 있다고 인정하여 고시하는 자는 고려하지 않음)**

① 환경보전협회
② 한국환경공단
③ 폐기물처리협회
④ 한국환경자원공사

해설 폐기물매립시설 사후관리 대행자 : 한국환경공단

72 **폐기물 처리업자의 폐기물보관량 및 처리기한에 관한 기준으로 ( )에 옳은 것은?(단, 폐기물 수집, 운반업자가 임시보관장소에 폐기물을 보관하는 경우)**

> 의료 폐기물 외의 폐기물 : 중량이 (㉠) 이하이고 용적이 (㉡) 이하, (㉢) 이내

① ㉠ 450톤, ㉡ 300세제곱미터, ㉢ 3일
② ㉠ 350톤, ㉡ 200세제곱미터, ㉢ 3일
③ ㉠ 450톤, ㉡ 300세제곱미터, ㉢ 5일
④ ㉠ 350톤, ㉡ 200세제곱미터, ㉢ 5일

해설 **폐기물 수집 · 운반업자가 임시보관장소에 폐기물을 보관하는 경우**
① 의료폐기물 : 냉장 보관할 수 있는 섭씨 4도 이하의 전용보관시설에서 보관하는 경우 5일 이내, 그 밖의 보관시설에서 보관하는 경우에는 2일 이내, 다만 격리의료폐기물의 경우에서 보관시설과 무관하게 2일 이내로 한다.
② 의료폐기물 외의 폐기물 : 중량 450톤 이하이고 용적이 300세제곱미터 이하, 5일 이내

73 **폐기물처분시설인 소각시설의 정기검사 항목에 해당하지 않는 것은?**

① 보조연소장치의 작동상태
② 배기가스온도 적절 여부
③ 표지판 부착 여부 및 기재사항
④ 소방장비 설치 및 관리실태

해설 **소각시설의 정기검사 항목**
① 적절 연소상태 유지 여부
② 소방장비 설치 및 관리실태
③ 보조연소장치의 작동상태
④ 배기가스온도의 적절 여부
⑤ 바닥재의 강열감량
⑥ 연소실의 출구가스 온도
⑦ 연소실의 가스체류시간
⑧ 설치검사 당시와 같은 설비 · 구조를 유지하고 있는지 확인

74 **다음 중 지정폐기물이 아닌 것은?**

① pH가 12.6인 폐알칼리
② 고체상태의 폐합성고무
③ 수분함량이 90%인 오니류
④ PCB를 2mg/L 이상 함유한 액상 폐기물

해설 지정폐기물의 종류에서 고체상태의 폐합성고무는 제외한다.

75 **폐기물 처리시설의 종류 중 재활용시설(기계적 재활용시설)의 기준으로 틀린 것은?**

① 용융시설(동력 7.5kW 이상인 시설로 한정)
② 응집 · 침전 시설(동력 7.5kW 이상인 시설로 한정)
③ 압축시설(동력 7.5kW 이상인 시설로 한정)
④ 파쇄 · 분쇄 시설(동력 15kW 이상인 시설로 한정)

해설 **기계적 재활용시설**
① 압축 · 압출 · 성형 · 주조 시설(동력 7.5kW 이상인 시설로 한정한다)
② 파쇄 · 분쇄 · 탈피 시설(동력 15kW 이상인 시설로 한정한다)
③ 절단시설(동력 7.5kW 이상인 시설로 한정한다)
④ 용융 · 용해 시설(동력 7.5kW 이상인 시설로 한정한다)
⑤ 연료화시설
⑥ 증발 · 농축 시설

정답 71 ② 72 ③ 73 ③ 74 ② 75 ②

⑦ 정제시설(분리 · 증류 · 추출 · 여과 등의 시설을 이용하여 폐기물을 재활용하는 단위시설을 포함한다)
⑧ 유수 분리 시설
⑨ 탈수 · 건조 시설
⑩ 세척시설(철도용 폐목재 받침목을 재활용하는 경우로 한정한다)

76 다음 용어의 정의로 옳지 않은 것은?

① 재활용이란 폐기물을 재사용 · 재생 이용하거나 재사용 · 재생 이용할 수 있는 상태로 만드는 활동을 말한다.
② 생활폐기물이란 사업장폐기물 외의 폐기물을 말한다.
③ 폐기물감량화시설이란 생산공정에서 발생하는 폐기물 배출을 최소화(재활용은 제외함)하는 시설로서 환경부령으로 정하는 시설을 말한다.
④ 폐기물처리시설이란 폐기물의 중간처분시설, 최종처분시설 및 재활용시설로서 대통령령으로 정하는 시설을 말한다.

해설 **폐기물감량화시설**
생산공정에서 발생하는 폐기물의 양을 줄이고, 사업장 내 재활용을 통하여 폐기물 배출을 최소화하는 시설로서 대통령령으로 정하는 시설을 말한다.

77 매립시설 및 소각시설의 주변지역 영향조사 횟수 기준에 관한 내용으로 ( )에 옳은 것은?

> 각 항목당 계절을 달리하며 (㉠) 측정하되, 악취는 여름(6월부터 8월까지)에 (㉡) 측정하여야 한다.

① ㉠ 2회 이상, ㉡ 1회 이상
② ㉠ 3회 이상, ㉡ 2회 이상
③ ㉠ 1회 이상, ㉡ 2회 이상
④ ㉠ 4회 이상, ㉡ 3회 이상

해설 **폐기물처리시설 주변지역 영향조사 기준(조사횟수)**
각 항목당 계절을 달리하여 2회 이상 측정하되, 악취는 여름(6월부터 8월까지)에 1회 이상 측정하여야 한다.

78 폐기물처리 담당자 등에 대한 교육의 대상자(그 밖에 대통령령으로 정하는 사람)에 해당되지 않는 자는?

① 폐기물처리시설의 설치 · 운영자
② 사업장폐기물을 처리하는 사업자
③ 폐기물처리 신고자
④ 확인을 받아야 하는 지정폐기물을 배출하는 사업자

해설 **폐기물처리 담당자로서 교육대상자**
① 폐기물처리시설(법 제34조 제1항에 따라 기술관리인을 임명한 폐기물처리시설은 제외한다)의 설치 · 운영자나 그가 고용한 기술담당자
② 사업장폐기물 배출자 신고를 한 자나 그가 고용한 기술담당자
③ 확인을 받아야 하는 지정폐기물을 배출하는 사업자나 그가 고용한 기술 담당자
④ 제2호와 제3호에 따른 자 외의 사업장폐기물을 배출하는 사업자나 그가 고용한 기술담당자로서 환경부령으로 정하는 자
⑤ 폐기물수집 · 운반업의 허가를 받은 자나 그가 고용한 기술담당자
⑥ 폐기물처리 신고자나 그가 고용한 기술담당자

79 폐기물처리시설을 환경부령으로 정하는 기준에 맞게 설치하되, 환경부령으로 정하는 규모 미만의 폐기물 소각시설을 설치, 운영하여서는 아니 된다. 이를 위반하여 설치가 금지되는 폐기물 소각시설을 설치, 운영한 자에 대한 벌칙 기준은?

① 6개월 이하의 징역이나 5백만 원 이하의 벌금
② 1년 이하의 징역이나 1천만 원 이하의 벌금
③ 2년 이하의 징역이나 2천만 원 이하의 벌금
④ 3년 이하의 징역이나 3천만 원 이하의 벌금

해설 폐기물관리법 제66조 참조

80 의료폐기물 전용용기 검사기관으로 환경부장관이 지정한 기관이나 단체와 가장 거리가 먼 것은?

① 한국환경공단
② 한국화학융합시험연구원
③ 한국건설생활환경시험연구원
④ 한국의료기기시험연구원

해설 **의료폐기물 전용용기 검사기관**
① 한국환경공단
② 한국화학융합시험연구원
③ 한국건설생활환경시험연구원
④ 그 밖에 국립환경과학원장이 의료폐기물 전용용기에 대한 검사능력이 있다고 인정하여 고시하는 기관

정답 76 ③ 77 ① 78 ② 79 ③ 80 ④

제1과목 폐기물개론

01 폐기물 파쇄 시 작용하는 힘과 가장 거리가 먼 것은?

① 충격력 ② 압축력
③ 인장력 ④ 전단력

해설 **폐기물 파쇄 시 작용력**
① 충격력, ② 압축력, ③ 전단력

02 폐기물발생량이 $2,000m^3$/일, 밀도 $840kg/m^3$일 때, 5톤 트럭으로 운반하려면 1일 필요한 차량수는?(단, 예비차량 2대 포함, 기타 조건은 고려하지 않음)

① 334대 ② 336대
③ 338대 ④ 340대

해설 $소요차량(대) = \dfrac{폐기물\ 발생량}{1일\ 1대당\ 운반량}$

$= \dfrac{2,000m^3/일 \times 0.84ton/m^3}{5ton/대} + 2대 = 338(대)$

03 폐기물 발생량의 예측방법 중 모든 인자를 시간에 대한 함수로 나타낸 후 시간에 대한 함수로 표현된 각 영향인자들 간의 상관관계를 수식화하는 방법은?

① 시간수지법 ② 경향법
③ 다중회귀모델 ④ 동적모사모델

해설 **쓰레기 발생량의 예측방법**

방법(모델)	내용
경향법 (Trend Method) 경향예측모델	• 최저 5년 이상의 과거 처리 실적을 수식 model에 대하여 과거의 경향을 가지고 장래를 예측하는 방법 • 단지 시간과 그에 따른 쓰레기 발생량(또는 성상) 간의 상관관계만을 고려하며 이를 수식으로 표현하면 $x = f(t)$ • $x = f(t)$는 선형, 지수형, 대수형 등에서 가장 근사한 형태를 택함
다중회귀모델 (Multiple Regression Model)	• 하나의 수식으로 각 인자들의 효과를 총괄적으로 나타내어 복잡한 시스템의 분석에 유용하게 사용할 수 있는 쓰레기 발생량 예측방법 • 각 인자마다 효과를 파악하기보다는 전체 인자의 효과를 총괄적으로 파악하는 것이 간편하고 유용한 예측방법으로 시간을 단순히 하나의 독립된 종속인자로 대입 • 수식 $x = f(X_1 X_2 X_3 \cdots X_n)$, 여기서 $X_1 X_2 X_3 \cdots X_n$은 쓰레기 발생량에 영향을 주는 인자 ※ 인자 : 인구, 지역소득(GNP 또는 GRP), 자원회수량, 상품 소비량 또는 매출액(자원회수량, 사회적 · 경제적 특성이 고려됨)
동적모사모델 (Dynamic Simulation Model)	• 쓰레기 발생량에 영향을 주는 모든 인자를 시간에 대한 함수로 나타낸 후 시간에 대한 함수로 표현된 각 영향인자들 간의 상관관계를 수식화하는 방법 • 시간만을 고려하는 경향법과 시간을 단순히 하나의 독립적인 종속인자로 고려하는 다중회귀모델의 문제점을 보안한 예측방법 • Dynamo 모델 등이 있음

04 쓰레기 발생량 조사방법 중 물질수지법에 관한 설명으로 틀린 것은?

① 주로 산업폐기물 발생량을 추산할 때 이용된다.
② 먼저 조사하고자 하는 계의 경계를 정확하게 설정한다.
③ 물질수지를 세울 수 있는 상세한 데이터가 있는 경우에 가능하다.
④ 모든 인자를 수식화하여 비교적 정확하며 비용이 저렴하다.

정답 01 ③ 02 ③ 03 ④ 04 ④

해설 **쓰레기 발생량 조사(측정방법)**

조사방법		내용
적재차량 계수분석법 (Load-count Analysis)		• 일정기간 동안 특정 지역의 쓰레기 수거 · 운반차량의 대수를 조사하여, 이 결과로 밀도를 이용하여 질량으로 환산하는 방법(차량의 대수에 폐기물의 겉보기 비중을 선정하여 중량으로 환산하는 방법) • 조사장소는 중간적하장이나 중계처리장이 적합 • 단점으로는 쓰레기의 밀도 또는 압축 정도에 따라 오차가 크다는 것
직접계근법 (Direct Weighting Method)		• 일정기간 동안 특정 지역의 쓰레기 수거 · 운반차량을 중간적하장이나 중계처리장에서 직접 계근하는 방법(트럭 스케일 방법) • 입구에서 쓰레기가 적재되어 있는 차량과 출구에서 쓰레기를 적하한 공차량을 계근하여 쓰레기양 산출 • 장점으로는 비교적 정확한 쓰레기 발생량을 파악할 수 있는 방법 • 단점으로는 적재차량 계수분석에 비하여 작업량이 많고 번거로움이 있음
물질수지법 (Material Balance Method)		• 시스템으로 유입되는 모든 물질들과 유출되는 모든 폐기물의 양에 대하여 물질수지를 세움으로써 폐기물 발생량을 추정하는 방법 • 주로 산업폐기물 발생량을 추산할 때 이용하는 방법 • 단점으로는 비용이 많이 소요되고 작업량이 많아 널리 이용되지 않음, 즉 특수한 경우에만 사용됨 • 우선적으로 조사하고자 하는 계의 경계를 정확하게 설정해야 함 • 물질수지를 세울 수 있는 상세한 데이터가 있는 경우에 가능
통계조사	표본조사 (단순 샘플링 검사)	• 조사기간이 짧음 • 비용이 적게 소요됨 • 조사상 오차가 큼
	전수조사	• 표본오차가 작아 신뢰도가 높음(정확함) • 행정시책에 대한 이용도가 높음 • 조사기간이 긺 • 표본치의 보정역할이 가능함

05 **쓰레기 발생량 및 성상 변동에 관한 내용으로 틀린 것은?**

① 일반적으로 도시규모가 커질수록 쓰레기의 발생량이 증가한다.

② 대체로 생활수준이 증가하면 쓰레기 발생량도 증가한다.

③ 일반적으로 수집빈도가 낮을수록 쓰레기 발생량이 증가한다.

④ 일반적으로 쓰레기통의 크기가 클수록 쓰레기 발생량이 증가한다.

해설 **폐기물 발생량에 영향을 주는 요인**

영향요인	내용
도시규모	도시의 규모가 커질수록 쓰레기 발생량 증가
생활수준	생활수준이 높아지면 발생량이 증가하고 다양화됨(증가율 10% 내외)
계절	겨울철에 발생량 증가
수집빈도	수집빈도가 높을수록 발생량 증가
쓰레기통 크기	쓰레기통이 클수록 유효용적이 증가하여 발생량 증가
재활용품 회수 및 재이용률	재활용품의 회수 및 재이용률이 높을수록 쓰레기 발생량 감소
법규	쓰레기 관련 법규는 쓰레기 발생량에 중요한 영향을 미침
장소	상업지역, 주택지역, 공업지역 등, 장소에 따라 발생량과 성상이 달라짐
사회구조	도시의 평균연령층, 교육수준에 따라 발생량은 달라짐

06 **폐기물을 파쇄하여 매립할 때 유리한 내용으로 틀린 것은?**

① 매립작업이 용이하고 압축장비가 없어도 매립작업만으로 고밀도 매립이 가능하다.

② 곱게 파쇄하면 매립 시 복토가 필요 없거나 복토요구량을 줄일 수 있다.

③ 폐기물 입자의 표면적이 증가되어 미생물작용이 촉진되므로 매립 시 조기 안정화를 꾀할 수 있다.

④ 폐기물 밀도가 높아져 혐기성 조건을 신속히 조성할 수 있어 냄새가 방지된다.

정답 05 ③ 06 ④

해설 쓰레기를 파쇄하여 매립 시 장점(이점)

① 곱게 파쇄하면 매립 시 복토가 필요 없거나 복토요구량이 절감된다.
② 매립 시 폐기물이 잘 섞여서 호기성 조건을 유지하므로 냄새가 방지된다.
③ 매립작업이 용이하고 압축장비가 없어도 고밀도의 매립이 가능하다.

07 수소 15.0%, 수분 0.4%인 중유의 고위 발열량이 12,000 kcal/kg일 때, 저위발열량은?

① 11,188kcal/kg
② 11,253kcal/kg
③ 11,324kcal/kg
④ 11,188kcal/kg

해설 저위발열량(H_l)

H_l(kcal/kg) $= H_h - 600(9H + W)$
$= 12{,}000 - 600[(9 \times 0.15) + 0.004]$
$= 11{,}187.6$kcal/kg

08 어떤 쓰레기의 입도를 분석하였더니 입도누적곡선상의 10%(D_{10}), 30%(D_{30}), 60%(D_{60}), 90% (D_{90})의 입경이 각각 2, 6, 15, 25mm이라면 곡률계수는?

① 15　　② 7.5
③ 2.0　　④ 1.2

해설 곡률계수$(Z) = \dfrac{(D_{30})^2}{D_{10} \times D_{60}} = \dfrac{6^2}{2 \times 15} = 1.2$

09 쓰레기를 압축시키기 전의 밀도가 0.43t/m^{3}이었던 것을 압축기에 압축시킨 결과 밀도가 0.93t/m^{3}로 증가하였다면 이때 압축비는?

① 약 1.52　　② 약 1.87
③ 약 2.16　　④ 약 2.54

해설 $V_i = \dfrac{1{,}000\text{kg}}{430\text{kg/m}^3} = 2{,}325\text{m}^3$

$V_f = \dfrac{1{,}000\text{kg}}{930\text{kg/m}^3} = 1{,}075\text{m}^3$

압축비(CR) $= \dfrac{V_i}{V_f} = \dfrac{2{,}325}{1{,}075} = 2.16$

10 쓰레기 발생량 조사방법으로 적절하지 않은 것은?

① 물질수지법(Material Balance Method)
② 적재차량 계수분석법(Load Count Analysis)
③ 수거트럭 수지법(Collection Truck Balance Method)
④ 직접계근법(Direct Weighting Method)

해설 쓰레기 발생량 조사방법

① 적재차량 계수분석법(Load Count Analysis)
② 직접계근법(Direct Weighting Method)
③ 물질수지법(Material Balance Method)
④ 통계조사
　㉠ 표본조사
　㉡ 전수조사

11 함수율이 각각 90%, 70%인 하수슬러지를 무게비 3 : 1로 혼합하였다면 혼합 하수 슬러지의 함수율은 몇 %인가?(단, 하수 슬러지 비중은 1.0)

① 81　　② 83
③ 85　　④ 87

해설 함수율(%) $= \dfrac{(3 \times 0.9) + (1 \times 0.7)}{3 + 1} \times 100 = 85\%$

12 적환장에 대한 다음 설명 중 틀린 것은?

① 적환장은 폐기물 처분지가 멀리 위치할수록 필요성이 더 높다.
② 고밀도 거주지역이 존재할수록 적환장의 필요성이 더 높다.
③ 공기를 이용한 관로수송시스템 방식을 이용할수록 적환장의 필요성이 더 높다.
④ 작은 용량의 수집차량을 사용할수록 적환장의 필요성이 더 높다.

해설 적환장 설치가 필요한 경우

① 작은 용량의 수집차량을 사용할 때(15m^3 이하)
② 저밀도 거주지역이 존재할 때
③ 불법투기와 다량의 어질러진 쓰레기들이 발생할 때
④ 슬러지 수송이나 공기수송방식을 사용할 때
⑤ 처분지가 수집장소로부터 멀리 떨어져 있을 때
⑥ 상업지역에서 폐기물 수집에 소형 용기를 많이 사용하는 경우
⑦ 쓰레기 수송 비용절감이 필요한 경우
⑧ 압축식 수거 시스템인 경우

정답 07 ① 08 ④ 09 ③ 10 ③ 11 ③ 12 ②

13 **수분함량이 90%인 슬러지 $100m^3$을 $30m^3$로 농축하였다면 농축된 슬러지 함수율은?(단, 슬러지의 비중 1.0)**

① 약 56%　　② 약 67%
③ 약 73%　　④ 약 82%

해설 100×(1−0.9)=30×(1−농축 후 함수율)
농축 후 함수율=66.67%

14 **500세대 2,500명이 생활하는 아파트에서 배출되는 쓰레기를 4일마다 수거하는 데 적재용량 $8.0m^3$의 트럭 5대가 소요된다. 쓰레기의 용적당 중량은 $400kg/m^3$이라면 1인 1일당 쓰레기 배출량은?**

① 1.2kg/man · day
② 1.6kg/man · day
③ 2.1kg/man · day
④ 2.8kg/man · day

해설 $$\text{쓰레기 배출량(kg/인·일)} = \frac{\text{쓰레기 수거량}}{\text{인구}} = \frac{8.0m^3/\text{대} \times 5\text{대} \times 400kg/m^3}{2{,}500\text{인} \times 4\text{일}} = 1.6kg/man \cdot \text{일}$$

15 **수거노선 설정 시 유의사항으로 적절하지 않은 것은?**

① 고지대에서 저지대로 차량을 운행한다.
② 다량 발생되는 배출원은 하루 중 가장 나중에 수거한다.
③ 반복운행, U자 회전을 피한다.
④ 가능한 한 시계방향으로 수거노선을 정한다.

해설 **효과적 · 경제적인 수거노선 결정 시 유의(고려)사항 : 수거노선 설정요령**
① 지형이 언덕인 지역에서는 언덕의 위에서부터 내려가며 적재하면서 차량을 진행하도록 한다.(안전성, 연료비 절약)
② 수거인원 및 차량형식이 같은 기존 시스템의 조건들을 서로 관련시킨다.
③ 출발점은 차고와 가깝게 하고 수거된 마지막 컨테이너가 처분지의 가장 가까이에 위치하도록 배치한다.
④ 가능한 한 지형지물 및 도로경계와 같은 장벽을 사용하여 간선도로 부근에서 시작하고 끝나야 한다.(도로경계 등을 이용)
⑤ 가능한 한 시계방향으로 수거노선을 정한다.
⑥ 적은 양의 쓰레기가 발생하나 동일한 수거빈도를 받기 원하는 적재지점(수거지점)은 가능한 한 같은 날 왕복 내에서 수거한다.
⑦ 아주 많은 양의 쓰레기가 발생되는 발생원은 하루 중 가장 먼저 수거한다.
⑧ 될 수 있는 한 한 번 간 길은 다시 가지 않는다.
⑨ 반복운행 또는 U자형 회전은 피하여 수거한다.
⑩ 교통량이 많거나 출퇴근시간은 피하여 수거한다.
⑪ 수거지점과 수거빈도 결정 시 기존 정책이나 규정을 참고한다.

16 **쓰레기 수송방법 중 Pipeline 수송에 관한 설명으로 틀린 것은?**

① 가설 후에도 경로변경이 용이하다.
② 쓰레기 발생밀도가 높은 곳에서 현실성이 있다.
③ 수거차량에 의한 도심지 교통량 증가가 없다.
④ 대형폐기물의 경우 압축 또는 파쇄를 하여야 한다.

해설 **관거(Pipeline) 수송의 장단점**
① 장점
㉠ 자동화, 무공해화, 안전화가 가능하다.
㉡ 눈에 띄지 않는다.(미관, 경관 좋음)
㉢ 에너지 절약이 가능하다.
㉣ 교통소통이 원활하여 교통체증 유발이 없다.(수거차량에 의한 도심지 교통량 증가 없음)
㉤ 투입 용이, 수집이 편리하다.
㉥ 인건비 절감의 효과가 있다.
② 단점
㉠ 대형 폐기물(조대폐기물)에 대한 전처리 공정(파쇄, 압축)이 필요하다.
㉡ 가설(설치) 후에 경로변경이 곤란하고 설치비가 비싸다.
㉢ 잘못 투입된 폐기물은 회수하기가 곤란하다.
㉣ 2.5km 이내의 거리에서만 이용된다.(장거리, 즉 2.5km 이상에서는 사용 곤란)
㉤ 단거리에 현실성이 있다.
㉥ 사고발생 시 시스템 전체가 마비되며 대체시스템으로 전환이 필요하다.(고장 및 긴급사고 발생에 대한 대처방법이 필요함)
㉦ 초기투자 비용이 많이 소요된다.
㉧ Pipe 내부 진공도에 한계가 있다.
(max $0.5kg/cm^2$)

17 **인구 6,000,000명이 사는 어느 도시에서 1년에 3,000,000 ton의 폐기물이 발생된다. 이 폐기물을 4,500명의 인부가 수거할 때 MHT는?(단, 수거인부의 1일 작업시간은 8시간이고, 1년 작업일수는 300일이다.)**

① 2.3　　② 3.6
③ 4.7　　④ 8.8

정답 13 ② 14 ② 15 ② 16 ① 17 ②

해설 $MHT = \frac{수거인부 \times 수거인부\ 총\ 수거시간}{총수거량}$

$= \frac{4,500인 \times (8hr/일 \times 300일/year)}{3,000,000ton/year}$

$= 3.6MHT$

18 무게 100톤, 밀도 700kg/m³인 폐기물을 밀도 1,200 kg/m³로 압축하였다면 부피감소율(%)은?

① 41.7% ② 45.5%
③ 51.3% ④ 53.8%

해설 $V_i = 100 = 142.86m^3$

$V_f = 100 = 83.33m^3$

$VR = \left(1 - \frac{V_f}{V_i}\right) \times 100(\%) = \left(1 - \frac{83.33}{142.86}\right) \times 100 = 42\%$

19 물렁거리는 가벼운 물질로부터 딱딱한 물질을 선별하는 데 이용되며, 경사진 컨베이어를 통해 폐기물을 주입시켜 회전하는 드럼 위에 떨어뜨려 분류하는 선별 방식은?

① Stoners ② Jigs
③ Secators ④ Float Separator

해설 Secators
① 경사진 컨베이어를 통해 폐기물을 주입시켜 천천히 회전하는 드럼 위에 떨어뜨려서 선별하는 장치이며 물렁거리는 가벼운 물질(가볍고 탄력 없는 물질)로부터 딱딱한 물질(무겁고 탄력 있는 물질)을 선별하는 데 사용한다.
② 주로 퇴비 중의 유리조각을 추출할 때 이용되는 선별장치이다.

20 수거대상인구 5,252,000명, 쓰레기 수거량 4,412,000 톤/년일 때 쓰레기 1인 1일 발생량은?

① 1.8kg/인 · 일 ② 2.3kg/인 · 일
③ 2.7kg/인 · 일 ④ 3.2kg/인 · 일

해설 쓰레기 발생량(kg/인 · 일)

$= \frac{발생쓰레기양}{대상인구}$

$= \frac{4,412,000ton/year \times 1,000kg/ton \times year/365일}{5,252,000인}$

$= 2.30kg/인 \cdot 일$

제2과목 폐기물처리기술

21 매립 후 경과기간에 따른 가스 구성성분의 변화단계 중 CH_4와 CO_2의 함량이 거의 일정한 정상상태의 단계로 가장 적절한 것은?

① Ⅰ단계 – 호기성 단계(초기조절 단계)
② Ⅱ단계 – 혐기성 단계(전이 단계)
③ Ⅲ단계 – 혐기성 단계(산형성 단계)
④ Ⅳ단계 – 혐기성 단계(메탄발효 단계)

해설 제4단계(혐기성 정상상태 단계 : 메탄발효 단계)
① 매립 후 2년이 경과하여 완전한 혐기성(피산소성) 단계로 발생되는 가스의 구성비가 거의 일정한 정상상태의 단계이다.
② 메탄생성균이 우점종이 되어 유기물분해와 동시에 CH_4, CO_2 가스 등이 생성된다.
③ 가스의 조성은 (CH_4 : CO_2 : N_2 = 55% : 40% : 5%)이다.
④ 탄산가스는 침출수의 산도를 높인다.

22 유동층 소각로의 장점이라 할 수 없는 것은?

① 기계적 구동부분이 적어 고장률이 낮다.
② 가스의 온도가 낮고 과잉공기량이 적다.
③ 노 내의 온도의 자동제어와 열회수가 용이하다.
④ 열용량이 커서 파쇄 등 전처리가 필요 없다.

해설 유동층 소각로
① 장점
㉠ 유동매체의 열용량이 커서 액상, 기상, 고형 폐기물의 전소 및 혼소, 균일한 연소가 가능하다.
㉡ 반응시간이 빨라 소각시간이 짧다.(노 부하율이 높다.)
㉢ 연소효율이 높아 미연소분이 적고 2차 연소실이 불필요하다.
㉣ 가스의 온도가 낮고 과잉공기량이 낮다. 따라서 NOx도 적게 배출된다.
㉤ 기계적 구동부분이 적어 고장률이 낮아 유지관리가 용이하다.
㉥ 노 내 온도의 자동제어로 열회수가 용이하다.
㉦ 유동매체의 축열량이 높은 관계로 단시간 정지 후 가동 시 보조연료 사용 없이 정상가동이 가능하다.
㉧ 과잉공기량이 적으므로 다른 소각로보다 보조연료 사용량과 배출가스양이 적다.
㉨ 석회 또는 반응물질을 유동매체에 혼입시켜 노 내에서 산성가스의 제거가 가능하다.

정답 18 ① 19 ③ 20 ② 21 ④ 22 ④

② 단점

㉠ 층의 유동으로 상으로부터 찌꺼기의 분리가 어려우며 운전비, 특히 동력비가 높다.

㉡ 폐기물의 투입이나 유동화를 위해 파쇄가 필요하다.

㉢ 상재료의 용융을 막기 위해 연소온도는 816℃를 초과할 수 없다.

㉣ 유동매체의 손실로 인한 보충이 필요하다.

㉤ 고점착성의 반유동상 슬러지는 처리하기 곤란하다.

㉥ 소각로 본체에서 압력손실이 크고 유동매체의 비산 또는 분진의 발생량이 가장 많다.

㉦ 조대한 폐기물은 전처리가 필요하다. 즉 폐기물의 투입이나 유동화를 위해 파쇄공정이 필요하다.

23 **K도시의 인구가 10,000명이고 분뇨발생량은 1.1L/인·일이며 수거율은 60%이다. 이 수거분뇨를 혐기성 소화조로 처리할 때 필요한 소화조의 용량은?(단, 소화조는 크기가 같은 4조로 하며, 소화일수는 30일이다.)**

① 약 $30m^3$/조 ② 약 $50m^3$/조

③ 약 $70m^3$/조 ④ 약 $90m^3$/조

해설 소화조 용량(m^3/조)

=1.1 L/인·일×10,000인×30일×0.6×m^3/1,000L×1/4조

=$49.5m^3$/조

24 **프로판(C_3H_8) $5Sm^3$의 연소에 필요한 이론공기량은?**

① $94Sm^3$ ② $106Sm^3$

③ $119Sm^3$ ④ $124Sm^3$

해설 $\text{이론공기량}(Sm^3)=\frac{1}{0.21}\left(m+\frac{n}{4}\right)=4.76m+1.19n$

$=(4.76\times3)+(1.19\times8)$

$=23.8Sm^3/Sm^3\times5Sm^3=119Sm^3$

25 **쓰레기를 소각 처리하고자 한다. 중량분율로 탄소성분이 11%, 수소 3%, 산소 13% 이고, 기타 성분(불연소분)이 73%일 때 소각로에 공급해야 할 실제 공기량은?(단, 공기 과잉 계수 $m=1.5$)**

① 약 $1.5Nm^3/kg$ ② 약 $2.0Nm^3/kg$

③ 약 $2.5Nm^3/kg$ ④ 약 $3.0Nm^3/kg$

해설 $m=1.5$

$$A_o=8.89C+26.7\left(H-\frac{O}{8}\right)+3.3S$$

$$=\left[(8.89\times0.11)+26.7\left(0.03-\frac{0.13}{8}\right)\right]=1.345Nm^3/kg$$

$\text{실제공기량}(Nm^3/kg)=m\times A_o=1.5\times1.345=2.01Nm^3/kg$

26 **1차 반응속도에서 반감기(농도가 50% 줄어드는 시간)가 10분이다. 초기농도의 75%가 줄어드는 데 걸리는 시간은?**

① 30분 ② 25분

③ 20분 ④ 15분

해설 $\ln\left(\frac{C_t}{C_0}\right)=-kt$

$\ln0.5=-k\times10\text{min},\ k=0.0693/\text{min}^{-1}$

초기농도의 75%가 줄어들면 반응 후 농도는 25%를 의미

$\ln\left(\frac{25}{100}\right)=-0.0693\text{min}^{-1}\times t$

$t=20\text{min}$

27 **탄소 85%, 수소 13%, 황 2%로 조성된 중유의 연소에 필요한 이론공기량은?**

① $9.1Sm^3/kg$ ② $11.1Sm^3/kg$

③ $13.1Sm^3/kg$ ④ $15.1Sm^3/kg$

해설 이론공기량(Sm^3/kg)

$=\frac{1}{0.21}[1.867C+5.6H+0.7S]$

$=\frac{1}{0.21}[(1.867\times0.85)+(5.6\times0.13)+(0.7\times0.02)]$

$=11.09Sm^3/kg$

28 **전기집진장치의 장점이 아닌 것은?**

① 집진효율이 높다.

② 설치 시 소요 부지면적이 적다.

③ 운전비, 유지비가 적게 소요된다.

④ 압력손실이 적고 대량의 분진함유가스를 처리할 수 있다.

정답 23 ② 24 ③ 25 ② 26 ③ 27 ② 28 ②

해설 ① 장점

㉠ 집진효율이 높다.(0.01μm 정도 포집 용이, 99.9% 정도 고집진 효율)
㉡ 대량의 분진함유가스의 처리가 가능하다.
㉢ 압력손실이 적고 미세한 입자까지도 처리가 가능하다.
㉣ 운전, 유지 · 보수비용이 저렴하다.
㉤ 고온(500℃ 전후)가스 및 대량가스 처리가 가능하다.
㉥ 광범위한 온도범위에서 적용이 가능하며 폭발성 가스의 처리도 가능하다.
㉦ 회수가치 입자포집에 유리하고 압력손실이 적어 소요동력이 적다.
㉧ 배출가스의 온도강하가 적다.

② 단점

㉠ 분진의 부하변동(전압변동)에 적응하기 곤란하고, 고전압으로 안전사고의 위험성이 높다.
㉡ 분진의 성상에 따라 전처리시설이 필요하다.
㉢ 설치비용이 많이 소요되고 설치공간을 많이 차지한다.
㉣ 특정물질을 함유한 분진제거에는 곤란하다.
㉤ 가연성 입자의 처리가 곤란하다.

29 인공복토재의 조건과 가장 거리가 먼 것은?

① 투수계수가 높아야 한다.
② 연소가 잘 되지 않아야 한다.
③ 생분해가 가능하여야 한다.
④ 살포가 용이해야 한다.

해설 **인공복토재의 구비조건**

① 투수계수가 낮을 것(우수침투량 감소)
② 병원균 매개체 서식 방지, 악취 제거, 종이 흩날림을 방지할 수 있을 것
③ 미관상 좋고 연소가 잘 되지 않으며 독성이 없어야 할 것
④ 생분해가 가능하고 저렴할 것
⑤ 악천후에도 시공 가능하고 살포가 용이하며 작은 두께로 효과가 있어야 할 것

30 CO 10kg을 완전 연소시킬 때 필요한 이론적 산소량은?

① $4Sm^3$　　② $6Sm^3$
③ $8Sm^3$　　④ $10Sm^3$

해설 $2CO + O_2 \rightarrow 2CO_2$

$2\times28kg : 22.4Sm^2$

$10kg : O_2(Sm^3)$

$$O_2(Sm^3)=\frac{10kg\times22.4Sm^3}{2\times28kg}=4Sm^3$$

31 시멘트 고형화법 중 시멘트 기초법에 관한 설명으로 틀린 것은?

① 다양한 폐기물을 처리할 수 있다.
② 폐기물의 건조 또는 탈수가 필요하다.
③ 고형화된 시료의 표면적/부피 비를 감소시키거나 투수성을 감소시키는 것이 중요하다.
④ 사용되는 시멘트의 양을 조절함으로써 폐기물 콘크리트의 강도를 높일 수 있다.

해설 **시멘트 기초법(시멘트 고형화법)**

① 장점

㉠ 재료의 값이 저렴하고 풍부하고 다양한 폐기물 처리가 가능하다.
㉡ 시멘트 혼합과 처리기술이 잘 발달되어 있어 특별한 기술이 필요치 않으며 장치이용이 쉽다.
㉢ 폐기물의 건조나 탈수가 불필요하다.

② 단점

㉠ 낮은 pH에서 폐기물 성분의 용출 가능성이 있다.
㉡ 시멘트 및 첨가제는 폐기물의 부피 · 중량을 증가시킨다.

32 물리학적으로 분류된 토양수분인 흡습수에 관한 내용으로 틀린 것은?

① 중력수 외부에 표면장력과 중력이 평형을 유지하며 존재하는 물을 말한다.
② 흡습수는 pF 4.5 이상으로 강하게 흡착되어 있다.
③ 식물이 직접 이용할 수 없다.
④ 부식토에서의 흡습수의 양은 무게비로 70%에 달한다.

해설 **흡습수(PF : 4.5 이상)**

① 상대습도가 높은 공기 중에 풍건토양을 방치하면 토양입자의 표면에 물이 강하게 흡착되는데 이 물을 흡습수라 한다.
② 100~110℃에서 8~10시간 가열하면 쉽게 제거할 수 있다.
③ 강하게 흡착되어 있으므로 식물이 직접 이용할 수 없다.
④ 부식토에서의 흡습수의 양은 무게비로 70%에 달한다.

[Note] ①의 내용은 모세관수이다.

33 합성차수막 중 CR의 장단점으로 틀린 것은?

① 대부분의 화학물질에 대한 저항성이 높다.
② 마모 및 기계적 충격에 강하다.
③ 접합이 용이하다.
④ 가격이 비싸다.

정답 29 ① 30 ① 31 ② 32 ① 33 ③

해설 합성차수막 중 CR

① 장점

㉠ 대부분의 화학물질에 대한 저항성이 높음

㉡ 마모 및 기계적 충격에 강함

② 단점

㉠ 접합이 용이하지 못함

㉡ 가격이 고가임

34 인구 200,000명인 어느 도시에 매립지를 조성하고자 한다. 1인 1일 쓰레기 발생량은 1.3kg이고 쓰레기 밀도는 $0.5t/m^3$이며 이 쓰레기를 압축하면 그 용적이 2/3로 줄어든다. 압축한 쓰레기를 매립할 경우, 연간 필요한 매립 면적은?(단, 매립지 깊이는 2m, 기타 조건은 고려하지 않음)

① 약 $42,500m^2$
② 약 $51,800m^2$
③ 약 $63,300m^2$
④ 약 $76,200m^2$

해설 매립면적(m^2/year)

$$= \frac{\text{쓰레기 발생량}}{\text{밀도} \times \text{깊이}} \times (1-\text{용적감소율})$$

$$= \frac{1.3\,kg/\text{인} \cdot \text{일} \times 200,000\text{인} \times 365\text{일}/year}{500\,kg/m^3 \times 2m} \times \frac{2}{3}$$

$= 63,266.67m^2/year$

35 분뇨를 혐기성 소화 처리할 때 발생하는 CH_4 gas의 부피는 분뇨투입량의 약 8배라고 한다. 1일에 분뇨 600kL씩을 처리하는 소화시설에서 발생하는 CH_4 가스를 에너지원으로 하여 24시간 균등 연소시킬 때 얻을 수 있는 시간당 열량은?(단, CH_4가스의 발열량은 $6,000kcal/m^3$)

① $1.0 \times 10^5 kcal/hr$
② $1.2 \times 10^6 kcal/hr$
③ $1.6 \times 10^7 kcal/hr$
④ $1.8 \times 10^8 kcal/hr$

해설 열량(kcal/hr) $= 600kL/\text{일} \times 6,000kcal/m^3 \times 1,000L/kL \times m^3/1,000L \times \text{일}/24hr \times 8$

$= 1.2 \times 10^6 kcal/hr$

36 가로 1.2m, 세로 2.0m, 높이 12m의 연소실에서 저위발열량 10,000kcal/kg의 중유를 1시간에 100kg 연소한다면 연소실 열발생률($kcal/m^3 \cdot h$)은?

① 약 20,000
② 약 25,000
③ 약 30,000
④ 약 35,000

해설 열발생률($kcal/m^3 \cdot hr$)

$$= \frac{\text{저위발열량}(kcal/kg) \times \text{시간당 연소량}(kg/hr)}{\text{연소실 부피}(m^3)}$$

$$= \frac{10,000kcal/kg \times 100kg/hr}{(1.2 \times 2.0 \times 12)m^3} = 34,722.22\,kcal/m^3 \cdot hr$$

37 어느 도시의 분뇨 농도는 TS가 6%이고, TS의 65%가 VS이다. 이 분뇨를 혐기성 소화처리를 한다면 분뇨 $10m^3$당 발생하는 CH_4 가스의 양은?(단, 비중은 1.0으로 가정, 분뇨의 VS 1kg당 $0.4m^3$의 CH_4 가스 발생)

① $122m^3$　② $131m^3$
③ $142m^3$　④ $156m^3$

해설 메탄(CH_4)가스 발생량 = VS양 × VS 1kg당 CH_4 발생량

메탄(m^3) $= 0.4m^3 \cdot CH_4/kg \cdot VS \times \frac{65VS}{100TS} \times 60,000mg/L \cdot TS \times 10m^3 \times 10^{-6}kg/mg \times 10^3\,L/m^3$

$= 156m^3$

38 유효공극률 0.2, 점토층 위의 침출수 수두 1.5 m인 점토 차수층 1.0m를 통과하는 데 10년이 걸렸다면 점토 차수층의 투수계수는 몇 cm/sec인가?

① 1.54×10^{-8}
② 2.54×10^{-8}
③ 3.54×10^{-8}
④ 4.54×10^{-8}

해설 $t = \frac{d^2\eta}{K(d+h)}$, $315,360,000sec = \frac{1.0^2m^2 \times 0.2}{K(1.0+1.5)m}$

투수계수(K) $= 2.54 \times 10^{-10}m/sec (= 2.54 \times 10^{-8}cm/sec)$

정답 34 ③ 35 ② 36 ④ 37 ④ 38 ②

39 **폐기물 열분해에 관한 다음 설명으로 틀린 것은?**

① 폐기물을 산소의 공급 없이 가열하여 가스, 액체, 고체의 3성분으로 분리한다.
② 고도의 발열반응으로 폐열회수가 가능하다.
③ 고온 열분해에서 1,700℃까지 온도를 올리면 생산되는 모든 재는 Slag로 배출된다.
④ 열분해에서 일반적으로 저온이라 함은 500~ 900℃, 고온은 1,100~1,500℃를 말한다.

해설 **열분해**
무산소 혹은 저산소 분위기에서 가연성 폐기물을 간접가열에 의해 연소시켜 유해물질로부터 가스, 액체 및 고체상태의 연료를 생산하는 공정을 의미하며 흡열반응을 한다.

40 **공기를 이용하여 일산화탄소를 완전 연소시킬 때 건조가스 중 최대 탄산가스양은?(단, 표준상태 기준)**

① 21.6% ② 27.7%
③ 31.2% ④ 34.7%

해설 $2CO \quad + \quad O_2 \quad \rightarrow \quad 2CO_2$
$2\times22.4Sm^3 \ : \ 22.4\,Sm^3 \ : \ 2\times22.4Sm^3$

$$G_{od} = (1-0.21)A_0 + CO_2 = \left[(1-0.21)\times\frac{1}{0.21}\right]+2$$
$$= 5.76Sm^3/Sm^3$$
$$CO_{2_{max}} = \frac{CO_2\text{양}}{G_{od}}\times100 = \frac{2}{5.76}\times100 = 34.72\%$$

제3과목 폐기물공정시험기준(방법)

41 **폐기물공정시험기준(방법)에 규정된 시료의 축소방법과 가장 거리가 먼 것은?**

① 원추이분법 ② 원추사분법
③ 교호삽법 ④ 구획법

해설 **시료 축소방법**
원추사분법, 교호삽법, 구획법

42 **시안을 자외선/가시선 분광법으로 측정할 때 클로라민-T와 피리딘 · 피라졸론 혼합액을 넣어 나타나는 색으로 옳은 것은?**

① 적색 ② 황갈색
③ 적자색 ④ 청색

해설 **시안-자외선/가시선 분광법의 분석**
시료를 pH 2 이하의 산성으로 조절한 후에 에틸렌다이아민테트라아세트산나트륨을 넣고 가열 증류하여 시안화합물을 시안화수소로 유출시켜 수산화나트륨용액을 포집한 다음 중화하고 클로라민-T와 피리딘 · 피라졸론 혼합액을 넣어 나타나는 청색을 620nm에서 측정하는 방법이다.

43 **정량한계 산정식으로 옳은 것은?**

① 정량한계=3.3×표준편차
② 정량한계=5×표준편차
③ 정량한계=10×표준편차
④ 정량한계=15×표준편차

해설 정량한계(LOQ)=10×표준편차

44 **다음의 용출시험방법에 관한 내용 중 옳은 것은?**

① 시료용액은 시료의 조제방법에 따라 조제한 시료 100g 이상을 정확히 달아 정제수와 염산을 넣어 pH 4.5~5.8로 한 용매(mL)를 시료 : 용매=1 : 10(W : W)의 비로 1L 플라스크에 넣어 혼합한다.
② 시료용액을 상온, 상압에서 진탕횟수가 매분당 약 200회, 진폭이 4~5cm의 진탕기를 사용하여 6시간 연속 진탕한 다음 0.1μm의 유리섬유여과지로 여과한 것을 용출시험용 시료용액으로 한다.
③ 여과가 어려운 경우에는 원심분리기를 사용하여 분당 3,000회전 이상으로 20분 이상 원심 분리한 다음 상징액을 적당량 취하여 용출시험용 시료용액으로 한다.
④ 시료 중의 수분함량 보정을 위해 함수율 95% 이상인 시료에 한하여 "5/(100－D)"를 곱하여 계산된 값으로 한다(여기서 D는 시료의 함수율(%)이다).

정답 39 ② 40 ④ 41 ① 42 ④ 43 ③ 44 ③

해설 **용출시험방법**

① 시료용액의 조제

㉠ 시료의 조제방법에 따라 조제한 시료 100g 이상을 정확히 단다.

⇩

㉡ 용매 : 정제수에 염산을 넣어 pH를 5.8~8.3

⇩

㉢ 시료 : 용매=1 : 10(w/v)의 비로 2,000mL 삼각플라스크에 넣어 혼합

② 용출조작

㉠ 진탕 : 혼합액을 상온, 상압에서 진탕횟수가 매분당 약 200회, 진폭이 4~5cm의 진탕기를 사용하여 6시간 연속 진탕

⇩

㉡ 여과 : 1.0μm의 유리섬유여과지로 여과

⇩

㉢ 여과액을 적당량 취하여 용출실험용 시료용액으로 함

45 수은을 환원기화－원자흡수분광광도법으로 측정할 때 벤젠, 아세톤 등 휘발성 유기물질의 간섭을 제어하기 위해 사용하는 시약은?

① 과망간산칼륨　　② 염산히드록실 아민

③ 티오황산나트륨　　④ 묽은 황산

해설 **수은 환원기화－원자흡수분광광도법의 간섭물질**

① 시료 중 염화물이온이 다량 함유된 경우에 산화조작 시 유리염소를 발생하여 253.7nm에서 흡광도를 나타내는 경우 : 염산하이드록실아민용액을 과잉으로 넣어 유리염소를 환원시키고 용기 중에 잔류하는 염소는 질소가스를 통기시켜 추출한다.

② 벤젠, 아세톤 등 휘발성 유기물질이 253.7nm에서 흡광도를 나타내는 경우 : 과망간산칼륨 분해 후 헥산으로 이들 물질을 추출 분리한 다음 실험한다.

46 총칙에 관한 설명으로 틀린 것은?

① 정밀히 단다. : 규정된 수치의 무게를 0.1mg까지 다는 것을 말한다.

② 밀봉용기 : 취급 또는 저장하는 동안에 기체 또는 미생물이 침입하지 아니하도록 내용물을 보호하는 용기를 말한다.

③ 방울수 : 20℃에서 정제수 20방울을 적하할 때 그 부피가 약 1mL 되는 것을 말한다.

④ 시험조작 중 즉시 : 30초 이내에 표시된 조작을 하는 것을 뜻한다.

해설 **용어정리**

① 액상폐기물 : 고형물의 함량이 5% 미만

② 반고상폐기물 : 고형물의 함량이 5% 이상 15% 미만

③ 고상폐기물 : 고형물의 함량이 15% 이상

④ 함침성 고상폐기물 : 종이, 목재 등 기름을 흡수하는 변압기 내부부재(종이, 나무와 금속이 서로 혼합되어 분리가 어려운 경우 포함)를 말함

⑤ 비함침성 고상폐기물 : 금속판, 구리선 등 기름을 흡수하지 않는 평면 또는 비평면 형태의 변압기 내부부재를 말함

⑥ 즉시 : 30초 이내에 표시된 조작을 하는 것을 의미

⑦ 감압 또는 진공 : 15mmHg 이하

⑧ 이상과 초과, 이하, 미만

㉠ "이상"과 "이하"는 기산점 또는 기준점인 숫자를 포함

㉡ "초과"와 "미만"은 기산점 또는 기준점인 숫자를 불포함

㉢ a~b → a 이상 b 이하

⑨ 바탕시험을 하여 보정한다. : 시료에 대한 처리 및 측정을 할 때, 시료를 사용하지 않고 같은 방법으로 조작한 측정치를 빼는 것을 의미

⑩ 방울수 : 20℃에서 정제수 20방울을 적하할 때, 그 부피가 약 1mL 되는 것을 의미

⑪ 항량으로 될 때까지 건조한다. : 같은 조건에서 1시간 더 건조할 때 전후 무게의 차가 g당 0.3mg 이하

⑫ 용액의 산성, 중성 또는 알칼리성 검사 시 : 유리전극법에 의한 pH 미터로 측정

⑬ 용기 : 시험용액 또는 시험에 관계된 물질을 보존, 운반 또는 조작하기 위하여 넣어두는 것

구분	정의
밀폐용기	취급 또는 저장하는 동안에 이물질이 들어가거나 또는 내용물이 손실되지 아니하도록 보호하는 용기
기밀용기	취급 또는 저장하는 동안에 밖으로부터의 공기 또는 다른 가스가 침입하지 아니하도록 내용물을 보호하는 용기
밀봉용기	취급 또는 저장하는 동안에 기체 또는 미생물이 침입하지 아니하도록 내용물을 보호하는 용기
차광용기	광선이 투과하지 않는 용기 또는 투과하지 않게 포장한 용기이며 취급 또는 저장하는 동안에 내용물이 광화학적 변화를 일으키지 아니하도록 방지할 수 있는 용기

⑭ 여과한다. : KSM 7602 거름종이 5종 또는 이와 동등한 여과지를 사용하여 여과함을 말함

⑮ 정밀히 단다. : 규정된 양의 시료를 취하여 화학저울 또는 미량저울로 칭량함

⑯ 정확히 단다. : 규정된 수치의 무게를 0.1mg까지 다는 것

⑰ 정확히 취하여 : 규정된 양의 액체를 홀피펫으로 눈금까지 취하는 것

⑱ 정량적으로 씻는다. : 어떤 조작으로부터 다음 조작으로 넘어갈 때 사용한 비커, 플라스크 등의 용기 및 여과막 등에 부착한 정량대상 성분을 사용한 용매로 씻어 그 씻어낸 용액을 합하고 먼저 사용한 같은 용매를 채워 일정용량으로 하는 것

정답 45 ① 46 ①

47 기름 성분(중량법)의 정량한계는?(단, 폐기물공정시험기준(방법) 기준)

① 0.05% 이하
② 0.1% 이하
③ 0.3% 이하
④ 0.5% 이하

해설 기름 성분－중량법의 정량한계 : 0.1% 이하

48 수소이온농도를 측정할 때 사용하는 표준액 중 pH 값이 가장 낮은 것은?(단, 0℃ 기준)

① 붕산염 표준액
② 인산염 표준액
③ 프탈산염 표준액
④ 수산염 표준액

해설 **온도별 표준액의 pH 값(0℃ 기준)**
① 수산염 표준액 : 1.67
② 프탈산염 표준액 : 4.01
③ 인산염 표준액 : 6.98
④ 붕산염 표준액 : 9.46
⑤ 탄산염 표준액 : 10.32
⑥ 수산화칼슘 표준액 : 13.43

49 폐기물 소각시설의 소각재 시료채취에 관한 내용이다. ( ) 안에 옳은 내용은?(단, 연속식 연소방식의 소각재 반출 설비에서 시료채취)

> 야적더미에서 채취하는 경우는 야적더미를 ( ) 높이마다 각각의 층으로 나누고 각 층별로 적절한 지점에서 500g 이상의 시료를 채취한다.

① 0.5m ② 1.0m
③ 1.5m ④ 2.0m

해설 **부지 내에 야적되어 있는 경우 소각재 채취방법**

채취장소	채취방법
소각재 저장조	• 저장조에 쌓여 있는 소각재를 평면상에서 5등분 • 시료는 대표성이 있다고 판단되는 곳에서 각 등분마다 500g 이상을 채취
낙하구 밑	시료의 양은 1회에 500g 이상 채취
야적더미	• 야적더미를 2m 높이마다 각각의 층으로 나눔 • 각 층별로 적절한 지점에서 500g 이상 채취

50 기체크로마토그래피로 비함침성 고상폐기물 중 폴리클로리네이티드비페닐(PCBs)을 검사할 때 비함침성 고상폐기물의 정량한계(부재 채취법)는?

① 0.05mg/L ② 0.005mg/kg
③ 0.01μg/10cm² ④ 0.01μg/100cm²

해설 **폴리클로리네이티드비페닐(PCBs) – 기체크로마토그래피의 정량한계**
① 용출용액의 폴리클로리네이티드비페닐(PCBs)의 정량한계 : 0.0005mg/L
② 액상폐기물의 폴리클로리네이티드비페닐(PCBs)의 정량한계 : 0.05mg/L
③ 비함침성 고상폐기물의 정량한계
㉠ 표면 채취법 : 0.05μg/100cm²
㉡ 부재 채취법 : 0.005mg/kg

51 자외선/가시선 분광법으로 6가크롬을 측정할 때 흡수셀 세척시 사용되는 시약과 가장 거리가 먼 것은?

① 탄산나트륨 ② 질산
③ 과망간산칼륨 ④ 에틸알코올

해설 **흡수셀이 더러워 측정값에 오차가 발생한 경우**
① 탄산나트륨용액(2%)에 소량의 음이온 계면활성제를 가한 용액에 흡수셀을 담가 놓고 필요하면 40~50℃로 약 10분간 가열한다.
② 흡수셀을 꺼내 정제수로 씻은 후 질산(1+5)에 소량의 과산화수소를 가한 용액에 약 30분간 담가 놓았다가 꺼내어 정제수로 잘 씻는다. 깨끗한 가제나 흡수지 위에 거꾸로 놓아 물기를 제거하고 실리카겔을 넣은 데시케이터 중에서 건조하여 보존한다.
③ 급히 사용하고자 할 때는 물기를 제거한 후 에틸알코올로 씻고 다시 에틸에테르로 씻은 다음 드라이어로 건조해서 사용한다.

52 다음 용어의 정의로 옳은 것은?

① 액상폐기물 : 고형물 함량 5% 이하
② 반고상폐기물 : 고형물 함량 5% 이상~10% 이하
③ 반고상폐기물 : 고형물 함량 5% 이상~15% 이하
④ 고상폐기물 : 고형물 함량 15% 이상

해설 ① 액상폐기물 : 고형물의 함량이 5% 미만
② 반고상폐기물 : 고형물의 함량이 5% 이상 15% 미만
③ 고상폐기물 : 고형물의 함량이 15% 이상

정답 47 ② 48 ④ 49 ④ 50 ② 51 ③ 52 ④

53 **시료의 전처리를 위한 산분해법 중 유기물 함량이 비교적 높지 않고 금속의 수산화물, 산화물, 인산염 및 황화물을 함유하고 있는 시료에 적용하는 것은?**

① 질산－황산 분해법
② 질산－염산 분해법
③ 질산－과염소산 분해법
④ 질산 분해법

해설 **질산－염산 분해법**
① 적용 : 유기물 함량이 비교적 높지 않고 금속의 수산화물, 산화물, 인산염 및 황화물을 함유하고 있는 시료에 적용한다.
② 용액 산농도 : 약 0.5M

54 **기체크로마토그래피로 휘발성 저급 염소화탄화수소류를 측정할 때 간섭물질에 관한 내용으로 틀린 것은?**

① 추출용매에는 분석성분의 머무름 시간에서 피크가 나타나는 간섭물질이 있을 수 있다.
② 디클로로메탄과 같이 머무름 시간이 긴 화합물은 용매나 용질의 피크와 겹쳐 분석을 방해할 수 있다.
③ 플루오르화탄소나 디클로로메탄과 같은 휘발성 유기물은 보관이나 운반 중에 격막을 통해 시료 안으로 확산되어 시료를 오염시킬 수 있다.
④ 시료에 혼합표준액 일정량을 첨가하여 크로마토그램을 작성하고 미지의 다른 성분과 피크의 중복 여부를 확인한다.

해설 **휘발성 저급 염소화탄화수소류－기체크로마토그래피의 간섭물질**
① 추출용매에는 분석성분의 머무름 시간에서 피크가 나타나는 간섭물질이 있을 수 있어 추출용매 안에 간섭물질이 발견되면 증류하거나 컬럼 크로마토그래피에 의해 제거함
② 이 실험으로 끓는점이 높거나 유기화합물들이 함께 추출되므로 이들 중에는 분석을 간섭하는 물질이 있을 수 있음
③ 디클로로메탄과 같이 머무름 시간이 짧은 화합물은 용매의 피크와 겹쳐 분석을 방해할 수 있음
④ 플루오르화탄소나 디클로로메탄과 같은 휘발성 유기물은 보관이나 운반 중에 격막(Septum)을 통해 시료 안으로 확산되어 시료를 오염시킬 수 있으므로 현장바탕시료로서 이를 점검하여야 함
⑤ 시료에 혼합표준액 일정량을 첨가하여 크로마토그램을 작성하고 미지의 다른 성분과 피크의 중복 여부를 확인하여 만일 피크가 중복될 경우 극성이 다르고 분리가 양호한 컬럼을 택하여 실험함

55 **고형물 함량이 50%, 수분함량이 50%, 강열감량이 95%인 폐기물의 경우 폐기물의 고형물 중 유기물 함량은?**

① 60% ② 70%
③ 80% ④ 90%

해설 휘발성 고형물＝강열감량－수분
＝95%－50%＝45%

$$\text{유기물 함량(\%)} = \frac{\text{휘발성 고형물}}{\text{고형물}} \times 100 = \frac{45}{50} \times 100 = 90\%$$

56 **5톤 이상의 운반차량에 적재된 폐기물은 평면상으로 몇 등분하여 시료를 채취하는가?**

① 4등분 ② 6등분
③ 9등분 ④ 12등분

해설 ① 5ton 미만의 차량에 적재되어 있는 경우
적재폐기물을 평면상에서 6등분한 후 각 등분마다 시료 채취
② 5ton 이상의 차량에 적재되어 있는 경우
적재폐기물을 평면상에서 9등분한 후 각 등분마다 시료 채취

57 **채취대상 폐기물 양과 최소 시료수에 대한 내용으로 틀린 것은?**

① 대상 폐기물양이 300톤이면, 최소 시료수는 30이다.
② 대상 폐기물양이 1,000톤이면, 최소 시료수는 40이다.
③ 대상 폐기물양이 2,500톤이면, 최소 시료수는 50이다.
④ 대상 폐기물양이 5,000톤이면, 최소 시료수는 60이다.

해설 **대상폐기물의 양과 시료의 최소수**

대상 폐기물의 양(단위 : ton)	시료의 최소 수
～1 미만	6
1 이상 5 미만	10
5 이상 30 미만	14
30 이상 100 미만	20
100 이상 500 미만	30
500 이상 1,000 미만	36
1,000 이상 5,000 미만	50
5,000 이상 ～	60

정답 53 ② 54 ② 55 ④ 56 ③ 57 ②

58 자외선/가시선 분광법으로 구리를 측정할 때 황갈색 킬레이트 화합물을 추출하는 용액으로 가장 옳은 것은?

① 사염화탄소
② 아세트산부틸
③ 클로로폼
④ 아세톤

해설 **구리 – 자외선/가시선 분광법의 분석**
시료 중에 구리이온이 알칼리성에서 다이에틸다이티오카르바민산나트륨과 반응하여 생성하는 황갈색의 킬레이트 화합물을 아세트산부틸로 추출하여 흡광도를 440nm에서 측정하는 방법이다.

59 pH = 1인 폐산과 pH = 5인 폐산의 수소이온농도 차이는 몇 배인가?

① 4배 ② 400배
③ 만 배 ④ 10만 배

해설 $pH = -\log[H^+]$
$pH\ 1 \rightarrow [H^+] = 10^{-1}mol/L$
$pH\ 5 \rightarrow [H^+] = 10^{-5}mol/L$
배율(비) $= \frac{10^{-1}}{10^{-5}} = 10{,}000$배

60 기체크로마토그래피를 적용한 유기인 분석에 관한 내용으로 틀린 것은?

① 기체크로마토그래피로 분리한 다음 질소인 검출기로 분석한다.
② 기체크로마토그래피로 분리한 다음 불꽃광도 검출기로 분석한다.
③ 정량한계는 사용하는 장치 및 측정조건에 따라 다르나 각 성분당 0.0005mg/L이다.
④ 시료채취는 유리병을 사용하며 염산으로 pH 2 이하로 시료를 보전한다.

해설 **유기인 – 기체크로마토그래피의 시료채취 및 관리**
① 시료채취는 유리병을 사용하며 채취 전에 시료로서 세척하지 말아야 한다.
② 모든 시료는 시료채취 후 추출하기 전까지 4℃ 냉암소에서 보관한다.
③ 7일 이내에 추출하고 40일 이내에 분석한다.

제4과목 폐기물관계법규

61 폐기물처리시설사후관리계획서(매립시설인 경우에 한함)에 포함될 사항으로 틀린 것은?

① 빗물배제계획
② 지하수 수질조사계획
③ 사후영향평가 조사서
④ 구조물과 지반 등의 안정도유지계획

해설 **폐기물 매립시설 사후관리계획서 포함사항**
① 폐기물처리시설 설치 · 사용내용
② 사후관리 추진일정
③ 빗물배제계획
④ 침출수 관리계획(차단형 매립시설은 제외한다)
⑤ 지하수 수질조사계획
⑥ 발생가스 관리계획(유기성 폐기물을 매립하는 시설만 해당한다)
⑦ 구조물과 지반 등의 안정도 유지계획

62 주변지역에 대한 영향 조사를 하여야 하는 '대통령령으로 정하는 폐기물처리시설' 기준으로 옳지 않은 것은? (단, 폐기물처리업자가 설치, 운영)

① 시멘트 소성로(폐기물을 연료로 사용하는 경우는 제외한다)
② 매립면적 15만 제곱미터 이상의 사업장 일반폐기물 매립시설
③ 매립면적 1만 제곱미터 이상의 사업장 지정폐기물 매립시설
④ 1일 처리능력이 50톤 이상인 사업장폐기물 소각시설(같은 사업장에 여러 개의 소각시설이 있는 경우에는 각 소각시설의 1일 처리능력의 합계가 50톤 이상인 경우를 말한다)

해설 **주변지역 영향 조사대상 폐기물처리시설 기준**
① 1일 처리능력이 50톤 이상인 사업장폐기물 소각시설(같은 사업장에 여러 개의 소각시설이 있는 경우에는 각 소각시설의 1일 처리능력의 합계가 50톤 이상인 경우를 말한다)
② 매립면적 1만 제곱미터 이상의 사업장 지정폐기물 매립시설
③ 매립면적 15만 제곱미터 이상의 사업장 일반폐기물 매립시설
④ 시멘트 소성로(폐기물을 연료로 사용하는 경우로 한정한다)
⑤ 1일 재활용능력이 50톤 이상인 사업장폐기물 소각열회수시설(같은 사업장에 여러 개의 소각열회수시설이 있는 경우에는 각 소각열회수시설의 1일 재활용능력의 합계가 50톤 이상인 경우를 말한다)

정답 58 ② 59 ③ 60 ④ 61 ③ 62 ①

63 의료폐기물 전용용기 검사기관(그 밖에 환경부장관이 전용용기에 대한 검사능력이 있다고 인정하여 고시하는 기관은 제외)에 해당되지 않는 것은?

① 한국화학융합시험연구원
② 한국환경공단
③ 한국의료기기시험연구원
④ 한국건설생활환경시험연구원

해설 **의료폐기물 전용용기 검사기관**
① 한국환경공단
② 한국화학융합시험연구원
③ 한국건설생활환경시험연구원
④ 그 밖에 국립환경과학원장이 의료폐기물 전용용기에 대한 검사능력이 있다고 인정하여 고시하는 기관

64 폐기물처리 담당자 등에 대한 교육을 실시하는 기관으로 거리가 먼 것은?

① 국립환경연구원
② 환경보전협회
③ 한국환경공단
④ 한국환경산업기술원

해설 **교육기관**
① 국립환경인력개발원, 한국환경공단 또는 한국폐기물협회
㉠ 폐기물처분시설 또는 재활용시설의 기술관리인이나 폐기물처리시설의 설치자로서 스스로 기술관리를 하는 자
㉡ 폐기물처리시설의 설치 · 운영자 또는 그가 고용한 기술담당자
② 「환경정책기본법」에 따른 환경보전협회 또는 한국폐기물협회
㉠ 사업장폐기물 배출자 신고를 한 자 및 법 제17조 제3항에 따른 서류를 제출한 자 또는 그가 고용한 기술담당자
㉡ 폐기물처리업자(폐기물 수집 · 운반업자는 제외한다)가 고용한 기술요원
㉢ 폐기물처리시설의 설치 · 운영자 또는 그가 고용한 기술담당자
㉣ 폐기물 수집 · 운반업자 또는 그가 고용한 기술담당자
㉤ 폐기물재활용신고자 또는 그가 고용한 기술담당자
②의2 한국환경산업기술원
재활용환경성평가기관의 기술인력
②의3 국립환경인력개발원, 한국환경공단
폐기물분석전문기관의 기술요원

65 환경부장관에 의해 폐기물처리시설의 폐쇄명령을 받았으나 이행하지 아니한 자에 대한 벌칙기준은?

① 5년 이하의 징역이나 5천만 원 이하의 벌금
② 3년 이하의 징역이나 3천만 원 이하의 벌금
③ 2년 이하의 징역이나 2천만 원 이하의 벌금
④ 1천만 원 이하의 과태료

해설 폐기물관리법 제64조 참조

66 대통령령으로 정하는 폐기물처리시설을 설치, 운영하는 자는 그 처리시설에서 배출되는 오염물질을 측정하거나 환경부령으로 정하는 측정기관으로 하여금 측정하게 하고, 그 결과를 환경부장관에게 보고하여야 한다. 다음 중 환경부령으로 정하는 측정기관과 가장 거리가 먼 것은?

① 수도권매립지관리공사
② 보건환경연구원
③ 국립환경과학원
④ 한국환경공단

해설 **환경부령으로 정하는 오염물질 측정기관**
① 보건환경연구원
② 한국환경공단
③ 수질오염물질 측정대행업의 등록을 한 자
④ 수도권매립지관리공사
⑤ 폐기물분석전문기관

67 설치신고대상 폐기물처리시설 기준으로 옳은 것은?

① 생물학적 처분시설 또는 재활용시설로서 1일 처분능력 또는 재활용 능력이 5톤 미만인 시설
② 생물학적 처분시설 또는 재활용시설로서 1일 처분능력 또는 재활용 능력이 10톤 미만인 시설
③ 생물학적 처분시설 또는 재활용시설로서 1일 처분능력 또는 재활용 능력이 50톤 미만인 시설
④ 생물학적 처분시설 또는 재활용시설로서 1일 처분능력 또는 재활용 능력이 100톤 미만인 시설

정답 63 ③ 64 ① 65 ① 66 ③ 67 ④

해설 **설치신고대상 폐기물처리시설**

① 일반소각시설로서 1일 처리능력이 100톤(지정폐기물의 경우에는 10톤) 미만인 시설
② 고온소각시설 · 열분해시설 · 고온용융시설 또는 열처리조합시설로서 시간당 처리능력이 100킬로그램 미만인 시설
③ 기계적 처분시설 또는 재활용시설 중 증발 · 농축 · 정제 또는 유수분리시설로서 시간당 처리능력이 125킬로그램 미만인 시설
④ 기계적 처분시설 또는 재활용시설 중 압축 · 파쇄 · 분쇄 · 절단 · 용융 또는 연료화 시설로서 1일 처리능력이 100톤 미만인 시설
⑤ 기계적 처분시설 또는 재활용시설 중 탈수 · 건조시설, 멸균분쇄시설 및 화학적 처리시설
⑥ 생물학적 처분시설 또는 재활용시설로서 1일 처리능력이 100톤 미만인 시설
⑦ 소각열회수시설로서 1일 재활용능력이 100톤 미만인 시설

68 **폐기물처리업자, 폐기물처리시설을 설치 · 운영하는 자 등이 환경부령이 정하는 바에 따라 장부를 갖추어 두고 폐기물의 발생 · 배출 · 처리상황 등을 기록하여 최종 기재한 날부터 얼마 동안 보존하여야 하는가?**

① 6개월 ② 1년
③ 3년 ④ 5년

해설 폐기물처리업자, 폐기물처리시설을 설치 · 운영하는 자 등은 폐기물의 발생, 배출, 처리상황 등을 기록하여 최종기재한 날부터 3년 동안 보존하여야 한다.

69 **환경부령으로 정하는 폐기물처리시설의 설치를 마친 자는 환경부령으로 정하는 검사기관으로부터 검사를 받아야 한다. 폐기물처리시설이 멸균분쇄시설인 경우, 검사기관으로 옳지 않은 것은?**

① 한국환경공단
② 보건환경연구원
③ 한국산업기술시험원
④ 한국기계연구원

해설 **환경부령으로 정하는 검사기관**

① 소각시설
㉠ 한국환경공단
㉡ 한국기계연구원
㉢ 한국산업기술시험원
㉣ 대학, 정부 출연기관, 그 밖에 소각시설을 검사할 수 있다고 인정하여 환경부장관이 고시하는 기관
② 매립시설
㉠ 한국환경공단
㉡ 한국건설기술연구원
㉢ 한국농어촌공사
㉣ 수도권매립지관리공사
③ 멸균분쇄시설
㉠ 한국환경공단
㉡ 보건환경연구원
㉢ 한국산업기술시험원
④ 음식물 폐기물 처리시설
㉠ 한국환경공단
㉡ 한국산업기술시험원
㉢ 그 밖에 환경부장관이 정하여 고시하는 기관
⑤ 시멘트 소성로
소각시설의 검사기관과 동일
⑥ 소각열회수시설의 검사기관
소각시설의 검사기관과 동일(에너지회수 외의 검사)

70 **다음 중 위해의료폐기물인 손상성 폐기물과 가장 거리가 먼 것은?**

① 봉합바늘
② 유리재질의 시험기구
③ 한방침
④ 수술용 칼날

해설 **위해의료폐기물의 종류**

① 조직물류 폐기물 : 인체 또는 동물의 조직 · 장기 · 기관 · 신체의 일부, 동물의 사체, 혈액 · 고름 및 혈액생성물질(혈청, 혈장, 혈액 제제)
② 병리계 폐기물 : 시험 · 검사 등에 사용된 배양액, 배양용기, 보관균주, 폐시험관, 슬라이드 커버글라스 폐배지, 폐장갑
③ 손상성 폐기물 : 주삿바늘, 봉합바늘, 수술용 칼날, 한방침, 치과용 침, 파손된 유리재질의 시험기구
④ 생물 · 화학폐기물 : 폐백신, 폐항암제, 폐화학치료제
⑤ 혈액오염폐기물 : 폐혈액백, 혈액투석 시 사용된 폐기물, 그 밖에 혈액이 유출될 정도로 포함되어 있는 특별한 관리가 필요한 폐기물

71 **폐기물 처리시설의 종류 중 재활용시설(기계적 재활용시설)의 기준으로 틀린 것은?**

① 용융시설(동력 7.5kW 이상인 시설로 한정)
② 응집 · 침전 시설(동력 7.5kW 이상인 시설로 한정)
③ 압축시설(동력 7.5kW 이상인 시설로 한정)
④ 파쇄 · 분쇄 시설(동력 15kW 이상인 시설로 한정)

정답 68 ③ 69 ④ 70 ② 71 ②

해설 기계적 재활용시설

① 압축 · 압출 · 성형 · 주조 시설(동력 7.5kW 이상인 시설로 한정한다)
② 파쇄 · 분쇄 · 탈피 시설(동력 15kW 이상인 시설로 한정한다)
③ 절단시설(동력 7.5kW 이상인 시설로 한정한다)
④ 용융 · 용해 시설(동력 7.5kW 이상인 시설로 한정한다)
⑤ 연료화시설
⑥ 증발 · 농축 시설
⑦ 정제시설(분리 · 증류 · 추출 · 여과 등의 시설을 이용하여 폐기물을 재활용하는 단위시설을 포함한다)
⑧ 유수 분리 시설
⑨ 탈수 · 건조 시설
⑩ 세척시설(철도용 폐목재 받침목을 재활용하는 경우로 한정한다)

72 폐기물 처리업자의 폐기물보관량 및 처리기한에 관한 기준으로 (   )에 옳은 것은?(단, 폐기물 수집, 운반업자가 임시보관장소에 폐기물을 보관하는 경우)

> 의료 폐기물 외의 폐기물 : 중량이 (㉠) 이하이고 용적이 (㉡) 이하, (㉢) 이내

① ㉠ 450톤, ㉡ 300세제곱미터, ㉢ 3일
② ㉠ 350톤, ㉡ 200세제곱미터, ㉢ 3일
③ ㉠ 450톤, ㉡ 300세제곱미터, ㉢ 5일
④ ㉠ 350톤, ㉡ 200세제곱미터, ㉢ 5일

해설 폐기물 수집 · 운반업자가 임시보관장소에 폐기물을 보관하는 경우

① 의료폐기물
냉장 보관할 수 있는 섭씨 4도 이하의 전용보관시설에서 보관하는 경우 5일 이내, 그 밖의 보관시설에서 보관하는 경우에는 2일 이내, 다만 격리의료폐기물의 경우에서 보관시설과 무관하게 2일 이내로 한다.
② 의료폐기물 외의 폐기물
중량 450톤 이하이고 용적이 300세제곱미터 이하, 5일 이내

73 관리형 매립시설에서 발생하는 침출수의 배출허용 기준 중 청정지역의 부유물질량에 대한 기준으로 옳은 것은?

① 20mg/L
② 30mg/L
③ 40mg/L
④ 50mg/L

해설 관리형 매립시설 침출수의 배출허용기준

구분	생물 화학적 산소 요구량 (mg/L)	화학적 산소요구량(mg/L)			부유물 질량 (mg/L)
		과망간산칼륨법에 따른 경우		중크롬산 칼륨법에 따른 경우	
		1일 침출수 배출량 2,000m^3 이상	1일 침출수 배출량 2,000m^3 미만		
청정 지역	30	50	50	400 (90%)	30
가 지역	50	80	100	600 (85%)	50
나 지역	70	100	150	800 (80%)	70

74 기술관리인을 두어야 할 폐기물처리시설 기준으로 옳은 것은?

① 용해로(폐기물에서 비철금속을 추출하는 경우는 제외한다)로서 시간당 재활용능력이 200킬로그램 이상인 시설
② 용해로(폐기물에서 비철금속을 추출하는 경우는 제외한다)로서 시간당 재활용능력이 600킬로그램 이상인 시설
③ 용해로(폐기물에서 비철금속을 추출하는 경우로 한정한다)로서 시간당 재활용능력이 200킬로그램 이상인 시설
④ 용해로(폐기물에서 비철금속을 추출하는 경우로 한정한다)로서 시간당 재활용능력이 600킬로그램 이상인 시설

해설 기술관리인을 두어야 하는 폐기물 처리시설

① 매립시설의 경우
㉠ 지정폐기물을 매립하는 시설로서 면적이 3천300제곱미터 이상인 시설. 다만, 차단형 매립시설에서는 면적이 330제곱미터 이상이거나 매립용적이 1천 세제곱미터 이상인 시설로 한다.
㉡ 지정폐기물 외의 폐기물을 매립하는 시설로서 면적이 1만 제곱미터 이상이거나 매립용적이 3만 세제곱미터 이상인 시설
② 소각시설로서 시간당 처리능력이 600킬로그램(감염성 폐기물을 대상으로 하는 소각시설의 경우에는 200킬로그램) 이상인 시설

정답 72 ③ 73 ② 74 ④

③ 압축 · 파쇄 · 분쇄 또는 절단시설로서 1일 처리능력 또는 재활용시설이 100톤 이상인 시설
④ 사료화 · 퇴비화 또는 연료화 시설로서 1일 재활용능력이 5톤 이상인 시설
⑤ 멸균 · 분쇄시설로서 시간당 처리능력이 100킬로그램 이상인 시설
⑥ 시멘트 소성로
⑦ 용해로(폐기물에 비철금속을 추출하는 경우로 한정한다)로서 시간당 재활용능력이 600킬로그램 이상인 시설
⑧ 소각열회수시설로서 시간당 재활용능력이 600킬로그램 이상인 시설

75 폐기물처리시설 주변지역 영향조사기준 중 조사방법(조사지점)에 관한 내용으로 ( )에 옳은 것은?

> 미세먼지와 다이옥신 조사지점은 해당시설에 인접한 주거지역 중 ( ) 이상 지역의 일정한 곳으로 한다.

① 2개소　② 3개소
③ 4개소　④ 5개소

해설 **주변지역 영향조사의 조사지점**
① 미세먼지와 다이옥신 조사지점은 해당 시설에 인접한 주거지역 중 3개소 이상 지역의 일정한 곳으로 한다.
② 악취 조사지점은 매립시설에 가장 인접한 주거지역에서 냄새가 가장 심한 곳으로 한다.
③ 지표수 조사지점은 해당 시설에 인접하여 폐수, 침출수 등이 흘러들거나 흘러들 것으로 우려되는 지역의 상 · 하류 각 1개소 이상의 일정한 곳으로 한다.
④ 지하수 조사지점은 매립시설의 주변에 설치된 3개의 지하수 검사정으로 한다.
⑤ 토양조사지점은 4개소 이상으로 하고 토양정밀조사의 방법에 따라 폐기물 매립 및 재활용 지역의 시료채취 지점의 표토와 심토에서 각각 시료를 채취해야 하며, 시료채취지점의 지형 및 하부토양의 특성을 고려하여 시료를 채취해야 한다.

76 폐기물처리시설의 설치기준 중 고온용융시설의 개별기준으로 틀린 것은?

① 시설에서 배출되는 잔재물의 강열감량은 5% 이하가 될 수 있는 성능을 갖추어야 한다.
② 연소가스의 체류시간은 1초 이상이어야 하고, 충분하게 혼합될 수 있는 구조이어야 한다.
③ 연소가스의 체류시간은 섭씨 1,200도에서의 부피로 환산한 연소가스의 체적으로 계산한다.
④ 시설의 출구온도는 섭씨 1,200도 이상이 되어야 한다.

해설 **폐기물처리시설 설치기준 중 고온용융시설**
고온용융시설에서 배출되는 잔재들의 강열감량은 1% 이하가 될 수 있는 성능을 갖추어야 한다.

77 다음 용어에 대한 설명으로 틀린 것은?

① "재활용"이란 에너지를 회수하거나 회수할 수 있는 상태로 만들거나 폐기물을 연료로 사용하는 활동으로서 환경부령으로 정하는 활동
② "지정폐기물"이란 사업장폐기물 중 폐유 · 폐산 등 주변 환경을 오염시킬 수 있거나 의료폐기물 등 인체에 위해를 줄 수 있는 해로운 물질로서 대통령령으로 정하는 폐기물
③ "폐기물처리시설"이란 폐기물의 중간처분시설 및 최종처분시설로서 대통령령으로 정하는 시설
④ "폐기물감량화시설"이란 생산 공정에서 발생하는 폐기물의 양을 줄이고, 사업장 내 재활용을 통하여 폐기물 배출을 최소화하는 시설로서 대통령령으로 정하는 시설

해설 **폐기물처리시설**
폐기물의 중간처분시설, 최종처분시설 및 재활용시설로서 대통령령으로 정하는 시설을 말한다.

78 폐기물처리업의 업종 구분과 영업내용의 범위를 벗어나는 영업을 한 자에 대한 벌칙 기준은?

① 3년 이하의 징역이나 3천만 원 이하의 벌금
② 2년 이하의 징역이나 2천만 원 이하의 벌금
③ 1년 이하의 징역이나 1천만 원 이하의 벌금
④ 6월 이하의 징역이나 5백만 원 이하의 벌금

해설 폐기물관리법 제66조 참조

정답 75 ② 76 ① 77 ③ 78 ②

79 **폴리클로리네이티드비페닐 함유 폐기물의 지정폐기물 기준으로 옳은 것은?**

① 액체상태의 것 : 1리터당 0.5밀리그램 이상 함유한 것으로 한정한다.
② 액체상태의 것 : 1리터당 1밀리그램 이상 함유한 것으로 한정한다.
③ 액체상태의 것 : 1리터당 2밀리그램 이상 함유한 것으로 한정한다.
④ 액체상태의 것 : 1리터당 5밀리그램 이상 함유한 것으로 한정한다.

해설 PCB를 2mg/L 이상 함유한 액상폐기물

80 **폐기물관리법에 적용되지 아니하는 물질에 대한 기준으로 틀린 것은?**

① 물환경보전법에 따른 수질오염 방지시설에 유입되거나 공공수역으로 배출되는 폐수
② 원자력안전법에 따른 방사성 물질과 이로 인하여 오염된 물질
③ 용기에 들어 있는 기체상태의 물질
④ 하수도법에 따른 하수 · 분뇨

해설 **폐기물관리법을 적용하지 않는 물질**

① 「원자력안전법」에 따른 방사성 물질과 이로 인하여 오염된 물질
② 용기에 들어 있지 아니한 기체상태의 물질
③ 「물환경보전법」에 따른 수질오염 방지시설에 유입되거나 공공수역으로 배출되는 폐수
④ 「가축분뇨의 관리 및 이용에 관한 법률」에 따른 가축분뇨
⑤ 「하수도법」에 따른 하수 · 분뇨
⑥ 「가축전염병예방법」이 적용되는 가축의 사체, 오염 물건, 수입 금지 물건 및 검역 불합격품
⑦ 「수산생물질병 관리법」에 적용되는 수산동물의 사체, 오염된 시설 또는 물건, 수입 금지 물건 및 검역 불합격품
⑧ 「군수품관리법」에 따라 폐기되는 탄약
⑨ 「동물보호법」에 따른 동물장묘업의 등록을 한 자가 설치 · 운영하는 동물장묘시설에서 처리되는 동물의 사체

정답 79 ③ 80 ③

2023년 1회 CBT 복원·예상문제

제1과목 폐기물개론

01 부피 감소율을 90%로 하기 위한 압축비는?

① 4 ② 6 ③ 8 ④ 10

해설 $\text{압축비(CR)} = \frac{100}{(100-\text{VR})} = \frac{100}{100-90} = 10$

02 3,600,000ton/year의 쓰레기를 5,500명의 인부가 수거하고 있다. 수거인부의 수거능력(MHT)은?(단, 수거인부의 1일 작업시간은 8시간, 1년 작업일수는 310일이다.)

① 2.68 ② 2.95
③ 3.35 ④ 3.79

해설 $\text{MHT} = \frac{\text{수거인부} \times \text{수거인부 총수거시간}}{\text{총수거량}}$

$= \frac{5{,}500\text{인} \times 8\text{hr/day} \times 310\text{day/year}}{3{,}600{,}000\text{ton/year}}$

$= 3.79\text{MHT}(\text{man} \cdot \text{hr/ton})$

03 새로운 수집 수송 수단 중 Pipeline을 통한 수송방법이 아닌 것은?

① 콘테이너수송 ② 공기수송
③ 슬러리수송 ④ 캡슐수송

해설 Pipeline 수송방법
① 공기수송 ② 슬러리수송 ③ 캡슐수송

04 폐기물 조성이 다음과 같을 때 Dulong 식에 의한 저위발열량(kcal/kg)은?

> • 3성분 : 수분 40%, 가연분 50%, 회분 10%
> • 가연분 조성 : C = 30%, H = 10%, O = 5%, S = 5%

① 약 4,000 ② 약 4,500
③ 약 5,000 ④ 약 5,500

해설 $H_h(\text{kcal/kg}) = 8{,}100\text{C} + 34{,}000\left(\text{H} - \frac{\text{O}}{8}\right) + 2{,}500\text{S}$

$= (8{,}100 \times 0.3) + \left[34{,}000\left(0.1 - \frac{0.05}{8}\right)\right]$

$+ (2{,}500 \times 0.05)$

$= 5{,}742.5\text{kcal/kg}$

$H_l(\text{kcal/kg}) = H_h - 600(9\text{H} + \text{W})$

$= 5{,}742.5 - 600[(9 \times 0.5 \times 0.1) + 0.4]$

$= 4{,}962.6\text{kcal/kg}$

05 청소상태의 평가법 중 가로의 청소상태를 기준으로 하는 지역사회 효과지수를 나타내는 것은?

① USI ② TUM
③ CEI ④ GFE

해설 지역사회 효과지수(Community Effect Index ; CEI)
① 가로 청소상태를 기준으로 측정(평가)한다.
② CEI 지수에서 가로청결상태 S의 scale은 1~4로 정하여 각각 100, 75, 50, 25, 0점으로 한다.

06 국내 쓰레기 수거노선 설정 시 유의할 사항으로 옳지 않은 것은?

① 발생량이 아주 많은 곳은 하루 중 가장 먼저 수거한다.
② 될 수 있는 한 한 번 간 길은 가지 않는다.
③ 가능한 한 시계방향으로 수거노선을 정한다.
④ 적은 양의 쓰레기는 다른 날 왕복 내에서 수거한다.

해설 효과적 · 경제적인 수거노선 결정 시 유의(고려)사항 : 수거노선 설정요령
① 지형이 언덕인 지역에서는 언덕의 위에서부터 내려가며 적재하면서 차량을 진행하도록 한다.(안전성, 연료비 절약)
② 수거인원 및 차량형식이 같은 기존 시스템의 조건들을 서로 관련시킨다.
③ 출발점은 차고와 가깝게 하고 수거된 마지막 컨테이너가 처분지의 가장 가까이에 위치하도록 배치한다.
④ 가능한 한 지형지물 및 도로경계와 같은 장벽을 사용하여 간선도로 부근에서 시작하고 끝나야 한다.(도로경계 등을 이용)
⑤ 가능한 한 시계방향으로 수거노선을 정한다.
⑥ 적은 양의 쓰레기가 발생하나 동일한 수거빈도를 받기 원하

정답 01 ④ 02 ④ 03 ① 04 ③ 05 ③ 06 ④

는 적재지점(수거지점)은 가능한 한 같은 날 왕복 내에서 수거한다.
⑦ 아주 많은 양의 쓰레기가 발생되는 발생원은 하루 중 가장 먼저 수거한다.
⑧ 될 수 있는 한 한 번 간 길은 다시 가지 않는다.
⑨ 반복운행 또는 U자형 회전은 피하여 수거한다.
⑩ 교통량이 많거나 출퇴근시간은 피하여 수거한다.
⑪ 수거지점과 수거빈도 결정 시 기존 정책이나 규정을 참고한다.

07 함수율이 35%인 쓰레기를 함수율 7%로 감소시키면 감소시킨 후의 쓰레기 중량은 처음 중량의 몇 %가 되는가? (단, 쓰레기 비중은 1.0)

① 약 80% ② 약 75%
③ 약 70% ④ 약 65%

해설 $\frac{\text{처리 후 쓰레기량}}{\text{초기 쓰레기량}} = \frac{(1-0.35)}{(1-0.07)} = 0.699$

처리 후 쓰레기 비율 = 처리 전 쓰레기 비율 × 0.699
= 100 × 0.699 = 69.9%

08 어떤 도시에서 발생되는 쓰레기를 인부 50명이 수거·운반할 때의 MHT는?(단, 1일 10시간 작업, 연간 수거실적은 1,220,000ton, 휴가일수 60일/년·인)

① 약 1.05 ② 약 0.81
③ 약 0.33 ④ 약 0.13

해설 $\text{MHT} = \frac{\text{수거인부} \times \text{수거인부 중 총 수거시간}}{\text{총 수거량}}$

$= \frac{50\text{인} \times 10\text{hr/day} \times (365-60)\text{day/year}}{1{,}220{,}000}$

$= 0.125\text{MHT}(\text{man} \cdot \text{hr/ton})$

09 직경이 3.5m인 Trommel Screen의 최적속도는?

① 25rpm ② 20rpm
③ 15rpm ④ 10rpm

해설 최적 회전속도(rpm) = $\eta_c \times 0.45$

$\eta_c = \frac{1}{2\pi}\sqrt{\frac{g}{r}} = \frac{1}{2\pi}\sqrt{\frac{9.8}{1.75}}$

$= 0.377\text{cycle/sec} \times 60\text{sec/min}$

$= 22.61\text{cycle/min(rpm)}$

$= 22.61\text{rpm} \times 0.45 = 10.17\text{rpm}$

10 pH가 3인 폐산 용액은 pH가 5인 폐산 용액에 비하여 수소이온이 몇 배 더 함유되어 있는가?

① 2배 ② 15배
③ 20배 ④ 100배

해설 $\text{pH} = \log\frac{1}{[\text{H}^{+1}]}$

수소이온 농도 $[\text{H}^+] = 10^{-\text{pH}}$

pH 3 경우 $[\text{H}^+] = 10^{-3}\text{mol/L}$

pH 5 경우 $[\text{H}^+] = 10^{-5}\text{mol/L}$

비율 $= \frac{10^{-3}}{10^{-5}} = 100$배

11 쓰레기와 하수처리장에서 얻어진 슬러지를 함께 매립하려 한다. 쓰레기와 슬러지의 함수율을 각각 40%와 80%라 한다면 쓰레기와 슬러지를 중량비 7 : 3 비율로 섞을 때 혼합체의 함수율은?

① 32% ② 42%
③ 52% ④ 62%

해설 혼합함수율(%) $= \frac{(7 \times 0.4) + (3 \times 0.8)}{7+3} \times 100 = 52\%$

12 물렁거리는 가벼운 물질로부터 딱딱한 물질을 선별하는 데 사용되는 것으로 경사진 Conveyor를 통해 폐기물을 주입시켜 천천히 회전하는 드럼 위에 떨어뜨려서 분류하는 선별장치는?

① Stoners
② Ballistic Separator
③ Fluidized Bed Seprators
④ Secators

해설 Secators

① 경사진 컨베이어를 통해 폐기물을 주입시켜 천천히 회전하는 드럼 위에 떨어뜨려서 선별하는 장치이며 물렁거리는 가벼운 물질(가볍고 탄력 없는 물질)로부터 딱딱한 물질(무겁고 탄력 있는 물질)을 선별하는 데 사용한다.
② 주로 퇴비 중의 유리조각을 추출할 때 이용되는 선별장치이다.

정답 07 ③ 08 ④ 09 ④ 10 ④ 11 ③ 12 ④

2023

13 A도시에서 1주일 동안 쓰레기 수거상황을 조사한 다음, 결과를 적용한 1인당 1일 쓰레기 발생량(kg/인 · 일)은?

- 1일 수거대상 인구 : 800,000명
- 1주일 수거하여 적재한 쓰레기 용적 : 15,000m^3
- 적재한 쓰레기 밀도 : 0.3t/m^3

① 약 0.6 ② 약 0.7
③ 약 0.8 ④ 약 0.9

해설 쓰레기 발생량(kg/인 · 일)

$= \frac{\text{쓰레기 발생량}}{\text{수거인구수}}$

$= \frac{15,000\text{m}^3 \times 0.3\text{ton/m}^3 \times 1,000\text{kg/ton}}{800,000\text{인/일} \times 7\text{일}}$

$= 0.8\text{kg/인} \cdot \text{일}$

14 95%의 함수율을 가진 폐기물을 탈수시켜 함수율을 60%로 한다면 폐기물은 초기무게의 몇 %로 되겠는가?(단, 폐기물 비중은 1.0 기준)

① 18.5% ② 17.5%
③ 12.5% ④ 10.5%

해설 초기 폐기물량(1−0.95)=처리 후 폐기물량(1−0.6)

$\frac{\text{처리 후 폐기물량}}{\text{초기 폐기물량}} = \frac{1-0.95}{1-0.6} = 0.125$

처리 후 폐기물 비율=0.125×100=12.5%

15 비가연성 성분이 90wt%이고 밀도가 900kg/m^3인 쓰레기 20m^3에 함유된 가연성 물질의 중량은?

① 1,600kg ② 1,700kg
③ 1,800kg ④ 1,900kg

해설 가연성 물질(kg)=부피×밀도×가연성 물질 함유비율

$= 20\text{m}^3 \times 900\text{kg/m}^3 \times (1-0.9) = 1,800\text{kg}$

16 인구 1,200만 명인 도시에서 연간 배출된 총 쓰레기양이 970만 톤이었다면 1인당 하루 배출량(kg/인 · 일)은?

① 2.0 ② 2.2
③ 2.4 ④ 2.6

해설 쓰레기 발생량(kg/인 · 일)

$= \frac{\text{발생쓰레기양}}{\text{대상 인구수}}$

$= \frac{9,700,000\text{ton/year} \times 1,000\text{kg/ton} \times \text{year/365day}}{12,000,000\text{인}}$

$= 2.21\text{kg/인} \cdot \text{일}$

17 인구 35만 도시의 쓰레기 발생량이 1.5kg/인 · 일이고, 이 도시의 쓰레기 수거율은 90%이다. 적재용량이 10ton인 수거차량으로 수거한다면 하루에 몇 대로 운반해야 하는가?

- 차량당 하루 운전시간은 6시간
- 처리장까지 왕복 운반시간은 21분
- 차량당 수거시간은 10분
- 차량당 하역시간은 5분

(단, 기타 조건은 고려하지 않음)

① 3대 ② 5대
③ 7대 ④ 9대

해설 소요차량(대)

$= \frac{\text{하루 폐기물 수거량(kg/일)}}{\text{1일 1대당 운반량(kg/일} \cdot \text{대)}}$

하루 폐기물 수거량

$= 1.5\text{kg/인} \cdot \text{일} \times 350,000\text{인} \times 0.9 = 472,500\text{kg/일}$

1일 1대당 운반량

$= \frac{10\text{ton/대} \times 6\text{hr/대} \cdot \text{일} \times 1,000\text{kg/ton}}{(21+10+5)\text{min/대} \times \text{hr/60min}}$

$= 100,000\text{kg/일} \cdot \text{대}$

$= \frac{472,500\text{kg/일}}{100,000\text{kg/일} \cdot \text{대}} = 4.73(5\text{대})$

18 쓰레기를 압축시켜 용적 감소율(Volume Reduction)이 61%인 경우 압축비(Compactor Ratio)는?

① 2.1 ② 2.6
③ 3.1 ④ 3.6

해설 압축비(CR) $= \frac{100}{(100-VR)} = \frac{100}{100-61} = 2.56$

19 쓰레기 발생량에 관한 내용으로 옳지 않은 것은?

① 가정의 부엌에서 음식쓰레기를 분쇄하는 시설이 있으면 음식쓰레기의 발생량이 감소된다.
② 일반적으로 수집빈도가 높을수록 쓰레기 발생량이 감소한다.
③ 일반적으로 쓰레기통이 클수록 쓰레기 발생량이 증가한다.
④ 대체로 생활수준이 증가되면 쓰레기의 발생량도 증가한다.

해설 일반적으로 수집 빈도가 높을수록 쓰레기 발생량이 증가한다.

정답 13 ③ 14 ③ 15 ③ 16 ② 17 ② 18 ② 19 ②

20 인구 1인당 1일 1.5kg의 쓰레기를 배출하는 4,000명이 거주하는 지역의 쓰레기를 적재능력 $10m^3$, 압축비 2인 쓰레기차로 수거할 때 1일 필요한 차량 수는?(단, 발생 쓰레기 밀도는 $120kg/m^3$이며, 쓰레기차는 1회 운행)

① 2대 ② 3대
③ 4대 ④ 5대

해설 $\text{소요차량(대)} = \dfrac{\text{쓰레기 배출량}}{\text{적재차량 용적}} \times \dfrac{1}{\text{압축비}}$

$= \dfrac{1.5\text{kg/인} \cdot \text{일} \times 4{,}000\text{인}}{10\text{m}^3/\text{대} \times 120\text{kg/m}^3} \times \dfrac{1}{2}$

$= 2.5$ 대/일(3대/일)

제2과목 폐기물처리기술

21 유해폐기물 고화처리 시 흔히 사용하는 지표인 혼합률(MR)은 고화제 첨가량과 폐기물 양의 중량비로 정의된다. 고화처리 전 폐기물의 밀도가 $1.0g/cm^3$, 고화처리된 폐기물의 밀도가 $1.3g/cm^3$라면 혼합률(MR)이 0.755일 때 고화처리된 폐기물의 부피변화율(VCF)은?

① 1.95 ② 1.56
③ 1.35 ④ 1.15

해설 $\text{VCF} = (1+\text{MR}) \times \dfrac{\rho_r}{\rho_s} = (1+0.755) \times \dfrac{1.0}{1.3} = 1.35$

22 고화처리법 중 열가소성 플라스틱법의 장단점으로 틀린 것은?

① 고화처리된 폐기물 성분을 훗날 회수하여 재활용 가능하다.
② 크고 복잡한 장치와 숙련기술을 요한다.
③ 혼합률(MR)이 비교적 낮다.
④ 고온분해되는 물질에는 사용할 수 없다.

해설 **열가소성 플라스틱의 장단점**

① 장점
㉠ 용출 손실률이 시멘트기초법에 비하여 상당히 적다.(플라스틱은 물과 친화성이 없음)
㉡ 고화처리된 폐기물 성분을 회수하여 재활용이 가능하다.
㉢ 대부분의 매트릭스 물질은 수용액의 침투에 저항성이 매우 크다.

② 단점
㉠ 광범위하고 복잡한 장치로 인한 숙련된 기술이 필요하다.
㉡ 처리과정에서 화재의 위험성이 있다.
㉢ 높은 온도에서 고온분해되는 물질에는 적용할 수 없다.
㉣ 폐기물을 건조시켜야 한다.
㉤ 혼합률(MR)이 비교적 높다.
㉥ 에너지 요구량이 크다.

2023

23 1일 20톤 폐기물을 소각처리하기 위한 노의 용적(m^3)은?(단, 저위발열량이 700kcal/kg, 노 내 열부하는 20,000 $kcal/m^3 \cdot hr$, 1일 가동시간 14시간)

① 25 ② 30
③ 45 ④ 50

해설 노 용적(m^3)

$= \dfrac{\text{소각량} \times \text{폐기물 발열량}}{\text{연소실 열부하율}}$

$= \dfrac{(20\text{ton/day} \times \text{day}/14\text{hr} \times 1{,}000\text{kg/ton}) \times 700\text{kcal/kg}}{20{,}000\text{kcal/m}^3 \cdot \text{hr}}$

$= 50\text{m}^3$

24 메탄올(CH_3OH) 8kg을 완전연소하는 데 필요한 이론공기량(Sm^3)은?(단, 표준상태 기준)

① 35 ② 40
③ 45 ④ 50

해설 $CH_3OH + 1.5O_2 \rightarrow CO_2 + 2H_2O$

32kg : $1.5 \times 22.4Sm^3$

8kg : $O_o(Sm^3)$

$O_o(\text{Sm}^3) = \dfrac{8\text{kg} \times (1.5 \times 22.4)\text{Sm}^3}{32\text{kg}} = 8.4\text{Sm}^3$

$A_o(\text{Sm}^3) = \dfrac{8.4\text{Sm}^3}{0.21} = 40\text{Sm}^3$

25 매립된 지 10년 이상인 매립지에서 발생되는 침출수를 처리하기 위한 공정으로 효율성이 가장 양호한 것은?(단, 침출수 특성 : COD/TOC < 2.0, BOD/COD < 0.1, COD < 500ppm)

① 역삼투 ② 화학적 침전
③ 오존처리 ④ 생물학적 처리

정답 20 ② 21 ③ 22 ③ 23 ④ 24 ② 25 ①

해설 **침출수 특성에 따른 처리공정 구분**

	항목	Ⅰ	Ⅱ	Ⅲ
침출수 특성	COD(mg/L)	10,000 이상	500~10,000	500 이하
	COD/TOC	2.7(2.8) 이상	2.0~2.7	2.0 이하
	BOD/COD	0.5 이상	0.1~0.5	0.1 이하
	매립연한	초기 (5년 이하)	중간 (5~10년)	오래(고령)됨 (10년 이상)
주 처리공정	생물학적 처리	좋음 (양호)	보통	나쁨 (불량)
	화학적 응집 · 침전 (화학적 침전 : 석회투여)	보통 · 불량	나쁨 (불량)	나쁨 (불량)
	화학적 산화	보통 · 나쁨 (불량)	보통	보통
	역삼투(R.O)	보통	좋음 (양호)	좋음 (양호)
	활성탄 흡착	보통 · 좋음 (양호)	보통 · 좋음 (양호)	좋음 (양호)
	이온교환 수지	나쁨 (불량)	보통 · 좋음 (양호)	보통

26 **연소과정에서 열평형을 이해하기 위하여 필요한 등가비를 옳게 나타낸 것은?(단, ϕ : 등가비)**

① $\phi = \dfrac{(\text{실제의 연료량/산화제})}{(\text{완전연소를 위한 이상적 연료량/산화제})}$

② $\phi = \dfrac{(\text{완전연소를 위한 이상적 연료량/산화제})}{(\text{실제의 연료량/산화제})}$

③ $\phi = \dfrac{(\text{실제의 공기량/산화제})}{(\text{완전연소를 위한 이상적 공기량/산화제})}$

④ $\phi = \dfrac{(\text{완전연소를 위한 이상적 공기량/산화제})}{(\text{실제의 공기량/산화제})}$

해설 **등가비(ϕ)**

① 연소과정에서 열평형을 이해하기 위한 관계식이다.

$$\phi = \frac{(\text{실제의 연료량/산화제})}{(\text{완전연소를 위한 이상적 연료량/산화제})}$$

② ϕ에 따른 특성

㉠ $\phi = 1$
 ⓐ 완전연소에 알맞은 연료와 산화제가 혼합된 경우이다.
 ⓑ $m = 1$

㉡ $\phi > 1$
 ⓐ 연료가 과잉으로 공급된 경우이다.
 ⓑ $m < 1$

㉢ $\phi < 1$
 ⓐ 과잉공기가 공급된 경우이다.
 ⓑ $m > 1$
 ⓒ CO는 완전연소를 기대할 수 있어 최소가 되나 NO(질소산화물)은 증가된다.

27 **굴뚝에 설치되며 보일러 전열면을 통하여 연소가스의 여열로 보일러 급수를 예열함으로써 보일러의 효율을 높이는 장치는?**

① 재열기 ② 절탄기
③ 과열기 ④ 예열기

해설 **절탄기(이코노마이저)**

① 폐열회수를 위한 열교환기로, 연도에 설치하며 보일러 전열면을 통과한 연소가스의 예열로 보일러 급수를 예열하여 보일러 효율을 높이는 장치이다.
② 급수예열에 의해 보일러수와의 온도차가 감소되므로 보일러 드럼에 발생하는 열응력이 감소된다.
③ 급수온도가 낮을 경우, 연소가스 온도가 저하되면 절탄기 저온부에 접하는 가스온도가 노점에 대하여 절탄기를 부식시키는 것을 주의하여야 한다.
④ 절탄기 자체로 인한 통풍저항 증가와 연도의 가스온도 저하로 인한 연도통풍력의 감소를 주의하여야 한다.

28 **생분뇨의 SS가 20,000mg/L이고, 1차 침전지에서 SS 제거율은 90%이다. 1일 100kL 분뇨를 투입할 때 1차 침전지에서 1일 발생되는 슬러지양은?(단, 발생슬러지 함수율은 97%이고 비중은 1.0)**

① 32ton/d ② 54ton/d
③ 60ton/d ④ 89ton/d

해설 슬러지양(ton/day)

$= \text{유입 SS양} \times \text{제거량} \times \dfrac{100}{100 - X_w}$

$= 100\text{kL/day} \times 20{,}000\text{mg/L} \times 1{,}000\text{L/kL} \times \text{ton}/10^9\text{mg} \times 0.9 \times \dfrac{100}{100-97}$

$= 60\text{ton/day}$

29 **다이옥신 저감방안에 관한 설명으로 옳지 않은 것은?**

① 소각로를 가동개시할 때 온도를 빨리 승온시킨다.
② 연소실의 형상을 클링커의 축적이 생기지 않는 구조로 한다.

정답 26 ① 27 ② 28 ③ 29 ④

③ 배출가스 중 산소와 일산화탄소를 측정하여 연소상태를 제어한다.

④ 소각 후 연소실 온도는 300℃를 유지하여 2차 발생을 억제한다.

해설 소각 후 연소실 온도는 850℃ 이상 유지하여 2차 발생을 억제한다.

30 분뇨를 혐기성 소화방식으로 처리하기 위하여 직경 10m, 높이 6m의 소화조를 시설하였다. 분뇨주입량을 1일 $24m^3$으로 할 때 소화조 내 체류시간은?

① 약 10일 ② 약 15일
③ 약 20일 ④ 약 25일

해설 체류시간(day)

$$=\frac{V}{Q}=\frac{\left(\frac{3.14\times10^2}{4}\right)m^2\times6m}{24m^3/day}=19.63day$$

31 다음과 같은 조건의 축분과 톱밥 쓰레기를 혼합한 후 퇴비화하여 함수량 20%의 퇴비를 만들었다면 퇴비량은? (단, 퇴비화 시 수분 감량만 고려하며, 비중은 1.0)

성분	쓰레기양(t)	함수량(%)
축분	12.0	85.0
톱밥	2.0	5.0

① 4.63ton ② 5.23ton
③ 6.33ton ④ 7.83ton

해설 $혼합함수율(\%)=\frac{(12\times0.85)+(2\times0.05)}{12+2}\times100=73.57\%$

$14ton\times(1-0.7357)=퇴비량\times(1-0.2)$

$퇴비량(ton)=\frac{14ton\times0.2643}{0.8}=4.63ton$

32 처리용량이 20kL/day인 분뇨처리장에 가스저장 탱크를 설계하고자 한다. 가스 저류기간을 3hr으로 하고 생성 가스양을 투입량의 8배로 가정한다면 가스탱크의 용량은?(단, 비중은 1.0 기준)

① $20m^3$ ② $60m^3$
③ $80m^3$ ④ $120m^3$

해설 가스탱크용량(m^3)

$=20kL/day\times m^3/kL\times day/24hr\times3hr\times8=20m^3$

33 아래와 같이 운전되는 Batch Type 소각로의 쓰레기 kg당 전체발열량(저위발열량 + 공기예열에 소모된 열량)은?

- 과잉공기비 : 2.4
- 이론공기량 : $1.8Sm^3/kg$ 쓰레기
- 공기예열온도 : 180℃
- 공기정압비열 : $0.32kcal/Sm^3\cdot℃$
- 쓰레기 저위발열량 : 2,000kcal/kg
- 공기온도 : 0℃

① 약 2,050kcal/kg ② 약 2,250kcal/kg
③ 약 2,450kcal/kg ④ 약 2,650kcal/kg

해설 전체발열량(kcal/kg)
=단위열량+저위발열량
단위열량
=과잉공기비×이론공기량×비열×온도차
$=2.4\times1.8Sm^3/kg\times0.32kcal/Sm^3\cdot℃\times180℃$
=248.83kcal/kg
=248.83kcal/kg+2,000kcal/kg
=2,248.83kcal/kg

34 침출수를 혐기성 공정으로 처리하는 경우, 장점이라 볼 수 없는 것은?

① 고농도의 침출수를 희석 없이 처리할 수 있다.
② 중금속에 의한 저해효과가 호기성 공정에 비해 적다.
③ 대부분의 염소계 화합물은 혐기성 상태에서 분해가 잘 일어나므로 난분해성 물질을 함유한 침출수의 처리 시 효과적이다.
④ 호기성 공정에 비해 낮은 영양물 요구량을 가지므로 인(P) 부족현상을 일으킬 가능성이 적다.

해설 침출수 혐기성 공정은 중금속에 의한 저해효과가 호기성 공정에 비해 크다.

35 어느 매립지의 쓰레기 수송량은 $1,635,200m^3$이고, 수거 대상 인구는 100,000명, 1인 1일 쓰레기 발생량은 2.0kg, 매립 시의 쓰레기 부피 감소율은 30%라 할 때 매립지의 사용 연수는?(단, 쓰레기 밀도는 $500kg/m^3$으로 수거 시의 밀도임)

① 6년 ② 8년
③ 12년 ④ 16년

2023

정답 30 ③ 31 ① 32 ① 33 ② 34 ② 35 ④

해설 매립지 사용연수(year)

$$= \frac{\text{매립용적}}{\text{쓰레기 발생량}}$$

$$= \frac{1,635,200\text{m}^3 \times 500\text{kg/m}^3}{2.0\text{kg/인} \cdot \text{일} \times 100,000\text{인} \times 365\text{일/year} \times 0.7} = 16\text{year}$$

36 유동층 소각로의 장점이라 할 수 없는 것은?

① 기계적 구동부분이 적어 고장률이 낮다.
② 가스의 온도가 낮고 과잉공기량이 적다.
③ 노 내 온도의 자동제어와 열회수가 용이하다.
④ 열용량이 커서 패쇄 등 전처리가 필요 없다.

해설 **유동층 소각로**

① 장점
㉠ 유동매체의 열용량이 커서 액상, 기상, 고형 폐기물의 전소 및 혼소, 균일한 연소가 가능하다.
㉡ 반응시간이 빨라 소각시간이 짧다.(노 부하율이 높다.)
㉢ 연소효율이 높아 미연소분이 적고 2차 연소실이 불필요하다.
㉣ 가스의 온도가 낮고 과잉공기량이 낮다. 따라서 NOx도 적게 배출된다.
㉤ 기계적 구동부분이 적어 고장률이 낮아 유지관리가 용이하다.
㉥ 노 내 온도의 자동제어로 열회수가 용이하다.
㉦ 유동매체의 축열량이 높은 관계로 단시간 정지 후 가동 시 보조연료 사용 없이 정상가동이 가능하다.
㉧ 과잉공기량이 적으므로 다른 소각로보다 보조연료 사용량과 배출가스양이 적다.
㉨ 석회 또는 반응물질을 유동매체에 혼입시켜 노 내에서 산성가스의 제거가 가능하다.

② 단점
㉠ 층의 유동으로 상으로부터 찌꺼기의 분리가 어려우며 운전비, 특히 동력비가 높다.
㉡ 폐기물의 투입이나 유동화를 위해 파쇄가 필요하다.
㉢ 상재료의 용융을 막기 위해 연소온도는 816℃를 초과할 수 없다.
㉣ 유동매체의 손실로 인한 보충이 필요하다.
㉤ 고점착성의 반유동상 슬러지는 처리하기 곤란하다.
㉥ 소각로 본체에서 압력손실이 크고 유동매체의 비산 또는 분진의 발생량이 가장 많다.
㉦ 조대한 폐기물은 전처리가 필요하다. 즉 폐기물의 투입이나 유동화를 위해 파쇄공정이 필요하다.

37 유기물의 산화공법으로 적용되는 Fenton 산화반응에 사용되는 것으로 가장 적절한 것은?

① 아연과 자외선 ② 마그네슘과 자외선
③ 철과 과산화수소 ④ 아연과 과산화수소

해설 펜톤 산화제의 조성은 [과산화수소+철(염) : $H_2O_2 + FeSO_4$]이며 펜톤시약의 반응시간은 철염과 과산화수소의 주입농도에 따라 변화되며 여분의 과산화수소수는 후처리의 미생물 성장에 영향을 미칠 수 있다.

38 함수율 98%인 슬러지를 농축하여 함수율 92%로 하였다면 슬러지의 부피 변화율은 어떻게 변화하는가?

① 1/2로 감소 ② 1/3로 감소
③ 1/4로 감소 ④ 1/5로 감소

해설 $$\text{부피비} = \frac{\text{농축 후 슬러지양}}{\text{농축 전 슬러지양}} = \frac{(1-\text{농축 전 함수율})}{(1-\text{농축 후 함수율})} = \frac{(1-0.98)}{(1-0.92)}$$

=0.25(1/4로 감소)

39 어느 매립지역의 연평균 강수량과 증발산량이 각각 1,400mm와 800mm일 때, 유출량을 통제하여 발생 침출수량을 350mm 이하로 하고자 한다. 이 매립지역의 유출량은?

① 150mm 이하 ② 150mm 이상
③ 250mm 이하 ④ 250mm 이상

해설 유출량(mm) = 강우량 − (유출량 + 증발산량)
= 1,400 − (350 + 800) = 250mm(이상)

40 다음 중 주로 이용되는 집진장치의 집진원리(기구)로서 가장 거리가 먼 것은?

① 원심력을 이용
② 반데르발스힘을 이용
③ 필터를 이용
④ 코로나 방전을 이용

해설 반데르발스힘은 약한 인력으로 유해가스성분을 물리적 흡착으로 처리 시 원리이다.

정답 36 ④ 37 ③ 38 ③ 39 ④ 40 ②

제3과목 폐기물공정시험기준(방법)

41 이온전극법에서 사용하는 이온전극의 종류가 아닌 것은?

① 유리막 전극 ② 고체막 전극
③ 격막형 전극 ④ 액막형 전극

해설 이온전극은 분석대상 이온에 대한 고도의 선택성이 있고 이온농도에 비례하여 전위를 발생할 수 있는 전극으로 유리막 전극, 고체막 전극, 격막형 전극 등이 있다.

42 원자흡광광도법에서 내화성 산화물을 만들기 쉬운 원소 분석 시 사용하는 가연성 가스와 조연성 가스로 적합한 것은?

① 수소－공기 ② 아세틸렌－공기
③ 프로판－공기 ④ 아세틸렌－아산화질소

해설 **금속류－원자흡수분광광도법**
불꽃(조연성 가스와 가연성 가스의 조합)
① 수소－공기와 아세틸렌－공기 : 거의 대부분의 원소분석에 유효하게 사용
② 수소－공기 : 원자외영역에서의 불꽃 자체에 의한 흡수가 적기 때문에 이 파장영역에서 분석선을 갖는 원소의 분석
③ 아세틸렌－아산화질소(일산화이질소) : 불꽃의 온도가 높기 때문에 불꽃 중에서 해리하기 어려운 내화성 산화물을 만들기 쉬운 원소의 분석
④ 프로판－공기 : 불꽃온도가 낮고 일부 원소에 대하여 높은 감도를 나타냄

43 pH 값 크기순으로 pH 표준액을 바르게 나열한 것은? (단, 20℃ 기준)

① 수산염표준액 < 프탈산염표준액 < 붕산염표준액 < 수산화칼슘표준액
② 프탈산염표준액 < 인산염표준액 < 탄산염표준액 < 수산염표준액
③ 탄산염표준액 < 붕산염표준액 < 수산화칼슘표준액 < 수산염표준액
④ 인산염표준액 < 수산염표준액 < 붕산염표준액 < 탄산염표준액

해설 **표준액의 pH 값**
수산염 > 프탈산염 > 인산염 > 붕산염 > 탄산염 > 수산화칼슘

44 우리나라의 용출시험 기준항목 내용으로 틀린 것은?

① 6가크롬 및 그 화합물 : 0.5mg/L
② 카드뮴 및 그 화합물 : 0.3mg/L
③ 수은 및 그 화합물 : 0.005mg/L
④ 비소 및 그 화합물 : 1.5mg/L

해설 **용출시험기준**

No	유해물질	기준(mg/L)
1	시안화합물	1
2	크롬	－
3	6가크롬	1.5
4	구리	3
5	카드뮴	0.3
6	납	3
7	비소	1.5
8	수은	0.005
9	유기인화합물	1
10	폴리클로리네이티드 비페닐(PCBs)	액체 상태의 것 : 2 액체 상태 이외의 것 : 0.003
11	테트라클로로에틸렌	0.1
12	트리클로로에틸렌	0.3
13	할로겐화유기물질	5%
14	기름 성분	5%

45 용출시험의 결과 산출 시 시료 중의 수분함량 보정에 관한 설명으로 (   )에 알맞은 것은?

> 함수율 85% 이상인 시료에 한하여 (   )을 곱하여 계산된 값으로 한다.

① 15×{100－시료의 함수율(%)}
② 15－{100－시료의 함수율(%)}
③ 15/{100－시료의 함수율(%)}
④ 15＋{100－시료의 함수율(%)}

해설 **용출시험 결과 보정**
① 용출시험의 결과는 시료 중의 수분함량 보정을 위해 함수율 85% 이상인 시료에 한하여 보정한다.(시료의 수분함량이 85% 이상이면 용출시험 결과를 보정하는 이유는 매립을 위한 최대함수율 기준이 정해져 있기 때문)
② 보정값 $= \frac{15}{100-\text{시료의 함수율(\%)}}$

정답 41 ④ 42 ④ 43 ① 44 ① 45 ③

46 **시료용액의 조제를 위한 용출조작 중 진탕회수와 진폭으로 옳은 것은?(단, 상온, 상압 기준)**

① 분당 약 200회, 진폭 4～5cm
② 분당 약 200회, 진폭 5～6cm
③ 분당 약 300회, 진폭 4～5cm
④ 분당 약 300회, 진폭 5～6cm

해설 **용출시험방법(용출조작)**
① 진탕 : 혼합액을 상온 · 상압에서 진탕 횟수가 매분당 약 200회, 진폭이 4~5cm인 진탕기를 사용하여 6시간 연속 진탕
⇩
② 여과 : 1.0μm의 유리섬유여과지로 여과
⇩
③ 여과액을 적당량 취하여 용출실험용 시료용액으로 함

47 **이온전극법을 이용한 시안 측정에 관한 설명으로 옳지 않은 것은?**

① pH 4 이하의 산성으로 조절한 후 시안이온전극과 비교전극을 사용하여 전위를 측정한다.
② 시안화합물을 측정할 때 방해물질들은 증류하면 대부분 제거된다.
③ 다량의 지방성분을 함유한 시료는 아세트산 또는 수산화나트륨용액으로 pH 6～7로 조절한 후 시료의 약 2%에 해당하는 부피의 노말 헥산 또는 클로로폼을 넣어 추출하여 유기층은 버리고 수층을 분리하여 사용한다.
④ 시료는 미리 세척한 유리 또는 폴리에틸렌 용기에 채취한다.

해설 pH 12～13의 알칼리성으로 조절한 후 시안이온전극과 비교전극을 사용하여 전위를 측정하고 그 전위차를 측정한다.

48 **자외선/가시선 분광법으로 크롬을 측정할 때 시료 중에 총 크롬을 6가크롬으로 산화시키는 데 사용되는 시약은?**

① 아황산나트륨 ② 염화제일주석
③ 티오황산나트륨 ④ 과망간산칼륨

해설 **크롬 – 자외선/가시선 분광법**
시료 중에 총 크롬을 과망간산칼륨을 사용하여 6가크롬으로 산화시킨 다음 산성에서 다이페닐카바자이드와 반응하여 생성되는 적자색 착화합물의 흡광도를 540nm에서 측정하여 총 크롬을 정량하는 방법이다.

49 **용출시험의 결과 산출 시 시료 중의 수분함량 보정에 관한 설명으로 ( )에 알맞은 것은?**

> 함수율 85% 이상인 시료에 한하여 ( )을 곱하여 계산된 값으로 한다.

① 15＋{100－시료의 함수율(%)}
② 15－{100－시료의 함수율(%)}
③ 15×{100－시료의 함수율(%)}
④ 15÷{100－시료의 함수율(%)}

해설 용출시험의 결과는 시료 중의 수분함량 보정을 위해 함수율 85% 이상인 시료에 한하여 보정한다.

$$\text{보정값} = \frac{5}{100 - \text{시료의 함수율}(\%)}$$

50 **시료의 채취방법으로 옳은 것은?**

① 액상혼합물은 원칙적으로 최종지점의 낙하구에서 흐르는 도중에 채취한다.
② 콘크리트 고형화물의 경우 대형의 고형화물로 분쇄가 어려울 경우에는 임의의 10개소에서 채취하여 각각 파쇄하여 100g씩 균등량 혼합하여 채취한다.
③ 유기인 시험을 위한 시료채취는 폴리에틸렌 병을 사용한다.
④ 시료의 양은 1회에 1kg 이상 채취한다.

해설 ② 콘크리트 고형화물의 경우 대형의 고형화물로 분쇄가 어려울 경우에는 임의의 5개소에서 채취하여 각각 파쇄하여 100g씩 균등량을 혼합하여 채취한다.
③ 유기인 시험을 위한 시료채취는 갈색 경질 유리병을 사용한다.
④ 시료의 양은 1회에 100g 이상 채취한다.

51 **노말헥산 추출시험방법에 의한 기름 성분 함량 측정 시 증발용기를 실리카겔 데시케이터에 넣고 정확히 얼마 동안 방냉 후 무게를 측정하는가?**

① 30분 ② 1시간
③ 2시간 ④ 4시간

해설 증발용기 외부의 습기를 깨끗이 닦아 (80±5)℃의 건조기 중에 30분간 건조하고 실리카겔 데시케이터에 넣어 정확히 30분간 식힌 후 무게를 단다.

정답 46 ① 47 ① 48 ④ 49 ④ 50 ① 51 ①

52 **자외선/가시선 분광법에 의한 시안시험방법에서 방해물 제거방법으로 사용되지 않는 것은?**

① 유지류는 pH 6~7로 조절하여 클로로폼으로 추출
② 유지류는 pH 6~7로 조절하여 노말헥산으로 추출
③ 잔류 염소는 질산은을 첨가하여 제거
④ 황화물은 아세트산아연용액을 첨가하여 제거

해설 **시안 – 자외선/가시선 분광법(간섭물질)**
① 시안화합물 측정 시 방해물질들은 증류하면 대부분 제거된다.(다량의 지방성분, 잔류염소, 황화합물은 시안화합물 분석 시 간섭할 수 있음)
② 다량의 지방성분 함유 시료
아세트산 또는 수산화나트륨용액으로 pH 6~7로 조절한 후 시료의 약 2%에 해당하는 부피의 노말헥산 또는 클로로폼을 넣어 추출하여 유기층은 버리고 수층을 분리하여 사용한다.
③ 황화합물이 함유된 시료
아세트산아연용액(10W/V%) 2mL를 넣어 제거한다. 이 용액 1mL는 황화물이온 약 14mg에 해당된다.
④ 잔류염소가 함유된 시료
잔류염소 20mg당 L-아스코빈산(10W/V%) 0.6mL 또는 이산화비소산나트륨용액(10W/V%) 0.7mL를 넣어 제거한다.

53 **중량법으로 폐기물의 강열감량 및 유기물 함량을 측정할 때의 방법으로 ( )에 알맞은 것은?**

> 시료에 질산암모늄 용액(25%)을 넣고 가열하여 탄화시킨 다음 (㉠)℃의 전기로 안에서 (㉡)시간 강열한 다음 데시케이터에서 식힌 후 무게를 달아 증발접시의 무게차로부터 강열감량 및 유기물 함량의 양(%)을 구한다.

① ㉠ 500±25, ㉡ 2　② ㉠ 600±25, ㉡ 3
③ ㉠ 700±30, ㉡ 4　④ ㉠ 800±30, ㉡ 5

해설 **강열감량 및 유기물 함량 – 중량법**
질산암모늄용액(25%)을 넣고 가열하여 탄화시킨 다음 (600±25)℃의 전기로 안에서 3시간 강열하고 데시케이터에서 식힌 후 무게를 달아 증발접시의 무게차로부터 구한다.

54 **폐기물용출시험방법에 관한 설명으로 틀린 것은?**

① 진탕 횟수는 매분당 약 200회로 한다.
② 진탕 후 1.0μm의 유리섬유여과지로 여과한다.
③ 진폭이 4~5cm의 진탕기로 4시간 연속 진탕한다.
④ 여과가 어려운 경우에는 매분당 3,000회전 이상으로 20분 이상 원심분리한다.

해설 **용출시험방법(용출조작)**
① 진탕 : 혼합액을 상온 · 상압에서 진탕 횟수가 매분당 약 200회, 진폭이 4~5cm인 진탕기를 사용하여 6시간 연속 진탕
⇩
② 여과 : 1.0μm의 유리섬유여과지로 여과
⇩
③ 여과액을 적당량 취하여 용출실험용 시료용액으로 함

2023

55 **기체크로마토그래피 – 질량분석법에 따른 유기인 분석방법을 설명한 것으로 틀린 것은?**

① 운반기체는 부피백분율 99.999% 이상의 헬륨을 사용한다.
② 질량분석기는 자기장형, 사중극자형 및 이온트랩형 등의 성능을 가진 것을 사용한다.
③ 질량분석기의 이온화방식은 전자충격법(EI)을 사용하며 이온화 에너지는 35~70eV를 사용한다.
④ 질량분석기의 정량분석에는 매트릭스 검출법을 이용하는 것이 바람직하다.

해설 질량분석기의 정량분석에는 선택이온검출법(SIM)을 이용하는 것이 바람직하다.

56 **pH 표준액 중 pH 4에 가장 근접한 용액은?**

① 수산염 표준액　② 프탈산염 표준액
③ 인산염 표준액　④ 붕산염 표준액

해설 **0℃에서 표준액의 pH 값**
① 수산염 표준액 : 1.67　② 프탈산염 표준액 : 4.01
③ 인산염 표준액 : 6.98　④ 붕산염 표준액 : 9.46
⑤ 탄산염 표준액 : 10.32　⑥ 수산화칼슘 표준액 : 13.43

57 **용출실험 결과 시료 중의 수분함량을 보정해 주기 위해 적용(곱)하는 식으로 옳은 것은?(단, 함수율 85% 이상인 시료에 한함)**

① 85 / {100 – 함수율(%)}
② {100 – 함수율(%)} / 85
③ 15 / {100 – 함수율(%)}
④ {100 – 함수율(%)} / 15

해설 ① 용출시험의 결과는 시료 중의 수분함량 보정을 위해 함수율 85% 이상인 시료에 한하여 보정한다.
② 보정값 : $\frac{15}{100 - \text{시료의 함수율(\%)}}$

정답 52 ③　53 ②　54 ③　55 ④　56 ②　57 ③

58 폐기물공정시험기준에 의한 온도의 기준이 틀린 것은?

① 표준온도 : 0℃ 이하
② 상온 : 15~25℃
③ 실온 : 25~45℃
④ 찬 곳 : 0~15℃의 곳(따로 규정이 없는 경우)

해설

용어	온도(℃)
표준온도	0
상온	15~25
실온	1~35
찬 곳	0~15의 곳(따로 규정이 없는 경우)
냉수	15 이하
온수	60~70
열수	≒100

59 시료의 전처리방법에서 회화에 의한 유기물 분해 시 증발접시의 재질로 적당하지 않은 것은?

① 백금 ② 실리카
③ 사기제 ④ 알루미늄

해설 **시료의 전처리 방법(회화법)**
액상폐기물 시료 또는 용출용액 적당량을 취하여 백금, 실리카 또는 사기제 증발접시를 넣고 수욕 또는 열판에서 가열하여 증발 건조한다.

60 시안(CN)을 자외선/가시선 분광법으로 분석할 때 시안(CN)이온을 염화시안으로 하기 위해 사용하는 시약은?

① 염산 ② 클로라민－T
③ 염화나트륨 ④ 염화제2철

해설 **시안－자외선/가시선 분광법**
시료를 pH 2 이하의 산성으로 조절한 후에 에틸렌다이아민테트라아세트산나트륨을 넣고 가열 증류하여 시안화합물을 시안화수소로 유출시켜 수산화나트륨용액을 포집한 다음 중화하고 클로라민－T와 피리딘 · 피라졸론 혼합액을 넣어 나타나는 청색을 620nm에서 측정하는 방법이다.

제4과목 폐기물관계법규

61 환경부장관이나 시 · 도지사가 폐기물처리업자에게 영업의 정지를 명령하려는 때 그 영업의 정지가 천재지변이나 그 밖에 부득이한 사유로 해당 영업을 계속하도록 할 필요가 있다고 인정되는 경우에 그 영업의 정지를 갈음하여 부과할 수 있는 최대 과징금은?(단, 그 폐기물처리업자가 매출액이 없거나 매출액을 산정하기 곤란한 경우로서 대통령령으로 정하는 경우)

① 5천만 원 ② 1억 원
③ 2억 원 ④ 3억 원

해설 **폐기물처리업자에 대한 과징금 처분**
환경부장관이나 시 · 도지사는 폐기물처리업자에게 영업의 정지를 명령하려는 때 그 영업의 정지가 다음의 어느 하나에 해당한다고 인정되면 대통령령으로 정하는 바에 따라 그 영업의 정지를 갈음하여 1억 원 이하의 과징금을 부과할 수 있다.
① 해당 영업의 정지로 인하여 그 영업의 이용자가 폐기물을 위탁처리하지 못하여 폐기물이 사업장 안에 적체됨으로써 이용자의 사업활동에 막대한 지장을 줄 우려가 있는 경우
② 해당 폐기물처리업자가 보관 중인 폐기물이나 그 영업의 이용자가 보관 중인 폐기물의 적체에 따른 환경오염으로 인하여 인근지역 주민의 건강에 위해가 발생되거나 발생될 우려가 있는 경우
③ 천재지변이나 그 밖의 부득이한 사유로 해당 영업을 계속하도록 할 필요가 있다고 인정되는 경우

62 폐기물처분시설 중 관리형 매립시설에서 발생하는 침출수의 배출허용기준 중 '나 지역'의 생물화학적 산소요구량의 기준은?(단, '나 지역'은 「물환경보전법 시행규칙」에 따른다.)

① 60mg/L 이하 ② 70mg/L 이하
③ 80mg/L 이하 ④ 90mg/L 이하

해설 **관리형 매립시설 침출수의 배출허용기준**

구분	생물화학적 산소요구량(mg/L)	화학적 산소요구량(mg/L)			부유물 질량(mg/L)
		과망간산칼륨법에 따른 경우		중크롬산 칼륨법에 따른 경우	
		1일 침출수 배출량 2,000m^3 이상	1일 침출수 배출량 2,000m^3 미만		
청정지역	30	50	50	400 (90%)	30
가 지역	50	80	100	600 (85%)	50
나 지역	70	100	150	800 (80%)	70

정답 58 ③ 59 ④ 60 ② 61 ② 62 ②

63 폐기물처리시설을 설치 · 운영하는 자는 일정한 기간마다 정기검사를 받아야 한다. 소각시설의 경우 최초 정기검사일 기준은?

① 사용개시일부터 5년이 되는 날
② 사용개시일부터 3년이 되는 날
③ 사용개시일부터 2년이 되는 날
④ 사용개시일부터 1년이 되는 날

해설 **폐기물 처리시설의 검사기간**

① 소각시설
최초 정기검사는 사용개시일부터 3년이 되는 날(「대기환경보전법」에 따른 측정기기를 설치하고 같은 법 시행령에 따른 굴뚝원격감시체계관제센터와 연결하여 정상적으로 운영되는 경우에는 사용개시일부터 5년이 되는 날), 2회 이후의 정기검사는 최종 정기검사일(검사결과서를 발급받은 날을 말한다)부터 3년이 되는 날

② 매립시설
최초 정기검사는 사용개시일부터 1년이 되는 날, 2회 이후의 정기검사는 최종 정기검사일부터 3년이 되는 날

③ 멸균분쇄시설
최초 정기검사는 사용개시일부터 3개월, 2회 이후의 정기검사는 최종 정기검사일부터 3개월

④ 음식물류 폐기물 처리시설
최초 정기검사는 사용개시일부터 1년이 되는 날, 2회 이후의 정기검사는 최종 정기검사일부터 1년이 되는 날

⑤ 시멘트 소성로
최초 정기검사는 사용개시일부터 3년이 되는 날(「대기환경보전법」에 따른 측정기기를 설치하고 같은 법 시행령에 따른 굴뚝원격감시체계관제센터와 연결하여 정상적으로 운영되는 경우에는 사용개시일부터 5년이 되는 날), 2회 이후의 정기검사는 최종 정기검사일부터 3년이 되는 날

64 환경부장관 또는 시 · 도지사가 영업구역을 제한하는 조건을 붙일 수 있는 폐기물처리업 대상은?

① 생활폐기물 수집 · 운반업
② 폐기물 재생 처리업
③ 지정폐기물 처리업
④ 사업장폐기물 처리업

해설 환경부장관 또는 시 · 도지사는 허가를 할 때에는 주민생활의 편익, 주변 환경보호 및 폐기물처리업의 효율적 관리 등을 위하여 필요한 조건을 붙일 수 있다. 다만, 영업구역을 제한하는 조건은 생활폐기물의 수집 · 운반업에 대하여 붙일 수 있으며, 이 경우 시 · 도지사는 시 · 군 · 구 단위 미만으로 제한하여서는 아니 된다.

65 폐기물처리시설의 종류 중 기계적 재활용시설에 해당되지 않는 것은?

① 압축 · 압출 · 성형 · 주조시설(동력 7.5kW 이상인 시설로 한정한다.)
② 절단시설(동력 7.5kW 이상인 시설로 한정한다.)
③ 용융 · 용해시설(동력 7.5kW 이상인 시설로 한정한다.)
④ 고형화 · 고화시설(동력 15kW 이상인 시설로 한정한다.)

해설 **기계적 재활용시설**

① 압축 · 압출 · 성형 · 주조시설(동력 7.5kW 이상인 시설로 한정한다)
② 파쇄 · 분쇄 · 탈피시설(동력 15kW 이상인 시설로 한정한다)
③ 절단시설(동력 7.5kW 이상인 시설로 한정한다)
④ 용융 · 용해시설(동력 7.5kW 이상인 시설로 한정한다)
⑤ 연료화시설
⑥ 증발 · 농축시설
⑦ 정제시설(분리 · 증류 · 추출 · 여과 등의 시설을 이용하여 폐기물을 재활용하는 단위시설을 포함한다)
⑧ 유수 분리시설
⑨ 탈수 · 건조시설
⑩ 세척시설(철도용 폐목재 받침목을 재활용하는 경우로 한정한다)

66 폐기물처리업의 허가를 받을 수 없는 자에 대한 기준으로 틀린 것은?

① 폐기물처리업의 허가가 취소된 자로서 그 허가가 취소된 날부터 2년이 지나지 아니한 자
② 파산선고를 받고 복권되지 아니한 자
③ 폐기물관리법을 위반하여 징역 이상의 형의 집행 유예를 선고받고 그 집행유예 기간이 지나지 아니한 자
④ 폐기물관리법 외의 법을 위반하여 징역 이상의 형을 선고받고 그 형의 집행이 끝난 지 2년이 지나지 아니한 자

해설 **폐기물처리업의 허가를 받을 수 없는 자**

① 미성년자, 피성년후견인 또는 피한정후견인
② 파산선고를 받고 복권되지 아니한 자
③ 이 법을 위반하여 금고 이상의 실형을 선고받고 그 형의 집행이 끝나거나 집행을 받지 아니하기로 확정된 후 10년이 지나지 아니한 자
③의2. 이 법을 위반하여 금고 이상의 형의 집행유예를 선고받고 그 집행유예 기간이 끝난 날부터 5년이 지나지 아니한 자
④ 이 법을 위반하여 대통령령으로 정하는 벌금형 이상을 선고받고 그 형이 확정된 날부터 5년이 지나지 아니한 자

정답 63 ② 64 ① 65 ④ 66 ④

⑤ 폐기물처리업의 허가가 취소되거나 전용용기 제조업의 등록이 취소된 자로서 그 허가 또는 등록이 취소된 날부터 10년이 지나지 아니한 자
⑤의2. 허가취소자등과의 관계에서 자신의 영향력을 이용하여 허가취소자등에게 업무집행을 지시하거나 허가취소자등의 명의로 직접 업무를 집행하는 등의 사유로 허가취소자등에게 영향을 미쳐 이익을 얻는 자 등으로서 환경부령으로 정하는 자
⑥ 임원 또는 사용인 중에 제1호부터 제5호까지 및 제5호의2의 어느 하나에 해당하는 자가 있는 법인 또는 개인사업자

[Note] 법규 변경사항이오니 해설 내용으로 학습하시기 바랍니다.

67 100만 원 이하의 과태료가 부과되는 경우에 해당되는 것은?

① 폐기물처리 가격의 최저액보다 낮은 가격으로 폐기물처리를 위탁한 자
② 폐기물 운반자가 규정에 의한 서류를 지니지 아니하거나 내보이지 아니한 자
③ 장부를 기록 또는 보존하지 아니하거나 거짓으로 기록한 자
④ 처리이행보증보험의 계약을 갱신하지 아니하거나 처리이행보증금의 증액 조정을 신청하지 아니한 자

해설 폐기물관리법 제68조 참조

68 과징금의 사용용도로 적정치 않은 것은?

① 광역 폐기물처리시설의 확충
② 폐기물로 인하여 예상되는 환경상 위해를 제거하기 위한 처리
③ 폐기물처리시설의 지도 · 점검에 필요한 시설 · 장비의 구입 및 운영
④ 폐기물처리기술의 개발 및 장비개선에 소요되는 비용

해설 **과징금의 사용용도**
① 광역 폐기물처리시설(지정폐기물 공공 처리시설을 포함한다)의 확충
①의2. 공공 재활용기반시설의 확충
② 처리한 폐기물 중 그 폐기물을 처리한 자나 그 폐기물의 처리를 위탁한 자를 확인할 수 없는 폐기물로 인하여 예상되는 환경상 위해를 제거하기 위한 처리
③ 폐기물처리업자나 폐기물처리시설의 지도 · 점검에 필요한 시설 · 장비의 구입 및 운영

69 폐기물 처리시설 종류의 구분이 틀린 것은?

① 기계적 재활용시설 : 유수 분리 시설
② 화학적 재활용시설 : 연료화 시설
③ 생물학적 재활용시설 : 버섯재배시설
④ 생물학적 재활용시설 : 호기성 · 혐기성 분해시설

해설 **폐기물처리시설(화학적 재활용시설)**
① 고형화 · 고화 · 안정화 시설
② 반응시설(중화 · 산화 · 환원 · 중합 · 축합 · 치환 등의 화학반응을 이용하여 폐기물을 재활용하는 단위시설을 포함한다)
③ 응집 · 침전 시설

[Note] 연료화 시설은 기계적 재활용시설이다.

70 매립시설 검사기관으로 틀린 것은?

① 한국매립지관리공단
② 한국환경공단
③ 한국건설기술연구원
④ 한국농어촌공사

해설 **환경부령으로 정하는 검사기관**
① 소각시설
㉠ 한국환경공단
㉡ 한국기계연구원
㉢ 한국산업기술시험원
㉣ 대학, 정부 출연기관, 그 밖에 소각시설을 검사할 수 있다고 인정하여 환경부장관이 고시하는 기관
② 매립시설
㉠ 한국환경공단
㉡ 한국건설기술연구원
㉢ 한국농어촌공사
㉣ 수도권매립지관리공사
③ 멸균분쇄시설
㉠ 한국환경공단
㉡ 보건환경연구원
㉢ 한국산업기술시험원
④ 음식물 폐기물 처리시설
㉠ 한국환경공단
㉡ 한국산업기술시험원
㉢ 그 밖에 환경부장관이 정하여 고시하는 기관
⑤ 시멘트 소성로
소각시설의 검사기관과 동일
⑥ 소각열회수시설의 검사기관
소각시설의 검사기관과 동일(에너지회수 외의 검사)

정답 67 ③ 68 ④ 69 ② 70 ①

71 폐기물처리시설 주변지역 영향조사기준 중 조사방법(조사지점)에 관한 내용으로 ( )에 옳은 것은?

> 미세먼지와 다이옥신 조사지점은 해당시설에 인접한 주거지역 중 ( ) 이상 지역의 일정한 곳으로 한다.

① 2개소　② 3개소
③ 4개소　④ 5개소

해설 주변지역 영향조사의 조사지점
① 미세먼지와 다이옥신 조사지점은 해당 시설에 인접한 주거지역 중 3개소 이상 지역의 일정한 곳으로 한다.
② 악취 조사지점은 매립시설에 가장 인접한 주거지역에서 냄새가 가장 심한 곳으로 한다.
③ 지표수 조사지점은 해당 시설에 인접하여 폐수, 침출수 등이 흘러들거나 흘러들 것으로 우려되는 지역의 상 · 하류 각 1개소 이상의 일정한 곳으로 한다.
④ 지하수 조사지점은 매립시설의 주변에 설치된 3개의 지하수 검사정으로 한다.
⑤ 토양조사지점은 4개소 이상으로 하고 토양정밀조사의 방법에 따라 폐기물 매립 및 재활용 지역의 시료채취 지점의 표토와 심토에서 각각 시료를 채취해야 하며, 시료채취지점의 지형 및 하부토양의 특성을 고려하여 시료를 채취해야 한다.

72 사업장폐기물의 종류별 세부분류번호로 옳은 것은?(단, 사업장일반폐기물의 세부분류 및 분류번호)

① 유기성 오니류 31－01－00
② 유기성 오니류 41－01－00
③ 유기성 오니류 51－01－00
④ 유기성 오니류 61－01－00

해설 ① 유기성 오니류 : 51－01－00
② 무기성 오니류 : 51－02－00

73 2년 이하의 징역이나 2천만 원 이하의 벌금에 처하는 경우가 아닌 것은?

① 폐기물의 재활용 용도 또는 방법을 위반하여 폐기물을 처리하여 주변 환경을 오염시킨 자
② 폐기물의 수출입 신고 의무를 위반하여 신고를 하지 아니하거나 허위로 신고한 자
③ 폐기물 처리업의 업종 구분과 영업내용의 범위를 벗어나는 영업을 한 자
④ 폐기물 회수조치 명령을 이행하지 아니한 자

해설 폐기물관리법 제66조 참조

74 3년 이하의 징역이나 3천만 원 이하의 벌금에 처하는 경우가 아닌 것은?

① 거짓이나 그 밖의 부정한 방법으로 폐기물분석 전문기관으로 지정을 받거나 변경지정을 받은 자
② 다른 자의 명의나 상호를 사용하여 재활용환경성평가를 하거나 재활용환경성평가기관지정서를 빌린 자
③ 유해성 기준에 적합하지 아니하게 폐기물을 재활용한 제품 또는 물질을 제조하거나 유통한 자
④ 고의로 사실과 다른 내용의 폐기물분석결과서를 발급한 폐기물분석 전문기관

해설 폐기물관리법 제65조 참조

75 폐기물처리시설의 사후관리기준 및 방법에 규정된 사후관리 항목 및 방법에 따라 조사한 결과를 토대로 매립시설이 주변 환경에 미치는 영향에 대한 종합보고서를 매립시설의 사용종료 신고 후 몇 년마다 작성하여야 하는가?

① 1년　② 2년　③ 3년　④ 5년

해설 매립시설이 주변 환경에 미치는 영향에 대한 종합보고서를 매립시설의 사용종료 신고 후 5년마다 작성하여야 한다.

76 변경허가를 받지 아니하고 폐기물처리업의 허가사항을 변경한 자에게 주어지는 벌칙은?

① 2년 이하의 징역 또는 2천만 원 이하의 벌금
② 3년 이하의 징역 또는 3천만 원 이하의 벌금
③ 5년 이하의 징역 또는 5천만 원 이하의 벌금
④ 7년 이하의 징역 또는 7천만 원 이하의 벌금

해설 폐기물관리법 제65조 참조

77 폐기물의 국가 간 이동 및 그 처리에 관한 법률은 폐기물의 수출 · 수입 등을 규제함으로써 폐기물의 국가 간 이동으로 인한 환경오염을방지하고자 제정되었는데, 관련된 국제적인 협약은?

① 기후변화협약　② 바젤협약
③ 몬트리올의정서　④ 비엔나협약

정답 71 ② 72 ③ 73 ④ 74 ③ 75 ④ 76 ② 77 ②

해설 **바젤(Basel)협약**
1976년 세베소 사건을 계기로 1989년 체결된 유해폐기물의 국가 간 이동 및 처리에 관한 국제협약으로 유해폐기물의 수출, 수입을 통제하여 유해폐기물 불법교역을 최소화하고, 환경오염을 최소화하는 것이 목적이다.

78 시 · 도지사가 폐기물처리 신고자에게 처리금지명령을 하여야 하는 경우, 천재지변이나 그 밖의 부득이한 사유로 해당 폐기물처리를 계속하도록 할 필요가 인정되는 경우에 그 처리금지를 갈음하여 부과할 수 있는 과징금의 최대 액수는?

① 2천만 원 ② 5천만 원
③ 1억 원 ④ 2억 원

해설 **폐기물처리 신고자에 대한 과징금 처분**
시 · 도지사는 폐기물처리 신고자에게 처리금지를 명령하여야 하는 경우 그 처리금지가 다음의 어느 하나에 해당한다고 인정되면 대통령령으로 정하는 바에 따라 그 처리금지를 갈음하여 2천만 원 이하의 과징금을 부과할 수 있다.
① 해당 재활용사업의 정지로 인하여 그 재활용사업의 이용자가 폐기물을 위탁처리하지 못하여 폐기물이 사업장 안에 적체됨으로써 이용자의 사업활동에 막대한 지장을 줄 우려가 있는 경우
② 해당 재활용사업체에 보관 중인 폐기물 또는 그 재활용사업의 이용자가 보관 중인 폐기물의 적체에 따른 환경오염으로 인하여 인근지역 주민의 건강에 위해가 발생되거나 발생될 우려가 있는 경우
③ 천재지변이나 그 밖의 부득이한 사유로 해당 재활용사업을 계속하도록 할 필요가 있다고 인정되는 경우

79 1회용품의 품목이 아닌 것은?

① 1회용 컵 ② 1회용 면도기
③ 1회용 물티슈 ④ 1회용 나이프

해설 **1회용품(자원의 절약과 재활용촉진에 관한 법률)**
① 1회용 컵 · 접시 · 용기
② 1회용 나무젓가락
③ 이쑤시개
④ 1회용 수저 · 포크 · 나이프
⑤ 1회용 광고선전물
⑥ 1회용 면도기 · 칫솔
⑦ 1회용 치약 · 샴푸 · 린스
⑧ 1회용 봉투 · 쇼핑백
⑨ 1회용 응원용품
⑩ 1회용 비닐식탁보

80 환경부령으로 정하는 폐기물처리시설의 설치를 마친 자는 환경부령으로 정하는 검사기관으로부터 검사를 받아야 한다. 음식물류 폐기물 처리시설의 검사기관으로 옳은 것은?(단, 그 밖에 환경부장관이 정하여 고시하는 기관 제외)

① 한국산업연구원 ② 보건환경연구원
③ 한국농어촌공사 ④ 한국환경공단

해설 **환경부령으로 정하는 검사기관 : 음식물류 폐기물 처리시설**
① 한국환경공단
② 한국산업기술시험원
③ 그 밖에 환경부장관이 정하여 고시하는 기관

정답 78 ① 79 ③ 80 ④

2023년 2회 CBT 복원·예상문제

제1과목 폐기물개론

01 반경이 2.5인 트롬멜 스크린의 임계속도는?

① 약 19rpm ② 약 27rpm
③ 약 32rpm ④ 약 38rpm

해설 임계속도(rpm) $= \frac{1}{2\pi}\sqrt{\frac{g}{r}} = \frac{1}{2\pi}\sqrt{\frac{9.8}{2.5}}$
$= 0.315\text{cycle/sec} \times 60\text{sec/min}$
$= 18.92\text{rpm(cycle/min)}$

02 어떤 쓰레기의 입도를 분석하였더니 입도누적 곡선상의 10%, 30%, 60%, 90%의 입경이 각각 2, 5, 10, 20mm였다. 이때 곡률계수는?

① 2.75 ② 2.25
③ 1.75 ④ 1.25

해설 곡률계수 $= \frac{(D_{30})^2}{D_{10} \times D_{60}} = \frac{5^2}{2 \times 10} = 1.25$

03 쓰레기 파쇄기에 대한 설명 중 적절하지 못한 사항은?

① 전단파쇄기는 주로 목재류, 플라스틱류 및 종이류를 파쇄하는 데 이용된다.
② 전단파쇄기는 대체로 충격파쇄기에 비해 파쇄속도가 느리고 이물질의 혼압에 대하여 약하다.
③ 충격파쇄기는 기계의 압착력을 이용하는 것으로 주로 왕복식을 적용한다.
④ 압축파쇄기는 파쇄기의 마모가 적고 비용이 적게 소요되는 장점이 있다.

해설 충격파쇄기에 투입된 폐기물은 중심축의 주위를 고속회전하고 있는 회전해머의 충격에 의해 파쇄된다.

04 다음 중 수거노선에 대한 고려사항으로 틀린 것은?

① 발생량이 많은 곳을 우선 수거한다.
② 될 수 있는 한 한번 간 길은 가지 않는 것이 좋다.
③ 언덕길을 올라가면서 수거하도록 한다.
④ 될 수 있는 한 시계방향으로 수거노선을 정한다.

해설 **효과적 · 경제적인 수거노선 결정 시 유의(고려)사항 : 수거노선 설정요령**

① 지형이 언덕인 지역에서는 언덕의 위에서부터 내려가며 적재하면서 차량을 진행하도록 한다.(안전성, 연료비 절약)
② 수거인원 및 차량형식이 같은 기존 시스템의 조건들을 서로 관련시킨다.
③ 출발점은 차고와 가깝게 하고 수거된 마지막 컨테이너가 처분지의 가장 가까이에 위치하도록 배치한다.
④ 가능한 한 지형지물 및 도로경계와 같은 장벽을 사용하여 간선도로 부근에서 시작하고 끝나야 한다.(도로경계 등을 이용)
⑤ 가능한 한 시계방향으로 수거노선을 정한다.
⑥ 적은 양의 쓰레기가 발생하나 동일한 수거빈도를 받기 원하는 적재지점(수거지점)은 가능한 한 같은 날 왕복 내에서 수거한다.
⑦ 아주 많은 양의 쓰레기가 발생되는 발생원은 하루 중 가장 먼저 수거한다.
⑧ 될 수 있는 한 한 번 간 길은 다시 가지 않는다.
⑨ 반복운행 또는 U자형 회전은 피하여 수거한다.
⑩ 교통량이 많거나 출퇴근시간은 피하여 수거한다.
⑪ 수거지점과 수거빈도 결정 시 기존 정책이나 규정을 참고한다.

05 함수율 97%의 잉여슬러지 $50m^3$을 농축시켜 함수율 89%로 하였을 때 농축된 잉여슬러지의 부피는?(단, 잉여슬러지 비중 : 1.0)

① 약 $8m^3$ ② 약 $14m^3$
③ 약 $16m^3$ ④ 약 $19m^3$

해설 $50m^3 \times (1-0.97)$ = 농축된 슬러지 부피 $\times (1-0.89)$
농축된 슬러지 부피(m^3) $= \frac{50 \times 0.03}{0.11} = 13.64m^3$

정답 01 ① 02 ④ 03 ③ 04 ③ 05 ②

06 쓰레기 발생량에 영향을 주는 인자에 관한 설명으로 옳은 것은?

① 쓰레기통이 작을수록 쓰레기 발생량이 증가한다.
② 수집빈도가 높을수록 쓰레기 발생량이 증가한다.
③ 생활수준이 높수록 쓰레기 발생량이 감소한다.
④ 도시규모가 작을수록 쓰레기 발생량이 증가한다.

해설 **폐기물(쓰레기) 발생량에 영향을 주는 요인**

영향요인	내용
도시규모	도시의 규모가 커질수록 쓰레기 발생량 증가
생활수준	생활수준이 높아지면 발생량이 증가하고 다양화됨(증가율 10% 내외)
계절	겨울철에 발생량 증가
수집빈도	수집빈도가 높을수록 발생량 증가
쓰레기통 크기	쓰레기통이 클수록 유효용적이 증가하여 발생량 증가
재활용품 회수 및 재이용률	재활용품의 회수 및 재이용률이 높을수록 쓰레기 발생량 감소
법규	쓰레기 관련 법규는 쓰레기 발생량에 중요한 영향을 미침
장소	상업지역, 주택지역, 공업지역 등, 장소에 따라 발생량과 성상이 달라짐
사회구조	도시의 평균연령층, 교육수준에 따라 발생량은 달라짐

07 400세대 2,000명이 생활하는 아파트에서 배출하는 쓰레기를 4일마다 수거하는 데 적재용량 $8.0m^3$짜리 트럭 6대가 소요된다. 쓰레기의 용적당 중량이 $400kg/m^3$이라 1인당 1일 쓰레기 배출량은?(단, 기타 조건은 고려하지 않음)

① 5.2kg ② 4.1kg
③ 3.2kg ④ 2.4kg

해설 $$\text{쓰레기 배출량(kg/인·일)} = \frac{\text{쓰레기 수거량}}{\text{수거인구수}} = \frac{8.0m^3/\text{대} \times 6\text{대} \times 400kg/m^3}{2{,}000\text{인} \times 4day} = 2.4kg/\text{인·일}$$

08 밀도가 $650kg/m^3$인 쓰레기 10톤을 압축시켜 부피를 $5m^3$로 만들었다면 부피감소율(Volume Reduction, %)은?

① 약 79 ② 약 73
③ 약 68 ④ 약 62

해설 $$VR = \left(1 - \frac{V_f}{V_i}\right) \times 100$$
$$V_i = \frac{10ton}{0.65ton/m^3} = 15.38m^3$$
$$V_f = 5m^3$$
$$= \left(1 - \frac{5}{15.38}\right) \times 100 = 67.49\%$$

09 80%의 수분을 함유하고 있는 초기슬러지 100kg을 건조하여 수분함량을 50%로 만들었을 때 증발된 물의 양은?(단, 슬러지 비중은 1.0)

① 30kg ② 40kg
③ 50kg ④ 60kg

해설 100kg(1−0.8)=처리 후 슬러지양(1−0.5)
처리 후 슬러지양=40kg
증발된 수분량=100−40=60kg

10 쓰레기를 소각했을 때 남은 재의 중량은 쓰레기 중량의 약 1/5이다. 쓰레기 95ton을 소각했을 때 재의 용적이 $7m^3$라고 하면 재의 밀도는?

① $2.31ton/m^3$ ② $2.51ton/m^3$
③ $2.71ton/m^3$ ④ $2.91ton/m^3$

해설 $$\text{재의 밀도}(ton/m^3) = \frac{\text{중량}}{\text{부피}} = \frac{95ton}{7m^3} \times \frac{1}{5} = 2.71ton/m^3$$

11 수소의 함량(원소분석에 의한 수소의 조성비)이 22%이고 수분함량이 20%인 폐기물의 고위발열량이 3,000kcal/kg일 때 저위발열량은?(단, 원소분석법 기준)

① 1,397kcal/kg ② 1,438kcal/kg
③ 1,582kcal/kg ④ 1,692kcal/kg

해설 $$H_l(kcal/kg) = H_h - 600(9H + W) = 3{,}000 - 600 \times [(9 \times 0.22) + 0.2] = 1{,}692kcal/kg$$

12 인구 35만 명인 도시의 쓰레기 발생량이 1.2kg/인·일이고, 이 도시의 쓰레기 수거율은 90%이다. 적재정량이 10ton인 수거차량으로 수거한다면 아래의 조건으로 하루에 몇 대로 운반해야 하는가?

정답 06 ② 07 ④ 08 ③ 09 ④ 10 ③ 11 ④ 12 ①

- 차량당 하루 운전시간은 6시간
- 처리장까지 왕복 운반시간은 42분
- 차량당 수거시간은 20분
- 차량당 하역시간은 10분

(단, 기타 조건은 고려하지 않음)

① 8대 ② 10대
③ 12대 ④ 14대

해설 소요차량(대)

$$=\frac{\text{하루 쓰레기 수거량(kg/일)}}{\text{1일 1대당 운반량(kg/인·대)}}$$

하루 쓰레기 수거량

$=1.2\text{kg/인·일}\times 350{,}000\text{인}\times 0.9=378{,}000\text{kg/일}$

1일 1대당 운반량

$$=\frac{10\text{ton/대}\times 6\text{hr/대·일}\times 1{,}000\text{kg/ton}}{(42+20+10)\text{min/대}\times \text{hr}/60\text{min}}$$

$=50{,}000\text{kg/일·대}$

$$=\frac{378{,}000\text{kg/일}}{50{,}000\text{kg/일·대}}=7.56(8\text{대})$$

13 **쓰레기 발생량에 영향을 주는 모든 인자를 시간에 대한 함수로 나타낸 후, 시간에 대한 함수로 표현된 각 영향인자들 간의 상관관계를 수식화하는 쓰레기 발생량 예측 모델은?**

① 시간인지회귀모델 ② 다중회귀모델
③ 정적모사모델 ④ 동적모사모델

해설 **폐기물 발생량 예측방법**

방법(모델)	내용
경향법 (Trend method) 경향예측모델	• 최저 5년 이상의 과거 처리 실적을 수식 model에 대하여 과거의 경향을 가지고 장래를 예측하는 방법 • 단지 시간과 그에 따른 쓰레기 발생량(또는 성상) 간의 상관관계만을 고려하며 이를 수식으로 표현하면 $x=f(t)$ • $x=f(t)$는 선형, 지수형, 대수형 등에서 가장 근사한 형태를 택함
다중회귀모델 (Multiple regression model)	• 하나의 수식으로 각 인자들의 효과를 총괄적으로 나타내어 복잡한 시스템의 분석에 유용하게 사용할 수 있는 쓰레기 발생량 예측방법 • 각 인자마다 효과를 파악하기보다는 전체 인자의 효과를 총괄적으로 파악하는 것이 간편하고 유용한 예측방법으로 시간을 단순히 하나의 독립된 종속인자로 대입
다중회귀모델 (Multiple regression model)	• 수식 $x=f(X_1X_2X_3\cdots X_n)$, 여기서 $X_1X_2X_3\cdots X_n$은 쓰레기 발생량에 영향을 주는 인자 ※ 인자 : 인구, 지역소득(GNP 또는 GRP), 자원회수량, 상품 소비량 또는 매출액(자원회수량, 사회적 · 경제적 특성이 고려됨)
동적모사모델 (Dynamic simulation model)	• 쓰레기 발생량에 영향을 주는 모든 인자를 시간에 대한 함수로 나타낸 후 시간에 대한 함수로 표현된 각 영향인자들 간의 상관관계를 수식화하는 방법 • 시간만을 고려하는 경향법과 시간을 단순히 하나의 독립적인 종속인자로 고려하는 다중회귀모델의 문제점을 보안한 예측방법 • Dynamo 모델 등이 있음

2023

14 **채취한 쓰레기 시료 분석 시 가장 먼저 진행하여야 하는 분석절차는?**

① 절단 및 분쇄 ② 건조
③ 분류(가연성, 불연성) ④ 밀도측정

해설 **쓰레기 성상분석 순서**

밀도측정 → 건조 → 분류 → 절단 및 분쇄

15 **함수율 90%인 폐기물에서 수분을 제거하여 무게를 반으로 줄이고 싶다면 함수율을 얼마로 감소시켜야 하는가? (단, 비중은 1.0 기준)**

① 45% ② 60%
③ 65% ④ 80%

해설 $1\times(1-0.9)=0.5\times(1-\text{처리 후 함수율})$

처리 후 함수율(%) $=0.8\times 100=80\%$

16 **다음 중 관거(Pipeline) 수거에 대한 설명으로 옳지 않은 것은?**

① 쓰레기 발생밀도가 높은 인구밀집지역에서 현실성이 있다.
② 가설 후에 관로 변경 등 사후관리가 용이하다.
③ 조대폐기물은 파쇄 등의 전처리가 필요하다.
④ 장거리 이송에서는 이용이 곤란하다.

정답 13 ④ 14 ④ 15 ④ 16 ②

해설 관거(Pipeline) 수거는 가설(설치) 후에 경로변경이 곤란하고 설치비가 비싸다.

17 폐기물을 분쇄하거나 파쇄하는 목적과 가장 거리가 먼 것은?

① 겉보기 비중의 감소　② 유가물의 분리
③ 비표면적의 증가　④ 입경분포의 균일화

해설 폐기물을 분쇄하거나 파쇄하는 목적 중 하나는 겉보기 비중의 증가이다.

18 건조된 고형분 비중이 1.54이고 건조 전 슬러지의 고형분 함량이 60%, 건조중량이 400kg이라 할 때 건조 전 슬러지의 비중은?

① 약 1.12　② 약 1.16
③ 약 1.21　④ 약 1.27

해설 $\frac{666.67}{\text{슬러지 비중}} = \frac{400}{1.54} + \frac{266.67}{1.0}$

슬러지양

$= \text{고형물량} \times \frac{1}{\text{슬러지 중 고형물 함량}}$

$= 400\text{kg} \times \frac{1}{0.6} = 666.67\text{kg}$

슬러지 비중 = 1.27

19 폐기물 발생량의 조사방법 중 물질수지법에 관한 설명으로 옳지 않은 것은?

① 물질수지를 세울 수 있는 상세한 데이터가 있는 경우에 가능하다.
② 주로 생활폐기물의 종류별 발생량 추산에 사용된다.
③ 조사하고자 하는 계(System)의 경계를 명확하게 설정하여야 한다.
④ 계(System)로 유입되는 모든 물질들과 유출되는 물질들 간의 물질수지를 세움으로써 폐기물 발생량을 추정한다.

해설 **쓰레기 발생량 조사(측정방법)**

조사방법		내용
적재차량 계수분석법 (Load-count analysis)		• 일정기간 동안 특정 지역의 쓰레기 수거·운반차량의 대수를 조사하여, 이 결과로 밀도를 이용하여 질량으로 환산하는 방법(차량의 대수에 폐기물의 겉보기 비중을 선정하여 중량으로 환산하는 방법) • 조사장소는 중간적하장이나 중계처리장이 적합 • 단점으로는 쓰레기의 밀도 또는 압축 정도에 따라 오차가 크다는 것
직접계근법 (Direct weighting method)		• 일정기간 동안 특정 지역의 쓰레기 수거·운반차량을 중간적하장이나 중계처리장에서 직접 계근하는 방법(트럭 스케일 방법) • 입구에서 쓰레기가 적재되어 있는 차량과 출구에서 쓰레기를 적하한 공차량을 계근하여 쓰레기양 산출 • 장점으로는 비교적 정확한 쓰레기 발생량을 파악할 수 있는 방법 • 단점으로는 적재차량 계수분석에 비하여 작업량이 많고 번거로움이 있음
물질수지법 (Material balance method)		• 시스템으로 유입되는 모든 물질들과 유출되는 모든 폐기물의 양에 대하여 물질수지를 세움으로써 폐기물 발생량을 추정하는 방법 • 주로 산업폐기물 발생량을 추산할 때 이용하는 방법 • 단점으로는 비용이 많이 소요되고 작업량이 많아 널리 이용되지 않음, 즉 특수한 경우에만 사용됨
물질수지법 (Material balance method)		• 우선적으로 조사하고자 하는 계의 경계를 정확하게 설정해야 함 • 물질수지를 세울 수 있는 상세한 데이터가 있는 경우에 가능
통계조사	표본조사 (단순 샘플링 검사)	• 조사기간이 짧음 • 비용이 적게 소요됨 • 조사상 오차가 큼
	전수조사	• 표본오차가 작아 신뢰도가 높음(정확함) • 행정시책에 대한 이용도가 높음 • 조사기간이 길 • 표본치의 보정역할이 가능함

20 가볍고 물렁거리는 물질로부터 무겁고 딱딱한 물질을 분리해 낼 때 사용하며, 주로 퇴비 중의 유리조각을 추출할 때 사용하는 선별방법은?

① Tables　② Secators
③ Jigs　④ Stoners

해설 Secators
① 경사진 컨베이어를 통해 폐기물을 주입시켜 천천히 회전하는 드럼 위에 떨어뜨려서 선별하는 장치이며 물렁거리는 가벼운

정답 17 ①　18 ④　19 ②　20 ②

물질(가볍고 탄력 없는 물질)로부터 딱딱한 물질(무겁고 탄력 있는 물질)을 선별하는 데 사용한다.

② 주로 퇴비 중의 유리조각을 추출할 때 이용되는 선별장치이다.

제2과목 폐기물처리기술

21 **밀도가 1.0t/m³인 지정폐기물 20m³을 시멘트 고화처리 방법에 의해 고화처리하여 매립하고자 한다. 고화제인 시멘트를 첨가하였다면 고화제의 혼합률(MR)은?(단, 고화제 밀도는 1t/m³, 고화제 투입량은 폐기물 1m³당 200kg)**

① 0.05　② 0.10
③ 0.15　④ 0.20

해설 $혼합률(MR) = \frac{첨가제의\ 질량}{폐기물\ 질량} = \frac{200kg/m^3 \times 20m^3}{1,000kg/m^3 \times 20m^3} = 0.2$

22 **전처리에서의 SS 제거율은 60%, 1차 처리에서 SS 제거율이 90%일 때 방류수 수질기준 이내로 처리하기 위한 2차 처리 최소효율은?(단, 분뇨 SS : 20,000mg/L, SS 방류수 수질기준 : 60mg/L)**

① 92.5%　② 94.5%
③ 96.5%　④ 98.5%

해설 2차 처리 최소효율(%)

$$= \left(1 - \frac{SS_o}{SS_i}\right) \times 100$$

$SS_o = 60mg/L$

$SS_i = SS \times (1-\eta_1) \times (1-\eta)$

$= 20,000mg/L \times (1-0.9) \times (1-0.6) = 800mg/L$

$$= \left(1 - \frac{60}{800}\right) \times 100 = 92.5\%$$

23 **분뇨처리장의 방류수량이 1,000m³/day일 때 15분간 염소소독을 할 경우 소독조의 크기는?**

① 약 16.5m³　② 약 13.5m³
③ 약 10.5m³　④ 약 8.5m³

해설 소독조 크기(m³)

$= 1,000m^3/day \times 15min \times day/1,440min = 10.42m^3$

24 **슬러지 100m³의 함수율이 98%이다. 탈수 후 슬러지의 체적을 1/10로 하면 슬러지 함수율은?(단, 모든 슬러지의 비중은 1임)**

① 20%　② 40%
③ 60%　④ 80%

해설 $100m^3 \times (100-98)$

$= (100m^3 \times 1/10) \times (100 - 처리\ 후\ 함수율)$

처리 후 함수율 = 80%

2023

25 **소각로 중 다단로 방식의 장점으로 틀린 것은?**

① 체류시간이 길어 분진발생률이 낮다.
② 수분함량이 높은 폐기물의 연소가 가능하다.
③ 휘발성이 적은 폐기물 연소에 유리하다.
④ 많은 연소영역이 있으므로 연소효율을 높일 수 있다.

해설 다단로 소각방식(Multiple Hearth)

① 장점
㉠ 타 소각로에 비해 체류시간이 길어 연소효율이 높고 특히 휘발성이 낮은 폐기물 연소에 유리하다.
㉡ 다량의 수분이 증발되므로 수분함량이 높은 폐기물도 연소가 가능하다.
㉢ 물리 · 화학적 성분이 다른 각종 폐기물을 처리할 수 있다. 즉, 다양한 질의 폐기물에 대하여 혼소가 가능하다.
㉣ 많은 연소영역이 있으므로 연소효율을 높일 수 있다.(국소 연소를 피할 수 있음)
㉤ 보조연료로 다양한 연료(천연가스, 프로판, 오일, 석탄가루, 폐유 등)를 사용할 수 있다.
㉥ 클링커 생성을 방지할 수 있다.
㉦ 온도제어가 용이하고 동력이 적게 들며 운전비가 저렴하다.

② 단점
㉠ 체류시간이 길어 온도반응이 느리다.(휘발성이 적은 폐기물 연소에 유리)
㉡ 늦은 온도반응 때문에 보조연료 사용을 조절하기 어렵다.
㉢ 분진발생률이 높다.
㉣ 열적 충격이 쉽게 발생하고 내화물이나 상에 손상을 초래한다.(내화재의 손상을 방지하기 위해 1,000℃ 이상으로 운전하지 않는 것이 좋음)
㉤ 가동부(교반팔, 회전중심축)가 있으므로 유지비가 높다.
㉥ 유해폐기물의 완전분해를 위해서는 2차 연소실이 필요하다.

26 **다음의 건조기준 연소가스 조성에서 공기 과잉계수는? [배출가스 조성 : CO_2 = 9%, O_2 = 6%, N_2 = 85%](단, 표준상태 기준)**

정답 21 ④　22 ①　23 ③　24 ④　25 ①　26 ④

① 1.03 ② 1.11
③ 1.28 ④ 1.36

해설 공기비$(m)=\frac{N_2}{N_2-3.76O_2}=\frac{85}{85-(3.76\times6)}=1.36$

27 **매립지에 매립된 쓰레기양이 1,000ton이고 이 중 유기물 함량이 40%이며, 유기물에서 가스로의 전환율이 70%이다. 만약 유기물 kg당 0.5m^{3}의 가스가 생성되고 가스 중 메탄 함량이 40%라면 발생되는 총 메탄의 부피는?(단, 표준상태로 가정)**

① 46,000m^3 ② 56,000m^3
③ 66,000m^3 ④ 76,000m^3

해설 총 메탄 부피(m^3)
$=0.5\text{m}^3/\text{kg}\times1,000\text{ton}\times1,000\text{kg/ton}\times0.4\times0.7\times0.4$
$=56,000\text{m}^3$

28 **유동층 소각로의 장단점에 대한 설명으로 옳지 않은 것은?**

① 기계적 구동부분이 많아 고장률이 높다.
② 가스의 온도가 낮고 과잉공기량이 낮다.
③ 반응시간이 빨라 소각시간이 짧고 로 부하율이 높다.
④ 상(床)으로부터 슬러지의 분리가 어렵다.

해설 유동층 소각로는 기계적 구동부분이 적어 고장률이 낮으므로 유지관리에 용이하다.

29 **소각로의 화격자 연소율이 340kg/m^2 · hr, 1일 처리할 쓰레기의 양이 20,000kg이다. 1일 10시간 소각하면 필요한 화상(화격자)의 면적은?**

① 약 4.7m^2 ② 약 5.9m^2
③ 약 6.5m^2 ④ 약 7.8m^2

해설 화상면적(m^2)$=\frac{\text{시간당 소각량}}{\text{화상부하율}}$
$=\frac{20,000\text{kg/day}\times\text{day}/10\text{hr}}{340\text{kg/m}^2\cdot\text{hr}}=5.88\text{m}^2$

30 **세로, 가로, 높이가 각각 1.0m, 1.5m, 2.0m인 연소실에서 연소실 열 발생률을 3×10^{5}kcal/m^3 · h으로 유지하려면 저위발열량이 25,000kcal/kg인 중유를 매시간 얼마나 연소시켜야 하는가?(단, 연속 연소 기준)**

① 18kg ② 24kg
③ 36kg ④ 42kg

해설 시간당 연소량(kg/hr)
$=\frac{\text{열발생률}\times\text{연소실 부피}}{\text{저위발열량}}$
$=\frac{3\times10^5\text{kcal/m}^3\cdot\text{hr}\times(1.0\times1.5\times2.0)\text{m}^3}{25,000\text{kcal/m}^3}=36\text{kg}$

31 **합성차수막 중 CR에 관한 설명으로 옳지 않은 것은?**

① 가격이 싸다.
② 대부분의 화학물질에 대한 저항성이 높다.
③ 마모 및 기계적 충격에 강하다.
④ 접합이 용이하지 못하다.

해설 **합성차수막 중 CR**
① 장점
㉠ 대부분의 화학물질에 대한 저항성이 높음
㉡ 마모 및 기계적 충격에 강함
② 단점
㉠ 접합이 용이하지 못함
㉡ 가격이 고가임

32 **용량 10^{5}m^{3}의 매립지가 있다. 밀도 0.5t/m^{3}인 도시 쓰레기가 400,000kg/일 율로 발생된다면 매립지 사용일수는?(단, 매립지 내의 다짐에 의한 쓰레기 부피 감소율은 고려하지 않음)**

① 125일 ② 275일
③ 345일 ④ 445일

해설 매립지 사용일수(day)$=\frac{\text{매립용적}}{\text{쓰레기 발생량}}$
$=\frac{10^5\text{m}^3\times0.5\text{t/m}^3}{400,000\text{kg/일}\times\text{ton}/1,000\text{kg}}$
$=125\text{day}$

33 **고형물 중 VS 60%이고, 함수율 97%인 농축슬러지 100m^{3}를 소화시켰다. 소화율(VS 대상)이 50%이고, 소화 후 함수율이 95%라면 소화 후의 부피는?(단, 모든 슬러지의 비중은 1.0이다.)**

① 32m^3 ② 35m^3
③ 42m^3 ④ 48m^3

정답 27 ② 28 ① 29 ② 30 ③ 31 ① 32 ① 33 ③

해설 소화 후 TS = VS'(잔류유기물) + FS(무기물)

$VS' = 3TS \times 0.6 \times 0.5 = 0.9$

$FS = 3TS \times 0.4 = 1.2$

$= 0.9 + 1.2 = 2.1$

부피$(m^3) = 100m^3 \times 0.021 \times \frac{100}{100-95} = 42m^3$

34 유기성 폐기물 퇴비화에 대한 설명으로 가장 거리가 먼 것은?

① 다른 폐기물처리 기술에 비하여 고도의 기술수준이 요구되지 않는다.
② 퇴비화 과정에서 부피가 90% 이상 줄어 최종 처리 시 비용이 절감된다.
③ 다양한 재료를 이용하므로 퇴비제품의 품질표준화가 어렵다.
④ 초기 시설 투자가 적으며 운영 시에 소요되는 에너지도 낮다.

해설 퇴비화가 완성되어도 부피가 크게 감소되지는 않는다.(완성된 퇴비의 감용률은 50% 이하이므로 다른 처리방식에 비하여 낮다.)

35 메탄올(CH_3OH) 5kg이 연소하는 데 필요한 이론공기량은?

① $15Sm^3$ ② $20Sm^3$
③ $25Sm^3$ ④ $30Sm^3$

해설 $CH_3OH + 1.5O_2 \rightarrow CO_2 + 2H_2O$

32kg : $1.5 \times 22.4Sm^3$

5kg : $O_o(Sm^3)$

$O_o(Sm^3) = \frac{5kg \times (1.5 \times 22.4)Sm^3}{32kg} = 5.25\,Sm^3$

$A_o(Sm^3) = \frac{5.25Sm^3}{0.21} = 25Sm^3$

36 물리학적으로 분류된 토양수분인 흡습수에 관한 내용으로 틀린 것은?

① 중력수 외부에 표면장력과 중력이 평형을 유지하며 존재하는 물을 말한다.
② 흡습수는 pF 4.5 이상으로 강하게 흡착되어 있다.
③ 식물이 직접 이용할 수 없다.
④ 부식토에서의 흡습수의 양은 무게비로 70%에 달한다.

해설 **흡습수(PF : 4.5 이상)**

① 상대습도가 높은 공기 중에 풍건토양을 방치하면 토양입자의 표면에 물이 강하게 흡착되는데 이 물을 흡습수라 한다.
② 100~110℃에서 8~10시간 가열하면 쉽게 제거할 수 있다.
③ 강하게 흡착되어 있으므로 식물이 직접 이용할 수 없다.
④ 부식토에서의 흡습수의 양은 무게비로 70%에 달한다.

[Note] ①의 내용은 모세관수에 해당한다.

37 고형물 중 유기물이 90%이고 함수율이 96%인 슬러지 $500m^3$를 소화시킨 결과 유기물 중 2/3가 제거되고 함수율 92%인 슬러지로 변했다면 소화슬러지의 부피는?(단, 모든 슬러지의 비중은 1.0 기준)

2023

① $100m^3$ ② $150m^3$
③ $200m^3$ ④ $250m^3$

해설 FS(무기물) $= 500m^3 \times 0.04 \times 0.1 = 2m^3$

VS'(잔류유기물) $= 500m^3 \times 0.04 \times 0.9 \times \frac{1}{3} = 6m^3$

소화슬러지 부피$(m^3) = FS + VS' \times \frac{100}{100 - \text{함수율}}$

$= (2+6)m^3 \times \frac{100}{100-92} = 100m^3$

38 매립지 발생가스 중 이산화탄소는 밀도가 커서 매립지 하부로 이동하여 지하수와 접촉하게 된다. 지하수에 용해된 이산화탄소에 의한 영향과 가장 거리가 먼 것은?

① 지하수 중 광물의 함량을 증가시킨다.
② 지하수의 경도를 높인다.
③ 지하수의 pH를 낮춘다.
④ 지하수의 SS 농도를 감소시킨다.

해설 지하수에 용해된 이산화탄소는 지하수의 SS 농도를 증가시킨다.

39 혐기성 소화와 호기성 소화를 비교한 내용으로 옳지 않은 것은?

① 호기성 소화 시 상층액의 BOD 농도가 낮다.
② 호기성 소화 시 슬러지 발생량이 많다.
③ 혐기성 소화 시 슬러지 탈수성이 불량하다.
④ 혐기성 소화 시 운전이 어렵고 반응시간이 길다.

해설 ① 혐기성 소화의 장점

㉠ 호기성 처리에 비해 슬러지 발생량(소화 슬러지)이 적다.
㉡ 동력시설의 소모가 적어 운전비용(동력비)이 저렴하다.(산소공급 불필요)
㉢ 생성슬러지의 탈수 및 건조가 쉽다.(탈수성 양호)

정답 34 ② 35 ③ 36 ① 37 ① 38 ④ 39 ③

㉣ 메탄가스 회수가 가능하다.(회수된 가스를 연료로 사용 가능함)
㉤ 병원균이나 기생충란의 사멸이 가능하다.(부패성, 유기물을 안정화시킴)
㉥ 고농도 폐수처리가 가능하다.(국내 대부분의 하수처리장에서 적용 중)
㉦ 소화 슬러지의 탈수성이 좋다.
㉧ 암모니아, 인산 등 영양염류의 제거율이 낮다.

② 혐기성 소화의 단점
㉠ 호기성 소화공법보다 운전이 용이하지 않다.(운전이 어려우므로 유지관리에 숙련이 필요함)
㉡ 소화가스는 냄새(NH_3, H_2S)가 문제 된다.(악취 발생 문제)
㉢ 부식성이 높은 편이다.
㉣ 높은 온도가 요구되며 미생물 성장속도가 느리다.
㉤ 상등수의 농도가 높고 반응이 더디어 소화기간이 비교적 오래 걸린다.
㉥ 처리효율이 낮고 시설비가 많이 든다.

40 **인간이 1인 1일당 평균 BOD 13g이고 분뇨 평균 배출량이 1L라면 분뇨 BOD 농도(ppm)는?**

① 13,000ppm ② 15,000ppm
③ 17,000ppm ④ 20,000ppm

해설 BOD 농도 $= \dfrac{13\text{g} \times 10^3\text{mg/g}}{1\text{L}} = 13,000\text{mg/L(ppm)}$

제3과목 폐기물공정시험기준(방법)

41 **자외선/가시선 분광법에 의한 구리 분석방법에 관한 설명으로 옳은 것은?**

> 구리이온은 (㉠)에서 다이에틸다이티오카르바민산나트륨과 반응하여 (㉡)의 킬레이트 화합물을 생성한다.

① ㉠ 산성, ㉡ 황갈색
② ㉠ 산성, ㉡ 적자색
③ ㉠ 알칼리성, ㉡ 황갈색
④ ㉠ 알칼리성, ㉡ 적자색

해설 **구리 – 자외선/가시선 분광법**
시료 중에 구리이온이 알칼리성에서 다이에틸다이티오카르바민산나트륨과 반응하여 생성하는 황갈색의 킬레이트 화합물을 아세트산부틸로 추출하여 흡광도를 440nm에서 측정하는 방법이다.

42 **구리를 정량하기 위해 사용하는 시약과 그 목적이 잘못 연결된 것은?**

① 구연산이암모늄용액 – 발색 보조제
② 초산부틸 – 구리의 추출
③ 암모니아수 – pH 조절
④ 디에틸디티오카르바민산나트륨 – 구리의 발색

해설 구연산이암모늄용액은 pH 조절 보조제(알칼리성으로 만듦)이다.

43 **폐기물시료 축소단계에서 원추꼭지를 수직으로 눌러 평평하게 한 후 부채꼴로 4등분하여 일정 부분을 취하고 적당한 크기까지 줄이는 방법은?**

① 원추구획법 ② 교호삽법
③ 원추사분법 ④ 사면축소법

해설 **원추사분법(축소비율이 일정하기 때문에 가장 많이 사용)**
① 분쇄한 대시료를 단단하고 깨끗한 평면 위에 원추형으로 쌓아 올린다.
② 앞의 원추를 장소를 바꾸어 다시 쌓는다.
③ 원추의 꼭지를 수직으로 눌러서 평평하게 만들고 이것을 부채꼴로 사등분한다.
④ 마주보는 두 부분을 취하고 반은 버린다.
⑤ 반으로 줄어든 시료를 앞의 조작을 반복하여 적당한 크기까지 줄인다.

44 **유기인 및 PCBs의 실험에 사용되는 증발농축장치의 종류는?**

① 추출형 냉각기형 ② 환류형 냉각기형
③ 구데르나다니쉬형 ④ 리비히 냉각기형

해설 **유기인 및 PCBs의 실험에 사용되는 증발농축장치**
구데르나다니쉬형 농축장치

45 **GC법에서 인화합물 및 황화합물에 대하여 선택적으로 검출하는 고감도 검출기는?**

① 열전도도 검출기(TCD)
② 불꽃이온화 검출기(FID)
③ 불꽃광도형 검출기(FPD)
④ 불꽃열이온화 검출기(FTD)

해설 **불꽃광도형 검출기(FPD ; Flame Photometric Detector)**
불꽃광도 검출기는 수소염에 의하여 시료성분을 연소시키고 이 때 발생하는 염광의 광도를 분광학적으로 측정하는 방법으로서

정답 40 ① 41 ③ 42 ① 43 ③ 44 ③ 45 ③

인 또는 유황화합물을 선택적으로 검출할 수 있다. 운반가스와 조연가스의 혼합부, 수소공급구, 연소노즐, 광학필터, 광전자 증배관 및 전원 등으로 구성되어 있다.

46 **염산(1 + 2) 용액 1,000mL의 염산농도(%W/V)는?(단, 염산 비중 = 1.18)**

① 약 11.8　　② 약 33.33
③ 약 39.33　　④ 약 66.67

해설 $염산농도(\%W/V) = \frac{1{,}000mL \times \frac{1}{3}mL \times 1.18g/mL}{100mL} \times 100$
$= 39.33\%$

47 **원자흡수분광광도법 분석에 사용되는 연료 중 불꽃의 온도가 가장 높은 것은?**

① 공기 – 프로판
② 공기 – 수소
③ 공기 – 아세틸렌
④ 일산화이질소 – 아세틸렌

해설 **금속류 – 원자흡수분광광도법**
불꽃(조연성 가스와 가연성 가스의 조합)
① 수소 – 공기와 아세틸렌 – 공기 : 거의 대부분의 원소분석에 유효하게 사용
② 수소 – 공기 : 원자 외 영역에서의 불꽃 자체에 의한 흡수가 적기 때문에 이 파장영역에서 분석선을 갖는 원소의 분석
③ 아세틸렌 – 아산화질소(일산화이질소) : 불꽃의 온도가 높기 때문에 불꽃 중에서 해리하기 어려운 내화성 산화물을 만들기 쉬운 원소의 분석
④ 프로판 – 공기 : 불꽃온도가 낮고 일부 원소에 대하여 높은 감도를 나타냄

48 **함수율 90%인 하수오니의 폐기물 명칭은?**

① 액상폐기물
② 반고상폐기물
③ 고상폐기물
④ 폐기물은 상(相, phase)을 구분하지 않음

해설 ① 액상폐기물 : 고형물의 함량이 5% 미만
② 반고상폐기물 : 고형물의 함량이 5% 이상 15% 미만
③ 고상폐기물 : 고형물의 함량이 15% 이상

49 **용액 100g 중의 성분 부피(mL)를 표시하는 것은?**

① W/W%　　② W/V%
③ V/W%　　④ V/V%

해설 V/W%
① 용액 100g 중 성분용량(mL)
② mL/100g

50 **'곧은 섬유와 섬유 다발' 형태가 아닌 석면의 종류는?(단, 편광현미경법 기준)**

① 직섬석　　② 청석면
③ 갈석면　　④ 백석면

해설

석면의 종류	형태와 색상
백석면 (Chrysotile)	• 꼬인 물결 모양의 섬유 • 다발의 끝은 분산 • 가열되면 무색~밝은 갈색 • 다색성 • 종횡비는 전형적으로 10 : 1 이상
갈석면 (Amosite)	• 곧은 섬유와 섬유 다발 • 다발 끝은 빗자루 같거나 분산된 모양 • 가열하면 무색~갈색 • 약한 다색성 • 종횡비는 전형적으로 10 : 1 이상
청석면 (Crocidolite)	• 곧은 섬유와 섬유 다발 • 긴 섬유는 만곡 • 다발 끝은 분산된 모양 • 특징적인 청색과 다색성 • 종횡비는 전형적으로 10 : 1 이상
직섬석 (Anthophyllite)	• 곧은 섬유와 섬유 다발 • 절단된 파편 존재 • 무색~은 갈색 • 비다색성 내지 약한 다색성 • 종횡비는 일반적으로 10 : 1 이하
투섬석 (Tremolite) · 녹섬석 (Antinolite)	• 곧고 흰 섬유 • 절단된 파편이 일반적이며 튼 섬유 다발 끝은 분산된 모양 • 투섬석은 무색 • 녹섬석은 녹색~약한 다색성 • 종횡비는 일반적으로 10 : 1 이하

51 **아포균 검사법에 의한 감염성 미생물의 분석 방법으로 틀린 것은?**

① 표준지표생물포자가 10^4개 이상 감소하면 멸균된 것으로 본다.
② 온도가 (32±1)℃ 또는 (55±1)℃ 이상 유지되는 항온배양기를 사용한다.

정답 46 ③ 47 ④ 48 ② 49 ③ 50 ④ 51 ④

③ 표준지표생물의 아포밀도는 세균현탁액 1mL에 1×10^4개 이상의 아포를 함유하여야 한다.
④ 시료의 채취는 가능한 한 무균적으로 하고 멸균된 용기에 넣어 2시간 이내에 실험실로 운반 · 실험하여야 하며, 그 이상의 시간이 소요될 경우에는 10℃ 이하로 냉장하여 4시간 이내에 실험실로 운반하고 실험실에 도착한 후 2시간 이내에 배양조작을 완료하여야 한다.

해설 시료의 채취는 가능한 한 무균적으로 하고 멸균된 용기에 넣어 1시간 이내에 실험실로 운반 · 실험하여야 하며, 그 이상의 시간이 소요될 경우에는 10℃ 이하로 냉장하여 6시간 이내에 실험실로 운반하고 실험실에 도착한 후 2시간 이내에 배양조작을 완료하여야 한다.(다만, 8시간 이내에 실험이 불가능할 경우에는 현지 실험용 기구세트를 준비하여 현장에서 배양조작을 하여야 함)

52 편광현미경과 입체현미경으로 고체 시료 중 석면의 특성을 관찰하여 정성과 정량 분석할 때 입체현미경의 배율범위로 가장 옳은 것은?

① 배율 2~4배 이상 ② 배율 4~8배 이상
③ 배율 10~45배 이상 ④ 배율 50~200배 이상

해설 **석면 관찰 배율**
① 편광현미경 : 100~400배
② 입체현미경 : 10~45배 이상

53 다음 중 농도가 가장 낮은 것은?

① 1mg/L ② 1,000μg/L
③ 100ppb ④ 0.01ppm

해설 ① 1mg/L
② 1,000μg/L＝1,000ppb＝1ppm＝1mg/L
③ 100ppb＝0.1ppm＝0.1mg/L
④ 0.01ppm＝0.01mg/L

54 기체크로마토그래피법에 의한 PCBs 시험 시 실리카겔 칼럼을 사용하는 주목적은?

① 시료 중의 수용성 염류분리
② 시료 중의 수분 흡수
③ PCBs의 흡착
④ PCBs 이외의 불순물 분리

해설 실리카겔 컬럼정제는 산, 염화페놀, 폴리클로로페녹시페놀 등의 극성화합물을 제거하기 위하여 수행한다.

55 ICP 분석에서 시료가 도입되는 플라스마의 온도 범위는?

① 1,000~3,000K ② 3,000~6,000K
③ 6,000~8,000K ④ 15,000~20,000K

해설 플라스마의 온도는 최고 15,000K까지 이르며 보통시료는 6,000~8,000K의 고온에 주입되므로 거의 완전한 원자화가 일어나 분석에 장애가 되는 많은 간섭을 배제하면서 고감도의 측정이 가능하게 된다. 또한 플라스마는 그 자체가 광원으로 이용되기 때문에 매우 넓은 농도범위에서 시료를 측정할 수 있다.

56 대상 폐기물의 양이 600톤인 경우 현장 시료의 최소 수는?

① 30 ② 36
③ 50 ④ 60

해설 **대상폐기물의 양과 시료의 최소 수**

대상 폐기물의 양(단위 : ton)	시료의 최소 수
~ 1 미만	6
1 이상~5 미만	10
5 이상~30 미만	14
30 이상~100 미만	20
100 이상~500 미만	30
500 이상~1,000 미만	36
1,000 이상~5,000 미만	50
5,000 이상 ~	60

57 폐기물공정시험기준상의 용어로 (　)에 들어갈 수치 중 가장 작은 것은?

① "방울수"는 (　)℃에서 정제수 20방울을 적하시켰을 때 부피가 약 1mL가 된다.
② "냉수"는 (　)℃ 이하를 말한다.
③ "약"이라 함은 기재된 양에 대해서 ±(　)% 이상의 차가 있어서는 안 된다.
④ "진공"이라 함은 (　)mmHg 이하의 압력을 말한다.

해설 ① 방울수 : 20℃ ② 냉수 : 15℃ 이하
③ 약 : ±10% ④ 진공 : 15mmHg 이하

58 자외부 파장범위에서 일반적으로 사용하는 흡수셀의 재질은?

① 유리 ② 석영
③ 플라스틱 ④ 백금

정답 52 ③ 53 ④ 54 ④ 55 ③ 56 ② 57 ③ 58 ②

해설 **흡수셀 재질**
① 가시 및 근적외부 : 유리제
② 자외부 : 석영제
③ 근적외부 : 플라스틱제

59 폐기물 소각시설의 소각재 시료채취방법 중 연속식 연소방식의 소각재 반출 설비에서의 시료 채취에 관한 내용으로 (　　)에 옳은 것은?

야적더미에서 채취하는 경우 야적더미를 (　　) 높이마다 각각의 층으로 나누고 각 층별로 적절한 지점에서 500g 이상의 시료를 채취한다.

① 0.3m　② 0.5m　③ 1m　④ 2m

해설 **야적더미 채취방법**
① 야적더미를 2m 높이마다 각각의 층으로 나눈다.
② 각 층별로 적절한 지점에서 500g 이상 채취한다.

60 일반적인 자외선/가시선 분광광도계의 구성으로 옳은 것은?

① 광원부 – 시료부 – 측광부 – 파장선택부
② 광원부 – 파장선택부 – 측광부 – 시료부
③ 광원부 – 파장선택부 – 시료부 – 측광부
④ 광원부 – 시료부 – 파장선택부 – 측광부

해설 **자외선/가시선 분광광도계 기기구성**
광원부 – 파장선택부 – 시료부 – 측광부

제4과목 폐기물관계법규

61 사업장폐기물을 공동으로 수집, 운반, 재활용 또는 처분하는 공동 운영기구의 대표자가 폐기물의 발생·배출·처리상황 등을 기록한 장부를 보존하여야 하는 기간은?

① 1년　② 3년
③ 5년　④ 7년

해설 사업장폐기물을 공동으로 수집, 운반, 재활용 또는 처분하는 공동 운영기구의 대표자는 폐기물의 발생·배출·처리상황 등을 기록한 장부를 3년간 보존하여야 한다.

62 폐기물 수집·운반증을 부착한 차량으로 운반해야 될 경우가 아닌 것은?

① 사업장폐기물배출자가 그 사업장에서 발생한 폐기물을 사업장 밖으로 운반하는 경우
② 폐기물처리 신고자가 재활용 대상 폐기물을 수집·운반하는 경우
③ 폐기물처리업자가 폐기물을 수집·운반하는 경우
④ 광역 폐기물 처분시설의 장치·운영자가 생활폐기물을 수집·운반하는 경우

해설 **폐기물 수집·운반증을 부착한 차량으로 운반해야 되는 경우**
① 광역 폐기물 처분시설 또는 재활용시설의 설치·운영자가 폐기물을 수집·운반하는 경우(생활폐기물을 수집·운반하는 경우는 제외한다)
② 음식물류 폐기물 배출자가 그 사업장에서 발생한 음식물류 폐기물을 사업장 밖으로 운반하는 경우
③ 음식물류 폐기물을 공동으로 수집·운반 또는 재활용하는 자가 음식물류 폐기물을 수집·운반하는 경우
④ 사업장폐기물배출자가 그 사업장에서 발생한 폐기물을 사업장 밖으로 운반하는 경우
⑤ 사업장폐기물을 공동으로 수집·운반, 처분 또는 재활용하는 자가 수집·운반하는 경우
⑥ 폐기물처리업자가 폐기물을 수집·운반하는 경우
⑦ 폐기물처리 신고자가 재활용 대상 폐기물을 수집·운반하는 경우
⑧ 폐기물을 수출하거나 수입하는 자가 그 폐기물을 운반하는 경우(컨테이너를 이용하여 운반하는 경우를 포함한다)

63 폐기물관리법에서 사용하는 용어의 뜻으로 틀린 것은?

① 생활폐기물 : 사업장폐기물 외의 폐기물을 말한다.
② 폐기물감량화시설 : 생산공정에서 발생하는 폐기물의 양을 줄이고, 사업장 내 재활용을 통하여 폐기물 배출을 최소화하는 시설로서 대통령령으로 정하는 시설을 말한다.
③ 처분 : 폐기물의 소각·중화·파쇄·고형화 등의 중간처분과 매립하는 등의 최종처분을 위한 대통령령으로 정하는 활동을 말한다.
④ 폐기물 : 쓰레기, 연소재, 오니, 폐유, 폐산, 폐알칼리 및 동물의 사체 등으로서 사람의 생활이나 사업활동에 필요하지 아니하게 된 물질을 말한다.

해설 **처분**
폐기물의 소각·중화·파쇄·고형화 등의 중간처분과 매립하거나 해역으로 배출하는 등의 최종처분을 말한다.

정답　59 ④　60 ③　61 ②　62 ④　63 ③

64 **시설의 폐쇄명령을 이행하지 아니한 자에 대한 벌칙 기준으로 맞는 것은?**

① 1년 이하의 징역이나 1천만 원 이하의 벌금
② 2년 이하의 징역이나 2천만 원 이하의 벌금
③ 3년 이하의 징역이나 3천만 원 이하의 벌금
④ 5년 이하의 징역이나 5천만 원 이하의 벌금

해설 폐기물관리법 제64조 참조

65 **다음 중 지정폐기물이 아닌 것은?**

① pH가 12.6인 폐알칼리
② 고체상태의 폐합성고무
③ 수분함량이 90%인 오니류
④ PCB를 2mg/L 이상 함유한 액상 폐기물

해설 지정폐기물의 종류에서 고체상태의 폐합성고무는 제외한다.

66 **폐기물매립시설의 사후관리 업무를 대행할 수 있는 자는?(단, 환경부 장관이 사후관리를 대행할 능력이 있다고 인정하여 고시하는 자는 고려하지 않음)**

① 환경보전협회 ② 한국환경공단
③ 폐기물처리협회 ④ 한국환경자원공사

해설 **폐기물매립시설 사후관리 대행자** : 한국환경공단

67 **다음 용어의 정의로 옳지 않은 것은?**

① 재활용이란 폐기물을 재사용·재생 이용하거나 재사용·재생 이용할 수 있는 상태로 만드는 활동을 말한다.
② 생활폐기물이란 사업장폐기물 외의 폐기물을 말한다.
③ 폐기물감량화시설이란 생산공정에서 발생하는 폐기물 배출을 최소화(재활용은 제외함)하는 시설로서 환경부령으로 정하는 시설을 말한다.
④ 폐기물처리시설이란 폐기물의 중간처분시설, 최종처분시설 및 재활용시설로서 대통령령으로 정하는 시설을 말한다.

해설 **폐기물감량화시설**
생산공정에서 발생하는 폐기물의 양을 줄이고, 사업장 내 재활용을 통하여 폐기물 배출을 최소화하는 시설로서 대통령령으로 정하는 시설을 말한다.

68 **주변지역 영향 조사대상 폐기물처리시설 기준으로 옳은 것은?**

매립면적 ( ) 제곱미터 이상의 사업장 일반폐기물 매립시설

① 1만 ② 3만 ③ 5만 ④ 15만

해설 **주변지역 영향 조사대상 폐기물처리시설 기준**
① 1일 처리능력이 50톤 이상인 사업장폐기물 소각시설(같은 사업장에 여러 개의 소각시설이 있는 경우에는 각 소각시설의 1일 처리능력의 합계가 50톤 이상인 경우를 말한다)
② 매립면적 1만 제곱미터 이상의 사업장 지정폐기물 매립시설
③ 매립면적 15만 제곱미터 이상의 사업장 일반폐기물 매립시설
④ 시멘트 소성로(폐기물을 연료로 사용하는 경우로 한정한다)
⑤ 1일 재활용능력이 50톤 이상인 사업장폐기물 소각열회수시설(같은 사업장에 여러 개의 소각열회수시설이 있는 경우에는 각 소각열회수시설의 1일 재활용능력의 합계가 50톤 이상인 경우를 말한다)

69 **폐기물처리사업 계획의 적합통보를 받은 자 중 소각시설의 설치가 필요한 경우에는 환경부 장관이 요구하는 시설·장비·기술능력을 갖추어 허가를 받아야 한다. 허가신청서에 추가서류를 첨부하여 적합통보를 받은 날부터 언제까지 시·도지사에게 제출하여야 하는가?**

① 6개월 이내 ② 1년 이내
③ 2년 이내 ④ 3년 이내

해설 적합통보를 받은 자는 그 통보를 받은 날부터 2년(폐기물 수집·운반업의 경우에는 6개월, 폐기물처리업 중 소각시설과 매립시설의 설치가 필요한 경우에는 3년) 이내에 환경부령으로 정하는 기준에 따른 시설·장비 및 기술능력을 갖추어 업종, 영업대상 폐기물 및 처리분야별로 지정폐기물을 대상으로 하는 경우에는 환경부장관, 그 밖의 폐기물을 대상으로 하는 경우에는 시·도지사의 허가를 받아야 한다.

70 **폐기물처리업자가 방치한 폐기물의 경우 폐기물처리 공제조합에 처리를 명할 수 있는 방치폐기물의 처리량은 그 폐기물처리업자의 폐기물 허용보관량의 몇 배 이내인가?**

① 1.5배 이내 ② 2.0배 이내
③ 2.5배 이내 ④ 3.0배 이내

해설 **방치폐기물의 처리량과 처리기간**
① 폐기물처리 공제조합에 처리를 명할 수 있는 방치폐기물의 처리량은 다음 각 호와 같다.

정답 64 ④ 65 ② 66 ② 67 ③ 68 ④ 69 ④ 70 ①

㉠ 폐기물처리업자가 방치한 폐기물의 경우 : 그 폐기물처리업자의 폐기물 허용보관량의 1.5배 이내
㉡ 폐기물처리 신고자가 방치한 폐기물의 경우 : 그 폐기물처리 신고자의 폐기물 보관량의 1.5배 이내

② 환경부장관이나 시 · 도지사는 폐기물처리 공제조합에 방치폐기물의 처리를 명하려면 주변환경의 오염 우려 정도와 방치폐기물의 처리량 등을 고려하여 2개월의 범위에서 그 처리기간을 정하여야 한다. 다만, 부득이한 사유로 처리기간 내에 방치폐기물을 처리하기 곤란하다고 환경부장관이나 시 · 도지사가 인정하면 1개월의 범위에서 한 차례만 그 기간을 연장할 수 있다.

71 **폐기물처리업자가 폐기물의 발생, 배출, 처리상황 등을 기록한 장부의 보존기간은?(단, 최종 기재일 기준)**

① 6개월간　② 1년간
③ 3년간　④ 5년간

해설 폐기물처리업자는 장부를 마지막으로 기록한 날부터 3년간 보존하여야 한다.

72 **폐기물처리업의 변경신고를 하여야 할 사항으로 틀린 것은?**

① 상호의 변경
② 연락장소나 사무실 소재지의 변경
③ 임시차량의 증차 또는 운반차량의 감차
④ 처리용량 누계의 30% 이상 변경

해설 **폐기물처리업의 변경신고 사항**
① 상호의 변경
② 대표자의 변경
③ 연락장소나 사무실 소재지의 변경
④ 임시차량의 증차 또는 운반차량의 감차
⑤ 재활용 대상부지의 변경
⑥ 재활용 대상 폐기물의 변경
⑦ 폐기물 재활용 유형의 변경
⑧ 기술능력의 변경

73 **폐기물의 수집 · 운반 · 보관 · 처리에 관한 기준 및 방법에 대한 설명으로 틀린 것은?**

① 해당 폐기물을 적정하게 처분, 재활용 또는 보관할 수 있는 장소 외의 장소로 운반하지 아니할 것
② 폐기물의 종류와 성질 · 상태별 재활용 가능성 여부, 가연성이나 불연성 여부 등에 따라 구분하여 수집 · 운반 · 보관할 것
③ 폐기물을 처분 또는 재활용하는 자가 폐기물을 보관하는 경우에는 그 폐기물처분시설 또는 재활용시설과 다른 사업장에 있는 보관시설에 보관할 것
④ 수집 · 운반 · 보관의 과정에서 침출수가 생기는 경우에는 환경부령으로 정하는 바에 따라 처리할 것

해설 폐기물을 처분 또는 재활용하는 자가 처분시설 또는 재활용시설과 같은 사업장에 있는 보관시설에 보관할 것

2023

74 **폐기물처리 신고자의 준수사항 기준으로 ( )에 옳은 것은?**

> 정당한 사유 없이 계속하여 ( ) 이상 휴업하여서는 아니 된다.

① 6개월　② 1년　③ 2년　④ 3년

해설 **폐기물처리 신고자의 준수사항**
정당한 사유 없이 계속하여 1년 이상 휴업하여서는 아니 된다.

75 **폐기물 처분시설 또는 재활용시설 중 음식물류 폐기물을 대상으로 하는 시설의 기술관리인 자격기준으로 틀린 것은?**

① 산업위생산업기사　② 화공산업기사
③ 토목산업기사　④ 전기기사

해설 **폐기물 처분시설 또는 재활용시설의 기술관리인의 자격기준**

구분	자격기준
매립시설	폐기물처리기사, 수질환경기사, 토목기사, 일반기계기사, 건설기계기사, 화공기사, 토양환경기사 중 1명 이상
소각시설(의료폐기물을 대상으로 하는 소각시설은 제외한다), 시멘트 소성로 및 용해로	폐기물처리기사, 대기환경기사, 토목기사, 일반기계기사, 건설기계기사, 화공기사, 전기기사, 전기공사기사 중 1명 이상
의료폐기물을 대상으로 하는 시설	폐기물처리산업기사, 임상병리사, 위생사 중 1명 이상
음식물류 폐기물을 대상으로 하는 시설	폐기물처리산업기사, 수질환경산업기사, 화공산업기사, 토목산업기사, 대기환경산업기사, 일반기계기사, 전기기사 중 1명 이상
그 밖의 시설	같은 시설의 운영을 담당하는 자 1명 이상

정답 71 ③　72 ④　73 ③　74 ②　75 ①

76 **폐기물처리업자 등이 보존하여야 하는 폐기물 발생, 배출, 처리상황 등에 관한 내용을 기록한 장부의 보존 기간(최종기재일 기준)으로 옳은 것은?**

① 1년 ② 2년 ③ 3년 ④ 5년

해설 폐기물처리업자는 장부를 마지막으로 기록한 날부터 3년간 보존하여야 한다.

77 **의료폐기물 보관의 경우 보관창고, 보관장소 및 냉장시설에는 보관 중인 의료폐기물의 종류, 양 및 보관기간 등을 확인할 수 있는 의료폐기물 보관 표지판을 설치하여야 한다. 이 표지판 표지의 색깔로 옳은 것은?**

① 노란색 바탕에 검은색 선과 검은색 글자
② 노란색 바탕에 녹색 선과 녹색 글자
③ 흰색 바탕에 검은색 선과 검은색 글자
④ 흰색 바탕에 녹색 선과 녹색 글자

해설 **의료폐기물 보관 표지판의 규격 및 색깔**
① 표지판의 규격 : 가로 60센티미터 이상×세로 40센티미터 이상(냉장시설에 보관하는 경우에는 가로 30센티미터 이상×세로 20센티미터 이상)
② 표지의 색깔 : 흰색 바탕에 녹색 선과 녹색 글자

78 **대통령령으로 정하는 폐기물처리시설을 설치 운영하는 자 중에 기술관리인을 임명하지 아니하고 기술관리 대행계약을 체결하지 아니한 자에 대한 과태료 처분기준은?**

① 1천만 원 이하 ② 5백만 원 이하
③ 3백만 원 이하 ④ 2백만 원 이하

해설 폐기물관리법 제68조 참조

79 **다음 용어에 대한 설명으로 틀린 것은?**

① "재활용"이란 에너지를 회수하거나 회수할 수 있는 상태로 만들거나 폐기물을 연료로 사용하는 활동으로서 환경부령으로 정하는 활동
② "지정폐기물"이란 사업장폐기물 중 폐유 · 폐산 등 주변 환경을 오염시킬 수 있거나 의료폐기물 등 인체에 위해를 줄 수 있는 해로운 물질로서 대통령령으로 정하는 폐기물
③ "폐기물처리시설"이란 폐기물의 중간처분시설 및 최종처분시설로서 대통령령으로 정하는 시설
④ "폐기물감량화시설"이란 생산 공정에서 발생하는 폐기물의 양을 줄이고, 사업장 내 재활용을 통하여 폐기물 배출을 최소화하는 시설로서 대통령령으로 정하는 시설

해설 **폐기물처리시설**
폐기물의 중간처분시설, 최종처분시설 및 재활용시설로서 대통령령으로 정하는 시설을 말한다.

80 **폐기물처리업의 업종구분과 영업내용의 범위를 벗어나는 영업을 한 자에 대한 벌칙기준은?**

① 1년 이하의 징역이나 1천만 원 이하의 벌금
② 2년 이하의 징역이나 2천만 원 이하의 벌금
③ 3년 이하의 징역이나 3천만 원 이하의 벌금
④ 5년 이하의 징역이나 5천만 원 이하의 벌금

해설 폐기물관리법 제66조 참조

정답 76 ③ 77 ④ 78 ① 79 ③ 80 ②

2023년 4회 CBT 복원·예상문제

제1과목 폐기물개론

01 인구 3만인 중소도시에서 쓰레기 발생량 $100m^3$/day(밀도는 $650kg/m^3$)를 적재중량 4ton 트럭으로 운반하려면 1일 소요될 트럭 운반대수는?(단, 트럭의 1일 운반횟수는 1회 기준)

① 11대 ② 13대
③ 15대 ④ 17대

해설 $\text{소요차량(대/day)} = \dfrac{\text{폐기물발생량}}{\text{1일 1대당 운반량}}$

$= \dfrac{100m^3/day \times 0.65ton/m^3}{40ton/\text{대}}$

$= 16.25$(17대)

02 어느 도시의 1주일 쓰레기 수거상황이 다음과 같을 때 1인 1일 쓰레기 발생량(kg/인·일)은?

- 수거대상인구 : 160,000명
- 수거용적 : $4,300m^3$
- 적재 시 밀도 : $480kg/m^3$

① 0.43 ② 1.84 ③ 1.95 ④ 2.19

해설 $\text{쓰레기 발생량(kg/인·일)} = \dfrac{\text{쓰레기 수거량}}{\text{수거인구수}}$

$= \dfrac{4,300m^3 \times 480kg/m^3}{160,000\text{인} \times 7\text{일}}$

$= 1.84$kg/인·일

03 쓰레기 발생량을 예측하는 방법 중 쓰레기 배출에 영향을 주는 모든 인자를 시간에 대한 함수로 나타낸 후 시간에 대한 함수로 표현된 각 영향인자들 간의 상관관계를 수식화한 것은?

① 경향법 ② 추정법
③ 동적모사모델 ④ 다중회귀모델

해설 폐기물 발생량 예측방법

방법(모델)	내용
경향법 (Trend method) 경향예측모델	• 최저 5년 이상의 과거 처리 실적을 수식 model에 대하여 과거의 경향을 가지고 장래를 예측하는 방법 • 단지 시간과 그에 따른 쓰레기 발생량(또는 성상) 간의 상관관계만을 고려하며 이를 수식으로 표현하면 $x=f(t)$ • $x=f(t)$는 선형, 지수형, 대수형 등에서 가장 근사한 형태를 택함
다중회귀모델 (Multiple regression model)	• 하나의 수식으로 각 인자들의 효과를 총괄적으로 나타내어 복잡한 시스템의 분석에 유용하게 사용할 수 있는 쓰레기 발생량 예측방법 • 각 인자마다 효과를 파악하기보다는 전체 인자의 효과를 총괄적으로 파악하는 것이 간편하고 유용한 예측방법으로 시간을 단순히 하나의 독립된 종속인자로 대입 • 수식 $x=f(X_1X_2X_3\cdots X_n)$, 여기서 $X_1X_2X_3\cdots X_n$은 쓰레기 발생량에 영향을 주는 인자 ※ 인자 : 인구, 지역소득(GNP 또는 GRP), 자원회수량, 상품 소비량 또는 매출액(자원회수량, 사회적·경제적 특성이 고려됨)
동적모사모델 (Dynamic simulation model)	• 쓰레기 발생량에 영향을 주는 모든 인자를 시간에 대한 함수로 나타낸 후 시간에 대한 함수로 표현된 각 영향인자들 간의 상관관계를 수식화하는 방법 • 시간만을 고려하는 경향법과 시간을 단순히 하나의 독립적인 종속인자로 고려하는 다중회귀모델의 문제점을 보안한 예측방법 • Dynamo 모델 등이 있음

04 적환장 설치 요건으로 잘못 설명된 것은?

① 수거해야 할 쓰레기 발생지역 내의 무게 중심과 가장 먼 곳
② 간선도로와 쉽게 연결되고 2차적 또는 보조 수송수단 연계가 편리한 곳
③ 적환 작업 중 공중위생 및 환경 피해 영향이 최소인 곳
④ 건설과 운영이 가장 경제적인 곳

정답 01 ④ 02 ② 03 ③ 04 ①

해설 **적환장 위치결정 시 고려사항**

① 적환장의 설치장소는 수거하고자 하는 개별적 고형폐기물 발생지역의 하중중심(무게중심)과 되도록 가까운 곳이어야 함
② 쉽게 간선도로에 연결되며, 2차 보조수송수단의 연결이 쉬운 곳
③ 건설비와 운영비가 적게 들고 경제적인 곳
④ 최종 처리장과 수거지역의 거리가 먼 경우(≒16km 이상)
⑤ 주도로의 접근이 용이하고 2차 또는 보조수송수단의 연결이 쉬운 지역
⑥ 주민의 반대가 적고 주위환경에 대한 영향이 최소인 곳
⑦ 설치 및 작업이 쉬운 곳(설치 및 작업조작이 경제적인 곳)
⑧ 적환작업 중 공중위생 및 환경피해 영향이 최소인 곳

05 **인구가 200만 명인 어떤 도시의 폐기물 수거실적은 504,970톤/년이었다. 폐기물 수거율이 총배출량의 75%라고 하면 이 도시의 1인 1일 배출량은?(단, 1년 = 365일, 총배출량 기준)**

① 약 0.71kg ② 약 0.92kg
③ 약 1.34kg ④ 약 1.81kg

해설 폐기물 배출량(kg/인 · 일)

$$= \frac{\text{총배출량}}{\text{대상인구수} \times \text{수거율}}$$

$$= \frac{504,970\text{ton/year} \times \text{year/365day} \times 10^3\text{kg/ton}}{2,000,000\text{인} \times 0.75}$$

$= 0.92\text{kg/인 · 일}$

06 **폐기물의 입도 분석결과 입도 누적곡선상의 10%, 40%, 60%, 90%의 입경이 각가 1, 5, 10, 20mm였다. 이때 유효입경과 균등계수는?**

① 유효입경 10mm, 균등계수 2.0
② 유효입경 10mm, 균등계수 1.0
③ 유효입경 1.0mm, 균등계수 10
④ 유효입경 1.0mm, 균등계수 20

해설 유효입경(D_{10}) : 1.0mm

$$\text{균등계수}(u) = \frac{D_{60}}{D_{10}} = \frac{10}{1.0} = 10\text{mm}$$

07 **다음은 쓰레기 부피감소율(%)의 변화이다. 이 중 가장 큰 압축비의 증가를 요하는 경우는?**

① 부피감소율 30 → 60 증가
② 부피감소율 60 → 80 증가
③ 부피감소율 80 → 90 증가
④ 부피감소율 90 → 95 증가

해설 $\text{압축비(CR)} = \frac{100}{100 - \text{부피감소율}}$

④ 부피감소율 90 → 95 증가

$$\text{압축비} = \frac{100}{100-90} = 10.0$$

$$\text{압축비} = \frac{100}{100-95} = 20.0$$

압축비 증가 = 20.0 − 10.0 = 10.0

08 **메탄의 고위발열량이 9,250kcal/Nm³이라면 저위발열량은?**

① 8,290kcal/Nm³ ② 8,360kcal/Nm³
③ 8,470kcal/Nm³ ④ 8,530kcal/Nm³

해설 $H_l(\text{kcal/Nm}^3) = H_h - 480 \times n\text{H}_2\text{O}$

$CH_4 + 2O_2 \rightarrow 2H_2O + CO_2$

$= 9,250 - (480 \times 2) = 8,290\text{kcal/Nm}^3$

09 **2차 파쇄를 위해 5cm의 폐기물을 1cm로 파쇄하는 데 소요되는 에너지(kWh/ton)는?(단, Kick의 법칙($E = C \cdot \ln(L_1/L_2)$)을 이용할 것, 동일한 파쇄기를 이용하여 10cm의 폐기물을 1cm로 파쇄하는 데에는 에너지가 50kWh/ton 소모됨)**

① 약 30 ② 약 35
③ 약 40 ④ 약 45

해설 $E = C\ln\left(\frac{L_1}{L_2}\right)$

$$50\text{kW} \cdot \text{hr/ton} = C\ln\left(\frac{10}{1}\right)$$

$C = 21.71\text{kW} \cdot \text{hr/ton}$

$$E = 21.71\text{kW} \cdot \text{hr/ton} \times \ln\left(\frac{5}{1}\right) = 34.95\text{kW} \cdot \text{hr/ton}$$

10 **적환장이 필요한 경우와 거리가 먼 것은?**

① 저밀도 주거지역이 존재하는 경우
② 불법투기와 다량의 어지러진 쓰레기들이 발생하는 경우
③ 상업지역에서 폐기물 수집에 대형 용기를 많이 사용하는 경우
④ 슬러지 수송이나 공기수송 방식을 사용하는 경우

정답 05 ② 06 ③ 07 ④ 08 ① 09 ② 10 ③

해설 **적환장 설치가 필요한 경우**

① 작은 용량의 수집차량을 사용할 때($15m^3$ 이하)
② 저밀도 거주지역이 존재할 때
③ 불법투기와 다량의 어질러진 쓰레기들이 발생할 때
④ 슬러지 수송이나 공기수송방식을 사용할 때
⑤ 처분지가 수집장소로부터 멀리 떨어져 있을 때
⑥ 상업지역에서 폐기물 수집에 소형 용기를 많이 사용하는 경우
⑦ 쓰레기 수송 비용절감이 필요한 경우
⑧ 압축식 수거 시스템인 경우

11 **부피감소율이 60%인 쓰레기의 압축비는?**

① 1.5 ② 2.0
③ 2.5 ④ 3.0

해설 압축비(CR)$=\dfrac{100}{100-\text{VR}}=\dfrac{100}{100-60}=2.5$

12 **매립 시 쓰레기 파쇄로 인한 이점으로 옳은 것은?**

① 압축장비가 없어도 고밀도의 매립이 가능하다.
② 매립 시 복토 요구량이 증가된다.
③ 폐기물 입자의 표면적이 감소되어 미생물작용이 촉진된다.
④ 매립 시 폐기물이 잘 섞여 혐기성 조건을 유지한다.

해설 **쓰레기를 파쇄하여 매립 시 장점(이점)**

① 곱게 파쇄하면 매립 시 복토가 필요 없거나 복토요구량이 절감된다.
② 매립 시 폐기물이 잘 섞여서 호기성 조건을 유지하므로 냄새가 방지된다.
③ 매립작업이 용이하고 압축장비가 없어도 고밀도의 매립이 가능하다.
④ 폐기물 입자의 표면적이 증가되어 미생물작용이 촉진된다.(조기 안정화)
⑤ 병원균의 매개체(쥐 or 해충)의 섭취 가능 음식이 없어져 이들의 서식이 불가능하다.
⑥ 폐기물 밀도가 증가되어 바람에 멀리 날아갈 염려가 없다.(화재위험 없음)
⑦ 압축 시 밀도증가율이 크므로 운반비가 감소한다.

[Note] ② 매립 시 복토 요구량이 절감된다.
③ 폐기물 입자의 표면적이 증가되어 미생물작용이 촉진된다.
④ 매립 시 폐기물이 잘 섞여 호기성 조건을 유지한다.

13 **폐기물 중 80%를 3cm보다 작게 파쇄하려 할 때 Rosin-Rammler 입자크기분포모델을 이용한 특성입자의 크기는?(단, $n=1$)**

① 1.36cm ② 1.86cm
③ 2.36cm ④ 2.86cm

해설 $Y=1-\exp\left[-\left(\dfrac{X}{X_o}\right)^n\right]$

$0.8=1-\exp\left[-\left(\dfrac{X}{X_o}\right)^n\right]$

$\exp\left[-\left(\dfrac{X}{X_o}\right)^n\right]=1-0.8$, 양변에 ln을 취하면

$-\left(\dfrac{3}{X_o}\right)^n=\ln 0.2$

X_o(특성입자의 크기)$=1.86\text{cm}$

14 **10,000명이 거주하는 지역에서 한 가구당 20L 종량제 봉투가 1주일에 2개씩 발생되고 있다. 한 가구당 2.5명이 거주할 때 지역에서 발생되는 쓰레기 발생량은?**

① 15.0L/인 · 주 ② 16.0L/인 · 주
③ 17.0L/인 · 주 ④ 18.0L/인 · 주

해설 쓰레기 발생량(L/인 · 주)$=\dfrac{\text{쓰레기 발생량}}{\text{인구수}}$

$=\dfrac{20\text{L/가구}\times 2/\text{주}}{2.5\text{인/가구}}=16\text{L/인}\cdot\text{주}$

15 **폐기물은 단순히 버려져 못 쓰는 것이라는 인식을 바꾸어 폐기물 = 자원이라는 공감대를 확산시킴으로써 재활용 정책에 활력을 불어 넣은 생산자책임 재활용 제도를 나타낸 것은?**

① RoHS ② ESSD
③ EPR ④ WEE

해설 **생산자책임 재활용 제도(Extended Producer Responsibility ; EPR)**

폐기물은 단순히 버려져 못쓰는 것이라는 의식을 바꾸어 '폐기물 = 자원'이라는 공감대를 확산시킴으로써 재활용 정책에 활력을 불어넣는 제도이며, 폐기물의 자원화를 위해 EPR의 정착과 활성화가 필수적이다.

정답 11 ③ 12 ① 13 ② 14 ② 15 ③

16 전단파쇄기에 관한 설명으로 옳지 않은 것은?

① 충격파쇄기에 비해 이물질의 혼입에 약하나 폐기물의 입도가 고르다.
② 고정칼, 왕복 또는 회전칼과의 교합에 의하여 폐기물을 전단한다.
③ 주로 목재류, 플라스틱류 및 종이류를 파쇄하는 데 이용된다.
④ 충격파쇄기에 비해 대체적으로 파쇄속도가 빠르다.

해설 **전단파쇄기**

① 원리
고정칼의 왕복 또는 회전칼(가동칼)의 교합에 의하여 폐기물을 전단한다.
② 특징
㉠ 충격파쇄기에 비하여 파쇄속도가 느리다.
㉡ 충격파쇄기에 비하여 이물질의 혼입에 취약하다.
㉢ 충격파쇄기에 비하여 파쇄물의 입도(크기)를 고르게 할 수 있다.(장점)
㉣ 전단파쇄기는 해머밀 파쇄기보다 저속으로 운전된다.
㉤ 소각로 전처리에 많이 이용되나 처리용량이 작아 대량이나 연쇄파쇄에 부적합하다.
㉥ 분진, 소음, 진동이 적고 폭발위험이 거의 없다.
③ 종류
㉠ Van Roll식 왕복전단 파쇄기
㉡ Lindemann식 왕복전단 파쇄기
㉢ 회전식 전단 파쇄기
㉣ Tollemacshe
④ 대상 폐기물
목재류, 플라스틱류, 종이류, 폐타이어(연질플라스틱과 종이류가 혼합된 폐기물을 파쇄하는 데 효과적)

17 쓰레기의 발생량 조사방법인 직접계근법에 관한 내용으로 옳지 않은 것은?

① 입구에서 쓰레기가 적재되어 있는 차량과 출구에서 쓰레기를 적하한 공차량을 각각 계근하여 그 차이로 쓰레기양을 산출한다.
② 적재차량 계수분석에 비하여 작업량이 적고 간단하다.
③ 비교적 정확한 쓰레기 발생량을 파악할 수 있다.
④ 일정기간 동안 특정지역의 쓰레기 수거, 운반차량을 중간적하장이나 중계처리장에서 직접 계근하는 방법이다.

해설 **쓰레기 발생량 조사(측정방법)**

조사방법		내용
적재차량 계수분석법 (Load－count analysis)		• 일정기간 동안 특정 지역의 쓰레기 수거 · 운반차량의 대수를 조사하여, 이 결과로 밀도를 이용하여 질량으로 환산하는 방법(차량의 대수에 폐기물의 겉보기 비중을 선정하여 중량으로 환산하는 방법) • 조사장소는 중간적하장이나 중계처리장이 적합 • 단점으로는 쓰레기의 밀도 또는 압축 정도에 따라 오차가 크다는 것
직접계근법 (Direct weighting method)		• 일정기간 동안 특정 지역의 쓰레기 수거 · 운반차량을 중간적하장이나 중계처리장에서 직접 계근하는 방법(트럭 스케일 방법) • 입구에서 쓰레기가 적재되어 있는 차량과 출구에서 쓰레기를 적하한 공차량을 계근하여 쓰레기양 산출 • 장점으로는 비교적 정확한 쓰레기 발생량을 파악할 수 있는 방법 • 단점으로는 적재차량 계수분석에 비하여 작업량이 많고 번거로움이 있음
물질수지법 (Material balance method)		• 시스템으로 유입되는 모든 물질들과 유출되는 모든 폐기물의 양에 대하여 물질수지를 세움으로써 폐기물 발생량을 추정하는 방법 • 주로 산업폐기물 발생량을 추산할 때 이용하는 방법 • 단점으로는 비용이 많이 소요되고 작업량이 많아 널리 이용되지 않음, 즉 특수한 경우에만 사용됨 • 우선적으로 조사하고자 하는 계의 경계를 정확하게 설정해야 함 • 물질수지를 세울 수 있는 상세한 데이터가 있는 경우에 가능
통계조사	표본조사 (단순 샘플링 검사)	• 조사기간이 짧음 • 비용이 적게 소요됨 • 조사상 오차가 큼
	전수조사	• 표본오차가 작아 신뢰도가 높음(정확함) • 행정시책에 대한 이용도가 높음 • 조사기간이 김 • 표본치의 보정역할이 가능함

18 다음 중 적환장의 형식과 가장 거리가 먼 것은?

① Direct Discharge
② Storage Discharge
③ Compact Discharge
④ Direct and Storage Discharge

해설 **적환장의 형식**

① Direct discharge(직접투하방식)
② Storage discharge(저장투하방식)
③ Direct and storage discharge(직접 · 저장투하 결합방식)

정답 16 ④ 17 ② 18 ③

19 쓰레기의 압축 전 밀도가 0.52ton/m^3이던 것을 압축기로 압축하여 0.85ton/m^3로 되었다. 부피의 감소율은?

① 28%　② 39%
③ 46%　④ 51%

해설 $VR=\left(1-\frac{V_f}{V_i}\right)\times 100(\%)$

$V_i=\left(\frac{1\text{ton}}{0.52\text{ton/m}^3}\right)=1.923\text{m}^3$

$V_f=\left(\frac{1\text{ton}}{0.85\text{ton/m}^3}\right)=1.176\text{m}^3$

$=\left(1-\frac{1.176}{1.923}\right)\times 100=38.85\%$

20 쓰레기 발생량 예측모델 중 쓰레기 발생량에 영향을 주는 모든 인자를 시간에 대한 함수로 하여 각 영향 인자들 간의 상관관계를 수식화 하는 방법은?

① 시간경향모델　② 다중회귀모델
③ 동적모사모델　④ 시간수지모델

해설 **폐기물 발생량 예측방법**

방법(모델)	내용
경향법 (Trend method) 경향예측모델	• 최저 5년 이상의 과거 처리 실적을 수식 model에 대하여 과거의 경향을 가지고 장래를 예측하는 방법 • 단지 시간과 그에 따른 쓰레기 발생량(또는 성상) 간의 상관관계만을 고려하며 이를 수식으로 표현하면 $x=f(t)$ • $x=f(t)$는 선형, 지수형, 대수형 등에서 가장 근사한 형태를 택함
다중회귀모델 (Multiple regression model)	• 하나의 수식으로 각 인자들의 효과를 총괄적으로 나타내어 복잡한 시스템의 분석에 유용하게 사용할 수 있는 쓰레기 발생량 예측방법 • 각 인자마다 효과를 파악하기보다는 전체 인자의 효과를 총괄적으로 파악하는 것이 간편하고 유용한 예측방법으로 시간을 단순히 하나의 독립된 종속인자로 대입 • 수식 $x=f(X_1X_2X_3\cdots X_n)$, 여기서 $X_1X_2X_3\cdots X_n$은 쓰레기 발생량에 영향을 주는 인자 ※ 인자 : 인구, 지역소득(GNP 또는 GRP), 자원회수량, 상품 소비량 또는 매출액(자원회수량, 사회적 · 경제적 특성이 고려됨)
동적모사모델 (Dynamic simulation model)	• 쓰레기 발생량에 영향을 주는 모든 인자를 시간에 대한 함수로 나타낸 후 시간에 대한 함수로 표현된 각 영향인자들 간의 상관관계를 수식화하는 방법 • 시간만을 고려하는 경향법과 시간을 단순히 하나의 독립적인 종속인자로 고려하는 다중회귀모델의 문제점을 보완한 예측방법 • Dynamo 모델 등이 있음

2023

제2과목 폐기물처리기술

21 고형분 30%인 주방찌꺼기 10톤이 있다. 소각을 위하여 함수율이 50% 되게 건조시켰다면 이때의 무게는?(단, 비중은 1.0 기준)

① 2톤　② 3톤
③ 6톤　④ 8톤

해설 10ton × (100 − 70) = 건조 후 무게 × (100 − 50)

건조 후 무게(ton) $=\frac{10\text{ton}\times 30}{50}=6\text{ton}$

22 호기성 처리로 200kL/d의 분뇨를 처리할 경우 처리장에 필요한 송풍량은?(단, BOD 20,000ppm, 제거율 80%, 제거 BOD당 필요 송풍량 100m^3/BOD kg, 분뇨비중 1.0, 24시간 연속 가동 기준)

① 약 3,333m^3/hr　② 약 13,333m^3/hr
③ 약 320,000m^3/hr　④ 약 400,000m^3/hr

해설 송풍량(m^3/hr)
$=100\text{m}^3/\text{kg}\times 20{,}000\text{mg/L}\times 0.8\times 200\text{kL/day}\times 10^3\text{L/kL}\times 1\text{kg}/10^6\text{mg}\times\text{day}/24\text{hr}$
$=13{,}333.33\text{m}^3/\text{hr}$

23 $C_4H_9O_3N$으로 표현되는 유기물 1몰이 혐기성 상태에서 다음 식과 같이 분해될 때 발생하는 이산화탄소의 양은?

$C_4H_9O_3N$ + (a) H_2O → (b) CO_2 + (c) CH_4 + (d) NH_3

① 1몰　② 2몰
③ 3몰　④ 4몰

정답 19 ② 20 ③ 21 ③ 22 ② 23 ②

해설 $C_4H_9O_3N + H_2O \rightarrow 2CO_2 + 2CH_4 + NH_3$

[Note] $C_aH_bO_cN_d + \left(\frac{4a-b-2c+3d}{4}\right)H_2O$

$\rightarrow \left(\frac{4a+b-2c-3d}{8}\right)CO_2$

$+\left(\frac{4a-b+2c+3d}{8}\right)CH_4 + dNH_3$

24 열분해공정이 소각에 비해 갖는 장점이 아닌 것은?

① 황분, 중금속이 재(Ash) 중에 고정되는 비율이 작다.
② 환원성 분위기가 유지되므로 Cr^{3+}가 Cr^{6+}로 변화되기 어렵다.
③ 배기가스양이 적다.
④ NOx 발생량이 적다.

해설 **열분해공정이 소각에 비하여 갖는 장점**
① 배기가스양이 적게 배출된다.(가스처리장치가 소형화)
② 황, 중금속분이 Ash(회분) 중에 고정되는 비율이 크다.
③ 상대적으로 저온이기 때문에 NOx(질소산화물), 염화수소의 발생량이 적다.
④ 환원기가 유지되므로 Cr^{3+}이 Cr^{6+}으로 변화하기 어려우며 대기오염물질의 발생이 적다.(크롬 산화 억제)
⑤ 폐플라스틱, 폐타이어, 오니류 등 스토커 소각처리가 곤란한 물질도 처리 가능하다.
⑥ 공기공급장치의 소형화 및 감량화로 매립용량이 감소한다.
[Note] 열분해는 예열, 건조과정을 거치므로 보조연료의 소비량이 증가되어 유지관리비가 많이 소요된다.

25 1일 폐기물 발생량이 100ton인 폐기물을 깊이 3m인 도랑식으로 매립하고자 한다. 발생 폐기물의 밀도는 $400kg/m^3$, 매립에 따른 부피 감소율은 20%일 경우, 1년간 필요한 매립지의 면적은 몇 m^2인가?(단, 기타 조건은 고려하지 않음)

① 약 16,083 ② 약 24,333
③ 약 30,417 ④ 약 91,250

해설 매립면적(m^2/year)

$= \frac{\text{폐기물 발생량}}{\text{밀도} \times \text{깊이}} \times (1 - \text{부피감소율})$

$= \frac{100ton/day \times 365day/year}{0.4ton/m^3 \times 3m} \times (1-0.2)$

$= 24,333.33m^2/year$

26 매립지의 차수막 중 연직차수막에 대한 설명으로 틀린 것은?

① 지중에 수평방향의 차수층 존재 시에 사용한다.
② 지하수 집배수시설이 불필요하다.
③ 종류로는 어스 댐 코어, 강널말뚝 등이 있다.
④ 차수막 단위면적당 공사비는 싸지만 매립지 전체를 시공하는 경우, 총 공사비는 비싸다.

해설 **연직차수막**
① 적용조건 : 지중에 수평방향의 차수층이 존재할 때 사용
② 시공 : 수직 또는 경사시공
③ 지하수 집배수시설 : 불필요
④ 차수성 확인 : 지하매설로서 차수성 확인이 어려움
⑤ 경제성 : 단위면적당 공사비는 많이 소요되나 총 공사비는 적게 듦
⑥ 보수 : 지중이므로 보수가 어렵지만 차수막 보강시공이 가능
⑦ 공법 종류
㉠ 어스 댐 코어 공법
㉡ 강널말뚝(sheet pile) 공법
㉢ 그라우트 공법
㉣ 차수시트 매설 공법
㉤ 지중 연속벽 공법

27 인구가 50,000명인 도시에서 발생한 폐기물을 압축하여 도랑식 위생매립방법으로 처리하고자 한다. 1년 동안 매립에 필요한 매립지의 부지면적은?

- 도랑깊이 : 3.5m
- 발생 폐기물의 밀도 : $500kg/m^3$
- 폐기물 발생량 : 1.5kg/인 · 일
- 쓰레기 부피감소율(압축) : 70%

① 약 $3,300m^2$ ② 약 $3,700m^2$
③ 약 $4,300m^2$ ④ 약 $4,700m^2$

해설 연간매립면적(m^2/year)

$= \frac{\text{폐기물 발생량}}{\text{밀도} \times \text{깊이}} \times (1 - \text{부피감소율})$

$= \frac{1.5kg/\text{인} \cdot \text{일} \times 50,000\text{인} \times 365day/year}{500kg/m^3 \times 3.5m} \times (1-0.7)$

$= 4,692.86m^2/year$

정답 24 ① 25 ② 26 ④ 27 ④

28 **폐기물의 수분이 적고 저위발열량이 높을 때 일반적으로 적용되는 연소실 내의 연소가스와 폐기물의 흐름 형식은?**

① 역류식 ② 교류식
③ 복류식 ④ 병류식

해설 **소각로 내 연소가스와 폐기물 흐름에 따른 구분**
① 역류식(향류식)
㉠ 폐기물의 이송방향과 연소가스의 흐름을 반대로 하는 형식이다.
㉡ 난연성 또는 착화하기 어려운 폐기물 소각에 가장 적합한 방식이다.
㉢ 열가스에 의한 방사열이 폐기물에 유효하게 작용하므로 수분이 많다.
㉣ 후연소 내의 온도저하나 불완전연소가 발생할 수 있다.
㉤ 복사열에 의한 건조에 유리하며 저위발열량이 낮은 폐기물에 적합하다.
② 병류식
㉠ 폐기물의 이송방향과 연소가스의 흐름방향이 같은 형식이다.
㉡ 수분이 적고(착화성이 좋고) 저위발열량이 높을 때 적용한다.
㉢ 폐기물의 발열량이 높을 경우 적당한 형식이다.
㉣ 건조대에서의 건조효율이 저하될 수 있다.
③ 교류식(중간류식)
㉠ 역류식과 병류식의 중간적인 형식이다.
㉡ 중간 정도의 발열량을 가지는 폐기물에 적합하다.
㉢ 두 흐름이 교차하여 폐기물 질의 변동이 클 때 적합하다.
④ 복류식(2회류식)
㉠ 2개의 출구를 가지고 있는 댐퍼의 개폐로 역류식, 병류식, 교류식으로 조절할 수 있는 형식이다.
㉡ 폐기물의 질이나 저위발열량의 변동이 심할 경우에 적합하다.

29 **옥탄(C_8H_{18})이 완전 연소되는 경우에 공기연료비(AFR, 무게기준)는?**

① 13kg 공기/kg 연료 ② 15kg 공기/kg 연료
③ 17kg 공기/kg 연료 ④ 19kg 공기/kg 연료

해설 C_8H_{18}의 연소반응식
$C_8H_{18} + 12.5O_2 \rightarrow 8CO_2 + 9H_2O$
1 mole : 12.5 mole

$$\text{부피기준 AFR} = \frac{\frac{1}{0.21} \times 12.5}{1} = 59.5\text{moles air/moles fuel}$$

$$\text{중량기준 AFR} = 59.5 \times \frac{28.95}{114} = 15.14\text{kg air/kg fuel}$$

(28.95 ; 건조공기분자량)

30 **호기성 퇴비화 설계 · 운영 시 고려인자인 C/N비에 관한 내용으로 옳은 것은?**

① 초기 C/N비 5~10이 적당하다.
② 초기 C/N비 25~50이 적당하다.
③ 초기 C/N비 80~150이 적당하다.
④ 초기 C/N비 200~350이 적당하다.

해설 퇴비화에 적합한 폐기물의 초기 C/N비는 26~35 정도이며 퇴비화 시 적정 C/N비는 25~50 정도이고 조절은 C/N비가 서로 다른 폐기물을 적절히 혼합하여 최적 조건으로 맞춘다.

31 **분뇨를 호기성 소화방식으로 처리하고자 한다. 소화조의 처리용량이 $100m^3$/day인 처리장에 필요한 산기관 수는?(단, 분뇨의 BOD 20,000mg/L, BOD 처리효율 75%, 소모공기량 $100m^3$/BOD kg, 산기관 1개당 통풍량 $0.2m^3$/min, 연속 산기방식)**

① 약 420개 ② 약 470개
③ 약 520개 ④ 약 570개

해설 산기관 수(개)

$$= \frac{\text{BOD 처리 필요 폭기량(공기량)}}{\text{1개 산기관의 송풍량}}$$

$$= \frac{100m^3/day \times 20{,}000mg/L \times 1{,}000L/m^3 \times 1kg/10^6mg \times 100m^3/BOD \cdot kg \times 0.75 \times day/24hr \times 1hr/60min}{0.2m^3/min \cdot 개}$$

$= 520.8$(521개)

32 **분뇨처리장 1차 침전지에서 1일 슬러지의 제거량이 $50m^3$/day이고 SS농도가 20,000mg/L이었으며 이를 원심분리기에 의하여 탈수시켰을 때 탈수 슬러지의 함수율이 80%였다면 탈수된 슬러지양은?(단, 원심분리기의 SS회수율은 100%, 슬러지 비중은 1.0)**

① 3ton/day ② 5ton/day
③ 8ton/day ④ 10ton/day

해설 탈수 슬러지양(ton/day)

$$= 50m^3/day \times 20{,}000mg/L \times 1{,}000L/m^3 \times ton/10^9mg \times \frac{100}{100-80}$$

$= 5$ton/day

정답 28 ④ 29 ② 30 ② 31 ③ 32 ②

33 폐기물 고화처리방법 중 자가시멘트법의 장단점으로 옳지 않은 것은?

① 혼합률이 높은 단점이 있다.
② 중금속 저지에 효과적인 장점이 있다.
③ 탈수 등 전처리가 필요 없는 장점이 있다.
④ 보조에너지가 필요한 단점이 있다.

해설 **자가시멘트법(Self－cementing Techniques)**

① FGD 슬러지 중 일부(10%)를 생석회화한 후 여기에 소량의 물(수분량 조절역할)과 첨가제를 가하여 폐기물이 스스로 고형화되는 성질을 이용하는 방법이다. 즉, 연소가스 탈황 시 발생된 높은 황화물을 함유한 슬러지 처리에 사용된다.
② 장점
㉠ 혼합률(MR)이 비교적 낮다.
㉡ 중금속의 고형화 처리에 효과적이다.
㉢ 전처리(탈수 등)가 필요 없다.
③ 단점
㉠ 장치비가 크며 숙련된 기술이 요구된다.
㉡ 보조에너지가 필요하다.
㉢ 많은 황화물을 가지는 폐기물에 적합하다.

34 점토가 매립지에서 차수막으로 적합하기 위한 액성한계 기준으로 가장 적절한 것은?

① 10% 미만 ② 10% 이상 30% 미만
③ 20% 이하 ④ 30% 이상

해설 **차수막 적합조건(점토)**

항목	적합기준
투수계수	10^{-7} cm/sec 미만
점토 및 마사토 함량	20% 이상
소성지수(PI)	10% 이상 30 미만
액성한계(LL)	30% 이상
자갈함유량	10% 미만
직경 2.5 cm 이상 입자 함유량	0%

35 Rotary Kiln 소각로의 장단점으로 틀린 것은?

① 습식가스 세정시스템과 함께 사용할 수 있는 장점이 있다.
② 비교적 열효율이 낮은 단점이 있다.
③ 용융상태의 물질에 의하여 방해를 받는 단점이 있다.
④ 폐기물의 체류시간을 노의 회전속도 조절로 제어할 수 있는 장점이 있다.

해설 **회전로(Rotary Kiln : 회전식 소각로)**

① 장점
㉠ 넓은 범위의 액상 및 고상폐기물을 소각할 수 있다.
㉡ 액상이나 고상폐기물을 각각 수용하거나 혼합하여 처리할 수 있고 건조효과가 매우 좋고 착화, 연소가 용이하다.
㉢ 경사진 구조로 용융상태의 물질에 의하여 방해 받지 않는다.
㉣ 드럼이나 대형 용기를 그대로 집어 넣을 수 있다.(전처리 없이 주입 가능)
㉤ 고형 폐기물에 높은 난류도와 공기에 대한 접촉을 크게 할 수 있다.
㉥ 폐기물의 소각에 방해 없이 연속적 재의 배출이 가능하다.
㉦ 습식 가스세정시스템과 함께 사용할 수 있다.
㉧ 전처리(예열, 혼합, 파쇄) 없이 주입 가능하다.
㉨ 폐기물의 체류시간을 노의 회전속도 조절로 제어할 수 있는 장점이 있다.
㉩ 독성물질의 파괴에 좋다.(1,400℃ 이상 가동 가능)
② 단점
㉠ 처리량이 적을 경우 설치비가 높다.
㉡ 노에서의 공기유출이 크므로 종종 대량의 과잉공기가 필요하다.
㉢ 대기오염 제어시스템에 대한 분진부하율이 높다.
㉣ 비교적 열효율이 낮은 편이다.
㉤ 구형 및 원통형 형태의 폐기물은 완전연소가 끝나기 전에 굴러 떨어질 수 있다.
㉥ 대기 중으로 부유물질이 발생할 수 있다.
㉦ 대형 폐기물로 인한 내화재의 파손에 주의를 요한다.

36 500ton/day 규모의 폐기물 에너지 전환시설의 폐기물 에너지 함량을 2,400kcal/kg로 가정할 때 이로부터 생성되는 열발생률(kcal/kWh)은?(단, 엔진에서 발생한 전기에너지는 20,000kW이며, 전기 공급에 따른 손실은 10% 라고 가정한다.)

① 2,778 ② 3,624
③ 4,342 ④ 5,198

해설 열발생률(kcal/kWh)

$$= \frac{500\text{ton/day} \times 2{,}400\text{kcal/kg} \times 1{,}000\text{kg/ton} \times \text{day/24hr}}{20{,}000\text{kW} \times 0.9}$$

$= 2{,}777.78$kcal/kWh

37 소각로 설계의 기준이 되고 있는 발열량은?

① 고위발열량 ② 저위발열량
③ 평균발열량 ④ 최대발열량

해설 소각로 설계의 기준이 되는 것은 저위발열량이다.

정답 33 ① 34 ④ 35 ③ 36 ① 37 ②

38 다음 중 내륙매립공법에 해당되지 않는 것은?

① 샌드위치공법 ② 셀공법
③ 순차투입공법 ④ 압축매립공법

해설 ① 내륙매립
㉠ 샌드위치공법
㉡ 셀공법
㉢ 압축공법
㉣ 도랑형 공법
② 해안매립
㉠ 내수배제 또는 수중투기공법
㉡ 순차투입공법
㉢ 박층뿌림공법

39 배연 탈황 시 발생된 슬러지 처리에 많이 쓰이는 고형화 처리법은?

① 시멘트기초법 ② 석회기초법
③ 자가시멘트법 ④ 열가소성 플라스틱법

해설 **자가시멘트법(Self-Cementing Techniques)**
FGD 슬러지 중 일부(10%)를 생석회화한 후 여기에 소량의 물(수분량 조절역할)과 첨가제를 가하여 폐기물이 스스로 고형화되는 성질을 이용하는 방법이다. 즉, 연소가스 탈황 시 발생된 높은 황화물을 함유한 슬러지 처리에 사용된다.

40 아래의 폐기물 중간처리기술들에서 처리 후 잔류하는 고형물의 양이 적은 순서대로 나열된 것은?

㉠ 소각	㉡ 용융	㉢ 고화

① ㉠-㉡-㉢ ② ㉢-㉡-㉠
③ ㉠-㉢-㉡ ④ ㉡-㉠-㉢

해설 **처리 후 잔류 고형물의 양**
고화 > 소각 > 용융

제3과목 폐기물공정시험기준(방법)

41 기체크로마토그래프용 검출기 중 전자포획형 검출기(ECD)로 검출할 수 있는 물질이 아닌 것은?

① 유기할로겐화합물 ② 니트로화합물
③ 유황화합물 ④ 유기금속화합물

해설 **전자포획 검출기(ECD ; Electron Capture Detector)**
전자포획 검출기는 방사선 동위원소(^{53}Ni, ^{3}H)로부터 방출되는 β선이 운반가스를 전리하여 미소전류를 흘려보낼 때 시료 중의 할로겐이나 산소와 같이 전자포획력이 강한 화합물에 의하여 전자가 포획되어 전류가 감소하는 것을 이용하는 방법으로 유기할로겐 화합물, 니트로화합물 및 유기금속화합물을 선택적으로 검출할 수 있다.

42 유리전극법에 의한 pH 측정 시 정밀도에 관한 설명으로 ( )에 알맞은 것은?

> pH미터는 임의의 한 종류의 pH 표준용액에 대하여 검출부를 정제수로 잘 씻은 다음 5회 되풀이하여 pH를 측정하였을 때 그 재현성이 ( ) 이내이어야 한다.

① ±0.01 ② ±0.05
③ ±0.1 ④ ±0.5

해설 **정밀도**
임의의 한 종류의 pH 표준용액에 대하여 검출부를 정제수로 잘 씻은 다음 5회 되풀이하여 pH를 측정했을 때 그 재현성이 ±0.05 이내이어야 한다.

43 온도의 영향이 없는 고체상태 시료의 시험조작은 어느 상태에서 실시하는가?

① 상온 ② 실온
③ 표준온도 ④ 측정온도

해설 시험조작은 따로 규정이 없는 한 상온에서 조작한다.

44 액체시약의 농도에 있어서 황산(1+10)이라고 되어 있을 경우 옳은 것은?

① 물 1mL와 황산 10mL를 혼합하여 조제한 것
② 물 1mL와 황산 9mL를 혼합하여 조제한 것
③ 황산 1mL와 물 9mL를 혼합하여 조제한 것
④ 황산 1mL와 물 10mL를 혼합하여 조제한 것

정답 38 ③ 39 ③ 40 ④ 41 ③ 42 ② 43 ① 44 ④

해설 **황산(1+10)**
황산 1mL와 물 10mL를 혼합하여 조제한다.

45 **폐기물공정시험방법에서 정의하고 있는 용어의 설명으로 맞는 것은?**

① 고상폐기물이라 함은 고형물의 함량이 5% 미만인 것을 말한다.
② 상온은 15～20℃이고, 실온은 4～25℃이다.
③ 감압 또는 진공이라 함은 따로 규정이 없는 한 15mmH_2O 이하를 말한다.
④ 항량으로 될 때까지 강열한다 함은 같은 조건에서 1시간 더 강열할 때 전후 무게의 차가 g당 0.3mg 이하일 때를 말한다.

해설 ① 고상폐기물이라 함은 고형물의 함량이 15% 이상인 것을 말한다.
② 상온은 15～25℃이고, 실온은 1～35℃이다.
③ 감압 또는 진공이라 함은 따로 규정이 없는 한 15mmHg 이하를 말한다.

46 **유도결합플라스마－원자발광분광기(ICP)에 대한 설명으로 틀린 것은?**

① ICP는 분석장치에서 에어로졸 상태로 분무된 시료는 가장 안쪽의 관을 통하여 도너츠 모양의 플라스마의 중심부에 도달한다.
② 플라스마의 온도는 최고 15,000K의 고온에 도달한다.
③ ICP는 아르곤 가스를 플라스마 가스로 사용하여 수정발전식 고주파발생기로부터 발생된 주파수 27.13MHz 영역에서 유도코일에 의하여 플라스마를 발생시킨다.
④ 플라스마는 그 자제가 광원으로 이용되기 때문에 매우 좁은 농도범위의 시료를 측정하는 데 주로 활용된다.

해설 플라스마는 그 자제가 광원으로 이용되기 때문에 매우 넓은 농도범위에서 시료를 측정할 수 있다.

47 **고형물 함량이 50%, 강열감량이 80%인 폐기물의 유기물 함량(%)은?**

① 30 ② 40
③ 50 ④ 60

해설 $\text{유기물 함량} = \dfrac{\text{휘발성 고형물}}{\text{고형물}} \times 100$

$\text{휘발성 고형물} = \text{강열감량} - \text{수분} = 80 - 50 = 30\%$

$= \dfrac{30}{50} \times 100 = 60\%$

48 **폐기물공정시험기준(방법)의 총칙에 관한 내용 중 옳은 것은?**

① 용액의 농도를 (1→10)으로 표시한 것은 고체성분 1mg을 용매에 녹여 전량을 10mL로 하는 것이다.
② 염산(1+2)라 함은 물 1mL와 염산 2mL를 혼합한 것이다.
③ 감압 또는 진공이라 함은 따로 규정이 없는 한 15 mmH_2O 이하를 말한다.
④ '정밀히 단다'라 함은 규정된 양의 시료를 취하여 화학저울 또는 미량저울로 칭량함을 말한다.

해설 ① 용액의 농도를 (1→10)으로 표시한 것은 고체성분 1g을 용매에 녹여 전체 양을 10mL로 하는 것이다.
② 염산(1+2)라 함은 염산 1mL와 물 2mL를 혼합한 것이다.
③ 감압 또는 진공이라 함은 따로 규정이 없는 한 15mmHg 이하를 말한다.

49 **폐기물공정시험기준에서 유기물질을 함유한 시료의 전처리방법이 아닌 것은?**

① 산화－환원에 의한 유기물분해
② 회화에 의한 유기물분해
③ 질산－염산에 의한 유기물분해
④ 질산－황산에 의한 유기물분해

해설 **유기물질 전처리방법(산분해법)**
① 질산분해법
② 질산－염산 분해법
③ 질산－황산 분해법
④ 질산－과염소산 분해법
⑤ 질산－과염소산－불화수소산 분해법
⑥ 회화법
⑦ 마이크로파 산분해법

정답 45 ④ 46 ④ 47 ④ 48 ④ 49 ①

50 **유리전극법에 의한 pH 측정 시 정밀도에 관한 내용으로 (　)에 들어갈 내용으로 옳은 것은?**

> 임의의 한 종류의 pH 표준용액에 대하여 검출부를 정제수로 잘 씻은 다음 5회 되풀이하여 pH를 측정하였을 때 그 재현성이 (　) 이내이어야 한다.

① ±0.01　② ±0.05
③ ±0.1　④ ±0.5

해설 **정밀도**
임의의 한 종류의 pH 표준용액에 대하여 검출부를 정제수로 잘 씻은 다음 5회 되풀이하여 pH를 측정했을 때 그 재현성이 ±0.05 이내이어야 한다.

51 **강도 I_o의 단색광이 정색용액을 통과할 때 그 빛의 80%가 흡수된다면 흡광도는?**

① 0.6　② 0.7　③ 0.8　④ 0.9

해설 $\text{흡광도}(A) = \log\frac{1}{\text{투과율}} = \log\frac{1}{(1-0.8)} = 0.7$

52 **자외선/가시선 분광법으로 크롬 측정 시 크롬 이온 전체를 6가크롬으로 산화시키기 위해 가하는 산화제는?**

① 과산화수소　② 과망간산칼륨
③ 중크롬산칼륨　④ 염화제일주석

해설 **크롬 – 자외선/가시선 분광법**
시료 중에서 총 크롬을 과망간산칼륨을 사용하여 6가크롬으로 산화시킨 다음 산성에서 다이페닐카바자이드와 반응하여 생성되는 적자색 착화합물의 흡광도를 540nm에서 측정하여 총 크롬을 정량하는 방법이다.

53 **반고상 또는 고상폐기물 내의 기름 성분을 분석하기 위해 노말헥산 추출시험방법에 의해 폐기물 양의 약 2.5배에 해당하는 물을 넣고 잘 혼합한 후 pH를 조절한다. 이때 pH 범위는?**

① pH 4 이하　② pH 4~7
③ pH 7~9　④ pH 9 이상

해설 시료 적당량을 분별깔때기에 넣고 메틸오렌지용액(0.1W/V%)을 2~3방울 넣고 황색이 적색으로 변할 때까지 염산(1+1)을 넣어 pH 4 이하로 조절한다.(단, 반고상 또는 고상폐기물인 경우에는 폐기물 양의 약 2.5배에 해당하는 물을 넣어 잘 혼합한 다음 pH 4 이하로 조절하여 상등액으로 한다.)

54 **대상폐기물의 양이 2,000톤인 경우 채취할 현장시료의 최소 수는?**

① 24　② 36
③ 50　④ 60

해설 **대상폐기물의 양과 시료의 최소 수**

대상 폐기물의 양(단위 : ton)	시료의 최소 수
~ 1 미만	6
1 이상~5 미만	10
5 이상~30 미만	14
30 이상~100 미만	20
100 이상~500 미만	30
500 이상~1,000 미만	36
1,000 이상~5,000 미만	50
5,000 이상 ~	60

2023

55 **수은을 원자흡수분광광도법으로 측정하는 방법으로 (　)에 옳은 내용은?**

> 시료 중 수은을 (　)을 넣어 금속수은으로 환원시킨 다음 이 용액에 통기하여 발생하는 수은 증기를 원자흡수분광광도법으로 정량한다.

① 아연분말　② 이염화주석
③ 염산히드록실아민　④ 과망간산칼륨

해설 시료 중 수은을 이염화주석을 넣어 금속수은으로 환원시킨 다음 이 용액에 통기하여 발생하는 수은 증기를 253.7nm의 파장에서 원자흡수분광광도법에 따라 정량하는 방법

56 **원자흡수분광광도법으로 크롬을 정량할 때 전처리 조작으로 $KMnO_4$를 사용하는 목적은?**

① 철이나 니켈금속 등 방해물질을 제거하기 위해서다.
② 시료 중의 6가크롬을 3가크롬으로 환원시키기 위해서다.
③ 시료 중의 3가크롬을 6가크롬으로 산화시키기 위해서다.
④ 디페닐카르바지드와 반응을 쉽게 하기 위해서다.

해설 원자흡수분광광도법으로 크롬을 정량 시 시료 중의 3가크롬을 6가크롬으로 산화하기 위하여 과망간산칼륨용액($KMnO_4$)을 사용한다.

정답 50 ② 51 ② 52 ② 53 ① 54 ③ 55 ② 56 ③

57 수분 40%, 고형물 60%인 쓰레기의 강열감량 및 유기물 함량을 분석한 결과가 다음과 같았다. 이 쓰레기의 유기물 함량(%)은?

- 도가니의 무게(W_1) = 22.5g
- 탄화 전의 도가니와 시료의 무게(W_2) = 65.8g
- 탄화 후의 도가니와 시료의 무게(W_3) = 38.8g

① 약 27 ② 약 37
③ 약 47 ④ 약 57

해설 유기물 함량(%) = $\frac{\text{휘발성 고형물(\%)}}{\text{고형물(\%)}} \times 100$

휘발성 고형물(%) = 강열감량 − 수분

강열감량(%) = $\frac{W_2 - W_3}{W_2 - W_1} \times 100 = \frac{(65.8-38.8)\text{g}}{(65.8-22.5)\text{g}} \times 100$

= 62.36%

유기물 함량(%) = $\frac{(62.36-40)\%}{60\%} \times 100 = 37.26\%$

58 폐기물의 용출시험방법에 대한 설명으로 틀린 것은?

① 상온, 상압에서 진탕횟수가 매분당 약 200회, 진폭이 4~5cm의 진탕기를 사용, 6시간 연속 진탕한다.
② 진탕이 어려운 경우 원심분리기를 사용하여 매분당 2,000회전 이상으로 30분 이상 원심분리한다.
③ 용출시험 시 용매는 염산으로 pH를 5.8~6.3으로 한다.
④ 용출시험 시 폐기물시료와 용출용매를 1 : 10(W : V)의 비로 혼합한다.

해설 여과가 어려운 경우 원심분리기를 사용하여 매분당 3,000회전 이상으로 20분 이상 원심분리한다.

59 취급 또는 저장하는 동안에 이물질이 들어가거나 또는 내용물이 손실되지 아니하도록 보호하는 용기는?

① 기밀용기 ② 밀폐용기
③ 밀봉용기 ④ 차광용기

해설 **용기**
시험용액 또는 시험에 관계된 물질을 보존, 운반 또는 조작하기 위하여 넣어두는 것

구분	정의
밀폐용기	취급 또는 저장하는 동안에 이물질이 들어가거나 또는 내용물이 손실되지 아니하도록 보호하는 용기
기밀용기	취급 또는 저장하는 동안에 밖으로부터의 공기 또는 다른 가스가 침입하지 아니하도록 내용물을 보호하는 용기
밀봉용기	취급 또는 저장하는 동안에 기체 또는 미생물이 침입하지 아니하도록 내용물을 보호하는 용기
차광용기	광선이 투과하지 않는 용기 또는 투과하지 않게 포장한 용기이며 취급 또는 저장하는 동안에 내용물이 광화학적 변화를 일으키지 아니하도록 방지할 수 있는 용기

60 폐기물에 포함된 구리를 분석하기 위한 방법인 원자흡수분광광도법에 관한 설명으로 틀린 것은?

① 측정파장은 324.7nm이다.
② 정확도는 상대표준편차(RSD) 결과치의 20% 이내이다.
③ 공기 − 아세틸렌 불꽃에 주입하여 분석한다.
④ 정량한계는 0.008mg/L이다.

해설 **원자흡수분광광도법(정도관리 목표값)**

정도관리 항목	정도관리 목표
정량한계	구리 0.008mg/L, 납 0.04mg/L, 카드뮴 0.002mg/L
검정곡선	결정계수(R^2) ≥ 0.98
정밀도	상대표준편차가 ±25% 이내
정확도	75~125%

정답 57 ② 58 ② 59 ② 60 ②

제4과목 폐기물관계법규

61 폐기물처분시설 또는 재활용시설의 검사기준에 관한 내용 중 멸균분쇄시설의 설치검사 항목이 아닌 것은?

① 계량시설의 작동상태
② 분쇄시설의 작동상태
③ 자동기록장치의 작동상태
④ 밀폐형으로 된 자동제어에 의한 처리방식인지 여부

해설 **멸균분쇄시설의 설치검사 항목**
① 멸균능력의 적절성 및 멸균조건의 적절 여부(멸균검사 포함)
② 분쇄시설의 작동상태
③ 밀폐형으로 된 자동제어에 의한 처리방식인지 여부
④ 자동기록장치의 작동상태
⑤ 폭발사고와 화재 등에 대비한 구조인지 여부
⑥ 자동투입장치와 투입량 자동계측장치의 작동상태
⑦ 악취방지시설 · 건조장치의 작동상태

62 폐기물 수집 · 운반업자가 임시보관장소에 의료폐기물을 5일 이내로 냉장 보관할 수 있는 전용보관시설의 온도 기준은?

① 섭씨 2도 이하 ② 섭씨 3도 이하
③ 섭씨 4도 이하 ④ 섭씨 5도 이하

해설 **의료폐기물 보관시설의 세부기준**
① 보관창고의 바닥과 안벽은 타일 · 콘크리트 등 물에 견디는 성질의 자재로 세척이 쉽게 설치하여야 하며, 항상 청결을 유지할 수 있도록 하여야 한다.
② 보관창고에는 소독약품 및 장비와 이를 보관할 수 있는 시설을 갖추어야 하고, 냉장시설에는 내부 온도를 측정할 수 있는 온도계를 붙여야 한다.
③ 냉장시설은 섭씨 4도 이하의 설비를 갖추어야 하며, 보관 중에는 냉장설비를 항상 가동하여야 한다.
④ 보관창고, 보관장소 및 냉장시설은 주 1회 이상 약물소독의 방법으로 소독하여야 한다.
⑤ 보관창고와 냉장시설은 의료폐기물이 밖에서 보이지 않는 구조로 되어 있어야 하며, 외부인의 출입을 제한하여야 한다.
⑥ 보관창고, 보관장소 및 냉장시설에는 보관 중인 의료폐기물의 종류 · 양 및 보관기간 등을 확인할 수 있는 표지판을 설치하여야 한다.

63 폐기물처리업 중 폐기물 수집 · 운반업의 변경허가를 받아야 할 중요사항에 관한 내용으로 틀린 것은?

① 수집 · 운반 대상 폐기물의 변경
② 영업구역의 변경
③ 주차장 소재지의 변경(지정폐기물을 대상으로 하는 수집 · 운반업만 해당한다.
④ 운반차량(임시차량 포함) 증차

해설 **폐기물 수집 · 운반업의 변경허가를 받아야 할 중요사항**
① 수집 · 운반 대상 폐기물의 변경
② 영업구역의 변경
③ 주차장 소재지의 변경(지정폐기물을 대상으로 하는 수집 · 운반업만 해당한다.)
④ 운반차량(임시차량은 제외한다)의 증차

64 폐기물처리 담당자 등에 대한 교육의 대상자(그 밖에 대통령령으로 정하는 사람)에 해당되지 않는 자는?

① 폐기물처리시설의 설치 · 운영자
② 사업장폐기물을 처리하는 사업자
③ 폐기물처리 신고자
④ 확인을 받아야 하는 지정폐기물을 배출하는 사업자

해설 **폐기물처리 담당자로서 교육대상자**
① 폐기물처리시설(법 제34조 제1항에 따라 기술관리인을 임명한 폐기물처리시설은 제외한다)의 설치 · 운영자나 그가 고용한 기술담당자
② 사업장폐기물 배출자 신고를 한 자나 그가 고용한 기술담당자
③ 확인을 받아야 하는 지정폐기물을 배출하는 사업자나 그가 고용한 기술담당자
④ 제2호와 제3호에 따른 자 외의 사업장폐기물을 배출하는 사업자나 그가 고용한 기술담당자로서 환경부령으로 정하는 자
⑤ 폐기물수집 · 운반업의 허가를 받은 자나 그가 고용한 기술담당자
⑥ 폐기물처리 신고자나 그가 고용한 기술담당자

65 주변지역 영향 조사대상 폐기물처리시설 기준으로 틀린 것은?(단, 폐기물처리업자가 설치 · 운영하는 시설)

① 시멘트 소성로(폐기물을 연료로 사용하는 경우로 한정한다.)
② 매립면적 15만 제곱미터 이상의 사업장 일반폐기물 매립시설
③ 매립면적 3만 제곱미터 이상의 사업장 지정폐기물 매립시설

정답 61 ① 62 ③ 63 ④ 64 ② 65 ③

④ 1일 재활용능력이 50톤 이상인 사업장폐기물 소각열회수시설(같은 사업장에 여러 개의 소각열회수시설이 있는 경우에는 각 소각열회수시설의 1일 재활용 능력의 합계가 50톤 이상인 경우를 말한다.)

해설 **주변지역 영향 조사대상 폐기물처리시설 기준**

① 1일 처리능력이 50톤 이상인 사업장폐기물 소각시설(같은 사업장에 여러 개의 소각시설이 있는 경우에는 각 소각시설의 1일 처리능력의 합계가 50톤 이상인 경우를 말한다.)
② 매립면적 1만 제곱미터 이상의 사업장 지정폐기물 매립시설
③ 매립면적 15만 제곱미터 이상의 사업장 일반폐기물 매립시설
④ 시멘트 소성로(폐기물을 연료로 사용하는 경우로 한정한다.)
⑤ 1일 재활용능력이 50톤 이상인 사업장 폐기물 소각열회수시설

66 **폐기물 수집 · 운반업자가 임시보관장소에 보관할 수 있는 폐기물(의료폐기물 제외)의 허용량 기준은?**

① 중량 450톤 이하이고, 용적이 300세제곱미터 이하인 폐기물
② 중량 400톤 이하이고, 용적이 250세제곱미터 이하인 폐기물
③ 중량 350톤 이하이고, 용적이 200세제곱미터 이하인 폐기물
④ 중량 300톤 이하이고, 용적이 150세제곱미터 이하인 폐기물

해설 **폐기물 수집 · 운반업자가 임시보관장소에 보관할 수 있는 폐기물(의료폐기물 제외) 허용량 기준**

① 450톤 이하인 폐기물
② 용적 300세제곱미터($300m^3$) 이하인 폐기물

67 **폐기물중간재활용업, 폐기물최종재활용업 및 폐기물 종합재활용업의 변경허가를 받아야 하는 중요사항으로 옳지 않은 것은?**

① 운반차량(임시차량 포함)의 감차
② 폐기물 재활용시설의 신설
③ 허가 또는 변경허가를 받은 재활용 용량의 100분의 30 이상(금속을 회수하는 최종재활용업 또는 종합재활용업의 경우에는 100분의 50 이상)의 변경(허가 또는 변경허가를 받은 후 변경되는 누계를 말한다)
④ 폐기물 재활용시설 소재지의 변경

해설 **폐기물 중간재활용업, 폐기물 최종재활용업 및 폐기물 종합재활용업**

① 재활용 대상 폐기물의 변경
② 폐기물 재활용 유형의 변경
③ 폐기물 재활용시설 소재지의 변경
④ 운반차량(임시차량은 제외한다)의 증차
⑤ 폐기물 재활용시설의 신설
⑥ 허가 또는 변경허가를 받은 재활용 용량의 100분의 30 이상(금속을 회수하는 최종재활용업 또는 종합재활용업의 경우에는 100분의 50 이상)의 변경(허가 또는 변경허가를 받은 후 변경되는 누계를 말한다)
⑦ 주요 설비의 변경. 다만, 다음 ㉠ 및 ㉡의 경우만 해당한다.
 ㉠ 폐기물 재활용시설의 구조 변경으로 인하여 기준이 변경되는 경우
 ㉡ 배출시설의 변경허가 또는 변경신고의 대상이 되는 경우
⑧ 허용보관량의 변경

68 **매립시설 및 소각시설의 주변지역 영향조사 횟수 기준에 관한 내용으로 ( )에 옳은 것은?**

> 각 항목당 계절을 달리하며 (㉠) 측정하되, 악취는 여름(6월부터 8월까지)에 (㉡) 측정하여야 한다.

① ㉠ 2회 이상, ㉡ 1회 이상
② ㉠ 3회 이상, ㉡ 2회 이상
③ ㉠ 1회 이상, ㉡ 2회 이상
④ ㉠ 4회 이상, ㉡ 3회 이상

해설 **폐기물처리시설 주변지역 영향조사 기준(조사횟수)**

각 항목당 계절을 달리하여 2회 이상 측정하되, 악취는 여름(6월부터 8월까지)에 1회 이상 측정하여야 한다.

69 **폐기물 관리의 기본원칙으로 틀린 것은?**

① 누구든지 폐기물을 배출하는 경우에는 주변환경이나 주민의 건강에 위해를 끼치지 아니하도록 사전에 적절한 조치를 하여야 한다.
② 환경오염을 일으킨 자는 오염된 환경을 복원하기보다 오염으로 인한 피해의 구제에 드는 비용만 부담하여야 한다.
③ 국내에서 발생한 폐기물은 가능하면 국내에서 처리되어야 하고, 폐기물의 수입은 되도록 억제되어야 한다.
④ 폐기물은 그 처리과정에서 양과 유해성을 줄이도록 하는 등 환경보전과 국민건강보호에 적합하게 처리되어야 한다.

정답 66 ① 67 ① 68 ① 69 ②

해설 **폐기물 관리의 기본원칙**

① 사업자는 제품의 생산방식 등을 개선하여 폐기물의 발생을 최대한 억제하고, 발생한 폐기물을 스스로 재활용함으로써 폐기물의 배출을 최소화하여야 한다.
② 누구든지 폐기물을 배출하는 경우에는 주변 환경이나 주민의 건강에 위해를 끼치지 아니하도록 사전에 적절한 조치를 하여야 한다.
③ 폐기물은 그 처리과정에서 양과 유해성을 줄이도록 하는 등 환경보전과 국민건강보호에 적합하게 처리되어야 한다.
④ 폐기물로 인하여 환경오염을 일으킨 자는 오염된 환경을 복원할 책임을 지며, 오염으로 인한 피해의 구제에 드는 비용을 부담하여야 한다.
⑤ 국내에서 발생한 폐기물은 가능하면 국내에서 처리되어야 하고, 폐기물의 수입은 되도록 억제되어야 한다.
⑥ 폐기물은 소각, 매립 등의 처분을 하기보다는 우선적으로 재활용함으로써 자원생산성의 향상에 이바지하도록 하여야 한다.

70 **에너지 회수기준으로 알맞지 않은 것은?**

① 다른 물질과 혼합하지 아니하고 해당 폐기물의 저위발열량이 킬로그램당 3천킬로칼로리 이상일 것
② 환경부장관이 정하여 고시하는 경우에는 폐기물의 30퍼센트 이상을 원료나 재료로 재활용하고 그 나머지 중에서 에너지의 회수에 이용할 것
③ 회수열을 50퍼센트 이상 열원으로 스스로 이용하거나 다른 사람에게 공급할 것
④ 에너지의 회수효율(회수에너지 총량을 투입에너지총량으로 나눈 비율을 말한다.)이 75퍼센트 이상일 것

해설 **에너지 회수기준**

① 다른 물질과 혼합하지 아니하고 해당 폐기물의 저위발열량이 킬로그램당 3천 킬로칼로리 이상일 것
② 에너지의 회수효율(회수에너지 총량을 투입에너지 총량으로 나눈 비율을 말한다)이 75퍼센트 이상일 것
③ 회수열을 모두 열원으로 스스로 이용하거나 다른 사람에게 공급할 것
④ 환경부장관이 정하여 고시하는 경우에는 폐기물의 30퍼센트 이상을 원료나 재료로 재활용하고 그 나머지 중에서 에너지 회수에 이용할 것

71 **의료폐기물의 종류 중 위해의료폐기물의 종류와 가장 거리가 먼 것은?**

① 전염성류 폐기물　② 병리계 폐기물
③ 손상성 폐기물　④ 생물 · 화학폐기물

해설 **위해의료폐기물의 종류**

① 조직물류 폐기물 : 인체 또는 동물의 조직 · 장기 · 기관 · 신체의 일부, 동물의 사체, 혈액 · 고름 및 혈액생성물질(혈청, 혈장, 혈액 제제)
② 병리계 폐기물 : 시험 · 검사 등에 사용된 배양액, 배양용기, 보관균주, 폐시험관, 슬라이드 커버글라스 폐배지, 폐장갑
③ 손상성 폐기물 : 주삿바늘, 봉합바늘, 수술용 칼날, 한방침, 치과용 침, 파손된 유리재질의 시험기구
④ 생물 · 화학폐기물 : 폐백신, 폐항암제, 폐화학치료제
⑤ 혈액오염폐기물 : 폐혈액백, 혈액투석 시 사용된 폐기물, 그 밖에 혈액이 유출될 정도로 포함되어 있는 특별한 관리가 필요한 폐기물

72 **폐기물처리시설에 대한 환경부령으로 정하는 검사기관이 잘못 연결된 것은?**

① 소각시설의 검사기관 : 한국기계연구원
② 음식물류 폐기물 처리시설의 검사기관 : 보건환경연구원
③ 멸균분쇄시설의 검사기관 : 한국산업기술시험원
④ 매립시설의 검사기관 : 한국환경공단

해설 **환경부령으로 정하는 검사기관**

① 소각시설
㉠ 한국환경공단
㉡ 한국기계연구원
㉢ 한국산업기술시험원
㉣ 대학, 정부 출연기관, 그 밖에 소각시설을 검사할 수 있다고 인정하여 환경부장관이 고시하는 기관
② 매립시설
㉠ 한국환경공단
㉡ 한국건설기술연구원
㉢ 한국농어촌공사
㉣ 수도권매립지관리공사
③ 멸균분쇄시설
㉠ 한국환경공단
㉡ 보건환경연구원
㉢ 한국산업기술시험원
④ 음식물 폐기물 처리시설
㉠ 한국환경공단
㉡ 한국산업기술시험원
㉢ 그 밖에 환경부장관이 정하여 고시하는 기관
⑤ 시멘트 소성로
소각시설의 검사기관과 동일
⑥ 소각열회수시설의 검사기관
소각시설의 검사기관과 동일(에너지회수 외의 검사)

2023

정답 70 ③ 71 ① 72 ②

73 **폐기물처리업자 또는 폐기물처리신고자의 휴업 · 폐업 등의 신고에 관한 내용으로 ( )에 옳은 것은?**

> 폐기물처리업자나 폐기물처리신고자가 휴업 · 폐업 또는 재개업을 한 경우에는 휴업 · 폐업 또는 재개업을 한 날부터 ( )에 신고서에 해당 서류를 첨부하여 시 · 도지사나 지방환경관서의 장에게 제출하여야 한다.

① 10일 이내 ② 15일 이내
③ 20일 이내 ④ 30일 이내

해설 폐기물처리업자 또는 폐기물처리신고자가 휴업 · 폐업 또는 재개업을 한 경우에는 휴업 · 폐업 또는 재개업을 한 날부터 20일 이내에 시 · 도지사나 지방환경관서의 장에게 신고서를 제출하여야 한다.

74 **음식물류 폐기물처리시설의 검사기관으로 옳은 것은?**

① 한국산업기술시험원 ② 한국환경자원공사
③ 시 · 도 보건환경연구원 ④ 수도권매립지관리공사

해설 **환경부령으로 정하는 검사기관**
① 소각시설
㉠ 한국환경공단
㉡ 한국기계연구원
㉢ 한국산업기술시험원
㉣ 대학, 정부 출연기관, 그 밖에 소각시설을 검사할 수 있다고 인정하여 환경부장관이 고시하는 기관
② 매립시설
㉠ 한국환경공단
㉡ 한국건설기술연구원
㉢ 한국농어촌공사
㉣ 수도권매립지관리공사
③ 멸균분쇄시설
㉠ 한국환경공단
㉡ 보건환경연구원
㉢ 한국산업기술시험원
④ 음식물 폐기물 처리시설
㉠ 한국환경공단
㉡ 한국산업기술시험원
㉢ 그 밖에 환경부장관이 정하여 고시하는 기관
⑤ 시멘트 소성로
소각시설의 검사기관과 동일
⑥ 소각열회수시설의 검사기관
소각시설의 검사기관과 동일(에너지회수 외의 검사)

75 **사후관리 대상인 폐기물 매립시설은 사용이 종료되거나 그 시설이 폐쇄된 날로부터 몇 년 이내로 토지이용을 제한하는가?**

① 10년 ② 20년
③ 30년 ④ 40년

해설 사후관리 대상인 폐기물 매립시설은 사용이 종료되거나 그 시설이 폐쇄된 날로부터 30년 이내로 토지이용을 제한한다.

76 **방치폐기물의 처리기간에 대한 내용으로 ( )에 옳은 내용은?(단, 연장 기간은 고려하지 않음)**

> 환경부장관이나 시 · 도지사는 폐기물처리공제조합에 방치폐기물의 처리를 명하려면 주변 환경의 오염우려 정도와 방치 폐기물의 처리량 등을 고려하여 ( ) 범위에서 그 처리기간을 정하여야 한다.

① 3개월 ② 2개월
③ 1개월 ④ 15일

해설 환경부장관이나 시 · 도지사는 폐기물처리 공제조합에 방치폐기물의 처리를 명하려면 주변 환경의 오염 우려 정도와 방치폐기물의 처리량 등을 고려하여 2개월의 범위에서 그 처리기간을 정하여야 한다. 다만, 부득이한 사유로 처리기간 내에 방치폐기물을 처리하기 곤란하다고 환경부장관이나 시 · 도지사가 인정하면 1개월의 범위에서 한 차례만 그 기간을 연장할 수 있다.

77 **지정폐기물(의료폐기물은 제외) 보관창고에 설치해야 하는 지정폐기물의 종류, 보관가능 용량, 취급 시 주의사항 및 관리책임자 등을 기재한 표지판 표지의 규격 기준은?(단, 드럼 등 소형용기에 붙이는 경우 제외)**

① 가로 60cm 이상×세로 40cm 이상
② 가로 80cm 이상×세로 60cm 이상
③ 가로 100cm 이상×세로 80cm 이상
④ 가로 120cm 이상×세로 100cm 이상

해설 **지정폐기물(의료폐기물은 제외) 보관 표지판의 규격과 색깔**
① 표지의 규격 : 가로 60센티미터 이상×세로 40센티미터 이상(드럼 등 소형 용기에 붙이는 경우에는 가로 15센티미터 이상×세로 10센티미터 이상)
② 표지의 색깔 : 노란색 바탕에 검은색 선 및 검은색 글자

정답 73 ③ 74 ① 75 ③ 76 ② 77 ①

78 폐기물 처분시설 또는 재활용시설 중 의료폐기물을 대상으로 하는 시설의 기술관리인 자격으로 틀린 것은?

① 위생사 ② 임상병리사
③ 산업위생지도사 ④ 폐기물처리산업기사

해설 **폐기물 처분시설 또는 재활용시설의 기술관리인의 자격기준**

구분	자격기준
매립시설	폐기물처리기사, 수질환경기사, 토목기사, 일반기계기사, 건설기계기사, 화공기사, 토양환경기사 중 1명 이상
소각시설(의료폐기물을 대상으로 하는 소각시설은 제외한다), 시멘트 소성로 및 용해로	폐기물처리기사, 대기환경기사, 토목기사, 일반기계기사, 건설기계기사, 화공기사, 전기기사, 전기공사기사 중 1명 이상
의료폐기물을 대상으로 하는 시설	폐기물처리산업기사, 임상병리사, 위생사 중 1명 이상
음식물류 폐기물을 대상으로 하는 시설	폐기물처리산업기사, 수질환경산업기사, 화공산업기사, 토목산업기사, 대기환경산업기사, 일반기계기사, 전기기사 중 1명 이상
그 밖의 시설	같은 시설의 운영을 담당하는 자 1명 이상

79 폐기물처리시설 중 중간처분시설인 기계적 처분시설과 그 동력기준으로 옳지 않은 것은?

① 용융시설(동력 7.5kW 이상인 시설로 한정한다)
② 압축시설(동력 7.5kW 이상인 시설로 한정한다)
③ 절단시설(동력 7.5kW 이상인 시설로 한정한다)
④ 응집 · 침전시설(동력 15kW 이상인 시설로 한정한다)

해설 **중간처분시설(기계적 처분시설)의 종류**
① 압축시설(동력 7.5kW 이상인 시설로 한정한다)
② 파쇄 · 분쇄시설(동력 15kW 이상인 시설로 한정한다)
③ 절단시설(동력 7.5kW 이상인 시설로 한정한다)
④ 용융시설(동력 7.5kW 이상인 시설로 한정한다)
⑤ 증발 · 농축시설
⑥ 정제시설(분리 · 증류 · 추출 · 여과 등의 시설을 이용하여 폐기물을 처분하는 단위시설을 포함한다)
⑦ 유수 분리시설
⑧ 탈수 · 건조시설
⑨ 멸균분쇄시설

80 환경부령으로 정하는 매립시설의 검사기관으로 틀린 것은?

① 한국건설기술연구원
② 한국환경공단
③ 한국농어촌공사
④ 한국산업기술시험원

해설 **환경부령으로 정하는 검사기관 : 매립시설**
① 한국환경공단
② 한국건설기술연구원
③ 한국농어촌공사
④ 수도권매립지관리공사

정답 78 ① 79 ③ 80 ④

2022년 1회 CBT 복원·예상문제

제1과목 폐기물개론

01 다음 중 수거 분뇨의 성질에 영향을 주는 요소와 거리가 먼 것은?

① 배출지역의 기후 ② 분뇨 저장기간
③ 저장탱크의 구조와 크기 ④ 종말처리방식

해설 **수거분뇨 성질에 영향을 주는 요소**
① 배출지역의 기후
② 분뇨 저장기간
③ 저장탱크의 구조와 크기
[Note] 종말처리방식은 수거 분뇨의 성질에 영향을 미치는 요소는 아니며, 처리 후 성질과 관련이 있다.

02 유기성 폐기물의 퇴비화 과정에 대한 설명으로 가장 거리가 먼 것은?

① 암모니아 냄새가 유발될 경우 건조된 낙엽과 같은 탄소원을 첨가해야 한다.
② 발효 초기 원료의 온도가 40~60℃까지 증가하면 효모나 질산화균이 우점한다.
③ C/N비가 너무 낮으면 질소가 암모니아로 변하여 pH를 증가시킨다.
④ 염분함량이 높은 원료를 퇴비화하여 토양에 시비하면 토양경화의 원인이 된다.

해설 발효 초기 원료의 온도가 40~60℃까지 증가하면 고온성 세균과 방선균이 출현, 우점하여 유기물을 분해한다.

03 폐기물 파쇄 시 작용하는 힘과 가장 거리가 먼 것은?

① 충격력 ② 압축력
③ 인장력 ④ 전단력

해설 **파쇄 시 작용하는 힘(작용력)**
① 압축력 ② 전단력
③ 충격력 ④ 상기 3가지 조합

04 우리나라 폐기물 중 가장 큰 구성비율을 차지하는 것은?

① 생활폐기물
② 사업장 폐기물 중 처리시설 폐기물
③ 사업장 폐기물 중 건설폐기물
④ 사업장 폐기물 중 지정폐기물

해설 **우리나라 폐기물 발생량**
사업장 폐기물 중 건설폐기물 > 사업장 폐기물 중 처리시설 폐기물 > 생활폐기물 > 사업장 폐기물 중 지정폐기물

05 습량기준 회분율(A, %)을 구하는 식으로 맞는 것은?

① 건조쓰레기 회분(%) $\times \dfrac{100+\text{수분함량}(\%)}{100}$

② 수분함량(%) $\times \dfrac{100-\text{건조쓰레기 회분}(\%)}{100}$

③ 건조쓰레기 회분(%) $\times \dfrac{100-\text{수분함량}(\%)}{100}$

④ 수분함량(%) $\times \dfrac{\text{건조쓰레기 회분}(\%)}{100}$

해설 습량기준 회분율(%)
$=$건조쓰레기 회분(%) $\times \dfrac{100-\text{수분함량}(\%)}{100}$

06 폐기물의 80%를 3cm보다 작게 파쇄하려 할 때 Rosin－Rammler 입자 크기 분포모델을 이용한 특성입자의 크기(cm)는?(단, $n=1$)

① 1.36 ② 1.86
③ 2.36 ④ 2.86

해설 $Y=1-\exp\left[-\left(\dfrac{X}{X_0}\right)^n\right]$

$0.8=1-\exp\left[-\left(\dfrac{3}{X_0}\right)^1\right]$

$\exp\left[-\left(\dfrac{3}{X_0}\right)^1\right]=1-0.8$, 양변에 ln을 취하면

$-\dfrac{3}{X_0}=\ln 0.2$

X_0(특성입자 크기)$=1.86$cm

정답 01 ④ 02 ② 03 ③ 04 ③ 05 ③ 06 ②

07 채취한 쓰레기 시료 분석 시 가장 먼저 시행하여야 하는 분석절차는?

① 절단 및 분쇄
② 건조
③ 분류(가연성, 불연성)
④ 밀도측정

해설 폐기물 시료의 분석절차

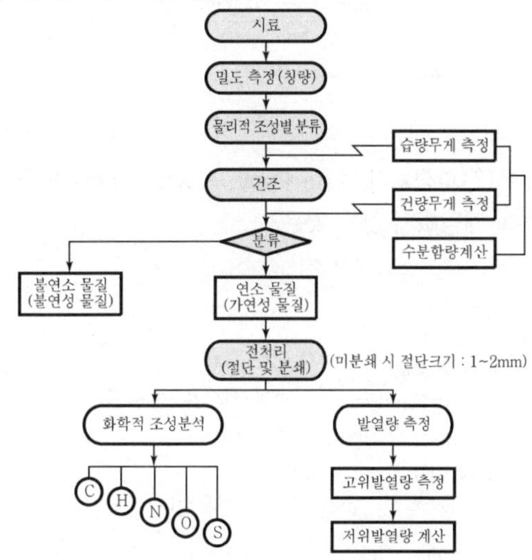

08 종량제에 대한 설명으로 가장 거리가 먼 것은?

① 처리비용을 배출자가 부담하는 원인자 부담 원칙을 확대한 제도이다.
② 시장, 군수, 구청장이 수거체제의 관리책임을 가진다.
③ 가전제품, 가구 등 대형 폐기물을 우선으로 수거한다.
④ 수수료 부과기준을 현실화하여 폐기물 감량화를 도모하고, 처리재원을 확보한다.

해설 가전제품, 가구 등 대형 폐기물은 종량제 제외대상 폐기물이다.

09 대상가구 3,000세대, 세대당 평균인구수 2.5인, 쓰레기 발생량 1.05kg/인 · 일, 1주일에 2회 수거하는 지역에서 한 번에 수거되는 쓰레기양(톤)은?

① 약 25 ② 약 28
③ 약 30 ④ 약 32

해설 수거 쓰레기양(ton/회)

$$= \frac{1.05\text{kg/인} \cdot \text{일} \times 3{,}000\text{세대} \times 2.5\text{인/세대}}{2\text{회}/7\text{일} \times 1{,}000\text{kg/ton}} = 27.56\text{ton/회}$$

10 폐기물 발생량 측정방법이 아닌 것은?

① 적재차량계수분석법
② 직접계근법
③ 물질수지법
④ 물리적조성법

해설 폐기물 발생량 측정(조사)방법
① 적재차량 계수분석법
② 직접계근법
③ 물질수지법
④ 통계조사(표본조사, 전수조사)

11 쓰레기 발생원과 발생 쓰레기 종류의 연결로 가장 거리가 먼 것은?

① 주택지역 – 조대폐기물
② 개방지역 – 건축폐기물
③ 농업지역 – 유해폐기물
④ 상업지역 – 합성수지류

해설 개방지역과 건축폐기물은 상관성이 없으며 생활폐기물과 관련이 있다.

12 함수율이 각각 90%, 70%인 하수슬러지를 무게비 3 : 1로 혼합하였다면 혼합 하수슬러지의 함수율(%)은?(단, 하수슬러지 비중 = 1.0)

① 81 ② 83 ③ 85 ④ 87

해설 $$\text{함수율(\%)} = \frac{(3\times0.9)+(1\times0.7)}{3+1}\times100 = 85\%$$

13 제품 및 제품에 의해 발생된 폐기물에 대하여 포괄적인 생산자의 책임을 원칙으로 하는 제도는?

① 종량제 ② 부담금제도
③ EPR제도 ④ 전표제도

해설 EPR제도(생산자책임 재활용제도)
폐기물은 단순히 버려져 못쓰는 것이라는 의식을 바꾸어 '폐기물=자원'이라는 공감대를 확산시킴으로써 재활용 정책에 활력을 불어넣는 제도이며, 폐기물의 자원화를 위해 EPR의 정착과 활성화가 필수적이다.

정답 07 ④ 08 ③ 09 ② 10 ④ 11 ② 12 ③ 13 ③

14 **발열량과 발열량 분석에 관한 설명으로 틀린 것은?**

① 발열량은 쓰레기 1kg을 완전연소시킬 때 발생하는 열량(kcal)을 말한다.
② 고위발열량(H_h)은 발열량계에서 측정한 값에서 물의 증발잠열을 뺀 값을 말한다.
③ 발열량 분석은 원소분석 결과를 이용하는 방법으로 고위발열량과 저위발열량을 추정할 수 있다.
④ 저위발열량(H_l, kcal/kg)을 산정하는 방법으로 $H_h - 600(9H+W)$을 사용한다.

해설 저위발열량은 발열량계에서 측정한 고위발열량에서 수분의 증발잠열(응축잠열)을 제외한 열량을 말한다.

15 **분쇄된 폐기물을 가벼운 것(유기물)과 무거운 것(무기물)으로 분리하기 위하여 탄도학을 이용하는 선별법은?**

① 중액선별 ② 스크린 선별
③ 부상선별 ④ 관성선별법

해설 **관성선별법**
분쇄된 폐기물을 중력이나 탄도학을 이용하여 가벼운 것(유기물)과 무거운 것(무기물)으로 분리한다.

16 **105~110℃에서 4시간 건조된 쓰레기의 회분량은 15%인 것으로 조사되었다. 이 경우 건조 전 수분을 함유한 생쓰레기의 회분량(%)은?(단, 생쓰레기의 함수율 = 25%)**

① 16.25 ② 13.25
③ 11.25 ④ 8.25

해설 건조 전 수분 함유 생쓰레기의 회분량

$$= 15\% \times \frac{100-25}{100} = 11.25\%$$

17 **슬러지의 함유수분 중 가장 많은 수분함유도를 유지하고 있는 것은?**

① 표면부착수 ② 모관결합수
③ 간극수 ④ 내부수

해설 **간극수(Cavemous Water)**
큰 고형물 입자 간극에 존재하며 슬러지 내 존재하는 물의 형태 중 아주 많은 양을 차지한다.
[Note] 수분함유도(간극수 > 모관결합수 > 표면부착수 > 내부수)

18 **연간 폐기물 발생량이 8,000,000톤인 지역에서 1일 평균 수거인부가 3,000명이 소요되었으며, 1일 작업시간이 평균 8시간일 경우 MHT는?(단, 1년 = 365일로 산정)**

① 1.0 ② 1.1
③ 1.2 ④ 1.3

해설

$$\text{MHT} = \frac{\text{수거인부} \times \text{수거인부 총수거시간}}{\text{총수거량}}$$

$$= \frac{3{,}000\text{인} \times 8\text{hr/day} \times 365\text{day/year}}{8{,}000{,}000\text{ton/year}}$$

$$= 1.1\text{man} \cdot \text{hr/ton(MHT)}$$

19 **LCA(전과정평가, Life Cycle Assessment)의 구성요소에 해당하지 않는 것은?**

① 목적 및 범위의 설정 ② 분석평가
③ 영향평가 ④ 개선평가

해설 **전과정평가(LCA)**
① Scoping Analysis : 설정분석(목표 및 범위)
② Inventory Analysis : 목록분석
③ Impact Analysis : 영향분석
④ Improvement Analysis : 개선분석(개선평가)

20 **생활폐기물의 발생량을 나타내는 발생원 단위로 가장 적합한 것은?**

① kg/capita · day
② ppm/capita · day
③ m^3/capita · day
④ L/capita · day

해설 **생활폐기물의 발생량을 나타내는 발생원 단위** : kg/인 · 일

정답 14 ② 15 ④ 16 ③ 17 ③ 18 ② 19 ② 20 ①

제2과목 폐기물처리기술

21 퇴비화 반응의 분해 정도를 판단하기 위해 제안된 방법으로 가장 거리가 먼 것은?

① 온도 감소 ② 공기공급량 증가
③ 퇴비의 발열능력 감소 ④ 산화·환원전위의 증가

해설 **퇴비의 숙성도지표(퇴비화 반응의 분해 정도 판단지표)**
① 탄질비 ② CO_2 발생량
③ 식물 생육 억제 정도 ④ 온도 감소
⑤ 공기공급량 감소 ⑥ 퇴비의 발열능력 감소
⑦ 산화·환원전위의 증가

22 토양수분장력이 5기압에 해당되는 경우 pF의 값은?(단, log2 = 0.301)

① 약 0.3 ② 약 0.7
③ 약 3.7 ④ 약 4.0

해설 $pF = \log H$
5기압에 해당하는 물기둥 높이가 5,000cm(1기압≒1,000cm)
$pF = \log 5,000 = 3.70$

23 폐기물 중간처리기술 중 처리 후 잔류하는 고형물의 양이 적은 것부터 큰 것까지 순서대로 나열된 것은?

㉠ 소각	㉡ 용융	㉢ 고화

① ㉠-㉡-㉢ ② ㉢-㉡-㉠
③ ㉠-㉢-㉡ ④ ㉡-㉠-㉢

해설 잔류하는 고형물의 양은 고화>소각>용융 순이다.

24 매립가스의 이동현상에 대한 설명으로 옳지 않은 것은?

① 토양 내에 발생된 가스는 분자확산에 의해 대기로 방출된다.
② 대류에 의한 이동은 가스 발생량이 많은 경우에 주로 나타난다.
③ 매립가스는 수평보다 수직방향으로의 이동속도가 높다.
④ 미량가스는 확산보다 대류에 의한 이동속도가 높다.

해설 미량가스는 대류보다 확산에 의한 이동속도가 높다.

25 다음의 특징을 가진 소각로의 형식은?

- 전처리가 거의 필요 없다.
- 소각로의 구조는 회전연속구동방식이다.
- 소각에 방해됨이 없이 연속적인 재배출이 가능하다.
- 1,400℃ 이상에서 가동할 수 있어서 독성물질의 파괴에 좋다.

① 다단 소각로 ② 유동층 소각로
③ 로터리킬른 소각로 ④ 건식 소각로

해설 **회전로(Rotary Kiln : 회전식 소각로)**
① 장점
㉠ 넓은 범위의 액상 및 고상폐기물을 소각할 수 있다.
㉡ 액상이나 고상폐기물을 각각 수용하거나 혼합하여 처리할 수 있고 건조효과가 매우 좋고 착화, 연소가 용이하다.
㉢ 경사진 구조로 용융상태의 물질에 의하여 방해 받지 않는다.
㉣ 드럼이나 대형 용기를 그대로 집어 넣을 수 있다.(전처리 없이 주입 가능)
㉤ 고형 폐기물에 높은 난류도와 공기에 대한 접촉을 크게 할 수 있다.
㉥ 폐기물의 소각에 방해 없이 연속적 재의 배출이 가능하다.
㉦ 습식 가스세정시스템과 함께 사용할 수 있다.
㉧ 전처리(예열, 혼합, 파쇄) 없이 주입 가능하다.
㉨ 폐기물의 체류시간을 노의 회전속도 조절로 제어할 수 있는 장점이 있다.
㉩ 독성물질의 파괴에 좋다.(1,400℃ 이상 가동 가능)
② 단점
㉠ 처리량이 적을 경우 설치비가 높다.
㉡ 노에서의 공기유출이 크므로 종종 대량의 과잉공기가 필요하다.
㉢ 대기오염 제어시스템에 대한 분진부하율이 높다.
㉣ 비교적 열효율이 낮은 편이다.
㉤ 구형 및 원통형 형태의 폐기물은 완전연소가 끝나기 전에 굴러떨어질 수 있다.
㉥ 대기 중으로 부유물질이 발생할 수 있다.
㉦ 대형 폐기물로 인한 내화재의 파손에 주의를 요한다.

26 생물학적 복원기술의 특징으로 옳지 않은 것은?

① 상온, 상압 상태의 조건에서 이용하기 때문에 많은 에너지가 필요하지 않다.
② 2차 오염 발생률이 높다.
③ 원위치에서도 오염정화가 가능하다.
④ 유해한 중간물질을 만드는 경우가 있어 분해생성물의 유무를 미리 조사하여야 한다.

정답 21 ② 22 ③ 23 ④ 24 ④ 25 ③ 26 ②

해설 **현지 생물학적 복원 방법**

① 상온 · 상압상태의 조건에서 이용하기 때문에 많은 에너지가 필요하지 않고 저농도의 오염물도 처리가 가능하다.
② 물리화학적 방법에 비하여 처리면적이 크다.
③ 포화 대수층뿐만 아니라 불포화 대수층의 처리도 가능하다.
④ 원래 오염물질보다 독성이 더 큰 중간생성물이 생성될 수 있다.
⑤ 생물학적 복원은 굴착, 드럼에 의한 폐기 등과 비교하여 낮은 비용으로 적용 가능하다.
⑥ 2차 오염 발생률이 낮으며 원위치에서도 오염정화가 가능하다.
⑦ 유해한 중간물질을 만드는 경우가 있어 분해생성물의 유무를 미리 조사하여야 한다.

27 **슬러지 $100m^3$의 함수율이 98%이다. 탈수 후 슬러지의 체적을 1/10로 하면 슬러지 함수율(%)은?(단, 모든 슬러지의 비중 = 1)**

① 20 ② 40
③ 60 ④ 80

해설 $100m^3\times(1-0.98)=10m^3\times(1-\text{처리 후 함수율})$

$1-\text{처리 후 함수율}=\dfrac{100^3\times0.02}{10m^3}$

처리 후 함수율(%) $=0.8\times100=80\%$

28 **유기물의 산화공법으로 적용되는 Fenton 산화반응에 사용되는 것으로 가장 적절한 것은?**

① 아연과 자외선 ② 마그네슘과 자외선
③ 철과 과산화수소 ④ 아연과 과산화수소

해설 **펜톤(Fenton) 산화법**

① Fenton액을 첨가하여 난분해성 유기물질을 생분해성 유기물질로 전환(산화)시킨다.
② OH 라디컬에 의한 산화반응으로 철(Fe) 촉매하에서 과산화수소(H_2O_2)를 분해시켜 OH 라디컬을 생성하고 이들이 활성화되어 수중의 각종 난분해성 유기물질을 산화분해시키는 처리공정이다.(난분해성 유기물질 → 생분해성 유기물질)
③ 펜톤 산화제의 조성은 [과산화수소수+철(염) ; $H_2O_2+FeSO_4$]이며 펜톤시약의 반응시간은 철염과 과산화수소의 주입농도에 따라 변화되며 여분의 과산화수소수는 후처리의 미생물 성장에 영향을 미칠 수 있다.

29 **1차 반응속도에서 반감기(농도가 50% 줄어드는 시간)가 10분이다. 초기 농도의 75%가 줄어드는 데 걸리는 시간(분)은?**

① 30 ② 25
③ 20 ④ 15

해설 $\ln\dfrac{C_t}{C_o}=-kt$

$\ln 0.5=-k\times10\text{min},\ k=0.0693\text{min}^{-1}$

$\ln\dfrac{0.25}{1}=-0.0693\text{min}^{-1}\times t$

$t(\text{min})=20\text{min}$

30 **소각로에서 NOx 배출농도가 270ppm, 산소 배출농도가 12%일 때 표준산소(6%)로 환산한 NOx 농도(ppm)는?**

① 120 ② 135
③ 162 ④ 450

해설 $\text{NOx 농도(ppm)}=\text{배출농도}\times\dfrac{21-\text{표준농도}}{21-\text{실측농도}}$

$=270\text{ppm}\times\dfrac{21-6}{21-12}=450\text{ppm}$

31 **혐기성 소화의 장단점이라 할 수 없는 것은?**

① 동력시설을 거의 필요로 하지 않으므로 운전비용이 저렴하다.
② 소화 슬러지의 탈수 및 건조가 어렵다.
③ 반응이 더디고 소화기간이 비교적 오래 걸린다.
④ 소화가스는 냄새가 나며 부식성이 높은 편이다.

해설 ① 혐기성 소화의 장점

㉠ 호기성 처리에 비해 슬러지 발생량(소화 슬러지)이 적다.
㉡ 동력시설의 소모가 적어 운전비용(동력비)이 저렴하다.(산소공급 불필요)
㉢ 생성슬러지의 탈수 및 건조가 쉽다.(탈수성 양호)
㉣ 메탄가스 회수가 가능하다.(회수된 가스를 연료로 사용 가능함)
㉤ 병원균이나 기생충란의 사멸이 가능하다.(부패성, 유기물을 안정화시킴)
㉥ 고농도 폐수처리가 가능하다.(국내 대부분의 하수처리장에서 적용 중)
㉦ 소화 슬러지의 탈수성이 좋다.
㉧ 암모니아, 인산 등 영양염류의 제거율이 낮다.

② 혐기성 소화의 단점

㉠ 호기성 소화공법보다 운전이 용이하지 않다.(운전이 어려우므로 유지관리에 숙련이 필요함)
㉡ 소화가스는 냄새(NH_3, H_2S)가 문제 된다.(악취 발생 문제)
㉢ 부식성이 높은 편이다.
㉣ 높은 온도가 요구되며 미생물 성장속도가 느리다.

정답 27 ④ 28 ③ 29 ③ 30 ④ 31 ②

ⓜ 상등수의 농도가 높고 반응이 더디어 소화기간이 비교적 오래 걸린다.
ⓑ 처리효율이 낮고 시설비가 많이 든다.

32 사업장폐기물의 퇴비화에 대한 내용으로 틀린 것은?

① 퇴비화 이용이 불가능하다.
② 토양오염에 대한 평가가 필요하다.
③ 독성물질의 함유농도에 따라 결정하여야 한다.
④ 중금속 물질의 전처리가 필요하다.

해설 사업장폐기물 성분 중 유기물은 퇴비화 이용이 가능하다.

33 해안매립공법에 대한 설명으로 옳지 않은 것은?

① 순차투입방법은 호안 측으로부터 순차적으로 쓰레기를 투입하여 육지화하는 방법이다.
② 수심이 깊은 처분장에서는 건설비 과다로 내수를 완전히 배제하기가 곤란한 경우가 많아 순차투입방법을 택하는 경우가 많다.
③ 처분장은 면적이 크고 1일 처분량이 많다.
④ 수중부에 쓰레기를 깔고 압축작업과 복토를 실시하므로 근본적으로 내륙매립과 같다.

해설 **해안매립**
① 처분장의 면적이 크고, 1일 처분량이 많으나 완전한 샌드위치방식에 의한 매립이 곤란하다.
② 수중부에 쓰레기를 깔고 압축작업과 복토를 실시하기 어려우므로 근본적으로 내륙매립과 다르다.

34 매립된 쓰레기 양이 1,000ton이고 유기물 함량이 40%이며, 유기물에서 가스로 전환율이 70%이다. 유기물 kg당 $0.5m^3$의 가스가 생성되고 가스 중 메탄 함량이 40%일 때 발생되는 총 메탄의 부피(m^3)는?(단, 표준상태로 가정)

① 46,000 ② 56,000 ③ 66,000 ④ 76,000

해설 $CH_4(m^3) = 0.5m^3 CH_4/kg \cdot VS \times 1,000 \times 10^3 kg \times 0.4 \times 0.7 \times 0.4 = 56,000m^3$

35 오염된 농경지의 정화를 위해 다른 장소로부터 비오염 토양을 운반하여 넣는 정화기술은?

① 객토 ② 반전 ③ 희석 ④ 배토

해설 객토는 오염된 농경지의 정화를 위해 다른 장소로부터 비오염 토양을 운반하여 넣는 정화기술의 하나이다.

36 매립장 침출수의 차단방법 중 표면차수막에 관한 설명으로 가장 거리가 먼 것은?

① 보수는 매립 전이라면 용이하지만 매립 후는 어렵다.
② 시공 시에는 눈으로 차수성 확인이 가능하지만 매립이 이루어지면 어렵다.
③ 지하수 집배수시설이 필요하지 않다.
④ 차수막의 단위면적당 공사비는 비교적 싸지만 총공사비는 비싸다.

해설 **표면차수막**
① 적용조건
㉠ 매립지반의 투수계수가 큰 경우에 사용
㉡ 매립지의 필요한 범위에 차수재료로 덮인 바닥이 있는 경우에 사용
② 시공
매립지 전체를 차수재료로 덮는 방식으로 시공
③ 지하수 집배수시설
원칙적으로 지하수 집배수시설을 시공하므로 필요함
④ 차수성 확인
시공 시에는 차수성이 확인되지만 매립 후에는 곤란함
⑤ 경제성
단위면적당 공사비는 저가이나 전체적으로 비용이 많이 듦
⑥ 보수
매립 전에는 보수, 보강 시공이 가능하나 매립 후에는 어려움
⑦ 공법 종류
㉠ 지하연속벽
㉡ 합성고무계 시트
㉢ 합성수지계 시트
㉣ 아스팔트계 시트

2022

37 내륙매립공법 중 도랑형 공법에 대한 설명으로 옳지 않은 것은?

① 전처리로 압축 시 발생되는 수분처리가 필요하다.
② 침출수 수집장치나 차수막 설치가 어렵다.
③ 사전 정비작업이 그다지 필요하지 않으나 매립용량이 낭비된다.
④ 파낸 흙을 복토재로 이용 가능한 경우에 경제적이다.

해설 **도랑형 방식매립(Trench System : 도랑 굴착 매립공법)**
① 도랑을 파고 폐기물을 매립한 후 다짐 후 다시 복토하는 방법이다.

정답 32 ① 33 ④ 34 ② 35 ① 36 ③ 37 ①

② 매립지 바닥이 두껍고(지하수면이 지표면으로부터 깊은 곳에 있는 경우) 또한 복토를 적합한 지역에 이용하는 방법으로 거의 단층매립만 가능한 공법이다.
③ 도랑의 깊이는 약 2.5~7m(10m)로 하고 폭은 20m 정도이고 파낸 흙을 복토재로 이용 가능한 경우 경제적이다.(소규모 도랑 : 폭 5~8m, 깊이 1~2m)
④ 도랑에서 굴착된 토사는 매일 또는 중간복토로 사용하여 쓰레기의 날림을 최소화할 수 있다.
⑤ 매립종료 후 토지이용 효율이 증대된다.
⑥ 도랑은 합성수지나 점토를 이용하여 차수시설을 하여 가스나 침출수의 이동을 최소화시킨다.
⑦ 사전 정비작업이 필요하지 않으나 단층매립으로 매립용량의 낭비가 크다.
⑧ 사전작업 시 침출수 수집장치나 차수막 설치가 용이하지 못하다.

38 폐기물 고화처리 시 고화재의 종류에 따라 무기적 방법과 유기적 방법으로 나눌 수 있다. 유기적 고형화에 관한 설명으로 틀린 것은?

① 수밀성이 크며 다양한 폐기물에 적용할 수 있다.
② 최종 고화체의 체적 증가가 거의 균일하다.
③ 미생물, 자외선에 대한 안정성이 약하다.
④ 상업화된 처리법의 현장자료가 빈약하다.

해설 **유기성(유기적) 고형화 기술**
요소수지, 폴리부타디엔, 폴리에스테르, 에폭시, 아스팔트 등을 이용하여 주로 방사성 폐기물 등을 안정화시키는 방법이다.
① 일반적으로 물리적으로 봉입한다.
② 처리비용이 고가이다.
③ 최종 고화체의 체적 증가가 다양하다.
④ 수밀성이 매우 크고 다양한 폐기물에 적용하기 용이하다.
⑤ 미생물, 자외선에 대한 안정성이 약하다.
⑥ 일반 폐기물보다 방사성 폐기물 처리에 적용한다. 즉, 방사성 폐기물을 제외한 기타 폐기물에 대한 적용사례가 제한되어 있다.
⑦ 상업화된 처리법의 현장자료가 미비하다.
⑧ 고도 기술을 필요로 하며 촉매 등 유해물질이 사용된다.
⑨ 역청, 파라핀, PE, UPE 등을 이용한다.

39 매립지에서 흔히 사용되는 합성차수막이 아닌 것은?

① LFG　② HDPE
③ CR　④ PVE

해설 **합성차수막의 종류**
① IIR : Isoprene－isobutylene(Butyl Rubber)
② CPE : Chlorinated Polyethylene
③ CSPE : Chlorosulfonated Polyethylene
④ EPDM : Ethylene Propylene Diene Monomer
⑤ LDPE : Low－density Polyethylene
⑥ HDPE : High－density Polyethylene
⑦ CR : Chloroprene Rubber(Neoprene, Polychloroprene)
⑧ PVC : Polyvinyl Chloride

40 혐기성 분해에 영향을 주는 인자로서 가장 거리가 먼 것은?

① 탄질비　② pH
③ 유기산농도　④ 온도

해설 **혐기성 분해 영향 인자**
① pH
② 온도
③ 유기산 농도
④ 방해물질(중금속류 등)
[Note] 탄질비는 퇴비화의 영향 인자이다.

제3과목 폐기물공정시험기준(방법)

41 pH가 2인 용액 2L와 pH가 1인 용액 2L를 혼합하였을 때 혼합용액의 pH는?

① 1.0　② 1.3
③ 1.5　④ 2.0

해설 $[H^+] = \dfrac{(2\times10^{-2})+(2\times10^{-1})}{2+2} = 0.055$

$pH = \log\dfrac{1}{[H^+]} = \log\dfrac{1}{0.055} = 1.26$

[Note] $pH=2\ [H^+]=10^{-2}M$
$pH=1\ [H^+]=10^{-1}M$

42 유기물 등을 많이 함유하고 있는 대부분 시료의 전처리에 적용되는 분해방법으로 가장 적절한 것은?

① 질산 분해법
② 질산－염산 분해법
③ 질산－불화수소산 분해법
④ 질산－황산 분해법

정답 38 ② 39 ① 40 ① 41 ② 42 ④

해설 **질산 – 황산 분해법(시료 전처리)**
유기물 등을 많이 함유하고 있는 대부분의 시료에 적용한다.

43 1ppm이란 몇 ppb를 말하는가?

① 10ppb ② 100ppb
③ 1,000ppb ④ 10,000ppb

해설 1ppm = 1,000ppb(10^3ppb)

44 폐기물 시료 채취에 관한 설명으로 틀린 것은?

① 대상폐기물의 양이 500톤 이상~1,000톤 미만인 경우 시료의 최소 수는 30이다.
② 5톤 미만의 차량에 적재되어 있을 경우에는 적재 폐기물을 평면상에서 6등분한 후 각 등분마다 시료를 채취한다.
③ 5톤 이상의 차량에 적재되어 있을 경우에는 적재 폐기물을 평면상에서 9등분한 후 각 등분마다 시료를 채취한다.
④ 채취 시료는 수분, 유기물 등 함유성분의 변화가 일어나지 않도록 0~4℃ 이하의 냉암소에 보관하여야 한다.

해설 **대상 폐기물의 양과 시료의 최소 수**

대상 폐기물의 양(단위 : ton)	시료의 최소 수
~ 1 미만	6
1 이상~5 미만	10
5 이상~30 미만	14
30 이상~100 미만	20
100 이상~500 미만	30
500 이상~1,000 미만	36
1,000 이상~5,000 미만	50
5,000 이상 ~	60

45 자외선/가시선 분광법으로 크롬을 정량하기 위해 크롬이 온 전체를 6가크롬으로 변화시킬 때 사용하는 시약은?

① 디페닐카르바지도 ② 질산암모늄
③ 과망간산칼륨 ④ 염화제일주석

해설 **크롬 – 자외선/가시선 분광법**
시료 중에서 총 크롬을 과망간산칼륨을 사용하여 6가크롬으로 산화시킨 다음 산성에서 다이페닐카바자이드와 반응하여 생성되는 적자색 착화합물의 흡광도를 540nm에서 측정하여 총 크롬을 정량하는 방법이다.

46 시료채취 방법으로 옳은 것은?

① 시료는 일반적으로 폐기물이 생성되는 단위 공정별로 구분하여 채취하여야 한다.
② 시료 채취도구는 녹이 생기는 재질의 것을 사용해도 된다.
③ PCB 시료는 반드시 폴리에틸렌 백을 사용하여 시료를 채취한다.
④ 시료가 채취된 병은 코르크 마개를 사용하여 밀봉한다.

해설 ② 시료 채취도구는 녹이 생기는 것을 사용해서는 안 된다.
③ PCB 시료는 반드시 갈색 경질 유리병을 사용하여 시료를 채취한다.
④ 시료가 채취된 병은 코르크 마개를 사용해서는 안 된다.

2022

47 자외선/가시선 분광광도계의 구성으로 옳은 것은?

① 광원부 – 파장선택부 – 측광부 – 시료부
② 광원부 – 가시부 – 측광부 – 시료부
③ 광원부 – 가시부 – 시료부 – 측광부
④ 광원부 – 파장선택부 – 시료부 – 측광부

해설 **자외선/가시선 분광광도계의 구성**
광원부 – 파장선택부 – 시료부 – 측광부

48 폐기물공정시험기준의 총칙에 관한 설명으로 틀린 것은?

① "여과한다"란 거름종이 5종 A 또는 이와 동등한 여지를 사용하여 여과하는 것을 말한다.
② 온도의 영향이 있는 것의 판정은 표준온도를 기준으로 한다.
③ 염산(1+2)이라고 하는 것은 염산 1mL에 물 1mL을 배합 조제하여 전체 2mL가 되는 것을 말한다.
④ 시험에 쓰는 물은 따로 규정이 없는 한 정제수를 말한다.

해설 **염산(1+2)**
염산 1mL와 물 2mL를 혼합하여 전체 3mL가 되는 것을 말한다.

49 원자흡수분광광도법에 의한 비소 정량에 관한 설명으로 틀린 것은?

① 과망간산칼륨으로 6가비소로 산화시킨다.
② 아연을 넣으면 수소화 비소가 발생한다.
③ 아르곤 – 수소 불꽃에 주입하여 분석한다.
④ 정량한계는 0.005mg/L이다.

정답 43 ③ 44 ① 45 ③ 46 ① 47 ④ 48 ③ 49 ①

해설 **비소 – 원자흡수분광광도법**
이염화주석으로 시료 중의 비소를 3가비소로 환원한 다음 아연을 넣어 발생되는 비화수소를 통기하여 아르곤 – 수소불꽃에서 원자화시켜 193.7nm에서 흡광도를 측정하고 비소를 정량하는 방법이다.

50 기름 성분을 중량법으로 측정하고자 할 때 시험기준의 정량한계는?

① 1% 이하 ② 0.1% 이하
③ 0.01% 이하 ④ 0.001% 이하

해설 기름 성분을 중량법으로 측정하고자 할 때 시험기준의 정량한계는 0.1% 이하이다.

51 다음에 제시된 온도의 최대 범위 중 가장 높은 온도를 나타내는 것은?

① 실온
② 상온
③ 온수
④ 추출된 노말헥산의 증류온도

해설 ① 실온 : 1~35℃
② 상온 : 15~25℃
③ 온수 : 60~70℃
④ 추출된 노말헥산의 증류온도 : 80℃ 정도

52 pH 측정의 정밀도에 관한 내용으로 ( ) 에 옳은 내용은?

> 임의의 한 종류의 pH 표준용액에 대하여 검출부를 정제수로 잘 씻은 다음 (㉠) 되풀이하여 pH를 측정했을 때 그 재현성이 (㉡) 이내이어야 한다.

① ㉠ 3회, ㉡ ±0.5 ② ㉠ 3회, ㉡ ±0.05
③ ㉠ 5회, ㉡ ±0.5 ④ ㉠ 5회, ㉡ ±0.05

해설 **정밀도**
임의의 한 종류의 pH 표준용액에 대하여 검출부를 정제수로 잘 씻은 다음 5회 되풀이하여 pH를 측정했을 때 그 재현성이 ±0.05 이내이어야 한다.

53 유도결합플라스마 – 원자발광분광법에 대한 설명으로 틀린 것은?

① 플라스마가스로는 순도 99.99%(V/V%) 이상의 압축 아르곤가스가 사용된다.
② 플라스마 상태에서 원자가 여기상태로 올라갈 때 방출하는 발광선으로 정량분석을 수행한다.
③ 플라스마는 그 자체가 광원으로 이용되기 때문에 매우 넓은 농도 범위에서 시료를 측정할 수 있다.
④ 많은 원소를 동시에 분석이 가능하다.

해설 플라스마 상태에서 들뜬 원자가 바닥상태로 이동할 때 방출하는 발광선 및 발광강도를 측정하여 정성 및 정량 분석을 수행한다.

54 반고상 또는 고상폐기물의 pH 측정법으로 ( )에 옳은 것은?

> 시료 10g을 (㉠) 비커에 취한 다음 정제수 (㉡)를 넣어 잘 교반하여 (㉢) 이상 방치

① ㉠ 100mL, ㉡ 50mL, ㉢ 10분
② ㉠ 100mL, ㉡ 50mL, ㉢ 30분
③ ㉠ 50mL, ㉡ 25mL, ㉢ 10분
④ ㉠ 50mL, ㉡ 25mL, ㉢ 30분

해설 **반고상 또는 고상폐기물 pH 측정법**
시료 10g을 50mL 비커에 취한 다음 정제수(증류수) 25mL를 넣어 잘 교반하여 30분 이상 방치한 후 이 현탁액을 시료용액으로 하거나 원심분리한 후 상층액을 시료용액으로 한다.

55 폐기물 중 시안을 측정(이온전극법)할 때 시료채취 및 관리에 관한 내용으로 ( )에 알맞은 것은?

> 시료는 수산화나트륨용액을 가하여 (㉠) 으로 조절하여 냉암소에서 보관한다. 최대 보관시간은 (㉡)이며 가능한 한 즉시 실험한다.

① ㉠ pH 10 이상, ㉡ 8시간
② ㉠ pH 10 이상, ㉡ 24시간
③ ㉠ pH 12 이상, ㉡ 8시간
④ ㉠ pH 12 이상, ㉡ 24시간

해설 **시안 – 이온전극법의 시료채취 및 관리**
① 시료는 미리 세척한 유리 또는 폴리에틸렌 용기에 채취한다.
② 시료는 수산화나트륨용액을 가하여 pH 12 이상으로 조절하여 냉암소에서 보관한다.
③ 최대 보관시간은 24시간이며 가능한 한 즉시 실험한다.

정답 50 ② 51 ④ 52 ④ 53 ② 54 ④ 55 ④

56 pH가 2인 용액 2L와 pH가 1인 용액 2L를 혼합하면 pH는?

① 1.0　　② 1.3
③ 2.0　　④ 2.3

해설 $[H^+]=\frac{(2\times10^{-2})+(2\times10^{-1})}{2+2}=0.055$

$pH=\log\frac{1}{[H^+]}=\log\frac{1}{0.055}=1.26$

[Note] $pH=2\ [H^+]=10^{-2}M$
$pH=1\ [H^+]=10^{-1}M$

57 폐기물 시료채취를 위한 채취도구 및 시료용기에 관한 설명으로 틀린 것은?

① 노말헥산 추출물질 실험을 위한 시료 채취 시는 갈색경질의 유리병을 사용하여야 한다.
② 유기인 실험을 위한 시료 채취 시는 갈색경질의 유리병을 사용하여야 한다.
③ 시료 중에 다른 물질의 혼입이나 성분의 손실을 방지하기 위하여 코르크 마개를 사용하며, 다만 고무마개는 셀로판지를 씌워 사용할 수도 있다.
④ 시료용기에는 폐기물의 명칭, 대상 폐기물의 양, 채취장소, 채취시간 및 일기, 시료번호, 채취책임자 이름, 시료의 양, 채취방법, 기타 참고자료를 기재한다.

해설 시료 중에 다른 물질의 혼입이나 성분의 손실을 방지하기 위하여 코르크 마개를 사용해서는 안 되며, 다만 고무나 코르크 마개에 파라핀지, 유지, 셀로판지를 씌워 사용할 수 있다.

58 시료의 전처리 방법 중 다량의 점토질 또는 규산염을 함유한 시료에 적용하는 것은?

① 질산 – 과염소산 분해법
② 질산 – 과염소산 – 불화수소산 분해법
③ 질산 – 과염소산 – 염화수소산 분해법
④ 질산 – 과염소산 – 황화수소산 분해법

해설 **질산 – 과염소산 – 불화수소산 분해법**
① 적용 : 다량의 점토질 또는 규산염을 함유한 시료
② 용액 산농도 : 약 0.8N

59 기체크로마토그래피법에서 유기인 화합물의 분석에 사용되는 검출기와 가장 거리가 먼 것은?

① 전자포획형 검출기　　② 알칼리열 이온화 검출기
③ 불꽃광도 검출기　　④ 열전도도 검출기

해설 **유기인 화합물 – 기체크로마토그래피법 사용 검출기**
① 질소인 검출기　　② 불꽃광도 검출기
③ 알칼리열 이온화 검출기　　④ 전자포획형 검출기

60 원자흡수분광광도법으로 측정할 수 없는 것은?

① 시안, 유기인　　② 구리, 납
③ 비소, 수은　　④ 철, 니켈

해설 ① 시안 측정방법
㉠ 자외선/가시선 분광법
㉡ 이온전극법
② 유기인 측정방법
㉠ 기체크로마토그래피법
㉡ 기체크로마토그래피 – 질량분석법

제4과목 폐기물관계법규

61 폐기물처리업종별 영업 내용에 대한 설명 중 틀린 것은?

① 폐기물 중간재활용업 : 중간가공 폐기물을 만드는 영업
② 폐기물 종합재활용업 : 중간재활용업과 최종재활용업을 함께 하는 영업
③ 폐기물 최종처분업 : 폐기물 매립(해역 배출도 포함한다) 등의 방법으로 최종처분하는 영업
④ 폐기물 수집 · 운반업 : 폐기물을 수집하여 재활용 또는 처분장소로 운반하거나 수출하기 위하여 수집 · 운반하는 영업

해설 **폐기물처리업의 업종구분과 영업내용**
① 폐기물 수집 · 운반업
폐기물을 수집하여 재활용 또는 처분 장소로 운반하거나 폐기물을 수출하기 위하여 수집 · 운반하는 영업
② 폐기물 중간처분업
폐기물 중간처분시설을 갖추고 폐기물을 소각 처분, 기계적 처분, 화학적 처분, 생물학적 처분, 그 밖에 환경부장관이 폐기물을 안전하게 중간처분할 수 있다고 인정하여 고시하는 방법으로 중간처분하는 영업

정답 56 ② 57 ③ 58 ② 59 ④ 60 ① 61 ③

③ 폐기물 최종처분업
폐기물 최종처분시설을 갖추고 폐기물을 매립 등(해역 배출은 제외한다)의 방법으로 최종처분하는 영업
④ 폐기물 종합처분업
폐기물 중간처분시설 및 최종처분시설을 갖추고 폐기물의 중간처분과 최종처분을 함께하는 영업
⑤ 폐기물 중간재활용업
폐기물 재활용시설을 갖추고 중간가공 폐기물을 만드는 영업
⑥ 폐기물 최종재활용업
폐기물 재활용시설을 갖추고 중간가공 폐기물을 용도 또는 방법으로 재활용하는 영업
⑦ 폐기물 종합재활용업
폐기물 재활용시설을 갖추고 중간재활용업과 최종재활용업을 함께하는 영업

62 폐기물매립시설의 사후관리 업무를 대행할 수 있는 자는?(단, 환경부 장관이 사후관리를 대행할 능력이 있다고 인정하여 고시하는 자는 고려하지 않음)

① 환경보전협회 ② 한국환경공단
③ 폐기물처리협회 ④ 한국환경자원공사

해설 **폐기물매립시설 사후관리 대행자** : 한국환경공단

63 폐기물처리업자(폐기물 재활용업자)의 준수사항에 관한 내용으로 ( )에 알맞은 것은?

> 유기성 오니를 화력발전소에서 연료로 사용하기 위하여 가공하는 자는 유기성 오니 연료의 저위발열량, 수분 함유량, 회분 함유량, 황분 함유량, 길이 및 금속성분을 ( ) 측정하여 그 결과를 시·도지사에게 제출하여야 한다.

① 매월 1회 이상
② 매 2월 1회 이상
③ 매 분기당 1회 이상
④ 매 반기당 1회 이상

해설 **폐기물처리업자(폐기물 재활용업자)의 준수사항**
유기성 오니를 화력발전소에서 연료로 사용하기 위하여 가공하는 자는 유기성 오니 연료의 저위발열량, 수분 함유량, 회분 함유량, 황분 함유량, 길이 및 금속성분을 매 분기당 1회 이상 측정하여 그 결과를 시·도지사에게 제출하여야 한다.

64 다음 용어의 정의로 옳지 않은 것은?

① 재활용이란 폐기물을 재사용·재생 이용하거나 재사용·재생 이용할 수 있는 상태로 만드는 활동을 말한다.
② 생활폐기물이란 사업장폐기물 외의 폐기물을 말한다.
③ 폐기물감량화시설이란 생산공정에서 발생하는 폐기물 배출을 최소화(재활용은 제외함)하는 시설로서 환경부령으로 정하는 시설을 말한다.
④ 폐기물처리시설이란 폐기물의 중간처분시설, 최종처분시설 및 재활용시설로서 대통령령으로 정하는 시설을 말한다.

해설 **폐기물감량화시설**
생산공정에서 발생하는 폐기물의 양을 줄이고, 사업장 내 재활용을 통하여 폐기물 배출을 최소화하는 시설로서 대통령령으로 정하는 시설을 말한다.

65 폐기물 처분시설 또는 재활용시설 중 음식물류 폐기물을 대상으로 하는 시설의 기술관리인 자격기준으로 틀린 것은?

① 토양환경산업기사
② 수질환경산업기사
③ 대기환경산업기사
④ 토목산업기사

해설 **폐기물 처분시설 또는 재활용시설의 기술관리인의 자격기준**

구분	자격기준
매립시설	폐기물처리기사, 수질환경기사, 토목기사, 일반기계기사, 건설기계기사, 화공기사, 토양환경기사 중 1명 이상
소각시설(의료폐기물을 대상으로 하는 소각시설은 제외한다), 시멘트 소성로 및 용해로	폐기물처리기사, 대기환경기사, 토목기사, 일반기계기사, 건설기계기사, 화공기사, 전기기사, 전기공사기사 중 1명 이상
의료폐기물을 대상으로 하는 시설	폐기물처리산업기사, 임상병리사, 위생사 중 1명 이상
음식물류 폐기물을 대상으로 하는 시설	폐기물처리산업기사, 수질환경산업기사, 화공산업기사, 토목산업기사, 대기환경산업기사, 일반기계기사, 전기기사 중 1명 이상
그 밖의 시설	같은 시설의 운영을 담당하는 자 1명 이상

정답 62 ② 63 ③ 64 ③ 65 ①

66 **주변지역 영향 조사대상 폐기물처리시설 기준으로 옳은 것은?**

> 매립면적 (   ) 제곱미터 이상의 사업장 일반폐기물 매립시설

① 1만 ② 3만 ③ 5만 ④ 15만

해설 **주변지역 영향 조사대상 폐기물처리시설 기준**
① 1일 처리능력이 50톤 이상인 사업장폐기물 소각시설(같은 사업장에 여러 개의 소각시설이 있는 경우에는 각 소각시설의 1일 처리능력의 합계가 50톤 이상인 경우를 말한다)
② 매립면적 1만 제곱미터 이상의 사업장 지정폐기물 매립시설
③ 매립면적 15만 제곱미터 이상의 사업장 일반폐기물 매립시설
④ 시멘트 소성로(폐기물을 연료로 사용하는 경우로 한정한다)
⑤ 1일 재활용능력이 50톤 이상인 사업장폐기물 소각열회수시설(같은 사업장에 여러 개의 소각열회수시설이 있는 경우에는 각 소각열회수시설의 1일 재활용능력의 합계가 50톤 이상인 경우를 말한다)

67 **폐기물처리시설의 설치, 운영을 위탁받을 수 있는 자의 기준에 관한 내용 중 소각시설의 경우 보유하여야 하는 기술인력 기준으로 옳지 않은 것은?**

① 일반기계기사 1급 1명
② 폐기물처리기술사 1명
③ 시공분야에서 3년 이상 근무한 자 1명
④ 폐기물처리기사 또는 대기환경기사 1명

해설 **폐기물처리시설(소각시설)의 설치, 운영을 위탁받을 수 있는 자**
① 폐기물처리기술사 1명
② 폐기물처리기사 또는 대기환경기사 1명
③ 일반기계기사 1급
④ 시공분야에서 2년 이상 근무한 자 2명
⑤ 1일 50톤 이상의 폐기물소각시설에서 천정크레인을 1년 이상 운전한 자 1명과 천정크레인 외의 처분시설의 운전분야에서 2년 이상 근무한 자 2명

68 **폐기물처리사업 계획의 적합통보를 받은 자 중 소각시설의 설치가 필요한 경우에는 환경부 장관이 요구하는 시설 · 장비 · 기술능력을 갖추어 허가를 받아야 한다. 허가신청서에 추가서류를 첨부하여 적합통보를 받은 날부터 언제까지 시 · 도지사에게 제출하여야 하는가?**

① 6개월 이내 ② 1년 이내
③ 2년 이내 ④ 3년 이내

해설 적합통보를 받은 자는 그 통보를 받은 날부터 2년(폐기물 수집 · 운반업의 경우에는 6개월, 폐기물처리업 중 소각시설과 매립시설의 설치가 필요한 경우에는 3년) 이내에 환경부령으로 정하는 기준에 따른 시설 · 장비 및 기술능력을 갖추어 업종, 영업대상 폐기물 및 처리분야별로 지정폐기물을 대상으로 하는 경우에는 환경부장관, 그 밖의 폐기물을 대상으로 하는 경우에는 시 · 도지사의 허가를 받아야 한다.

69 **휴업 · 폐업 등의 신고에 관한 설명으로 (   )에 알맞은 것은?**

> 폐기물처리업자 또는 폐기물처리 신고자가 휴업 · 폐업 또는 재개업을 한 경우에는 휴업 · 폐업 또는 재개업을 한 날부터 (   ) 이내에 시 · 도지사나 지방환경관서의 장에게 신고서를 제출하여야 한다.

① 5일 ② 10일 ③ 20일 ④ 30일

해설 폐기물처리업자 또는 폐기물처리신고자가 휴업 · 폐업 또는 재개업을 한 경우에는 휴업 · 폐업 또는 재개업을 한 날부터 20일 이내에 시 · 도지사나 지방환경관서의 장에게 신고서를 제출하여야 한다.

2022

70 **폐기물처리업자가 방치한 폐기물의 경우 폐기물처리 공제조합에 처리를 명할 수 있는 방치폐기물의 처리량은 그 폐기물처리업자의 폐기물 허용보관량의 몇 배 이내인가?**

① 1.5배 이내 ② 2.0배 이내
③ 2.5배 이내 ④ 3.0배 이내

해설 **방치폐기물의 처리량과 처리기간**
① 폐기물처리 공제조합에 처리를 명할 수 있는 방치폐기물의 처리량은 다음 각 호와 같다.
  ㉠ 폐기물처리업자가 방치한 폐기물의 경우 : 그 폐기물처리업자의 폐기물 허용보관량의 1.5배 이내
  ㉡ 폐기물처리 신고자가 방치한 폐기물의 경우 : 그 폐기물처리 신고자의 폐기물 보관량의 1.5배 이내
② 환경부장관이나 시 · 도지사는 폐기물처리 공제조합에 방치폐기물의 처리를 명하려면 주변환경의 오염 우려 정도와 방치폐기물의 처리량 등을 고려하여 2개월의 범위에서 그 처리기간을 정하여야 한다. 다만, 부득이한 사유로 처리기간 내에 방치폐기물을 처리하기 곤란하다고 환경부장관이나 시 · 도지사가 인정하면 1개월의 범위에서 한 차례만 그 기간을 연장할 수 있다.

정답 66 ④ 67 ③ 68 ④ 69 ③ 70 ①

71 **환경부령이 정하는 폐기물처리 담당자로서 교육기관에서 실시하는 교육을 받아야 하는 자로 거리가 먼 것은?**

① 폐기물재활용신고자
② 폐기물처리시설의 기술관리인
③ 폐기물처리업에 종사하는 기술요원
④ 폐기물분석전문기관의 기술요원

해설 **다음 어느 하나에 해당하는 사람은 환경부령으로 정하는 교육기관이 실시하는 교육을 받아야 한다.**
① 다음 어느 하나에 해당하는 폐기물처리 담당자
㉠ 폐기물처리업에 종사하는 기술요원
㉡ 폐기물처리시설의 기술관리인
㉢ 그 밖에 대통령령으로 정하는 사람
② 폐기물분석전문기관의 기술요원
③ 재활용환경성평가기관의 기술인력

72 **폐기물처리업자가 폐기물의 발생, 배출, 처리상황 등을 기록한 장부의 보존기간은?(단, 최종 기재일 기준)**

① 6개월간 ② 1년간
③ 3년간 ④ 5년간

해설 폐기물처리업자는 장부를 마지막으로 기록한 날부터 3년간 보존하여야 한다.

73 **지정폐기물 처리시설 중 기술관리인을 두어야 할 차단형 매립시설의 면적규모 기준은?**

① $330m^2$ 이상 ② $1,000m^2$ 이상
③ $3,300m^2$ 이상 ④ $10,000m^2$ 이상

해설 **기술관리인을 두어야 하는 폐기물 처리시설**
① 매립시설의 경우
㉠ 지정폐기물을 매립하는 시설로서 면적이 3천300제곱미터 이상인 시설. 다만, 차단형 매립시설에서는 면적이 330제곱미터 이상이거나 매립용적이 1천 세제곱미터 이상인 시설로 한다.
㉡ 지정폐기물 외의 폐기물을 매립하는 시설로서 면적이 1만 제곱미터 이상이거나 매립용적이 3만 세제곱미터 이상인 시설
② 소각시설로서 시간당 처리능력이 600킬로그램(감염성 폐기물을 대상으로 하는 소각시설의 경우에는 200킬로그램) 이상인 시설
③ 압축 · 파쇄 · 분쇄 또는 절단시설로서 1일 처리능력 또는 재활용시설이 100톤 이상인 시설
④ 사료화 · 퇴비화 또는 연료화 시설로서 1일 재활용능력이 5톤 이상인 시설
⑤ 멸균 · 분쇄시설로서 시간당 처리능력이 100킬로그램 이상인 시설
⑥ 시멘트 소성로
⑦ 용해로(폐기물에 비철금속을 추출하는 경우로 한정한다)로서 시간당 재활용능력이 600킬로그램 이상인 시설
⑧ 소각열회수시설로서 시간당 재활용능력이 600킬로그램 이상인 시설

74 **폐기물처리업의 변경신고를 하여야 할 사항으로 틀린 것은?**

① 상호의 변경
② 연락장소나 사무실 소재지의 변경
③ 임시차량의 증차 또는 운반차량의 감차
④ 처리용량 누계의 30% 이상 변경

해설 **폐기물처리업의 변경신고 사항**
① 상호의 변경
② 대표자의 변경
③ 연락장소나 사무실 소재지의 변경
④ 임시차량의 증차 또는 운반차량의 감차
⑤ 재활용 대상부지의 변경
⑥ 재활용 대상 폐기물의 변경
⑦ 폐기물 재활용 유형의 변경
⑧ 기술능력의 변경

75 **지정폐기물 배출자는 사업장에서 발생되는 지정폐기물인 폐산을 보관개시일부터 최소 며칠을 초과하여 보관하여서는 안 되는가?**

① 90일 ② 70일 ③ 60일 ④ 45일

해설 지정폐기물 배출자는 그의 사업장에서 발생하는 지정폐기물 중 폐산 · 폐알칼리 · 폐유 · 폐유기용제 · 폐촉매 · 폐흡착제 · 폐흡수제 · 폐농약, 폴리클로리네이티드비페닐 함유 폐기물, 폐수처리 오니 중 유기성 오니는 보관이 시작된 날부터 45일을 초과하여 보관하여서는 아니 된다.

76 **폐기물처리업자 또는 폐기물처리신고자의 휴업 · 폐업 등의 신고에 관한 내용으로 ( )에 옳은 것은?**

> 폐기물처리업자나 폐기물처리신고자가 휴업 · 폐업 또는 재개업을 한 경우에는 휴업 · 폐업 또는 재개업을 한 날부터 ( )에 신고서에 해당 서류를 첨부하여 시 · 도지사나 지방환경관서의 장에게 제출하여야 한다.

정답 71 ① 72 ③ 73 ① 74 ④ 75 ④ 76 ③

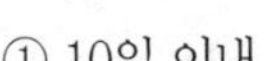

① 10일 이내 ② 15일 이내
③ 20일 이내 ④ 30일 이내

해설 폐기물처리업자 또는 폐기물처리신고자가 휴업·폐업 또는 재개업을 한 경우에는 휴업·폐업 또는 재개업을 한 날부터 20일 이내에 시·도지사나 지방환경관서의 장에게 신고서를 제출하여야 한다.

77 **폐기물처리시설을 환경부령으로 정하는 기준에 맞게 설치하되, 환경부령으로 정하는 규모 미만의 폐기물 소각 시설을 설치, 운영하여서는 아니 된다. 이를 위반하여 설치가 금지되는 폐기물 소각시설을 설치, 운영한 자에 대한 벌칙 기준은?**

① 6개월 이하의 징역이나 5백만 원 이하의 벌금
② 1년 이하의 징역이나 1천만 원 이하의 벌금
③ 2년 이하의 징역이나 2천만 원 이하의 벌금
④ 3년 이하의 징역이나 3천만 원 이하의 벌금

해설 폐기물관리법 제66조 참조

78 **폐기물처리 신고자의 준수사항 기준으로 (　)에 옳은 것은?**

> 정당한 사유 없이 계속하여 (　　) 이상 휴업하여서는 아니 된다.

① 6개월 ② 1년 ③ 2년 ④ 3년

해설 **폐기물처리 신고자의 준수사항**
정당한 사유 없이 계속하여 1년 이상 휴업하여서는 아니 된다.

79 **폐기물처리 담당자에 대한 교육을 실시하는 기관이 아닌 것은?**

① 국립환경인력개발원 ② 환경관리공단
③ 한국환경자원공사 ④ 환경보전협회

해설 **교육기관**
① 국립환경인력개발원, 한국환경공단 또는 한국폐기물협회
　㉠ 폐기물처분시설 또는 재활용시설의 기술관리인이나 폐기물처리시설의 설치자로서 스스로 기술관리를 하는 자
　㉡ 폐기물처리시설의 설치·운영자 또는 그가 고용한 기술담당자
② 「환경정책기본법」에 따른 환경보전협회 또는 한국폐기물협회
　㉠ 사업장폐기물 배출자 신고를 한 자 및 법 제17조 제3항에 따른 서류를 제출한 자 또는 그가 고용한 기술담당자
　㉡ 폐기물처리업자(폐기물 수집·운반업자는 제외한다)가 고용한 기술요원
　㉢ 폐기물처리시설의 설치·운영자 또는 그가 고용한 기술담당자
　㉣ 폐기물 수집·운반업자 또는 그가 고용한 기술담당자
　㉤ 폐기물재활용신고자 또는 그가 고용한 기술담당자
②의2 한국환경산업기술원
　재활용환경성평가기관의 기술인력
②의3 국립환경인력개발원, 한국환경공단
　폐기물 분석전문기관의 기술요원

80 **시장·군수·구청장(지방자치단체인 구의 구청장)의 책무가 아닌 것은?**

① 지정폐기물의 적정처리를 위한 조치강구
② 폐기물처리시설 설치·운영
③ 주민과 사업자의 청소의식 함양
④ 폐기물의 수집·운반·처리방법의 개선 및 관계인의 자질향상

해설 **국가와 지방자치단체의 책무**
① 특별자치시장, 특별자치도지사, 시장·군수·구청장(자치구의 구청장을 말한다. 이하 같다)은 관할 구역의 폐기물의 배출 및 처리상황을 파악하여 폐기물이 적정하게 처리될 수 있도록 폐기물처리시설을 설치·운영하여야 하며, 폐기물의 수집·운반·처리방법의 개선 및 관계인의 자질 향상으로 폐기물 처리사업을 능률적으로 수행하는 한편, 주민과 사업자의 청소 의식 함양과 폐기물 발생 억제를 위하여 노력하여야 한다.
② 특별시장·광역시장·도지사는 시장·군수·구청장이 제1항에 따른 책무를 충실하게 하도록 기술적·재정적 지원을 하고, 그 관할 구역의 폐기물 처리사업에 대한 조정을 하여야 한다.
③ 국가는 지정폐기물의 배출 및 처리 상황을 파악하고 지정폐기물이 적정하게 처리되도록 필요한 조치를 마련하여야 한다.
④ 국가는 폐기물 처리에 대한 기술을 연구·개발·지원하고, 특별시장·광역시장·도지사·특별자치도지사 및 시장·군수·구청장이 제1항과 제2항에 따른 책무를 충실하게 하도록 필요한 기술적·재정적 지원을 하며, 특별시·광역시·특별자치도 간의 폐기물 처리사업에 대한 조정을 하여야 한다.

2022

정답 77 ③ 78 ② 79 ③ 80 ①

2022년 2회 CBT 복원·예상문제

제1과목 폐기물개론

01 적환장의 일반적인 설치 필요조건으로 가장 거리가 먼 것은?

① 작은 용량의 수집차량을 사용할 때
② 슬러지 수송이나 공기수송방식을 사용할 때
③ 불법 투기와 다량의 어질러진 쓰레기들이 발생할 때
④ 고밀도 거주지역이 존재할 때

해설 **적환장 설치가 필요한 경우**
① 작은 용량의 수집차량을 사용할 때($15m^3$ 이하)
② 저밀도 거주지역이 존재할 때
③ 불법투기와 다량의 어질러진 쓰레기들이 발생할 때
④ 슬러지 수송이나 공기수송방식을 사용할 때
⑤ 처분지가 수집장소로부터 멀리 떨어져 있을 때
⑥ 상업지역에서 폐기물 수집에 소형 용기를 많이 사용하는 경우
⑦ 쓰레기 수송 비용절감이 필요한 경우
⑧ 압축식 수거 시스템인 경우

02 압축기에 관한 설명으로 가장 거리가 먼 것은?

① 회전식 압축기는 회전력을 이용하여 압축한다.
② 고정식 압축기는 압축방법에 따라 수평식과 수직식이 있다.
③ 백(bag) 압축기는 연속식과 회분식으로 구분할 수 있다.
④ 압축결속기는 압축이 끝난 폐기물을 끈으로 묶는 장치이다.

해설 **회전식 압축기(Rotary compactors)**
① 회전판 위에 open 상태로 있는 종이나 휴지로 만든 bag에 폐기물을 충전 · 압축하여 포장하는 소형 압축기이며 비교적 부피가 작은 폐기물을 넣어 포장하는 압축 피스톤의 조합으로 구성되어 있다.
② 표준형으로 8~10개의 bag(1개 bag의 부피 $0.4m^3$)을 갖고 있으며, 큰 것은 20~30개의 bag을 가지고 있다.

03 유해물질, 배출원, 그에 따른 인체의 영향으로 옳지 않은 것은?

① 수은 – 온도계 제조시설 – 미나마따병
② 카드뮴 – 도금시설 – 이따이이따이병
③ 납 – 농약제조시설 – 헤모글로빈 생성 촉진
④ PCB – 트렌스유 제조시설 – 카네미유증

해설 **납(Pb)**
① 배출원 : 배터리 및 인쇄시설, 안료제조시설
② 인체영향 : 빈혈 촉진, 중추신경계 장애, 신장장애

04 삼성분의 조성비를 이용하여 발열량을 분석할 때 이용되는 추정식에 대한 설명으로 맞는 것은?

$$Q(\text{kcal/kg}) = (4{,}500 \times V/100) - (600 \times W/100)$$

① 600은 물의 포화수증기압을 의미한다.
② V는 쓰레기 가연분의 조성비(%)이다.
③ W는 회분의 조성비(%)이다.
④ 이 식은 고위발열량을 나타낸다.

해설 ① 600은 0℃에서 H_2O 1kg의 증발잠열이다.
③ W는 수분의 조성비(%)이다.
④ 이 식은 저위발열량을 나타낸다.

05 매립 시 파쇄를 통해 얻는 이점을 설명한 것으로 가장 거리가 먼 것은?

① 압축장비가 없어도 고밀도의 매립이 가능하다.
② 곱게 파쇄하면 매립 시 복토가 필요 없거나 복토요구량이 절감된다.
③ 폐기물과 잘 섞여서 혐기성 조건을 유지하므로 메탄 등의 재회수가 용이하다.
④ 폐기물 입자의 표면적이 증가되어 미생물작용이 촉진된다.

정답 01 ④ 02 ① 03 ③ 04 ② 05 ③

해설 **쓰레기를 파쇄하여 매립 시 장점(이점)**

① 곱게 파쇄하면 매립 시 복토가 필요 없거나 복토요구량이 절감된다.
② 매립 시 폐기물이 잘 섞여서 호기성 조건을 유지하므로 냄새가 방지된다.
③ 매립작업이 용이하고 압축장비가 없어도 고밀도의 매립이 가능하다.
④ 폐기물 입자의 표면적이 증가되어 미생물작용이 촉진된다.(조기 안정화)
⑤ 병원균의 매개체(쥐 or 해충)의 섭취 가능 음식이 없어져 이들의 서식이 불가능하다.
⑥ 폐기물 밀도가 증가되어 바람에 멀리 날아갈 염려가 없다.(화재위험 없음)
⑦ 압축 시 밀도증가율이 크므로 운반비가 감소한다.

06 **쓰레기의 발생량 조사방법인 직접계근법에 관한 내용으로 가장 거리가 먼 것은?**

① 입구에서 쓰레기가 적재되어 있는 차량과 출구에서 쓰레기를 적하한 공차량을 각각 계근하여 그 차이로 쓰레기양을 산출한다.
② 적재차량 계수분석에 비하여 작업량이 적고 간단하다.
③ 비교적 정확한 쓰레기 발생량을 파악할 수 있다.
④ 일정기간 동안 특정지역의 쓰레기를 수거한 운반차량을 중간적하장이나 중계처리장에서 직접 계근하는 방법이다.

해설 **쓰레기 발생량 조사(측정방법)**

조사방법		내용
적재차량 계수분석법 (Load－count analysis)		• 일정기간 동안 특정 지역의 쓰레기 수거 · 운반차량의 대수를 조사하여, 이 결과로 밀도를 이용하여 질량으로 환산하는 방법(차량의 대수에 폐기물의 겉보기 비중을 선정하여 중량으로 환산하는 방법) • 조사장소는 중간적하장이나 중계처리장이 적합 • 단점으로는 쓰레기의 밀도 또는 압축 정도에 따라 오차가 크다는 것
직접계근법 (Direct weighting method)		• 일정기간 동안 특정 지역의 쓰레기 수거 · 운반차량을 중간적하장이나 중계처리장에서 직접 계근하는 방법(트럭 스케일 방법) • 입구에서 쓰레기가 적재되어 있는 차량과 출구에서 쓰레기를 적하한 공차량을 계근하여 쓰레기양 산출 • 장점으로는 비교적 정확한 쓰레기 발생량을 파악할 수 있는 방법 • 단점으로는 적재차량 계수분석에 비하여 작업량이 많고 번거로움이 있음
물질수지법 (Material balance method)		• 시스템으로 유입되는 모든 물질들과 유출되는 모든 폐기물의 양에 대하여 물질수지를 세움으로써 폐기물 발생량을 추정하는 방법 • 주로 산업폐기물 발생량을 추산할 때 이용하는 방법 • 단점으로는 비용이 많이 소요되고 작업량이 많아 널리 이용되지 않음. 즉 특수한 경우에만 사용됨 • 우선적으로 조사하고자 하는 계의 경계를 정확하게 설정해야 함 • 물질수지를 세울 수 있는 상세한 데이터가 있는 경우에 가능
통계조사	표본조사 (단순 샘플링 검사)	• 조사기간이 짧음 • 비용이 적게 소요됨 • 조사상 오차가 큼
	전수조사	• 표본오차가 작아 신뢰도가 높음(정확함) • 행정시책에 대한 이용도가 높음 • 조사기간이 길 • 표본치의 보정역할이 가능함

2022

07 **수분이 60%, 수소가 10%인 폐기물의 고위발열량이 4,500kcal/kg이라면 저위발열량(kcal/kg)은?**

① 약 4,010　② 약 3,930
③ 약 3,820　④ 약 3,600

해설 $H_l = H_h - 600(9\text{H} + \text{W})$
$= 4{,}500\text{kcal/kg} - 600[(9 \times 0.1) + 0.6] = 3{,}600\text{kcal/kg}$

08 **선별방법 중 주로 물렁거리는 가벼운 물질에서부터 딱딱한 물질을 선별하는 데 사용되는 것은?**

① Flotation　② Heavy media separator
③ Stoners　④ Secators

해설 **Secators**

① 경사진 컨베이어를 통해 폐기물을 주입시켜 천천히 회전하는 드럼 위에 떨어뜨려서 선별하는 장치이다.
② 물렁거리는 가벼운 물질로부터 딱딱한 물질을 선별하는 데 사용한다.
③ 주로 퇴비 중의 유리조작을 추출할 때 이용되는 선별장치이다.

09 **함수율이 80%이며 건조고형물의 비중이 1.42인 슬러지의 비중은?(단, 물의 비중＝1.0)**

① 1.021　② 1.063
③ 1.127　④ 1.174

정답 06 ② 07 ④ 08 ④ 09 ②

해설 $\dfrac{\text{슬러지양}}{\text{슬러지 비중}} = \dfrac{\text{고형물량}}{\text{고형물 비중}} + \dfrac{\text{함수량}}{\text{함수 비중}}$

$\dfrac{100}{\text{슬러지 비중}} = \dfrac{(100-80)}{1.42} + \dfrac{80}{1.0}$

슬러지 비중 = 1.063

10 폐기물 재활용 촉진을 위한 정책 중 국내에서 가장 먼저 시행된 제도는?

① 주류공병 보증금제도
② 합성수지제품 부과금제도
③ 농약 빈 병 시상금제도
④ 고철 보조금제도

해설 폐기물 재활용 촉진을 위한 정책 중 국내에서 가장 먼저 시행된 제도는 합성수지제품 부과금제도이다.

11 쓰레기를 압축시켜 용적 감소율(Volume Reduction)이 61%인 경우 압축비(Compactor Ratio)는?

① 2.1 ② 2.6 ③ 3.1 ④ 3.6

해설 압축비(CR) $= \dfrac{V_i}{V_f} = \dfrac{100}{(100-61)} = \dfrac{100}{100-61} = 2.56$

12 슬러지의 함유수분 중 가장 많은 수분함유도를 유지하고 있는 것은?

① 표면부착수 ② 모관결합수
③ 간극수 ④ 내부수

해설 **간극수(Pore Water)**
① 큰 고형물 입자 간극에 존재하며 슬러지 내 존재하는 물의 형태 중 아주 많은 양을 차지한다.
② 고형물질과 직접 결합해 있지 않기 때문에 농축 등의 방법으로 용이하게 분리가능하다.

[Note] 수분함유도
간극수 > 모관결합수 > 표면부착수 > 내부수

13 폐기물의 퇴비화 조건이 아닌 것은?

① 퇴비화하기 쉬운 물질을 선정한다.
② 분뇨, 슬러지 등 수분이 많을 경우 Bulking Agent를 혼합한다.
③ 미생물 식종을 위해 부숙 중인 퇴비의 일부를 반송하여 첨가한다.
④ pH가 5.5 이하인 경우 인위적인 pH 조절을 위해 탄산칼슘을 첨가한다.

해설 미생물 식종을 위해 부숙 중인 다량의 숙성퇴비를 반송하여 첨가한다.

14 쓰레기 수거능을 판별할 수 있는 MHT에 대한 설명으로 가장 적절한 것은?

① 1톤의 쓰레기를 수거하는 데 수거인부 1인이 소요하는 총 시간
② 1톤의 쓰레기를 수거하는 데 소요되는 인부 수
③ 수거인부 1인이 시간당 수거하는 쓰레기 톤 수
④ 수거인부 1인이 수거하는 쓰레기 톤 수

해설 **MHT(Man Hour per Ton : 수거노동력)**
폐기물 1ton당 인력소요시간, 즉 수거인부 1인이 폐기물 1ton을 수거하는 데 소요되는 시간을 의미한다.

15 선별에 관한 설명으로 맞는 것은?

① 회전스크린은 회전자를 이용한 탄도식 선별장치이다.
② 와전류 선별기는 철로부터 알루미늄과 구리의 2가지를 모두 분리할 수 있다.
③ 경사 컨베이어 분리기는 부상선별기의 한 종류이다.
④ Zigzag 공기선별기는 column의 난류를 줄여줌으로써 선별 효율을 높일 수 있다.

해설 ① 회전스크린은 회전통의 경사도를 이용하는 선별장치이다.
③ 경사 컨베이어 분리기는 원심분리기의 한 종류이다.
④ 지그재그(Zigzag) 공기선별기는 컬럼의 난류를 높여 줌으로써 선별효율을 높일 수 있다.

16 쓰레기의 발생량 조사 방법인 물질수지법에 관한 설명으로 옳지 않은 것은?

① 주로 산업폐기물 발생량을 추산할 때 이용된다.
② 비용이 저렴하고 정확한 조사가 가능하여 일반적으로 많이 활용된다.
③ 조사하고자 하는 계의 경계를 정확하게 설정하여야 한다.
④ 물질수지를 세울 수 있는 상세한 데이터가 있는 경우에 가능하다.

정답 10 ② 11 ② 12 ③ 13 ③ 14 ① 15 ② 16 ②

해설 **쓰레기 발생량 조사(측정방법)**

조사방법		내용
적재차량 계수분석법 (Load－count analysis)		• 일정기간 동안 특정 지역의 쓰레기 수거 · 운반차량의 대수를 조사하여, 이 결과로 밀도를 이용하여 질량으로 환산하는 방법(차량의 대수에 폐기물의 겉보기 비중을 선정하여 중량으로 환산하는 방법) • 조사장소는 중간적하장이나 중계처리장이 적합 • 단점으로는 쓰레기의 밀도 또는 압축 정도에 따라 오차가 크다는 것
직접계근법 (Direct weighting method)		• 일정기간 동안 특정 지역의 쓰레기 수거 · 운반차량을 중간적하장이나 중계처리장에서 직접 계근하는 방법(트럭 스케일 방법) • 입구에서 쓰레기가 적재되어 있는 차량과 출구에서 쓰레기를 적하한 공차량을 계근하여 쓰레기양 산출 • 장점으로는 비교적 정확한 쓰레기 발생량을 파악할 수 있는 방법 • 단점으로는 적재차량 계수분석에 비하여 작업량이 많고 번거로움이 있음
물질수지법 (Material balance method)		• 시스템으로 유입되는 모든 물질들과 유출되는 모든 폐기물의 양에 대하여 물질수지를 세움으로써 폐기물 발생량을 추정하는 방법 • 주로 산업폐기물 발생량을 추산할 때 이용하는 방법 • 단점으로는 비용이 많이 소요되고 작업량이 많아 널리 이용되지 않음, 즉 특수한 경우에만 사용됨 • 우선적으로 조사하고자 하는 계의 경계를 정확하게 설정해야 함 • 물질수지를 세울 수 있는 상세한 데이터가 있는 경우에 가능
통계조사	표본조사 (단순 샘플링 검사)	• 조사기간이 짧음 • 비용이 적게 소요됨 • 조사상 오차가 큼
	전수조사	• 표본오차가 작아 신뢰도가 높음(정확함) • 행정시책에 대한 이용도가 높음 • 조사기간이 길 • 표본치의 보정역할이 가능함

17 **폐기물관리법의 적용을 받는 폐기물은?**

① 방사능 폐기물
② 용기에 들어 있지 않은 기체상의 물질
③ 분뇨
④ 폐유독물

해설 **폐기물관리법을 적용하지 않는 해당물질**

① 「원자력안전법」에 따른 방사성 물질과 이로 인하여 오염된 물질
② 용기에 들어 있지 아니한 기체상태의 물질
③ 「물환경보전법」에 따른 수질오염 방지시설에 유입되거나 공공수역으로 배출되는 폐수
④ 「가축분뇨의 관리 및 이용에 관한 법률」에 따른 가축분뇨
⑤ 「하수도법」에 따른 하수 · 분뇨
⑥ 「가축전염병예방법」이 적용되는 가축의 사체, 오염 물건, 수입 금지 물건 및 검역 불합격품
⑦ 「수산생물질병 관리법」에 적용되는 수산동물의 사체, 오염된 시설 또는 물건, 수입금지물건 및 검역 불합격품
⑧ 「군수품관리법」에 따라 폐기되는 탄약

18 **RCRA 분류체계와 관계 없는 것은?**

① 부식성 ② 인화성
③ 독성 ④ 오염성

해설 **RCRA(Resource Conservation and Recovery Act : 자원보존 및 회수법)**

유해 폐기물의 성질을 판단하는 시험방법(성질) 및 종류 : 위해성 판단 인자

① 부식성 ② 유해성
③ 반응성 ④ 인화성(발화성)
⑤ 용출 특성 ⑥ 독성
⑦ 난분해성 ⑧ 유해 가능성
⑨ 감염성

19 **고형분이 50%인 음식물쓰레기 10ton을 소각하기 위해 수분 함량을 20%가 되도록 건조시켰다. 건조된 쓰레기의 최종중량(ton)은?(단, 비중은 1.0 기준)**

① 약 3.0 ② 약 4.1
③ 약 5.2 ④ 약 6.3

해설 $10\text{ton} \times (1-0.5) = \text{건조된 쓰레기 중량} \times (1-0.2)$

$\text{건조된 쓰레기 중량} = \dfrac{10\text{ton} \times 0.5}{0.8} = 6.25\text{ton}$

20 **폐기물의 열분해(Pyrolysis)에 관한 설명으로 틀린 것은?**

① 무산소 또는 저산소 상태에서 반응한다.
② 분해와 응축반응이 일어난다.
③ 발열반응이다.
④ 반응 시 생성되는 Gas는 주로 메탄, 일산화탄소, 수소가스이다.

해설 **열분해(Pyrolysis)**

① 열분해란 공기가 부족한 상태(무산소 혹은 저산소 분위기)에서 가연성 폐기물을 연소시켜(간접가열에 의해) 유기물질로

정답 17 ④ 18 ④ 19 ④ 20 ③

부터 가스, 액체 및 고체상태의 연료를 생산하는 공정을 의미하며 흡열반응을 한다.
② 예열, 건조과정을 거치므로 보조연료의 소비량이 증가되어 유지관리비가 많이 소요된다.
③ 폐기물을 산소의 공급 없이 가열하여 가스, 액체, 고체의 3성분으로 분리한다.(연소가 고도의 발열반응임에 비해 열분해는 고도의 흡열반응이다.)
④ 분해와 응축반응이 일어난다.
⑤ 필요한 에너지를 외부에서 공급해 주어야 한다.

제2과목 폐기물처리기술

21 합성차수막 중 PVC에 관한 설명으로 틀린 것은?

① 작업이 용이하다.
② 접합이 용이하고 가격이 저렴하다.
③ 자외선, 오존, 기후에 약하다.
④ 대부분의 유기화학물질에 강하다.

해설 **합성차수막 중 PVC**
① 장점
㉠ 작업이 용이함
㉡ 강도가 높음
㉢ 접합이 용이함
㉣ 가격이 저렴함
② 단점
㉠ 자외선, 오존, 기후에 약함
㉡ 대부분 유기화학물질(기름 등)에 약함

22 폐산 또는 폐알칼리를 재활용하는 기술을 설명한 것 중 틀린 것은?

① 폐염산, 염화 제2철 폐액을 이용한 폐수처리제, 전자회로 부식제 생산
② 폐황산, 폐염산을 이용한 수처리 응집제 생산
③ 구리 에칭액을 이용한 황산구리 생산
④ 폐 IPA를 이용한 액체 세제 생산

해설 폐 IPA를 이용한 액체 세제 생산은 폐식용유를 이용해 주방세제를 제조하는 것을 말한다.

23 분뇨를 혐기성 소화법으로 처리하고 있다. 정상적인 작동 여부를 확인하려고 할 때 조사 항목으로 가장 거리가 먼 것은?

① 소화가스양
② 소화가스 중 메탄과 이산화탄소 함량
③ 유기산 농도
④ 투입 분뇨의 비중

해설 **분뇨를 혐기성 소화법으로 처리 시 정상적인 작동 여부 확인 시 조사항목**
① 소화가스양
② 소화가스 중 메탄과 이산화탄소의 함량
③ 유기산 농도
④ 소화시간
⑤ 온도 및 체류시간
⑥ 휘발성 유기산
⑦ 알칼리도
⑧ pH

24 8kL/day 용량의 분뇨처리장에서 발생하는 메탄의 양(m^3/day)은?(단, 가스 생산량 = 8m^3/kL, 가스 중 CH_4 함량 = 75%)

① 22 ② 32
③ 48 ④ 56

해설 메탄양(m^3/day) = 8kL/day × 8m^3/kL × 0.75 = 48m^3/day

25 PCB와 같은 난연성의 유해폐기물의 소각에 가장 적합한 소각로 방식은?

① 스토커 소각로 ② 유동층 소각로
③ 회전식 소각로 ④ 다단 소각로

해설 유동층 소각로는 일반적 소각로에 비하여 소각이 어려운 난연성 폐기물(하수슬러지, 폐유, 폐윤활유, 저질탄, PCB) 소각에 우수한 성능을 나타낸다.

26 오염된 지하수의 Darcy 속도(유출속도)가 0.15m/day이고, 유효 공극률이 0.4일 때 오염원으로부터 1,000m 떨어진 지점에 도달하는 데 걸리는 기간(년)은?(단, 유출속도 : 단위시간에 흙의 전체 단면적을 통하여 흐르는 물의 속도)

① 약 6.5 ② 약 7.3
③ 약 7.9 ④ 약 8.5

정답 21 ④ 22 ④ 23 ④ 24 ③ 25 ② 26 ②

해설 $소요기간(년) = \frac{이동거리 \times 유효공극률}{Darcy\ 속도}$

$= \frac{1,000m \times 0.4}{0.15m/day \times 365day/year} = 7.31year$

27 다음 설명에 해당하는 분뇨처리방법은?

- 부지 소요면적이 적다.
- 고온반응이므로 무균상태로 유출되어 위생적이다.
- 슬러지 탈수성이 좋아서 탈수 후 토양개량제로 이용된다.
- 기액분리 시 기체 발생량이 많아 탈기해야 한다.

① 혐기성 소화법　　② 호기성 소화법
③ 질산화－탈질산화법　　④ 습식산화법

해설 **습식 산화법(습식 고온고압 산화처리 : Wet Air Oxidation)**
① 수중에 용해되어 있거나 고체상태로 부유하고 있는 유기물(젖은 폐기물이나 슬러지)을 공기에 의하여 산화시키는 방식으로 Zimmerman Process라고 한다.[Zimmerman Process : 유기물을 포함하는 폐액을 바로 산화 반응물로 예열하여 공기산화온도까지 높이고, 그곳에 공기를 보내주면 공기 중의 산소에 의하여 유기물이 연소(산화)되는 원리]
② 액상슬러지 및 분뇨에 열(≒150～300℃ ; ≒ 210℃)과 압력(70～100atm ; 70atm)을 작용시켜 용존산소에 의하여 화학적으로 슬러지 내의 유기물을 산화시키는 방식이다.(산소가 있는 고압하의 수중에서 유기물질을 산화시키는 폐기물 열분해기법이며 유기산이 회수됨)
③ 본 장치의 주요기기는 고압펌프, 공기압축기, 열교환기, 반응탑 등이다.
④ 처리시설의 수명이 짧으며 탈수성이 좋고 고액분리가 잘된다.
⑤ 부지소요면적이 적게 들고 슬러지 탈수성이 좋아서 탈수 후 토양개량제로 이용된다.
⑥ 기액분리 시 기체발생량이 많아 탈기해야 한다.
⑦ 건설비, 유지보수비, 전기료가 많이 든다.
⑧ 완전살균이 가능하며 COD가 높은 슬러지 처리에 전용될 수 있다.

28 회전판에 놓인 종이 백(bag)에 폐기물을 충전 · 압축하여 포장하는 소형 압축기는?

① 회전식 압축기(Rotary Compactor)
② 소용돌이식 압축기(Console Compactor)
③ 백 압축기(Bag Compactor)
④ 고정식 압축기(Stationary Compactor)

해설 **회전식 압축기(Rotary compactors)**
① 회전판 위에 open 상태로 있는 종이나 휴지로 만든 bag에 폐기물을 충전, 압축하여 포장하는 소형 압축기이며 비교적 부피가 작은 폐기물을 넣어 포장하는 압축피스톤의 조합으로 구성되어 있다.
② 표준형으로 8～10개의 bag(1개 bag의 부피 $0.4m^3$)을 갖고 있으며, 큰 것은 20～30개의 bag을 가지고 있다.

29 분뇨처리장의 방류수량이 $1,000m^3/day$일 때 15분간 염소소독을 할 경우 소독조의 크기(m^3)는?

① 약 16.5　　② 약 13.5
③ 약 10.5　　④ 약 8.5

해설 $소독조\ 크기(m^3) = 1,000m^3/day \times 15min \times day/1,440min$
$= 10.42m^3$

2022

30 매립지 설계 시 침출수 집배수층의 조건으로 옳은 것은?

① 투수계수 : 최대 1cm/sec
② 두께 : 최대 30cm
③ 집배수층 재료 입경 : 10～13cm 또는 16～32cm
④ 바닥경사 : 2～4%

해설 **침출수 집배수층**
① 투수계수 : 최소 1cm/sec
② 두께 : 최소 30cm
③ 집배수층 재료입경 : 10～13mm 또는 16～32mm

31 함수율 99%인 잉여슬러지 $40m^3$를 농축하여 96%로 했을 때 잉여슬러지의 부피(m^3)는?

① 5　　② 10　　③ 15　　④ 20

해설 $40m^3 \times (1-0.99) = 농축\ 후\ 잉여슬러지(m^3) \times (1-0.96)$

$농축\ 후\ 잉여슬러지\ 부피(m^3) = \frac{40m^3 \times (1-0.99)}{1-0.96} = 10m^3$

32 일반폐기물의 소각처리에서 통상적인 폐기물의 원소 분석치를 이용하여 얻을 수 있는 항목으로 가장 거리가 먼 것은?

① 연소용 공기량
② 배기가스양 및 조성
③ 유해가스의 종류 및 양
④ 소각재의 성분

정답 27 ④　28 ①　29 ③　30 ④　31 ②　32 ④

해설 **폐기물의 원소분석치를 이용하여 얻을 수 있는 항목**
① 연소용 공기량
② 배기가스양 및 조성
③ 유해가스의 종류 및 양

33 **쓰레기 소각로의 열부하가 50,000kcal/m³ · hr이며 쓰레기의 저위발열량 1,800kcal/kg, 쓰레기중량 20,000kg 일 때 소각로의 용량(m³)은?(단, 소각로는 8시간 가동)**

① 15 ② 30 ③ 60 ④ 90

해설 $\text{소각로 용량}(m^3)=\dfrac{\text{소각량}\times\text{저위발열량}}{\text{소각로 열부하율}}$

$=\dfrac{20,000kg\times 1,800kcal/kg}{50,000kcal/m^3\cdot hr\times 8hr}=90m^3$

34 **폐타이어의 재활용 기술로 가장 거리가 먼 것은?**

① 열분해를 이용한 연료 회수
② 분쇄 후 유동층 소각로의 유동매체로 재활용
③ 열병합 발전의 연료로 이용
④ 고무 분말 제조

해설 **폐타이어 재활용기술**
① 시멘트킬른 열이용
② 토목공사
③ 고무 분말 제조
④ 건류소각재 이용
⑤ 열분해를 이용한 연료 회수
⑥ 열병합 발전의 연료로 이용
[Note] 폐타이어는 융점이 낮아 분쇄 후 유동층 소각로의 유동매체로 재활용하기가 곤란하다.

35 **일반적으로 매립지 내 분해속도가 가장 느린 구성물질은?**

① 지방 ② 단백질
③ 탄수화물 ④ 섬유질

해설 **매립지 내 분해속도**
탄수화물 > 지방 > 단백질 > 섬유질 > 리그닌

36 **일반적인 슬러지 처리 계통도가 가장 올바르게 나열된 것은?**

① 농축 → 안정화 → 개량 → 탈수 → 소각
② 탈수 → 개량 → 건조 → 안정화 → 소각
③ 개량 → 안정화 → 농축 → 탈수 → 소각
④ 탈수 → 건조 → 안정화 → 개량 → 소각

해설 **슬러지 처리공정(순서)**
농축 → 소화(안정화) → 개량 → 탈수 → 건조 → 소각 → 매립

37 **쓰레기 퇴지방(야적)의 세균 이용법에 해당하는 것은?**

① 대장균 이용 ② 혐기성 세균의 이용
③ 호기성 세균의 이용 ④ 녹조류의 이용

해설 쓰레기 퇴지방(야적)의 세균 이용법은 호기성 세균을 이용하는 방법을 의미한다.

38 **고형화 처리의 목적에 해당하지 않는 것은?**

① 취급이 용이하다.
② 폐기물 내 독성이 감소한다.
③ 폐기물 내 오염물질의 용해도가 감소한다.
④ 폐기물 내 손실 성분이 증가한다.

해설 **고형화 처리의 목적**
① 유해폐기물의 불활성화(독성 저하 및 폐기물 내의 오염물질 이동성 감소)
② 용출 억제(물리적으로 안정한 물질로 변화), 즉 폐기물 내 손실 성분이 감소
③ 토양개량 및 매립 시 충분한 강도 확보
④ 취급 용이 및 재활용(건설자재) 가능

39 **소화 슬러지의 발생량은 투입량(200kL)의 10%이며 함수율이 95%이다. 탈수기에서 함수율을 80%로 낮추면 탈수된 Cake의 부피(m³)는?(단, 슬러지의 비중 = 1.0)**

① 2.0 ② 3.0
③ 4.0 ④ 5.0

해설 $(200kL\times 0.1)\times(1-0.95)=\text{탈수된 Cake 부피}\times(1-0.8)$

$\text{탈수된 Cake 부피}(m^3)=\dfrac{20kL\times 0.05\times m^3/kL}{0.2}=5.0m^3$

40 **다양한 종류의 호기성미생물과 효소를 이용하여 단기간에 유기물을 발효시켜 사료를 생산하는 습식방식에 의한 사료화의 특징이 아닌 것은?**

① 처리 후 수분함량이 30% 정도로 감소한다.
② 종균제 투입 후 30~60℃에서 24시간 발효와 350℃에서 고온 멸균처리한다.

정답 33 ④ 34 ② 35 ④ 36 ① 37 ③ 38 ④ 39 ④ 40 ①

③ 비용이 적게 소요된다.
④ 수분함량이 높아 통기성이 나쁘고 변질 우려가 있다.

해설 처리 후 수분함량이 50~60% 정도이다.

제3과목 폐기물공정시험기준(방법)

41 시험분석 대상물질을 기기가 검출할 수 있는 최소한의 농도 또는 양을 나타내는 기기 검출한계에 관한 내용으로 (　)에 옳은 것은?

> 바탕시료를 반복 측정 분석한 결과의 표준편차에 (　) 한 값

① 2배　② 3배
③ 5배　④ 10배

해설 기기검출한계＝표준편차×3

42 폐기물의 노말헥산 추출물질의 양을 측정하기 위해 다음과 같은 결과를 얻었을 때 노말헥산 추출물질의 농도(mg/L)는?

> • 시료의 양 : 500m/L
> • 시험 전 증발용기의 무게 : 25g
> • 시험 후 증발용기의 무게 : 13g
> • 바탕시험 전 증발용기의 무게 : 5g
> • 바탕시험 후 증발용기의 무게 : 4.8g

① 11,800　② 23,600
③ 32,400　④ 53,800

해설 노말헥산 추출물질농도(mg/L)

$$= \frac{[(25-13)-(5-4.8)]\text{g} \times 1{,}000\text{mg/g}}{0.5\text{L}} = 23{,}600\text{mg/L}$$

43 할로겐화 유기물질(기체크로마토그래피－질량분석법)의 정량한계는?

① 0.1mg/kg　② 1.0mg/kg
③ 10mg/kg　④ 100mg/kg

해설 할로겐화 유기물질－기체크로마토그래피－질량분석법의 정량한계 : 10mg/kg

44 함수율 83%인 폐기물이 해당되는 것은?

① 유기성 폐기물　② 액상폐기물
③ 반고상폐기물　④ 고상폐기물

해설 ① 액상폐기물 : 고형물의 함량이 5% 미만
② 반고상폐기물 : 고형물의 함량이 5% 이상 15% 미만
③ 고상폐기물 : 고형물의 함량이 15% 이상
고형물 함량＝100－83＝17%

45 기체크로마토그래피에서 운반가스로 사용할 수 있는 기체와 가장 거리가 먼 것은?

① 수소　② 질소　③ 산소　④ 헬륨

해설 **기체크로마토그래피 운반가스**
질소, 수소, 헬륨, 아르곤, 메탄

46 천분율 농도를 표시할 때 그 기호로 알맞은 것은?

① mg/L　② mg/kg
③ μg/kg　④ ‰

해설 **천분율 농도표시** : g/L, g/kg, ‰

47 기체크로마토그래프로 측정할 수 없는 항목은?

① 유기인
② PCBs
③ 휘발성저급염소화탄화수소류
④ 시안

해설 **시안 분석방법**
① 자외선/가시선 분광법
② 이온전극법

48 폐기물공정시험기준의 적용범위에 관한 내용으로 틀린 것은?

① 폐기물관리법에 의한 오염실태 조사 중 폐기물에 대한 것은 따로 규정이 없는 한 공정시험기준의 규정에 의하여 시험한다.
② 공정시험기준에서 규정하지 않은 사항에 대해서는 일반적인 화학적 상식에 따르도록 한다.
③ 공정시험기준에 기재한 방법 중 세부조작은 시험의 본질에 영향을 주지 않는다면 실험자가 일부를 변경할 수 있다.

정답 41 ②　42 ②　43 ③　44 ④　45 ③　46 ④　47 ④　48 ④

④ 하나 이상의 공정시험기준으로 시험한 결과가 서로 달라 제반 기준의 적부 판정에 영향을 줄 경우에는 판정을 유보하고 재실험하여야 한다.

해설 하나 이상의 공정시험기준으로 시험한 결과가 서로 달라 제반 기준이 적부판정에 영향을 줄 경우에는 공정시험기준의 항목별 주 시험법에 의한 분석성적에 의하여 판정한다.

49 PCB 분석 시 기체크로마토그래피법의 다음 항목이 틀리게 연결된 것은?

① 검출기 : 전자포획검출기(ECD)
② 운반기체 : 부피백분율 99.9999% 이상의 질소
③ 컬럼 : 활성탄 컬럼
④ 농축장치 : 구데르나다니쉬농축기

해설 PCB 분석 시 기체크로마토그래피법의 사용 컬럼은 플로리실 컬럼 및 실리카겔 컬럼이다.

50 $K_2Cr_2O_7$을 사용하여 크롬 표준원액(100mgCr/L) 100 mL를 제조할 때 취해야 하는 $K_2Cr_2O_7$의 양(mg)은?(단, 원자량 K = 39, Cr = 52, O = 16)

① 14.1 ② 28.3
③ 35.4 ④ 56.5

해설 $K_2Cr_2O_7$ 분자량 $=(2\times39)+(2\times52)+(16\times7)=294g$
$K_2Cr_2O_7$을 전리시켜 Cr을 생성시키려면 2mL의 Cr 이온이 생성됨
294g : 2×52g
X(mg) : 100mg/L×100mL×L/1,000mL

$$X(\text{mg})=\frac{294\text{g}\times10\text{mg}}{2\times52\text{g}}=28.27\text{mg}$$

51 다음 설명에서 ( ) 알맞은 것은?

> 어떤 용액에 산 또는 알칼리를 가해도 그 수소이온농도가 변화하기 어려운 경우에, 그 용액을 ( )이라 한다.

① 규정액 ② 표준액
③ 완충액 ④ 중성액

해설 **완충액**
어떤 용액에 산 또는 알칼리를 가해도 그 수소이온농도가 변화하기 어려운 경우에, 그 용액을 완충액이라 한다.

52 정도보증/정도관리(QA/QC)에서 검정곡선을 그리는 방법으로 틀린 것은?

① 절대검정곡선법 ② 검출한계작성법
③ 표준물질첨가법 ④ 상대검정곡선법

해설 **검정곡선 작성법**
① 절대검정곡선법
② 표준물질첨가법
③ 상대검정곡선법

53 폐기물 용출 조작에 관한 설명으로 틀린 것은?

① 상온, 상압에서 진탕횟수를 매분당 약 200회로 한다.
② 진폭 6~8cm의 진탕기를 사용한다.
③ 진탕기로 6시간 연속 진탕한다.
④ 여과가 어려운 경우 원심분리기를 사용하여 매분당 3,000회전 이상으로 20분 이상 원심분리한다.

해설 **용출 조작**
① 진탕 : 혼합액을 상온, 상압에서 진탕횟수가 매분당 약 200회, 진폭이 4~5cm의 진탕기를 사용하여 6시간 동안 연속 진탕
⇩
② 여과 : 1.0μm의 유리 섬유여과지로 여과
⇩
③ 여과액을 적당량 취하여 용출 실험용 시료 용액으로 함

54 함수율이 90%인 슬러지를 용출시험하여 구리의 농도를 측정하니 1.0mg/L로 나타났다. 수분함량을 보정한 용출시험 결과치(mg/L)는?

① 0.6 ② 0.9
③ 1.1 ④ 1.5

해설 $\text{보정농도(mg/L)}=1.0\text{mg/L}\times\frac{15}{100-90}=1.5\text{mg/L}$

55 기체크로마토그래피에 사용되는 분리용 컬럼의 McReynold 상수가 작다는 것이 의미하는 것은?

① 비극성 컬럼이다.
② 이론단수가 작다.
③ 체류시간이 짧다.
④ 분리효율이 떨어진다.

해설 분리용 컬럼의 McReynold 상수가 작다는 것은 비극성 컬럼을 의미한다.

정답 49 ③ 50 ② 51 ③ 52 ② 53 ② 54 ④ 55 ①

56 **자외선/가시선 분광법을 이용한 시안 분석을 위해 시료를 증류할 때 증기로 유출되는 시안의 형태는?**

① 시안산　② 시안화수소
③ 염화시안　④ 시아나이드

해설 **시안 – 자외선/가시선 분광법**
시료를 pH 2 이하의 산성으로 조절한 후에 에틸렌다이아민테트라아세트산나트륨을 넣고 가열 증류하여 시안화합물을 시안화수소로 유출시켜 수산화나트륨 용액을 포집한 다음 중화하고 클로라민–T와 피리딘 · 피라졸론 혼합액을 넣어 나타나는 청색을 620nm에서 측정하는 방법이다.

57 **원자흡수분광광도법(공기 – 아세틸렌 불꽃)으로 크롬을 분석할 때 철, 니켈 등의 공존물질에 의한 방해를 방지하기 위해 넣어 주는 시약은?**

① 질산나트륨　② 인산나트륨
③ 황산나트륨　④ 염산나트륨

해설 공기–아세틸렌 불꽃에서는 철, 니켈 등의 공존물질에 의한 방해영향이 크므로 이때에는 황산나트륨을 1% 정도 넣어서 측정한다.

58 **시료의 전처리방법에서 유기물을 높은 비율로 함유하고 있으면서 산화 분해가 어려운 시료에 적용되는 방법은?**

① 질산–황산 분해법
② 질산–과염소산 분해법
③ 질산–과염소산–불화수소 분해법
④ 질산–염산 분해법

해설 **질산 – 과염소산 분해법**
① 적용 : 유기물을 다량 함유하고 있으면서 산화 분해가 어려운 시료에 적용한다.
② 주의
㉠ 과염소산을 넣을 경우 진한 질산이 공존하지 않으면 폭발할 위험이 있으므로 반드시 진한 질산을 먼저 넣어야 한다.
㉡ 어떠한 경우에도 유기물을 함유한 뜨거운 용액에 과염소산을 넣어서는 안 된다.
㉢ 납을 측정할 경우 시료 중에 황산이온(SO_4^{2-})이 다량 존재하면 불용성의 황산납이 생성되어 측정치에 손실을 가져온다. 이때는 분해가 끝난 액에 물 대신 아세트산암모늄 용액(5+6) 50mL를 넣고 가열하여 액이 끓기 시작하면 킬달플라스크를 회전시켜 내벽을 액으로 충분히 씻어준 다음 약 5분 동안 가열을 계속하고 공기 중에서 식혀 여과한다.
㉣ 유기물의 분해가 완전히 끝나지 않아 액이 맑지 않을 때에는 다시 질산 5mL를 넣고 가열을 반복한다.
㉤ 질산 5mL와 과염소산 10mL를 넣고 가열을 계속하여 과염소산이 분해되어 백연을 발생하기 시작하면 가열을 중지한다.
㉥ 유기물 분해 시에 분해가 끝나면 공기 중에서 식히고 정제수 50mL을 넣어 서서히 끓이면서 질소산화물 및 유리염소를 완전히 제거한다.

59 **자외선/가시선 분광법으로 6가크롬을 측정할 때 흡수셀 세척에 사용되는 시약이 아닌 것은?**

① 탄산나트륨　② 질산(1+5)
③ 과망간산칼륨　④ 에틸알코올

해설 **흡수셀이 더러워 측정값에 오차가 발생한 경우**
① 탄산나트륨 용액(2W/V%)에 소량의 음이온 계면활성제를 가한 용액에 흡수셀을 담가 놓고 필요하면 40~50℃로 약 10분간 가열한다.
② 흡수셀을 꺼내 정제수로 씻은 후 질산(1+5)에 소량의 과산화수소를 가한 용액에 약 30분간 담가 놓았다가 꺼내어 정제수로 잘 씻는다. 깨끗한 거즈나 흡수지 위에 거꾸로 놓아 물기를 제거하고 실리카겔을 넣은 데시케이터 중에서 건조하여 보존한다.
③ 급히 사용하고자 할 때는 물기를 제거한 후 에틸알코올로 씻고 다시 에틸에테르로 씻은 다음 드라이어로 건조해서 사용한다.

60 **편광현미경법으로 석면을 측정할 때 석면의 정량범위는?**

① 1~25%　② 1~50%
③ 1~75%　④ 1~100%

해설 **석면 측정방법의 정량범위**
① X선 회절기법 : 0.1~100.0wt%
② 편광현미경법 : 1~100%

2022

정답 56 ② 57 ③ 58 ② 59 ③ 60 ④

제4과목 폐기물관계법규

61 폐기물 처리시설의 종류 중 재활용시설(기계적 재활용시설)의 기준으로 틀린 것은?

① 용융시설(동력 7.5kW 이상인 시설로 한정)
② 응집 · 침전시설(동력 7.5kW 이상인 시설로 한정)
③ 압축시설(동력 7.5kW 이상인 시설로 한정)
④ 파쇄 · 분쇄시설(동력 15kW 이상인 시설로 한정)

해설 **기계적 재활용시설**
① 압축 · 압출 · 성형 · 주조시설(동력 7.5kW 이상인 시설로 한정한다)
② 파쇄 · 분쇄 · 탈피 시설(동력 15kW 이상인 시설로 한정한다)
③ 절단시설(동력 7.5kW 이상인 시설로 한정한다)
④ 용융 · 용해시설(동력 7.5kW 이상인 시설로 한정한다)
⑤ 연료화시설
⑥ 증발 · 농축 시설
⑦ 정제시설(분리 · 증류 · 추출 · 여과 등의 시설을 이용하여 폐기물을 재활용하는 단위시설을 포함한다)
⑧ 유수 분리 시설
⑨ 탈수 · 건조 시설
⑩ 세척시설(철도용 폐목재 받침목을 재활용하는 경우로 한정한다)

62 폐기물 수집 · 운반업자가 임시보관장소에 보관할 수 있는 폐기물(의료폐기물 제외)의 허용량 기준은?

① 중량 450톤 이하이고, 용적이 300세제곱미터 이하인 폐기물
② 중량 400톤 이하이고, 용적이 250세제곱미터 이하인 폐기물
③ 중량 350톤 이하이고, 용적이 200세제곱미터 이하인 폐기물
④ 중량 300톤 이하이고, 용적이 150세제곱미터 이하인 폐기물

해설 **폐기물 수집 · 운반업자가 임시보관장소에 보관할 수 있는 폐기물(의료폐기물 제외) 허용량 기준**
① 450톤 이하인 폐기물
② 용적 300세제곱미터($300m^3$) 이하인 폐기물

63 100만 원 이하의 과태료가 부과되는 경우에 해당되는 것은?

① 폐기물처리 가격의 최저액보다 낮은 가격으로 폐기물처리를 위탁한 자
② 폐기물 운반자가 규정에 의한 서류를 지니지 아니하거나 내보이지 아니한 자
③ 장부를 기록 또는 보존하지 아니하거나 거짓으로 기록한 자
④ 처리이행보증보험의 계약을 갱신하지 아니하거나 처리이행보증금의 증액 조정을 신청하지 아니한 자

해설 폐기물관리법 제68조 참조

64 폐기물중간재활용업, 폐기물최종재활용업 및 폐기물 종합재활용업의 변경허가를 받아야 하는 중요사항으로 옳지 않은 것은?

① 운반차량(임시차량 포함)의 감차
② 폐기물 재활용시설의 신설
③ 허가 또는 변경허가를 받은 재활용 용량의 100분의 30 이상(금속을 회수하는 최종재활용업 또는 종합재활용업의 경우에는 100분의 50 이상)의 변경(허가 또는 변경허가를 받은 후 변경되는 누계를 말한다)
④ 폐기물 재활용시설 소재지의 변경

해설 **폐기물 중간재활용업, 폐기물 최종재활용업 및 폐기물 종합재활용업**
① 재활용 대상 폐기물의 변경
② 폐기물 재활용 유형의 변경
③ 폐기물 재활용시설 소재지의 변경
④ 운반차량(임시차량은 제외한다)의 증차
⑤ 폐기물 재활용시설의 신설
⑥ 허가 또는 변경허가를 받은 재활용 용량의 100분의 30 이상(금속을 회수하는 최종재활용업 또는 종합재활용업의 경우에는 100분의 50 이상)의 변경(허가 또는 변경허가를 받은 후 변경되는 누계를 말한다)
⑦ 주요 설비의 변경. 다만, 다음 ㉠ 및 ㉡의 경우만 해당한다.
 ㉠ 폐기물 재활용시설의 구조 변경으로 인하여 기준이 변경되는 경우
 ㉡ 배출시설의 변경허가 또는 변경신고의 대상이 되는 경우
⑧ 허용보관량의 변경

정답 61 ② 62 ① 63 ③ 64 ①

65 과징금의 사용용도로 적정치 않은 것은?

① 광역 폐기물처리시설의 확충
② 폐기물로 인하여 예상되는 환경상 위해를 제거하기 위한 처리
③ 폐기물처리시설의 지도 · 점검에 필요한 시설 · 장비의 구입 및 운영
④ 폐기물처리기술의 개발 및 장비개선에 소요되는 비용

해설 **과징금의 사용용도**
① 광역 폐기물처리시설(지정폐기물 공공 처리시설을 포함한다)의 확충
①의2. 공공 재활용기반시설의 확충
② 처리한 폐기물 중 그 폐기물을 처리한 자나 그 폐기물의 처리를 위탁한 자를 확인할 수 없는 폐기물로 인하여 예상되는 환경상 위해를 제거하기 위한 처리
③ 폐기물처리업자나 폐기물처리시설의 지도 · 점검에 필요한 시설 · 장비의 구입 및 운영

66 매립시설 및 소각시설의 주변지역 영향조사 횟수 기준에 관한 내용으로 ( )에 옳은 것은?

> 각 항목당 계절을 달리하며 (㉠) 측정하되, 악취는 여름(6월부터 8월까지)에 (㉡) 측정하여야 한다.

① ㉠ 2회 이상, ㉡ 1회 이상
② ㉠ 3회 이상, ㉡ 2회 이상
③ ㉠ 1회 이상, ㉡ 2회 이상
④ ㉠ 4회 이상, ㉡ 3회 이상

해설 **폐기물처리시설 주변지역 영향조사 기준(조사횟수)**
각 항목당 계절을 달리하여 2회 이상 측정하되, 악취는 여름(6월부터 8월까지)에 1회 이상 측정하여야 한다.

67 폐기물 처리시설 종류의 구분이 틀린 것은?

① 기계적 재활용시설 : 유수 분리 시설
② 화학적 재활용시설 : 연료화 시설
③ 생물학적 재활용시설 : 버섯재배시설
④ 생물학적 재활용시설 : 호기성 · 혐기성 분해시설

해설 **폐기물처리시설(화학적 재활용시설)**
① 고형화 · 고화 · 안정화 시설
② 반응시설(중화 · 산화 · 환원 · 중합 · 축합 · 치환 등의 화학반응을 이용하여 폐기물을 재활용하는 단위시설을 포함한다)
③ 응집 · 침전 시설
[Note] 연료화 시설은 기계적 재활용시설이다.

68 폐기물 관리의 기본원칙으로 틀린 것은?

① 누구든지 폐기물을 배출하는 경우에는 주변환경이나 주민의 건강에 위해를 끼치지 아니하도록 사전에 적절한 조치를 하여야 한다.
② 환경오염을 일으킨 자는 오염된 환경을 복원하기보다 오염으로 인한 피해의 구제에 드는 비용만 부담하여야 한다.
③ 국내에서 발생한 폐기물은 가능하면 국내에서 처리되어야 하고, 폐기물의 수입은 되도록 억제되어야 한다.
④ 폐기물은 그 처리과정에서 양과 유해성을 줄이도록 하는 등 환경보전과 국민건강보호에 적합하게 처리되어야 한다.

2022

해설 **폐기물 관리의 기본원칙**
① 사업자는 제품의 생산방식 등을 개선하여 폐기물의 발생을 최대한 억제하고, 발생한 폐기물을 스스로 재활용함으로써 폐기물의 배출을 최소화하여야 한다.
② 누구든지 폐기물을 배출하는 경우에는 주변 환경이나 주민의 건강에 위해를 끼치지 아니하도록 사전에 적절한 조치를 하여야 한다.
③ 폐기물은 그 처리과정에서 양과 유해성을 줄이도록 하는 등 환경보전과 국민건강보호에 적합하게 처리되어야 한다.
④ 폐기물로 인하여 환경오염을 일으킨 자는 오염된 환경을 복원할 책임을 지며, 오염으로 인한 피해의 구제에 드는 비용을 부담하여야 한다.
⑤ 국내에서 발생한 폐기물은 가능하면 국내에서 처리되어야 하고, 폐기물의 수입은 되도록 억제되어야 한다.
⑥ 폐기물은 소각, 매립 등의 처분을 하기보다는 우선적으로 재활용함으로써 자원생산성의 향상에 이바지하도록 하여야 한다.

69 매립시설 검사기관으로 틀린 것은?

① 한국매립지관리공단
② 한국환경공단
③ 한국건설기술연구원
④ 한국농어촌공사

해설 **환경부령으로 정하는 검사기관**
① 소각시설
㉠ 한국환경공단
㉡ 한국기계연구원
㉢ 한국산업기술시험원
㉣ 대학, 정부 출연기관, 그 밖에 소각시설을 검사할 수 있다고 인정하여 환경부장관이 고시하는 기관
② 매립시설
㉠ 한국환경공단

정답 65 ④ 66 ① 67 ② 68 ② 69 ①

ⓛ 한국건설기술연구원
ⓒ 한국농어촌공사
ⓔ 수도권매립지관리공사
③ 멸균분쇄시설
㉠ 한국환경공단
ⓛ 보건환경연구원
ⓒ 한국산업기술시험원
④ 음식물 폐기물 처리시설
㉠ 한국환경공단
ⓛ 한국산업기술시험원
ⓒ 그 밖에 환경부장관이 정하여 고시하는 기관
⑤ 시멘트 소성로
소각시설의 검사기관과 동일
⑥ 소각열회수시설의 검사기관
소각시설의 검사기관과 동일(에너지회수 외의 검사)

70 **에너지 회수기준으로 알맞지 않은 것은?**

① 다른 물질과 혼합하지 아니하고 해당 폐기물의 저위발열량이 킬로그램당 3천킬로칼로리 이상일 것
② 환경부장관이 정하여 고시하는 경우에는 폐기물의 30퍼센트 이상을 원료나 재료로 재활용하고 그 나머지 중에서 에너지의 회수에 이용할 것
③ 회수열을 50퍼센트 이상 열원으로 스스로 이용하거나 다른 사람에게 공급할 것
④ 에너지의 회수효율(회수에너지 총량을 투입에너지총량으로 나눈 비율을 말한다.)이 75퍼센트 이상일 것

해설 **에너지 회수기준**
① 다른 물질과 혼합하지 아니하고 해당 폐기물의 저위발열량이 킬로그램당 3천 킬로칼로리 이상일 것
② 에너지의 회수효율(회수에너지 총량을 투입에너지 총량으로 나눈 비율을 말한다)이 75퍼센트 이상일 것
③ 회수열을 모두 열원으로 스스로 이용하거나 다른 사람에게 공급할 것
④ 환경부장관이 정하여 고시하는 경우에는 폐기물의 30퍼센트 이상을 원료나 재료로 재활용하고 그 나머지 중에서 에너지 회수에 이용할 것

71 **폐기물처리시설 주변지역 영향조사기준 중 조사방법(조사지점)에 관한 내용으로 ( )에 옳은 것은?**

> 미세먼지와 다이옥신 조사지점은 해당시설에 인접한 주거지역 중 ( ) 이상 지역의 일정한 곳으로 한다.

① 2개소　　② 3개소
③ 4개소　　④ 5개소

해설 **주변지역 영향조사의 조사지점**
① 미세먼지와 다이옥신 조사지점은 해당 시설에 인접한 주거지역 중 3개소 이상 지역의 일정한 곳으로 한다.
② 악취 조사지점은 매립시설에 가장 인접한 주거지역에서 냄새가 가장 심한 곳으로 한다.
③ 지표수 조사지점은 해당 시설에 인접하여 폐수, 침출수 등이 흘러들거나 흘러들 것으로 우려되는 지역의 상·하류 각 1개소 이상의 일정한 곳으로 한다.
④ 지하수 조사지점은 매립시설의 주변에 설치된 3개의 지하수 검사정으로 한다.
⑤ 토양조사지점은 4개소 이상으로 하고 토양정밀조사의 방법에 따라 폐기물 매립 및 재활용 지역의 시료채취 지점의 표토와 심토에서 각각 시료를 채취해야 하며, 시료채취지점의 지형 및 하부토양의 특성을 고려하여 시료를 채취해야 한다.

72 **의료폐기물의 종류 중 위해의료폐기물의 종류와 가장 거리가 먼 것은?**

① 전염성류 폐기물　　② 병리계 폐기물
③ 손상성 폐기물　　④ 생물·화학폐기물

해설 **위해의료폐기물의 종류**
① 조직물류 폐기물 : 인체 또는 동물의 조직·장기·기관·신체의 일부, 동물의 사체, 혈액·고름 및 혈액생성물질(혈청, 혈장, 혈액 제제)
② 병리계 폐기물 : 시험·검사 등에 사용된 배양액, 배양용기, 보관균주, 폐시험관, 슬라이드 커버글라스 폐배지, 폐장갑
③ 손상성 폐기물 : 주삿바늘, 봉합바늘, 수술용 칼날, 한방침, 치과용 침, 파손된 유리재질의 시험기구
④ 생물·화학폐기물 : 폐백신, 폐항암제, 폐화학치료제
⑤ 혈액오염폐기물 : 폐혈액백, 혈액투석 시 사용된 폐기물, 그 밖에 혈액이 유출될 정도로 포함되어 있는 특별한 관리가 필요한 폐기물

73 **사업장폐기물의 종류별 세부분류번호로 옳은 것은?(단, 사업장일반폐기물의 세부분류 및 분류번호)**

① 유기성 오니류 31－01－00
② 유기성 오니류 41－01－00
③ 유기성 오니류 51－01－00
④ 유기성 오니류 61－01－00

해설 ① 유기성 오니류 : 51－01－00
② 무기성 오니류 : 51－02－00

정답 70 ③　71 ②　72 ①　73 ③

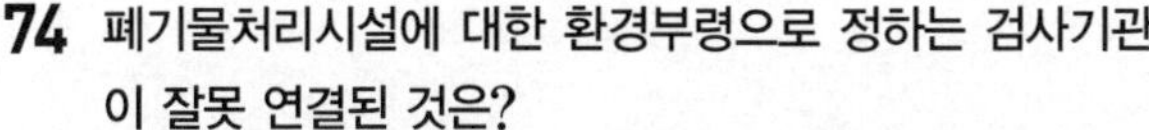

74 **폐기물처리시설에 대한 환경부령으로 정하는 검사기관이 잘못 연결된 것은?**

① 소각시설의 검사기관 : 한국기계연구원
② 음식물류 폐기물 처리시설의 검사기관 : 보건환경연구원
③ 멸균분쇄시설의 검사기관 : 한국산업기술시험원
④ 매립시설의 검사기관 : 한국환경공단

해설 **환경부령으로 정하는 검사기관**
① 소각시설
㉠ 한국환경공단
㉡ 한국기계연구원
㉢ 한국산업기술시험원
㉣ 대학, 정부 출연기관, 그 밖에 소각시설을 검사할 수 있다고 인정하여 환경부장관이 고시하는 기관
② 매립시설
㉠ 한국환경공단
㉡ 한국건설기술연구원
㉢ 한국농어촌공사
㉣ 수도권매립지관리공사
③ 멸균분쇄시설
㉠ 한국환경공단
㉡ 보건환경연구원
㉢ 한국산업기술시험원
④ 음식물 폐기물 처리시설
㉠ 한국환경공단
㉡ 한국산업기술시험원
㉢ 그 밖에 환경부장관이 정하여 고시하는 기관
⑤ 시멘트 소성로
소각시설의 검사기관과 동일
⑥ 소각열회수시설의 검사기관
소각시설의 검사기관과 동일(에너지회수 외의 검사)

75 **2년 이하의 징역이나 2천만 원 이하의 벌금에 처하는 경우가 아닌 것은?**

① 폐기물의 재활용 용도 또는 방법을 위반하여 폐기물을 처리하여 주변 환경을 오염시킨 자
② 폐기물의 수출입 신고 의무를 위반하여 신고를 하지 아니하거나 허위로 신고한 자
③ 폐기물 처리업의 업종 구분과 영업내용의 범위를 벗어나는 영업을 한 자
④ 폐기물 회수조치 명령을 이행하지 아니한 자

해설 폐기물관리법 제66조 참조

76 **폐기물의 수집 · 운반 · 보관 · 처리에 관한 기준 및 방법에 대한 설명으로 틀린 것은?**

① 해당 폐기물을 적정하게 처분, 재활용 또는 보관할 수 있는 장소 외의 장소로 운반하지 아니할 것
② 폐기물의 종류와 성질 · 상태별 재활용 가능성 여부, 가연성이나 불연성 여부 등에 따라 구분하여 수집 · 운반 · 보관할 것
③ 폐기물을 처분 또는 재활용하는 자가 폐기물을 보관하는 경우에는 그 폐기물처분시설 또는 재활용시설과 다른 사업장에 있는 보관시설에 보관할 것
④ 수집 · 운반 · 보관의 과정에서 침출수가 생기는 경우에는 환경부령으로 정하는 바에 따라 처리할 것

해설 폐기물을 처분 또는 재활용하는 자가 처분시설 또는 재활용시설과 같은 사업장에 있는 보관시설에 보관할 것

77 **3년 이하의 징역이나 3천만 원 이하의 벌금에 처하는 경우가 아닌 것은?**

① 거짓이나 그 밖의 부정한 방법으로 폐기물분석 전문기관으로 지정을 받거나 변경지정을 받은 자
② 다른 자의 명의나 상호를 사용하여 재활용환경성평가를 하거나 재활용환경성평가기관지정서를 빌린 자
③ 유해성 기준에 적합하지 아니하게 폐기물을 재활용한 제품 또는 물질을 제조하거나 유통한 자
④ 고의로 사실과 다른 내용의 폐기물분석결과서를 발급한 폐기물분석 전문기관

해설 폐기물관리법 제65조 참조

78 **음식물류 폐기물처리시설의 검사기관으로 옳은 것은?**

① 한국산업기술시험원
② 한국환경자원공사
③ 시 · 도 보건환경연구원
④ 수도권매립지관리공사

해설 **환경부령으로 정하는 검사기관**
① 소각시설
㉠ 한국환경공단
㉡ 한국기계연구원
㉢ 한국산업기술시험원
㉣ 대학, 정부 출연기관, 그 밖에 소각시설을 검사할 수 있다고 인정하여 환경부장관이 고시하는 기관

2022

정답 74 ② 75 ④ 76 ③ 77 ③ 78 ①

② 매립시설
　㉠ 한국환경공단
　㉡ 한국건설기술연구원
　㉢ 한국농어촌공사
　㉣ 수도권매립지관리공사
③ 멸균분쇄시설
　㉠ 한국환경공단
　㉡ 보건환경연구원
　㉢ 한국산업기술시험원
④ 음식물 폐기물 처리시설
　㉠ 한국환경공단
　㉡ 한국산업기술시험원
　㉢ 그 밖에 환경부장관이 정하여 고시하는 기관
⑤ 시멘트 소성로
　소각시설의 검사기관과 동일
⑥ 소각열회수시설의 검사기관
　소각시설의 검사기관과 동일(에너지회수 외의 검사)

79 폐기물처리시설의 사후관리기준 및 방법에 규정된 사후관리 항목 및 방법에 따라 조사한 결과를 토대로 매립시설이 주변 환경에 미치는 영향에 대한 종합보고서를 매립시설의 사용종료 신고 후 몇 년마다 작성하여야 하는가?

① 1년　② 2년
③ 3년　④ 5년

해설 매립시설이 주변 환경에 미치는 영향에 대한 종합보고서를 매립시설의 사용종료 신고 후 5년마다 작성하여야 한다.

80 사후관리 대상인 폐기물 매립시설은 사용이 종료되거나 그 시설이 폐쇄된 날로부터 몇 년 이내로 토지이용을 제한하는가?

① 10년　② 20년
③ 30년　④ 40년

해설 사후관리 대상인 폐기물 매립시설은 사용이 종료되거나 그 시설이 폐쇄된 날로부터 30년 이내로 토지이용을 제한한다.

정답 79 ④　80 ③

2022년 4회 CBT 복원·예상문제

제1과목 폐기물개론

01 폐기물의 초기함수율이 65%였다. 이 폐기물을 노천건조시킨 후의 함수율이 45%로 감소되었다면 몇 kg의 물이 증발되었는가?(단, 초기 폐기물의 무게 : 100kg, 폐기물의 비중 : 1)

① 약 31.2kg　② 약 32.6kg
③ 약 34.5kg　④ 약 36.4kg

해설 100kg×(1－0.65)＝건조 후 폐기물량×(1－0.45)
건조 후 폐기물량＝63.64kg
증발 수분량(kg)＝건조 전 폐기물량－건조 후 폐기물량
＝100－63.64＝36.36kg

02 함수율 80%인 젖은 쓰레기와 함수율 20%인 마른 쓰레기를 중량비로 2 : 3으로 혼합하였다. 최종 함수율은?

① 32%　② 44%
③ 56%　④ 68%

해설 최종 혼합함수율(%)＝ $\frac{(2\times0.8)+(3\times0.2)}{2+3}$ ＝44%

03 선별방식 중 각 물질의 비중차를 이용하는 방법으로 약간 경사진 평판에 폐기물을 흐르게 한 후 좌우로 빠른 진동과 느린 진동을 주어 분류하는 것은?

① Secators　② Stoners
③ Table　④ Jig

해설 **테이블(Table) 선별법**
각 물질의 비중차를 이용하여 약간 경사진 평판에 폐기물을 올려놓고 좌우로 빠른 진동과 느린 진동을 주면 가벼운 입자는 빠른 진동 쪽으로, 무거운 입자는 느린 쪽으로 분류되는 방법이다.

04 3성분이 다음과 같은 쓰레기의 저위발열량(kcal/kg)은?

수분 : 60%, 가연분 : 30%, 회분 : 10%

① 약 890　② 약 990
③ 약 1,190　④ 약 1,290

해설 H_l(kcal/kg)＝45VS－6W
＝(45×30)－(6×60)＝990kcal/kg

05 폐기물의 자원화를 위해 EPR의 정착과 활성화가 필요하다. EPR의 의미로 가장 적절한 것은?

① 폐기물 자원화 기술개발 제도
② 생산자책임 재활용 제도
③ 재활용제품 소비촉진 제도
④ 고부가 자원화 사업지원 제도

해설 **생산자책임 재활용 제도(Extended Producer Responsibility ; EPR)**
폐기물은 단순히 버려져 못쓰는 것이라는 의식을 바꾸어 '폐기물＝자원'이라는 공감대를 확산시킴으로써 재활용 정책에 활력을 불어넣는 제도이며, 폐기물의 자원화를 위해 EPR의 정착과 활성화가 필수적이다.

06 함수율 80%인 음식쓰레기와 함수율 50%인 퇴비를 3 : 1의 무게비로 혼합하면 함수율은?(단, 비중은 1.0 기준)

① 66.5%　② 68.5%
③ 72.5%　④ 74.5%

해설 함수율(%)＝ $\frac{(3\times0.8)+(1\times0.5)}{3+1}$ ＝0.725×100＝72.5%

07 새로운 쓰레기 수집방법 중 Pipeline 방식에 관한 설명으로 틀린 것은?

① 쓰레기 발생빈도가 높은 인구밀집지역에서 현실성이 있다.
② 대형 폐기물에 대한 전처리가 필요하다.
③ 잘못 투입된 물건은 회수하기가 곤란하다.
④ 장거리 이송이 용이하다.

정답 01 ④ 02 ② 03 ③ 04 ② 05 ② 06 ③ 07 ④

해설 **관거(Pipeline) 수송의 장단점**
① 장점
㉠ 자동화, 무공해화, 안전화가 가능하다.
㉡ 눈에 띄지 않는다.(미관, 경관 좋음)
㉢ 에너지 절약이 가능하다.
㉣ 교통소통이 원활하여 교통체증 유발이 없다.(수거차량에 의한 도심지 교통량 증가 없음)
㉤ 투입 용이, 수집이 편리하다.
㉥ 인건비 절감의 효과가 있다.
② 단점
㉠ 대형 폐기물(조대폐기물)에 대한 전처리 공정(파쇄, 압축)이 필요하다.
㉡ 가설(설치) 후에 경로변경이 곤란하고 설치비가 비싸다.
㉢ 잘못 투입된 폐기물은 회수하기가 곤란하다.
㉣ 2.5km 이내의 거리에서만 이용된다.(장거리, 즉 2.5km 이상에서는 사용 곤란)
㉤ 단거리에 현실성이 있다.
㉥ 사고발생 시 시스템 전체가 마비되며 대체시스템으로 전환이 필요하다.(고장 및 긴급사고 발생에 대한 대처방법이 필요함)
㉦ 초기투자 비용이 많이 소요된다.
㉧ pipe 내부 진공도에 한계가 있다.(max $0.5kg/cm^2$)

08 쓰레기 발생량 조사방법과 거리가 먼 것은?

① 물질수지법 ② 경향법
③ 적재차량 계수분석법 ④ 직접계근법

해설 ① 쓰레기 발생량 조사방법
㉠ 적재차량 계수분석법
㉡ 직접계근법
㉢ 물질수지법
㉣ 통계조사(표본조사, 전수조사)
② 쓰레기 발생량 예측방법
㉠ 경향법
㉡ 다중회귀모델
㉢ 동적모사모델

09 인구 1,000,000인 도시에서 1일 1인당 1.8kg의 쓰레기가 발생하고 있다. 1년 동안에 발생한 쓰레기의 총 부피는?(단, 쓰레기 밀도는 0.45kg/L이며 인구 및 발생량 증가, 압축에 의한 변화는 무시한다.)

① $1,260,000m^3$/년 ② $1,460,000m^3$/년
③ $1,630,000m^3$/년 ④ $1,820,000m^3$/년

해설 쓰레기 총 부피(m^3/year)

$$= \frac{1.8\text{kg/인} \cdot \text{일} \times 1,000,000\text{인} \times 365\text{일/year}}{0.45\text{kg/L} \times 1,000\text{L/m}^3}$$

$= 1,460,000m^3$/year

10 적환장의 설치장소로 적당하지 않은 것은?

① 쓰레기 발생지역의 무게중심에서 가능한 먼 곳
② 주요간선도로와 가까운 곳
③ 환경피해가 최소인 곳
④ 설치 및 작업이 쉬운 곳

해설 **적환장 위치결정 시 고려사항**
① 적환장의 설치장소는 수거하고자 하는 개별적 고형폐기물 발생지역의 하중중심(무게중심)과 되도록 가까운 곳이어야 함
② 쉽게 간선도로에 연결되며, 2차 보조수송수단의 연결이 쉬운 곳
③ 건설비와 운영비가 적게 들고 경제적인 곳
④ 최종 처리장과 수거지역의 거리가 먼 경우(≒16km 이상)
⑤ 주도로의 접근이 용이하고 2차 또는 보조수송수단의 연결이 쉬운 지역
⑥ 주민의 반대가 적고 주위환경에 대한 영향이 최소인 곳
⑦ 설치 및 작업이 쉬운 곳(설치 및 작업조작이 경제적인 곳)
⑧ 적환작업 중 공중위생 및 환경피해 영향이 최소인 곳

11 인구 3,800명인 어느 지역에서 발생되는 폐기물을 1주일에 1일 수거하기 위하여 용량 $8m^3$인 청소차량이 5대, 1일 2회 수거, 1일 근무시간이 8시간인 환경미화원이 5명 동원된다. 쓰레기의 적재밀도가 $0.4ton/m^3$일 때 1인 1일 폐기물 발생량은?

① 0.9kg/인·일 ② 1.0kg/인·일
③ 1.2kg/인·일 ④ 1.3kg/인·일

해설 폐기물 발생량(kg/인·일)

$$= \frac{\text{수거폐기물부피} \times \text{밀도}}{\text{대상 인구 수}}$$

$$= \frac{8\text{m}^3/\text{대} \times 5\text{대/회} \times 1\text{회/주} \times \text{주/7day} \times 2 \times 400\text{kg/m}^3}{3,800\text{인}}$$

$= 1.2$kg인·일

12 폐기물선별법 중 와전류 분리법으로 선별하기 어려운 물질은?

① 구리 ② 철
③ 아연 ④ 알루미늄

정답 08 ② 09 ② 10 ① 11 ③ 12 ②

해설 **와전류 분리법**
연속적으로 변화하는 자장 속에 비극성(비자성)이고 전기전도도가 우수한 물질(구리, 알루미늄, 아연 등)을 넣으면 금속 내에 소용돌이 전류가 발생하는 와전류현상에 의하여 반발력이 생기는데 이 반발력의 차를 이용하여 다른 물질로부터 분리하는 방법이다.

13 와전류 선별기로 주로 분리하는 비철금속에 관한 내용으로 가장 옳은 것은?

① 자성이며 전기전도성이 좋은 금속
② 자성이며 전기전도성이 나쁜 금속
③ 비자성이며 전기전도성이 좋은 금속
④ 비자성이며 전기전도성이 나쁜 금속

해설 **와전류 선별법**
① 연속적으로 변화하는 자장 속에 비극성(비자성)이고 전기전도도가 우수한 물질(구리, 알루미늄, 아연 등)을 넣으면 금속 내에 소용돌이 전류가 발생하는 와전류현상에 의하여 반발력이 생기는데 이 반발력의 차를 이용하여 다른 물질로부터 분리하는 방법이다.
② 폐기물 중 철금속(Fe), 비철금속(Al, Cu), 유리병의 3종류를 각각 분리할 경우 와전류 선별법이 가장 적절하다.

14 적환 및 적환장에 관한 설명으로 옳지 않은 것은?

① 적환장은 수송차량의 적재용량에 따라 직접적환, 간접적환, 복합적환으로 구분된다.
② 적환장은 소형 수거를 대형 수송으로 연결해주는 곳이며 효율적인 수송을 위하여 보조적인 역할을 수행한다.
③ 적환장의 설치장소는 수거하고자 하는 개별적 고형폐기물 발생지역의 하중중심에 되도록 가까운 곳이어야 한다.
④ 적환을 시행하는 이유는 종말처리장이 대형화하여 폐기물의 운반거리가 연장되었기 때문이다.

해설 적환장의 형식은 직접투하방식, 저장투하방식, 직접 · 저장투하 결합방식으로 구분된다.

15 A도시의 폐기물 수거량이 2,000,000ton/year이며, 수거인부는 1일 3,255명이고 수거 대상 인구는 5,000,000인이다. 수거인부의 일 평균작업시간을 5시간이라고 할 때, MHT는?(단, 1년은 365일 기준)

① 1.83MHT ② 2.97MHT
③ 3.65MHT ④ 4.21MHT

해설 $\text{MHT} = \dfrac{\text{수거인부} \times \text{수거인부 총 수거시간}}{\text{총 수거량}}$

$= \dfrac{3,255\text{인} \times 5\text{hr/day} \times 365\text{day/year}}{2,000,000\text{ton/year}}$

$= 2.97\text{MHT}(\text{man} \cdot \text{hr/ton})$

16 A, B, C 세 가지 물질로 구성된 쓰레기 시료를 채취하여 분석한 결과 함수율이 55%인 A물질이 35% 발생되고, 함수율 5%인 B물질이 60% 발생되었다. 나머지 C물질은 함수율이 10%인 것으로 나타났다면 전체 쓰레기의 함수율은?

① 23% ② 28%
③ 32% ④ 37%

해설 혼합 쓰레기 함수율(%)

$= \dfrac{(35 \times 0.55) + (60 \times 0.05) + (10 \times 0.1)}{35 + 60 + 10} \times 100 = 23.25\%$

17 고형분이 45%인 주방쓰레기 10톤을 소각하기 위해 함수율이 30% 되도록 건조시켰다. 이 건조 쓰레기의 중량은?(단, 비중은 1.0 기준)

① 4.3톤 ② 5.5톤
③ 6.4톤 ④ 7.2톤

해설 $10\text{ton} \times 0.45 = \text{건조 쓰레기 중량} \times (1 - 0.3)$

$\text{건조 쓰레기 중량(ton)} = \dfrac{10\text{ton} \times 0.45}{0.7} = 6.43\text{ton}$

18 청소상태 만족도 평가를 위한 지역사회 효과 지수인 CEI (Community Effects Index)에 관한 설명으로 옳은 것은?

① 적환장 크기와 수거량의 관계로 결정한다.
② 수거방법에 따른 MHT 변화로 측정한다.
③ 가로(街路) 청소상태를 기준으로 측정한다.
④ 일반대중들에 대한 설문조사를 통하여 결정한다.

해설 **지역사회 효과지수(Community Effect Index ; CEI)**
① 가로 청소상태를 기준으로 측정(평가)한다.
② CEI 지수에서 가로청결상태 S의 scale은 1~4로 정하여 각각 100, 75, 50, 25, 0점으로 한다.

정답 13 ③ 14 ① 15 ② 16 ① 17 ③ 18 ③

19 쓰레기 수거노선 선정 시 고려할 내용으로 옳지 않은 것은?

① 출발점은 차고와 가까운 곳으로 한다.
② 언덕지역은 올라가면서 수거한다.
③ 가능한 한 시계방향으로 수거한다.
④ 발생량이 많은 곳은 하루 중 가장 먼저 수거한다.

해설 **효과적 · 경제적인 수거노선 결정 시 유의(고려)사항 : 수거노선 설정요령**
① 지형이 언덕인 지역에서는 언덕의 위에서부터 내려가며 적재하면서 차량을 진행하도록 한다.(안전성, 연료비 절약)
② 수거인원 및 차량형식이 같은 기존 시스템의 조건들을 서로 관련시킨다.
③ 출발점은 차고와 가깝게 하고 수거된 마지막 컨테이너가 처분지의 가장 가까이에 위치하도록 배치한다.
④ 가능한 한 지형지물 및 도로경계와 같은 장벽을 사용하여 간선도로 부근에서 시작하고 끝나야 한다.(도로경계 등을 이용)
⑤ 가능한 한 시계방향으로 수거노선을 정한다.
⑥ 적은 양의 쓰레기가 발생하나 동일한 수거빈도를 받기 원하는 적재지점(수거지점)은 가능한 한 같은 날 왕복 내에서 수거한다.
⑦ 아주 많은 양의 쓰레기가 발생되는 발생원은 하루 중 가장 먼저 수거한다.
⑧ 될 수 있는 한 한 번 간 길은 다시 가지 않는다.
⑨ 반복운행 또는 U자형 회전은 피하여 수거한다.
⑩ 교통량이 많거나 출퇴근시간은 피하여 수거한다.
⑪ 수거지점과 수거빈도 결정 시 기존 정책이나 규정을 참고한다.

20 자력선별을 통해 철캔을 알루미늄캔으로부터 분리 회수한 결과가 다음과 같다면 Worrell 식에 의한 선별효율(%)은?(투입량 = 2톤, 회수량 = 1.5톤, 회수량 중 철캔 = 1.3톤, 제거량 중 알루미늄캔 = 0.4톤)

① 69%　　② 67%
③ 65%　　④ 62%

해설 x_1이 1.3ton → y_1 0.2ton
x_2가(0.5−0.4)ton → y_2(2−1.5−0.1)ton
$x_0 = x_1 + x_2 = 1.3 + 0.1 = 1.4\text{ton}$
$y_0 = y_1 + y_2 = 0.2 + 0.4 = 0.6\text{ton}$

$$E(\%) = \left[\left(\frac{x_1}{x_0}\right) \times \left(\frac{y_2}{y_0}\right)\right] \times 100$$
$$= \left[\left(\frac{1.3}{1.4}\right) \times \left(\frac{0.4}{0.6}\right)\right] \times 100 = 61.91\%$$

[Note] x_0 : 투입량 중 회수대상물질
y_0 : 제거량 중 비회수대상물질
x_1 : 회수량 중 회수대상물질
y_1 : 회수량 중 비회수대상물질
x_2 : 제거량 중 회수대상물질
y_2 : 제거량 중 비회수대상물질

제2과목 폐기물처리기술

21 유기물(포도당, $C_6H_{12}O_6$) 1kg을 혐기성 소화시킬 때 이론적으로 발생되는 메탄양(kg)은?

① 약 0.09　　② 약 0.27
③ 약 0.73　　④ 약 0.93

해설 $C_6H_{12}O_6 \rightarrow 3CH_4 + 3CO_2$
180kg : (3×16)kg
1kg : CH_4(kg)

$$CH_4(\text{kg}) = \frac{1\text{kg} \times (3 \times 16)\text{kg}}{180\text{kg}} = 0.27\text{kg}$$

22 합성차수막 중 PVC에 관한 설명으로 틀린 것은?

① 작업이 용이하다.
② 접합이 용이하고 가격이 저렴하다.
③ 자외선, 오존, 기후에 약하다.
④ 대부분의 유기화학물질에 강하다.

해설 **합성차수막 중 PVC**
① 장점
㉠ 작업이 용이함　㉡ 강도가 높음
㉢ 접합이 용이함　㉣ 가격이 저렴함
② 단점
㉠ 자외선, 오존, 기후에 약함
㉡ 대부분 유기화학물질(기름 등)에 약함

23 매립 시 표면차수막(연직차수막과 비교)에 관한 설명으로 가장 거리가 먼 것은?

① 지하수 집배수시설이 필요하다.
② 경제성에 있어서 차수막 단위면적당 공사비는 고가이나 총 공사비는 싸다.
③ 보수 가능성 면에 있어서는 매립 전에는 용이하나 매립 후에는 어렵다.
④ 차수성 확인에 있어서는 시공 시에는 확인되지만 매립 후에는 곤란하다.

정답 19 ② 20 ④ 21 ② 22 ④ 23 ②

해설 **표면차수막**

① 적용조건
㉠ 매립지반의 투수계수가 큰 경우에 사용
㉡ 매립지의 필요한 범위에 차수재료로 덮인 바닥이 있는 경우에 사용
② 시공
매립지 전체를 차수재료로 덮는 방식으로 시공
③ 지하수 집배수시설
원칙적으로 지하수 집배수시설을 시공하므로 필요함
④ 차수성 확인
시공 시에는 차수성이 확인되지만 매립 후에는 곤란함
⑤ 경제성
단위면적당 공사비는 저가이나 전체적으로 비용이 많이 듦
⑥ 보수
매립 전에는 보수, 보강 시공이 가능하나 매립 후에는 어려움
⑦ 공법 종류
㉠ 지하연속벽
㉡ 합성고무계 시트
㉢ 합성수지계 시트
㉣ 아스팔트계 시트

24 **어느 분뇨처리장에서 20kL/일의 분뇨를 처리하며 여기에서 발생하는 가스의 양은 투입 분뇨량의 8배라고 한다면 이 중 CH_4가스에 의해 생성되는 열량은?(단, 발생가스 중 CH_4가스가 70%를 차지하며, 열량은 6,000kcal/m^3-CH_4이다.)**

① 84,000kcal/일
② 120,000kcal/일
③ 672,000kcal/일
④ 960,000kcal/일

해설 메탄가스양 $= 20\text{kL/day} \times \text{m}^3/\text{kL} \times 8 \times 0.7 = 112\text{m}^3/\text{day}$
열량(kcal/day) $= 112\text{m}^3\text{CH}_4/\text{day} \times 6{,}000\text{kcal/m}^3-\text{CH}_4$
$= 672{,}000\text{kcal/day}$

25 **폐기물 매립지 표면적이 50,000m^2이며 침출수량은 연간 강우량의 10%라면 1년간 침출수에 의한 BOD 누출량은?(단, 연간 평균 강수량 1,300mm, 침출수 BOD 8,000mg/L이다.)**

① 40,000kg ② 52,000kg
③ 400,000kg ④ 468,000kg

해설 침출수량(m^3/year) $= \dfrac{0.1 \times 1{,}300 \times 50{,}000}{1{,}000}$
$= 6{,}500\text{m}^3/\text{year}$
침출수에 의한 BOD 누출량(kg/year)
$= 6{,}500\text{m}^3/\text{year} \times 8{,}000\text{mg/L} \times 1{,}000\text{L/m}^3 \times \text{kg}/10^6\text{mg}$
$= 52{,}000\text{kg/year}$

26 **고형화 방법 중 자가시멘트법에 관한 설명으로 옳지 않은 것은?**

① 혼합률(MR)이 낮다.
② 고농도 황화물 함유 폐기물에 적용된다.
③ 탈수 등 전처리가 필요 없다.
④ 보조에너지가 필요 없다.

해설 **자가시멘트법(Self-cementing Techniques)**

① FGD 슬러지 중 일부(10%)를 생석회화한 후 여기에 소량의 물(수분량 조절역할)과 첨가제를 가하여 폐기물이 스스로 고형화되는 성질을 이용하는 방법이다. 즉, 연소가스 탈황 시 발생된 높은 황화물을 함유한 슬러지 처리에 사용된다.
② 장점
㉠ 혼합률(MR)이 비교적 낮다.
㉡ 중금속의 고형화 처리에 효과적이다.
㉢ 전처리(탈수 등)가 필요 없다.
③ 단점
㉠ 장치비가 크며 숙련된 기술이 요구된다.
㉡ 보조에너지가 필요하다.
㉢ 많은 황화물을 가지는 폐기물에 적합하다.

27 **CSPE 합성 차수막의 장단점으로 옳지 않은 것은?**

① 접합이 용이하다.
② 강도가 높다.
③ 산 및 알칼리에 강하다.
④ 기름, 탄화수소 및 용매류에 약하다.

해설 **합성차수막(CSPE)**

① 장점
㉠ 미생물에 강함
㉡ 접합이 용이함
㉢ 산과 알칼리에 특히 강함
② 단점
㉠ 기름, 탄화수소, 용매류에 약함
㉡ 강도가 낮음

2022

정답 24 ③ 25 ② 26 ④ 27 ②

28 부탄가스(C_4H_{10})를 이론공기량으로 연소시킬 때 건조가스 중 $(CO_2)_{max}$%는?

① 약 10% ② 약 12%
③ 약 14% ④ 약 16%

해설 $CO_{2max}(\%) = \dfrac{CO_2 양}{G_{od}} \times 100$

$C_4H_{10} + 6.5O_2 \rightarrow 4CO_2 + 5H_2O$
$22.4m^3 : 6.5 \times 22.4m^3$
$1m^3 : 6.5m^3 \quad [CO_2 \rightarrow 4m^3]$
$G_{od} = (1-0.21)A_o + CO_2$
$= \left[(1-0.21) \times \dfrac{6.5}{0.21}\right] + 4 = 25.45m^3/m^3$
$= \dfrac{4}{28.45} \times 100 = 14.06\%$

29 3%의 고형물을 함유하는 슬러지를 하루에 $100m^3$씩 침전지로부터 제거하는 처리장에서 운영기술의 숙달로 8%의 고형물을 함유하는 슬러지로 제거할 수 있다면 제거되는 슬러지양은?(단, 제거되는 고형물의 무게는 같으며 비중은 1.0 기준)

① 약 $38m^3$ ② 약 $43m^3$
③ 약 $59m^3$ ④ 약 $63m^3$

해설 $100m^3 \times 0.03$ = 제거 슬러지양$(m^3) \times 0.08$
제거 슬러지양$(m^3) = 37.5m^3$

30 분료처리장 1차 침전지에서 1일 슬러지 제거량이 $80m^3$/day이고, SS농도가 30,000mg/L이었다. 이 슬러지를 탈수했을 때 탈수된 슬러지의 함수율이 89%였다면 탈수된 슬러지양은?(단, 슬러지 비중 1.0)

① 10ton/day
② 12ton/day
③ 14ton/day
④ 16ton/day

해설 슬러지양(ton/day)
$= 80m^3/day \times 30{,}000mg/L \times 1{,}000L/m^3 \times ton/10^9mg \times \dfrac{100}{100-80} = 12ton/day$

31 매립 시 적용되는 연직차수막과 표면차수막에 관한 설명으로 옳지 않은 것은?

① 연직차수막은 지중에 수평방향의 차수층 존재 시 사용된다.
② 연직차수막은 지하수 집배수시설이 불필요하다.
③ 연직차수막은 지하매설로서 차수성 확인이 어려우나 표면차수막은 시공 시 확인이 가능하다.
④ 연직차수막은 단위면적당 공사비는 싸지만 총 공사비는 비싸다.

해설 **연직차수막**
① 적용조건 : 지중에 수평방향의 차수층이 존재할 때 사용
② 시공 : 수직 또는 경사시공
③ 지하수 집배수시설 : 불필요
④ 차수성 확인 : 지하매설로서 차수성 확인이 어려움
⑤ 경제성 : 단위면적당 공사비는 많이 소요되나 총 공사비는 적게 듦
⑥ 보수 : 지중이므로 보수가 어렵지만 차수막 보강시공이 가능
⑦ 공법 종류
㉠ 어스 댐 코어 공법
㉡ 강널말뚝(sheet pile) 공법
㉢ 그라우트 공법
㉣ 차수시트 매설 공법
㉤ 지중 연속벽 공법

32 어떤 액체 연료를 보일러에서 완전 연소시켜 그 배기가스를 분석한 결과 CO_2 13%, O_2 3%, N_2 84%였다. 이때 공기비는?

① 1.16 ② 1.26
③ 1.36 ④ 1.46

해설 $공기비(m) = \dfrac{N_2}{N_2 - 3.76O_2} = \dfrac{84}{84-(3.76 \times 3)} = 1.16$

33 RDF(Refuse Derived Fuel)의 구비조건과 가장 거리가 먼 것은?

① 재의 양이 적을 것
② 대기오염이 적을 것
③ 함수율이 낮을 것
④ 균일한 조성을 피할 것

해설 RDF의 구비조건 중 배합률은 조성이 균일해야 한다.

정답 28 ③ 29 ① 30 ② 31 ④ 32 ① 33 ④

34 **토양공기의 조성에 관한 설명으로 틀린 것은?**

① 토양 성분과 식물 양분에 산화적 변화를 일으키는 원인이 된다.
② 대기에 비하여 토양공기 내 탄산가스의 함량이 낮다.
③ 대기에 비하여 토양공기 내 수증기의 함량이 높다.
④ 토양이 깊어질수록 토양공기 내 산소함량은 감소한다.

해설 토양공기는 대기와 비교하여 N_2, CO_2, Ar, 상대습도는 높은 편이며 O_2는 낮은 편이다.

35 **1차 반응속도에서 반감기(초기농도가 50% 줄어드는 시간)가 10분이다. 초기농도의 75%가 줄어드는 데 걸리는 시간은?**

① 20분 ② 30분
③ 40분 ④ 50분

해설 $\ln 0.5 = -k \times 10\text{min}$
$k = 0.0693\text{min}^{-1}$
$\ln\frac{25}{100} = -0.0693\text{min}^{-1} \times t$
소요시간$(t) = 20\text{min}$

36 **다음 중 우리나라 음식물 쓰레기를 퇴비로 재활용하는 데 있어서 가장 큰 문제점으로 지적되는 사항은?**

① 염분 함량 ② 발열량
③ 유기물 함량 ④ 밀도

해설 우리나라 음식물 쓰레기를 퇴비로 재활용하는 데 있어서 가장 큰 문제점은 염분 함량이다.

37 **폐기물 매립 후 경과 기간에 따른 가스 구성 성분의 변화에 대한 설명으로 가장 거리가 먼 것은?**

① 1단계 : 호기성 단계로 폐기물 내의 수분이 많은 경우에는 반응이 가속화되고 용존산소가 쉽게 고갈된다.
② 2단계 : 호기성 단계로 임의성 미생물에 의해서 SO_4^{2-}와 NO_3^-가 환원되는 단계이다.
③ 3단계 : 혐기성 단계로 CH_4가 생성되며 온도가 약 55℃까지는 증가한다.
④ 4단계 : 혐기성 단계로 가스 내의 CH_4와 CO_2의 함량이 거의 일정한 정상상태의 단계이다.

해설 제2단계는 혐기성 단계이지만 메탄이 형성되지 않는 단계로 임의의 미생물에 의하여 SO_4^{2-}와 NO_3^-가 환원되는 단계이다.

38 **밀도가 300kg/m^{3}인 폐기물 중 비가연분이 무게비로 50%이다. 폐기물 10m^3 중 가연분의 양은?**

① 1,500kg ② 2,100kg
③ 3,000kg ④ 3,500kg

해설 가연분 양(kg) = 밀도 × 부피 × 가연분 함유비율
$= 300\text{kg/m}^3 \times 10\text{m}^3 \times 0.5 = 1{,}500\text{kg}$

39 **유효공극률 0.2, 점토층 위의 침출수 수두 1.5m인 점토 차수층 1.0m를 통과하는 데 10년이 걸렸다면 점토 차수층의 투수계수(cm/sec)는?**

① 2.54×10^{-7} ② 3.54×10^{-7}
③ 2.54×10^{-8} ④ 3.54×10^{-8}

해설 $t = \frac{d^2\eta}{k(d+h)}$

$315{,}360{,}000\text{sec} = \frac{1.0\text{m}^2 \times 0.2}{k(1.0+1.5)\text{m}}$
투수계수$(k) = 2.54 \times 10^{-10}\text{m/sec} \times 100\text{cm/m}$
$= 2.54 \times 10^{-8}\text{cm/sec}$

40 **퇴비를 효과적으로 생산하기 위하여 퇴비화 공정 중에 주입하는 Bulking Agent에 대한 설명과 가장 거리가 먼 것은?**

① 처리대상물질의 수분함량을 조절한다.
② 미생물의 지속적인 공급으로 퇴비의 완숙을 유도한다.
③ 퇴비의 질(C/N비) 개선에 영향을 준다.
④ 처리대상물질 내의 공기가 원활히 유통될 수 있도록 한다.

해설 Bulking Agent(통기개량제)
① 팽화제 또는 수분함량조절제라 하며 퇴비를 효과적으로 생산하기 위하여 주입한다.
② 톱밥, 왕겨, 볏짚 등이 이용된다.(톱밥 기준 C/N비는 150~1,000 정도)
③ 수분 흡수능력이 좋아야 한다.
④ 쉽게 조달이 가능한 폐기물이어야 한다.
⑤ 입자 간의 구조적 안정성이 있어야 한다.
⑥ 퇴비의 질(C/N비) 개선에 영향을 준다.(C/N비 조절효과)
⑦ 처리대상물질 내의 공기가 원활히 유통할 수 있도록 한다.
⑧ pH 조절효과도 있다.

2022

정답 34 ② 35 ① 36 ① 37 ② 38 ① 39 ③ 40 ②

제3과목 폐기물공정시험기준(방법)

41 공정시험법의 내용에 속하지 않는 것은?

① 함량시험법 ② 총칙
③ 일반시험법 ④ 기기분석법

해설 함량시험법은 공정시험기준의 내용에 속하지 않는다.

42 채취 대상 폐기물 양과 최소 시료수에 대한 내용으로 틀린 것은?

① 대상 폐기물양이 300톤이면, 최소 시료수는 30이다.
② 대상 폐기물양이 1,000톤이면, 최소 시료수는 40이다.
③ 대상 폐기물양이 2,500톤이면, 최소 시료수는 50이다.
④ 대상 폐기물양이 5,000톤이면, 최소 시료수는 60이다.

해설 대상 폐기물의 양과 시료의 최소 수

대상 폐기물의 양(단위 : ton)	시료의 최소 수
~ 1 미만	6
1 이상~5 미만	10
5 이상~30 미만	14
30 이상~100 미만	20
100 이상~500 미만	30
500 이상~1,000 미만	36
1,000 이상~5,000 미만	50
5,000 이상 ~	60

43 순수한 물 500mL에 HCl(비중 1.2) 99mL를 혼합하였을 때 용액의 염산농도(중량 %)는?

① 약 16.1% ② 약 19.2%
③ 약 23.8% ④ 약 26.9%

해설 $\text{염산농도(\%)} = \dfrac{99\text{mL} \times 1.2\text{g/mL}}{(500\text{mL} \times 1\text{g/mL}) + (99\text{mL} \times 1.2\text{g/mL})} \times 100 = 19.20\%$

44 시안을 자외선/가시선 분광법으로 측정할 때 클로라민－T와 피리딘 · 피라졸론 혼합액을 넣어 나타내는 색으로 옳은 것은?

① 적색 ② 황갈색
③ 적자색 ④ 청색

해설 시안－자외선/가시선 분광법
시료를 pH 2 이하의 산성으로 조절한 후에 에틸렌다이아민테트라아세트산나트륨을 넣고 가열 증류하여 시안화합물을 시안화수소로 유출시켜 수산화나트륨용액을 포집한 다음 중화하고 클로라민－T와 피리딘 · 피라졸론 혼합액을 넣어 나타나는 청색을 620nm에서 측정하는 방법이다.

45 투사광의 강도 I_t가 입사광 강도 I_o의 10%라면 흡광도(A)는?

① 0.5 ② 1.0
③ 2.0 ④ 5.0

해설 $\text{흡광도}(A) = \log\dfrac{1}{\text{투과도}} = \log\left(\dfrac{1}{0.1}\right) = 1.0$

46 5톤 이상의 차량에 적재되어 있을 때에는 적재폐기물을 평면상에 몇 등분한 후 각 등분마다 시료를 채취해야 하는가?

① 3 ② 6
③ 9 ④ 12

해설 폐기물이 적재되어 있는 운반차량에서 시료를 채취할 경우 적재폐기물의 성상이 균일하다고 판단되는 깊이에서 시료 채취
① 5ton 미만의 차량에 적재되어 있는 경우
적재폐기물을 평면상에서 6등분한 후 각 등분마다 시료 채취
② 5ton 이상의 차량에 적재되어 있는 경우
적재폐기물을 평면 상에서 9등분한 후 각 등분마다 시료 채취

47 폐기물 중 기름 성분을 중량법으로 측정할 때 정량한계는?

① 0.1% 이하 ② 0.2% 이하
③ 0.3% 이하 ④ 0.5% 이하

해설 기름 성분－중량법의 정량한계는 0.1% 이하이다.(정량범위 5~200mg, 표준편차율 5~20%)

48 4℃의 물 0.55L는 몇 cc가 되는가?

① 5.5 ② 55
③ 550 ④ 5,500

해설 $\text{cc} = 550\text{mL} \times \dfrac{1\text{cc}}{1\text{mL}} = 550\text{cc}$

정답 41 ① 42 ② 43 ② 44 ④ 45 ② 46 ③ 47 ① 48 ③

49 **기체크로마토그래피의 검출기 중 불꽃이온화검출기(FID)에 알칼리 또는 알칼리토류 금속염의 튜브를 부착한 것으로 유기질소화합물 및 유기인화합물을 선택적으로 검출할 수 있는 것은?**

① 열전도도 검출기(Thermal Conductivity Detector, TCD)
② 전자포획 검출기(Electron Capture Detector, ECD)
③ 불꽃광도 검출기(Flame Photometric Detector, FPD)
④ 불꽃열이온 검출기(Flame Thermionic Detector, FTD)

해설 **불꽃열이온 검출기(FTD ; Flame Thermionic Detector)**
불꽃열이온 검출기는 불꽃이온화 검출기(FID)에 알칼리 또는 알칼리토류 금속염의 튜브를 부착한 것으로 유기질소화합물 및 유기인화합물을 선택적으로 검출할 수 있다. 운반가스와 수소가스의 혼합부, 조연가스 공급구, 연소노즐, 알칼리원, 알칼리원 가열기구, 전극 등으로 구성되어 있다.

50 **폐기물용출시험방법에 관한 설명으로 틀린 것은?**

① 진탕 횟수는 매분당 약 200회로 한다.
② 진탕 후 1.0μm의 유리섬유여과지로 여과한다.
③ 진폭이 4~5cm의 진탕기로 4시간 연속 진탕한다.
④ 여과가 어려운 경우에는 매분당 3,000회전 이상으로 20분 이상 원심분리한다.

해설 **용출시험방법(용출조작)**
① 진탕 : 혼합액을 상온 · 상압에서 진탕 횟수가 매분당 약 200회, 진폭이 4~5cm인 진탕기를 사용하여 6시간 연속 진탕
⇩
② 여과 : 1.0μm의 유리섬유여과지로 여과
⇩
③ 여과액을 적당량 취하여 용출실험용 시료용액으로 함

51 **원자흡수분광광도법으로 수은을 분석할 경우 시료채취 및 관리에 관한 설명으로 ( )에 들어갈 알맞은 말은?**

> 시료가 액상폐기물인 경우는 진한 질산으로 pH (㉠) 이하로 조절하고 채취 시료는 수분, 유기물 등 함유성분의 변화가 일어나지 않도록 0~4℃ 이하의 냉암소에 보관하여야 하며 가급적 빠른 시간 내에 분석하여야 하나 최대 (㉡)일 안에 분석한다.

① ㉠ 2, ㉡ 14 ② ㉠ 3, ㉡ 14
③ ㉠ 2, ㉡ 28 ④ ㉠ 3, ㉡ 32

해설 ① 시료가 액상폐기물인 경우
㉠ 진한 질산으로 pH 2 이하로 조절
㉡ 채취 시료는 수분, 유기물 등 함유성분의 변화가 일어나지 않도록 0~4℃ 이하의 냉암소에 보관
㉢ 가급적 빠른 시간 내에 분석하여야 하나 최대 28일 안에 분석
② 시료가 고상폐기물인 경우
㉠ 0~4℃ 이하의 냉암소에 보관
㉡ 가급적 빠른 시간 내에 분석

52 **시료의 전처리 방법 중 유기물 함량이 비교적 높지 않고 금속의 수산화물, 산화물, 인산염 및 황화물을 함유하고 있는 시료에 적용되는 방법에 사용되는 산은?**

① 질산, 아세트산 ② 질산, 황산
③ 질산, 염산 ④ 질산, 과염소산

해설 **질산 – 염산 분해법**
① 적용 : 유기물 함량이 비교적 높지 않고 금속의 수산화물, 산화물, 인산염 및 황화물을 함유하고 있는 시료에 적용한다.
② 용액 산농도 : 약 0.5N

53 **수소이온농도 – 유리전극법에 관한 설명으로 틀린 것은?**

① 시료의 온도는 pH 표준액의 온도와 동일한 것이 좋다.
② 반고상폐기물 5g을 100mL 비커에 취한 다음 정제수 50mL를 넣어 30분 이상 교반, 침전 후 사용한다.
③ 고상폐기물 10g을 50mL 비커에 취한 다음 정제수 25mL를 넣어 잘 교반하여 30분 이상 방치한 후 이 현탁액을 시료용액으로 한다.
④ pH 미터는 전원을 넣은 후 5분 이상 경과 후에 사용한다.

해설 **반고상 또는 고상폐기물**
시료 10g을 50mL 비커에 취한 다음 정제수 25mL를 넣어 잘 교반하여 30분 이상 방치한 후 이 현탁액을 시료용액으로 하거나 원심분리한 후 상층액을 시료용액으로 한다.

54 **정도보증/정도관리(QA/QC)에서 검정곡선을 그리는 방법으로 틀린 것은?**

① 절대검정곡선법 ② 검출한계작성법
③ 표준물질첨가법 ④ 상대검정곡선법

정답 49 ④ 50 ③ 51 ③ 52 ③ 53 ② 54 ②

해설 **검정곡선 작성법**
① 절대검정곡선법
② 표준물질첨가법
③ 상대검정곡선법

55 **다음 설명에 해당하는 시료의 분할 채취방법은?**

- 모아진 대시료를 네모꼴로 엷게 균일한 두께로 편다.
- 이것을 가로 4등분, 세로 5등분하여 20개의 덩어리로 나눈다.
- 20개의 각 부분에서 균등한 양을 취한 후 혼합하여 하나의 시료로 한다.

① 교호삽법 ② 구획법
③ 균등분할법 ④ 원추 4분법

해설 **구획법**
① 모아진 대시료를 네모꼴로 엷게 균일한 두께로 편다.
② 이것을 가로 4등분, 세로 5등분하여 20개의 덩어리로 나눈다.
③ 20개의 각 부분에서 균등량을 취한 후 혼합하여 하나의 시료로 만든다.

56 **납을 자외선/가시선 분광법으로 측정하는 방법을 설명한 것으로 (   )에 알맞은 시약은?**

납이온이 시안화칼륨의 공존하에 알칼리성에서 (㉠)과(와) 반응하여 생성하는 착염을 (㉡)(으)로 추출하고 (중략) 흡광도를 520nm에서 측정하는 방법이다.

① ㉠ 디티존, ㉡ 사염화탄소
② ㉠ 디티존, ㉡ 클로로포름
③ ㉠ DDTC−MIBK, ㉡ 노말헥산
④ ㉠ DDTC−MIBK, ㉡ 아세톤

해설 **납−자외선/가시선 분광법**
시료 중에 납 이온이 시안화칼륨 공존하에 알칼리성에서 디티존과 반응하여 생성하는 납 디티존착염을 사염화탄소로 추출하고 과잉의 디티존을 시안화칼륨용액으로 씻은 다음 납 착염의 흡광도를 520nm에서 측정하는 방법이다.

57 **유도결합플라스마−원자발광분광법에 의한 카드뮴 분석방법에 관한 설명으로 틀린 것은?**

① 정량범위는 사용하는 장치 및 측정조건에 따라 다르지만 330nm에서 0.004~0.3mg/L 정도이다.
② 아르곤가스는 액화 또는 압축 아르곤으로서 99.99 V/V% 이상의 순도를 갖는 것이어야 한다.
③ 시료용액의 발광강도를 측정하고 미리 작성한 검정곡선으로부터 카드뮴의 양을 구하여 농도를 산출한다.
④ 검정곡선 작성 시 카드뮴 표준용액과 질산, 염산, 정제수가 사용된다.

해설 **유도결합플라스마−원자발광분광법(카드뮴)**
① 측정파장 : 226.50nm
② 정량범위 : 0.004~50mg/L

58 **자외선/가시선 분광법에 의한 비소의 측정방법으로 옳은 것은?**

① 적자색의 흡광도를 430nm에서 측정
② 적자색의 흡광도를 530nm에서 측정
③ 청색의 흡광도를 430nm에서 측정
④ 청색의 흡광도를 530nm에서 측정

해설 **비소−지외선/가시선 분광법**
시료 중의 비소를 3가비소로 환원시킨 다음 아연을 넣어 발생되는 비화수소를 다이에틸다이티오카르바민산은의 피리딘용액에 흡수시켜 이때 나타나는 적자색의 흡광도를 530nm에서 측정하는 방법이다.

59 **0.1N 수산화나트륨용액 20mL를 중화시키려고 할 때 가장 적합한 용액은?**

① 0.1M 황산 20mL ② 0.1M 염산 10mL
③ 0.1M 황산 10mL ④ 0.1M 염산 40mL

해설 황산은 2당량 → 0.1M(0.2N)
중화 시에는 당량 대 당량으로 중화한다.
$NV = N'V'$
0.1N : 20mL = 0.2N × x(mL)
x(mL) = 10mL

60 **시료 채취방법에 관한 내용 중 틀린 것은?**

① 시료의 양은 1회에 100g 이상 채취한다.
② 채취된 시료는 0~4℃ 이하의 냉암소에서 보관하여야 한다.
③ 폐기물이 적재되어 있는 운반차량에서 현장 시료를 채취할 경우에는 적재 폐기물의 성상이 균일하다고 판단되는 깊이에서 현장시료를 채취한다.

정답 55 ② 56 ① 57 ① 58 ② 59 ③ 60 ④

④ 대형의 콘크리트 고형화물로서 분쇄가 어려운 경우 같은 성분의 물질로 대체할 수 있다.

해설 대형의 콘크리트 고형화물로서 분쇄가 어려울 경우에는 임의의 5개소에서 채취하여 각각 파쇄하여 100g씩 균등 양을 혼합하여 채취한다.

제4과목 폐기물관계법규

61 환경상태의 조사·평가에서 국가 및 지방자치단체가 상시 조사·평가하여야 하는 내용이 아닌 것은?

① 환경오염지역의 접근성 실태
② 환경오염 및 환경훼손 실태
③ 자연환경 및 생활환경 현황
④ 환경의 질의 변화

해설 **국가 및 지방자치단체가 상시 조사·평가하여야 하는 내용(「환경정책기본법」)**
① 자연환경과 생활환경 현황
② 환경오염 및 환경훼손 실태
③ 환경오염원 및 환경훼손 요인
④ 환경의 질의 변화
⑤ 그 밖에 국가환경종합계획 등의 수립·시행에 필요한 사항

62 폐기물처리시설의 유지·관리에 관한 기술관리를 대행할 수 있는 자와 거리가 먼 것은?

① 엔지니어링산업 진흥법에 따라 신고한 엔지니어링사업자
② 기술사법에 따른 기술사사무소(법에 따른 자격을 가진 기술사가 개설한 사무소로 한정한다.)
③ 폐기물관리 및 설치신고에 관한 법률에 따른 한국화학시험연구원
④ 한국환경공단

해설 **폐기물처리시설의 유지·관리에 관한 기술관리대행자**
① 한국환경공단
② 엔지니어링 사업자
③ 기술사사무소
④ 그 밖에 환경부장관이 기술관리를 대행할 능력이 있다고 인정하여 고시하는 자

63 폐기물처리 담당자 등에 대한 교육을 실시하는 기관으로 거리가 먼 것은?

① 국립환경연구원 ② 환경보전협회
③ 한국환경공단 ④ 한국환경산업기술원

해설 **교육기관**
① 국립환경인력개발원, 한국환경공단 또는 한국폐기물협회
㉠ 폐기물처분시설 또는 재활용시설의 기술관리인이나 폐기물처리시설의 설치자로서 스스로 기술관리를 하는 자
㉡ 폐기물처리시설의 설치·운영자 또는 그가 고용한 기술담당자
② 「환경정책기본법」에 따른 환경보전협회 또는 한국폐기물협회
㉠ 사업장폐기물 배출자 신고를 한 자 및 법 제17조 제3항에 따른 서류를 제출한 자 또는 그가 고용한 기술담당자
㉡ 폐기물처리업자(폐기물 수집·운반업자는 제외한다)가 고용한 기술요원
㉢ 폐기물처리시설의 설치·운영자 또는 그가 고용한 기술담당자
㉣ 폐기물 수집·운반업자 또는 그가 고용한 기술담당자
㉤ 폐기물재활용신고자 또는 그가 고용한 기술담당자
②의2 한국환경산업기술원
재활용환경성평가기관의 기술인력
②의3 국립환경인력개발원, 한국환경공단
폐기물분석전문기관의 기술요원

64 기술관리인을 두어야 할 대통령령으로 정하는 폐기물처리시설에 해당되지 않는 것은?(단, 폐기물처리업자가 운영하는 폐기물처리시설은 제외)

① 지정폐기물 외의 폐기물을 매립하는 시설로서 면적이 12,000m^2인 시설
② 멸균분쇄시설로서 시간당 처분능력이 150kg인 시설
③ 용해로로서 시간당 재활용능력이 300kg인 시설
④ 사료화·퇴비화 또는 연료화시설로서 1일 재활용능력이 10톤인 시설

해설 **기술관리인을 두어야 하는 폐기물처리시설**
① 매립시설의 경우
㉠ 지정폐기물을 매립하는 시설로서 면적이 3천300제곱미터 이상인 시설. 다만, 차단형 매립시설에서는 면적이 330제곱미터 이상이거나 매립용적이 1천 세제곱미터 이상인 시설로 한다.
㉡ 지정폐기물 외의 폐기물을 매립하는 시설로서 면적이 1만 제곱미터 이상이거나 매립용적이 3만 세제곱미터 이상인 시설
② 소각시설로서 시간당 처리능력이 600킬로그램(감염성 폐기물을 대상으로 하는 소각시설의 경우에는 200킬로그램) 이

2022

정답 61 ① 62 ③ 63 ① 64 ③

상인 시설
③ 압축 · 파쇄 · 분쇄 또는 절단시설로서 1일 처리능력 또는 재활용시설이 100톤 이상인 시설
④ 사료화 · 퇴비화 또는 연료화 시설로서 1일 재활용능력이 5톤 이상인 시설
⑤ 멸균 · 분쇄시설로서 시간당 처리능력이 100킬로그램 이상인 시설
⑥ 시멘트 소성로
⑦ 용해로(폐기물에 비철금속을 추출하는 경우로 한정한다.)로서 시간당 재활용능력이 600킬로그램 이상인 시설
⑧ 소각열회수시설로서 시간당 재활용능력이 600킬로그램 이상인 시설

65 **폐기물관리법을 적용하지 아니하는 물질에 대한 설명으로 옳지 않은 것은?**

① 용기에 들어 있지 아니한 고체상태의 물질
② 원자력안전법에 따른 방사성 물질과 이로 인하여 오염된 물질
③ 하수도법에 따른 하수 · 분뇨
④ 물환경보전법에 따른 수질 오염 방지시설에 유입되거나 공공 수역으로 배출되는 폐수

해설 **폐기물관리법을 적용하지 않는 물질**
① 「원자력안전법」에 따른 방사성 물질과 이로 인하여 오염된 물질
② 용기에 들어 있지 아니한 기체상태의 물질
③ 「물환경보전법」에 따른 수질오염 방지시설에 유입되거나 공공수역(수역)으로 배출되는 폐수
④ 「가축분뇨의 관리 및 이용에 관한 법률」에 따른 가축분뇨
⑤ 「하수도법」에 따른 하수 · 분뇨
⑥ 「가축전염병예방법」이 적용되는 가축의 사체, 오염 물건, 수입 금지 물건 및 검역 불합격품
⑦ 「수산생물질병 관리법」에 적용되는 수산동물의 사체, 오염된 시설 또는 물건, 수입 금지 물건 및 검역 불합격품
⑧ 「군수품관리법」에 따라 폐기되는 탄약
⑨ 「동물보호법」에 따른 동물장묘업의 등록을 한 자가 설치 · 운영하는 동물장묘시설에서 처리되는 동물의 사체

66 **폐기물처리업종별 영업 내용에 대한 설명 중 틀린 것은?**

① 폐기물 중간재활용업 : 중간가공 폐기물을 만드는 영업
② 폐기물 종합재활용업 : 중간재활용업과 최종재활용업을 함께 하는 영업
③ 폐기물 최종처분업 : 폐기물 매립(해역 배출도 포함한다) 등의 방법으로 최종처분하는 영업
④ 폐기물 수집 · 운반업 : 폐기물을 수집하여 재활용 또는 처분장소로 운반하거나 수출하기 위하여 수집 · 운반하는 영업

해설 **폐기물처리업의 업종구분과 영업내용**
① 폐기물 수집 · 운반업
폐기물을 수집하여 재활용 또는 처분 장소로 운반하거나 폐기물을 수출하기 위하여 수집 · 운반하는 영업
② 폐기물 중간처분업
폐기물 중간처분시설을 갖추고 폐기물을 소각 처분, 기계적 처분, 화학적 처분, 생물학적 처분, 그 밖에 환경부장관이 폐기물을 안전하게 중간처분할 수 있다고 인정하여 고시하는 방법으로 중간처분하는 영업
③ 폐기물 최종처분업
폐기물 최종처분시설을 갖추고 폐기물을 매립 등(해역 배출은 제외한다)의 방법으로 최종처분하는 영업
④ 폐기물 종합처분업
폐기물 중간처분시설 및 최종처분시설을 갖추고 폐기물의 중간처분과 최종처분을 함께하는 영업
⑤ 폐기물 중간재활용업
폐기물 재활용시설을 갖추고 중간가공 폐기물을 만드는 영업
⑥ 폐기물 최종재활용업
폐기물 재활용시설을 갖추고 중간가공 폐기물을 용도 또는 방법으로 재활용하는 영업
⑦ 폐기물 종합재활용업
폐기물 재활용시설을 갖추고 중간재활용업과 최종재활용업을 함께하는 영업

67 **폐기물처리업자(폐기물 재활용업자)의 준수사항에 관한 내용으로 ( )에 알맞은 것은?**

> 유기성 오니를 화력발전소에서 연료로 사용하기 위하여 가공하는 자는 유기성 오니 연료의 저위발열량, 수분 함유량, 회분 함유량, 황분 함유량, 길이 및 금속성분을 ( ) 측정하여 그 결과를 시 · 도지사에게 제출하여야 한다.

① 매월 1회 이상 ② 매 2월 1회 이상
③ 매 분기당 1회 이상 ④ 매 반기당 1회 이상

해설 **폐기물처리업자(폐기물 재활용업자)의 준수사항**
유기성 오니를 화력발전소에서 연료로 사용하기 위하여 가공하는 자는 유기성 오니 연료의 저위발열량, 수분 함유량, 회분 함유량, 황분 함유량, 길이 및 금속성분을 매 분기당 1회 이상 측정하여 그 결과를 시 · 도지사에게 제출하여야 한다.

정답 65 ① 66 ③ 67 ③

68 폐기물 처분시설 또는 재활용시설 중 음식물류 폐기물을 대상으로 하는 시설의 기술관리인 자격기준으로 틀린 것은?

① 토양환경산업기사
② 수질환경산업기사
③ 대기환경산업기사
④ 토목산업기사

해설 **폐기물 처분시설 또는 재활용시설의 기술관리인의 자격기준**

구분	자격기준
매립시설	폐기물처리기사, 수질환경기사, 토목기사, 일반기계기사, 건설기계기사, 화공기사, 토양환경기사 중 1명 이상
소각시설(의료폐기물을 대상으로 하는 소각시설은 제외한다), 시멘트 소성로 및 용해로	폐기물처리기사, 대기환경기사, 토목기사, 일반기계기사, 건설기계기사, 화공기사, 전기기사, 전기공사기사 중 1명 이상
의료폐기물을 대상으로 하는 시설	폐기물처리산업기사, 임상병리사, 위생사 중 1명 이상
음식물류 폐기물을 대상으로 하는 시설	폐기물처리산업기사, 수질환경산업기사, 화공산업기사, 토목산업기사, 대기환경산업기사, 일반기계기사, 전기기사 중 1명 이상
그 밖의 시설	같은 시설의 운영을 담당하는 자 1명 이상

69 폐기물처리시설의 설치, 운영을 위탁받을 수 있는 자의 기준에 관한 내용 중 소각시설의 경우 보유하여야 하는 기술인력 기준으로 옳지 않은 것은?

① 일반기계기사 1급 1명
② 폐기물처리기술사 1명
③ 시공분야에서 3년 이상 근무한 자 1명
④ 폐기물처리기사 또는 대기환경기사 1명

해설 **폐기물처리시설(소각시설)의 설치, 운영을 위탁받을 수 있는 자**

① 폐기물처리기술사 1명
② 폐기물처리기사 또는 대기환경기사 1명
③ 일반기계기사 1급
④ 시공분야에서 2년 이상 근무한 자 2명
⑤ 1일 50톤 이상의 폐기물소각시설에서 천정크레인을 1년 이상 운전한 자 1명과 천정크레인 외의 처분시설의 운전분야에서 2년 이상 근무한 자 2명

70 휴업 · 폐업 등의 신고에 관한 설명으로 (　)에 알맞은 것은?

> 폐기물처리업자 또는 폐기물처리 신고자가 휴업 · 폐업 또는 재개업을 한 경우에는 휴업 · 폐업 또는 재개업을 한 날부터 (　) 이내에 시 · 도지사나 지방환경관서의 장에게 신고서를 제출하여야 한다.

① 5일　② 10일　③ 20일　④ 30일

해설 폐기물처리업자 또는 폐기물처리신고자가 휴업 · 폐업 또는 재개업을 한 경우에는 휴업 · 폐업 또는 재개업을 한 날부터 20일 이내에 시 · 도지사나 지방환경관서의 장에게 신고서를 제출하여야 한다.

2022

71 환경부령이 정하는 폐기물처리 담당자로서 교육기관에서 실시하는 교육을 받아야 하는 자로 거리가 먼 것은?

① 폐기물재활용신고자
② 폐기물처리시설의 기술관리인
③ 폐기물처리업에 종사하는 기술요원
④ 폐기물분석전문기관의 기술요원

해설 **다음 어느 하나에 해당하는 사람은 환경부령으로 정하는 교육기관이 실시하는 교육을 받아야 한다.**

① 다음 어느 하나에 해당하는 폐기물처리 담당자
　㉠ 폐기물처리업에 종사하는 기술요원
　㉡ 폐기물처리시설의 기술관리인
　㉢ 그 밖에 대통령령으로 정하는 사람
② 폐기물분석전문기관의 기술요원
③ 재활용환경성평가기관의 기술인력

72 지정폐기물 처리시설 중 기술관리인을 두어야 할 차단형 매립시설의 면적규모 기준은?

① 330m^2 이상　② 1,000m^2 이상
③ 3,300m^2 이상　④ 10,000m^2 이상

해설 **기술관리인을 두어야 하는 폐기물 처리시설**

① 매립시설의 경우
　㉠ 지정폐기물을 매립하는 시설로서 면적이 3천300제곱미터 이상인 시설. 다만, 차단형 매립시설에서는 면적이 330제곱미터 이상이거나 매립용적이 1천 세제곱미터 이상인 시설로 한다.
　㉡ 지정폐기물 외의 폐기물을 매립하는 시설로서 면적이 1만 제곱미터 이상이거나 매립용적이 3만 세제곱미터 이상인 시설
② 소각시설로서 시간당 처리능력이 600킬로그램(감염성 폐기

정답 68 ① 69 ③ 70 ③ 71 ① 72 ①

물을 대상으로 하는 소각시설의 경우에는 200킬로그램) 이상인 시설
③ 압축 · 파쇄 · 분쇄 또는 절단시설로서 1일 처리능력 또는 재활용시설이 100톤 이상인 시설
④ 사료화 · 퇴비화 또는 연료화 시설로서 1일 재활용능력이 5톤 이상인 시설
⑤ 멸균 · 분쇄시설로서 시간당 처리능력이 100킬로그램 이상인 시설
⑥ 시멘트 소성로
⑦ 용해로(폐기물에 비철금속을 추출하는 경우로 한정한다)로서 시간당 재활용능력이 600킬로그램 이상인 시설
⑧ 소각열회수시설로서 시간당 재활용능력이 600킬로그램 이상인 시설

73 지정폐기물 배출자는 사업장에서 발생되는 지정폐기물인 폐산을 보관개시일부터 최소 며칠을 초과하여 보관하여서는 안 되는가?

① 90일 ② 70일 ③ 60일 ④ 45일

해설 지정폐기물 배출자는 그의 사업장에서 발생하는 지정폐기물 중 폐산 · 폐알칼리 · 폐유 · 폐유기용제 · 폐촉매 · 폐흡착제 · 폐흡수제 · 폐농약, 폴리클로리네이티드비페닐 함유 폐기물, 폐수처리 오니 중 유기성 오니는 보관이 시작된 날부터 45일을 초과하여 보관하여서는 아니 된다.

74 폐기물처리시설을 환경부령으로 정하는 기준에 맞게 설치하되, 환경부령으로 정하는 규모 미만의 폐기물 소각 시설을 설치, 운영하여서는 아니 된다. 이를 위반하여 설치가 금지되는 폐기물 소각시설을 설치, 운영한 자에 대한 벌칙 기준은?

① 6개월 이하의 징역이나 5백만 원 이하의 벌금
② 1년 이하의 징역이나 1천만 원 이하의 벌금
③ 2년 이하의 징역이나 2천만 원 이하의 벌금
④ 3년 이하의 징역이나 3천만 원 이하의 벌금

해설 폐기물관리법 제66조 참조

75 생활폐기물의 처리대행자에 해당되지 않는 자는?

① 폐기물처리업자
② 폐기물처리 신고자
③ 한국환경공단
④ 한국자원재생공사법에 의하여 음식물류 폐기물을 수거하여 재활용하는 자

해설 **생물폐기물의 처리대행자**
① 폐기물처리업자
② 폐기물처리 신고자
③ 한국환경공단(농업활동으로 발생하는 폐플라스틱 필름 · 시트류를 재활용하거나 폐농약용기 등 폐농약포장재를 재활용 또는 소각하는 것만 해당한다)
④ 전기 · 전자제품 재활용의무생산자 또는 전기 · 전자제품 판매업자(전기 · 전자제품 재활용의무생산자 또는 전기 · 전자제품 판매업자로부터 회수 · 재활용을 위탁받은 자를 포함한다) 중 전기 · 전자제품을 재활용하기 위하여 스스로 회수하는 체계를 갖춘 자
⑤ 재활용센터를 운영하는 자(대형 폐기물을 수집 · 운반 및 재활용하는 것만 해당한다)
⑥ 건설폐기물처리업의 허가를 받은 자(공사 · 작업 등으로 인하여 5톤 미만으로 발생되는 생활폐기물을 재활용하기 위하여 수집 · 운반하거나 재활용하는 경우만 해당한다)

76 특별자치시장, 특별자치도지사, 시장 · 군수 · 구청장이 수립하는 음식물류 폐기물 발생 억제계획의 수립주기는?

① 1년 ② 2년
③ 3년 ④ 5년

해설 음식물류 폐기물 발생 억제계획의 수립주기는 5년이다.

77 사업장폐기물의 발생억제를 위한 감량지침을 지켜야 할 업종과 규모로 ( )에 맞는 것은?

> 최근 (㉠)간의 연평균 배출량을 기준으로 지정폐기물을 (㉡) 이상 배출하는 자

① ㉠ 1년, ㉡ 100톤 ② ㉠ 3년, ㉡ 100톤
③ ㉠ 1년, ㉡ 500톤 ④ ㉠ 3년, ㉡ 500톤

해설 **폐기물 발생 억제지침 준수의무 대상 배출자의 규모기준**
① 최근 3년간 연평균 배출량을 기준으로 지정폐기물을 100톤 이상 배출하는 자
② 최근 3년간 연평균 배출량을 기준으로 지정폐기물 외의 폐기물을 1천 톤 이상 배출하는 자

78 설치신고대상 폐기물처리시설의 규모기준으로 ( )에 옳은 것은?

> 일반소각시설로서 1일 처분능력이 (㉠)(지정폐기물의 경우에는 (㉡)) 미만인 시설

정답 73 ④ 74 ③ 75 ④ 76 ④ 77 ② 78 ④

① ㉠ 50톤, ㉡ 5톤　　② ㉠ 50톤, ㉡ 10톤
③ ㉠ 100톤, ㉡ 5톤　　④ ㉠ 100톤, ㉡ 10톤

해설 **설치신고대상 폐기물처리시설의 규모기준**
① 일반소각시설로서 1일 처리능력이 100톤(지정폐기물의 경우에는 10톤) 미만인 시설
② 고온소각시설 · 열분해시설 · 고온용융시설 또는 열처리조합시설로서 시간당 처리능력이 100킬로그램 미만인 시설
③ 기계적 처분시설 또는 재활용시설 중 증발 · 농축 · 정제 또는 유수분리시설로서 시간당 처리능력이 125킬로그램 미만인 시설
④ 기계적 처분시설 또는 재활용시설 중 압축 · 파쇄 · 분쇄 · 절단 · 용융 또는 연료화 시설로서 1일 처리능력이 100톤 미만인 시설
⑤ 기계적 처분시설 또는 재활용시설 중 탈수 · 건조시설, 멸균분쇄시설 및 화학적 처리시설
⑥ 생물학적 처분시설 또는 재활용시설로서 1일 처리능력이 100톤 미만인 시설
⑦ 소각열회수시설로서 1일 재활용능력이 100ton 미만인 시설

79 환경부장관이나 시 · 도지사로부터 과징금 통지를 받은 자는 통지를 받은 날부터 며칠 이내에 과징금을 부과권자가 정하는 수납기관에 납부하여야 하는가?

① 15일　　② 20일
③ 30일　　④ 60일

해설 환경부장관이나 시 · 도지사로부터 과징금 통지를 받은 자는 통지를 받은 날부터 20일 이내에 과징금을 부과권자가 정하는 수납기관에 납부하여야 한다.

80 폐기물처리업의 변경허가를 받아야 할 중요사항에 관한 내용으로 틀린 것은?

① 매립시설 제방의 증 · 개축
② 허용보관량의 변경
③ 임시차량의 증차 또는 운반차량의 감차
④ 주차장 소재지의 변경(지정폐기물을 대상으로 하는 수집 · 운반업만 해당한다)

해설 운반차량(임시차량은 제외한다)의 증차가 변경허가를 받아야 할 중요사항이다.

정답 79 ② 80 ③

2021년 1회 CBT 복원·예상문제

제1과목 폐기물개론

01 새로운 쓰레기 수집 시스템에 대한 다음 설명 중 틀린 것은?

① 모노레일 수송의 장점은 자동무인화이다.
② 관거수거는 쓰레기 발생빈도가 낮은 지역에서 현실성이 높다.
③ 공기수송에는 진공수송과 가압수송이 있으며 가압수송이 진공수송보다 수송거리를 길게 할 수 있다.
④ 컨테이너 철도수송은 콘테이너 세정에 많은 물이 사용되는 단점이 있다.

해설 관거수거(Pipeline)는 폐기물 발생밀도가 상대적으로 높은 인구밀집지역 및 아파트 지역 등에서 현실성이 있다.

02 인구 110,000명이고, 쓰레기배출량이 1.1kg/인 · 일이라 한다. 쓰레기 밀도가 250kg/m^{3}라고 하면 적재량이 5m^{3}인 트럭의 하루 운반횟수는?(단, 트럭 1대 기준)

① 69회 ② 81회
③ 97회 ④ 101회

해설 하루 운반횟수 $= \dfrac{\text{총 배출량(kg/일)}}{\text{1회 수거량(kg/회)}}$

$= \dfrac{1.1\text{kg/인}\cdot\text{일} \times 110{,}000\text{인}}{5\text{m}^3/\text{대} \times \text{대/회} \times 250\text{kg/m}^3}$

$= 96.8$(97회/일)

03 파쇄장치 중 전단파쇄기에 관한 설명으로 틀린 것은?

① 주로 목재류, 플라스틱류 및 종이류를 파쇄하는 데 이용된다.
② 이물질의 혼입에 대해 약하나 파쇄물의 크기를 고르게 할 수 있다.
③ 충격파쇄기에 비하여 대체적으로 파쇄속도가 빠르다.
④ 고정칼, 왕복 또는 회전칼과의 교합에 의하여 폐기물을 전단한다.

해설 전단파쇄기

① 원리
고정칼의 왕복 또는 회전칼(가동칼)의 교합에 의하여 폐기물을 전단한다.
② 특징
㉠ 충격파쇄기에 비하여 파쇄속도가 느리다.
㉡ 충격파쇄기에 비하여 이물질의 혼입에 취약하다.
㉢ 충격파쇄기에 비하여 파쇄물의 입도(크기)를 고르게 할 수 있다.(장점)
㉣ 전단파쇄기는 해머밀 파쇄기보다 저속으로 운전된다.
㉤ 소각로 전처리에 많이 이용되나 처리용량이 작아 대량이나 연쇄파쇄에 부적합하다.
㉥ 분진, 소음, 진동이 적고 폭발위험이 거의 없다.
③ 종류
㉠ Van Roll식 왕복전단 파쇄기
㉡ Lindemann식 왕복전단 파쇄기
㉢ 회전식 전단 파쇄기
㉣ Tollemacshe
④ 대상 폐기물
목재류, 플라스틱류, 종이류, 폐타이어(연질플라스틱과 종이류가 혼합된 폐기물을 파쇄하는 데 효과적)

04 탈수를 통해 폐기물의 함수율을 90%에서 60%로 감소시켰다. 이 경우 폐기물의 무게는 처음 무게의 몇 %로 감소하는가?(단, 비중은 1.0 기준)

① 25% ② 40% ③ 65% ④ 80%

해설 탈수 전 폐기물량 × (1 − 0.9) = 탈수 후 폐기물량 × (1 − 0.6)

$\dfrac{\text{탈수 후 폐기물량}}{\text{탈수 전 폐기물량}} = \dfrac{(1-0.9)}{(1-0.6)} = 0.25$

탈수 후 폐기물 비율 = 0.25 × 100 = 25%

05 다음의 물질회수를 위한 선별방법 중 플라스틱에서 종이를 선별할 수 있는 방법으로 가장 적절한 것은?

① 와전류 선별 ② Jig 선별
③ 광학 선별 ④ 정전기적 선별

해설 정전기적 선별기
폐기물에 전하를 부여하고 전하량의 차에 따른 전기력으로 선별하는 장치. 즉 물질의 전기전도성을 이용하여 도체물질과 부도체

정답 01 ② 02 ③ 03 ③ 04 ① 05 ④

물질로 분리하는 방법이며 수분이 적당히 있는 상태에서 플라스틱에서 종이를 선별할 수 있는 장치이다.

06 **모든 인자를 시간에 따른 함수로 나타낸 후, 시간에 대한 함수로 표시된 각 인자 간의 상호관계를 수식화하여 쓰레기 발생량을 예측하는 방법은?**

① 동적모사모델 ② 다중회귀모델
③ 시간인자모델 ④ 다중인자모델

해설 **폐기물 발생량 예측방법**

방법(모델)	내용
경향법 (Trend method) 경향예측모델	• 최저 5년 이상의 과거 처리 실적을 수식 model에 대하여 과거의 경향을 가지고 장래를 예측하는 방법 • 단지 시간과 그에 따른 쓰레기 발생량(또는 성상) 간의 상관관계만을 고려하며 이를 수식으로 표현하면 $x=f(t)$ • $x=f(t)$는 선형, 지수형, 대수형 등에서 가장 근사한 형태를 택함
다중회귀모델 (Multiple regression model)	• 하나의 수식으로 각 인자들의 효과를 총괄적으로 나타내어 복잡한 시스템의 분석에 유용하게 사용할 수 있는 쓰레기 발생량 예측방법 • 각 인자마다 효과를 파악하기보다는 전체 인자의 효과를 총괄적으로 파악하는 것이 간편하고 유용한 예측방법으로 시간을 단순히 하나의 독립된 종속인자로 대입 • 수식 $x=f(X_1X_2X_3\cdots X_n)$, 여기서 $X_1X_2X_3\cdots X_n$은 쓰레기 발생량에 영향을 주는 인자 ※ 인자 : 인구, 지역소득(GNP 또는 GRP), 자원회수량, 상품 소비량 또는 매출액(자원회수량, 사회적 · 경제적 특성이 고려됨)
동적모사모델 (Dynamic simulation model)	• 쓰레기 발생량에 영향을 주는 모든 인자를 시간에 대한 함수로 나타낸 후 시간에 대한 함수로 표현된 각 영향인자들 간의 상관관계를 수식화하는 방법 • 시간만을 고려하는 경향법과 시간을 단순히 하나의 독립적인 종속인자로 고려하는 다중회귀모델의 문제점을 보안한 예측방법 • Dynamo 모델 등이 있음

07 **$10m^3$의 폐기물을 압축비 8로 압축하였을 때 압축 후의 부피는?**

① $0.85m^3$ ② $0.95m^3$
③ $1.15m^3$ ④ $1.25m^3$

해설 $CR=\dfrac{V_i}{V_f}$

$V_f=\dfrac{V_i}{CR}=\dfrac{10}{8}=1.25m^3$

08 **평균 입경이 20cm인 폐기물을 입경 1cm가 되도록 파쇄할 때 소요되는 에너지는 입경을 4cm로 파쇄할 때 소요되는 에너지의 몇 배인가?(단, Kick의 법칙 적용, $n=1$)**

① 1.57배 ② 1.64배 ③ 1.72배 ④ 1.86배

해설 $E_1=C\ln\left(\dfrac{20}{1}\right)=C\ln 20$

$E_2=C\ln\left(\dfrac{20}{4}\right)=C\ln 5$

동력비$\left(\dfrac{E_1}{E_2}\right)=\dfrac{\ln 20}{\ln 5}=1.86$배

09 **분뇨의 특성과 가장 거리가 먼 것은?**

① 악취가 유발된다. ② 질소농도가 높다.
③ 토사 및 협잡물이 많다. ④ 고액분리가 잘 된다.

해설 **분뇨의 특성**

① 유기물 함유도와 점도가 높아서 쉽게 고액분리되지 않는다. (다량의 유기물을 포함하여 고액분리 곤란)
② 토사 및 협착물이 많고 분뇨 내 협잡물의 양과 질은 도시, 농촌, 공장지대 등 발생 지역에 따라 그 차이가 크다.
③ 분뇨는 외관상 황색~다갈색이고 비중은 1.02 정도이며 악취를 유발한다.
④ 분뇨는 하수슬러지에 질소의 농도가 높다.
⑤ 분뇨 중 질소산화물의 함유형태를 보면 분은 VS의 12~20% 정도이고, 요는 VS의 80~90%이다.
⑥ 협잡물의 함유율이 높고 염분의 농도도 비교적 높다.
⑦ 일반적으로 1인 1일 평균 100g의 분과 800g의 요를 배출한다.
⑧ 고형물 중 휘발성 고형물의 농도가 높다.

10 **쓰레기를 100톤 소각하였을 때 남은 재의 중량이 소각 전 쓰레기 중량의 20%이고 재의 용적이 $16m^3$이라면 재의 밀도는?**

① $1,150kg/m^3$ ② $1,250kg/m^3$
③ $1,350kg/m^3$ ④ $1,450kg/m^3$

해설 재의 밀도$(kg/m^3)=\dfrac{\text{질량}}{\text{부피}}$

$=\dfrac{100ton\times1,000kg/ton\times0.2}{16m^3}$

$=1,250kg/m^3$

정답 06 ① 07 ④ 08 ④ 09 ④ 10 ②

2021

11 5%의 고형물을 함유하는 슬러지를 하루에 $10m^3$씩 침전지에서 제거하는 처리장에서 운영기술의 발전으로 6%의 고형물을 함유하는 슬러지로 제거할 수 있게 되었다면 같은 고형물량(무게기준)을 제거하기 위하여 침전지에서 제거되는 슬러지양(m^3)은?(단, 비중은 1.0 기준)

① 8.99 ② 8.77
③ 8.55 ④ 8.33

해설 **물질수지식을 이용하여 계산**
$10m^3 \times 0.05 =$ 제거슬러지양 $\times 0.06$
제거슬러지양(m^3) $= 8.33m^3$

12 직경이 3.2m인 Trommel Screen의 임계속도는?

① 약 21rpm ② 약 24rpm
③ 약 27rpm ④ 약 29rpm

해설 임계속도(rpm) $= \frac{1}{2\pi}\sqrt{\frac{g}{r}} = \frac{1}{2\pi}\sqrt{\frac{9.8}{1.6}}$
$= 0.39\text{cycle/sec} \times 60\text{sec/min}$
$= 23.65\text{rpm}$

13 고로슬래그의 입도분석 결과 입도누적곡선상의 10%, 60% 입경이 각각 0.5mm, 1.0mm이라면 유효입경은?

① 0.1mm ② 0.5mm
③ 1.0mm ④ 2.0mm

해설 입도누적곡선상의 10%에 해당하는 입경이 유효입경이다.

14 함수율 80wt%인 슬러지를 함수율 10wt%로 건조하였다면 슬러지 5톤당 증발된 수분량은?(단, 슬러지 비중은 1.0)

① 약 2,600kg ② 약 2,800kg
③ 약 3,400kg ④ 약 3,900kg

해설 **물질수지식을 이용하여 계산**
$5\text{ton} \times (1-0.8) =$ 건조 후 슬러지양 $\times (1-0.1)$
건조 후 슬러지양 $= 1.11\text{ton}$
증발수분량(kg) = 건조 전 슬러지양 − 건조 후 슬러지양
$= 5{,}000 - 1{,}111.11 = 3{,}888.88\text{kg}$

15 어느 도시의 쓰레기를 수집한 후 각 성분별로 함수량을 측정한 결과가 다음 표와 같았다. 쓰레기 전체의 함수율(%) 값은?(단, 중량 기준)

성분	구성중량(kg)	함수율(%)
식품폐기물	10	70
플라스틱류	5	2
종이류	7	6
금속류	3	3
연탄재	25	8

① 18.1% ② 19.2%
③ 20.3% ④ 21.4%

해설 $\text{함수율(\%)} = \frac{\text{총 수분량}}{\text{총 쓰레기 중량}} \times 100$
$$= \left[\frac{(10\times0.7)+(5\times0.02)+(7\times0.06)+(3\times0.03)+(25\times0.08)}{10+5+7+3+25}\right]\times 100 = 19.2\%$$

16 다음은 다양한 쓰레기 수집 시스템에 관한 설명이다. 각 시스템에 대한 설명으로 옳지 않은 것은?

① 모노레일 수송은 쓰레기를 적환장에서 최종처분장까지 수송하는 데 적용할 수 있다.
② 컨베이어 수송은 지상에 설치한 컨베이어에 의해 수송하는 방법으로 신속 정확한 수송이 가능하나 악취와 경관에 문제가 있다.
③ 컨테이너 철도수송은 광대한 지역에서 적용할 수 있는 방법이며 컨테이너의 세정에 많은 물이 요구되어 폐수처리의 문제가 발생한다.
④ 관거를 이용한 수거는 자동화, 무공해화가 가능하나 조대쓰레기는 파쇄, 압축 등의 전처리가 필요하다.

해설 **컨베이어(Conveyor) 수송**
① 지하에 설치된 컨베이어에 의해 쓰레기를 수송하는 방법이다.
② 컨베이어 수송설비를 하수도처럼 배치하여 각 가정의 쓰레기를 처분장까지 운반할 수 있다.
③ 악취문제를 해결하고 경관을 보전할 수 있는 장점이 있다.
④ 전력비, 시설비, 내구성, 미생물부착 등이 문제가 되며 고가의 시설비와 정기적인 정비로 인한 유지비가 많이 드는 단점이 있다.

컨테이너(Container) 수송
① 광대한 국토와 철도망이 있는 곳에서 사용할 수 있다.
② 수집차에 의해서 기지역까지 운반한 후 철도에 적환하여 매립지까지 운반하는 방법이다.
③ 사용 후 세정으로 세정수 처리문제를 고려해야 한다.
④ 수집차에 집중과 청결유지가 가능한 지역(철도역 기지)의 선정이 문제가 된다.

정답 11 ④ 12 ② 13 ② 14 ④ 15 ② 16 ②

17 **다음 조건에 따른 지역의 쓰레기 수거는 1주일에 최소 몇 회 이상 하여야 하는가?(단, 발생된 쓰레기밀도 160kg/m^3, 차량적재용량 15m^3, 압축비 2.0, 발생량 1.2kg/인 · 일, 적재함 이용률 80%, 차량대수 1대, 수거대상인구 4,000인, 수거인부 8명)**

① 69 ② 76 ③ 88 ④ 94

해설 수거횟수(회/주) $= \dfrac{\text{총 발생량(kg/주)}}{\text{1회 수거량(kg/회)}}$

$= \dfrac{1.2\text{ kg/인} \cdot \text{일} \times 40{,}000\text{ 인} \times 7\text{ 일/주}}{15\text{ m}^3/\text{대} \times 1\text{대/회} \times 160\text{ kg/m}^3 \times 0.8 \times 2}$

$= 87.5$ 회/주

18 **폐기물 수거를 위한 노선을 결정할 때 고려하여야 할 내용으로 옳지 않은 것은?**

① 언덕지역에서는 언덕의 꼭대기에서부터 시작하여 적재하면서 차량이 아래로 진행하도록 한다.
② 아주 많은 양의 쓰레기가 발생되는 발생원은 하루 중 가장 나중에 수거한다.
③ 적은 양의 쓰레기가 발생하나 동일한 수거빈도를 받기를 원하는 적재지점은 가능한 한 같은 날 왕복 내에서 수거하도록 한다.
④ 가능한 한 시계방향으로 수거노선을 결정한다.

해설 **수거노선 설정 시 유의사항**

① 지형이 언덕 지역에서는 언덕의 위에서부터 내려가며 적재하면서 차량을 진행하도록 한다(안전성, 연료비 절약).
② 수거인원 및 차량형식이 같은 기존시스템의 조건들을 서로 관련시킨다.
③ 출발점은 차고와 가깝게 하고 수거된 마지막 컨테이너가 처분지의 가장 가까이에 위치하도록 배치한다.
④ 가능한 한 지형지물 및 도로경계와 같은 장벽을 사용하여 간선도로 부근에서 시작하고 끝나야 한다(도로경계 등을 이용).
⑤ 가능한 한 시계방향으로 수거노선을 정한다.
⑥ 적은 양의 쓰레기가 발생하나 동일한 수거빈도를 받기 원하는 적재지점(수거지점)은 같은 날 왕복 내에서 수거한다.
⑦ 아주 많은 양의 쓰레기가 발생되는 발생원은 하루 중 가장 먼저 수거한다.
⑧ 될 수 있는 한 한번 간 길은 다시 가지 않는다.
⑨ 반복운행 또는 U자형 회전은 피하여 수거한다.
⑩ 교통량이 많거나 출퇴근시간은 피하여 수거한다.

19 **선별방법 중 주로 물렁거리는 가벼운 물질로부터 딱딱한 물질을 선별하는 데 사용되는 것은?**

① Flotation
② Heavy Media Separator
③ Stoners
④ Secators

해설 **Secators**

① 경사진 컨베이어를 통해 폐기물을 주입시켜 천천히 회전하는 드럼 위에 떨어뜨려서 선별하는 장치이며 물렁거리는 가벼운 물질(가볍고 탄력 없는 물질)로부터 딱딱한 물질(무겁고 탄력 있는 물질)을 선별하는 데 사용한다.
② 주로 퇴비 중의 유리조각을 추출할 때 이용되는 선별장치이다.

2021

20 **폐기물 파쇄 시 작용하는 힘과 가장 거리가 먼 것은?**

① 충격력 ② 압축력
③ 인장력 ④ 전단력

해설 **폐기물 파쇄 시 작용력**

① 충격력 ② 압축력 ③ 전단력

제2과목 폐기물처리기술

21 **퇴비화 과정에서 팽화제로 이용되는 물질과 가장 거리가 먼 것은?**

① 톱밥 ② 왕겨
③ 볏집 ④ 하수슬러지

해설 **Bulking Agent(통기개량제)**

① 팽화제 또는 수분함량조절제라 하며 퇴비를 효과적으로 생산하기 위하여 주입한다.
② 통기개량제는 톱밥 등을 사용하며 수분조절, 탈질소비, 조절기능을 겸한다.
③ 톱밥, 왕겨, 볏짚 등이 이용된다.(톱밥 기준 C/N비는 150~1,000 정도)
④ 수분 흡수능력이 좋아야 한다.
⑤ 쉽게 조달이 가능한 폐기물이어야 한다.
⑥ 입자 간의 구조적 안정성이 있어야 한다.
⑦ 퇴비의 질(C/N비) 개선에 영향을 준다.(C/N비 조절효과)
⑧ 처리대상물질 내의 공기가 원활히 유통할 수 있도록 한다.
⑨ pH 조절효과가 있다.

정답 17 ③ 18 ② 19 ④ 20 ③ 21 ④

22 매립지로부터 가스가 발생될 것이 예상되면 발생가스에 대한 적절한 대책이 수립되어야 한다. 다음 중 최소한의 환기설비 또는 가스대책 설비를 계획하여야 하는 경우와 거리가 먼 것은?

① 발생가스의 축적으로 덮개설비에 손상이 갈 우려가 있는 경우
② 식물 식생의 과다로 지중 가스 축적이 가중되는 경우
③ 유독가스가 방출될 우려가 있는 경우
④ 매립지 위치가 주변개발지역과 밀접한 경우

해설 매립지로부터 가스 발생이 예상되는 경우는 최종복토 위의 식물이 고사할 우려가 있는 경우이다.

23 다음과 같은 조건의 축분과 톱밥을 혼합한 쓰레기의 함수율은?(단, 비중은 1.0 기준)

성분	쓰레기양(ton)	함수량(%)
축분	12.0	85.0
톱밥	2.0	5.0

① 73.6%　② 75.6%
③ 77.6%　④ 79.6%

해설 $함수율(\%) = \frac{(12\times0.85)+(2\times0.05)}{12+2}$
$= 0.7357\times100 = 73.57\%$

24 수거 분뇨를 혐기성 처리 후 유출수를 20배 희석한 후 2차 처리를 하여 BOD 20mg/L인 방류수를 배출하였다. 2차 처리시설의 BOD 제거율은?(단, 혐기성 소화조 유입 분뇨의 BOD는 20,000mg/L, BOD 제거율은 80%이고, 희석수의 BOD 농도는 무시한다.)

① 86%　② 90%　③ 94%　④ 97%

해설 $BOD\ 제거율(\%) = \left(1-\frac{BOD_0}{BOD_i}\right)\times100$

$BOD_0 = 20mg/L$
$BOD_i = BOD\times(1-\eta_1)\times1/P$
$= 20{,}000mg/L\times(1-0.8)\times1/20$
$= 200mg/L$

$= \left(1-\frac{20}{200}\right)\times100 = 90\%$

25 질소와 인을 제거하기 위한 생물학적 고도처리공법(A_2O)의 공정 중 호기조의 역할과 가장 거리가 먼 것은?

① 질산화　② 탈질화
③ 유기물의 산화　④ 인의 과잉섭취

해설 A_2O공법
혐기−호기(A/O)공법을 계량하여 질소, 인을 제거하기 위한 공법으로 반응조는 혐기조, 무산소조, 호기조로 구성된다. 혐기조의 혐기성 조건에서는 인을 방출시키며, 후속호기조에서는 미생물이 인을 과잉으로 취할 수 있게 하며 무산소조에서는 호기조의 내부반응수 중의 질산성질소를 탈질시키는 역할을 한다.

26 쓰레기의 성분이 탄소 85%, 수소 10%, 산소 2%, 황 3%로 구성되어 있다면 이를 5.0kg 연소시킬 때 필요한 이론 공기량(Sm^3)은?

① 26.2　② 30.3　③ 42.7　④ 51.3

해설 $A_0 = \frac{1}{0.21}(1.867C+5.6H+0.7S-0.7O)$

$= \frac{1}{0.21}\left[\begin{array}{l}(1.867\times0.85)+(5.6\times0.1)\\+(0.7\times0.03)-(0.7\times0.02)\end{array}\right]$

$= 10.26Sm^3/kg\times5kg = 51.3Sm^3$

27 어느 도시에서 소각대상 폐기물이 1일 100톤 발생되고 있다. 스토커 소각로에서 화상부하율을 $200kg/m^2\cdot hr$로 설계하고자 하는 경우 소요되는 스토커의 화상면적은?(단, 소각로는 1일 12시간 운행함)

① 약 $21m^2$　② 약 $32m^2$　③ 약 $42m^2$　④ 약 $64m^2$

해설 $화상면적 = \frac{시간당\ 소각량}{화상부하율}$

$= \frac{100ton/day\times day/12hr\times1{,}000kg/ton}{200kg/m^2\cdot hr} = 41.67m^2$

28 유효공극률 0.2, 점토층 위의 침출수 수두 1.5m인 점토차수층 1.0m를 통과하는 데 10년이 걸렸다면 점토차수층의 투수계수는 몇 cm/sec인가?

① 2.54×10^{-7}　② 3.54×10^{-7}
③ 2.54×10^{-8}　④ 3.54×10^{-8}

해설 $t = \frac{d^2\eta}{k(d+h)}$

$315{,}360{,}000sec = \frac{1.0\,m^2\times0.2}{k(1.0+1.5)m}$

$투수계수(k) = 2.54\times10^{-10}m/sec = 2.54\times10^{-8}cm/sec$

정답 22 ② 23 ① 24 ② 25 ② 26 ④ 27 ③ 28 ③

29 **고화 처리법 중 피막형성법에 관한 설명으로 옳지 않은 것은?**

① 낮은 혼합률을 가진다. ② 에너지 소요가 크다.
③ 화재위험성이 있다. ④ 침출성이 크다.

해설 **피막형성법의 장단점**
① 장점
㉠ 혼합률이 비교적 낮다.
㉡ 침출성이 고형화 방법 중 가장 낮다.
② 단점
㉠ 많은 에너지가 요구된다.
㉡ 값비싼 시설과 숙련된 기술을 요한다.
㉢ 피막 형성용 수지값이 비싸다.
㉣ 화재위험성이 있다.

30 **유기적 고형화에 대한 일반적 설명과 가장 거리가 먼 것은?**

① 수밀성이 작고 적용 가능 폐기물이 적음
② 처리비용이 고가
③ 방사선 폐기물처리에 적용함
④ 미생물 및 자외선에 대한 안정성이 약함

해설 **유기성(유기적) 고형화 기술**
요소수지, 폴리부타디엔, 폴리에스테르, 에폭시, 아스팔트 등을 이용하여 주로 방사성 폐기물 등을 안정화시키는 방법이다.
① 일반적으로 물리적으로 봉입한다.
② 처리비용이 고가이다.
③ 최종 고화재의 체적 증가가 다양하다.
④ 수밀성이 매우 크고 다양한 폐기물에 적용이 용이하다.
⑤ 미생물, 자외선에 대한 안정성이 약하다.
⑥ 일반폐기물보다 방사성 폐기물 처리에 적용한다. 즉, 방사성 폐기물을 제외한 기타 폐기물에 대한 적용사례가 제안되어 있다.
⑦ 상업화된 처리법의 현장자료가 미비하다.
⑧ 고도 기술을 필요로 하며, 촉매 등 유해물질이 사용된다.
⑨ 역청, 파라핀, PE, UPE 등을 이용한다.

31 **함수율 99%의 슬러지 1,000m^{3}을 농축시켜 300m^{3}의 농축슬러지가 얻어졌다고 하면, 농축슬러지의 함수율은?(단, 탱크로부터 월류되는 SS는 무시하며, 모든 슬러지의 비중은 1.0)**

① 93.6% ② 94.3% ③ 95.2% ④ 96.7%

해설 **물질수지식을 이용하여 계산**
$1{,}000\text{m}^3\times(1-0.99)=300\text{m}^3\times(1-\text{농축 후 슬러지 함수율})$
농축 후 슬러지 함수율$=0.967\times100=96.7\%$

32 **고형물 중 유기물이 90%이고, 함수율이 96%인 슬러지 500m^{3}을 소화시킨 결과 유기물 중 2/3가 제거되고 함수율 92%인 슬러지로 변했다면 소화슬러지의 부피는?(단, 모든 슬러지의 비중은 1.0 기준)**

① 100m^3 ② 150m^3 ③ 200m^3 ④ 250m^3

해설 소화슬러지 부피(m^3)
$=(\text{무기물}+\text{잔류유기물})\times\left(\dfrac{100}{100-\text{함수율}}\right)$
무기물$=500\text{m}^3\times0.04\times0.1=2\text{m}^3$
잔류유기물$=500\text{m}^3\times0.04\times0.9\times1/3=6\text{m}^3$
$=(2+6)\text{m}^3\times\dfrac{100}{100-92}=100\text{m}^3$

33 **연직차수막에 대한 설명으로 옳지 않은 것은?(단, 표면차수막과 비교 기준)**

① 차수막 보강시공이 가능하다.
② 지중에 수평방향의 차수층이 존재할 때 사용한다.
③ 지하수 집배수 시설이 필요하다.
④ 단위면적당 공사비는 비싸지만 총공사비는 싸다.

해설 **연직차수막**
① 적용조건 : 지중에 수평방향의 차수층이 존재할 때 사용
② 시공 : 수직 또는 경사시공
③ 지하수 집배수시설 : 불필요
④ 차수성 확인 : 지하매설로서 차수성 확인이 어려움
⑤ 경제성 : 단위면적당 공사비는 많이 소요되나 총 공사비는 적게 듦
⑥ 보수 : 지중이므로 보수가 어렵지만 차수막 보강시공이 가능
⑦ 공법 종류
㉠ 어스 댐 코어 공법
㉡ 강널말뚝 공법
㉢ 그라우트 공법
㉣ 굴착에 의한 차수시트 매설 공법

표면차수막
① 적용조건
㉠ 매립지반의 투수계수가 큰 경우에 사용
㉡ 매립지의 필요한 범위에 차수재료로 덮인 바닥이 있는 경우에 사용
② 시공 : 매립지 전체를 차수재료로 덮는 방식으로 시공
③ 지하수 집배수시설 : 원칙적으로 지하수 집배수시설을 시공하므로 필요함
④ 차수성 확인 : 시공 시에는 차수성이 확인되지만 매립 후에는 곤란함
⑤ 경제성 : 단위면적당 공사비는 저가이나 전체적으로 비용이 많이 듦

2021

정답 29 ④ 30 ① 31 ④ 32 ① 33 ③

⑥ 보수 : 매립 전에는 보수, 보강 시공이 가능하나 매립 후에는 어려움
⑦ 공법 종류
㉠ 지하연속벽
㉡ 합성고무계 시트
㉢ 합성수지계 시트
㉣ 아스팔트계 시트

34 **매립지에서 발생하는 침출수의 특성이 COD/TOC : 2.0~2.8, BOD/COD : 0.1~0.5, 매립연한 : 5년~10년, COD(mg/L) : 500~10,000일 때 효율성이 가장 양호한 처리공정은?**

① 생물학적 처리 ② 이온교환수지
③ 활성탄 흡착 ④ 역삼투

해설 **침출수 특성에 따른 처리공정구분**

	항목	Ⅰ	Ⅱ	Ⅲ
침출수 특성	COD(mg/L)	10,000 이상	500~10,000	500 이하
	COD/TOC	2.7(2.8) 이상	2.0~2.7	2.0 이하
	BOD/COD	0.5 이상	0.1~0.5	0.1 이하
	매립연한	초기 (5년 이하)	중간 (5~10년)	오래(고령)됨 (10년 이상)
주 처리공정	생물학적 처리	좋음 (양호)	보통	나쁨 (불량)
	화학적 응집 · 침전 (화학적 침전 : 석회투여)	보통 · 불량	나쁨 (불량)	나쁨 (불량)
	화학적 산화	보통 · 나쁨 (불량)	보통	보통
	역삼투(R.O)	보통	좋음 (양호)	좋음 (양호)
	활성탄 흡착	보통 · 좋음 (양호)	보통 · 좋음 (양호)	좋음 (양호)
	이온교환 수지	나쁨 (불량)	보통 · 좋음 (양호)	보통

35 **폐기물 열분해의 장점으로 옳지 않은 것은?(단, 소각처리와 비교 기준)**

① 황 및 중금속이 회분 속에 고정되는 비율이 크다.
② 저장 및 수송이 가능한 연료를 회수할 수 있다.
③ 환원성 분위기가 유지되어 Cr^{3+}가 Cr^{6+}로 변화된다.
④ 배기 가스양이 적다.

해설 **열분해공정이 소각에 비하여 갖는 장점**
① 대기로 방출하는 배기가스양이 적게 배출된다.(가스처리장치가 소형화)
② 황, 중금속분이 Ash(회분) 중에 고정되는 비율이 크다.
③ 상대적으로 저온이기 때문에 NOx(질소산화물), 염화수소의 발생량이 적다.
④ 환원기가 유지되므로 Cr^{3+}이 Cr^{6+}으로 변화하기 어려우며 대기오염물질의 발생이 적다.(크롬산화 억제)
⑤ 폐플라스틱, 폐타이어, 오니류 등 스토커 소각처리가 곤란한 물질도 처리 가능하다.
⑥ 공기공급장치의 소형화 및 감량화로 매립용량이 감소한다.
⑦ 소각에 비교하여 생성물의 정제장치가 필요하다.
⑧ 고온용융식을 이용하면 재를 고형화할 수 있고 중금속의 용출이 없어서 자원으로 활용할 수 있다.
⑨ 저장 및 수송이 가능한 연료를 회수할 수 있다.

36 **밀도가 $600kg/m^3$인 도시형 쓰레기 200ton을 소각한 결과 밀도가 $100kg/m^3$인 소각재가 60ton이 되었다면 소각 시 부피감소율(%)은?**

① 82% ② 86%
③ 92% ④ 96%

해설 $$\text{부피감소율(VR)}=\left(1-\frac{V_s}{V_i}\right)\times 100$$

$$V_i=\frac{200\text{ton}}{0.6\text{ton}}=333.33\text{m}^3$$

$$V_f=\frac{60\text{ton}}{1\text{ton/m}^3}=60\text{m}^3$$

$$=\left(1-\frac{60}{333.33}\right)\times 100=81.99\%$$

37 **$C_{70}H_{130}O_{40}N_5$의 분자식을 가진 물질 100kg이 완전히 혐기 분해할 때 생성되는 이론적 암모니아의 부피는? (단, $C_{70}H_{130}O_{40}N_5$ + (가)H_2O → (나)CH_4 → (다)CO_2 + (라)NH_3)**

① $3.7Sm^3$ ② $4.7Sm^3$
③ $5.7Sm^3$ ④ $6.7Sm^3$

해설 완전분해반응식
$C_{70}H_{130}O_{40}N_5$ + (가)H_2O → (나)CH_4 → (다)CO_2 + (라)NH_3
(라) = 5
$C_{70}H_{130}O_{40}N_5$ → $5NH_3$
$C_{70}H_{130}O_{40}N_5$의 분자량 $=(12\times70)+(1\times130)+(16\times40)+(14\times5)=1,680$

정답 34 ④ 35 ③ 36 ① 37 ④

$1,680kg \quad : 22.4Sm^3$
$100kg \quad : NH_3(Sm^3)$

$$NH_3(Sm^3) = \frac{100\ kg \times (5 \times 22.4)Sm^3}{1,680\ kg} = 6.67Sm^3$$

38 고형물 중 VS 60%이고, 함수율 97%인 농축슬러지 $100m^3$을 소화시켰다. 소화율(VS 대상)이 50%이고, 소화 후 함수율이 95%라면 소화 후의 부피는?(단, 모든 슬러지의 비중은 1.0이다.)

① $32m^3$ ② $35m^3$ ③ $42m^3$ ④ $48m^3$

해설 소화 후 슬러지양(m^3)

$$= (VS' + FS) \times \frac{100}{100 - X_w}$$

VS'(잔류유기물) $= (100 \times 0.03)m^3 \times 0.6 \times 0.5 = 0.9m^3$

FS(무기물) $= (100 \times 0.03)m^3 \times 0.4 = 1.2m^3$

$$= (1.2 + 0.9)m^3 \times \frac{100}{100 - 95} = 42m^3$$

39 처리장으로 유입되는 생분뇨의 BOD가 15,000ppm, 이때의 염소이온 농도가 6,000ppm이었다. 이 생분뇨를 희석한 후 활성슬러지법으로 처리한 처리수의 BOD는 60ppm, 염소이온은 200ppm이었다면 활성슬러지법에서의 BOD 제거율은?

① 73% ② 78% ③ 82% ④ 88%

해설 BCD 처리효율(%) $= \left(1 - \frac{BOD_o}{BOD_i}\right) \times 100$

$BOD_o = 60ppm$

$BOD_i = 1,500ppm \times \left(\frac{200}{6,000}\right) = 500ppm$

$$= \left(1 - \frac{60}{500}\right) \times 100 = 88\%$$

40 소각로 설계의 기준이 되고 있는 발열량은?

① 고위발열량 ② 저위발열량
③ 평균발열량 ④ 최대발열량

해설 소각로 설계의 기준이 되는 것은 저위발열량이다.

제3과목 폐기물공정시험기준(방법)

41 다음 중 온도에 대한 규정에 어긋나는 것은?

① 표준온도는 0℃ ② 상온은 15~25℃
③ 실온은 4~25℃ ④ 찬곳은 0~15℃

해설

용어	온도(℃)
표준온도	0
상온	15~25
실온	1~35
찬 곳	0~15의 곳(따로 규정이 없는 경우)
냉수	15 이하
온수	60~70
열수	≒100

42 기체크로마토그래피 분석법으로 휘발성 저급 염소화 탄화수소류를 측정할 때 사용하는 운반가스는?

① 질소 ② 산소
③ 수소 ④ 아르곤

해설 운반기체는 부피백분율 99.999% 이상의 질소를 사용한다.

43 폐기물공정시험기준의 궁극적인 목적은?

① 국민의 보건 향상을 위하여
② 분석의 정확과 통일을 기하기 위하여
③ 오염실태를 파악하기 위하여
④ 폐기물의 성상을 분석하기 위하여

해설 폐기물공정시험기준의 목적은 폐기물의 성상 및 오염물질을 측정할 때 측정의 정확성 및 통일을 유지하기 위해서이다.

44 시료용기에 관한 설명으로 알맞지 않은 것은?

① 노말헥산 추출물질, 유기인 시험을 위한 시료 채취 시에는 무색경질유리병을 사용한다.
② PCB 및 휘발성 저급염소화탄화수소류 시험을 위한 시료 채취 시에는 무색경질유리병을 사용한다.
③ 채취용기는 기밀하고 누수나 흡습성이 없어야 한다.
④ 시료의 부패를 막기 위해 공기가 통할 수 있는 코르크 마개를 사용한다.

정답 38 ③ 39 ④ 40 ② 41 ③ 42 ① 43 ② 44 ④

해설 시료용기 마개
① 코르크 마개를 사용해서는 안 된다.
② 고무나 코르크 마개에 파라핀지, 유지, 셀로판지를 씌워 사용할 수 있다.

45 액상폐기물에서 트리클로로에틸렌을 용매추출법으로 추출하고자 할 때 사용되는 추출용매의 종류는?

① 아세톤 ② 디티존
③ 사염화탄소 ④ 노말헥산

해설 시료 중의 트리클로로에틸렌을 노말헥산으로 추출하여 기체크로마토그래피로 정량한다.

46 이온전극법을 활용한 시안 측정에 관한 내용으로 ( )에 옳은 것은?

> 이 시험기준은 폐기물 중 시안을 측정하는 방법으로 액상폐기물과 고상폐기물을 ( )으로 조절한 후 시안 이온전극과 비교전극을 사용하여 전위를 측정하고 그 전위차로부터 시안을 정량하는 방법이다.

① pH 4 이하의 산성 ② pH 6~7의 중성
③ pH 10의 알칼리성 ④ pH 12~13의 알칼리성

해설 시안 - 이온전극법
액상폐기물과 고상폐기물을 pH 12~13의 알칼리성으로 조절한 후 시안 이온전극과 비교전극을 사용하여 전위를 측정하고 그 전위차로부터 시안을 정량하는 방법이다.

47 황산산성에서 디티존사염화탄소로 1차 추출하고 브롬화칼륨 존재하에 황산산성에서 역추출하여 방해성분과 분리한 다음 알칼리성에서 디티존사염화탄소로 추출하는 중금속 항목은?

① Cd ② Cu
③ Pb ④ Hg

해설 수은 - 자외선/가시선 분광법
수은을 황산산성에서 디티존사염화탄소로 1차 추출하고 브롬화칼륨 존재하에 황산산성으로 역추출하여 방해성분과 분리한 다음 알칼리성에서 디티존사염화탄소로 수은을 추출하여 490nm에서 흡광도를 측정하는 방법이다.

48 폐기물 중에 함유된 기름 성분 측정에 사용되는 추출 용매는?

① 메틸오렌지
② 노말헥산
③ 알코올
④ 디에틸디티오카르바민산

해설 기름 성분 측정시험(중량법)
시료를 직접 사용하거나, 시료에 적당한 응집제 또는 흡착제 등을 넣어 노말헥산 추출물질을 포집한 다음 노말헥산으로 추출하고 잔류물의 무게로부터 구하는 방법이다.

49 실험실에서 폐기물의 수분을 측정하기 위해 다음과 같은 결과를 얻었다. 폐기물의 수분함량은?

> • 건조 전 시료 무게 : 20g
> • 증발접시 무게 : 2.345g
> • 증발접시 및 시료의 건조 후 무게 : 17.287g

① 25.3% ② 28.3%
③ 34.3% ④ 38.6%

해설
$$\text{수분}(\%) = \frac{(W_2 - W_3)}{(W_2 - W_1)} \times 100$$
$$= \frac{(22.345 - 17.287)\text{g}}{(22.345 - 2.345)\text{g}} \times 100 = 25.29\%$$

50 자외선/가시선 분광법에 의한 시안 측정 시 사용하는 시약 중 잔류염소를 제거하기 위한 시약은?

① 질산(1+4) ② 클로라민 T
③ L-아스코빈산 ④ 아세트산아연용액

해설 시안 - 자외선/가시선 분광법(간섭물질)
① 시안화합물 측정 시 방해물질들은 증류하면 대부분 제거된다.(다량의 지방성분, 잔류염소, 황화합물은 시안화합물 분석 시 간섭할 수 있음)
② 다량의 지방성분 함유 시료
아세트산 또는 수산화나트륨용액으로 pH 6~7로 조절한 후 시료의 약 2%에 해당하는 부피의 노말헥산 또는 클로로폼을 넣어 추출하여 유기층은 버리고 수층을 분리하여 사용한다.
③ 황화합물이 함유된 시료
아세트산아연용액(10W/V%) 2mL를 넣어 제거한다. 이 용액 1mL는 황화물이온 약 14mg에 해당된다.
④ 잔류염소가 함유된 시료
잔류염소 20mg당 L-아스코빈산(10W/V%) 0.6mL 또는 이산화비소산나트륨용액(10W/V%) 0.7mL를 넣어 제거한다.

정답 45 ④ 46 ④ 47 ④ 48 ② 49 ① 50 ③

51 기체크로마토그래피법으로 휘발성 저급염소화 탄화수소류를 측정하는 데 사용되는 검출기로 가장 적합한 것은?

① ECD ② FID
③ FPD ④ TCD

해설 기체크로마토그래피법으로 휘발성 저급염소화 탄화수소류를 측정하는 데 사용되는 검출기는 전자포획검출기(ECD)가 적합하다.

52 폐기물의 수소이온농도 측정 시 적용되는 정밀도에 관한 기준으로 옳은 것은?

① 임의의 한 종류의 pH 표준용액에 대해 검출부를 정제수로 잘 씻은 다음 5회 되풀이하여 pH를 측정하였을 때 그 재현성이 ±0.05 이내이어야 한다.
② 임의의 한 종류의 pH 표준용액에 대해 검출부를 정제수로 잘 씻은 다음 5회 되풀이하여 pH를 측정하였을 때 그 재현성이 ±0.1 이내이어야 한다.
③ 임의의 한 종류의 pH 표준용액에 대해 검출부를 정제수로 잘 씻은 다음 10회 되풀이하여 pH를 측정하였을 때 그 재현성이 ±0.05 이내이어야 한다.
④ 임의의 한 종류의 pH 표준용액에 대해 검출부를 정제수로 잘 씻은 다음 10회 되풀이하여 pH를 측정하였을 때 그 재현성이 ±0.1 이내이어야 한다.

해설 **정밀도**
임의의 한 종류의 pH 표준용액에 대하여 검출부를 정제수로 잘 씻은 다음 5회 되풀이하여 pH를 측정했을 때 그 재현성이 ±0.05 이내이어야 한다.

53 카드뮴 측정을 위한 자외선/가시선 분광법의 측정원리에 관한 내용으로 ( ) 안에 알맞은 것은?

> 카드뮴이온을 시안화칼륨이 존재하는 알칼리성에서 디티존과 반응시켜 생성하는 카드뮴착염을 사염화탄소로 추출하고, 추출한 카드뮴착염을 타타르산용액으로 역추출한 다음 수산화나트륨과 시안화칼륨을 넣어 디티존과 반응하여 생성되는 ( )의 카드뮴착염을 사염화탄소로 추출하여 그 흡광도를 520nm에서 측정하는 방법이다.

① 청색 ② 남색
③ 적색 ④ 황갈색

해설 **카드뮴 – 자외선/가시선 분광법**
시료 중에 카드뮴이온을 시안화칼륨이 존재하는 알칼리성에서 디티존과 반응시켜 생성하는 카드뮴착염을 사염화탄소로 추출하고, 추출한 카드뮴착염을 타타르산용액으로 역추출한 다음 수산화나트륨과 시안화칼륨을 넣어 디티존과 반응하여 생성하는 적색의 카드뮴착염을 사염화탄소로 추출하여 그 흡광도를 520nm에서 측정하는 방법이다.

54 폐기물시료 200g을 취하여 기름 성분(중량법)을 시험한 결과, 시험 전·후의 증발용기의 무게차가 13.591g으로 나타났고, 바탕시험 전·후의 증발용기의 무게차는 13.557g으로 나타났다. 이때의 노말헥산 추출물질 농도(%)는?

① 0.013 ② 0.017
③ 0.023 ④ 0.034

해설 노말헥산 추출물질 농도(%)

$$=(a-b)\times\frac{100}{V}$$

$$=(13.591-13.557)\text{g}\times\frac{100}{200\text{g}}=0.017\%$$

2021

55 유도결합플라스마 – 원자발광분광법에서 정량법으로 사용되는 방법과 가장 거리가 먼 것은?

① 검량선법 ② 내표준법
③ 표준첨가법 ④ 넓이백분율법

해설 **유도결합플라스마 – 원자발광분광법 정량법**
① 검량선법 ② 내표준법 ③ 표준첨가법

56 가스크로마토그래프 분석에 사용하는 검출기 중에서 방사선 동위원소로부터 방출되는 β선을 이용하며 유기할로겐화합물, 니트로화합물, 유기금속화합물을 선택적으로 검출할 수 있는 것은?

① 열전도도 검출기(TCD)
② 수소염이온화 검출기(FID)
③ 전자포획 검출기(ECD)
④ 불꽃광도 검출기(FPD)

해설 **전자포획 검출기(ECD ; Electron Capture Detector)**
전자포획 검출기는 방사선 동위원소(^{53}Ni, ^{3}H)로부터 방출되는 β선이 운반가스를 전리하여 미소전류를 흘려보낼 때 시료 중의 할로겐이나 산소와 같이 전자포획력이 강한 화합물에 의하여 전자가 포획되어 전류가 감소하는 것을 이용하는 방법으로 유기할로겐 화합물, 니트로화합물 및 유기금속화합물을 선택적으로 검출할 수 있다.

정답 51 ① 52 ① 53 ③ 54 ② 55 ④ 56 ③

57 **폐기물공정시험기준 중 성상에 따른 시료채취방법으로 가장 거리가 먼 것은?**

① 폐기물 소각시설 소각재란 연소실 바닥을 통해 배출되는 바닥재와 폐열보일러 및 대기오염 방지시설을 통해 배출되는 비산재를 말한다.
② 공정상 소각재에 물을 분사하는 경우를 제외하고는 가급적 물을 분사한 후에 시료를 채취한다.
③ 비산재 저장조의 경우 낙하구 밑에서 채취하고, 운반차량에 적재된 소각재는 적재차량에서 채취하는 것을 원칙으로 한다.
④ 회분식 연소방식 반출설비에서 채취하는 소각재는 하루 동안의 운전횟수에 따라 매 운전 시마다 2회 이상 채취하는 것을 원칙으로 한다.

해설 공정상 소각재에 물을 분사하는 경우를 제외하고는 가급적 물을 분사하기 전에 시료를 채취한다.

58 **중량법에 의한 기름 성분 분석방법에 관한 설명으로 가장 거리가 먼 것은?**

① 시료 적당량을 분별깔때기에 넣고 메틸오렌지용약(0.1W/V%)을 2~3방울 넣고 황색이 적색으로 변할 때까지 염산(1+1)을 넣어 pH 4 이하로 조절한다.
② 시료가 반고상 또는 고상폐기물인 경우에는 폐기물의 양에 약 2.5배에 해당하는 물을 넣어 잘 혼합한 다음 pH 4 이하로 조절한다.
③ 노말헥산 추출물질의 함량이 5mg/L 이하로 낮은 경우에는 5L 부피 시료병에 시료 4L를 채취하여 염화철(Ⅲ)용액 4mL를 넣고 자석교반기로 교반하면서 탄산나트륨용액(20W/V%)을 넣어 pH 7~9로 조절한다.
④ 증발용기 외부의 습기를 깨끗이 닦고 (80±5)℃의 건조기 중에 2시간 건조하고 황산데시케이터에 넣어 정확히 1시간 식힌 후 무게를 단다.

해설 증발용기 외부의 습기를 깨끗이 닦아 (80±5)℃의 건조기 중에 30분간 건조하고 실리카겔 데시케이터에 넣어 정확히 30분간 식힌 후 무게를 단다.

59 **수소이온농도가 2.8×10^{-5}mole/L인 수용액의 pH는?**

① 2.8　② 3.4
③ 4.6　④ 5.4

해설 $pH=\log\frac{1}{[H^+]}=\log\frac{1}{2.8\times10^{-5}}=4.55$

60 **기체크로마토그래피법에 의한 PCBs 시험 시 실리카겔 칼럼을 사용하는 주목적은?**

① 시료 중의 수용성 염류분리
② 시료 중의 수분 흡수
③ PCBs의 흡착
④ PCBs 이외의 불순물 분리

해설 실리카겔 컬럼정제는 산, 염화페놀, 폴리클로로페녹시페놀 등의 극성화합물을 제거하기 위하여 수행한다.

제4과목 폐기물관계법규

61 **사업장폐기물을 발생하는 사업장 중 기타 대통령이 정하는 사업장과 가장 거리가 먼 것은?**

① 폐기물을 1일 평균 300킬로그램 이상 배출하는 사업장
② 「하수도법」에 따른 공공하수처리시설을 설치·운영하는 사업장
③ 「가축분뇨의 관리 및 이용에 관한 법률」에 따른 공공처리시설
④ 「건설산업기본법」에 따른 건설공사로 폐기물을 2톤 이상 배출하는 사업장

해설 **사업장폐기물 발생 사업장 중 기타 대통령이 정하는 사업장**
① 「물환경보전법」에 따라 공공폐수처리시설을 설치·운영하는 사업장
② 「하수도법」에 따라 공공하수처리시설을 설치·운영하는 사업장
③ 「하수도법」에 따른 분뇨처리시설을 설치·운영하는 사업장
④ 「가축분뇨의 관리 및 이용에 관한 법률」에 따라 공공처리시설을 설치·운영하는 사업장
⑤ 폐기물처리시설(폐기물처리업의 허가를 받은 자가 설치하는 시설을 포함한다)을 설치·운영하는 사업장
⑥ 지정폐기물을 배출하는 사업장
⑦ 폐기물을 1일 평균 300킬로그램 이상 배출하는 사업장
⑧ 「건설산업기본법」에 따른 건설공사로 폐기물을 5톤(공사를 착공할 때부터 마칠 때까지 발생되는 폐기물의 양을 말한다) 이상 배출하는 사업장
⑨ 일련의 공사(제8호에 따른 건설공사는 제외한다) 또는 작업으로 폐기물을 5톤(공사를 착공하거나 작업을 시작할 때부터 마칠 때까지 발생하는 폐기물의 양을 말한다) 이상 배출하는 사업장

정답 57 ② 58 ④ 59 ③ 60 ④ 61 ④

62 **폐기물처리업의 업종 구분과 영업내용의 범위를 벗어나는 영업을 한 자에 대한 벌칙 기준은?**

① 3년 이하의 징역이나 3천만 원 이하의 벌금
② 2년 이하의 징역이나 2천만 원 이하의 벌금
③ 1년 이하의 징역이나 1천만 원 이하의 벌금
④ 6월 이하의 징역이나 5백만 원 이하의 벌금

해설 폐기물관리법 제66조 참조

63 **폐기물처리시설인 매립시설의 기술관리인 자격기준으로 틀린 것은?**

① 화공기사 ② 전기공사기사
③ 건설기계설비기사 ④ 일반기계기사

해설 **폐기물 처분시설 또는 재활용시설의 기술관리인의 자격기준**

구분	자격기준
매립시설	폐기물처리기사, 수질환경기사, 토목기사, 일반기계기사, 건설기계기사, 화공기사, 토양환경기사 중 1명 이상
소각시설(의료폐기물을 대상으로 하는 소각시설은 제외한다), 시멘트 소성로 및 용해로	폐기물처리기사, 대기환경기사, 토목기사, 일반기계기사, 건설기계기사, 화공기사, 전기기사, 전기공사기사 중 1명 이상
의료폐기물을 대상으로 하는 시설	폐기물처리산업기사, 임상병리사, 위생사 중 1명 이상
음식물류 폐기물을 대상으로 하는 시설	폐기물처리산업기사, 수질환경산업기사, 화공산업기사, 토목산업기사, 대기환경산업기사, 일반기계기사, 전기기사 중 1명 이상
그 밖의 시설	같은 시설의 운영을 담당하는 자 1명 이상

64 **법에서 사용하는 용어의 뜻으로 틀린 것은?**

① '처분'이란 폐기물의 소각·중화·파쇄·고형화 등의 중간처분과 매립하거나 해역으로 배출하는 등의 최종처분을 말한다.
② '재활용'이란 폐기물을 연료로 변환하는 활동으로서 대통령령으로 정하는 활동을 말한다.
③ '폐기물처리시설'이란 폐기물의 중간처분시설, 최종처분시설 및 재활용시설로서 대통령령으로 정하는 시설을 말한다.
④ '처리'란 폐기물의 수집, 운반, 보관, 재활용, 처분을 말한다.

해설 "재활용"이란 다음의 어느 하나에 해당하는 활동을 말한다.
① 폐기물을 재사용·재생이용하거나 재사용·재생이용할 수 있는 상태로 만드는 활동
② 폐기물로부터 「에너지법」에 따른 에너지를 회수 또는 회수할 수 있는 상태로 만들거나 폐기물을 연료로 사용하는 활동으로서 환경부령으로 정하는 활동

65 **폐기물처리 담당자로서 교육대상자에 포함되지 않는 사람은?**

① 폐기물처리시설의 설치·운영자나 그가 고용한 기술담당자
② 지정폐기물을 배출하는 사업자나 그가 고용한 기술담당자
③ 자치단체장이 정하는 자나 그가 고용한 기술담당자
④ 폐기물 수집·운반업의 허가를 받은 자나 그가 고용한 기술담당자

해설 **폐기물처리 담당자로서 교육대상자**
① 폐기물처리시설(법 제34조 제1항에 따라 기술관리인을 임명한 폐기물처리시설은 제외한다)의 설치·운영자나 그가 고용한 기술담당자
② 사업장폐기물 배출자 신고를 한 자나 그가 고용한 기술담당자
③ 확인을 받아야 하는 지정폐기물을 배출하는 사업자나 그가 고용한 기술담당자
④ ②와 ③에 따른 자 외의 사업장폐기물을 배출하는 사업자나 그가 고용한 기술담당자로서 환경부령으로 정하는 자
⑤ 폐기물수집·운반업의 허가를 받은 자나 그가 고용한 기술담당자
⑥ 폐기물처리 신고자나 그가 고용한 기술담당자

66 **시·도지사는 폐기물 재활용 신고를 한 자에게 재활용사업의 정지를 명령하여야 하는 경우 대통령령으로 정하는 바에 따라 그 재활용 사업의 정지를 갈음하여 2천만 원 이하의 과징금을 부과할 수 있는데 이에 해당하는 경우가 아닌 것은?**

① 해당 처리금지로 인하여 그 폐기물처리의 이용자가 폐기물을 위탁처리하지 못하여 폐기물이 사업장 안에 적체됨으로써 이용자의 사업활동에 막대한 지장을 줄 우려가 있는 경우
② 해당 폐기물처리 신고자가 보관 중인 폐기물 또는 그 폐기물처리의 이용자가 보관 중인 폐기물의 적체에

2021

정답 62 ② 63 ② 64 ② 65 ③ 66 ③

따른 환경오염으로 인하여 인근지역 주민의 건강에 위해가 발생되거나 발생될 우려가 있는 경우
③ 영업정지 명령으로 해당 재활용사업체의 도산이 발생될 우려가 있는 경우
④ 천재지변이나 그 밖의 부득이한 사유로 해당 폐기물처리를 계속하도록 할 필요가 있다고 인정되는 경우

해설 **폐기물처리 신고자에 대한 과징금 처분**
시·도지사는 폐기물처리 신고자가 처리금지를 명령하여야 하는 경우 그 처리금지가 다음의 어느 하나에 해당한다고 인정되면 대통령령으로 정하는 바에 따라 그 처리금지를 갈음하여 2천만 원 이하의 과징금을 부과할 수 있다.
① 해당 재활용사업의 정지로 인하여 그 재활용사업의 이용자가 폐기물을 위탁처리하지 못하여 폐기물이 사업장 안에 적체됨으로써 이용자의 사업활동에 막대한 지장을 줄 우려가 있는 경우
② 해당 재활용사업체에 보관 중인 폐기물 또는 그 재활용사업의 이용자가 보관 중인 폐기물의 적체에 따른 환경오염으로 인하여 인근지역 주민의 건강에 위해가 발생되거나 발생될 우려가 있는 경우
③ 천재지변이나 그 밖의 부득이한 사유로 해당 재활용사업을 계속하도록 할 필요가 있다고 인정되는 경우

67 과징금에 관한 내용으로 ( ) 안에 알맞은 것은?

> 환경부장관이나 시·도지사가 폐기물처리업자에게 영업의 정지를 명령하려는 때 (㉠)으로 정하는 바에 따라 그 영업의 정지를 갈음하여 (㉡) 이하의 과징금을 부과할 수 있다.

① ㉠ 환경부령, ㉡ 1억 원
② ㉠ 대통령령, ㉡ 1억 원
③ ㉠ 환경부령, ㉡ 2억 원
④ ㉠ 대통령령, ㉡ 2억 원

해설 **폐기물처리업자에 대한 과징금 처분**
환경부장관이나 시·도지사는 폐기물처리업자에게 영업의 정지를 명령하려는 때 그 영업의 정지가 다음의 어느 하나에 해당한다고 인정되면 대통령령으로 정하는 바에 따라 그 영업의 정지를 갈음하여 1억 원 이하의 과징금을 부과할 수 있다.
① 해당 영업의 정지로 인하여 그 영업의 이용자가 폐기물을 위탁처리하지 못하여 폐기물이 사업장 안에 적체됨으로써 이용자의 사업활동에 막대한 지장을 줄 우려가 있는 경우
② 해당 폐기물처리업자가 보관 중인 폐기물이나 그 영업의 이용자가 보관 중인 폐기물의 적체에 따른 환경오염으로 인하여 인근지역 주민의 건강에 위해가 발생되거나 발생될 우려가 있는 경우
③ 천재지변이나 그 밖의 부득이한 사유로 해당 영업을 계속하도록 할 필요가 있다고 인정되는 경우

68 폐기물처리시설 중 멸균분쇄시설의 검사기관으로 적절치 않은 것은?

① 한국환경공단 ② 한국기계연구원
③ 보건환경연구원 ④ 한국산업기술시험원

해설 **멸균분쇄시설의 검사기관**
① 한국환경공단
② 보건환경연구원
③ 한국산업기술시험원

69 기술관리인을 두어야 할 폐기물처리시설 기준으로 옳은 것은?(단, 폐기물처리업자가 운영하는 폐기물처리시설은 제외)

① 멸균분쇄시설로서 1일 처리능력이 5톤 이상인 시설
② 사료화·퇴비화 또는 소멸화 시설로서 1일 처리능력이 10톤 이상인 시설
③ 압축, 파쇄, 분쇄 또는 절단시설로서 1일 처리능력이 100톤 이상인 시설
④ 연료화 시설로서 1일 처리능력이 50톤 이상인 시설

해설 **기술관리인을 두어야 하는 폐기물처리시설**
① 매립시설의 경우
㉠ 지정폐기물을 매립하는 시설로서 면적이 3천300제곱미터 이상인 시설. 다만, 차단형 매립시설에서는 면적이 330제곱미터 이상이거나 매립용적이 1천 세제곱미터 이상인 시설로 한다.
㉡ 지정폐기물 외의 폐기물을 매립하는 시설로서 면적이 1만 제곱미터 이상이거나 매립용적이 3만 세제곱미터 이상인 시설
② 소각시설로서 시간당 처리능력이 600킬로그램(감염성 폐기물을 대상으로 하는 소각시설의 경우에는 200킬로그램) 이상인 시설
③ 압축·파쇄·분쇄 또는 절단시설로서 1일 처리능력 또는 재활용시설이 100톤 이상인 시설
④ 사료화·퇴비화 또는 연료화 시설로서 1일 재활용능력이 5톤 이상인 시설
⑤ 멸균·분쇄시설로서 시간당 처리능력이 100킬로그램 이상인 시설
⑥ 시멘트 소성로
⑦ 용해로(폐기물에 비철금속을 추출하는 경우로 한정한다)로서 시간당 재활용능력이 600킬로그램 이상인 시설
⑧ 소각열회수시설로서 시간당 재활용능력이 600킬로그램 이상인 시설

정답 67 ② 68 ② 69 ③

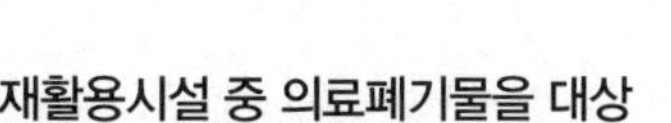

70 폐기물 처분시설 또는 재활용시설 중 의료폐기물을 대상으로 하는 시설의 기술관리인 자격으로 틀린 것은?

① 폐기물처리산업기사　② 임상병리사
③ 위생사　④ 산업위생지도사

해설 **폐기물 처분시설 또는 재활용시설의 기술관리인의 자격기준**

구분	자격기준
매립시설	폐기물처리기사, 수질환경기사, 토목기사, 일반기계기사, 건설기계기사, 화공기사, 토양환경기사 중 1명 이상
소각시설(의료폐기물을 대상으로 하는 소각시설은 제외한다), 시멘트 소성로 및 용해로	폐기물처리기사, 대기환경기사, 토목기사, 일반기계기사, 건설기계기사, 화공기사, 전기기사, 전기공사기사 중 1명 이상
의료폐기물을 대상으로 하는 시설	폐기물처리산업기사, 임상병리사, 위생사 중 1명 이상
음식물류 폐기물을 대상으로 하는 시설	폐기물처리산업기사, 수질환경산업기사, 화공산업기사, 토목산업기사, 대기환경산업기사, 일반기계기사, 전기기사 중 1명 이상
그 밖의 시설	같은 시설의 운영을 담당하는 자 1명 이상

71 폐기물 처리시설 중 중간처분시설인 기계적 처분시설에 해당하는 것은?

① 열분해시설(가스화시설을 포함한다)
② 응집 · 침전시설
③ 용융시설(동력 7.5kW 이상인 시설로 한정한다)
④ 고형화 시설

해설 **중간처분시설(기계적 처분시설)의 종류**

① 압축시설(동력 7.5kW 이상인 시설로 한정한다)
② 파쇄 · 분쇄시설(동력 15kW 이상인 시설로 한정한다)
③ 절단시설(동력 7.5kW 이상인 시설로 한정한다)
④ 용융시설(동력 7.5kW 이상인 시설로 한정한다)
⑤ 증발 · 농축시설
⑥ 정제시설(분리 · 증류 · 추출 · 여과 등의 시설을 이용하여 폐기물을 처분하는 단위시설을 포함한다)
⑦ 유수 분리시설
⑧ 탈수 · 건조시설
⑨ 멸균분쇄시설

72 폐기물처리업의 시설 · 장비 · 기술능력의 기준 중 폐기물수집 · 운반업의 기준으로, 생활폐기물 또는 사업장생활폐기물을 수집 · 운반하는 경우의 장비기준으로 틀린 것은?

① 밀폐식 운반차량 1대 이상(적재 능력합계 15세제곱미터 이상)
② 개방식 운반차량 1대 이상(적재 능력합계 8톤 이상)
③ 운반용 압축차량 또는 압착차량 1대 이상
④ 기계식 상차장치가 부착된 차량 1대 이상(특별시 · 광역시에 한하되, 광역시의 경우 군지역은 제외한다)

해설 **생활폐기물 또는 사업장생활폐기물 수집 · 운반의 경우 장비기준**

① 밀폐형 압축 · 압착차량 1대(특별시 · 광역시는 2대) 이상
② 밀폐형 차량 또는 밀폐형 덮개 설치차량 1대 이상(적재능력합계 4.5톤 이상)
③ 섭씨 4도 이하의 냉장 적재함이 설치된 차량 1대 이상(의료기관 일회용 기저귀를 수집 · 운반하는 경우에 한정한다)

※ 법규 변경사항이므로 해설 내용으로 학습하시기 바랍니다.

2021

73 생활폐기물 배출자는 특별자치시, 특별자치도, 시 · 군 · 구의 조례로 정하는 바에 따라 스스로 처리할 수 없는 생활폐기물을 종류별, 성질 · 상태별로 분리하여 보관하여야 한다. 이를 위반한 자에 대한 과태료 부과기준은?

① 100만 원 이하의 과태료
② 200만 원 이하의 과태료
③ 300만 원 이하의 과태료
④ 500만 원 이하의 과태료

해설 폐기물관리법 제68조 참조

74 '대통령령으로 정하는 폐기물처리시설'을 설치 · 운영하는 자는 그 폐기물처리시설의 설치 · 운영이 주변지역에 미치는 영향을 3년마다 조사하여 그 결과를 환경부 장관에게 제출하여야 한다. 다음 중 대통령령으로 정하는 폐기물처리시설기준으로 틀린 것은?

① 매립면적 1만 제곱미터 이상의 사업장 지정폐기물 매립시설
② 매립면적 15만 제곱미터 이상의 사업장 일반폐기물 매립시설
③ 시멘트 소성로(폐기물을 연료로 하는 경우로 한정한다)
④ 1일 처분능력이 10톤 이상인 사업장 폐기물 소각시설

정답 70 ④　71 ③　72 ②　73 ①　74 ④

해설 **주변지역 영향 조사대상 폐기물처리시설 기준**

① 1일 처리능력이 50톤 이상인 사업장폐기물 소각시설(같은 사업장에 여러 개의 소각시설이 있는 경우에는 각 소각시설의 1일 처리능력의 합계가 50톤 이상인 경우를 말한다)
② 매립면적 1만 제곱미터 이상의 사업장 지정폐기물 매립시설
③ 매립면적 15만 제곱미터 이상의 사업장 일반폐기물 매립시설
④ 시멘트 소성로(폐기물을 연료로 사용하는 경우로 한정한다)
⑤ 1일 재활용능력이 50톤 이상인 사업장폐기물 소각열회수시설(같은 사업장에 여러 개의 소각열회수시설이 있는 경우에는 각 소각열회수시설의 1일 재활용능력의 합계가 50톤 이상인 경우를 말한다)

75 지정폐기물로 볼 수 없는 것은?

① 할로겐족(환경부령으로 정하는 물질 또는 이를 함유한 물질로 한정한다) 폐유기용제
② 폐석면
③ 기름 성분을 5% 이상 함유한 폐유
④ 수소이온 농도지수가 3.0인 폐산

해설 액체상태의 폐기물로서 수소이온농도지수가 2.0 이하인 것을 폐산이라 한다.

76 폐기물처리업의 업종구분과 영업에 관한 내용으로 틀린 것은?

① 폐기물 수집 · 운반업 : 폐기물을 수집 · 운반시설을 갖추고 재활용 또는 처분장소로 수집 · 운반하는 영업
② 폐기물 최종 처분업 : 폐기물 최종처분시설을 갖추고 폐기물을 매립 등(해역 배출은 제외한다)의 방법으로 최종처분하는 영업
③ 폐기물 종합 처분업 : 폐기물 중간처분시설 및 최종처분시설을 갖추고 폐기물의 중간처분과 최종처분을 함께하는 영업
④ 폐기물 종합 재활용업 : 폐기물 재활용시설을 갖추고 중간재활용업과 최종재활용업을 함께하는 영업

해설 **폐기물처리업의 업종구분과 영업내용**

① 폐기물 수집 · 운반업
폐기물을 수집하여 재활용 또는 처분 장소로 운반하거나 폐기물을 수출하기 위하여 수집 · 운반하는 영업
② 폐기물 중간처분업
폐기물 중간처분시설을 갖추고 폐기물을 소각 처분, 기계적 처분, 화학적 처분, 생물학적 처분, 그 밖에 환경부장관이 폐기물을 안전하게 중간처분할 수 있다고 인정하여 고시하는 방법으로 중간처분하는 영업
③ 폐기물 최종처분업
폐기물 최종처분시설을 갖추고 폐기물을 매립 등(해역 배출은 제외한다)의 방법으로 최종처분하는 영업
④ 폐기물 종합처분업
폐기물 중간처분시설 및 최종처분시설을 갖추고 폐기물의 중간처분과 최종처분을 함께하는 영업
⑤ 폐기물 중간재활용업
폐기물 재활용시설을 갖추고 중간가공 폐기물을 만드는 영업
⑥ 폐기물 최종재활용업
폐기물 재활용시설을 갖추고 중간가공 폐기물을 용도 또는 방법으로 재활용하는 영업
⑦ 폐기물 종합재활용업
폐기물 재활용시설을 갖추고 중간재활용업과 최종재활용업을 함께 하는 영업

77 폐기물처리시설 중 소각시설의 기술관리인으로 가장 거리가 먼 것은?

① 대기환경기사
② 수질환경기사
③ 전기기사
④ 전기공사기사

해설 **폐기물 처분시설 또는 재활용시설의 기술관리인의 자격기준**

구분	자격기준
매립시설	폐기물처리기사, 수질환경기사, 토목기사, 일반기계기사, 건설기계기사, 화공기사, 토양환경기사 중 1명 이상
소각시설(의료폐기물을 대상으로 하는 소각시설은 제외한다), 시멘트 소성로 및 용해로	폐기물처리기사, 대기환경기사, 토목기사, 일반기계기사, 건설기계기사, 화공기사, 전기기사, 전기공사기사 중 1명 이상
의료폐기물을 대상으로 하는 시설	폐기물처리산업기사, 임상병리사, 위생사 중 1명 이상
음식물류 폐기물을 대상으로 하는 시설	폐기물처리산업기사, 수질환경산업기사, 화공산업기사, 토목산업기사, 대기환경산업기사, 일반기계기사, 전기기사 중 1명 이상
그 밖의 시설	같은 시설의 운영을 담당하는 자 1명 이상

정답 75 ④ 76 ① 77 ②

78 시·도지사, 시장·군수·구청장 또는 지방환경관서의 장은 관계공무원이 사업장 등에 출입하여 검사할 때에 배출되는 폐기물이나 재활용한 제품의 성분, 유해물질 함유 여부의 검사를 위한 시험분석이 필요하면 시험분석기관으로 하여금 시험분석하게 할 수 있다. 다음 중 시험분석기관과 가장 거리가 먼 것은?(단, 그 밖에 환경부장관이 인정·고시하는 기관은 고려하지 않음)

① 한국환경시험원
② 한국환경공단
③ 유역환경청 또는 지방환경청
④ 수도권매립지 관리공사

해설 **시험·분석기관**
① 국립환경과학원
② 보건환경연구원
③ 유역환경청 또는 지방환경청
④ 한국환경공단
⑤ 「석유 및 석유대체연료 사업법」에 따른 다음의 기관
㉠ 한국석유관리원
㉡ 산업통상자원부장관이 지정하는 기관
⑥ 「비료관리법 시행규칙」에 따른 시험연구기관
⑦ 수도권매립지 관리공사
⑧ 전용용기 검사기관(전용용기에 대한 시험분석으로 한정)
⑨ 그 밖에 환경부장관이 재활용 제품을 시험분석할 수 있다고 인정하여 고시하는 시험분석기관

79 폐기물처리시설의 설치기준 중 고온용융시설의 개별기준으로 틀린 것은?

① 시설에서 배출되는 잔재물의 강열감량은 5% 이하가 될 수 있는 성능을 갖추어야 한다.
② 연소가스의 체류시간은 1초 이상이어야 하고, 충분하게 혼합될 수 있는 구조이어야 한다.
③ 연소가스의 체류시간은 섭씨 1,200도에서의 부피로 환산한 연소가스의 체적으로 계산한다.
④ 시설의 출구온도는 섭씨 1,200도 이상이 되어야 한다.

해설 **폐기물처리시설 설치기준 중 고온용융시설**
고온용융시설에서 배출되는 잔재들의 강열감량은 1% 이하가 될 수 있는 성능을 갖추어야 한다.

80 환경부령으로 정하는 폐기물처리시설의 설치를 마친 자는 환경부령으로 정하는 검사기관으로부터 검사를 받아야 한다. 다음 중 음식물류 폐기물 처리시설의 검사기관으로 옳은 것은?(단, 그 밖에 환경부장관이 정하여 고시하는 기관 제외)

① 한국산업연구원 ② 보건환경연구원
③ 한국농어촌공사 ④ 한국환경공단

해설 **환경부령으로 정하는 검사기관**
① 소각시설
㉠ 한국환경공단
㉡ 한국기계연구원
㉢ 한국산업기술시험원
㉣ 대학, 정부 출연기관, 그 밖에 소각시설을 검사할 수 있다고 인정하여 환경부장관이 고시하는 기관
② 매립시설
㉠ 한국환경공단
㉡ 한국건설기술연구원
㉢ 한국농어촌공사
㉣ 수도권매립지관리공사
③ 멸균분쇄시설
㉠ 한국환경공단
㉡ 보건환경연구원
㉢ 한국산업기술시험원
④ 음식물 폐기물 처리시설
㉠ 한국환경공단
㉡ 한국산업기술시험원
㉢ 그 밖에 환경부장관이 정하여 고시하는 기관
⑤ 시멘트 소성로
소각시설의 검사기관과 동일
⑥ 소각열회수시설의 검사기관
소각시설의 검사기관과 동일(에너지회수 외의 검사)

정답 78 ① 79 ① 80 ④

2021년 2회 CBT 복원·예상문제

제1과목 폐기물개론

01 다음의 쓰레기의 성상분석 과정 중에서 일반적으로 가장 먼저 이루어지는 절차는?

① 분류 ② 절단 및 분쇄
③ 건조 ④ 화학적 조성 분석

해설 **쓰레기 성상분석의 순서**
시료 → 밀도 측정 → 물리적 조성분석 → 건조 → 분류 → 전처리(절단 및 분쇄) → 화학적 조성분석 및 발열량 측정

02 선별효율을 나타내는 지표로 Worrell의 제안식을 적용한 선별결과가 다음과 같을 때, 선별효율은?[투입량 : 10톤/일, 회수량 : 7톤/일(회수대상물질 5톤/일), 제거대상물질 : 3톤/일(회수대상물질 0.5톤/일)]

① 약 50% ② 약 60%
③ 약 70% ④ 약 80%

해설 선별효율

$$=\left[\left(\frac{x_1}{x_0}\right)\times\left(\frac{y_2}{y_0}\right)\right]\times 100$$

x_1이 5ton/day → y_1은 2ton/day

x_2가 0.5ton/day → y_2는 10−7−0.5=2.5ton/day

$x_0 = x_1 + x_2 = 5+0.5 = 5.5$ton/day

$y_0 = y_1 + y_2 = 2+2.5 = 4.5$ton/day

$$=\left[\left(\frac{5}{5.5}\right)\times\left(\frac{2.5}{4.5}\right)\right]\times 100 = 50.51\%$$

03 인구 3,800명인 어느 지역에서 하루 동안 발생되는 쓰레기를 수거하기 위하여 용량 8m³인 청소차량이 5대, 1일 2회 수거, 1일 근무시간 8시간인 환경미화원이 5명 동원된다. 이 쓰레기의 적재밀도가 0.3ton/m³일 때 MHT값은?(단, 기타 조건은 고려하지 않음)

① 1.38man · hour/ton
② 1.42man · hour/ton
③ 1.67man · hour/ton
④ 1.83man · hour/ton

해설

$$\text{MHT}=\frac{\text{수거인부수}\times\text{수거시간}}{\text{쓰레기 수거량}}$$

$$=\frac{5\text{인}\times 8\text{hr/day}}{2\text{회/day}\times 8\text{m}^3/\text{대}\times 5\text{대/회}\times 0.3\text{ton/m}^3}$$

$=1.67$MHT(man · hr/ton)

04 어느 도시 폐기물 중 가연성 성분이 65%이고 불연성 성분이 35%일 때 다음의 조건하에서 RDF를 생산한다면 일주일 동안에 생산된 양은 몇 m³인가?(단, 회수된 가연성 폐기물 전량이 RDF로 전환됨)

[조건]
- 폐기물 발생량 : 2kg/인 · 일
- 가옥수 : 5,000세대
- 세대당 평균 인구수 : 5명
- 가연성 성분 회수율 : 80%
- RDF의 밀도 : 1,500kg/m³

① 121 ② 185 ③ 227 ④ 264

해설 부피(m³)

$$=\frac{2\text{kg/인}\cdot\text{일}\times 5\text{인/세대}\times 5{,}000\text{세대}\times 0.65\times 0.8\times 7\text{일}}{1{,}500\text{kg/m}^3}$$

$=121.33$m³

05 파쇄기로 15cm의 폐기물을 3cm로 파쇄하는 데 에너지가 50kW · h/ton 소요되었다. 20cm인 폐기물을 4cm로 파쇄시 소요되는 에너지량은?(단, Kick의 법칙을 이용)

① 32kW · h/ton ② 37kW · h/ton
③ 41kW · h/ton ④ 50kW · h/ton

해설

$$E=C\ln\left(\frac{L_1}{L_2}\right)$$

$$50\text{kW}\cdot\text{hr/ton}=C\ln\left(\frac{15}{3}\right)$$

$C=31.06$kW · hr/ton

$$E=31.06\text{kW}\cdot\text{hr/ton}\times\ln\left(\frac{20}{4}\right)=49.99\text{kW}\cdot\text{hr/ton}$$

정답 01 ③ 02 ① 03 ③ 04 ① 05 ④

06 **쓰레기 관리체계에서 가장 비용이 많이 드는 과정은?**

① 수거 및 운반 ② 처리
③ 저장 ④ 재활용

해설 폐기물 관리에 소요되는 총비용 중 수거 및 운반단계가 60% 이상을 차지한다. 즉 폐기물 관리 시 비용이 가장 많이 드는 과정이다.

07 **밀도 680kg/m³인 쓰레기 200kg이 압축되어 밀도가 960kg/m³로 되었다면 압축비는?**

① 약 1.1 ② 약 1.4
③ 약 1.7 ④ 약 2.1

해설 $CR = \dfrac{V_i}{V_f}$

$V_i = \dfrac{200\text{kg}}{680\text{kg/m}^3} = 0.294\text{m}^3$

$V_f = \dfrac{200\text{kg}}{960\text{kg/m}^3} = 0.208\text{m}^3$

$= \dfrac{0.294}{0.208} = 1.41$

08 **어느 도시에서 쓰레기 수거 시 수거인부가 1일 3,500명, 수거인부 1인이 1일 8시간, 연간 300일을 근무하며 쓰레기 수거 운반하는 데 소요된 MHT가 10.7이라면 연간 쓰레기 수거량은?**

① 593,000t/년 ② 658,000t/년
③ 785,000t/년 ④ 854,000t/년

해설 $\text{MHT} = \dfrac{\text{수거인부} \times \text{수거인부 총 수거시간}}{\text{총 수거량}}$

$\text{총수거량} = \dfrac{3{,}500\text{인} \times 8\text{hr/day} \times 300\text{day/year}}{10.7(\text{man} \cdot \text{hr/ton})}$

$= 785{,}046.73\text{ton/year}$

09 **함수율 80%의 슬러지 케이크 3,000kg을 소각 시 소각재 발생량(kg)은?(단, 케이크 건조 중량당 무기물 20%이며, 유기물 연소율은 95%이고, 소각에 의한 무기물 손실은 없다.)**

① 144kg ② 178kg
③ 248kg ④ 273kg

해설 소각재 발생량(kg) = 무기물 + 잔류유기물(미연분)

무기물 $= (1-0.8) \times 3{,}000\text{kg} \times 0.2$

$= 120\text{kg}$

잔류유기물 $= (1-0.8) \times 3{,}000\text{kg} \times 0.8(1-0.96)$

$= 24\text{kg}$

$= 120 + 24 = 144\text{kg}$

10 **세대 평균 가족 수가 4인인 1,000세대 아파트 단지에 쓰레기 수거사항을 조사한 결과가 다음과 같을 때 1인 1일 쓰레기 발생량은?(단, 1주일간의 수거용량 : 80m³, 쓰레기 밀도 : 350kg/m³)**

① 1.6kg/인 · 일 ② 1.4kg/인 · 일
③ 1.2kg/인 · 일 ④ 1.0kg/인 · 일

2021

해설 $\text{쓰레기 발생량(kg/인} \cdot \text{일)} = \dfrac{\text{총배출량}}{\text{대상인구수}}$

$= \dfrac{80\text{m}^3 \times 350\text{kg/m}^3}{4\text{인/세대} \times 1{,}000\text{세대} \times 7\text{일}}$

$= 1.0\text{kg/인} \cdot \text{일}$

11 **폐기물의 새로운 수송방법인 Pipeline 수송에 관한 설명으로 옳지 않은 것은?**

① 잘못 투입된 물건은 회수하기 어렵다.
② 부피가 큰 쓰레기는 일단 압축, 파쇄 등의 전처리가 필요하다.
③ 쓰레기 발생밀도가 높은 인구밀집지역 및 아파트 지역 등에서 현실성이 있다.
④ 단거리 보다는 장거리 수송에 경제성이 있다.

해설 **관거(Pipeline 수송)**

① 장점
㉠ 자동화, 무공해화, 안전화가 가능하다.
㉡ 눈에 띄지 않아 미관 · 경관이 좋다.
㉢ 에너지 절약이 가능하다.
㉣ 교통소통이 원활하여 교통체증 유발이 없다.
㉤ 투입 용이, 수집이 편리하다.
㉥ 인건비 절감의 효과가 있다.

② 단점
㉠ 대형폐기물에 대한 전처리 공정이 필요하다.
㉡ 가설 후에 경로변경이 곤란하고 설치비가 비싸다.
㉢ 잘못 투입된 폐기물은 회수하기가 곤란하다.
㉣ 약 2.5km 이내의 거리에서만 현실성이 있다.
㉤ 초기투자 비용이 많이 소요된다.

정답 06 ① 07 ② 08 ③ 09 ① 10 ④ 11 ④

12 폐기물 성분 중 비가연성이 60wt%를 차지하고 있다. 밀도가 550kg/m^3인 폐기물이 30m^3 있을 때 가연성 물질의 양(kg)은?(단, 폐기물을 비가연과 가연성분으로 구분)

① 5,400　　② 6,600
③ 7,400　　④ 8,200

해설 가연성 물질(kg) = 부피 × 밀도 × 가연성 물질 함유비율

$$= 30m^3 \times 550kg/m^3 \times \left(\frac{100-60}{100}\right)$$

$$= 6,600kg$$

13 어떤 폐기물의 압축 전 부피는 3.5m^3이고 압축 후의 부피가 0.8m^3일 경우 압축비는?

① 2.5　　② 2.7
③ 3.5　　④ 4.4

해설 압축비(CR) $= \frac{V_i}{V_f} = \frac{3.5}{0.8} = 4.38$

14 인구 2,000명인 도시에서 일주일간 쓰레기 수거상황을 조사한 결과, 차량대수 3대, 수거횟수 4회/대, 트럭 적재함 부피 10m^3, 적재 시 밀도 0.6t/m^3이었다. 1인당 1일 쓰레기 발생량은?

① 3.43kg/1일 · 1인　　② 4.45kg/1일 · 1인
③ 5.14kg/1일 · 1인　　④ 6.38kg/1일 · 1인

해설 쓰레기 발생량(kg/인 · 일)

$$= \frac{\text{쓰레기 수거량}}{\text{인구수}}$$

$$= \frac{10m^3/\text{대} \times 3\text{대} \times 0.6ton/m^3 \times 1,000kg/ton \times 4\text{회}}{2,000\text{인} \times 7day}$$

$$= 5.14kg/\text{인} \cdot \text{일}$$

15 밀도가 500kg/m^3인 폐기물 5ton을 압축비(CR) 2.5로 압축시켰다면 부피 감소율(VR, %)은?

① 50　　② 60
③ 70　　④ 80

해설 부피감소율(VR) $= \left(1-\frac{1}{CR}\right) \times 100$

$$= \left(1-\frac{1}{2.5}\right) \times 100 = 0.6 \times 100 = 60\%$$

16 폐기물 매립 시 파쇄를 통해 얻을 수 있는 이점과 가장 거리가 먼 것은?

① 매립작업만으로 고밀도 매립이 가능하다.
② 표면적 감소로 미생물 작용이 촉진되어 매립지 조기 안정화가 가능하다.
③ 곱게 파쇄하면 복토 요구량이 절감된다.
④ 폐기물의 밀도가 증가되어 바람에 멀리 날아갈 염려가 적다.

해설 **쓰레기를 파쇄하여 매립 시 장점**

① 곱게 파쇄하면 매립 시 복토가 필요 없거나 복토요구량이 절감된다.
② 매립 시 폐기물이 잘 섞여서 호기성 조건을 유지하므로 냄새가 방지된다.
③ 매립작업이 용이하고 압축장비가 없어도 고밀도의 매립이 가능하다.
④ 폐기물 입자의 표면적이 증가되어 미생물 작용이 촉진된다.
⑤ 병원균의 매개체의 섭취가능 음식이 없어져 이들의 서식이 불가능하다.
⑥ 폐기물의 밀도가 증가되어 바람에 멀리 날아갈 염려가 없다.
⑦ 압축 시 밀도증가율이 크므로 운반비가 감소한다.

17 다음 중 적환장이 설치되는 경우로 옳지 않은 것은?

① 고밀도 거주지역이 존재할 때
② 작은 용량의 수집차량이 사용되는 경우
③ 상업지역에서 폐기물 수집에 소형용기를 많이 사용하는 경우
④ 불법투기와 다량의 어질러진 쓰레기들이 발생하는 경우

해설 **적환장 설치가 필요한 경우**

① 작은 용량의 수집차량을 사용할 때(15m^3 이하)
② 저밀도 거주지역이 존재할 때
③ 불법투기와 다량의 어질러진 쓰레기들이 발생할 때
④ 슬러지 수송이나 공기수송방식을 사용할 때
⑤ 처분지가 수집장소로부터 멀리 떨어져 있을 때
⑥ 상업지역에서 폐기물 수집에 소형 용기를 많이 사용하는 경우
⑦ 쓰레기 수송 비용절감이 필요한 경우
⑧ 압축식 수거 시스템인 경우

정답 12 ② 13 ④ 14 ③ 15 ② 16 ② 17 ①

18 **폐기물 발생량 예측방법 중 모든 인자를 시간에 함수로 나타낸 후 시간에 대한 함수로 표현된 각 영향인자 간의 상관계수를 수식화하는 것은?**

① 상관모사모델 ② 시간추정모델
③ 동적모사모델 ④ 다중회귀모델

해설 **동적모사모델(Dynamic Simulation Model)**

① 쓰레기 발생량에 영향을 주는 모든 인자를 시간에 대한 함수로 나타낸 후 시간에 대한 함수로 표현된 각 영향인자들 간의 상관관계를 수식화하는 방법
② 시간만을 고려하는 경향법과 시간을 단순히 하나의 독립적인 종속인자로 고려하는 다중회귀모델의 문제점을 보완한 예측 방법
③ Dynamo 모델 등이 있음

19 **다음 중 파쇄기에 관한 내용으로 옳지 않는 것은?**

① 전단파쇄기는 파쇄물의 크기를 고르게 할 수 있다.
② 충격파쇄기는 금속 및 고무 파쇄에 유리하다.
③ 압축파쇄기는 나무, 콘크리트 덩어리, 건축 폐기물 파쇄에 이용된다.
④ 습식 펄퍼(Wet Pulpur)는 소음, 분진, 폭발사고를 방지할 수 있다.

해설 **충격파쇄기**

① 원리
충격파쇄기(해머밀 파쇄기)에 투입된 폐기물은 중심축의 주위를 고속회전하고 있는 회전 해머의 충격에 의해 파쇄된다.
② 특징
㉠ 충격파쇄기는 주로 회전식이다.
㉡ 해머밀(Hammermill)이 대표적이다.
㉢ Hammer나 Impeller의 마모가 심하다.
㉣ 금속, 고무, 연질플라스틱류의 파쇄가 어렵다.
㉤ 도시폐기물 파쇄 소요동력 : 최소동력 15kWh/ton, 평균 20kWh/ton
㉥ 대상폐기물 : 유리, 목질류

20 **쓰레기 발생량 조사방법 중 물질수지법에 관한 설명으로 틀린 것은?**

① 주로 산업폐기물 발생량을 추산할 때 이용된다.
② 먼저 조사하고자 하는 계의 경계를 정확하게 설정한다.
③ 물질수지를 세울 수 있는 상세한 데이터가 있는 경우에 가능하다.
④ 모든 인자를 수식화하여 비교적 정확하며 비용이 저렴하다.

해설 **쓰레기 발생량 조사(측정방법)**

조사방법		내용
적재차량 계수분석법 (Load−count analysis)		• 일정기간 동안 특정 지역의 쓰레기 수거 · 운반차량의 대수를 조사하여, 이 결과로 밀도를 이용하여 질량으로 환산하는 방법(차량의 대수에 폐기물의 겉보기 비중을 선정하여 중량으로 환산하는 방법) • 조사장소는 중간적하장이나 중계처리장이 적합 • 단점으로는 쓰레기의 밀도 또는 압축 정도에 따라 오차가 크다는 것
직접계근법 (Direct weighting method)		• 일정기간 동안 특정 지역의 쓰레기 수거 · 운반차량을 중간적하장이나 중계처리장에서 직접 계근하는 방법(트럭 스케일 방법) • 입구에서 쓰레기가 적재되어 있는 차량과 출구에서 쓰레기를 적하한 공차량을 계근하여 쓰레기양 산출 • 장점으로는 비교적 정확한 쓰레기 발생량을 파악할 수 있는 방법 • 단점으로는 적재차량 계수분석에 비하여 작업량이 많고 번거로움이 있음
물질수지법 (Material balance method)		• 시스템으로 유입되는 모든 물질들과 유출되는 모든 폐기물의 양에 대하여 물질수지를 세움으로써 폐기물 발생량을 추정하는 방법 • 주로 산업폐기물 발생량을 추산할 때 이용하는 방법 • 단점으로는 비용이 많이 소요되고 작업량이 많아 널리 이용되지 않음, 즉 특수한 경우에만 사용됨 • 우선적으로 조사하고자 하는 계의 경계를 정확하게 설정해야 함 • 물질수지를 세울 수 있는 상세한 데이터가 있는 경우에 가능
통계 조사	표본조사 (단순 샘플링 검사)	• 조사기간이 짧음 • 비용이 적게 소요됨 • 조사상 오차가 큼
	전수조사	• 표본오차가 작아 신뢰도가 높음(정확함) • 행정시책에 대한 이용도가 높음 • 조사기간이 긺 • 표본치의 보정역할이 가능함

2021

정답 18 ③ 19 ② 20 ④

제2과목 폐기물처리기술

21 이론공기량을 사용하여 C_3H_8을 연소시킨다. 건조 가스 중 $(CO_2)_{max}$는?

① 약 13.7% ② 약 15.7%
③ 약 18.7% ④ 약 21.7%

해설 $CO_{2max} = \frac{CO_2 양}{G_{od}} \times 100$

$C_3H_8 + 5O_2 \rightarrow 3CO_2 + 4H_2O$

$22.4m^3 : 5 \times 22.4m^3$

$1m^3 : 5m^3 \quad [CO_2 \rightarrow 3m^3]$

$G_{od} = (1-0.21)A_0 + CO_2$

$= \left[(1-0.21) \times \frac{5}{0.21}\right] + 3 = 21.81m^3/m^3$

$= \frac{3}{21.81} \times 100 = 13.76\%$

22 폐기물 소각의 장점이 아닌 것은?

① 부피감소가 가능하다.
② 위생적 처리가 가능하다.
③ 폐열이용이 가능하다.
④ 2차 대기오염이 적다.

해설 폐기물 소각 시 2차 대기오염물질이 발생한다.

23 다음 중 차수막에 대한 설명으로 적당하지 않은 것은?

① 연직차수막은 지중에 차수층이 수직방향으로 분포하고 있는 경우 시공한다.
② 연직차수막은 지하에 매설하기 때문에 차수성 확인이 어렵다.
③ 표면차수막은 원칙적으로 지하수 집배수 시설을 시공한다.
④ 표면차수막은 단위면적당 공사비는 싸지만 매립지 전체를 시공하는 경우가 많아 총공사비는 비싸다.

해설 **연직차수막**
① 적용조건 : 지중에 수평방향의 차수층이 존재할 때 사용
② 시공 : 수직 또는 경사시공
③ 지하수 집배수시설 : 불필요
④ 차수성 확인 : 지하매설로서 차수성 확인이 어려움
⑤ 경제성 : 단위면적당 공사비는 많이 소요되나 총 공사비는 적게 듦
⑥ 보수 : 지중이므로 보수가 어렵지만 차수막 보강시공이 가능
⑦ 공법 종류
㉠ 어스 댐 코어 공법
㉡ 강널말뚝(sheet pile) 공법
㉢ 그라우트 공법
㉣ 차수시트 매설 공법
㉤ 지중 연속벽 공법

24 분뇨처리장에서 분뇨를 소화 후 소화된 슬러지를 탈수하고 있다. 소화된 슬러지의 발생량은 1일 분뇨투입량의 10%이며 소화된 슬러지의 함수량이 95%라면 1일 탈수된 슬러지의 양은?(단, 슬러지의 비중은 모두 1.0이고, 분뇨투입량은 200kL/day이며, 탈수된 슬러지의 함수율은 75%)

① $7m^3$ ② $6m^3$ ③ $5m^3$ ④ $4m^3$

해설 1일 탈수된 슬러지양 $= 200kL/day \times 0.1 \times 0.05 \times \frac{100}{100-75}$

$= 4kL/day(4m^3/day)$

25 유해폐기물의 처리기술 중 유기성 고형화에 관한 설명으로 옳지 않은 것은?

① 처리비용이 고가이다.
② 최종 고화체의 체적 증가가 다양하다.
③ 수밀성이 크며 다양한 폐기물에 적용이 가능하다.
④ 미생물, 자외선에 대한 안정성이 강하다.

해설 **유기성(유기적) 고형화 기술**
요소수지, 폴리부타디엔, 폴리에스테르, 에폭시, 아스팔트 등을 이용하여 주로 방사성 폐기물 등을 안정화시키는 방법이다.
① 일반적으로 물리적으로 봉입한다.
② 처리비용이 고가이다.
③ 최종 고화체의 체적 증가가 다양하다.
④ 수밀성이 매우 크고 다양한 폐기물에 적용하기 용이하다.
⑤ 미생물, 자외선에 대한 안정성이 약하다.
⑥ 일반 폐기물보다 방사성 폐기물 처리에 적용한다. 즉, 방사성 폐기물을 제외한 기타 폐기물에 대한 적용사례가 제한되어 있다.
⑦ 상업화된 처리법의 현장자료가 미비하다.
⑧ 고도 기술을 필요로 하며 촉매 등 유해물질이 사용된다.
⑨ 역청, 파라핀, PE, UPE 등을 이용한다.

26 매립지에서 흔히 사용되는 합성차수막이 아닌 것은?

① LFG ② HDPE
③ CR ④ PVC

정답 21 ① 22 ④ 23 ① 24 ④ 25 ④ 26 ①

해설 합성차수막의 종류

① IIR : Isoprene－isobutylene(Butyl Rubber)
② CPE : Chlorinated Polyethylene
③ CSPE : Chlorosulfonated Polyethylene
④ EPDM : Ethylene Propylene Diene Monomer
⑤ LDPE : Low－density Polyethylene
⑥ HDPE : High－density Polyethylene
⑦ CR : Chloroprene Rubber(Neoprene, Polychloroprene)
⑧ PVC : Polyvinyl Chloride

27 인구 400,000명에 1인당 하루 1.15kg의 쓰레기를 배출하는 지역에 면적 3,000,000m^{2}인 매립장을 건설하려고 한다. 강우량이 1,250mm/year일 경우 강우로 인한 침출수 발생량은?(단, 강우량 중 60%는 증발되고 40%만 침출수로 발생된다고 가정한다. 침출수 비중은 1.0)

① 500,000톤/년 ② 1,000,000톤/년
③ 1,500,000톤/년 ④ 2,000,000톤/년

해설 침출수 발생량(ton/year) $= \frac{CIA}{1,000}$

$= \frac{0.4 \times 1,250 \times 3,000,000}{1,000}$

$= 1,500,000\text{ton/year}$

28 혐기성 소화의 장단점으로 옳지 않은 것은?

① 반응이 더디고 소화기간이 비교적 오래 걸린다.
② 호기성 처리에 비해 슬러지가 많이 발생한다.
③ 소화 가스는 냄새가 나며 부식성이 높은 편이다.
④ 동력시설의 소모가 적어 운전비용이 저렴하다.

해설 혐기성 소화의 장단점

① 장점
㉠ 호기성 처리에 비해 슬러지 발생량이 적다.
㉡ 동력시설의 소모가 적어 운전비용(동력비)이 저렴하다.(산소공급 불필요)
㉢ 생성슬러지의 탈수 및 건조가 쉽다.
㉣ 메탄가스 회수가 가능하다.(회수된 가스를 연료로 사용 가능함)
㉤ 병원균의 사멸이 가능하다.
㉥ 고농도 폐수처리가 가능하다.(국내 대부분의 하수처리장에서 적용 중)

② 단점
㉠ 호기성 소화공법보다 운전이 용이하지 않다.(운전이 어려움)
㉡ 소화가스는 냄새(NH_3, H_2S)가 문제된다.(악취 발생 문제)
㉢ 부식성이 높은 편이다.
㉣ 높은 온도가 요구되며 미생물 성장속도가 느리다.
㉤ 상등수의 농도가 높고 반응이 더디어 소화기간이 비교적 오래 걸린다.
㉥ 처리효율이 낮고 시설비가 많이 든다.

29 1차 반응속도에서 반감기(초기 농도가 50% 줄어드는 시간)가 10분이다. 초기 농도의 75%가 줄어드는 데 걸리는 시간은?

① 20분 ② 30분
③ 40분 ④ 50분

해설 $\ln\left(\frac{C_t}{C_o}\right) = -kt$

$\ln 0.5 = -k \times 10\text{min}$, $k = 0.0693\text{min}^{-1}$

초기 농도의 75%가 줄어드는 데 걸리는 시간

$\ln\left(\frac{25}{100}\right) = -0.0693\text{min}^{-1} \times t$

$t = 20\text{ min}$

2021

30 점토를 매립지의 차수막으로 이용하기 위한 소성지수기준을 가장 알맞게 나타낸 것은?(단, 포괄적인 관점 기준)

① 5% 이상 10% 미만 ② 10% 이상 30% 미만
③ 30% 이상 50% 미만 ④ 50% 이상 70% 미만

해설 점토의 차수막 적합조건

항목	적합기준
투수계수	10^{-7} cm/sec 미만
점토 및 마사토 함량	20% 이상
소성지수(PI)	10% 이상 30 미만
액성한계(LL)	30% 이상
자갈함유량	10% 미만
직경 2.5cm 이상 입자 함유량	0%

31 퇴비를 효과적으로 생산하기 위하여 퇴비화 공정 중에 주입하는 Bulking Agent에 대한 설명과 가장 거리가 먼 것은?

① 처리대상물질의 수분함량을 조절한다.
② 미생물의 지속적인 공급으로 퇴비의 완숙을 유도한다.
③ 퇴비의 질(C/N비) 개선에 영향을 준다.
④ 처리대상물질 내의 공기가 원활히 유통될 수 있도록 한다.

정답 27 ③ 28 ② 29 ① 30 ② 31 ②

해설 Bulking Agent(수분량 조절제)

① 팽화제 또는 수분함량 조절제라 하며 퇴비를 효과적으로 생산하기 위하여 주입한다.
② 톱밥, 왕겨, 볏짚 등이 이용된다.
③ 수분 흡수 능력이 좋아야 한다.
④ 쉽게 조달이 가능한 폐기물이어야 한다.
⑤ 퇴비의 질(C/N비) 개선에 영향을 준다.
⑥ 처리대상가스 내의 공기가 원활히 유동할 수 있도록 한다.
⑦ pH 조절효과도 있다.

32 함수율이 40%인 슬러지가 자연 건조되어 총 무게의 20%에 해당하는 수분이 증발하였다면 수분 증발 후 슬러지의 함수율은?

① 20% ② 25% ③ 30% ④ 35%

해설 물질수지식을 이용하여 계산

1×(1−0.4)=1×(1−0.2)×(1−수분 증발 후 슬러지 함수율)
수분 증발 후 슬러지 함수율=0.25×100=25%

33 합성차수막 중 CR에 관한 설명으로 옳지 않은 것은?

① 가격이 싸다.
② 대부분의 화학물질에 대한 저항성이 높다.
③ 마모 및 기계적 충격에 강하다.
④ 접합이 용이하지 못하다.

해설 합성차수막 중 CR의 장단점

① 장점
㉠ 대부분의 화학물질에 대한 저항성이 높음
㉡ 마모 및 기계적 충격에 강함
② 단점
㉠ 접합이 용이하지 못함
㉡ 가격이 고가임

34 열교환기 중 과열기에 관한 설명으로 옳지 않은 것은?

① 일반적으로 보일러의 부하가 높아질수록 대류 과열기에 의한 과열 온도가 상승한다.
② 과열기의 재료는 탄소강을 비롯하여 니켈, 몰리브덴, 바나듐 등을 함유한 특수 내열 강관을 사용한다.
③ 과열기는 보일러 전열면을 통하여 연소가스의 여열로 보일러 급수를 예열하여 효율을 높이는 장치이다.
④ 과열기는 부착 위치에 따라 전열 형태가 다르다.

해설 과열기

① 보일러에서 발생하는 포화증기에 다량의 수분이 함유되어 있어 이것에 열을 과하게 가열하여 수분을 제거하고 과열도가 높은 증기를 얻기 위해서 설치하며, 고온부식의 우려가 있다.
② 과열증기는 온도가 높을수록 효과가 크며 과열도는 사용재료에 따라 제한된다.
③ 과열기의 재료는 탄소강을 비롯하여 니켈, 크롬, 몰리브덴, 바나듐 등을 함유한 특수 내열 강판을 사용한다.
④ 과열기는 그 부착위치에 따라 전열형태가 다르다. 즉 방사형, 대류형, 방사 · 대류형 과열기로 구분된다.

[Note] ③은 절탄기의 내용이다.

35 혐기성 소화와 호기성 소화를 비교한 내용으로 옳지 않는 것은?

① 호기성 소화 시 상층액의 BOD 농도가 낮다.
② 호기성 소화 시 슬러지 발생량이 많다.
③ 혐기성 소화 슬러지 탈수성이 불량하다.
④ 혐기성 소화 운전이 어렵고 반응시간도 길다.

해설 혐기성 소화의 장단점

① 장점
㉠ 호기성 처리에 비해 슬러지 발생량이 적다.
㉡ 동력시설의 소모가 적어 운전비용(동력비)이 저렴하다(산소공급 불필요).
㉢ 생성슬러지의 탈수 및 건조가 쉽다(탈수성 양호).
㉣ 메탄가스 회수가 가능하다(회수된 가스를 연료로 사용 가능함).
㉤ 병원균의 사멸이 가능하다.
㉥ 고농도 폐수처리가 가능하다(국내 대부분의 하수처리장에서 적용 중).
② 단점
㉠ 호기성 소화공법보다 운전이 용이하지 않다(운전이 어려우므로 유지관리에 숙련이 필요함).
㉡ 소화가스는 냄새(NH_3, H_2S)가 문제된다(악취 발생 문제).
㉢ 부식성이 높은 편이다.
㉣ 높은 온도가 요구되며 미생물 성장속도가 느리다.
㉤ 상등수의 농도가 높고 반응이 더디어 소화기간이 비교적 오래 걸린다.
㉥ 처리효율이 낮고 시설비가 많이 든다.

호기성 소화의 장단점

① 장점
㉠ 혐기성 소화보다 운전이 용이하다.
㉡ 상등액(상층액)의 BOD와 SS 농도가 낮아 수질이 양호하며 암모니아 농도도 낮다.
㉢ 초기 시공비가 적고 악취발생이 저감된다.
㉣ 처리수내 유지류의 농도가 낮다.

정답 32 ② 33 ① 34 ③ 35 ③

② 단점
   ㉠ 소화 슬러지양이 많다.
   ㉡ 소화 슬러지의 탈수성이 불량하다.
   ㉢ 설치부지가 많이 소요되고 폭기에 소요되는 동력비가 상승한다.
   ㉣ 유기물 저감률이 적고 연료가스 등 부산물의 가치가 적다(메탄가스 발생 없음).

36 **분뇨 100kL에서 SS 24,500mg/L을 제거하였다. SS의 함수율이 96%라고 하면 그 부피는?(단, 비중은 1.0 기준)**

① $25m^3$　　② $40m^3$
③ $61m^3$　　④ $83m^3$

해설 $부피(m^3) = 100m^3 \times 0.0245kg/L \times 1,000\,L/m^3 \times m^3/1,000kg \times \frac{100}{100-96}$
$= 61.25m^3$

37 **탄소, 수소 및 황의 중량비가 83%, 14%, 3%인 폐유 3kg/hr을 소각시키는 경우 배기가스의 분석치가 CO_2 12.5%, O_2 3.5%, N_2 84%이었다면 매시 필요한 공기량은?**

① $35Sm^3/hr$　　② $40Sm^3/hr$
③ $45Sm^3/hr$　　④ $50Sm^3/hr$

해설 $실제공기량(A) = m \times A_o$

$$m = \frac{N_2}{N_2 - 3.76O_2} = \frac{84}{84-(3.76\times3.5)} = 1.19$$

$$A_o = \frac{1}{0.21}(1.867C + 5.6H + 0.7S)$$
$$= \frac{1}{0.21}[(1.867\times0.83) + (5.6\times0.14) + (0.7\times0.03)]$$
$$= 11.21Sm^3/kg$$
$$= 1.19 \times 11.21Sm^3/kg \times 3kg/hr$$
$$= 40.03Sm^3/hr$$

38 **다이옥신 저감을 위한 대표적 설비인 '활성탄 + 백필터'의 장단점으로 옳지 않은 것은?**

① 파손 여과포의 교체회수가 많아 인력 및 경비 부담이 크고 설비의 연속운전에 지장을 줄 수 있다.
② 다이옥신과 함께 중금속 등이 흡착된다.
③ 체류시간이 길어져 다이옥신 재형성 방지가 어렵다.
④ 활성탄 주입량을 변경하면 제거효율을 어느 정도 변경 가능하다.

해설 체류시간이 작아 다이옥신 재형성 방지가 어렵다.

39 **폐기물 고화처리방법 중 자가시멘트법의 장단점으로 옳지 않은 것은?**

① 혼합률이 높다.
② 중금속 저지에 효과적이다.
③ 탈수 등 전처리가 필요 없다.
④ 고농도 황화물 함유 폐기물에 적용한다.

해설 **자가시멘트법의 장단점**
① 장점
   ㉠ 혼합률(MR)이 비교적 낮다.
   ㉡ 중금속의 고형화 처리에 효과적이다.
   ㉢ 전처리(탈수 등)가 필요 없다.
② 단점
   ㉠ 장치비가 크며 숙련된 기술이 요구된다.
   ㉡ 보조에너지가 필요하다.
   ㉢ 많은 황화물을 가지는 폐기물에 적합하다.

2021

40 **인구가 300,000인 도시의 폐기물 매립지를 선정하고자 한다. 도시의 1인당 폐기물 발생량은 1.5kg/day이었으며 폐기물의 밀도는 $500kg/m^3$이었다. 매립지는 지형상 2m 정도 굴착 가능하다면 매립지 선정에 필요한 최소한의 면적(m^2/year)은?(단, 지면보다 높게 매립하지 않는다고 가정하며 기타 조건은 고려하지 않음)**

① 129,350　　② 164,250
③ 228,350　　④ 286,550

해설 $매립면적(m^2/year) = \frac{매립폐기물의\ 양}{폐기물\ 밀도 \times 매립깊이}$
$= \frac{1.5kg/인 \cdot 일 \times 300,000인 \times 365일/year}{500kg/m^3 \times 2m}$
$= 164,250m^2/year$

정답 36 ③　37 ②　38 ③　39 ①　40 ②

제3과목 폐기물공정시험기준(방법)

41 용액의 정의에 대한 설명에서 10W/V%가 의미하는 것은?

① 용질 1g을 물에 녹여 10mL로 한 것이다.
② 용질 10g을 물 90mL에 녹인 것이다.
③ 용질 10g을 물에 녹여 100mL로 한 것이다.
④ 용질 10mL를 물에 녹여 100mL로 한 것이다.

해설 $10\text{W/V\%} = \frac{10\text{g}}{100\text{mL}} = 1\text{g}/10\text{mL}$

W/V% : 용액 100mL 중 성분무게(g)

42 유기인의 기체크로마토그래피 분석 시 간섭물질에 관한 내용으로 틀린 것은?

① 추출 용매 안에 함유되어 있는 불순물이 분석을 방해할 수 있다.
② 고순도의 시약이나 용매를 사용하면 방해물질을 최소화할 수 있다.
③ 매트릭스로부터 추출되어 나오는 방해물질이 있을 수 있는데 이는 시료마다 다르다.
④ 유리기구류는 세정수로만 닦은 후 깨끗한 곳에서 건조하여 사용한다.

해설 유리기구류는 세정제, 수돗물, 정제수 그리고 아세톤 순으로 차례로 닦은 후 400℃에서 15~30분 동안 가열한 후 식혀 알루미늄박으로 덮어 깨끗한 곳에 보관하여 사용한다.

43 카드뮴을 원자흡수분광광도법으로 분석하는 경우 측정파장(nm)은?

① 228.8　② 283.3
③ 324.7　④ 357.9

해설 카드뮴－원자흡수분광광도법의 측정파장은 228.8nm, 정량한계는 0.002mg/L이다.
[Note] 283.3nm(납), 324.7nm(구리), 357.9nm(크롬)

44 시료의 전처리 방법인 마이크로파에 의한 유기물 분해에 관한 설명으로 틀린 것은?

① 산과 함께 시료를 용기에 넣고 마이크로파를 가한다.
② 재현성이 떨어지는 단점이 있다.
③ 가열속도가 빠른 장점이 있다.
④ 유기물이 다량 함유된 시료의 전처리에 이용된다.

해설 마이크로파 산분해법

① 마이크로파 영역에서 극성분자나 이온이 쌍극자 모멘트(Dipole Moment)와 이온전도(Ionic Conductance)를 일으켜 온도가 상승하는 원리를 이용하여 시료를 가열하는 방법이다.
② 산과 함께 시료를 용기에 넣어 마이크로파를 가하면 강산에 의해 시료가 산화되면서 극성성분들의 빠른 진동과 충돌에 의하여 시료의 분자 결합이 절단되어 시료가 이온상태의 수용액으로 분해된다.
③ 가열속도가 빠르고 재현성이 좋으며 폐유 등 유기물이 다량 함유된 시료의 전처리에 이용된다.
④ 마이크로파는 전자파 에너지의 일종으로서 빛의 속도(약 300,000km/s)로 이동하는 교류와 자기장(또는 파장)으로 구성되어 있다.
⑤ 마이크로파 주파수는 300~300,000MHz이다.
⑥ 시료의 분해에 이용되는 대부분의 마이크로파장치는 12.2 cm 파장의 2,450MHz의 마이크로파 주파수를 갖는다.
⑦ 물질이 마이크로파 에너지를 흡수하게 되면 온도가 상승하며 가열속도는 가열되는 물질의 절연손실에 좌우된다.

45 기체－액체크로마토그래피법에서 사용하는 담체와 가장 거리가 먼 것은?

① 내화벽돌　② 알루미나　③ 합성수지　④ 규조토

해설 담체
규조토, 내화벽돌, 유리, 석영, 합성수지

46 원자흡수분광광도법에서 불꽃의 온도가 높기 때문에 불꽃 중에서 해리하기 어렵고, 내화성 산화물을 만들기 쉬운 원소를 분석하는 데 사용되는 것은?

① 수소－공기
② 아세틸렌－아산화질소
③ 프로판－공기
④ 아세틸렌－공기

해설 금속류－원자흡수분광광도법
불꽃(조연성 가스와 가연성 가스의 조합)

① 수소－공기와 아세틸렌－공기 : 거의 대부분의 원소분석에 유효하게 사용
② 수소－공기 : 원자외영역에서의 불꽃 자체에 의한 흡수가 적기 때문에 이 파장영역에서 분석선을 갖는 원소의 분석
③ 아세틸렌－아산화질소(일산화이질소) : 불꽃의 온도가 높기 때문에 불꽃 중에서 해리하기 어려운 내화성 산화물을 만들기 쉬운 원소의 분석
④ 프로판－공기 : 불꽃온도가 낮고 일부 원소에 대하여 높은 감도를 나타냄

정답 41 ① 42 ④ 43 ① 44 ② 45 ② 46 ②

47 **용출시험방법에서 사용되는 용출시험 결과에 대한 수분 함량 보정식은?(단, 시료의 함수율은 85% 이상이다.)**

① $\frac{15}{100-\text{함수율}(\%)}$ ② $\frac{100}{\text{함수율}(\%)-15}$

③ $\frac{\text{함수율}(\%)}{100}$ ④ $\frac{\text{함수율}(\%)-15}{100}$

해설 **용출시험결과보정**

① 용출시험의 결과는 시료 중의 수분함량 보정을 위해 함수율 85% 이상인 시료에 한하여 보정한다.(시료의 수분함량이 85% 이상이면 용출시험 결과를 보정하는 이유는 매립을 위한 최대함수율 기준이 정해져 있기 때문)

② 보정값 $= \frac{15}{100-\text{시료의 함수율}(\%)}$

48 **유도결합플라스마-원자발광분광법에서 일어날 수 있는 간섭 중 화학적 간섭이 발생할 수 있는 경우에 해당하는 것은?**

① 분석에 사용하는 스펙트럼선이 다른 인접선과 완전히 분리되지 않은 경우

② 시료용액의 점도가 높아져 분무 능률이 저하하는 경우

③ 불꽃 중에서 원자가 이온화하는 경우

④ 분석에 사용하는 스펙트럼선이 불꽃 중에서 생성되는 목적원소의 원자증기 이외의 물질에 의하여 흡수되는 경우

해설 화학적 간섭은 분자 생성, 이온화 효과, 열화학 효과 등이 시료 분무화 · 원자화 과정에서 방해요인으로 나타난다.

49 **자외선/가시선 분광법에 의한 비소의 측정방법으로 옳은 것은?**

① 적자색의 흡광도를 430nm에서 측정

② 적자색의 흡광도를 530nm에서 측정

③ 청색의 흡광도를 430nm에서 측정

④ 청색의 흡광도를 530nm에서 측정

해설 **비소-자외선/가시선 분광법**

시료 중의 비소를 3가비소로 환원시킨 다음 아연을 넣어 발생되는 비화수소를 다이에틸다이티오카르바민산은의 피리딘용액에 흡수시켜 이때 나타나는 적자색의 흡광도를 530nm에서 측정하는 방법이다.(흡광도의 눈금보정 시약 : 수산화중크롬산칼륨을 N/20 수산화칼륨용액에 녹여 사용)

50 **폐기물 중에 함유되어 있는 시안을 자외선/가시선 분광법으로 측정코자 한다. 폐기물공정시험 기준상 규정된 시안측정법은?**

① 피리딘피라졸론법

② 디에틸디티오카르바민산법

③ 디티존법

④ 디페닐카르바지드법

해설 **시안 측정방법**

① 자외선/가시선 분광법(피리딘피라졸론법)

② 이온전극법

51 **총칙에서 규정하고 있는 용어 정의로 틀린 것은?**

① 무게를 "정확히 단다"라 함은 규정된 수치의 무게를 0.1mg까지 다는 것을 말한다.

② "정확히 취하여"라 하는 것은 규정한 양의 액체를 홀피펫으로 눈금까지 취하는 것을 말한다.

③ "정밀히 단다"라 함은 규정된 양의 시료를 취하여 화학저울 또는 미량저울로 칭량함을 말한다.

④ "용기"라 함은 물질을 취급 또는 저장하기 위한 것으로 일정 기준 이상의 것으로 한다.

해설 **용기**

시험용액 또는 시험에 관계된 물질을 보존, 운반 또는 조작하기 위하여 넣어두는 것을 말한다.

2021

52 **마이크로파 및 마이크로파를 이용한 시료의 전처리(유기물 분해)에 관한 내용으로 틀린 것은?**

① 가열속도가 빠르고 재현성이 좋다.

② 마이크로파는 금속과 같은 반사물질과 매질이 없는 진공에서는 투과하지 않는다.

③ 마이크로파는 전자파 에너지의 일종으로 빛의 속도로 이동하는 교류와 자기장으로 구성되어 있다.

④ 마이크로파 영역에서 극성 분자나 이온이 쌍극자 모멘트와 이온전도를 일으켜 온도가 상승하는 원리를 이용한다.

해설 마이크로파의 투과거리는 진공에서는 무한하고 물과 같은 흡수물질은 물에 녹아 있는 물질의 성질에 따라 다르며 금속과 같은 반사물질은 투과하지 않는다.

정답 47 ① 48 ③ 49 ② 50 ① 51 ④ 52 ②

53 감염성 미생물에 대한 검사방법으로 가장 거리가 먼 것은?

① 아포균 검사법 ② 세균배양 검사법
③ 멸균테이프 검사법 ④ 일반세균 검사법

해설 **감염성 미생물 검사법**
① 아포균 검사법
② 세균배양 검사법
③ 멸균테이프 검사법

54 순수한 물 500mL에 HCl(비중 1.18) 100mL를 혼합할 때 이 용액의 염산 농도(W/W)는?

① 14.24% ② 17.4%
③ 19.1% ④ 23.6%

해설 염산 농도(%)

$$= \frac{\text{용질}}{\text{용질} + \text{용매}} \times 100$$

$$= \frac{100\text{mL} \times 1.18\text{g/mL}}{(500\text{mL} \times 1\text{g/mL}) + (100\text{mL} \times 1.18\text{g/mL})} \times 100$$

$= 19.09\%$

55 6톤 운반차량에 적재되어 있는 폐기물의 시료채취방법으로 옳은 것은?

① 적재 폐기물을 평면상에서 6등분한 후 각 등분마다 시료를 채취한다.
② 적재 폐기물을 평면상에서 9등분한 후 각 등분마다 시료를 채취한다.
③ 적재 폐기물을 평면상에서 10등분한 후 각 등분마다 시료를 채취한다.
④ 적재 폐기물을 평면상에서 14등분한 후 각 등분마다 시료를 채취한다.

해설 폐기물이 5ton 이상의 차량에 적재되어 있는 경우는 적재 폐기물을 평면상에서 9등분한 후 각 등분마다 시료를 채취한다.

56 수분 40%, 고형물 60%, 휘발성 고형물 30%인 쓰레기의 유기물 함량(%)은?

① 35 ② 40
③ 45 ④ 50

해설 $$\text{유기물 함량(\%)} = \frac{\text{휘발성 고형물}}{\text{고형물}} \times 100$$

$$= \frac{30}{60} \times 100 = 50\%$$

57 반고상 또는 고상폐기물의 pH 측정 시 시료 10g에 정제수 몇 mL를 넣어 잘 교반하여야 하는가?

① 10mL ② 25mL
③ 50mL ④ 100mL

해설 **반고상 또는 고상폐기물의 분석방법**
시료 10g을 50mL 비커에 취한 다음 증류수(정제수) 25mL를 넣어 잘 교반하여 30분 이상 방치한 후 이 현탁액을 시료 용액으로 하거나 원심분리한 후 상층액을 시료 용액으로 한다.

58 용출 조작 시 진탕횟수 기준으로 옳은 것은?(단, 상온 · 상압 조건, 진폭은 4~5cm)

① 매분당 약 200회 ② 매분당 약 300회
③ 매분당 약 400회 ④ 매분당 약 500회

해설 **용출시험방법(용출조작)**
① 진탕 : 혼합액을 상온 · 상압에서 진탕횟수가 매분당 약 200회, 진폭이 4~5cm인 진탕기를 사용하여 6시간 연속 진탕
⇩
② 여과 : 1.0μm의 유리섬유 여과지로 여과
⇩
③ 여과액을 적당량 취하여 용출실험용 시료용액으로 함

59 휘발성 유기물질 중에서 트리할로메탄(THMs) 분석 시에 (1+1)HCl을 가하는 이유는?

① THMs이 환원성 물질에 의해 환원되는 것을 막기 위하여
② THMs이 산화성 물질에 의해 산화되는 것을 막기 위하여
③ THMs이 알칼리성 쪽에서 생성되는 것을 막기 위하여
④ THMs이 산성 쪽에서 생성되는 것을 막기 위하여

해설 트리할로메탄(THMs) 분석 시 (1+1)HCl을 가하는 이유는 THMs이 알칼리성 쪽에서 생성되는 것을 막기 위함이다.
[Note] 염산(1+1), 인산(1+10) 또는 황산(1+5)을 1방울/10mL로 가하여 약 pH 2로 조절하고 4℃ 냉암소에서 보관한다.

60 자외선/가시선 분광법으로 6가크롬을 측정할 때 흡수셀 세척 시 사용되는 시약과 가장 거리가 먼 것은?

① 탄산나트륨 ② 질산
③ 과망간산칼륨 ④ 에틸알코올

정답 53 ④ 54 ③ 55 ② 56 ④ 57 ② 58 ① 59 ② 60 ③

해설 **흡수셀이 더러워 측정값에 오차가 발생한 경우**

① 탄산나트륨 용액(2W/V%)에 소량의 음이온 계면활성제를 가한 용액에 흡수셀을 담가 놓고 필요하면 40~50℃로 약 10분간 가열한다.
② 흡수셀을 꺼내 정제수로 씻은 후 질산(1+5)에 소량의 과산화수소를 가한 용액에 약 30분간 담가 놓았다가 꺼내어 정제수로 잘 씻는다. 깨끗한 거즈나 흡수지 위에 거꾸로 놓아 물기를 제거하고 실리카겔을 넣은 데시케이터 중에서 건조하여 보존한다.
③ 급히 사용하고자 할 때는 물기를 제거한 후 에틸알코올로 씻고 다시 에틸에테르로 씻은 다음 드라이어로 건조해서 사용한다.

제4과목 폐기물관계법규

61 에너지 회수기준으로 옳지 않은 것은?

① 다른 물질과 혼합하지 아니하고 해당 폐기물의 저위발열량이 킬로그램당 3천 킬로칼로리 이상일 것
② 에너지의 회수효율(회수에너지 총량을 투입에너지 총량으로 나눈 비율을 말한다)이 60퍼센트 이상일 것
③ 회수열을 모두 열원으로 스스로 이용하거나 다른 사람에게 공급할 것
④ 환경부장관이 정하여 고시하는 경우에는 폐기물의 30퍼센트 이상을 원료나 재료로 재활용하고 그 나머지 중에서 에너지의 회수에 이용할 것

해설 **에너지 회수기준**

① 다른 물질과 혼합하지 아니하고 해당 폐기물의 저위발열량이 킬로그램당 3천 킬로칼로리 이상일 것
② 에너지의 회수효율(회수에너지 총량을 투입에너지 총량으로 나눈 비율을 말한다)이 75퍼센트 이상일 것
③ 회수열을 모두 열원으로 스스로 이용하거나 다른 사람에게 공급할 것
④ 환경부장관이 정하여 고시하는 경우에는 폐기물의 30퍼센트 이상을 원료나 재료로 재활용하고 그 나머지 중에서 에너지의 회수에 이용할 것

62 의료폐기물 중 재활용하는 태반의 용기에 표시하는 도형의 색상은?

① 노란색　② 녹색
③ 붉은색　④ 검은색

해설 **태반용기 표시 도형 색상**

의료폐기물의 종류	도형 색상
격리의료폐기물	붉은색
봉투형 용기	검은색
상자형 용기	노란색
재활용하는 태반	녹색

63 폐기물 처리시설 중 관리형 매립시설에서 발생하는 침출수의 배출허용기준 중 가지역의 생물화학적 산소요구량의 기준(mg/L 이하)은?

① 50　② 40
③ 30　④ 20

해설 **관리형 매립시설 침출수의 배출허용기준**

구분	생물화학적 산소요구량(mg/L)	화학적 산소요구량(mg/L)			부유물 질량(mg/L)
		과망간산칼륨법에 따른 경우		중크롬산칼륨법에 따른 경우	
		1일 침출수 배출량 2,000m^3 이상	1일 침출수 배출량 2,000m^3 미만		
청정 지역	30	50	50	400 (90%)	30
가 지역	50	80	100	600 (85%)	50
나 지역	70	100	150	800 (80%)	70

64 폐기물 처리업자의 폐기물보관량 및 처리기한에 관한 기준으로 (　)에 옳은 것은?(단, 폐기물 수집, 운반업자가 임시보관장소에 폐기물을 보관하는 경우)

> 의료 폐기물 외의 폐기물 : 중량이 (㉠) 이하이고 용적이 (㉡) 이하, (㉢) 이내

① ㉠ 450톤, ㉡ 300세제곱미터, ㉢ 3일
② ㉠ 350톤, ㉡ 200세제곱미터, ㉢ 3일
③ ㉠ 450톤, ㉡ 300세제곱미터, ㉢ 5일
④ ㉠ 350톤, ㉡ 200세제곱미터, ㉢ 5일

해설 **폐기물 수집 · 운반업자가 임시보관장소에 폐기물을 보관하는 경우**

① 의료폐기물
냉장 보관할 수 있는 섭씨 4도 이하의 전용보관시설에서 보관하는 경우 5일 이내, 그 밖의 보관시설에서 보관하는 경우에는 2일 이내, 다만 격리의료폐기물의 경우에서 보관시설과 무관하게 2일 이내로 한다.
② 의료폐기물 외의 폐기물
중량 450톤 이하이고 용적이 300세제곱미터 이하, 5일 이내

2021

정답 61 ② 62 ② 63 ① 64 ③

65 **「환경정책기본법」에 의한 환경보전협회에서 교육을 받아야 하는 대상자와 거리가 먼 것은?**

① 폐기물 처분시설의 설치자로서 스스로 기술관리를 하는 자
② 폐기물처리업자(폐기물 수집 · 운반업자는 제외한다)가 고용한 기술요원
③ 폐기물 수집 · 운반업자 또는 그가 고용한 기술담당자
④ 폐기물처리 신고자 또는 그가 고용한 기 술담당자

해설 **「환경정책기본법」에 따른 환경보전협회 또는 한국폐기물협회의 교육대상자**
① 사업장폐기물배출자 신고를 한 자 및 법 제17조 제3항에 따른 서류를 제출한 자 또는 그가 고용한 기술담당자(다목, 제1호 가목 · 나목에 해당하는 자와 제3호에서 정하는 자는 제외한다)
② 폐기물처리업자(폐기물 수집 · 운반업자는 제외한다)가 고용한 기술요원
③ 폐기물처리시설(법 제29조에 따라 설치신고를 한 폐기물처리시설만 해당되며, 영 제15조 각 호에 해당하는 폐기물처리시설은 제외한다)의 설치 · 운영자 또는 그가 고용한 기술담당자
④ 폐기물 수집 · 운반업자 또는 그가 고용한 기술담당자
⑤ 폐기물처리신고자 또는 그가 고용한 기술담당자

66 **폐기물처리시설을 운영 · 설치하는 자가 그 시설의 유지 · 관가리에 관한 기술업무를 담당할 기술관리인을 임명하지 아니하고 기술관리대행 계약을 체결하지 아니할 경우에 대한 처분기준은?**

① 1천만 원 이하의 과태료
② 2년 이하의 징역 또는 2천만 원 이하의 벌금
③ 3년 이하의 징역 또는 3천만 원 이하의 벌금
④ 5년 이하의 징역 또는 5천만 원 이하의 벌금

해설 폐기물관리법 제68조 참조

67 **폐기물처리 담당자 등이 이수하여야 하는 교육과정명으로 틀린 것은?**

① 폐기물 처분시설 기술담당자 과정
② 사업장폐기물 배출자 과정
③ 폐기물재활용 담당자 과정
④ 폐기물처리업 기술요원 과정

해설 **폐기물처리 담당자 이수 교육과정**
① 사업장폐기물 배출자 과정
② 폐기물처리업 기술요원 과정
③ 폐기물처리 신고자 과정
④ 폐기물 처분시설 또는 재활용시설 기술담당자 과정
⑤ 폐기물분석전문기관 기술요원과정
⑥ 재활용환경성평가기관 기술인력과정

68 **환경상태의 조사 · 평가에서 국가 및 지방자치단체가 상시 조사 · 평가하여야 하는 내용이 아닌 것은?**

① 환경의 질의 변화
② 환경오염 및 환경훼손 실태
③ 환경오염지역의 원상회복 실태
④ 자연환경 및 생활환경 현황

해설 **국가 및 지방자치단체가 상시 조사 · 평가하여야 하는 내용(「환경정책기본법」)**
① 자연환경과 생활환경 현황
② 환경오염 및 환경훼손 실태
③ 환경오염원 및 환경훼손 요인
④ 환경의 질의 변화
⑤ 그 밖에 국가환경종합계획 등의 수립 · 시행에 필요한 사항

69 **관리형 매립시설에서 발생되는 침출수의 배출량이 1일 2,000세제곱미터 이상인 경우 오염물질 측정주기 기준은?**

- 화학적 산소요구량 : (㉠) 이상
- 화학적 산소요구량 외의 오염물질 : (㉡) 이상

① ㉠ 매일 2회, ㉡ 주 1회
② ㉠ 매일 1회, ㉡ 주 1회
③ ㉠ 주 2회, ㉡ 월 1회
④ ㉠ 주 1회, ㉡ 월 1회

해설 **관리형 매립시설 오염물질 측정주기**
① 침출수 배출량이 1일 2천 세제곱미터 이상인 경우
㉠ 화학적 산소요구량 : 매일 1회 이상
㉡ 화학적 산소요구량 외의 오염물질 : 주 1회 이상
② 침출수 배출량이 1일 2천 세제곱미터 미만인 경우 : 월 1회 이상

정답 65 ① 66 ① 67 ③ 68 ③ 69 ②

70 **폐기물감량화시설에 관한 정의로 (　　) 안에 알맞은 내용은?**

> 생산 공정에서 발생하는 폐기물의 양을 줄이고, 사업장 내 재활용을 통하여 폐기물 배출을 최소화하는 시설로서 (　　)으로 정하는 시설을 말한다.

① 대통령령　　② 국무총리령
③ 환경부령　　④ 시 · 도지사령

해설 **폐기물감량화시설**
생산 공정에서 발생하는 폐기물의 양을 줄이고, 사업장 내 재활용을 통하여 폐기물 배출을 최소화하는 시설로서 대통령령으로 정하는 시설을 말한다.

71 **폐기물 발생 억제지침 준수의무 대상 배출자의 업종에 해당하지 않는 것은?**

① 금속가공제품 제조업(기계 및 가구 제외)
② 연료제품 제조업(핵연료 제조업은 제외)
③ 자동차 및 트레일러 제조업
④ 전기장비 제조업

해설 **폐기물 발생 억제지침 준수의무 대상 배출자의 업종**
① 식료품 제조업
② 음료 제조업
③ 섬유제품 제조업(의복 제외)
④ 의복, 의복액세서리 및 모피제품 제조업
⑤ 코크스, 연탄 및 석유정제품 제조업
⑥ 화학물질 및 화학제품 제조업(의약품 제외)
⑦ 의료용 물질 및 의약품 제조업
⑧ 고무제품 및 플라스틱제품 제조업
⑨ 비금속 광물제품 제조업
⑩ 1차 금속 제조업
⑪ 금속가공제품 제조업(기계 및 가구 제외)
⑫ 기타 기계 및 장비 제조업
⑬ 전기장비 제조업
⑭ 전자부품, 컴퓨터, 영상, 음향 및 통신장비 제조업
⑮ 의료, 정밀, 광학기기 및 시계 제조업
⑯ 자동차 및 트레일러 제조업
⑰ 기타 운송장비 제조업
⑱ 전기, 가스, 증기 및 공기조절 공급업

72 **생활폐기물 수집 · 운반 대행자에 대한 대행실적 평가결과가 대행실적평가 기준에 미달한 경우 생활폐기물 수집 · 운반 대행자에 대한 과징금액 기준은?(단, 영업정지 3개월을 갈음하여 부과할 경우)**

① 1천만 원　　② 2천만 원
③ 3천만 원　　④ 5천만 원

해설 **생활폐기물 수집 · 운반 대행자에 대한 과징금**

위반행위	영업정지 1개월	영업정지 3개월
평가결과가 대행실적 평가기준에 미달한 경우	2천만 원	5천만 원

73 **폐기물처리업자, 폐기물처리시설을 설치 · 운영하는 자 등이 환경부령이 정하는 바에 따라 장부를 갖추어 두고 폐기물의 발생 · 배출 · 처리상황 등을 기록하여 최종 기재한 날부터 얼마 동안 보존하여야 하는가?**

① 6개월　　② 1년
③ 3년　　④ 5년

해설 폐기물처리업자, 폐기물처리시설을 설치 · 운영하는 자 등은 폐기물의 발생, 배출, 처리상황 등을 기록하여 최종기재한 날부터 3년 동안 보존하여야 한다.

2021

74 **기술관리인을 두어야 할 폐기물처리시설 기준으로 틀린 것은?(단, 폐기물처리업자가 운영하는 폐기물처리시설 제외)**

① 용해로(폐기물에서 비철금속을 추출하는 경우로 한정한다)로서 시간당 재활용능력이 600킬로그램 이상인 시설
② 멸균분쇄시설로서 시간당 처분능력이 200킬로그램 이상인 시설
③ 소각열회수시설로서 시간당 재활용능력이 600킬로그램 이상인 시설
④ 사료화 · 퇴비화 또는 연료화시설로서 1일 재활용능력이 5톤 이상인 시설

해설 **기술관리인을 두어야 하는 폐기물처리시설**
① 매립시설의 경우
　㉠ 지정폐기물을 매립하는 시설로서 면적이 3천300제곱미터 이상인 시설. 다만, 차단형 매립시설에서는 면적이 330제곱미터 이상이거나 매립용적이 1천 세제곱미터 이상인 시설로 한다.
　㉡ 지정폐기물 외의 폐기물을 매립하는 시설로서 면적이 1만 제곱미터 이상이거나 매립용적이 3만 세제곱미터 이상인 시설
② 소각시설로서 시간당 처리능력이 600킬로그램(감염성 폐기물을 대상으로 하는 소각시설의 경우에는 200킬로그램) 이상인 시설
③ 압축 · 파쇄 · 분쇄 또는 절단시설로서 1일 처리능력 또는 재활용시설이 100톤 이상인 시설

정답 70 ① 71 ② 72 ④ 73 ③ 74 ②

④ 사료화 · 퇴비화 또는 연료화 시설로서 1일 재활용능력이 5톤 이상인 시설
⑤ 멸균 · 분쇄시설로서 시간당 처리능력이 100킬로그램 이상인 시설
⑥ 시멘트 소성로
⑦ 용해로(폐기물에 비철금속을 추출하는 경우로 한정한다)로서 시간당 재활용능력이 600킬로그램 이상인 시설
⑧ 소각열회수시설로서 시간당 재활용능력이 600킬로그램 이상인 시설

75 **영업정지기간에 영업을 한 자에 대한 벌칙 기준은?**

① 1년 이하의 징역이나 1천만 원 이하의 벌금
② 2년 이하의 징역이나 2천만 원 이하의 벌금
③ 3년 이하의 징역이나 3천만 원 이하의 벌금
④ 5년 이하의 징역이나 5천만 원 이하의 벌금

해설 폐기물관리법 제65조 참조

76 **주변지역에 대한 영향 조사를 하여야 하는 '대통령령으로 정하는 폐기물처리시설' 기준으로 옳지 않은 것은?(단, 폐기물처리업자가 설치, 운영)**

① 시멘트 소성로(폐기물을 연료로 사용하는 경우로 한정한다)
② 매립면적 3만 제곱미터 이상의 사업장 일반폐기물 매립시설
③ 매립면적 1만 제곱미터 이상의 사업장 지정폐기물 매립시설
④ 1일 처분능력이 50톤 이상인 사업장폐기물 소각시설(같은 사업장에 여러 개의 소각시설이 있는 경우에는 각 소각시설의 1일 처분능력의 합계가 50톤 이상인 경우를 말한다)

해설 **주변지역 영향 조사대상 폐기물처리시설 기준**
① 1일 처리능력이 50톤 이상인 사업장폐기물 소각시설(같은 사업장에 여러 개의 소각시설이 있는 경우에는 각 소각시설의 1일 처리능력의 합계가 50톤 이상인 경우를 말한다)
② 매립면적 1만 제곱미터 이상의 사업장 지정폐기물 매립시설
③ 매립면적 15만 제곱미터 이상의 사업장 일반폐기물 매립시설
④ 시멘트 소성로(폐기물을 연료로 사용하는 경우로 한정한다)
⑤ 1일 재활용능력이 50톤 이상인 사업장폐기물 소각열회수시설(같은 사업장에 여러 개의 소각열회수시설이 있는 경우에는 각 소각열회수시설의 1일 재활용능력의 합계가 50톤 이상인 경우를 말한다)

77 **폐기물 처리업자가 폐기물의 발생, 배출, 처리상황 등을 기록한 장부의 보존기간은?(단, 최종 기재일기준)**

① 6개월간 ② 1년간
③ 2년간 ④ 3년간

해설 **폐기물처리시설의 사후관리이행보증금**
환경부장관은 사후관리 대상인 폐기물을 매립하는 시설이 그 사용종료 또는 폐쇄 후 침출수의 누출 등으로 주민의 건강 또는 재산이나 주변환경에 심각한 위해를 가져올 우려가 있다고 인정하면 대통령령으로 정하는 바에 따라 그 시설을 설치한 자에게 그 사후관리의 이행을 보증하게 하기 위하여 사후관리에 드는 비용의 전부 또는 일부를 「환경개선특별회계법」에 따른 환경개선특별회계에 예치하게 할 수 있다.

78 **폐기물처리시설의 종류 중 기계적 처리시설에 해당되지 않는 것은?**

① 연료화 시설 ② 유수분리 시설
③ 응집 · 침전시설 ④ 증발 · 농축시설

해설 응집 · 침전시설은 화학적 처분(처리)시설이다.

79 **폐기물처리업자가 환경부령이 정하는 양과 기간을 초과하여 폐기물을 보관하였을 경우 벌칙기준은?**

① 7년 이하의 징역 또는 7천만 원 이하의 벌금
② 5년 이하의 징역 또는 5천만 원 이하의 벌금
③ 3년 이하의 징역 또는 3천만 원 이하의 벌금
④ 2년 이하의 징역 또는 2천만 원 이하의 벌금

해설 폐기물관리법 제66조 참조

80 **폐기물 발생 억제지침 준수의무 대상 배출자의 규모기준으로 (   )에 알맞은 것은?**

> 최근 (㉠) 연평균 배출량을 기준으로 지정폐기물 외의 폐기물을 (㉡) 배출하는 자

① ㉠ 2년간, ㉡ 200톤 이상
② ㉠ 2년간, ㉡ 1천 톤 이상
③ ㉠ 3년간, ㉡ 200톤 이상
④ ㉠ 3년간, ㉡ 1천 톤 이상

해설 **폐기물 발생 억제지침 준수의무 대상 배출자의 규모**
① 최근 3년간 연평균 배출량을 기준으로 지정폐기물을 100톤 이상 배출하는 자
② 최근 3년간 연평균 배출량을 기준으로 지정폐기물 외의 폐기물을 1천 톤 이상 배출하는 자

정답 75 ③ 76 ② 77 ④ 78 ③ 79 ④ 80 ④

2021년 4회 CBT 복원·예상문제

제1과목 폐기물개론

01 수분함량이 70%인 음식쓰레기 10톤을 소각처리하기 위하여 수분함량이 20%가 되도록 건조시켰을 때, 건조된 음식쓰레기의 총량은?(단, 비중은 1.0 기준)

① 5.25톤 ② 4.85톤
③ 4.35톤 ④ 3.75톤

해설 건조 전 음식쓰레기양×(1−처리 전 함수율)
=건조 후 음식쓰레기양×(1−처리 후 함수율)
10ton×(1−0.7)=건조 후 음식쓰레기양×(1−0.2)

$$\text{건조 후 음식쓰레기양}=\frac{10\text{ton}\times 0.3}{0.8}=3.75\text{ton}$$

02 함수율이 각각 45%와 93%인 도시 쓰레기와 하수 슬러지를 함께 매립하려 한다. 도시 쓰레기와 슬러지를 중량비로 8 : 2로 혼합할 때 혼합된 쓰레기의 함수율은?

① 약 45% ② 약 50% ③ 약 55% ④ 약 60%

해설
$$\text{혼합함수율}=\frac{(8\times 0.45)+(2\times 0.93)}{8+2}$$
$$=0.546\times 100=54.6\%$$

03 다음 중 쓰레기의 발생량 조사 방법이 아닌 것은?

① 경향법 ② 적재차량 계수분석법
③ 직접계근법 ④ 물질수지법

해설 ① 쓰레기 발생량 조사방법
㉠ 적재차량 계수분석법
㉡ 직접계근법
㉢ 물질수지법
㉣ 통계조사(표본조사, 전수조사)
② 쓰레기 발생량 예측방법
㉠ 경향법
㉡ 다중회귀모델
㉢ 동적모사모델

04 밀도가 250kg/m^{3}인 폐기물 1,000kg을 소각하였더니 200kg의 소각잔류물이 발생하였다. 이 소각잔류물의 밀도가 1,000kg/m^{3}일 때 부피 감소율은?

① 91% ② 93% ③ 95% ④ 97%

해설
$$\text{부피감소율(VR)}=\left(1-\frac{V_f}{V_i}\right)\times 100$$
$$V_i=\frac{1{,}000\text{kg}}{250\text{kg/m}^3}=4\text{m}^3$$
$$V_f=\frac{200\text{kg}}{1{,}000\text{kg/m}^3}=0.2\text{m}^3$$
$$=\left(1-\frac{0.2}{4}\right)\times 100=95\%$$

05 어떤 쓰레기 입도를 분석한 결과, 입도누적곡선상의 10%, 30%, 60%, 90%의 입경이 각각 2mm, 5mm, 10mm, 20mm이었다고 한다면 유효입경은?

① 2mm ② 5mm ③ 7mm ④ 10mm

해설 유효입경은 입도누적곡선상의 10%에 해당하는 입경이다.

06 수거노선 설정 시 유의사항으로 틀린 것은?

① 언덕인 경우 위에서 내려가며 수거한다.
② 아주 많은 양의 쓰레기가 발생되는 발생원은 하루 중 가장 먼저 수거한다.
③ 출발점은 차고와 가까운 곳으로 한다.
④ 가능한 한 반시계방향으로 설정한다.

해설 **효과적 · 경제적인 수거노선 결정 시 유의(고려)사항 : 수거노선 설정요령**
① 지형이 언덕인 지역에서는 언덕의 위에서부터 내려가며 적재하면서 차량을 진행하도록 한다.(안전성, 연료비 절약)
② 수거인원 및 차량형식이 같은 기존 시스템의 조건들을 서로 관련시킨다.
③ 출발점은 차고와 가깝게 하고 수거된 마지막 컨테이너가 처분지의 가장 가까이에 위치하도록 배치한다.
④ 가능한 한 지형지물 및 도로경계와 같은 장벽을 사용하여 간선도로 부근에서 시작하고 끝나야 한다.(도로경계 등을 이용)
⑤ 가능한 한 시계방향으로 수거노선을 정한다.
⑥ 적은 양의 쓰레기가 발생하나 동일한 수거빈도를 받기 원하

정답 01 ④ 02 ③ 03 ① 04 ③ 05 ① 06 ④

는 적재지점(수거지점)은 가능한 한 같은 날 왕복 내에서 수거한다.
⑦ 아주 많은 양의 쓰레기가 발생되는 발생원은 하루 중 가장 먼저 수거한다.
⑧ 될 수 있는 한 한 번 간 길은 다시 가지 않는다.
⑨ 반복운행 또는 U자형 회전은 피하여 수거한다.
⑩ 교통량이 많거나 출퇴근시간은 피하여 수거한다.
⑪ 수거지점과 수거빈도 결정 시 기존 정책이나 규정을 참고한다.

07 적환장에 대한 설명으로 옳지 않은 것은?

① 최종처리장과 수거지역의 거리가 먼 경우 사용하는 것이 바람직하다.
② 저밀도 거주지역이 존재할 때 설치한다.
③ 재사용 가능한 물질의 선별시설 설치가 가능하다.
④ 대용량의 수집차량을 사용할 때 설치한다.

해설 **적환장 설치가 필요한 경우**
① 작은 용량의 수집차량을 사용할 때($15m^3$ 이하)
② 저밀도 거주지역이 존재할 때
③ 불법투기와 다량의 어질러진 쓰레기들이 발생할 때
④ 슬러지 수송이나 공기수송방식을 사용할 때
⑤ 처분지가 수집장소로부터 멀리 떨어져 있을 때
⑥ 상업지역에서 폐기물 수집에 소형 용기를 많이 사용하는 경우
⑦ 쓰레기 수송 비용절감이 필요한 경우
⑧ 압축식 수거 시스템인 경우

08 트롬멜 스크린에 대한 설명으로 옳지 않은 것은?

① [원통의 임계속도×1.45=최적속도]로 나타낸다.
② 원통의 경사도가 크면 부하율이 커진다.
③ 스크린 중에서 선별효율이 좋고 유지관리상의 문제가 적다.
④ 원통의 경사도가 크면 효율이 떨어진다.

해설 **트롬멜 스크린(Trommel screen) 특징**
① 스크린 중에서 선별효율이 좋고 유지관리상 문제가 적어 도시폐기물의 선별작업에서 가장 많이 사용된다.
② 원통의 경사도가 크면 선별효율이 떨어지고 부하율도 커진다.
③ 트롬멜의 경사각, 회전속도가 증가할수록 선별효율이 저하한다.
④ 최적회전속도는 일반적으로 (임계회전속도×0.45=최적회전속도)로 나타낸다.
⑤ 원통의 직경 및 길이가 길면 동력소모가 많고 효율은 증가한다.
⑥ 수평으로 회전하는 직경 3m 정도의 원통형태이다.

09 도시의 생활쓰레기를 분류하여 다음 표와 같은 결과를 얻었다. 이 쓰레기의 함수율은?

구성	구성비 중량(%)	함수율(%)
연탄재	30	15
식품폐기물	50	40
종이류	20	20

① 약 24% ② 약 29%
③ 약 34% ④ 약 39%

해설 $\text{함수율}(\%) = \left[\dfrac{(30\times0.15)+(50\times0.4)+(20\times0.2)}{30+50+20}\right]\times100$
$=0.285\times100=28.5\%$

10 수분이 96%이고 무게가 100kg인 폐수 슬러지를 탈수시 수분이 70%인 폐수 슬러지로 만들었다. 탈수된 후의 폐수슬러지의 무게는?(단, 슬러지 비중은 1.0)

① 11.3kg ② 13.3kg
③ 16.3kg ④ 18.3kg

해설 **물질수지식을 이용하여 계산**
100kg×(1−0.96)=탈수 후 폐수슬러지 무게×(1−0.7)
탈수 후 폐수슬러지 무게(kg)=13.33kg

11 폐기물선별방법 중 분쇄한 전기줄로부터 금속을 회수하거나 분쇄된 자동차나 연소재로부터 알루미늄, 구리 등을 회수하는 데 사용되는 선별장치로 가장 옳은 것은?

① Fluidized Bed Separators
② Stoners
③ Optical Sorting
④ Jigs

해설 **유동상 분리(Fluidized Bed Separators)**
① Ferrosilicon 또는 Iron Powder 속에 폐기물을 넣고 공기를 인입시켜 가벼운 물질은 위로, 무거운 물질은 아래로 내려가는 원리이다.
② 분쇄한 전기줄로부터 금속을 회수하거나 분쇄된 자동차나 연소재로부터 알루미늄, 구리 등을 회수하는 데 사용되는 선별장치이다.

12 우리나라의 생활폐기물 일일발생량으로 가장 옳은 것은?

① 0.3kg/인 ② 1.0kg/인
③ 2.0kg/인 ④ 3.0kg/인

해설 우리나라의 생활폐기물 일일발생량은 약 1.0kg/인이다.

정답 07 ④ 08 ① 09 ② 10 ② 11 ① 12 ②

13 **A도시에서 수거한 폐기물량이 3,520,000톤/년이며, 수거인부는 1일 5,848인, 수거대상 인구는 6,373,288인 경우, A도시의 1인 · 1일 폐기물 발생량은?**

① 1.51kg/1인 · 1일　② 1.87kg/1인 · 1일
③ 2.14kg/1인 · 1일　④ 2.65kg/1인 · 1일

해설 폐기물 발생량(kg/인 · 일)

$$= \frac{\text{수거폐기물량}}{\text{대상인구수}}$$

$$= \frac{3{,}520{,}000\text{ton/year} \times \text{year}/365\text{day} \times 1{,}000\text{kg/ton}}{6{,}373{,}288\text{인}}$$

$= 1.51$kg/인 · 일

14 **다음 중 폐기물 관리에서 가장 우선적으로 고려해야 하는 것은?**

① 감량화　② 최종처분
③ 소각열 회수　④ 유기물 퇴비화

해설 폐기물 관리에서 가장 우선적으로 고려해야 하는 것은 감량화이다.

15 **쓰레기 발생량 조사방법 중 주로 산업폐기물 발생량을 추산할 때 이용하는 방법으로 조사하고자 하는 계의 경계가 정확하여야 하는 것은?**

① 물질수지법　② 직접계근법
③ 적재차량 계수분석법　④ 경향법

해설 **물질수지법(Material Balance Method)의 특징**

① 시스템으로 유입되는 모든 물질들과 유출되는 모든 폐기물의 양에 대하여 물질수지를 세움으로써 폐기물 발생량을 추정하는 방법
② 주로 산업폐기물 발생량을 추산할 때 이용하는 방법
③ 단점으로는 비용이 많이 소요되고 작업량이 많아 널리 이용되지 않음. 즉, 특수한 경우에만 사용됨
④ 우선적으로 조사하고자 하는 계의 경계를 정확하게 설정해야 함
⑤ 물질수지를 세울 수 있는 상세한 데이터가 있는 경우에 가능

16 **750세대, 세대당 평균 가족 수 4인인 아파트에서 배출하는 쓰레기를 2일마다 수거하는데 적재용량 $8m^3$의 트럭 5대가 소요된다. 쓰레기 단위 용적당 중량이 0.14 g/cm^3이라면 1인 1일당 쓰레기 배출량은?**

① 0.93kg/인 · 일　② 1.38kg/인 · 일
③ 1.67kg/인 · 일　④ 2.17kg/인 · 일

해설 쓰레기 배출량(kg/인 · 일)

$$= \frac{\text{쓰레기 수거량}}{\text{인구수}}$$

$$= \frac{8.0\text{m}^3/\text{대} \times 5\text{대} \times 0.14\text{g/cm}^3 \times \text{kg}/1{,}000\text{g} \times 10^6\text{cm}^3/\text{m}^3}{750\text{세대} \times 4\text{인/세대} \times 2\text{day}}$$

$= 0.93$kg/인 · 일

17 **함수율 60%인 쓰레기와 함수율 90%인 하수슬러지를 5 : 1의 비율로 혼합하면 함수율은?(단, 비중은 1.0 기준)**

① 60%　② 65%
③ 70%　④ 75%

해설 $\text{함수율}(\%) = \left[\frac{(5\times0.6)+(1\times0.9)}{5+1}\right]\times100 = 65\%$

18 **폐기물의 압축 전 밀도는 500kg/m^3이고, 압축시킨 후 밀도는 800kg/m^3이었다. 이 폐기물의 부피감소율은?**

① 31.5%　② 33.5%
③ 35.5%　④ 37.5%

해설 $\text{부피감소율(VR)} = \left(1-\frac{V_f}{V_i}\right)\times100$

$$V_i = \frac{1\text{kg}}{500\text{kg/m}^3} = 0.002\text{m}^3$$

$$V_f = \frac{1\text{kg}}{800\text{kg/m}^3} = 0.00125\text{m}^3$$

$$= \left(1-\frac{0.00125}{0.002}\right)\times100$$

$= 37.5\%$

19 **폐기물을 파쇄하여 매립할 때 유리한 내용으로 틀린 것은?**

① 매립작업이 용이하고 압축장비가 없어도 매립작업만으로 고밀도 매립이 가능하다.
② 곱게 파쇄하면 매립 시 복토가 필요 없거나 복토요구량을 줄일 수 있다.
③ 폐기물 입자의 표면적이 증가되어 미생물작용이 촉진되므로 매립시 조기 안정화를 꾀할 수 있다.
④ 폐기물 밀도가 높아져 혐기성 조건을 신속히 조성할 수 있어 냄새가 방지된다.

2021

정답 13 ① 14 ① 15 ① 16 ① 17 ② 18 ④ 19 ④

해설 **쓰레기를 파쇄하여 매립 시 장점(이점)**

① 곱게 파쇄하면 매립 시 복토가 필요 없거나 복토요구량이 절감된다.
② 매립 시 폐기물이 잘 섞여서 호기성 조건을 유지하므로 냄새가 방지된다.
③ 매립작업이 용이하고 압축장비가 없어도 고밀도의 매립이 가능하다.

20 쓰레기 발생량 및 성상 변동에 관한 내용으로 틀린 것은?

① 일반적으로 도시규모가 커질수록 쓰레기의 발생량이 증가한다.
② 대체로 생활수준이 증가하면 쓰레기 발생량도 증가한다.
③ 일반적으로 수집빈도가 낮을수록 쓰레기 발생량이 증가한다.
④ 일반적으로 쓰레기통의 크기가 클수록 쓰레기 발생량이 증가한다.

해설 **폐기물 발생량에 영향을 주는 요인**

영향요인	내용
도시규모	도시의 규모가 커질수록 쓰레기 발생량 증가
생활수준	생활수준이 높아지면 발생량이 증가하고 다양화됨(증가율 10% 내외)
계절	겨울철에 발생량 증가
수집빈도	수집빈도가 높을수록 발생량 증가
쓰레기통 크기	쓰레기통이 클수록 유효용적이 증가하여 발생량 증가
재활용품 회수 및 재이용률	재활용품의 회수 및 재이용률이 높을수록 쓰레기 발생량 감소
법규	쓰레기 관련 법규는 쓰레기 발생량에 중요한 영향을 미침
장소	상업지역, 주택지역, 공업지역 등, 장소에 따라 발생량과 성상이 달라짐
사회구조	도시의 평균연령층, 교육수준에 따라 발생량은 달라짐

제2과목 폐기물처리기술

21 60g의 에탄(C_2H_6)이 완전연소할 때 필요한 이론 공기부피는?(단, 0℃, 1기압 기준)

① 약 450L ② 약 550L
③ 약 650L ④ 약 750L

해설 $C_2H_6 + 3.5O_2 \rightarrow 2CO_2 + 3H_2O$

30g : 3.5×22.4L

60g : O_o(L)

$$O_o(\text{L}) = \frac{60\text{g} \times (3.5 \times 22.4)\text{L}}{30\text{g}} = 156.8\text{L}$$

$$A_o(\text{L}) = \frac{O_o}{0.21} = \frac{156.8\text{L}}{0.21} = 746.67\text{L}$$

22 7,570m^3/d 유량의 하수처리장에서 유입수 BOD와 SS의 농도는 각각 200mg/L이고, 1차 침전지에 의하여 SS는 50%, BOD는 38%가 제거된다고 할 때, 1차 침전지에서의 슬러지 발생량(건조고형물 기준)은?(단, 생물학적 분해는 없으며 BOD 제거는 SS 제거로 인함)

① 약 630kg/d ② 약 760kg/d
③ 약 850kg/d ④ 약 920kg/d

해설 슬러지 발생량(kg/day)

=유입 SS양×제거율

$=7,570\text{m}^3/\text{day} \times 200\text{mg/L} \times 1,000\text{L/m}^3 \times 1\text{kg}/10^6\text{mg} \times 0.5$

=757kg/day

23 폐기물 매립지의 침출수 처리에 많이 사용되는 펜톤시약의 조성으로 옳은 것은?

① 과산화수소+Alum ② 과산화수소+철염
③ 과망간산칼륨+철염 ④ 과망간산칼륨+Alum

해설 **펜톤(Fenton) 산화법**

① Fenton액을 첨가하여 난분해성 유기물질을 생분해성 유기물질로 전환(산화)시킨다.
② OH 라디컬에 의한 산화반응으로 철(Fe)촉매하에서 과산화수소(H_2O_2)를 분해시켜 OH 라디컬을 생성하고 이들이 활성화되어 수중의 각종 난분해성 유기물질을 산화분해시키는 처리공정이다.(난분해성 유기물질 → 생분해성 유기물질)
③ 펜톤 산화제의 조성은 [과산화수소수+철(염) ; H_2O_2+$FeSO_4$]이며 펜톤시약의 반응시간은 철염과 과산화수소의 주입농도에 따라 변화되며 여분의 과산화수소수는 후처리의 미생물성장에 영향을 미칠 수 있다.

정답 20 ③ 21 ④ 22 ② 23 ②

④ 펜톤 산화반응의 최적 침출수 pH는 3~3.5(4) 정도에서 가장 효과적이다.

⑤ 펜톤 산화법의 공정순서
pH 조정조 → 급속교반조(산화) → 중화조 → 완속교반조 → 침전조 → 생물학적 처리(RBC) → 방류조

24 **다음 조건과 같은 매립지 내 침출수가 차수층을 통과하는 데 소요되는 시간은?(조건 : 점토층 두께 : 1.0m, 유효공극률 : 0.2, 투수계수 : 10^{-7}cm/sec, 상부침출수 수두 : 0.4m)**

① 약 7.83년 ② 약 6.53년
③ 약 5.33년 ④ 약 4.53년

해설 소요시간$(t)=\dfrac{d^2\eta}{k(d+h)}$

$$=\frac{1.0^2\text{m}^2\times0.2}{10^{-7}\text{cm/sec}\times1\text{m}/100\text{cm}\times(1.0+0.4)\text{m}}$$

$=142,857,142.9\text{sec}(4.53\text{year})$

25 **매립물의 조성이($C_{40}H_{83}O_{30}N$)인 경우 이 매립물 1mol 당 발생하는 메탄은 몇 mol인가?(단, 혐기성 반응이다.)**

① 22.5 ② 28.5 ③ 32.5 ④ 38.5

해설 $C_{40}H_{83}O_{30}N\rightarrow\left(\dfrac{4a+b-2c-3d}{8}\right)CH_4$

$$\frac{(4\times40)+83-(2\times30)-(3\times1)}{8}=22.5\text{mol}$$

26 **매립지 내 폐기물 분해에 대한 단계별 설명과 가장 거리가 먼 것은?**

① 1단계(호기성 단계) : 매립조작시 혼입된 공기가 호기성 분위기를 유도하여 호기성 미생물에 의해 산소가 증가한다.

② 2단계(동성혐기성 단계) : 혐기성 미생물이 우점균이 되어 각종 폐기물을 분해하여 저급지방산, 이산화탄소, 암모니아 가스 등을 생성한다.

③ 3단계(혐기성 단계) : 메탄생성균과 메탄과 이산화탄소로 분해하는 미생물로 인해 메탄이 생성되기 시작한다.

④ 4단계(혐기성 안정화단계) : 완전한 혐기성 분위기가 유지되면서 메탄생성균이 우점종이 되어 유기물 분해와 동시에 메탄과 이산화탄소가 생성된다.

해설 **제1단계(호기성 단계 : 초기조절 단계)**

① 호기성 유지상태(친산소성 단계)이다.

② 질소(N_2)와 산소(O_2)는 급격히 감소하고, 탄산가스(CO_2)는 서서히 증가하는 단계이며 가스의 발생량은 적다.

③ 산소는 대부분 소모한다.(O_2 대부분 소모, N_2 감소 시작)

④ 매립물의 분해속도에 따라 수일에서 수개월 동안 지속된다.

⑤ 폐기물 내 수분이 많은 경우에는 반응이 가속화되어 용존산소가 고갈되어 다음 단계로 빨리 진행된다.

27 **유입수의 BOD가 250ppm 이고 정화조의 BOD 제거율이 80%라면 정화조를 거친 방류수의 BOD는?**

① 50ppm ② 60ppm
③ 70ppm ④ 80ppm

해설 방류수 BOD(ppm)$=250\text{ppm}\times(1-0.8)=50\text{ppm}$

28 **메탄올(CH_3OH) 5kg이 연소하는 데 필요한 이론공기량은?**

① 15Sm^3 ② 18Sm^3
③ 21Sm^3 ④ 25Sm^3

해설 이론공기량(A_o)

$=\dfrac{1}{0.21}(1.867\text{C}+5.6\text{H}-0.70)$

CH_3OH 분자량 : $12+(4\times4)+16=32$

각 성분의 구성비 : $\text{C}=12/32=0.375$

$\text{H}=4/32=0.125$

$\text{O}=16/32=0.5$

$=\dfrac{1}{0.21}[(1.867\times0.375)+(5.6\times0.125)-(0.7\times0.5)]$

$=5.0\text{Sm}^3/\text{kg}\times5\text{kg}=25\text{Sm}^3$

29 **매시간 10ton의 폐유를 소각하는 소각로에서 황산화물을 탈황하여 부산물인 80% 황산으로 전량 회수한다면 그 부산물량(kg/hr)은?(단, S : 32, 폐유 중 황성분 2%, 탈황률 90%라 가정함)**

① 약 590 ② 약 690
③ 약 790 ④ 약 890

해설 $S\rightarrow H_2SO_4$

32kg : 98kg

10ton/hr$\times0.02\times0.9$: H_2SO_4(kg/hr)$\times0.8$

H_2SO_4(kg/hr)

$$=\frac{10\text{ton/hr}\times0.02\times0.9\times98\text{kg}\times1{,}000\text{kg/ton}}{32\text{kg}\times0.8}$$

$=689.06\text{kg/hr}$

정답 24 ④ 25 ① 26 ① 27 ① 28 ④ 29 ②

2021

30 쓰레기를 소각하였을 때 남는 재의 무게는 쓰레기의 10%이고 재의 밀도는 1.05g/cm^3이라면 쓰레기 50톤을 소각할 경우 남는 재의 부피는?

① 4.23m^3 ② 4.76m^3
③ 5.26m^3 ④ 5.83m^3

해설 $부피(m^3) = \frac{질량}{밀도} = \frac{50ton \times 10^6 g/ton \times 0.1}{1.05g/cm^3 \times 10^6 cm^3/m^3} = 4.76m^3$

31 슬러지를 개량(Conditioning)하는 주된 목적은?

① 농축 성질을 향상시킨다.
② 탈수 성질을 향상시킨다.
③ 소화 성질을 향상시킨다.
④ 구성성분 성질을 개선, 향상시킨다.

해설 **슬러지 개량목적**
① 슬러지의 탈수성 향상 : 주된 목적
② 슬러지의 안정화
③ 탈수 시 약품 소모량 및 소요동력을 줄임

32 함수율 90%, 겉보기밀도 1.0t/m^3인 슬러지 1,000m^3을 함수율 20%로 처리하여 매립하였다면 매립된 슬러지의 중량은 몇 톤인가?

① 100 ② 125 ③ 130 ④ 135

해설 **물질수지식을 이용하여 계산**
1,000ton×(1−0.9)=처리 후 슬러지 중량×(1−0.2)
처리 후 슬러지 중량=125ton

33 합성차수막 중 CR에 관한 설명으로 옳지 않은 것은?

① 가격이 싸다.
② 대부분의 화학물질에 대한 저항성이 높다.
③ 마모 및 기계적 충격에 강하다.
④ 접합이 용이하지 못하다.

해설 **합성차수막 중 CR의 장단점**
① 장점
㉠ 대부분의 화학물질에 대한 저항성이 높음
㉡ 마모 및 기계적 충격에 강함
② 단점
㉠ 접합이 용이하지 못함
㉡ 가격이 고가임

34 다음과 같은 조건에서 매립지에서 발생한 가스 중 메탄의 양은 몇 m^3인가?

[조건]
- 총 쓰레기양 : 50ton
- 쓰레기 중 유기물 함량 : 35%(무게 기준)
- 발생 가스 중 메탄함량 : 40%(부피 기준)
- kg당 가스발생량 : 0.6m^3
- 유기물 비중 : 1

① 4,200 ② 5,200
③ 6,200 ④ 7,200

해설 메탄의 양(m^3)=50ton×0.35×0.4×0.6m^3/kg×1,000kg/ton
=4,200m^3

35 슬러지를 최종 처분하기 위한 가장 합리적인 처리공정 순서는?

A : 최종처분, B : 건조, C : 개량, D : 탈수, E : 농축, F : 유기물 안정화(소화)

① E−F−D−C−B−A
② E−D−F−C−B−A
③ E−F−C−D−B−A
④ E−D−C−F−B−A

해설 **슬러지 처리 공정(순서)**
농축 → 소화(안정화) → 개량 → 탈수 → 건조 → 소각 → 매립

36 메탄올(CH_3OH) 3kg을 완전 연소하는 데 필요한 이론 공기량은?

① 10Sm^3 ② 15Sm^3
③ 20Sm^3 ④ 25Sm^3

해설 CH_3OH의 분자량은
[$C+H_4+O=12+(1\times4)+16=32$]이다.
각 성분의 구성비 : C=12/32=0.375
H=4/32=0.125
O=16/32=0.500

$$A_o = \frac{1}{0.21}(1.867\,C + 5.6H - 0.7O)$$
$$= \frac{1}{21}[(1.867\times0.375)+(5.6\times0.125)-(0.7\times0.5)]$$
$$= 5.0Sm^3/kg \times 3kg = 15Sm^3$$

정답 30 ② 31 ② 32 ② 33 ① 34 ① 35 ③ 36 ②

[Note] 다른 풀이

$$CH_2OH + 1.5O_2 \rightarrow CO_2 + 2H_2O$$
$$32\text{kg} : 1.5 \times 22.4\,\text{Sm}^3$$
$$3\text{kg} : O_o(\text{Sm}^3)$$
$$O_o(\text{Sm}^3) = 3.15\text{Sm}^3$$
$$A_o = \frac{O_o}{0.21} = \frac{3.15}{0.21} = 15\text{Sm}^3$$

37 전기집진장치의 장단점으로 옳은 것은?

① 대량의 분진함유가스 처리는 곤란하다.
② 운전비와 유지비가 많이 소요된다.
③ 압력손실이 크다.
④ 회수할 가치가 있는 입자의 포집이 가능하다.

해설 **전기집진기의 장단점**

① 장점
㉠ 집진효율이 높다(0.01μm 정도 포집 용이, 99.9% 정도 고집진 효율).
㉡ 대량의 분진함유가스의 처리가 가능하다.
㉢ 압력손실이 적고 미세한 입자까지도 처리가 가능하다.
㉣ 운전, 유지 · 보수비용이 저렴하다.
㉤ 고온(500℃ 전 · 후) 가스 및 대량가스 처리가 가능하다.
㉥ 광범위한 온도범위에서 적용이 가능하며 폭발성 가스의 처리도 가능하다.
㉦ 회수가치 입자포집에 유리하고 압력손실이 적어 소요동력이 적다.
㉧ 배출가스의 온도강하가 적다.
② 단점
㉠ 분진의 부하변동(전압변동)에 적응하기 곤란하여, 고전압으로 안전사고의 위험성이 높다.
㉡ 분진의 성상에 따라 전처리시설이 필요하다.
㉢ 설치비용이 많이 소요되고 설치공간을 많이 차지한다.
㉣ 특정물질을 함유한 분진 제거에는 곤란하다.
㉤ 가연성 입자의 처리가 곤란하다.

38 매립 시 표면차수막에 관한 설명으로 옳지 않은 것은?

① 지중에 수평방향의 차수층이 존재하는 경우에 적용한다.
② 시공 시에는 눈으로 차수성 확인이 가능하나 매립 후에는 곤란하다.
③ 지하수 집배수시설이 필요하다.
④ 차수막 단위면적당 공사비는 싸지만 매립지 전체를 시공하는 경우가 많아 총 공사비는 비싸다.

해설 **표면차수막**

① 적용조건
㉠ 매립지반의 투수계수가 큰 경우에 사용
㉡ 매립지의 필요한 범위에 차수재료로 덮인 바닥이 있는 경우에 사용
② 시공 : 매립지 전체를 차수재료로 덮는 방식으로 시공
③ 지하수 집배수시설 : 원칙적으로 지하수 집배수시설을 시공하므로 필요함
④ 차수성 확인 : 시공 시에는 차수성이 확인되지만 매립 후에는 곤란함
⑤ 경제성 : 단위면적당 공사비는 저가이나 전체적으로 비용이 많이 듦
⑥ 보수 : 매립 전에는 보수, 보강 시공이 가능하나 매립 후에는 어려움
⑦ 공법 종류
㉠ 지하연속벽
㉡ 합성고무계 시트
㉢ 합성수지계 시트
㉣ 아스팔트계 시트

2021

39 어떤 도시에서 1일 50톤의 폐기물이 발생되었고 이 때 밀도가 400kg/m^{3}이었다. 3m 깊이인 도랑식(trench)으로 매립하고자 할 때 1년 동안 필요한 부지면적은?(단, 도랑점유율이 100%, 매립 시 압축에 따른 쓰레기 부피 감소율은 50%로 한다.)

① 약 5,410m^2　② 약 6,210m^2
③ 약 7,610m^2　④ 약 8,810m^2

해설 매립면적(m^2) $= \dfrac{\text{폐기물 발생량}}{\text{밀도} \times \text{깊이}} \times (1 - \text{부피감소율})$

$$= \frac{50\text{ton/day} \times 365\text{day/year} \times 1\text{year}}{0.4\text{ton/m}^3 \times 3\text{m}} \times 0.5$$
$$= 7{,}604.17\text{m}^2$$

40 유동상 소각로의 장점과 가장 거리가 먼 것은?

① 반응시간이 빨라 소각시간이 짧다.
② 기계적 구동부분이 적어 고장률이 낮다.
③ 연소효율이 높아 투입이나 유동을 위한 파쇄가 필요 없다.
④ 유동매체의 축열량이 높아 단기간 정지 후 가동 시에 보조연료 사용 없이 정상가동이 가능하다.

정답 37 ④　38 ①　39 ③　40 ③

해설 **유동층 소각로의 장단점**

① 장점

㉠ 유동매체의 열용량이 커서 액상, 기상, 고형 폐기물의 전소 및 환소, 균일한 연소가 가능하다.
㉡ 반응시간이 빨라 소각시간이 짧다(노 부하율이 높다).
㉢ 연소효율이 높아 미연소분이 적고 2차 연소실이 불필요하다.
㉣ 가스의 온도가 낮고 과잉공기량이 낮다. 따라서 NO_X도 적게 배출된다.
㉤ 기계적 구동부분이 적어 고장률이 낮아 유지관리가 용이하다.
㉥ 노 내 온도의 자동제어로 열회수가 용이하다.
㉦ 유동매체의 축열량이 높은 관계로 단시간 정지 후 가동 시 보조연료 사용 없이 정상가동이 가능하다.
㉧ 과잉공기량이 적으므로 다른 소각로보다 보조연료사용량과 배출가스양이 적다.
㉨ 석회 또는 반응물질을 유동매체에 혼입시켜 노 내에서 산성가스의 제거가 가능하다.

② 단점

㉠ 층의 유동으로 상으로부터 찌꺼기의 분리가 어려우며 운전비, 특히 동력비가 높다.
㉡ 투입이나 유동화를 위해 파쇄가 필요하다.
㉢ 상재료의 용융을 막기 위해 연소온도는 816℃를 초과할 수 없다.
㉣ 유동매체의 손실로 인한 보충이 필요하다.
㉤ 고점착성의 반유동상 슬러지는 처리하기 곤란하다.
㉥ 소각로 본체에서 압력손실이 크고 유동매체의 비산 또는 분진의 발생량이 가장 많다.
㉦ 조대한 폐기물은 전처리가 필요하다. 즉, 폐기물의 투입이나 유동화를 위해 파쇄공정이 필요하다.

제3과목 폐기물공정시험기준(방법)

41 폐기물공정시험기준상 시료를 채취할 때 시료의 양은 1회에 최소 얼마 이상 채취하여야 하는가?(단, 소각재 제외)

① 100g 이상　　② 200g 이상
③ 500g 이상　　④ 1,000g 이상

해설 시료채취량은 1회에 최소 100g 이상으로 한다. 다만 소각재의 경우에는 1회에 500g 이상을 채취한다.

42 회분식 연소방식의 소각재 반출설비에서의 시료 채취에 관한 내용으로 (　)에 옳은 내용은?

> 회분식 연소방식의 소각재 반출설비에서 채취하는 경우에는 하루 동안의 운전횟수에 따라 매 운전 시마다 2회 이상 채취하는 것을 원칙으로 하고, 시료의 양은 1회에 (　) 이상으로 한다.

① 100g　　② 200g
③ 300g　　④ 500g

해설 **회분식 연소방식의 소각재 반출 설비에서 시료 채취**
① 하루 동안의 운전횟수에 따라 매 운전 시마다 2회 이상 채취
② 시료의 양은 1회에 500g 이상

43 기름 성분을 분석하는 노말헥산 추출시험법에서 노말헥산을 증발시키기 위한 조작온도는?

① 50℃　　② 60℃
③ 70℃　　④ 80℃

해설 ① 증발용기가 알루미늄박으로 만든 접시 또는 비커일 경우에는 용기의 표면을 깨끗이 닦고 80℃로 유지한 전기열판 또는 전기맨틀에 넣어 노말헥산을 날려 보낸다.
② 증류플라스크일 경우에는 ㅏ자형 연결관과 냉각관을 달아 전기열판 또는 전기맨틀의 온도를 80℃로 유지하면서 매초당 한 방울의 속도로 증류한다. 증류플라스크 안에 2mL가 남을 때까지 증류한 다음 냉각관의 상부로부터 질소가스를 넣어 주어 증류플라스크 안의 노말헥산을 완전히 날려 보내고 증류플라스크를 분리하여 실온으로 냉각될 때까지 질소를 보내면서 완전히 노말헥산을 날려 보낸다.

정답 41 ① 42 ④ 43 ④

44 **자외선/가시선 분광법에 의한 구리의 정량에 대한 설명으로 틀린 것은?**

① 추출용매는 아세트산부틸을 사용한다.
② 정량한계는 0.002mg이다.
③ 비스무트(Bi)가 구리의 양보다 2배 이상 존재할 경우에는 청색을 나타내어 방해한다.
④ 시료의 전처리를 하지 않고 직접 시료를 사용하는 경우 시료 중에 시안화합물이 함유되어 있으면 염산으로 산성 조건을 만든 후 끓여 시안화물을 완전히 분해 제거한 다음 시험한다.

해설 **비스무트(Bi)가 구리의 양보다 2배 이상 존재할 경우**
① 황색을 나타내어 방해한다. 이때는 시료의 흡광도를 A_1 으로 하고 따로 같은 양의 시료를 취하여 시료의 시험기준 중 암모니아수(1+1)를 넣어 중화하기 전에 시안화칼륨용액(5W/V%) 3mL를 넣어 구리를 시안착화합으로 만든 다음 중화하여 실험하고 이 액의 흡광도를 A_2 로 한다.
② 구리에 의한 흡광도는 $A_1 - A_2$ 이다.

45 **흡광도가 0.35인 시료의 투과도는?**

① 0.447　　② 0.547
③ 0.647　　④ 0.747

해설 $흡광도 = \log\frac{1}{투과도}$

$0.35 = \log\frac{1}{투과도}$

$10^{0.35} = \frac{1}{투과도}$

투과도=0.447

46 **표준용액의 pH 값으로 틀린 것은?(단, 0℃ 기준)**

① 수산염 표준용액 : 1.67
② 붕산염 표준용액 : 9.46
③ 프탈산염 표준용액 : 4.01
④ 수산화칼슘 표준용액 : 10.43

해설 **온도별 표준액의 pH 값 크기**
수산화칼슘 표준액 > 탄산염 표준액 > 붕산염 표준액 > 인산염 표준액 > 프탈산염 표준액 > 수산염 표준액
④ 수산화칼슘 표준용액 : 13.43

47 **다음 기구 및 기기 중 기름 성분 측정시험(중량법)에 필요한 것들만 나열한 것은?**

a. 80℃ 온도조절이 가능한 전기열판 또는 전기맨틀
b. 알루미늄박으로 만든 접시, 비커 또는 증류플라스크로서 용량이 50~250mL인 것
c. ㅏ자형 연결관 및 리비히 냉각관(증류 플라스크를 사용할 경우)
d. 구데르나다니쉬 농축기
e. 아세틸렌 토치

① a, b, c　　② b, c, d
③ c, d, e　　④ a, c, e

해설 **기름 성분 – 중량법(분석기기 및 기구)**
① 전기열판 또는 전기맨틀
80℃ 온도조절이 가능한 것을 사용
② 증발접시
㉠ 알루미늄박으로 만든 접시, 비커 또는 증류플라스크
㉡ 부피는 50~250mL인 것을 사용
③ ㅏ자형 연결관 및 리비히 냉각관
증류플라스크를 사용할 경우 사용

2021

48 **4℃의 물 500mL에 순도가 75%인 시약용 납 5mg을 녹였다. 이 용액의 납 농도(ppm)는?**

① 2.5　　② 5.0
③ 7.5　　④ 10.0

해설 $농도(ppm) = \frac{5mg}{500mL} \times 0.75 \times 10^3 mL/L = 7.5ppm$

49 **중량법에 대한 설명으로 틀린 것은?**

① 수분 시험 시 물중탕 후 105~110℃의 건조기 안에서 4시간 건조한다.
② 고형물 시험 시 물중탕 후 105~110℃의 건조기 안에서 4시간 건조한다.
③ 강열감량 시험 시 600±25℃에서 1시간 강열한다.
④ 강열감량 시험 시 25% 질산암모늄용액을 사용한다.

해설 **강열감량 및 유기물 함량 – 중량법**
질산암모늄용액(25%)을 넣고 가열하여 탄화시킨 다음 (600±25)℃의 전기로 안에서 3시간 강열하고 데시케이터에서 식힌 후 무게를 달아 증발접시의 무게차로부터 구한다.

정답 44 ③　45 ①　46 ④　47 ①　48 ③　49 ③

50 **폐기물공정시험기준(방법)에 규정된 시료의 축소방법과 가장 거리가 먼 것은?**

① 원추이분법 ② 원추사분법
③ 교호삽법 ④ 구획법

해설 **시료 축소방법**
① 원추사분법 ② 교호삽법 ③ 구획법

51 **조제된 pH 표준액 중 가장 높은 pH를 갖는 표준용액은?**

① 수산염 표준액 ② 프탈산염 표준액
③ 탄산염 표준액 ④ 인산염 표준액

해설 **온도별 표준액의 pH 값 크기**
수산화칼슘표준액 > 탄산염표준액 > 붕산염표준액 > 인산염표준액 > 프탈산염표준액 > 수산염표준액

52 **원자흡수분광광도계에서 불꽃을 만들기 위해 사용되는 가연성 가스와 조연성 가스 중 내화성 산화물을 만들기 쉬운 원소의 분석에 적당한 것은?**

① 수소 – 공기
② 아세틸렌 – 공기
③ 아세틸렌 – 일산화이질소
④ 프로판 – 공기

해설 **금속류 – 원자흡수분광광도법**
불꽃(조연성 가스와 가연성 가스의 조합)
① 수소 – 공기와 아세틸렌 – 공기 : 거의 대부분의 원소분석에 유효하게 사용
② 수소 – 공기 : 원자외영역에서의 불꽃 자체에 의한 흡수가 적기 때문에 이 파장영역에서 분석선을 갖는 원소의 분석
③ 아세틸렌 – 아산화질소(일산화이질소) : 불꽃의 온도가 높기 때문에 불꽃 중에서 해리하기 어려운 내화성 산화물을 만들기 쉬운 원소의 분석
④ 프로판 – 공기 : 불꽃온도가 낮고 일부 원소에 대하여 높은 감도를 나타냄

53 **기체크로마토그래피법을 이용하여 '유기인'을 분석하는 원리로 틀린 것은?**

① 유기인 화합물 중 이피엔, 파라티온, 메틸디메톤, 다이아지논 및 펜토에이트의 측정에 적용된다.
② 농축장치는 구데루나 다니쉬 농축기를 사용한다.
③ 컬럼 충전제는 2종 이상을 사용하여 그중 1종 이상에서 확인된 성분은 정량한다.
④ 유효측정농도는 0.0005mg/L 이상으로 한다.

해설 컬럼 충전제는 2종 이상을 사용하여 크로마토그램을 작성하며, 2종 이상에서 모두 확인된 성분에 한하여 정량한다.

54 **전자포획형 검출기(ECD)의 운반가스로사용 가능한 것은?**

① 99.9% He ② 99.9% H_2
③ 99.99% N_2 ④ 99.99% H_2

해설 운반가스는 충전물이나 시료에 대하여 불활성이고 사용하는 검출기의 작동에 적합한 것을 사용한다. 일반적으로 열전도도 검출기(TCD)에서는 순도 99.99% 이상의 수소나 헬륨을, 불꽃이온화 검출기(FID)에서는 99.99% 이상의 질소 또는 헬륨을 사용하며 기타 검출기에서는 각각 규정하는 가스를 사용한다. 단, 전자포획 검출기(ECD)의 경우에는 순도 99.99% 이상의 질소 또는 헬륨을 사용하여야 한다.

55 **감염성 미생물(아포균 검사법) 측정에 적용되는 '지표생물포자'에 관한 설명으로 옳은 것은?**

① 감염성 폐기물의 멸균 잔류물에 대한 멸균 여부의 판정은 병원성 미생물보다 열저항성이 약하고 비병원성인 아포 형성 미생물을 이용하는데 이를 지표생물포자라 한다.
② 감염성 폐기물의 멸균 잔류물에 대한 멸균 여부의 판정은 병원성 미생물보다 열저항성이 강하고 비병원성인 아포 형성 미생물을 이용하는데 이를 지표생물포자라 한다.
③ 감염성 폐기물의 멸균 잔류물에 대한 멸균 여부의 판정은 비병원성 미생물보다 열저항성이 약하고 병원성인 아포 형성 미생물을 이용하는데 이를 지표생물포자라 한다.
④ 감염성 폐기물의 멸균 잔류물에 대한 멸균 여부의 판정은 비병원성 미생물보다 열저항성이 강하고 병원성인 아포 형성 미생물을 이용하는데 이를 지표생물포자라 한다.

해설 **지표생물포자**
감염성 폐기물의 멸균잔류물에 대한 멸균 여부의 판정은 병원성 미생물보다 열저항성이 강하고 비병원성인 아포형성 미생물을 이용하는데, 이를 지표생물포자라 한다.

정답 50 ① 51 ③ 52 ③ 53 ③ 54 ③ 55 ②

56 **자외선/가시선 분광법으로 분석되는 '항목 – 측정방법 – 측정파장 – 발색'의 순서대로 바르게 연결된 것은?**

① 카드뮴 – 디티존법 – 460nm – 청색
② 시안 – 디페닐카바지드법 – 540nm – 적자색
③ 구리 – 다이에틸다이티오카르바민산법 – 440nm – 황갈색
④ 비소 – 비화수소증류법 – 510nm – 적자색

해설 ① 카드뮴 – 디티존법 – 520nm – 적색
② 시안 – 피린딘 피라졸론법 – 620nm – 청색
④ 비소 – 다이에틸다이티오카르바민산법 – 530nm – 적자색

57 **원자흡수분광광도법으로 크롬을 정량할 때 전처리조작으로 $KMnO_4$를 사용하는 목적은?**

① 철이나 니켈금속 등 방해물질을 제거하기 위하여
② 시료 중의 6가크롬을 3가크롬으로 환원하기 위하여
③ 시료 중의 3가크롬을 6가크롬으로 산화하기 위하여
④ 디페닐카르바지드와 반응성을 높이기 위하여

해설 **크롬 – 원자흡수분광광도법 정량 시 $KMnO_4$ 사용목적**
과망간산칼륨($KMnO_4$)은 시료 중의 3가크롬을 6가크롬으로 산화하기 위하여 사용한다.

58 **유기물 함량이 낮은 시료에 적용하는 산분해법은?**

① 염산분해법 ② 황산분해법
③ 질산분해법 ④ 염산 – 질산분해법

해설 **질산분해법**
① 적용 : 유기물 함량이 낮은 시료
② 용액 산농도 : 약 0.7N

59 **원자흡수분광광도법을 이용한 6가크롬 측정에 관한 설명으로 가장 거리가 먼 것은?**

① 정량범위는 사용하는 장치 및 측정조건 등에 따라 다르나 357.9nm에서 최종 용액 중 0.01~5mg/L이다.
② 공기 – 아세틸렌 불꽃에서는 철, 니켈 등의 공존물질에 의한 방해영향이 크므로 이때는 황산나트륨을 1% 정도 넣어서 측정한다.
③ 시료 중에 칼륨, 나트륨, 리튬, 세슘과 같이 이온화가 어려운 원소가 100mg/L 이상의 농도로 존재할 때에는 측정을 간섭한다.
④ 염이 많은 시료를 분석하면 버너 헤드 부분에 고체가 생성되어 불꽃이 자주 꺼지고 버너 헤드를 청소해야 하는데 이를 방지하기 위해서는 시료를 묽혀 분석하거나, 메틸아이소부틸케톤 등을 사용하여 추출하여 분석한다.

해설 시료 중에 칼륨, 나트륨, 리튬, 세슘과 같이 쉽게 이온화되는 원소가 1,000mg/L 이상의 농도로 존재 시 금속 측정을 간섭한다.

60 **유도결합플라스마 – 원자발광분광기 장치의 구성으로 옳은 것은?**

① 시료도입부 – 고주파 전원부 – 광원부 – 분광부 – 연산처리부 – 기록부
② 전개부(용리액조 + 펌프) – 분리부 – 검출부(서프레서 + 검출기) – 지시부
③ 가스유로계 – 시료도입부 – 분리관 – 검출기 – 기록계
④ 광원부 – 파장선택부 – 시료부 – 측광부

해설 **유도결합플라스마 – 원자발광분광기 장치 구성**
시료도입부 – 고주파 전원부 – 광원부 – 분광부 – 연산처리부 – 기록부

2021

제4과목 폐기물관계법규

61 **폐기물처리업자에게 영업정지에 갈음하여 부과할 수 있는 과징금으로 옳은 것은?**

① 2억 원 이하 ② 1억 원 이하
③ 5천만 원 이하 ④ 2천만 원 이하

해설 **폐기물처리업자에 대한 과징금 처분**
환경부장관이나 시 · 도지사는 폐기물처리업자에게 영업의 정지를 명령하려는 때 그 영업의 정지가 다음의 어느 하나에 해당한다고 인정되면 대통령령으로 정하는 바에 따라 그 영업의 정지를 갈음하여 1억 원 이하의 과징금을 부과할 수 있다.
① 해당 영업의 정지로 인하여 그 영업의 이용자가 폐기물을 위탁처리하지 못하여 폐기물이 사업장 안에 적체됨으로써 이용자의 사업활동에 막대한 지장을 줄 우려가 있는 경우
② 해당 폐기물처리업자가 보관 중인 폐기물이나 그 영업의 이용자가 보관 중인 폐기물의 적체에 따른 환경오염으로 인하여 인근지역 주민의 건강에 위해가 발생되거나 발생될 우려가 있는 경우
③ 천재지변이나 그 밖의 부득이한 사유로 해당 영업을 계속하도록 할 필요가 있다고 인정되는 경우

정답 56 ③ 57 ③ 58 ③ 59 ③ 60 ① 61 ②

62 **폐기물 처리업자가 폐업을 한 경우 폐업한 날부터 며칠 이내에 신고서와 구비서류를 첨부하여 시 · 도지사 등에게 제출하여야 하는가?**

① 10일 이내 ② 15일 이내
③ 20일 이내 ④ 30일 이내

해설 폐기물처리업자 또는 폐기물처리신고자가 휴업 · 폐업 또는 재개업을 한 경우에는 휴업 · 폐업 또는 재개업을 한 날부터 20일 이내에 시 · 도지사나 지방환경관서의 장에게 신고서를 제출하여야 한다.

63 **「폐기물관리법」의 적용범위에 관한 설명으로 틀린 것은?**

① 「원자력안전법」에 따른 방사성 물질과 이로 인하여 오염된 물질에 대하여는 적용하지 아니한다.
② 「하수도법」에 의한 하수는 적용하지 아니한다.
③ 용기에 들어 있는 기체상의 물질은 적용치 않는다.
④ 「폐기물관리법」에 따른 해역 배출은 해양환경관리법으로 정하는 바에 따른다.

해설 **폐기물관리법을 적용하지 않는 물질**
① 「원자력안전법」에 따른 방사성 물질과 이로 인하여 오염된 물질
② 용기에 들어 있지 아니한 기체상태의 물질
③ 「물환경보전법」에 따른 수질오염 방지시설에 유입되거나 공공수역으로 배출되는 폐수
④ 「가축분뇨의 관리 및 이용에 관한 법률」에 따른 가축분뇨
⑤ 「하수도법」에 따른 하수 · 분뇨
⑥ 「가축전염병예방법」이 적용되는 가축의 사체, 오염 물건, 수입 금지 물건 및 검역 불합격품
⑦ 「수산생물질병 관리법」에 적용되는 수산동물의 사체, 오염된 시설 또는 물건, 수입 금지 물건 및 검역 불합격품
⑧ 「군수품관리법」에 따라 폐기되는 탄약
⑨ 「동물보호법」에 따른 동물장묘업의 등록을 한 자가 설치 · 운영하는 동물장묘시설에서 처리되는 동물의 사체

64 **폐기물처분시설인 소각시설의 정기검사 항목에 해당하지 않는 것은?**

① 보조연소장치의 작동상태
② 배기가스온도의 적절 여부
③ 표지판 부착 여부 및 기재사항
④ 소방장비 설치 및 관리실태

해설 **소각시설의 정기검사 항목**
① 적절 연소상태 유지 여부
② 소방장비 설치 및 관리실태
③ 보조연소장치의 작동상태
④ 배기가스온도의 적절 여부
⑤ 바닥재의 강열감량
⑥ 연소실의 출구가스 온도
⑦ 연소실의 가스체류시간
⑧ 설치검사 당시와 같은 설비 · 구조를 유지하고 있는지 확인

65 **폐기물 중간처분시설 기준에 관한 내용으로 틀린 것은?**

① 소멸화시설 : 1일 처분능력 100킬로그램 이상인 시설
② 용융시설 : 동력 7.5kW 이상인 시설
③ 압축시설 : 동력 15kW 이상인 시설
④ 파쇄시설 : 동력 15kW 이상인 시설

해설 **중간처분시설(기계적 처분시설)의 종류**
① 압축시설(동력 7.5kW 이상인 시설로 한정한다)
② 파쇄 · 분쇄시설(동력 15kW 이상인 시설로 한정한다)
③ 절단시설(동력 7.5kW 이상인 시설로 한정한다)
④ 용융시설(동력 7.5kW 이상인 시설로 한정한다)
⑤ 증발 · 농축시설
⑥ 정제시설(분리 · 증류 · 추출 · 여과 등의 시설을 이용하여 폐기물을 처분하는 단위시설을 포함한다)
⑦ 유수 분리시설
⑧ 탈수 · 건조시설
⑨ 멸균분쇄시설

66 **방치폐기물의 처리를 폐기물처리 공제조합에 명할 수 있는 방치폐기물의 처리량 기준으로 옳은 것은?(단, 폐기물처리업자가 방치한 폐기물의 경우)**

① 그 폐기물처리업자의 폐기물 허용보관량의 1배 이내
② 그 폐기물처리업자의 폐기물 허용보관량의 1.5배 이내
③ 그 폐기물처리업자의 폐기물 허용보관량의 2배 이내
④ 그 폐기물처리업자의 폐기물 허용보관량의 3배 이내

해설 **방치폐기물의 처리량과 처리기간**
① 폐기물처리 공제조합에 처리를 명할 수 있는 방치폐기물의 처리량은 다음과 같다.
   ㉠ 폐기물처리업자가 방치한 폐기물의 경우 : 그 폐기물처리업자의 폐기물 허용보관량의 1.5배 이내
   ㉡ 폐기물처리 신고자가 방치한 폐기물의 경우 : 그 폐기물처리 신고자의 폐기물 보관량의 1.5배 이내
② 환경부장관이나 시 · 도지사는 폐기물처리 공제조합에 방치

정답 62 ③ 63 ③ 64 ③ 65 ③ 66 ②

폐기물의 처리를 명하려면 주변환경의 오염 우려 정도와 방치폐기물의 처리량 등을 고려하여 2개월의 범위에서 그 처리기간을 정하여야 한다. 다만, 부득이한 사유로 처리기간 내에 방치폐기물을 처리하기 곤란하다고 환경부장관이나 시·도지사가 인정하면 1개월의 범위에서 한 차례만 그 기간을 연장할 수 있다.

67 폐기물 처리업의 업종 구분으로 틀린 것은?

① 폐기물 종합처분업 ② 폐기물 중간처분업
③ 폐기물 재활용업 ④ 폐기물 수집·운반업

해설 **폐기물 처리업의 업종 구분**
① 폐기물 수집·운반업
② 폐기물 중간처분업
③ 폐기물 최종처분업
④ 폐기물 종합처분업
⑤ 폐기물 중간재활용업
⑥ 폐기물 최종재활용업
⑦ 폐기물 종합재활용업

68 관리형 매립시설에서 발생되는 침출수의 생물화학적 산소요구량의 배출허용기준(mg/L)은?(단, 청정지역 기준)

① 10 ② 30
③ 50 ④ 70

해설 **관리형 매립시설 침출수의 배출허용기준**

구분	생물화학적 산소요구량 (mg/L)	화학적 산소요구량(mg/L)			부유물 질량 (mg/L)
		과망간산칼륨법에 따른 경우		중크롬산칼륨법에 따른 경우	
		1일 침출수 배출량 2,000m^3 이상	1일 침출수 배출량 2,000m^3 미만		
청정지역	30	50	50	400 (90%)	30
가 지역	50	80	100	600 (85%)	50
나 지역	70	100	150	800 (80%)	70

69 「폐기물관리법」상 "재활용"에 해당하는 활동으로 틀린 것은?

① 폐기물을 재사용·재생이용하는 활동
② 폐기물을 재사용·재생이용할 수 있는 상태로 만드는 활동
③ 폐기물로부터 에너지를 회수하는 활동
④ 재사용·재생이용 폐기물 회수 활동

해설 **재활용**
① 폐기물을 재사용·재생이용하거나 재사용·재생이용할 수 있는 상태로 만드는 활동
② 폐기물로부터 「에너지법」에 따른 에너지를 회수하거나 회수할 수 있는 상태로 만들거나 폐기물을 연료로 사용하는 활동으로서 환경부령으로 정하는 활동

70 폐기물처리시설사후관리계획서(매립시설인 경우에 한함)에 포함될 사항으로 틀린 것은?

① 빗물배제계획
② 지하수 수질조사계획
③ 사후영향평가 조사서
④ 구조물과 지반 등의 안정도유지계획

해설 **폐기물 매립시설 사후관리계획서 포함사항**
① 폐기물처리시설 설치·사용내용
② 사후관리 추진일정
③ 빗물배제계획
④ 침출수 관리계획(차단형 매립시설은 제외한다)
⑤ 지하수 수질조사계획
⑥ 발생가스 관리계획(유기성 폐기물을 매립하는 시설만 해당한다)
⑦ 구조물과 지반 등의 안정도 유지계획

71 사업장폐기물 배출자는 사업장폐기물의 종류와 발생량 등을 환경부령으로 정하는 바에 따라 신고하여야 한다. 이를 위반하여 신고를 하지 아니하거나 거짓으로 신고를 한 자에 대한 과태료 처분 기준은?

① 200만 원 이하 ② 300만 원 이하
③ 500만 원 이하 ④ 1천만 원 이하

해설 폐기물관리법 제68조 참조

72 사업폐기물을 폐기물처리업자에게 위탁하여 처리하려는 사업장폐기물 배출자가 환경부장관이 고시하는 폐기물 처리가격의 최저액보다 낮은 가격으로 폐기물처리를 위탁하였을 경우 과태료 부과 기준은?

① 300만 원 이하의 과태료
② 500만 원 이하의 과태료
③ 1천만 원 이하의 과태료
④ 2천만 원 이하의 과태료

2021

정답 67 ③ 68 ② 69 ④ 70 ③ 71 ④ 72 ①

해설 폐기물관리법 제68조 참조

73 **폐기물처리업의 변경허가를 받아야 할 중요사항과 가장 거리가 먼 것은?**

① 운반차량(임시차량 제외)의 증차
② 폐기물 처분시설의 신설
③ 수집 · 운반대상 폐기물의 변경
④ 매립시설 제방 신축

해설 매립시설의 제방의 증 · 개축

74 **설치신고대상 폐기물처리시설 규모기준 틀린 것은?**

① 기계적 처분시설 중 연료화시설로서 1일 처분능력이 100kg 미만인 시설
② 기계적 처분시설 또는 재활용시설 중 증발 · 농축 · 정제 또는 유수분리시설로서 시간당 처분능력 또는 재활용능력이 125kg 미만인 시설
③ 소각 열회수시설로서 1일 재활용능력이 100톤 미만인 시설
④ 생물학적 처분시설 또는 재활용시설로서 1일 처분능력 또는 재활용능력이 100톤 미만인 시설

해설 **설치신고대상 폐기물처리시설**
① 일반소각시설로서 1일 처리능력이 100톤(지정폐기물의 경우에는 10톤) 미만인 시설
② 고온소각시설 · 열분해시설 · 고온용융시설 또는 열처리조합시설로서 시간당 처리능력이 100킬로그램 미만인 시설
③ 기계적 처분시설 또는 재활용시설 중 증발 · 농축 · 정제 또는 유수분리시설로서 시간당 처리능력이 125킬로그램 미만인 시설
④ 기계적 처분시설 또는 재활용시설 중 압축 · 파쇄 · 분쇄 · 절단 · 용융 또는 연료화 시설로서 1일 처리능력이 100톤 미만인 시설
⑤ 기계적 처분시설 또는 재활용시설 중 탈수 · 건조시설, 멸균분쇄시설 및 화학적 처리시설
⑥ 생물학적 처분시설 또는 재활용시설로서 1일 처리능력이 100톤 미만인 시설
⑦ 소각열회수시설로서 1일 재활용능력이 100톤 미만인 시설

75 **관리형 매립시설에서 침출수 배출량이 1일 2,000m^3 이상인 경우, BOD의 측정주기 기준은?**

① 매일 1회 이상　② 주 1회 이상
③ 월 2회 이상　④ 월 1회 이상

해설 **측정주기(관리형 매립시설 침출수)**
① 침출수 배출량이 1일 2천 세제곱미터 이상인 경우
㉠ 화학적 산소요구량 : 매일 1회 이상
㉡ 화학적 산소량 외의 오염물질 : 주 1회 이상
② 침출수 배출량이 1일 2천 세제곱미터 미만인 경우 : 월 1회 이상

76 **폐기물 수집 · 운반증을 부착한 차량으로 운반해야 될 경우가 아닌 것은?**

① 사업장폐기물 배출자가 그 사업장에서 발생된 폐기물을 사업장 밖으로 운반하는 경우
② 폐기물처리신고자가 재활용 대상폐기물을 수집 · 운반하는 경우
③ 폐기물처리업자가 폐기물을 수집 · 운반하는 경우
④ 광역폐기물처리시설의 설치 · 운영자가 생활폐기물을 수집 · 운반하는 경우

해설 **폐기물 수집 · 운반증 부착차량으로 운반해야 되는 경우**
① 광역 폐기물 처분시설 또는 재활용시설의 설치 · 운영자가 폐기물을 수집 · 운반하는 경우(생활폐기물을 수집 · 운반하는 경우는 제외한다)
② 음식물류 폐기물 배출자가 그 사업장에서 발생한 음식물류 폐기물을 사업장 밖으로 운반하는 경우
③ 음식물류 폐기물을 공동으로 수집 · 운반 또는 재활용하는 자가 음식물류 폐기물을 수집 · 운반하는 경우
④ 사업장폐기물 배출자가 그 사업장에서 발생한 폐기물을 사업장 밖으로 운반하는 경우
⑤ 사업장폐기물을 공동으로 수집 · 운반, 처분 또는 재활용하는 자가 수집 · 운반하는 경우
⑥ 폐기물처리업자가 폐기물을 수집 · 운반하는 경우
⑦ 폐기물처리 신고자가 재활용 대상폐기물을 수집 · 운반하는 경우
⑧ 폐기물을 수출하거나 수입하는 자가 그 폐기물을 운반하는 경우(컨테이너를 이용하여 운반하는 경우를 포함한다)

77 **관련법을 위반한 폐기물처리업자로부터 과징금으로 징수한 금액의 사용용도로서 적합하지 않은 것은?**

① 광역 폐기물처리시설의 확충
② 폐기물처리 관리인의 교육
③ 폐기물처리시설의 지도 · 점검에 필요한 시설 · 장비의 구입 및 운영
④ 폐기물의 처리를 위탁한 자를 확인할 수 없는 폐기물로 인하여 예상되는 환경상 위해를 제거하기 위한 처리

정답 73 ④　74 ①　75 ②　76 ④　77 ②

해설 **과징금의 사용용도**

① 광역폐기물 처리시설의 확충
② 공공재활용 기반시설의 확충
③ 폐기물재활용 신고자가 적합하게 재활용하지 아니한 폐기물의 처리
④ 폐기물을 재활용하는 자의 지도 · 점검에 필요한 시설 · 장비의 구입 및 운영

78 관리형 매립시설에서 발생되는 침출수의 배출허용기준으로 알맞은 것은?(단, 나지역, COD는 중크롬산칼륨법을 기준, 단위는 mg/L, COD에서 ( )는 처리요율)

BOD – COD – SS

① 120 – 600(80%) – 120
② 100 – 600(80%) – 100
③ 70 – 800(80%) – 70
④ 50 – 800(80%) – 50

해설 **관리형 매립시설 침출수의 배출허용기준**

구분	생물화학적 산소요구량(mg/L)	화학적 산소요구량(mg/L)			부유물질량(mg/L)
		과망간산칼륨법에 따른 경우		중크롬산칼륨법에 따른 경우	
		1일 침출수 배출량 2,000m³ 이상	1일 침출수 배출량 2,000m³ 미만		
청정지역	30	50	50	400(90%)	30
가지역	50	80	100	600(85%)	50
나지역	70	100	150	800(80%)	70

79 폐기물관리법의 적용 범위에 해당하는 물질인 것은?

① 폐기되는 탄약　② 가축의 사체
③ 가축분뇨　④ 광재

해설 **폐기물관리법을 적용하지 않는 물질**

① 「원자력안전법」에 따른 방사성 물질과 이로 인하여 오염된 물질
② 용기에 들어 있지 아니한 기체상태의 물질
③ 「물환경보전법」에 따른 수질오염 방지시설에 유입되거나 공공수역으로 배출되는 폐수
④ 「가축분뇨의 관리 및 이용에 관한 법률」에 따른 가축분뇨
⑤ 「하수도법」에 따른 하수 · 분뇨
⑥ 「가축전염병예방법」이 적용되는 가축의 사체, 오염 물건, 수입 금지 물건 및 검역 불합격품
⑦ 「수산생물질병 관리법」에 적용되는 수산동물의 사체, 오염된 시설 또는 물건, 수입 금지 물건 및 검역 불합격품
⑧ 「군수품관리법」에 따라 폐기되는 탄약
⑨ 「동물보호법」에 따른 동물장묘업의 등록을 한 자가 설치 · 운영하는 동물장묘시설에서 처리되는 동물의 사체

80 기술관리인을 두어야 할 폐기물처리시설이 아닌 것은?

① 시간당 처분능력이 300킬로그램 이상을 처리하는 소각시설
② 멸균분쇄시설로서 시간당 처분능력이 100킬로그램 이상인 시설
③ 지정폐기물을 매립하는 시설로서 면적이 3,300제곱미터 이상인 시설
④ 시료화, 퇴비화 또는 연료화시설로서 1일 재활용능력이 5톤 이상인 시설

해설 **기술관리인을 두어야 하는 폐기물처리시설**

① 매립시설의 경우
　㉠ 지정폐기물을 매립하는 시설로서 면적이 3천300제곱미터 이상인 시설. 다만, 차단형 매립시설에서는 면적이 330제곱미터 이상이거나 매립용적이 1천 세제곱미터 이상인 시설로 한다.
　㉡ 지정폐기물 외의 폐기물을 매립하는 시설로서 면적이 1만 제곱미터 이상이거나 매립용적이 3만 세제곱미터 이상인 시설
② 소각시설로서 시간당 처리능력이 600킬로그램(감염성 폐기물을 대상으로 하는 소각시설의 경우에는 200킬로그램) 이상인 시설
③ 압축 · 파쇄 · 분쇄 또는 절단시설로서 1일 처리능력 또는 재활용시설이 100톤 이상인 시설
④ 사료화 · 퇴비화 또는 연료화 시설로서 1일 재활용능력이 5톤 이상인 시설
⑤ 멸균 · 분쇄시설로서 시간당 처리능력이 100킬로그램 이상인 시설
⑥ 시멘트 소성로
⑦ 용해로(폐기물에 비철금속을 추출하는 경우로 한정한다)로서 시간당 재활용능력이 600킬로그램 이상인 시설
⑧ 소각열회수시설로서 시간당 재활용능력이 600킬로그램 이상인 시설

2021

정답 78 ③　79 ④　80 ①

2020년 통합 1 · 2회 기출문제

제1과목 폐기물개론

01 직경이 3.5m인 트롬멜 스크린의 최적속도(rpm)는?

① 25 ② 20
③ 15 ④ 10

해설 최적 회전속도(rpm)

$= \eta_c \times 0.45$

$\eta_c = \frac{1}{2\pi}\sqrt{\frac{g}{r}} = \frac{1}{2\pi}\sqrt{\frac{9.8}{1.75}} = 0.377\text{cycle/sec} \times 60\text{sec/min}$

$= 22.61\text{cycle/min(rpm)}$

$= 22.61\text{rpm} \times 0.45 = 10.17\text{rpm}$

02 소각로 설계에 사용되는 발열량은?

① 저위발열량
② 고위발열량
③ 총발열량
④ 단열열량계로 측정한 열량

해설 소각로의 설계기준이 되는 발열량은 저위발열량이다.

03 비가연성 성분이 90wt%이고 밀도가 900kg/m³인 쓰레기 20m³에 함유된 가연성 물질의 중량(kg)은?

① 1,600 ② 1,700
③ 1,800 ④ 1,900

해설 가연성 물질(kg)

=쓰레기양×밀도×가연성 물질 함유비율

$= 20\text{m}^3 \times 900\text{kg/m}^3 \times (1-0.9)$

=1,800kg

04 폐기물 중 철금속(Fe)/비철금속(Al, Cu)/유리병의 3종류를 각각 분리할 수 있는 방법으로 가장 적절한 것은?

① 자력 선별법 ② 정전기 선별법
③ 와전류 선별법 ④ 풍력 선별법

해설 와전류 선별법

① 연속적으로 변화하는 자장 속에 비극성(비자성)이고 전기전도도가 우수한 물질(구리, 알루미늄, 아연 등)을 넣으면 금속 내에 소용돌이 전류가 발생하는 와전류현상에 의하여 반발력이 생기는데 이 반발력의 차를 이용하여 다른 물질로부터 분리하는 방법이다.

② 폐기물 중 철금속(Fe), 비철금속(Al, Cu), 유리병의 3종류를 각각 분리할 경우 와전류 선별법이 가장 적절하다.

05 쓰레기 발생량을 조사하는 방법이 아닌 것은?

① 적재차량 계수분석법
② 직접계근법
③ 경향법
④ 물질수지법

해설 **쓰레기 발생량 조사(측정방법)**

조사방법	내용
적재차량 계수분석법 (Load－count analysis)	• 일정기간 동안 특정 지역의 쓰레기 수거 · 운반차량의 대수를 조사하여, 이 결과로 밀도를 이용하여 질량으로 환산하는 방법(차량의 대수에 폐기물의 겉보기 비중을 선정하여 중량으로 환산하는 방법) • 조사장소는 중간적하장이나 중계처리장이 적합 • 단점으로는 쓰레기의 밀도 또는 압축 정도에 따라 오차가 크다는 것
직접계근법 (Direct weighting method)	• 일정기간 동안 특정 지역의 쓰레기 수거 · 운반차량을 중간적하장이나 중계처리장에서 직접 계근하는 방법(트럭 스케일 방법) • 입구에서 쓰레기가 적재되어 있는 차량과 출구에서 쓰레기를 적하한 공차량을 계근하여 쓰레기양 산출 • 장점으로는 비교적 정확한 쓰레기 발생량을 파악할 수 있는 방법 • 단점으로는 적재차량 계수분석에 비하여 작업량이 많고 번거로움이 있음
물질수지법 (Material balance method)	• 시스템으로 유입되는 모든 물질들과 유출되는 모든 폐기물의 양에 대하여 물질수지를 세움으로써 폐기물 발생량을 추정하는 방법 • 주로 산업폐기물 발생량을 추산할 때 이용하는 방법 • 단점으로는 비용이 많이 소요되고 작업량이 많아 널리 이용되지 않음, 즉 특수한 경우에만 사용됨

정답 01 ④ 02 ① 03 ③ 04 ③ 05 ③

		• 우선적으로 조사하고자 하는 계의 경계를 정확하게 설정해야 함 • 물질수지를 세울 수 있는 상세한 데이터가 있는 경우에 가능
통계조사	표본조사(단순 샘플링 검사)	• 조사기간이 짧음 • 비용이 적게 소요됨 • 조사상 오차가 큼
	전수조사	• 표본오차가 작아 신뢰도가 높음(정확함) • 행정시책에 대한 이용도가 높음 • 조사기간이 길 • 표본치의 보정역할이 가능함

06 폐기물의 효과적인 수거를 위한 수거노선을 결정할 때, 유의할 사항과 가장 거리가 먼 것은?

① 기존 정책이나 규정을 참조한다.
② 가능한 한 시계방향으로 수거노선을 정한다.
③ U자형 회전은 가능한 한 피하도록 한다.
④ 적은 양의 쓰레기가 발생하는 곳부터 먼저 수거한다.

해설 **효과적·경제적인 수거노선 결정 시 유의(고려)사항 : 수거노선 설정요령**

① 지형이 언덕인 지역에서는 언덕의 위에서부터 내려가며 적재하면서 차량을 진행하도록 한다.(안전성, 연료비 절약)
② 수거인원 및 차량형식이 같은 기존 시스템의 조건들을 서로 관련시킨다.
③ 출발점은 차고와 가깝게 하고 수거된 마지막 컨테이너가 처분지의 가장 가까이에 위치하도록 배치한다.
④ 가능한 한 지형지물 및 도로경계와 같은 장벽을 사용하여 간선도로 부근에서 시작하고 끝나야 한다.(도로경계 등을 이용)
⑤ 가능한 한 시계방향으로 수거노선을 정한다.
⑥ 적은 양의 쓰레기가 발생하나 동일한 수거빈도를 받기 원하는 적재지점(수거지점)은 가능한 한 같은 날 왕복 내에서 수거한다.
⑦ 아주 많은 양의 쓰레기가 발생되는 발생원은 하루 중 가장 먼저 수거한다.
⑧ 될 수 있는 한 한 번 간 길은 다시 가지 않는다.
⑨ 반복운행 또는 U자형 회전은 피하여 수거한다.
⑩ 교통량이 많거나 출퇴근시간은 피하여 수거한다.
⑪ 수거지점과 수거빈도 결정 시 기존 정책이나 규정을 참고한다.

07 pH 8과 pH 10인 폐수를 동량의 부피로 혼합하였을 경우 이 용액의 pH는?

① 8.3　　② 9.0
③ 9.7　　④ 10.0

해설 pH 8은 pOH 6, pH 10은 pOH 4이므로

$[OH^-]=10^{-6}$, $[OH^-]=10^{-4}$, $pOH=\log\frac{1}{[OH^-]}$

$$혼합[OH^-]=\frac{(1\times10^{-6})+(1\times10^{-4})}{1+1}=5.05\times10^{-5}$$

$$pOH=\log\frac{1}{5.05\times10^{-5}}=4.3$$

$$pH=14-pOH=14-4.3=9.7$$

08 적환장 설치에 따른 효과로 가장 거리가 먼 것은?

① 수거효율 향상
② 비용 절감
③ 매립장 작업효율 저하
④ 효과적인 인원배치계획이 가능

해설 적환장 설치로 인하여 매립장 작업효율 상승효과가 있다.

09 폐기물에 관한 설명으로 틀린 것은?

① 액상폐기물의 수분 함량은 90%를 초과한다.
② 반고상폐기물의 고형물 함량은 5% 이상 15% 미만이다.
③ 고상폐기물의 수분 함량은 85% 미만이다.
④ 액상폐기물을 직매립할 수는 없다.

해설 **액상폐기물**
고형물 함량이 5% 미만(수분함량 95% 초과)

10 도시폐기물의 해석에서 Rosin-Rammler Model에 대한 설명으로 가장 거리가 먼 것은?(단, $Y=1-\exp[-(x/x_o)^n]$ 기준)

① 도시폐기물의 입자크기분포에 대한 수식적 모델이다.
② Y는 크기가 x보다 큰 입자의 총누적무게분율이다.
③ x_o는 특성입자 크기를 의미한다.
④ 특성입자 크기는 입자의 무게기준으로 63.2%가 통과할 수 있는 체의 눈의 크기이다.

해설 Y는 크기가 x보다 작은 폐기물의 총누적무게분율, 즉 체하분율이다.

정답 06 ④　07 ③　08 ③　09 ①　10 ②

11 **폐기물에 혼합되어 있는 철금속성분의 폐기물을 분류하기 위하여 사용할 수 있는 가장 적합한 방법은?**

① 자력선별 ② 광학분류기
③ 스크린법 ④ Air Separation

해설 자력선별은 폐기물에 혼합되어 있는 철금속성분의 폐기물을 분류하기 위하여 사용한다.

12 **폐기물의 소각처리에 중요한 연료특성인 발열량에 대한 설명으로 옳은 것은?**

① 저위발열량은 연소에 의해 생성된 수분이 응축하였을 경우의 발열량이다.
② 고위발열량은 소각로의 설계기준이 되는 발열량으로 진발열량이라고도 한다.
③ 단열열량계로 측정한 발열량은 고위발열량이다.
④ 발열량은 플라스틱의 혼입이 많으면 증가하지만 계절적 변동과 상관없이 일정하다.

해설 ① 고위발열량은 연소에 의해 생성된 수분이 응축하였을 경우의 발열량이다.
② 저위발열량은 소각로의 설계기준이 되는 발열량으로 진발열량이라고도 한다.
④ 발열량은 계절적 변동과 관련이 있다.

13 **퇴비화에 관한 설명 중 맞는 것은?**

① 퇴비화과정 중 병원균은 거의 사멸되지 않는다.
② 함수율이 높을 경우 침출수가 발생된다.
③ 호기성보다 혐기성 방법이 퇴비화에 소요되는 시간이 짧다.
④ C/N비가 클수록 퇴비화가 잘 이루어진다.

해설 ① 퇴비화과정 중 병원균은 거의 사멸된다.
③ 호기성보다 혐기성 방법이 퇴비화에 소요되는 시간이 길다.
④ C/N비가 25~40 정도에서 퇴비화가 잘 이루어진다.

14 **트롬멜 스크린에 대한 설명으로 옳지 않은 것은?**

① 원통의 최적 회전속도＝원통의 임계 회전속도×1.45
② 원통의 경사도가 크면 부하율이 커진다.
③ 스크린 중에서 선별효율이 좋고 유지관리상의 문제가 적다.
④ 원통의 경사도가 크면 효율이 저하된다.

해설 원통의 최적 회전속도＝원통의 임계 회전속도×0.45

15 **폐기물 성상분석의 절차 중 가장 먼저 시행하는 것은?**

① 분류 ② 물리적 조성분석
③ 화학적 조성분석 ④ 발열량 측정

해설 **폐기물 시료의 분석절차**

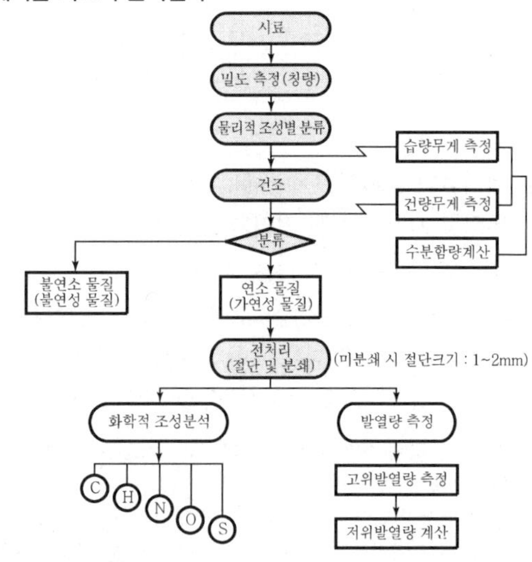

16 **원통의 체면을 수평보다 조금 경사진 축의 둘레에서 회전시키면서 체로 나누는 방법은?**

① Cascade 선별
② Trommel 선별
③ Electrostatic 선별
④ Eddy－Current 선별

해설 **트롬멜 스크린(Trommel screen)**
폐기물이 경사진 회전 트롬멜 스크린에 투입되면 스크린의 회전으로 폐기물이 혼합을 이루며 길이방향으로 밀려나가면서 스크린 체의 규격에 따라 선별된다.(원통의 체로 수평방향으로부터 5도 전후로 경사된 축을 중심으로 회전시켜 체를 분리함)

17 **모든 인자를 시간에 따른 함수로 나타낸 후, 각 인자 간의 상호관계를 수식화하여 쓰레기 발생량을 예측하는 방법은?**

① 동적모사모델 ② 다중회귀모델
③ 시간인자모델 ④ 다중인자모델

정답 11 ① 12 ③ 13 ② 14 ① 15 ② 16 ② 17 ①

해설 **폐기물 발생량 예측방법**

방법(모델)	내용
경향법 (Trend Method) 경향예측모델	• 최저 5년 이상의 과거 처리 실적을 수식 model에 대하여 과거의 경향을 가지고 장래를 예측하는 방법 • 단지 시간과 그에 따른 쓰레기 발생량(또는 성상) 간의 상관관계만을 고려하며 이를 수식으로 표현하면 $x=f(t)$ • $x=f(t)$는 선형, 지수형, 대수형 등에서 가장 근사한 형태를 택함
다중회귀모델 (Multiple Regression Model)	• 하나의 수식으로 각 인자들의 효과를 총괄적으로 나타내어 복잡한 시스템의 분석에 유용하게 사용할 수 있는 쓰레기 발생량 예측방법 • 각 인자마다 효과를 파악하기보다는 전체 인자의 효과를 총괄적으로 파악하는 것이 간편하고 유용한 예측방법으로 시간을 단순히 하나의 독립된 종속인자로 대입 • 수식 $x=f(X_1 X_2 X_3 \cdots X_n)$, 여기서 $X_1 X_2 X_3 \cdots X_n$은 쓰레기 발생량에 영향을 주는 인자 ※ 인자 : 인구, 지역소득(GNP 또는 GRP), 자원회수량, 상품 소비량 또는 매출액(자원회수량, 사회적·경제적 특성이 고려됨)
동적모사모델 (Dynamic Simulation Model)	• 쓰레기 발생량에 영향을 주는 모든 인자를 시간에 대한 함수로 나타낸 후 시간에 대한 함수로 표현된 각 영향인자들 간의 상관관계를 수식화하는 방법 • 시간만을 고려하는 경향법과 시간을 단순히 하나의 독립적인 종속인자로 고려하는 다중회귀모델의 문제점을 보안한 예측방법 • Dynamo 모델 등이 있음

18 **쓰레기 관리체계에서 가장 비용이 많이 드는 과정은?**

① 수거 및 운반 ② 처리
③ 저장 ④ 재활용

해설 폐기물 관리에 소요되는 총비용 중 수거 및 운반단계가 60% 이상을 차지한다. 즉, 폐기물 관리 시 수거 및 운반 비용이 가장 많이 소요된다.

19 **함수율 40%인 3kg의 쓰레기를 건조시켜 함수율 15%로 하였을 때 건조쓰레기의 무게(kg)는?(단, 비중=1.0 기준)**

① 1.12 ② 1.41
③ 2.12 ④ 2.41

해설 3kg×(1−0.4)=건조쓰레기 무게×(1−0.15)

$$\text{건조쓰레기 무게(kg)}=\frac{3\text{kg}\times 0.6}{0.85}=2.12\text{kg}$$

20 **폐기물의 파쇄 시 에너지 소모량이 크기 때문에 에너지 소모량을 예측하기 위한 여러 가지 방법들이 제안된다. 이들 가운데 고운 파쇄(2차 파쇄)에 가장 적합한 예측모형은?**

① Rosin−Rammler Model
② Kick의 법칙
③ Rittinger의 법칙
④ Bond의 법칙

해설 **Kick의 법칙(에너지 소모)**

① 파쇄기의 에너지 소모량(동력)을 예측하기 위한 식이다.
② 파쇄는 다른 중간처리시설에 비하여 높은 에너지가 요구된다.
③ 이 공식은 폐기물 입자의 크기를 3cm 미만으로 작게 파쇄(고운 파쇄, 2차 파쇄)하는 데 잘 적용되는 식이다.
④ 폐기물이 파쇄되는 비율이 100mm 이상으로 똑같으면 파쇄 시 필요한 에너지는 일정하다는 법칙이다.

2020

제2과목 폐기물처리기술

21 **응집제로 가장 부적합한 것은?**

① 황산나트륨($Na_2SO_4 \cdot 10H_2O$)
② 황산알루미늄($Al_2(SO_4)_3 \cdot 18H_2O$)
③ 염화제이철($FeCl_3 \cdot 6H_2O$)
④ 폴리염화알루미늄(PAC)

해설 황산나트륨은 표면장력을 감소시키고 용해도를 증가시켜 응집제로는 부적합하다.

22 **아래와 같이 운전되는 batch type 소각로의 쓰레기 kg당 전체 발열량(저위발열량+공기예열에 소모된 열량, kcal/kg)은?(단, 과잉공기비=2.4, 이론공기량=1.8Sm^3/kg쓰레기, 공기예열온도=180℃, 공기정압비열=0.32kcal/Sm^3·℃, 쓰레기 저위발열량=2,000kcal/kg, 공기온도=0℃)**

① 약 2,050 ② 약 2,250
③ 약 2,450 ④ 약 2,650

해설 전체 발열량(kcal/kg)
=단위열량+저위발열량

정답 18 ① 19 ③ 20 ② 21 ① 22 ②

단위열량
=과잉공기비×이론공기량×비열×온도차
$=2.4\times1.8\text{Sm}^3/\text{kg}\times0.32\text{kcal/Sm}^3\cdot℃\times180℃$
$=248.83\text{kcal/kg}$
$=248.83\text{kcal/kg}+2,000\text{kcal/kg}$
$=2,248.83\text{kcal/kg}$

23 폐기물 처리방법 중 열적 처리방법이 아닌 것은?

① 탈수방법 ② 소각방법
③ 열분해방법 ④ 건류가스화방법

해설 탈수방법은 물리·화학적 방법이다.

24 쓰레기의 혐기성 소화에 관여하는 미생물은?

① 산(酸)생성 박테리아
② 질산화 박테리아
③ 대장균군
④ 질소고정 박테리아

해설 쓰레기의 혐기성 소화에 관여하는 미생물은 산생성 박테리아, 메탄 생성 박테리아이다.

25 시멘트고형화 처리와 관계없는 반응은?

① 수화반응 ② 포졸란반응
③ 탄산화반응 ④ 질산화반응

해설 질산화반응과 시멘트고형화법은 관계가 없다.

26 도시의 오염된 지하수의 Darcy 속도(유출속도)가 0.1m/day이고, 유효 공극률이 0.4일 때, 오염원으로부터 600m 떨어진 지점에 도달하는데 걸리는 시간(년)은? (단, 유출속도 : 단위시간에 흙의 전체 단면적을 통하여 흐르는 물의 속도)

① 약 3.3 ② 약 4.4
③ 약 5.5 ④ 약 6.6

해설

$$\text{소요기간(년)}=\frac{\text{이동거리}\times\text{유효공극률}}{\text{Darcy 속도}}=\frac{600\text{m}\times0.4}{0.1\text{m/day}\times365\text{day/year}}=6.58\text{year}$$

27 석회를 주입하여 슬러지 중의 병원성 미생물을 사멸시키기 위한 pH 유지 농도로 적절한 것은?(단, 온도는 15℃, 4시간 지속시간 기준)

① pH 5 이상 ② pH 7 이상
③ pH 9 이상 ④ pH 11 이상

해설 석회를 주입하여 슬러지 중의 미생물을 사멸시키기 위해서는 최소한 pH 11 이상으로 유지하는 것이 가장 적절하고 온도 15℃에서 4시간 정도이면 병원성 미생물이 사멸한다.

28 가연성 쓰레기의 연료화 장점에 해당하지 않는 것은?

① 저장이 용이하다.
② 수송이 용이하다.
③ 일반로에서 연소가 가능하다.
④ 쓰레기로부터 폐열을 회수할 수 있다.

해설 가연성 쓰레기의 연료화를 위해서는 쓰레기의 특성에 맞는 소각로에서 연소하여야 한다.

29 매립방법에 따른 매립이 아닌 것은?

① 단순매립 ② 내륙매립
③ 위생매립 ④ 안전매립

해설 **매립방법에 따른 구분**
① 단순매립 : 차수막, 복토, 집배수를 고려하지 않는 매립방법이다.
② 위생매립 : 차수막, 복토, 집배수를 고려한 매립방법으로 가장 경제적이고 많이 사용되는 매립방법이다.(일반 폐기물)
③ 안전매립 : 차수막, 복토, 집배수를 고려한 매립방법으로 유해 폐기물의 최종처분방법이며, 유해 폐기물을 자연계와 완전 차단하는 매립방법이다.(유해 폐기물)

30 부피가 500m^3인 소화조에 고형물농도 10%, 고형물 내 VS 함유도 70%인 슬러지가 50m^3/d로 유입될 때, 소화조에 주입되는 TS, VS 부하는 각각 몇 $\text{kg/m}^3\cdot\text{d}$인가? (단, 슬러지의 비중은 1.0으로 가정한다.)

① TS : 5.0, VS : 0.35
② TS : 5.0, VS : 0.70
③ TS : 10.0, VS : 3.50
④ TS : 10.0, VS : 7.0

정답 23 ① 24 ① 25 ④ 26 ④ 27 ④ 28 ③ 29 ② 30 ④

해설
$$TS(kg/m^3 \cdot day) = \frac{50m^3/day \times 0.1 \times 1,000kg/ton \times ton/m^3}{500m^3} = 10kg/m^3 \cdot day$$
$$VS(kg/m^3 \cdot day) = 10kg/m^3 \cdot day \times 0.7 = 7kg/m^3 \cdot day$$

31 펠릿형(Pellet Type) RDF의 주된 특성이 아닌 것은?

① 형태 및 크기는 각각 직경이 10~20mm이고 길이가 30~50mm이다.
② 발열량이 3,300~4,000kcal/kg으로 fluff형보다 다소 높다.
③ 수분함량이 4% 이하로 반영구적으로 보관이 가능하다.
④ 회분함량이 12~25%로 powder형보다 다소 높다.

해설 Pellet RDF의 수분함량은 12~18% 정도이다.

32 도시폐기물을 위생적인 매립방법으로 매립하였을 경우 매립 초기에 가장 많이 발생하는 가스의 종류는?

① NH_3　② CO_2
③ H_2S　④ CH_4

해설 **제1단계(호기성 단계 : 초기조절 단계)**
① 호기성 유지상태(친산소성 단계)이다.
② 질소(N_2)와 산소(O_2)는 급격히 감소하고, 탄산가스(CO_2)는 서서히 증가하는 단계이며 가스의 발생량은 적다.
③ 산소는 대부분 소모한다.(O_2 대부분 소모, N_2 감소 시작)
④ 매립물의 분해속도에 따라 수일에서 수개월 동안 지속된다.
⑤ 폐기물 내 수분이 많은 경우에는 반응이 가속화되어 용존산소가 고갈되어 다음 단계로 빨리 진행된다.

33 매립지 일일 복토재 기능으로 잘못된 설명은?

① 복토층 구조　② 최종 투수성
③ 매립사면 안정화　④ 식물 성장층 제공

해설 식물 성장층 제공은 최종복토의 기능이다.

34 바이오리액터형 매립공법의 장점과 거리가 먼 것은?

① 매립지의 수명연장이 가능하다.
② 침출수 처리비용의 절감이 가능하다.
③ 악취 발생이 감소한다.
④ 매립가스 회수율이 증가한다.

해설 **바이오리액터형 매립지**
① 정의
폐기물의 생물학적 안정화를 가속시키기 위하여 잘 통제된 방법에 의해 매립지의 폐기물 내로 침출수와 매립가스 응축수를 비롯한 수분이나 공기를 주입하는 폐기물 매립지를 말한다.
② 장점
㉠ 매립지 가스 회수율의 증대
㉡ 추가 공간 확보로 인한 매립지 수명 연장
㉢ 폐기물의 조기 안정화
㉣ 침출수 재순환에 의한 염분 및 암모니아성 질소 농축
㉤ 침출수 처리비용 절감

35 전기집진장치의 장점이 아닌 것은?

① 집진효율이 높다.
② 설치 시 소요 부지면적이 적다.
③ 운전비, 유지비가 적게 소요된다.
④ 압력손실이 적고 대량의 분진함유가스를 처리할 수 있다.

해설 **전기집진기의 장단점**
① 장점
㉠ 집진효율이 높다(0.01μm 정도 포집 용이, 99.9% 정도 고집진 효율).
㉡ 대량의 분진함유가스의 처리가 가능하다.
㉢ 압력손실이 적고 미세한 입자까지도 처리가 가능하다.
㉣ 운전, 유지·보수비용이 저렴하다.
㉤ 고온(500℃ 전후) 가스 및 대량가스 처리가 가능하다.
㉥ 광범위한 온도범위에서 적용이 가능하며 폭발성 가스의 처리도 가능하다.
㉦ 회수가치 입자포집에 유리하고 압력손실이 적어 소요동력이 적다.
㉧ 배출가스의 온도강하가 적다.
② 단점
㉠ 분진의 부하변동(전압변동)에 적응하기 곤란하여, 고전압으로 안전사고의 위험성이 높다.
㉡ 분진의 성상에 따라 전처리시설이 필요하다.
㉢ 설치비용이 많이 소요되고 설치공간을 많이 차지한다.
㉣ 특정물질을 함유한 분진 제거에는 곤란하다.
㉤ 가연성 입자의 처리가 곤란하다.

36 배연 탈황 시 발생된 슬러지 처리에 많이 쓰이는 고형화 처리법은?

① 시멘트 기초법　② 석회 기초법
③ 자가 시멘트법　④ 열가소성 플라스틱법

2020

정답 31 ③ 32 ② 33 ④ 34 ③ 35 ② 36 ③

해설 **자가 시멘트법(Self-cementing Techniques)**

① FGD 슬러지 중 일부(10%)를 생석회화한 후 여기에 소량의 물(수분량 조절역할)과 첨가제를 가하여 폐기물이 스스로 고형화되는 성질을 이용하는 방법이다. 즉, 연소가스 탈황 시 발생된 높은 황화물을 함유한 슬러지 처리에 사용된다.
② 장점
㉠ 혼합률(MR)이 비교적 낮다.
㉡ 중금속의 고형화 처리에 효과적이다.
㉢ 전처리(탈수 등)가 필요 없다.
③ 단점
㉠ 장치비가 크며 숙련된 기술이 요구된다.
㉡ 보조에너지가 필요하다.
㉢ 많은 황화물을 가지는 폐기물에 적합하다.

37 **슬러지의 탈수특성을 파악하기 위한 여과비저항 실험결과 다음과 같은 결과를 얻었을 때, 여과비저항계수(s^2/g)는?(단, 여과비저항(r)은 $r=\dfrac{2a \cdot PA^2}{\eta \cdot c}$ 이다.)**

[실험조건 및 결과]
- 고형물량 : 0.065g/mL
- 여과압 : $0.98kg/cm^2$
- 점성 : 0.0112g/cm · s
- 여과면적 : $43.5cm^2$
- 기울기 : $4.90s/cm^6$

① 2.18×10^8　② 2.76×10^9
③ 2.50×10^{10}　④ 2.67×10^{11}

해설 여과비저항(S^2/g) $= \dfrac{2a \cdot PA^2}{\eta \cdot C}$

$= \dfrac{2 \times 4.9 \times 980 \times 43.5^2}{0.0112 \times 0.065}$

$= 2.50 \times 10^{10} sec^2/g$

38 **360kL/d 처리장에 투입구의 소요개수는?(단, 수거차량 1.8kL/대, 자동차 1대 투입시간 20min, 자동차 1대 작업시간 8hr이고, 안전율은 1.2이다.)**

① 10개　② 7개
③ 5개　④ 3개

해설 투입구 수(개)

$= \dfrac{360kL/day}{1.8kL/대 \times 8hr/day \times 대/20min \times 60min/hr} \times 1.2$

= 10개

39 **퇴비화 과정에서 공급되는 공기의 기능과 가장 거리가 먼 것은?**

① 미생물이 호기적 대사를 할 수 있게 한다.
② 온도를 조절한다.
③ 악취를 희석시킨다.
④ 수분과 가스 등을 제거한다.

해설 **퇴비화 과정 시 공기 공급의 기능**
① 호기적 대사를 도움
② 온도 조절
③ 수분, CO_2, 기타 가스 제거

40 **분뇨처리에 관한 사항 중 틀린 것은?**

① 분뇨의 악취발생은 주로 NH_3와 H_2S이다.
② 분뇨의 혐기성 소화처리 방식은 호기성 소화처리 방식에 비하여 소화속도가 빠르다.
③ 분뇨의 혐기성 소화에서 적정 중온 소화온도는 35±2℃이다.
④ 분뇨의 호기성 처리 시 희석배율은 20~30배가 적당하다.

해설 분뇨의 혐기성 소화처리 방식은 호기성 소화처리 방식에 비하여 소화속도가 느리다.

제3과목 폐기물공정시험기준(방법)

41 **폐기물의 pH(유리전극법)측정 시 사용되는 표준용액이 아닌 것은?**

① 수산염 표준용액
② 수산화칼슘 표준용액
③ 황산염 표준용액
④ 프탈산염 표준용액

해설 **수소이온농도 – 유리전극법의 표준용액**
① 수산염 표준액
② 프탈산염 표준액
③ 인산염 표준액
④ 붕산염 표준액
⑤ 탄산염 표준액
⑥ 수산화칼슘 표준액

정답 37 ③ 38 ① 39 ③ 40 ② 41 ③

42 **폐기물공정시험기준의 온도표시로 옳지 않은 것은?**

① 표준온도 : 0℃ ② 상온 : 0~15℃
③ 실온 : 1~35℃ ④ 온수 : 60~70℃

해설

용어	온도(℃)
표준온도	0
상온	15~25
실온	1~35
찬 곳	0~15의 곳(따로 규정이 없는 경우)
냉수	15 이하
온수	60~70
열수	≒100

43 **용출시험방법의 범위에 해당되지 않는 것은?**

① 고상 또는 액상 폐기물에 대하여 적용
② 지정폐기물의 판정
③ 지정폐기물의 중간처리 방법 결정
④ 지정폐기물의 매립방법 결정

해설 **용출시험방법의 범위**
① 고상 또는 반고상 폐기물에 대하여 폐기물관리법에서 규정하고 있는 지정폐기물의 판정
② 지정폐기물의 중간처리방법을 결정하기 위한 실험
③ 매립방법을 결정하기 위한 실험

44 **자외선/가시선 분광법에 의한 카드뮴 분석 방법에 관한 설명으로 옳지 않은 것은?**

① 황갈색의 카드뮴착염을 사염화탄소로 추출하여 그 흡광도를 480nm에서 측정하는 방법이다.
② 카드뮴의 정량범위는 0.001~0.03mg이고, 정량한계는 0.001mg이다.
③ 시료 중 다량의 철과 망간을 함유하는 경우 디티존에 의한 카드뮴추출이 불완전하다.
④ 시료에 다량의 비스무트(Bi)가 공존하면 시안화칼륨용액으로 수회 씻어도 무색이 되지 않는다.

해설 **카드뮴 – 자외선/가시선 분광법**
시료 중에 카드뮴이온을 시안화칼륨이 존재하는 알칼리성에서 디티존과 반응시켜 생성하는 카드뮴착염을 사염화탄소로 추출하고, 추출한 카드뮴착염을 타타르산용액으로 역추출한 다음 수산화나트륨과 시안화칼륨을 넣어 디티존과 반응하여 생성하는 적색의 카드뮴착염을 사염화탄소로 추출하여 그 흡광도를 520nm에서 측정하는 방법이다.

45 **원자흡수분광광도법(공기 – 아세틸렌 불꽃)으로 크롬을 분석할 때 철, 니켈 등의 공존물질에 의한 방해영향이 크다. 이때 어떤 시약을 넣어 측정하는가?**

① 인산나트륨 ② 황산나트륨
③ 염화나트륨 ④ 질산나트륨

해설 공기 – 아세틸렌 불꽃에서는 철, 니켈 등의 공존물질에 의한 방해영향이 크므로 이때에는 황산나트륨을 1% 정도 넣어서 측정한다.

46 **중량법에 의한 기름성분 분석 방법(절차)에 관한 내용으로 틀린 것은?**

① 시료 적당량을 분별깔때기에 넣고 메틸오렌지용액(0.1W/V%)을 2~3방울 넣고 황색이 적색으로 변할 때까지 염산 (1+1)을 넣어 pH 4 이하로 조절한다.
② 시료가 반고상 또는 고상 폐기물인 경우에는 폐기물의 양에 약 2.5배에 해당하는 물을 넣어 잘 혼합한 다음 pH 4 이하로 조절한다.
③ 노말헥산 추출물질의 함량이 5mg/L 이하로 낮은 경우에는 5L 부피 시료병에 시료 4L를 채취하여 염화철(Ⅲ) 용액 4mL를 넣고 자석교반기로 교반하면서 탄산나트륨용액(20 W/V %)을 넣어 pH 7~9로 조절한다.
④ 증발용기 외부의 습기를 깨끗이 닦고 실리카겔 데시케이터에 1시간 이상 수분 제거 후 무게를 단다.

해설 증발용기 외부의 습기를 깨끗이 닦아 (80±5)℃의 건조기 중에서 30분간 건조하고 실리카겔 데시케이터에 넣어 정확히 30분간 식힌 후 무게를 단다.

47 **수은 표준원액(0.1mgHg/mL) 1L를 조제하기 위해 염화제이수은(순도 : 99.9%) 몇 g을 물에 녹이고 질산(1+1) 10mL와 물에 넣어 정확히 1L로 하여야 하는가? (단, Hg = 200.61, Cl = 35.46)**

① 0.135 ② 0.252
③ 0.377 ④ 0.403

해설 수은 표준원액 0.1mgHg/mL(1L 제조 : 1L 중 100mg, 즉 0.1g 필요)
$HgCl_2$의 순도를 100%로 가정하면
$HgCl_2$: Hg = x : 0.1g
271.53 : 200.61 = x : 0.1g
x = 0.1354g(100%일 경우이므로)

2020

정답 42 ② 43 ① 44 ① 45 ② 46 ④ 47 ①

99.9%로 변경하면

$0.1354g \times \frac{100}{99.9} = 0.135g$

48 **다음 설명에 해당하는 시료의 분할 채취 방법은?**

- 모아진 대시료를 네모꼴로 엷게 균일한 두께로 편다.
- 이것을 가로 4등분, 세로 5등분하여 20개의 덩어리로 나눈다.
- 20개의 각 부분에서 균등한 양을 취한 후 혼합하여 하나의 시료로 한다.

① 교호삽법 ② 구획법
③ 균등분할법 ④ 원추 4분법

해설 **구획법**
① 모아진 대시료를 네모꼴로 엷게 균일한 두께로 편다.
② 이것을 가로 4등분, 세로 5등분하여 20개의 덩어리로 나눈다.
③ 20개의 각 부분에서 균등량을 취한 후 혼합하여 하나의 시료로 만든다.

49 **마이크로파 및 마이크로파를 이용한 시료의 전처리(유기물 분해)에 관한 내용으로 틀린 것은?**

① 가열속도가 빠르고 재현성이 좋다.
② 마이크로파는 금속과 같은 반사물질과 매질이 없는 진공에서는 투과하지 않는다.
③ 마이크로파는 전자파 에너지의 일종으로 빛의 속도로 이동하는 교류와 자기장으로 구성되어 있다.
④ 마이크로파영역에서 극성분자나 이온이 쌍극자 모멘트와 이온전도를 일으켜 온도가 상승하는 원리를 이용한다.

해설 마이크로파의 투과거리는 진공에서는 무한하고 물과 같은 흡수물질은 물에 녹아 있는 물질의 성질에 따라 다르며 금속과 같은 반사물질은 투과하지 않는다.

50 **폐기물공정시험기준에서 규정하고 있는 고상폐기물의 고형물 함량으로 옳은 것은?**

① 5% 이상 ② 10% 이상
③ 15% 이상 ④ 20% 이상

해설 ① 액상폐기물 : 고형물의 함량이 5% 미만
② 반고상폐기물 : 고형물의 함량이 5% 이상 15% 미만
③ 고상폐기물 : 고형물의 함량이 15% 이상

51 **시료용기를 갈색 경질의 유리병을 사용하여야 하는 경우가 아닌 것은?**

① 노말헥산 추출물질 분석 시험을 위한 시료 채취 시
② 시안화물 분석 실험을 위한 시료 채취 시
③ 유기인 분석 실험을 위한 시료 채취 시
④ PCBs 및 휘발성 저급 염소화 탄화수소류 분석 실험을 위한 시료 채취 시

해설 **갈색 경질 유리병 사용 채취물질**
① 노말헥산 추출물질
② 유기인
③ 폴리클로리네이티드비페닐(PCB)
④ 휘발성 저급 염소화 탄화수소류

52 **공정시험기준에서 기체의 농도는 표준상태로 환산한다. 다음 중 표준상태로 알맞은 것은?**

① 25℃, 0기압
② 25℃, 1기압
③ 0℃, 0기압
④ 0℃, 1기압

해설 **기체 중의 농도**
표준상태(0℃, 1기압)로 환산 표시

53 **금속류의 원자흡수분광광도법에 대한 설명으로 틀린 것은?**

① 구리의 측정파장은 324.7nm이고, 정량한계는 0.008 mg/L이다.
② 납의 측정파장은 283.3nm이고, 정량한계는 0.04 mg/L이다.
③ 카드뮴의 측정파장은 228.8nm이고, 정량한계는 0.002 mg/L이다.
④ 수은의 측정파장은 253.7nm이고, 정량한계는 0.05 mg/L이다.

해설 **수은(환원기화 – 원자흡수분광광도법)**
① 측정파장 : 253.7nm
② 정량한계 : 0.0005mg/L

정답 48 ② 49 ② 50 ③ 51 ② 52 ④ 53 ④

54 **편광현미경과 입체현미경으로 고체 시료 중 석면의 특성을 관찰하여 정성과 정량 분석할 때 입체현미경의 배율범위로 가장 옳은 것은?**

① 배율 2~4배 이상
② 배율 4~8배 이상
③ 배율 10~45배 이상
④ 배율 50~200배 이상

해설 **석면 관찰 배율**
① 편광현미경 : 100~400배
② 입체현미경 : 10~45배 이상

55 **다음 중 농도가 가장 낮은 것은?**

① 1mg/L ② 1,000μg/L
③ 100ppb ④ 0.01ppm

해설 ① 1mg/L
② 1,000μg/L=1,000ppb=1ppm=1mg/L
③ 100ppb=0.1ppm=0.1mg/L
④ 0.01ppm=0.01mg/L

56 **유도결합플라스마 – 원자발광분광법에 의한 금속류 분석방법에 관한 설명으로 옳지 않은 것은?**

① 시료를 고주파 유도코일에 의하여 형성된 석영 플라스마에 주입하여 1,000~2,000K에서 들뜬 원자가 바닥상태로 이동할 때 방출하는 발광선 및 발광강도를 측정한다.
② 대부분의 간섭 물질은 산 분해에 의해 제거된다.
③ 물리적 간섭은 특히 시료 중에 산의 농도가 10V/V% 이상으로 높거나 용존 고형물질이 1,500mg/L 이상으로 높은 반면, 검정용 표준용액의 산의 농도는 5% 이하로 낮을 때에 발생한다.
④ 간섭효과가 의심되면 대부분의 경우가 시료의 매질로 인해 발생하므로 원자흡수 분광광도법 또는 유도결합플라즈마 – 질량 분석법과 같은 대체방법과 비교하는 것도 간섭효과를 막는 방법이 될 수 있다.

해설 **금속류 : 유도결합플라즈마 – 원자발광분광법**
시료를 고주파 유도코일에 의하여 형성된 아르곤 플라스마에 주입하여 6,000~8,000K에서 들뜬 원자가 바닥상태로 이동할 때 방출하는 발광선 및 발광강도를 측정하여 원소의 정성 및 정량분석을 한다.

57 **원자흡수분광광도법은 원자가 어떤 상태에서 특유 파장의 빛을 흡수하는 원리를 이용한 것인가?**

① 전자상태 ② 이온상태
③ 기저상태 ④ 분자상태

해설 **원자흡수분광광도법의 원리**
시료를 적당한 방법으로 해리시켜 중성원자로 증기화하여 생긴 기저상태(Ground State or Normal State)의 원자가 이 원자 증기층을 투과하는 특유파장의 빛을 흡수하는 현상을 이용하여 광전측광과 같은 개개의 특유 파장에 대한 흡광도를 측정하여 시료 중의 원소 농도를 정량하는 방법으로, 대기 또는 배출가스 중의 유해 중금속, 기타 원소의 분석에 적용한다.

58 **유도결합플라스마 – 원자발광분광법으로 측정할 수 있는 항목과 가장 거리가 먼 것은?(단, 폐기물공정시험기준 기준)**

① 6가 크롬 ② 수은
③ 비소 ④ 크롬

해설 **수은 적용이 가능한 시험방법**
① 원자흡수분광광도법(환원기화법)
② 자외선/가시선 분광법(디티존법)

59 **수소이온의 농도가 2.8×10^{-5}mol/L인 수용액의 pH는?**

① 2.8 ② 3.4
③ 4.6 ④ 5.8

해설 $pH=\log\frac{1}{[H^+]}=\log\frac{1}{2.8\times10^{-5}}=4.55$

60 **구리를 자외선/가시선 분광법으로 정량하고자 할 때 설명으로 가장 거리가 먼 것은?**

① 시료 중에 시안화합물이 존재 시 황산 산성하에서 끓여 시안화물을 완전히 분해 제거한다.
② 비스무스(Bi)가 구리의 양보다 2배 이상 존재 시 황색을 나타내어 방해한다.
③ 추출용매는 초산부틸 대신 사염화탄소, 클로로포름, 벤젠 등을 사용할 수도 있다.
④ 무수황산나트륨 대신 건조여지를 사용하여 여과하여도 된다.

해설 시료 중에 시안화합물이 함유되어 있으면 염산으로 산성조건을 만든 후 끓여 시안화합물을 완전히 분해 제거한 다음 실험한다.

2020

정답 54 ③ 55 ④ 56 ① 57 ③ 58 ② 59 ③ 60 ①

제4과목 폐기물관계법규

61 다음 중 기술관리인을 두어야 하는 폐기물처리시설은?

① 지정폐기물 외의 폐기물을 매립하는 시설로 면적이 5천 제곱미터인 시설
② 멸균분쇄시설로 시간당 처분능력이 200킬로그램인 시설
③ 지정폐기물 외의 폐기물을 매립하는 시설로 매립용적이 1만 세제곱미터인 시설
④ 소각시설로서 의료폐기물을 시간당 100킬로그램 처리하는 시설

해설 **기술관리인을 두어야 하는 폐기물처리시설**
① 매립시설의 경우
㉠ 지정폐기물을 매립하는 시설로서 면적이 3천300제곱미터 이상인 시설. 다만, 차단형 매립시설에서는 면적이 330제곱미터 이상이거나 매립용적이 1천 세제곱미터 이상인 시설로 한다.
㉡ 지정폐기물 외의 폐기물을 매립하는 시설로서 면적이 1만 제곱미터 이상이거나 매립용적이 3만 세제곱미터 이상인 시설
② 소각시설로서 시간당 처리능력이 600킬로그램(감염성 폐기물을 대상으로 하는 소각시설의 경우에는 200킬로그램) 이상인 시설
③ 압축 · 파쇄 · 분쇄 또는 절단시설로서 1일 처리능력 또는 재활용시설이 100톤 이상인 시설
④ 사료화 · 퇴비화 또는 연료화 시설로서 1일 재활용능력이 5톤 이상인 시설
⑤ 멸균 · 분쇄시설로서 시간당 처리능력이 100킬로그램 이상인 시설
⑥ 시멘트 소성로
⑦ 용해로(폐기물에 비철금속을 추출하는 경우로 한정한다)로서 시간당 재활용능력이 600킬로그램 이상인 시설
⑧ 소각열회수시설로서 시간당 재활용능력이 600킬로그램 이상인 시설

62 폐기물처리시설의 설치기준 중 중간처분시설인 고온용융시설의 개별기준에 해당되지 않는 것은?

① 폐기물투입장치, 고온용융실(가스화실 포함), 열회수장치가 설치되어야 한다.
② 고온용융시설에서 배출되는 잔재물의 강열감량은 1% 이하가 될 수 있는 성능을 갖추어야 한다.
③ 고온용융시설에서 연소가스의 체류시간은 1초 이상이어야 한다.
④ 고온용융시설의 출구온도는 섭씨 1,200도 이상이 되어야 한다.

해설 **고온용융시설의 개별기준**
① 고온용융시설의 출구온도는 섭씨 1,200도 이상이 되어야 한다.
② 고온용융시설에서 연소가스의 체류시간은 1초 이상이어야 하고 충분하게 혼합될 수 있는 구조이어야 한다. 이 경우 체류시간은 섭씨 1,200도에서의 부피로 화산한 연소가스의 체적으로 계산한다.
③ 고온용융시설에서 배출되는 잔재물의 강열감량은 1퍼센트 이하가 될 수 있는 성능을 갖추어야 한다.

63 폐기물 관리의 기본원칙에 해당되는 사항과 가장 거리가 먼 것은?

① 사업자는 폐기물의 발생을 최대한 억제하고 스스로 재활용함으로써 폐기물의 배출을 최소화하여야 한다.
② 폐기물을 배출하는 경우에는 주변환경이나 주민의 건강에 위해를 끼치지 아니하도록 사전에 적절한 조치를 하여야 한다.
③ 폐기물은 그 처리과정에서 양과 유해성을 줄이도록 하는 등 환경보전과 국민건강보호에 적합하게 처리하여야 한다.
④ 폐기물은 재활용보다는 우선적으로 소각, 매립 등으로 처분하여 보건위생의 향상에 이바지하도록 하여야 한다.

해설 **폐기물 관리의 기본원칙**
① 사업자는 제품의 생산방식 등을 개선하여 폐기물의 발생을 최대한 억제하고, 발생한 폐기물을 스스로 재활용함으로써 폐기물의 배출을 최소화하여야 한다.
② 누구든지 폐기물을 배출하는 경우에는 주변 환경이나 주민의 건강에 위해를 끼치지 아니하도록 사전에 적절한 조치를 하여야 한다.
③ 폐기물은 그 처리과정에서 양과 유해성을 줄이도록 하는 등 환경보전과 국민건강보호에 적합하게 처리되어야 한다.
④ 폐기물로 인하여 환경오염을 일으킨 자는 오염된 환경을 복원할 책임을 지며, 오염으로 인한 피해의 구제에 드는 비용을 부담하여야 한다.
⑤ 국내에서 발생한 폐기물은 가능하면 국내에서 처리되어야 하고, 폐기물의 수입은 되도록 억제되어야 한다.
⑥ 폐기물은 소각, 매립 등의 처분을 하기보다는 우선적으로 재활용함으로써 자원생산성의 향상에 이바지하도록 하여야 한다.

정답 61 ② 62 ① 63 ④

64 폐기물관리법에 사용하는 용어의 정의로 옳지 않은 것은?

① 처리 : 폐기물의 수집, 운반, 보관, 재활용, 처분을 말한다.
② 폐기물처리시설 : 폐기물의 중간처분시설, 최종처분시설 및 재활용시설로서 대통령령으로 정하는 시설을 말한다.
③ 폐기물감량화시설 : 생산 공정에서 발생하는 폐기물의 양을 줄이고, 사업장 내 재활용을 통하여 폐기물 배출을 최소화하는 시설로서 대통령령으로 정하는 시설을 말한다.
④ 지정폐기물 : 인체, 재산, 주변환경에 악영향을 줄 수 있는 해로운 물질을 함유한 폐기물로 환경부령으로 정하는 폐기물을 말한다.

해설 "지정폐기물"이란 사업장폐기물 중 폐유 · 폐산 등 주변 환경을 오염시킬 수 있거나 의료폐기물 등 인체에 위해를 줄 수 있는 해로운 물질로서 대통령령으로 정하는 폐기물을 말한다.

65 지정폐기물을 배출하는 사업자가 지정폐기물을 위탁하여 처리하기 전에 환경부장관에게 제출하여 확인을 받아야 하는 서류가 아닌 것은?

① 폐기물처리계획서
② 폐기물분석결과서
③ 폐기물인수인계확인서
④ 수탁처리자의 수탁확인서

해설 **지정폐기물 위탁처리 전 제출 서류**
① 폐기물처리계획서
② 폐기물분석결과서
③ 수탁처리자의 수탁확인서

66 환경부령으로 정하는 폐기물처리시설의 설치를 마친 자는 환경부령으로 정하는 검사기관으로부터 검사를 받아야 한다. 폐기물처리시설이 매립시설인 경우, 검사기관으로 틀린 것은?

① 한국건설기술연구원
② 한국산업기술시험원
③ 한국농어촌공사
④ 한국환경공단

해설 **환경부령으로 정하는 검사기관**
① 소각시설
㉠ 한국환경공단
㉡ 한국기계연구원
㉢ 한국산업기술시험원
㉣ 대학, 정부 출연기관, 그 밖에 소각시설을 검사할 수 있다고 인정하여 환경부장관이 고시하는 기관
② 매립시설
㉠ 한국환경공단
㉡ 한국건설기술연구원
㉢ 한국농어촌공사
㉣ 수도권매립지관리공사
③ 멸균분쇄시설
㉠ 한국환경공단
㉡ 보건환경연구원
㉢ 한국산업기술시험원
④ 음식물 폐기물 처리시설
㉠ 한국환경공단
㉡ 한국산업기술시험원
㉢ 그 밖에 환경부장관이 정하여 고시하는 기관
⑤ 시멘트 소성로
소각시설의 검사기관과 동일
⑥ 소각열회수시설의 검사기관
소각시설의 검사기관과 동일(에너지회수 외의 검사)

2020

67 폐기물처리시설의 유지 · 관리에 관한 기술관리를 대행할 수 있는 자는?

① 한국환경공단
② 국립환경과학원
③ 한국농어촌공사
④ 한국건설기술연구원

해설 **폐기물처리시설의 유지 · 관리에 관한 기술관리대행자**
① 한국환경공단
② 엔지니어링 사업자
③ 기술사사무소
④ 그 밖에 환경부장관이 기술관리를 대행할 능력이 있다고 인정하여 고시하는 자

68 폐기물처분시설인 소각시설의 정기검사 항목에 해당하지 않는 것은?

① 보조연소장치의 작동상태
② 배기가스온도 적절 여부
③ 표지판 부착 여부 및 기재사항
④ 소방장비 설치 및 관리실태

정답 64 ④ 65 ③ 66 ② 67 ① 68 ③

해설 **소각시설의 정기검사 항목**
① 적절 연소상태 유지 여부
② 소방장비 설치 및 관리실태
③ 보조연소장치의 작동상태
④ 배기가스온도의 적절 여부
⑤ 바닥재의 강열감량
⑥ 연소실의 출구가스 온도
⑦ 연소실의 가스체류시간
⑧ 설치검사 당시와 같은 설비 · 구조를 유지하고 있는지 확인

69 **허가 취소나 6개월 이내의 기간을 정하여 영업의 전부 또는 일부의 정지를 명할 수 있는 경우에 해당되지 않는 것은?**

① 영업정지기간 중 영업 행위를 한 경우
② 폐기물 처리업의 업종구분과 영업 내용의 범위를 벗어나는 영업을 한 경우
③ 폐기물의 처리 기준을 위반하여 폐기물을 처리한 경우
④ 재활용제품 또는 물질에 관한 유해성기준 위반에 따른 조치명령을 이행하지 아니한 경우

해설 영업정지기간 중 영업 행위를 한 경우는 허가를 취소하여야 한다.

70 **환경부장관에 의해 폐기물처리시설의 폐쇄명령을 받았으나 이행하지 아니한 자에 대한 벌칙기준은?**

① 5년 이하의 징역이나 5천만 원 이하의 벌금
② 3년 이하의 징역이나 3천만 원 이하의 벌금
③ 2년 이하의 징역이나 2천만 원 이하의 벌금
④ 1천만 원 이하의 과태료

해설 폐기물관리법 제64조 참조

71 **주변지역 영향 조사대상 폐기물처리시설을 설치 · 운영하는 자는 주변지역에 미치는 영향을 몇 년마다 조사하여 그 결과를 환경부장관에게 제출하여야 하는가?**

① 2년　　② 3년
③ 5년　　④ 10년

해설 대통령령으로 정하는 폐기물처리시설을 설치 · 운영하는 자는 그 폐기물처리시설의 설치 · 운영이 주변지역에 미치는 영향을 3년마다 조사하고, 그 결과를 환경부장관에게 제출하여야 한다.

72 **폐기물감량화시설의 종류에 해당되지 않는 것은?(단, 환경부장관이 정하여 고시하는 시설 제외)**

① 공정 개선시설
② 폐기물 파쇄 · 선별시설
③ 폐기물 재이용시설
④ 폐기물 재활용시설

해설 **폐기물감량화시설의 종류**
① 공정 개선시설
② 폐기물 재이용시설
③ 폐기물 재활용시설
④ 그 밖의 폐기물감량화시설

73 **폐기물관리법령상 가연성 고형폐기물의 에너지 회수기준에 대한 설명으로 (　　)에 알맞은 것은?**

> 에너지의 회수효율(회수에너지 총량을 투입에너지 총량으로 나눈 비율을 말한다.)이 (　　) 이상일 것

① 65%　　② 75%
③ 85%　　④ 95%

해설 **에너지 회수기준**
① 다른 물질과 혼합하지 아니하고 해당 폐기물의 저위발열량이 킬로그램당 3천 킬로칼로리 이상일 것
② 에너지의 회수효율(회수에너지 총량을 투입에너지 총량으로 나눈 비율을 말한다)이 75퍼센트 이상일 것
③ 회수열을 모두 열원으로 스스로 이용하거나 다른 사람에게 공급할 것
④ 환경부장관이 정하여 고시하는 경우에는 폐기물의 30퍼센트 이상을 원료나 재료로 재활용하고 그 나머지 중에서 에너지 회수에 이용할 것

74 **폐기물처리시설의 중간처분시설인 기계적 처분시설이 아닌 것은?**

① 파쇄 · 분쇄시설(동력 15kW 이상인 시설로 한정한다.)
② 소멸화 시설(1일 처분능력 100킬로그램 이상인 시설로 한정한다.)
③ 용융시설(동력 7.5kW 이상인 시설로 한정한다.)
④ 멸균분쇄 시설

해설 **중간처분시설(기계적 처분시설)의 종류**
① 압축시설(동력 7.5kW 이상인 시설로 한정한다)
② 파쇄 · 분쇄시설(동력 15kW 이상인 시설로 한정한다)
③ 절단시설(동력 7.5kW 이상인 시설로 한정한다)

정답 69 ①　70 ①　71 ②　72 ②　73 ②　74 ②

④ 용융시설(동력 7.5kW 이상인 시설로 한정한다)
⑤ 증발·농축시설
⑥ 정제시설(분리·증류·추출·여과 등의 시설을 이용하여 폐기물을 처분하는 단위시설을 포함한다)
⑦ 유수 분리시설
⑧ 탈수·건조시설
⑨ 멸균분쇄시설

75 생활폐기물의 처리대행자에 해당하지 않는 것은?

① 폐기물처리업자
② 한국환경공단
③ 재활용센터를 운영하는 자
④ 폐기물재활용사업자

해설 **생활폐기물의 처리대행자**
① 폐기물처리업자
② 폐기물처리 신고자
③ 한국환경공단(농업활동으로 발생하는 폐플라스틱 필름·시트류를 재활용하거나 폐농약용기 등 폐농약포장재를 재활용 또는 소각하는 것만 해당한다)
④ 전기·전자제품 재활용의무생산자 또는 전기·전자제품 판매업자(전기·전자제품 재활용의무생산자 또는 전기·전자제품 판매업자로부터 회수·재활용을 위탁받은 자를 포함한다) 중 전기·전자제품을 재활용하기 위하여 스스로 회수하는 체계를 갖춘 자
⑤ 재활용센터를 운영하는 자(대형 폐기물을 수집·운반 및 재활용하는 것만 해당한다)
⑥ 건설폐기물처리업의 허가를 받은 자(공사·작업 등으로 인하여 5톤 미만으로 발생되는 생활폐기물을 재활용하기 위하여 수집·운반하거나 재활용하는 경우만 해당한다)

76 의료폐기물 전용용기 검사기관(그 밖에 환경부장관이 전용용기에 대한 검사능력이 있다고 인정하여 고시하는 기관은 제외)에 해당되지 않는 것은?

① 한국화학융합시험연구원
② 한국환경공단
③ 한국의료기기시험연구원
④ 한국건설생활환경시험연구원

해설 **의료폐기물 전용용기 검사기관**
① 한국환경공단
② 한국화학융합시험연구원
③ 한국건설생활환경시험연구원
④ 그 밖에 국립환경과학원장이 의료폐기물 전용용기에 대한 검사능력이 있다고 인정하여 고시하는 기관

77 설치승인을 얻은 폐기물처리시설이 변경승인을 받아야 할 중요사항이 아닌 것은?

① 대표자의 변경
② 처분시설 또는 재활용시설 소재지의 변경
③ 처분 또는 재활용 대상 폐기물의 변경
④ 매립시설 제방의 증·개축

해설 **설치승인을 얻은 폐기물처리시설이 변경승인을 받아야 할 중요사항**
① 상호의 변경(사업장폐기물배출자가 설치하는 경우만 해당한다)
② 처분 또는 재활용대상 폐기물의 변경
③ 처분 또는 재활용시설 소재지의 변경
④ 승인 또는 변경승인을 받은 처분 또는 재활용용량의 합계 또는 누계의 100의 30 이상의 증가
⑤ 매립시설 제방의 증·개축
⑥ 주요설비의 변경

2020

78 지정폐기물의 종류에 대한 설명으로 옳은 것은?

① 액체상태인 폴리클로리네이티드비페닐 함유 폐기물은 용출액 1리터당 0.003mg 이상 함유한 것으로 한정한다.
② 오니류는 상수오니, 하수오니, 공정오니, 폐수처리오니를 포함한다.
③ 폐합성 고분자화합물 중 폐합성 수지는 액체상태의 것은 제외한다.
④ 의료폐기물은 환경부령으로 정하는 의료기관이나 시험·검사기관 등에서 발생되는 것으로 한정한다.

해설 ① 액체상태인 폴리클로리네이티드비페닐 함유 폐기물은 용출액 1리터당 2밀리그램 이상 함유한 것으로 한정한다.
② 오니류는 폐수처리오니, 공정오니를 포함한다.
③ 폐합성 고분자화합물 중 폐합성 수지는 고체상태의 것은 제외한다.

79 폐기물처리시설을 설치·운영하는 자는 그 처리시설에서 배출되는 오염물질을 측정하거나 환경부령으로 정하는 측정기관으로 하여금 측정하게 할 수 있다. 환경부령으로 정하는 측정기관이 아닌 곳은?

① 보건환경연구원　② 한국환경공단
③ 환경기술개발원　④ 수도권매립지관리공사

정답 75 ④　76 ③　77 ①　78 ④　79 ③

해설 **환경부령으로 정하는 오염물질 측정기관**

① 보건환경연구원
② 한국환경공단
③ 수질오염물질 측정대행업의 등록을 한 자
④ 수도권매립지관리공사
⑤ 폐기물분석전문기관

80 사후관리 이행보증금의 사전 적립대상이 되는 폐기물을 매립하는 시설의 면적 기준은?

① 3,300m^2 이상 ② 5,500m^2 이상
③ 10,000m^2 이상 ④ 30,000m^2 이상

해설 **사후관리이행보증금의 사전적립**

① 사후관리이행보증금의 사전적립 대상이 되는 폐기물을 매립하는 시설은 면적이 3천300제곱미터 이상인 시설로 한다.
② 매립시설의 설치자는 폐기물처리업의 허가 · 변경허가 또는 폐기물처리시설의 설치승인 · 변경승인을 받아 그 시설의 사용을 시작한 날부터 1개월 이내에 환경부령으로 정하는 바에 따라 사전적립금 적립계획서에 서류를 첨부하여 환경부장관에게 제출하여야 한다. 이 경우 사전적립금 적립계획서를 받은 환경부장관은 사후관리 등에 드는 비용의 산출명세, 적립기간 및 연도별 적립금액의 적정 여부 등을 확인하여야 한다.

정답 80 ①

제1과목 폐기물개론

01 폐기물을 자원화하는 방법 중 에너지 회수방법에 속하는 것은?

① 물질 회수
② 직접열 회수
③ 추출형 회수
④ 변환형 회수

해설 폐기물 자원화에서 에너지 회수는 직접열을 회수 이용하는 것을 말한다.

02 $100m^3$인 폐기물의 부피를 $10m^3$로 압축하는 경우 압축비는?

① 0.1 ② 1
③ 10 ④ 90

해설 압축비(CR) $= \dfrac{V_i}{V_f} = \dfrac{100}{10} = 10$

03 폐기물의 성상 분석 절차로 가장 적합한 것은?

① 밀도 측정 – 물리적 조성분석 – 건조 – 분류(타는 물질, 안 타는 물질)
② 밀도 측정 – 건조 – 화학적 조정분석 – 전처리(절단 및 분쇄)
③ 전처리(절단 및 분쇄) – 밀도 측정 – 화학적조정분석 – 분류(타는 물질, 안 타는 물질)
④ 전처리(절단 및 분쇄) – 건조 – 물리적 조성분석 – 발열량 측정

해설 폐기물 시료 분석절차

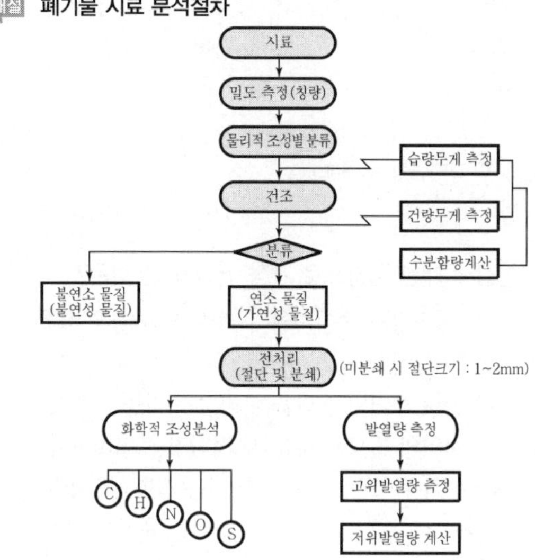

04 건조된 고형물의 비중이 1.65이고 건조 전 슬러지의 고형분 함량이 35%, 건조중량이 400kg이라 할 때 건조 전 슬러지의 비중은?

① 1.02 ② 1.16
③ 1.27 ④ 1.35

해설 $\dfrac{1,142.86}{\text{슬러지비중}} = \dfrac{400}{1.65} + \dfrac{742.86}{1.0}$

$$\text{슬러지양} = \text{고형물량} \times \frac{1}{\text{슬러지 중 고형물 함량}}$$

$$= 400\text{kg} \times \frac{1}{0.35} = 1,142.86\text{kg}$$

슬러지비중 = 1.16

05 관거(pipe)를 이용한 폐기물 수송의 특징과 가장 거리가 먼 것은?

① 10km 이상의 장거리 수송에 적당하다.
② 잘못 투입된 폐기물의 회수는 곤란하다.
③ 조대폐기물은 파쇄, 압축 등의 전처리를 해야 한다.
④ 화재, 폭발 등의 사고 발생 시 시스템 전체가 마비되며 대체 시스템의 전환이 필요하다.

정답 01 ② 02 ③ 03 ① 04 ② 05 ①

해설 가압수송은 진공수송보다 수송거리를 더 길게 할 수 있다.

06 **함수율이 80%인 폐기물 10ton을 건조시켜 함수율 30%로 만들 경우 감소하는 폐기물의 중량(ton)은?(단, 비중=1.0)**

① 2.6 ② 2.9
③ 3.2 ④ 3.5

해설 10ton × (1 − 0.8) = 건조 후 폐기물량 × (1 − 0.3)
건조 후 폐기물량 = 2.86ton

07 **적환장에 대한 설명으로 가장 거리가 먼 것은?**

① 최종 처리장과 수거지역의 거리가 먼 경우 사용하는 것이 바람직하다.
② 폐기물의 수거와 운반을 분리하는 기능을 한다
③ 주거지역의 밀도가 낮을 때 적환장을 설치한다.
④ 적환장의 위치는 수거하고자 하는 개별적 고형물 발생지역의 하중 중심과 적절한 거리를 유지하여야 한다.

해설 **적환장 위치결정 시 고려사항**
① 수거하고자 하는 개별적 고형폐기물 발생지역의 하중 중심(무게 중심)과 되도록 가까운 곳
② 쉽게 간선도로에 연결되며, 2차 보조수송수단의 연결이 쉬운 곳
③ 건설비와 운영비가 적게 들고 경제적인 곳
④ 최종 처리장과 수거지역의 거리가 먼 곳(≒16km 이상)
⑤ 주도로의 접근이 용이하고 2차 또는 보조수송수단의 연결이 쉬운 곳
⑥ 주민의 반대가 적고 주위환경에 대한 영향이 최소인 곳
⑦ 설치 및 작업이 쉬운 곳(설치 및 작업조작이 경제적인 곳)
⑧ 적환작업 중 공중위생 및 환경피해 영향이 최소인 곳

08 **쓰레기 재활용 측면에서 가장 효과적인 수거 방법은?**

① 문전수거 ② 타종수거
③ 분리수거 ④ 혼합수거

해설 분리수거가 재활용 측면에서 가장 효과적인 수거방법이다.

09 **도시폐기물 최종 분석 결과를 Dulong 공식으로 발열량을 계산하고자 할 때 필요하지 않은 성분은?**

① H ② C
③ S ④ Cl

해설 발열량 계산 Dulong 식

$$H_h(\text{kcal/kg}) = 8,100\text{C} + 34,000\left(\text{H} - \frac{\text{O}}{8}\right) + 2,500\text{S}$$

$$H_l(\text{kcal/kg}) = H_h - 600(9\text{H} + \text{W})$$

10 **물질회수를 위한 선별방법 중 플라스틱에서 종이를 선별할 수 있는 방법으로 가장 적절한 것은?**

① 와전류 선별 ② Jig 선별
③ 광학 선별 ④ 정전기적 선별

해설 **정전기적 선별기**
폐기물에 전하를 부여하고 전하량의 차에 따른 전기력으로 선별하는 장치이며, 플라스틱에서 종이를 선별할 수 있는 장치이다.

11 **쓰레기를 파쇄할 경우 발생하는 이점으로 가장 거리가 먼 것은?**

① 일반적으로 압축 시 밀도 증가율이 크다.
② 매립 시 폐기물이 잘 섞여서 혐기성을 유지하므로 메탄 발생량이 많아진다.
③ 조대쓰레기에 의한 소각로의 손상을 방지한다.
④ 고밀도 매립이 가능하다.

해설 매립 시 폐기물이 잘 섞여서 호기성 조건을 유지하므로 냄새가 방지된다.

12 **난분해성 유기화합물의 생물학적 반응이 아닌 것은?**

① 탈수소반응(가수분해반응)
② 고리분할
③ 탈알킬화
④ 탈할로겐화

해설 탈수소반응(가수분해반응)은 생분해성 유기물의 생물학적(혐기성) 반응이다.

13 **파쇄에 필요한 에너지를 구하는 법칙으로 고운 파쇄 또는 2차 분쇄에 잘 적용되는 법칙은?**

① 도플러의 법칙 ② 킥의 법칙
③ 패러데이의 법칙 ④ 케스터너의 법칙

해설 **Kick의 법칙**
폐기물입자의 크기를 3cm 미만으로 작게 파쇄(고운파쇄, 2차 파쇄)하는 데 잘 적용되는 식이다.

정답 06 ② 07 ④ 08 ③ 09 ④ 10 ④ 11 ② 12 ① 13 ②

14 **폐기물의 관리에 있어서 가장 중점적으로 우선순위를 갖는 요소는?**

① 재활용 ② 소각
③ 최종처분 ④ 감량화

해설 폐기물 관리에 있어서 가장 우선적으로 고려하여야 할 사항은 감량화이다.

15 **인구가 800,000명인 도시에서 연간 1,000,000ton의 폐기물이 발생한다면 1인 1일 폐기물의 발생량(kg/cap · day)은?**

① 3.12 ② 3.22
③ 3.32 ④ 3.42

해설 폐기물발생량(kg/인 · 일)

$= \frac{\text{발생쓰레기량}}{\text{대상인구수}}$

$= \frac{1{,}000{,}000\text{ton/year} \times 1{,}000\text{kg/ton} \times \text{year}/365\text{day}}{800{,}000\text{인}}$

$= 3.42\text{kg/인} \cdot \text{일}$

16 **쓰레기를 원추 4분법으로 축분 도중 2번째에서 모포가 걸렸다. 이후 4회 더 축분하였다면 추후 모포의 함유율(%)은?**

① 25 ② 12.5 ③ 6.25 ④ 3.13

해설 $\text{함유율}(\%) = \frac{1}{2^n} = \frac{1}{2^4} = 0.0625 \times 100 = 6.25\%$

17 **지정폐기물의 종류와 분류물질의 연결이 틀린 것은?**

① 폐유독물질 – 폐촉매
② 부식성 – 폐산(pH 2.0 이하)
③ 부식성 – 폐알칼리(pH 12.5 이상)
④ 유해물질함유 – 소각재

해설 • 폐유독물질 : 화학물질관리법에 따른 유독물을 폐기하는 경우로 한정한다.
※ 폐촉매 : 유해물질함유 폐기물로 분류한다.

18 **폐기물발생량의 표시에 가장 많이 이용되는 단위는?**

① m^3/인 · 일 ② kg/인 · 일
③ 개/인 · 일 ④ 봉투/인 · 일

해설 쓰레기 발생량은 각 지역의 규모나 특성에 따라 차이가 있어 주로 총발생량보다는 단위발생량(kg/인 · 일)으로 표기한다.
kg/인 · 일 = kg/capita · day

19 **물렁거리는 가벼운 물질로부터 딱딱한 물질을 선별하는 데 사용되는 것으로 경사진 Conveyor를 통해 폐기물을 주입시켜 천천히 회전하는 드럼위에 떨어뜨려서 분류하는 장치는?**

① Stoners
② Ballistic Separator
③ Fluidized Bed Separators
④ Secators

해설 **Secators**
① 경사진 컨베이어를 통해 폐기물을 주입시켜 천천히 회전하는 드럼 위에 떨어뜨려서 선별하는 장치이다.
② 물렁거리는 가벼운 물질로부터 딱딱한 물질을 선별하는 데 사용한다.
③ 주로 퇴비 중의 유리조작을 추출할 때 이용되는 선별장치이다.

2020

20 **적환장의 기능으로 적합하지 않은 것은?**

① 분리선별 ② 비용분석
③ 압축파쇄 ④ 수송효율

해설 **적환장의 기능**
① 분리선별
② 압축 · 파쇄
③ 수송효율

제2과목 폐기물처리기술

21 **소각로에서 PVC 같은 염소를 함유한 물질을 태울 때 발생하며 맹독성을 갖는 것으로 분자구조는 염소가 달린 두 개의 벤젠고리 사이에 한 개의 산소원자가 있고, 135개의 이성체를 갖는 것은?**

① THM ② Furan
③ PCB ④ BPHC

정답 14 ④ 15 ④ 16 ③ 17 ① 18 ② 19 ④ 20 ② 21 ②

해설 **다이옥신 및 퓨란**

① 다이옥신과 퓨란은 쓰레기 중 PVC 또는 플라스틱류 등을 포함하고 있는 합성물질을 연소시킬 때 발생한다. 즉, 여러 가지 유기물과 염소공여체로부터 생성된다.
② 다이옥신류란 PCD_{DS}와 $PCDF_{S}$를 총체적으로 말하며 다이옥신과 퓨란은 하나 또는 두 개의 산소원자와 1~8개의 염소원자가 결합된 두 개의 벤젠고리를 포함하고 있다.
③ 다이옥신과 퓨란류의 농도는 연소기 출구와 굴뚝 사이에서 증가하며, 산소과잉 조건에서 연소가 진행될 때 크게 증가한다. 즉, 소각시설에서 다이옥신 생성에 영향을 주는 인자는 투입 폐기물 종류, 배출(후류)가스 온도, 연료공기의 양 및 분포 등이다.
④ 다이옥신의 이성체는 75개이고, 퓨란은 135개이다.

22 일반적으로 사용되는 분뇨처리의 혐기성 소화를 기술한 것으로 가장 거리가 먼 것은?

① 혐기성 미생물을 이용하여 유기물질을 제거하는 것이다.
② 다른 방법들보다 장기적인 면에서 볼 때 경제적이며 운영비가 적다는 이점이 있다.
③ 유용한 CH_4가 생성된다.
④ 분뇨량이 많으면 소화조를 70℃ 이상 가열시켜 줄 필요가 있다.

해설 일반적으로 분뇨의 혐기성 소화처리 시 온도는 36~37℃ 정도이며 분뇨량이 많으면 가열시켜 줄 필요가 없다.

23 분뇨처리과정 중 고형물 농도 10%, 유기물 함유율 70%인 농축슬러지는 소화과정을 통해 유기물의 100%가 분해되었다. 소화된 슬러지의 고형물 함량이 6%일 때, 전체 슬러지양은 얼마가 감소되는가?(단, 비중 = 1.0 가정)

① 1/4 ② 1/3
③ 1/2 ④ 1/1.5

해설 소화 후 고형물 중 유기물 함량(VS′)
$= 1\text{kg} \times 0.1 \times 0.7 \times 0 = 0$(슬러지 1kg 기준)

소화 후 고형물 중 무기물 함량(FS)
$= 1\text{kg} \times 0.1 \times 0.3 = 0.03\text{kg}$

소화 후 고형물량
$= VS' + FS = 0 + 0.03 = 0.03\text{kg}$

소화 후 고형물량
=소화 후 슬러지양×소화 후 고형물의 비율

0.03kg = 소화 후 슬러지양 × 0.06

소화 후 슬러지양 = 0.5kg

슬러지 감소량
=최초 슬러지양−소화 후 슬러지양
$= 1 - 0.5 = 0.5 \times 100 = 50\%$(즉, 50% 감소)

24 산업폐기물의 처리 시 함유 처리항목과 그 조건이 잘못 짝지어진 것은?

① 특정유해 함유물질 : 수분 함량 85% 이하일 경우 고온열분해 시킨다.
② 폐합성 수지 : 편의 크기를 45cm 이상으로 절단시켜 소각, 용융시킨다.
③ 유기물계통 일반산업폐기물 : 수분함량 85 % 이하로 유지시켜 소각시킨다.
④ 폐유 : 수분함량 5ppm 이하일 경우 소각시킨다.

해설 **폐합성 수지**
편의 크기를 15cm 이하로 절단시켜 소각, 용융시킨다.

25 제1, 2차 활성슬러지공법과 희석방법을 적용하여 분뇨를 처리할 때, 처리 전 수거분뇨의 BOD가 20,000mg/L 이며 제1차 활성슬러지처리에서의 BOD 제거율은 70%이고 20배 희석 후의 방류수에서의 BOD가 30mg/L라면 제2차 활성슬러지처리에서의 BOD 제거율(%)은?

① 60 ② 70
③ 80 ④ 90

해설 BOD제거율(%)

$$= \left(1 - \frac{BOD_o}{BOD_i}\right) \times 100$$

$$BOD_o = 30\text{mg/L}$$

$$BOD_i = BOD \times (1 - \eta_1) \times 1/P$$

$$= 20{,}000\text{mg/L} \times (1 - 0.7) \times \frac{1}{20}$$

$$= 300\text{mg/L}$$

$$= \left(1 - \frac{30}{300}\right) \times 100 = 90\%$$

26 우리나라 음식물쓰레기를 퇴비로 재활용하는 데 있어서 가장 큰 문제점으로 지적되는 것은?

① 염분 함량 ② 발열량
③ 유기물 함량 ④ 밀도

정답 22 ④ 23 ③ 24 ② 25 ④ 26 ①

해설 우리나라 음식물쓰레기를 퇴비로 재활용하는 데 있어서 가장 큰 문제점은 염분 함량이다.

27 폭 1.0m, 길이 100m인 침출수 집배수시설의 투수계수 1.0×10^{-2}cm/s, 바닥구배가 2%일 때 연간 집배수량(ton)은?(단, 침출수의 밀도 = $1ton/m^3$)

① 1,051 ② 5,000
③ 6,307 ④ 20,000

해설 연간 집배수량(ton/year)
$= 1ton/m^3 \times 1.0m \times 100m \times 1.0 \times 10^{-4}m/sec \times 31,536,000sec/year \times 0.02$
$= 6,307.2ton/year$

28 슬러지를 고형화하는 목적으로 가장 거리가 먼 것은?

① 취급이 용이하며, 운반무게가 감소한다.
② 유해물질의 독성이 감소한다.
③ 오염물질의 용해도를 낮춘다.
④ 슬러지 표면적이 감소한다.

해설 **고형화 처리의 목적**
① 유해폐기물의 불활성화(독성 저하 및 폐기물 내의 오염물질 이동성 감소)
② 용출 억제(물리적으로 안정한 물질로 변화)
③ 토양개량 및 매립 시 충분한 강도 확보
④ 취급 용이 및 재활용(건설자재) 가능
⑤ 폐기물 내 오염물질의 용해도 감소

29 폐기물을 매립한 후 복토를 실시하는 목적으로 가장 거리가 먼 것은?

① 폐기물을 보이지 않게 하여 미관상 좋게 한다.
② 우수를 효과적으로 배제한다.
③ 쥐나 파리 등 해충 및 야생동물의 서식처를 없앤다.
④ CH_4 가스가 내부로 유입되는 것을 방지한다.

해설 CH_4 가스가 외부로 유출되는 것을 방지한다.

30 유동층 소각로의 장단점이라 볼 수 없는 것은?

① 미연소분 배출로 2차 연소실이 필요하다.
② 가스의 온도가 낮고 과잉공기량이 적다.
③ 상(床)으로부터 찌꺼기 분리가 어렵다.
④ 기계적 구동부분이 적어 고장률이 낮다.

해설 **유동층 소각로의 장단점**
① 장점
㉠ 유동매체의 열용량이 커서 액상, 기상, 고형 폐기물의 전소 및 혼소, 균일한 연소가 가능하다.
㉡ 반응시간이 빨라 소각시간이 짧다.(노 부하율이 높음)
㉢ 연소효율이 높아 미연소분이 적고 2차 연소실이 불필요하다.
㉣ 가스의 온도가 낮고 과잉공기량이 낮다. 따라서 NOx도 적게 배출된다.
㉤ 기계적 구동부분이 적어 고장률이 낮아 유지관리가 용이하다.
㉥ 노 내 온도의 자동제어로 열회수가 용이하다.
㉦ 유동매체의 축열량이 높은 관계로 단시간 정지 후 가동 시 보조연료 사용 없이 정상가동이 가능하다.
㉧ 과잉공기량이 적으므로 다른 소각로보다 보조연료 사용량과 배출가스양이 적다.
㉨ 석회 또는 반응물질을 유동매체에 혼입시켜 노 내에서 산성가스의 제거가 가능하다.
② 단점
㉠ 층의 유동으로 상으로부터 찌꺼기의 분리가 어려우며 운전비, 특히 동력비가 높다.
㉡ 폐기물의 투입이나 유동화를 위해 파쇄가 필요하다.
㉢ 상재료의 용융을 막기 위해 연소온도는 816℃를 초과할 수 없다.
㉣ 유동매체의 손실로 인한 보충이 필요하다.
㉤ 고점착성의 반유동상 슬러지는 처리하기 곤란하다.
㉥ 소각로 본체에서 압력손실이 크고 유동매체의 비산 또는 분진의 발생량이 가장 많다.
㉦ 조대한 폐기물은 전처리가 필요하다. 즉 폐기물의 투입이나 유동화를 위해 파쇄공정이 필요하다.

2020

31 Rotary Kiln에 관한 설명으로 가장 거리가 먼 것은?

① 모든 폐기물을 소각시킬 수 있다.
② 부유성 물질의 발생이 적다.
③ 연속적으로 재가 방출된다.
④ 1,400℃ 이상의 운전이 가능하다.

해설 **회전로(Rotary Kiln : 회전식 소각로)의 장단점**
① 장점
㉠ 넓은 범위의 액상 및 고상폐기물을 소각할 수 있다.
㉡ 액상이나 고상폐기물을 각각 수용하거나 혼합하여 처리할 수 있고 건조효과가 매우 좋고 착화, 연소가 용이하다.
㉢ 경사진 구조로 용융상태의 물질에 의하여 방해 받지 않는다.
㉣ 드럼이나 대형 용기를 그대로 집어 넣을 수 있다.(전처리 없이 주입 가능)
㉤ 고형 폐기물에 높은 난류도와 공기에 대한 접촉을 크게 할 수 있다.
㉥ 폐기물의 소각에 방해 없이 연속적 재의 배출이 가능하다.

정답 27 ③ 28 ① 29 ④ 30 ① 31 ②

ⓢ 습식 가스세정시스템과 함께 사용할 수 있다.
ⓞ 전처리(예열, 혼합, 파쇄) 없이 주입 가능하다.
ⓩ 폐기물의 체류시간을 노의 회전속도 조절로 제어할 수 있는 장점이 있다.
ⓒ 독성물질의 파괴에 좋다.(1,400℃ 이상 가동 가능)

② 단점
㉠ 처리량이 적을 경우 설치비가 높다.
㉡ 노에서의 공기유출이 크므로 종종 대량의 과잉공기가 필요하다.
㉢ 대기오염 제어시스템에 대한 분진부하율이 높다.
㉣ 비교적 열효율이 낮은 편이다.
㉤ 구형 및 원통형 형태의 폐기물은 완전연소가 끝나기 전에 굴러떨어질 수 있다.
㉥ 대기 중으로 부유물질이 발생할 수 있다.
㉦ 대형 폐기물로 인한 내화재의 파손에 주의를 요한다.

32 오염된 농경지의 정화를 위해 다른 장소로부터 비오염 토양을 운반하여 혼합하는 정화기술은?

① 객토 ② 반전
③ 희석 ④ 배토

해설 **객토**
오염된 농경지의 정화를 위해 다른 장소로부터 비오염 토양을 운반하여 넣는 정화기술이다.

33 유기성 폐기물 퇴비화의 단점이라 할 수 없는 것은?

① 퇴비화 과정 중 외부 가온 필요
② 부지선정의 어려움
③ 악취발생 가능성
④ 낮은 비료가치

해설 **퇴비화의 장단점**
① 장점
㉠ 유기성 폐기물을 재활용하여, 그 결과 폐기물의 감량화가 가능하다.
㉡ 생산품인 퇴비는 토양의 이화학성질을 개선시키는 토양개량제로 사용할 수 있다.(Humus는 토양개량제로 사용)
㉢ 운영 시 에너지가 적게 소요된다.
㉣ 초기의 시설투자비가 낮다.
㉤ 다른 폐기물처리에 비해 고도의 기술수준이 요구되지 않는다.

② 단점
㉠ 생산된 퇴비는 비료가치로서 경제성이 낮다.(시장 확보가 어려움)
㉡ 다양한 재료를 이용하므로 퇴비제품의 품질표준화가 어렵다.
㉢ 부지가 많이 필요하고 부지선정에 어려움이 많다.
㉣ 퇴비가 완성되어도 부피가 크게 감소되지는 않는다.(완성된 퇴비의 감용률은 50% 이하로서 다른 처리방식에 비하여 낮음)
㉤ 악취 발생의 문제점이 있다.

34 퇴비화의 메탄발효 조건이 아닌 것은?

① 영양조건 ② 혐기조건
③ 호기조건 ④ 유기물량

해설 퇴비화의 메탄발효는 완전한 혐기성 단계이다.

35 소각 시 다이옥신이 생성될 수 있는 가능성이 가장 큰 물질은?

① 노르말헥산 ② 에탄올
③ PVC ④ 오존

해설 다이옥신과 퓨란은 쓰레기 중 PVC 또는 플라스틱류 등을 포함하고 있는 합성물질을 연소시킬 때 발생한다. 즉, 여러 가지 유기물과 염소공여체로부터 생성된다.

36 폐기물 고형화방법 중 유기중합체법의 특징이 아닌 것은?

① 가장 많이 사용되는 방법은 우레아폼(UF)방법이다.
② 고형성분만 처리 가능하다.
③ 고형화시키는 데 많은 양의 첨가제가 필요하다.
④ 최종처리 시 2차 용기에 넣어 매립해야 한다.

해설 유기중합체법은 고형화시키는 데 많은 양의 첨가제가 필요하지 않다.

37 고형분 30%인 주방찌꺼기 10톤의 소각을 위하여 함수율이 50% 되게 건조시켰다면 이때의 무게(ton)는?(단, 비중 = 1.0 가정)

① 2 ② 3
③ 6 ④ 8

해설 $10\text{ton} \times 0.3 = \text{건조 후 주방찌꺼기} \times (1-0.5)$

$$\text{주방찌꺼기(ton)} = \frac{10\text{ton} \times 0.3}{0.5} = 6\text{ton}$$

정답 32 ① 33 ① 34 ③ 35 ③ 36 ③ 37 ③

38 알칼리성 폐수의 중화제가 아닌 것은?

① 황산　　② 염산
③ 탄산가스　　④ 가성소다

해설 가성소다(NaOH)는 산성 폐수의 중화제이다.

39 유효공극률 0.2, 점토층 위의 침출수가 수두 1.5m인 점토 차수층 1.0m를 통과하는 데 10년이 걸렸다면 점토 차수층의 투수계수(cm/s)는?

① 2.54×10^{-7}
② 2.54×10^{-8}
③ 5.54×10^{-7}
④ 5.54×10^{-8}

해설 $t = \dfrac{d^2\eta}{K(d+h)}$

$315,360,000\text{sec} = \dfrac{1.0^2\text{m}^2 \times 0.2}{K(1.0+1.5)\text{m}}$

투수계수(K)$= 2.54 \times 10^{-10}\text{m/sec}$

$(2.54 \times 10^{-8}\text{cm/sec})$

40 매립지 내에서 분해단계(4단계) 중 호기성 단계에 관한 설명으로 적절치 못한 것은?

① N_2의 발생이 급격히 증가된다.
② O_2가 소모된다.
③ 주요 생성기체는 CO_2이다.
④ 매립물의 분해속도에 따라 수일에서 수개월 동안 지속된다.

해설 **제1단계(호기성 단계 : 초기조절 단계)**

① 호기성 유지상태(친산소성 단계)이다.
② 질소(N_2)와 산소(O_2)는 급격히 감소하고, 탄산가스(CO_2)는 서서히 증가하는 단계이며 가스의 발생량은 적다.
③ 산소는 대부분 소모한다.(O_2 대부분 소모, N_2 감소 시작)
④ 매립물의 분해속도에 따라 수일에서 수개월 동안 지속된다.
⑤ 폐기물 내 수분이 많은 경우에는 반응이 가속화되어 용존산소가 고갈되어 다음 단계로 빨리 진행된다.

제3과목 폐기물공정시험기준(방법)

41 시료의 분할채취방법 중 구획법에 의해 축소할 때 몇 등분 몇 개의 덩어리로 나누는가?

① 가로 4등분, 세로 4등분, 16개 덩어리
② 가로 4등분, 세로 5등분, 20개 덩어리
③ 가로 5등분, 세로 5등분, 25개 덩어리
④ 가로 5등분, 세로 6등분, 30개 덩어리

해설 **구획법**

① 모아진 대시료를 네모꼴로 엷게 균일한 두께로 편다.
② 이것을 가로 4등분, 세로 5등분하여 20개의 덩어리로 나눈다.
③ 20개의 각 부분에서 균등량을 취한 후 혼합하여 하나의 시료로 만든다.

2020

42 크롬을 원자흡수분광광도법으로 분석할 때 간섭물질에 관한 내용으로 ( )에 옳은 것은?

> 공기-아세틸렌 불꽃에서는 철, 니켈 등의 공존물질에 의한 방해영향이 크므로 이때는 ( ) 1% 정도 넣어서 측정한다.

① 황산나트륨
② 시안화칼륨
③ 수산화칼슘
④ 수산화칼륨

해설 공기-아세틸렌 불꽃에서는 철, 니켈 등의 공존물질에 의한 방해영향이 크므로 이때에는 황산나트륨을 1% 정도 넣어서 측정한다.

43 시료의 전처리방법에서 회화에 의한 유기물 분해 시 증발접시의 재질로 적당하지 않은 것은?

① 백금　　② 실리카
③ 사기제　　④ 알루미늄

해설 **시료의 전처리 방법(회화법)**

액상폐기물 시료 또는 용출용액 적당량을 취하여 백금, 실리카 또는 사기제 증발접시를 넣고 수욕 또는 열판에서 가열하여 증발건조한다.

정답 38 ④ 39 ② 40 ① 41 ② 42 ① 43 ④

44 감염성 미생물(아포균 검사법) 측정에 적용되는 '지표생물포자'에 관한 설명으로 ( )에 알맞은 것은?

> 감염성 폐기물의 멸균잔류물에 대한 멸균 여부의 판정은 병원성 미생물보다 열저항성이 (㉠) 하고 (㉡)인 아포형성 미생물을 이용하는데, 이를 지표생물포자라 한다.

① ㉠ 약, ㉡ 비병원성
② ㉠ 강, ㉡ 비병원성
③ ㉠ 약, ㉡ 병원성
④ ㉠ 강, ㉡ 병원성

해설 **지표생물포자**
감염성 폐기물의 멸균잔류물에 대한 멸균 여부의 판정은 병원성 미생물보다 열저항성이 강하고 비병원성인 아포형성 미생물을 이용하는데, 이를 지표생물포자라 한다.

45 검정곡선에 대한 설명으로 틀린 것은?

① 검정곡선은 분석물질의 농도변화에 따른 지시값을 나타낸 것이다.
② 절대검정곡선법이란 시료의 농도와 지시값과의 상관성을 검정곡선 식에 대입하여 작성하는 방법이다.
③ 표준물질첨가법이란 시료와 동일한 매질에 일정량의 표준물질을 첨가하여 검정곡선을 작성하는 방법이다.
④ 상대검정곡선법이란 검정곡선 작성용 표준용액과 시료에 서로 다른 양의 내부표준 물질을 첨가하여 시험분석 절차, 기기 또는 시스템의 변동으로 발생하는 오차를 보정하기 위해 사용하는 방법이다.

해설 **검정곡선**
① 절대검정곡선법
시료의 농도와 지시값과의 상관성을 검정곡선식에 대입하여 작성하는 방법
② 표준물질첨가법
㉠ 시료와 동일한 매질에 일정량의 표준물질을 첨가하여 검정곡선을 작성하는 방법
㉡ 매질효과가 큰 시험 분석방법에서 분석 대상 시료와 동일한 매질의 표준시료를 확실하지 못한 경우와 매질효과를 설정하여 분석할 수 있는 방법
③ 상대검정곡선법
검정곡선 작성용 표준용액과 시료에 동일한 양의 내부표준물질을 첨가하여 시험분석 절차, 기기 또는 시스템의 변동으로 발생하는 오차를 설정하기 위해 사용하는 방법

46 폐기물공정시험기준에서 규정하고 있는 사항 중 올바른 것은?

① 용액의 농도를 단순히 "%"로만 표시할 때는 V/V%를 말한다.
② "정확히 취한다"라 함은 규정된 양의 검체, 시액을 홀피펫으로 눈금의 1/10까지 취하는 것을 말한다.
③ "수욕상에서 가열한다"라 함은 규정이 없는 한 수온 60~70℃에서 가열함을 뜻한다.
④ "약"이라 함은 기재된 양에 대하여 ±10% 이상의 차가 있어서는 안 된다.

해설 ① 용액의 농도가 "%"로만 표시된 것은 W/V%를 말한다.
② "정확히 취한다"라 함은 규정된 양의 액체를 홀피펫으로 눈금까지 취하는 것을 말한다.
③ "수욕상에서 가열한다"라 함은 규정이 없는 한 수온 100℃에서 가열함을 뜻한다.

47 흡광광도법에서 Lambert - Beer의 법칙에 관계되는 식은?(단, a =투사광의 강도, b =입사광의 강도, c =농도, d =빛의 투과거리, E =흡광계수)

① $a/b = 10^{-cdE}$
② $b/a = 10^{-cdE}$
③ $a/cd = E \times 10^{-b}$
④ $b/cd = E \times 10^{-a}$

해설 **램버트 비어의 법칙**

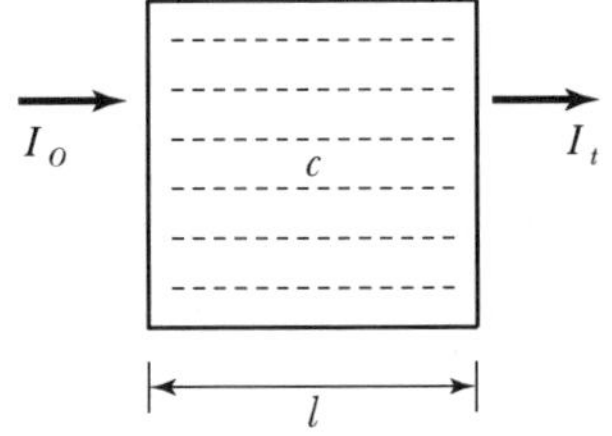

① $I_t = I_o \cdot 10^{-\varepsilon \cdot c \cdot L}$
여기서, I_o : 입사광의 강도
I_t : 투사광의 강도
c : 농도
L : 빛의 투사거리(석영 cell의 두께)
ε : 비례상수로서 흡광계수
② 투과도(투광도, 투과율)(T)
$$T = \frac{I_t}{I_o}$$

정답 44 ② 45 ④ 46 ④ 47 ①

③ 흡광도(A)

$$A = \xi Lc = \log\frac{I_o}{I_t} = \log\frac{1}{\text{투과율}}$$

여기서, ξ : 몰 흡광계수

투광도는 층장(빛의 투사거리)에 반비례한다.

48 기체크로마토그래피법으로 유기물질을 분석하는 기본 원리에 대한 설명으로 틀린 것은?

① 컬럼을 통과하는 동안 유기물질이 성분별로 분리된다.
② 검출기는 유기물질을 성분별로 분리 검출한다.
③ 기록계에 나타난 피크의 넓이는 물질의 온도에 비례한다.
④ 기록계에 나타난 머무름시간으로 유기물질을 정성 분석할 수 있다.

해설 기록계에 나타난 피크의 넓이는 물질의 농도에 비례한다.

49 원자흡수분광광도법으로 수은을 분석할 경우 시료채취 및 관리에 관한 설명으로 ( )에 알맞은 것은?

> 시료가 액상 폐기물의 경우는 질산으로 pH (㉠) 이하로 조절하고 채취 시료는 수분, 유기물 등 함유성분의 변화가 일어나지 않도록 0~4℃ 이하의 냉암소에 보관하여야 하며 가급적 빠른 시간 내에 분석하여야 하나 최대 (㉡)일 안에 분석한다.

① ㉠ 2, ㉡ 14　　② ㉠ 3, ㉡ 24
③ ㉠ 2, ㉡ 28　　④ ㉠ 3, ㉡ 32

해설 **원자흡수분광광도법(수은) 시료채취 및 관리**

① 시료가 액상폐기물인 경우
　㉠ 진한 질산으로 pH 2 이하로 조절
　㉡ 채취시료는 수분, 유기물 등 함유성분의 변화가 일어나지 않도록 0~4℃ 이하의 냉암소에 보관
　㉢ 가급적 빠른 시간 내에 분석하여야 하나 최대 28일 안에 분석
② 시료가 고상폐기물인 경우
　㉠ 0~4℃ 이하의 냉암소에 보관
　㉡ 가급적 빠른 시간 내에 분석

50 기체크로마토그래피의 전자포획검출기에 관한 설명으로 ( )에 내용으로 옳은 것은?

> 전자포획검출기는 방사선 동위원소(^{63}Ni, ^{3}H 등)로부터 방출되는 ( )이 운반기체를 전리하여 미소전류를 흘려보낼 때 시료 중의 할로겐이나 산소와 같이 전자포획력이 강한 화합물에 의하여 전자가 포획되어 전류가 감소하는 것을 이용하는 방법이다.

① 알파(α)선　　② 베타(β)선
③ 감마(γ)선　　④ X선

해설 **전자포획 검출기(ECD ; Electron Capture Detector)**

전자포획 검출기는 방사선 동위원소(^{63}Ni, ^{3}H)로부터 방출되는 β선이 운반가스를 전리하여 미소전류를 흘려보낼 때 시료 중의 할로겐이나 산소와 같이 전자포획력이 강한 화합물에 의하여 전자가 포획되어 전류가 감소하는 것을 이용하는 방법으로, 유기할로겐 화합물, 니트로화합물 및 유기금속화합물을 선택적으로 검출할 수 있다.

2020

51 10g 도가니에 20g의 시료를 취한 후 25% 질산암모늄용액을 넣어 탄화시킨 다음 600±25℃의 전기로에서 3시간 강열하였다. 데시케이터에서 식힌 후 도가니와 시료의 무게가 25g이었다면 강열감량(%)는?

① 15　　② 20
③ 25　　④ 30

해설
$$\text{강열감량}(\%) = \frac{W_2 - W_3}{W_2 - W_1} \times 100 = \frac{(30-25)\text{g}}{(30-10)\text{g}} \times 100 = 25\%$$

52 시료 내 수은을 원자흡수분광광도법으로 측정할 때의 내용으로 ( )에 옳은 것은?

> 시료 중 수은을 ( )을 넣어 금속수은으로 환원시킨 다음 이 용액에 통기하여 발생하는 수은증기를 원자흡수분광광도법에 따라 정량하는 방법이다.

① 시안화칼륨　　② 과망간산칼륨
③ 아연분말　　④ 이염화주석

해설 **원자흡수분광광도법(수은)**

시료 중 수은을 이염화주석을 넣어 금속수은으로 환원시킨 다음 이 용액에 통기하여 발생하는 수은증기를 253.7nm의 파장에서 원자흡수분광광도법에 따라 정량하는 방법이다.

정답 48 ③　49 ③　50 ②　51 ③　52 ④

53 온도 표시에 관한 내용으로 옳지 않은 것은?

① 찬 곳은 따로 규정이 없는 한 0~15℃의 곳을 뜻한다.
② 냉수는 4℃ 이하를 말한다.
③ 온수는 60~70℃를 말한다.
④ 상온은 15~25℃를 말한다.

해설 **온도기준**

용어	온도(℃)
표준온도	0
상온	15~25
실온	1~35
찬 곳	0~15의 곳(따로 규정이 없는 경우)
냉수	15 이하
온수	60~70
열수	≒100

54 원자흡수분광광도법에서 중공음극램프선을 흡수하는 것은?

① 기저상태의 원자　② 여기상태의 원자
③ 이온화된 원자　④ 불꽃 중의 원자쌍

55 수분과 고형물의 함량에 따라 폐기물을 구분 할 때 다음 중 포함되지 않는 것은?

① 액상 폐기물　② 반액상 폐기물
③ 반고상 폐기물　④ 고상 폐기물

해설 **수분과 고형물의 함량에 따른 폐기물의 종류**
① 액상폐기물 : 고형물의 함량이 5% 미만
② 반고상폐기물 : 고형물의 함량이 5% 이상 15% 미만
③ 고상폐기물 : 고형물의 함량이 15% 이상

56 0.1N 수산화나트륨용액 20mL를 중화시키려고 할 때 가장 적합한 용액은?

① 0.1M 황산 20mL　② 0.1M 염산 10mL
③ 0.1M 황산 10mL　④ 0.1M 염산 40mL

해설 황산은 2당량 → 0.1M(0.2N)
중화 시에는 당량 대 당량으로 중화한다.
$NV = N'V'$
0.1N : 20mL = 0.2N × x(mL)
x(mL) = 10mL

57 유리전극법으로 수소이온농도를 측정할 때 간섭물질에 대한 내용으로 옳지 않은 것은?

① 유리전극은 일반적으로 용액의 색도, 탁도에 의해 간섭을 받지 않는다.
② 유리전극은 산화 및 환원성 물질 그리고 염도에 간섭을 받는다.
③ pH 10 이상에서 나트륨에 의해 오차가 발생할 수 있는데 이는 낮은 나트륨 오차 전극을 사용하여 줄일 수 있다.
④ pH는 온도변화에 따라 영향을 받는다.

해설 유리전극은 일반적으로 용액의 산화 및 환원성 물질 및 염도에 의해 간섭을 받지 않는다.

58 절연유 중에 포함된 폴리클로리네이티드비페닐(PCBs)을 신속하게 분석하는 방법에 대한 설명으로 틀린 것은?

① 절연유를 진탕 알칼리 분해하고 대용량 다층 실리카겔 컬럼을 통과시켜 정제한다.
② 기체크로마토그래프–열전도검출기에 주입하여 크로마토그램에 나타난 피크형태로부터 정량분석 한다.
③ 정량한계는 0.5mg/L 이상이다.
④ 기체크로마토그래프의 운반기체는 부피백분율 99.999% 이상의 헬륨 또는 질소를 이용한다.

해설 **기체크로마토그래피(PCBs–절연유분석법)**
절연유를 진탕 알칼리 분해하고 대용량 다층 실리카겔 컬럼을 통과시켜 정제한 다음, 기체크로마토그래피–전자포획검출기(GC–ECD)에 주입하여 크로마토그램에 나타난 피크형태에 따라 폴리클로리네이티드비페닐을 확인하고 신속하게 정량하는 방법이다.

59 pH = 1인 폐산과 pH = 5인 폐산의 수소이온 농도 차이(배)는?

① 4배　② 4백 배
③ 만 배　④ 10만 배

해설 $pH = \log\frac{1}{[H^+]}$
수소이온농도$[H^+] = 10^{-pH}$
pH 1→$[H^+] = 10^{-1}$M(mol/L)
pH 5→$[H^+] = 10^{-5}$M(mol/L)
$[H^+]$비 $= \frac{10^{-1}}{10^{-5}} = 10{,}000$배

정답 53 ② 54 ① 55 ② 56 ③ 57 ② 58 ② 59 ③

60 폐기물공정시험기준상 ppm(parts per million)단위로 틀린 것은?

① mg/m^3 ② g/m^3
③ mg/kg ④ mg/L

해설 백만분율(ppm)
ppm = mg/L(g/m^3) = mg/kg

제4과목 폐기물관계법규

61 환경상태의 조사 · 평가에서 국가 및 지방자치단체가 상시 조사 · 평가하여야 하는 내용이 아닌 것은?

① 환경오염지역의 접근성 실태
② 환경오염 및 환경훼손 실태
③ 자연환경 및 생활환경 현황
④ 환경의 질의 변화

해설 **국가 및 지방자치단체가 상시 조사 · 평가하여야 하는 내용(「환경정책기본법」)**
① 자연환경과 생활환경 현황
② 환경오염 및 환경훼손 실태
③ 환경오염원 및 환경훼손 요인
④ 환경의 질의 변화
⑤ 그 밖에 국가환경종합계획 등의 수립 · 시행에 필요한 사항

62 환경부장관이나 시 · 도지사가 폐기물처리업자에게 영업의 정지를 명령하려는 때 그 영업의 정지가 천재지변이나 그 밖에 부득이한 사유로 해당 영업을 계속하도록 할 필요가 있다고 인정되는 경우에 그 영업의 정지를 갈음하여 부과할 수 있는 최대 과징금은?(단, 그 폐기물처리업자가 매출액이 없거나 매출액을 산정하기 곤란한 경우로서 대통령령으로 정하는 경우)

① 5천만 원 ② 1억 원
③ 2억 원 ④ 3억 원

해설 **폐기물처리업자에 대한 과징금 처분**
환경부장관이나 시 · 도지사는 폐기물처리업자에게 영업의 정지를 명령하려는 때 그 영업의 정지가 다음의 어느 하나에 해당한다고 인정되면 대통령령으로 정하는 바에 따라 그 영업의 정지를 갈음하여 1억 원 이하의 과징금을 부과할 수 있다.
① 해당 영업의 정지로 인하여 그 영업의 이용자가 폐기물을 위탁처리하지 못하여 폐기물이 사업장 안에 적체됨으로써 이용자의 사업활동에 막대한 지장을 줄 우려가 있는 경우
② 해당 폐기물처리업자가 보관 중인 폐기물이나 그 영업의 이용자가 보관 중인 폐기물의 적체에 따른 환경오염으로 인하여 인근지역 주민의 건강에 위해가 발생되거나 발생될 우려가 있는 경우
③ 천재지변이나 그 밖의 부득이한 사유로 해당 영업을 계속하도록 할 필요가 있다고 인정되는 경우

63 사업장폐기물을 공동으로 수집, 운반, 재활용 또는 처분하는 공동 운영기구의 대표자가 폐기물의 발생 · 배출 · 처리상황 등을 기록한 장부를 보존하여야 하는 기간은?

① 1년 ② 3년 ③ 5년 ④ 7년

해설 사업장폐기물을 공동으로 수집, 운반, 재활용 또는 처분하는 공동 운영기구의 대표자는 폐기물의 발생 · 배출 · 처리상황 등을 기록한 장부를 3년간 보존하여야 한다.

2020

64 폐기물처분시설 또는 재활용시설의 검사기준에 관한 내용 중 멸균분쇄시설의 설치검사 항목이 아닌 것은?

① 계량시설의 작동상태
② 분쇄시설의 작동상태
③ 자동기록장치의 작동상태
④ 밀폐형으로 된 자동제어에 의한 처리방식인지 여부

해설 **멸균분쇄시설의 설치검사 항목**
① 멸균능력의 적절성 및 멸균조건의 적절 여부(멸균검사 포함)
② 분쇄시설의 작동상태
③ 밀폐형으로 된 자동제어에 의한 처리방식인지 여부
④ 자동기록장치의 작동상태
⑤ 폭발사고와 화재 등에 대비한 구조인지 여부
⑥ 자동투입장치와 투입량 자동계측장치의 작동상태
⑦ 악취방지시설 · 건조장치의 작동상태

65 폐기물처리시설의 유지 · 관리에 관한 기술관리를 대행할 수 있는 자와 거리가 먼 것은?

① 엔지니어링산업 진흥법에 따라 신고한 엔지니어링사업자
② 기술사법에 따른 기술사사무소(법에 따른 자격을 가진 기술사가 개설한 사무소로 한정한다.)
③ 폐기물관리 및 설치신고에 관한 법률에 따른 한국화학시험연구원
④ 한국환경공단

정답 60 ① 61 ① 62 ② 63 ② 64 ① 65 ③

해설 **폐기물처리시설의 유지 · 관리에 관한 기술관리대행자**

① 한국환경공단
② 엔지니어링 사업자
③ 기술사사무소
④ 그 밖에 환경부장관이 기술관리를 대행할 능력이 있다고 인정하여 고시하는 자

66 폐기물처분시설 중 관리형 매립시설에서 발생하는 침출수의 배출허용기준 중 '나 지역'의 생물화학적 산소요구량의 기준은?(단, '나 지역'은 「물환경보전법 시행규칙」에 따른다.)

① 60mg/L 이하　② 70mg/L 이하
③ 80mg/L 이하　④ 90mg/L 이하

해설 **관리형 매립시설 침출수의 배출허용기준**

구분	생물화학적 산소요구량(mg/L)	화학적 산소요구량(mg/L)			부유물질량(mg/L)
		과망간산칼륨법에 따른 경우		중크롬산칼륨법에 따른 경우	
		1일 침출수 배출량 $2,000m^3$ 이상	1일 침출수 배출량 $2,000m^3$ 미만		
청정지역	30	50	50	400 (90%)	30
가 지역	50	80	100	600 (85%)	50
나 지역	70	100	150	800 (80%)	70

67 폐기물 수집 · 운반증을 부착한 차량으로 운반해야 될 경우가 아닌 것은?

① 사업장폐기물배출자가 그 사업장에서 발생한 폐기물을 사업장 밖으로 운반하는 경우
② 폐기물처리 신고자가 재활용 대상 폐기물을 수집 · 운반하는 경우
③ 폐기물처리업자가 폐기물을 수집 · 운반하는 경우
④ 광역 폐기물 처분시설의 장치 · 운영자가 생활폐기물을 수집 · 운반하는 경우

해설 **폐기물 수집 · 운반증을 부착한 차량으로 운반해야 되는 경우**

① 광역 폐기물 처분시설 또는 재활용시설의 설치 · 운영자가 폐기물을 수집 · 운반하는 경우(생활폐기물을 수집 · 운반하는 경우는 제외한다)
② 음식물류 폐기물 배출자가 그 사업장에서 발생한 음식물류 폐기물을 사업장 밖으로 운반하는 경우
③ 음식물류 폐기물을 공동으로 수집 · 운반 또는 재활용하는 자가 음식물류 폐기물을 수집 · 운반하는 경우
④ 사업장폐기물배출자가 그 사업장에서 발생한 폐기물을 사업장 밖으로 운반하는 경우
⑤ 사업장폐기물을 공동으로 수집 · 운반, 처분 또는 재활용하는 자가 수집 · 운반하는 경우
⑥ 폐기물처리업자가 폐기물을 수집 · 운반하는 경우
⑦ 폐기물처리 신고자가 재활용 대상 폐기물을 수집 · 운반하는 경우
⑧ 폐기물을 수출하거나 수입하는 자가 그 폐기물을 운반하는 경우(컨테이너를 이용하여 운반하는 경우를 포함한다)

68 폐기물 수집 · 운반업자가 임시보관장소에 의료폐기물을 5일 이내로 냉장 보관할 수 있는 전용보관시설의 온도 기준은?

① 섭씨 2도 이하　② 섭씨 3도 이하
③ 섭씨 4도 이하　④ 섭씨 5도 이하

해설 **의료폐기물 보관시설의 세부기준**

① 보관창고의 바닥과 안벽은 타일 · 콘크리트 등 물에 견디는 성질의 자재로 세척이 쉽게 설치하여야 하며, 항상 청결을 유지할 수 있도록 하여야 한다.
② 보관창고에는 소독약품 및 장비와 이를 보관할 수 있는 시설을 갖추어야 하고, 냉장시설에는 내부 온도를 측정할 수 있는 온도계를 붙여야 한다.
③ 냉장시설은 섭씨 4도 이하의 설비를 갖추어야 하며, 보관 중에는 냉장설비를 항상 가동하여야 한다.
④ 보관창고, 보관장소 및 냉장시설은 주 1회 이상 약물소독의 방법으로 소독하여야 한다.
⑤ 보관창고와 냉장시설은 의료폐기물이 밖에서 보이지 않는 구조로 되어 있어야 하며, 외부인의 출입을 제한하여야 한다.
⑥ 보관창고, 보관장소 및 냉장시설에는 보관 중인 의료폐기물의 종류 · 양 및 보관기간 등을 확인할 수 있는 표지판을 설치하여야 한다.

69 폐기물처리 담당자 등에 대한 교육을 실시하는 기관으로 거리가 먼 것은?

① 국립환경연구원　② 환경보전협회
③ 한국환경공단　④ 한국환경산업기술원

해설 **교육기관**

① 국립환경인력개발원, 한국환경공단 또는 한국폐기물협회
　㉠ 폐기물처분시설 또는 재활용시설의 기술관리인이나 폐기물처리시설의 설치자로서 스스로 기술관리를 하는 자
　㉡ 폐기물처리시설의 설치 · 운영자 또는 그가 고용한 기술담당자

정답 66 ② 67 ④ 68 ③ 69 ①

② 「환경정책기본법」에 따른 환경보전협회 또는 한국폐기물협회
㉠ 사업장폐기물 배출자 신고를 한 자 및 법 제17조 제3항에 따른 서류를 제출한 자 또는 그가 고용한 기술담당자
㉡ 폐기물처리업자(폐기물 수집 · 운반업자는 제외한다)가 고용한 기술요원
㉢ 폐기물처리시설의 설치 · 운영자 또는 그가 고용한 기술담당자
㉣ 폐기물 수집 · 운반업자 또는 그가 고용한 기술담당자
㉤ 폐기물재활용신고자 또는 그가 고용한 기술담당자

②의2 한국환경산업기술원
재활용환경성평가기관의 기술인력

②의3 국립환경인력개발원, 한국환경공단
폐기물분석전문기관의 기술요원

70 폐기물처리시설을 설치 · 운영하는 자는 일정한 기간마다 정기검사를 받아야 한다. 소각시설의 경우 최초 정기검사일 기준은?

① 사용개시일부터 5년이 되는 날
② 사용개시일부터 3년이 되는 날
③ 사용개시일부터 2년이 되는 날
④ 사용개시일부터 1년이 되는 날

해설 **폐기물 처리시설의 검사기간**

① 소각시설
최초 정기검사는 사용개시일부터 3년이 되는 날(「대기환경보전법」에 따른 측정기기를 설치하고 같은 법 시행령에 따른 굴뚝원격감시체계관제센터와 연결하여 정상적으로 운영되는 경우에는 사용개시일부터 5년이 되는 날), 2회 이후의 정기검사는 최종 정기검사일(검사결과서를 발급받은 날을 말한다)부터 3년이 되는 날

② 매립시설
최초 정기검사는 사용개시일부터 1년이 되는 날, 2회 이후의 정기검사는 최종 정기검사일부터 3년이 되는 날

③ 멸균분쇄시설
최초 정기검사는 사용개시일부터 3개월, 2회 이후의 정기검사는 최종 정기검사일부터 3개월

④ 음식물류 폐기물 처리시설
최초 정기검사는 사용개시일부터 1년이 되는 날, 2회 이후의 정기검사는 최종 정기검사일부터 1년이 되는 날

⑤ 시멘트 소성로
최초 정기검사는 사용개시일부터 3년이 되는 날(「대기환경보전법」에 따른 측정기기를 설치하고 같은 법 시행령에 따른 굴뚝원격감시체계관제센터와 연결하여 정상적으로 운영되는 경우에는 사용개시일부터 5년이 되는 날), 2회 이후의 정기검사는 최종 정기검사일부터 3년이 되는 날

71 폐기물관리법에서 사용하는 용어의 뜻으로 틀린 것은?

① 생활폐기물 : 사업장폐기물 외의 폐기물을 말한다.
② 폐기물감량화시설 : 생산공정에서 발생하는 폐기물의 양을 줄이고, 사업장 내 재활용을 통하여 폐기물 배출을 최소화하는 시설로서 대통령령으로 정하는 시설을 말한다.
③ 처분 : 폐기물의 소각 · 중화 · 파쇄 · 고형화 등의 중간처분과 매립하는 등의 최종처분을 위한 대통령령으로 정하는 활동을 말한다.
④ 폐기물 : 쓰레기, 연소재, 오니, 폐유, 폐산, 폐알칼리 및 동물의 사체 등으로서 사람의 생활이나 사업활동에 필요하지 아니하게 된 물질을 말한다.

해설 **처분**
폐기물의 소각 · 중화 · 파쇄 · 고형화 등의 중간처분과 매립하거나 해역으로 배출하는 등의 최종처분을 말한다.

2020

72 폐기물처리업 중 폐기물 수집 · 운반업의 변경허가를 받아야 할 중요사항에 관한 내용으로 틀린 것은?

① 수집 · 운반 대상 폐기물의 변경
② 영업구역의 변경
③ 주차장 소재지의 변경(지정폐기물을 대상으로 하는 수집 · 운반업만 해당한다.
④ 운반차량(임시차량 포함) 증차

해설 **폐기물 수집 · 운반업의 변경허가를 받아야 할 중요사항**
① 수집 · 운반 대상 폐기물의 변경
② 영업구역의 변경
③ 주차장 소재지의 변경(지정폐기물을 대상으로 하는 수집 · 운반업만 해당한다.)
④ 운반차량(임시차량은 제외한다)의 증차

73 기술관리인을 두어야 할 대통령령으로 정하는 폐기물처리시설에 해당되지 않는 것은?(단, 폐기물처리업자가 운영하는 폐기물처리시설은 제외)

① 지정폐기물 외의 폐기물을 매립하는 시설로서 면적이 12,000m^2인 시설
② 멸균분쇄시설로서 시간당 처분능력이 150kg인 시설
③ 용해로로서 시간당 재활용능력이 300kg인 시설
④ 사료화 · 퇴비화 또는 연료화시설로서 1일 재활용능력이 10톤인 시설

정답 70 ② 71 ③ 72 ④ 73 ③

해설 **기술관리인을 두어야 하는 폐기물처리시설**

① 매립시설의 경우
   ㉠ 지정폐기물을 매립하는 시설로서 면적이 3천300제곱미터 이상인 시설. 다만, 차단형 매립시설에서는 면적이 330제곱미터 이상이거나 매립용적이 1천 세제곱미터 이상인 시설로 한다.
   ㉡ 지정폐기물 외의 폐기물을 매립하는 시설로서 면적이 1만 제곱미터 이상이거나 매립용적이 3만 세제곱미터 이상인 시설
② 소각시설로서 시간당 처리능력이 600킬로그램(감염성 폐기물을 대상으로 하는 소각시설의 경우에는 200킬로그램) 이상인 시설
③ 압축 · 파쇄 · 분쇄 또는 절단시설로서 1일 처리능력 또는 재활용시설이 100톤 이상인 시설
④ 사료화 · 퇴비화 또는 연료화 시설로서 1일 재활용능력이 5톤 이상인 시설
⑤ 멸균 · 분쇄시설로서 시간당 처리능력이 100킬로그램 이상인 시설
⑥ 시멘트 소성로
⑦ 용해로(폐기물에 비철금속을 추출하는 경우로 한정한다.)로서 시간당 재활용능력이 600킬로그램 이상인 시설
⑧ 소각열회수시설로서 시간당 재활용능력이 600킬로그램 이상인 시설

74 **환경부장관 또는 시 · 도지사가 영업구역을 제한하는 조건을 붙일 수 있는 폐기물처리업 대상은?**

① 생활폐기물 수집 · 운반업
② 폐기물 재생 처리업
③ 지정폐기물 처리업
④ 사업장폐기물 처리업

해설 환경부장관 또는 시 · 도지사는 허가를 할 때에는 주민생활의 편익, 주변 환경보호 및 폐기물처리업의 효율적 관리 등을 위하여 필요한 조건을 붙일 수 있다. 다만, 영업구역을 제한하는 조건은 생활폐기물의 수집 · 운반업에 대하여 붙일 수 있으며, 이 경우 시 · 도지사는 시 · 군 · 구 단위 미만으로 제한하여서는 아니 된다.

75 **시설의 폐쇄명령을 이행하지 아니한 자에 대한 벌칙 기준으로 맞는 것은?**

① 1년 이하의 징역이나 1천만 원 이하의 벌금
② 2년 이하의 징역이나 2천만 원 이하의 벌금
③ 3년 이하의 징역이나 3천만 원 이하의 벌금
④ 5년 이하의 징역이나 5천만 원 이하의 벌금

해설 폐기물관리법 제64조 참조

76 **폐기물처리 담당자 등에 대한 교육의 대상자(그 밖에 대통령령으로 정하는 사람)에 해당되지 않는 자는?**

① 폐기물처리시설의 설치 · 운영자
② 사업장폐기물을 처리하는 사업자
③ 폐기물처리 신고자
④ 확인을 받아야 하는 지정폐기물을 배출하는 사업자

해설 **폐기물처리 담당자로서 교육대상자**

① 폐기물처리시설(법 제34조 제1항에 따라 기술관리인을 임명한 폐기물처리시설은 제외한다)의 설치 · 운영자나 그가 고용한 기술담당자
② 사업장폐기물 배출자 신고를 한 자나 그가 고용한 기술담당자
③ 확인을 받아야 하는 지정폐기물을 배출하는 사업자나 그가 고용한 기술 담당자
④ 제2호와 제3호에 따른 자 외의 사업장폐기물을 배출하는 사업자나 그가 고용한 기술담당자로서 환경부령으로 정하는 자
⑤ 폐기물수집 · 운반업의 허가를 받은 자나 그가 고용한 기술담당자
⑥ 폐기물처리 신고자나 그가 고용한 기술담당자

77 **폐기물관리법을 적용하지 아니하는 물질에 대한 설명으로 옳지 않은 것은?**

① 용기에 들어 있지 아니한 고체상태의 물질
② 원자력안전법에 따른 방사성 물질과 이로 인하여 오염된 물질
③ 하수도법에 따른 하수 · 분뇨
④ 물환경보전법에 따른 수질 오염 방지시설에 유입되거나 공공 수역으로 배출되는 폐수

해설 **폐기물관리법을 적용하지 않는 물질**

① 「원자력안전법」에 따른 방사성 물질과 이로 인하여 오염된 물질
② 용기에 들어 있지 아니한 기체상태의 물질
③ 「물환경보전법」에 따른 수질오염 방지시설에 유입되거나 공공수역(수역)으로 배출되는 폐수
④ 「가축분뇨의 관리 및 이용에 관한 법률」에 따른 가축분뇨
⑤ 「하수도법」에 따른 하수 · 분뇨
⑥ 「가축전염병예방법」이 적용되는 가축의 사체, 오염 물건, 수입 금지 물건 및 검역 불합격품
⑦ 「수산생물질병 관리법」에 적용되는 수산동물의 사체, 오염된 시설 또는 물건, 수입 금지 물건 및 검역 불합격품
⑧ 「군수품관리법」에 따라 폐기되는 탄약
⑨ 「동물보호법」에 따른 동물장묘업의 등록을 한 자가 설치 · 운영하는 동물장묘시설에서 처리되는 동물의 사체

정답 74 ① 75 ④ 76 ② 77 ①

78 **폐기물처리시설의 종류 중 기계적 재활용시설에 해당되지 않는 것은?**

① 압축 · 압출 · 성형 · 주조시설(동력 7.5kW 이상인 시설로 한정한다.)
② 절단시설(동력 7.5kW 이상인 시설로 한정한다.)
③ 용융 · 용해시설(동력 7.5kW 이상인 시설로 한정한다.)
④ 고형화 · 고화시설(동력 15kW 이상인 시설로 한정한다.)

해설 **기계적 재활용시설**
① 압축 · 압출 · 성형 · 주조시설(동력 7.5kW 이상인 시설로 한정한다)
② 파쇄 · 분쇄 · 탈피시설(동력 15kW 이상인 시설로 한정한다)
③ 절단시설(동력 7.5kW 이상인 시설로 한정한다)
④ 용융 · 용해시설(동력 7.5kW 이상인 시설로 한정한다)
⑤ 연료화시설
⑥ 증발 · 농축시설
⑦ 정제시설(분리 · 증류 · 추출 · 여과 등의 시설을 이용하여 폐기물을 재활용하는 단위시설을 포함한다)
⑧ 유수 분리시설
⑨ 탈수 · 건조시설
⑩ 세척시설(철도용 폐목재 받침목을 재활용하는 경우로 한정한다)

79 **다음 중 지정폐기물이 아닌 것은?**

① pH가 12.6인 폐알칼리
② 고체상태의 폐합성고무
③ 수분함량이 90%인 오니류
④ PCB를 2mg/L 이상 함유한 액상 폐기물

해설 지정폐기물의 종류에서 고체상태의 폐합성고무는 제외한다.

80 **주변지역 영향 조사대상 폐기물처리시설 기준으로 틀린 것은?(단, 폐기물처리업자가 설치 · 운영하는 시설)**

① 시멘트 소성로(폐기물을 연료로 사용하는 경우로 한정한다.)
② 매립면적 15만 제곱미터 이상의 사업장 일반폐기물 매립시설
③ 매립면적 3만 제곱미터 이상의 사업장 지정폐기물 매립시설
④ 1일 재활용능력이 50톤 이상인 사업장폐기물 소각열회수시설(같은 사업장에 여러 개의 소각열회수시설이 있는 경우에는 각 소각열회수시설의 1일 재활용 능력의 합계가 50톤 이상인 경우를 말한다.)

해설 **주변지역 영향 조사대상 폐기물처리시설 기준**
① 1일 처리능력이 50톤 이상인 사업장폐기물 소각시설(같은 사업장에 여러 개의 소각시설이 있는 경우에는 각 소각시설의 1일 처리능력의 합계가 50톤 이상인 경우를 말한다.)
② 매립면적 1만 제곱미터 이상의 사업장 지정폐기물 매립시설
③ 매립면적 15만 제곱미터 이상의 사업장 일반폐기물 매립시설
④ 시멘트 소성로(폐기물을 연료로 사용하는 경우로 한정한다.)
⑤ 1일 재활용능력이 50톤 이상인 사업장 폐기물 소각열회수시설

정답 78 ④ 79 ② 80 ③

2019년 1회 기출문제

제1과목 폐기물개론

01 다음 중 수거 분뇨의 성질에 영향을 주는 요소와 거리가 먼 것은?

① 배출지역의 기후 ② 분뇨 저장기간
③ 저장탱크의 구조와 크기 ④ 종말처리방식

해설 **수거분뇨 성질에 영향을 주는 요소**
① 배출지역의 기후
② 분뇨 저장기간
③ 저장탱크의 구조와 크기
[Note] 종말처리방식은 수거 분뇨의 성질에 영향을 미치는 요소는 아니며, 처리 후 성질과 관련이 있다.

02 적환장의 일반적인 설치 필요조건으로 가장 거리가 먼 것은?

① 작은 용량의 수집차량을 사용할 때
② 슬러지 수송이나 공기수송방식을 사용할 때
③ 불법 투기와 다량의 어질러진 쓰레기들이 발생할 때
④ 고밀도 거주지역이 존재할 때

해설 **적환장 설치가 필요한 경우**
① 작은 용량의 수집차량을 사용할 때($15m^3$ 이하)
② 저밀도 거주지역이 존재할 때
③ 불법투기와 다량의 어질러진 쓰레기들이 발생할 때
④ 슬러지 수송이나 공기수송방식을 사용할 때
⑤ 처분지가 수집장소로부터 멀리 떨어져 있을 때
⑥ 상업지역에서 폐기물 수집에 소형 용기를 많이 사용하는 경우
⑦ 쓰레기 수송 비용절감이 필요한 경우
⑧ 압축식 수거 시스템인 경우

03 유기성 폐기물의 퇴비화 과정에 대한 설명으로 가장 거리가 먼 것은?

① 암모니아 냄새가 유발될 경우 건조된 낙엽과 같은 탄소원을 첨가해야 한다.
② 발효 초기 원료의 온도가 40~60℃까지 증가하면 효모나 질산화균이 우점한다.
③ C/N비가 너무 낮으면 질소가 암모니아로 변하여 pH를 증가시킨다.
④ 염분함량이 높은 원료를 퇴비화하여 토양에 시비하면 토양경화의 원인이 된다.

해설 발효 초기 원료의 온도가 40~60℃까지 증가하면 고온성 세균과 방선균이 출현, 우점하여 유기물을 분해한다.

04 압축기에 관한 설명으로 가장 거리가 먼 것은?

① 회전식 압축기는 회전력을 이용하여 압축한다.
② 고정식 압축기는 압축방법에 따라 수평식과 수직식이 있다.
③ 백(bag) 압축기는 연속식과 회분식으로 구분할 수 있다.
④ 압축결속기는 압축이 끝난 폐기물을 끈으로 묶는 장치이다.

해설 **회전식 압축기(Rotary compactors)**
① 회전판 위에 open 상태로 있는 종이나 휴지로 만든 bag에 폐기물을 충전 · 압축하여 포장하는 소형 압축기이며 비교적 부피가 작은 폐기물을 넣어 포장하는 압축 피스톤의 조합으로 구성되어 있다.
② 표준형으로 8~10개의 bag(1개 bag의 부피 $0.4m^3$)을 갖고 있으며, 큰 것은 20~30개의 bag을 가지고 있다.

05 폐기물 파쇄 시 작용하는 힘과 가장 거리가 먼 것은?

① 충격력 ② 압축력
③ 인장력 ④ 전단력

해설 **파쇄 시 작용하는 힘(작용력)**
① 압축력 ② 전단력
③ 충격력 ④ 상기 3가지 조합

06 유해물질, 배출원, 그에 따른 인체의 영향으로 옳지 않은 것은?

① 수은 – 온도계 제조시설 – 미나마따병
② 카드뮴 – 도금시설 – 이따이이따이병

정답 01 ④ 02 ④ 03 ② 04 ① 05 ③ 06 ③

③ 납 – 농약제조시설 – 헤모글로빈 생성 촉진
④ PCB – 트렌스유 제조시설 – 카네미유증

해설 납(Pb)
① 배출원 : 배터리 및 인쇄시설, 안료제조시설
② 인체영향 : 빈혈 촉진, 중추신경계 장애, 신장장애

07 우리나라 폐기물 중 가장 큰 구성비율을 차지하는 것은?

① 생활폐기물
② 사업장 폐기물 중 처리시설 폐기물
③ 사업장 폐기물 중 건설폐기물
④ 사업장 폐기물 중 지정폐기물

해설 우리나라 폐기물 발생량
사업장 폐기물 중 건설폐기물 > 사업장 폐기물 중 처리시설 폐기물 > 생활폐기물 > 사업장 폐기물 중 지정폐기물

08 삼성분의 조성비를 이용하여 발열량을 분석할 때 이용되는 추정식에 대한 설명으로 맞는 것은?

Q(kcal/kg) = (4,500 × V/100) – (600 × W/100)

① 600은 물의 포화수증기압을 의미한다.
② V는 쓰레기 가연분의 조성비(%)이다.
③ W는 회분의 조성비(%)이다.
④ 이 식은 고위발열량을 나타낸다.

해설 ① 600은 0℃에서 H_2O 1kg의 증발잠열이다.
③ W는 수분의 조성비(%)이다.
④ 이 식은 저위발열량을 나타낸다.

09 습량기준 회분율(A, %)을 구하는 식으로 맞는 것은?

① 건조쓰레기 회분(%) × $\dfrac{100+\text{수분함량}(\%)}{100}$
② 수분함량(%) × $\dfrac{100-\text{건조쓰레기 회분}(\%)}{100}$
③ 건조쓰레기 회분(%) × $\dfrac{100-\text{수분함량}(\%)}{100}$
④ 수분함량(%) × $\dfrac{\text{건조쓰레기 회분}(\%)}{100}$

해설 습량기준 회분율(%)
= 건조쓰레기 회분(%) × $\dfrac{100-\text{수분함량}(\%)}{100}$

10 매립 시 파쇄를 통해 얻는 이점을 설명한 것으로 가장 거리가 먼 것은?

① 압축장비가 없어도 고밀도의 매립이 가능하다.
② 곱게 파쇄하면 매립 시 복토가 필요 없거나 복토요구량이 절감된다.
③ 폐기물과 잘 섞여서 혐기성 조건을 유지하므로 메탄 등의 재회수가 용이하다.
④ 폐기물 입자의 표면적이 증가되어 미생물작용이 촉진된다.

해설 쓰레기를 파쇄하여 매립 시 장점(이점)
① 곱게 파쇄하면 매립 시 복토가 필요 없거나 복토요구량이 절감된다.
② 매립 시 폐기물이 잘 섞여서 호기성 조건을 유지하므로 냄새가 방지된다.
③ 매립작업이 용이하고 압축장비가 없어도 고밀도의 매립이 가능하다.
④ 폐기물 입자의 표면적이 증가되어 미생물작용이 촉진된다. (조기 안정화)
⑤ 병원균의 매개체(쥐 or 해충)의 섭취 가능 음식이 없어져 이들의 서식이 불가능하다.
⑥ 폐기물 밀도가 증가되어 바람에 멀리 날아갈 염려가 없다.(화재위험 없음)
⑦ 압축 시 밀도증가율이 크므로 운반비가 감소한다.

2019

11 폐기물의 80%를 3cm보다 작게 파쇄하려 할 때 Rosin–Rammler 입자 크기 분포모델을 이용한 특성입자의 크기(cm)는?(단, $n=1$)

① 1.36 ② 1.86
③ 2.36 ④ 2.86

해설 $Y = 1-\exp\left[-\left(\dfrac{X}{X_0}\right)^n\right]$

$0.8 = 1-\exp\left[-\left(\dfrac{3}{X_0}\right)^1\right]$

$\exp\left[-\left(\dfrac{3}{X_0}\right)^1\right] = 1-0.8$, 양변에 ln을 취하면

$-\dfrac{3}{X_0} = \ln 0.2$

X_0(특성입자 크기) = 1.86cm

정답 07 ③ 08 ② 09 ③ 10 ③ 11 ②

12 **쓰레기의 발생량 조사방법인 직접계근법에 관한 내용으로 가장 거리가 먼 것은?**

① 입구에서 쓰레기가 적재되어 있는 차량과 출구에서 쓰레기를 적하한 공차량을 각각 계근하여 그 차이로 쓰레기양을 산출한다.

② 적재차량 계수분석에 비하여 작업량이 적고 간단하다.

③ 비교적 정확한 쓰레기 발생량을 파악할 수 있다.

④ 일정기간 동안 특정지역의 쓰레기를 수거한 운반차량을 중간적하장이나 중계처리장에서 직접 계근하는 방법이다.

해설 **쓰레기 발생량 조사(측정방법)**

조사방법		내용
적재차량 계수분석법 (Load-count analysis)		• 일정기간 동안 특정 지역의 쓰레기 수거 · 운반차량의 대수를 조사하여, 이 결과로 밀도를 이용하여 질량으로 환산하는 방법(차량의 대수에 폐기물의 겉보기 비중을 선정하여 중량으로 환산하는 방법) • 조사장소는 중간적하장이나 중계처리장이 적합 • 단점으로는 쓰레기의 밀도 또는 압축 정도에 따라 오차가 크다는 것
직접계근법 (Direct weighting method)		• 일정기간 동안 특정 지역의 쓰레기 수거 · 운반차량을 중간적하장이나 중계처리장에서 직접 계근하는 방법(트럭 스케일 방법) • 입구에서 쓰레기가 적재되어 있는 차량과 출구에서 쓰레기를 적하한 공차량을 계근하여 쓰레기양 산출 • 장점으로는 비교적 정확한 쓰레기 발생량을 파악할 수 있는 방법 • 단점으로는 적재차량 계수분석에 비하여 작업량이 많고 번거로움이 있음
물질수지법 (Material balance method)		• 시스템으로 유입되는 모든 물질들과 유출되는 모든 폐기물의 양에 대하여 물질수지를 세움으로써 폐기물 발생량을 추정하는 방법 • 주로 산업폐기물 발생량을 추산할 때 이용하는 방법 • 단점으로는 비용이 많이 소요되고 작업량이 많아 널리 이용되지 않음, 즉 특수한 경우에만 사용됨 • 우선적으로 조사하고자 하는 계의 경계를 정확하게 설정해야 함 • 물질수지를 세울 수 있는 상세한 데이터가 있는 경우에 가능
통계조사	표본조사 (단순 샘플링 검사)	• 조사기간이 짧음 • 비용이 적게 소요됨 • 조사상 오차가 큼
	전수조사	• 표본오차가 작아 신뢰도가 높음(정확함) • 행정시책에 대한 이용도가 높음 • 조사기간이 김 • 표본치의 보정역할이 가능함

13 **채취한 쓰레기 시료 분석 시 가장 먼저 시행하여야 하는 분석절차는?**

① 절단 및 분쇄

② 건조

③ 분류(가연성, 불연성)

④ 밀도측정

해설 **폐기물 시료의 분석절차**

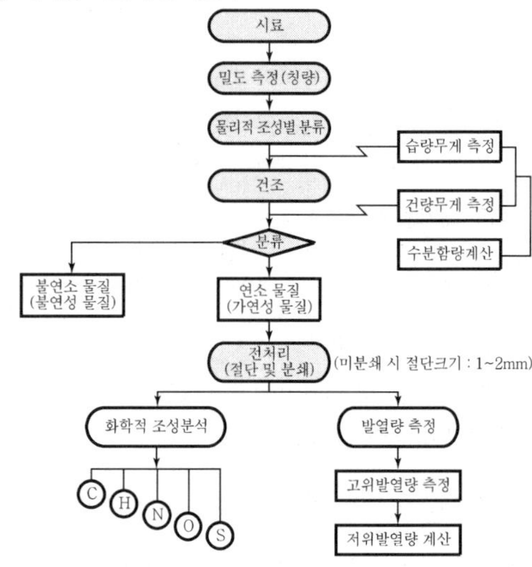

14 **수분이 60%, 수소가 10%인 폐기물의 고위발열량이 4,500kcal/kg이라면 저위발열량(kcal/kg)은?**

① 약 4,010 ② 약 3,930

③ 약 3,820 ④ 약 3,600

해설 $H_l = H_h - 600(9H + W)$

$= 4{,}500\text{kcal/kg} - 600[(9 \times 0.1) + 0.6] = 3{,}600\text{kcal/kg}$

15 **종량제에 대한 설명으로 가장 거리가 먼 것은?**

① 처리비용을 배출자가 부담하는 원인자 부담 원칙을 확대한 제도이다.

② 시장, 군수, 구청장이 수거체제의 관리책임을 가진다.

③ 가전제품, 가구 등 대형 폐기물을 우선으로 수거한다.

④ 수수료 부과기준을 현실화하여 폐기물 감량화를 도모하고, 처리재원을 확보한다.

해설 가전제품, 가구 등 대형 폐기물은 종량제 제외대상 폐기물이다.

정답 12 ② 13 ④ 14 ④ 15 ③

16 선별방법 중 주로 물렁거리는 가벼운 물질에서부터 딱딱한 물질을 선별하는 데 사용되는 것은?

① Flotation ② Heavy media separator
③ Stoners ④ Secators

해설 Secators
① 경사진 컨베이어를 통해 폐기물을 주입시켜 천천히 회전하는 드럼 위에 떨어뜨려서 선별하는 장치이다.
② 물렁거리는 가벼운 물질로부터 딱딱한 물질을 선별하는 데 사용한다.
③ 주로 퇴비 중의 유리조작을 추출할 때 이용되는 선별장치이다.

17 대상가구 3,000세대, 세대당 평균인구수 2.5인, 쓰레기 발생량 1.05kg/인·일, 1주일에 2회 수거하는 지역에서 한 번에 수거되는 쓰레기양(톤)은?

① 약 25 ② 약 28
③ 약 30 ④ 약 32

해설 수거 쓰레기양(ton/회)

$$= \frac{1.05\text{kg/인} \cdot \text{일} \times 3{,}000\text{세대} \times 2.5\text{인/세대}}{2\text{회}/7\text{일} \times 1{,}000\text{kg/ton}} = 27.56\text{ton/회}$$

18 함수율이 80%이며 건조고형물의 비중이 1.42인 슬러지의 비중은?(단, 물의 비중 = 1.0)

① 1.021 ② 1.063
③ 1.127 ④ 1.174

해설

$$\frac{\text{슬러지양}}{\text{슬러지 비중}} = \frac{\text{고형물량}}{\text{고형물 비중}} + \frac{\text{함수량}}{\text{함수 비중}}$$

$$\frac{100}{\text{슬러지 비중}} = \frac{(100-80)}{1.42} + \frac{80}{1.0}$$

슬러지 비중 = 1.063

19 폐기물 발생량 측정방법이 아닌 것은?

① 적재차량계수분석법
② 직접계근법
③ 물질수지법
④ 물리적조성법

해설 **폐기물 발생량 측정(조사)방법**
① 적재차량 계수분석법 ② 직접계근법
③ 물질수지법 ④ 통계조사(표본조사, 전수조사)

20 폐기물 재활용 촉진을 위한 정책 중 국내에서 가장 먼저 시행된 제도는?

① 주류공병 보증금제도
② 합성수지제품 부과금제도
③ 농약 빈 병 시상금제도
④ 고철 보조금제도

해설 폐기물 재활용 촉진을 위한 정책 중 국내에서 가장 먼저 시행된 제도는 합성수지제품 부과금제도이다.

제2과목 폐기물처리기술

21 퇴비화 반응의 분해 정도를 판단하기 위해 제안된 방법으로 가장 거리가 먼 것은?

① 온도 감소 ② 공기공급량 증가
③ 퇴비의 발열능력 감소 ④ 산화·환원전위의 증가

해설 **퇴비의 숙성도지표(퇴비화 반응의 분해 정도 판단지표)**
① 탄질비 ② CO_2 발생량
③ 식물 생육 억제 정도 ④ 온도 감소
⑤ 공기공급량 감소 ⑥ 퇴비의 발열능력 감소
⑦ 산화·환원전위의 증가

22 합성차수막 중 PVC에 관한 설명으로 틀린 것은?

① 작업이 용이하다.
② 접합이 용이하고 가격이 저렴하다.
③ 자외선, 오존, 기후에 약하다.
④ 대부분의 유기화학물질에 강하다.

해설 **합성차수막 중 PVC**
① 장점
㉠ 작업이 용이함
㉡ 강도가 높음
㉢ 접합이 용이함
㉣ 가격이 저렴함
② 단점
㉠ 자외선, 오존, 기후에 약함
㉡ 대부분 유기화학물질(기름 등)에 약함

정답 16 ④ 17 ② 18 ② 19 ④ 20 ② 21 ② 22 ④

23 **토양수분장력이 5기압에 해당되는 경우 pF의 값은?(단, log2 = 0.301)**

① 약 0.3　　② 약 0.7
③ 약 3.7　　④ 약 4.0

해설 pF = log$H$
5기압에 해당하는 물기둥 높이가 5,000cm(1기압≒1,000cm)
pF = log5,000 = 3.70

24 **폐산 또는 폐알칼리를 재활용하는 기술을 설명한 것 중 틀린 것은?**

① 폐염산, 염화 제2철 폐액을 이용한 폐수처리제, 전자 회로 부식제 생산
② 폐황산, 폐염산을 이용한 수처리 응집제 생산
③ 구리 에칭액을 이용한 황산구리 생산
④ 폐 IPA를 이용한 액체 세제 생산

해설 폐 IPA를 이용한 액체 세제 생산은 폐식용유를 이용해 주방세제를 제조하는 것을 말한다.

25 **폐기물 중간처리기술 중 처리 후 잔류하는 고형물의 양이 적은 것부터 큰 것까지 순서대로 나열된 것은?**

㉠ 소각	㉡ 용융	㉢ 고화

① ㉠-㉡-㉢　　② ㉢-㉡-㉠
③ ㉠-㉢-㉡　　④ ㉡-㉠-㉢

해설 잔류하는 고형물의 양은 고화 > 소각 > 용융 순이다.

26 **분뇨를 혐기성 소화법으로 처리하고 있다. 정상적인 작동 여부를 확인하려고 할 때 조사 항목으로 가장 거리가 먼 것은?**

① 소화가스양
② 소화가스 중 메탄과 이산화탄소 함량
③ 유기산 농도
④ 투입 분뇨의 비중

해설 **분뇨를 혐기성 소화법으로 처리 시 정상적인 작동 여부 확인 시 조사항목**
① 소화가스양
② 소화가스 중 메탄과 이산화탄소의 함량
③ 유기산 농도
④ 소화시간
⑤ 온도 및 체류시간
⑥ 휘발성 유기산
⑦ 알칼리도
⑧ pH

27 **매립가스의 이동현상에 대한 설명으로 옳지 않은 것은?**

① 토양 내에 발생된 가스는 분자확산에 의해 대기로 방출된다.
② 대류에 의한 이동은 가스 발생량이 많은 경우에 주로 나타난다.
③ 매립가스는 수평보다 수직방향으로의 이동속도가 높다.
④ 미량가스는 확산보다 대류에 의한 이동속도가 높다.

해설 미량가스는 대류보다 확산에 의한 이동속도가 높다.

28 **8kL/day 용량의 분뇨처리장에서 발생하는 메탄의 양(m^3/day)은?(단, 가스 생산량 = 8m^3/kL, 가스 중 CH_4 함량 = 75%)**

① 22　　② 32
③ 48　　④ 56

해설 메탄양(m^3/day) = 8kL/day × 8m^3/kL × 0.75 = 48m^3/day

29 **다음의 특징을 가진 소각로의 형식은?**

- 전처리가 거의 필요 없다.
- 소각로의 구조는 회전연속구동방식이다.
- 소각에 방해됨이 없이 연속적인 재배출이 가능하다.
- 1,400℃ 이상에서 가동할 수 있어서 독성물질의 파괴에 좋다.

① 다단 소각로　　② 유동층 소각로
③ 로터리킬른 소각로　　④ 건식 소각로

해설 **회전로(Rotary Kiln : 회전식 소각로)**
① 장점
㉠ 넓은 범위의 액상 및 고상폐기물을 소각할 수 있다.
㉡ 액상이나 고상폐기물을 각각 수용하거나 혼합하여 처리할 수 있고 건조효과가 매우 좋고 착화, 연소가 용이하다.
㉢ 경사진 구조로 용융상태의 물질에 의하여 방해 받지 않는다.

정답 23 ③ 24 ④ 25 ④ 26 ④ 27 ④ 28 ③ 29 ③

㉣ 드럼이나 대형 용기를 그대로 집어 넣을 수 있다.(전처리 없이 주입 가능)
㉤ 고형 폐기물에 높은 난류도와 공기에 대한 접촉을 크게 할 수 있다.
㉥ 폐기물의 소각에 방해 없이 연속적 재의 배출이 가능하다.
㉦ 습식 가스세정시스템과 함께 사용할 수 있다.
㉧ 전처리(예열, 혼합, 파쇄) 없이 주입 가능하다.
㉨ 폐기물의 체류시간을 노의 회전속도 조절로 제어할 수 있는 장점이 있다.
㉩ 독성물질의 파괴에 좋다.(1,400℃ 이상 가동 가능)

② 단점
㉠ 처리량이 적을 경우 설치비가 높다.
㉡ 노에서의 공기유출이 크므로 종종 대량의 과잉공기가 필요하다.
㉢ 대기오염 제어시스템에 대한 분진부하율이 높다.
㉣ 비교적 열효율이 낮은 편이다.
㉤ 구형 및 원통형 형태의 폐기물은 완전연소가 끝나기 전에 굴러떨어질 수 있다.
㉥ 대기 중으로 부유물질이 발생할 수 있다.
㉦ 대형 폐기물로 인한 내화재의 파손에 주의를 요한다.

30 **PCB와 같은 난연성의 유해폐기물의 소각에 가장 적합한 소각로 방식은?**

① 스토커 소각로 ② 유동층 소각로
③ 회전식 소각로 ④ 다단 소각로

해설 유동층 소각로는 일반적 소각로에 비하여 소각이 어려운 난연성 폐기물(하수슬러지, 폐유, 폐윤활유, 저질탄, PCB) 소각에 우수한 성능을 나타낸다.

31 **생물학적 복원기술의 특징으로 옳지 않은 것은?**

① 상온, 상압 상태의 조건에서 이용하기 때문에 많은 에너지가 필요하지 않다.
② 2차 오염 발생률이 높다.
③ 원위치에서도 오염정화가 가능하다.
④ 유해한 중간물질을 만드는 경우가 있어 분해생성물의 유무를 미리 조사하여야 한다.

해설 **현지 생물학적 복원 방법**
① 상온 · 상압상태의 조건에서 이용하기 때문에 많은 에너지가 필요하지 않고 저농도의 오염물도 처리가 가능하다.
② 물리화학적 방법에 비하여 처리면적이 크다.
③ 포화 대수층뿐만 아니라 불포화 대수층의 처리도 가능하다.
④ 원래 오염물질보다 독성이 더 큰 중간생성물이 생성될 수 있다.
⑤ 생물학적 복원은 굴착, 드럼에 의한 폐기 등과 비교하여 낮은 비용으로 적용 가능하다.
⑥ 2차 오염 발생률이 낮으며 원위치에서도 오염정화가 가능하다.
⑦ 유해한 중간물질을 만드는 경우가 있어 분해생성물의 유무를 미리 조사하여야 한다.

32 **오염된 지하수의 Darcy 속도(유출속도)가 0.15m/day 이고, 유효 공극률이 0.4일 때 오염원으로부터 1,000m 떨어진 지점에 도달하는 데 걸리는 기간(년)은?(단, 유출속도 : 단위시간에 흙의 전체 단면적을 통하여 흐르는 물의 속도)**

① 약 6.5 ② 약 7.3
③ 약 7.9 ④ 약 8.5

해설
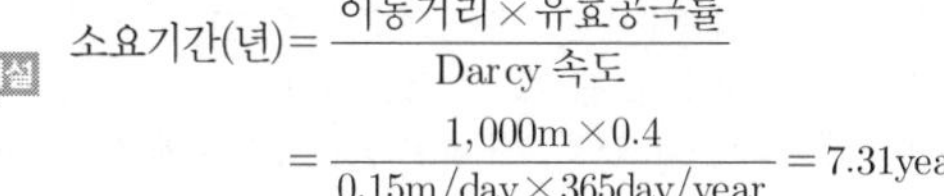
$$\text{소요기간(년)} = \frac{\text{이동거리} \times \text{유효공극률}}{\text{Darcy 속도}}$$
$$= \frac{1{,}000\text{m} \times 0.4}{0.15\text{m/day} \times 365\text{day/year}} = 7.31\text{year}$$

2019

33 **슬러지 $100m^3$의 함수율이 98%이다. 탈수 후 슬러지의 체적을 1/10로 하면 슬러지 함수율(%)은?(단, 모든 슬러지의 비중 = 1)**

① 20 ② 40
③ 60 ④ 80

해설 $100m^3 \times (1-0.98) = 10m^3 \times (1-\text{처리 후 함수율})$

$1-\text{처리 후 함수율} = \frac{100^3 \times 0.02}{10m^3}$

처리 후 함수율(%) = 0.8 × 100 = 80%

34 **다음 설명에 해당하는 분뇨처리방법은?**

- 부지 소요면적이 적다.
- 고온반응이므로 무균상태로 유출되어 위생적이다.
- 슬러지 탈수성이 좋아서 탈수 후 토양개량제로 이용된다.
- 기액분리 시 기체 발생량이 많아 탈기해야 한다.

① 혐기성 소화법 ② 호기성 소화법
③ 질산화－탈질산화법 ④ 습식산화법

정답 30 ② 31 ② 32 ② 33 ④ 34 ④

해설 **습식 산화법(습식 고온고압 산화처리 : Wet Air Oxidation)**
① 수중에 용해되어 있거나 고체상태로 부유하고 있는 유기물(젖은 폐기물이나 슬러지)을 공기에 의하여 산화시키는 방식으로 Zimmerman Process라고 한다.[Zimmerman Process : 유기물을 포함하는 폐액을 바로 산화 반응물로 예열하여 공기산화온도까지 높이고, 그곳에 공기를 보내주면 공기 중의 산소에 의하여 유기물이 연소(산화)되는 원리]
② 액상슬러지 및 분뇨에 열(≒150~300℃ ; ≒ 210℃)과 압력(70~100atm ; 70atm)을 작용시켜 용존산소에 의하여 화학적으로 슬러지 내의 유기물을 산화시키는 방식이다.(산소가 있는 고압하의 수중에서 유기물질을 산화시키는 폐기물 열분해기법이며 유기산이 회수됨)
③ 본 장치의 주요기기는 고압펌프, 공기압축기, 열교환기, 반응탑 등이다.
④ 처리시설의 수명이 짧으며 탈수성이 좋고 고액분리가 잘된다.
⑤ 부지소요면적이 적게 들고 슬러지 탈수성이 좋아서 탈수 후 토양개량제로 이용된다.
⑥ 기액분리 시 기체발생량이 많아 탈기해야 한다.
⑦ 건설비, 유지보수비, 전기료가 많이 든다.
⑧ 완전살균이 가능하며 COD가 높은 슬러지 처리에 전용될 수 있다.

35 유기물의 산화공법으로 적용되는 Fenton 산화반응에 사용되는 것으로 가장 적절한 것은?

① 아연과 자외선 ② 마그네슘과 자외선
③ 철과 과산화수소 ④ 아연과 과산화수소

해설 **펜톤(Fenton) 산화법**
① Fenton액을 첨가하여 난분해성 유기물질을 생분해성 유기물질로 전환(산화)시킨다.
② OH 라디컬에 의한 산화반응으로 철(Fe) 촉매하에서 과산화수소(H_2O_2)를 분해시켜 OH 라디컬을 생성하고 이들이 활성화되어 수중의 각종 난분해성 유기물질을 산화분해시키는 처리공정이다.(난분해성 유기물질 → 생분해성 유기물질)
③ 펜톤 산화제의 조성은 [과산화수소수+철(염) ; H_2O_2 + $FeSO_4$]이며 펜톤시약의 반응시간은 철염과 과산화수소의 주입농도에 따라 변화되며 여분의 과산화수소수는 후처리의 미생물 성장에 영향을 미칠 수 있다.

36 회전판에 놓인 종이 백(bag)에 폐기물을 충전 · 압축하여 포장하는 소형 압축기는?

① 회전식 압축기(Rotary Compactor)
② 소용돌이식 압축기(Console Compactor)
③ 백 압축기(Bag Compactor)
④ 고정식 압축기(Stationary Compactor)

해설 **회전식 압축기(Rotary compactors)**
① 회전판 위에 open 상태로 있는 종이나 휴지로 만든 bag에 폐기물을 충전, 압축하여 포장하는 소형 압축기이며 비교적 부피가 작은 폐기물을 넣어 포장하는 압축피스톤의 조합으로 구성되어 있다.
② 표준형으로 8~10개의 bag(1개 bag의 부피 $0.4m^3$)을 갖고 있으며, 큰 것은 20~30개의 bag을 가지고 있다.

37 1차 반응속도에서 반감기(농도가 50% 줄어드는 시간)가 10분이다. 초기 농도의 75%가 줄어드는 데 걸리는 시간(분)은?

① 30 ② 25
③ 20 ④ 15

해설
$$\ln\frac{C_t}{C_o} = -kt$$
$$\ln 0.5 = -k \times 10\text{min},\ k = 0.0693\text{min}^{-1}$$
$$\ln\frac{0.25}{1} = -0.0693\text{min}^{-1} \times t$$
$$t(\text{min}) = 20\text{min}$$

38 분뇨처리장의 방류수량이 $1,000m^3/day$일 때 15분간 염소소독을 할 경우 소독조의 크기(m^3)는?

① 약 16.5 ② 약 13.5
③ 약 10.5 ④ 약 8.5

해설 소독조 크기(m^3) $= 1,000m^3/day \times 15min \times day/1,440min = 10.42m^3$

39 소각로에서 NOx 배출농도가 270ppm, 산소 배출농도가 12%일 때 표준산소(6%)로 환산한 NOx 농도(ppm)는?

① 120 ② 135
③ 162 ④ 450

해설
$$\text{NOx 농도(ppm)} = \text{배출농도} \times \frac{21-\text{표준농도}}{21-\text{실측농도}}$$
$$= 270\text{ppm} \times \frac{21-6}{21-12} = 450\text{ppm}$$

정답 35 ③ 36 ① 37 ③ 38 ③ 39 ④

40 **매립지 설계 시 침출수 집배수층의 조건으로 옳은 것은?**

① 투수계수 : 최대 1cm/sec
② 두께 : 최대 30cm
③ 집배수층 재료 입경 : 10~13cm 또는 16~32cm
④ 바닥경사 : 2~4%

해설 **침출수 집배수층**
① 투수계수 : 최소 1cm/sec
② 두께 : 최소 30cm
③ 집배수층 재료입경 : 10~13mm 또는 16~32mm

제3과목 폐기물공정시험기준(방법)

41 **pH가 2인 용액 2L와 pH가 1인 용액 2L를 혼합하였을 때 혼합용액의 pH는?**

① 1.0 ② 1.3
③ 1.5 ④ 2.0

해설 $[H^+] = \dfrac{(2\times10^{-2})+(2\times10^{-1})}{2+2} = 0.055$

$pH = \log\dfrac{1}{[H^+]} = \log\dfrac{1}{0.055} = 1.26$

[Note] $pH=2\ [H^+]=10^{-2}M$
$pH=1\ [H^+]=10^{-1}M$

42 **시험분석 대상물질을 기기가 검출할 수 있는 최소한의 농도 또는 양을 나타내는 기기 검출한계에 관한 내용으로 ( )에 옳은 것은?**

> 바탕시료를 반복 측정 분석한 결과의 표준편차에 ( ) 한 값

① 2배 ② 3배
③ 5배 ④ 10배

해설 기기검출한계 = 표준편차 × 3

43 **폐기물의 노말헥산 추출물질의 양을 측정하기 위해 다음과 같은 결과를 얻었을 때 노말헥산 추출물질의 농도(mg/L)는?**

> • 시료의 양 : 500m/L
> • 시험 전 증발용기의 무게 : 25g
> • 시험 후 증발용기의 무게 : 13g
> • 바탕시험 전 증발용기의 무게 : 5g
> • 바탕시험 후 증발용기의 무게 : 4.8g

① 11,800 ② 23,600
③ 32,400 ④ 53,800

해설 노말헥산 추출물질농도(mg/L)

$= \dfrac{[(25-13)-(5-4.8)]g\times1{,}000mg/g}{0.5L} = 23{,}600mg/L$

44 **유기물 등을 많이 함유하고 있는 대부분 시료의 전처리에 적용되는 분해방법으로 가장 적절한 것은?**

① 질산 분해법
② 질산-염산 분해법
③ 질산-불화수소산 분해법
④ 질산-황산 분해법

해설 **질산-황산 분해법(시료 전처리)**
유기물 등을 많이 함유하고 있는 대부분의 시료에 적용한다.

45 **1ppm이란 몇 ppb를 말하는가?**

① 10ppb ② 100ppb
③ 1,000ppb ④ 10,000ppb

해설 1ppm = 1,000ppb(10^3ppb)

46 **할로겐화 유기물질(기체크로마토그래피-질량분석법)의 정량한계는?**

① 0.1mg/kg ② 1.0mg/kg
③ 10mg/kg ④ 100mg/kg

해설 할로겐화 유기물질-기체크로마토그래피-질량분석법의 정량한계 : 10mg/kg

47 **폐기물 시료 채취에 관한 설명으로 틀린 것은?**

① 대상폐기물의 양이 500톤 이상~1,000톤 미만인 경우 시료의 최소 수는 30이다.
② 5톤 미만의 차량에 적재되어 있을 경우에는 적재 폐기물을 평면상에서 6등분한 후 각 등분마다 시료를 채취한다.

2019

정답 40 ④ 41 ② 42 ② 43 ② 44 ④ 45 ③ 46 ③ 47 ①

③ 5톤 이상의 차량에 적재되어 있을 경우에는 적재 폐기물을 평면상에서 9등분한 후 각 등분마다 시료를 채취한다.

④ 채취 시료는 수분, 유기물 등 함유성분의 변화가 일어나지 않도록 0~4℃ 이하의 냉암소에 보관하여야 한다.

해설 **대상 폐기물의 양과 시료의 최소 수**

대상 폐기물의 양(단위 : ton)	시료의 최소 수
~ 1 미만	6
1 이상~5 미만	10
5 이상~30 미만	14
30 이상~100 미만	20
100 이상~500 미만	30
500 이상~1,000 미만	36
1,000 이상~5,000 미만	50
5,000 이상 ~	60

48 함수율 83%인 폐기물이 해당되는 것은?

① 유기성 폐기물　② 액상폐기물
③ 반고상폐기물　④ 고상폐기물

해설 ① 액상폐기물 : 고형물의 함량이 5% 미만
② 반고상폐기물 : 고형물의 함량이 5% 이상 15% 미만
③ 고상폐기물 : 고형물의 함량이 15% 이상
고형물 함량=100−83=17%

49 자외선/가시선 분광법으로 크롬을 정량하기 위해 크롬이온 전체를 6가크롬으로 변화시킬 때 사용하는 시약은?

① 디페닐카르바지도　② 질산암모늄
③ 과망간산칼륨　④ 염화제일주석

해설 **크롬-자외선/가시선 분광법**
시료 중에서 총 크롬을 과망간산칼륨을 사용하여 6가크롬으로 산화시킨 다음 산성에서 다이페닐카바자이드와 반응하여 생성되는 적자색 착화합물의 흡광도를 540nm에서 측정하여 총 크롬을 정량하는 방법이다.

50 기체크로마토그래피에서 운반가스로 사용할 수 있는 기체와 가장 거리가 먼 것은?

① 수소　② 질소　③ 산소　④ 헬륨

해설 **기체크로마토그래피 운반가스**
질소, 수소, 헬륨, 아르곤, 메탄

51 시료채취 방법으로 옳은 것은?

① 시료는 일반적으로 폐기물이 생성되는 단위 공정별로 구분하여 채취하여야 한다.
② 시료 채취도구는 녹이 생기는 재질의 것을 사용해도 된다.
③ PCB 시료는 반드시 폴리에틸렌 백을 사용하여 시료를 채취한다.
④ 시료가 채취된 병은 코르크 마개를 사용하여 밀봉한다.

해설 ② 시료 채취도구는 녹이 생기는 것을 사용해서는 안 된다.
③ PCB 시료는 반드시 갈색 경질 유리병을 사용하여 시료를 채취한다.
④ 시료가 채취된 병은 코르크 마개를 사용해서는 안 된다.

52 천분율 농도를 표시할 때 그 기호로 알맞은 것은?

① mg/L　② mg/kg
③ μg/kg　④ ‰

해설 **천분율 농도표시** : g/L, g/kg, ‰

53 자외선/가시선 분광광도계의 구성으로 옳은 것은?

① 광원부-파장선택부-측광부-시료부
② 광원부-가시부-측광부-시료부
③ 광원부-가시부-시료부-측광부
④ 광원부-파장선택부-시료부-측광부

해설 **자외선/가시선 분광광도계의 구성**
광원부-파장선택부-시료부-측광부

54 기체크로마토그래피로 측정할 수 없는 항목은?

① 유기인
② PCBs
③ 휘발성저급염소화탄화수소류
④ 시안

해설 **시안 분석방법**
① 자외선/가시선 분광법
② 이온전극법

정답 48 ④　49 ③　50 ③　51 ①　52 ④　53 ④　54 ④

55 **폐기물공정시험기준의 총칙에 관한 설명으로 틀린 것은?**

① "여과한다"란 거름종이 5종 A 또는 이와 동등한 여지를 사용하여 여과하는 것을 말한다.
② 온도의 영향이 있는 것의 판정은 표준온도를 기준으로 한다.
③ 염산(1+2)이라고 하는 것은 염산 1mL에 물 1mL을 배합 조제하여 전체 2mL가 되는 것을 말한다.
④ 시험에 쓰는 물은 따로 규정이 없는 한 정제수를 말한다.

해설 **염산(1+2)**
염산 1mL와 물 2mL를 혼합하여 전체 3mL가 되는 것을 말한다.

56 **폐기물공정시험기준의 적용범위에 관한 내용으로 틀린 것은?**

① 폐기물관리법에 의한 오염실태 조사 중 폐기물에 대한 것은 따로 규정이 없는 한 공정시험기준의 규정에 의하여 시험한다.
② 공정시험기준에서 규정하지 않은 사항에 대해서는 일반적인 화학적 상식에 따르도록 한다.
③ 공정시험기준에 기재한 방법 중 세부조작은 시험의 본질에 영향을 주지 않는다면 실험자가 일부를 변경할 수 있다.
④ 하나 이상의 공정시험기준으로 시험한 결과가 서로 달라 제반 기준의 적부 판정에 영향을 줄 경우에는 판정을 유보하고 재실험하여야 한다.

해설 하나 이상의 공정시험기준으로 시험한 결과가 서로 달라 제반 기준이 적부판정에 영향을 줄 경우에는 공정시험기준의 항목별 주 시험법에 의한 분석성적에 의하여 판정한다.

57 **원자흡수분광광도법에 의한 비소 정량에 관한 설명으로 틀린 것은?**

① 과망간산칼륨으로 6가비소로 산화시킨다.
② 아연을 넣으면 수소화 비소가 발생한다.
③ 아르곤-수소 불꽃에 주입하여 분석한다.
④ 정량한계는 0.005mg/L이다.

해설 **비소-원자흡수분광광도법**
이염화주석으로 시료 중의 비소를 3가비소로 환원한 다음 아연을 넣어 발생되는 비화수소를 통기하여 아르곤-수소불꽃에서 원자화시켜 193.7nm에서 흡광도를 측정하고 비소를 정량하는 방법이다.

58 **PCB 분석 시 기체크로마토그래피법의 다음 항목이 틀리게 연결된 것은?**

① 검출기 : 전자포획검출기(ECD)
② 운반기체 : 부피백분율 99.9999% 이상의 질소
③ 컬럼 : 활성탄 컬럼
④ 농축장치 : 구데르나다니쉬농축기

해설 PCB 분석 시 기체크로마토그래피법의 사용 컬럼은 플로리실 컬럼 및 실리카겔 컬럼이다.

59 **$K_2Cr_2O_7$을 사용하여 크롬 표준원액(100mgCr/L) 100mL를 제조할 때 취해야 하는 $K_2Cr_2O_7$의 양(mg)은?(단, 원자량 K=39, Cr= 52, O=16)**

① 14.1 ② 28.3
③ 35.4 ④ 56.5

해설 $K_2Cr_2O_7$ 분자량$=(2\times39)+(2\times52)+(16\times7)=294$g
$K_2Cr_2O_7$을 전리시켜 Cr을 생성시키려면 2mL의 Cr 이온이 생성됨
294g : 2×52g
X(mg) : 100mg/L×100mL×L/1,000mL

$$X(\text{mg})=\frac{294\text{g}\times10\text{mg}}{2\times52\text{g}}=28.27\text{mg}$$

60 **기름 성분을 중량법으로 측정하고자 할 때 시험기준의 정량한계는?**

① 1% 이하 ② 0.1% 이하
③ 0.01% 이하 ④ 0.001% 이하

해설 기름 성분을 중량법으로 측정하고자 할 때 시험기준의 정량한계는 0.1% 이하이다.

2019

정답 55 ③ 56 ④ 57 ① 58 ③ 59 ② 60 ②

제4과목 폐기물관계법규

61 폐기물처리업종별 영업 내용에 대한 설명 중 틀린 것은?

① 폐기물 중간재활용업 : 중간가공 폐기물을 만드는 영업
② 폐기물 종합재활용업 : 중간재활용업과 최종재활용업을 함께 하는 영업
③ 폐기물 최종처분업 : 폐기물 매립(해역 배출도 포함한다) 등의 방법으로 최종처분하는 영업
④ 폐기물 수집 · 운반업 : 폐기물을 수집하여 재활용 또는 처분장소로 운반하거나 수출하기 위하여 수집 · 운반하는 영업

해설 **폐기물처리업의 업종구분과 영업내용**
① 폐기물 수집 · 운반업
폐기물을 수집하여 재활용 또는 처분 장소로 운반하거나 폐기물을 수출하기 위하여 수집 · 운반하는 영업
② 폐기물 중간처분업
폐기물 중간처분시설을 갖추고 폐기물을 소각 처분, 기계적 처분, 화학적 처분, 생물학적 처분, 그 밖에 환경부장관이 폐기물을 안전하게 중간처분할 수 있다고 인정하여 고시하는 방법으로 중간처분하는 영업
③ 폐기물 최종처분업
폐기물 최종처분시설을 갖추고 폐기물을 매립 등(해역 배출은 제외한다)의 방법으로 최종처분하는 영업
④ 폐기물 종합처분업
폐기물 중간처분시설 및 최종처분시설을 갖추고 폐기물의 중간처분과 최종처분을 함께하는 영업
⑤ 폐기물 중간재활용업
폐기물 재활용시설을 갖추고 중간가공 폐기물을 만드는 영업
⑥ 폐기물 최종재활용업
폐기물 재활용시설을 갖추고 중간가공 폐기물을 용도 또는 방법으로 재활용하는 영업
⑦ 폐기물 종합재활용업
폐기물 재활용시설을 갖추고 중간재활용업과 최종재활용업을 함께하는 영업

62 폐기물 처리시설의 종류 중 재활용시설(기계적 재활용시설)의 기준으로 틀린 것은?

① 용융시설(동력 7.5kW 이상인 시설로 한정)
② 응집 · 침전시설(동력 7.5kW 이상인 시설로 한정)
③ 압축시설(동력 7.5kW 이상인 시설로 한정)
④ 파쇄 · 분쇄시설(동력 15kW 이상인 시설로 한정)

해설 **기계적 재활용시설**
① 압축 · 압출 · 성형 · 주조시설(동력 7.5kW 이상인 시설로 한정한다)
② 파쇄 · 분쇄 · 탈피 시설(동력 15kW 이상인 시설로 한정한다)
③ 절단시설(동력 7.5kW 이상인 시설로 한정한다)
④ 용융 · 용해시설(동력 7.5kW 이상인 시설로 한정한다)
⑤ 연료화시설
⑥ 증발 · 농축 시설
⑦ 정제시설(분리 · 증류 · 추출 · 여과 등의 시설을 이용하여 폐기물을 재활용하는 단위시설을 포함한다)
⑧ 유수 분리 시설
⑨ 탈수 · 건조 시설
⑩ 세척시설(철도용 폐목재 받침목을 재활용하는 경우로 한정한다)

63 폐기물매립시설의 사후관리 업무를 대행할 수 있는 자는?(단, 환경부 장관이 사후관리를 대행할 능력이 있다고 인정하여 고시하는 자는 고려하지 않음)

① 환경보전협회 ② 한국환경공단
③ 폐기물처리협회 ④ 한국환경자원공사

해설 **폐기물매립시설 사후관리 대행자** : 한국환경공단

64 폐기물 수집 · 운반업자가 임시보관장소에 보관할 수 있는 폐기물(의료폐기물 제외)의 허용량 기준은?

① 중량 450톤 이하이고, 용적이 300세제곱미터 이하인 폐기물
② 중량 400톤 이하이고, 용적이 250세제곱미터 이하인 폐기물
③ 중량 350톤 이하이고, 용적이 200세제곱미터 이하인 폐기물
④ 중량 300톤 이하이고, 용적이 150세제곱미터 이하인 폐기물

해설 **폐기물 수집 · 운반업자가 임시보관장소에 보관할 수 있는 폐기물(의료폐기물 제외) 허용량 기준**
① 450톤 이하인 폐기물
② 용적 300세제곱미터($300m^3$) 이하인 폐기물

정답 61 ③ 62 ② 63 ② 64 ①

65 **폐기물처리업자(폐기물 재활용업자)의 준수사항에 관한 내용으로 ( )에 알맞은 것은?**

> 유기성 오니를 화력발전소에서 연료로 사용하기 위하여 가공하는 자는 유기성 오니 연료의 저위발열량, 수분 함유량, 회분 함유량, 황분 함유량, 길이 및 금속성분을 ( ) 측정하여 그 결과를 시 · 도지사에게 제출하여야 한다.

① 매월 1회 이상 ② 매 2월 1회 이상
③ 매 분기당 1회 이상 ④ 매 반기당 1회 이상

해설 **폐기물처리업자(폐기물 재활용업자)의 준수사항**
유기성 오니를 화력발전소에서 연료로 사용하기 위하여 가공하는 자는 유기성 오니 연료의 저위발열량, 수분 함유량, 회분 함유량, 황분 함유량, 길이 및 금속성분을 매 분기당 1회 이상 측정하여 그 결과를 시 · 도지사에게 제출하여야 한다.

66 **100만 원 이하의 과태료가 부과되는 경우에 해당되는 것은?**

① 폐기물처리 가격의 최저액보다 낮은 가격으로 폐기물처리를 위탁한 자
② 폐기물 운반자가 규정에 의한 서류를 지니지 아니하거나 내보이지 아니한 자
③ 장부를 기록 또는 보존하지 아니하거나 거짓으로 기록한 자
④ 처리이행보증보험의 계약을 갱신하지 아니하거나 처리이행보증금의 증액 조정을 신청하지 아니한 자

해설 폐기물관리법 제68조 참조

67 **다음 용어의 정의로 옳지 않은 것은?**

① 재활용이란 폐기물을 재사용 · 재생 이용하거나 재사용 · 재생 이용할 수 있는 상태로 만드는 활동을 말한다.
② 생활폐기물이란 사업장폐기물 외의 폐기물을 말한다.
③ 폐기물감량화시설이란 생산공정에서 발생하는 폐기물 배출을 최소화(재활용은 제외함)하는 시설로서 환경부령으로 정하는 시설을 말한다.
④ 폐기물처리시설이란 폐기물의 중간처분시설, 최종처분시설 및 재활용시설로서 대통령령으로 정하는 시설을 말한다.

해설 **폐기물감량화시설**
생산공정에서 발생하는 폐기물의 양을 줄이고, 사업장 내 재활용을 통하여 폐기물 배출을 최소화하는 시설로서 대통령령으로 정하는 시설을 말한다.

68 **폐기물중간재활용업, 폐기물최종재활용업 및 폐기물 종합재활용업의 변경허가를 받아야 하는 중요사항으로 옳지 않은 것은?**

① 운반차량(임시차량 포함)의 감차
② 폐기물 재활용시설의 신설
③ 허가 또는 변경허가를 받은 재활용 용량의 100분의 30 이상(금속을 회수하는 최종재활용업 또는 종합재활용업의 경우에는 100분의 50 이상)의 변경(허가 또는 변경허가를 받은 후 변경되는 누계를 말한다)
④ 폐기물 재활용시설 소재지의 변경

해설 **폐기물 중간재활용업, 폐기물 최종재활용업 및 폐기물 종합재활용업**
① 재활용 대상 폐기물의 변경
② 폐기물 재활용 유형의 변경
③ 폐기물 재활용시설 소재지의 변경
④ 운반차량(임시차량은 제외한다)의 증차
⑤ 폐기물 재활용시설의 신설
⑥ 허가 또는 변경허가를 받은 재활용 용량의 100분의 30 이상(금속을 회수하는 최종재활용업 또는 종합재활용업의 경우에는 100분의 50 이상)의 변경(허가 또는 변경허가를 받은 후 변경되는 누계를 말한다)
⑦ 주요 설비의 변경. 다만, 다음 ㉠ 및 ㉡의 경우만 해당한다.
㉠ 폐기물 재활용시설의 구조 변경으로 인하여 기준이 변경되는 경우
㉡ 배출시설의 변경허가 또는 변경신고의 대상이 되는 경우
⑧ 허용보관량의 변경

69 **폐기물 처분시설 또는 재활용시설 중 음식물류 폐기물을 대상으로 하는 시설의 기술관리인 자격기준으로 틀린 것은?**

① 토양환경산업기사
② 수질환경산업기사
③ 대기환경산업기사
④ 토목산업기사

2019

정답 65 ③ 66 ③ 67 ③ 68 ① 69 ①

해설 **폐기물 처분시설 또는 재활용시설의 기술관리인의 자격기준**

구분	자격기준
매립시설	폐기물처리기사, 수질환경기사, 토목기사, 일반기계기사, 건설기계기사, 화공기사, 토양환경기사 중 1명 이상
소각시설(의료폐기물을 대상으로 하는 소각시설은 제외한다), 시멘트 소성로 및 용해로	폐기물처리기사, 대기환경기사, 토목기사, 일반기계기사, 건설기계기사, 화공기사, 전기기사, 전기공사기사 중 1명 이상
의료폐기물을 대상으로 하는 시설	폐기물처리산업기사, 임상병리사, 위생사 중 1명 이상
음식물류 폐기물을 대상으로 하는 시설	폐기물처리산업기사, 수질환경산업기사, 화공산업기사, 토목산업기사, 대기환경산업기사, 일반기계기사, 전기기사 중 1명 이상
그 밖의 시설	같은 시설의 운영을 담당하는 자 1명 이상

70 **과징금의 사용용도로 적정치 않은 것은?**

① 광역 폐기물처리시설의 확충
② 폐기물로 인하여 예상되는 환경상 위해를 제거하기 위한 처리
③ 폐기물처리시설의 지도 · 점검에 필요한 시설 · 장비의 구입 및 운영
④ 폐기물처리기술의 개발 및 장비개선에 소요되는 비용

해설 **과징금의 사용용도**
① 광역 폐기물처리시설(지정폐기물 공공 처리시설을 포함한다)의 확충
①의2. 공공 재활용기반시설의 확충
② 처리한 폐기물 중 그 폐기물을 처리한 자나 그 폐기물의 처리를 위탁한 자를 확인할 수 없는 폐기물로 인하여 예상되는 환경상 위해를 제거하기 위한 처리
③ 폐기물처리업자나 폐기물처리시설의 지도 · 점검에 필요한 시설 · 장비의 구입 및 운영

71 **주변지역 영향 조사대상 폐기물처리시설 기준으로 옳은 것은?**

> 매립면적 ( ) 제곱미터 이상의 사업장 일반폐기물 매립시설

① 1만 ② 3만 ③ 5만 ④ 15만

해설 **주변지역 영향 조사대상 폐기물처리시설 기준**
① 1일 처리능력이 50톤 이상인 사업장폐기물 소각시설(같은 사업장에 여러 개의 소각시설이 있는 경우에는 각 소각시설의 1일 처리능력의 합계가 50톤 이상인 경우를 말한다)
② 매립면적 1만 제곱미터 이상의 사업장 지정폐기물 매립시설
③ 매립면적 15만 제곱미터 이상의 사업장 일반폐기물 매립시설
④ 시멘트 소성로(폐기물을 연료로 사용하는 경우로 한정한다)
⑤ 1일 재활용능력이 50톤 이상인 사업장폐기물 소각열회수시설(같은 사업장에 여러 개의 소각열회수시설이 있는 경우에는 각 소각열회수시설의 1일 재활용능력의 합계가 50톤 이상인 경우를 말한다)

72 **매립시설 및 소각시설의 주변지역 영향조사 횟수 기준에 관한 내용으로 ( )에 옳은 것은?**

> 각 항목당 계절을 달리하며 (㉠) 측정하되, 악취는 여름(6월부터 8월까지)에 (㉡) 측정하여야 한다.

① ㉠ 2회 이상, ㉡ 1회 이상
② ㉠ 3회 이상, ㉡ 2회 이상
③ ㉠ 1회 이상, ㉡ 2회 이상
④ ㉠ 4회 이상, ㉡ 3회 이상

해설 **폐기물처리시설 주변지역 영향조사 기준(조사횟수)**
각 항목당 계절을 달리하여 2회 이상 측정하되, 악취는 여름(6월부터 8월까지)에 1회 이상 측정하여야 한다.

73 **폐기물처리시설의 설치, 운영을 위탁받을 수 있는 자의 기준에 관한 내용 중 소각시설의 경우 보유하여야 하는 기술인력 기준으로 옳지 않은 것은?**

① 일반기계기사 1급 1명
② 폐기물처리기술사 1명
③ 시공분야에서 3년 이상 근무한 자 1명
④ 폐기물처리기사 또는 대기환경기사 1명

해설 **폐기물처리시설(소각시설)의 설치, 운영을 위탁받을 수 있는 자**
① 폐기물처리기술사 1명
② 폐기물처리기사 또는 대기환경기사 1명
③ 일반기계기사 1급
④ 시공분야에서 2년 이상 근무한 자 2명
⑤ 1일 50톤 이상의 폐기물소각시설에서 천정크레인을 1년 이상 운전한 자 1명과 천정크레인 외의 처분시설의 운전분야에서 2년 이상 근무한 자 2명

정답 70 ④ 71 ④ 72 ① 73 ③

74 폐기물 처리시설 종류의 구분이 틀린 것은?

① 기계적 재활용시설 : 유수 분리 시설
② 화학적 재활용시설 : 연료화 시설
③ 생물학적 재활용시설 : 버섯재배시설
④ 생물학적 재활용시설 : 호기성 · 혐기성 분해시설

해설 **폐기물처리시설(화학적 재활용시설)**
① 고형화 · 고화 · 안정화 시설
② 반응시설(중화 · 산화 · 환원 · 중합 · 축합 · 치환 등의 화학 반응을 이용하여 폐기물을 재활용하는 단위시설을 포함한다)
③ 응집 · 침전 시설

[Note] 연료화 시설은 기계적 재활용시설이다.

75 폐기물처리사업 계획의 적합통보를 받은 자 중 소각시설의 설치가 필요한 경우에는 환경부 장관이 요구하는 시설 · 장비 · 기술능력을 갖추어 허가를 받아야 한다. 허가신청서에 추가서류를 첨부하여 적합통보를 받은 날부터 언제까지 시 · 도지사에게 제출하여야 하는가?

① 6개월 이내 ② 1년 이내
③ 2년 이내 ④ 3년 이내

해설 적합통보를 받은 자는 그 통보를 받은 날부터 2년(폐기물 수집 · 운반업의 경우에는 6개월, 폐기물처리업 중 소각시설과 매립시설의 설치가 필요한 경우에는 3년) 이내에 환경부령으로 정하는 기준에 따른 시설 · 장비 및 기술능력을 갖추어 업종, 영업대상 폐기물 및 처리분야별로 지정폐기물을 대상으로 하는 경우에는 환경부장관, 그 밖의 폐기물을 대상으로 하는 경우에는 시 · 도지사의 허가를 받아야 한다.

76 폐기물 관리의 기본원칙으로 틀린 것은?

① 누구든지 폐기물을 배출하는 경우에는 주변환경이나 주민의 건강에 위해를 끼치지 아니하도록 사전에 적절한 조치를 하여야 한다.
② 환경오염을 일으킨 자는 오염된 환경을 복원하기보다 오염으로 인한 피해의 구제에 드는 비용만 부담하여야 한다.
③ 국내에서 발생한 폐기물은 가능하면 국내에서 처리되어야 하고, 폐기물의 수입은 되도록 억제되어야 한다.
④ 폐기물은 그 처리과정에서 양과 유해성을 줄이도록 하는 등 환경보전과 국민건강보호에 적합하게 처리되어야 한다.

해설 **폐기물 관리의 기본원칙**
① 사업자는 제품의 생산방식 등을 개선하여 폐기물의 발생을 최대한 억제하고, 발생한 폐기물을 스스로 재활용함으로써 폐기물의 배출을 최소화하여야 한다.
② 누구든지 폐기물을 배출하는 경우에는 주변 환경이나 주민의 건강에 위해를 끼치지 아니하도록 사전에 적절한 조치를 하여야 한다.
③ 폐기물은 그 처리과정에서 양과 유해성을 줄이도록 하는 등 환경보전과 국민건강보호에 적합하게 처리되어야 한다.
④ 폐기물로 인하여 환경오염을 일으킨 자는 오염된 환경을 복원할 책임을 지며, 오염으로 인한 피해의 구제에 드는 비용을 부담하여야 한다.
⑤ 국내에서 발생한 폐기물은 가능하면 국내에서 처리되어야 하고, 폐기물의 수입은 되도록 억제되어야 한다.
⑥ 폐기물은 소각, 매립 등의 처분을 하기보다는 우선적으로 재활용함으로써 자원생산성의 향상에 이바지하도록 하여야 한다.

77 휴업 · 폐업 등의 신고에 관한 설명으로 ( )에 알맞은 것은?

> 폐기물처리업자 또는 폐기물처리 신고자가 휴업 · 폐업 또는 재개업을 한 경우에는 휴업 · 폐업 또는 재개업을 한 날부터 ( ) 이내에 시 · 도지사나 지방환경관서의 장에게 신고서를 제출하여야 한다.

① 5일 ② 10일 ③ 20일 ④ 30일

해설 폐기물처리업자 또는 폐기물처리신고자가 휴업 · 폐업 또는 재개업을 한 경우에는 휴업 · 폐업 또는 재개업을 한 날부터 20일 이내에 시 · 도지사나 지방환경관서의 장에게 신고서를 제출하여야 한다.

78 매립시설 검사기관으로 틀린 것은?

① 한국매립지관리공단
② 한국환경공단
③ 한국건설기술연구원
④ 한국농어촌공사

해설 **환경부령으로 정하는 검사기관**
① 소각시설
㉠ 한국환경공단
㉡ 한국기계연구원
㉢ 한국산업기술시험원
㉣ 대학, 정부 출연기관, 그 밖에 소각시설을 검사할 수 있다고 인정하여 환경부장관이 고시하는 기관

정답 74 ② 75 ④ 76 ② 77 ③ 78 ①

② 매립시설
㉠ 한국환경공단
㉡ 한국건설기술연구원
㉢ 한국농어촌공사
㉣ 수도권매립지관리공사
③ 멸균분쇄시설
㉠ 한국환경공단
㉡ 보건환경연구원
㉢ 한국산업기술시험원
④ 음식물 폐기물 처리시설
㉠ 한국환경공단
㉡ 한국산업기술시험원
㉢ 그 밖에 환경부장관이 정하여 고시하는 기관
⑤ 시멘트 소성로
소각시설의 검사기관과 동일
⑥ 소각열회수시설의 검사기관
소각시설의 검사기관과 동일(에너지회수 외의 검사)

79 폐기물처리업자가 방치한 폐기물의 경우 폐기물처리 공제조합에 처리를 명할 수 있는 방치폐기물의 처리량은 그 폐기물처리업자의 폐기물 허용보관량의 몇 배 이내인가?

① 1.5배 이내 ② 2.0배 이내
③ 2.5배 이내 ④ 3.0배 이내

해설 **방치폐기물의 처리량과 처리기간**
① 폐기물처리 공제조합에 처리를 명할 수 있는 방치폐기물의 처리량은 다음 각 호와 같다.
㉠ 폐기물처리업자가 방치한 폐기물의 경우 : 그 폐기물처리업자의 폐기물 허용보관량의 1.5배 이내
㉡ 폐기물처리 신고자가 방치한 폐기물의 경우 : 그 폐기물처리 신고자의 폐기물 보관량의 1.5배 이내
② 환경부장관이나 시 · 도지사는 폐기물처리 공제조합에 방치폐기물의 처리를 명하려면 주변환경의 오염 우려 정도와 방치폐기물의 처리량 등을 고려하여 2개월의 범위에서 그 처리기간을 정하여야 한다. 다만, 부득이한 사유로 처리기간 내에 방치폐기물을 처리하기 곤란하다고 환경부장관이나 시 · 도지사가 인정하면 1개월의 범위에서 한 차례만 그 기간을 연장할 수 있다.

80 에너지 회수기준으로 알맞지 않은 것은?

① 다른 물질과 혼합하지 아니하고 해당 폐기물의 저위발열량이 킬로그램당 3천킬로칼로리 이상일 것
② 환경부장관이 정하여 고시하는 경우에는 폐기물의 30퍼센트 이상을 원료나 재료로 재활용하고 그 나머지 중에서 에너지의 회수에 이용할 것
③ 회수열을 50퍼센트 이상 열원으로 스스로 이용하거나 다른 사람에게 공급할 것
④ 에너지의 회수효율(회수에너지 총량을 투입에너지총량으로 나눈 비율을 말한다.)이 75퍼센트 이상일 것

해설 **에너지 회수기준**
① 다른 물질과 혼합하지 아니하고 해당 폐기물의 저위발열량이 킬로그램당 3천 킬로칼로리 이상일 것
② 에너지의 회수효율(회수에너지 총량을 투입에너지 총량으로 나눈 비율을 말한다)이 75퍼센트 이상일 것
③ 회수열을 모두 열원으로 스스로 이용하거나 다른 사람에게 공급할 것
④ 환경부장관이 정하여 고시하는 경우에는 폐기물의 30퍼센트 이상을 원료나 재료로 재활용하고 그 나머지 중에서 에너지 회수에 이용할 것

정답 79 ① 80 ③

2019년 2회 기출문제

제1과목 폐기물개론

01 쓰레기 발생원과 발생 쓰레기 종류의 연결로 가장 거리가 먼 것은?

① 주택지역 – 조대폐기물 ② 개방지역 – 건축폐기물
③ 농업지역 – 유해폐기물 ④ 상업지역 – 합성수지류

해설 개방지역과 건축폐기물은 상관성이 없으며 생활폐기물과 관련이 있다.

02 쓰레기를 압축시켜 용적 감소율(Volume Reduction)이 61%인 경우 압축비(Compactor Ratio)는?

① 2.1 ② 2.6 ③ 3.1 ④ 3.6

해설 압축비(CR) $= \frac{V_i}{V_f} = \frac{100}{(100-61)} = \frac{100}{100-61} = 2.56$

03 함수율이 각각 90%, 70%인 하수슬러지를 무게비 3 : 1로 혼합하였다면 혼합 하수슬러지의 함수율(%)은?(단, 하수슬러지 비중 = 1.0)

① 81 ② 83 ③ 85 ④ 87

해설 함수율(%) $= \frac{(3\times0.9)+(1\times0.7)}{3+1}\times100 = 85\%$

04 물렁거리는 가벼운 물질로부터 딱딱한 물질을 선별하는 데 이용되며, 경사진 컨베이어를 통해 폐기물을 주입시켜 회전하는 드럼 위에 떨어뜨려 분류하는 선별 방식은?

① Stoners ② Jigs
③ Secators ④ Float Separator

해설 **스케터(Secators)**
경사진 컨베이어를 통해 폐기물을 주입시켜 천천히 회전하는 드럼 위에 떨어뜨려서 선별하는 장치이다. 물렁거리는 가벼운 물질(가볍고 탄력 없는 물질)로부터 딱딱한 물질(무겁고 탄력 있는 물질)을 선별하는 데 사용되며, 주로 퇴비 중의 유리조각을 추출할 때 이용되는 선별장치이다.

05 제품 및 제품에 의해 발생된 폐기물에 대하여 포괄적인 생산자의 책임을 원칙으로 하는 제도는?

① 종량제 ② 부담금제도
③ EPR제도 ④ 전표제도

해설 **EPR제도(생산자책임 재활용제도)**
폐기물은 단순히 버려져 못쓰는 것이라는 의식을 바꾸어 '폐기물=자원'이라는 공감대를 확산시킴으로써 재활용 정책에 활력을 불어넣는 제도이며, 폐기물의 자원화를 위해 EPR의 정착과 활성화가 필수적이다.

06 폐기물의 퇴비화 조건이 아닌 것은?

① 퇴비화하기 쉬운 물질을 선정한다.
② 분뇨, 슬러지 등 수분이 많을 경우 Bulking Agent를 혼합한다.
③ 미생물 식종을 위해 부숙 중인 퇴비의 일부를 반송하여 첨가한다.
④ pH가 5.5 이하인 경우 인위적인 pH 조절을 위해 탄산칼슘을 첨가한다.

해설 미생물 식종을 위해 부숙 중인 다량의 숙성퇴비를 반송하여 첨가한다.

07 발열량과 발열량 분석에 관한 설명으로 틀린 것은?

① 발열량은 쓰레기 1kg을 완전연소시킬 때 발생하는 열량(kcal)을 말한다.
② 고위발열량(H_h)은 발열량계에서 측정한 값에서 물의 증발잠열을 뺀 값을 말한다.
③ 발열량 분석은 원소분석 결과를 이용하는 방법으로 고위발열량과 저위발열량을 추정할 수 있다.
④ 저위발열량(H_l, kcal/kg)을 산정하는 방법으로 $H_h - 600(9H+W)$을 사용한다.

해설 저위발열량은 발열량계에서 측정한 고위발열량에서 수분의 증발잠열(응축잠열)을 제외한 열량을 말한다.

2019

정답 01 ② 02 ② 03 ③ 04 ③ 05 ③ 06 ③ 07 ②

08 **쓰레기 수거능을 판별할 수 있는 MHT에 대한 설명으로 가장 적절한 것은?**

① 1톤의 쓰레기를 수거하는 데 수거인부 1인이 소요하는 총 시간
② 1톤의 쓰레기를 수거하는 데 소요되는 인부 수
③ 수거인부 1인이 시간당 수거하는 쓰레기 톤 수
④ 수거인부 1인이 수거하는 쓰레기 톤 수

해설 **MHT(Man Hour per Ton : 수거노동력)**
폐기물 1ton당 인력소요시간, 즉 수거인부 1인이 폐기물 1ton을 수거하는 데 소요되는 시간을 의미한다.

09 **쓰레기의 발생량 조사 방법이 아닌 것은?**

① 경향법 ② 적재차량 계수분석법
③ 직접계근법 ④ 물질수지법

해설 **폐기물 발생량 측정(조사)방법**
① 적재차량 계수분석법 ② 직접계근법
③ 물질수지법 ④ 통계조사(표본조사, 전수조사)

10 **선별에 관한 설명으로 맞는 것은?**

① 회전스크린은 회전자를 이용한 탄도식 선별장치이다.
② 와전류 선별기는 철로부터 알루미늄과 구리의 2가지를 모두 분리할 수 있다.
③ 경사 컨베이어 분리기는 부상선별기의 한 종류이다.
④ Zigzag 공기선별기는 column의 난류를 줄여줌으로써 선별 효율을 높일 수 있다.

해설 ① 회전스크린은 회전통의 경사도를 이용하는 선별장치이다.
③ 경사 컨베이어 분리기는 원심분리기의 한 종류이다.
④ 지그재그(Zigzag) 공기선별기는 컬럼의 난류를 높여 줌으로써 선별효율을 높일 수 있다.

11 **105~110℃에서 4시간 건조된 쓰레기의 회분량은 15%인 것으로 조사되었다. 이 경우 건조 전 수분을 함유한 생쓰레기의 회분량(%)은?(단, 생쓰레기의 함수율 = 25%)**

① 16.25 ② 13.25
③ 11.25 ④ 8.25

해설 건조 전 수분 함유 생쓰레기의 회분량

$$=15\% \times \frac{100-25}{100} = 11.25\%$$

12 **쓰레기의 발생량 조사 방법인 물질수지법에 관한 설명으로 옳지 않은 것은?**

① 주로 산업폐기물 발생량을 추산할 때 이용된다.
② 비용이 저렴하고 정확한 조사가 가능하여 일반적으로 많이 활용된다.
③ 조사하고자 하는 계의 경계를 정확하게 설정하여야 한다.
④ 물질수지를 세울 수 있는 상세한 데이터가 있는 경우에 가능하다.

해설 **쓰레기 발생량 조사(측정방법)**

조사방법		내용
적재차량 계수분석법 (Load−count analysis)		• 일정기간 동안 특정 지역의 쓰레기 수거 · 운반차량의 대수를 조사하여, 이 결과로 밀도를 이용하여 질량으로 환산하는 방법(차량의 대수에 폐기물의 겉보기 비중을 선정하여 중량으로 환산하는 방법) • 조사장소는 중간적하장이나 중계처리장이 적합 • 단점으로는 쓰레기의 밀도 또는 압축 정도에 따라 오차가 크다는 것
직접계근법 (Direct weighting method)		• 일정기간 동안 특정 지역의 쓰레기 수거 · 운반차량을 중간적하장이나 중계처리장에서 직접 계근하는 방법(트럭 스케일 방법) • 입구에서 쓰레기가 적재되어 있는 차량과 출구에서 쓰레기를 적하한 공차량을 계근하여 쓰레기양 산출 • 장점으로는 비교적 정확한 쓰레기 발생량을 파악할 수 있는 방법 • 단점으로는 적재차량 계수분석에 비하여 작업량이 많고 번거로움이 있음
물질수지법 (Material balance method)		• 시스템으로 유입되는 모든 물질들과 유출되는 모든 폐기물의 양에 대하여 물질수지를 세움으로써 폐기물 발생량을 추정하는 방법 • 주로 산업폐기물 발생량을 추산할 때 이용하는 방법 • 단점으로는 비용이 많이 소요되고 작업량이 많아 널리 이용되지 않음, 즉 특수한 경우에만 사용됨 • 우선적으로 조사하고자 하는 계의 경계를 정확하게 설정해야 함 • 물질수지를 세울 수 있는 상세한 데이터가 있는 경우에 가능
통계조사	표본조사 (단순 샘플링 검사)	• 조사기간이 짧음 • 비용이 적게 소요됨 • 조사상 오차가 큼
	전수조사	• 표본오차가 작아 신뢰도가 높음(정확함) • 행정시책에 대한 이용도가 높음 • 조사기간이 길 • 표본치의 보정역할이 가능함

정답 08 ① 09 ① 10 ② 11 ③ 12 ②

13 슬러지의 함유수분 중 가장 많은 수분함유도를 유지하고 있는 것은?

① 표면부착수 ② 모관결합수
③ 간극수 ④ 내부수

해설 **간극수(Cavemous Water)**
큰 고형물 입자 간극에 존재하며 슬러지 내 존재하는 물의 형태 중 아주 많은 양을 차지한다.

[Note] 수분함유도(간극수 > 모관결합수 > 표면부착수 > 내부수)

14 폐기물관리법의 적용을 받는 폐기물은?

① 방사능 폐기물
② 용기에 들어 있지 않은 기체상의 물질
③ 분뇨
④ 폐유독물

해설 **폐기물관리법을 적용하지 않는 해당물질**
①「원자력안전법」에 따른 방사성 물질과 이로 인하여 오염된 물질
② 용기에 들어 있지 아니한 기체상태의 물질
③「물환경보전법」에 따른 수질오염 방지시설에 유입되거나 공공수역으로 배출되는 폐수
④「가축분뇨의 관리 및 이용에 관한 법률」에 따른 가축분뇨
⑤「하수도법」에 따른 하수 · 분뇨
⑥「가축전염병예방법」이 적용되는 가축의 사체, 오염 물건, 수입 금지 물건 및 검역 불합격품
⑦「수산생물질병 관리법」에 적용되는 수산동물의 사체, 오염된 시설 또는 물건, 수입금지물건 및 검역 불합격품
⑧「군수품관리법」에 따라 폐기되는 탄약

15 연간 폐기물 발생량이 8,000,000톤인 지역에서 1일 평균 수거인부가 3,000명이 소요되었으며, 1일 작업시간이 평균 8시간일 경우 MHT는?(단, 1년 = 365일로 산정)

① 1.0 ② 1.1
③ 1.2 ④ 1.3

해설
$$\text{MHT} = \frac{\text{수거인부} \times \text{수거인부 총수거시간}}{\text{총수거량}}$$
$$= \frac{3{,}000\text{인} \times 8\text{hr/day} \times 365\text{day/year}}{8{,}000{,}000\text{ton/year}}$$
$$= 1.1\text{man} \cdot \text{hr/ton(MHT)}$$

16 적환장에 대한 설명으로 옳지 않은 것은?

① 최종처리장과 수거지역의 거리가 먼 경우 사용하는 것이 바람직하다.
② 저밀도 거주지역이 존재할 때 설치한다.
③ 재사용 가능한 물질의 선별시설 설치가 가능하다.
④ 대용량의 수집차량을 사용할 때 설치한다.

해설 **적환장 설치가 필요한 경우**
① 작은 용량의 수집차량을 사용할 때($15m^3$ 이하)
② 저밀도 거주지역이 존재할 때
③ 불법투기와 다량의 어질러진 쓰레기들이 발생할 때
④ 슬러지 수송이나 공기수송방식을 사용할 때
⑤ 처분지가 수집장소로부터 멀리 떨어져 있을 때
⑥ 상업지역에서 폐기물 수집에 소형 용기를 많이 사용하는 경우
⑦ 쓰레기 수송 비용절감이 필요한 경우
⑧ 압축식 수거 시스템인 경우

17 고형분이 50%인 음식물쓰레기 10ton을 소각하기 위해 수분 함량을 20%가 되도록 건조시켰다. 건조된 쓰레기의 최종중량(ton)은?(단, 비중은 1.0 기준)

① 약 3.0 ② 약 4.1 ③ 약 5.2 ④ 약 6.3

해설 $10\text{ton} \times (1-0.5) = \text{건조된 쓰레기 중량} \times (1-0.2)$

$$\text{건조된 쓰레기 중량} = \frac{10\text{ton} \times 0.5}{0.8} = 6.25\text{ton}$$

18 LCA(전과정평가, Life Cycle Assessment)의 구성요소에 해당하지 않는 것은?

① 목적 및 범위의 설정 ② 분석평가
③ 영향평가 ④ 개선평가

해설 **전과정평가(LCA)**
① Scoping Analysis : 설정분석(목표 및 범위)
② Inventory Analysis : 목록분석
③ Impact Analysis : 영향분석
④ Improvement Analysis : 개선분석(개선평가)

19 생활폐기물의 발생량을 나타내는 발생원 단위로 가장 적합한 것은?

① kg/capita · day ② ppm/capita · day
③ m^3/capita · day ④ L/capita · day

해설 **생활폐기물의 발생량을 나타내는 발생원 단위** : kg/인 · 일

2019

정답 13 ③ 14 ④ 15 ② 16 ④ 17 ④ 18 ② 19 ①

20 폐기물의 열분해(Pyrolysis)에 관한 설명으로 틀린 것은?

① 무산소 또는 저산소 상태에서 반응한다.
② 분해와 응축반응이 일어난다.
③ 발열반응이다.
④ 반응 시 생성되는 Gas는 주로 메탄, 일산화탄소, 수소가스이다.

해설 **열분해(Pyrolysis)**
① 열분해란 공기가 부족한 상태(무산소 혹은 저산소 분위기)에서 가연성 폐기물을 연소시켜(간접가열에 의해) 유기물질로부터 가스, 액체 및 고체상태의 연료를 생산하는 공정을 의미하며 흡열반응을 한다.
② 예열, 건조과정을 거치므로 보조연료의 소비량이 증가되어 유지관리비가 많이 소요된다.
③ 폐기물을 산소의 공급 없이 가열하여 가스, 액체, 고체의 3성분으로 분리한다.(연소가 고도의 발열반응임에 비해 열분해는 고도의 흡열반응이다.)
④ 분해와 응축반응이 일어난다.
⑤ 필요한 에너지를 외부에서 공급해 주어야 한다.

제2과목 폐기물처리기술

21 혐기성 소화의 장단점이라 할 수 없는 것은?

① 동력시설을 거의 필요로 하지 않으므로 운전비용이 저렴하다.
② 소화 슬러지의 탈수 및 건조가 어렵다.
③ 반응이 더디고 소화기간이 비교적 오래 걸린다.
④ 소화가스는 냄새가 나며 부식성이 높은 편이다.

해설 ① **혐기성 소화의 장점**
㉠ 호기성 처리에 비해 슬러지 발생량(소화 슬러지)이 적다.
㉡ 동력시설의 소모가 적어 운전비용(동력비)이 저렴하다.(산소공급 불필요)
㉢ 생성슬러지의 탈수 및 건조가 쉽다.(탈수성 양호)
㉣ 메탄가스 회수가 가능하다.(회수된 가스를 연료로 사용 가능함)
㉤ 병원균이나 기생충란의 사멸이 가능하다.(부패성, 유기물을 안정화시킴)
㉥ 고농도 폐수처리가 가능하다.(국내 대부분의 하수처리장에서 적용 중)
㉦ 소화 슬러지의 탈수성이 좋다.
㉧ 암모니아, 인산 등 영양염류의 제거율이 낮다.

② **혐기성 소화의 단점**
㉠ 호기성 소화공법보다 운전이 용이하지 않다.(운전이 어려우므로 유지관리에 숙련이 필요함)
㉡ 소화가스는 냄새(NH_3, H_2S)가 문제 된다.(악취 발생 문제)
㉢ 부식성이 높은 편이다.
㉣ 높은 온도가 요구되며 미생물 성장속도가 느리다.
㉤ 상등수의 농도가 높고 반응이 더디어 소화기간이 비교적 오래 걸린다.
㉥ 처리효율이 낮고 시설비가 많이 든다.

22 함수율 99%인 잉여슬러지 $40m^3$를 농축하여 96%로 했을 때 잉여슬러지의 부피(m^3)는?

① 5 ② 10 ③ 15 ④ 20

해설 $40m^3 \times (1-0.99)$ = 농축 후 잉여슬러지(m^3) $\times (1-0.96)$

농축 후 잉여슬러지 부피(m^3) $= \dfrac{40m^3 \times (1-0.99)}{1-0.96} = 10m^3$

23 사업장폐기물의 퇴비화에 대한 내용으로 틀린 것은?

① 퇴비화 이용이 불가능하다.
② 토양오염에 대한 평가가 필요하다.
③ 독성물질의 함유농도에 따라 결정하여야 한다.
④ 중금속 물질의 전처리가 필요하다.

해설 사업장폐기물 성분 중 유기물은 퇴비화 이용이 가능하다.

24 일반폐기물의 소각처리에서 통상적인 폐기물의 원소 분석치를 이용하여 얻을 수 있는 항목으로 가장 거리가 먼 것은?

① 연소용 공기량 ② 배기가스양 및 조성
③ 유해가스의 종류 및 양 ④ 소각재의 성분

해설 **폐기물의 원소분석치를 이용하여 얻을 수 있는 항목**
① 연소용 공기량
② 배기가스양 및 조성
③ 유해가스의 종류 및 양

25 해안매립공법에 대한 설명으로 옳지 않은 것은?

① 순차투입방법은 호안 측으로부터 순차적으로 쓰레기를 투입하여 육지화하는 방법이다.
② 수심이 깊은 처분장에서는 건설비 과다로 내수를 완전히 배제하기가 곤란한 경우가 많아 순차투입방법을 택하는 경우가 많다.
③ 처분장은 면적이 크고 1일 처분량이 많다.

정답 20 ③ 21 ② 22 ② 23 ① 24 ④ 25 ④

④ 수중부에 쓰레기를 깔고 압축작업과 복토를 실시하므로 근본적으로 내륙매립과 같다.

해설 **해안매립**
① 처분장의 면적이 크고, 1일 처분량이 많으나 완전한 샌드위치방식에 의한 매립이 곤란하다.
② 수중부에 쓰레기를 깔고 압축작업과 복토를 실시하기 어려우므로 근본적으로 내륙매립과 다르다.

26 **쓰레기 소각로의 열부하가 50,000kcal/m^3 · hr이며 쓰레기의 저위발열량 1,800kcal/kg, 쓰레기중량 20,000kg일 때 소각로의 용량(m^3)은?(단, 소각로는 8시간 가동)**

① 15 ② 30 ③ 60 ④ 90

해설
$$\text{소각로 용량}(m^3) = \frac{\text{소각량} \times \text{저위발열량}}{\text{소각로 열부하율}} = \frac{20{,}000\text{kg} \times 1{,}800\text{kcal/kg}}{50{,}000\text{kcal/m}^3 \cdot \text{hr} \times 8\text{hr}} = 90\text{m}^3$$

27 **매립된 쓰레기 양이 1,000ton이고 유기물 함량이 40%이며, 유기물에서 가스로 전환율이 70%이다. 유기물 kg당 0.5m^{3}의 가스가 생성되고 가스 중 메탄 함량이 40%일 때 발생되는 총 메탄의 부피(m^3)는?(단, 표준상태로 가정)**

① 46,000 ② 56,000 ③ 66,000 ④ 76,000

해설
$$CH_4(m^3) = 0.5m^3 CH_4/kg \cdot VS \times 1{,}000 \times 10^3 kg \times 0.4 \times 0.7 \times 0.4 = 56{,}000m^3$$

28 **폐타이어의 재활용 기술로 가장 거리가 먼 것은?**

① 열분해를 이용한 연료 회수
② 분쇄 후 유동층 소각로의 유동매체로 재활용
③ 열병합 발전의 연료로 이용
④ 고무 분말 제조

해설 **폐타이어 재활용기술**
① 시멘트킬른 열이용
② 토목공사
③ 고무 분말 제조
④ 건류소각재 이용
⑤ 열분해를 이용한 연료 회수
⑥ 열병합 발전의 연료로 이용

[Note] 폐타이어는 융점이 낮아 분쇄 후 유동층 소각로의 유동매체로 재활용하기가 곤란하다.

29 **오염된 농경지의 정화를 위해 다른 장소로부터 비오염 토양을 운반하여 넣는 정화기술은?**

① 객토 ② 반전
③ 희석 ④ 배토

해설 객토는 오염된 농경지의 정화를 위해 다른 장소로부터 비오염 토양을 운반하여 넣는 정화기술의 하나이다.

30 **일반적으로 매립지 내 분해속도가 가장 느린 구성물질은?**

① 지방 ② 단백질
③ 탄수화물 ④ 섬유질

해설 **매립지 내 분해속도**
탄수화물 > 지방 > 단백질 > 섬유질 > 리그닌

31 **매립장 침출수의 차단방법 중 표면차수막에 관한 설명으로 가장 거리가 먼 것은?**

① 보수는 매립 전이라면 용이하지만 매립 후는 어렵다.
② 시공 시에는 눈으로 차수성 확인이 가능하지만 매립이 이루어지면 어렵다.
③ 지하수 집배수시설이 필요하지 않다.
④ 차수막의 단위면적당 공사비는 비교적 싸지만 총공사비는 비싸다.

2019

해설 **표면차수막**
① 적용조건
㉠ 매립지반의 투수계수가 큰 경우에 사용
㉡ 매립지의 필요한 범위에 차수재료로 덮인 바닥이 있는 경우에 사용
② 시공
매립지 전체를 차수재료로 덮는 방식으로 시공
③ 지하수 집배수시설
원칙적으로 지하수 집배수시설을 시공하므로 필요함
④ 차수성 확인
시공 시에는 차수성이 확인되지만 매립 후에는 곤란함
⑤ 경제성
단위면적당 공사비는 저가이나 전체적으로 비용이 많이 듦
⑥ 보수
매립 전에는 보수, 보강 시공이 가능하나 매립 후에는 어려움
⑦ 공법 종류
㉠ 지하연속벽
㉡ 합성고무계 시트
㉢ 합성수지계 시트
㉣ 아스팔트계 시트

정답 26 ④ 27 ② 28 ② 29 ① 30 ④ 31 ③

32 일반적인 슬러지 처리 계통도가 가장 올바르게 나열된 것은?

① 농축 → 안정화 → 개량 → 탈수 → 소각
② 탈수 → 개량 → 건조 → 안정화 → 소각
③ 개량 → 안정화 → 농축 → 탈수 → 소각
④ 탈수 → 건조 → 안정화 → 개량 → 소각

해설 **슬러지 처리공정(순서)**
농축 → 소화(안정화) → 개량 → 탈수 → 건조 → 소각 → 매립

33 내륙매립공법 중 도랑형 공법에 대한 설명으로 옳지 않은 것은?

① 전처리로 압축 시 발생되는 수분처리가 필요하다.
② 침출수 수집장치나 차수막 설치가 어렵다.
③ 사전 정비작업이 그다지 필요하지 않으나 매립용량이 낭비된다.
④ 파낸 흙을 복토재로 이용 가능한 경우에 경제적이다.

해설 **도랑형 방식매립(Trench System : 도랑 굴착 매립공법)**
① 도랑을 파고 폐기물을 매립한 후 다짐 후 다시 복토하는 방법이다.
② 매립지 바닥이 두껍고(지하수면이 지표면으로부터 깊은 곳에 있는 경우) 또한 복토를 적합한 지역에 이용하는 방법으로 거의 단층매립만 가능한 공법이다.
③ 도랑의 깊이는 약 2.5~7m(10m)로 하고 폭은 20m 정도이고 파낸 흙을 복토재로 이용 가능한 경우 경제적이다.(소규모 도랑 : 폭 5~8m, 깊이 1~2m)
④ 도랑에서 굴착된 토사는 매일 또는 중간복토로 사용하여 쓰레기의 날림을 최소화할 수 있다.
⑤ 매립종료 후 토지이용 효율이 증대된다.
⑥ 도랑은 합성수지나 점토를 이용하여 차수시설을 하여 가스나 침출수의 이동을 최소화시킨다.
⑦ 사전 정비작업이 필요하지 않으나 단층매립으로 매립용량의 낭비가 크다.
⑧ 사전작업 시 침출수 수집장치나 차수막 설치가 용이하지 못하다.

34 쓰레기 퇴지방(야적)의 세균 이용법에 해당하는 것은?

① 대장균 이용　② 혐기성 세균의 이용
③ 호기성 세균의 이용　④ 녹조류의 이용

해설 쓰레기 퇴지방(야적)의 세균 이용법은 호기성 세균을 이용하는 방법을 의미한다.

35 폐기물 고화처리 시 고화재의 종류에 따라 무기적 방법과 유기적 방법으로 나눌 수 있다. 유기적 고형화에 관한 설명으로 틀린 것은?

① 수밀성이 크며 다양한 폐기물에 적용할 수 있다.
② 최종 고화체의 체적 증가가 거의 균일하다.
③ 미생물, 자외선에 대한 안정성이 약하다.
④ 상업화된 처리법의 현장자료가 빈약하다.

해설 **유기성(유기적) 고형화 기술**
요소수지, 폴리부타디엔, 폴리에스테르, 에폭시, 아스팔트 등을 이용하여 주로 방사성 폐기물 등을 안정화시키는 방법이다.
① 일반적으로 물리적으로 봉입한다.
② 처리비용이 고가이다.
③ 최종 고화체의 체적 증가가 다양하다.
④ 수밀성이 매우 크고 다양한 폐기물에 적용하기 용이하다.
⑤ 미생물, 자외선에 대한 안정성이 약하다.
⑥ 일반 폐기물보다 방사성 폐기물 처리에 적용한다. 즉, 방사성 폐기물을 제외한 기타 폐기물에 대한 적용사례가 제한되어 있다.
⑦ 상업화된 처리법의 현장자료가 미비하다.
⑧ 고도 기술을 필요로 하며 촉매 등 유해물질이 사용된다.
⑨ 역청, 파라핀, PE, UPE 등을 이용한다.

36 고형화 처리의 목적에 해당하지 않는 것은?

① 취급이 용이하다.
② 폐기물 내 독성이 감소한다.
③ 폐기물 내 오염물질의 용해도가 감소한다.
④ 폐기물 내 손실 성분이 증가한다.

해설 **고형화 처리의 목적**
① 유해폐기물의 불활성화(독성 저하 및 폐기물 내의 오염물질 이동성 감소)
② 용출 억제(물리적으로 안정한 물질로 변화), 즉 폐기물 내 손실 성분이 감소
③ 토양개량 및 매립 시 충분한 강도 확보
④ 취급 용이 및 재활용(건설자재) 가능

37 매립지에서 흔히 사용되는 합성차수막이 아닌 것은?

① LFG　② HDPE
③ CR　④ PVE

해설 **합성차수막의 종류**
① IIR : Isoprene－isobutylene(Butyl Rubber)
② CPE : Chlorinated Polyethylene
③ CSPE : Chlorosulfonated Polyethylene

정답 32 ①　33 ①　34 ③　35 ②　36 ④　37 ①

④ EPDM : Ethylene Propylene Diene Monomer
⑤ LDPE : Low−density Polyethylene
⑥ HDPE : High−density Polyethylene
⑦ CR : Chloroprene Rubber(Neoprene, Polychloroprene)
⑧ PVC : Polyvinyl Chloride

38 소화 슬러지의 발생량은 투입량(200kL)의 10%이며 함수율이 95%이다. 탈수기에서 함수율을 80%로 낮추면 탈수된 Cake의 부피(m^3)는?(단, 슬러지의 비중 = 1.0)

① 2.0　　② 3.0
③ 4.0　　④ 5.0

해설 $(200\text{kL} \times 0.1) \times (1-0.95) = \text{탈수된 Cake 부피} \times (1-0.8)$

$$\text{탈수된 Cake 부피}(\text{m}^3) = \frac{20\text{kL} \times 0.05 \times \text{m}^3/\text{kL}}{0.2} = 5.0\text{m}^3$$

39 혐기성 분해에 영향을 주는 인자로서 가장 거리가 먼 것은?

① 탄질비　　② pH
③ 유기산농도　　④ 온도

해설 **혐기성 분해 영향 인자**
① pH
② 온도
③ 유기산 농도
④ 방해물질(중금속류 등)

[Note] 탄질비는 퇴비화의 영향 인자이다.

40 다양한 종류의 호기성미생물과 효소를 이용하여 단기간에 유기물을 발효시켜 사료를 생산하는 습식방식에 의한 사료화의 특징이 아닌 것은?

① 처리 후 수분함량이 30% 정도로 감소한다.
② 종균제 투입 후 30~60℃에서 24시간 발효와 350℃에서 고온 멸균처리한다.
③ 비용이 적게 소요된다.
④ 수분함량이 높아 통기성이 나쁘고 변질 우려가 있다.

해설 처리 후 수분함량이 50~60% 정도이다.

제3과목 폐기물공정시험기준(방법)

41 다음에 제시된 온도의 최대 범위 중 가장 높은 온도를 나타내는 것은?

① 실온
② 상온
③ 온수
④ 추출된 노말헥산의 증류온도

해설 ① 실온 : 1~35℃
② 상온 : 15~25℃
③ 온수 : 60~70℃
④ 추출된 노말헥산의 증류온도 : 80℃ 정도

42 다음 설명에서 (　) 알맞은 것은?

> 어떤 용액에 산 또는 알칼리를 가해도 그 수소이온농도가 변화하기 어려운 경우에, 그 용액을 (　)이라 한다.

① 규정액　② 표준액　③ 완충액　④ 중성액

해설 **완충액**
어떤 용액에 산 또는 알칼리를 가해도 그 수소이온농도가 변화하기 어려운 경우에, 그 용액을 완충액이라 한다.

43 pH 측정의 정밀도에 관한 내용으로 (　) 에 옳은 내용은?

> 임의의 한 종류의 pH 표준용액에 대하여 검출부를 정제수로 잘 씻은 다음 (㉠) 되풀이하여 pH를 측정했을 때 그 재현성이 (㉡) 이내이어야 한다.

① ㉠ 3회, ㉡ ±0.5　　② ㉠ 3회, ㉡ ±0.05
③ ㉠ 5회, ㉡ ±0.5　　④ ㉠ 5회, ㉡ ±0.05

해설 **정밀도**
임의의 한 종류의 pH 표준용액에 대하여 검출부를 정제수로 잘 씻은 다음 5회 되풀이하여 pH를 측정했을 때 그 재현성이 ±0.05 이내이어야 한다.

44 폐기물의 고형물 함량을 측정하였더니 18%로 측정되었다. 고형물 함량으로 분류할 때 해당되는 것은?

① 고상폐기물　　② 액상폐기물
③ 반고상폐기물　　④ 알 수 없음

2019

정답 38 ④　39 ①　40 ①　41 ④　42 ③　43 ④　44 ①

해설 ① 액상폐기물 : 고형물의 함량이 5% 미만
② 반고상폐기물 : 고형물의 함량이 5% 이상 15% 미만
③ 고상폐기물 : 고형물의 함량이 15% 이상

45 **유도결합플라스마-원자발광분광법에 대한 설명으로 틀린 것은?**

① 플라스마가스로는 순도 99.99%(V/V%) 이상의 압축 아르곤가스가 사용된다.
② 플라스마 상태에서 원자가 여기상태로 올라갈 때 방출하는 발광선으로 정량분석을 수행한다.
③ 플라스마는 그 자체가 광원으로 이용되기 때문에 매우 넓은 농도 범위에서 시료를 측정할 수 있다.
④ 많은 원소를 동시에 분석이 가능하다.

해설 플라스마 상태에서 들뜬 원자가 바닥상태로 이동할 때 방출하는 발광선 및 발광강도를 측정하여 정성 및 정량 분석을 수행한다.

46 **폐기물 용출 조작에 관한 설명으로 틀린 것은?**

① 상온, 상압에서 진탕횟수를 매분당 약 200회로 한다.
② 진폭 6~8cm의 진탕기를 사용한다.
③ 진탕기로 6시간 연속 진탕한다.
④ 여과가 어려운 경우 원심분리기를 사용하여 매분당 3,000회전 이상으로 20분 이상 원심분리한다.

해설 **용출 조작**
① 진탕 : 혼합액을 상온, 상압에서 진탕횟수가 매분당 약 200회, 진폭이 4~5cm의 진탕기를 사용하여 6시간 동안 연속 진탕
⇩
② 여과 : 1.0μm의 유리 섬유여과지로 여과
⇩
③ 여과액을 적당량 취하여 용출 실험용 시료 용액으로 함

47 **반고상 또는 고상폐기물의 pH 측정법으로 ( )에 옳은 것은?**

> 시료 10g을 (㉠) 비커에 취한 다음 정제수 (㉡)를 넣어 잘 교반하여 (㉢) 이상 방치

① ㉠ 100mL, ㉡ 50mL, ㉢ 10분
② ㉠ 100mL, ㉡ 50mL, ㉢ 30분
③ ㉠ 50mL, ㉡ 25mL, ㉢ 10분
④ ㉠ 50mL, ㉡ 25mL, ㉢ 30분

해설 **반고상 또는 고상폐기물 pH 측정법**
시료 10g을 50mL 비커에 취한 다음 정제수(증류수) 25mL를 넣어 잘 교반하여 30분 이상 방치한 후 이 현탁액을 시료용액으로 하거나 원심분리한 후 상층액을 시료용액으로 한다.

48 **함수율이 90%인 슬러지를 용출시험하여 구리의 농도를 측정하니 1.0mg/L로 나타났다. 수분함량을 보정한 용출시험 결과치(mg/L)는?**

① 0.6 ② 0.9
③ 1.1 ④ 1.5

해설 $$\text{보정농도(mg/L)} = 1.0\text{mg/L} \times \frac{15}{100-90} = 1.5\text{mg/L}$$

49 **폐기물 중 시안을 측정(이온전극법)할 때 시료채취 및 관리에 관한 내용으로 ( )에 알맞은 것은?**

> 시료는 수산화나트륨용액을 가하여 (㉠) 으로 조절하여 냉암소에서 보관한다. 최대 보관시간은 (㉡)이며 가능한 한 즉시 실험한다.

① ㉠ pH 10 이상, ㉡ 8시간
② ㉠ pH 10 이상, ㉡ 24시간
③ ㉠ pH 12 이상, ㉡ 8시간
④ ㉠ pH 12 이상, ㉡ 24시간

해설 **시안-이온전극법의 시료채취 및 관리**
① 시료는 미리 세척한 유리 또는 폴리에틸렌 용기에 채취한다.
② 시료는 수산화나트륨용액을 가하여 pH 12 이상으로 조절하여 냉암소에서 보관한다.
③ 최대 보관시간은 24시간이며 가능한 한 즉시 실험한다.

50 **pH가 2인 용액 2L와 pH가 1인 용액 2L를 혼합하면 pH는?**

① 1.0 ② 1.3
③ 2.0 ④ 2.3

해설 $$[H^+] = \frac{(2\times10^{-2})+(2\times10^{-1})}{2+2} = 0.055$$

$$pH = \log\frac{1}{[H^+]} = \log\frac{1}{0.055} = 1.26$$

[Note] pH=2 $[H^+]=10^{-2}M$
pH=1 $[H^+]=10^{-1}M$

정답 45 ② 46 ② 47 ④ 48 ④ 49 ④ 50 ②

51 **기체크로마토그래피에 사용되는 분리용 컬럼의 McReynold 상수가 작다는 것이 의미하는 것은?**

① 비극성 컬럼이다. ② 이론단수가 작다.
③ 체류시간이 짧다. ④ 분리효율이 떨어진다.

해설 분리용 컬럼의 McReynold 상수가 작다는 것은 비극성 컬럼을 의미한다.

52 **자외선/가시선 분광법을 이용한 시안 분석을 위해 시료를 증류할 때 증기로 유출되는 시안의 형태는?**

① 시안산 ② 시안화수소
③ 염화시안 ④ 시아나이드

해설 **시안 – 자외선/가시선 분광법**
시료를 pH 2 이하의 산성으로 조절한 후에 에틸렌다이아민테트라아세트산나트륨을 넣고 가열 증류하여 시안화합물을 시안화수소로 유출시켜 수산화나트륨 용액을 포집한 다음 중화하고 클로라민–T와 피리딘 · 피라졸론 혼합액을 넣어 나타나는 청색을 620nm에서 측정하는 방법이다.

53 **폐기물 시료채취를 위한 채취도구 및 시료용기에 관한 설명으로 틀린 것은?**

① 노말헥산 추출물질 실험을 위한 시료 채취 시는 갈색경질의 유리병을 사용하여야 한다.
② 유기인 실험을 위한 시료 채취 시는 갈색경질의 유리병을 사용하여야 한다.
③ 시료 중에 다른 물질의 혼입이나 성분의 손실을 방지하기 위하여 코르크 마개를 사용하며, 다만 고무마개는 셀로판지를 씌워 사용할 수도 있다.
④ 시료용기에는 폐기물의 명칭, 대상 폐기물의 양, 채취장소, 채취시간 및 일기, 시료번호, 채취책임자 이름, 시료의 양, 채취방법, 기타 참고자료를 기재한다.

해설 시료 중에 다른 물질의 혼입이나 성분의 손실을 방지하기 위하여 코르크 마개를 사용해서는 안 되며, 다만 고무나 코르크 마개에 파라핀지, 유지, 셀로판지를 씌워 사용할 수 있다.

54 **원자흡수분광광도법(공기 – 아세틸렌 불꽃)으로 크롬을 분석할 때 철, 니켈 등의 공존물질에 의한 방해를 방지하기 위해 넣어 주는 시약은?**

① 질산나트륨 ② 인산나트륨
③ 황산나트륨 ④ 염산나트륨

해설 공기–아세틸렌 불꽃에서는 철, 니켈 등의 공존물질에 의한 방해영향이 크므로 이때에는 황산나트륨을 1% 정도 넣어서 측정한다.

55 **시료의 전처리 방법 중 다량의 점토질 또는 규산염을 함유한 시료에 적용하는 것은?**

① 질산–과염소산 분해법
② 질산–과염소산–불화수소산 분해법
③ 질산–과염소산–염화수소산 분해법
④ 질산–과염소산–황화수소산 분해법

해설 **질산 – 과염소산 – 불화수소산 분해법**
① 적용 : 다량의 점토질 또는 규산염을 함유한 시료
② 용액 산농도 : 약 0.8N

56 **시료의 전처리방법에서 유기물을 높은 비율로 함유하고 있으면서 산화 분해가 어려운 시료에 적용되는 방법은?**

① 질산–황산 분해법
② 질산–과염소산 분해법
③ 질산–과염소산–불화수소 분해법
④ 질산–염산 분해법

해설 **질산 – 과염소산 분해법**
① 적용 : 유기물을 다량 함유하고 있으면서 산화 분해가 어려운 시료에 적용한다.
② 주의
㉠ 과염소산을 넣을 경우 진한 질산이 공존하지 않으면 폭발할 위험이 있으므로 반드시 진한 질산을 먼저 넣어야 한다.
㉡ 어떠한 경우에도 유기물을 함유한 뜨거운 용액에 과염소산을 넣어서는 안 된다.
㉢ 납을 측정할 경우 시료 중에 황산이온(SO_4^{2-})이 다량 존재하면 불용성의 황산납이 생성되어 측정치에 손실을 가져온다. 이때는 분해가 끝난 액에 물 대신 아세트산암모늄용액(5+6) 50mL를 넣고 가열하여 액이 끓기 시작하면 킬달플라스크를 회전시켜 내벽을 액으로 충분히 씻어준 다음 약 5분 동안 가열을 계속하고 공기 중에서 식혀 여과한다.
㉣ 유기물의 분해가 완전히 끝나지 않아 액이 맑지 않을 때에는 다시 질산 5mL를 넣고 가열을 반복한다.
㉤ 질산 5mL와 과염소산 10mL를 넣고 가열을 계속하여 과염소산이 분해되어 백연을 발생하기 시작하면 가열을 중지한다.
㉥ 유기물 분해 시에 분해가 끝나면 공기 중에서 식히고 정제수 50mL을 넣어 서서히 끓이면서 질소산화물 및 유리염소를 완전히 제거한다.

2019

정답 51 ① 52 ② 53 ③ 54 ③ 55 ② 56 ②

57 기체크로마토그래피법에서 유기인 화합물의 분석에 사용되는 검출기와 가장 거리가 먼 것은?

① 전자포획형 검출기 ② 알칼리열 이온화 검출기
③ 불꽃광도 검출기 ④ 열전도도 검출기

해설 **유기인 화합물 – 기체크로마토그래피법 사용 검출기**
① 질소인 검출기 ② 불꽃광도 검출기
③ 알칼리열 이온화 검출기 ④ 전자포획형 검출기

58 자외선/가시선 분광법으로 6가크롬을 측정할 때 흡수셀 세척에 사용되는 시약이 아닌 것은?

① 탄산나트륨 ② 질산(1+5)
③ 과망간산칼륨 ④ 에틸알코올

해설 **흡수셀이 더러워 측정값에 오차가 발생한 경우**
① 탄산나트륨 용액(2W/V%)에 소량의 음이온 계면활성제를 가한 용액에 흡수셀을 담가 놓고 필요하면 40~50℃로 약 10분간 가열한다.
② 흡수셀을 꺼내 정제수로 씻은 후 질산(1+5)에 소량의 과산화수소를 가한 용액에 약 30분간 담가 놓았다가 꺼내어 정제수로 잘 씻는다. 깨끗한 거즈나 흡수지 위에 거꾸로 놓아 물기를 제거하고 실리카겔을 넣은 데시케이터 중에서 건조하여 보존한다.
③ 급히 사용하고자 할 때는 물기를 제거한 후 에틸알코올로 씻고 다시 에틸에테르로 씻은 다음 드라이어로 건조해서 사용한다.

59 원자흡수분광광도법으로 측정할 수 없는 것은?

① 시안, 유기인 ② 구리, 납
③ 비소, 수은 ④ 철, 니켈

해설 ① 시안 측정방법
㉠ 자외선/가시선 분광법
㉡ 이온전극법
② 유기인 측정방법
㉠ 기체크로마토그래피법
㉡ 기체크로마토그래피 – 질량분석법

60 편광현미경법으로 석면을 측정할 때 석면의 정량범위는?

① 1~25% ② 1~50%
③ 1~75% ④ 1~100%

해설 **석면 측정방법의 정량범위**
① X선 회절기법 : 0.1~100.0wt%
② 편광현미경법 : 1~100%

제4과목 폐기물관계법규

61 환경부령이 정하는 폐기물처리 담당자로서 교육기관에서 실시하는 교육을 받아야 하는 자로 거리가 먼 것은?

① 폐기물재활용신고자
② 폐기물처리시설의 기술관리인
③ 폐기물처리업에 종사하는 기술요원
④ 폐기물분석전문기관의 기술요원

해설 **다음 어느 하나에 해당하는 사람은 환경부령으로 정하는 교육기관이 실시하는 교육을 받아야 한다.**
① 다음 어느 하나에 해당하는 폐기물처리 담당자
㉠ 폐기물처리업에 종사하는 기술요원
㉡ 폐기물처리시설의 기술관리인
㉢ 그 밖에 대통령령으로 정하는 사람
② 폐기물분석전문기관의 기술요원
③ 재활용환경성평가기관의 기술인력

62 폐기물처리시설 주변지역 영향조사기준 중 조사방법(조사지점)에 관한 내용으로 ( )에 옳은 것은?

> 미세먼지와 다이옥신 조사지점은 해당시설에 인접한 주거지역 중 ( ) 이상 지역의 일정한 곳으로 한다.

① 2개소 ② 3개소
③ 4개소 ④ 5개소

해설 **주변지역 영향조사의 조사지점**
① 미세먼지와 다이옥신 조사지점은 해당 시설에 인접한 주거지역 중 3개소 이상 지역의 일정한 곳으로 한다.
② 악취 조사지점은 매립시설에 가장 인접한 주거지역에서 냄새가 가장 심한 곳으로 한다.
③ 지표수 조사지점은 해당 시설에 인접하여 폐수, 침출수 등이 흘러들거나 흘러들 것으로 우려되는 지역의 상 · 하류 각 1개소 이상의 일정한 곳으로 한다.
④ 지하수 조사지점은 매립시설의 주변에 설치된 3개의 지하수 검사정으로 한다.
⑤ 토양조사지점은 4개소 이상으로 하고 토양정밀조사의 방법에 따라 폐기물 매립 및 재활용 지역의 시료채취 지점의 표토와 심토에서 각각 시료를 채취해야 하며, 시료채취지점의 지형 및 하부토양의 특성을 고려하여 시료를 채취해야 한다.

정답 57 ④ 58 ③ 59 ① 60 ④ 61 ① 62 ②

63 **폐기물처리업자가 폐기물의 발생, 배출, 처리상황 등을 기록한 장부의 보존기간은?(단, 최종 기재일 기준)**

① 6개월간 ② 1년간
③ 3년간 ④ 5년간

해설 폐기물처리업자는 장부를 마지막으로 기록한 날부터 3년간 보존하여야 한다.

64 **의료폐기물의 종류 중 위해의료폐기물의 종류와 가장 거리가 먼 것은?**

① 전염성류 폐기물 ② 병리계 폐기물
③ 손상성 폐기물 ④ 생물 · 화학폐기물

해설 **위해의료폐기물의 종류**
① 조직물류 폐기물 : 인체 또는 동물의 조직 · 장기 · 기관 · 신체의 일부, 동물의 사체, 혈액 · 고름 및 혈액생성물질(혈청, 혈장, 혈액 제제)
② 병리계 폐기물 : 시험 · 검사 등에 사용된 배양액, 배양용기, 보관균주, 폐시험관, 슬라이드 커버글라스 폐배지, 폐장갑
③ 손상성 폐기물 : 주삿바늘, 봉합바늘, 수술용 칼날, 한방침, 치과용 침, 파손된 유리재질의 시험기구
④ 생물 · 화학폐기물 : 폐백신, 폐항암제, 폐화학치료제
⑤ 혈액오염폐기물 : 폐혈액백, 혈액투석 시 사용된 폐기물, 그 밖에 혈액이 유출될 정도로 포함되어 있는 특별한 관리가 필요한 폐기물

65 **지정폐기물 처리시설 중 기술관리인을 두어야 할 차단형 매립시설의 면적규모 기준은?**

① $330m^2$ 이상 ② $1,000m^2$ 이상
③ $3,300m^2$ 이상 ④ $10,000m^2$ 이상

해설 **기술관리인을 두어야 하는 폐기물 처리시설**
① 매립시설의 경우
㉠ 지정폐기물을 매립하는 시설로서 면적이 3천300제곱미터 이상인 시설. 다만, 차단형 매립시설에서는 면적이 330제곱미터 이상이거나 매립용적이 1천 세제곱미터 이상인 시설로 한다.
㉡ 지정폐기물 외의 폐기물을 매립하는 시설로서 면적이 1만 제곱미터 이상이거나 매립용적이 3만 세제곱미터 이상인 시설
② 소각시설로서 시간당 처리능력이 600킬로그램(감염성 폐기물을 대상으로 하는 소각시설의 경우에는 200킬로그램) 이상인 시설
③ 압축 · 파쇄 · 분쇄 또는 절단시설로서 1일 처리능력 또는 재활용시설이 100톤 이상인 시설
④ 사료화 · 퇴비화 또는 연료화 시설로서 1일 재활용능력이 5톤 이상인 시설
⑤ 멸균 · 분쇄시설로서 시간당 처리능력이 100킬로그램 이상인 시설
⑥ 시멘트 소성로
⑦ 용해로(폐기물에 비철금속을 추출하는 경우로 한정한다)로서 시간당 재활용능력이 600킬로그램 이상인 시설
⑧ 소각열회수시설로서 시간당 재활용능력이 600킬로그램 이상인 시설

66 **사업장폐기물의 종류별 세부분류번호로 옳은 것은?(단, 사업장일반폐기물의 세부분류 및 분류번호)**

① 유기성 오니류 31－01－00
② 유기성 오니류 41－01－00
③ 유기성 오니류 51－01－00
④ 유기성 오니류 61－01－00

해설 ① 유기성 오니류 : 51－01－00
② 무기성 오니류 : 51－02－00

2019

67 **폐기물처리업의 변경신고를 하여야 할 사항으로 틀린 것은?**

① 상호의 변경
② 연락장소나 사무실 소재지의 변경
③ 임시차량의 증차 또는 운반차량의 감차
④ 처리용량 누계의 30% 이상 변경

해설 **폐기물처리업의 변경신고 사항**
① 상호의 변경
② 대표자의 변경
③ 연락장소나 사무실 소재지의 변경
④ 임시차량의 증차 또는 운반차량의 감차
⑤ 재활용 대상부지의 변경
⑥ 재활용 대상 폐기물의 변경
⑦ 폐기물 재활용 유형의 변경
⑧ 기술능력의 변경

68 **폐기물처리시설에 대한 환경부령으로 정하는 검사기관이 잘못 연결된 것은?**

① 소각시설의 검사기관 : 한국기계연구원
② 음식물류 폐기물 처리시설의 검사기관 : 보건환경연구원

정답 63 ③ 64 ① 65 ① 66 ③ 67 ④ 68 ②

③ 멸균분쇄시설의 검사기관 : 한국산업기술시험원
④ 매립시설의 검사기관 : 한국환경공단

해설 **환경부령으로 정하는 검사기관**
① 소각시설
㉠ 한국환경공단
㉡ 한국기계연구원
㉢ 한국산업기술시험원
㉣ 대학, 정부 출연기관, 그 밖에 소각시설을 검사할 수 있다고 인정하여 환경부장관이 고시하는 기관
② 매립시설
㉠ 한국환경공단
㉡ 한국건설기술연구원
㉢ 한국농어촌공사
㉣ 수도권매립지관리공사
③ 멸균분쇄시설
㉠ 한국환경공단
㉡ 보건환경연구원
㉢ 한국산업기술시험원
④ 음식물 폐기물 처리시설
㉠ 한국환경공단
㉡ 한국산업기술시험원
㉢ 그 밖에 환경부장관이 정하여 고시하는 기관
⑤ 시멘트 소성로
소각시설의 검사기관과 동일
⑥ 소각열회수시설의 검사기관
소각시설의 검사기관과 동일(에너지회수 외의 검사)

69 지정폐기물 배출자는 사업장에서 발생되는 지정폐기물인 폐산을 보관개시일부터 최소 며칠을 초과하여 보관하여서는 안 되는가?

① 90일 ② 70일 ③ 60일 ④ 45일

해설 지정폐기물 배출자는 그의 사업장에서 발생하는 지정폐기물 중 폐산 · 폐알칼리 · 폐유 · 폐유기용제 · 폐촉매 · 폐흡착제 · 폐흡수제 · 폐농약, 폴리클로리네이티드비페닐 함유 폐기물, 폐수처리 오니 중 유기성 오니는 보관이 시작된 날부터 45일을 초과하여 보관하여서는 아니 된다.

70 2년 이하의 징역이나 2천만 원 이하의 벌금에 처하는 경우가 아닌 것은?

① 폐기물의 재활용 용도 또는 방법을 위반하여 폐기물을 처리하여 주변 환경을 오염시킨 자
② 폐기물의 수출입 신고 의무를 위반하여 신고를 하지 아니하거나 허위로 신고한 자
③ 폐기물 처리업의 업종 구분과 영업내용의 범위를 벗어나는 영업을 한 자
④ 폐기물 회수조치 명령을 이행하지 아니한 자

해설 폐기물관리법 제66조 참조

71 폐기물의 수집 · 운반 · 보관 · 처리에 관한 기준 및 방법에 대한 설명으로 틀린 것은?

① 해당 폐기물을 적정하게 처분, 재활용 또는 보관할 수 있는 장소 외의 장소로 운반하지 아니할 것
② 폐기물의 종류와 성질 · 상태별 재활용 가능성 여부, 가연성이나 불연성 여부 등에 따라 구분하여 수집 · 운반 · 보관할 것
③ 폐기물을 처분 또는 재활용하는 자가 폐기물을 보관하는 경우에는 그 폐기물처분시설 또는 재활용시설과 다른 사업장에 있는 보관시설에 보관할 것
④ 수집 · 운반 · 보관의 과정에서 침출수가 생기는 경우에는 환경부령으로 정하는 바에 따라 처리할 것

해설 폐기물을 처분 또는 재활용하는 자가 처분시설 또는 재활용시설과 같은 사업장에 있는 보관시설에 보관할 것

72 폐기물처리업자 또는 폐기물처리신고자의 휴업 · 폐업 등의 신고에 관한 내용으로 ( )에 옳은 것은?

> 폐기물처리업자나 폐기물처리신고자가 휴업 · 폐업 또는 재개업을 한 경우에는 휴업 · 폐업 또는 재개업을 한 날부터 ( )에 신고서에 해당 서류를 첨부하여 시 · 도지사나 지방환경관서의 장에게 제출하여야 한다.

① 10일 이내 ② 15일 이내
③ 20일 이내 ④ 30일 이내

해설 폐기물처리업자 또는 폐기물처리신고자가 휴업 · 폐업 또는 재개업을 한 경우에는 휴업 · 폐업 또는 재개업을 한 날부터 20일 이내에 시 · 도지사나 지방환경관서의 장에게 신고서를 제출하여야 한다.

73 폐기물처리시설을 환경부령으로 정하는 기준에 맞게 설치하되, 환경부령으로 정하는 규모 미만의 폐기물 소각 시설을 설치, 운영하여서는 아니 된다. 이를 위반하여 설치가 금지되는 폐기물 소각시설을 설치, 운영한 자에 대한 벌칙 기준은?

① 6개월 이하의 징역이나 5백만 원 이하의 벌금
② 1년 이하의 징역이나 1천만 원 이하의 벌금

정답 69 ④ 70 ④ 71 ③ 72 ③ 73 ③

③ 2년 이하의 징역이나 2천만 원 이하의 벌금
④ 3년 이하의 징역이나 3천만 원 이하의 벌금

해설 폐기물관리법 제66조 참조

74 **3년 이하의 징역이나 3천만 원 이하의 벌금에 처하는 경우가 아닌 것은?**

① 거짓이나 그 밖의 부정한 방법으로 폐기물분석 전문기관으로 지정을 받거나 변경지정을 받은 자
② 다른 자의 명의나 상호를 사용하여 재활용환경성평가를 하거나 재활용환경성평가기관지정서를 빌린 자
③ 유해성 기준에 적합하지 아니하게 폐기물을 재활용한 제품 또는 물질을 제조하거나 유통한 자
④ 고의로 사실과 다른 내용의 폐기물분석결과서를 발급한 폐기물분석 전문기관

해설 폐기물관리법 제65조 참조

75 **폐기물처리 신고자의 준수사항 기준으로 ( )에 옳은 것은?**

> 정당한 사유 없이 계속하여 ( ) 이상 휴업하여서는 아니 된다.

① 6개월 ② 1년 ③ 2년 ④ 3년

해설 **폐기물처리 신고자의 준수사항**
정당한 사유 없이 계속하여 1년 이상 휴업하여서는 아니 된다.

76 **음식물류 폐기물처리시설의 검사기관으로 옳은 것은?**

① 한국산업기술시험원 ② 한국환경자원공사
③ 시 · 도 보건환경연구원 ④ 수도권매립지관리공사

해설 **환경부령으로 정하는 검사기관**
① 소각시설
㉠ 한국환경공단
㉡ 한국기계연구원
㉢ 한국산업기술시험원
㉣ 대학, 정부 출연기관, 그 밖에 소각시설을 검사할 수 있다고 인정하여 환경부장관이 고시하는 기관
② 매립시설
㉠ 한국환경공단
㉡ 한국건설기술연구원
㉢ 한국농어촌공사
㉣ 수도권매립지관리공사
③ 멸균분쇄시설
㉠ 한국환경공단
㉡ 보건환경연구원
㉢ 한국산업기술시험원
④ 음식물 폐기물 처리시설
㉠ 한국환경공단
㉡ 한국산업기술시험원
㉢ 그 밖에 환경부장관이 정하여 고시하는 기관
⑤ 시멘트 소성로
소각시설의 검사기관과 동일
⑥ 소각열회수시설의 검사기관
소각시설의 검사기관과 동일(에너지회수 외의 검사)

77 **폐기물처리 담당자에 대한 교육을 실시하는 기관이 아닌 것은?**

① 국립환경인력개발원 ② 환경관리공단
③ 한국환경자원공사 ④ 환경보전협회

해설 **교육기관**
① 국립환경인력개발원, 한국환경공단 또는 한국폐기물협회
㉠ 폐기물처분시설 또는 재활용시설의 기술관리인이나 폐기물처리시설의 설치자로서 스스로 기술관리를 하는 자
㉡ 폐기물처리시설의 설치 · 운영자 또는 그가 고용한 기술담당자
② 「환경정책기본법」에 따른 환경보전협회 또는 한국폐기물협회
㉠ 사업장폐기물 배출자 신고를 한 자 및 법 제17조 제3항에 따른 서류를 제출한 자 또는 그가 고용한 기술담당자
㉡ 폐기물처리업자(폐기물 수집 · 운반업자는 제외한다)가 고용한 기술요원
㉢ 폐기물처리시설의 설치 · 운영자 또는 그가 고용한 기술담당자
㉣ 폐기물 수집 · 운반업자 또는 그가 고용한 기술담당자
㉤ 폐기물재활용신고자 또는 그가 고용한 기술담당자
②의2 한국환경산업기술원
재활용환경성평가기관의 기술인력
②의3 국립환경인력개발원, 한국환경공단
폐기물 분석전문기관의 기술요원

78 **폐기물처리시설의 사후관리기준 및 방법에 규정된 사후관리 항목 및 방법에 따라 조사한 결과를 토대로 매립시설이 주변 환경에 미치는 영향에 대한 종합보고서를 매립시설의 사용종료 신고 후 몇 년마다 작성하여야 하는가?**

① 1년 ② 2년 ③ 3년 ④ 5년

해설 매립시설이 주변 환경에 미치는 영향에 대한 종합보고서를 매립시설의 사용종료 신고 후 5년마다 작성하여야 한다.

정답 74 ③ 75 ② 76 ① 77 ③ 78 ④

79 **폐기물 처분시설 또는 재활용시설 중 음식물류 폐기물을 대상으로 하는 시설의 기술관리인 자격기준으로 틀린 것은?**

① 산업위생산업기사 ② 화공산업기사
③ 토목산업기사 ④ 전기기사

해설 **폐기물 처분시설 또는 재활용시설의 기술관리인의 자격기준**

구분	자격기준
매립시설	폐기물처리기사, 수질환경기사, 토목기사, 일반기계기사, 건설기계기사, 화공기사, 토양환경기사 중 1명 이상
소각시설(의료폐기물을 대상으로 하는 소각시설은 제외한다), 시멘트 소성로 및 용해로	폐기물처리기사, 대기환경기사, 토목기사, 일반기계기사, 건설기계기사, 화공기사, 전기기사, 전기공사기사 중 1명 이상
의료폐기물을 대상으로 하는 시설	폐기물처리산업기사, 임상병리사, 위생사 중 1명 이상
음식물류 폐기물을 대상으로 하는 시설	폐기물처리산업기사, 수질환경산업기사, 화공산업기사, 토목산업기사, 대기환경산업기사, 일반기계기사, 전기기사 중 1명 이상
그 밖의 시설	같은 시설의 운영을 담당하는 자 1명 이상

80 **사후관리 대상인 폐기물 매립시설은 사용이 종료되거나 그 시설이 폐쇄된 날로부터 몇 년 이내로 토지이용을 제한하는가?**

① 10년 ② 20년
③ 30년 ④ 40년

해설 사후관리 대상인 폐기물 매립시설은 사용이 종료되거나 그 시설이 폐쇄된 날로부터 30년 이내로 토지이용을 제한한다.

정답 79 ① 80 ③

2019년 4회 기출문제

제1과목 폐기물개론

01 함수율 80%인 슬러지 500g을 완전건조 시켰을 때 건조된 슬러지의 중량(g)은?(단, 슬러지의 비중 = 1.0)

① 100 ② 200
③ 300 ④ 400

해설 건조된 슬러지 중량(g) = 500g × (1 − 0.8) = 100g

[Note] 다른 풀이
500g × (1 − 0.8) = 건조된 슬러지 중량(g) × (1 − 0)
건조된 슬러지 중량(g) = 100g

02 우리나라에서 가장 많이 발생하는 사업장 폐기물(지정폐기물)은?

① 분진 ② 폐알칼리
③ 폐유 및 폐유기용제 ④ 폐합성 고분자화합물

해설 우리나라에서는 지정폐기물 중 폐유기용제 및 폐유의 연간발생량이 가장 많다.

03 쓰레기의 입도를 분석하였더니 입도누적곡선상의 10%(D_{10}), 30%(D_{30}), 60%(D_{60}), 90%(D_{90})의 입경이 각각 2, 6, 15, 25mm이라면 곡률계수는?

① 15 ② 7.5 ③ 2.0 ④ 1.2

해설 곡률계수(Z) $= \dfrac{{D_{30}}^2}{D_{10} \times D_{60}} = \dfrac{6^2}{2 \times 15} = 1.2$

04 가연분 함량을 구하는 식으로 옳은 것은?

① 가연분(%) = 100 − 불연성 물질(%) − 가연성 물질(%)
② 가연분(%) = 100 − 시료무게(%) − 회분(%)
③ 가연분(%)=100 − 수분(%) − 회분(%)
④ 가연분(%)=100 − 분자량(%) − 회분(%)

해설 가연분 함량(%) = 100 − 수분(%) − 회분(%)

05 도시의 인구가 50,000명이고 분뇨의 1인 1일당 발생량은 1.1L이다. 수거된 분뇨의 BOD 농도를 측정하였더니 60,000mg/L이었고, 분뇨의 수거율이 30%라고 할 때 수거된 분뇨의 1일 발생 BOD양(kg)은?(단, 분뇨의 비중 = 1.0 기준)

① 790 ② 890 ③ 990 ④ 1,190

해설 수거 분뇨 BOD(kg/일)
$= 1.1\text{L/인} \cdot \text{일} \times 50{,}000\text{인} \times 60{,}000\text{mg/L} \times \text{kg}/10^6\text{mg} \times 0.3$
= 990kg/일

06 수거효율을 결정하기 위해서 흔히 사용되는 동적시간조사(Time − Motion Study)를 통한 자료와 가장 거리가 먼 것은?

① 수거차량당 수거인부수
② 수거인부의 시간당 수거 가옥수
③ 수거인부의 시간당 수거톤수
④ 수거톤당 인력 소요시간

해설 수거효율 관련 단위(Time − Motion Study)
① man · hour/ton(MHT) : 수거인부 1인이 1ton의 폐기물을 수거하는 데 소요되는 시간
② sevice/day/truck(SDT) : 수거트럭 1대당 1일에 수거하는 가옥수
③ service/man/hour(SMH) : 수거인부 1인이 1시간에 수거하는 가옥수
④ ton/day/truck(TDT) : 수거트럭 1대당 1일에 수거하는 폐기물량
⑤ ton/man/hour(TMH) : 수거인부 1인이 1시간에 수거하는 톤수

07 연질플라스틱과 종이류가 혼합된 폐기물을 파쇄하는 데 효과적이고, 파쇄속도가 느리고 이물질의 혼입에 대해 취약하지만 파쇄물의 크기를 고르게 절단할 수 있는 파쇄기는?

① 전단파쇄기 ② 충격파쇄기
③ 압축파쇄기 ④ 해머밀

정답 01 ① 02 ③ 03 ④ 04 ③ 05 ③ 06 ① 07 ①

해설 전단파쇄기

① 충격파쇄기에 비하여 파쇄속도가 느리다.
② 충격파쇄기에 비하여 이물질의 혼입에 취약하다.
③ 충격파쇄기에 비하여 파쇄물의 입도(크기)를 고르게 할 수 있다.(장점)
④ 전단파쇄기는 해머밀 파쇄기보다 저속으로 운전된다.
⑤ 소각로 전처리에 많이 이용되나 처리용량이 작아 대량이나 연쇄파쇄에 부적합하다.
⑥ 분진, 소음, 진동이 적고 폭발위험이 거의 없다.

08 **함수율이 25%인 폐기물의 고형물 중의 가연성 함량은 30%이다. 건조중량기준의 가연성 물질 함량(%)은?**

① 20% ② 30%
③ 40% ④ 50%

해설

$$\text{건조중량기준 가연성 물질(\%)} = \frac{\text{가연성 함량}}{\text{건조중량}} \times 100$$
$$= \frac{75 \times 0.3}{75} \times 100 = 30\%$$

09 **분석을 위하여 축소, 분쇄, 균질 등의 목적으로 하는 시료의 축소방법 중 원추 4분법이 가장 많이 사용되는 이유로서 가장 적합한 것은?**

① 원추를 쌓기 때문이다.
② 축소비율이 일정하기 때문이다.
③ 한 번의 조작으로 시료가 축소되기 때문이다.
④ 타 방법들이 공인되지 않았기 때문이다.

해설 시료축소방법 중 원추 4분법은 축소비율이 일정하기 때문에 가장 많이 사용된다.

10 **파이프라인을 이용한 쓰레기 수송방법에 대한 설명으로 가장 거리가 먼 것은?**

① 쓰레기 발생밀도가 낮은 곳에서 현실성이 있다.
② 잘못 투입된 물건을 회수하기가 곤란하다.
③ 조대쓰레기는 파쇄, 압축 등의 전처리가 필요하다.
④ 2.5km 이상의 장거리에서는 이용이 곤란하다.

해설 관거(pipeline) 수송은 폐기물 발생밀도가 상대적으로 높은 인구밀도지역 및 아파트지역 등에서 현실성이 있다.

11 **물질회수를 위한 선별방법 중 손선별에 관한 설명으로 옳지 않은 것은?**

① 컨베이어 벨트를 이용하여 손으로 종이류, 플라스틱류, 금속류, 유리류 등을 분류한다.
② 작업효율은 0.5ton/man · hr 정도이다.
③ 컨베이어 벨트의 속도는 일반적으로 약 9m/min 이하이다.
④ 정확도가 떨어지고 폭발로 인한 위험에 노출되는 단점이 있다.

해설 손 선별(인력 선별 : Hand sorting)

① 적용 : 컨베이어 벨트를 이용하여 손으로 종이류, 플라스틱류, 금속류, 유리류 등을 분류하며 특히 폐유리병은 크기 및 색깔별로 선별하는 데 유용하다.
② 장점 : 정확도가 높고 파쇄공정으로 유입되기 전에 폭발가능 물질의 분류가 가능하다.
③ 단점 : 기계적인 선별보다 작업량이 떨어지며, 먼지 · 악취 등에 노출된다.

12 **트롬멜 스크린의 선별효율에 영향을 주는 인자가 아닌 것은?**

① 체의 눈 크기 ② 트롬멜 무게
③ 경사도 ④ 회전속도(rpm)

해설 트롬멜 스크린의 선별효율에 영향을 주는 인자

① 체눈의 크기(입경)
② 직경
③ 경사도(효율 감소, 부하율 증대)
④ 길이(길면 효율 증대, 동력소모 증대)
⑤ 회전속도
⑥ 폐기물의 부하와 특성

13 **인구 3,800명인 도시에서 하루동안 발생되는 쓰레기를 수거하기 위하여 용량 $8m^3$인 청소차량이 5대, 1일 2회 수거, 1일 근무시간이 8시간인 환경미화원이 5명 동원된다. 이 쓰레기의 적재밀도가 $0.3ton/m^3$일 때 MHT값(man · hour/ton)은?(단, 기타 조건은 고려하지 않음)**

① 1.38 ② 1.42 ③ 1.67 ④ 1.83

해설

$$\text{MHT} = \frac{\text{수거인부} \times \text{수거시간}}{\text{쓰레기 수거량}}$$
$$= \frac{5\text{인} \times 8\text{hr/day}}{2\text{회/day} \times 8\text{m}^3/\text{대} \times 5\text{대/회} \times 0.3\text{ton/m}^3}$$
$$= 1.67\text{MHT(man} \cdot \text{hr/ton)}$$

정답 08 ② 09 ② 10 ① 11 ④ 12 ② 13 ③

14 채취한 쓰레기 시료에 대한 성상분석 절차는?

① 밀도 측정 → 물리적 조성 → 건조 → 분류
② 밀도 측정 → 물리적 조성 → 분류 → 건조
③ 물리적 조성 → 밀도 측정 → 건조 → 분류
④ 물리적 조성 → 밀도 측정 → 분류 → 건조

해설 폐기물 시료 분석절차

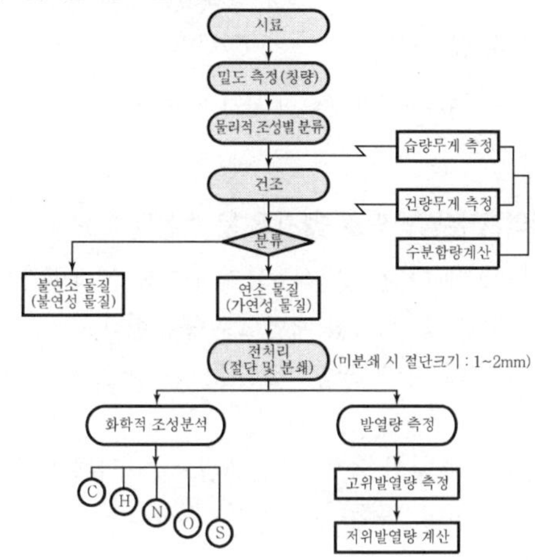

15 우리나라 쓰레기의 배출특성에 대한 설명으로 가장 거리가 먼 것은?

① 계절적 변동이 심하다.
② 쓰레기의 발열량이 높다.
③ 음식물 쓰레기 조성이 높다.
④ 수분과 회분함량이 많다.

해설 우리나라 쓰레기의 발열량은 낮은 편이다.

16 폐기물 발생량 및 성상예측 시 고려되어야 할 인자가 아닌 것은?

① 소득수준 ② 자원회수량
③ 사용연료 ④ 지역습도

해설 폐기물 발생량은 소득수준이 높을수록, 자원회수량이 적을수록, 사용연료가 많을수록 증가하며 지역습도와는 관련이 없다.

17 지정폐기물과 관련된 설명으로 알맞은 것은?

① 모든 폐유기용제는 지정폐기물이다.
② 폐촉매 중에 코발트가 다량 포함되면 지정폐기물이다.
③ 기름 성분(엔진오일, 폐식용유 등)을 5% 이상 함유하면 지정폐기물이다.
④ 6가크롬을 다량 함유하고 고형물 함량이 5% 미만인 도금공장 발생 공정오니는 지정폐기물이다.

해설 ② 모든 폐촉매는 지정폐기물이다.
③ 폐유[기름 성분을 5퍼센트 이상 함유한 것을 포함하며, 폴리클로리네이티드비페닐(PCBs)함유 폐기물, 폐식용유와 그 잔재물, 폐흡착제 및 폐흡수제는 제외한다]
④ 오니류(수분함량이 95퍼센트 미만이거나 고형물 함량이 5퍼센트 이상인 것으로 한정한다)
㉠ 폐수처리 오니(환경부령으로 정하는 물질을 함유한 것으로 환경부장관이 고시한 시설에서 발생되는 것으로 한정한다)
㉡ 공정 오니(환경부령으로 정하는 물질을 함유한 것으로 환경부장관이 고시한 시설에서 발생되는 것으로 한정한다)

18 자력선별에서 사용하는 자력의 단위는?

① emf ② mV(밀리 볼트)
③ T(테슬라) ④ F(패러데이)

해설 자력선별에서 사용하는 자력의 단위는 자기유도 또는 자기력선속밀도의 의미인 Tesla(T)이다.

2019

19 쓰레기 수거능을 판별할 수 있는 MHT라는 용어에 대한 가장 적절한 표현은?

① 수거인부 1인이 수거하는 쓰레기 톤수
② 수거인부 1인이 시간당 수거하는 쓰레기 톤수
③ 1톤의 쓰레기를 수거하는 데 소요되는 인부수
④ 1톤의 쓰레기를 수거하는 데 수거인부 1인이 소요하는 총시간

해설 MHT(Man Hour per Ton : 수거노동력)
폐기물 1ton당 인력소요시간, 즉 수거인부 1인이 폐기물 1ton을 수거하는 데 소요되는 시간

20 폐기물 처리방법 중 에너지 혹은 자원회수 방법으로 가장 비경제적인 것은?

① 퇴비화 ② 열분해
③ 혐기성 소화 ④ 호기성 소화

해설 호기성 소화의 단점
① 소화 슬러지양이 많다.
② 소화 슬러지의 탈수성이 불량하다.
③ 설치부지가 많이 소요되고 폭기에 소요되는 동력비가 상승한다.
④ 유기물 저감률이 작고 연료가스 등 부산물의 가치가 낮다.(메탄가스가 발생하지 않음)

정답 14 ① 15 ② 16 ④ 17 ① 18 ③ 19 ④ 20 ④

제2과목 폐기물처리기술

21 처리용량이 20kL/day인 분뇨처리장에 가스저장탱크를 설계하고자 한다. 가스 저류기간을 3hr로 하고 생성가스 양을 투입량의 8배로 가정한다면 가스탱크의 용량(m^3)은?(단, 비중 = 1.0 기준)

① 20 ② 60 ③ 80 ④ 120

해설 가스탱크용량(m^3) = 처리용량 × 저류기간 × 가스생성비
$= 20m^3/day \times 3hr \times day/24hr \times 8 = 20m^3$

22 비정상적으로 작동하는 소화조에 석회를 주입하는 이유는?

① 유기산균을 증가시키기 위해
② 효소의 농도를 증가시키기 위해
③ 칼슘 농도를 증가시키기 위해
④ pH를 높이기 위해

해설 비정상적으로 작동하는 소화조에 석회를 주입하는 이유는 pH를 높이어 소화조 내부가 산성화 상태로 되는 것을 방지하기 위해서이다.

23 연직차수막 공법의 종류와 가장 거리가 먼 것은?

① 강널말뚝
② 어스 라이닝
③ 굴착에 의한 차수시트 매설법
④ 어스댐 코어

해설 **연직차수막 공법의 종류**
① 어스댐 코어 공법
② 강널말뚝 공법
③ 그라우트 공법
④ 굴착에 의한 차수시트 매설 공법

24 다음 중 열회수시설이 아닌 것은?

① 절탄기 ② 과열기
③ SCR ④ 공기예열기

해설 SCR(선택적 촉매환원법)은 질소산화물 저감시설이다.

25 오염된 토양의 처리를 위해 고형화 처리 시 토양 $1m^3$당 고형화재의 첨가량(kg)은?

① 100 ② 150 ③ 200 ④ 250

해설 오염된 토양의 처리를 위해 고형화 처리 시 토양 $1m^3$당 고형화재의 첨가량은 150kg 정도이다.

26 효과적으로 퇴비화를 진행시키기 위한 가장 직접적인 중요 인자는?

① 온도 ② 함수율
③ 교반 및 공기공급 ④ C/N비

해설 C/N비는 퇴비화 시 가장 중요한 환경적 인자이다.

27 매립지의 구분방법으로 옳지 않은 것은?

① 매립구조에 따라 혐기성, 혐기성위생, 개량혐기성위생, 준호기성, 호기성 매립으로 구분한다.
② 매립방법에 따라 불량, 친환경, 안전매립으로 구분한다.
③ 매립위치에 따라 육상, 해안매립으로 구분한다.
④ 위생매립(Cell 공법)은 도랑식, 경사식, 지역식 매립으로 구분한다.

해설 **매립방법에 따른 구분**
① 단순매립 : 차수막, 복토, 집배수를 고려하지 않는 매립방법이다.
② 위생매립 : 차수막, 복토, 집배수를 고려한 매립방법으로 가장 경제적이고 많이 사용되는 매립방법이다.(일반 폐기물)
③ 안전매립 : 차수막, 복토, 집배수를 고려한 매립방법으로 유해 폐기물의 최종처분방법이며, 유해 폐기물을 자연계와 완전차단하는 매립방법이다.(유해 폐기물)

28 유해 폐기물을 고화 처리하는 방법 중 피막형성법에 관한 설명으로 옳지 않은 것은?

① 낮은 혼합률(MR)을 가진다.
② 에너지 소요가 작다.
③ 화재 위험성이 있다.
④ 침출성이 낮다.

해설 **피막형성법**
① 장점
㉠ 혼합률(MR)이 비교적 낮다.
㉡ 침출성이 고형화방법 중 가장 낮다.
② 단점
㉠ 많은 에너지가 요구된다.
㉡ 값비싼 시설과 숙련된 기술을 요한다.
㉢ 피막형성용 수지값이 비싸다.
㉣ 화재위험성이 있다.

정답 21 ① 22 ④ 23 ② 24 ③ 25 ② 26 ④ 27 ② 28 ②

29 메탄올(CH_3OH) 8kg을 완전 연소하는 데 필요한 이론공기량(Sm^3)은?(단, 표준상태 기준)

① 35 ② 40
③ 45 ④ 50

해설 $CH_3OH + 1.5O_2 \rightarrow CO_2 + 2H_2O$

32kg : $1.5 \times 22.4Sm^3$

8kg : O_o

$$O_o(Sm^3) = \frac{8kg \times (1.5 \times 22.4)Sm^3}{32kg} = 8.4Sm^3$$

$$A_o(Sm^3) = \frac{O_o}{0.21} = \frac{8.4}{0.21} = 40Sm^3$$

30 분뇨를 혐기성 소화방식으로 처리하기 위하여 직경 10m, 높이 6m의 소화조를 시설하였다. 분뇨주입량을 1일 $24m^3$으로 할 때 소화조 내 체류시간(day)은?

① 약 10 ② 약 15
③ 약 20 ④ 약 25

해설 $$체류시간(day) = \frac{\left(\frac{3.14 \times 10^2}{4}\right)m^2 \times 6m}{24m^3/day} = 19.63day$$

31 슬러지에서 고액분리 약품이 아닌 것은?

① 알루미늄염 ② 염소
③ 철염 ④ 석회카바이트

해설 **슬러지 고액분리 약품**

① 알루미늄염[$Al_2(SO_4)_3$]
② 철염($FeCl_3$)
③ 석회카바이트

[Note] 염소는 주로 소독제로 사용된다.

32 분뇨의 악취발생 물질에 들어가지 않는 것은?

① Skatole 및 Indole ② CH_4와 CO_2
③ NH_3와 H_2S ④ R−SH

해설 **분뇨의 악취물질**

① Skatole(인분냄새가 나는 화합물) 및 Indole
② NH_3와 H_2S
③ R−SH

[Note] CH_4, CO_2는 일반적으로 무취물질이다.

33 소각로에서 NOx 배출농도가 270ppm, 산소 배출농도가 12%일 때 표준산소(6%)로 환산한 NOx 농도(ppm)는?

① 120 ② 135
③ 162 ④ 450

해설 $$NOx(ppm) = 배출농도 \times \frac{21 - O_2\ 표준농도}{21 - O_2\ 실측농도} = 270ppm \times \left(\frac{21-6}{21-12}\right) = 450ppm$$

34 함수율 99%의 잉여슬러지 $30m^3$를 농축하여 함수율 95%로 했을 때 슬러지 부피(m^3)는?(단, 비중 = 1.0 기준)

① 10 ② 8
③ 6 ④ 4

해설 $30m^3 \times (1-0.99) = 농축\ 후\ 슬러지\ 부피 \times (1-0.95)$

$$농축\ 후\ 슬러지\ 부피(m^3) = \frac{30m^3 \times 0.01}{0.05} = 6m^3$$

35 폐산의 처리방법 중 배소법에 관한 설명은?

① 폐염산을 고온로 내로 공급하여 수분의 증발, 염화철의 분해를 이용하여 생성되는 염화수소를 염산으로 회수하는 방법
② 폐산 중에 쇠부스러기를 가해서 반응시켜 황산철로 한 후 냉각시켜 $FeSO_4 \cdot 7H_2O$를 분리하는 방법
③ 농황산을 농축하여 30~97%의 황산을 회수하여 황산철1수염을 정출 분리하는 방법
④ 폐산을 냉각하여 염을 석출 분리하는 방법

해설 **폐산 처리방법 중 배소법**

폐염산을 고온로 내로 공급하여 수분의 증발, 염화철의 분해를 이용하여 생성되는 염화수소를 염산으로 회수하는 방법이다.

36 매립지에서 최소한의 환기설비 또는 가스대책 설비를 계획하여야 하는 경우와 가장 거리가 먼 것은?

① 발생가스의 축적으로 덮개설비에 손상이 갈 우려가 있는 경우
② 식물 식생의 과다로 지중 가스 축적이 가중되는 경우
③ 유독가스가 방출될 우려가 있는 경우
④ 매립지 위치가 주변개발지역과 인접한 경우

2019

정답 29 ② 30 ③ 31 ② 32 ② 33 ④ 34 ③ 35 ① 36 ②

해설 **매립지에서 환기설비 또는 가스대책설비를 계획하는 경우**
① 발생가스의 축적으로 덮개설비에 손상이 갈 우려가 있는 경우
② 최종복토 위의 식물이 죽을 우려가 있는 경우
③ 유독가스가 방출될 우려가 있는 경우
④ 매립지 위치가 주변개발지역과 인접한 경우

37 유기물(포도당, $C_6H_{12}O_6$) 1kg을 혐기성 소화시킬 때 이론적으로 발생되는 메탄량(kg)은?

① 약 0.09 ② 약 0.27
③ 약 0.73 ④ 약 0.93

해설 $C_6H_{12}O_6 \rightarrow 3CH_4$
180kg : 3×16kg
1kg : CH_4(kg)

$$CH_4(kg) = \frac{1kg\times(3\times16)kg}{180kg} = 0.27kg$$

38 매립지 위치선정 시 적당한 곳은?

① 홍수범람지역 ② 습지대
③ 단층지역 ④ 지하수위 낮은 곳

해설 매립지 위치 선정 시 가능한 한 지하수위가 낮은 곳을 선정하며 홍수범람지역, 습지대, 단층지역은 피한다.

39 매립지의 침출수 수질을 결정하는 가장 큰 요인은?

① 폐기물의 매립량 ② 폐기물의 조성
③ 매립방법 ④ 강우량

해설 매립지의 침출수 수질을 결정하는 가장 큰 요인은 폐기물의 조성이다.

40 슬러지를 최종 처분하기 위한 가장 합리적인 처리공정 순서는?

> A : 최종처분, B : 건조, C : 개량, D : 탈수, E : 농축, F : 유기물 안정화(소화)

① E－F－D－C－B－A ② E－D－F－C－B－A
③ E－F－C－D－B－A ④ E－D－C－F－B－A

해설 **슬러지 처리 순서**
농축 → 소화(안정화) → 개량 → 탈수 → 건조 → 소각 → 매립

제3과목 폐기물공정시험기준(방법)

41 자외부 파장범위에서 일반적으로 사용하는 흡수셀의 재질은?

① 유리 ② 석영
③ 플라스틱 ④ 백금

해설 **흡수셀 재질**
① 가시 및 근적외부 : 유리제
② 자외부 : 석영제
③ 근적외부 : 플라스틱제

42 원자흡수분광광도법에서 사용되는 불꽃의 용도는?

① 원자의 여기화(Excitation)
② 원자의 증기화(Vaporization)
③ 원자의 이온화(Ionization)
④ 원자화(Atomization)

해설 **시료 원자화 장치**
① 시료를 원자증기화하기 위한 장치이다.
② 시료를 원자화하는 일반적인 방법은 용액상태로 만든 시료를 불꽃 중에 분무하는 방법이며 플라스마 제트(Plasma Jet) 불꽃 또는 방전(Spark)을 이용하는 방법도 있다.

43 석면(편광현미경법)의 시료 채취 양에 관한 내용으로 ( )에 옳은 것은?

> 시료의 양은 1회에 최소한 면적단위로는 $1cm^2$, 부피단위로는 $1cm^3$, 무게단위로는 ( ) 이상 채취한다.

① 1g ② 2g
③ 3g ④ 4g

해설 **석면(편광현미경법)의 시료 채취 양**
시료의 양은 1회에 최소한 면적단위로는 $1cm^2$, 부피단위로는 $1cm^3$, 무게단위로는 2g 이상 채취한다.

44 시안(CN)을 자외선/가시선 분광법으로 분석할 때 시안(CN)이온을 염화시안으로 하기 위해 사용하는 시약은?

① 염산 ② 클로라민－T
③ 염화나트륨 ④ 염화제2철

정답 37 ② 38 ④ 39 ② 40 ③ 41 ② 42 ② 43 ② 44 ②

해설 **시안 – 자외선/가시선 분광법**
시료를 pH 2 이하의 산성으로 조절한 후에 에틸렌다이아민테트라아세트산나트륨을 넣고 가열 증류하여 시안화합물을 시안화수소로 유출시켜 수산화나트륨용액을 포집한 다음 중화하고 클로라민 – T와 피리딘 · 피라졸론 혼합액을 넣어 나타나는 청색을 620nm에서 측정하는 방법이다.

45 시료 채취방법에 관한 내용 중 틀린 것은?

① 시료의 양은 1회에 100g 이상 채취한다.
② 채취된 지료는 0~4℃ 이하의 냉암소에서 보관하여야 한다.
③ 폐기물이 적재되어 있는 운반차량에서 현장시료를 채취할 경우에는 적재 폐기물의 성상이 균일하다고 판단되는 깊이에서 현장시료를 채취한다.
④ 대형의 콘크리트 고형화물로써 분쇄가 어려운 경우 같은 성분의 물질로 대체할 수 있다.

해설 대형의 콘크리트 고형화물로써 분쇄가 어려운 경우에는 임의의 5개소에서 채취하여 각각 파쇄하여 100g의 균등량을 혼합하여 채취한다.

46 이물질이 들어가거나 또는 내용물이 손실되지 아니하도록 보호하는 용기는?

① 밀폐용기 ② 기밀용기
③ 밀봉용기 ④ 차광용기

해설 **용기**
시험용액 또는 시험에 관계된 물질을 보존, 운반 또는 조작하기 위하여 넣어두는 것

구분	정의
밀폐용기	취급 또는 저장하는 동안에 이물질이 들어가거나 또는 내용물이 손실되지 아니하도록 보호하는 용기
기밀용기	취급 또는 저장하는 동안에 밖으로부터의 공기 또는 다른 가스가 침입하지 아니하도록 내용물을 보호하는 용기
밀봉용기	취급 또는 저장하는 동안에 기체 또는 미생물이 침입하지 아니하도록 내용물을 보호하는 용기
차광용기	광선이 투과하지 않는 용기 또는 투과하지 않게 포장한 용기이며 취급 또는 저장하는 동안에 내용물이 광화학적 변화를 일으키지 아니하도록 방지할 수 있는 용기

47 폐기물공정시험기준 중 성상에 따른 시료 채취방법으로 가장 거리가 먼 것은?

① 폐기물 소각시설 소각재란 연소실 바닥을 통해 배출되는 바닥재와 폐열보일러 및 대기오염 방지시설을 통해 배출되는 비산재를 말한다.
② 공정상 소각재에 물을 분사하는 경우를 제외하고는 가급적 물을 분사한 후에 시료를 채취한다.
③ 비산재 저장조의 경우 낙하구 밑에서 채취하고, 운반차량에 적재된 소각재는 적재차량에서 채취하는 것을 원칙으로 한다.
④ 회분식 연소방식 반출설비에서 채취하는 소각재는 하루 동안의 운전 횟수에 따라 매 운전 시마다 2회 이상 채취하는 것을 원칙으로 한다.

해설 공정상 소각재에 물을 분사하는 경우를 제외하고는 가급적 물을 분사하기 전에 시료를 채취한다.

2019

48 용액 100g 중 성분용량(mL)을 표시하는 것은?

① W/V% ② V/V%
③ V/W% ④ W/W%

해설 **백분율(Parts Per Hundred)**
① W/V% : 용액 100mL 중 성분무게(g) 또는 기체 100mL 중의 성분무게(g)
② V/V% : 용액 100mL 중 성분용량(mL) 또는 기체 100mL 중 성분용량(mL)
③ V/W% : 용액 100g 중 성분용량(mL)
④ W/W% : 용액 100g 중 성분무게(g)
⑤ 단, 용액의 농도를 %로만 표시할 때는 W/V%
⑥ A/A%(area)는 단위면적(A, area) 중 성분의 면적(A)을 표시

49 기체크로마토그래피 – 질량분석법에 따른 유기인 분석방법을 설명한 것으로 틀린 것은?

① 운반기체는 부피백분율 99.999% 이상의 헬륨을 사용한다.
② 질량분석기는 자기장형, 사중극자형 및 이온트랩형 등의 성능을 가진 것을 사용한다.
③ 질량분석기의 이온화방식은 전자충격법(EI)을 사용하며 이온화에너지는 35~70eV를 사용한다.
④ 질량분석기의 정량분석에는 매트릭스 검출법을 이용하는 것이 바람직하다.

정답 45 ④ 46 ① 47 ② 48 ③ 49 ④

해설 **유기인 – 기체크로마토그래피 – 질량분석법**
질량분석기 정량분석에는 선택이온검출법(SIM)을 이용하는 것이 바람직하다.

50 강열감량 시험에서 얻어진 다음 데이터로부터 구한 강열감량(%)은?

- 접시무게(W_1) = 30.5238g
- 접시와 시료의 무게(W_2) = 58.2695g
- 강열, 방랭 후 접시와 시료의 무게(W_3) = 43.3767g

① 43.68 ② 53.68 ③ 63.68 ④ 73.68

해설 강열감량(%) $= \frac{W_2 - W_3}{W_2 - W_1} \times 100$

$= \frac{58.2695 - 43.3767}{58.2695 - 30.5238} \times 100 = 53.68\%$

51 기체크로마토그래피법에 사용되고 있는 전자포획형 검출기(ECD)로 선택적으로 검출할 수 있는 물질이 아닌 것은?

① 유기할로겐화합물 ② 니트로화합물
③ 유기금속화합물 ④ 유황화합물

해설 **전자포획 검출기(ECD ; Electron Capture Detector)**
전자포획 검출기는 방사선 동위원소(^{53}Ni, ^{3}H)로부터 방출되는 β선이 운반가스를 전리하여 미소전류를 흘려보낼 때 시료 중의 할로겐이나 산소와 같이 전자포획력이 강한 화합물에 의하여 전자가 포획되어 전류가 감소하는 것을 이용하는 방법으로 유기할로겐 화합물, 니트로화합물 및 유기금속화합물을 선택적으로 검출할 수 있다.

52 폐기물 공정시험방법의 총칙에서 규정하고 있는 사항 중 옳지 않은 것은?

① 온도의 영향이 있는 것의 판정은 표준온도를 기준으로 한다.
② 방울수라 함은 20℃에서 정제수 20 방울을 적하할 때 그 부피가 약 1mL가 되는 것을 말한다.
③ 액상폐기물이라 함은 고형물의 함량이 10% 미만인 것을 말한다.
④ 약이라 함은 기재된 양에 대하여 ±10% 이상의 차가 있어서는 안 된다.

해설 액상폐기물이라 함은 고형물의 함량이 5% 미만인 것을 말한다.

53 원자흡수분광분석 시 장치나 불꽃의 성질에 기인하여 일어나는 간섭으로 옳은 것은?

① 분광학적 간섭 ② 물리적 간섭
③ 화학적 간섭 ④ 이온화 간섭

해설 **분광학적 간섭**
① 분석에 사용하는 스펙트럼선이 다른 인접선과 완전히 분리되지 않는 경우 : 파장선택부의 분해능이 충분하지 않기 때문에 일어나며 검량선의 직선영역이 좁고 구부러져 있어 분석감도 정밀도도 저하된다. 이때는 다른 분석선을 사용하여 재분석하는 것이 좋다.
② 분석에 사용하는 스펙트럼의 불꽃 중에서 생성되는 목적원소의 원자증기 이외의 물질에 의하여 흡수되는 경우 : 표준시료와 분석시료의 조성을 더욱 비슷하게 하며 간섭의 영향을 어느 정도까지 피할 수 있다.

54 총칙에서 규정하고 있는 '함침성 고상폐기물'의 정의로 옳은 것은?

① 종이, 목재 등 수분을 흡수하는 변압기 내부 부재(종이, 나무와 금속이 서로 혼합되어 분리가 어려운 경우를 포함)를 말한다.
② 종이, 목재 등 수분을 흡수하는 변압기 내부 부재(종이, 나무와 금속이 서로 혼합되어 분리가 어려운 경우는 제외)를 말한다.
③ 종이, 목재 등 기름을 흡수하는 변압기 내부 부재(종이, 나무와 금속이 서로 혼합되어 분리가 어려운 경우를 포함)를 말한다.
④ 종이, 목재 등 기름을 흡수하는 변압기 내부 부재(종이, 나무와 금속이 서로 혼합되어 분리가 어려운 경우는 제외)를 말한다.

해설 ① **함침성 고상폐기물**
종이, 목재 등 기름을 흡수하는 변압기 내부부재(종이, 나무와 금속이 서로 혼합되어 분리가 어려운 경우 포함)를 말한다.
② **비함침성 고상폐기물**
금속판, 구리선 등 기름을 흡수하지 않는 평면 또는 비평면 형태의 변압기 내부부재를 말한다.

55 수은을 원자흡수분광광도법(환원기화법)으로 측정할 때 정밀도(RSD)는?

① ±10% ② ±15%
③ ±20% ④ ±25%

정답 50 ② 51 ④ 52 ③ 53 ① 54 ③ 55 ④

해설 수은의 정도관리 목표값(환원기화법)

정도관리 항목	정도관리 목표
정량한계	0.0005mg/L
검정곡선	결정계수(R^2) ≥ 0.98
정밀도	상대표준편차가 25% 이내
정확도	75~125%

56 다음 설명하는 시료의 분할채취방법은?

- 분쇄한 대시료를 단단하고 깨끗한 평면위에 원추형으로 쌓는다.
- 원추를 장소를 바꾸어 다시 쌓는다.
- 원추에서 일정량을 취하여 장방형으로 도포하고 계속해서 일정량을 취하여 그 위에 입체로 쌓는다.
- 육면체의 측면을 교대로 돌면서 균등량 씩을 취하여 두 개의 원추를 쌓는다.
- 하나의 원추는 버리고 나머지 원추를 앞의 조작을 반복하면서 적당한 크기까지 줄인다.

① 구획법 ② 교호삽법
③ 원추4분법 ④ 분할법

해설 **교호삽법**
① 분쇄한 대시료를 단단하고 깨끗한 평면 위에 원추형으로 쌓는다.
② 원추를 장소를 바꾸어 다시 쌓는다.
③ 원추에서 일정한 양을 취하여 장방형으로 도포하고 계속해서 일정한 양을 취하여 그 위에 입체로 쌓는다.
④ 육면체의 측면을 교대로 돌면서 각각 균등한 양을 취하여 두 개의 원추를 쌓는다.
⑤ 하나의 원추는 버리고 나머지 원추를 앞의 조작을 반복하면서 적당한 크기까지 줄인다.

57 원자흡수분광광도법으로 크롬을 정량할 때 전처리조작으로 $KMnO_4$를 사용하는 목적은?

① 철이나 니켈금속 등 방해물질을 제거하기 위하여
② 시료 중의 6가크롬을 3가크롬으로 환원하기 위하여
③ 시료 중의 3가크롬을 6가크롬으로 산화하기 위하여
④ 디페닐키르바지드와 반응성을 높이기 위하여

해설 원자흡수분광광도법으로 크롬을 정량 시 시료 중의 3가크롬을 6가크롬으로 산화하기 위하여 과망간산칼륨용액($KMnO_4$)을 사용한다.

58 수산화나트륨(NaOH) 10g을 정제수 500mL에 용해시킨 용액의 농도(N)는?(단, 나트륨 원자량 = 23)

① 0.5 ② 0.4
③ 0.3 ④ 0.2

해설 NaOH는 1규정농도(N)가 40g/L
1N : 40g/L = x(N) : 10g/0.5L

$$\text{용액농도(N)} = \frac{1\text{N} \times (10\text{g}/0.5\text{L})}{40\text{g/L}} = 0.5\text{N}$$

59 4℃의 물 500mL에 순도가 75%인 시약용 납을 5mg을 녹였을 때 용액의 납 농도(ppm)는?

① 2.5 ② 5.0
③ 7.5 ④ 10.0

해설
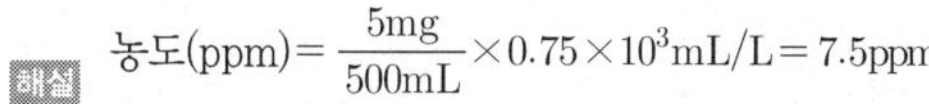

$$\text{농도(ppm)} = \frac{5\text{mg}}{500\text{mL}} \times 0.75 \times 10^3\text{mL/L} = 7.5\text{ppm}$$

60 유도결합플라스마 - 원자발광분광법에 의한 카드뮴 분석방법에 관한 설명으로 틀린 것은?

① 정량범위는 사용하는 장치 및 측정조건에 따라 다르지만 330nm에서 0.004~0.3mg/L 정도이다.
② 아르곤가스는 액화 또는 압축 아르곤으로서 99.99 V/V% 이상의 순도를 갖는 것이어야 한다.
③ 시료용액의 발광강도를 측정하고 미리 작성한 검정곡선으로부터 카드뮴의 양을 구하여 농도를 산출한다.
④ 검정곡선 작성 시 카드뮴 표준용액과 질산, 염산, 정제수가 사용된다.

해설 **유도결합플라스마 - 원자발광분광법(카드뮴)**
① 측정파장 : 226.50nm
② 정량범위 : 0.004~50mg/L

2019

정답 56 ② 57 ③ 58 ① 59 ③ 60 ①

제4과목 폐기물관계법규

61 폐기물 통계 조사 중 폐기물 발생원 등에 관한 조사의 실시 주기는?

① 3년 ② 5년 ③ 7년 ④ 10년

해설 ※ 법규 변경(삭제)사항이므로 학습 안 하셔도 무방합니다.

62 1회용품의 품목이 아닌 것은?

① 1회용 컵 ② 1회용 면도기
③ 1회용 물티슈 ④ 1회용 나이프

해설 **1회용품(자원의 절약과 재활용촉진에 관한 법률)**
① 1회용 컵 · 접시 · 용기
② 1회용 나무젓가락
③ 이쑤시개
④ 1회용 수저 · 포크 · 나이프
⑤ 1회용 광고선전물
⑥ 1회용 면도기 · 칫솔
⑦ 1회용 치약 · 샴푸 · 린스
⑧ 1회용 봉투 · 쇼핑백
⑨ 1회용 응원용품
⑩ 1회용 비닐식탁보

63 변경허가를 받지 아니하고 폐기물처리업의 허가사항을 변경한 자에게 주어지는 벌칙은?

① 2년 이하의 징역 또는 2천만 원 이하의 벌금
② 3년 이하의 징역 또는 3천만 원 이하의 벌금
③ 5년 이하의 징역 또는 5천만 원 이하의 벌금
④ 7년 이하의 징역 또는 7천만 원 이하의 벌금

해설 폐기물관리법 제65조 참조

64 폐기물처리업자 등이 보존하여야 하는 폐기물 발생, 배출, 처리상황 등에 관한 내용을 기록한 장부의 보존 기간(최종기재일 기준)으로 옳은 것은?

① 1년 ② 2년 ③ 3년 ④ 5년

해설 폐기물처리업자는 장부를 마지막으로 기록한 날부터 3년간 보존하여야 한다.

65 방치폐기물의 처리기간에 대한 내용으로 ( )에 옳은 내용은?(단, 연장 기간은 고려하지 않음)

> 환경부장관이나 시 · 도지사는 폐기물처리공제조합에 방치폐기물의 처리를 명하려면 주변 환경의 오염우려 정도와 방치 폐기물의 처리량 등을 고려하여 ( ) 범위에서 그 처리기간을 정하여야 한다.

① 3개월 ② 2개월
③ 1개월 ④ 15일

해설 환경부장관이나 시 · 도지사는 폐기물처리 공제조합에 방치폐기물의 처리를 명하려면 주변 환경의 오염 우려 정도와 방치폐기물의 처리량 등을 고려하여 2개월의 범위에서 그 처리기간을 정하여야 한다. 다만, 부득이한 사유로 처리기간 내에 방치폐기물을 처리하기 곤란하다고 환경부장관이나 시 · 도지사가 인정하면 1개월의 범위에서 한 차례만 그 기간을 연장할 수 있다.

66 사업장폐기물의 발생억제를 위한 감량지침을 지켜야 할 업종과 규모로 ( )에 맞는 것은?

> 최근 (㉠)간의 연평균 배출량을 기준으로 지정폐기물을 (㉡) 이상 배출하는 자

① ㉠ 1년, ㉡ 100톤 ② ㉠ 3년, ㉡ 100톤
③ ㉠ 1년, ㉡ 500톤 ④ ㉠ 3년, ㉡ 500톤

해설 **폐기물 발생 억제지침 준수의무 대상 배출자의 규모기준**
① 최근 3년간 연평균 배출량을 기준으로 지정폐기물을 100톤 이상 배출하는 자
② 최근 3년간 연평균 배출량을 기준으로 지정폐기물 외의 폐기물을 1천 톤 이상 배출하는 자

67 폐기물의 국가 간 이동 및 그 처리에 관한 법률은 폐기물의 수출 · 수입 등을 규제함으로써 폐기물의 국가 간 이동으로 인한 환경오염을방지하고자 제정되었는데, 관련된 국제적인 협약은?

① 기후변화협약 ② 바젤협약
③ 몬트리올의정서 ④ 비엔나협약

해설 **바젤(Basel)협약**
1976년 세베소 사건을 계기로 1989년 체결된 유해폐기물의 국가 간 이동 및 처리에 관한 국제협약으로 유해폐기물의 수출, 수입을 통제하여 유해폐기물 불법교역을 최소화하고, 환경오염을 최소화하는 것이 목적이다.

정답 61 ② 62 ③ 63 ② 64 ③ 65 ② 66 ② 67 ②

68 **의료폐기물 보관의 경우 보관창고, 보관장소 및 냉장시설에는 보관 중인 의료폐기물의 종류, 양 및 보관기간 등을 확인할 수 있는 의료폐기물 보관 표지판을 설치하여야 한다. 이 표지판 표지의 색깔로 옳은 것은?**

① 노란색 바탕에 검은색 선과 검은색 글자
② 노란색 바탕에 녹색 선과 녹색 글자
③ 흰색 바탕에 검은색 선과 검은색 글자
④ 흰색 바탕에 녹색 선과 녹색 글자

해설 **의료폐기물 보관 표지판의 규격 및 색깔**
① 표지판의 규격 : 가로 60센티미터 이상×세로 40센티미터 이상(냉장시설에 보관하는 경우에는 가로 30센티미터 이상 ×세로 20센티미터 이상)
② 표지의 색깔 : 흰색 바탕에 녹색 선과 녹색 글자

69 **지정폐기물(의료폐기물은 제외) 보관창고에 설치해야 하는 지정폐기물의 종류, 보관가능 용량, 취급 시 주의사항 및 관리책임자 등을 기재한 표지판 표지의 규격 기준은?(단, 드럼 등 소형용기에 붙이는 경우 제외)**

① 가로 60cm 이상×세로 40cm 이상
② 가로 80cm 이상×세로 60cm 이상
③ 가로 100cm 이상×세로 80cm 이상
④ 가로 120cm 이상×세로 100cm 이상

해설 **지정폐기물(의료폐기물은 제외) 보관 표지판의 규격과 색깔**
① 표지의 규격 : 가로 60센티미터 이상×세로 40센티미터 이상(드럼 등 소형 용기에 붙이는 경우에는 가로 15센티미터 이상×세로 10센티미터 이상)
② 표지의 색깔 : 노란색 바탕에 검은색 선 및 검은색 글자

70 **폐기물관리법에 적용되지 아니하는 물질에 대한 기준으로 틀린 것은?**

① 물환경보전법에 따른 수질오염 방지시설에 유입되거나 공공수역으로 배출되는 폐수
② 원자력안전법에 따른 방사성 물질과 이로 인하여 오염된 물질
③ 용기에 들어 있는 기체상태의 물질
④ 하수도법에 따른 하수 · 분뇨

해설 **폐기물관리법을 적용하지 않는 물질**
① 「원자력안전법」에 따른 방사성 물질과 이로 인하여 오염된 물질
② 용기에 들어 있지 아니한 기체상태의 물질
③ 「물환경보전법」에 따른 수질오염 방지시설에 유입되거나 공공수역으로 배출되는 폐수
④ 「가축분뇨의 관리 및 이용에 관한 법률」에 따른 가축분뇨
⑤ 「하수도법」에 따른 하수 · 분뇨
⑥ 「가축전염병예방법」이 적용되는 가축의 사체, 오염 물건, 수입 금지 물건 및 검역 불합격품
⑦ 「수산생물질병 관리법」에 적용되는 수산동물의 사체, 오염된 시설 또는 물건, 수입 금지 물건 및 검역 불합격품
⑧ 「군수품관리법」에 따라 폐기되는 탄약
⑨ 「동물보호법」에 따른 동물장묘업의 등록을 한 자가 설치 · 운영하는 동물장묘시설에서 처리되는 동물의 사체

71 **시 · 도지사가 폐기물처리 신고자에게 처리금지명령을 하여야 하는 경우, 천재지변이나 그 밖의 부득이한 사유로 해당 폐기물처리를 계속하도록 할 필요가 인정되는 경우에 그 처리금지를 갈음하여 부과할 수 있는 과징금의 최대 액수는?**

① 2천만 원　　② 5천만 원
③ 1억 원　　④ 2억 원

해설 **폐기물처리 신고자에 대한 과징금 처분**
시 · 도지사는 폐기물처리 신고자에게 처리금지를 명령하여야 하는 경우 그 처리금지가 다음의 어느 하나에 해당한다고 인정되면 대통령령으로 정하는 바에 따라 그 처리금지를 갈음하여 2천만 원 이하의 과징금을 부과할 수 있다.
① 해당 재활용사업의 정지로 인하여 그 재활용사업의 이용자가 폐기물을 위탁처리하지 못하여 폐기물이 사업장 안에 적체됨으로써 이용자의 사업활동에 막대한 지장을 줄 우려가 있는 경우
② 해당 재활용사업체에 보관 중인 폐기물 또는 그 재활용사업의 이용자가 보관 중인 폐기물의 적체에 따른 환경오염으로 인하여 인근지역 주민의 건강에 위해가 발생되거나 발생될 우려가 있는 경우
③ 천재지변이나 그 밖의 부득이한 사유로 해당 재활용사업을 계속하도록 할 필요가 있다고 인정되는 경우

72 **대통령령으로 정하는 폐기물처리시설을 설치 운영하는 자 중에 기술관리인을 임명하지 아니하고 기술관리 대행계약을 체결하지 아니한 자에 대한 과태료 처분기준은?**

① 1천만 원 이하　　② 5백만 원 이하
③ 3백만 원 이하　　④ 2백만 원 이하

해설 폐기물관리법 제68조 참조

2019

정답 68 ④　69 ①　70 ③　71 ①　72 ①

73 **폐기물 처분시설 또는 재활용시설 중 의료폐기물을 대상으로 하는 시설의 기술관리인 자격으로 틀린 것은?**

① 위생사　② 임상병리사
③ 산업위생지도사　④ 폐기물처리산업기사

해설 **폐기물 처분시설 또는 재활용시설의 기술관리인의 자격기준**

구분	자격기준
매립시설	폐기물처리기사, 수질환경기사, 토목기사, 일반기계기사, 건설기계기사, 화공기사, 토양환경기사 중 1명 이상
소각시설(의료폐기물을 대상으로 하는 소각시설은 제외한다), 시멘트 소성로 및 용해로	폐기물처리기사, 대기환경기사, 토목기사, 일반기계기사, 건설기계기사, 화공기사, 전기기사, 전기공사기사 중 1명 이상
의료폐기물을 대상으로 하는 시설	폐기물처리산업기사, 임상병리사, 위생사 중 1명 이상
음식물류 폐기물을 대상으로 하는 시설	폐기물처리산업기사, 수질환경산업기사, 화공산업기사, 토목산업기사, 대기환경산업기사, 일반기계기사, 전기기사 중 1명 이상
그 밖의 시설	같은 시설의 운영을 담당하는 자 1명 이상

74 **환경부장관이나 시 · 도지사로부터 과징금 통지를 받은 자는 통지를 받은 날부터 며칠 이내에 과징금을 부과권자가 정하는 수납기관에 납부하여야 하는가?**

① 15일　② 20일
③ 30일　④ 60일

해설 환경부장관이나 시 · 도지사로부터 과징금 통지를 받은 자는 통지를 받은 날부터 20일 이내에 과징금을 부과권자가 정하는 수납기관에 납부하여야 한다.

75 **다음 용어에 대한 설명으로 틀린 것은?**

① "재활용"이란 에너지를 회수하거나 회수할 수 있는 상태로 만들거나 폐기물을 연료로 사용하는 활동으로서 환경부령으로 정하는 활동
② "지정폐기물"이란 사업장폐기물 중 폐유 · 폐산 등 주변 환경을 오염시킬 수 있거나 의료폐기물 등 인체에 위해를 줄 수 있는 해로운 물질로서 대통령령으로 정하는 폐기물
③ "폐기물처리시설"이란 폐기물의 중간처분시설 및 최종처분시설로서 대통령령으로 정하는 시설
④ "폐기물감량화시설"이란 생산 공정에서 발생하는 폐기물의 양을 줄이고, 사업장 내 재활용을 통하여 폐기물 배출을 최소화하는 시설로서 대통령령으로 정하는 시설

해설 **폐기물처리시설**
폐기물의 중간처분시설, 최종처분시설 및 재활용시설로서 대통령령으로 정하는 시설을 말한다.

76 **주변지역 영향조사대상 폐기물처리시설에 관한 기준으로 옳은 것은?**

① 1일 처리능력 30톤 이상인 사업장 폐기물 소각시설
② 1일 처리능력 10톤 이상인 사업장 폐기물 고온소각시설
③ 매립면적 1만 제곱미터 이상의 사업장 지 정폐기물 매립시설
④ 매립면적 3만 제곱미터 이상의 사업장 일반폐기물 매립시설

해설 **주변지역 영향조사대상 폐기물처리시설 기준**
① 1일 처리능력이 50톤 이상인 사업장폐기물 소각시설(같은 사업장에 여러 개의 소각시설이 있는 경우에는 각 소각시설의 1일 처리능력의 합계가 50톤 이상인 경우를 말한다)
② 매립면적 1만 제곱미터 이상의 사업장 지정폐기물 매립시설
③ 매립면적 15만 제곱미터 이상의 사업장 일반폐기물 매립시설
④ 시멘트 소성로(폐기물을 연료로 사용하는 경우로 한정한다)
⑤ 1일 재활용능력이 50톤 이상인 사업장폐기물 소각열회수시설(같은 사업장에 여러 개의 소각열회수시설이 있는 경우에는 각 소각열회수시설의 1일 재활용능력의 합계가 50톤 이상인 경우를 말한다)

77 **폐기물처리업의 변경허가를 받아야 할 중요사항에 관한 내용으로 틀린 것은?**

① 매립시설 제방의 증 · 개축
② 허용보관량의 변경
③ 임시차량의 증차 또는 운반차량의 감차
④ 주차장 소재지의 변경(지정폐기물을 대상으로 하는 수집 · 운반업만 해당한다)

해설 운반차량(임시차량은 제외한다)의 증차가 변경허가를 받아야 할 중요사항이다.

정답 73 ③　74 ②　75 ③　76 ③　77 ③

78 **환경부령으로 정하는 폐기물처리시설의 설치를 마친 자는 환경부령으로 정하는 검사기관으로부터 검사를 받아야 한다. 음식물류 폐기물 처리시설의 검사기관으로 옳은 것은?(단, 그 밖에 환경부장관이 정하여 고시하는 기관 제외)**

① 한국산업연구원 ② 보건환경연구원
③ 한국농어촌공사 ④ 한국환경공단

해설 **환경부령으로 정하는 검사기관 : 음식물류 폐기물 처리시설**
① 한국환경공단
② 한국산업기술시험원
③ 그 밖에 환경부장관이 정하여 고시하는 기관

79 **폐기물처리업의 업종구분과 영업내용의 범위를 벗어나는 영업을 한 자에 대한 벌칙기 준은?**

① 1년 이하의 징역이나 1천만 원 이하의 벌금
② 2년 이하의 징역이나 2천만 원 이하의 벌금
③ 3년 이하의 징역이나 3천만 원 이하의 벌금
④ 5년 이하의 징역이나 5천만 원 이하의 벌금

해설 폐기물관리법 제66조 참조

80 **환경부령으로 정하는 매립시설의 검사기관으로 틀린 것은?**

① 한국건설기술연구원
② 한국환경공단
③ 한국농어촌공사
④ 한국산업기술시험원

해설 **환경부령으로 정하는 검사기관 : 매립시설**
① 한국환경공단
② 한국건설기술연구원
③ 한국농어촌공사
④ 수도권매립지관리공사

2019

정답 78 ④ 79 ② 80 ④

2018년 1회 기출문제

제1과목 폐기물개론

01 열분해에 의한 에너지회수법과 소각에 의한 에너지회수법을 비교하였을 때 열분해에 의한 에너지회수법의 장점이 아닌 것은?

① 저장 및 수송이 가능한 연료를 회수할 수 있다.
② NOx의 발생량이 적다.
③ 감량비가 크며, 잔사가 안정화된다.
④ 발생되는 배출가스양이 적어 가스처리장치가 소형이어도 된다.

해설 열분해는 예열, 건조과정을 거치므로 보조연료의 소비량이 증가되어 유지관리비가 많이 소요된다.

[Note] 열분해는 감량비가 작으며, 잔사가 안정화되는 비율이 작다.

02 쓰레기 성상분석을 위한 시료의 조정방법이 아닌 것은?

① 원추4분법 ② 단열계법
③ 교호삽법 ③ 구획법

해설 **시료의 분할채취방법(시료의 조정방법)**
① 구획법
② 교호삽법
③ 원추사분법

03 쓰레기 수집 시스템에 관한 설명으로 옳지 않은 것은?

① 모노레일 수송은 쓰레기를 적환장에서 최종처분장까지 수송하는 데 적용할 수 있다.
② 컨베이어 수송은 지상에 설치한 컨베이어에 의해 수송하는 방법으로 신속 정확한 수송이 가능하나 악취와 경관에 문제가 있다.
③ 컨테이너 철도수송은 광대한 지역에서 적용할 수 있는 방법이며 컨테이너의 세정에 많은 물이 요구되어 폐수처리의 문제가 발생한다.
④ 관거를 이용한 수거는 자동화, 무공해화가 가능하나 조대쓰레기는 파쇄, 압축 등의 전처리가 필요하다.

해설 **컨베이어(conveyor) 수송**
지하에 설치된 컨베이어에 의해 쓰레기를 수송하는 방법으로 악취문제를 해결하고 경관을 보전할 수 있는 장점은 있으나 전력비, 시설비, 내구성, 미생물 부착 등의 단점이 있다.

04 국내에서 재활용률이 가장 낮은 것은?

① 유리병 ② 고철
③ 폐지 ④ 형광등

해설 **국내 재활용률**
폐지 > 유리병 > 고철 > 형광등

05 폐기물관리법 제도하에서 관리하는 폐기물은?

① 인분뇨
② 병원폐기물(적출물)
③ 방사성 폐기물
④ 가축분뇨

해설 의료폐기물(병원폐기물)은 폐기물관리법에서 관리한다.

06 수분이 96%이고 무게 100kg인 폐수슬러지를 탈수시켜 수분이 70%인 폐수슬러지로 만들었다. 탈수된 후 폐수슬러지의 무게(kg)는?(단, 슬러지 비중 = 1.0)

① 11.3 ② 13.3
③ 16.3 ④ 18.3

해설 100kg × (1 − 0.96) = 탈수 후 폐수슬러지 무게 × (1 − 0.7)

$$\text{탈수 후 폐수슬러지 무게} = \frac{100 \times 0.04}{0.3} = 13.33\text{kg}$$

07 쓰레기 발생량 예측방법과 가장 거리가 먼 것은?

① 경향법
② 계수분석모델
③ 다중회귀모델
④ 동적모사모델

정답 01 ③ 02 ② 03 ② 04 ④ 05 ② 06 ② 07 ②

해설 **폐기물 발생량 예측방법**

방법(모델)	내용
경향법 (Trend method) 경향예측모델	• 최저 5년 이상의 과거 처리 실적을 수식 model에 대하여 과거의 경향을 가지고 장래를 예측하는 방법 • 단지 시간과 그에 따른 쓰레기 발생량(또는 성상) 간의 상관관계만을 고려하며 이를 수식으로 표현하면 $x=f(t)$ • $x=f(t)$는 선형, 지수형, 대수형 등에서 가장 근사한 형태를 택함
다중회귀모델 (Multiple regression model)	• 하나의 수식으로 각 인자들의 효과를 총괄적으로 나타내어 복잡한 시스템의 분석에 유용하게 사용할 수 있는 쓰레기 발생량 예측방법 • 각 인자마다 효과를 파악하기보다는 전체 인자의 효과를 총괄적으로 파악하는 것이 간편하고 유용한 예측방법으로 시간을 단순히 하나의 독립된 종속인자로 대입 • 수식 $x=f(X_1X_2X_3\cdots X_n)$, 여기서 $X_1X_2X_3\cdots X_n$은 쓰레기 발생량에 영향을 주는 인자 ※ 인자 : 인구, 지역소득(GNP 또는 GRP), 자원회수량, 상품 소비량 또는 매출액(자원회수량, 사회적 · 경제적 특성이 고려됨)
동적모사모델 (Dynamic simulation model)	• 쓰레기 발생량에 영향을 주는 모든 인자를 시간에 대한 함수로 나타낸 후 시간에 대한 함수로 표현된 각 영향인자들 간의 상관관계를 수식화하는 방법 • 시간만을 고려하는 경향법과 시간을 단순히 하나의 독립적인 종속인자로 고려하는 다중회귀모델의 문제점을 보안한 예측방법 • Dynamo 모델 등이 있음

08 쓰레기 재활용의 장점에 관한 설명 중 틀린 것은?

① 자원 절약이 가능하다.
② 최종 처분할 쓰레기양이 감소된다.
③ 쓰레기 종류에 관계없이 경제성이 있다.
④ 2차 환경오염을 줄일 수 있다.

해설 쓰레기 재활용 시 쓰레기 종류에 따라 경제성이 다르다.

09 우리나라에서 효율적인 쓰레기의 수거노선을 결정하기 위한 방법으로 적당한 것은?

① 가능한 U자형 회전을 하여 수거한다.
② 급경사지역은 하단에서 상단으로 이동하면서 수거한다.
③ 가능한 한 시계방향으로 수거노선을 정한다.
④ 쓰레기 수거는 소량 발생지역부터 실시한다.

해설 ① 가능한 U자형 회전은 피하여 수거한다.
② 급경사지역은 상단에서 하단으로 이동하면서 수거한다.
④ 아주 많은 양의 쓰레기가 발생되는 발생원은 하루 중 가장 먼저 수거한다.

10 불완전 연소를 가정하여 O의 반은 H_2O로, 남은 반은 CO의 형태로 있는 것으로 가정하여 발열량을 구하는 식은?

① Dulong　　② Steuer
③ Scheuer－Kester　　④ Kunle

해설 **스튜어(Steuer)의 식**
O(산소)의 1/2이 H_2O, 나머지 1/2이 CO로 존재하는 것으로 가정한 발열량을 구하는 식이다.

11 폐기물의 초기함수율이 65%이고, 건조시킨 후의 함수율이 45%로 감소되었다면 증발된 물의 양(kg)은?(단, 초기폐기물의 무게 = 100kg, 폐기물의 비중 = 1)

① 약 31.2　　② 약 32.6
③ 약 34.5　　④ 약 36.4

해설 100kg(1－0.65)＝건조 후 폐기물량(1－0.45)
건조 후 폐기물량＝63.64kg
증발 수분량(kg)＝건조 전 폐기물량－건조 후 폐기물량
＝100kg－63.64kg＝36.36kg

12 함수율 85%인 슬러지 $100m^3$과 함수율 40%인 1,000 m^3의 슬러지를 혼합했을 때 함수율(%)은?(단, 모든 슬러지의 비중 = 1)

① 약 41.3　　② 약 44.1
③ 약 46.0　　④ 약 49.3

해설 $$혼합함수율(\%)=\frac{(100\times0.85)+(1{,}000\times0.4)}{100+1{,}000}\times100$$
$$=44.09\%$$

13 폐기물 발생량에 영향을 미치는 인자로 가장 거리가 먼 것은?

① 가구당 인원수　　② 생활수준
③ 쓰레기통의 크기　　④ 처리방법

정답 08 ③　09 ③　10 ②　11 ④　12 ②　13 ④

해설 **쓰레기 발생량에 영향을 주는 요인**

영향요인	내용
도시규모	도시의 규모가 커질수록 쓰레기 발생량 증가
생활수준	생활수준이 높아지면 발생량이 증가하고 다양화됨(증가율 10% 내외)
계절	겨울철에 발생량 증가
수집빈도	수집빈도가 높을수록 발생량 증가
쓰레기통 크기	쓰레기통이 클수록 유효용적이 증가하여 발생량 증가
재활용품 회수 및 재이용률	재활용품의 회수 및 재이용률이 높을수록 쓰레기 발생량 감소
법규	쓰레기 관련 법규는 쓰레기 발생량에 중요한 영향을 미침
장소	상업지역, 주택지역, 공업지역 등, 장소에 따라 발생량과 성상이 달라짐
사회구조	도시의 평균연령층, 교육수준에 따라 발생량은 달라짐

14 파쇄에 관한 설명으로 틀린 것은?

① 파쇄를 통해 폐기물의 크기가 보다 균일해진다.
② 파쇄 후 폐기물의 부피는 감소할 수도, 증가할 수도 있다.
③ 파쇄된 입자의 무게기준으로 63.2%가 통과할 수 있는 체의 눈의 크기를 평균특성입자라고 한다.
④ Rosin-Rammler Model은 파쇄된 입자크기 분포에 대한 수식적 모델이다.

해설 입자의 무게기준으로 63.2%가 통과할 수 있는 체눈의 크기를 특성입자라고 한다.

15 다음의 쓰레기 성상분석 과정 중에서 일반적으로 가장 먼저 이루어지는 절차는?

① 분류
② 절단 및 분쇄
③ 건조
④ 화학적 조성 분석

해설 **폐기물 시료 분석절차**

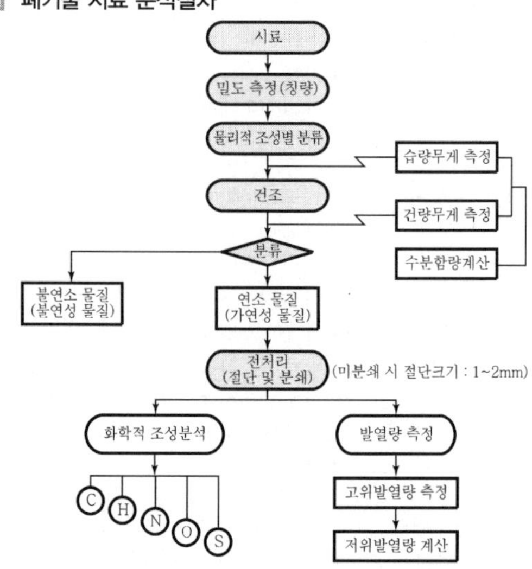

16 국내에서 실시하고 있는 쓰레기 종량제에 대한 개념을 설명한 것으로 틀린 것은?

① 쓰레기 배출량에 따라 수거처리비용을 부담하는 원인자 부담원칙을 적용하는 제도이다.
② 가정생활 쓰레기 및 상가, 시장, 업소, 사업장에서 발생하는 대형 쓰레기도 적용대상이다.
③ 재활용품, 연탄재쓰레기 등은 종량제 대상에서 제외된다.
④ 관급 규격봉투에 쓰레기를 담아 배출하여야 한다.

해설 가전제품, 가구 등 대형 폐기물은 종량제 제외대상 폐기물이다.

17 폐기물의 분쇄에 대한 이론이 아닌 것은?

① Nernst 이론
② Rittinger 이론
③ Kick 이론
④ Bond 이론

해설 **폐기물 분쇄(파쇄) 법칙**
① Kick의 법칙
② Rittinger의 법칙
③ Bond의 법칙

정답 14 ③ 15 ③ 16 ② 17 ①

18 수분이 적당히 있는 상태에서 플라스틱으로부터 종이를 선별할 수 있는 방법으로 가장 적절한 것은?

① 자력 선별　② 정전기 선별
③ 와전류 선별　④ 광학 선별

해설 **정전기적 선별기**
폐기물에 전하를 부여하고 전하량의 차에 따른 전기력으로 선별하는 장치, 즉 물질의 전기전도성을 이용하여 도체물질과 부도체물질로 분리하는 방법이며 수분이 적당히 있는 상태에서 플라스틱에서 종이를 선별할 수 있는 장치이다.

19 분리수거의 장점으로 적합하지 않은 사항은?

① 지하수 및 토양오염은 불가피하다.
② 폐기물의 자원화가 이루어진다.
③ 최종 처분장의 면적이 줄어든다.
④ 쓰레기 처리의 효율성이 증대된다.

해설 분리수거는 지하수 및 토양오염을 방지할 수 있다.

20 쓰레기 성상분석에 대한 올바른 설명은?

① 쓰레기 채취는 신속하게 작업하되 축소작업 개시부터 60분 이내에 완료해야 된다.
② 수집운반차로부터 시료를 채취하되 무작위 채취방식으로 하고 수거차마다 배출지역이 다를 경우 층별 채취법은 바람직하지 않다.
③ 1대의 차량으로부터 대표되는 시료를 10kg 이상 채취하고 원시료의 총량을 200kg 이하가 되도록 한다.
④ 쓰레기 성상조사는 적어도 1년에 4회 측정하되 수분의 평균치를 알기 위해서 비오는 날 수집은 피하는 것이 바람직하다.

해설 ① 쓰레기 채취는 신속하게 작업하되 축소작업 개시부터 30분 이내에 완료하는 것이 바람직하다.
② 수집운반차로부터 시료를 채취하되 무작위 채취방식으로 하고 수거차마다 배출지역이 다를 경우 층별 채취법이 더욱 바람직하다.
③ 1대의 차량으로부터 대표되는 시료를 10kg 이상 채취하고 원시료의 총량을 200kg 이상 되도록 시료를 채취하는 것이 바람직하다.

제2과목 폐기물처리기술

21 함수율 98%인 슬러지를 농축하여 함수율 92%로 하였다면 슬러지의 부피 변화율은?(단, 비중 = 1.0)

① 1/2로 감소　② 1/3로 감소
③ 1/4로 감소　④ 1/5로 감소

해설 초기 슬러지양(1 − 0.98) = 처리 후 슬러지양(1 − 0.92)

$$\frac{\text{처리 후 슬러지양}}{\text{초기 슬러지양}} = \frac{(1-0.98)}{(1-0.92)} = 0.25$$

부피 변화율은 1/4(0.25)로 감소된다.

22 다음 조건과 같은 매립지 내 침출수가 차수층을 통과하는 데 소요되는 시간(년)은?(단, 점토층 두께 = 1.0m, 유효공극률 = 0.2, 투수계수 = 10^{-7}cm/sec, 상부침출수 수두 = 0.4m)

① 약 7.83　② 약 6.53
③ 약 5.33　④ 약 4.53

해설 $$\text{소요시간(year)} = \frac{d^2 \cdot \eta}{k(d+h)}$$

$$= \frac{1.0^2\text{m}^2 \times 0.2}{10^{-7}\text{cm/sec} \times 1\text{m}/100\text{cm} \times (1.0+0.4)\text{m}}$$

$$= 142,857,142.9\text{sec}(4.53\text{year})$$

23 폐기물 소각 시 발생되는 황산화물 처리법 중 건식법인 것은?

① 암모니아법　② 아황산칼륨법
③ 석회흡수법　④ 접촉산화법

해설 석회흡수법은 건식흡수법이며, 암모니아법, 아황산칼륨법, 접촉산화법 등은 습식흡수법이다.

24 토양 중에서 액체의 밀도가 2배 증가하면 투수계수(K)는?

① 처음의 1/2로 된다.　② 변함없다.
③ 2배 증가한다.　④ 4배 증가한다.

해설 $$\text{투수계수}(K) \simeq \frac{\gamma(\text{액체비중량})}{\rho(\text{액체밀도})}$$

투수계수는 액체밀도에 반비례한다.

2018

정답 18 ② 19 ① 20 ④ 21 ③ 22 ④ 23 ③ 24 ①

25 퇴비화 공정설계 및 조작 인자에 관한 설명으로 틀린 것은?

① 함수율은 50~70% 정도이다.
② 포기혼합, 온도조절 등이 필요하다.
③ 수분함량에 관계없이 Bulking Agent를 주입해야 한다.
④ 유기물이 가장 빠른 속도로 분해하는 온도범위는 60~80℃이다.

해설 Bulking Agent(통기개량제)
① 팽화제 또는 수분함량조절제라 하며 퇴비를 효과적으로 생산하기 위하여 주입한다.
② 통기개량제는 톱밥 등을 사용하며 수분조절, 탈질소비, 조절기능을 겸한다.
③ 톱밥, 왕겨, 볏짚 등이 이용된다.(톱밥 기준 C/N비는 150~1,000 정도)
④ 수분 흡수능력이 좋아야 한다.
⑤ 쉽게 조달이 가능한 폐기물이어야 한다.
⑥ 입자 간의 구조적 안정성이 있어야 한다.
⑦ 퇴비의 질(C/N비) 개선에 영향을 준다.(C/N비 조절효과)
⑧ 처리대상물질 내의 공기가 원활히 유통할 수 있도록 한다.
⑨ pH 조절효과가 있다.

26 일반적으로 탈수에 이용되지 않는 방법은?

① 부상분리 ② 진공여과
③ 원심분리 ④ 가압여과

해설 탈수방법
① 천일건조(건조상) ② 진동탈수(여과)
③ 가압탈수(여과) ④ 원심분리탈수
⑤ 벨트프레스

27 물리학적으로 분류된 토양수분인 흡습수에 관한 내용으로 틀린 것은?

① 중력수 외부에 표면장력과 중력이 평형을 유지하며 존재하는 물을 말한다.
② 흡습수는 pF 4.5 이상으로 강하게 흡착되어 있다.
③ 식물이 직접 이용할 수 없다.
④ 부식토에서의 흡습수의 양은 무게비로 70%에 달한다.

해설 흡습수(PF : 4.5 이상)
① 상대습도가 높은 공기 중에 풍건토양을 방치하면 토양입자의 표면에 물이 강하게 흡착되는데 이 물을 흡습수라 한다.
② 100~110℃에서 8~10시간 가열하면 쉽게 제거할 수 있다.
③ 강하게 흡착되어 있으므로 식물이 직접 이용할 수 없다.
④ 부식토에서의 흡습수의 양은 무게비로 70%에 달한다.

[Note] ②는 모세관수에 대한 내용이다.

28 도시 분뇨 농도는 TS가 6%이고, TS의 65%가 VS이다. 이 분뇨를 혐기성 소화처리한다면 분뇨 $10m^3$당 발생하는 CH_4가스의 양(m^3)은?(단, 비중=1.0, 분뇨의 VS 1kg당 $0.4m^3$의 CH_4가스 발생)

① 122 ② 131
③ 142 ④ 156

해설 CH_4 가스발생량(m^3)
=VS양×VS 1kg당 CH_4 발생량

$$=0.4m^3 \cdot CH_4/kg \cdot VS \times \frac{65VS}{100TS} \times 60{,}000mg/L \cdot TS \times 10m^3 \times 10^{-6}kg/mg \times 10^3 L/m^3$$

$=156m^3$

29 분뇨의 혐기성 소화처리방식의 장점이 아닌 것은?

① 소화가스를 열원으로 이용
② 병원균이나 기생충란 사멸
③ 호기성 처리방법에 비해 유지관리비가 적음
④ 호기성 처리방법에 비해 소화속도가 빠름

해설 혐기성 소화는 호기성 소화처리방법에 비해 상등수의 농도가 높고 반응이 더디어 소화기간이 비교적 오래 걸린다.

30 투입분뇨의 토사, 협잡물 등을 분리시키기 위하여 설치하는 것은?

① 토사트랩(sand trap) ② 파쇄기
③ Sand 펌프 ④ Basket형 운반장치

해설 수거분뇨 중 포함되어 있는 협잡물(토사류, 섬유류, 목재류, PVC류 등 각종 크기의 조대물)을 분뇨처리시설 투입 전에 제거하는 토사트랩(sand trap)을 설치한다.

31 다음 중 지정폐기물의 최종처리시설로 가장 적합한 것은?

① 소각시설 ② 해양투기
③ 위생형 매립시설 ④ 차단형 매립시설

정답 25 ③ 26 ① 27 ① 28 ④ 29 ④ 30 ① 31 ④

해설 지정폐기물 최종처리시설(매립시설)
① 차단형 매립시설
② 관리형 매립시설(침출수 처리시설, 가스소각 · 발전 · 연료화 시설 등 부대시설을 포함한다)

32 쓰레기의 퇴비화를 고려할 때 가장 적당한 탄소와 질소의 비(C/N)는?

① 70~80 ② 35~50
③ 15~25 ④ 10~15

해설 퇴비화에 적합한 폐기물의 초기 C/N비는 26~35 정도이며 퇴비화 시 적정 C/N비는 25~50 정도이고 조절은 C/N비가 서로 다른 폐기물을 적절히 혼합하여 최적 조건으로 맞춘다.

33 폐기물 고형화 처리의 목적으로 가장 거리가 먼 내용은?

① 폐기물의 독성이 감소한다.
② 폐기물의 취급을 용이하게 한다.
③ 폐기물 내 오염물질의 용해도가 감소한다.
④ 폐기물의 부피를 감소시켜 매립용적을 감소시킨다.

해설 고형화 처리의 목적
① 유해폐기물의 불활성화(독성 저하 및 폐기물 내의 오염물질 이동성 감소)
② 용출 억제(물리적으로 안정한 물질로 변화)
③ 토양개량 및 매립 시 충분한 강도 확보
④ 취급 용이 및 재활용(건설자재) 가능
⑤ 폐기물 내 오염물질의 용해도가 감소

34 폐기물 소각의 가장 주된 목적은?

① 부피감소 ② 위생처리
③ 고도처리 ④ 폐열회수

해설 일반적으로 폐기물 소각의 목적은 부피감소, 위생적 처리, 폐열이용이고 이 중 가장 주된 목적은 부피감소이다.

35 분뇨처리장에서 악취의 원인이 되는 가스가 아닌 것은?

① NH_3 ② H_2S
③ CO_2 ④ 메르캅탄

해설 이산화탄소(CO_2)는 분뇨처리장의 악취원인물질이 아니며 완전연소생성물질이다.

36 폐기물 소각방법 중 다단로상식 소각로의 장점이 아닌 것은?

① 분진발생률이 낮다.
② 다양한 질의 폐기물에 대하여 혼소가 가능하다.
③ 체류시간이 길어서 연소효율이 높다.
④ 다량의 수분이 증발되므로 다습 폐기물의 처리에 유효하다.

해설 다단로 소각방식(Multiple Hearth)
① 장점
㉠ 타 소각로에 비해 체류시간이 길어 연소효율이 높고 특히 휘발성이 낮은 폐기물 연소에 유리하다.
㉡ 다량의 수분이 증발되므로 수분함량이 높은 폐기물도 연소가 가능하다.
㉢ 물리 · 화학적 성분이 다른 각종 폐기물을 처리할 수 있다. 즉, 다양한 질의 폐기물에 대하여 혼소가 가능하다.
㉣ 많은 연소영역이 있으므로 연소효율을 높일 수 있다.(국소 연소를 피할 수 있음)
㉤ 보조연료로 다양한 연료(천연가스, 프로판, 오일, 석탄가루, 폐유 등)를 사용할 수 있다.
㉥ 클링커 생성을 방지할 수 있다.
㉦ 온도제어가 용이하고 동력이 적게 들며 운전비가 저렴하다.
② 단점
㉠ 체류시간이 길어 온도반응이 느리다.(휘발성이 적은 폐기물 연소에 유리)
㉡ 늦은 온도반응 때문에 보조연료 사용을 조절하기 어렵다.
㉢ 분진발생률이 높다.
㉣ 열적 충격이 쉽게 발생하고 내화물이나 상에 손상을 초래한다.(내화재의 손상을 방지하기 위해 1,000℃ 이상으로 운전하지 않는 것이 좋음)
㉤ 가동부(교반팔, 회전중심축)가 있으므로 유지비가 높다.
㉥ 유해폐기물의 완전분해를 위해서는 2차 연소실이 필요하다.

2018

37 슬러지를 비료로 이용하고자 한다. 이에 대한 설명으로 옳지 않은 것은?

① 분뇨 및 도시하수처리장에서 생성되는 슬러지는 일반적으로 유기물이 많고 식물에 유해한 성분이 적으므로 토양개량제로 이용에 지장이 없다.
② 산업폐수처리에서 발생한 슬러지는 발생원칙에 따라 사전에 충분한 조사를 필요로 한다.
③ 슬러지의 비료가치를 판단하는 데 있어서 중식이 되는 영양소(N, P_2O_5, K_2O)만을 중시하는 것은 오히려 불균형한 토양 조성이 될 수 있다.

정답 32 ② 33 ④ 34 ① 35 ③ 36 ① 37 ④

④ 슬러지는 영양소가 충분하고 유해물질이 없어 식물에 대한 재배 실험이 필요하지 않다.

해설 슬러지는 영양소가 충분하나 유해물질이 있는 경우가 있으므로 식물에 대한 재배실험이 필요하다.

38 매립장의 연평균 강우량이 1,200mm이고, 매립장 면적이 30,000m^2이다. 합리식으로 계산하였을 때 일평균침출수 발생량(m^3/일)은?(단, 침출계수(유출계수) = 0.4 적용)

① 약 40 ② 약 72
③ 약 100 ④ 약 144

해설 일평균침출수량(m^3/day) $= \frac{CIA}{1,000}$

$= \frac{0.4 \times 1,200 \times 30,000}{1,000}$

$= 14,400m^3/year \times year/365day$

$= 39.45m^3/day$

39 토양의 양이온 교환능력은 침출수가 누출될 경우 오염물질의 이동에 영향을 미친다. 침출수의 pH가 높아지면 토양의 양이온 교환능력의 변화는?

① 낮아진다. ② 변화없다.
③ 높아진다. ④ 알 수 없다.

해설 침출수의 pH가 높아지면 알칼리성(OH^- 이온)이 커지므로 토양의 양이온 교환능력은 높아진다.

40 기계식 퇴비공법의 장점이 아닌 것은?

① 안정된 퇴비가 생성된다.
② 기후의 영향을 받지 않는다.
③ 악취 통제가 쉽다.
④ 좁은 공간을 활용할 수 있다.

해설 기계식 퇴비공법은 반응조 최적조건을 유지하기 어려워 생산된 퇴비의 질이 떨어질 수 있다.

제3과목 폐기물공정시험기준(방법)

41 고형물의 함량이 50%, 수분함량이 50%, 강열감량이 85%인 폐기물이 있다. 이때 폐기물의 고형물 중 유기물 함량(%)은?

① 50 ② 60 ③ 70 ④ 80

해설 유기물 함량 $= \frac{\text{휘발성 고형물}}{\text{고형물}} \times 100$

휘발성 고형물 = 강열감량 − 수분
$= 85 - 50 = 35\%$

$= \frac{35}{50} \times 100 = 70\%$

42 방울수에 대한 설명으로 ( )에 옳은 것은?

> (㉠)에서 정제수 (㉡)을 적하할 때 그 부피가 약 1mL 되는 것을 뜻한다.

① ㉠ 15℃, ㉡ 10방울 ② ㉠ 15℃, ㉡ 20방울
③ ㉠ 20℃, ㉡ 10방울 ④ ㉠ 20℃, ㉡ 20방울

해설 **방울수**
20℃에서 정제수 20방울을 적하할 때, 그 부피가 약 1mL 되는 것을 뜻한다.

43 감염성 미생물(멸균테이프 검사법) 분석 시 분석절차에 관한 설명으로 ( )에 옳은 것은?

> 멸균취약지점을 포함하여 멸균기 안의 정상 운전조건을 대표할 수 있는 적절한 위치에 멸균테이프를 (㉠) 이상 부착한다. 감염성 폐기물을 멸균기의 (㉡) 또는 그 이하를 투입한다.

① ㉠ 3개, ㉡ 최소 부하량
② ㉠ 5개, ㉡ 허용 부하량
③ ㉠ 7개, ㉡ 최소 부하량
④ ㉠ 10개, ㉡ 허용 부하량

해설 **감염성 미생물 – 멸균테이프 검사법**
① 멸균취약지점을 포함하여 멸균기 안의 정상운전조건을 대표할 수 있는 적절한 위치에 멸균테이프를 10개 이상 부착한다.
② 감염성 폐기물을 멸균기의 허용 부하량 또는 그 이하를 투입한다.

정답 38 ① 39 ③ 40 ① 41 ③ 42 ④ 43 ④

44 십억분율(Parts Per Billion)을 올바르게 표시한 것은?

① ng/kg ② mg/kg
③ μg/L ④ ppm

해설 십억분율(ppb ; Parts Per Billion) : μg/L, μg/kg

45 자외선/가시선 분광법으로 구리를 분석할 때의 간섭물질에 관한 설명으로 ( )에 알맞은 것은?

비스무트(Bi)가 구리의 양보다 2배 이상 존재할 경우에는 ( )을 나타내어 방해한다.

① 적자색 ② 황색
③ 청색 ④ 황갈색

해설 비스무트(Bi)가 구리의 양보다 2배 이상 존재할 경우

① 황색을 나타내어 방해한다. 이때는 시료의 흡광도를 A_1 으로 하고 따로 같은 양의 시료를 취하여 시료의 시험기준 중 암모니아수(1+1)를 넣어 중화하기 전에 시안화칼륨용액(5W/V%) 3mL를 넣어 구리를 시안착화합으로 만든 다음 중화하여 실험하고 이 액의 흡광도를 A_2 로 한다.
② 구리에 의한 흡광도는 $A_1 - A_2$ 이다.

46 용출용액 중의 PCBs 분석(기체크로마토그래피법)에 관한 내용으로 틀린 것은?

① 용출용액 중의 PCBs를 헥산으로 추출한다.
② 액상폐기물의 정량한계는 0.0005mg/L이다.
③ 전자포획 검출기를 사용한다.
④ 검출기의 온도는 270~320℃ 범위이다.

해설 ① 용출용액의 PCB 정량한계 : 0.0005mg/L
② 액상폐기물의 PCB 정량한계 : 0.05mg/L

47 20ppm은 몇 %인가?

① 0.2% ② 0.02%
③ 0.002% ④ 0.0002%

해설 $(\%) = 20\text{ppm} \times \frac{1\%}{10{,}000\text{ppm}} = 0.002\%$

48 취급 또는 저장하는 동안에 밖으로부터의 공기 또는 다른 가스가 침입하지 아니하도록 내용물을 보호하는 용기는?

① 기밀용기 ② 밀폐용기
③ 밀봉용기 ④ 차광용기

해설 용기

시험용액 또는 시험에 관계된 물질을 보존, 운반 또는 조작하기 위하여 넣어두는 것

구분	정의
밀폐용기	취급 또는 저장하는 동안에 이물질이 들어가거나 또는 내용물이 손실되지 아니하도록 보호하는 용기
기밀용기	취급 또는 저장하는 동안에 밖으로부터의 공기 또는 다른 가스가 침입하지 아니하도록 내용물을 보호하는 용기
밀봉용기	취급 또는 저장하는 동안에 기체 또는 미생물이 침입하지 아니하도록 내용물을 보호하는 용기
차광용기	광선이 투과하지 않는 용기 또는 투과하지 않게 포장한 용기이며 취급 또는 저장하는 동안에 내용물이 광화학적 변화를 일으키지 아니하도록 방지할 수 있는 용기

49 2N 황산용액을 만들고자 할 때 가장 적절한 방법은?(단, 황산은 95% 이상)

① 물 1L 중에 황산 49mL를 가한다.
② 물에 황산 60mL를 가하고, 최종 액량을 1L로 한다.
③ 황산 60mL를 물 1L 중에 섞으면서 천천히 넣어 식힌다.
④ 물에 황산 30mL를 가하고, 최종 액량을 1L로 한다.

해설 황산용액(0.5M = 1N)

황산 30mL를 정제수 1,000mL 중에 섞으면서 천천히 넣어 식힌다. 여기서는 황산용액이 2N이므로 황산 60mL를 정제수 1,000mL 중에 섞으면서 천천히 넣어 식힌다.

50 강도 I_0의 단색광이 정색액을 통과할 때 그 빛의 80%가 흡수되었다면 흡광도는?

① 0.823 ② 0.768
③ 0.699 ④ 0.597

해설 $\text{흡광도} = \log\frac{1}{\text{투과율}} = \log\frac{1}{(1-0.8)} = 0.699$

51 원자흡수분광광도계의 광원으로 주로 사용되는 램프는?

① 속빈음극램프 ② 열음극램프
③ 방전램프 ④ 텅스텐램프

정답 44 ③ 45 ② 46 ② 47 ③ 48 ① 49 ③ 50 ③ 51 ①

해설 원자흡광 스펙트럼선의 선폭보다 좁은 선폭을 갖고 휘도가 높은 스펙트럼을 방사하는 중공음극램프(속 빈 음극램프)가 많이 사용된다.

52 폐기물 용출시험방법 중 시료용액 조제 시 용매의 pH 범위로 가장 옳은 것은?

① pH 4.3~5.2　② pH 5.2~5.8
③ pH 5.8~6.3　④ pH 6.3~7.2

해설 **용출시험 시료용액 조제**
① 시료의 조제 방법에 따라 조제한 시료 100g 이상을 정확히 단다.
⇩
② 용매 : 정제수에 염산을 넣어 pH를 5.8~6.3으로 한다.
⇩
③ 시료 : 용매=1 : 10(w/v)의 비로 2,000mL 삼각 플라스크에 넣어 혼합한다.

53 원자흡수분광광도법에 의한 카드뮴 정량 시 가장 오차를 크게 유발하는 물질은?

① NaCl　② $Pb(OH)_2$
③ $FeSO_4$　④ $KMnO_4$

해설 **금속류 – 원자흡수분광광도법(간섭물질)**
① 화학물질이 공기–아세틸렌 불꽃에서 분자상태로 존재하여 낮은 흡광도를 보일 경우의 원인
㉠ 불꽃의 온도가 너무 낮아 원자화가 일어나지 않는 경우
㉡ 안정한 산화물질로 바뀌어 불꽃에서 원자화가 일어나지 않는 경우
② 염이 많은 시료를 분석하면 버너헤드 부분에 고체가 생성되어 불꽃이 자주 꺼질 때 버너헤드를 청소해야 할 경우의 대책
㉠ 시료를 묽혀 분석
㉡ 메틸아이소부틸케톤 등을 사용하여 추출, 분석
③ 시료 중에 칼륨, 나트륨, 리듐, 세슘과 같이 쉽게 이온화되는 원소가 1,000mg/L 이상의 농도로 존재 시 금속측정을 간섭할 경우의 대책
검정곡선용 표준물질에 시료의 매질과 유사하게 첨가하여 보정
④ 시료 중에 알칼리금속의 할로겐 화합물을 다량 함유하는 경우에 분자흡수나 광란에 의한 오차발생의 대책
추출법으로 카드뮴을 분리하여 실험

54 중금속 원소 중 시료에 이염화주석을 넣고 금속원소로 환원시킨 다음 이 용액에 통기하여 발생되는 원자증기를 원자흡수분광광도법으로 정량하는 것은?

① 카드뮴　② 수은　③ 납　④ 아연

해설 **수은 – 환원기화 – 원자흡수분광광도법**
시료 중 수은에 이염화주석을 넣고 금속수은으로 환원시킨 다음 이 용액에 통기하여 발생하는 수은 증기를 253.7nm의 파장으로 정량하는 방법이다.

55 시안을 이온전극으로 측정하고자 할 때 조절하여야 할 시료의 pH 범위는?

① pH 3~4　② pH 6~7
③ pH 10~12　④ pH 12~13

해설 **시안 – 이온전극법**
액상폐기물과 고상폐기물을 pH 12~13의 알칼리성으로 조절한 후 시안 이온전극과 비교전극을 사용하여 전위를 측정하고 그 전위차로부터 시안을 정량하는 방법이다.

56 유기질소 화합물 및 유기인 화합물을 선택적으로 검출할 수 있는 기체크로마토그래피의 검출기는?

① 알칼리열 이온화 검출기
② 열전도도 검출기
③ 수소염이온화 검출기
④ 염광광도형 검출기

해설 **유기인 – 기체크로마토그래피**
검출기는 불꽃광도검출기 대신에 알칼리열 이온화 검출기 또는 전자 포획형 검출기를 사용할 수 있다.

57 폐기물의 유분 분석과정에서 추출된 노말헥산층에 무수황산나트륨을 넣은 이유는?

① 분해율 향상　② 추출률 향상
③ 수분 제거　④ 유기물 산화

해설 유분 분석과정에서 추출된 노말헥산층에 무수황산나트륨 3~5g을 사용하여 수분을 제거한다.

58 유기물 함량이 비교적 높지 않고 금속의 수산화물, 산화물, 인산염 및 황화물을 함유하고 있는 시료에 적용되는 산분해법은?

① 질산–황산 분해법
② 질산–염산 분해법
③ 질산–과염소산 분해법
④ 질산–불화수소산 분해법

정답 52 ③　53 ①　54 ②　55 ④　56 ①　57 ③　58 ②

해설 질산 – 염산 분해법
① 적용 : 유기물 함량이 비교적 높지 않고 금속의 수산화물, 산화물, 인산염 및 황화물을 함유하고 있는 시료에 적용한다.
② 용액 산농도 : 약 0.5N

59 유도결합플라스마 – 원자발광분광법을 분석에 사용하지 않는 측정 항목은?

① 납　② 비소　③ 수은　④ 6가크롬

해설 수은의 분석방법
① 원자흡수분광광도법
② 자외선/가시선 분광법

60 시료 채취에 관한 설명으로 옳지 않은 것은?

① 5톤 미만의 차량에 적재되어 있는 폐기물은 평면상에서 9등분한 후 각 등분마다 채취한다.
② 시료의 양은 1회에 100g 이상 채취한다.
③ 액상 혼합물의 경우 원칙적으로 최종 지점의 낙하구에서 흐르는 도중에 채취한다.
④ 고상 혼합물의 경우 한 번에 일정량씩 채취한다.

해설 ① 5ton 미만의 차량에 적재되어 있는 경우
적재폐기물을 평면상에서 6등분한 후 각 등분마다 시료 채취
② 5ton 이상의 차량에 적재되어 있는 경우
적재폐기물을 평면상에서 9등분한 후 각 등분마다 시료 채취

제4과목 폐기물관계법규

61 매립시설의 침출수를 측정하는 기관으로 틀린 것은?

① 한국환경공단
② 국립환경과학원
③ 수도권매립지관리공사
④ 수질오염물질 측정대행업의 등록을 한 자

해설 폐기물 매립시설 침출수 측정기관
① 보건환경연구원
② 한국환경공단
③ 수질오염물질 측정대행업의 등록을 한 자
④ 수도권매립지관리공사
⑤ 폐기물 분석 전문기관

62 폐기물처리업의 변경허가를 받아야 하는 중요사항과 가장 거리가 먼 것은?(단, 폐기물 수집 · 운반업의 경우)

① 상호의 변경
② 운반차량(임시차량은 제외한다)의 증차
③ 영업구역의 변경
④ 주차장 소재지의 변경(지정폐기물을 대상으로 하는 수집 · 운반업만 해당한다)

해설 폐기물 수집 · 운반업의 변경허가를 받아야 할 중요사항
① 수집 · 운반 대상 폐기물의 변경
② 영업구역의 변경
③ 주차장 소재지의 변경(지정폐기물을 대상으로 하는 수집 · 운반업만 해당한다)
④ 운반차량(임시차량은 제외한다)의 증차

63 폐기물처리시설의 중간처리시설 중 소각시설에 해당되지 않는 것은?

① 열분해시설(가스화 시설을 포함한다)
② 탈수 · 건조시설
③ 일반소각시설
④ 고온소각시설

해설 중간처리(처분)시설 중 소각시설
① 일반소각시설
② 고온소각시설
③ 열분해시설(가스화 시설을 포함한다)
④ 고온용융시설
⑤ 열처리조합시설(①~④의 시설 중 둘 이상의 시설이 조합된 시설)

64 폐기물 처분시설 또는 재활용시설 중 의료폐기물을 대상으로 하는 시설의 기술관리인 자격기준에 해당하지 않는 자격은?

① 수질환경산업기사
② 폐기물처리산업기사
③ 임상병리사
④ 위생사

2018

정답 59 ③　60 ①　61 ②　62 ①　63 ②　64 ①

해설 **폐기물 처분시설 또는 재활용시설의 기술관리인의 자격기준**

구분	자격기준
매립시설	폐기물처리기사, 수질환경기사, 토목기사, 일반기계기사, 건설기계기사, 화공기사, 토양환경기사 중 1명 이상
소각시설(의료폐기물을 대상으로 하는 소각시설은 제외한다), 시멘트 소성로 및 용해로	폐기물처리기사, 대기환경기사, 토목기사, 일반기계기사, 건설기계기사, 화공기사, 전기기사, 전기공사기사 중 1명 이상
의료폐기물을 대상으로 하는 시설	폐기물처리산업기사, 임상병리사, 위생사 중 1명 이상
음식물류 폐기물을 대상으로 하는 시설	폐기물처리산업기사, 수질환경산업기사, 화공산업기사, 토목산업기사, 대기환경산업기사, 일반기계기사, 전기기사 중 1명 이상
그 밖의 시설	같은 시설의 운영을 담당하는 자 1명 이상

65 폐기물관리법의 제정 목적이 아닌 것은?

① 폐기물 발생을 최대한 억제
② 발생한 폐기물을 친환경적으로 처리
③ 환경보전과 국민생활의 질적 향상에 이바지
④ 발생 폐기물의 신속한 수거 · 이송처리

해설 **폐기물관리법의 목적**
폐기물의 발생을 최대한 억제하고 발생한 폐기물을 친환경적으로 처리함으로써 환경보전과 국민생활의 질적 향상에 이바지하는 것을 목적으로 한다.

66 방치폐기물의 처리기간에 관한 내용으로 (   ) 안에 옳은 것은?(단, 연장기간 제외)

> 환경부장관이나 시 · 도지사는 폐기물처리 공제조합에 방치폐기물의 처리를 명하려면 주변 환경의 오염 우려 정도와 방치폐기물의 처리량 등을 고려하여 (   )의 범위에서 그 처리기간을 정하여야 한다.

① 1개월 ② 2개월 ③ 3개월 ④ 6개월

해설 **방치폐기물의 처리량과 처리기간**
① 폐기물처리 공제조합에 처리를 명할 수 있는 방치폐기물의 처리량은 다음 각 호와 같다.
㉠ 폐기물처리업자가 방치한 폐기물의 경우 : 그 폐기물처리업자의 폐기물 허용보관량의 1.5배 이내
㉡ 폐기물처리 신고자가 방치한 폐기물의 경우 : 그 폐기물처리 신고자의 폐기물 보관량의 1.5배 이내
② 환경부장관이나 시 · 도지사는 폐기물처리 공제조합에 방치폐기물의 처리를 명하려면 주변환경의 오염 우려 정도와 방치폐기물의 처리량 등을 고려하여 2개월의 범위에서 그 처리기간을 정하여야 한다. 다만, 부득이한 사유로 처리기간 내에 방치폐기물을 처리하기 곤란하다고 환경부장관이나 시 · 도지사가 인정하면 1개월의 범위에서 한 차례만 그 기간을 연장할 수 있다.

67 폐기물 발생 억제지침 준수의무 대상 배출자의 규모기준으로 옳은 것은?

> 최근 (㉠)간의 연평균 배출량을 기준으로 지정폐기물을 (㉡) 이상 배출하는 자

① ㉠ 2년, ㉡ 100톤 ② ㉠ 2년, ㉡ 200톤
③ ㉠ 3년, ㉡ 100톤 ④ ㉠ 3년, ㉡ 200톤

해설 **폐기물 발생 억제지침 준수의무 대상 배출자의 규모기준**
① 최근 3년간 연평균 배출량을 기준으로 지정폐기물을 100톤 이상 배출하는 자
② 최근 3년간 연평균 배출량을 기준으로 지정폐기물 외의 폐기물을 1천 톤 이상 배출하는 자

68 환경정책기본법에 따른 용어의 정의로 옳지 않은 것은?

① "환경용량"이란 일정한 지역에서 환경오염 또는 환경훼손에 대하여 환경이 스스로 수용, 정화 및 복원하여 환경의 질을 유지할 수 있는 한계를 말한다.
② "생활환경"이란 지상의 모든 생물과 이들을 둘러싸고 있는 비생물적인 것을 포함한 자연의 상태를 말한다.
③ "환경훼손"이란 야생동식물의 남획 및 그 서식지의 파괴, 생태계 질서의 교란, 자연경관의 훼손, 표토의 유실 등으로 자연환경의 본래적 기능에 중대한 손상을 주는 상태를 말한다.
④ "환경보전"이란 환경오염 및 환경훼손으로부터 환경을 보호하고 오염되거나 훼손된 환경을 개선함과 동시에 쾌적한 환경 상태를 유지 · 조성하기 위한 행위를 말한다.

해설 **생활환경**
대기, 물, 토양, 폐기물, 소음 · 진동, 악취, 일조 등 사람의 일상생활과 관계되는 환경을 말한다.

정답 65 ④ 66 ② 67 ③ 68 ②

69 폐기물 발생 억제지침 준수의무 대상 배출자의 업종이 아닌 것은?

① 자동차 및 트레일러 제조업
② 1차 금속 제조업
③ 의료, 정밀, 광학기기 및 시계 제조업
④ 봉제의복제품 제조업

해설 **폐기물 발생 억제지침 준수의무 대상 배출자의 업종**
① 식료품 제조업
② 음료 제조업
③ 섬유제품 제조업(의복 제외)
④ 의복, 의복액세서리 및 모피제품 제조업
⑤ 코크스, 연탄 및 석유정제품 제조업
⑥ 화학물질 및 화학제품 제조업(의약품 제외)
⑦ 의료용 물질 및 의약품 제조업
⑧ 고무제품 및 플라스틱제품 제조업
⑨ 비금속 광물제품 제조업
⑩ 1차 금속 제조업
⑪ 금속가공제품 제조업(기계 및 가구 제외)
⑫ 기타 기계 및 장비 제조업
⑬ 전기장비 제조업
⑭ 전자부품, 컴퓨터, 영상, 음향 및 통신장비 제조업
⑮ 의료, 정밀, 광학기기 및 시계 제조업
⑯ 자동차 및 트레일러 제조업
⑰ 기타 운송장비 제조업
⑱ 전기, 가스, 증기 및 공기조절 공급업

70 기술관리인을 임명하지 아니하고 기술관리대행계약을 체결하지 아니한 자에 대한 과태료 처분기준은?

① 2백만 원 이하의 과태료
② 3백만 원 이하의 과태료
③ 5백만 원 이하의 과태료
④ 1천만 원 이하의 과태료

해설 폐기물관리법 제68조 참조

71 에너지 회수기준을 측정하는 기관으로 가장 거리가 먼 것은?(단, 국가표준기본법에 따라 환경부 장관이 지정하는 시험 · 검사기관은 고려하지 않음)

① 한국화학시험연구원
② 한국에너지기술연구원
③ 한국환경공단
④ 한국산업기술시험원

해설 **에너지 회수기준 측정기관**
① 한국환경공단
② 한국기계연구원 및 한국에너지기술연구원
③ 한국산업기술시험원
④ 국가표준기본법에 따라 인정받은 시험 · 검사기관 중 환경부 장관이 지정하는 기관

72 관리형 매립시설에서 발생되는 침출수 내 오염물질의 배출허용기준이 청정지역기준으로 불검출인 오염물질은? (단, 단위 mg/L)

① 수은　② 시안
③ 카드뮴　④ 납

해설 **관리형 매립시설 침출수 내 오염물질의 배출허용기준 중 청정지역기준으로 불검출인 오염물질**
① 수은
② PCB

73 폐기물관리법상 재활용으로 인정되는 에너지 회수기준으로 적합하지 않은 것은?

① 다른 물질과 혼합하지 아니하고 해당 폐기물의 고위발열량이 킬로그램당 1천 킬로칼로리 이상일 것
② 에너지의 회수효율(회수에너지 총량을 투입에너지 총량으로 나눈 비율을 말한다)이 75퍼센트 이상일 것
③ 환경부장관이 정하여 고시한 경우에는 폐기물의 30% 이상을 원료나 재료로 재활용하고 그 나머지 중에서 에너지의 회수에 이용할 것
④ 회수열을 모두 열원으로 스스로 이용하거나 다른 사람에게 공급할 것

해설 **에너지 회수기준**
① 다른 물질과 혼합하지 아니하고 해당 폐기물의 저위발열량이 킬로그램당 3천 킬로칼로리 이상일 것
② 에너지의 회수효율(회수에너지 총량을 투입에너지 총량으로 나눈 비율을 말한다)이 75퍼센트 이상일 것
③ 회수열을 모두 열원으로 스스로 이용하거나 다른 사람에게 공급할 것
④ 환경부장관이 정하여 고시하는 경우에는 폐기물의 30퍼센트 이상을 원료나 재료로 재활용하고 그 나머지 중에서 에너지 회수에 이용할 것

정답 69 ④　70 ④　71 ①　72 ①　73 ①

74 주변지역 영향 조사대상 폐기물처리시설에 해당하는 것은?

① 1일 처리능력 30톤인 사업장폐기물 소각시설
② 1일 처리능력 15톤인 사업장폐기물 소각시설이 사업장 부지 내에 3개 있는 경우
③ 매립면적 1만 5천 제곱미터인 사업장지정폐기물 매립시설
④ 매립면적 11만 제곱미터인 사업장 일반폐기물 매립시설

해설 주변지역 영향 조사대상 폐기물처리시설 기준
① 1일 처리능력이 50톤 이상인 사업장폐기물 소각시설(같은 사업장에 여러 개의 소각시설이 있는 경우에는 각 소각시설의 1일 처리능력의 합계가 50톤 이상인 경우를 말한다)
② 매립면적 1만 제곱미터 이상의 사업장 지정폐기물 매립시설
③ 매립면적 15만 제곱미터 이상의 사업장 일반폐기물 매립시설
④ 시멘트 소성로(폐기물을 연료로 사용하는 경우로 한정한다)
⑤ 1일 재활용능력이 50톤 이상인 사업장폐기물 소각열회수시설(같은 사업장에 여러 개의 소각열회수시설이 있는 경우에는 각 소각열회수시설의 1일 재활용능력의 합계가 50톤 이상인 경우를 말한다)

75 폐기물처리업에 종사하는 기술요원이 환경부령이 정하는 교육기관에서 실시하는 교육을 받지 아니하였을 경우 처벌기준은?

① 100만 원 이하의 과태료
② 200만 원 이하의 과태료
③ 300만 원 이하의 과태료
④ 500만 원 이하의 과태료

해설 폐기물관리법 제68조 참조

76 폐기물처리시설(매립시설인 경우)을 폐쇄하고자 하는 자는 당해 시설의 폐쇄예정일 몇 개월 이전에 폐쇄신고서를 제출하여야 하는가?

① 1개월　② 2개월
③ 3개월　④ 6개월

해설 폐기물처리시설의 사용을 끝내거나 폐쇄하려는 자는 그 시설의 사용종료일 또는 폐쇄예정일 1개월(매립시설의 경우는 3개월) 이전에 사용종료 · 폐쇄신고서를 시 · 도지사나 지방환경관서의 장에게 제출하여야 한다.

77 폐기물 인계 · 인수 내용 등의 전산처리에 관한 내용으로 (　)에 알맞은 것은?

환경부장관은 전산기록이 입력된 날부터 (　)간 전산기록을 보존하여야 한다.

① 1년　② 3년　③ 5년　④ 10년

해설 환경부장관은 폐기물 인계 · 인수 내용 등의 전산기록이 입력된 날부터 3년간 전산기록을 보존하여야 한다.

78 폐기물처리시설의 설치자는 해당 시설의 사용개시일 며칠 전까지 사용개시신고서를 시 · 도지사나 지방환경관서의 장에게 제출하여야 하는가?

① 5일 전까지　② 10일 전까지
③ 15일 전까지　④ 20일 전까지

해설 폐기물처리시설의 설치자는 해당 시설의 사용개시일 10일 전까지 사용개시신고서를 시 · 도지사나 지방환경관서의 장에게 제출하여야 한다.

79 폐기물처리시설별 정기검사 시기가 틀린 것은?(단, 최초 정기검사임)

① 소각시설 : 사용개시일부터 2년
② 매립시설 : 사용개시일부터 1년
③ 멸균분쇄시설 : 사용개시일부터 3개월
④ 음식물류 폐기물 처리시설 : 사용개시일부터 1년

해설 폐기물 처리시설의 검사기간
① 소각시설
최초 정기검사는 사용개시일부터 3년이 되는 날(「대기환경보전법」에 따른 측정기기를 설치하고 같은 법 시행령에 따른 굴뚝원격감시체계관제센터와 연결하여 정상적으로 운영되는 경우에는 사용개시일부터 5년이 되는 날), 2회 이후의 정기검사는 최종 정기검사일(검사결과서를 발급받은 날을 말한다)부터 3년이 되는 날
② 매립시설
최초 정기검사는 사용개시일부터 1년이 되는 날, 2회 이후의 정기검사는 최종 정기검사일부터 3년이 되는 날
③ 멸균분쇄시설
최초 정기검사는 사용개시일부터 3개월, 2회 이후의 정기검사는 최종 정기검사일부터 3개월
④ 음식물류 폐기물 처리시설
최초 정기검사는 사용개시일부터 1년이 되는 날, 2회 이후의 정기검사는 최종 정기검사일부터 1년이 되는 날
⑤ 시멘트 소성로
최초 정기검사는 사용개시일부터 3년이 되는 날(「대기환경보

정답 74 ③　75 ①　76 ③　77 ②　78 ②　79 ①

전법」에 따른 측정기기를 설치하고 같은 법 시행령에 따른 굴뚝 원격감시체계관제센터와 연결하여 정상적으로 운영되는 경우에는 사용개시일부터 5년이 되는 날), 2회 이후의 정기검사는 최종 정기검사일부터 3년이 되는 날

80 **폐기물관리법 벌칙 중 3년 이하의 징역 또는 3천만 원 이하의 벌금에 처할 수 있는 경우에 해당하지 않는 것은?**

① 사후관리(매립시설)를 적합하게 하도록 한 시정명령을 이행하지 아니한 자
② 영업정지기간 중에 영업을 한 자
③ 검사를 받지 아니하거나 적합판정을 받지 아니하고 폐기물처리시설을 사용한 자
④ 업종 구분과 영업 내용의 범위를 벗어나는 영업을 한 자

해설 폐기물관리법 제65조 참조

정답 80 ④

2018년 2회 기출문제

제1과목 폐기물개론

01 지정폐기물에 대한 설명으로 틀린 것은?

① pH가 2 이하인 폐산은 지정폐기물이다.
② pOH가 1.5 이하인 폐알칼리는 지정폐기물이다.
③ 농촌에서 농부가 사용하고 남은 폐농약은 지정폐기물이다.
④ 샌드블라스트 폐사에서 0.3mg/L 이상의 카드뮴이 용출되어 나오면 지정폐기물에 해당된다.

해설 폐농약은 농약의 제조 · 판매업소에서 발생되는 것으로 한정하여 지정폐기물로 한다.

02 우리나라 인구 1인당 1일 생활쓰레기 평균 발생량(kg)으로 가장 알맞은 것은?

① 약 0.2 ② 약 1.0
③ 약 2.2 ④ 약 3.2

해설 **우리나라의 생활폐기물 일일발생량**
약 1.0kg/인 · 일이다.

03 쓰레기 발생량 조사방법 중 물질수지법에 관한 설명으로 옳지 않은 것은?

① 시스템에 유입되는 대표적 물질을 설정하여 발생량을 추산하여야 한다.
② 주로 산업폐기물의 발생량 추산에 이용된다.
③ 물질수지를 세울 수 있는 상세한 데이터가 있는 경우에 가능하다.
④ 우선적으로 조사하고자 하는 계의 경계를 정확하게 설정하여야 한다.

해설 **쓰레기 발생량 조사(측정방법)**

조사방법		내용
적재차량 계수분석법 (Load－count analysis)		• 일정기간 동안 특정 지역의 쓰레기 수거 · 운반차량의 대수를 조사하여, 이 결과로 밀도를 이용하여 질량으로 환산하는 방법(차량의 대수에 폐기물의 겉보기 비중을 선정하여 중량으로 환산하는 방법) • 조사장소는 중간적하장이나 중계처리장이 적합 • 단점으로는 쓰레기의 밀도 또는 압축 정도에 따라 오차가 크다는 것
직접계근법 (Direct weighting method)		• 일정기간 동안 특정 지역의 쓰레기 수거 · 운반차량을 중간적하장이나 중계처리장에서 직접 계근하는 방법(트럭 스케일 방법) • 입구에서 쓰레기가 적재되어 있는 차량과 출구에서 쓰레기를 적하한 공차량을 계근하여 쓰레기양 산출 • 장점으로는 비교적 정확한 쓰레기 발생량을 파악할 수 있는 방법 • 단점으로는 적재차량 계수분석에 비하여 작업량이 많고 번거로움이 있음
물질수지법 (Material balance method)		• 시스템으로 유입되는 모든 물질들과 유출되는 모든 폐기물의 양에 대하여 물질수지를 세움으로써 폐기물 발생량을 추정하는 방법 • 주로 산업폐기물 발생량을 추산할 때 이용하는 방법 • 단점으로는 비용이 많이 소요되고 작업량이 많아 널리 이용되지 않음, 즉 특수한 경우에만 사용됨 • 우선적으로 조사하고자 하는 계의 경계를 정확하게 설정해야 함 • 물질수지를 세울 수 있는 상세한 데이터가 있는 경우에 가능
통계조사	표본조사 (단순 샘플링 검사)	• 조사기간이 짧음 • 비용이 적게 소요됨 • 조사상 오차가 큼
	전수조사	• 표본오차가 작아 신뢰도가 높음(정확함) • 행정시책에 대한 이용도가 높음 • 조사기간이 길 • 표본치의 보정역할이 가능함

정답 01 ③ 02 ② 03 ①

04 도시 일반폐기물의 조성성분 중 가장 적게 차지하는 성분이라고 생각되는 것은?

① 수분 ② 황
③ 탄소 ④ 산소

해설 **도시 일반폐기물 조성**
수분 > 탄소 > 산소 > 수소 > 염소 > 질소 > 황

05 폐기물의 밀도가 200kg/m³인 것을 500kg/m³으로 압축시킬 때 폐기물의 부피변화는?

① 60% 감소 ② 64% 감소
③ 67% 감소 ④ 70% 감소

해설 $VR=\left(1-\frac{V_f}{V_i}\right)\times 100$

$V_i=\frac{1\text{kg}}{200\text{kg/m}^3}=0.005\text{m}^3$

$V_f=\frac{1\text{kg}}{500\text{kg/m}^3}=0.002\text{m}^3$

$=\left(1-\frac{0.002}{0.005}\right)\times 100=60\%$ 감소

[Note] 다른 풀이

$VR=\left(1-\frac{\text{압축 전 밀도}}{\text{압축 후 밀도}}\right)\times 100=\left(1-\frac{200}{500}\right)\times 100=60\%$

06 쓰레기 재활용 측면에서 가장 효과적인 수거방법은?

① 집단수거 ② 타종수거
③ 분리수거 ④ 혼합수거

해설 재활용 측면에서 가장 효과적인 수거방법은 분리수거이다.

07 pH가 3인 폐산 용액은 pH가 5인 폐산 용액에 비하여 수소이온이 몇 배 더 함유되어 있는가?

① 2배 ② 15배
③ 20배 ④ 100배

해설 $\text{pH}=\log\frac{1}{[\text{H}^+]}$

$\text{pH}=3 \rightarrow [\text{H}^+]=10^{-3}$, $\text{pH}=5 \rightarrow [\text{H}^+]=10^{-5}$

수소이온 비 $=\frac{10^{-3}}{10^{-5}}=100$배

08 쓰레기 수거 시 물과 섞어 잘게 분쇄한 뒤 용적을 감소시켜 수거하며, 반드시 폐수처리시설이 있어야만 사용할 수 있는 장치는?

① Pulverizer
② Stationary Compactors
③ Baler
④ Rotary Compactors

해설 **펄버라이저(Pulverizer)**
① 분쇄기의 일종으로 습식 방법을 이용하기 때문에 폐수가 다량 발생한다.
② 쓰레기를 물과 섞어 잘게 부순 뒤 다시 물과 분리시키는 습식 처리장치로 미분기라고도 한다.

09 쓰레기 발생량에 영향을 주는 모든 인자를 시간에 대한 함수로 나타낸 후, 시간에 대한 함수로 표현된 각 영향인자들 간의 상관관계를 수식화하는 쓰레기 발생량 예측 모델은?

① 시간인지회귀모델 ② 다중회귀모델
③ 정적모사모델 ④ 동적모사모델

2018

해설 **폐기물 발생량 예측방법**

방법(모델)	내용
경향법 (Trend method) 경향예측모델	• 최저 5년 이상의 과거 처리 실적을 수식 model에 대하여 과거의 경향을 가지고 장래를 예측하는 방법 • 단지 시간과 그에 따른 쓰레기 발생량(또는 성상) 간의 상관관계만을 고려하며 이를 수식으로 표현하면 $x=f(t)$ • $x=f(t)$는 선형, 지수형, 대수형 등에서 가장 근사한 형태를 택함
다중회귀모델 (Multiple regression model)	• 하나의 수식으로 각 인자들의 효과를 총괄적으로 나타내어 복잡한 시스템의 분석에 유용하게 사용할 수 있는 쓰레기 발생량 예측방법 • 각 인자마다 효과를 파악하기보다는 전체 인자의 효과를 총괄적으로 파악하는 것이 간편하고 유용한 예측방법으로 시간을 단순히 하나의 독립된 종속인자로 대입 • 수식 $x=f(X_1X_2X_3\cdots X_n)$, 여기서 $X_1X_2X_3\cdots X_n$은 쓰레기 발생량에 영향을 주는 인자 ※ 인자 : 인구, 지역소득(GNP 또는 GRP), 자원회수량, 상품 소비량 또는 매출액(자원회수량, 사회적 · 경제적 특성이 고려됨)

정답 04 ② 05 ① 06 ③ 07 ④ 08 ① 09 ④

동적모사모델 (Dynamic simulation model)	• 쓰레기 발생량에 영향을 주는 모든 인자를 시간에 대한 함수로 나타낸 후 시간에 대한 함수로 표현된 각 영향인자들 간의 상관관계를 수식화하는 방법 • 시간만을 고려하는 경향법과 시간을 단순히 하나의 독립적인 종속인자로 고려하는 다중회귀모델의 문제점을 보안한 예측방법 • Dynamo 모델 등이 있음

10 **쓰레기의 물리적 성상분석에 관한 설명으로 틀린 것은?**

① 수분함량을 측정하기 위해서는 105~110℃에서 4시간 건조시킨다.
② 회분함량 측정을 위해 가열하는 온도는 600±25℃이어야 한다.
③ 종류별 성상분석은 일반적으로 손선별로 한다.
④ 쓰레기 밀도는 겉보기 밀도가 아닌 진밀도를 측정하여야 한다.

해설 쓰레기 밀도는 진밀도가 아닌 겉보기 밀도를 측정하여야 하며, 물리적 성분분석 절차상 최우선 분석항목은 겉보기 비중이다.

11 **수거노선 설정 시 유의사항으로 적절하지 않은 것은?**

① 고지대에서 저지대로 차량을 운행한다.
② 다량 발생되는 배출원은 하루 중 가장 나중에 수거한다.
③ 반복운행, U자 회전을 피한다.
④ 가능한 한 시계방향으로 수거노선을 정한다.

해설 **효과적 · 경제적인 수거노선 결정 시 유의(고려)사항 : 수거노선 설정요령**
① 지형이 언덕인 지역에서는 언덕의 위에서부터 내려가며 적재하면서 차량을 진행하도록 한다.(안전성, 연료비 절약)
② 수거인원 및 차량형식이 같은 기존 시스템의 조건들을 서로 관련시킨다.
③ 출발점은 차고와 가깝게 하고 수거된 마지막 컨테이너가 처분지의 가장 가까이에 위치하도록 배치한다.
④ 가능한 한 지형지물 및 도로경계와 같은 장벽을 사용하여 간선도로 부근에서 시작하고 끝나야 한다.(도로경계 등을 이용)
⑤ 가능한 한 시계방향으로 수거노선을 정한다.
⑥ 적은 양의 쓰레기가 발생하나 동일한 수거빈도를 받기 원하는 적재지점(수거지점)은 가능한 한 같은 날 왕복 내에서 수거한다.
⑦ 아주 많은 양의 쓰레기가 발생되는 발생원은 하루 중 가장 먼저 수거한다.
⑧ 될 수 있는 한 한 번 간 길은 다시 가지 않는다.
⑨ 반복운행 또는 U자형 회전은 피하여 수거한다.
⑩ 교통량이 많거나 출퇴근시간은 피하여 수거한다.
⑪ 수거지점과 수거빈도 결정 시 기존 정책이나 규정을 참고한다.

12 **다음 중 특정 물질의 연소계산에 있어 그 값이 가장 적은 값은?**

① 실제공기량 ② 이론연소가스양
③ 이론산소량 ④ 이론공기량

해설 실제공기량 > 이론공기량 > 이론산소량
이론산소량은 연료를 완전연소시키는 데 필요한 최소한의 산소량을 의미한다.

13 **인구가 6,000,000명이 사는 도시에서 1년에 3,000,000 ton의 폐기물이 발생된다. 이 폐기물을 4,500명의 인부가 수거할 때 MHT는?(단, 수거인부의 1일 작업시간 = 8시간, 1년 작업일수 = 300일)**

① 2.3 ② 3.6
③ 4.7 ④ 8.8

해설
$$\text{MHT} = \frac{\text{수거인부} \times \text{수거인부 총 수거시간}}{\text{총 수거량}}$$
$$= \frac{4{,}500\text{인} \times (8\text{hr/day} \times 300\text{day/year})}{3{,}000{,}000\text{ton/year}}$$
$$= 3.6\text{MHT}(\text{man} \cdot \text{hr/ton})$$

14 **중유 1kg을 완전연소시킬 때의 저위발열량(kcal/kg)은?(단, H_h = 12,000kcal/kg, 원소분석에 의한 수소 분석비 = 20%, 수분함량 = 20%)**

① 10,800 ② 11,988
③ 20,988 ④ 21,988

해설
$$H_l(\text{kcal/kg}) = H_h - 600(9\text{H} + \text{W})$$
$$= 12{,}000 - 600[(9 \times 0.2) + 0.2]$$
$$= 10{,}800\text{kcal/kg}$$

15 **제품의 원료채취, 제조, 유통, 소비, 폐기의 전 단계에서 발생하는 환경부하를 전 과정 평가(LCA)를 통해 정량적인 수치로 표시하는 우리나라의 환경 라벨링 제도는?**

① 환경마크제도(EM)
② 환경성적표지제도(EDP)

정답 10 ④ 11 ② 12 ③ 13 ② 14 ① 15 ②

③ 우수재활용마크제도(GR)
④ 에너지절약마크제도(ES)

해설 **환경성적표지제도(EDP)**
제품의 원료채취, 제조, 유통, 소비, 폐기의 전 단계에서 발생하는 환경부하를 전 과정 평가(LCA)를 통해 정량적인 수치로 표시하는 제도이다.

16 쓰레기를 압축시켜 용적감소율(VR)이 33%인 경우 압축비(CR)는?

① 1.29 ② 1.31 ③ 1.49 ④ 1.57

해설 $CR = \frac{100}{100 - VR} = \frac{100}{100 - 33} = 1.49$

17 적환장을 설치하였을 경우 나타나는 현상과 가장 거리가 먼 것은?

① 폐기물 처리시설과의 거리가 멀어질수록 경제적이다.
② 쓰레기 차량의 출입이 빈번해진다.
③ 소음 및 비산먼지, 악취 등이 발생한다.
④ 재활용품이 회수되지 않는다.

해설 적환장에서 선별, 파쇄를 통하여 재활용품이 회수된다.

18 파쇄 메커니즘과 가장 거리가 먼 것은?

① 압축작용 ② 전단작용
③ 회전작용 ④ 충격작용

해설 **파쇄기의 메커니즘(작용력)**
① 압축작용에 의한 파쇄
② 전단작용에 의한 파쇄
③ 충격작용에 의한 파쇄
④ 상기 3가지 조합에 의한 파쇄

19 폐기물 압축기를 형태에 따라 구별한 것이라 볼 수 없는 것은?

① 왕복식 압축기 ② 백(bag) 압축기
③ 수직식 압축기 ④ 회전식 압축기

해설 **쓰레기 압축기의 형태에 따른 구분**
① 고정식 압축기
② 백 압축기
③ 수직 또는 소용돌이식 압축기
④ 회전식 압축기

20 쓰레기의 발생량 예측 방법 중 최저 5년 이상의 과거 처리 실적을 바탕으로 예측하며 시간과 그에 따른 쓰레기 발생량 간의 상관관계만을 고려하는 방법은?

① 직접계근법 ② 경향법
③ 다중회귀모델 ④ 동적모사모델

해설 **경향법**
① 최저 5년 이상의 과거 처리 실적을 수식 model에 대하여 과거의 경향을 가지고 장래를 예측하는 방법
② 단지 시간과 그에 따른 쓰레기 발생량(또는 성상) 간의 상관관계만을 고려하며 이를 수식으로 표현하면 $x = f(t)$
③ $x = f(t)$는 선형, 지수형, 대수형 등에서 가장 근사한 형태를 택함

제2과목 폐기물처리기술

21 매립장의 사용연한을 더 연장하기 위하여 압축매립 시 사용하는 압축기로 적합한 것은?

① 고정식 압축기 ② 백 압축기
③ 회전식 압축기 ④ 베일러(baler)

해설 **포장기(Baler)**
① 포장기의 목적은 압축 가능한 폐기물의 양을 근본적으로 줄이는 데 있고 또한 관리에 용이한 크기나 무게로 포장하는 기계이다.
② 압축 후 삼베나 가죽 또는 철끈으로 묶는다.
③ 완전하게 건조되지 못한 폐기물은 취급하기 곤란하다.
④ 소각, 매립 또는 최종처분을 하는 데에서 취급상 완전한 포장을 유지하여야 하나 이때 사용하는 끈들은 소각 시에 잘 끊어지는 것을 선택해야 한다.

22 유기성 폐기물 자원화 기술 중 퇴비화의 장단점으로 가장 거리가 먼 것은?

① 운영 시 에너지 소모가 비교적 적다.
② 퇴비가 완성되어도 부피가 크게 감소(50% 이하)되지 않는다.
③ 생산된 퇴비는 비료가치가 높다.
④ 다양한 재료를 이용하므로 퇴비제품의 품질표준화가 어렵다.

2018

정답 16 ③ 17 ④ 18 ③ 19 ① 20 ② 21 ④ 22 ③

해설 ① 퇴비화의 장점
㉠ 유기성 폐기물을 재활용하여, 그 결과 폐기물의 감량화가 가능하다.
㉡ 생산품인 퇴비는 토양의 이화학성질을 개선시키는 토양개량제로 사용할 수 있다.(Humus는 토양개량제로 사용)
㉢ 운영 시 에너지가 적게 소요된다.
㉣ 초기의 시설투자비가 낮다.
㉤ 다른 폐기물처리에 비해 고도의 기술수준이 요구되지 않는다.

② 퇴비화의 단점
㉠ 생산된 퇴비는 비료가치로서 경제성이 낮다.(시장 확보가 어려움)
㉡ 다양한 재료를 이용하므로 퇴비제품의 품질표준화가 어렵다.
㉢ 부지가 많이 필요하고 부지선정에 어려움이 많다.
㉣ 퇴비가 완성되어도 부피가 크게 감소되지는 않는다.(완성된 퇴비의 감용률은 50% 이하로서 다른 처리방식에 비하여 낮음)
㉤ 악취 발생의 문제점이 있다.

23 토양 중에서 1분 동안 12m를 침출수가 이동(겉보기 속도)하였다면, 이때 토양공극 내의 침출수 속도(m/s)는?(단, 유효공극률 = 0.4)

① 0.08 ② 0.2 ③ 0.5 ④ 0.8

해설 침출수 속도(m/sec) $= \dfrac{12\text{m/min} \times \text{min/60sec}}{0.4} = 0.5\text{m/sec}$

24 퇴비화공정의 운전척도에 대한 설명으로 옳지 않은 것은?

① 수분함량이 너무 크면 퇴비화가 지연되므로 적정 수분함량은 30~40% 정도가 적절하다.
② 온도가 서서히 내려가 40~45℃에서는 퇴비화가 거의 완성된 상태로 간주한다.
③ 퇴비가 되면 진한 회색을 띠며 약간의 갈색을 나타낸다.
④ pH는 변동이 크지 않다.

해설 **퇴비화의 수분함량**
① 퇴비화에 적당한 원료의 수분함량은 50~60%이다.
② 60% 이상인 경우 악취 발생 및 퇴비화 효율 저하가 나타나므로 팽화제를 혼합한다.
③ 팽화제(Bulking Agent : 톱밥, 볏짚, 낙엽 등)를 혼합하여 수분량을 조절한다.
④ 40% 이하인 경우 분해율이 감소한다. 이때에는 생오니 등을 첨가하여 수분량을 조절한다.

25 매립지의 침출수 농도가 반으로 감소하는 데 4년이 걸린다면, 이 침출수 농도가 90% 분해되는 데 걸리는 시간(년)은?(단, 1차 반응기준)

① 약 11.3 ② 약 13.3
③ 약 15.3 ④ 약 17.3

해설 $\ln\left(\dfrac{C_t}{C_o}\right) = -kt$

$\ln 0.5 = -k \times 4\text{year},\ k = 0.173\text{year}^{-1}$

$\ln\left(\dfrac{10}{100}\right) = -0.173\text{year}^{-1} \times t$

t(소요시간) = 13.31year

26 분뇨 정화조(PVC 원형 정화조)의 처리순서가 가장 올바르게 연결된 것은?

① 부패조 – 여과조 – 산화조 – 소독조
② 산화조 – 부패조 – 여과조 – 소독조
③ 부패조 – 산화조 – 소독조 – 여과조
④ 산화조 – 여과조 – 부패조 – 소독조

해설 **분뇨 정화조(PVC 원형 정화조)의 처리순서**
부패조 → 여과조 → 산화조 → 소독조

27 분뇨의 활성슬러지법에 대한 설명으로 옳지 않은 것은?

① 2단계 활성슬러지 처리방식에는 2개의 폭기조가 필요하다.
② 1단계 활성슬러지 처리방식은 분뇨의 희석 없이, 예비 폭기 후 희석수를 가하여 활성슬러지 방법으로 처리하는 것이다.
③ 1단계 활성슬러지 처리방식에서 예비 폭기 기간은 8시간이다.
④ 희석포기처리방식의 특징은 희석포기하여 폭기조의 유출수를 침전시킨 후에 슬러지를 폭기조로 반송시키지 않는다는 것이다.

해설 1단계 활성슬러지 처리방식에서 예비폭기시간은 1시간(최소한 30~45분) 정도이다.

정답 23 ③ 24 ① 25 ② 26 ① 27 ③

28 **하루에 45ton을 처리하는 폐기물에너지 전환시설로부터 생성되는 열발생률(kcal/kWh)은?(단, 폐기물의 에너지 함량 = 2,800kcal/kg, 발전된 순수 전기에너지 = 800kW)**

① 약 4,563 ② 약 5,563
③ 약 6,563 ④ 약 7,563

해설 열발생률(kcal/kWh)

$$= \frac{45\text{ton/day} \times 2{,}800\text{kcal/kg} \times 1{,}000\text{kg/ton}}{800\text{kW} \times 24\text{hr/day}}$$

$= 6{,}562.5\text{kcal/kWh}$

29 **하수슬러지를 토양에 주입 시 부하율 결정인자로 가장 거리가 먼 것은?**

① 토양의 종류 ② 냄새 유발 여부
③ 중금속 ④ 생태보전지역 여부

해설 **하수슬러지 토양 주입 시 부하율 결정인자**
① 토양의 종류 ② 작물의 종류
③ 지형 ④ 기후
⑤ 냄새 유발 여부 ⑥ 적용방법

30 **매립지 내에서 일어나는 물리·화학적 및 생물학적 변화로 중요도가 가장 낮은 것은?**

① 유기물질의 호기성 또는 혐기성 반응에 의한 분해
② 가스의 이동 및 방출
③ 분해물질의 농도구배 및 삼투압에 의한 이동
④ 무기물질의 용출 및 분해

해설 **매립지 내에서 일어나는 물리·화학적 및 생물학적 변화**
① 유기물질의 호기성, 혐기성 분해
② 화학적 산화
③ 가스의 이동 및 방출
④ 침출수 발생 및 이동
⑤ 분해물질의 농도구배 및 삼투압에 의한 이동
⑥ 침출수에 의한 유기물질과 무기물질의 용출

31 **다음과 같은 조성의 쓰레기를 소각처분하고자 할 때 이론적으로 필요한 공기의 양(m^3)은 표준상태에서 쓰레기 1kg당 얼마인가?**

쓰레기 조성(질량%)	
• 탄소(C) = 9.5%	• 수소(H) = 2.8%
• 산소(O) = 10.5%	• 불연소성분 = 77.2%

① 약 1.25 ② 약 2.25
③ 약 3.25 ④ 약 4.25

해설

$$A_0(\text{Sm}^3/\text{kg}) = \frac{1}{0.21}(1.867\text{C} + 5.6\text{H} - 0.7\text{O})$$

$$= \frac{1}{0.21}[(1.867 \times 0.095) + (5.6 \times 0.028) - (0.7 \times 0.105)]$$

$$= 1.24\text{Sm}^3/\text{kg} \times 1\text{kg} = 1.24\text{Sm}^3$$

32 **발열량을 측정하는 방법으로 알맞지 않은 것은?**

① 원소 분석에 의한 방법
② 오르자트(orsat) 분석에 의한 방법
③ 추정식에 의한 방법
④ 물리조성 분석치에 의한 방법

해설 **발열량을 측정하는 방법**
① 원소 분석에 의한 방법
② 추정식에 의한 방법
③ 물리조성 분석치에 의한 방법

[Note] 오르자트 분석장치는 가스분석장치(건가스의 조성)의 일종이다.

2018

33 **폐기물의 고위발열량과 저위발열량의 차이가 360kcal/kg일 때, 이 폐기물의 함수율(%)은?(단, 수소연소에 의한 수분 발생은 무시한다.)**

① 36 ② 45
③ 60 ④ 90

해설 $H_h - H_l = 600 \times W$

$360\text{kcal/kg} = 600\text{kcal/kg} \times W$

$$\text{함수율}(\%) = \frac{360}{600} \times 100 = 60\%$$

34 **매립지를 선정하고자 할 때 고려되는 사항으로 가장 관련이 적은 것은?**

① 장래토지이용계획 ② 접근난이도
③ 주위경관 ④ 지하수위

해설 **매립지 선정 시 고려사항**
① 계획 매립용량 확보
② 경제성, 거리(수집, 운반, 도로, 교통량) 및 접근난이도
③ 침출수의 공공수역의 오염관계(수원지와 위치조사 등 주변 환경조건)

정답 28 ③ 29 ④ 30 ④ 31 ① 32 ② 33 ③ 34 ③

④ 자연재해 발생장소(지진, 단층지대, 화재 등) 및 지하수위
⑤ 장래이용성(지지력, 사후매립지 이용계획)
⑥ 복토문제 및 상태보존문제
⑦ 기상요소(풍향, 기상변화, 강우량)

35 **토양 및 지하수 오염 복원기술 중 포화토양층 내에 존재하는 휘발성 유기오염물질을 원위치에서 처리하는 기술은?**

① Pump and Treat 기술
② Air Sparging 기술
③ Bioventing 기술
④ 토양세척법(Soil Washing)

해설 **공기살포기법(Air Sparging)**
① 포화대수층 내에 공기를 강제 주입하여 오염물질을 휘발시켜 추출시킴으로써 처리하는 공법이다.
② 적용 가능한 경우
㉠ 오염물질의 용해도가 낮은 경우
㉡ 포화대수층인 경우(자유면 대수층 조건의 경우)
㉢ 대수층의 투수도가 10^{-3}cm/sec 이상일 때
㉣ 토양의 종류가 사질토, 균질토일 때
㉤ 오염물질의 호기성 생분해능이 높은 경우일 때

36 **알칼리도를 감소시키기 위해 희석수를 사용하여 슬러지를 개량시키는 방법은?**

① 동결융해(Freeze−Thaw)
② 세정(Elutriation)
③ 농축(Thickening)
④ 용매추출(olvent Extraction)

해설 **슬러지 세척(세정법)**
① 세정(수세)은 주로 혐기성 소화된 슬러지를 대상으로 실시하며 슬러지의 알칼리도를 낮춤
② 소화슬러지를 물과 혼합시킨 후 슬러지를 재침전시키는 방법
③ 알칼리성 슬러지를 세척함으로써 슬러지 탈수에 이용되는 응집제의 양을 감소시킬 수 있음
④ 소화슬러지 내의 가스방울이 없어지므로 부력을 제거하여 농축이 잘되게 함

37 **슬러지의 탈수 가능성을 표현하는 용어로 가장 적합한 것은?**

① 균등계수(Uniformity coefficient)
② 투수계수(Coefficient of permeability)
③ 유효입경(Effective diameter)
④ 비저항계수(Specific resistance coefficient)

해설 슬러지의 탈수특성을 파악하는 데 이용되는 용어는 여과비저항(비저항계수)이다.

[Note] 여과비저항이 클수록 탈수성은 좋지 않다.

38 **함수율이 98%인 슬러지를 함수율 80%의 슬러지로 탈수시켰을 때 탈수 후/전의 슬러지 체적비(탈수 후/전)는? (단, 비중 = 1.0 기준)**

① 1/9 ② 1/10
③ 1/15 ④ 1/20

해설
$$\text{체적비} = \frac{\text{처리 후 탈수슬러지량}}{\text{초기 탈수슬러지량}} = \frac{(1-\text{초기 탈수함수율})}{(1-\text{처리 후 탈수함수율})}$$
$$= \frac{(1-0.98)}{(1-0.8)} = 0.1(1/10)$$

39 **화격자식(stoker) 소각로에 대한 설명으로 옳지 않은 것은?**

① 연속적인 소각과 배출이 가능하다.
② 체류시간이 짧고 교반력이 강하여 국부가열 발생이 적다.
③ 고온 중에서 기계적으로 구동하기 때문에 금속부의 마모손실이 심하다.
④ 플라스틱 등과 같이 열에 쉽게 용해되는 물질은 화격자가 막힐 염려가 있다.

해설 **화격자 연소기(Grate or Stoker)**
① 장점
㉠ 연속적인 소각과 배출이 가능하다.
㉡ 용량부하가 크며 전자동운전이 가능하다.
㉢ 폐기물 전처리(파쇄)가 불필요하다.
㉣ 배기가스에 의한 폐기물 건조가 가능하다.
㉤ 악취 발생이 적고 유동층식에 비해 내구연한이 길다.
② 단점
㉠ 수분이 많거나 용융소각물(플라스틱 등)의 소각에는 화격자 막힘의 염려가 있어 부적합하다.
㉡ 국부가열 발생 가능성이 있고 체류시간이 길며 교반력이 약하다.
㉢ 고온으로 인한 화격자 및 금속부 과열 가능성이 있다.
㉣ 투입호퍼 및 공기출구의 폐쇄 가능성이 있다.
㉤ 연소용 공기예열이 필요하다.

정답 35 ② 36 ② 37 ④ 38 ② 39 ②

40 분뇨의 혐기성 분해 시 가장 많이 발생하는 가스는?

① NH_3 ② CO_2
③ H_2S ④ CH_4

해설 혐기성 분해 시 CH_4가 55~65% 정도로 가장 많이 발생한다.

제3과목 폐기물공정시험기준(방법)

41 공정시험법의 내용에 속하지 않는 것은?

① 함량시험법 ② 총칙
③ 일반시험법 ④ 기기분석법

해설 함량시험법은 공정시험기준의 내용에 속하지 않는다.

42 이온전극법에서 사용하는 이온전극의 종류가 아닌 것은?

① 유리막 전극 ② 고체막 전극
③ 격막형 전극 ④ 액막형 전극

해설 이온전극은 분석대상 이온에 대한 고도의 선택성이 있고 이온농도에 비례하여 전위를 발생할 수 있는 전극으로 유리막 전극, 고체막 전극, 격막형 전극 등이 있다.

43 자외선/가시선 분광법에 의한 구리 분석방법에 관한 설명으로 옳은 것은?

> 구리이온은 (㉠)에서 다이에틸다이티오카르바민산 나트륨과 반응하여 (㉡)의 킬레이트 화합물을 생성한다.

① ㉠ 산성, ㉡ 황갈색
② ㉠ 산성, ㉡ 적자색
③ ㉠ 알칼리성, ㉡ 황갈색
④ ㉠ 알칼리성, ㉡ 적자색

해설 **구리 – 자외선/가시선 분광법**
시료 중에 구리이온이 알칼리성에서 다이에틸다이티오카르바민산나트륨과 반응하여 생성하는 황갈색의 킬레이트 화합물을 아세트산부틸로 추출하여 흡광도를 440nm에서 측정하는 방법이다.

44 기체크로마토그래프용 검출기 중 전자포획형 검출기(ECD)로 검출할 수 있는 물질이 아닌 것은?

① 유기할로겐화합물 ② 니트로화합물
③ 유황화합물 ④ 유기금속화합물

해설 **전자포획 검출기(ECD ; Electron Capture Detector)**
전자포획 검출기는 방사선 동위원소(^{53}Ni, ^{3}H)로부터 방출되는 β선이 운반가스를 전리하여 미소전류를 흘려보낼 때 시료 중의 할로겐이나 산소와 같이 전자포획력이 강한 화합물에 의하여 전자가 포획되어 전류가 감소하는 것을 이용하는 방법으로 유기할로겐 화합물, 니트로화합물 및 유기금속화합물을 선택적으로 검출할 수 있다.

45 채취 대상 폐기물 양과 최소 시료수에 대한 내용으로 틀린 것은?

① 대상 폐기물양이 300톤이면, 최소 시료수는 30이다.
② 대상 폐기물양이 1,000톤이면, 최소 시료수는 40이다.
③ 대상 폐기물양이 2,500톤이면, 최소 시료수는 50이다.
④ 대상 폐기물양이 5,000톤이면, 최소 시료수는 60이다.

해설 **대상 폐기물의 양과 시료의 최소 수**

대상 폐기물의 양(단위 : ton)	시료의 최소 수
~ 1 미만	6
1 이상~5 미만	10
5 이상~30 미만	14
30 이상~100 미만	20
100 이상~500 미만	30
500 이상~1,000 미만	36
1,000 이상~5,000 미만	50
5,000 이상 ~	60

2018

46 원자흡광광도법에서 내화성 산화물을 만들기 쉬운 원소 분석 시 사용하는 가연성 가스와 조연성 가스로 적합한 것은?

① 수소 – 공기 ② 아세틸렌 – 공기
③ 프로판 – 공기 ④ 아세틸렌 – 아산화질소

해설 **금속류 – 원자흡수분광광도법**
불꽃(조연성 가스와 가연성 가스의 조합)
① 수소 – 공기와 아세틸렌 – 공기 : 거의 대부분의 원소분석에 유효하게 사용
② 수소 – 공기 : 원자외영역에서의 불꽃 자체에 의한 흡수가 적기 때문에 이 파장영역에서 분석선을 갖는 원소의 분석

정답 40 ④ 41 ① 42 ④ 43 ③ 44 ③ 45 ② 46 ④

③ 아세틸렌 – 아산화질소(일산화이질소) : 불꽃의 온도가 높기 때문에 불꽃 중에서 해리하기 어려운 내화성 산화물을 만들기 쉬운 원소의 분석
④ 프로판 – 공기 : 불꽃온도가 낮고 일부 원소에 대하여 높은 감도를 나타냄

47 **구리를 정량하기 위해 사용하는 시약과 그 목적이 잘못 연결된 것은?**

① 구연산이암모늄용액 – 발색 보조제
② 초산부틸 – 구리의 추출
③ 암모니아수 – pH 조절
④ 디에틸디티오카르바민산나트륨 – 구리의 발색

해설 구연산이암모늄용액은 pH 조절 보조제(알칼리성으로 만듦)이다.

48 **유리전극법에 의한 pH 측정 시 정밀도에 관한 설명으로 ( )에 알맞은 것은?**

> pH미터는 임의의 한 종류의 pH 표준용액에 대하여 검출부를 정제수로 잘 씻은 다음 5회 되풀이하여 pH를 측정하였을 때 그 재현성이 ( ) 이내이어야 한다.

① ±0.01　　② ±0.05
③ ±0.1　　④ ±0.5

해설 **정밀도**
임의의 한 종류의 pH 표준용액에 대하여 검출부를 정제수로 잘 씻은 다음 5회 되풀이하여 pH를 측정했을 때 그 재현성이 ±0.05 이내이어야 한다.

49 **순수한 물 500mL에 HCl(비중 1.2) 99mL를 혼합하였을 때 용액의 염산농도(중량 %)는?**

① 약 16.1%　　② 약 19.2%
③ 약 23.8%　　④ 약 26.9%

해설
$$\text{염산농도}(\%) = \frac{99\text{mL} \times 1.2\text{g/mL}}{(500\text{mL} \times 1\text{g/mL}) + (99\text{mL} \times 1.2\text{g/mL})} \times 100 = 19.20\%$$

50 **pH 값 크기순으로 pH 표준액을 바르게 나열한 것은? (단, 20℃ 기준)**

① 수산염표준액 < 프탈산염표준액 < 붕산염표준액 < 수산화칼슘표준액
② 프탈산염표준액 < 인산염표준액 < 탄산염표준액 < 수산염표준액
③ 탄산염표준액 < 붕산염표준액 < 수산화칼슘표준액 < 수산염표준액
④ 인산염표준액 < 수산염표준액 < 붕산염표준액 < 탄산염표준액

해설 **표준액의 pH 값**
수산염 > 프탈산염 > 인산염 > 붕산염 > 탄산염 > 수산화칼슘

51 **폐기물시료 축소단계에서 원추꼭지를 수직으로 눌러 평평하게 한 후 부채꼴로 4등분하여 일정 부분을 취하고 적당한 크기까지 줄이는 방법은?**

① 원추구획법　　② 교호삽법
③ 원추사분법　　④ 사면축소법

해설 **원추사분법(축소비율이 일정하기 때문에 가장 많이 사용)**
① 분쇄한 대시료를 단단하고 깨끗한 평면 위에 원추형으로 쌓아 올린다.
② 앞의 원추를 장소를 바꾸어 다시 쌓는다.
③ 원추의 꼭지를 수직으로 눌러서 평평하게 만들고 이것을 부채꼴로 사등분한다.
④ 마주보는 두 부분을 취하고 반은 버린다.
⑤ 반으로 줄어든 시료를 앞의 조작을 반복하여 적당한 크기까지 줄인다.

52 **온도의 영향이 없는 고체상태 시료의 시험조작은 어느 상태에서 실시하는가?**

① 상온　　② 실온
③ 표준온도　　④ 측정온도

해설 시험조작은 따로 규정이 없는 한 상온에서 조작한다.

53 **시안을 자외선/가시선 분광법으로 측정할 때 클로라민-T와 피리딘 · 피라졸론 혼합액을 넣어 나타내는 색으로 옳은 것은?**

① 적색　　② 황갈색
③ 적자색　　④ 청색

정답 47 ① 48 ② 49 ② 50 ① 51 ③ 52 ① 53 ④

해설 **시안 – 자외선/가시선 분광법**
시료를 pH 2 이하의 산성으로 조절한 후에 에틸렌다이아민테트라아세트산나트륨을 넣고 가열 증류하여 시안화합물을 시안화수소로 유출시켜 수산화나트륨용액을 포집한 다음 중화하고 클로라민–T와 피리딘 · 피라졸론 혼합액을 넣어 나타나는 청색을 620nm에서 측정하는 방법이다.

54 **우리나라의 용출시험 기준항목 내용으로 틀린 것은?**

① 6가크롬 및 그 화합물 : 0.5mg/L
② 카드뮴 및 그 화합물 : 0.3mg/L
③ 수은 및 그 화합물 : 0.005mg/L
④ 비소 및 그 화합물 : 1.5mg/L

해설 **용출시험기준**

No	유해물질	기준(mg/L)
1	시안화합물	1
2	크롬	–
3	6가크롬	1.5
4	구리	3
5	카드뮴	0.3
6	납	3
7	비소	1.5
8	수은	0.005
9	유기인화합물	1
10	폴리클로리네이티드 비페닐(PCBs)	액체 상태의 것 : 2 액체 상태 이외의 것 : 0.003
11	테트라클로로에틸렌	0.1
12	트리클로로에틸렌	0.3
13	할로겐화유기물질	5%
14	기름 성분	5%

55 **유기인 및 PCBs의 실험에 사용되는 증발농축장치의 종류는?**

① 추출형 냉각기형 ② 환류형 냉각기형
③ 구데르나다니쉬형 ④ 리비히 냉각기형

해설 **유기인 및 PCBs의 실험에 사용되는 증발농축장치**
구데르나다니쉬형 농축장치

56 **액체시약의 농도에 있어서 황산(1 + 10)이라고 되어 있을 경우 옳은 것은?**

① 물 1mL와 황산 10mL를 혼합하여 조제한 것
② 물 1mL와 황산 9mL를 혼합하여 조제한 것
③ 황산 1mL와 물 9mL를 혼합하여 조제한 것
④ 황산 1mL와 물 10mL를 혼합하여 조제한 것

해설 **황산(1 + 10)**
황산 1mL와 물 10mL를 혼합하여 조제한다.

57 **투사광의 강도 I_t가 입사광 강도 I_o의 10%라면 흡광도 (A)는?**

① 0.5 ② 1.0
③ 2.0 ④ 5.0

해설 흡광도$(A) = \log\frac{1}{\text{투과도}} = \log\left(\frac{1}{0.1}\right) = 1.0$

58 **용출시험의 결과 산출 시 시료 중의 수분함량 보정에 관한 설명으로 ( )에 알맞은 것은?**

> 함수율 85% 이상인 시료에 한하여 ( )을 곱하여 계산된 값으로 한다.

① 15×{100 – 시료의 함수율(%)}
② 15 – {100 – 시료의 함수율(%)}
③ 15/{100 – 시료의 함수율(%)}
④ 15 + {100 – 시료의 함수율(%)}

해설 **용출시험 결과 보정**
① 용출시험의 결과는 시료 중의 수분함량 보정을 위해 함수율 85% 이상인 시료에 한하여 보정한다.(시료의 수분함량이 85% 이상이면 용출시험 결과를 보정하는 이유는 매립을 위한 최대함수율 기준이 정해져 있기 때문)
② 보정값 $= \frac{15}{100 - \text{시료의 함수율}(\%)}$

59 **GC법에서 인화합물 및 황화합물에 대하여 선택적으로 검출하는 고감도 검출기는?**

① 열전도도 검출기(TCD)
② 불꽃이온화 검출기(FID)
③ 불꽃광도형 검출기(FPD)
④ 불꽃열이온화 검출기(FTD)

정답 54 ① 55 ③ 56 ④ 57 ② 58 ③ 59 ③

2018

해설 **불꽃광도형 검출기(FPD ; Flame Photometric Detector)**
불꽃광도 검출기는 수소염에 의하여 시료성분을 연소시키고 이때 발생하는 염광의 광도를 분광학적으로 측정하는 방법으로서 인 또는 유황화합물을 선택적으로 검출할 수 있다. 운반가스와 조연가스의 혼합부, 수소공급구, 연소노즐, 광학필터, 광전자 증배관 및 전원 등으로 구성되어 있다.

60 폐기물공정시험방법에서 정의하고 있는 용어의 설명으로 맞는 것은?

① 고상폐기물이라 함은 고형물의 함량이 5% 미만인 것을 말한다.
② 상온은 15~20℃이고, 실온은 4~25℃이다.
③ 감압 또는 진공이라 함은 따로 규정이 없는 한 15mmH_2O 이하를 말한다.
④ 항량으로 될 때까지 강열한다 함은 같은 조건에서 1시간 더 강열할 때 전후 무게의 차가 g당 0.3mg 이하일 때를 말한다.

해설 ① 고상폐기물이라 함은 고형물의 함량이 15% 이상인 것을 말한다.
② 상온은 15~25℃이고, 실온은 1~35℃이다.
③ 감압 또는 진공이라 함은 따로 규정이 없는 한 15mmHg 이하를 말한다.

제4과목 폐기물관계법규

61 폐기물처리시설의 최종처리시설 중 차단형 매립시설의 경우 사후관리이행보증금 산출 시 합산되는 소요 비용에 포함되는 것은?

① 지하수의 오염검사에 소요되는 비용
② 매립시설에서 배출되는 가스의 처리에 소요되는 비용
③ 침출수 처리시설의 가동과 유지 · 관리에 소요되는 비용
④ 매립시설 제방 등의 유실방지에 소요되는 비용

해설 **사후관리이행보증금의 산출기준**
사후관리이행보증금은 사후관리기간에 드는 다음 항목의 비용을 합산하여 산출한다. 다만, 차단형 매립시설의 경우에는 다음 ①의 비용은 제외한다.
① 침출수 처리시설의 가동과 유지 · 관리에 소요되는 비용
② 매립시설 제방, 매립가스 처리시설, 지하수 검사정 등의 유지 · 관리에 소요되는 비용
③ 매립시설 주변의 환경오염조사에 소요되는 비용
④ 정기검사에 소요되는 비용

62 폐기물 처분 또는 재활용시설 관리기준 중 공통기준에 관한 내용으로 ( )에 옳은 것은?

> 자동 계측장비에 사용한 기록지는 ( ) 보전하여야 한다. 다만 대기환경보전법에 따라 측정기기를 붙이고 같은 법 시행령에 따른 굴뚝자동측정 관제센터와 연결하여 정상적으로 운영하면서 온도 데이터를 저장매체에 기록, 보관하는 경우는 그러하지 아니하다.

① 1년 이상　② 2년 이상
③ 3년 이상　④ 5년 이상

해설 **폐기물 처분 또는 재활용시설 관리기준**
자동 계측장비에 사용한 기록지는 3년 이상 보전하여야 한다.

63 의료폐기물 중 일반의료폐기물이 아닌 것은?

① 일회용 주사기
② 수액세트
③ 혈액 · 체액 · 분비물 · 배설물이 함유되어 있는 탈지면
④ 파손된 유리재질의 시험기구

해설 **의료폐기물의 종류**
① 격리의료폐기물
「전염병 예방법」에 따른 전염병으로부터 타인을 보호하기 위하여 격리된 사람에 대한 의료행위에서 발생한 일체의 폐기물
② 위해의료폐기물
㉠ 조직물류폐기물 : 인체 또는 동물의 조직 · 장기 · 기관 · 신체의 일부, 동물의 사체, 혈액 · 고름 및 혈액생성물질(혈청, 혈장, 혈액 제제)
㉡ 병리계 폐기물 : 시험 · 검사 등에 사용된 배양액, 배양용기, 보관균주, 폐시험관, 슬라이드, 커버글라스, 폐배지, 폐장갑
㉢ 손상성 폐기물 : 주사바늘, 봉합바늘, 수술용 칼날, 한방침, 치과용 침, 파손된 유리재질의 시험기구
㉣ 생물 · 화학폐기물 : 폐백신, 폐항암제, 폐화학치료제
㉤ 혈액오염폐기물 : 폐혈액백, 혈액투석 시 사용된 폐기물, 그 밖에 혈액이 유출될 정도로 포함되어 있는 특별한 관리가 필요한 폐기물
③ 일반의료폐기물
혈액, 체액, 분비물, 배설물이 함유되어 있는 탈지면, 붕대, 거즈, 일회용 기저귀, 생리대, 일회용 주사기, 수액세트

정답 60 ④　61 ①　62 ③　63 ④

64 관리형 매립시설에서 발생되는 침출수의 배출량이 1일 2,000세제곱미터 이상인 경우 오염물질 측정주기 기준은?

> • 화학적 산소요구량 : (㉠) 이상
> • 화학적 산소요구량 외의 오염물질 : (㉡) 이상

① ㉠ 매일 2회, ㉡ 주 1회
② ㉠ 매일 1회, ㉡ 주 1회
③ ㉠ 주 2회, ㉡ 월 1회
④ ㉠ 주 1회, ㉡ 월 1회

해설 **관리형 매립시설 오염물질 측정주기**
① 침출수 배출량이 1일 2천 세제곱미터 이상인 경우
㉠ 화학적 산소요구량 : 매일 1회 이상
㉡ 화학적 산소요구량 외의 오염물질 : 주 1회 이상
② 침출수 배출량이 1일 2천 세제곱미터 미만인 경우 : 월 1회 이상

65 폐기물처리업의 변경허가 사항으로 틀린 것은?(단, 폐기물 중간처분업, 폐기물 최종처분업 및 폐기물 종합처분업인 경우)

① 처분대상 폐기물의 변경
② 주차장 소재지의 변경
③ 운반차량(임시차량은 제외한다)의 증차
④ 폐기물 처분시설의 신설

해설 **폐기물처리업의 변경허가를 받아야 할 중요사항**
폐기물 중간처분업, 폐기물 최종처분업 및 폐기물 종합처분업
① 처분대상 폐기물의 변경
② 폐기물 처분시설 소재지의 변경
③ 운반차량(임시차량은 제외한다)의 증차
④ 폐기물 처분시설의 신설
⑤ 처분용량의 100분의 30 이상의 변경(허가 또는 변경허가를 받은 후 변경되는 누계를 말한다)
⑥ 주요 설비의 변경. 다만, 다음의 경우만 해당한다.
㉠ 폐기물 처분시설의 구조 변경으로 인하여 별표 9 제1호 나목 2) 가)의 (1)·(2), 나)의 (1)·(2), 다)의 (2)·(3), 라)의 (1)·(2)의 기준이 변경되는 경우
㉡ 차수시설·침출수 처리시설이 변경되는 경우
㉢ 별표 9 제2호 나목 2) 바)에 따른 가스처리시설 또는 가스활용시설이 설치되거나 변경되는 경우
㉣ 배출시설의 변경허가 또는 변경신고의 대상이 되는 경우
⑦ 매립시설 제방의 증·개축
⑧ 허용보관량의 변경

66 폐기물처리시설의 폐쇄명령을 이행하지 아니한 자에 대한 벌칙기준은?

① 1년 이하의 징역 또는 1천만 원 이하의 벌금
② 2년 이하의 징역 또는 2천만 원 이하의 벌금
③ 3년 이하의 징역 또는 3천만 원 이하의 벌금
④ 5년 이하의 징역 또는 5천만 원 이하의 벌금

해설 폐기물관리법 제64조 참조

67 폐기물처리시설의 유지·관리에 관한 기술관리를 대행할 수 있는 자는?

① 지정폐기물 최종처리업자
② 환경보전협회
③ 한국환경산업기술원
④ 한국환경공단

해설 **폐기물처리시설의 유지·관리에 관한 기술관리대행자**
① 한국환경공단
② 엔지니어링 사업자
③ 기술사사무소
④ 그 밖에 환경부장관이 기술관리를 대행할 능력이 있다고 인정하여 고시하는 자

68 폐기물의 에너지 회수기준으로 ( )에 맞는 것은?

> 다른 물질과 혼합하지 아니하고 해당 폐기물의 저위발열량이 킬로그램당 ( ) 킬로칼로리 이상일 것

① 3천　② 4천5백
③ 5천5백　④ 7천

해설 **에너지 회수기준**
① 다른 물질과 혼합하지 아니하고 해당 폐기물의 저위발열량이 킬로그램당 3천 킬로칼로리 이상일 것
② 에너지의 회수효율(회수에너지 총량을 투입에너지 총량으로 나눈 비율을 말한다.)이 75퍼센트 이상일 것
③ 회수열을 모두 열원으로 스스로 이용하거나 다른 사람에게 공급할 것
④ 환경부장관이 정하여 고시하는 경우에는 폐기물의 30퍼센트 이상을 원료나 재료로 재활용하고 그 나머지 중에서 에너지의 회수에 이용할 것

정답 64 ② 65 ② 66 ④ 67 ④ 68 ①

69 폐기물재활용신고에 관한 내용으로 옳지 않은 것은?

① 재활용 신고를 한 자가 환경부령으로 정하는 사항을 변경하려면 시 · 도지사에게 신고하여야 한다.
② 재활용 신고를 한 자는 신고한 재활용 용도 및 방법에 따라 재활용하는 등 환경부령으로 정하는 준수사항을 지켜야 한다.
③ 시 · 도지사는 법에서 정한 폐기물의 수집 · 운반 · 보관 · 처리의 기준과 방법을 지키지 아니한 경우 재활용시설의 폐쇄를 명령하거나 6개월 이내의 기간을 정하여 재활용사업의 전부 또는 일부의 정지나 재활용 신고대상 폐기물의 재활용 금지를 명령할 수 있다.
④ 관련규정을 위반하여 재활용시설의 폐쇄처분을 받은 자는 그 처분을 받은 날부터 6개월간 다시 재활용신고를 할 수 없다.

해설 관련규정을 위반하여 재활용시설의 폐쇄처분을 받은 자는 그 처분을 받은 날부터 1년간 다시 재활용신고를 할 수 없다.

70 폐기물처리업의 허가를 받을 수 없는 자에 대한 기준으로 틀린 것은?

① 폐기물처리업의 허가가 취소된 자로서 그 허가가 취소된 날부터 2년이 지나지 아니한 자
② 파산선고를 받고 복권되지 아니한 자
③ 폐기물관리법을 위반하여 징역 이상의 형의 집행 유예를 선고받고 그 집행유예 기간이 지나지 아니한 자
④ 폐기물관리법 외의 법을 위반하여 징역 이상의 형을 선고받고 그 형의 집행이 끝난 지 2년이 지나지 아니한 자

해설 **폐기물처리업의 허가를 받을 수 없는 자**
① 미성년자, 피성년후견인 또는 피한정후견인
② 파산선고를 받고 복권되지 아니한 자
③ 이 법을 위반하여 금고 이상의 실형을 선고받고 그 형의 집행이 끝나거나 집행을 받지 아니하기로 확정된 후 10년이 지나지 아니한 자
③의2. 이 법을 위반하여 금고 이상의 형의 집행유예를 선고받고 그 집행유예 기간이 끝난 날부터 5년이 지나지 아니한 자
④ 이 법을 위반하여 대통령령으로 정하는 벌금형 이상을 선고받고 그 형이 확정된 날부터 5년이 지나지 아니한 자
⑤ 폐기물처리업의 허가가 취소되거나 전용용기 제조업의 등록이 취소된 자로서 그 허가 또는 등록이 취소된 날부터 10년이 지나지 아니한 자
⑤의2. 허가취소자등과의 관계에서 자신의 영향력을 이용하여 허가취소자등에게 업무집행을 지시하거나 허가취소자등의 명의로 직접 업무를 집행하는 등의 사유로 허가취소자등에게 영향을 미쳐 이익을 얻는 자 등으로서 환경부령으로 정하는 자
⑥ 임원 또는 사용인 중에 제1호부터 제5호까지 및 제5호의2의 어느 하나에 해당하는 자가 있는 법인 또는 개인사업자

[Note] 법규 변경사항이오니 해설 내용으로 학습하시기 바랍니다.

71 폐기물처리시설은 환경부령으로 정하는 기준에 맞게 설치하되 환경부령으로 정하는 규모 미만의 폐기물 소각시설을 설치, 운영하여서는 아니 된다. "환경부령으로 정하는 규모 미만의 폐기물 소각시설" 기준으로 옳은 것은?

① 시간당 폐기물 소각능력이 15킬로그램 미만인 폐기물 소각시설
② 시간당 폐기물 소각능력이 25킬로그램 미만인 폐기물 소각시설
③ 시간당 폐기물 소각능력이 50킬로그램 미만인 폐기물 소각시설
④ 시간당 폐기물 소각능력이 100킬로그램 미만인 폐기물 소각시설

해설 환경부령으로 정하는 규모 미만의 폐기물 소각시설의 기준은 시간당 폐기물 소각능력이 25킬로그램 미만인 폐기물 소각시설을 말한다.

72 폐기물관리법에서 사용하는 용어의 정의 중 틀린 것은?

① 생활폐기물이란 사업장 폐기물 외의 폐기물을 말한다.
② 처리란 폐기물의 중화, 파쇄, 고형화 등에 의한 중간처리와 소각, 매립(해역배출 제외) 등에 의한 최종처리를 말한다.
③ 폐기물처리시설이란 폐기물의 중간처리시설과 최종처리시설로서 대통령령이 정하는 시설을 말한다.
④ 사업장폐기물이란 대기환경보전법, 물환경보전법 또는 소음, 진동규제법의 규정에 의하여 배출시설을 설치, 운영하는 사업장 기타 대통령령이 정하는 사업장에서 발생되는 폐기물을 말한다.

해설 **처리**
폐기물의 수집, 운반, 보관, 재활용, 처분을 말한다.

정답 69 ④ 70 ④ 71 ② 72 ②

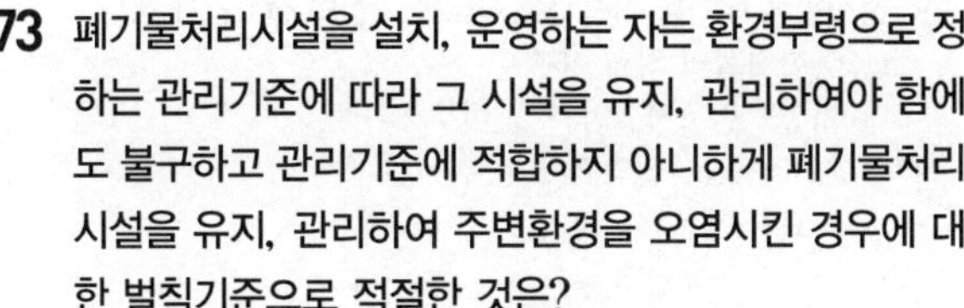

73 **폐기물처리시설을 설치, 운영하는 자는 환경부령으로 정하는 관리기준에 따라 그 시설을 유지, 관리하여야 함에도 불구하고 관리기준에 적합하지 아니하게 폐기물처리시설을 유지, 관리하여 주변환경을 오염시킨 경우에 대한 벌칙기준으로 적절한 것은?**

① 3년 이하의 징역 또는 3천만 원 이하의 벌금
② 2년 이하의 징역 또는 2천만 원 이하의 벌금
③ 1년 이하의 징역 또는 1천만 원 이하의 벌금
④ 500만 원 이하의 벌금

해설 폐기물관리법 제66조 참조

74 **주변지역에 대한 영향 조사를 하여야 하는 '대통령령으로 정하는 폐기물처리시설' 기준으로 옳지 않은 것은?(단, 폐기물처리업자가 설치, 운영)**

① 시멘트 소성로(폐기물을 연료로 사용하는 경우로 한정한다)
② 매립면적 3만 제곱미터 이상의 사업장 일반폐기물 매립시설
③ 매립면적 1만 제곱미터 이상의 사업장 지정폐기물 매립시설
④ 1일 처분능력이 50톤 이상인 사업장폐기물 소각시설(같은 사업장에 여러 개의 소각시설이 있는 경우에는 각 소각시설의 1일 처분능력의 합계가 50톤 이상인 경우를 말한다)

해설 **주변지역 영향 조사대상 폐기물처리시설 기준**
① 1일 처리능력이 50톤 이상인 사업장폐기물 소각시설(같은 사업장에 여러 개의 소각시설이 있는 경우에는 각 소각시설의 1일 처리능력의 합계가 50톤 이상인 경우를 말한다)
② 매립면적 1만 제곱미터 이상의 사업장 지정폐기물 매립시설
③ 매립면적 15만 제곱미터 이상의 사업장 일반폐기물 매립시설
④ 시멘트 소성로(폐기물을 연료로 사용하는 경우로 한정한다)
⑤ 1일 재활용능력이 50톤 이상인 사업장폐기물 소각열회수시설(같은 사업장에 여러 개의 소각열회수시설이 있는 경우에는 각 소각열회수시설의 1일 재활용능력의 합계가 50톤 이상인 경우를 말한다)

75 **폐기물관리의 기본원칙으로 틀린 것은?**

① 폐기물은 소각, 매립 등의 처분을 하기보다는 우선적으로 재활용함으로써 자원생산성의 향상에 이바지하도록 하여야 한다.
② 국내에서 발생한 폐기물은 가능하면 국내에서 처리되어야 하고, 폐기물은 수입할 수 없다.
③ 누구든지 폐기물을 배출하는 경우에는 주변환경이나 주민의 건강에 위해를 끼치지 아니하도록 사전에 적절한 조치를 하여야 한다.
④ 사업자는 제품의 생산방식 등을 개선하여 폐기물의 발생을 최대한 억제하고, 발생한 폐기물을 스스로 재활용함으로써 폐기물의 배출을 최소화하여야 한다.

해설 **폐기물관리의 기본원칙**
① 사업자는 제품의 생산방식 등을 개선하여 폐기물의 발생을 최대한 억제하고, 발생한 폐기물을 스스로 재활용함으로써 폐기물의 배출을 최소화하여야 한다.
② 누구든지 폐기물을 배출하는 경우에는 주변 환경이나 주민의 건강에 위해를 끼치지 아니하도록 사전에 적절한 조치를 하여야 한다.
③ 폐기물은 그 처리과정에서 양과 유해성을 줄이도록 하는 등 환경보전과 국민건강보호에 적합하게 처리되어야 한다.
④ 폐기물로 인하여 환경오염을 일으킨 자는 오염된 환경을 복원할 책임을 지며, 오염으로 인한 피해의 구제에 드는 비용을 부담하여야 한다.
⑤ 국내에서 발생한 폐기물은 가능하면 국내에서 처리되어야 하고, 폐기물의 수입은 되도록 억제되어야 한다.
⑥ 폐기물은 소각, 매립 등의 처분을 하기보다는 우선적으로 재활용함으로써 자원생산성의 향상에 이바지하도록 하여야 한다.

2018

76 **시·도지사가 폐기물처리 신고자에게 처리금지명령을 하여야 하는 경우, 그 처리금지를 갈음하여 부과할 수 있는 최대 과징금은?**

① 1천만 원 ② 2천만 원
③ 3천만 원 ④ 5천만 원

해설 시·도지사는 폐기물처리 신고자가 처리금지를 명령하여야 하는 경우 그 처리금지가 다음 각 호의 어느 하나에 해당한다고 인정되면 대통령령으로 정하는 바에 따라 그 처리금지를 갈음하여 2천만 원 이하의 과징금을 부과할 수 있다.

77 **특별자치도지사, 시장·군수·구청장이나 공원·도로 등 시설의 관리자가 폐기물의 수집을 위하여 마련한 장소나 설비 외의 장소에 사업장폐기물을 버리거나 매립한 자에게 부과되는 벌칙기준으로 옳은 것은?**

① 5년 이하의 징역 또는 5천만 원 이하의 벌금
② 7년 이하의 징역 또는 7천만 원 이하의 벌금

정답 73 ② 74 ② 75 ② 76 ② 77 ②

③ 5년 이하의 징역 또는 7천만 원 이하의 벌금
④ 7년 이하의 징역 또는 9천만 원 이하의 벌금

해설 폐기물관리법 제63조 참조

78 **기술관리인을 두어야 할 폐기물처리시설이 아닌 것은?**

① 시간당 처분능력이 300킬로그램 이상을 처리하는 소각시설
② 멸균분쇄시설로서 시간당 처분능력이 100킬로그램 이상인 시설
③ 지정폐기물을 매립하는 시설로서 면적이 3,300제곱미터 이상인 시설
④ 시료화, 퇴비화 또는 연료화시설로서 1일 재활용능력이 5톤 이상인 시설

해설 **기술관리인을 두어야 하는 폐기물처리시설**
① 매립시설의 경우
㉠ 지정폐기물을 매립하는 시설로서 면적이 3천300제곱미터 이상인 시설. 다만, 차단형 매립시설에서는 면적이 330제곱미터 이상이거나 매립용적이 1천 세제곱미터 이상인 시설로 한다.
㉡ 지정폐기물 외의 폐기물을 매립하는 시설로서 면적이 1만 제곱미터 이상이거나 매립용적이 3만 세제곱미터 이상인 시설
② 소각시설로서 시간당 처리능력이 600킬로그램(감염성 폐기물을 대상으로 하는 소각시설의 경우에는 200킬로그램) 이상인 시설
③ 압축 · 파쇄 · 분쇄 또는 절단시설로서 1일 처리능력 또는 재활용시설이 100톤 이상인 시설
④ 사료화 · 퇴비화 또는 연료화 시설로서 1일 재활용능력이 5톤 이상인 시설
⑤ 멸균 · 분쇄시설로서 시간당 처리능력이 100킬로그램 이상인 시설
⑥ 시멘트 소성로
⑦ 용해로(폐기물에 비철금속을 추출하는 경우로 한정한다)로서 시간당 재활용능력이 600킬로그램 이상인 시설
⑧ 소각열회수시설로서 시간당 재활용능력이 600킬로그램 이상인 시설

79 **음식물류 폐기물처리시설인 사료화 시설의 설치검사 항목으로 옳지 않은 것은?**

① 혼합시설의 적절 여부
② 가열 · 건조시설의 적절 여부
③ 발효시설의 적절 여부
④ 사료화 제품의 적절성

해설 **음식물류 폐기물 처리시설(사료화시설)의 설치검사 항목**
① 혼합시설의 적절 여부
② 가열 · 건조시설의 적절 여부
③ 사료 저장시설의 적절 여부
④ 사료화 제품의 적절성

80 **폐기물처리시설 중 중간처분시설인 기계적 처분시설과 그 동력기준으로 옳지 않은 것은?**

① 용융시설(동력 7.5kW 이상인 시설로 한정한다)
② 압축시설(동력 7.5kW 이상인 시설로 한정한다)
③ 절단시설(동력 7.5kW 이상인 시설로 한정한다)
④ 응집 · 침전시설(동력 15kW 이상인 시설로 한정한다)

해설 **중간처분시설(기계적 처분시설)의 종류**
① 압축시설(동력 7.5kW 이상인 시설로 한정한다)
② 파쇄 · 분쇄시설(동력 15kW 이상인 시설로 한정한다)
③ 절단시설(동력 7.5kW 이상인 시설로 한정한다)
④ 용융시설(동력 7.5kW 이상인 시설로 한정한다)
⑤ 증발 · 농축시설
⑥ 정제시설(분리 · 증류 · 추출 · 여과 등의 시설을 이용하여 폐기물을 처분하는 단위시설을 포함한다)
⑦ 유수 분리시설
⑧ 탈수 · 건조시설
⑨ 멸균분쇄시설

정답 78 ① 79 ③ 80 ④

2018년 4회 기출문제

제1과목 폐기물개론

01 도시쓰레기의 조성이 탄소 48%, 수소 6.4%, 산소 37.6%, 질소 2.6%, 황 0.4% 그리고 회분 5%일 때 고위발열량(kcal/kg)은?(단, Dulong 식을 적용할 것)

① 약 7,500 ② 약 6,500
③ 약 5,500 ④ 약 4,500

해설

$$H_h = 8,100C + 34,000\left(H - \frac{O}{8}\right) + 2,200S$$
$$= (8,100 \times 0.48) + \left[34,000\left(0.064 - \frac{0.376}{8}\right)\right] + (2,500 \times 0.004)$$
$$= 4,476\text{kcal/kg}$$

02 다음 중 산성이 가장 강한 수용액상 폐액은?

① pOH=11인 수용액상 폐액
② pOH=1인 수용액상 폐액
③ pH=2인 수용액상 폐액
④ pH=4인 수용액상 폐액

해설 pH가 작을수록 강산이므로 pH=2인 수용액상 폐액이 가장 산성이 강하다.(pH+pOH=14)

03 쓰레기 발생량 예측모델 중 쓰레기 발생량에 영향을 주는 모든 인자를 시간에 대한 함수로 하여 각 영향 인자들 간의 상관관계를 수식화하는 방법은?

① 시간경향모델 ② 다중회귀모델
③ 동적모사모델 ④ 시간수지모델

해설 **동적모사모델**
① 쓰레기 발생량에 영향을 주는 모든 인자를 시간에 대한 함수로 나타낸 후 시간에 대한 함수로 표현된 각 영향인자들 간의 상관관계를 수식화하는 방법이다.
② 시간만 고려하는 경향법과 시간을 단순히 하나의 독립적인 종속인자로 고려하는 다중회귀모델의 문제점을 보완한 예측방법이다.

04 쓰레기 3성분을 조사하기 위한 실험 결과가 다음과 같을 때 가연분의 함량(%)은?(단, 원시료 무게=5.40kg, 건조 후 무게=3.67kg, 강열 후 무게=1.07kg)

① 약 20 ② 약 32
③ 약 48 ④ 약 68

해설 원시료 무게=5.4kg
수분 무게=5.4−3.67=1.73kg
가연분 무게=3.67−1.07=2.6kg
가연분 함량 $= \frac{\text{가연분}}{\text{폐기물}} \times 100 = \frac{2.6}{5.4} \times 100 = 48.15\%$

05 사용한 자원 및 에너지, 환경으로 배출되는 환경오염물질을 규명하고 정량화함으로써 한 제품이나 공정에 관련된 환경 부담을 평가하고 그 에너지와 자원, 환경부하 영향을 평가하여, 환경을 개선시킬 수 있는 기회를 규명하는 과정으로 정의되는 것은?

① ESSA ② LCA
③ EPA ④ TRA

해설 전과정평가(LCA ; Life Cycle Assessment)에 관한 내용이다.

06 탄소 12kg을 연소시킬 때 필요한 산소량(kg)과 발생하는 이산화탄소량(kg)은?

① 8, 20 ② 16, 28
③ 32, 44 ④ 48, 60

해설 $C + O_2 \longrightarrow CO_2$
12kg : 32kg : 44kg

07 다음 조건에서 폐기물의 발생 가능시점과 재활용 가능시점을 순서대로 나열한 것은?

- 주관적인 가치가 0인 지점 : A
- 객관적인 가치가 0인 지점 : B
- 주관적 가치 ≥ 객관적 가치인 교점 : C
- 객관적 가치 ≥ 주관적 가치인 교점 : D

정답 01 ④ 02 ③ 03 ③ 04 ③ 05 ② 06 ③ 07 ②

2018

① A지점 이후, D지점 이후
② A지점 이후, C지점 이후
③ B지점 이후, D지점 이후
④ B지점 이후, C지점 이후

해설 ① 폐기물의 발생 가능 시점 : 주관적 가치가 0인 지점
② 재활용 가능 시점 : 주관적 가치≥객관적 가치인 교점

08 분쇄된 폐기물을 가벼운 것(유기물)과 무거운 것(무기물)으로 분리하기 위하여 탄도학을 이용하는 선별법은?

① 중액선별
② 스크린 선별
③ 부상선별
④ 관성선별법

해설 **관성선별법**
분쇄된 폐기물을 중력이나 탄도학을 이용하여 가벼운 것(유기물)과 무거운 것(무기물)으로 분리한다.

09 $5m^3$의 용적을 갖는 쓰레기를 압축하였더니 $3m^3$으로 감소되었다. 이때 압축비(CR)는?

① 0.43 ② 0.60
③ 1.67 ④ 2.50

해설 압축비(CR) $= \frac{V_i}{V_f} = \frac{5}{3} = 1.67$

10 폐기물 발생량에 영향을 미치는 인자들에 대한 설명으로 맞는 것은?

① 대도시보다는 문화수준이 열악한 중소도시의 주민이 쓰레기를 더 많이 발생시킨다.
② 쓰레기 발생량은 주방쓰레기양에 영향을 많이 받으므로, 엥겔지수가 높은 서민층의 쓰레기가 부유층보다 많다.
③ 쓰레기를 자주 수거해가면 쓰레기발생량이 증가한다.
④ 쓰레기통이 클수록 유효용적이 증가하여 발생량이 감소한다.

해설 **쓰레기 발생량에 영향을 주는 요인**

영향요인	내용
도시규모	도시의 규모가 커질수록 쓰레기 발생량 증가
생활수준	생활수준이 높아지면 발생량이 증가하고 다양화됨(증가율 10% 내외)
계절	겨울철에 발생량 증가
수집빈도	수집빈도가 높을수록 발생량 증가
쓰레기통 크기	쓰레기통이 클수록 유효용적이 증가하여 발생량 증가
재활용품 회수 및 재이용률	재활용품의 회수 및 재이용률이 높을수록 쓰레기 발생량 감소
법규	쓰레기 관련 법규는 쓰레기 발생량에 중요한 영향을 미침
장소	상업지역, 주택지역, 공업지역 등, 장소에 따라 발생량과 성상이 달라짐
사회구조	도시의 평균연령층, 교육수준에 따라 발생량은 달라짐

11 폐기물 조성별 재활용 기술로 적절치 못한 것은?

① 부패성 쓰레기 – 퇴비화 ② 가연성 폐기물 – 열회수
③ 난연성 쓰레기 – 열분해 ④ 연탄재 – 물질회수

해설 연탄재는 주성분이 회분이므로 물질회수가 불가능하다.

12 다음 고–액 분리장치가 아닌 것은?

① 관성분리기 ② 원심분리기
③ filter press ④ belt press

해설 관성분리기는 기체–고체 분리장치이며 원심분리기, filter press, belt press는 고체–액체 분리장치에 해당한다.

13 적환장에 대한 설명 중 틀린 것은?

① 적환장은 폐기물 처분지가 멀리 위치할수록 필요성이 더 높다.
② 고밀도 거주지역이 존재할수록 적환장의필요성이 더 높다.
③ 공기를 이용한 관로수송시스템 방식을 이용할수록 적환장의 필요성이 더 높다.
④ 작은 용량의 수집차량을 사용할수록 적환장의 필요성이 더 높다.

정답 08 ④ 09 ③ 10 ③ 11 ④ 12 ① 13 ②

해설 적환장 설치가 필요한 경우
① 작은 용량의 수집차량을 사용할 때($15m^3$ 이하)
② 저밀도 거주지역이 존재할 때
③ 불법투기와 다량의 어질러진 쓰레기들이 발생할 때
④ 슬러지 수송이나 공기수송방식을 사용할 때
⑤ 처분지가 수집장소로부터 멀리 떨어져 있을 때
⑥ 상업지역에서 폐기물 수집에 소형 용기를 많이 사용하는 경우
⑦ 쓰레기 수송 비용절감이 필요한 경우
⑧ 압축식 수거 시스템인 경우

14 **파쇄기에 관한 설명으로 옳지 않은 것은?**

① 압축파쇄기로 금속, 고무, 연질플라스틱류의 파쇄는 어렵다.
② 충격파쇄기는 대개 왕복식을 사용하며 유리나 목질류 등을 파쇄하는 데 이용된다.
③ 전단파쇄기는 충격파쇄기에 비해 파쇄속도가 느리고 이물질의 혼입에 대하여 약하다.
④ 압축파쇄기는 파쇄기의 마모가 적고 비용이 적게 소요되는 장점이 있다.

해설 충격파쇄기는 주로 회전식을 사용하며, 유리나 목질류 등을 파쇄하는 데 이용된다.

15 **산업폐기물의 종류와 처리방법을 서로 연결한 것 중 가장 부적절한 것은?**

① 유해성 슬러지 – 고형화법
② 폐알칼리 – 중화법
③ 폐유류 – 이온교환법
④ 폐용제류 – 증류회수법

해설 폐유류 처리는 유수분리, 정제처리, 소각방법으로 한다.

16 **인구 1,200만인 도시에서 연간 배출된 총 쓰레기양이 970만 톤이었다면 1인당 하루 배출량(kg/인 · 일)은? (단, 1년은 365일임)**

① 약 2.0 ② 약 2.2 ③ 약 2.4 ④ 약 2.6

해설 쓰레기 배출량(kg/인 · 일)

$$= \frac{\text{발생쓰레기량}}{\text{대상 인구수}}$$

$$= \frac{9,700,000\text{ton/year} \times 1,000\text{kg/ton} \times \text{year}/365\text{day}}{12,000,000\text{인}}$$

$$= 2.21\text{kg/인} \cdot \text{일}$$

17 **발열량을 측정하는 방법 중에서 원소분석과 관련이 없는 것은?**

① Dulong의 식 ② Bomb의 식
③ Kunle의 식 ④ Gumz의 식

해설 Bomb의 식은 단열열량계로 고체, 액체 물질의 발열량을 측정한다.

18 **폐기물의 자원화 및 재생이용을 위한 선별방법으로 체의 눈 크기, 폐기물의 부하특성, 기울기, 회전속도 등의 공정인자에 의해 영향받는 방법은?**

① 부상선별 ② 풍력선별
③ 스크린 선별 ④ 관성선별

해설 **스크린 선별(Screening)**
폐기물의 자원화 및 재생이용을 위한 선별방법으로 체의 눈 크기, 폐기물의 부하특성, 기울기, 회전속도 등의 공정인자에 의해 영향을 받는다.
① 스크린의 종류
㉠ 회전 스크린(Rotating screen)
ⓐ 도시폐기물 선별에 주로 이용
ⓑ 대표적 스크린은 트롬멜 스크린(Trommel screen)
㉡ 진동 스크린(Vibrating screen)
골재 선별에 주로 이용
② 스크린 위치에 따른 분류
㉠ Post screening
ⓐ 파쇄 → 스크린 선별
ⓑ 선별효율에 중점
㉡ Pre screening
ⓐ 스크린 선별 → 파쇄
ⓑ 파쇄설비 보호에 중점

2018

19 **인구 1,000,000명이고 1인 1일 쓰레기 배출량은 1.4 kg/인 · 일이라 한다. 쓰레기의 밀도가 $650kg/m^3$라고 하면 적재량 $12m^3$인 트럭(1대 기준)으로 1일 동안 배출된 쓰레기 전량을 운반하기 위한 횟수(회/일)는?**

① 150 ② 160
③ 170 ④ 180

해설

$$\text{하루 운반횟수(회/일)} = \frac{\text{총배출량}}{\text{1회 수거량}}$$

$$= \frac{1.4\text{kg/인} \cdot \text{일} \times 1,000,000\text{인}}{12\text{m}^3/\text{대} \times \text{대/회} \times 650\text{kg/m}^3}$$

$$= 179.49(180\text{회/일})$$

정답 14 ② 15 ③ 16 ② 17 ② 18 ③ 19 ④

20 쓰레기의 겉보기 비중을 구하는 방법에 대한 설명 중 옳지 않은 것은?

① 30cm 높이에서 3회 낙하시킨다.
② 용적을 알고 있는 용기에 시료를 넣는다.
③ 낙하시켜 감소된 양을 측정한다.
④ 단위는 kg/m^3 또는 ton/m^3으로 한다.

해설 **겉보기 비중 측정방법**
미리 부피를 알고 있는 용기에 시료를 넣고 30cm 높이의 위치에서 3회 낙하시키고 눈금이 감소하면 감소된 분량만큼 시료를 추가하며, 이 작업을 눈금이 감소하지 않을 때까지 반복한다.

제2과목 폐기물처리기술

21 혐기성 소화와 호기성 소화를 비교한 내용으로 가장 거리가 먼 것은?

① 호기성 소화 시 상층액의 BOD 농도가 낮다.
② 호기성 소화 시 슬러지 발생량이 많다.
③ 혐기성 소화 슬러지 탈수성이 불량하다.
④ 혐기성 소화 운전이 어렵고 반응시간도 길다.

해설 ① 혐기성 소화의 장점
㉠ 호기성 처리에 비해 슬러지 발생량(소화 슬러지)이 적다.
㉡ 동력시설의 소모가 적어 운전비용(동력비)이 저렴하다.(산소공급 불필요)
㉢ 생성슬러지의 탈수 및 건조가 쉽다.(탈수성 양호)
㉣ 메탄가스 회수가 가능하다.(회수된 가스를 연료로 사용 가능함)
㉤ 병원균이나 기생충란의 사멸이 가능하다.(부패성, 유기물을 안정화시킴)
㉥ 고농도 폐수처리가 가능하다.(국내 대부분의 하수처리장에서 적용 중)
㉦ 소화 슬러지의 탈수성이 좋다.
㉧ 암모니아, 인산 등 영양염류의 제거율이 낮다.

② 혐기성 소화의 단점
㉠ 호기성 소화공법보다 운전이 용이하지 않다.(운전이 어려우므로 유지관리에 숙련이 필요함)
㉡ 소화가스는 냄새(NH_3, H_2S)가 문제 된다.(악취 발생 문제)
㉢ 부식성이 높은 편이다.
㉣ 높은 온도가 요구되며 미생물 성장속도가 느리다.
㉤ 상등수의 농도가 높고 반응이 더디어 소화기간이 비교적 오래 걸린다.
㉥ 처리효율이 낮고 시설비가 많이 든다.

22 매립 시 표면차수막(연직차수막과 비교)에 관한 설명으로 가장 거리가 먼 것은?

① 지하수 집배수시설이 필요하다.
② 경제성에 있어서 차수막 단위면적당 공사비는 고가이나 총공사비는 싸다.
③ 보수 가능성 면에 있어서는 매립 전에는용이하나 매립 후에는 어렵다.
④ 차수성 확인에 있어서는 시공 시에는 확인되지만 매립 후에는 곤란하다.

해설 **표면차수막**
① 적용조건
㉠ 매립지반의 투수계수가 큰 경우에 사용
㉡ 매립지의 필요한 범위에 차수재료로 덮인 바닥이 있는 경우에 사용
② 시공
매립지 전체를 차수재료로 덮는 방식으로 시공
③ 지하수 집배수시설
원칙적으로 지하수 집배수시설을 시공하므로 필요함
④ 차수성 확인
시공 시에는 차수성이 확인되지만 매립 후에는 곤란함
⑤ 경제성
단위면적당 공사비는 저가이나 전체적으로 비용이 많이 듦
⑥ 보수
매립 전에는 보수, 보강 시공이 가능하나 매립 후에는 어려움
⑦ 공법 종류
㉠ 지하연속벽
㉡ 합성고무계 시트
㉢ 합성수지계 시트
㉣ 아스팔트계 시트

23 불포화토양층 내에 산소를 공급함으로써 미생물의 분해를 통해 유기물질의 분해를 도모하는 토양정화방법은?

① 생물학적분해법(Biodegradation)
② 생물주입배출법(Bioventing)
③ 토양경작법(Landfarming)
④ 토양세정법(Soil Flushing)

해설 **생물주입배출법(Bioventing)**
불포화토양층 내에 산소를 공급함으로써 미생물의 분해를 통해 유기물질을 분해처리하는 기술이다.

정답 20 ③ 21 ③ 22 ② 23 ②

24 1일 쓰레기 발생량이 29.8ton인 도시 쓰레기를 깊이 2.5m의 도랑식(trench)으로 매립하고자 한다. 쓰레기 밀도 500kg/m^3, 도랑 점유율 60%, 부피 감소율 40%일 경우 5년간 필요한 부지면적(m^2)은?

① 43,500 ② 56,400
③ 67,300 ④ 78,700

해설 연간매립면적(m^2)

$$= \frac{\text{쓰레기 발생량} \times (1 - \text{부피감소율})}{\text{밀도} \times \text{깊이} \times \text{점유율}}$$

$$= \frac{29.8\text{ton/day} \times 365\text{day/year} \times 5\text{year}}{0.5\text{ton/m}^3 \times 2.5\text{m} \times 0.6} \times (1 - 0.4)$$

$$= 43{,}508\text{m}^2$$

25 밀도가 300kg/m^{3}인 폐기물 중 비가연분이 무게비로 50%일 때 폐기물 10m^3 중 가연분의 양(kg)은?

① 1,500 ② 2,100
③ 3,000 ④ 3,500

해설 가연분 양(kg) = 부피 × 밀도 × 가연성 함유비율
$= 10\text{m}^3 \times 300\text{kg/m}^3 \times (1 - 0.5) = 1{,}500\text{kg}$

26 유동층 소각로의 층 물질의 특성에 대한 설명으로 잘못된 것은?

① 활성일 것 ② 내마모성이 있을 것
③ 비중이 작을 것 ④ 입도분포가 균일할 것

해설 **유동층 매체의 구비조건**
① 불활성이어야 한다.
② 열에 대한 충격이 강하고 융점이 높아야 한다.
③ 내마모성이 있어야 한다.
④ 비중이 작아야 한다.
⑤ 공급이 안정되어야 한다.
⑥ 가격이 저렴하고 손쉽게 구입할 수 있어야 한다.
⑦ 입도분포가 균일하여야 한다.

27 슬러지를 개량(conditioning)하는 주된 목적은?

① 농축 성질을 향상시킨다.
② 탈수 성질을 향상시킨다.
③ 소화 성질을 향상시킨다.
④ 구성성분 성질을 개선, 향상시킨다.

해설 **슬러지 개량목적**
① 슬러지의 탈수성 향상(주된 목적)
② 슬러지의 안정화
③ 탈수 시 약품소모량 및 소요동력 줄임

28 오염된 농경지의 정화를 위해 다른 장소로부터 비오염 토양을 운반하여 넣는 정화기술은?

① 객토 ② 반전 ③ 희석 ④ 배토

해설 객토는 오염된 농경지의 정화를 위해 다른 장소로부터 비오염 토양을 운반하여 넣는 정화기술의 하나이다.

29 혐기성 분해 시 메탄균의 최적 pH는?

① 5.2~5.4 ② 6.2~6.4
③ 7.2~7.4 ④ 8.2~8.4

해설 혐기성 분해 시 메탄균의 최적 pH는 7.2~7.4 정도이다.

30 분뇨 100kL/day를 중온 소화하였다. 1일 동안 얻어지는 열량(kcal/day)은?(단, CH_4 발열량은 6,000kcal/m^{3}으로 하며 발생 가스는 전량 메탄으로 가정하고 발생가스양은 분뇨투입량의 8배로 한다.)

① 2.8×10^6 ② 3.4×10^7
③ 4.8×10^6 ④ 5.2×10^7

해설 열량(kcal/day) $= 100\text{kL/day} \times 6{,}000\text{kcal/m}^3$
$\times 1{,}000\text{L/kL} \times \text{m}^3/1{,}000\text{L} \times 8$
$= 4.8 \times 10^6\text{kcal/day}$

2018

31 슬러지 등 유기물의 토지 주입에 대한 설명으로 틀린 것은?

① 슬러지를 토지 주입 시 중금속의 흡수량 감소를 위해 토양의 pH는 6.5 또는 그 이상이어야 한다.
② 용수슬러지에는 다량의 lime이 포함되어 있어 pH가 높고 토양의 산도를 중화시키는 데 유용하다.
③ 각종 중금속의 허용범위 내에서 주입시켜야 할 슬러지 양은 하수슬러지가 용수슬러지보다 적다.
④ 토양의 산도를 중화시키기 위한 lime의 소요량은 토양 pH가 5.5 이하일 때가 5.5 이상일 때보다 많다.

해설 각종 중금속의 허용범위 내에서 주입시켜야 할 슬러지 양은 하수슬러지가 용수슬러지보다 많다.

정답 24 ① 25 ① 26 ① 27 ② 28 ① 29 ③ 30 ③ 31 ③

32 도시폐기물 유기성분 중 가장 생분해가 느린 성분은?

① 단백질　② 지방
③ 셀룰로오스　④ 리그닌

해설 **매립지 내 분해속도**
탄수화물 > 지방 > 단백질 > 섬유질 > 리그닌

33 도시 쓰레기를 퇴비화할 경우 적정 수분 함량에 가장 가까운 것은?

① 15%　② 35%　③ 55%　④ 75%

해설 퇴비화의 최적온도는 55~60℃이다.(퇴비단의 온도는 초기 며칠간은 50~55℃를 유지하여야 하며 활발한 분해를 위해서는 55~60℃가 적당) 또한 유기물이 가장 빠른 속도로 분해하는 온도 범위는 60~80℃이다.

34 1일 20톤 폐기물을 소각처리하기 위한 노의 용적(m^3)은? (단, 저위발열량 = 700kcal/kg, 노 내 열부하 = 20,000 kcal/m^3 · hr, 1일 가동시간 = 14시간)

① 25　② 30　③ 45　④ 50

해설 소각로 용적(m^3)

$$= \frac{\text{소각량} \times \text{저위발열량}}{\text{노 내 열부하}}$$

$$= \frac{20\text{ton/day} \times \text{day/14hr} \times 1{,}000\text{kg/ton} \times 700\text{kcal/kg}}{20{,}000\text{kcal/m}^3 \cdot \text{hr}} = 50\text{m}^3$$

35 탄소 85%, 수소 13%, 황 2%를 함유하는 중유 10kg 연소에 필요한 이론산소량(Sm^3)은?

① 약 9.8　② 약 16.7
③ 약 23.3　④ 약 32.4

해설 이론산소량(Sm^3) = 1.867C + 5.6H + 0.7S
= (1.867 × 0.85) + (5.6 × 0.13) + (0.7 × 0.02)
= 2.33Sm^3/kg × 10kg
= 23.3Sm^3

36 여타 매립구조에 비해 운전비가 높은 단점이 있으나 안정화가 가장 빠른 매립구조는?

① 혐기성 매립　② 호기성 매립
③ 준호기성 매립　④ 개량형 혐기성 매립

해설 **호기성 매립**
① 준호기성 매립에서의 침출수 집수관 이외에 별도의 공기주입 시설을 설치하여 강제적으로 공기를 불어넣어 매립지 내부를 호기성 상태로 유지하는 공법이다.
② 호기성 미생물에 의한 분해반응으로 유기물의 안정화 속도가 빠르고 메탄의 발생이 없으며 고농도의 침출수 발생을 방지할 수 있다.(안정화 속도가 3배 빠름)
③ 유지관리비가 높고 매립가용량이 적은 단점이 있다.

37 유해폐기물 고화처리 시 흔히 사용하는 지표인 혼합률(MR)은 고화제 첨가량과 폐기물 양의 중량비로 정의된다. 고화처리 전 폐기물의 밀도가 1.0g/cm^3, 고화처리된 폐기물의 밀도가 1.3g/cm^3이라면 혼합률(MR)이 0.755일 때 고화처리된 폐기물의 부피 변화율(VCF)은?

① 1.95　② 1.56
③ 1.35　④ 1.15

해설 $$VCF = (1 + MR) \times \frac{\rho_r}{\rho_s} = (1 + 0.755) \times \frac{1.0}{1.3} = 1.35$$

38 분뇨를 소화 처리함에 있어 소화 대상 분뇨량이 100m^3/day이고, 분뇨 내 유기물 농도가 10,000mg/L라면 가스발생량(m^3/day)은?(단, 유기물 소화에 따른 가스발생량은 500L/kg - 유기물, 유기물전량 소화, 분뇨비중 = 1.0)

① 500　② 1,000　③ 1,500　④ 2,000

해설 가스발생량(m^3/day)
= 단위유기물당 가스발생량 × 유기물의 양
= 500L/kg · 유기물 × 100m^3/day × 10,000mg/L × kg/10^6mg
= 500m^3/day

39 인구 200,000명인 도시에 매립지를 조성하고자 한다. 1인 1일 쓰레기 발생량은 1.3kg이고 쓰레기 밀도는 0.5ton/m^3이며 이 쓰레기를 압축하면 그 용적이 2/3로 줄어든다. 압축한 쓰레기를 매립할 경우, 연간 필요한 매립면적(m^2)은?(단, 매립지 깊이 = 2m, 기타 조건은 고려하지 않음)

① 약 42,500　② 약 51,800
③ 약 63,300　④ 약 76,200

정답 32 ④　33 ③　34 ④　35 ③　36 ②　37 ③　38 ①　39 ③

해설 매립면적(m^2/year)

$$= \frac{\text{매립폐기물의 양}}{\text{폐기물 밀도} \times \text{매립깊이}}$$

$$= \frac{1.3\text{kg/인} \cdot \text{일} \times 200{,}000\text{인} \times 365\text{일/year}}{500\text{kg/m}^3 \times 2\text{m}} \times 2/3$$

$$= 63{,}266.67\text{m}^2\text{/year}$$

40 위생매립(복토 + 침출수 처리)의 장단점으로 틀린 것은?

① 처분 대상 폐기물의 증가에 따른 추가인원 및 장비가 크다.
② 인구밀집지역에서는 경제적 수송거리 내에서 부지 확보가 어렵다.
③ 추가적인 처리과정이 요구되는 소각이나 퇴비화와는 달리 위생매립은 최종처분방법이다.
④ 거의 모든 종류의 폐기물 처분이 가능하다.

해설 **위생매립**
① 장점
㉠ 부지 확보가 가능할 경우 가장 경제적인 방법이다.(소각, 퇴비화의 비교)
㉡ 거의 모든 종류의 폐기물처분이 가능하다.
㉢ 처분대상 폐기물의 증가에 따른 추가인원 및 장비가 크지 않다.
㉣ 매립 후에 일정기간이 지난 후 토지로 이용될 수 있다.(주차시설, 운동장, 골프장, 공원)
㉤ 추가적인 처리과정이 요구되는 소각이나 퇴비화와는 달리 위생매립은 완전한 최종적인 처리법이다.
㉥ 분해가스(LFG) 회수이용이 가능하다.
㉦ 다른 방법에 비해 초기투자 비용이 낮다.
② 단점
㉠ 경제적 수송거리 내에서 매립지 확보가 곤란하다.(인구밀집지역, 거주자 등의 문제점)
㉡ 매립이 종료된 매립지역에서의 건축을 위해서는 지반침하에 대비한 특수설계와 시공이 요구된다.(유지관리도 요구됨)
㉢ 유독성 폐기물처리에 부적합하다.(방사능, 폐유폐기물, 병원폐기물 등)
㉣ 폐기물 분해 시 발생하는 폭발성 가스인 메탄과 가스가 나쁜 영향을 미칠 수 있다.
㉤ 적절한 위생매립기준이 매일 지켜지지 않으면 불법투기와 차이가 없다.

제3과목 폐기물공정시험기준(방법)

41 5톤 이상의 차량에 적재되어 있을 때에는 적재폐기물을 평면상에 몇 등분한 후 각 등분마다 시료를 채취해야 하는가?

① 3　　② 6
③ 9　　④ 12

해설 **폐기물이 적재되어 있는 운반차량에서 시료를 채취할 경우 적재폐기물의 성상이 균일하다고 판단되는 깊이에서 시료 채취**
① 5ton 미만의 차량에 적재되어 있는 경우
적재폐기물을 평면상에서 6등분한 후 각 등분마다 시료 채취
② 5ton 이상의 차량에 적재되어 있는 경우
적재폐기물을 평면 상에서 9등분한 후 각 등분마다 시료 채취

42 시료용액의 조제를 위한 용출조작 중 진탕회수와 진폭으로 옳은 것은?(단, 상온, 상압 기준)

① 분당 약 200회, 진폭 4~5cm
② 분당 약 200회, 진폭 5~6cm
③ 분당 약 300회, 진폭 4~5cm
④ 분당 약 300회, 진폭 5~6cm

해설 **용출시험방법(용출조작)**
① 진탕 : 혼합액을 상온 · 상압에서 진탕 횟수가 매분당 약 200회, 진폭이 4~5cm인 진탕기를 사용하여 6시간 연속 진탕
⇩
② 여과 : 1.0μm의 유리섬유여과지로 여과
⇩
③ 여과액을 적당량 취하여 용출실험용 시료용액으로 함

43 염산(1 + 2) 용액 1,000mL의 염산농도(%W/V)는?(단, 염산 비중 = 1.18)

① 약 11.8　　② 약 33.33
③ 약 39.33　　④ 약 66.67

해설

$$\text{염산농도(\%W/V)} = \frac{1{,}000\text{mL} \times \frac{1}{3}\text{mL} \times 1.18\text{g/mL}}{100\text{mL}} \times 100$$

$$= 39.33\%$$

정답 40 ① 41 ③ 42 ① 43 ③

44 유도결합플라스마-원자발광분광기(ICP)에 대한 설명으로 틀린 것은?

① ICP는 분석장치에서 에어로졸 상태로 분무된 시료는 가장 안쪽의 관을 통하여 도너츠 모양의 플라스마의 중심부에 도달한다.
② 플라스마의 온도는 최고 15,000K의 고온에 도달한다.
③ ICP는 아르곤 가스를 플라스마 가스로 사용하여 수정발전식 고주파발생기로부터 발생된 주파수 27.13MHz 영역에서 유도코일에 의하여 플라스마를 발생시킨다.
④ 플라스마는 그 자체가 광원으로 이용되기 때문에 매우 좁은 농도범위의 시료를 측정하는 데 주로 활용된다.

해설 플라스마는 그 자체가 광원으로 이용되기 때문에 매우 넓은 농도범위에서 시료를 측정할 수 있다.

45 폐기물 중 기름 성분을 중량법으로 측정할 때 정량한계는?

① 0.1% 이하　② 0.2% 이하
③ 0.3% 이하　④ 0.5% 이하

해설 기름 성분-중량법의 정량한계는 0.1% 이하이다.(정량범위 5~200mg, 표준편차율 5~20%)

46 이온전극법을 이용한 시안 측정에 관한 설명으로 옳지 않은 것은?

① pH 4 이하의 산성으로 조절한 후 시안이온전극과 비교전극을 사용하여 전위를 측정한다.
② 시안화합물을 측정할 때 방해물질들은 증류하면 대부분 제거된다.
③ 다량의 지방성분을 함유한 시료는 아세트산 또는 수산화나트륨용액으로 pH 6~7로 조절한 후 시료의 약 2%에 해당하는 부피의 노말 헥산 또는 클로로폼을 넣어 추출하여 유기층은 버리고 수층을 분리하여 사용한다.
④ 시료는 미리 세척한 유리 또는 폴리에틸렌 용기에 채취한다.

해설 pH 12~13의 알칼리성으로 조절한 후 시안이온전극과 비교전극을 사용하여 전위를 측정하고 그 전위차를 측정한다.

47 고형물 함량이 50%, 강열감량이 80%인 폐기물의 유기물 함량(%)은?

① 30　② 40
③ 50　④ 60

해설 $\text{유기물 함량} = \frac{\text{휘발성 고형물}}{\text{고형물}} \times 100$

휘발성 고형물 = 강열감량 - 수분
$= 80 - 50 = 30\%$

$= \frac{30}{50} \times 100 = 60\%$

48 원자흡수분광광도법 분석에 사용되는 연료 중 불꽃의 온도가 가장 높은 것은?

① 공기-프로판
② 공기-수소
③ 공기-아세틸렌
④ 일산화이질소-아세틸렌

해설 **금속류-원자흡수분광광도법**
불꽃(조연성 가스와 가연성 가스의 조합)
① 수소-공기와 아세틸렌-공기 : 거의 대부분의 원소분석에 유효하게 사용
② 수소-공기 : 원자 외 영역에서의 불꽃 자체에 의한 흡수가 적기 때문에 이 파장영역에서 분석선을 갖는 원소의 분석
③ 아세틸렌-아산화질소(일산화이질소) : 불꽃의 온도가 높기 때문에 불꽃 중에서 해리하기 어려운 내화성 산화물을 만들기 쉬운 원소의 분석
④ 프로판-공기 : 불꽃온도가 낮고 일부 원소에 대하여 높은 감도를 나타냄

49 4℃의 물 0.55L는 몇 cc가 되는가?

① 5.5　② 55
③ 550　④ 5,500

해설 $cc = 550mL \times \frac{1cc}{1mL} = 550cc$

50 자외선/가시선 분광법으로 크롬을 측정할 때 시료 중에 총 크롬을 6가크롬으로 산화시키는 데 사용되는 시약은?

① 아황산나트륨　② 염화제일주석
③ 티오황산나트륨　④ 과망간산칼륨

정답 44 ④ 45 ① 46 ① 47 ④ 48 ④ 49 ③ 50 ④

해설 **크롬 – 자외선/가시선 분광법**
시료 중에 총 크롬을 과망간산칼륨을 사용하여 6가크롬으로 산화시킨 다음 산성에서 다이페닐카바자이드와 반응하여 생성되는 적자색 착화합물의 흡광도를 540nm에서 측정하여 총 크롬을 정량하는 방법이다.

51 함수율 90%인 하수오니의 폐기물 명칭은?

① 액상폐기물
② 반고상폐기물
③ 고상폐기물
④ 폐기물은 상(相, phase)을 구분하지 않음

해설 ① 액상폐기물 : 고형물의 함량이 5% 미만
② 반고상폐기물 : 고형물의 함량이 5% 이상 15% 미만
③ 고상폐기물 : 고형물의 함량이 15% 이상

52 폐기물공정시험기준(방법)의 총칙에 관한 내용 중 옳은 것은?

① 용액의 농도를 (1→10)으로 표시한 것은 고체성분 1mg을 용매에 녹여 전량을 10mL로 하는 것이다.
② 염산(1+2)라 함은 물 1mL와 염산 2mL를 혼합한 것이다.
③ 감압 또는 진공이라 함은 따로 규정이 없는 한 15mmH_2O 이하를 말한다.
④ '정밀히 단다'라 함은 규정된 양의 시료를 취하여 화학저울 또는 미량저울로 칭량함을 말한다.

해설 ① 용액의 농도를 (1→10)으로 표시한 것은 고체성분 1g을 용매에 녹여 전체 양을 10mL로 하는 것이다.
② 염산(1+2)라 함은 염산 1mL와 물 2mL를 혼합한 것이다.
③ 감압 또는 진공이라 함은 따로 규정이 없는 한 15mmHg 이하를 말한다.

53 기체크로마토그래피의 검출기 중 불꽃이온화검출기(FID)에 알칼리 또는 알칼리토류 금속염의 튜브를 부착한 것으로 유기질소화합물 및 유기인화합물을 선택적으로 검출할 수 있는 것은?

① 열전도도 검출기(Thermal Conductivity Detector, TCD)
② 전자포획 검출기(Electron Capture Detector, ECD)
③ 불꽃광도 검출기(Flame Photometric Detector, FPD)
④ 불꽃열이온 검출기(Flame Thermionic Detector, FTD)

해설 **불꽃열이온 검출기(FTD ; Flame Thermionic Detector)**
불꽃열이온 검출기는 불꽃이온화 검출기(FID)에 알칼리 또는 알칼리토류 금속염의 튜브를 부착한 것으로 유기질소화합물 및 유기인화합물을 선택적으로 검출할 수 있다. 운반가스와 수소가스의 혼합부, 조연가스 공급구, 연소노즐, 알칼리원, 알칼리원 가열기구, 전극 등으로 구성되어 있다.

54 용출시험의 결과 산출 시 시료 중의 수분함량 보정에 관한 설명으로 (　)에 알맞은 것은?

> 함수율 85% 이상인 시료에 한하여 (　)을 곱하여 계산된 값으로 한다.

① 15+{100－시료의 함수율(%)}
② 15－{100－시료의 함수율(%)}
③ 15×{100－시료의 함수율(%)}
④ 15÷{100－시료의 함수율(%)}

해설 용출시험의 결과는 시료 중의 수분함량 보정을 위해 함수율 85% 이상인 시료에 한하여 보정한다.

$$\text{보정값}=\frac{5}{100-\text{시료의 함수율(\%)}}$$

55 용액 100g 중의 성분 부피(mL)를 표시하는 것은?

① W/W%　　② W/V%
③ V/W%　　④ V/V%

해설 **V/W%**
① 용액 100g 중 성분용량(mL)
② mL/100g

56 폐기물공정시험기준에서 유기물질을 함유한 시료의 전처리방법이 아닌 것은?

① 산화－환원에 의한 유기물분해
② 회화에 의한 유기물분해
③ 질산－염산에 의한 유기물분해
④ 질산－황산에 의한 유기물분해

2018

정답 51 ② 52 ④ 53 ④ 54 ④ 55 ③ 56 ①

해설 **유기물질 전처리방법(산분해법)**

① 질산분해법
② 질산-염산 분해법
③ 질산-황산 분해법
④ 질산-과염소산 분해법
⑤ 질산-과염소산-불화수소산 분해법
⑥ 회화법
⑦ 마이크로파 산분해법

57 **대상 폐기물의 양이 550톤이라면 시료의 최소 수(개)는?**

① 32　② 34
③ 36　④ 38

해설 **대상폐기물의 양과 시료의 최소 수**

대상 폐기물의 양(단위 : ton)	시료의 최소 수
~ 1 미만	6
1 이상~5 미만	10
5 이상~30 미만	14
30 이상~100 미만	20
100 이상~500 미만	30
500 이상~1,000 미만	36
1,000 이상~5,000 미만	50
5,000 이상 ~	60

58 **시료의 채취방법으로 옳은 것은?**

① 액상혼합물은 원칙적으로 최종지점의 낙하구에서 흐르는 도중에 채취한다.
② 콘크리트 고형화물의 경우 대형의 고형화물로 분쇄가 어려울 경우에는 임의의 10개소에서 채취하여 각각 파쇄하여 100g씩 균등량 혼합하여 채취한다.
③ 유기인 시험을 위한 시료채취는 폴리에틸렌 병을 사용한다.
④ 시료의 양은 1회에 1kg 이상 채취한다.

해설 ② 콘크리트 고형화물의 경우 대형의 고형화물로 분쇄가 어려울 경우에는 임의의 5개소에서 채취하여 각각 파쇄하여 100g씩 균등량을 혼합하여 채취한다.
③ 유기인 시험을 위한 시료채취는 갈색 경질 유리병을 사용한다.
④ 시료의 양은 1회에 100g 이상 채취한다.

59 **'곧은 섬유와 섬유 다발' 형태가 아닌 석면의 종류는?(단, 편광현미경법 기준)**

① 직섬석　② 청석면
③ 갈석면　④ 백석면

해설

석면의 종류	형태와 색상
백석면 (Chrysotile)	• 꼬인 물결 모양의 섬유 • 다발의 끝은 분산 • 가열되면 무색~밝은 갈색 • 다색성 • 종횡비는 전형적으로 10 : 1 이상
갈석면 (Amosite)	• 곧은 섬유와 섬유 다발 • 다발 끝은 빗자루 같거나 분산된 모양 • 가열하면 무색~갈색 • 약한 다색성 • 종횡비는 전형적으로 10 : 1 이상
청석면 (Crocidolite)	• 곧은 섬유와 섬유 다발 • 긴 섬유는 만곡 • 다발 끝은 분산된 모양 • 특징적인 청색과 다색성 • 종횡비는 전형적으로 10 : 1 이상
직섬석 (Anthophyllite)	• 곧은 섬유와 섬유 다발 • 절단된 파편 존재 • 무색~은 갈색 • 비다색성 내지 약한 다색성 • 종횡비는 일반적으로 10 : 1 이하
투섬석 (Tremolite) · 녹섬석 (Antinolite)	• 곧고 흰 섬유 • 절단된 파편이 일반적이며 튼 섬유 다발 끝은 분산된 모양 • 투섬석은 무색 • 녹섬석은 녹색~약한 다색성 • 종횡비는 일반적으로 10 : 1 이하

60 **유리전극법에 의한 pH 측정 시 정밀도에 관한 내용으로 (　)에 들어갈 내용으로 옳은 것은?**

> 임의의 한 종류의 pH 표준용액에 대하여 검출부를 정제수로 잘 씻은 다음 5회 되풀이하여 pH를 측정하였을 때 그 재현성이 (　) 이내이어야 한다.

① ±0.01　② ±0.05
③ ±0.1　④ ±0.5

해설 **정밀도**

임의의 한 종류의 pH 표준용액에 대하여 검출부를 정제수로 잘 씻은 다음 5회 되풀이하여 pH를 측정했을 때 그 재현성이 ±0.05 이내이어야 한다.

정답 57 ③　58 ①　59 ④　60 ②

제4과목 폐기물관계법규

61 기술관리인을 두어야 할 폐기물처리시설은?

① 지정폐기물을 매립하는 면적이 3,000m^2의 매립지
② 일반폐기물을 매립하는 용적이 10,000m^3 이상의 매립지
③ 150kg/hr의 감염성 폐기물 소각로
④ 5ton/day 이상인 퇴비화시설

해설 **기술관리인을 두어야 하는 폐기물 처리시설**
① 매립시설의 경우
㉠ 지정폐기물을 매립하는 시설로서 면적이 3천300제곱미터 이상인 시설. 다만, 차단형 매립시설에서는 면적이 330제곱미터 이상이거나 매립용적이 1천 세제곱미터 이상인 시설로 한다.
㉡ 지정폐기물 외의 폐기물을 매립하는 시설로서 면적이 1만 제곱미터 이상이거나 매립용적이 3만 세제곱미터 이상인 시설
② 소각시설로서 시간당 처리능력이 600킬로그램(감염성 폐기물을 대상으로 하는 소각시설의 경우에는 200킬로그램) 이상인 시설
③ 압축 · 파쇄 · 분쇄 또는 절단시설로서 1일 처리능력 또는 재활용시설이 100톤 이상인 시설
④ 사료화 · 퇴비화 또는 연료화 시설로서 1일 재활용능력이 5톤 이상인 시설
⑤ 멸균 · 분쇄시설로서 시간당 처리능력이 100킬로그램 이상인 시설
⑥ 시멘트 소성로
⑦ 용해로(폐기물에 비철금속을 추출하는 경우로 한정한다)로서 시간당 재활용능력이 600킬로그램 이상인 시설
⑧ 소각열회수시설로서 시간당 재활용능력이 600킬로그램 이상인 시설

62 폐기물처리업자, 폐기물처리시설을 설치 · 운영하는 자 등은 환경부령이 정하는 바에 따라 장부를 갖추어 두고, 폐기물의 발생 · 배출 · 처리상황 등을 기록하여 최종기재한 날부터 얼마 동안 보존하여야 하는가?

① 6개월 ② 1년
③ 3년 ④ 5년

해설 폐기물처리업자, 폐기물처리시설을 설치 · 운영하는 자 등은 폐기물의 발생, 배출, 처리상황 등을 기록하여 최종기재한 날부터 3년 동안 보존하여야 한다.

63 폐기물처리 신고자의 준수사항으로 ( )에 옳은 것은?

> 정당한 사유 없이 계속하여 ( ) 이상 휴업하여서는 아니 된다.

① 1년 ② 2년
③ 3년 ④ 5년

해설 **폐기물처리 신고자의 준수사항**
정당한 사유 없이 계속하여 1년 이상 휴업하여서는 아니 된다.

64 사후관리 대상인 폐기물을 매립하는 시설이 사용 종료 또는 폐쇄 후 침출수의 누출 등으로 주민의 건강 또는 재산이나 주변환경에 심각한 위해를 가져올 우려가 있다고 인정하면 시설을 설치한 자가 예치하여야 할 비용은?

① 경제적 부담원칙 ② 폐기물처리비용
③ 수수료 ④ 사후관리이행보증금

해설 **폐기물처리시설의 사후관리이행보증금**
환경부장관은 사후관리 대상인 폐기물을 매립하는 시설이 그 사용종료 또는 폐쇄 후 침출수의 누출 등으로 주민의 건강 또는 재산이나 주변환경에 심각한 위해를 가져올 우려가 있다고 인정하면 대통령령으로 정하는 바에 따라 그 시설을 설치한 자에게 그 사후관리의 이행을 보증하게 하기 위하여 사후관리에 드는 비용의 전부 또는 일부를 「환경개선특별회계법」에 따른 환경개선특별회계에 예치하게 할 수 있다.

2018

65 주변지역 영향 조사대상 폐기물 처리시설의 기준으로 알맞은 것은?

① 1일 재활용능력이 100톤 이상인 사업장 폐기물 소각열회수시설
② 매립면적 1만 제곱미터 이상의 사업장 지정폐기물 매립시설
③ 매립면적 3만 제곱미터 이상의 사업장 지정폐기물 매립시설
④ 매립면적 10만 제곱미터 이상의 사업장일반폐기물 매립시설

해설 **주변지역 영향 조사대상 폐기물처리시설 기준**
① 1일 처리능력이 50톤 이상인 사업장폐기물 소각시설(같은 사업장에 여러 개의 소각시설이 있는 경우에는 각 소각시설의 1일 처리능력의 합계가 50톤 이상인 경우를 말한다)
② 매립면적 1만 제곱미터 이상의 사업장 지정폐기물 매립시설
③ 매립면적 15만 제곱미터 이상의 사업장 일반폐기물 매립시설

정답 61 ④ 62 ③ 63 ① 64 ④ 65 ②

④ 시멘트 소성로(폐기물을 연료로 사용하는 경우로 한정한다)
⑤ 1일 재활용능력이 50톤 이상인 사업장폐기물 소각열회수시설(같은 사업장에 여러 개의 소각열회수시설이 있는 경우에는 각 소각열회수시설의 1일 재활용능력의 합계가 50톤 이상인 경우를 말한다)

66 특별자치시장, 특별자치도지사, 시장, 군수, 구청장은 조례로 정하는 바에 따라 종량제봉투 등의 제작, 유통, 판매를 대행하게 할 수 있다. 이를 위반하여 대행계약을 체결하지 않고 종량제 봉투 등을 제작, 유통한 자에 대한 벌칙기준은?

① 2년 이하의 징역이나 2천만 원 이하의 벌금에 처한다.
② 3년 이하의 징역이나 3천만 원 이하의 벌금에 처한다.
③ 5년 이하의 징역이나 5천만 원 이하의 벌금에 처한다.
④ 7년 이하의 징역이나 7천만 원 이하의 벌금에 처한다.

해설 폐기물관리법 제64조 참조

67 재활용에 해당되는 활동에는 폐기물로부터 에너지를 회수하거나 회수할 수 있는 상태로 만들거나 폐기물을 연료로 사용하는 환경부령으로 정하는 활동이 있다. 시멘트 소성로 및 환경부장관이 정하여 고시하는 시설에서 연료로 사용하는 폐기물(지정 폐기물 제외)과 가장 거리가 먼 것은?(단, 그 밖에 환경부장관이 고시하는 폐기물 제외)

① 폐타이어 ② 폐유
③ 폐섬유 ④ 폐합성고무

해설 **시멘트 소성로 및 환경부장관이 정하여 고시하는 시설에서 연료로 사용하는 폐기물(지정 폐기물 제외)**
① 폐타이어
② 폐섬유
③ 폐목재
④ 폐합성수지
⑤ 폐합성고무
⑥ 분진(중유회, 코크스 분진만 해당한다)
⑦ 그 밖에 환경부장관이 정하여 고시하는 폐기물

68 위해의료폐기물 중 생물·화학폐기물이 아닌 것은?

① 폐백신 ② 폐혈액제
③ 폐항암제 ④ 폐화학치료제

해설 **위해의료폐기물의 종류**
① 조직물류 폐기물 : 인체 또는 동물의 조직·장기·기관·신체의 일부, 동물의 사체, 혈액·고름 및 혈액생성물질(혈청, 혈장, 혈액 제제)
② 병리계 폐기물 : 시험·검사 등에 사용된 배양액, 배양용기, 보관균주, 폐시험관, 슬라이드 커버글라스 폐배지, 폐장갑
③ 손상성 폐기물 : 주삿바늘, 봉합바늘, 수술용 칼날, 한방침, 치과용 침, 파손된 유리재질의 시험기구
④ 생물·화학폐기물 : 폐백신, 폐항암제, 폐화학치료제
⑤ 혈액오염폐기물 : 폐혈액백, 혈액투석 시 사용된 폐기물, 그 밖에 혈액이 유출될 정도로 포함되어 있는 특별한 관리가 필요한 폐기물

69 시장·군수·구청장(지방자치단체인 구의 구청장)의 책무가 아닌 것은?

① 지정폐기물의 적정처리를 위한 조치강구
② 폐기물처리시설 설치·운영
③ 주민과 사업자의 청소의식 함양
④ 폐기물의 수집·운반·처리방법의 개선 및 관계인의 자질향상

해설 **국가와 지방자치단체의 책무**
① 특별자치시장, 특별자치도지사, 시장·군수·구청장(자치구의 구청장을 말한다. 이하 같다)은 관할 구역의 폐기물의 배출 및 처리상황을 파악하여 폐기물이 적정하게 처리될 수 있도록 폐기물처리시설을 설치·운영하여야 하며, 폐기물의 수집·운반·처리방법의 개선 및 관계인의 자질 향상으로 폐기물 처리사업을 능률적으로 수행하는 한편, 주민과 사업자의 청소 의식 함양과 폐기물 발생 억제를 위하여 노력하여야 한다.
② 특별시장·광역시장·도지사는 시장·군수·구청장이 제1항에 따른 책무를 충실하게 하도록 기술적·재정적 지원을 하고, 그 관할 구역의 폐기물 처리사업에 대한 조정을 하여야 한다.
③ 국가는 지정폐기물의 배출 및 처리 상황을 파악하고 지정폐기물이 적정하게 처리되도록 필요한 조치를 마련하여야 한다.
④ 국가는 폐기물 처리에 대한 기술을 연구·개발·지원하고, 특별시장·광역시장·도지사·특별자치도지사 및 시장·군수·구청장이 제1항과 제2항에 따른 책무를 충실하게 하도록 필요한 기술적·재정적 지원을 하며, 특별시·광역시·특별자치도 간의 폐기물 처리사업에 대한 조정을 하여야 한다.

정답 66 ③ 67 ② 68 ② 69 ①

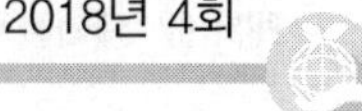

70 **매립시설의 기술관리인 자격기준으로 틀린 것은?**

① 수질환경기사　② 대기환경기사
③ 토양환경기사　④ 토목기사

해설 **폐기물 처분시설 또는 재활용시설의 기술관리인의 자격기준**

구분	자격기준
매립시설	폐기물처리기사, 수질환경기사, 토목기사, 일반기계기사, 건설기계기사, 화공기사, 토양환경기사 중 1명 이상
소각시설(의료폐기물을 대상으로 하는 소각시설은 제외한다), 시멘트 소성로 및 용해로	폐기물처리기사, 대기환경기사, 토목기사, 일반기계기사, 건설기계기사, 화공기사, 전기기사, 전기공사기사 중 1명 이상
의료폐기물을 대상으로 하는 시설	폐기물처리산업기사, 임상병리사, 위생사 중 1명 이상
음식물류 폐기물을 대상으로 하는 시설	폐기물처리산업기사, 수질환경산업기사, 화공산업기사, 토목산업기사, 대기환경산업기사, 일반기계기사, 전기기사 중 1명 이상
그 밖의 시설	같은 시설의 운영을 담당하는 자 1명 이상

71 **지정폐기물의 종류를 설명한 것으로 적절하지 못한 것은?**

① 액체상태의 폴리클로리네이티드비페닐 함유 폐기물은 1리터당 2밀리그램 이상 함유한 것에 한한다.
② 액체상태 외의 폴리클로리네이티드비페닐 함유 폐기물은 용출액 1리터당 0.3밀리그램 이상 함유한 것에 한한다.
③ 폐석면은 석면의 제거작업에 사용된 비닐시트, 방진마스크, 작업복 등을 포함한다.
④ 폐석면은 슬레이트 등 고형화된 석면 제품 등의 연마·절단·가공 공정에서 발생된 부스러기 및 연마·절단·가공 시설의 집진기에서 모아진 분진을 포함한다.

해설 **폴리클로리네이티드비페닐 함유 폐기물**
① 액체상태의 것(1리터당 2밀리그램 이상 함유한 것으로 한정한다)
② 액체상태 외의 것(용출액 1리터당 0.003밀리그램 이상 함유한 것으로 한정한다)

72 **관리형 매립시설 침출수의 BOD(mg/L) 배출허용기준으로 옳은 것은?(단, 가지역 기준)**

① 50　② 70
③ 90　④ 110

해설 **관리형 매립시설 침출수의 배출허용기준**

구분	생물화학적 산소요구량(mg/L)	화학적 산소요구량(mg/L)			부유물 질량(mg/L)
		과망간산칼륨법에 따른 경우		중크롬산칼륨법에 따른 경우	
		1일 침출수 배출량 2,000m^3 이상	1일 침출수 배출량 2,000m^3 미만		
청정지역	30	50	50	400 (90%)	30
가지역	50	80	100	600 (85%)	50
나지역	70	100	150	800 (80%)	70

73 **폐기물관리법상 사업장 일반폐기물의 종류별 처리기준 및 방법에 대하여 틀리게 연결된 것은?**

① 소각재－매립, 안정화, 고형화처리
② 폐지류－폐목재류 및 폐섬유류－소각처리
③ 분진－매립, 소각, 안정화
④ 폐촉매·폐흡착제 및 폐흡수제－소각, 매립

해설 분진은 다음의 어느 하나에 해당하는 방법으로 처분하여야 한다.
① 폴리에틸렌이나 그 밖에 이와 비슷한 재질의 포대에 담아 관리형 매립시설에 매립하여야 한다.
② 시멘트·합성고분자화합물을 이용하거나 이와 비슷한 방법으로 고형화한 후 관리형 매립시설에 매립하여야 한다.

74 **폐기물처리시설의 사후관리기준 및 방법 중 침출수 관리방법으로 매립시설의 차수시설 상부에 모여 있는 침출수의 수위는 시설의 안정 등을 고려하여 얼마로 유지되도록 관리하여야 하는가?**

① 0.6미터 이하　② 1.0미터 이하
③ 1.5미터 이하　④ 2.0미터 이하

해설 매립시설의 차수시설 상부에 모여 있는 침출수의 수위는 시설의 안정 등을 고려하여 2.0m 이하로 유지되도록 관리하여야 한다.

2018

정답 70 ② 71 ② 72 ① 73 ③ 74 ④

75 **폐기물관리법상 벌칙기준 중 7년 이하의 징역이나 7천만 원 이하의 벌금에 처하는 행위를 한 자는?**

① 대행계약을 체결하지 아니하고 종량제 봉투를 제작 · 유통한 자
② 폐기물처리시설의 사후관리를 제대로 하지 않아 받은 시정명령을 이행하지 않은 자
③ 지정된 장소 외에 사업장폐기물을 매립하거나 소각한 자
④ 거짓이나 그 밖의 부정한 방법으로 폐기물처리업 허가를 받은 자

해설 폐기물관리법 제63조 참조

76 **폐기물처리 담당자 등에 대한 교육과 관련된 설명 중 틀린 것은?**

① 교육기관의 장은 교육과정 종료 후 5일 이내에 교육결과를 교육대상자에게 알려야 한다.
② 환경부장관은 교육계획을 매년 1월 31일까지 시 · 도지사나 지방환경관서의 장에게 알려야 한다.
③ 교육기관의 장은 매 분기 교육실적을 그분기가 끝난 후 15일 이내에 환경부장관에게 보고하여야 한다.
④ 시 · 도지사나 지방환경관서의 장은 교육대상자를 선발하여 해당 교육과정이 시작되기 15일 전까지 교육기관의 장에게 알려야 한다.

해설 교육기관의 장은 교육을 하면 매 분기의 교육실적을 그 분기가 끝난 후 15일 이내에 환경부장관에게 보고하여야 하며, 매 교육과정 종료 후 7일 이내에 교육결과를 교육대상자를 선발하여 통보한 기관의 장에게 알려야 한다.

77 **폐기물처리시설 주변지역 영향조사 기준 중 조사지점에 관한 내용으로 틀린 것은?**

① 미세먼지와 다이옥신 조사지점은 해당 시설에 인접한 주거지역 중 3개소 이상 지역의 일정한 곳으로 한다.
② 악취 조사지점은 해당 시설에 인접한 주거지역 중 냄새가 심한 곳 3개소 이상의 일정한 곳으로 한다.
③ 지표수 조사지점은 해당 시설에 인접하여 폐수, 침출수 등이 흘러들거나 흘러들 것으로 우려되는 지역의 상 · 하류 각 1개소 이상의 일정한 곳으로 한다.
④ 토양 조사지점은 매립시설에 인접하여 토양오염이 우려되는 4개소 이상의 일정한 곳으로 한다.

해설 **주변지역 영향조사의 조사지점**
① 미세먼지와 다이옥신 조사지점은 해당 시설에 인접한 주거지역 중 3개소 이상 지역의 일정한 곳으로 한다.
② 악취 조사지점은 매립시설에 가장 인접한 주거지역에서 냄새가 가장 심한 곳으로 한다.
③ 지표수 조사지점은 해당 시설에 인접하여 폐수, 침출수 등이 흘러들거나 흘러들 것으로 우려되는 지역의 상 · 하류 각 1개소 이상의 일정한 곳으로 한다.
④ 지하수 조사지점은 매립시설의 주변에 설치된 3개의 지하수 검사정으로 한다.
⑤ 토양조사지점은 4개소 이상으로하고 토양정밀조사의 방법에 따라 폐기물매립 및 재활용지역의 시료채취 지점의 표토와 심토에서 각각 시료를 채취해야 하며, 시료채취지점의 지형 및 하부토양의 특성을 고려하여 시료를 채취해야 한다.

78 **매립시설의 검사기관이 아닌 것은?**

① 환경관리공단
② 한국건설기술연구원
③ 한국산업기술시험원
④ 한국농어촌공사

해설 **환경부령으로 정하는 검사기관**
① 소각시설
　㉠ 한국환경공단
　㉡ 한국기계연구원
　㉢ 한국산업기술시험원
　㉣ 대학, 정부출연 기관, 그 밖에 소각시설을 검사할 수 있다고 인정하여 환경부장관이 고시하는 기관
② 매립시설
　㉠ 한국환경공단
　㉡ 한국건설기술연구원
　㉢ 한국농어촌공사
　㉣ 수도권매립지관리공사
③ 멸균분쇄시설
　㉠ 한국환경공단
　㉡ 보건환경연구원
　㉢ 한국산업기술시험원
④ 음식물 폐기물 처리시설
　㉠ 한국환경공단
　㉡ 한국산업기술시험원
　㉢ 그 밖에 환경부장관이 정하여 고시하는 기관
⑤ 시멘트 소성로
　소각시설의 검사기관과 동일

정답 75 ③ 76 ① 77 ② 78 ③

79 **폐기물처리시설(매립시설)의 사용을 끝내거나 폐쇄하려 할 때 시 · 도지사나 지방환경관서의 장에게 제출하는 폐기물 매립시설 사후관리계획서에 포함되어야 하는 사항과 가장 거리가 먼 것은?**

① 빗물배제계획
② 지하수 수질조사계획
③ 구조물과 지반 등의 안정도 유지계획
④ 침출수 관리계획(관리형 매립시설은 제외한다)

해설 **폐기물 매립시설 사후관리계획서의 포함사항**
① 폐기물처리시설 설치 · 사용내용
② 사후관리 추진일정
③ 빗물배제계획
④ 침출수 관리계획(차단형 매립시설은 제외한다)
⑤ 지하수 수질조사계획
⑥ 발생가스 관리계획(유기성 폐기물을 매립하는 시설만 해당한다)
⑦ 구조물과 지반 등의 안정도 유지계획

80 **폐기물관리법을 적용하지 않는 물질과 관계없는 것은?**

① 원자력안전법에 따른 방사성 물질과 이로 인하여 오염된 물질
② 하수도법에 의한 하수 · 분뇨
③ 가축분뇨의 관리 및 이용에 관한 법률에 따른 가축분뇨
④ 용기에 들어있는 기체상태의 물질

해설 **폐기물관리법을 적용하지 않는 물질**
① 「원자력안전법」에 따른 방사성 물질과 이로 인하여 오염된 물질
② 용기에 들어 있지 아니한 기체상태의 물질
③ 「물환경보전법」에 따른 수질오염 방지시설에 유입되거나 공공수역으로 배출되는 폐수
④ 「가축분뇨의 관리 및 이용에 관한 법률」에 따른 가축분뇨
⑤ 「하수도법」에 따른 하수 · 분뇨
⑥ 「가축전염병예방법」이 적용되는 가축의 사체, 오염 물건, 수입 금지 물건 및 검역 불합격품
⑦ 「수산생물질병 관리법」에 적용되는 수산동물의 사체, 오염된 시설 또는 물건, 수입 금지 물건 및 검역 불합격품
⑧ 「군수품관리법」에 따라 폐기되는 탄약
⑨ 「동물보호법」에 따른 동물장묘업의 등록을 한 자가 설치 · 운영하는 동물장묘시설에서 처리되는 동물의 사체

정답 79 ④ 80 ④

2017년 1회 기출문제

제1과목 폐기물개론

01 쓰레기의 입도를 분석하였더니 입도누적곡선상의 10%, 30%, 60%, 90%의 입경이 각각 2, 5, 10, 20mm일 때 곡률계수는?

① 2.75 ② 2.25
③ 1.75 ④ 1.25

해설 곡률계수$(Z) = \frac{(D_{30})^2}{D_{10} \times D_{60}} = \frac{5^2}{2 \times 10} = 1.25$

02 RCRA 분류체계와 관계 없는 것은?

① 부식성 ② 인화성
③ 독성 ④ 오염성

해설 **RCRA(Resource Conservation and Recovery Act : 자원보존 및 회수법)**
유해 폐기물의 성질을 판단하는 시험방법(성질) 및 종류 : 위해성 판단 인자
① 부식성 ② 유해성
③ 반응성 ④ 인화성(발화성)
⑤ 용출 특성 ⑥ 독성
⑦ 난분해성 ⑧ 유해 가능성
⑨ 감염성

03 생활폐기물의 발생량을 나타내는 발생 원단위로 가장 적합한 것은?

① kg/capita · day
② ppm/capita · day
③ m^3/capita · dqy
④ L/capita · day

해설 쓰레기 발생량은 각 지역의 규모나 특성에 따라 차이가 있어 주로 총발생량보다는 단위발생량(kg/인 · 일)으로 표기한다.
kg/인 · 일=kg/capita · day

04 폐기물을 분쇄하거나 파쇄하는 목적이 아닌 것은?

① 겉보기 비중의 감소
② 유가물의 분리
③ 비표면적의 증가
④ 입경분포의 균일화

해설 **폐기물을 분쇄하거나 파쇄하는 목적(기대효과)**
① 겉보기 비중의 증가(수송, 매립지 수명 연장)
② 유가물의 분리, 회수
③ 비표면적의 증가(미생물 분해속도 증가)
④ 입경분포의 균일화(저장, 압축, 소각 용이)
⑤ 용적감소(부피감소 ; 무게변화)
⑥ 취급의 용이 및 운반비 감소
⑦ 매립을 위한 전처리
⑧ 소각을 위한 전처리

05 슬러지의 함유수분 중 가장 많은 수분함유도를 유지하고 있는 것은?

① 표면부착수 ② 모관결합수
③ 간극수 ④ 내부수

해설 **간극수(Pore Water)**
① 큰 고형물 입자 간극에 존재하며 슬러지 내 존재하는 물의 형태 중 아주 많은 양을 차지한다.
② 고형물질과 직접 결합해 있지 않기 때문에 농축 등의 방법으로 용이하게 분리가능하다.

[Note] 수분함유도
간극수 > 모관결합수 > 표면부착수 > 내부수

06 채취한 쓰레기 시료에 대한 성상분석을 위한 절차 중 가장 먼저 실시하는 것은?

① 건조 ② 분류
③ 전처리 ④ 밀도 측정

정답 01 ④ 02 ④ 03 ① 04 ① 05 ③ 06 ④

해설

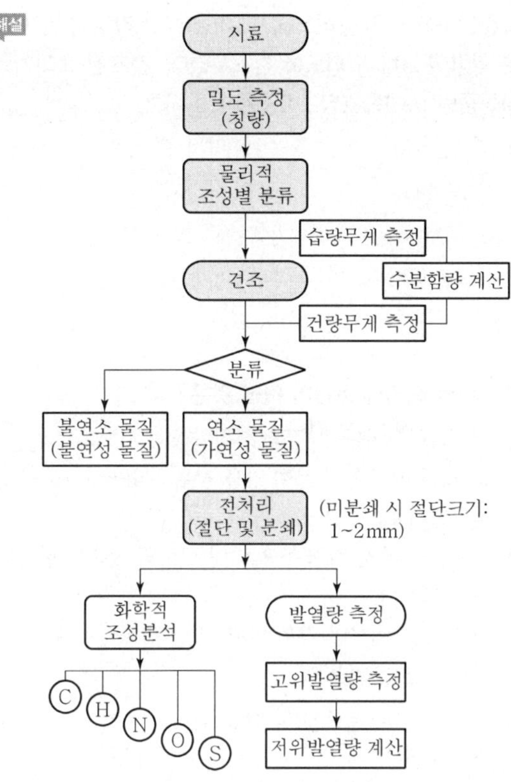

07 도시의 폐기물 수거량이 2,000,000ton/year이며, 수거인부는 1일 3,255명이고, 수거 대상 인구는 5,000,000인이다. 수거인부의 일 평균작업 시간은 5시간이라고 할 때, MHT는?(단, 1년은 365일 기준)

① 1.83 ② 2.97
③ 3.65 ④ 4.21

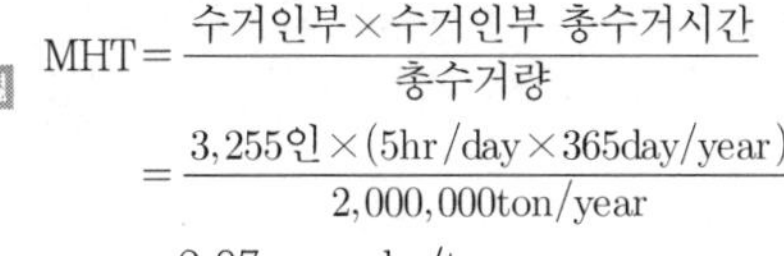

해설

$$\text{MHT} = \frac{\text{수거인부} \times \text{수거인부 총수거시간}}{\text{총수거량}}$$

$$= \frac{3{,}255\text{인} \times (5\text{hr/day} \times 365\text{day/year})}{2{,}000{,}000\text{ton/year}}$$

$$= 2.97\text{man} \cdot \text{hr/ton}$$

08 한 가구 평균가족수가 4인으로 구성된 75,000세대 아파트 단지에서 쓰레기 수거상황을 조사한 결과가 다음과 같은 조건일 때 1인 1일 쓰레기 발생량(kg/인 · 일)은?(단, 수거용적 $3{,}500\text{m}^3$/주, 적재 시 밀도 700kg/m^3)

① 약 0.6 ② 약 0.8
③ 약 1.2 ④ 약 1.6

해설 쓰레기 발생량(kg/인 · 일)

$$= \frac{\text{쓰레기 수거량}}{\text{수거인구수}}$$

$$= \frac{3{,}500\text{m}^3/\text{주} \times 700\text{kg/m}^3 \times \text{주}/7\text{day}}{75{,}000\text{세대} \times 4\text{인}/\text{세대}} = 1.17\text{kg/인} \cdot \text{일}$$

09 발열량과 발열량 분석에 관한 설명으로 틀린 것은?

① 발열량은 쓰레기 1kg을 완전연소시킬 때 발생하는 열량(kcal)을 말한다.
② 고위발열량(H_h)은 발열량계에서 측정한 값에서 물의 증발잠열을 뺀 값을 말한다.
③ 발열량 분석은 원소분석 결과를 이용하는 방법으로 고위발열량과 저위발열량을 추정할 수 있다.
④ 저위발열량(H_l, kcal/kg)을 산정하는 방법은 $H_h - 600(9\text{H}+\text{W})$을 사용한다.

해설 저위발열량(H_l)은 발열량계에서 측정한 값에서 물의 증발잠열을 뺀 값을 말한다.

10 적환장에서 폐기물을 차량에 적재하는 데 사용하는 방법이 아닌 것은?

① 직접투하(direct discharge)
② 저장투하(storage discharge)
③ 압축투하(compact discharge)
④ 직접 · 저장투하(direct and storage discharge)

해설 **적환장의 형식**

① 직접투하방식(direct－discharge transfer station)
② 저장투하방식(storage－discharge transfer station)
③ 직접 · 저장투하방식(direct and storage－discharge transfer station)

2017

11 밀도 680kg/m^3인 쓰레기 200kg이 압축되어 밀도가 960kg/m^3으로 되었다면 압축비는?

① 약 1.1 ② 약 1.4
③ 약 1.7 ④ 약 2.1

정답 07 ② 08 ③ 09 ② 10 ③ 11 ②

해설 압축비(CR) $= \frac{V_i}{V_f}$

$$V_i = \frac{200\text{kg}}{680\text{kg/m}^3} = 0.294\text{m}^3$$

$$V_f = \frac{200\text{kg}}{960\text{kg/m}^3} = 0.208\text{m}^3$$

$$= \frac{0.294}{0.208} = 1.41$$

[Note] 다른 풀이

$$\text{CR} = \frac{\text{압축 후 밀도}}{\text{압축 전 밀도}} = \frac{960}{680} = 1.41$$

12 파쇄 시 발생하는 분진을 제거하기 위한 집진시설에서는 가연성 위험물과 충돌, 마찰에 의해서 분진폭발이 일어날 수 있다. 이에 대한 일반적인 대책으로 틀린 것은?

① 집진 유속을 낮춘다.
② 폭풍유도구를 설치한다.
③ 살수노즐을 설치한다.
④ 산소농도를 20% 이하로 유지한다.

해설 **분진폭발 방지대책**
① 폭풍유도구 설치
② 살수노즐 설치
③ 산소농도를 20% 이하로 유지
④ 집진 유속을 크게 함

13 쓰레기의 발생량 조사방법이 아닌 것은?

① 경향법
② 적재차량 계수분석법
③ 직접 계근법
④ 물질 수지법

해설 ① 쓰레기 발생량 예측방법
㉠ 경향법(경향예측모델)
㉡ 다중회귀모델
㉢ 동적 모사모델
② 쓰레기 발생량 조사방법
㉠ 적재차량 계수분석법
㉡ 직접계근법
㉢ 물질수지법

14 고형분이 50%인 음식쓰레기 10ton을 소각하기 위해 수분 함량이 20%가 되도록 건조시켰다. 건조된 쓰레기의 최종중량(ton)은?(단, 비중은 1.0 기준)

① 약 3.0ton ② 약 4.1ton
③ 약 5.2ton ④ 약 6.3ton

해설 10ton × 0.5 = 건조 후 쓰레기양 × (1 − 0.2)

$$\text{건조 후 쓰레기양} = \frac{10\text{ton} \times 0.5}{0.8} = 6.25\text{ton}$$

15 폐기물의 퇴비화 조건이 아닌 것은?

① 퇴비화하기 쉬운 물질을 선정한다.
② 분뇨, 슬러지 등 수분이 많을 경우 Bulking Agent를 혼합한다.
③ 미생물 식종을 위해 부숙 중인 퇴비의 일부를 반송하여 첨가한다.
④ pH가 5.5 이하인 경우 인위적인 pH 조절을 위해 탄산칼슘을 첨가한다.

해설 미생물 식종은 폐기물의 생물학적 분해가 잘 되도록 다량의 숙성 퇴비를 반송함으로써 유기물 분해속도를 증가시킬 수 있다.

16 폐기물 재활용 정책 중 EPR의 의미로 가장 적절한 것은?

① 폐기물 자원화 기술개발제도
② 생산자 책임 재활용제도
③ 재활용제품 소비촉진제도
④ 고부가 자원화 사업지원제도

해설 **생산자 책임 재활용제도(EPR)**
폐기물은 단순히 버려져 못 쓰는 것이라는 의식을 바꾸어 '폐기물 = 자원'이라는 공감대를 확산시킴으로써 재활용 정책에 활력을 불어넣는 제도이다.

17 폐기물처리대책의 기본방향으로 가장 거리가 먼 것은?

① 무해화 ② 발생 억제
③ 재생 이용 ④ 다량 소비

해설 **폐기물처리대책의 기본방향**
① 무해화 ② 발생 억제
③ 재생 이용 ④ 감량화

정답 12 ① 13 ① 14 ④ 15 ③ 16 ② 17 ④

18 폐기물선별법 중 와전류 분리법으로 선별하기 어려운 물질은?

① 구리 ② 철 ③ 아연 ④ 알루미늄

해설 **와전류 분리법**
연속적으로 변화하는 자장 속에 비극성(비자성)이고 전기전도도가 우수한 물질(구리, 알루미늄, 아연 등)을 넣으면 금속 내에 소용돌이 전류가 발생하는 와전류현상에 의하여 반발력이 생기는데 이 반발력의 차를 이용하여 다른 물질로부터 분리하는 방법이다.

19 폐기물 수거의 효율성을 향상시키기 위해 적환장 설치 위치를 선정할 때, 고려사항으로 틀린 것은?

① 쉽게 간선도로에 연결되며, 2차 보조수송수단으로 연결이 쉬운 곳
② 건설비와 운영비가 적게 들고 경제적인 곳
③ 수거 쓰레기 발생지역의 무게중심에서 가능한 한 먼 곳
④ 주민의 반대가 적고, 환경적 영향이 최소인 곳

해설 **효과적 · 경제적인 수거노선 결정 시 유의(고려)사항 : 수거노선 설정요령**
① 지형이 언덕인 지역에서는 언덕의 위에서부터 내려가며 적재하면서 차량을 진행하도록 한다.(안전성, 연료비 절약)
② 수거인원 및 차량형식이 같은 기존 시스템의 조건들을 서로 관련시킨다.
③ 출발점은 차고와 가깝게 하고 수거된 마지막 컨테이너가 처분지의 가장 가까이에 위치하도록 배치한다.
④ 가능한 한 지형지물 및 도로경계와 같은 장벽을 사용하여 간선도로 부근에서 시작하고 끝나야 한다.(도로경계 등을 이용)
⑤ 가능한 한 시계방향으로 수거노선을 정한다.
⑥ 적은 양의 쓰레기가 발생하나 동일한 수거빈도를 받기 원하는 적재지점(수거지점)은 가능한 한 같은 날 왕복 내에서 수거한다.
⑦ 아주 많은 양의 쓰레기가 발생되는 발생원은 하루 중 가장 먼저 수거한다.
⑧ 될 수 있는 한 한 번 간 길은 다시 가지 않는다.
⑨ 반복운행 또는 U자형 회전은 피하여 수거한다.
⑩ 교통량이 많거나 출퇴근시간은 피하여 수거한다.
⑪ 수거지점과 수거빈도 결정 시 기존 정책이나 규정을 참고한다.

20 건설재료로 재이용이 불가능한 폐기물 형태는?

① 슬래그 ② 소각재
③ 탈수된 하수슬러지 ④ 무기성 슬러지

해설 탈수된 하수슬러지는 유기성 및 수분량이 존재하므로 건설재료로 재이용이 가능하지 않다.

제2과목 폐기물처리기술

21 일시적으로 다량의 분뇨가 소화조에 투입되었을 경우에 발생하는 장애의 설명으로 틀린 것은?

① 소화조 내의 부하가 불균등하게 되어 안정된 처리조건을 유지하기 어렵다.
② 소화조 내의 가스압이 저하한다.
③ 소화조 내의 온도가 저하한다.
④ 탈리액의 인출이 불균등하게 된다.

해설 다량의 분뇨를 일시에 소화조에 투입하면 소화조 내의 가스압이 증가된다.

22 CO 10kg을 완전 연소시킬 때 필요한 이론적 산소량(Sm^3)은?

① 4 ② 6 ③ 8 ④ 10

해설
$2CO + O_2 \rightarrow 2CO_2$
$2 \times 28kg : 22.4Sm^3$
$10kg : O_o(Sm^3)$

$$O_o(Sm^3) = \frac{10kg \times 22.4Sm^3}{2 \times 28kg} = 4Sm^3$$

2017

23 폐기물 고화처리방법 중 자가시멘트법의 장단점으로 틀린 것은?

① 혼합률이 높은 단점이 있다.
② 중금속 저지에 효과적인 장점이 있다.
③ 탈수 등 전처리가 필요 없는 장점이 있다.
④ 보조에너지가 필요한 단점이 있다.

해설 **자가시멘트법(Self-cementing Techniques)**
① FGD 슬러지 중 일부(10%)를 생석회화한 후 여기에 소량의 물(수분량 조절역할)과 첨가제를 가하여 폐기물이 스스로 고형화되는 성질을 이용하는 방법이다. 즉, 연소가스 탈황 시 발생된 높은 황화물을 함유한 슬러지 처리에 사용된다.
② 장점
㉠ 혼합률(MR)이 비교적 낮다.
㉡ 중금속의 고형화 처리에 효과적이다.
㉢ 전처리(탈수 등)가 필요 없다.
③ 단점
㉠ 장치비가 크며 숙련된 기술이 요구된다.
㉡ 보조에너지가 필요하다.
㉢ 많은 황화물을 가지는 폐기물에 적합하다.

정답 18 ② 19 ③ 20 ③ 21 ② 22 ① 23 ①

24 다음 물질 중 표면연소가 되는 물질은?

① 플라스틱 ② 나무
③ 석유 ④ 무연탄

해설 **표면연소**
고체연료 표면에 고온을 유지시켜 표면에서 반응을 일으켜 내부로 연소가 진행되는 형태이며 숯불연소, 불균일연소라고도 하며 코크스, 석탄(무연탄 등), 목탄 등이 표면연소를 한다.

25 분뇨처리 중 토사트랩에 걸린 침사를 제거하는 데 쓰이는 장치가 아닌 것은?

① 진공펌프 ② 그래뉼펌프
③ Sand 펌프 ④ basket형 운반장치

해설 **토사트랩에 걸린 침사를 제거하는 장치**
① 진공펌프 ② 샌드펌프
③ basket형 운반장치 ④ 컨베이어

26 도시 생활쓰레기를 처리하는 데 가장 부적합한 소각로는?

① 화격자식 ② 습식산화식
③ 유동상식 ④ 회전로식

해설 습식산화법은 액상슬러지 및 분뇨에 열을 작용시켜 용존산소에 의하여 화학적으로 슬러지 내의 유기물을 산화시키는 방식이다.

27 분뇨 저장탱크 내에 악취 발생 공간 체적이 $100m^3$이고, 이를 시간당 2차례씩 교환하고자 한다. 발생된 악취공기를 퇴비여과방식을 채용하여, 투과속도 15m/hr으로 처리하고자 한다면 필요한 퇴비 여과상의 면적(m^2)은?

① 약 8 ② 약 10
③ 약 13 ④ 약 18

해설 여과상 면적(m^2) $= \frac{\text{가스양}}{\text{투과속도}} = \frac{100m^3 \times 2/hr}{15m/hr} = 13.33m^2$

28 건조된 슬러지 고형분의 비중이 1.28이며, 건조 이전의 슬러지 내 고형분 함량이 35%일 때 건조 전 슬러지의 비중은?

① 약 1.038 ② 약 1.083
③ 약 1.118 ④ 약 1.127

해설 $\frac{100}{\text{슬러지 비중}} = \frac{35}{1.28} + \frac{(100-35)}{1.0}$

$\frac{100}{\text{슬러지 비중}} = 92.343$

슬러지 비중=1.083

29 폐기물 매립지의 침출수 처리방법 중 혐기성 공정의 장점으로 옳지 않은 것은?

① 고농도의 침출수를 희석 없이 처리할 수 있다.
② 미생물의 낮은 증식으로 인하여 슬러지 처리비용이 감소된다.
③ 호기성 공정에 비하여 낮은 영양물 요구량을 갖는다.
④ 호기성 공정에 비하여 온도에 대한 영향이 적다.

해설 혐기성 처리공정은 호기성 공정에 비하여 온도에 대한 영향이 크다.

30 소각 시 탈취방법인 촉매연소법의 장점이 아닌 것은?

① 제거효율이 좋다.
② 처리경비가 저렴하다.
③ 저농도 유해물질 처리도 가능하다.
④ 처리대상 가스의 제한이 없다.

해설 촉매연소법은 장치의 부식과 촉매독에 의한 영향을 받기 때문에 처리대상 가스의 제한이 있다.

31 수분을 증발시키는 데 소요되는 기화잠열(kcal/L)은?

① 539 ② 459 ③ 359 ④ 80

해설 잠열은 물체의 온도를 변화시키지 않고, 상 변화를 일으키는 데만 사용되는 열량으로 물의 경우 100℃ 물에서 100℃ 수증기로 변화시키는 데 필요한 열량, 즉 물의 기화잠열은 539kcal/kg(539 kcal/L)이다.

32 $C_{70}H_{130}O_{40}N_5$의 분자식을 가진 물질 100kg이 완전히 혐기분해될 때 생성되는 이론적 암모니아의 부피(Sm^3)를 아래 식을 이용하여 계산하면?

$C_{70}H_{130}O_{40}N_5$ + (가)H_2O → (나)CH_4 + (다)CO_2 + (라)NH_3

① 3.7 ② 4.7 ③ 5.7 ④ 6.7

정답 24 ④ 25 ② 26 ② 27 ③ 28 ② 29 ④ 30 ④ 31 ① 32 ④

해설 완전분해반응식

$C_{70}H_{130}O_{40}N_5$ + (가)H_2O → (나)CH_4 + (다)CO_2 + (라)NH_3

$C_{70}H_{130}O_{40}N_5$ → $5NH_3$

1,680kg : 5×22.4Sm^3

100kg : $NH_4(Sm^3)$

$$NH_4(Sm^3) = \frac{100kg \times (5 \times 22.4)Sm^3}{1,680kg} = 6.67Sm^3$$

[Note] 혐기성 분해반응식

$$C_aH_bO_cN_d + \left(\frac{4a-b-2c+3d}{4}\right)H_2O$$
$$\rightarrow \left(\frac{4a+b-2c-3d}{8}\right)CO_2 + \left(\frac{4a-b+2c+3d}{8}\right)CH_4 + dNH_4$$

33 굴뚝에 설치되며 보일러 전열면을 통하여 연소가스의 여열로 보일러 급수를 예열함으로써 보일러의 효율을 높이는 장치는?

① 재열기　② 절탄기
③ 과열기　④ 공기예열기

해설 절탄기(이코노마이저)

① 폐열회수를 위한 열교환기, 연도에 설치하며 보일러 전열면을 통과한 연소가스의 예열로 보일러 급수를 예열하여 보일러 효율을 높이는 장치이다.
② 급수예열에 의해 보일러수와의 온도차가 감소되므로 보일러 드럼에 발생하는 열응력이 감소된다.
③ 급수온도가 낮을 경우, 연소가스 온도가 저하되면 절탄기 저온부에 접하는 가스온도가 노점에 대하여 절탄기를 부식시키는 것을 주의하여야 한다.
④ 절탄기 자체로 인한 통풍저항 증가와 연도의 가스온도 저하로 인한 연도통풍력의 감소를 주의하여야 한다.

34 매립지에서의 분해반응과 가장 관련이 적은 것은?

① C/N　② 수분량
③ 폐기물 밀도　④ 폐기물 조성

해설 퇴비화 설계운영 고려인자(분해반응 관련 인자)

① 수분함량(함수율)　② C/N비
③ 온도　④ 입자 크기
⑤ pH　⑥ 폐기물 조성
⑦ 산소

35 쓰레기와 슬러지를 합성하여 퇴비화할 경우에 관한 설명으로 틀린 것은?

① 미생물의 접종 효과가 있다.
② Bulking Agent 역할을 쓰레기가 할 수 있다.
③ 슬러지에 함유될 수 있는 유독물질 여부의 점검이 필요하다.
④ 쓰레기 단독으로 퇴비화할 때보다 통기성이 좋다.

해설 쓰레기와 슬러지를 합성하여 퇴비화할 경우가 쓰레기 단독으로 퇴비화할 때보다 통기성은 낮아진다.

36 빈용기 보증금제도하에서 주류용기의 미회수율이 16%라고 할 때 주류용기의 재사용 횟수는?

① 4회　② 7회
③ 10회　④ 13회

해설 $$\text{재사용 횟수} = \frac{100}{\text{미회수율(\%)}} = \frac{100}{16} = 6.25(7\text{회})$$

37 생활폐기물 매립장에서 발생하는 침출수의 특성에 관한 설명으로 틀린 것은?

① 매립 초기에는 침출수의 pH가 약알칼리성이며, 매립 연한이 오래된 경우에는 약산성을 나타낸다.
② 매립 초기에는 생분해성이 높은 유기물 함량이 높은 반면 매립연한이 오래된 경우에는 난분해성 유기물 함량이 높다.
③ 침출수의 수질은 연차별, 계절별로 변화한다.
④ 통상 침출수의 암모니아성 질소 농도는 상당기간 동안 높은 값을 보인다.

해설 침출수는 매립 초기에 pH 6~7의 약산성, 나중에는 약알칼리성(pH 7~8)을 나타낸다.

38 축분과 톱밥 쓰레기를 혼합한 후 퇴비화하여 함수량 20%의 퇴비를 만들었다면 퇴비량(ton)은?(단, 퇴비화 시 수분 감량만 고려, 비중 = 1.0)

성분	쓰레기양(ton)	함수량(%)
축분	12.0	85.0
톱밥	2.0	5.0

2017

정답 33 ② 34 ③ 35 ④ 36 ② 37 ① 38 ①

① 4.63ton ② 5.23ton
③ 6.33ton ④ 7.83ton

해설 ① 축분, 톱밥 혼합함수율 $= \frac{(12\times0.85)+(2\times0.05)}{12+2}\times100$

$=73.57\%$

② 물질수지식 이용

14ton×(1−0.7357) = 퇴비량×(1−0.2)

퇴비량(ton) $= \frac{14\text{ton}\times0.2643}{0.8} = 4.63\text{ton}$

39 **매립지로부터 가스가 발생될 것이 예상되면 발생가스에 대한 적절한 대책이 수립되어야 한다. 이 중 최소한의 환기설비 또는 가스대책 설비를 계획하여야 하는 경우와 가장 거리가 먼 것은?**

① 발생가스의 축적으로 덮개설비에 손상이 갈 우려가 있는 경우
② 식물 식생의 과다로 지중 가스 축적이 가중되는 경우
③ 유독가스가 방출될 우려가 있는 경우
④ 매립지 위치가 주변개발지역과 인접한 경우

해설 최종복토 위의 식물이 고사될 우려가 있는 경우 최소한의 환기설비 또는 가스대책설비를 계획하여야 한다.

40 **호기성 퇴비화 설계운영 고려 인자인 C/N비에 관한 내용으로 옳은 것은?**

① 초기 C/N비 5~10이 적당하다.
② 초기 C/N비 25~50이 적당하다.
③ 초기 C/N비 80~150이 적당하다.
④ 초기 C/N비 200~350이 적당하다.

해설 퇴비화 시 초기 C/N비는 25~40 정도가 적당하고 적정 C/N비는 25~50 정도이고 조절은 C/N비가 서로 다른 폐기물을 적절히 혼합하여 최적조건으로 맞춘다.

제3과목 폐기물공정시험기준(방법)

41 **원자흡수분광광도법으로 수은을 분석할 경우 시료채취 및 관리에 관한 설명으로 ( )에 들어갈 알맞은 말은?**

> 시료가 액상폐기물인 경우는 진한 질산으로 pH (㉠) 이하로 조절하고 채취 시료는 수분, 유기물 등 함유성분의 변화가 일어나지 않도록 0~4℃ 이하의 냉암소에 보관하여야 하며 가급적 빠른 시간 내에 분석하여야 하나 최대 (㉡)일 안에 분석한다.

① ㉠ 2, ㉡ 14 ② ㉠ 3, ㉡ 14
③ ㉠ 2, ㉡ 28 ④ ㉠ 3, ㉡ 32

해설 ① 시료가 액상폐기물인 경우
㉠ 진한 질산으로 pH 2 이하로 조절
㉡ 채취 시료는 수분, 유기물 등 함유성분의 변화가 일어나지 않도록 0~4℃ 이하의 냉암소에 보관
㉢ 가급적 빠른 시간 내에 분석하여야 하나 최대 28일 안에 분석
② 시료가 고상폐기물인 경우
㉠ 0~4℃ 이하의 냉암소에 보관
㉡ 가급적 빠른 시간 내에 분석

42 **노말헥산 추출시험방법에 의한 기름 성분 함량 측정 시 증발용기를 실리카겔 데시케이터에 넣고 정확히 얼마 동안 방냉 후 무게를 측정하는가?**

① 30분 ② 1시간
③ 2시간 ④ 4시간

해설 증발용기 외부의 습기를 깨끗이 닦아 (80±5)℃의 건조기 중에 30분간 건조하고 실리카겔 데시케이터에 넣어 정확히 30분간 식힌 후 무게를 단다.

43 **아포균 검사법에 의한 감염성 미생물의 분석 방법으로 틀린 것은?**

① 표준지표생물포자가 10^4개 이상 감소하면 멸균된 것으로 본다.
② 온도가 (32±1)℃ 또는 (55±1)℃ 이상 유지되는 항온배양기를 사용한다.
③ 표준지표생물의 아포밀도는 세균현탁액 1mL에 1×10^4개 이상의 아포를 함유하여야 한다.

정답 39 ② 40 ② 41 ③ 42 ① 43 ④

④ 시료의 채취는 가능한 한 무균적으로 하고 멸균된 용기에 넣어 2시간 이내에 실험실로 운반 · 실험하여야 하며, 그 이상의 시간이 소요될 경우에는 10℃ 이하로 냉장하여 4시간 이내에 실험실로 운반하고 실험실에 도착한 후 2시간 이내에 배양조작을 완료하여야 한다.

해설 시료의 채취는 가능한 한 무균적으로 하고 멸균된 용기에 넣어 1시간 이내에 실험실로 운반 · 실험하여야 하며, 그 이상의 시간이 소요될 경우에는 10℃ 이하로 냉장하여 6시간 이내에 실험실로 운반하고 실험실에 도착한 후 2시간 이내에 배양조작을 완료하여야 한다.(다만, 8시간 이내에 실험이 불가능할 경우에는 현지 실험용 기구세트를 준비하여 현장에서 배양조작을 하여야 함)

44 강도 I_o의 단색광이 정색용액을 통과할 때 그 빛의 80%가 흡수된다면 흡광도는?

① 0.6 ② 0.7 ③ 0.8 ④ 0.9

해설 $흡광도(A) = \log\frac{1}{투과율} = \log\frac{1}{(1-0.8)} = 0.7$

45 시료의 전처리 방법 중 유기물 함량이 비교적 높지 않고 금속의 수산화물, 산화물, 인산염 및 황화물을 함유하고 있는 시료에 적용되는 방법에 사용되는 산은?

① 질산, 아세트산 ② 질산, 황산
③ 질산, 염산 ④ 질산, 과염소산

해설 **질산 – 염산 분해법**
① 적용 : 유기물 함량이 비교적 높지 않고 금속의 수산화물, 산화물, 인산염 및 황화물을 함유하고 있는 시료에 적용한다.
② 용액 산농도 : 약 0.5N

46 자외선/가시선 분광법에 의한 시안시험방법에서 방해물 제거방법으로 사용되지 않는 것은?

① 유지류는 pH 6~7로 조절하여 클로로폼으로 추출
② 유지류는 pH 6~7로 조절하여 노말헥산으로 추출
③ 잔류 염소는 질산은을 첨가하여 제거
④ 황화물은 아세트산아연용액을 첨가하여 제거

해설 **시안 – 자외선/가시선 분광법(간섭물질)**
① 시안화합물 측정 시 방해물질들은 증류하면 대부분 제거된다.(다량의 지방성분, 잔류염소, 황화합물은 시안화합물 분석 시 간섭할 수 있음)
② 다량의 지방성분 함유 시료
아세트산 또는 수산화나트륨용액으로 pH 6~7로 조절한 후 시료의 약 2%에 해당하는 부피의 노말헥산 또는 클로로폼을 넣어 추출하여 유기층은 버리고 수층을 분리하여 사용한다.
③ 황화합물이 함유된 시료
아세트산아연용액(10W/V%) 2mL를 넣어 제거한다. 이 용액 1mL는 황화물이온 약 14mg에 해당된다.
④ 잔류염소가 함유된 시료
잔류염소 20mg당 L – 아스코빈산(10W/V%) 0.6mL 또는 이산화비소산나트륨용액(10W/V%) 0.7mL를 넣어 제거한다.

47 편광현미경과 입체현미경으로 고체 시료 중 석면의 특성을 관찰하여 정성과 정량 분석할 때 입체현미경의 배율범위로 가장 옳은 것은?

① 배율 2~4배 이상 ② 배율 4~8배 이상
③ 배율 10~45배 이상 ④ 배율 50~200배 이상

해설 **석면 관찰 배율**
① 편광현미경 : 100~400배
② 입체현미경 : 10~45배 이상

48 자외선/가시선 분광법으로 크롬 측정 시 크롬 이온 전체를 6가크롬으로 산화시키기 위해 가하는 산화제는?

① 과산화수소 ② 과망간산칼륨
③ 중크롬산칼륨 ④ 염화제일주석

2017

해설 **크롬 – 자외선/가시선 분광법**
시료 중에서 총 크롬을 과망간산칼륨을 사용하여 6가크롬으로 산화시킨 다음 산성에서 다이페닐카바자이드와 반응하여 생성되는 적자색 착화합물의 흡광도를 540nm에서 측정하여 총 크롬을 정량하는 방법이다.

49 수소이온농도 – 유리전극법에 관한 설명으로 틀린 것은?

① 시료의 온도는 pH 표준액의 온도와 동일한 것이 좋다.
② 반고상폐기물 5g을 100mL 비커에 취한 다음 정제수 50mL를 넣어 30분 이상 교반, 침전 후 사용한다.
③ 고상폐기물 10g을 50mL 비커에 취한 다음 정제수 25mL를 넣어 잘 교반하여 30분 이상 방치한 후 이 현탁액을 시료용액으로 한다.
④ pH 미터는 전원을 넣은 후 5분 이상 경과 후에 사용한다.

해설 **반고상 또는 고상폐기물**
시료 10g을 50mL 비커에 취한 다음 정제수 25mL를 넣어 잘 교반하여 30분 이상 방치한 후 이 현탁액을 시료용액으로 하거나 원심분리한 후 상층액을 시료용액으로 한다.

정답 44 ② 45 ③ 46 ③ 47 ③ 48 ② 49 ②

50 중량법으로 폐기물의 강열감량 및 유기물 함량을 측정할 때의 방법으로 (　)에 알맞은 것은?

> 시료에 질산암모늄 용액(25%)을 넣고 가열하여 탄화시킨 다음 (㉠)℃의 전기로 안에서 (㉡)시간 강열한 다음 데시케이터에서 식힌 후 무게를 달아 증발접시의 무게차로부터 강열감량 및 유기물 함량의 양(%)을 구한다.

① ㉠ 500±25, ㉡ 2
② ㉠ 600±25, ㉡ 3
③ ㉠ 700±30, ㉡ 4
④ ㉠ 800±30, ㉡ 5

해설 **강열감량 및 유기물 함량 – 중량법**
질산암모늄용액(25%)을 넣고 가열하여 탄화시킨 다음 (600±25)℃의 전기로 안에서 3시간 강열하고 데시케이터에서 식힌 후 무게를 달아 증발접시의 무게차로부터 구한다.

51 다음 중 농도가 가장 낮은 것은?

① 1mg/L　② 1,000μg/L
③ 100ppb　④ 0.01ppm

해설 ① 1mg/L
② 1,000μg/L=1,000ppb=1ppm=1mg/L
③ 100ppb=0.1ppm=0.1mg/L
④ 0.01ppm=0.01mg/L

52 반고상 또는 고상폐기물 내의 기름 성분을 분석하기 위해 노말헥산 추출시험방법에 의해 폐기물 양의 약 2.5배에 해당하는 물을 넣고 잘 혼합한 후 pH를 조절한다. 이때 pH 범위는?

① pH 4 이하　② pH 4~7
③ pH 7~9　④ pH 9 이상

해설 시료 적당량을 분별깔때기에 넣고 메틸오렌지용액(0.1W/V%)을 2~3방울 넣고 황색이 적색으로 변할 때까지 염산(1+1)을 넣어 pH 4 이하로 조절한다.(단, 반고상 또는 고상폐기물인 경우에는 폐기물 양의 약 2.5배에 해당하는 물을 넣어 잘 혼합한 다음 pH 4 이하로 조절하여 상등액으로 한다.)

53 정도보증/정도관리(QA/QC)에서 검정곡선을 그리는 방법으로 틀린 것은?

① 절대검정곡선법　② 검출한계작성법
③ 표준물질첨가법　④ 상대검정곡선법

해설 **검정곡선 작성법**
① 절대검정곡선법
② 표준물질첨가법
③ 상대검정곡선법

54 폐기물용출시험방법에 관한 설명으로 틀린 것은?

① 진탕 횟수는 매분당 약 200회로 한다.
② 진탕 후 1.0μm의 유리섬유여과지로 여과한다.
③ 진폭이 4~5cm의 진탕기로 4시간 연속 진탕한다.
④ 여과가 어려운 경우에는 매분당 3,000회전 이상으로 20분 이상 원심분리한다.

해설 **용출시험방법(용출조작)**
① 진탕 : 혼합액을 상온 · 상압에서 진탕 횟수가 매분당 약 200회, 진폭이 4~5cm인 진탕기를 사용하여 6시간 연속 진탕
⇩
② 여과 : 1.0μm의 유리섬유여과지로 여과
⇩
③ 여과액을 적당량 취하여 용출실험용 시료용액으로 함

55 기체크로마토그래피법에 의한 PCBs 시험 시 실리카겔 칼럼을 사용하는 주목적은?

① 시료 중의 수용성 염류분리
② 시료 중의 수분 흡수
③ PCBs의 흡착
④ PCBs 이외의 불순물 분리

해설 실리카겔 컬럼정제는 산, 염화페놀, 폴리클로로페녹시페놀 등의 극성화합물을 제거하기 위하여 수행한다.

56 대상폐기물의 양이 2,000톤인 경우 채취할 현장시료의 최소 수는?

① 24　② 36
③ 50　④ 60

정답 50 ② 51 ④ 52 ① 53 ② 54 ③ 55 ④ 56 ③

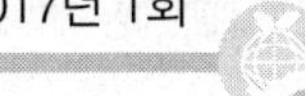

해설 대상폐기물의 양과 시료의 최소 수

대상 폐기물의 양(단위 : ton)	시료의 최소 수
~ 1 미만	6
1 이상~5 미만	10
5 이상~30 미만	14
30 이상~100 미만	20
100 이상~500 미만	30
500 이상~1,000 미만	36
1,000 이상~5,000 미만	50
5,000 이상 ~	60

57 다음 설명에 해당하는 시료의 분할 채취방법은?

- 모아진 대시료를 네모꼴로 엷게 균일한 두께로 편다.
- 이것을 가로 4등분, 세로 5등분하여 20개의 덩어리로 나눈다.
- 20개의 각 부분에서 균등한 양을 취한 후 혼합하여 하나의 시료로 한다.

① 교호삽법 ② 구획법
③ 균등분할법 ④ 원추 4분법

해설 구획법
① 모아진 대시료를 네모꼴로 엷게 균일한 두께로 편다.
② 이것을 가로 4등분, 세로 5등분하여 20개의 덩어리로 나눈다.
③ 20개의 각 부분에서 균등량을 취한 후 혼합하여 하나의 시료로 만든다.

58 기체크로마토그래피 – 질량분석법에 따른 유기인 분석방법을 설명한 것으로 틀린 것은?

① 운반기체는 부피백분율 99.999% 이상의 헬륨을 사용한다.
② 질량분석기는 자기장형, 사중극자형 및 이온트랩형 등의 성능을 가진 것을 사용한다.
③ 질량분석기의 이온화방식은 전자충격법(EI)을 사용하며 이온화 에너지는 35~70eV를 사용한다.
④ 질량분석기의 정량분석에는 매트릭스 검출법을 이용하는 것이 바람직하다.

해설 질량분석기의 정량분석에는 선택이온검출법(SIM)을 이용하는 것이 바람직하다.

59 ICP 분석에서 시료가 도입되는 플라스마의 온도 범위는?

① 1,000~3,000K ② 3,000~6,000K
③ 6,000~8,000K ④ 15,000~20,000K

해설 플라스마의 온도는 최고 15,000K까지 이르며 보통시료는 6,000~8,000K의 고온에 주입되므로 거의 완전한 원자화가 일어나 분석에 장애가 되는 많은 간섭을 배제하면서 고감도의 측정이 가능하게 된다. 또한 플라스마는 그 자체가 광원으로 이용되기 때문에 매우 넓은 농도범위에서 시료를 측정할 수 있다.

60 수은을 원자흡수분광광도법으로 측정하는 방법으로 ( )에 옳은 내용은?

시료 중 수은을 ( )을 넣어 금속수은으로 환원시킨 다음 이 용액에 통기하여 발생하는 수은 증기를 원자흡수분광광도법으로 정량한다.

① 아연분말 ② 이염화주석
③ 염산히드록실아민 ④ 과망간산칼륨

해설 시료 중 수은을 이염화주석을 넣어 금속수은으로 환원시킨 다음 이 용액에 통기하여 발생하는 수은 증기를 253.7nm의 파장에서 원자흡수분광광도법에 따라 정량하는 방법

제4과목 폐기물관계법규

61 폐기물감량화시설의 종류에 해당되지 않는 것은?

① 폐기물 재활용시설 ② 폐기물 소각시설
③ 공정 개선시설 ④ 폐기물 재이용시설

해설 폐기물감량화시설의 종류
① 공정 개선시설
② 폐기물 재이용시설
③ 폐기물 재활용시설
④ 그 밖의 폐기물감량화시설

62 의료폐기물 전용용기 검사기관으로 틀린 것은?

① 한국화학융합시험연구원
② 한국환경공단
③ 한국의료기기시험연구원
④ 한국건설생활환경시험연구원

정답 57 ② 58 ④ 59 ③ 60 ② 61 ② 62 ③

해설 의료폐기물 전용용기 검사기관
① 한국환경공단
② 한국화학융합시험원
③ 한국건설생활환경시험연구원
④ 그 밖에 국립환경과학원장이 의료폐기물 전용용기에 대한 검사능력이 있다고 인정하여 고시하는 기관

63 매립시설의 사후관리이행보증금의 산출기준 항목으로 틀린 것은?
① 침출수 처리시설의 가동 및 유지 · 관리에 드는 비용
② 매립시설 제방 등의 유실 방지에 드는 비용
③ 매립시설 주변의 환경오염조사에 드는 비용
④ 매립시설에 대한 민원 처리에 드는 비용

해설 사후관리에 드는 비용(사후관리이행보증금의 산출기준)
① 침출수 처리시설의 가동과 유지 · 관리에 드는 비용
② 매립시설 제방, 매립가스 처리시설, 지하수 검사정 등의 유지 · 관리에 드는 비용
③ 매립시설 주변의 환경오염조사에 드는 비용
④ 정기검사에 드는 비용

64 폐기물처리 신고자가 고철을 재활용하는 경우 환경부령으로 정하는 폐기물처리기간은?
① 15일 ② 30일
③ 60일 ④ 90일

해설 폐기물처리 신고자와 광역폐기물처리시설 설치 · 운영자의 환경부령으로 정하는 폐기물처리기간은 30일을 말하며 폐기물처리 신고자가 고철을 재활용하는 경우에는 60일을 말한다.

65 지정폐기물 보관 표지판에 기재되는 내용이 아닌 것은?
① 보관방법 ② 관리책임자
③ 취급 시 주의사항 ④ 운반(처리) 예정장소

해설 지정폐기물 보관표지

지정폐기물 보관표지	
① 폐기물의 종류 :	② 보관가능용량 : 톤
③ 관리책임자 :	④ 보관기간 : ~ (일간)
⑤ 취급 시 주의사항 • 보관 시 : • 운반 시 : • 처리 시 :	
⑥ 운반(처리)예정장소 :	

66 매립지의 사후관리 기준 및 방법에 관한 내용 중 토양 조사횟수기준(토양조사방법)으로 옳은 것은?
① 월 1회 이상 조사
② 매 분기 1회 이상 조사
③ 매 반기 1회 이상 조사
④ 연 1회 이상 조사

해설 매립지의 사후관리 기준 및 방법(토양조사방법)
① 토양오염물질을 연 1회 이상 조사하여야 한다.
② 토양조사지점은 4개소 이상으로 하고 환경부장관이 정하여 고시하는 토양정밀조사 방법에 따라 폐기물 매립 및 재활용 지역의 시료채취지점의 표토에서 시료를 채취한다.

67 생활폐기물의 처리대행자에 해당되지 않는 자는?
① 폐기물처리업자
② 폐기물처리 신고자
③ 한국환경공단
④ 한국자원재생공사법에 의하여 음식물류 폐기물을 수거하여 재활용하는 자

해설 생물폐기물의 처리대행자
① 폐기물처리업자
② 폐기물처리 신고자
③ 한국환경공단(농업활동으로 발생하는 폐플라스틱 필름 · 시트류를 재활용하거나 폐농약용기 등 폐농약포장재를 재활용 또는 소각하는 것만 해당한다)
④ 전기 · 전자제품 재활용의무생산자 또는 전기 · 전자제품 판매업자(전기 · 전자제품 재활용의무생산자 또는 전기 · 전자제품 판매업자로부터 회수 · 재활용을 위탁받은 자를 포함한다) 중 전기 · 전자제품을 재활용하기 위하여 스스로 회수하는 체계를 갖춘 자
⑤ 재활용센터를 운영하는 자(대형 폐기물을 수집 · 운반 및 재활용하는 것만 해당한다)
⑥ 건설폐기물처리업의 허가를 받은 자(공사 · 작업 등으로 인하여 5톤 미만으로 발생되는 생활폐기물을 재활용하기 위하여 수집 · 운반하거나 재활용하는 경우만 해당한다)

68 의료폐기물을 제외한 지정폐기물의 보관에 관한 기준 및 방법으로 틀린 것은?
① 지정폐기물은 지정폐기물 외의 폐기물과 구분하여 보관하여야 한다.
② 폐유는 휘발되지 아니하도록 밀봉된 용기에 보관하여야 한다.

정답 63 ④ 64 ③ 65 ① 66 ④ 67 ④ 68 ②

③ 흩날릴 우려가 있는 폐석면은 습도 조절 등의 조치 후 고밀도 내수성 재질의 포대로 2중포장하거나 견고한 용기에 밀봉하여 흩날리지 아니하도록 보관하여야 한다.
④ 지정폐기물은 지정폐기물에 의하여 부식되거나 파손되지 아니하는 재질로 된 보관시설 또는 보관용기를 사용하여 보관하여야 한다.

해설 폐유기용제는 휘발되지 아니하도록 밀폐된 용기에 보관하여야 한다.

69 대통령령으로 정하는 폐기물처리시설을 설치 · 운영하는 자가 그 폐기물처리시설의 설치 · 운영이 주변지역에 미치는 영향을 조사하여야 하는 기간은?

① 1년마다 ② 3년마다
③ 5년마다 ④ 10년마다

해설 대통령령으로 정하는 폐기물처리시설을 설치 · 운영하는 자는 그 폐기물처리시설의 설치 · 운영이 주변지역에 미치는 영향을 3년마다 조사하고, 그 결과를 환경부장관에게 제출하여야 한다.

70 특별자치시장, 특별자치도지사, 시장 · 군수 · 구청장이 수립하는 음식물류 폐기물 발생 억제계획의 수립주기는?

① 1년 ② 2년
③ 3년 ④ 5년

해설 음식물류 폐기물 발생 억제계획의 수립주기는 5년이다.

71 폐기물처리시설인 매립시설(관리형 매립시설)의 설치검사 시 검사항목에 해당되지 않는 것은?

① 내부진입도로 설치내용
② 차수시설의 재질 · 두께 · 투수계수
③ 바닥 및 외벽의 압축강도 · 두께
④ 매끄러운 고밀도 폴리에틸렌라이너의 기준 적합 여부

해설 **관리형 매립시설 설치검사 시 검사항목**
① 차수시설의 재질 · 두께 · 투수계수
② 토목합성수지 라이너의 항목인장강도의 안전율
③ 매끄러운 고밀도 폴리에틸렌라이너의 기준 적합 여부
④ 침출수 집배수층의 재질 · 두께 · 투수계수 · 투과증계수 및 구배
⑤ 지하수 배제시설 설치내용
⑥ 침출수유량조정조의 규모 · 방수처리내역, 유량계의 형식 및 작동상태
⑦ 침출수 처리시설의 처리방법, 처리용량
⑧ 침출수 이송 · 처리 시 종말처리시설 등의 처리능력
⑨ 매립가스 소각시설이나 활용시설 설치계획
⑩ 내부진입도로 설치내용

72 폐기물관리법에서 사용하는 용어로 틀린 것은?

① '처리'란 폐기물의 소각 · 중화 · 파쇄 · 고형화 등의 중간처분과 매립하거나 해역으로 배출하는 등의 최종처분을 말한다.
② '생활폐기물'이란 사업장폐기물 외의 폐기물을 말한다.
③ '폐기물처리시설'이란 폐기물의 중간처분시설, 최종처분시설 및 재활용시설로서 대통령령으로 정하는 시설을 말한다.
④ '폐기물감량화시설'이란 생산공정에서 발생하는 폐기물의 양을 줄이고, 사업장 내 재활용을 통하여 폐기물 배출을 최소화하는 시설로서 대통령령으로 정하는 시설을 말한다.

해설 **처리**
폐기물의 수집, 운반, 보관, 재활용, 처분을 말한다.

73 폐기물관리법상 가연성 고형폐기물의 에너지 회수기준으로 맞는 것은?

> 에너지의 회수효율(회수에너지 총량을 투입에너지 총량으로 나눈 비율을 말한다)이 (　　) 이상일 것

① 65% ② 75%
③ 85% ④ 95%

해설 **에너지 회수기준**
① 다른 물질과 혼합하지 아니하고 해당 폐기물의 저위발열량이 킬로그램당 3천 킬로칼로리 이상일 것
② 에너지의 회수효율(회수에너지 총량을 투입에너지 총량으로 나눈 비율을 말한다)이 75퍼센트 이상일 것
③ 회수열을 모두 열원으로 스스로 이용하거나 다른 사람에게 공급할 것
④ 환경부장관이 정하여 고시하는 경우에는 폐기물의 30퍼센트 이상을 원료나 재료로 재활용하고 그 나머지 중에서 에너지 회수에 이용할 것

2017

정답 69 ② 70 ④ 71 ③ 72 ① 73 ②

74 다음은 지정폐기물인 폐페인트 및 폐래커에 관한 기준이다. ( )에 옳은 것은?

> 페인트 및 래커와 유기용제가 혼합된 것으로서 페인트 및 래커 제조업, 용적 (㉠) 이상 또는 동력 (㉡) 이상의 도장시설, 폐기물을 재활용하는 시설에서 발생되는 것

① ㉠ 10세제곱미터, ㉡ 3마력
② ㉠ 10세제곱미터, ㉡ 5마력
③ ㉠ 5세제곱미터, ㉡ 3마력
④ ㉠ 5세제곱미터, ㉡ 5마력

해설 **지정폐기물(폐페인트 및 폐래커)**
① 페인트 및 래커와 유기용제가 혼합된 것으로서 페인트 및 래커 제조업, 용적 5세제곱미터 이상 또는 동력 3마력 이상의 도장시설, 폐기물을 재활용하는 시설에서 발생되는 것
② 페인트 보관용기에 남아 있는 페인트를 제거하기 위하여 유기용제와 혼합한 것
③ 폐페인트 용기(용기 안에 남아 있는 페인트가 건조되어 있고, 그 잔존량이 용기 바닥에서 6밀리미터를 넘지 아니하는 것은 제외한다)

75 설치신고대상 폐기물처리시설의 규모기준으로 ( )에 옳은 것은?

> 일반소각시설로서 1일 처분능력이 (㉠)(지정폐기물의 경우에는 (㉡)) 미만인 시설

① ㉠ 50톤, ㉡ 5톤　② ㉠ 50톤, ㉡ 10톤
③ ㉠ 100톤, ㉡ 5톤　④ ㉠ 100톤, ㉡ 10톤

해설 **설치신고대상 폐기물처리시설의 규모기준**
① 일반소각시설로서 1일 처리능력이 100톤(지정폐기물의 경우에는 10톤) 미만인 시설
② 고온소각시설 · 열분해시설 · 고온용융시설 또는 열처리조합시설로서 시간당 처리능력이 100킬로그램 미만인 시설
③ 기계적 처분시설 또는 재활용시설 중 증발 · 농축 · 정제 또는 유수분리시설로서 시간당 처리능력이 125킬로그램 미만인 시설
④ 기계적 처분시설 또는 재활용시설 중 압축 · 파쇄 · 분쇄 · 절단 · 용융 또는 연료화 시설로서 1일 처리능력이 100톤 미만인 시설
⑤ 기계적 처분시설 또는 재활용시설 중 탈수 · 건조시설, 멸균분쇄시설 및 화학적 처리시설
⑥ 생물학적 처분시설 또는 재활용시설로서 1일 처리능력이 100톤 미만인 시설
⑦ 소각열회수시설로서 1일 재활용능력이 100ton 미만인 시설

76 폐기물처리시설 주변지역 영향조사 기준 중 조사지점에 관한 기준으로 틀린 것은?

① 미세먼지와 다이옥신 조사지점은 해당 시설에 인접한 주거지역 중 3개소 이상 지역의 일정한 곳으로 한다.
② 악취 조사지점은 매립시설에 가장 인접한 주거지역에서 냄새가 가장 심한 곳으로 한다.
③ 토양 조사지점은 매립시설에 인접하여 토양오염이 우려되는 4개소 이상의 일정한 곳으로 한다.
④ 지하수 조사지점은 매립시설에 설치된 2개소 이상의 지하수 검사정으로 한다.

해설 **주변지역 영향조사의 조사지점**
① 미세먼지와 다이옥신 조사지점은 해당 시설에 인접한 주거지역 중 3개소 이상 지역의 일정한 곳으로 한다.
② 악취 조사지점은 매립시설에 가장 인접한 주거지역에서 냄새가 가장 심한 곳으로 한다.
③ 지표수 조사지점은 해당 시설에 인접하여 폐수, 침출수 등이 흘러들거나 흘러들 것으로 우려되는 지역의 상 · 하류 각 1개소 이상의 일정한 곳으로 한다.
④ 지하수 조사지점은 매립시설의 주변에 설치된 3개의 지하수 검사정으로 한다.
⑤ 토양조사지점은 4개소 이상으로 하고 토양정밀조사의 방법에 따라 폐기물매립 및 재활용지역의 시료채취 지점의 표토와 심토에서 각각 시료를 채취해야 하며, 시료채취지점의 지형 및 하부토양의 특성을 고려하여 시료를 채취해야 한다.

77 폐기물처리업자 또는 폐기물처리신고자의 휴업 · 폐업 등의 신고에 관한 내용으로 ( )에 옳은 것은?

> 폐기물처리업자나 폐기물처리 신고자가 휴업 · 폐업 또는 재개업을 한 경우에는 휴업 · 폐업 또는 재개업을 한 날부터 ( )에 신고서에 해당 서류를 첨부하여 시 · 도지사나 지방환경관서의 장에게 제출하여야 한다.

① 10일 이내　② 15일 이내
③ 20일 이내　④ 30일 이내

해설 폐기물처리업자 또는 폐기물처리신고자가 휴업 · 폐업 또는 재개업을 한 경우에는 휴업 · 폐업 또는 재개업을 한 날부터 20일 이내에 시 · 도지사나 지방환경관서의 장에게 신고서를 제출하여야 한다.

정답 74 ③ 75 ④ 76 ④ 77 ③

78 폐기물처리 신고자의 준수사항 기준으로 (　　)에 옳은 것은?

> 정당한 사유 없이 계속하여 (　　) 이상 휴업하여서는 아니 된다.

① 6월　　② 1년
③ 2년　　④ 3년

해설 **폐기물처리 신고자의 준수사항**
정당한 사유 없이 계속하여 1년 이상 휴업하여서는 아니 된다.

79 관계 서류나 시설 또는 장비 등을 검사하기 위하여 관계 공무원의 사무소 또는 사업장의 출입 · 검사를 거부 · 방해 또는 기피한 자에 대한 과태료 처분기준은?

① 100만 원 이하의 과태료
② 200만 원 이하의 과태료
③ 300만 원 이하의 과태료
④ 1,000만 원 이하의 과태료

해설 ※ 법규 변경사항이므로 학습 안 하셔도 무방합니다.

80 폐기물처리시설 중 차단형 매립시설의 정기검사 항목이 아닌 것은?

① 소화장비 설치 · 관리실태
② 축대벽의 안정성
③ 사용종료매립지 밀폐상태
④ 침출수집배수시설의 기능

해설 **차단형 매립시설의 정기검사**
① 소화장비설치 · 관리 실태
② 축대벽의 안정성
③ 빗물, 지하수 유입방지조치
④ 사용종료 매립지 밀폐상태

2017

정답 78 ② 79 ① 80 ④

2017년 2회 기출문제

제1과목 폐기물개론

01 매립 시 쓰레기 파쇄로 인한 이점으로 옳은 것은?

① 압축장비가 없어도 고밀도의 매립이 가능하다.
② 매립 시 복토 요구량이 증가된다.
③ 폐기물 입자의 표면적이 감소되어 미생물작용이 촉진된다.
④ 매립 시 밀도가 감소하여 폐기물의 비산이 증가한다.

해설 ② 곱게 파쇄하면 매립 시 복토가 필요 없거나 복토요구량이 절감된다.
③ 폐기물 입자의 표면적이 증가되어 미생물 작용이 촉진된다.
④ 폐기물 밀도가 증가되어 바람에 날아갈 염려가 없다.

02 난분해성 유기화합물의 생물학적 반응이 아닌 것은?

① 탈수소반응(가수분해반응)
② 고리분할
③ 탈알킬화
④ 탈할로겐화

해설 탈수소반응(가수분해반응)은 생분해성 유기물의 생물학적(혐기성) 반응이다.

03 유해 폐기물을 소각할 때 발생하는 물질로서 광화학 스모그의 원인이 되는 주된 물질은?

① 일산화탄소(CO)
② 염화수소(HCl)
③ 일산화질소(NO)
④ 이산화황(SO_2)

해설 질소산화물(NO, NO_2)은 대기 중 탄화수소류 및 태양복사에너지 중 자외선과 반응해 오존을 생성, 광화학 smog의 원인이 된다.

04 쓰레기의 운송기술 중 관거를 이용한 공기수송에 관한 설명으로 틀린 것은?

① 진공수송의 경제적인 수송거리는 약 2km 정도이다.
② 진공수송에서 진공도는 최대 0.5kg/cm^{2}Vac 정도이다.
③ 가압수송으로 연속수송을 하고자 할 경우에는 크기가 불균일해서 부착되기 쉽고 유동성이 나쁜 쓰레기를 정압으로 연속정량 공급하는 것이 곤란하다.
④ 가압수송은 진공수송에 비하여 경제적이나 수송거리가 약 1km 내외로 짧은 것이 단점이다.

해설 **공기수송(관거 이용)**

① 공기의 속도압(동압)에 의해 쓰레기를 수송하며 진공수송과 가압수송이 있다.
② 공기수송은 고층주택밀집지역에 현실성이 있으며 소음(관내 통과소음, 기타 기계음)에 대한 방지시설을 해야 한다.
③ 진공수송은 쓰레기를 받는 쪽에서 흡인하여 수송하는 방법이다.
④ 진공수송의 경제적인 수송거리는 약 2km 정도이다.
⑤ 진공수송에 있어서 진공압력은 최대 0.5kg/cm^2 Vac 정도이다.
⑥ 가압수송은 송풍기로 쓰레기를 불어서 수송하는 방법이다.
⑦ 가압수송은 진공수송보다 수송거리를 더 길게 할 수 있다.(최고 5km가 경제적 거리)
⑧ 가압수송은 연속수송을 하고자 할 경우에는 크기가 불균일해서 부착되기 쉽고 유동성이 나쁜 쓰레기를 정압으로 연속 정량공급하는 것이 곤란하다.

05 채취한 쓰레기 시료에 대한 성상 분석절차는?

① 밀도 측정 → 물리적 조성 → 건조 → 분류
② 밀도 측정 → 물리적 조성 → 분류 → 건조
③ 물리적 조성 → 밀도 측정 → 건조 → 분류
④ 물리적 조성 → 밀도 측정 → 분류 → 건조

정답 01 ① 02 ① 03 ③ 04 ④ 05 ①

해설 폐기물 시료 분석절차

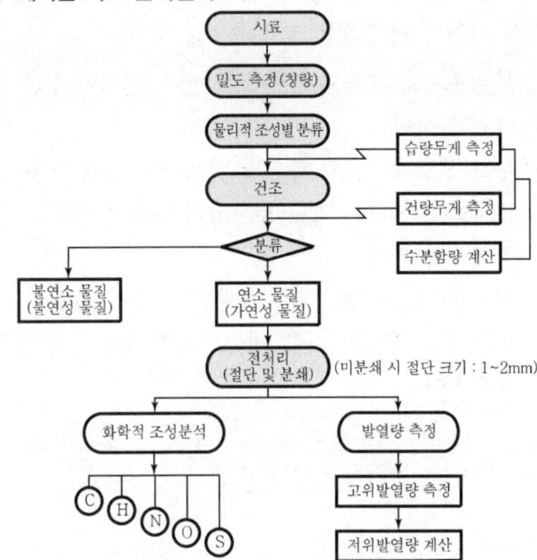

06 폐기물 파쇄기에 대한 설명으로 틀린 것은?

① 전단파쇄기는 주로 목재류, 플라스틱류 및 종이류를 파쇄하는 데 이용된다.
② 전단파쇄기는 대체로 충격파쇄기에 비해 파쇄속도가 느리고 이물질의 혼입에 대하여 약하다.
③ 충격파쇄기는 기계의 압착력을 이용하는 것으로 주로 왕복식을 적용한다.
④ 압축파쇄기는 파쇄기의 마모가 적고 비용이 적게 소요되는 장점이 있다.

해설 **충격파쇄기**

① 원리
충격파쇄기(해머밀 파쇄기)에 투입된 폐기물은 중심축의 주위를 고속회전하고 있는 회전해머의 충격에 의해 파쇄된다.
② 특징
㉠ 충격파쇄기는 주로 회전식이다.
㉡ 해머밀이 대표적(Hammermill)이며 Hazemag 식도 이에 속한다.
㉢ Hammer나 Impeller의 마모가 심하다.
㉣ 금속, 고무, 연질플라스틱류의 파쇄가 어렵다.
㉤ 도시폐기물 파쇄 소요동력 : 최소동력 15kWh/ton, 평균 20kWh/ton
㉥ 대상폐기물 : 유리, 목질류

07 도시폐기물 최종 분석 결과를 Dulong 공식으로 발열량을 계산하고자 할 때 필요하지 않은 성분은?

① H　② C
③ S　④ Cl

해설 Dulong 식은 원소분석에 의한 발열량 산정을 의미하며 원소분석항목은 C(탄소), H(수소), O(산소), S(황) 등이다.

[Note] Dulong 식

$$H_h = 8,100\text{C} + 34,000\left(\text{H} - \frac{\text{O}}{8}\right) + 2,500\text{S}$$

08 지정폐기물 중 부식성 폐기물에 포함되는 것은?

① 폐산　② 광재
③ 소각재　④ 폐촉매

해설 **부식성 폐기물**
① 폐산 : 수소이온농도(pH) 2.0 이하
② 폐알칼리 : 수소이온농도(pH) 12.5 이상

09 수분이 75%인 젖은 쓰레기를 풍건시켜서 수분이 60%로 되었다면, 건조 전 쓰레기에 비하여 감소된 중량(%)은? (단, 쓰레기 비중은 1.0으로 가정)

① 27.5　② 37.5
③ 57.5　④ 67.5

해설 초기 쓰레기양×(1−0.75)=건조 후 쓰레기양×(1−0.6)

$$\frac{\text{건조 후 쓰레기양}}{\text{초기 쓰레기양}} = \frac{(1-0.75)}{(1-0.6)} \times 100 = 62.5\%$$

감소중량(%)=100−62.5=37.5%

10 폐기물의 밀도 측정에 관한 설명으로 옳은 것은?

① 미리 부피를 알고 있는 용기를 측정에 사용한다.
② 밀도 측정 시 용기 내 쓰레기를 다지기 위해서는 50cm 높이에서 낙하시킨다.
③ 밀도 측정을 위해서는 재빨리 과잉의 수분을 제거한다.
④ 측정되는 쓰레기의 밀도는 진밀도이다.

해설 ② 밀도 측정 시 용기 내 쓰레기를 다지기 위해서는 30cm 높이에서 낙하시킨다.
③ 밀도 측정을 위해서는 과잉 수분의 제거과정이 불필요하다.
④ 측정되는 밀도는 겉보기 밀도이다.

정답 06 ③　07 ④　08 ①　09 ②　10 ①

11 슬러지 내 존재하는 물의 형태 중 아주 많은 양을 차지하며 고형물질과 직접 결합해 있지 않기 때문에 농축 등의 방법으로 용이하게 분리할 수 있는 것은?

① 부착수　② 모관결합수
③ 간극수　④ 내부수

해설 **간극수(Pore Water)**
① 큰 고형물입자 간극에 존재하며 슬러지 내 존재하는 물의 형태 중 아주 많은 양을 차지한다.
② 고형물질과 직접 결합해 있지 않기 때문에 농축 등의 방법으로 용이하게 분리가능하다.

12 폐기물의 관리에 있어서 중점을 두어야 하는 우선순위가 가장 높은 것은?

① 재이용　② 재활용
③ 퇴비화　④ 감량화

해설 폐기물 관리에 있어서 가장 우선적으로 고려하여야 할 사항은 감량화이다.

[Note] 폐기물 관리 우선순위
감량화 > 재이용 · 재활용 > 중간처분 > 최종처분

13 Worrell의 제안식을 적용한 선별결과가 다음과 같을 때, 선별효율(%)은?(단, 투입량 = 10톤/일, 회수량 = 7톤/일(회수대상물질 5톤/일), 제거대상물질 = 3톤/일(회수대상물질 0.5톤/일))

① 약 50　② 약 60
③ 약 70　④ 약 80

해설 **Worrell 식**

$$E(\%)=\left[\left(\frac{x_1}{x_0}\right)\times\left(\frac{y_2}{y_0}\right)\right]\times 100$$

x_1이 5ton/day → y_1은 2ton/day
x_2가 0.5ton/day → y_2는 2.5ton/day
(10−7−0.5)ton/day
$x_0=x_1+x_2=5.5$ton/day
$y_0=y_1+y_2=4.5$ton/day

$$=\left[\left(\frac{5}{5.5}\right)\times\left(\frac{2.5}{4.5}\right)\right]\times 100=50.51\%$$

[Note] x_0 : 투입량 중 회수대상물질
y_0 : 제거량 중 비회수대상물질
x_1 : 회수량 중 회수대상물질
y_1 : 회수량 중 비회수대상물질
x_2 : 제거량 중 회수대상물질
y_2 : 제거량 중 비회수대상물질

14 폐기물 발생량 조사방법 중 물질수지법에 관한 설명으로 가장 거리가 먼 것은?

① 물질수지를 세울 수 있는 상세한 데이터가 있는 경우에 가능하다.
② 주로 생활폐기물의 종류별 발생량 추산에 사용된다.
③ 조사하고자 하는 계(system)의 경계를 명확하게 설정하여야 한다.
④ 계(system)로 유입되는 모든 물질들과 유출되는 물질들 간의 물질수지를 세움으로써 폐기물 발생량을 추정한다.

해설 폐기물 발생량 조사방법 중 물질수지법은 주로 산업폐기물 발생량을 추산할 때 이용하는 방법이다.

15 함수율 80%인 음식쓰레기와 함수율 50%인 퇴비를 3 : 1의 무게비로 혼합하면 함수율(%)은?(단, 비중은 1.0 기준)

① 66.5%　② 68.5%
③ 72.5%　④ 74.5%

해설

$$\text{혼합함수율}(\%)=\frac{(3\times 0.8)+(1\times 0.5)}{3+1}\times 100=72.5\%$$

16 청소상태를 평가하는 평가법 중 서비스를 받는 시민들의 만족도를 설문조사하여 계산되는 사용자 만족도 지수는?

① CEI　② USI
③ PPI　④ CPI

해설 **사용자 만족도 지수(USI ; User Satisfaction Index)**
서비스를 받는 사람들의 만족도를 설문조사하여 계산하는 방법으로 설문 문항은 6개로 구성되어 있으며 총점은 100점이다.

$$\text{USI}=\frac{\sum_{i=1}^{N} R_i}{N}$$

여기서, N : 총 설문회답자의 수
R : 설문지 점수의 합계

17 쓰레기 발생량이 증가하는 이유로 가장 거리가 먼 것은?

① 도시의 규모가 커진다.　② 수집빈도가 낮아진다.
③ 쓰레기통이 커진다.　④ 생활수준이 높아진다.

해설 수집빈도가 높을수록 쓰레기 발생량은 증가한다.

정답 11 ③　12 ④　13 ①　14 ②　15 ③　16 ②　17 ②

18 쓰레기를 소각했을 때 남은 재의 중량은 쓰레기 중량의 약 1/5이다. 쓰레기 95ton을 소각했을 때 재의 용적이 $7m^3$라고 하면 재의 밀도(ton/m^3)는?

① 약 2.31 ② 약 2.51
③ 약 2.71 ④ 약 2.91

해설 재의 밀도(ton/m^3) $= \frac{중량}{부피} = \frac{95ton}{7m^3} \times \frac{1}{5} = 2.71 ton/m^3$

19 폐기물 수거노선을 결정할 때 고려하여야 할 사항으로 틀린 것은?

① 가능한 한 시계방향으로 수거노선을 정한다.
② 유턴(U－turn) 운행은 피한다.
③ 수거의 시작은 차고와 가까운 곳에서 한다.
④ 저지대에서 고지대로 상향식으로 운행한다.

해설 **효과적 · 경제적인 수거노선 결정 시 유의(고려)사항 : 수거노선 설정요령**

① 지형이 언덕인 지역에서는 언덕의 위에서부터 내려가며 적재하면서 차량을 진행하도록 한다.(안전성, 연료비 절약)
② 수거인원 및 차량형식이 같은 기존 시스템의 조건들을 서로 관련시킨다.
③ 출발점은 차고와 가깝게 하고 수거된 마지막 컨테이너가 처분지의 가장 가까이에 위치하도록 배치한다.
④ 가능한 한 지형지물 및 도로경계와 같은 장벽을 사용하여 간선도로 부근에서 시작하고 끝나야 한다.(도로경계 등을 이용)
⑤ 가능한 한 시계방향으로 수거노선을 정한다.
⑥ 적은 양의 쓰레기가 발생하나 동일한 수거빈도를 받기 원하는 적재지점(수거지점)은 가능한 한 같은 날 왕복 내에서 수거한다.
⑦ 아주 많은 양의 쓰레기가 발생되는 발생원은 하루 중 가장 먼저 수거한다.
⑧ 될 수 있는 한 한 번 간 길은 다시 가지 않는다.
⑨ 반복운행 또는 U자형 회전은 피하여 수거한다.
⑩ 교통량이 많거나 출퇴근시간은 피하여 수거한다.
⑪ 수거지점과 수거빈도 결정 시 기존 정책이나 규정을 참고한다.

20 폐기물 압축을 위한 장치는 압력의 강도에 의해 분류할 수 있다. 저압력 압축기의 기준으로 알맞은 것은?

① 5기압 이하 ② 7기압 이하
③ 10기압 이하 ④ 12기압 이하

해설 **압력의 강도에 따른 압축장치 분류**

① 저압력 압축기 : 압축강도 $700kN/m^2$(7기압) 이하
② 고압력 압축기 : 압축강도 700~35,000kN/m^2 범위

제2과목 폐기물처리기술

21 연소가스 탈황 시 발생된 슬러지(FGD Sludge) 처리에 많이 사용되는 고형화 방법으로 가장 적합한 것은?

① 자가시멘트법 ② 시멘트기초법
③ 피막시멘트법 ④ 석회기초법

해설 **자가시멘트법(Self－cementing Techniques)**

① FGD 슬러지 중 일부(10%)를 생석회화한 후 여기에 소량의 물(수분량 조절역할)과 첨가제를 가하여 폐기물이 스스로 고형화되는 성질을 이용하는 방법이다. 즉, 연소가스 탈황 시 발생된 높은 황화물을 함유한 슬러지 처리에 사용된다.
② 장점
 ㉠ 혼합률(MR)이 비교적 낮다.
 ㉡ 중금속의 고형화 처리에 효과적이다.
 ㉢ 전처리(탈수 등)가 필요 없다.
③ 단점
 ㉠ 장치비가 크며 숙련된 기술이 요구된다.
 ㉡ 보조에너지가 필요하다.
 ㉢ 많은 황화물을 가지는 폐기물에 적합하다.

22 3,785m^3/day 규모의 하수처리장 유입수의 BOD와 SS 농도가 각각 200mg/L라고 하고 1차 침전에 의하여 SS는 50%, BOD는 30%(SS 제거에 따른 감소)가 제거된다고 할 때 1차 슬러지의 양(kg/day)은?(단, 비중은 1.0, 고형물 기준)

① 378.5 ② 400.1 ③ 512.4 ④ 605.6

해설 BOD는 침전슬러지양에 영향을 주지 않으므로

슬러지양(kg/day) = 유입 SS량 × 제거율
$= 3,785m^3/day \times 200mg/L \times 1,000L/m^3 \times 1kg/10^6mg \times 0.5$
$= 378.5kg/day$

2017

23 폐기물 소각로의 폐열회수시설 중 가장 낮은 온도에서 열회수가 이루어지는 것은?

① 과열기 ② 재열기
③ 절탄기 ④ 공기예열기

해설 **공기예열기**

① 연도가스 여열을 이용하여 연소용 공기를 예열, 보일러 효율을 높이는 장치이다.
② 연료의 착화와 연소를 양호하게 하고 연소온도를 높이는 부대효과가 있다.

정답 18 ③ 19 ④ 20 ② 21 ① 22 ① 23 ④

③ 절탄기와 병용 설치하는 경우에는 공기예열기를 저온측에 설치하는데, 그 이유는 저온의 열회수에 적합하기 때문이다.
④ 소형 보일러에서는 절탄기로 충분히 여열을 회수 가능하지만 대형 보일러는 절탄기만으로는 흡수열량이 부족하여 공기예열기에 의한 열회수도 필요하다.
⑤ 대표적으로 판상공기예열기, 관형공기예열기 및 재생식 공기예열기 등이 있다.

24 **Humus(부식질)의 특징으로 틀린 것은?**

① 악취가 거의 없으며 흙냄새가 난다.
② 물 보유력과 양이온교환능력이 좋다.
③ 탄질비(C/N)가 거의 1에 가깝다.
④ 짙은 갈색을 띤다.

해설 **부식질(Humus)의 특징**
① 악취가 없으며 흙냄새가 난다.
② 물 보유력 및 양이온 교환능력이 좋다.
③ C/N비는 낮은 편이며 10~20 정도이다.
④ 짙은 갈색 또는 검은색을 띤다.
⑤ 병원균이 거의 사멸되어 토양개량제로서 품질이 우수하다.
⑥ 부식질에 포함된 물질은 휴민(Humin), 풀브산(Fulvic Acid), 휴민산(Humin Acid) 등이다.
⑦ 안정한 유기물이다.

25 **침출수의 수질 특성이 아닌 것은?**

① 암모니아성 질소의 농도가 질산성 질소 농도보다 높다.
② 침출수의 pH는 6~8 사이이며, 침출수에 접촉하는 매립가스 중 CO_2 분압에 의해서도 변한다.
③ COD의 경우, 매립 초기는 BOD 값보다 약간 높으나 시간이 흐름에 따라 BOD 값보다 낮아진다.
④ 침출수 중 중금속 농도는 산 생성단계에서는 상대적으로 높고, 메탄발효 단계에서는 상대적으로 낮다.

해설 BOD의 경우, 매립 초기는 COD 값보다 약간 높으나 시간이 흐름에 따라 COD 값보다 낮아진다.

26 **매립 시 표면차수막에 관한 설명으로 가장 거리가 먼 것은?**

① 지중에 수평방향의 차수층이 존재하는 경우에 적용한다.
② 시공 시에는 눈으로 차수성 확인이 가능하나 매립 후에는 곤란하다.
③ 지하수 집배수시설이 필요하다.
④ 차수막 단위면적당 공사비는 싸지만 매립지 전체를 시공하는 경우가 많아 총공사비는 비싸다.

해설 **표면차수막**
① 적용조건
㉠ 매립지반의 투수계수가 큰 경우에 사용
㉡ 매립지의 필요한 범위에 차수재료로 덮인 바닥이 있는 경우에 사용
② 시공 : 매립지 전체를 차수재료로 덮는 방식으로 시공
③ 지하수 집배수시설 : 원칙적으로 지하수 집배수시설을 시공하므로 필요함
④ 차수성 확인 : 시공 시에는 차수성이 확인되지만 매립 후에는 곤란함
⑤ 경제성 : 단위면적당 공사비는 저가이나 전체적으로 비용이 많이 듦
⑥ 보수 : 매립 전에는 보수, 보강 시공이 가능하나 매립 후에는 어려움
⑦ 공법 종류
㉠ 지하연속벽　㉡ 합성고무계 시트
㉢ 합성수지계 시트　㉣ 아스팔트계 시트

27 **밀도 0.5ton/m^3인 도시 쓰레기가 400,000kg/일로 발생된다면 매립지 사용일수(day)는?(단, 매립지 용량 = 10^5m^3, 다짐에 의한 쓰레기 부피감소율 = 50%)**

① 125　② 250　③ 312　④ 421

해설

$$\text{매립지 사용일수(day)} = \frac{\text{매립용적}}{\text{쓰레기 발생량}}$$
$$= \frac{10^5m^3 \times 0.5ton/m^3}{400ton/day \times (1-0.5)} = 250day$$

28 **수분함량이 97%인 슬러지의 비중은?(단, 고형물의 비중은 1.35)**

① 약 1.062　② 약 1.042
③ 약 1.028　④ 약 1.008

해설

$$\frac{\text{슬러지양}}{\text{슬러지 비중}} = \frac{\text{고형물량}}{\text{고형물 비중}} + \frac{\text{함수량}}{\text{함수 비중}}$$
$$\frac{100}{\text{슬러지 비중}} = \frac{(100-97)}{1.35} + \frac{97}{1.0}$$
$$\frac{100}{\text{슬러지 비중}} = 99.2222$$
$$\text{슬러지 비중} = \frac{100}{99.2222} = 1.008$$

정답 24 ③　25 ③　26 ①　27 ②　28 ④

29 **유기성 폐기물 퇴비화의 단점이라 할 수 없는 것은?**

① 낮은 비료가치
② 부지 선정의 어려움
③ 퇴비화 과정 중 외부 가온 필요
④ 악취발생 가능성

해설 **퇴비화의 단점**

① 생산된 퇴비는 비료가치로서 경제성이 낮다.(시장 확보가 어려움)
② 다양한 재료를 이용하므로 퇴비제품의 품질표준화가 어렵다.
③ 부지가 많이 필요하고 부지 선정에 어려움이 많다.
④ 퇴비가 완성되어도 부피가 크게 감소되지는 않는다.(완성된 퇴비의 감용률은 50% 이하로서 다른 처리방식에 비하여 낮다.)
⑤ 악취발생의 문제점이 있다.

30 **슬러지 처분을 위한 고형화의 목적이라 볼 수 없는 것은?**

① 슬러지 취급이 용이
② 부피의 감소에 따른 운반비용 절감효과
③ 슬러지 내의 각종 유해물질의 용출방지
④ 고형화에 의하여 토목 및 건축재료로 자원화 가능

해설 **고형화 처리의 목적**

① 유해폐기물의 불활성화(독성 저하 및 폐기물 내의 오염물질 이동성 감소)
② 용출 억제(물리적으로 안정한 물질로 변화)
③ 토양개량 및 매립 시 충분한 강도 확보
④ 취급 용이 및 재활용(건설자재) 가능

31 **슬러지를 낙엽과 혼합하여 퇴비화하려 한다. 퇴비화 대상 혼합물의 C/N비를 30으로 할 때, 낙엽 1kg당 필요한 슬러지의 양(kg)은?(단, 고형물 건조중량 기준, 비중 = 1.0 기준)**

구분	슬러지	낙엽
C/N비	9	50
수분함량	80%	40%
질소함량	건조고형물 중 6%	건조고형물 중 1%

① 0.48　　② 0.58
③ 0.68　　④ 0.78

해설

구분	C/N비	질소	탄소	함수율	혼합비율
슬러지	9	6%	54%	80%	$(1-x)$
낙엽	50	1%	50%	40%	x

C 함량 $=[(1-x)\times(1-0.8)\times0.54]+[x\times(1-0.4)\times0.5]$
$=0.192x+0.108$

N 함량 $=[(1-x)\times(1-0.8)\times0.06]+[x\times(1-0.4)\times0.01]$
$=-0.006x+0.012$

$\text{C/N비}=\dfrac{\text{C 함량}}{\text{N 함량}}$

$30=\dfrac{0.192x+0.108}{-0.006x+0.012}$

$30\times(-0.006x+0.012)=0.192x+0.108$

$0.372x=0.252,\ x=0.678$

$0.678:(1-0.678)=1:x'$

x'(낙엽 1kg당 필요슬러지양) $=0.48\text{kg}$

32 **소각을 위한 연소기 중 화격자 연소기에 관한 설명으로 틀린 것은?**

① 기계적 작동으로 교반력이 강하다.
② 연속적인 소각과 배출이 가능하다.
③ 체류시간이 길다.
④ 국부가열이 발생할 염려가 있다.

해설 **화격자 연소기(Grate or Stoker)**

① 장점
㉠ 연속적인 소각과 배출이 가능하다.
㉡ 용량부하가 크며 전자동운전이 가능하다.
㉢ 폐기물 전처리(파쇄)가 불필요하다.
㉣ 배기가스에 의한 폐기물 건조가 가능하다.
㉤ 악취 발생이 적고 유동층식에 비해 내구연한이 길다.

② 단점
㉠ 수분이 많거나 용융소각물(플라스틱 등)의 소각에는 화격자 막힘의 염려가 있어 부적합하다.
㉡ 국부가열 발생 가능성이 있고 체류시간이 길며 교반력이 약하다.
㉢ 고온으로 인한 화격자 및 금속부 과열 가능성이 있다.
㉣ 투입호퍼 및 공기출구의 폐쇄 가능성이 있다.
㉤ 연소용 공기예열이 필요하다.

정답 29 ③　30 ②　31 ①　32 ①

33 **매립지 내에서 분해단계(4단계) 중 호기성 단계에 관한 설명으로 적절치 못한 것은?**

① N_2의 발생이 급격히 증가된다.
② O_2가 소모된다.
③ 주요 생성기체는 CO_2이다.
④ 매립물의 분해속도에 따라 수 일에서 수 개월 동안 지속된다.

해설 **제1단계(호기성 단계 : 초기조절 단계)**
① 호기성 유지상태(친산소성 단계)이다.
② 질소(N_2)와 산소(O_2)는 급격히 감소하고, 탄산가스(CO_2)는 서서히 증가하는 단계이며 가스의 발생량은 적다.
③ 산소는 대부분 소모한다.(O_2 대부분 소모, N_2 감소 시작)
④ 매립물의 분해속도에 따라 수일에서 수개월 동안 지속된다.
⑤ 폐기물 내 수분이 많은 경우에는 반응이 가속화되어 용존산소가 고갈되어 다음 단계로 빨리 진행된다.

34 **오염된 농경지의 정화를 위해 다른 장소로부터 비오염 토양을 운반하여 혼합하는 정화기술은?**

① 객토 ② 반전
③ 희석 ④ 배토

해설 **객토**
오염된 농경지의 정화를 위해 다른 장소로부터 비오염 토양을 운반하여 넣는 정화기술의 하나이다.

35 **쓰레기 열분해 시 열분해 온도(열공급 속도)가 상승함에 따라 발생량이 감소하는 가스는?**

① H_2 ② CH_4
③ CO ④ CO_2

해설 열분해온도가 상승할수록 H_2, CH_4, CO 함량은 증가, CO_2 함량은 감소한다.

36 **매립장에서 적용되는 점토와 합성수지계 차수막에 관한 설명으로 틀린 것은?**

① 점토는 벤토나이트 첨가 시 차수성이 더 좋아진다.
② 점토는 바닥처리가 나쁘면 부등침하 및 균열 위험이 있다.
③ 합성수지계 차수막은 점토에 비하여 내구성이 높으나 열화 위험이 있다.
④ 합성수지계 차수막은 점토에 비하여 가격은 저렴하나 시공이 어렵다.

해설 **합성차수막(FML ; Flexible Membrane Liner)**
① 자체의 차수성은 우수하나 파손에 의한 누수위험이 있다.
② 어떤 지반에도 적용 가능하나 시공 시 주의가 요구된다.
③ 내구성은 높으나 파손 및 열화의 위험이 있으므로 주의가 요구된다.
④ 투수계수가 낮고 점토차수재에 비해 두께가 얇아도 가능하므로 매립장 유효용량이 증가된다.
⑤ 점토에 비하여 가격은 고가이나 시공이 용이하다.
⑥ 차수설비인 복합차수층에서 일반적으로 합성차수막 바로 상부에 침출수집배수층이 위치한다.

37 **유동층 소각로의 장점이 아닌 것은?**

① 폐기물의 크기가 50mm 이상인 조대폐기물의 소각에 용이하다.
② 반응시간이 빨라 소각시간이 짧다.
③ 기계의 구동부분이 적어 고장률이 적다.
④ 단기간 정지 후 가동 시에 보조연료 없이 정상가동이 가능하다.

해설 **유동층 소각로**
① 장점
㉠ 유동매체의 열용량이 커서 액상, 기상, 고형 폐기물의 전소 및 혼소, 균일한 연소가 가능하다.
㉡ 반응시간이 빨라 소각시간이 짧다.(노 부하율이 높음)
㉢ 연소효율이 높아 미연소분이 적고 2차 연소실이 불필요하다.
㉣ 가스의 온도가 낮고 과잉공기량이 낮다. 따라서 NOx도 적게 배출된다.
㉤ 기계적 구동부분이 적어 고장률이 낮아 유지관리가 용이하다.
㉥ 노 내 온도의 자동제어로 열회수가 용이하다.
㉦ 유동매체의 축열량이 높은 관계로 단시간 정지 후 가동 시 보조연료 사용 없이 정상가동이 가능하다.
㉧ 과잉공기량이 적으므로 다른 소각로보다 보조연료 사용량과 배출가스양이 적다.
㉨ 석회 또는 반응물질을 유동매체에 혼입시켜 노 내에서 산성가스의 제거가 가능하다.
② 단점
㉠ 층의 유동으로 상으로부터 찌꺼기의 분리가 어려우며 운전비, 특히 동력비가 높다.
㉡ 폐기물의 투입이나 유동화를 위해 파쇄가 필요하다.
㉢ 상재료의 용융을 막기 위해 연소온도는 816℃를 초과할 수 없다.
㉣ 유동매체의 손실로 인한 보충이 필요하다.
㉤ 고점착성의 반유동상 슬러지는 처리하기 곤란하다.

정답 33 ① 34 ① 35 ④ 36 ④ 37 ①

ⓗ 소각로 본체에서 압력손실이 크고 유동매체의 비산 또는 분진의 발생량이 가장 많다.

ⓢ 조대한 폐기물은 전처리가 필요하다. 즉 폐기물의 투입이나 유동화를 위해 파쇄공정이 필요하다.

38 침출수를 혐기성 여상으로 처리할 때 유입유량 $3,000m^3$/day이고 BOD가 600mg/L이며 처리효율이 95%일 때 발생되는 메탄가스의 양(Sm^3/day)은?(단, $1.5m^3$ 가스/kg BOD, 가스 중 메탄 함량 60%, 표준상태 기준)

① 약 1,270 ② 약 1,367
③ 약 1,420 ④ 약 1,539

해설 $CH_4(Sm^3/day)$
$=3,000m^3/day \times 600mg/L \times 0.95 \times 0.6 \times 1.5m^3$가스/kg BOD$\times kg/10^6mg \times 1,000L/m^3$
$=1,539Sm^3/day$

39 소각 시 다이옥신이 생성될 수 있는 가능성이 가장 큰 물질은?

① 노말헥산 ② 에탄올
③ PVC ④ 오존

해설 다이옥신과 퓨란은 쓰레기 중 PVC 또는 플라스틱류 등을 포함하고 있는 합성물질을 연소시킬 때 발생한다. 즉 여러 가지 유기물과 염소공여체로부터 생성된다.

40 측정한 소화조 가스의 열량이 $5,400kcal/m^3$일 때 메탄가스의 함유량(%)은?(단, 메탄가스 열량 = $9,000kcal/m^3$, 메탄 이외의 가스는 불연소성이라 가정)

① 55 ② 60
③ 65 ④ 70

해설 메탄가스 함유량(%)$=\dfrac{5,400kcal/m^3}{9,000kcal/m^3}\times 100=60\%$

제3과목 폐기물공정시험기준(방법)

41 납을 자외선/가시선 분광법으로 측정하는 방법을 설명한 것으로 ( )에 알맞은 시약은?

> 납이온이 시안화칼륨의 공존하에 알칼리성에서 (㉠)과(와) 반응하여 생성하는 착염을 (㉡)(으)로 추출하고 (중략) 흡광도를 520nm에서 측정하는 방법이다.

① ㉠ 디티존, ㉡ 사염화탄소
② ㉠ 디티존, ㉡ 클로로포름
③ ㉠ DDTC－MIBK, ㉡ 노말헥산
④ ㉠ DDTC－MIBK, ㉡ 아세톤

해설 **납－자외선/가시선 분광법**
시료 중에 납 이온이 시안화칼륨 공존하에 알칼리성에서 디티존과 반응하여 생성하는 납 디티존착염을 사염화탄소로 추출하고 과잉의 디티존을 시안화칼륨용액으로 씻은 다음 납 착염의 흡광도를 520nm에서 측정하는 방법이다.

42 pH 표준액 중 pH 4에 가장 근접한 용액은?

① 수산염 표준액 ② 프탈산염 표준액
③ 인산염 표준액 ④ 붕산염 표준액

해설 **0℃에서 표준액의 pH 값**
① 수산염 표준액 : 1.67 ② 프탈산염 표준액 : 4.01
③ 인산염 표준액 : 6.98 ④ 붕산염 표준액 : 9.46
⑤ 탄산염 표준액 : 10.32 ⑥ 수산화칼슘 표준액 : 13.43

43 대상 폐기물의 양이 600톤인 경우 현장 시료의 최소 수는?

① 30 ② 36
③ 50 ④ 60

해설 **대상폐기물의 양과 시료의 최소 수**

대상 폐기물의 양(단위 : ton)	시료의 최소 수
~ 1 미만	6
1 이상~5 미만	10
5 이상~30 미만	14
30 이상~100 미만	20
100 이상~500 미만	30
500 이상~1,000 미만	36
1,000 이상~5,000 미만	50
5,000 이상 ~	60

정답 38 ④ 39 ③ 40 ② 41 ① 42 ② 43 ②

44 원자흡수분광광도법으로 크롬을 정량할 때 전처리 조작으로 $KMnO_4$를 사용하는 목적은?

① 철이나 니켈금속 등 방해물질을 제거하기 위해서다.
② 시료 중의 6가크롬을 3가크롬으로 환원시키기 위해서다.
③ 시료 중의 3가크롬을 6가크롬으로 산화시키기 위해서다.
④ 디페닐카르바지드와 반응을 쉽게 하기 위해서다.

해설 원자흡수분광광도법으로 크롬을 정량 시 시료 중의 3가크롬을 6가크롬으로 산화하기 위하여 과망간산칼륨용액($KMnO_4$)을 사용한다.

45 유도결합플라스마 – 원자발광분광법에 의한 카드뮴 분석방법에 관한 설명으로 틀린 것은?

① 정량범위는 사용하는 장치 및 측정조건에 따라 다르지만 330nm에서 0.004~0.3mg/L 정도이다.
② 아르곤가스는 액화 또는 압축 아르곤으로서 99.99 V/V% 이상의 순도를 갖는 것이어야 한다.
③ 시료용액의 발광강도를 측정하고 미리 작성한 검정곡선으로부터 카드뮴의 양을 구하여 농도를 산출한다.
④ 검정곡선 작성 시 카드뮴 표준용액과 질산, 염산, 정제수가 사용된다.

해설 **유도결합플라스마 – 원자발광분광법(카드뮴)**
① 측정파장 : 226.50nm
② 정량범위 : 0.004~50mg/L

46 용출실험 결과 시료 중의 수분함량을 보정해 주기 위해 적용(곱)하는 식으로 옳은 것은?(단, 함수율 85% 이상인 시료에 한함)

① 85 / {100 – 함수율(%)}
② {100 – 함수율(%)} / 85
③ 15 / {100 – 함수율(%)}
④ {100 – 함수율(%)} / 15

해설 ① 용출시험의 결과는 시료 중의 수분함량 보정을 위해 함수율 85% 이상인 시료에 한하여 보정한다.
② 보정값 : $\dfrac{15}{100-\text{시료의 함수율}(\%)}$

47 폐기물공정시험기준상의 용어로 ( )에 들어갈 수치 중 가장 작은 것은?

① "방울수"는 ( )℃에서 정제수 20방울을 적하시켰을 때 부피가 약 1mL가 된다.
② "냉수"는 ( )℃ 이하를 말한다.
③ "약"이라 함은 기재된 양에 대해서 ±( )% 이상의 차가 있어서는 안 된다.
④ "진공"이라 함은 ( )mmHg 이하의 압력을 말한다.

해설 ① 방울수 : 20℃
② 냉수 : 15℃ 이하
③ 약 : ±10%
④ 진공 : 15mmHg 이하

48 수분 40%, 고형물 60%인 쓰레기의 강열감량 및 유기물 함량을 분석한 결과가 다음과 같았다. 이 쓰레기의 유기물 함량(%)은?

- 도가니의 무게(W_1) = 22.5g
- 탄화 전의 도가니와 시료의 무게(W_2) = 65.8g
- 탄화 후의 도가니와 시료의 무게(W_3) = 38.8g

① 약 27 ② 약 37 ③ 약 47 ④ 약 57

해설
$$\text{유기물 함량}(\%)=\frac{\text{휘발성 고형물}(\%)}{\text{고형물}(\%)}\times 100$$
휘발성 고형물(%) = 강열감량 – 수분
$$\text{강열감량}(\%)=\frac{W_2-W_3}{W_2-W_1}\times 100=\frac{(65.8-38.8)\text{g}}{(65.8-22.5)\text{g}}\times 100=62.36\%$$
$$\text{유기물 함량}(\%)=\frac{(62.36-40)\%}{60\%}\times 100=37.26\%$$

49 자외선/가시선 분광법에 의한 비소의 측정방법으로 옳은 것은?

① 적자색의 흡광도를 430nm에서 측정
② 적자색의 흡광도를 530nm에서 측정
③ 청색의 흡광도를 430nm에서 측정
④ 청색의 흡광도를 530nm에서 측정

해설 **비소 – 자외선/가시선 분광법**
시료 중의 비소를 3가비소로 환원시킨 다음 아연을 넣어 발생되는 비화수소를 다이에틸다이티오카르바민산은의 피리딘용액에 흡수시켜 이때 나타나는 적자색의 흡광도를 530nm에서 측정하는 방법이다.

정답 44 ③ 45 ① 46 ③ 47 ③ 48 ② 49 ②

50 **폐기물공정시험기준에 의한 온도의 기준이 틀린 것은?**

① 표준온도 : 0℃ 이하
② 상온 : 15~25℃
③ 실온 : 25~45℃
④ 찬 곳 : 0~15℃의 곳(따로 규정이 없는 경우)

해설

용어	온도(℃)
표준온도	0
상온	15~25
실온	1~35
찬 곳	0~15의 곳(따로 규정이 없는 경우)
냉수	15 이하
온수	60~70
열수	≒100

51 **자외부 파장범위에서 일반적으로 사용하는 흡수셀의 재질은?**

① 유리 ② 석영
③ 플라스틱 ④ 백금

해설 **흡수셀 재질**
① 가시 및 근적외부 : 유리제
② 자외부 : 석영제
③ 근적외부 : 플라스틱제

52 **0.1N 수산화나트륨용액 20mL를 중화시키려고 할 때 가장 적합한 용액은?**

① 0.1M 황산 20mL ② 0.1M 염산 10mL
③ 0.1M 황산 10mL ④ 0.1M 염산 40mL

해설 황산은 2당량 → 0.1M(0.2N)
중화 시에는 당량 대 당량으로 중화한다.
$NV = N'V'$
$0.1\text{N} : 20\text{mL} = 0.2\text{N} \times x(\text{mL})$
$x(\text{mL}) = 10\text{mL}$

53 **시료의 전처리방법에서 회화에 의한 유기물 분해 시 증발접시의 재질로 적당하지 않은 것은?**

① 백금 ② 실리카
③ 사기제 ④ 알루미늄

해설 **시료의 전처리 방법(회화법)**
액상폐기물 시료 또는 용출용액 적당량을 취하여 백금, 실리카 또는 사기제 증발접시를 넣고 수욕 또는 열판에서 가열하여 증발 건조한다.

54 **폐기물 소각시설의 소각재 시료채취방법 중 연속식 연소방식의 소각재 반출 설비에서의 시료 채취에 관한 내용으로 ( )에 옳은 것은?**

> 야적더미에서 채취하는 경우 야적더미를 ( ) 높이마다 각각의 층으로 나누고 각 층별로 적절한 지점에서 500g 이상의 시료를 채취한다.

① 0.3m ② 0.5m ③ 1m ④ 2m

해설 **야적더미 채취방법**
① 야적더미를 2m 높이마다 각각의 층으로 나눈다.
② 각 층별로 적절한 지점에서 500g 이상 채취한다.

55 **폐기물의 용출시험방법에 대한 설명으로 틀린 것은?**

① 상온, 상압에서 진탕횟수가 매분당 약 200회, 진폭이 4~5cm의 진탕기를 사용, 6시간 연속 진탕한다.
② 진탕이 어려운 경우 원심분리기를 사용하여 매분당 2,000회전 이상으로 30분 이상 원심분리한다.
③ 용출시험 시 용매는 염산으로 pH를 5.8~6.3으로 한다.
④ 용출시험 시 폐기물시료와 용출용매를 1 : 10(W : V)의 비로 혼합한다.

해설 여과가 어려운 경우 원심분리기를 사용하여 매분당 3,000회전 이상으로 20분 이상 원심분리한다.

2017

56 **취급 또는 저장하는 동안에 이물질이 들어가거나 또는 내용물이 손실되지 아니하도록 보호하는 용기는?**

① 기밀용기 ② 밀폐용기 ③ 밀봉용기 ④ 차광용기

해설 **용기**
시험용액 또는 시험에 관계된 물질을 보존, 운반 또는 조작하기 위하여 넣어두는 것

구분	정의
밀폐용기	취급 또는 저장하는 동안에 이물질이 들어가거나 또는 내용물이 손실되지 아니하도록 보호하는 용기
기밀용기	취급 또는 저장하는 동안에 밖으로부터의 공기 또는 다른 가스가 침입하지 아니하도록 내용물을 보호하는 용기
밀봉용기	취급 또는 저장하는 동안에 기체 또는 미생물이 침입하지 아니하도록 내용물을 보호하는 용기
차광용기	광선이 투과하지 않는 용기 또는 투과하지 않게 포장한 용기이며 취급 또는 저장하는 동안에 내용물이 광화학적 변화를 일으키지 아니하도록 방지할 수 있는 용기

정답 50 ③ 51 ② 52 ③ 53 ④ 54 ④ 55 ② 56 ②

57 시료 채취방법에 관한 내용 중 틀린 것은?

① 시료의 양은 1회에 100g 이상 채취한다.
② 채취된 시료는 0~4℃ 이하의 냉암소에서 보관하여야 한다.
③ 폐기물이 적재되어 있는 운반차량에서 현장 시료를 채취할 경우에는 적재 폐기물의 성상이 균일하다고 판단되는 깊이에서 현장시료를 채취한다.
④ 대형의 콘크리트 고형화물로서 분쇄가 어려운 경우 같은 성분의 물질로 대체할 수 있다.

해설 대형의 콘크리트 고형화물로서 분쇄가 어려울 경우에는 임의의 5개소에서 채취하여 각각 파쇄하여 100g씩 균등 양을 혼합하여 채취한다.

58 시안(CN)을 자외선/가시선 분광법으로 분석할 때 시안(CN)이온을 염화시안으로 하기 위해 사용하는 시약은?

① 염산 ② 클로라민-T
③ 염화나트륨 ④ 염화제2철

해설 **시안-자외선/가시선 분광법**
시료를 pH 2 이하의 산성으로 조절한 후에 에틸렌다이아민테트라아세트산나트륨을 넣고 가열 증류하여 시안화합물을 시안화수소로 유출시켜 수산화나트륨용액을 포집한 다음 중화하고 클로라민-T와 피리딘 · 피라졸론 혼합액을 넣어 나타나는 청색을 620nm에서 측정하는 방법이다.

59 일반적인 자외선/가시선 분광광도계의 구성으로 옳은 것은?

① 광원부-시료부-측광부-파장선택부
② 광원부-파장선택부-측광부-시료부
③ 광원부-파장선택부-시료부-측광부
④ 광원부-시료부-파장선택부-측광부

해설 **자외선/가시선 분광광도계 기기구성**
광원부-파장선택부-시료부-측광부

60 폐기물에 포함된 구리를 분석하기 위한 방법인 원자흡수분광광도법에 관한 설명으로 틀린 것은?

① 측정파장은 324.7nm이다.
② 정확도는 상대표준편차(RSD) 결과치의 20% 이내이다.
③ 공기-아세틸렌 불꽃에 주입하여 분석한다.
④ 정량한계는 0.008mg/L이다.

해설 **원자흡수분광광도법(정도관리 목표값)**

정도관리 항목	정도관리 목표
정량한계	구리 0.008mg/L, 납 0.04mg/L, 카드뮴 0.002mg/L
검정곡선	결정계수(R^2)≥0.98
정밀도	상대표준편차가 ±25% 이내
정확도	75~125%

제4과목 폐기물관계법규

61 관할 구역의 폐기물처리에 관한 기본계획을 세울 때 기본계획에 포함되어야 하는 사항으로 틀린 것은?

① 재원의 확보 계획
② 폐기물 관리 여건 및 전망
③ 폐기물의 처리현황과 향후 처리계획
④ 폐기물의 종류별 발생량과 장래의 발생 예상량

해설 ※ 법규 변경(삭제)사항이므로 학습 안 하셔도 무방합니다.

62 열분해시설의 설치기준에 대한 설명으로 틀린 것은?(단, 시간당 처리능력은 500킬로그램인 경우)

① 열분해가스를 연소시키는 경우, 가스연소실은 가스가 2초 이상 체류할 수 있는 구조이어야 한다.
② 열분해가스를 연소시키는 경우, 가스연소실의 출구온도는 섭씨 850도 이상이어야 한다.
③ 열분해실에서 배출되는 바닥재의 강열감량이 5% 이하가 될 수 있는 성능을 갖추어야 한다.
④ 폐기물 투입장치, 열분해실, 가스연소실 및 열회수장치가 설치되어야 한다.

해설 **열분해시설 설치기준**
① 폐기물투입장치, 열분해실(가스화실을 포함한다), 가스연소실(열분해가스를 연소시키는 경우만 해당한다) 및 열회수장치가 설치되어야 한다.
② 열분해가스를 연소시키는 경우에는 가스연소실의 출구온도는 섭씨 850도 이상이 되어야 한다.
③ 열분해가스를 연소시키는 경우에는 가스연소실은 가스가 2초 이상(시간당 처리능력이 200킬로그램 미만인 시설의 경우에는 1초 이상) 체류할 수 있고 충분하게 혼합될 수 있는 구

정답 57 ④ 58 ② 59 ③ 60 ② 61 ② 62 ③

조이어야 한다. 이 경우 체류시간은 섭씨 850도에서 부피로 환산한 연소가스의 체적으로 계산한다.

④ 열분해실(가스화실을 포함한다)에서 배출되는 바닥재의 강열감량이 10퍼센트 이하(시간당 처리능력이 200킬로그램 미만인 시설의 경우에는 15퍼센트 이하)가 될 수 있는 성능을 갖추어야 한다. 다만, 열분해 시 발생하는 탄화물을 재활용하는 경우에는 그러하지 아니하다.

63 폐기물 중간처분시설인 기계적 처분시설 기준으로 틀린 것은?

① 용융시설(동력 7.5kW 이상인 시설로 한정한다)
② 압축시설(동력 7.5kW 이상인 시설로 한정한다)
③ 파쇄 · 분쇄 시설(동력 7.5kW 이상인 시설로 한정한다)
④ 절단시설(동력 7.5kW 이상인 시설로 한정한다)

해설 **중간처분시설 중 기계적 처분시설**
① 압축시설(동력 7.5kW 이상인 시설로 한정한다)
② 파쇄 · 분쇄시설(동력 15kW 이상인 시설로 한정한다)
③ 절단시설(동력 7.5kW 이상인 시설로 한정한다)
④ 용융시설(동력 7.5kW 이상인 시설로 한정한다)
⑤ 증발 · 농축시설
⑥ 정제시설(분리 · 증류 · 추출 · 여과 등의 시설을 이용하여 폐기물을 처분하는 단위시설을 포함한다)
⑦ 유수 분리시설
⑧ 탈수 · 건조시설
⑨ 멸균분쇄시설

64 특별자치시장, 특별자치도지사, 시장 · 군수 · 구청장은 조례로 정하는 바에 따라 종량제 봉투 등의 제작 · 유통 · 판매를 대행하게 할 수 있다. 이러한 대행계약을 체결하지 아니하고 종량제 봉투 등을 판매한 자에 대한 과태료 부과기준은?

① 200만 원 이하　② 300만 원 이하
③ 500만 원 이하　④ 1,000만 원 이하

해설 폐기물관리법 제68조 참조

65 사용 종료되거나 폐쇄된 매립시설이 소재한 토지의 소유권 또는 소유권 외의 권리를 가지고 있는 자가 그 토지를 이용하기 위해 토지이용계획서에 첨부하여야 하는 서류에 해당하지 않는 것은?

① 주변지역 환경영향평가서
② 이용하려는 토지의 도면
③ 매립폐기물의 종류 · 양 및 복토상태를 적은 서류
④ 지적도

해설 **토지이용계획서의 첨부서류**
① 이용하려는 토지의 도면
② 매립폐기물의 종류 · 양 및 복토상태를 적은 서류
③ 지적도

66 폐기물처리업의 업종구분과 그에 따른 영업 내용으로 틀린 것은?

① 폐기물 중간재활용업 : 폐기물 재활용시설을 갖추고 중간가공 폐기물을 만드는 영업
② 폐기물 최종처분업 : 폐기물 최종처분시설을 갖추고 폐기물을 매립 등(해역 배출은 제외)의 방법으로 최종처분하는 영업
③ 폐기물 수집 · 운반업 : 폐기물을 수집하여 재활용 또는 처분 장소로 운반하거나 폐기물을 수출하기 위하여 수집 · 운반하는 영업
④ 폐기물 종합처분업 : 폐기물처분시설을 갖추고 폐기물을 수집 · 운반하여 폐기물의 중간처리와 최종처리를 종합적으로 하는 영업

해설 **폐기물처리업의 업종 구분과 영업내용**
① 폐기물 수집 · 운반업
폐기물을 수집하여 재활용 또는 처분 장소로 운반하거나 폐기물을 수출하기 위하여 수집 · 운반하는 영업
② 폐기물 중간처분업
폐기물 중간처분시설을 갖추고 폐기물을 소각 처분, 기계적 처분, 화학적 처분, 생물학적 처분, 그 밖에 환경부장관이 폐기물을 안전하게 중간처분할 수 있다고 인정하여 고시하는 방법으로 중간처분하는 영업
③ 폐기물 최종처분업
폐기물 최종처분시설을 갖추고 폐기물을 매립 등(해역 배출은 제외한다)의 방법으로 최종처분하는 영업
④ 폐기물 종합처분업
폐기물 중간처분시설 및 최종처분시설을 갖추고 폐기물의 중간처분과 최종처분을 함께하는 영업
⑤ 폐기물 중간재활용업
폐기물 재활용시설을 갖추고 중간가공 폐기물을 만드는 영업
⑥ 폐기물 최종재활용업
폐기물 재활용시설을 갖추고 중간가공 폐기물을 용도 또는 방법으로 재활용하는 영업
⑦ 폐기물 종합재활용업
폐기물 재활용시설을 갖추고 중간재활용업과 최종재활용업을 함께하는 영업

정답 63 ③ 64 ② 65 ① 66 ④

67 폐기물처리업의 변경허가를 받아야 할 중요사항으로 틀린 것은?(단, 폐기물 수집 · 운반업에 해당하는 경우)

① 수집 · 운반대상 폐기물의 변경
② 영업구역의 변경
③ 연락장소 또는 사무실 소재지의 변경
④ 운반차량(임시차량은 제외한다)의 증차

해설 **폐기물처리업의 변경허가를 받아야 할 중요사항(폐기물 수집 · 운반업)**
① 수집 · 운반대상 폐기물의 변경
② 영업구역의 변경
③ 주차장 소재지의 변경(지정폐기물을 대상으로 하는 수집 · 운반업만 해당한다)
④ 운반차량(임시차량은 제외한다)의 증차

68 에너지 회수기준을 측정하는 기관으로 틀린 것은?(단, 국가표준기본법에 따라 인정받은 시험 · 검사기관 중 환경부장관이 지정하는 기관은 고려하지 않음)

① 한국에너지기술연구원 ② 한국환경기술개발원
③ 한국환경공단 ④ 한국산업기술시험원

해설 **에너지 회수 측정기관**
① 한국환경공단
② 한국기계연구원 및 한국에너지기술연구원
③ 한국산업기술시험원
④ 국가표준기본법에 따라 인정받은 시험 · 검사기관 중 환경부장관이 지정하는 기관

69 환경부령으로 정하는 폐기물처리시설의 설치를 마친 자는 환경부령으로 정하는 검사기관으로부터 검사를 받아야 한다. 검사를 받으려는 자가 검사를 받기 위해 검사기관에 제출하는 검사신청서에 첨부하여야 하는 서류가 아닌 것은?(단, 음식물류 폐기물 처리시설의 경우)

① 설계도면
② 폐기물 성질, 상태, 양, 조성비 내용
③ 재활용제품의 사용 또는 공급계획서(재활용의 경우만 제출한다)
④ 운전 및 유지관리계획서(물질수지도를 포함한다)

해설 **검사기관에 제출하는 검사신청서 첨부서류(음식물류 폐기물 처리시설)**
① 설계도면
② 운전 및 유지관리계획서(물질수지도를 포함)
③ 재활용제품의 사용 또는 공급계획서(재활용의 경우만 제출)

70 폐기물처리시설인 매립시설의 기술관리인의 자격기준으로 틀린 것은?

① 수질환경기사 ② 건설공사기사
③ 화공기사 ④ 일반기계기사

해설 **폐기물 처분시설 또는 재활용시설 기술관리인의 자격기준**

구분	자격기준
매립시설	폐기물처리기사, 수질환경기사, 토목기사, 일반기계기사, 건설기계기사, 화공기사, 토양환경기사 중 1명 이상
소각시설(의료폐기물을 대상으로 하는 소각시설은 제외한다), 시멘트 소성로 및 용해로	폐기물처리기사, 대기환경기사, 토목기사, 일반기계기사, 건설기계기사, 화공기사, 전기기사, 전기공사기사 중 1명 이상
의료폐기물을 대상으로 하는 시설	폐기물처리산업기사, 임상병리사, 위생사 중 1명 이상
음식물류 폐기물을 대상으로 하는 시설	폐기물처리산업기사, 수질환경산업기사, 화공산업기사, 토목산업기사, 대기환경산업기사, 일반기계기사, 전기기사 중 1명 이상
그 밖의 시설	같은 시설의 운영을 담당하는 자 1명 이상

71 폐기물 처분시설 중 관리형 매립시설에서 발생하는 침출수의 배출허용기준 중 '나 지역'의 생물화학적 산소요구량의 기준(mg/L 이하)은?

① 60 ② 70
③ 80 ④ 90

해설 **관리형 매립시설 침출수의 배출허용기준(규칙 별표 10)**

구분	생물화학적 산소요구량(mg/L)	화학적 산소요구량(mg/L)			부유물질량(mg/L)
		과망간산칼륨법에 따른 경우		중크롬산칼륨법에 따른 경우	
		1일 침출수 배출량 2,000m³ 이상	1일 침출수 배출량 2,000m³ 미만		
청정지역	30	50	50	400 (90%)	30
가 지역	50	80	100	600 (85%)	50
나 지역	70	100	150	800 (80%)	70

정답 67 ③ 68 ② 69 ② 70 ② 71 ②

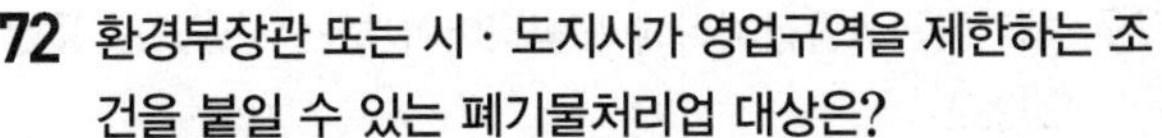

72 **환경부장관 또는 시 · 도지사가 영업구역을 제한하는 조건을 붙일 수 있는 폐기물처리업 대상은?**

① 생활폐기물 수집 · 운반업
② 폐기물 재생 처리업
③ 지정폐기물 처리업
④ 사업장 폐기물 처리업

해설 환경부장관 또는 시 · 도지사는 허가를 할 때에는 주민생활의 편익, 주변 환경보호 및 폐기물처리업의 효율적 관리 등을 위하여 필요한 조건을 붙일 수 있다. 다만, 영업구역을 제한하는 조건은 생활폐기물의 수집 · 운반업에 대하여 붙일 수 있으며, 이 경우 시 · 도지사는 시 · 군 · 구 단위 미만으로 제한하여서는 아니 된다.

73 **관리형 매립시설에서 발생하는 침출수의 수소이온농도(pH) 배출허용기준은?(단, 청정지역 기준)**

① 6.3~8.0 ② 6.3~8.3
③ 5.8~8.0 ④ 5.8~8.3

해설 **관리형 매립시설 침출수의 수소이온농도의 배출허용기준**
① 청정지역 : 5.8~8.0
② 가 지역 : 5.8~8.0
③ 나 지역 : 5.8~8.0

74 **폐기물처리시설의 설치승인 신청 시 환경부장관이 고시하는 사항을 포함한 시설설치의 환경성조사서를 첨부하여야 하는 시설기준에 대한 설명으로 ( )에 알맞은 것은?**

> 면적이 (㉠) 이상이거나 매립용적이 (㉡) 이상인 매립시설, 1일 처리능력이 (㉢) 이상(지정폐기물의 경우에는 10톤 이상)인 소각시설

① ㉠ 3,000m^2, ㉡ 10,000m^3, ㉢ 100톤
② ㉠ 3,000m^2, ㉡ 10,000m^3, ㉢ 200톤
③ ㉠ 10,000m^2, ㉡ 30,000m^3, ㉢ 100톤
④ ㉠ 10,000m^2, ㉡ 30,000m^3, ㉢ 200톤

해설 환경부장관이 고시하는 사항을 포함한 시설설치의 환경성조사서[면적이 1만 제곱미터 이상이거나 매립용적이 3만 세제곱미터 이상인 매립시설, 1일 처분능력이 100톤 이상(지정폐기물의 경우에는 10톤 이상)인 소각시설의 경우만 제출한다]. 다만, 「환경정책기본법」에 따른 사전환경성검토 대상사업 또는 「환경영향평가법」에 따른 환경영향평가 대상사업의 경우에는 사전환경성검토서나 환경영향평가서로 대체할 수 있다.

75 **주변지역 영향 조사대상 폐기물처리시설 기준으로 옳은 것은?**

① 매립용적 3,300세제곱미터 이상의 사업장 일반폐기물 매립시설
② 매립면적 1만 제곱미터 이상의 사업장 지정폐기물 매립시설
③ 1일 처분능력 200톤 이상인 사업장 폐기물 소각시설
④ 시멘트 소성로(폐기물을 연료로 사용하는 경우는 제외한다)

해설 환경부장관이 고시하는 사항을 포함한 시설설치의 환경성조사서[면적이 1만 제곱미터 이상이거나 매립용적이 3만 세제곱미터 이상인 매립시설, 1일 처분능력이 100톤 이상(지정폐기물의 경우에는 10톤 이상)인 소각시설, 1일 재활용능력이 100톤 이상인 소각열회수시설이나 폐기물을 연료로 사용하는 시멘트 소성로의 경우만 제출한다]

76 **대통령령으로 정하는 사항이 아닌 것은?**

① 폐기물관리법상의 폐기물감량화시설 지정
② 폐기물처리시설의 사후관리이행보증금의 납부시기 · 절차 등에 필요한 사항
③ 폐기물관리법에 따른 명령을 위반한 행위에 대한 행정처분의 기준
④ 과징금을 부과하는 위법행위의 종류와 정도에 따른 과징금의 금액 등에 필요한 사항

해설 ③항은 환경부령으로 정하는 사항이다.

2017

77 **기술관리인을 두어야 하는 폐기물처리시설에 해당되지 않는 것은?**

① 시간당 처분능력이 150킬로그램인 멸균분쇄시설
② 1일 처분능력이 8톤인 연료화 시설
③ 1일 처분능력이 50톤인 절단시설
④ 시간당 처분능력이 220킬로그램인 감염성폐기물 대상 소각시설

해설 **기술관리인을 두어야 하는 폐기물처리시설**
① 매립시설의 경우
㉠ 지정폐기물을 매립하는 시설로서 면적이 3천300제곱미터 이상인 시설. 다만, 차단형 매립시설에서는 면적이 330제곱미터 이상이거나 매립용적이 1천 세제곱미터 이상인 시설로 한다.
㉡ 지정폐기물 외의 폐기물을 매립하는 시설로서 면적이 1만 제

정답 72 ① 73 ③ 74 ③ 75 ② 76 ③ 77 ③

곱미터 이상이거나 매립용적이 3만 세제곱미터 이상인 시설
② 소각시설로서 시간당 처리능력이 600킬로그램(감염성 폐기물을 대상으로 하는 소각시설의 경우에는 200킬로그램) 이상인 시설
③ 압축 · 파쇄 · 분쇄 또는 절단시설로서 1일 처리능력 또는 재활용시설이 100톤 이상인 시설
④ 사료화 · 퇴비화 또는 연료화 시설로서 1일 재활용능력이 5톤 이상인 시설
⑤ 멸균 · 분쇄시설로서 시간당 처리능력이 100킬로그램 이상인 시설
⑥ 시멘트 소성로
⑦ 용해로(폐기물에 비철금속을 추출하는 경우로 한정한다)로서 시간당 재활용능력이 600킬로그램 이상인 시설
⑧ 소각열회수시설로서 시간당 재활용능력이 600킬로그램 이상인 시설

78 **폐기물의 매립이 종료된 폐기물 매립시설의 사후관리기준 및 방법(사후관리 항목 및 방법) 중 발생가스 관리방법에 관한 내용으로 ( )에 옳은 것은?(단, 유기성 폐기물을 매립한 폐기물매립시설)**

> 외기온도, 가스온도, 메탄, 이산화탄소, 암모니아, 황화수소 등의 조사항목을 매립 종료 후 ( ) 조사하여야 한다.

① 3년까지는 분기 1회 이상, 3년이 지난 후에는 연 1회 이상
② 3년까지는 반기 1회 이상, 3년이 지난 후에는 연 1회 이상
③ 5년까지는 분기 1회 이상, 5년이 지난 후에는 연 1회 이상
④ 5년까지는 반기 1회 이상, 5지난 후에는 연 1회 이상

해설 **매립시설의 사후관리 기준 및 방법**
발생가스 관리방법(유기성폐기물을 매립한 폐기물 매립시설만 해당한다)
① 외기온도, 가스온도, 메탄, 이산화탄소, 암모니아, 황화수소 등의 조사항목을 매립 종료 후 5년까지는 분기 1회 이상, 5년이 지난 후에는 연 1회 이상 조사하여야 한다.
② 발생가스는 포집하여 소각처리하거나 발전 · 연료 등으로 재활용하여야 한다.

79 **폐기물관리종합계획에 포함되어야 하는 사항으로 틀린 것은?**

① 재원조달계획
② 폐기물 관리 여건 및 전망
③ 부분별 폐기물 관리현황
④ 종전의 종합계획에 대한 평가

해설 ※ 법규 변경(삭제)사항이므로 학습 안 하셔도 무방합니다.

80 **멸균분쇄시설의 검사기관이 아닌 것은?**

① 한국건설기술연구원 ② 한국산업기술시험원
③ 한국환경공단 ④ 보건환경연구원

해설 **환경부령으로 정하는 검사기관**
① 소각시설
㉠ 한국환경공단
㉡ 한국기계연구원
㉢ 한국산업기술시험원
㉣ 대학, 정부출연기관, 그 밖에 소각시설을 검사할 수 있다고 인정하여 환경부장관이 고시하는 기관
② 매립시설
㉠ 한국환경공단
㉡ 한국건설기술연구원
㉢ 한국농어촌공사
㉣ 수도권매립지관리공사
③ 멸균분쇄시설
㉠ 한국환경공단
㉡ 보건환경연구원
㉢ 한국산업기술시험원
④ 음식물폐기물 처리시설
㉠ 한국환경공단
㉡ 한국산업기술시험원
㉢ 그 밖에 환경부장관이 정하여 고시하는 기관
⑤ 시멘트 소성로
소각시설의 검사기관과 동일
⑥ 소각열회수시설의 검사기관
소각시설의 검사기관과 동일(에너지회수 외의 검사)

정답 78 ③ 79 ③ 80 ①

2017년 4회 기출문제

제1과목 폐기물개론

01 폐기물 발생량이 $2,000m^3$/일, 밀도 $840kg/m^3$일 때, 5톤 트럭으로 운반하려면 1일 필요한 차량수(대)는?(단, 예비차량 2대 포함, 기타 조건은 고려하지 않음)

① 334 ② 336
③ 338 ④ 340

해설

$$\text{소요차량(대/day)} = \frac{\text{폐기물 발생량}}{\text{1일 1대당 운반량}}$$
$$= \frac{0.84ton/m^3 \times 2,000m^3/day}{5ton/대} + 2대$$
$$= 338대/day$$

02 자동화, 무공해화, 안전화 등의 장점은 있으나 장거리 수송이 곤란하거나 잘못 투입된 물건의 회수가 곤란하다는 점 등 때문에 보다 많은 연구가 필요한 새로운 쓰레기 수집·수송 수단으로 가장 적절한 것은?

① Monorail 수송 ② Conveyor 수송
③ Container 철도 수송 ④ Pipeline 수송

해설 관거(Pipeline) 수송
① 장점
㉠ 자동화, 무공해화, 안전화가 가능하다.
㉡ 눈에 띄지 않는다.(미관, 경관 좋음)
㉢ 에너지 절약이 가능하다.
㉣ 교통소통이 원활하여 교통체증 유발이 없다.(수거차량에 의한 도심지 교통량 증가 없음)
㉤ 투입 용이, 수집이 편리하다.
② 단점
㉠ 대형 폐기물(조대폐기물)에 대한 전처리 공정(파쇄, 압축)이 필요하다.
㉡ 가설(설치) 후에 경로 변경이 곤란하고 설치비가 비싸다.
㉢ 잘못 투입된 폐기물은 회수하기가 곤란하다.
㉣ 2.5km 이내의 거리에서만 이용된다.(장거리, 즉 2.5km 이상에서는 사용 곤란)
㉤ 초기 투자비용이 많이 소요된다.

03 유해폐기물의 평가기준에 해당되지 않는 것은?

① 인화성 ② 부식성 ③ 반응성 ④ 다발성

해설 유해폐기물의 위해성을 판단하는 방법으로 사용되는 물질의 특성(유해폐기물 평가기준)
① 부식성 ② 유해성
③ 반응성 ④ 인화성
⑤ 용출 특성 ⑥ 독성
⑦ 난분해성 ⑧ 유해 가능성
⑨ 감염성

04 쓰레기를 압축할 때 통상적인 경제적 압축 밀도(kg/m^3)로 가장 적절한 것은?

① 1,000 ② 2,000 ③ 3,000 ④ 4,000

해설 쓰레기 압축 시 일반적인 경제적 압축밀도는 $1,000kg/m^3$이다.

05 폐기물의 물리적 조성을 측정하는 방법 중 수분함량을 측정하는 방법은?

① 습량기준으로 시료를 비례 채취하여 수분함량을 측정한다.
② 건량기준으로 시료를 비례 채취하여 수분함량을 측정한다.
③ 재질의 수분흡수능력에 따라 몇 개의 군으로 나누어 수분함량을 각각 측정한 후 습량기준으로 가중평균한다.
④ 재질의 수분흡수능력에 따라 몇 개의 군으로 나누어 수분함량을 각각 측정한 후 건량기준으로 가중평균한다.

해설 폐기물의 물리적 조성을 측정하는 방법 중 수분함량을 측정하는 방법은 재질의 수분흡수능력에 따라 몇 개의 군으로 나누어 수분함량을 각각 측정한 후 습량기준으로 가중평균하는 것이다.

06 쓰레기 발생량 조사방법으로 적절하지 않은 것은?

① 물질수지법(Material balance method)
② 적재차량 계수분석법(Load count analysis)
③ 수거트럭 수지법(Collection truck balance method)
④ 직접계근법(Direct weighting method)

정답 01 ③ 02 ④ 03 ④ 04 ① 05 ③ 06 ③

해설 쓰레기 발생량 조사방법
① 적재차량 계수분석법
② 직접계근법
③ 물질수지법
④ 통계조사(표본조사, 전수조사)

07 생활쓰레기 수거형태 중 효율이 가장 좋은 방식은?

① 문전수거　　② 집안이동수거
③ 타종수거　　④ 노변수거

해설 ① 문전수거 : 2.3MHT
② 집안이동수거 : 1.86MHT
③ 타종수거 : 0.84MHT
④ 노변수거 : 1.96MHT

08 폐플라스틱류의 재생방법으로 틀린 것은?

① 용융재생　　② 용해재생
③ 파쇄재생　　④ 산화재생

해설 플라스틱류 재활용(재생)방법
① 용융고화재생 이용법
② 파쇄이용법
③ 열분해이용법(용해재생)

[Note] 분해이용법(소각법, 열분해법), 고체연료화 방법

09 폐기물을 파쇄하여 균일화 및 세립화하였을 때의 장점이 아닌 것은?

① 불균일한 조성을 가진 폐기물을 서로 혼합할 때 균일화가 용이하게 되어 연소효율을 높이고 변동이 비교적 적은 성상연료를 가능하게 한다.
② 거칠고 큰 폐기물을 파쇄하여 소각하면 조대쓰레기에 의한 소각로의 손상을 방지한다.
③ 파쇄하면 Bulk되어 용적이 늘어나므로 운반비는 상승하나, 고밀도 매립이 가능하여 결국 경제적이다.
④ 파쇄물질 속에 함유된 고가금속 등을 자선기 등을 사용하여 쉽게 회수할 수 있다.

해설 파쇄하면 용량(용적)이 감소되어 운반비 절감 및 매립부지 절약, 즉 경제적이다.

10 폐기물의 70%를 5cm보다 작게 파쇄하고자 할 때 특성 입자 크기(X_o, cm)는?(단, Rosin-Rammler 모델 기준, $n=1$)

① 약 3.1　　② 약 3.8
③ 약 4.2　　④ 약 4.9

해설 $Y=1-\exp\left[-\left(\frac{X}{X_o}\right)^n\right]$

$0.7=1-\exp\left[-\left(\frac{5}{X_o}\right)^1\right]$

$\exp\left[-\left(\frac{5}{X_o}\right)^1\right]=1-0.7$, 양변에 ln을 취하면

$-\left(\frac{5}{X_o}\right)=\ln 0.3$

X_o(특성입자의 크기)$=\frac{5}{1.2}=4.17\text{cm}$

11 국내 폐기물은 1990년대 초와 1990년대 말의 쓰레기 배출을 조사해 보면, 초기의 연탄재에서 말기의 종이류로 질적인 변화가 뚜렷하다. 이에 대한 설명으로 옳지 않은 것은?

① 전체적인 배출량이 감소하였다.
② 발열량이 높아졌다.
③ 쓰레기의 배출밀도가 커졌다.
④ 재활용 가능성이 높아졌다.

해설 밀도가 작은 종이류가 증가하였으므로 쓰레기의 배출밀도는 작아졌다.

12 10,000명이 거주하는 지역에서 한 가구당 20L의 종량제봉투가 1주일에 2개씩 발생되고 있다. 한 가구당 2.5명이 거주할 때 지역에서 발생되는 쓰레기 발생량(L/인·주)은?

① 15.0　　② 16.0
③ 17.0　　④ 18.0

해설 쓰레기 발생량(L/인 · 주)$=\frac{\text{쓰레기 발생량}}{\text{거주인구수}}$

$=\frac{20\text{L/가구}\times 2\text{/주}}{2.5\text{인/가구}}=16\text{L/인}\cdot\text{주}$

정답 07 ③ 08 ④ 09 ③ 10 ③ 11 ③ 12 ②

13 청소상태 만족도 평가를 위한 지역사회 효과 지수인 CEI(Community Effects Index)에 관한 설명으로 옳은 것은?

① 적환장 크기와 수거량의 관계로 결정한다.
② 수거방법에 따른 MHT 변화로 측정한다.
③ 가로 청소상태를 기준으로 측정한다.
④ 일반대중들에 대한 설문조사를 통하여 결정한다.

해설 지역사회효과지수(CEI)는 가로 청소상태를 기준으로 청소상태 만족도를 측정(평가)한다.

14 다음의 경우 Worrell 식에 의한 선별효율(%)은?

- 총 투입 폐기물 : 100톤
- 회수량 : 85톤
- 회수량 중 회수대상 물질 : 75톤
- 제거량 중 회수대상 물질 : 10톤

① 46.9 ② 53.8
③ 62.5 ④ 71.4

해설 $x_1 = 75\text{ton},\ y_1 = 10\text{ton}$

$x_2 = (15-10) = 5\text{ton},\ y_2 = (100-85-5) = 10\text{ton}$

$x_0 = x_1 + x_2 = 75 + 5 = 80\text{ton}$

$y_0 = y_1 + y_2 = 10 + 10 = 20\text{ton}$

$$E(\%) = \left[\left(\frac{x_1}{x_0}\right) \times \left(\frac{y_2}{y_0}\right)\right] \times 100$$

$$= \left[\left(\frac{75}{80}\right) \times \left(\frac{10}{20}\right)\right] \times 100 = 46.88\%$$

[Note] x_0 : 투입량 중 회수대상물질
y_0 : 제거량 중 비회수대상물질
x_1 : 회수량 중 회수대상물질
y_1 : 회수량 중 비회수대상물질
x_2 : 제거량 중 회수대상물질
y_2 : 제거량 중 비회수대상물질

15 폐기물 발생량 예측방법 중 모든 인자를 시간의 함수로 나타낸 후 시간에 대한 함수로 표현된 각 영향인자 간의 상관계수를 수식화하는 것은?

① 상관모사모델 ② 시간추정모델
③ 동적 모사모델 ④ 다중회귀모델

해설 **폐기물 발생량 예측방법**

방법(모델)	내용
경향법 (Trend method) 경향예측모델	• 최저 5년 이상의 과거 처리 실적을 수식 model에 대하여 과거의 경향을 가지고 장래를 예측하는 방법 • 단지 시간과 그에 따른 쓰레기 발생량(또는 성상) 간의 상관관계만을 고려하며 이를 수식으로 표현하면 $x = f(t)$ • $x = f(t)$는 선형, 지수형, 대수형 등에서 가장 근사한 형태를 택함
다중회귀모델 (Multiple regression model)	• 하나의 수식으로 각 인자들의 효과를 총괄적으로 나타내어 복잡한 시스템의 분석에 유용하게 사용할 수 있는 쓰레기 발생량 예측방법 • 각 인자마다 효과를 파악하기보다는 전체 인자의 효과를 총괄적으로 파악하는 것이 간편하고 유용한 예측방법으로 시간을 단순히 하나의 독립된 종속인자로 대입 • 수식 $x = f(X_1 X_2 X_3 \cdots X_n)$, 여기서 $X_1 X_2 X_3 \cdots X_n$은 쓰레기 발생량에 영향을 주는 인자 ※ 인자 : 인구, 지역소득(GNP 또는 GRP), 자원회수량, 상품 소비량 또는 매출액(자원회수량, 사회적 · 경제적 특성이 고려됨)
동적모사모델 (Dynamic simulation model)	• 쓰레기 발생량에 영향을 주는 모든 인자를 시간에 대한 함수로 나타낸 후 시간에 대한 함수로 표현된 각 영향인자들 간의 상관관계를 수식화하는 방법 • 시간만을 고려하는 경향법과 시간을 단순히 하나의 독립적인 종속인자로 고려하는 다중회귀모델의 문제점을 보안한 예측방법 • Dynamo 모델 등이 있음

16 폐기물처리계획의 기본요소에 해당되지 않는 것은?

① 간편화 ② 안정화
③ 무해화 ④ 감량화

해설 간편화는 폐기물처리계획의 기본요소와는 관계가 적다.

17 쓰레기 소각로 설계의 기준이 되고 있는 발열량은?

① 고위발열량 ② 저위발열량
③ 총발열량 ④ 건식발열량

해설 소각로의 설계기준이 되는 발열량은 저위발열량이다.

정답 13 ③ 14 ① 15 ③ 16 ① 17 ②

2017

18 도시 쓰레기 성분 및 혼합물 밀도의 대표값으로 가장 거리가 먼 것은?

① 종이 : 85kg/m^3 ② 플라스틱 : 150kg/m^3
③ 고무 : 130kg/m^3 ④ 유리 : 195kg/m^3

해설 플라스틱의 대표적 밀도는 65kg/m^3 정도이다.

19 와전류 선별기로 주로 분리하는 비철금속에 관한 내용으로 가장 옳은 것은?

① 자성이며 전기전도성이 좋은 금속
② 자성이며 전기전도성이 나쁜 금속
③ 비자성이며 전기전도성이 좋은 금속
④ 비자성이며 전기전도성이 나쁜 금속

해설 **와전류 선별법**
연속적으로 변화하는 자장 속에 비극성(비자성)이고, 전기전도도가 우수한 물질(구리, 알루미늄, 아연 등)을 넣으면 금속 내에 소용돌이 전류가 발생하는 와전류 현상에 의하여 반발력이 생기는데, 이 반발력의 차를 이용하여 다른 물질로부터 분리하는 방법이다.

20 폐기물의 성상 분석절차로 가장 적합한 것은?

① 건조 → 전처리 → 물리적 조성 → 밀도 측정 → 분류
② 밀도 측정 → 건조 → 전처리 → 분류 → 물리적 조성
③ 전처리 → 건조 → 밀도 측정 → 물리적 조성 → 분류
④ 밀도 측정 → 물리적 조성 → 건조 → 분류 →전처리

해설 **폐기물 시료의 분석절차**

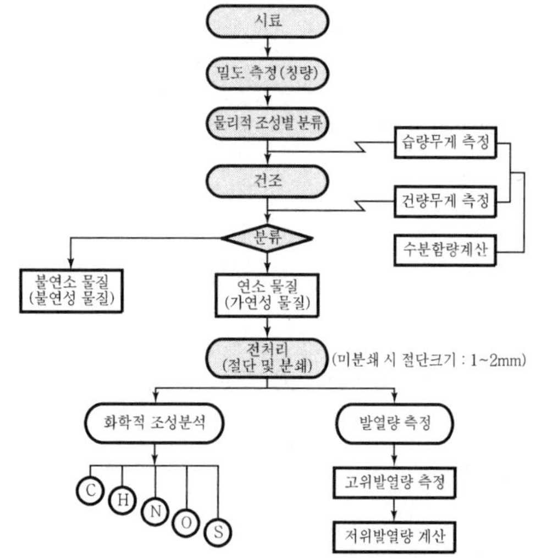

제2과목 폐기물처리기술

21 분뇨처리장에서 분뇨를 소화 후 소화된 슬러지를 탈수하고 있다. 소화된 슬러지의 발생량은 1일 분뇨투입량의 10%이며 소화된 슬러지의 함수량이 95%라면 1일 탈수된 슬러지의 양(m^3)은?(단, 슬러지의 비중 = 1.0, 분뇨투입량 = 200kL/day, 탈수된 슬러지의 함수율 = 75%)

① 7 ② 6 ③ 5 ④ 4

해설 슬러지양(m^3/day)

$$= 200m^3/day \times 0.1 \times (1-0.95) \times \frac{100}{100-75} = 4m^3/day$$

[Note] 다른 풀이

$$200m^3/day \times 0.1 \times (1-0.95) = V_2 \times (1-0.75)$$
$$V_2 = 4m^3/day$$

22 토양의 현장처리기법인 토양세척법과 관련된 주요 인자와 가장 거리가 먼 것은?

① 헨리 상수 ② 지하수 차단벽의 유무
③ 투수계수 ④ 분배계수

해설 헨리 상수는 토양증기추출법과 관련된 주요 인자이고 토양세척력의 주요 인자는 지하수 차단벽의 유무, 투수계수, 분배계수, 알칼리도, 양이온 및 음이온의 존재 유무 등이다.

23 오염된 지하수의 복원방법에 관한 설명 중 옳지 않은 것은?

① 유해폐기물의 펌프－처리복원 방법은 규제기준이 달성되어 펌핑을 멈출 때 탈착 현상이 발생한다.
② 토양증기 추출 시 공기는 지하수면 위에 주입되고, 배출정에서 휘발성 화합물질을 수집한다.
③ 토양증기 추출 시 하나의 추출정으로 반지름 10피트 이상의 넓은 영역에 걸쳐 적용 가능하다.
④ 생물학적 복원은 굴착, 드럼으로 폐기 등과 비교하여 낮은 비용으로 적용 가능하다.

해설 토양증기 추출 시 하나의 추출정의 영향반경은 6~45m 정도이며 넓은 영역에 걸쳐 적용은 곤란하다.

정답 18 ② 19 ③ 20 ④ 21 ④ 22 ① 23 ③

24 도시쓰레기 매립장에서 생산되는 가스 중 초기(호기성 상태)에 가장 많이 발생하는 가스는?

① CO_2　　② CH_4
③ NH_3　　④ H_2S

해설 **제1단계(호기성 단계 : 초기조절 단계)**
① 호기성 유지상태(친산소성 단계)이다.
② 질소(N_2)와 산소(O_2)는 급격히 감소하고, 탄산가스(CO_2)는 서서히 증가하는 단계이며 가스의 발생량은 적다.
③ 산소는 대부분 소모한다.(O_2 대부분 소모, N_2 감소 시작)
④ 매립물의 분해속도에 따라 수일에서 수개월 동안 지속된다.
⑤ 폐기물 내 수분이 많은 경우에는 반응이 가속화되어 용존산소가 고갈되어 다음 단계로 빨리 진행된다.

25 매립지 바닥층이 두껍고 복토로 적합한 지역에 이용하는 매립방법은?

① 도랑법　　② 지역법
③ 경사법　　④ 계곡매립법

해설 **도랑형 방식매립(Trench System : 도랑 굴착 매립공법)**
① 도랑을 파고 폐기물을 매립한 후 다짐 후 다시 복토하는 방법이다.
② 매립지 바닥이 두껍고(지하수면이 지표면으로부터 깊은 곳에 있는 경우) 또한 복토를 적합한 지역에 이용하는 방법으로 거의 단층매립만 가능한 공법이다.
③ 도랑의 깊이는 약 2.5~7m(10m)로 하고 폭은 20m 정도이고 파낸 흙을 복토재로 이용 가능한 경우 경제적이다.(소규모 도랑 : 폭 5~8m, 깊이 1~2m)
④ 도랑에서 굴착된 토사는 매일 또는 중간복토로 사용하여 쓰레기의 날림을 최소화할 수 있다.
⑤ 매립종료 후 토지이용 효율이 증대된다.
⑥ 도랑은 합성수지나 점토를 이용하여 차수시설을 하여 가스나 침출수의 이동을 최소화시킨다.
⑦ 사전 정비작업이 필요하지 않으나 단층매립으로 매립용량의 낭비가 크다.
⑧ 사전작업 시 침출수 수집장치나 차수막 설치가 용이하지 못하다.

26 Rotary Kiln 소각로의 장단점으로 틀린 것은?

① 습식 가스 세정시스템과 함께 사용할 수 있는 장점이 있다.
② 비교적 열효율이 낮은 단점이 있다.
③ 용융상태의 물질에 의하여 방해를 받는 단점이 있다.
④ 폐기물의 체류시간을 노의 회전속도 조절로 제어할 수 있는 장점이 있다.

해설 **회전로식 소각로(Rotary Kiln Incinerator)**
① 장점
㉠ 넓은 범위의 액상 및 고상폐기물을 소각할 수 있다.
㉡ 전처리(예열, 혼합, 파쇄) 없이 소각물 주입이 가능하다.
㉢ 소각에 방해 없이 연속으로 재의 배출이 가능하다.
㉣ 동력비 및 운전비가 적다.
㉤ 소각물 부하변동에 적응이 가능하다.
② 단점
㉠ 처리량이 적을 경우 설치비가 높다.
㉡ 후처리장치(대기오염방지장치)에 대한 분진부하율이 높다.
㉢ 비교적 열효율이 낮은 편이다.
㉣ 구형 및 원통형 폐기물은 완전연소 전에 화상에서 이탈할 수 있다.
㉤ 노에서의 공기유출이 크므로 종종 대량의 과잉공기 및 2차 연소실이 필요하다.

27 슬러지를 건조상으로 탈수할 때 나타나는 장점에 해당하지 않는 사항은?

① 특별한 기술이 필요치 않다.
② 운전비용이 적게 소요된다.
③ 소요부지가 좁다.
④ 생산된 Cake에 수분이 적다.

해설 **천일건조(건조상) 탈수**
① 슬러지 건조상의 설계를 위한 고려사항
㉠ 기상조건(강우량, 일사량, 온 · 습도, 풍속)
㉡ 슬러지의 성상
㉢ 탈수보조제의 사용 여부
② 장점
㉠ 운전비용 절감
㉡ 특별한 기술이 요구되지 않음
㉢ 슬러지 성상에 따라 민감하지 않으며 광범위함
㉣ 케이크에 수분함유량이 적음
③ 단점
㉠ 부지가 많이 소요
㉡ 기상요소에 따라 소요면적 변동이 커짐

28 유해폐기물의 고화 처리방법인 자가시멘트법에 관한 내용으로 틀린 것은?

① 연소가스 탈황 시 발생된 슬러지 처리에 사용됨
② 폐기물이 스스로 고형화되는 성질을 이용하여 개발됨
③ 중금속 저지에 효과적이며 혼합률이 낮음
④ 숙련된 기술과 보조에너지가 필요 없음

정답 24 ① 25 ① 26 ③ 27 ③ 28 ④

해설 **자가시멘트법(Self－cementing Techniques)**

① FGD 슬러지 중 일부(10%)를 생석회화한 후 여기에 소량의 물(수분량 조절역할)과 첨가제를 가하여 폐기물이 스스로 고형화되는 성질을 이용하는 방법이다. 즉, 연소가스 탈황 시 발생된 높은 황화물을 함유한 슬러지 처리에 사용된다.

② 장점
　㉠ 혼합률(MR)이 비교적 낮다.
　㉡ 중금속의 고형화 처리에 효과적이다.
　㉢ 전처리(탈수 등)가 필요 없다.

③ 단점
　㉠ 장치비가 크며 숙련된 기술이 요구된다.
　㉡ 보조에너지가 필요하다.
　㉢ 많은 황화물을 가지는 폐기물에 적합하다.

29 유해폐기물의 고화 처리방법 중 열가소성 플라스틱법의 장단점으로 틀린 것은?

① 용출손실률이 시멘트 기초법보다 낮다.
② 폐기물을 건조시켜야 한다.
③ 고온분해되는 물질에는 사용할 수 없다.
④ 혼합률이 비교적 낮다.

해설 **열가소성 플라스틱법(Thermoplastic Techniques)**

① 열(120~150℃)을 가했을 때 액체상태로 변화하는 열가소성 플라스틱을 폐기물과 혼합한 후 냉각화하여 고형화하는 방법이다.

② 장점
　㉠ 용출 손실률이 시멘트기초법에 비하여 상당히 적다.
　㉡ 고화 처리된 폐기물 성분을 회수하여 재활용이 가능하다.
　㉢ 수용액의 침투에 저항성이 매우 크다.

③ 단점
　㉠ 광범위하고 복잡한 장치로 인한 숙련된 기술이 필요하다.
　㉡ 처리과정에서 화재의 위험성이 있다.
　㉢ 고온에서 분해 · 반응되는 물질에는 적용하지 못한다.
　㉣ 폐기물을 건조시켜야 하며 에너지 요구량이 크다.
　㉤ 혼합률(MR)이 비교적 높다.

30 호기성 처리로 200kL/d의 분뇨를 처리할 경우 처리장에 필요한 송풍량(m^3/hr)은?(단, BOD = 20,000ppm, 제거율 = 80%, 제거 BOD당 필요 송풍량 = 100m^3/BODkg, 분뇨 비중 = 1.0, 24시간 연속 가동 기준)

① 약 3,333　　② 약 13,333
③ 약 320,000　　④ 약 400,000

해설 송풍량(m^3/hr)
$= 200m^3/day \times 20{,}000mg/L \times 1{,}000L/m^3 \times 0.8 \times 100m^3/BODkg \times kg/10^6mg \times day/24hr$
$= 13{,}333.33m^3/hr$

31 매립 후 2년이 경과하여 혐기성 단계로 발생되는 가스의 구성비가 거의 일정한 정상상태가 되었을 때의 가스구성비(메탄 : 이산화탄소)로 가장 적절한 것은?

① 55% : 45%　　② 65% : 35%
③ 75% : 25%　　④ 85% : 15%

해설 매립 후 2년이 경과하면 완전한 혐기성 단계로 발생되는 CH_4 및 CO_2 가스의 구성비(55% : 45%)가 거의 일정한 정상상태가 된다.

32 호기성 퇴비화 공정의 설계 · 운영 고려인자에 관한 설명으로 옳지 않은 것은?

① C/N 비가 낮으면 암모니아 가스가 발생하며 생물학적 활성이 떨어진다.
② 하수슬러지는 폐기물과 함께 퇴비화가 가능하며 슬러지를 첨가할 경우 최종 수분함량이 중요한 인자로 작용한다.
③ 퇴비 내 공기의 채널링 효과를 유지하기 위해 반응기간 동안 규칙적으로 교반하거나 뒤집어 주어야 한다.
④ 암모니아 가스에 의한 질소 손실을 줄이기 위해서 pH가 8.5 이상 올라가지 않도록 주의한다.

해설 퇴비 내 공기의 채널링 효과를 방지하기 위해 반응기간 동안 규칙적으로 교반하거나 뒤집어 주어야 한다.

33 합성차수막 중 PVC의 장단점으로 틀린 것은?

① 접합이 용이하다.
② 자외선, 오존, 기후에 약하다.
③ 대부분의 유기화학물질에 약하다.
④ 강도가 낮다.

해설 **합성차수막 종류 중 PVC**

① 장점
　㉠ 작업이 용이함
　㉡ 강도가 높음
　㉢ 접합이 용이함
　㉣ 가격이 저렴함

정답 29 ④　30 ②　31 ①　32 ③　33 ④

② 단점
㉠ 자외선, 오존, 기후에 약함
㉡ 대부분 유기화학물질(기름 등)에 약함

34 메탄 $1Sm^3$를 공기과잉계수 1.8로 연소시킬 경우, 실제 습윤연소가스양(Sm^3)은?

① 약 17.1 ② 약 19.1
③ 약 20.1 ④ 약 21.1

해설 $CH_4 + 2O_2 \rightarrow CO_2 + 2H_2O$
실제 습윤연소가스양(G_w : Sm^3)

$= (m-0.21)A_0 + \left(x + \frac{y}{2}\right)$

$A_0 = \frac{1}{0.21}\left(x + \frac{y}{4}\right) = \frac{1}{0.21}\left(1 + \frac{4}{4}\right) = 9.524Sm^3/Sm^3$

$= (1.8 - 0.21) \times 9.524 + \left(1 + \frac{4}{2}\right)$

$= 17.14Sm^3/Sm^3 \times 1Sm^3 = 17.14Sm^3$

35 소각처리에 있어서 생성된 다이옥신의 배출을 최소화할 수 있는 기술로서 보편적으로 활성탄 주입시설과 함께 가장 많이 사용되는 집진설비는?

① 원심력 집진기 ② 전기 집진기
③ 세정식 집진기 ④ 백필터 집진기

해설 현재 가장 합리적인 조합처리방식은 활성탄 구입시설+Bag Filter를 연결하여 다이옥신을 제거하는 방법이다.

36 분뇨를 소화처리 시 유기물 농도 V_S = 30,000mg/L, 유기물(분뇨) 양 $Q = 100m^3$/일, 유기물 부하치 L_{VS} = $5kg/m^3$ · 일이라면 소화탱크용량 $V(m^3)$은?

① 60,000 ② 6,000
③ 600 ④ 60

해설 소화탱크용량(m^3)

$= \frac{100m^3/\text{일} \times 30{,}000mg/L \times 1{,}000L/m^3 \times kg/10^6mg}{5kg/m^3 \cdot \text{일}}$

$= 600m^3$

37 pH 10에서 $Cd(OH)_2$가 침전을 하려면 Cd^{2+}의 농도(M)는 얼마 이상이어야 하는가?(단, $Cd(OH)_2$의 $K_{sp} = 10^{-13.6}$)

① $10^{-3.6}$ ② $10^{-5.6}$
③ $10^{-9.6}$ ④ $10^{-13.6}$

해설 $Cd(OH)_2 \rightarrow Cd^{2+} + 2OH^-$

$K_{sp} = [Cd^{2+}][OH^-]^2 = 10^{-13.6}$

pH=10, pOH=4($OH^- = 10^{-4}$M)

$10^{-13.6} = [Cd^{2+}][10^{-4}]^2$

$[Cd^{2+}] = \frac{10^{-13.6}}{[10^{-4}]^2} = 10^{-5.6}M$

38 옥탄(C_8H_{18})이 완전연소되는 경우 공기 연료비(AFR, 무게기준)는?

① 13kg 공기/kg 연료
② 15kg 공기/kg 연료
③ 17kg 공기/kg 연료
④ 19kg 공기/kg 연료

해설 C_8H_{18}의 연소반응식
$C_8H_{18} + 12.5O_2 \rightarrow 8CO_2 + 9H_2O$
1mole : 12.5mole

부피기준 AFR$= \frac{\frac{1}{0.21} \times 12.5}{1} = 59.5$moles air/moles fuel

중량기준 AFR$= 59.5 \times \frac{28.95}{114} = 15.14$kg air/kg fuel

(28.95 : 건조공기분자량)

39 유기성 폐기물의 자원화 방법으로 가장 적당하지 않은 것은?

① 퇴비화 ② 유가금속 회수
③ 연료화 ④ 건설자재화

해설 유가금속 회수는 무기성 폐기물의 자원화 방법이다.

40 매립공법에 의한 분류 중 육상 매립방법이 아닌 것은?

① 도랑형 공법(Trench system)
② 셀공법(Cell system)
③ 박층공법(Thin layer system)
④ 압축매립공법(Baling system)

2017

정답 34 ① 35 ④ 36 ③ 37 ② 38 ② 39 ② 40 ③

해설 **매립공법**

① 내륙매립
  ㉠ 샌드위치 공법
  ㉡ 셀 공법
  ㉢ 압축 공법
  ㉣ 도랑형 공법

② 해안매립
  ㉠ 내수배제 또는 수중투기 공법
  ㉡ 순차투입 공법
  ㉢ 박층뿌림 공법

제3과목 폐기물공정시험기준(방법)

41 다음 중 온도에 대한 규정에 어긋나는 것은?

① 표준온도는 0℃ ② 상온은 15～25℃
③ 실온은 4～25℃ ④ 찬곳은 0～15℃

해설

용어	온도(℃)
표준온도	0
상온	15~25
실온	1~35
찬 곳	0~15의 곳(따로 규정이 없는 경우)
냉수	15 이하
온수	60~70
열수	≒100

42 용액의 정의에 대한 설명에서 10W/V%가 의미하는 것은?

① 용질 1g을 물에 녹여 10mL로 한 것이다.
② 용질 10g을 물 90mL에 녹인 것이다.
③ 용질 10g을 물에 녹여 100mL로 한 것이다.
④ 용질 10mL를 물에 녹여 100mL로 한 것이다.

$10W/V\% = \dfrac{10g}{100mL} = 1g/10mL$

W/V% : 용액 100mL 중 성분무게(g)

43 폐기물공정시험기준상 시료를 채취할 때 시료의 양은 1회에 최소 얼마 이상 채취하여야 하는가?(단, 소각재 제외)

① 100g 이상 ② 200g 이상
③ 500g 이상 ④ 1,000g 이상

해설 시료채취량은 1회에 최소 100g 이상으로 한다. 다만 소각재의 경우에는 1회에 500g 이상을 채취한다.

44 기체크로마토그래피 분석법으로 휘발성 저급 염소화 탄화수소류를 측정할 때 사용하는 운반가스는?

① 질소 ② 산소
③ 수소 ④ 아르곤

해설 운반기체는 부피백분율 99.999% 이상의 질소를 사용한다.

45 유기인의 기체크로마토그래피 분석 시 간섭물질에 관한 내용으로 틀린 것은?

① 추출 용매 안에 함유되어 있는 불순물이 분석을 방해할 수 있다.
② 고순도의 시약이나 용매를 사용하면 방해물질을 최소화할 수 있다.
③ 매트릭스로부터 추출되어 나오는 방해물질이 있을 수 있는데 이는 시료마다 다르다.
④ 유리기구류는 세정수로만 닦은 후 깨끗한 곳에서 건조하여 사용한다.

해설 유리기구류는 세정제, 수돗물, 정제수 그리고 아세톤 순으로 차례로 닦은 후 400℃에서 15～30분 동안 가열한 후 식혀 알루미늄박으로 덮어 깨끗한 곳에 보관하여 사용한다.

46 회분식 연소방식의 소각재 반출설비에서의 시료 채취에 관한 내용으로 ( )에 옳은 내용은?

> 회분식 연소방식의 소각재 반출설비에서 채취하는 경우에는 하루 동안의 운전횟수에 따라 매 운전 시마다 2회 이상 채취하는 것을 원칙으로 하고, 시료의 양은 1회에 ( ) 이상으로 한다.

① 100g ② 200g
③ 300g ④ 500g

해설 **회분식 연소방식의 소각재 반출 설비에서 시료 채취**

① 하루 동안의 운전횟수에 따라 매 운전 시마다 2회 이상 채취
② 시료의 양은 1회에 500g 이상

정답 41 ③ 42 ① 43 ① 44 ① 45 ④ 46 ④

47 폐기물공정시험기준의 궁극적인 목적은?

① 국민의 보건 향상을 위하여
② 분석의 정확과 통일을 기하기 위하여
③ 오염실태를 파악하기 위하여
④ 폐기물의 성상을 분석하기 위하여

해설 폐기물공정시험기준의 목적은 폐기물의 성상 및 오염물질을 측정할 때 측정의 정확성 및 통일을 유지하기 위해서이다.

48 카드뮴을 원자흡수분광광도법으로 분석하는 경우 측정 파장(nm)은?

① 228.8 ② 283.3
③ 324.7 ④ 357.9

해설 카드뮴－원자흡수분광광도법의 측정파장은 228.8nm, 정량한계는 0.002mg/L이다.

[Note] 283.3nm(납), 324.7nm(구리), 357.9nm(크롬)

49 기름 성분을 분석하는 노말헥산 추출시험법에서 노말헥산을 증발시키기 위한 조작온도는?

① 50℃ ② 60℃ ③ 70℃ ④ 80℃

해설 ① 증발용기가 알루미늄박으로 만든 접시 또는 비커일 경우에는 용기의 표면을 깨끗이 닦고 80℃로 유지한 전기열판 또는 전기맨틀에 넣어 노말헥산을 날려 보낸다.
② 증류플라스크일 경우에는 ㅏ자형 연결관과 냉각관을 달아 전기열판 또는 전기맨틀의 온도를 80℃로 유지하면서 매초당 한 방울의 속도로 증류한다. 증류플라스크 안에 2mL가 남을 때까지 증류한 다음 냉각관의 상부로부터 질소가스를 넣어 주어 증류플라스크 안의 노말헥산을 완전히 날려 보내고 증류플라스크를 분리하여 실온으로 냉각될 때까지 질소를 보내면서 완전히 노말헥산을 날려 보낸다.

50 시료용기에 관한 설명으로 알맞지 않은 것은?

① 노말헥산 추출물질, 유기인 시험을 위한 시료 채취 시에는 무색경질유리병을 사용한다.
② PCB 및 휘발성 저급염소화탄화수소류 시험을 위한 시료 채취 시에는 무색경질유리병을 사용한다.
③ 채취용기는 기밀하고 누수나 흡습성이 없어야 한다.
④ 시료의 부패를 막기 위해 공기가 통할 수 있는 코르크 마개를 사용한다.

해설 **시료용기 마개**
① 코르크 마개를 사용해서는 안 된다.
② 고무나 코르크 마개에 파라핀지, 유지, 셀로판지를 씌워 사용할 수 있다.

51 시료의 전처리 방법인 마이크로파에 의한 유기물 분해에 관한 설명으로 틀린 것은?

① 산과 함께 시료를 용기에 넣고 마이크로파를 가한다.
② 재현성이 떨어지는 단점이 있다.
③ 가열속도가 빠른 장점이 있다.
④ 유기물이 다량 함유된 시료의 전처리에 이용된다.

해설 **마이크로파 산분해법**
① 마이크로파 영역에서 극성분자나 이온이 쌍극자 모멘트(Dipole Moment)와 이온전도(Ionic Conductance)를 일으켜 온도가 상승하는 원리를 이용하여 시료를 가열하는 방법이다.
② 산과 함께 시료를 용기에 넣어 마이크로파를 가하면 강산에 의해 시료가 산화되면서 극성성분들의 빠른 진동과 충돌에 의하여 시료의 분자 결합이 절단되어 시료가 이온상태의 수용액으로 분해된다.
③ 가열속도가 빠르고 재현성이 좋으며 폐유 등 유기물이 다량 함유된 시료의 전처리에 이용된다.
④ 마이크로파는 전자파 에너지의 일종으로서 빛의 속도(약 300,000km/s)로 이동하는 교류와 자기장(또는 파장)으로 구성되어 있다.
⑤ 마이크로파 주파수는 300~300,000MHz이다.
⑥ 시료의 분해에 이용되는 대부분의 마이크로파장치는 12.2 cm 파장의 2,450MHz의 마이크로파 주파수를 갖는다.
⑦ 물질이 마이크로파 에너지를 흡수하게 되면 온도가 상승하며 가열속도는 가열되는 물질의 절연손실에 좌우된다.

52 자외선/가시선 분광법에 의한 구리의 정량에 대한 설명으로 틀린 것은?

① 추출용매는 아세트산부틸을 사용한다.
② 정량한계는 0.002mg이다.
③ 비스무트(Bi)가 구리의 양보다 2배 이상 존재할 경우에는 청색을 나타내어 방해한다.
④ 시료의 전처리를 하지 않고 직접 시료를 사용하는 경우 시료 중에 시안화합물이 함유되어 있으면 염산으로 산성 조건을 만든 후 끓여 시안화물을 완전히 분해 제거한 다음 시험한다.

정답 47 ② 48 ① 49 ④ 50 ④ 51 ② 52 ③

해설 비스무트(Bi)가 구리의 양보다 2배 이상 존재할 경우

① 황색을 나타내어 방해한다. 이때는 시료의 흡광도를 A_1 으로 하고 따로 같은 양의 시료를 취하여 시료의 시험기준 중 암모니아수(1+1)를 넣어 중화하기 전에 시안화칼륨용액(5W/V%) 3mL를 넣어 구리를 시안착화합으로 만든 다음 중화하여 실험하고 이 액의 흡광도를 A_2 로 한다.

② 구리에 의한 흡광도는 $A_1 - A_2$ 이다.

53 액상폐기물에서 트리클로로에틸렌을 용매추출법으로 추출하고자 할 때 사용되는 추출용매의 종류는?

① 아세톤 ② 디티존
③ 사염화탄소 ④ 노말헥산

해설 시료 중의 트리클로로에틸렌을 노말헥산으로 추출하여 기체크로마토그래피로 정량한다.

54 기체－액체크로마토그래피법에서 사용하는 담체와 가장 거리가 먼 것은?

① 내화벽돌 ② 알루미나 ③ 합성수지 ④ 규조토

해설 담체
규조토, 내화벽돌, 유리, 석영, 합성수지

55 흡광도가 0.35인 시료의 투과도는?

① 0.447 ② 0.547 ③ 0.647 ④ 0.747

해설
$$흡광도 = \log\frac{1}{투과도}$$
$$0.35 = \log\frac{1}{투과도}$$
$$10^{0.35} = \frac{1}{투과도}$$
투과도 = 0.447

56 이온전극법을 활용한 시안 측정에 관한 내용으로 ( )에 옳은 것은?

> 이 시험기준은 폐기물 중 시안을 측정하는 방법으로 액상폐기물과 고상폐기물을 ( )으로 조절한 후 시안 이온전극과 비교전극을 사용하여 전위를 측정하고 그 전위차로부터 시안을 정량하는 방법이다.

① pH 4 이하의 산성 ② pH 6～7의 중성
③ pH 10의 알칼리성 ④ pH 12～13의 알칼리성

해설 시안－이온전극법
액상폐기물과 고상폐기물을 pH 12～13의 알칼리성으로 조절한 후 시안 이온전극과 비교전극을 사용하여 전위를 측정하고 그 전위차로부터 시안을 정량하는 방법이다.

57 원자흡수분광광도법에서 불꽃의 온도가 높기 때문에 불꽃 중에서 해리하기 어렵고, 내화성 산화물을 만들기 쉬운 원소를 분석하는 데 사용되는 것은?

① 수소－공기
② 아세틸렌－아산화질소
③ 프로판－공기
④ 아세틸렌－공기

해설 금속류－원자흡수분광광도법
불꽃(조연성 가스와 가연성 가스의 조합)
① 수소－공기와 아세틸렌－공기 : 거의 대부분의 원소분석에 유효하게 사용
② 수소－공기 : 원자외영역에서의 불꽃 자체에 의한 흡수가 적기 때문에 이 파장영역에서 분석선을 갖는 원소의 분석
③ 아세틸렌－아산화질소(일산화이질소) : 불꽃의 온도가 높기 때문에 불꽃 중에서 해리하기 어려운 내화성 산화물을 만들기 쉬운 원소의 분석
④ 프로판－공기 : 불꽃온도가 낮고 일부 원소에 대하여 높은 감도를 나타냄

58 표준용액의 pH 값으로 틀린 것은?(단, 0℃ 기준)

① 수산염 표준용액 : 1.67
② 붕산염 표준용액 : 9.46
③ 프탈산염 표준용액 : 4.01
④ 수산화칼슘 표준용액 : 10.43

해설 온도별 표준액의 pH 값 크기
수산화칼슘 표준액 > 탄산염 표준액 > 붕산염 표준액 > 인산염 표준액 > 프탈산염 표준액 > 수산염 표준액
④ 수산화칼슘 표준용액 : 13.43

59 황산산성에서 디티존사염화탄소로 1차 추출하고 브롬화칼륨 존재하에 황산산성에서 역추출하여 방해성분과 분리한 다음 알칼리성에서 디티존사염화탄소로 추출하는 중금속 항목은?

① Cd ② Cu
③ Pb ④ Hg

정답 53 ④ 54 ② 55 ① 56 ④ 57 ② 58 ④ 59 ④

해설 **수은 – 자외선/가시선 분광법**

수은을 황산산성에서 디티존사염화탄소로 1차 추출하고 브롬화칼륨 존재하에 황산산성으로 역추출하여 방해성분과 분리한 다음 알칼리성에서 디티존사염화탄소로 수은을 추출하여 490nm에서 흡광도를 측정하는 방법이다.

60 용출시험방법에서 사용되는 용출시험 결과에 대한 수분함량 보정식은?(단, 시료의 함수율은 85% 이상이다.)

① $\frac{15}{100-\text{함수율}(\%)}$ ② $\frac{100}{\text{함수율}(\%)-15}$

③ $\frac{\text{함수율}(\%)}{100}$ ④ $\frac{\text{함수율}(\%)-15}{100}$

해설 **용출시험결과보정**

① 용출시험의 결과는 시료 중의 수분함량 보정을 위해 함수율 85% 이상인 시료에 한하여 보정한다.(시료의 수분함량이 85% 이상이면 용출시험 결과를 보정하는 이유는 매립을 위한 최대함수율 기준이 정해져 있기 때문)

② 보정값 $= \frac{15}{100-\text{시료의 함수율}(\%)}$

제4과목 폐기물관계법규

61 환경부장관, 시 · 도지사 또는 시장 · 군수 · 구청장은 관계 공무원에게 사무소나 사업장 등에 출입하여 관계서류나 시설 또는 장비 등을 검사하게 할 수 있다. 이를 거부 · 방해 또는 기피한 자에 대한 과태료 기준은?

① 100만 원 이하
② 200만 원 이하
③ 300만 원 이하
④ 500만 원 이하

해설 ※ 법규 변경사항이므로 학습 안 하셔도 무방합니다.

62 사업장폐기물을 발생하는 사업장 중 기타 대통령이 정하는 사업장과 가장 거리가 먼 것은?

① 폐기물을 1일 평균 300킬로그램 이상 배출하는 사업장
② 「하수도법」에 따른 공공하수처리시설을 설치 · 운영하는 사업장
③ 「가축분뇨의 관리 및 이용에 관한 법률」에 따른 공공처리시설
④ 「건설산업기본법」에 따른 건설공사로 폐기물을 2톤 이상 배출하는 사업장

해설 **사업장폐기물 발생 사업장 중 기타 대통령이 정하는 사업장**

① 「물환경보전법」에 따라 공공폐수처리시설을 설치 · 운영하는 사업장
② 「하수도법」에 따라 공공하수처리시설을 설치 · 운영하는 사업장
③ 「하수도법」에 따른 분뇨처리시설을 설치 · 운영하는 사업장
④ 「가축분뇨의 관리 및 이용에 관한 법률」에 따라 공공처리시설을 설치 · 운영하는 사업장
⑤ 폐기물처리시설(폐기물처리업의 허가를 받은 자가 설치하는 시설을 포함한다)을 설치 · 운영하는 사업장
⑥ 지정폐기물을 배출하는 사업장
⑦ 폐기물을 1일 평균 300킬로그램 이상 배출하는 사업장
⑧ 「건설산업기본법」에 따른 건설공사로 폐기물을 5톤(공사를 착공할 때부터 마칠 때까지 발생되는 폐기물의 양을 말한다) 이상 배출하는 사업장
⑨ 일련의 공사(제8호에 따른 건설공사는 제외한다) 또는 작업으로 폐기물을 5톤(공사를 착공하거나 작업을 시작할 때부터 마칠 때까지 발생하는 폐기물의 양을 말한다) 이상 배출하는 사업장

63 시 · 도지사가 10년마다 수립하는 폐기물 처리 기본계획에 포함되어야 할 사항으로 틀린 것은?

① 폐기물의 종류별 발생량과 장래의 발생 예상량
② 폐기물의 처리 현황과 향후 처리계획
③ 폐기물의 감량화와 재활용 등 자원화에 관한 사항
④ 폐기물사업자 인가 현황 및 계획

해설 ※ 법규 변경(삭제)사항이므로 학습 안 하셔도 무방합니다.

64 에너지 회수기준으로 옳지 않은 것은?

① 다른 물질과 혼합하지 아니하고 해당 폐기물의 저위발열량이 킬로그램당 3천 킬로칼로리 이상일 것
② 에너지의 회수효율(회수에너지 총량을 투입에너지 총량으로 나눈 비율을 말한다)이 60퍼센트 이상일 것
③ 회수열을 모두 열원으로 스스로 이용하거나 다른 사람에게 공급할 것
④ 환경부장관이 정하여 고시하는 경우에는 폐기물의 30퍼센트 이상을 원료나 재료로 재활용하고 그 나머지 중에서 에너지의 회수에 이용할 것

2017

정답 60 ① 61 ① 62 ④ 63 ④ 64 ②

해설 에너지 회수기준
① 다른 물질과 혼합하지 아니하고 해당 폐기물의 저위발열량이 킬로그램당 3천 킬로칼로리 이상일 것
② 에너지의 회수효율(회수에너지 총량을 투입에너지 총량으로 나눈 비율을 말한다)이 75퍼센트 이상일 것
③ 회수열을 모두 열원으로 스스로 이용하거나 다른 사람에게 공급할 것
④ 환경부장관이 정하여 고시하는 경우에는 폐기물의 30퍼센트 이상을 원료나 재료로 재활용하고 그 나머지 중에서 에너지의 회수에 이용할 것

65 폐기물처리업자에게 영업정지에 갈음하여 부과할 수 있는 과징금으로 옳은 것은?

① 2억 원 이하 ② 1억 원 이하
③ 5천만 원 이하 ④ 2천만 원 이하

해설 폐기물처리업자에 대한 과징금 처분
환경부장관이나 시 · 도지사는 폐기물처리업자에게 영업의 정지를 명령하려는 때 그 영업의 정지가 다음의 어느 하나에 해당한다고 인정되면 대통령령으로 정하는 바에 따라 그 영업의 정지를 갈음하여 1억 원 이하의 과징금을 부과할 수 있다.
① 해당 영업의 정지로 인하여 그 영업의 이용자가 폐기물을 위탁처리하지 못하여 폐기물이 사업장 안에 적체됨으로써 이용자의 사업활동에 막대한 지장을 줄 우려가 있는 경우
② 해당 폐기물처리업자가 보관 중인 폐기물이나 그 영업의 이용자가 보관 중인 폐기물의 적체에 따른 환경오염으로 인하여 인근지역 주민의 건강에 위해가 발생되거나 발생될 우려가 있는 경우
③ 천재지변이나 그 밖의 부득이한 사유로 해당 영업을 계속하도록 할 필요가 있다고 인정되는 경우

66 음식물류 폐기물 배출자는 음식물류 폐기물의 발생억제 및 처리계획을 환경부령으로 정하는 바에 따라 특별자치시장 · 특별자치도지사 · 시장 · 군수 · 구청장에게 신고하여야 한다. 이를 위반하여 음식물류 폐기물의 발생 억제 및 처리계획을 신고하지 아니한 자에 대한 과태료 부과 기준은?

① 100만 원 이하 ② 300만 원 이하
③ 500만 원 이하 ④ 1,000만 원 이하

해설 폐기물관리법 제68조 참조

67 폐기물처리업의 업종 구분과 영업내용의 범위를 벗어나는 영업을 한 자에 대한 벌칙 기준은?

① 3년 이하의 징역이나 3천만 원 이하의 벌금
② 2년 이하의 징역이나 2천만 원 이하의 벌금
③ 1년 이하의 징역이나 1천만 원 이하의 벌금
④ 6월 이하의 징역이나 5백만 원 이하의 벌금

해설 폐기물관리법 제66조 참조

68 의료폐기물 중 재활용하는 태반의 용기에 표시하는 도형의 색상은?

① 노란색 ② 녹색
③ 붉은색 ④ 검은색

해설 태반용기 표시 도형 색상

의료폐기물의 종류	도형 색상
격리의료폐기물	붉은색
봉투형 용기	검은색
상자형 용기	노란색
재활용하는 태반	녹색

69 폐기물 처리업자가 폐업을 한 경우 폐업한 날부터 며칠 이내에 신고서와 구비서류를 첨부하여 시 · 도지사 등에게 제출하여야 하는가?

① 10일 이내 ② 15일 이내
③ 20일 이내 ④ 30일 이내

해설 폐기물처리업자 또는 폐기물처리신고자가 휴업 · 폐업 또는 재개업을 한 경우에는 휴업 · 폐업 또는 재개업을 한 날부터 20일 이내에 시 · 도지사나 지방환경관서의 장에게 신고서를 제출하여야 한다.

70 폐기물처리시설인 매립시설의 기술관리인 자격기준으로 틀린 것은?

① 화공기사
② 전기공사기사
③ 건설기계설비기사
④ 일반기계기사

정답 65 ② 66 ① 67 ② 68 ② 69 ③ 70 ②

해설 폐기물 처분시설 또는 재활용시설의 기술관리인의 자격기준

구분	자격기준
매립시설	폐기물처리기사, 수질환경기사, 토목기사, 일반기계기사, 건설기계기사, 화공기사, 토양환경기사 중 1명 이상
소각시설(의료폐기물을 대상으로 하는 소각시설은 제외한다), 시멘트 소성로 및 용해로	폐기물처리기사, 대기환경기사, 토목기사, 일반기계기사, 건설기계기사, 화공기사, 전기기사, 전기공사기사 중 1명 이상
의료폐기물을 대상으로 하는 시설	폐기물처리산업기사, 임상병리사, 위생사 중 1명 이상
음식물류 폐기물을 대상으로 하는 시설	폐기물처리산업기사, 수질환경산업기사, 화공산업기사, 토목산업기사, 대기환경산업기사, 일반기계기사, 전기기사 중 1명 이상
그 밖의 시설	같은 시설의 운영을 담당하는 자 1명 이상

71 폐기물 처리시설 중 관리형 매립시설에서 발생하는 침출수의 배출허용기준 중 가지역의 생물화학적 산소요구량의 기준(mg/L 이하)은?

① 50 ② 40
③ 30 ④ 20

해설 관리형 매립시설 침출수의 배출허용기준

구분	생물화학적 산소요구량(mg/L)	화학적 산소요구량(mg/L)			부유물질량(mg/L)
		과망간산칼륨법에 따른 경우		중크롬산칼륨법에 따른 경우	
		1일 침출수 배출량 $2,000m^3$ 이상	1일 침출수 배출량 $2,000m^3$ 미만		
청정지역	30	50	50	400 (90%)	30
가지역	50	80	100	600 (85%)	50
나지역	70	100	150	800 (80%)	70

72 「폐기물관리법」의 적용범위에 관한 설명으로 틀린 것은?

① 「원자력안전법」에 따른 방사성 물질과 이로 인하여 오염된 물질에 대하여는 적용하지 아니한다.
② 「하수도법」에 의한 하수는 적용하지 아니한다.
③ 용기에 들어 있는 기체상의 물질은 적용치 않는다.
④ 「폐기물관리법」에 따른 해역 배출은 해양환경관리법으로 정하는 바에 따른다.

해설 폐기물관리법을 적용하지 않는 물질

① 「원자력안전법」에 따른 방사성 물질과 이로 인하여 오염된 물질
② 용기에 들어 있지 아니한 기체상태의 물질
③ 「물환경보전법」에 따른 수질오염 방지시설에 유입되거나 공공수역으로 배출되는 폐수
④ 「가축분뇨의 관리 및 이용에 관한 법률」에 따른 가축분뇨
⑤ 「하수도법」에 따른 하수 · 분뇨
⑥ 「가축전염병예방법」이 적용되는 가축의 사체, 오염 물건, 수입 금지 물건 및 검역 불합격품
⑦ 「수산생물질병 관리법」에 적용되는 수산동물의 사체, 오염된 시설 또는 물건, 수입 금지 물건 및 검역 불합격품
⑧ 「군수품관리법」에 따라 폐기되는 탄약
⑨ 「동물보호법」에 따른 동물장묘업의 등록을 한 자가 설치 · 운영하는 동물장묘시설에서 처리되는 동물의 사체

2017

73 법에서 사용하는 용어의 뜻으로 틀린 것은?

① '처분'이란 폐기물의 소각 · 중화 · 파쇄 · 고형화 등의 중간처분과 매립하거나 해역으로 배출하는 등의 최종처분을 말한다.
② '재활용'이란 폐기물을 연료로 변환하는 활동으로서 대통령령으로 정하는 활동을 말한다.
③ '폐기물처리시설'이란 폐기물의 중간처분시설, 최종처분시설 및 재활용시설로서 대통령령으로 정하는 시설을 말한다.
④ '처리'란 폐기물의 수집, 운반, 보관, 재활용, 처분을 말한다.

해설 "재활용"이란 다음의 어느 하나에 해당하는 활동을 말한다.

① 폐기물을 재사용 · 재생이용하거나 재사용 · 재생이용할 수 있는 상태로 만드는 활동
② 폐기물로부터 「에너지법」에 따른 에너지를 회수 또는 회수할 수 있는 상태로 만들거나 폐기물을 연료로 사용하는 활동으로서 환경부령으로 정하는 활동

정답 71 ① 72 ③ 73 ②

74 폐기물 처리업자의 폐기물보관량 및 처리기한에 관한 기준으로 ( )에 옳은 것은?(단, 폐기물 수집, 운반업자가 임시보관장소에 폐기물을 보관하는 경우)

> 의료 폐기물 외의 폐기물 : 중량이 (㉠) 이하이고 용적이 (㉡) 이하, (㉢) 이내

① ㉠ 450톤, ㉡ 300세제곱미터, ㉢ 3일
② ㉠ 350톤, ㉡ 200세제곱미터, ㉢ 3일
③ ㉠ 450톤, ㉡ 300세제곱미터, ㉢ 5일
④ ㉠ 350톤, ㉡ 200세제곱미터, ㉢ 5일

해설 **폐기물 수집 · 운반업자가 임시보관장소에 폐기물을 보관하는 경우**
① 의료폐기물
냉장 보관할 수 있는 섭씨 4도 이하의 전용보관시설에서 보관하는 경우 5일 이내, 그 밖의 보관시설에서 보관하는 경우에는 2일 이내, 다만 격리의료폐기물의 경우에서 보관시설과 무관하게 2일 이내로 한다.
② 의료폐기물 외의 폐기물
중량 450톤 이하이고 용적이 300세제곱미터 이하, 5일 이내

75 폐기물처분시설인 소각시설의 정기검사 항목에 해당하지 않는 것은?

① 보조연소장치의 작동상태
② 배기가스온도의 적절 여부
③ 표지판 부착 여부 및 기재사항
④ 소방장비 설치 및 관리실태

해설 **소각시설의 정기검사 항목**
① 적절 연소상태 유지 여부
② 소방장비 설치 및 관리실태
③ 보조연소장치의 작동상태
④ 배기가스온도의 적절 여부
⑤ 바닥재의 강열감량
⑥ 연소실의 출구가스 온도
⑦ 연소실의 가스체류시간
⑧ 설치검사 당시와 같은 설비 · 구조를 유지하고 있는지 확인

76 폐기물처리 담당자로서 교육대상자에 포함되지 않는 사람은?

① 폐기물처리시설의 설치 · 운영자나 그가 고용한 기술담당자
② 지정폐기물을 배출하는 사업자나 그가 고용한 기술담당자
③ 자치단체장이 정하는 자나 그가 고용한 기술담당자
④ 폐기물 수집 · 운반업의 허가를 받은 자나 그가 고용한 기술담당자

해설 **폐기물처리 담당자로서 교육대상자**
① 폐기물처리시설(법 제34조 제1항에 따라 기술관리인을 임명한 폐기물처리시설은 제외한다)의 설치 · 운영자나 그가 고용한 기술담당자
② 사업장폐기물 배출자 신고를 한 자나 그가 고용한 기술담당자
③ 확인을 받아야 하는 지정폐기물을 배출하는 사업자나 그가 고용한 기술 담당자
④ ②와 ③에 따른 자 외의 사업장폐기물을 배출하는 사업자나 그가 고용한 기술담당자로서 환경부령으로 정하는 자
⑤ 폐기물수집 · 운반업의 허가를 받은 자나 그가 고용한 기술담당자
⑥ 폐기물처리 신고자나 그가 고용한 기술담당자

77 「환경정책기본법」에 의한 환경보전협회에서 교육을 받아야 하는 대상자와 거리가 먼 것은?

① 폐기물 처분시설의 설치자로서 스스로 기술관리를 하는 자
② 폐기물처리업자(폐기물 수집 · 운반업자는 제외한다)가 고용한 기술요원
③ 폐기물 수집 · 운반업자 또는 그가 고용한 기술담당자
④ 폐기물처리 신고자 또는 그가 고용한 기 술담당자

해설 **「환경정책기본법」에 따른 환경보전협회 또는 한국폐기물협회의 교육대상자**
① 사업장폐기물배출자 신고를 한 자 및 법 제17조 제3항에 따른 서류를 제출한 자 또는 그가 고용한 기술담당자(다목, 제1호 가목 · 나목에 해당하는 자와 제3호에서 정하는 자는 제외한다)
② 폐기물처리업자(폐기물 수집 · 운반업자는 제외한다)가 고용한 기술요원
③ 폐기물처리시설(법 제29조에 따라 설치신고를 한 폐기물처리시설만 해당되며, 영 제15조 각 호에 해당하는 폐기물처리시설은 제외한다)의 설치 · 운영자 또는 그가 고용한 기술담당자
④ 폐기물 수집 · 운반업자 또는 그가 고용한 기술담당자
⑤ 폐기물처리신고자 또는 그가 고용한 기술담당자

정답 74 ③ 75 ③ 76 ③ 77 ①

78 **폐기물 중간처분시설 기준에 관한 내용으로 틀린 것은?**

① 소멸화시설 : 1일 처분능력 100킬로그램 이상인 시설
② 용융시설 : 동력 7.5kW 이상인 시설
③ 압축시설 : 동력 15kW 이상인 시설
④ 파쇄시설 : 동력 15kW 이상인 시설

해설 **중간처분시설(기계적 처분시설)의 종류**
① 압축시설(동력 7.5kW 이상인 시설로 한정한다)
② 파쇄 · 분쇄시설(동력 15kW 이상인 시설로 한정한다)
③ 절단시설(동력 7.5kW 이상인 시설로 한정한다)
④ 용융시설(동력 7.5kW 이상인 시설로 한정한다)
⑤ 증발 · 농축시설
⑥ 정제시설(분리 · 증류 · 추출 · 여과 등의 시설을 이용하여 폐기물을 처분하는 단위시설을 포함한다)
⑦ 유수 분리시설
⑧ 탈수 · 건조시설
⑨ 멸균분쇄시설

79 **시 · 도지사는 폐기물 재활용 신고를 한 자에게 재활용사업의 정지를 명령하여야 하는 경우 대통령령으로 정하는 바에 따라 그 재활용 사업의 정지를 갈음하여 2천만 원 이하의 과징금을 부과할 수 있는데 이에 해당하는 경우가 아닌 것은?**

① 해당 처리금지로 인하여 그 폐기물처리의 이용자가 폐기물을 위탁처리하지 못하여 폐기물이 사업장 안에 적체됨으로써 이용자의 사업활동에 막대한 지장을 줄 우려가 있는 경우
② 해당 폐기물처리 신고자가 보관 중인 폐기물 또는 그 폐기물처리의 이용자가 보관 중인 폐기물의 적체에 따른 환경오염으로 인하여 인근지역 주민의 건강에 위해가 발생되거나 발생될 우려가 있는 경우
③ 영업정지 명령으로 해당 재활용사업체의 도산이 발생될 우려가 있는 경우
④ 천재지변이나 그 밖의 부득이한 사유로 해당 폐기물처리를 계속하도록 할 필요가 있다고 인정되는 경우

해설 **폐기물처리 신고자에 대한 과징금 처분**
시 · 도지사는 폐기물처리 신고자가 처리금지를 명령하여야 하는 경우 그 처리금지가 다음의 어느 하나에 해당한다고 인정되면 대통령령으로 정하는 바에 따라 그 처리금지를 갈음하여 2천만 원 이하의 과징금을 부과할 수 있다.
① 해당 재활용사업의 정지로 인하여 그 재활용사업의 이용자가 폐기물을 위탁처리하지 못하여 폐기물이 사업장 안에 적체됨으로써 이용자의 사업활동에 막대한 지장을 줄 우려가 있는 경우
② 해당 재활용사업체에 보관 중인 폐기물 또는 그 재활용사업의 이용자가 보관 중인 폐기물의 적체에 따른 환경오염으로 인하여 인근지역 주민의 건강에 위해가 발생되거나 발생될 우려가 있는 경우
③ 천재지변이나 그 밖의 부득이한 사유로 해당 재활용사업을 계속하도록 할 필요가 있다고 인정되는 경우

80 **폐기물처리시설을 운영 · 설치하는 자가 그 시설의 유지 · 관가리에 관한 기술업무를 담당할 기술관리인을 임명하지 아니하고 기술관리대행 계약을 체결하지 아니할 경우에 대한 처분기준은?**

① 1천만 원 이하의 과태료
② 2년 이하의 징역 또는 2천만 원 이하의 벌금
③ 3년 이하의 징역 또는 3천만 원 이하의 벌금
④ 5년 이하의 징역 또는 5천만 원 이하의 벌금

해설 폐기물관리법 제68조 참조

2017

정답 78 ③ 79 ③ 80 ①

2016년 1회 기출문제

제1과목 폐기물개론

01 쓰레기를 4분법으로 축분 도중 2번째에서 모포가 걸렸다. 이후 4회 더 축분하였다면 추후 모포의 함유율은?

① 25% ② 12.5%
③ 6.25% ④ 3.13%

해설 함유율(%) $= \frac{1}{2^n} = \frac{1}{2^4} = 0.0625 \times 100 = 6.25\%$

02 공원, 도로 등의 개방지역에서 배출되는 쓰레기의 조성을 크게 3가지로 구분하였을 경우 가장 적합한 내용은?

① 토사, 음식물류, 종이(휴지)류
② 음식물류, 종이(휴지)류, 비닐류
③ 포장재류, 목재류(나뭇잎), 비닐류
④ 토사, 목재류(나뭇잎), 포장재류

해설 **개방지역 배출 쓰레기 종류**
① 토사 ② 목재류(나뭇잎) ③ 비닐류

03 습량 기준 회분율(A, %)을 구하는 식으로 맞는 것은?

① 건조쓰레기 회분 $\times \frac{100 - \text{시료중량}}{100}$

② 수분 $\times \frac{100 - \text{회분중량}}{100}$

③ 건조쓰레기 회분 $\times \frac{100 - \text{수분함량}}{100}$

④ 습량 기준 중량비 $\times \frac{\text{건조 전 시료중량} - \text{수분함량}}{100}$

해설 ① 각 시료의 회분(A_i)

$$A_i(\%) = \frac{\text{강열 후 각 시료의 중량(kg)}}{\text{강열 전 각 시료의 중량(kg)}} \times 100$$

② 전체 쓰레기의 건량 기준 회분함량(A_d)

$$A_d(\%) = \frac{\text{전체 회분중량}}{\text{전체 건조중량}} \times 100$$

③ 전체 쓰레기의 습량 기준 회분함량(A_w)

$$A_w(\%) = (A_d : \text{건량 기준 회분함량}) \times \frac{100 - (\text{전체 쓰레기의 수분함량})}{100} \times 100$$

04 쓰레기 관리체계에서 비용이 가장 많이 드는 것은?

① 수거 ② 저장
③ 처리 ④ 처분

해설 폐기물 관리에 소요되는 총비용 중 수거 및 운반단계가 60% 이상을 차지한다. 즉, 폐기물 관리 시 수거 및 운반 비용이 가장 많이 소요된다.

05 수거 노선을 설정할 때의 유의사항으로 가장 거리가 먼 것은?

① U자형 회전을 피하여 수거한다.
② 아주 많은 양의 쓰레기가 발생되는 발생원은 가능한 한 같은 날 왕복 내에서 수거한다.
③ 수거지점과 수거빈도를 정하는 데 있어서 기존 정책이나 규정을 참고한다.
④ 수거인원 및 차량형식이 같은 기존 시스템의 조건들을 서로 관련시킨다.

해설 **효과적 · 경제적인 수거노선 결정 시 유의(고려)사항 : 수거노선 설정요령**
① 지형이 언덕인 지역에서는 언덕의 위에서부터 내려가며 적재하면서 차량을 진행하도록 한다.(안전성, 연료비 절약)
② 수거인원 및 차량형식이 같은 기존 시스템의 조건들을 서로 관련시킨다.
③ 출발점은 차고와 가깝게 하고 수거된 마지막 컨테이너가 처분지의 가장 가까이에 위치하도록 배치한다.
④ 가능한 한 지형지물 및 도로경계와 같은 장벽을 사용하여 간선도로 부근에서 시작하고 끝나야 한다.(도로경계 등을 이용)
⑤ 가능한 한 시계방향으로 수거노선을 정한다.
⑥ 적은 양의 쓰레기가 발생하나 동일한 수거빈도를 받기 원하는 적재지점(수거지점)은 가능한 한 같은 날 왕복 내에서 수거한다.
⑦ 아주 많은 양의 쓰레기가 발생되는 발생원은 하루 중 가장 먼저 수거한다.

정답 01 ③ 02 ④ 03 ③ 04 ① 05 ②

⑧ 될 수 있는 한 한 번 간 길은 다시 가지 않는다.
⑨ 반복운행 또는 U자형 회전은 피하여 수거한다.
⑩ 교통량이 많거나 출퇴근시간은 피하여 수거한다.
⑪ 수거지점과 수거빈도 결정 시 기존 정책이나 규정을 참고한다.

06 **다음은 폐기물 수거에 대한 효율을 결정하기 위한 자료이다. A도시의 수거효율은?**

구분	A도시	B도시
폐기물 발생량(톤/일)	1,500	2,000
수거인력(인/일)	300	250
근무시간(시간/일)	8	12

① B도시와 같다.
② B도시보다 높다.
③ B도시보다 낮다.
④ 이 자료로는 알 수 없다.

해설 A도시 MHT $= \frac{\text{수거인부} \times \text{총 수거시간}}{\text{총 수거량}}$

$= \frac{300\text{인} \times 8\text{hr}/\text{일}}{1,500} = 1.6\text{MHT}$

B도시 MHT $= \frac{\text{수거인부} \times \text{총 수거시간}}{\text{총 수거량}}$

$= \frac{250\text{인} \times 12\text{hr}/\text{일}}{2,000\text{ton}/\text{일}} = 1.5\text{MHT}$

07 **폐기물의 분석방법은 개략분석(Proximately Analysis)과 극한분석(Ultimately Analysis)으로 구분된다. 다음 중 극한분석에 해당하는 것은?**

① 원소 분석 ② 삼성분 분석
③ 사성분 분석 ④ 발열량 분석

해설 극한분석은 화학적 조성 분석을 의미하며 대상항목은 C, H, O, N, S, Cl이다.

08 **연속적으로 변화하는 자장 속에 비자성이며, 전기전도성이 좋은 구리, 알루미늄, 아연 등을 넣어 금속 내에 소용돌이 전류를 발생시켜 생기는 반발력의 차를 이용하여 분리하는 선별장치는?**

① 정전기선별장치 ② 자력선별장치
③ 와전류선별장치 ④ 비중선별장치

해설 **와전류 선별법**
① 연속적으로 변화하는 자장 속에 비극성(비자성)이고 전기전도도가 우수한 물질(구리, 알루미늄, 아연 등)을 넣으면 금속 내에 소용돌이 전류가 발생하는 와전류현상에 의하여 반발력이 생기는데 이 반발력의 차를 이용하여 다른 물질로부터 분리하는 방법이다.
② 폐기물 중 철금속(Fe), 비철금속(Al, Cu), 유리병의 3종류를 각각 분리할 경우 와전류 선별법이 가장 적절하다.

09 **일반폐기물과 지정폐기물의 분류기준은?**

① 발생원 ② 유해성
③ 용융성 ④ 발생량

해설 일반폐기물과 지정폐기물의 분류기준은 유해성이다.

10 **중금속을 함유한 슬러지를 시멘트 고형화할 때 고형화 전의 슬러지 용적 대비 고형화 후의 슬러지 용적은?(단, 고화 처리 전 중금속 슬러지 비중은 1.1, 고화 처리 후 폐기물의 비중은 1.2, 시멘트 첨가량은 슬러지 무게의 30%)**

① 약 100% ② 약 110%
③ 약 120% ④ 약 130%

해설 $VCR = \frac{V_s}{V_r}$

$V_r = \frac{1\text{ton}}{1.1\text{ton}/\text{m}^3} = 0.91\text{m}^3$

$V_s = \frac{[1 + (1 \times 0.3)]\text{ton}}{1.2\text{ton}/\text{m}^3} = 1.08\text{m}^3$

$= \frac{1.08}{0.91} \times 100 = 119.05\%$

11 **물질 회수를 위한 선별방법 중 플라스틱에서 종이를 선별할 수 있는 방법으로 가장 적절한 것은?**

① 와전류 선별
② Jig 선별
③ 광학 선별
④ 정전기적 선별

해설 **정전기적 선별기**
폐기물에 전하를 부여하고 전하량의 차에 따른 전기력으로 선별하는 장치이며, 플라스틱에서 종이를 선별할 수 있는 장치이다.

정답 06 ③ 07 ① 08 ③ 09 ② 10 ③ 11 ④

12 **쓰레기의 발생량과 성상에 관한 설명으로 가장 거리가 먼 것은?**

① 일반적으로 수집빈도가 높을수록 또는 쓰레기통이 클수록 쓰레기 발생량이 증가한다.
② 도시의 규모가 커질수록 쓰레기 발생량이 증가한다.
③ 생활수준이 증가할수록 쓰레기의 종류는 다양화되고 발생량은 감소한다.
④ 재활용품의 회수 및 재이용률이 증가할수록 쓰레기 발생량은 감소한다.

해설 쓰레기 발생량은 생활수준이 높아지면 증가하고 종류는 다양화된다.

13 **폐기물의 성질을 조사하기 위한 시료 채취방법으로 원추 4분법을 이용하여 4회 실시한 후 시료를 얻었다. 만일 초기에 조대형 쓰레기를 선별하여 무게를 측정한 결과 60kg이라면 이 중 몇 kg이 시료에 포함되어야 하는가? (단, 조대형 쓰레기의 비중은 동일하다고 가정한다.)**

① 60kg ② 15kg
③ 7.5kg ④ 3.75kg

해설 시료 포함량(kg) = 전체 시료량(kg) $\times \left(\frac{1}{2}\right)^n$

$$= 60\text{kg} \times \left(\frac{1}{4}\right)^4 = 3.75\text{kg}$$

14 **모든 인자를 시간에 따른 함수로 나타낸 후, 시간에 대한 함수로 표시된 각 인자 간의 상호관계를 수식화하여 쓰레기 발생량을 예측하는 방법은?**

① 동적 모사모델 ② 다중회귀모델
③ 시간인자모델 ④ 다중인자모델

해설 **폐기물 발생량 예측방법**

방법(모델)	내용
경향법 (Trend method) 경향예측모델	• 최저 5년 이상의 과거 처리 실적을 수식 model에 대하여 과거의 경향을 가지고 장래를 예측하는 방법 • 단지 시간과 그에 따른 쓰레기 발생량(또는 성상) 간의 상관관계만을 고려하며 이를 수식으로 표현하면 $x = f(t)$ • $x = f(t)$는 선형, 지수형, 대수형 등에서 가장 근사한 형태를 택함
다중회귀모델 (Multiple regression model)	• 하나의 수식으로 각 인자들의 효과를 총괄적으로 나타내어 복잡한 시스템의 분석에 유용하게 사용할 수 있는 쓰레기 발생량 예측방법 • 각 인자마다 효과를 파악하기보다는 전체 인자의 효과를 총괄적으로 파악하는 것이 간편하고 유용한 예측방법으로 시간을 단순히 하나의 독립된 종속인자로 대입 • 수식 $x = f(X_1 X_2 X_3 \cdots X_n)$, 여기서 $X_1 X_2 X_3 \cdots X_n$은 쓰레기 발생량에 영향을 주는 인자 ※ 인자 : 인구, 지역소득(GNP 또는 GRP), 자원회수량, 상품 소비량 또는 매출액(자원회수량, 사회적 · 경제적 특성이 고려됨)
동적모사모델 (Dynamic simulation model)	• 쓰레기 발생량에 영향을 주는 모든 인자를 시간에 대한 함수로 나타낸 후 시간에 대한 함수로 표현된 각 영향인자들 간의 상관관계를 수식화하는 방법 • 시간만을 고려하는 경향법과 시간을 단순히 하나의 독립적인 종속인자로 고려하는 다중회귀모델의 문제점을 보안한 예측방법 • Dynamo 모델 등이 있음

15 **쓰레기 압축처리방법 중 포장기(Baler)에 대한 설명으로 가장 거리가 먼 것은?**

① 압축 후 삼베나 가죽 또는 철끈으로 묶는다.
② 관리에 용이한 크기나 무게로 포장한다.
③ 완전하게 건조되지 못한 폐기물은 취급하기 곤란하다.
④ 매립지에서는 포장을 해체하여 최종 처분한다.

해설 포장기(Baler)는 소각, 매립 또는 최종 처분을 하는 데에는 취급상 완전한 포장을 유지하여야 한다.

16 **폐기물의 총 고정탄소량이 강열감량의 50%이다. 폐기물의 초기 함수율이 70%이고 강열감량분이 건조 고형물의 60%라면 총 고정탄소량의 무게는?(단, 초기 폐기물의 무게 : 1,000kg, 고형물 비중 : 1.0)**

① 180kg ② 120kg
③ 90kg ④ 60kg

해설 강열감량 = (1,000 − 700)kg × 0.6 = 180kg
총 고정탄소량 = 180kg × 0.5 = 90kg

정답 12 ③ 13 ④ 14 ① 15 ④ 16 ③

17 **파쇄방법 중 취성도가 큰 물질에 가장 효과적인 방법은?**

① 전단파쇄 ② 인장파쇄
③ 압축파쇄 ④ 원심파쇄

해설 취성도는 압축강도와 인장강도의 비로 나타내며 취성도가 낮은 물질은 전단파쇄, 취성도가 높은 물질은 압축파쇄가 유효하다.

18 **폐기물 발생량 조사방법으로 가장 거리가 먼 것은?**

① 적재차량 계수분석법 ② 정량조사법
③ 직접계근법 ④ 물질수지법

해설 ① 쓰레기 발생량 조사방법
㉠ 적재차량 계수분석법
㉡ 직접계근법
㉢ 물질수지법
㉣ 통계조사(표본조사, 전수조사)
② 쓰레기 발생량 예측방법
㉠ 경향법
㉡ 다중회귀모델
㉢ 동적모사모델

19 **쓰레기 수송법 중 관거(Pipeline) 방법에 관한 설명으로 가장 거리가 먼 것은?**

① 초기 투자비용이 많이 소요된다.
② 쓰레기 발생밀도가 상대적으로 높은 지역에서 사용 가능하다.
③ 장거리 수송이 경제적으로 현실성이 있다.
④ 관거 설치 후에 노선 변경이 어렵다.

해설 **관거(Pipeline) 수송의 장단점**
① 장점
㉠ 자동화, 무공해화, 안전화가 가능하다.
㉡ 눈에 띄지 않는다.(미관, 경관 좋음)
㉢ 에너지 절약이 가능하다.
㉣ 교통소통이 원활하여 교통체증 유발이 없다.(수거차량에 의한 도심지 교통량 증가 없음)
㉤ 투입이 용이하고, 수집이 편리하다.
㉥ 인건비 절감의 효과가 있다.
② 단점
㉠ 대형 폐기물(조대폐기물)에 대한 전처리 공정(파쇄, 압축)이 필요하다.
㉡ 가설(설치) 후에 경로변경이 곤란하고 설치비가 비싸다.
㉢ 잘못 투입된 폐기물은 회수하기가 곤란하다.
㉣ 2.5km 이내의 거리에서만 이용된다.(장거리, 즉 2.5km 이상에서는 사용 곤란)
㉤ 단거리에 현실성이 있다.
㉥ 사고발생 시 시스템 전체가 마비되며 대체시스템으로 전환이 필요하다.(고장 및 긴급사고 발생에 대한 대처방법이 필요함)
㉦ 초기 투자비용이 많이 소요된다.
㉧ pipe 내부 진공도에 한계가 있다.(max 0.5kg/cm^2)

20 **쓰레기 파쇄에 대한 설명으로 가장 거리가 먼 것은?**

① 파쇄 후 부피가 감소하는 것이 대부분이나 때로는 파쇄 후의 부피가 파쇄 전보다 커질 수도 있다.
② 파쇄는 흔히 소각 및 매립의 전처리공정으로 이용된다.
③ 폐기물 입자의 표면적이 감소되어 미생물 작용이 촉진된다.
④ 압축 시에 밀도증가율이 크므로 운반비가 감소된다.

해설 파쇄로 인한 폐기물 입자의 표면적이 증가되어 미생물 작용이 촉진된다.

제2과목 폐기물처리기술

21 **슬러지를 개량(Conditioning)하는 주된 목적은?**

① 농축 성질을 향상시킨다.
② 탈수 성질을 향상시킨다.
③ 소화 성질을 향상시킨다.
④ 구성성분 성질을 개선, 향상시킨다.

해설 **슬러지 개량목적**
① 슬러지의 탈수성 향상 : 주된 목적
② 슬러지의 안정화
③ 탈수 시 약품 소모량 및 소요동력을 줄임

22 **분뇨의 혐기성 소화처리 방식의 단점이 아닌 것은?**

① 처리과정에서 취기가 발생하고 위생해충이 발생하기 쉬우므로 오니 등의 취급에 대해서는 위생상 특히 주의가 필요하다.
② 유지관리 시 특별한 기술을 요하지 않고 비교적 용이하며, 관리비가 적게 든다.
③ 호기성 산화방식에 비하여 소화속도가 늦다.
④ 소화조의 용적이 비교적 대용량이 되므로 처리시설의 건설에 넓은 부지를 필요로 한다.

2016

정답 17 ③ 18 ② 19 ③ 20 ③ 21 ② 22 ②

해설 ① 혐기성 소화의 장점
㉠ 호기성 처리에 비해 슬러지 발생량이 적다.
㉡ 동력시설의 소모가 적어 운전비용이 저렴하다.
㉢ 생성슬러지의 탈수 및 건조가 쉽다.(탈수성 양호)
㉣ 메탄가스 회수가 가능하여 회수된 가스를 연료로 사용 가능하다.
㉤ 기생충란이나 전염병균이 사멸한다.
㉥ 고농도 폐수 및 분뇨를 낮은 비용으로 처리할 수 있다.
② 혐기성 소화의 단점
㉠ 호기성 소화공법보다 운전이 용이하지 않다.(운전이 어려우므로 유지관리에 숙련이 필요함)
㉡ 소화가스는 냄새(NH_3, H_2S)가 문제 된다.(악취 발생 문제)
㉢ 부식성이 높은 편이다.
㉣ 높은 온도가 요구되며 미생물 성장속도가 느리다.

23 함수율이 95%인 슬러지 2,000m^3를 함수율 20%로 처리하여 매립하였다면 매립된 슬러지의 중량(톤)은?(단, 슬러지 비중 1.0)

① 110 ② 125
③ 130 ④ 135

해설 $2{,}000m^3 \times (1-0.95) = $ 처리 후 부피 $\times (1-0.2)$

처리 후 부피$(m^3) = \dfrac{2{,}000m^3 \times 0.05}{0.8}$
$= 125m^3 \times ton/m^3 = 125ton$

24 폐기물 열분해에 관한 설명으로 틀린 것은?

① 폐기물을 산소의 공급 없이 가열하여 가스, 액체, 고체의 3성분으로 분리한다.
② 고도의 발열반응으로 폐열 회수가 가능하다.
③ 고온 열분해에서 1,700℃까지 온도를 올리면 생산되는 모든 재는 Slag로 배출된다.
④ 열분해에서 일반적으로 저온이라 함은 500~900℃, 고온은 1,100~1,500℃를 말한다.

해설 연소가 고도의 반열반응임에 비해 열분해는 고도의 흡열반응이다.

25 5%의 고형물을 함유하는 500m^3/day의 슬러지를 진공 여과시켜 75%의 수분을 함유하는 슬러지 케이크를 만든다면 하루 생산되는 슬러지 케이크의 양(m^3)은?(단, 비중은 1.0 기준)

① 100 ② 90
③ 83 ④ 75

해설 Cake 양$(m^3/day) = 500m^3/day \times 0.05 \times \dfrac{100}{100-75}$
$= 100m^3/day$

[Note] 다른 풀이
$500m^3/day \times (1-0.95) = V_2 \times (1-0.75)$
$V_2 = 125m^3/day(125ton/day)$

26 슬러지의 퇴비화에 대한 설명으로 틀린 것은?

① 최적 수분함량은 50~60%가량이다.
② pH는 대체로 5.5~8.0이 좋다.
③ C/N비는 25~35 정도가 좋다.
④ 온도는 70℃ 이상으로 유지시키면 좋다.

해설 퇴비화의 최적온도는 55~60℃이며 70℃ 이상의 온도에서는 분해효율이 떨어지기 때문에 공기 공급량을 증가시켜 온도 조절을 한다.

27 혐기성 소화 시에 생성되는 유기산의 종류와 가장 거리가 먼 것은?

① Formic Acid ② Propionic Acid
③ Butyric Acid ④ Glutamic Acid

해설 **혐기성 소화 시 생성 유기산**
① 포름산(Formic Acid)
② 프로피온산(Propionic Acid)
③ 부틸산(Butyric Acid)
④ 초산(아세트산), 알코올, 케톤 등
[Note] 글루탐산(Glutamic Acid)은 단백질의 가수분해 산물로 아미노산이다.

28 합성차수막인 PVC의 장단점을 설명한 내용으로 틀린 것은?

① 강도가 높다.
② 접합이 용이하다.
③ 자외선, 오존, 기후에 약하다.
④ 대부분의 유기화학물질에 강하다.

해설 **합성차수막 종류 중 PVC**
① 장점
㉠ 작업이 용이함 ㉡ 강도가 높음
㉢ 접합이 용이함 ㉣ 가격이 저렴함

정답 23 ② 24 ② 25 ① 26 ④ 27 ④ 28 ④

② 단점
㉠ 자외선, 오존, 기후에 약함
㉡ 대부분 유기화학물질(기름 등)에 약함

29 질소와 인을 제거하기 위한 생물학적 고도처리공법 중 호기조의 역할과 가장 거리가 먼 것은?

① 질산화 ② 탈질화
③ 유기물의 산화 ④ 인의 과잉섭취

해설 **A_2O 공법**
혐기 – 호기(A/O)공법을 개량하여 질소, 인을 제거하기 위한 공법으로 반응조는 혐기조, 무산소조, 호기조로 구성되며 질산성 질소를 제거하기 위한 내부 반송과 최종 침전지 슬러지 반송으로 구성된다. 혐기조의 혐기성 조건에서 인을 방출시키며, 후속 호기조에서 미생물이 인을 과잉으로 취할 수 있게 하며, 무산소조에서는 호기조의 내부 반송수 중의 질산성 질소를 탈질시키는 역할을 한다.

30 처리장으로 유입되는 생분뇨의 BOD가 15,000ppm, 이때의 염소이온 농도가 6,000ppm이었다. 이 생분뇨를 희석한 후 활성슬러지법으로 처리한 처리수의 BOD는 60ppm, 염소이온은 200ppm이었다면 활성슬러지법에서의 BOD 제거율은?

① 73% ② 78%
③ 82% ④ 88%

해설 BOD 처리효율(%)

$$=\left(1-\frac{BOD_o}{BOD_i}\right)\times 100$$

$BOD_o = 60ppm$

$BOD_i = 15,000ppm \times 200/6,000 = 500ppm$

$$=\left(1-\frac{60}{500}\right)\times 100 = 88\%$$

31 매립지 설계 시 침출수 집배수층의 조건으로 만족 여부를 판단하기 위해 D_{15}, d_{85}, d_{15}가 사용된다. 여기에서 D_{15}가 의미하는 것은?

① 여과층
② 집배수층 주변 물질
③ 집배수층과 폐기물 사이의 토양층
④ 침출수 집배수층 재료의 입경

해설 **침출수 집배수층의 체상분율(D_n)과 매립지 주변 토양의 체상분율(d_n) 관계**
① 침출수 집배수층이 주변 물질에 막히지 않을 조건

$$\frac{D_{15}(\text{필터 재료})}{d_{85}(\text{주변 토양})} < 5$$

여기서, D_{15} : 입경누적곡선에서 통과한 백분율로 15%에 상당하는 입경
d_{85} : 입경누적곡선에서 통과한 백분율로 85%에 상당하는 입경

② 침출수 집배수층이 충분한 투수성을 유지할 조건

$$\frac{D_{15}(\text{필터 재료})}{d_{15}(\text{주변 토양})} > 5$$

여기서, d_{15} : 입경누적곡선에서 통과한 백분율로 15%에 상당하는 입경

32 쓰레기를 소각할 경우 발생하는 기체로 가장 적절하지 않은 것은?

① NOx ② CH_4
③ CO_2 ④ CO

해설 **일반적 연소반응식**
유기물 + O_2 → CO_2 + CO + H_2O + SO_X + NO_X + Cl_2 + 열
↑
3T

[Note] CH_4은 혐기성 분해 시 생성물질이다.

2016

33 점토가 차수막으로 적합하기 위한 포괄적 조건으로 가장 거리가 먼 것은?

① 소성지수 : 10% 미만
② 투수계수 : 10^{-7}cm/sec 미만
③ 점토 및 미사토 함유량 : 20% 이상
④ 액성한계 : 30% 이상

해설 **차수막 적합조건(점토)**

항목	적합기준
투수계수	10^{-7} cm/sec 미만
점토 및 마사토 함량	20% 이상
소성지수(PI)	10% 이상 30 미만
액성한계(LL)	30% 이상
자갈함유량	10% 미만
직경 2.5 cm 이상 입자 함유량	0%

정답 29 ② 30 ④ 31 ④ 32 ② 33 ①

34 수거분뇨 중의 협잡물을 제거할 때 사용하는 것은?

① Decanter ② Drum Screen
③ Filter Press ④ Vaccum Filter

해설 협잡물 제거 스크린에는 Bar Screen, Rotary Screen, Drum Screen 등이 있다.

35 불포화 토양층 내에 산소를 공급함으로써 미생물의 분해를 통해 유기물질의 분해를 도모하는 토양정화법은?

① 생물학적 분해법(Biodegradation)
② 생물주입배출법(Bioventing)
③ 토양경작법(Ladfarming)
④ 토양세정법(Soil Flushing)

해설 Bioventing(생물주입배출법) 특징
① 휘발성이 강한 유기물질 이외에도 중간 정도의 휘발성을 가지는 분자량이 다소 큰 유기물질도 처리할 수 있다.
② 용해도가 큰 오염물질은 많은 양이 토양수분 내에 용해상태로 존재하게 되어 처리효율이 떨어지나 장치가 간단하고 설치가 용이하다.
③ 오염부지 주변의 공기 및 물의 이동에 의한 오염물질이 확산될 수 있다.
④ 일반적으로 토양증기추출에 비하여 토양공기의 추출량은 약 1/10 수준이다.
⑤ 기술적용 시에는 대상부지에 대한 정확한 산소소모율의 산정이 중요하다.
⑥ 토양투수성은 공기를 토양 내에 강제순환시킬 때 매우 중요한 영향인자이다.
⑦ 현장지반구조 및 오염물 분포에 따른 처리기간의 변동이 심하다.
⑧ 배출가스 처리의 추가비용이 없으나 추가적인 영양염류의 공급은 필요하다.

36 RDF의 구비조건이 아닌 것은?

① 대기오염이 적을 것 ② 함수량이 낮을 것
③ 발열량이 낮을 것 ④ 재의 양이 적을 것

해설 RDF의 재료로는 발열량이 높아야 한다.

37 분뇨처리장 제1소화조의 슬러지양은 30%가 되어야 한다. 1일 100kL 투입에서 슬러지양은?(단, 제1소화조의 소화일수는 15일로 한다.)

① 150kL ② 250kL
③ 350kL ④ 450kL

해설 슬러지양(kL) = 100kL/day × 0.3 × 15day = 450kL

38 퇴비화 과정에서 팽화제로 이용되는 물질과 가장 거리가 먼 것은?

① 톱밥 ② 왕겨
③ 볏짚 ④ 하수슬러지

해설 팽화제(통기개량제) 종류
① 볏짚
칼슘분이 높다.
② 톱밥
㉠ 분해 시 추가적인 질소를 요구하며 분해율은 종류에 따라 다르다.
㉡ 난분해성 유기물이기 때문에 분해가 느리다.
③ 파쇄목편
폐목재 내 퇴비화에 영향을 줄 수 있는 유해물질의 함유 가능성이 있다.
④ 왕겨(파쇄)
발생기간이 한정되어 있기 때문에 저류공간이 필요하다.

39 슬러지나 폐기물을 토양에 주입할 때 발생할 수 있는 이익으로 가장 거리가 먼 것은?

① 토양의 침식이 감소한다.
② 토양의 투수성이 증가한다.
③ 폐기물을 방치하는 것보다 농경지와 같은 비점원 오염원으로부터의 오염물질 배출량이 감소된다.
④ 토양의 수분함량이 감소한다.

해설 슬러지나 폐기물을 토양에 주입 시 토양의 수분함량은 증가한다.

40 표면차수막과 연직차수막을 비교한 내용으로 틀린 것은?

① 차수성 확인 : 연직차수막은 지하에 매설하기 때문에 확인이 어렵다.
② 경제성 : 표면차수막은 단위면적당 공사비가 비싼 반면 총 공사비는 싸다.
③ 보수 : 연직차수막은 차수막 보강시공이 가능하다.
④ 지하수집배수시설 : 표면차수막은 필요하다.

해설 표면차수막은 단위면적당 공사비는 저가이나 전체적으로 비용이 많이 소요된다.

정답 34 ② 35 ② 36 ③ 37 ④ 38 ④ 39 ④ 40 ②

제3과목 폐기물공정시험기준(방법)

41 다음 기구 및 기기 중 기름 성분 측정시험(중량법)에 필요한 것들만 나열한 것은?

> a. 80℃ 온도조절이 가능한 전기열판 또는 전기맨틀
> b. 알루미늄박으로 만든 접시, 비커 또는 증류플라스크로서 용량이 50∼250mL인 것
> c. ㅏ자형 연결관 및 리비히 냉각관(증류 플라스크를 사용할 경우)
> d. 구데르나다니쉬 농축기
> e. 아세틸렌 토치

① a, b, c ② b, c, d
③ c, d, e ④ a, c, e

해설 **기름 성분－중량법(분석기기 및 기구)**
① 전기열판 또는 전기맨틀
80℃ 온도조절이 가능한 것을 사용
② 증발접시
㉠ 알루미늄박으로 만든 접시, 비커 또는 증류플라스크
㉡ 부피는 50~250mL인 것을 사용
③ ㅏ자형 연결관 및 리비히 냉각관
증류플라스크를 사용할 경우 사용

42 폐기물 중에 함유된 기름 성분 측정에 사용되는 추출 용매는?

① 메틸오렌지
② 노말헥산
③ 알코올
④ 디에틸디티오카르바민산

해설 **기름 성분 측정시험(중량법)**
시료를 직접 사용하거나, 시료에 적당한 응집제 또는 흡착제 등을 넣어 노말헥산 추출물질을 포집한 다음 노말헥산으로 추출하고 잔류물의 무게로부터 구하는 방법이다.

43 유도결합플라스마－원자발광분광법에서 일어날 수 있는 간섭 중 화학적 간섭이 발생할 수 있는 경우에 해당하는 것은?

① 분석에 사용하는 스펙트럼선이 다른 인접선과 완전히 분리되지 않은 경우
② 시료용액의 점도가 높아져 분무 능률이 저하하는 경우
③ 불꽃 중에서 원자가 이온화하는 경우
④ 분석에 사용하는 스펙트럼선이 불꽃 중에서 생성되는 목적원소의 원자증기 이외의 물질에 의하여 흡수되는 경우

해설 화학적 간섭은 분자 생성, 이온화 효과, 열화학 효과 등이 시료 분무화 · 원자화 과정에서 방해요인으로 나타난다.

44 실험실에서 폐기물의 수분을 측정하기 위해 다음과 같은 결과를 얻었다. 폐기물의 수분함량은?

> • 건조 전 시료 무게 : 20g
> • 증발접시 무게 : 2.345g
> • 증발접시 및 시료의 건조 후 무게 : 17.287g

① 25.3% ② 28.3%
③ 34.3% ④ 38.6%

해설
$$수분(\%)=\frac{(W_2-W_3)}{(W_2-W_1)}\times 100$$
$$=\frac{(22.345-17.287)\text{g}}{(22.345-2.345)\text{g}}\times 100=25.29\%$$

45 4℃의 물 500mL에 순도가 75%인 시약용 납 5mg을 녹였다. 이 용액의 납 농도(ppm)는?

① 2.5 ② 5.0
③ 7.5 ④ 10.0

해설 $농도(\text{ppm})=\frac{5\text{mg}}{500\text{mL}}\times 0.75\times 10^3\text{mL/L}=7.5\text{ppm}$

46 자외선/가시선 분광법에 의한 비소의 측정방법으로 옳은 것은?

① 적자색의 흡광도를 430nm에서 측정
② 적자색의 흡광도를 530nm에서 측정
③ 청색의 흡광도를 430nm에서 측정
④ 청색의 흡광도를 530nm에서 측정

해설 **비소－자외선/가시선 분광법**
시료 중의 비소를 3가비소로 환원시킨 다음 아연을 넣어 발생되는 비화수소를 다이에틸다이티오카르바민산은의 피리딘용액에 흡수시켜 이때 나타나는 적자색의 흡광도를 530nm에서 측정하는 방법이다.(흡광도의 눈금보정 시약 : 수산화중크롬산칼륨을 N/20 수산화칼륨용액에 녹여 사용)

2016

정답 41 ① 42 ② 43 ③ 44 ① 45 ③ 46 ②

47 중량법에 대한 설명으로 틀린 것은?

① 수분 시험 시 물중탕 후 105~110℃의 건조기 안에서 4시간 건조한다.
② 고형물 시험 시 물중탕 후 105~110℃의 건조기 안에서 4시간 건조한다.
③ 강열감량 시험 시 600±25℃에서 1시간 강열한다.
④ 강열감량 시험 시 25% 질산암모늄용액을 사용한다.

해설 **강열감량 및 유기물 함량 – 중량법**
질산암모늄용액(25%)을 넣고 가열하여 탄화시킨 다음 (600±25)℃의 전기로 안에서 3시간 강열하고 데시케이터에서 식힌 후 무게를 달아 증발접시의 무게차로부터 구한다.

48 자외선/가시선 분광법에 의한 시안 측정 시 사용하는 시약 중 잔류염소를 제거하기 위한 시약은?

① 질산(1+4) ② 클로라민 T
③ L–아스코빈산 ④ 아세트산아연용액

해설 **시안 – 자외선/가시선 분광법(간섭물질)**
① 시안화합물 측정시 방해물질들은 증류하면 대부분 제거된다.(다량의 지방성분, 잔류염소, 황화합물은 시안화합물 분석 시 간섭할 수 있음)
② 다량의 지방성분 함유 시료
아세트산 또는 수산화나트륨용액으로 pH 6~7로 조절한 후 시료의 약 2%에 해당하는 부피의 노말헥산 또는 클로로폼을 넣어 추출하여 유기층은 버리고 수층을 분리하여 사용한다.
③ 황화합물이 함유된 시료
아세트산아연용액(10W/V%) 2mL를 넣어 제거한다. 이 용액 1mL는 황화물이온 약 14mg에 해당된다.
④ 잔류염소가 함유된 시료
잔류염소 20mg당 L–아스코빈산(10W/V%) 0.6mL 또는 이산화비소산나트륨용액(10W/V%) 0.7mL를 넣어 제거한다.

49 폐기물 중에 함유되어 있는 시안을 자외선/가시선 분광법으로 측정코자 한다. 폐기물공정시험 기준상 규정된 시안측정법은?

① 피리딘피라졸론법
② 디에틸디티오카르바민산법
③ 디티존법
④ 디페닐카르바지드법

해설 **시안 측정방법**
① 자외선/가시선 분광법(피리딘피라졸론법)
② 이온전극법

50 폐기물공정시험기준(방법)에 규정된 시료의 축소방법과 가장 거리가 먼 것은?

① 원추이분법 ② 원추사분법
③ 교호삽법 ④ 구획법

해설 **시료 축소방법**
① 원추사분법 ② 교호삽법 ③ 구획법

51 기체크로마토그래피법으로 휘발성 저급염소화 탄화수소류를 측정하는 데 사용되는 검출기로 가장 적합한 것은?

① ECD ② FID
③ FPD ④ TCD

해설 기체크로마토그래피법으로 휘발성 저급염소화 탄화수소류를 측정하는 데 사용되는 검출기는 전자포획검출기(ECD)가 적합하다.

52 총칙에서 규정하고 있는 용어 정의로 틀린 것은?

① 무게를 “정확히 단다”라 함은 규정된 수치의 무게를 0.1mg까지 다는 것을 말한다.
② “정확히 취하여”라 하는 것은 규정한 양의 액체를 홀피펫으로 눈금까지 취하는 것을 말한다.
③ “정밀히 단다”라 함은 규정된 양의 시료를 취하여 화학저울 또는 미량저울로 칭량함을 말한다.
④ “용기”라 함은 물질을 취급 또는 저장하기 위한 것으로 일정 기준 이상의 것으로 한다.

해설 **용기**
시험용액 또는 시험에 관계된 물질을 보존, 운반 또는 조작하기 위하여 넣어두는 것을 말한다.

53 조제된 pH 표준액 중 가장 높은 pH를 갖는 표준용액은?

① 수산염 표준액
② 프탈산염 표준액
③ 탄산염 표준액
④ 인산염 표준액

해설 **온도별 표준액의 pH 값 크기**
수산화칼슘표준액 > 탄산염표준액 > 붕산염표준액 > 인산염표준액 > 프탈산염표준액 > 수산염표준액

정답 47 ③ 48 ③ 49 ① 50 ① 51 ① 52 ④ 53 ③

54 **폐기물의 수소이온농도 측정 시 적용되는 정밀도에 관한 기준으로 옳은 것은?**

① 임의의 한 종류의 pH 표준용액에 대해 검출부를 정제수로 잘 씻은 다음 5회 되풀이하여 pH를 측정하였을 때 그 재현성이 ±0.05 이내이어야 한다.

② 임의의 한 종류의 pH 표준용액에 대해 검출부를 정제수로 잘 씻은 다음 5회 되풀이하여 pH를 측정하였을 때 그 재현성이 ±0.1 이내이어야 한다.

③ 임의의 한 종류의 pH 표준용액에 대해 검출부를 정제수로 잘 씻은 다음 10회 되풀이하여 pH를 측정하였을 때 그 재현성이 ±0.05 이내이어야 한다.

④ 임의의 한 종류의 pH 표준용액에 대해 검출부를 정제수로 잘 씻은 다음 10회 되풀이하여 pH를 측정하였을 때 그 재현성이 ±0.1 이내이어야 한다.

해설 **정밀도**
임의의 한 종류의 pH 표준용액에 대하여 검출부를 정제수로 잘 씻은 다음 5회 되풀이하여 pH를 측정했을 때 그 재현성이 ±0.05 이내이어야 한다.

55 **마이크로파 및 마이크로파를 이용한 시료의 전처리(유기물 분해)에 관한 내용으로 틀린 것은?**

① 가열속도가 빠르고 재현성이 좋다.

② 마이크로파는 금속과 같은 반사물질과 매질이 없는 진공에서는 투과하지 않는다.

③ 마이크로파는 전자파 에너지의 일종으로 빛의 속도로 이동하는 교류와 자기장으로 구성되어 있다.

④ 마이크로파 영역에서 극성 분자나 이온이 쌍극자 모멘트와 이온전도를 일으켜 온도가 상승하는 원리를 이용한다.

해설 마이크로파의 투과거리는 진공에서는 무한하고 물과 같은 흡수물질은 물에 녹아 있는 물질의 성질에 따라 다르며 금속과 같은 반사물질은 투과하지 않는다.

56 **원자흡수분광광도계에서 불꽃을 만들기 위해 사용되는 가연성 가스와 조연성 가스 중 내화성 산화물을 만들기 쉬운 원소의 분석에 적당한 것은?**

① 수소 – 공기

② 아세틸렌 – 공기

③ 아세틸렌 – 일산화이질소

④ 프로판 – 공기

해설 **금속류 – 원자흡수분광광도법**
불꽃(조연성 가스와 가연성 가스의 조합)
① 수소 – 공기와 아세틸렌 – 공기 : 거의 대부분의 원소분석에 유효하게 사용
② 수소 – 공기 : 원자외영역에서의 불꽃 자체에 의한 흡수가 적기 때문에 이 파장영역에서 분석선을 갖는 원소의 분석
③ 아세틸렌 – 아산화질소(일산화이질소) : 불꽃의 온도가 높기 때문에 불꽃 중에서 해리하기 어려운 내화성 산화물을 만들기 쉬운 원소의 분석
④ 프로판 – 공기 : 불꽃온도가 낮고 일부 원소에 대하여 높은 감도를 나타냄

57 **카드뮴 측정을 위한 자외선/가시선 분광법의 측정원리에 관한 내용으로 ( ) 안에 알맞은 것은?**

> 카드뮴이온을 시안화칼륨이 존재하는 알칼리성에서 디티존과 반응시켜 생성하는 카드뮴착염을 사염화탄소로 추출하고, 추출한 카드뮴착염을 타타르산용액으로 역추출한 다음 수산화나트륨과 시안화칼륨을 넣어 디티존과 반응하여 생성되는 ( )의 카드뮴착염을 사염화탄소로 추출하여 그 흡광도를 520nm에서 측정하는 방법이다.

① 청색 ② 남색
③ 적색 ④ 황갈색

해설 **카드뮴 – 자외선/가시선 분광법**
시료 중에 카드뮴이온을 시안화칼륨이 존재하는 알칼리성에서 디티존과 반응시켜 생성하는 카드뮴착염을 사염화탄소로 추출하고, 추출한 카드뮴착염을 타타르산용액으로 역추출한 다음 수산화나트륨과 시안화칼륨을 넣어 디티존과 반응하여 생성하는 적색의 카드뮴착염을 사염화탄소로 추출하여 그 흡광도를 520nm에서 측정하는 방법이다.

58 **감염성 미생물에 대한 검사방법으로 가장 거리가 먼 것은?**

① 아포균 검사법 ② 세균배양 검사법
③ 멸균테이프 검사법 ④ 일반세균 검사법

해설 **감염성 미생물 검사법**
① 아포균 검사법
② 세균배양 검사법
③ 멸균테이프 검사법

정답 54 ① 55 ② 56 ③ 57 ③ 58 ④

59 기체크로마토그래피법을 이용하여 '유기인'을 분석하는 원리로 틀린 것은?

① 유기인 화합물 중 이피엔, 파라티온, 메틸디메톤, 다이아지논 및 펜토에이트의 측정에 적용된다.
② 농축장치는 구데루나 다니쉬 농축기를 사용한다.
③ 컬럼 충전제는 2종 이상을 사용하여 그중 1종 이상에서 확인된 성분은 정량한다.
④ 유효측정농도는 0.0005mg/L 이상으로 한다.

해설 컬럼 충전제는 2종 이상을 사용하여 크로마토그램을 작성하며, 2종 이상에서 모두 확인된 성분에 한하여 정량한다.

60 순수한 물 500mL에 HCl(비중 1.18) 100mL를 혼합할 때 이 용액의 염산 농도(W/W)는?

① 14.24%　② 17.4%
③ 19.1%　④ 23.6%

해설 염산 농도(%)

$$= \frac{\text{용질}}{\text{용질}+\text{용매}} \times 100$$

$$= \frac{100\text{mL} \times 1.18\text{g/mL}}{(500\text{mL} \times 1\text{g/mL}) + (100\text{mL} \times 1.18\text{g/mL})} \times 100$$

$= 19.09\%$

제4과목 폐기물관계법규

61 방치폐기물의 처리를 폐기물처리 공제조합에 명할 수 있는 방치폐기물의 처리량 기준으로 옳은 것은?(단, 폐기물처리업자가 방치한 폐기물의 경우)

① 그 폐기물처리업자의 폐기물 허용보관량의 1배 이내
② 그 폐기물처리업자의 폐기물 허용보관량의 1.5배 이내
③ 그 폐기물처리업자의 폐기물 허용보관량의 2배 이내
④ 그 폐기물처리업자의 폐기물 허용보관량의 3배 이내

해설 **방치폐기물의 처리량과 처리기간**

① 폐기물처리 공제조합에 처리를 명할 수 있는 방치폐기물의 처리량은 다음과 같다.
㉠ 폐기물처리업자가 방치한 폐기물의 경우 : 그 폐기물처리업자의 폐기물 허용보관량의 1.5배 이내
㉡ 폐기물처리 신고자가 방치한 폐기물의 경우 : 그 폐기물처리 신고자의 폐기물 보관량의 1.5배 이내
② 환경부장관이나 시 · 도지사는 폐기물처리 공제조합에 방치폐기물의 처리를 명하려면 주변환경의 오염 우려 정도와 방치폐기물의 처리량 등을 고려하여 2개월의 범위에서 그 처리기간을 정하여야 한다. 다만, 부득이한 사유로 처리기간 내에 방치폐기물을 처리하기 곤란하다고 환경부장관이나 시 · 도지사가 인정하면 1개월의 범위에서 한 차례만 그 기간을 연장할 수 있다.

62 과징금에 관한 내용으로 (　) 안에 알맞은 것은?

> 환경부장관이나 시 · 도지사가 폐기물처리업자에게 영업의 정지를 명령하려는 때 (㉠)으로 정하는 바에 따라 그 영업의 정지를 갈음하여 (㉡) 이하의 과징금을 부과할 수 있다.

① ㉠ 환경부령, ㉡ 1억 원
② ㉠ 대통령령, ㉡ 1억 원
③ ㉠ 환경부령, ㉡ 2억 원
④ ㉠ 대통령령, ㉡ 2억 원

해설 **폐기물처리업자에 대한 과징금 처분**

환경부장관이나 시 · 도지사는 폐기물처리업자에게 영업의 정지를 명령하려는 때 그 영업의 정지가 다음의 어느 하나에 해당한다고 인정되면 대통령령으로 정하는 바에 따라 그 영업의 정지를 갈음하여 1억 원 이하의 과징금을 부과할 수 있다.
① 해당 영업의 정지로 인하여 그 영업의 이용자가 폐기물을 위탁처리하지 못하여 폐기물이 사업장 안에 적체됨으로써 이용자의 사업활동에 막대한 지장을 줄 우려가 있는 경우
② 해당 폐기물처리업자가 보관 중인 폐기물이나 그 영업의 이용자가 보관 중인 폐기물의 적체에 따른 환경오염으로 인하여 인근지역 주민의 건강에 위해가 발생되거나 발생될 우려가 있는 경우
③ 천재지변이나 그 밖의 부득이한 사유로 해당 영업을 계속하도록 할 필요가 있다고 인정되는 경우

63 폐기물처리 담당자 등이 이수하여야 하는 교육과정명으로 틀린 것은?

① 폐기물 처분시설 기술담당자 과정
② 사업장폐기물 배출자 과정
③ 폐기물재활용 담당자 과정
④ 폐기물처리업 기술요원 과정

해설 **폐기물처리 담당자 이수 교육과정**

① 사업장폐기물 배출자 과정
② 폐기물처리업 기술요원 과정
③ 폐기물처리 신고자 과정

정답 59 ③　60 ③　61 ②　62 ②　63 ③

④ 폐기물 처분시설 또는 재활용시설 기술담당자 과정
⑤ 폐기물분석전문기관 기술요원과정
⑥ 재활용환경성평가기관 기술인력과정

64 폐기물 처리업의 업종 구분으로 틀린 것은?

① 폐기물 종합처분업　② 폐기물 중간처분업
③ 폐기물 재활용업　④ 폐기물 수집 · 운반업

해설 **폐기물 처리업의 업종 구분**
① 폐기물 수집 · 운반업
② 폐기물 중간처분업
③ 폐기물 최종처분업
④ 폐기물 종합처분업
⑤ 폐기물 중간재활용업
⑥ 폐기물 최종재활용업
⑦ 폐기물 종합재활용업

65 폐기물처리시설 중 멸균분쇄시설의 검사기관으로 적절치 않은 것은?

① 한국환경공단　② 한국기계연구원
③ 보건환경연구원　④ 한국산업기술시험원

해설 **멸균분쇄시설의 검사기관**
① 한국환경공단
② 보건환경연구원
③ 한국산업기술시험원

66 환경상태의 조사 · 평가에서 국가 및 지방자치단체가 상시 조사 · 평가하여야 하는 내용이 아닌 것은?

① 환경의 질의 변화
② 환경오염 및 환경훼손 실태
③ 환경오염지역의 원상회복 실태
④ 자연환경 및 생활환경 현황

해설 **국가 및 지방자치단체가 상시 조사 · 평가하여야 하는 내용(「환경정책기본법」)**
① 자연환경과 생활환경 현황
② 환경오염 및 환경훼손 실태
③ 환경오염원 및 환경훼손 요인
④ 환경의 질의 변화
⑤ 그 밖에 국가환경종합계획 등의 수립 · 시행에 필요한 사항

67 시 · 도지사는 관할 구역의 폐기물을 적정하게 처리하기 위하여 환경부장관이 정하는 지침에 따라 몇 년마다 폐기물 처리에 관한 기본계획을 세워 환경부장관에게 승인을 받아야 하는가?

① 3년　② 5년
③ 7년　④ 10년

해설 ※ 법규 변경(삭제)사항이므로 학습 안 하셔도 무방합니다.

68 관리형 매립시설에서 발생되는 침출수의 생물화학적 산소요구량의 배출허용기준(mg/L)은?(단, 청정지역 기준)

① 10　② 30
③ 50　④ 70

해설 **관리형 매립시설 침출수의 배출허용기준**

구분	생물화학적 산소요구량(mg/L)	화학적 산소요구량(mg/L)			부유물질량(mg/L)
		과망간산칼륨법에 따른 경우		중크롬산칼륨법에 따른 경우	
		1일 침출수 배출량 2,000m³ 이상	1일 침출수 배출량 2,000m³ 미만		
청정지역	30	50	50	400 (90%)	30
가 지역	50	80	100	600 (85%)	50
나 지역	70	100	150	800 (80%)	70

2016

69 폐기물 처리 기본계획에 포함되어야 하는 사항으로 틀린 것은?

① 폐기물의 기본관리여건 및 전망
② 폐기물처리시설의 설치 현황과 향후 설치 계획
③ 재원의 확보 계획
④ 폐기물의 감량화와 재활용 등 자원화에 관한 사항

해설 ※ 법규 변경(삭제)사항이므로 학습 안 하셔도 무방합니다.

70 기술관리인을 두어야 할 폐기물처리시설 기준으로 옳은 것은?(단, 폐기물처리업자가 운영하는 폐기물처리시설은 제외)

① 멸균분쇄시설로서 1일 처리능력이 5톤 이상인 시설
② 사료화 · 퇴비화 또는 소멸화 시설로서 1일 처리능력이 10톤 이상인 시설

정답 64 ③　65 ②　66 ③　67 ④　68 ②　69 ①　70 ③

③ 압축, 파쇄, 분쇄 또는 절단시설로서 1일 처리능력이 100톤 이상인 시설
④ 연료화 시설로서 1일 처리능력이 50톤 이상인 시설

해설 기술관리인을 두어야 하는 폐기물처리시설

① 매립시설의 경우
㉠ 지정폐기물을 매립하는 시설로서 면적이 3천300제곱미터 이상인 시설. 다만, 차단형 매립시설에서는 면적이 330제곱미터 이상이거나 매립용적이 1천 세제곱미터 이상인 시설로 한다.
㉡ 지정폐기물 외의 폐기물을 매립하는 시설로서 면적이 1만 제곱미터 이상이거나 매립용적이 3만 세제곱미터 이상인 시설
② 소각시설로서 시간당 처리능력이 600킬로그램(감염성 폐기물을 대상으로 하는 소각시설의 경우에는 200킬로그램) 이상인 시설
③ 압축 · 파쇄 · 분쇄 또는 절단시설로서 1일 처리능력 또는 재활용시설이 100톤 이상인 시설
④ 사료화 · 퇴비화 또는 연료화 시설로서 1일 재활용능력이 5톤 이상인 시설
⑤ 멸균 · 분쇄시설로서 시간당 처리능력이 100킬로그램 이상인 시설
⑥ 시멘트 소성로
⑦ 용해로(폐기물에 비철금속을 추출하는 경우로 한정한다)로서 시간당 재활용능력이 600킬로그램 이상인 시설
⑧ 소각열회수시설로서 시간당 재활용능력이 600킬로그램 이상인 시설

71 폐기물 재활용 시 적용되는 에너지 회수기준으로 맞는 것은?

① 다른 물질과 혼합하지 아니하고 해당 폐기물의 저위발열량이 킬로그램당 3천 킬로칼로리 이상일 것
② 다른 물질과 혼합하지 아니하고 해당 폐기물의 저위발열량이 킬로그램당 3천5백 킬로칼로리 이상일 것
③ 다른 물질과 혼합하지 아니하고 해당 폐기물의 저위발열량이 킬로그램당 4천 킬로칼로리 이상일 것
④ 다른 물질과 혼합하지 아니하고 해당 폐기물의 저위발열량이 킬로그램당 4천5백 킬로칼로리 이상일 것

해설 에너지 회수기준

① 다른 물질과 혼합하지 아니하고 해당 폐기물의 저위발열량이 킬로그램당 3천 킬로칼로리 이상일 것
② 에너지의 회수효율(회수에너지 총량을 투입에너지 총량으로 나눈 비율을 말한다)이 75퍼센트 이상일 것
③ 회수열을 모두 열원으로 스스로 이용하거나 다른 사람에게 공급할 것
④ 환경부장관이 정하여 고시하는 경우에는 폐기물의 30퍼센트 이상을 원료나 재료로 재활용하고 그 나머지 중에서 에너지의 회수에 이용할 것

72 「폐기물관리법」상 "재활용"에 해당하는 활동으로 틀린 것은?

① 폐기물을 재사용 · 재생이용하는 활동
② 폐기물을 재사용 · 재생이용할 수 있는 상태로 만드는 활동
③ 폐기물로부터 에너지를 회수하는 활동
④ 재사용 · 재생이용 폐기물 회수 활동

해설 재활용

① 폐기물을 재사용 · 재생이용하거나 재사용 · 재생이용할 수 있는 상태로 만드는 활동
② 폐기물로부터 「에너지법」에 따른 에너지를 회수하거나 회수할 수 있는 상태로 만들거나 폐기물을 연료로 사용하는 활동으로서 환경부령으로 정하는 활동

73 폐기물 처분시설 또는 재활용시설 중 의료폐기물을 대상으로 하는 시설의 기술관리인 자격으로 틀린 것은?

① 폐기물처리산업기사 ② 임상병리사
③ 위생사 ④ 산업위생지도사

해설 폐기물 처분시설 또는 재활용시설의 기술관리인의 자격기준

구분	자격기준
매립시설	폐기물처리기사, 수질환경기사, 토목기사, 일반기계기사, 건설기계기사, 화공기사, 토양환경기사 중 1명 이상
소각시설(의료폐기물을 대상으로 하는 소각시설은 제외한다), 시멘트 소성로 및 용해로	폐기물처리기사, 대기환경기사, 토목기사, 일반기계기사, 건설기계기사, 화공기사, 전기기사, 전기공사기사 중 1명 이상
의료폐기물을 대상으로 하는 시설	폐기물처리산업기사, 임상병리사, 위생사 중 1명 이상
음식물류 폐기물을 대상으로 하는 시설	폐기물처리산업기사, 수질환경산업기사, 화공산업기사, 토목산업기사, 대기환경산업기사, 일반기계기사, 전기기사 중 1명 이상
그 밖의 시설	같은 시설의 운영을 담당하는 자 1명 이상

정답 71 ① 72 ④ 73 ④

74 **폐기물감량화시설에 관한 정의로 (   ) 안에 알맞은 내용은?**

> 생산 공정에서 발생하는 폐기물의 양을 줄이고, 사업장 내 재활용을 통하여 폐기물 배출을 최소화하는 시설로서 (   )으로 정하는 시설을 말한다.

① 대통령령 ② 국무총리령
③ 환경부령 ④ 시 · 도지사령

해설 **폐기물감량화시설**
생산 공정에서 발생하는 폐기물의 양을 줄이고, 사업장 내 재활용을 통하여 폐기물 배출을 최소화하는 시설로서 대통령령으로 정하는 시설을 말한다.

75 **폐기물처리시설사후관리계획서(매립시설인 경우에 한함)에 포함될 사항으로 틀린 것은?**

① 빗물배제계획
② 지하수 수질조사계획
③ 사후영향평가 조사서
④ 구조물과 지반 등의 안정도유지계획

해설 **폐기물 매립시설 사후관리계획서 포함사항**
① 폐기물처리시설 설치 · 사용내용
② 사후관리 추진일정
③ 빗물배제계획
④ 침출수 관리계획(차단형 매립시설은 제외한다)
⑤ 지하수 수질조사계획
⑥ 발생가스 관리계획(유기성 폐기물을 매립하는 시설만 해당한다)
⑦ 구조물과 지반 등의 안정도 유지계획

76 **폐기물 처리시설 중 중간처분시설인 기계적 처분시설에 해당하는 것은?**

① 열분해시설(가스화시설을 포함한다)
② 응집 · 침전시설
③ 용융시설(동력 7.5kW 이상인 시설로 한정한다)
④ 고형화 시설

해설 **중간처분시설(기계적 처분시설)의 종류**
① 압축시설(동력 7.5kW 이상인 시설로 한정한다)
② 파쇄 · 분쇄시설(동력 15kW 이상인 시설로 한정한다)
③ 절단시설(동력 7.5kW 이상인 시설로 한정한다)
④ 용융시설(동력 7.5kW 이상인 시설로 한정한다)
⑤ 증발 · 농축시설
⑥ 정제시설(분리 · 증류 · 추출 · 여과 등의 시설을 이용하여 폐기물을 처분하는 단위시설을 포함한다)
⑦ 유수 분리시설
⑧ 탈수 · 건조시설
⑨ 멸균분쇄시설

77 **폐기물 발생 억제지침 준수의무 대상 배출자의 업종에 해당하지 않는 것은?**

① 금속가공제품 제조업(기계 및 가구 제외)
② 연료제품 제조업(핵연료 제조업은 제외)
③ 자동차 및 트레일러 제조업
④ 전기장비 제조업

해설 **폐기물 발생 억제지침 준수의무 대상 배출자의 업종**
① 식료품 제조업
② 음료 제조업
③ 섬유제품 제조업(의복 제외)
④ 의복, 의복액세서리 및 모피제품 제조업
⑤ 코크스, 연탄 및 석유정제품 제조업
⑥ 화학물질 및 화학제품 제조업(의약품 제외)
⑦ 의료용 물질 및 의약품 제조업
⑧ 고무제품 및 플라스틱제품 제조업
⑨ 비금속 광물제품 제조업
⑩ 1차 금속 제조업
⑪ 금속가공제품 제조업(기계 및 가구 제외)
⑫ 기타 기계 및 장비 제조업
⑬ 전기장비 제조업
⑭ 전자부품, 컴퓨터, 영상, 음향 및 통신장비 제조업
⑮ 의료, 정밀, 광학기기 및 시계 제조업
⑯ 자동차 및 트레일러 제조업
⑰ 기타 운송장비 제조업
⑱ 전기, 가스, 증기 및 공기조절 공급업

78 **사업장폐기물 배출자는 사업장폐기물의 종류와 발생량 등을 환경부령으로 정하는 바에 따라 신고하여야 한다. 이를 위반하여 신고를 하지 아니하거나 거짓으로 신고를 한 자에 대한 과태료 처분 기준은?**

① 200만 원 이하 ② 300만 원 이하
③ 500만 원 이하 ④ 1천만 원 이하

해설 폐기물관리법 제68조 참조

정답 74 ① 75 ③ 76 ③ 77 ② 78 ④

79 **폐기물처리업의 시설 · 장비 · 기술능력의 기준 중 폐기물수집 · 운반업의 기준으로, 생활폐기물 또는 사업장생활폐기물을 수집 · 운반하는 경우의 장비기준으로 틀린 것은?**

① 밀폐식 운반차량 1대 이상(적재 능력합계 15세제곱미터 이상)
② 개방식 운반차량 1대 이상(적재 능력합계 8톤 이상)
③ 운반용 압축차량 또는 압착차량 1대 이상
④ 기계식 상차장치가 부착된 차량 1대 이상(특별시 · 광역시에 한하되, 광역시의 경우 군지역은 제외한다)

해설 **생활폐기물 또는 사업장생활폐기물 수집 · 운반의 경우 장비기준**
① 밀폐형 압축 · 압착차량 1대(특별시 · 광역시는 2대) 이상
② 밀폐형 차량 또는 밀폐형 덮개 설치차량 1대 이상(적재능력 합계 4.5톤 이상)
③ 섭씨 4도 이하의 냉장 적재함이 설치된 차량 1대 이상(의료기관 일회용 기저귀를 수집 · 운반하는 경우에 한정한다)

※ 법규 변경사항이므로 해설 내용으로 학습하시기 바랍니다.

80 **생활폐기물 수집 · 운반 대행자에 대한 대행실적 평가결과가 대행실적평가 기준에 미달한 경우 생활폐기물 수집 · 운반 대행자에 대한 과징금액 기준은?(단, 영업정지 3개월을 갈음하여 부과할 경우)**

① 1천만 원　② 2천만 원
③ 3천만 원　④ 5천만 원

해설 **생활폐기물 수집 · 운반 대행자에 대한 과징금**

위반행위	영업정지 1개월	영업정지 3개월
평가결과가 대행실적 평가기준에 미달한 경우	2천만 원	5천만 원

정답 79 ② 80 ④

2016년 2회 기출문제

제1과목 폐기물개론

01 폐기물 발생량 예측방법 중 모든 인자를 시간에 대한 함수로 나타낸 후 시간에 대한 함수로 표현된 각 영향 인자들 간의 상관관계를 수식화하는 방법은?

① CORAP
② Trend Method
③ Dynamic Simulation Model
④ Multiple Refression Model

해설 **폐기물 발생량 예측방법**

방법(모델)	내용
경향법 (Trend method) 경향예측모델	• 최저 5년 이상의 과거 처리 실적을 수식 model에 대하여 과거의 경향을 가지고 장래를 예측하는 방법 • 단지 시간과 그에 따른 쓰레기 발생량(또는 성상) 간의 상관관계만을 고려하며 이를 수식으로 표현하면 $x=f(t)$ • $x=f(t)$는 선형, 지수형, 대수형 등에서 가장 근사한 형태를 택함
다중회귀모델 (Multiple regression model)	• 하나의 수식으로 각 인자들의 효과를 총괄적으로 나타내어 복잡한 시스템의 분석에 유용하게 사용할 수 있는 쓰레기 발생량 예측방법 • 각 인자마다 효과를 파악하기보다는 전체 인자의 효과를 총괄적으로 파악하는 것이 간편하고 유용한 예측방법으로 시간을 단순히 하나의 독립된 종속인자로 대입 • 수식 $x=f(X_1 X_2 X_3 \cdots X_n)$, 여기서 $X_1 X_2 X_3 \cdots X_n$은 쓰레기 발생량에 영향을 주는 인자 ※ 인자 : 인구, 지역소득(GNP 또는 GRP), 자원회수량, 상품 소비량 또는 매출액(자원회수량, 사회적 · 경제적 특성이 고려됨)
동적모사모델 (Dynamic simulation model)	• 쓰레기 발생량에 영향을 주는 모든 인자를 시간에 대한 함수로 나타낸 후 시간에 대한 함수로 표현된 각 영향인자들 간의 상관관계를 수식화하는 방법 • 시간만을 고려하는 경향법과 시간을 단순히 하나의 독립적인 종속인자로 고려하는 다중회귀모델의 문제점을 보완한 예측방법 • Dynamo 모델 등이 있음

02 함수율 70%인 고형 폐기물이 건조되어 함수율 10%로 되었다면 건조 후 중량은 처음의 몇 %인가?(단, 비중은 1.0 기준)

① 23.3%　② 33.3%
③ 43.3%　④ 53.3%

해설 $\dfrac{\text{건조 후 폐기물량}}{\text{초기 폐기물량}}=\dfrac{(1-0.7)}{(1-0.1)}=0.3333$

건조 후 폐기물 비율 = 건조 전 폐기물 비율 × 0.3333
= 100 × 0.3333 = 33.33%

03 약간 경사진 판에 진동을 줄 때 무거운 것이 빨리 판의 경사면 위로 올라가는 원리를 이용한 것으로 Pneumatic Table이라고도 하는 것은?

① Stoners　② Floatation
③ Separators　④ Secators

해설 **Stoners**

① 약간 경사진 판에 진동을 줄 때(하부에서 공기 주입) 무거운 것이 빨리 판의 경사면 위로 올라가는 원리를 이용한다.
② Pheumatic Table이라고도 한다.
③ 수용액 중에서 무거운 것을 고르는 Jig의 원리와 유사하다.
④ 공기가 유입되는 다공 진공판으로 구성되어 있다.
⑤ 중요한 운전변수는 다공판의 기울기와 공기유량이다.
⑥ 원래 밀 등의 곡물에서 돌이나 기타 무거운 물질을 제거하기 위하여 고안되었다.
⑦ 주로 알루미늄을 회수하거나 또는 퇴비로부터 유리조각과 같은 무거운 물질을 고르는 데 사용된다.
⑧ 상당히 좁은 입자크기분포 범위 내에서 밀도선별기로 작용한다.

04 함수율 40%인 3kg의 쓰레기를 건조시킨 후 함수율이 15%로 되었다면, 건조쓰레기의 무게(kg)는?(단, 비중은 1.0 기준)

① 1.12　② 1.41
③ 2.12　④ 2.41

해설 3kg × (1 − 0.4) = 건조 후 쓰레기 무게(kg) × (1 − 0.15)

건조 후 쓰레기 무게(kg) $=\dfrac{3\text{kg}\times 0.6}{0.85}=2.12\text{kg}$

정답 01 ③ 02 ② 03 ① 04 ③

05 수거대상 인구가 200,000명인 지역에서 1주일 동안 생활폐기물 수거상태를 조사한 결과 다음과 같았다. 이 지역의 1인당 1일 폐기물발생량(kg/인 · 일)은?

- 트럭 수 : 50대/회
- 쓰레기수거 횟수 : 7회/주
- 트럭 용적 : $8m^3$/대
- 적재 시 쓰레기 밀도 : $700kg/m^3$

① 1.4　　② 1.6
③ 1.8　　④ 2.0

해설 폐기물 발생량(kg/인 · 일)

$$= \frac{\text{폐기물 수거량}}{\text{수거대상 인구수}}$$

$$= \frac{8m^3/\text{대} \times 50\text{대}/\text{회} \times 7\text{회}/\text{주} \times \text{주}/7\text{일} \times 700kg/m^3}{200{,}000\text{인}}$$

$= 1.4$kg/인 · 일

06 폐기물 관리 시 비용이 가장 많이 드는 것은?

① 수거 및 운반　　② 중간처리
③ 저장　　④ 최종처리

해설 폐기물 관리에 소요되는 총비용 중 수거 및 운반 단계가 60% 이상을 차지한다. 즉, 폐기물 관리 시 수거 및 운반 비용이 가장 많이 소요된다.

07 인구 200만 명의 도시에서 발생되는 폐기물의 가연성분을 이용하여 RDF를 생산하고자 할 때 최대 생산량(ton/일)은?(단, 폐기물 중 가연성분 80%(무게 기준), 가연성분 회수율 50%(무게 기준), 폐기물 발생량 1.3kg/인 · 일)

① 4,180　　② 3,210
③ 2,350　　④ 1,040

해설 RDF 생산량(ton/day)
$= 1.3$kg/인 · 일 $\times 2{,}000{,}000$인 $\times$ ton/1,000kg $\times 0.8 \times 0.5$
$= 1{,}040$ton/day

08 어느 도시의 인구가 50,000명이고 분뇨의 1인 1일당 발생량은 1.1L이다. 수거된 분뇨의 BOD 농도를 측정하였더니 60,000mg/L이었고, 분뇨의 수거율이 30%라고 할 때 수거된 분뇨의 1일 발생 BOD 양(kg)은?(단, 분뇨의 비중은 1.0 기준)

① 790　　② 890
③ 990　　④ 1,190

해설 수거 분뇨 BOD(kg/일)
$= 1.1$L/인 · 일 $\times 50{,}000$인 $\times 60{,}000$mg/L $\times$ kg/10^6mg $\times 0.3$
$= 990$kg/일

09 밀도가 $1.5t/m^3$인 쓰레기 300ton을 유효적재 가능 용적이 $5m^3$인 트럭 1대를 이용하여 적환장에 운반하려고 한다면 적환장까지 몇 회를 운반하여야 하는가?(단, 기타 조건은 고려하지 않음)

① 30　　② 40
③ 50　　④ 60

해설 $$\text{운반횟수} = \frac{\text{총 배출량}}{\text{1회 수거량}}$$

$$= \frac{300ton}{5m^3/\text{대} \times \text{대}/\text{회} \times 1.5ton/m^3} = 40\text{회}$$

10 함수율 60%인 쓰레기와 함수율 90%인 하수슬러지를 5 : 1의 비율로 혼합하면 함수율(%)은?(단, 비중은 1.0 기준)

① 60　　② 65
③ 70　　④ 75

해설 $$\text{혼합함수율} = \frac{(5 \times 0.6) + (1 \times 0.9)}{5+1} = 65\%$$

11 다음 폐기물의 성상분석 순서 중 가장 먼저 시행하는 것은?

① 분류
② 물리적 조성 분석
③ 화학적 조성 분석
④ 발열량 측정

해설 **쓰레기의 성상분석 순서**
시료 → 밀도 측정 → 물리적 조성 분석 → 건조 → 분류 → 전처리(절단 및 분쇄) → 화학적 조성분석 및 발열량 측정

정답 05 ① 06 ① 07 ④ 08 ③ 09 ② 10 ② 11 ②

12 **도시생활쓰레기를 분류하여 다음과 같은 결과를 얻었을 때 이 쓰레기의 함수율(%)은?**

성분	중량(%)	함수율(%)
플라스틱류	30	15
음식물류	40	40
종이류	30	20

① 21.5 ② 26.5
③ 32.5 ④ 34.5

해설 함수율

$$=\frac{(30\times0.15)+(40\times0.4)+(30\times0.2)}{30+40+30}\times100=26.5\%$$

13 **평균 입경이 20cm인 폐기물을 입경 1cm가 되도록 파쇄할 때 소요되는 에너지는 입경을 4cm로 파쇄할 때 소요되는 에너지의 몇 배인가?(단, Kick의 법칙 적용, $n=1$)**

① 1.86배 ② 2.64배
③ 3.72배 ④ 4.12배

해설 $E_1 = C\ln\left(\frac{20}{1}\right) = C\ln 20$

$E_2 = C\ln\left(\frac{20}{4}\right) = C\ln 5$

에너지비 $=\frac{E_1}{E_2}=\frac{\ln 20}{\ln 5}=1.86$배

14 **산업폐기물 및 광산폐기물에 흔히 함유되어 있으며, 만성중독에 의해 이타이이타이병을 유발시키는 물질은?**

① Hg ② Cr
③ As ④ Cd

해설 카드뮴(Cd)의 대표적 질환은 이타이이타이병이다.

15 **다음 중 LCA(Life Cycle Assessment)의 구성 요소가 아닌 것은?**

① 개선평가 ② 목록분석
③ 영향평가 ④ 수행평가

해설 **전과정평가(LCA)의 구성 요소**
① 목적 및 범위의 설정 ② 목록 분석
③ 영향 평가 ④ 개선평가 및 해석

16 **폐기물의 효과적인 수거를 위한 수거노선을 결정할 때, 유의할 사항과 가장 거리가 먼 것은?**

① 기존 정책이나 규정을 참조한다.
② 가능한 한 시계방향으로 수거노선을 정한다.
③ U자형 회전은 가능한 피하도록 한다.
④ 적은 양의 쓰레기가 발생하는 곳부터 수거한다.

해설 **효과적 · 경제적인 수거노선 결정 시 유의(고려)사항 : 수거노선 설정요령**
① 지형이 언덕인 지역에서는 언덕의 위에서부터 내려가며 적재하면서 차량을 진행하도록 한다.(안전성, 연료비 절약)
② 수거인원 및 차량형식이 같은 기존 시스템의 조건들을 서로 관련시킨다.
③ 출발점은 차고와 가깝게 하고 수거된 마지막 컨테이너가 처분지의 가장 가까이에 위치하도록 배치한다.
④ 가능한 한 지형지물 및 도로경계와 같은 장벽을 사용하여 간선도로 부근에서 시작하고 끝나야 한다.(도로경계 등을 이용)
⑤ 가능한 한 시계방향으로 수거노선을 정한다.
⑥ 적은 양의 쓰레기가 발생하나 동일한 수거빈도를 받기 원하는 적재지점(수거지점)은 가능한 한 같은 날 왕복 내에서 수거한다.
⑦ 아주 많은 양의 쓰레기가 발생되는 발생원은 하루 중 가장 먼저 수거한다.
⑧ 될 수 있는 한 한 번 간 길은 다시 가지 않는다.
⑨ 반복운행 또는 U자형 회전은 피하여 수거한다.
⑩ 교통량이 많거나 출퇴근시간은 피하여 수거한다.
⑪ 수거지점과 수거빈도 결정 시 기존 정책이나 규정을 참고한다.

2016

17 **슬러지 탈수 시 가장 탈수되기 어려운 슬러지 내 수분은?**

① 간극모관결합수
② 모관결합수
③ 표면부착수
④ 내부수

해설 **탈수성이 용이한(분리하기 쉬운) 수분형태 순서**
모관결합수 ← 간극모관결합수 ← 쐐기상 모관결합수 ← 표면부착수 ← 내부수

18 **폐기물 1톤의 초기 겉보기 비중이 0.1, 압축 후 겉보기 비중이 0.6인 경우 부피감소율(VR, %)과 압축비(CR)는 각각 얼마인가?**

① 81.1%, 3 ② 83.3%, 3
③ 81.1%, 6 ④ 83.3%, 6

정답 12 ② 13 ① 14 ④ 15 ④ 16 ④ 17 ④ 18 ④

해설 $부피감소율(\%)=\left(1-\frac{V_f}{V_i}\right)\times 100$

$$V_i=\frac{1ton}{0.1ton/m^3}=10m^3$$

$$V_f=\frac{1ton}{0.6ton/m^3}=1.67m^3$$

$$=\left(1-\frac{1.67}{10}\right)\times 100=83.3\%$$

$$압축비=\frac{100}{100-VR}=\frac{100}{100-83.8}=5.99$$

19 다음 경우의 쓰레기 수거 노동력(MHT)은?(단, 기타 사항은 고려하지 않음)

- 일일발생량 : 50톤
- 수거인원 : 20명
- 일일수거시간 : 10시간/일

① 1 ② 2
③ 3 ④ 4

해설 $MHT=\frac{수거인부\times 수거인부\ 총\ 수거시간}{총\ 수거량}$

$$=\frac{20인\times 10hr/day}{50ton/day}=4MHT(man\cdot hr/ton)$$

20 폐기물의 입도분석 결과 입도누적곡선상의 10%, 30%, 60%, 90%의 입경이 각각 1, 5, 10, 20mm였다. 이때 균등계수와 곡률계수는?

① 균등계수 10, 곡률계수 1.0
② 균등계수 10, 곡률계수 2.5
③ 균등계수 1, 곡률계수 1.0
④ 균등계수 1, 곡률계수 2.5

해설 $균등계수=\frac{D_{60}}{D_{10}}=\frac{10}{1}=10$

$$곡률계수=\frac{(D_{30})^2}{D_{10}\times D_{60}}=\frac{5^2}{1\times 10}=2.5$$

제2과목 폐기물처리기술

21 오염된 농경지의 정화를 위해 다른 장소로부터 비오염 토양을 운반하여 넣는 정화기술은?

① 객토 ② 반전
③ 희석 ④ 배토

해설 **객토**
오염된 농경지의 정화를 위해 다른 장소로부터 비오염 토양을 운반하여 넣는 정화기술의 하나이다.

22 폐기물처리 시에는 각종 분진이 다량 배출되며 분진의 제거 시에는 집진장치가 이용된다. 분진의 특성 중 집진성능에 영향을 미치지 않는 것은?

① 입경 ② 비저항
③ 밀도 ④ 중력가속도

해설 분진의 중력가속도와 집진성능은 관계가 없다.

23 분뇨의 처리방식 중 습식 산화방식의 특징으로 가장 거리가 먼 것은?

① 완전살균이 가능하다.
② 슬러지는 반응탑에서 연소된다.
③ COD가 높은 슬러지 처리에 적용될 수 있다.
④ 건설비, 유지보수비, 전기료가 적게 든다.

해설 **습식 산화법(습식 고온고압 산화처리 : Wet Air Oxidation)**
① 수중에 용해되어 있거나 고체상태로 부유하고 있는 유기물(젖은 폐기물이나 슬러지)을 공기에 의하여 산화시키는 방식으로 Zimmerman Process라고 한다.[Zimmerman Process : 유기물을 포함하는 폐액을 바로 산화 반응물로 예열하여 공기 산화온도까지 높이고, 그곳에 공기를 보내주면 공기 중의 산소에 의하여 유기물이 연소(산화)되는 원리]
② 액상슬러지 및 분뇨에 열(≒150~300℃ ; ≒210℃)과 압력(70~100atm ; 70atm)을 작용시켜 용존산소에 의하여 화학적으로 슬러지 내의 유기물을 산화시키는 방식이다.(산소가 있는 고압하의 수중에서 유기물질을 산화시키는 폐기물 열분해기법이며 유기산이 회수됨)
③ 본 장치의 주요기기는 고압펌프, 공기압축기, 열교환기, 반응탑 등이다.
④ 처리시설의 수명이 짧으며 탈수성이 좋고 고액분리가 잘된다.
⑤ 부지소요면적이 적게 들고 슬러지 탈수성이 좋아서 탈수 후 토양개량제로 이용된다.
⑥ 기액분리 시 기체발생량이 많아 탈기해야 한다.

정답 19 ④ 20 ② 21 ① 22 ④ 23 ④

⑦ 건설비, 유지보수비, 전기료가 많이 든다.
⑧ 완전살균이 가능하며 COD가 높은 슬러지 처리에 전용될 수 있다.

24 **슬러지 $100m^3$의 함수율이 98%이다. 탈수 후 슬러지의 체적을 1/10로 하면 슬러지 함수율(%)은?(단, 모든 슬러지의 비중은 1임)**

① 20 ② 40
③ 60 ④ 80

해설 $100m^3 \times (1-0.98) = \left(100m^3 \times \frac{1}{10}\right) \times (1-\text{탈수 후 함수율})$

탈수 후 함수율 $\times 10m^3 = 8m^3$

탈수 후 함수율(%) $= \frac{8m^3}{10m^3} \times 100 = 80\%$

25 **소각로에서 NO_X 배출농도가 270ppm, 산소배출농도가 12%일 때 표준산소(6%)로 환산한 NO_X 농도(ppm)는?**

① 120 ② 135
③ 162 ④ 450

해설 $NO_X(\text{ppm}) = \text{배출농도} \times \frac{21-O_2 \text{ 표준농도}}{21-O_2 \text{ 실측농도}}$

$= 270\text{ppm} \times \left(\frac{21-6}{21-12}\right) = 450\text{ppm}$

26 **도시폐기물 유기성분 중 가장 생분해가 느린 성분은?**

① 단백질 ② 지방
③ 셀룰로오스 ④ 리그닌

해설 **매립지 내 분해속도**
탄수화물 > 지방 > 단백질 > 섬유질 > 리그닌

27 **퇴비화 공정의 운영인자 중 C/N비에 관한 설명으로 가장 거리가 먼 것은?**

① C는 퇴비화 미생물의 에너지원이며 N은 미생물을 구성하는 인자가 된다.
② C/N이 높을 때(80 이상) 질소과잉 현상으로 퇴비화 반응이 느려진다.
③ 퇴비화 초기 C/N비는 25~40 정도가 적당하다.
④ C/N이 낮을 때(20 이하) 유기질소가 암모니아화되어 악취가 발생될 가능성이 높다.

해설 C/N비가 80 이상이면 질소결핍현상으로 퇴비화가 잘 형성되지 않아 퇴비화의 소요기간이 길어진다.

28 **RDF에 관한 설명으로 틀린 것은?**

① RDF의 조성은 주로 유기물질이므로 수분함량에 따라 부패되기 쉽다.
② RDF 중에 Cl 함량이 크면 다이옥신 발생위험성이 높다.
③ Pellet RDF의 수분함량은 4% 이하를 유지한다.
④ Fluff RDF의 발열량은 약 2,500~3,500kcal/kg 정도의 범위이다.

해설 Pellet RDF의 수분함량은 12~18% 정도이다.

29 **도시쓰레기 자원화의 목적으로 가장 거리가 먼 것은?**

① 쓰레기의 감량화 ② 자연보호
③ 노동력 창출 ④ 매립지의 수명 연장

해설 **도시쓰레기 자원화 목적**
① 쓰레기의 감량화
② 자연보호
③ 매립지의 수명 연장

30 **호기성 퇴비화 공정의 설계운영 고려 인자에 대한 설명으로 가장 거리가 먼 것은?**

① C/N비 : 초기 C/N비가 낮은 경우는 암모니아 가스가 발생하며 생물학적 활성이 떨어진다.
② 입자크기 : 폐기물의 적정 입자크기는 5~10mm 정도이다.
③ pH : 적당한 분배작용을 위해서 pH 7~7.5 범위를 유지한다.
④ 공기공급 : 공간부피는 30~36%가 적합하다.

해설 퇴비화에 가장 적당한 입자의 크기는 5cm 이하이다.(폐기물의 적정 입자 범위는 25~75mm 정도)

31 **일일 복토로 사용하는 데 가장 적합한 토양은?**

① 통기성이 나쁜 점성토계의 토양
② 투수성, 통기성이 좋은 사질토계의 토양
③ 부식물질을 적절히 함유한 양토계 토양
④ 적당한 규격에 맞춘 Slag

정답 24 ④ 25 ④ 26 ④ 27 ② 28 ③ 29 ③ 30 ② 31 ②

해설 일일복토(당일복토)
① 매일 최소 15cm 이상 실시가 바람직함
② 화재예방 및 악취발산 억제
③ 해충 서식 방지 및 비산 방지, 병충해 발생 방지가 주목적
④ 차수성 및 통기성이 우수한 사질토계(모래) 토양이 적합

32 매립물의 조성이 $C_{40}H_{83}O_{30}N$인 경우 이 매립물 1mol당 발생하는 메탄(mol)은?(단, 혐기성 반응이다.)

① 22.5 ② 28.5
③ 32.5 ④ 38.5

해설 $CH_4(mol) = \frac{4a+b-2c-3d}{8}$

$= \frac{(4\times40)+83-(2\times30)-(3\times1)}{8} = 22.5mol$

33 탄소, 수소 및 황의 중량비가 83%, 14%, 3%인 폐유 3kg/hr을 소각시키는 경우 배기가스의 분석치가 CO_2 12.5%, O_2 3.5%, N_2 84%이었다면 매시 필요한 공기량(Sm^3/hr)은?

① 35 ② 40
③ 45 ④ 50

해설 실제공기량(A)
$A = m\times A_0$

$m = \frac{N_2}{N_2 - 3.76O_2} = \frac{84}{84-(3.76\times3.5)} = 1.186$

$A_0 = \frac{1}{0.21}(1.867C + 5.6H)$

$= \frac{1}{0.21}[(1.867\times0.83)+(5.6\times0.14)]$

$= 11.11Sm^3/kg$

$= 1.186\times11.11Sm^3/kg\times3kg/hr = 39.52Sm^3/hr$

34 프로판(C_3C_8) $5Sm^3$의 연소에 필요한 이론공기량(Sm^3)은?

① 94 ② 106
③ 119 ④ 124

해설 $A_0(Sm^3) = \frac{1}{0.21}\times\left(m+\frac{n}{4}\right)(Sm^3/Sm^3)$

$= 4.76m + 1.19n$

$= (4.76\times3)+(1.19\times8)$

$= 23.8Sm^3/Sm^3\times5Sm^3 = 119Sm^3$

35 매립지의 최종 복토설비의 주요 기능이 아닌 것은?

① 침출수발생량 감소 기능
② 생분해 가능조건 형성
③ 식물성장 토양층 제공
④ 병원균 매개체 서식 방지

해설 최종복토
① 최소두께는 60cm 이상 실시
② 일반적으로 가스의 수집과 배출을 위한 층, 차수층, 배수층, 보호층으로 구성됨
③ 우수침투방지 및 식물성장을 위한 장소(토양층) 제공, 침출수 발생량 감소기능, 병원균 매개체 서식 방지
④ 매립가스 유출 차단 및 침식 방지
⑤ 침식에 대한 저항력이 크고 투수성이 작으며, 식생에 적합한 양질토양을 사용

36 폐기물 소각의 장점이 아닌 것은?

① 부피 감소가 가능하다.
② 위생적 처리가 가능하다.
③ 폐열 이용이 가능하다.
④ 2차 대기오염이 적다.

해설 일반적으로 폐기물 소각의 장점은 부피 감소, 위생적 처리, 폐열 이용이 가능하다는 것이지만, 2차 대기오염물질이 발생한다는 단점이 있다.

37 매립된 지 10년 이상인 매립지에서 발생되는 침출수를 처리하기 위한 공정으로 효율성이 가장 양호한 것은?(단, 침출수 특성 : COD/TOC<2.0, BOD/COD<0.1, COD<500ppm)

① 역삼투
② 화학적 침전
③ 오존처리
④ 생물학적 처리

해설 침출수 특성에 따른 처리공정 구분

	항목	Ⅰ	Ⅱ	Ⅲ
침출수 특성	COD(mg/L)	10,000 이상	500~10,000	500 이하
	COD/TOC	2.7(2.8) 이상	2.0~2.7	2.0 이하
	BOD/COD	0.5 이상	0.1~0.5	0.1 이하
	매립연한	초기 (5년 이하)	중간 (5~10년)	오래(고령)됨 (10년 이상)

정답 32 ① 33 ② 34 ③ 35 ② 36 ④ 37 ①

	항목	Ⅰ	Ⅱ	Ⅲ
주 처리 공정	생물학적 처리	좋음(양호)	보통	나쁨(불량)
	화학적 응집 · 침전(화학적 침전 : 석회투여)	보통 · 불량	나쁨(불량)	나쁨(불량)
	화학적 산화	보통 · 나쁨(불량)	보통	보통
	역삼투(R.O)	보통	좋음(양호)	좋음(양호)
	활성탄 흡착	보통 · 좋음(양호)	보통 · 좋음(양호)	좋음(양호)
	이온교환 수지	나쁨(불량)	보통 · 좋음(양호)	보통

38 퇴비화 숙성도의 지표로 이용할 수 없는 것은?

① 탄질비
② CO_2 발생량
③ 식물생육 억제 정도
④ 수분함량

해설 퇴비화 숙성도의 지표로 이용할 수 있는 것은 탄질비, CO_2 발생량, 식물생육 억제 정도, pH, 온도 등이다.

39 비정상적으로 작동하는 소화조에 석회를 주입하는 이유는?

① 유기산균을 증가시키기 위해
② 효소의 농도를 증가시키기 위해
③ 칼슘 농도를 증가시키기 위해
④ pH를 높이기 위해

해설 비정상적으로 작동하는 소화조에 석회를 주입하는 이유는 pH를 높이기 위해서이다.

40 HDPE & LDPE 합성차수막의 장점이 아닌 것은?

① 대부분의 화학물질에 대한 저항성이 높다.
② 유연하여 손상 우려가 적다.
③ 접합상태가 양호하다.
④ 온도에 대한 저항성이 높다.

해설 HDPE(LDPE) 합성차수막

① 장점
㉠ 대부분의 화학물질에 대한 저항성이 큼
㉡ 온도에 대한 저항성이 높음
㉢ 강도가 높음
㉣ 접합상태가 양호

② 단점
유연하지 못하여 구멍 등 손상을 입을 우려가 있음

제3과목 폐기물공정시험기준(방법)

41 폐기물시료 200g을 취하여 기름 성분(중량법)을 시험한 결과, 시험 전 · 후의 증발용기의 무게차가 13.591g으로 나타났고, 바탕시험 전 · 후의 증발용기의 무게차는 13.557g으로 나타났다. 이때의 노말헥산 추출물질 농도(%)는?

① 0.013 ② 0.017
③ 0.023 ④ 0.034

해설 노말헥산 추출물질 농도(%)

$$=(a-b)\times\frac{100}{V}$$

$$=(13.591-13.557)\text{g}\times\frac{100}{200\text{g}}=0.017\%$$

42 전자포획형 검출기(ECD)의 운반가스로사용 가능한 것은?

① 99.9% He ② 99.9% H_2
③ 99.99% N_2 ④ 99.99% H_2

해설 운반가스는 충전물이나 시료에 대하여 불활성이고 사용하는 검출기의 작동에 적합한 것을 사용한다. 일반적으로 열전도도 검출기(TCD)에서는 순도 99.99% 이상의 수소나 헬륨을, 불꽃이온화 검출기(FID)에서는 99.99% 이상의 질소 또는 헬륨을 사용하며 기타 검출기에서는 각각 규정하는 가스를 사용한다. 단, 전자포획 검출기(ECD)의 경우에는 순도 99.99% 이상의 질소 또는 헬륨을 사용하여야 한다.

43 유도결합플라스마 – 원자발광분광법에서 정량법으로 사용되는 방법과 가장 거리가 먼 것은?

① 검량선법 ② 내표준법
③ 표준첨가법 ④ 넓이백분율법

정답 38 ④ 39 ④ 40 ② 41 ② 42 ③ 43 ④

해설 **유도결합플라스마－원자발광분광법 정량법**
① 검량선법 ② 내표준법 ③ 표준첨가법

44 **6톤 운반차량에 적재되어 있는 폐기물의 시료채취방법으로 옳은 것은?**

① 적재 폐기물을 평면상에서 6등분한 후 각 등분마다 시료를 채취한다.
② 적재 폐기물을 평면상에서 9등분한 후 각 등분마다 시료를 채취한다.
③ 적재 폐기물을 평면상에서 10등분한 후 각 등분마다 시료를 채취한다.
④ 적재 폐기물을 평면상에서 14등분한 후 각 등분마다 시료를 채취한다.

해설 폐기물이 5ton 이상의 차량에 적재되어 있는 경우는 적재 폐기물을 평면상에서 9등분한 후 각 등분마다 시료를 채취한다.

45 **감염성 미생물(아포균 검사법) 측정에 적용되는 '지표생물포자'에 관한 설명으로 옳은 것은?**

① 감염성 폐기물의 멸균 잔류물에 대한 멸균 여부의 판정은 병원성 미생물보다 열저항성이 약하고 비병원성인 아포 형성 미생물을 이용하는데 이를 지표생물포자라 한다.
② 감염성 폐기물의 멸균 잔류물에 대한 멸균 여부의 판정은 병원성 미생물보다 열저항성이 강하고 비병원성인 아포 형성 미생물을 이용하는데 이를 지표생물포자라 한다.
③ 감염성 폐기물의 멸균 잔류물에 대한 멸균 여부의 판정은 비병원성 미생물보다 열저항성이 약하고 병원성인 아포 형성 미생물을 이용하는데 이를 지표생물포자라 한다.
④ 감염성 폐기물의 멸균 잔류물에 대한 멸균 여부의 판정은 비병원성 미생물보다 열저항성이 강하고 병원성인 아포 형성 미생물을 이용하는데 이를 지표생물포자라 한다.

해설 **지표생물포자**
감염성 폐기물의 멸균잔류물에 대한 멸균 여부의 판정은 병원성 미생물보다 열저항성이 강하고 비병원성인 아포형성 미생물을 이용하는데, 이를 지표생물포자라 한다.

46 **수분 40%, 고형물 60%, 휘발성 고형물 30%인 쓰레기의 유기물 함량(%)은?**

① 35 ② 40
③ 45 ④ 50

해설
$$\text{유기물 함량(\%)} = \frac{\text{휘발성 고형물}}{\text{고형물}} \times 100 = \frac{30}{60} \times 100 = 50\%$$

47 **가스크로마토그래프 분석에 사용하는 검출기 중에서 방사선 동위원소로부터 방출되는 β선을 이용하며 유기할로겐화합물, 니트로화합물, 유기금속화합물을 선택적으로 검출할 수 있는 것은?**

① 열전도도 검출기(TCD)
② 수소염이온화 검출기(FID)
③ 전자포획 검출기(ECD)
④ 불꽃광도 검출기(FPD)

해설 **전자포획 검출기(ECD ; Electron Capture Detector)**
전자포획 검출기는 방사선 동위원소(^{53}Ni, ^{3}H)로부터 방출되는 β선이 운반가스를 전리하여 미소전류를 흘려보낼 때 시료 중의 할로겐이나 산소와 같이 전자포획력이 강한 화합물에 의하여 전자가 포획되어 전류가 감소하는 것을 이용하는 방법으로 유기할로겐 화합물, 니트로화합물 및 유기금속화합물을 선택적으로 검출할 수 있다.

48 **자외선/가시선 분광법으로 분석되는 '항목－측정방법－측정파장－발색'의 순서대로 바르게 연결된 것은?**

① 카드뮴－디티존법－460nm－청색
② 시안－디페닐카바지드법－540nm－적자색
③ 구리－다이에틸다이티오카르바민산법－440nm－황갈색
④ 비소－비화수소증류법－510nm－적자색

해설 ① 카드뮴－디티존법－520nm－적색
② 시안－피리딘 피라졸론법－620nm－청색
④ 비소－다이에틸다이티오카르바민산법－530nm－적자색

정답 44 ② 45 ② 46 ④ 47 ③ 48 ③

49 폐기물공정시험기준 중 성상에 따른 시료채취방법으로 가장 거리가 먼 것은?

① 폐기물 소각시설 소각재란 연소실 바닥을 통해 배출되는 바닥재와 폐열보일러 및 대기오염 방지시설을 통해 배출되는 비산재를 말한다.
② 공정상 소각재에 물을 분사하는 경우를 제외하고는 가급적 물을 분사한 후에 시료를 채취한다.
③ 비산재 저장조의 경우 낙하구 밑에서 채취하고, 운반차량에 적재된 소각재는 적재차량에서 채취하는 것을 원칙으로 한다.
④ 회분식 연소방식 반출설비에서 채취하는 소각재는 하루 동안의 운전횟수에 따라 매 운전 시마다 2회 이상 채취하는 것을 원칙으로 한다.

해설 공정상 소각재에 물을 분사하는 경우를 제외하고는 가급적 물을 분사하기 전에 시료를 채취한다.

50 반고상 또는 고상폐기물의 pH 측정 시 시료 10g에 정제수 몇 mL를 넣어 잘 교반하여야 하는가?

① 10mL ② 25mL
③ 50mL ④ 100mL

해설 **반고상 또는 고상폐기물의 분석방법**
시료 10g을 50mL 비커에 취한 다음 증류수(정제수) 25mL를 넣어 잘 교반하여 30분 이상 방치한 후 이 현탁액을 시료 용액으로 하거나 원심분리한 후 상층액을 시료 용액으로 한다.

51 원자흡수분광광도법으로 크롬을 정량할 때 전처리조작으로 $KMnO_4$를 사용하는 목적은?

① 철이나 니켈금속 등 방해물질을 제거하기 위하여
② 시료 중의 6가크롬을 3가크롬으로 환원하기 위하여
③ 시료 중의 3가크롬을 6가크롬으로 산화하기 위하여
④ 디페닐카르바지드와 반응성을 높이기 위하여

해설 **크롬 - 원자흡수분광광도법 정량 시 $KMnO_4$ 사용목적**
과망간산칼륨($KMnO_4$)은 시료 중의 3가크롬을 6가크롬으로 산화하기 위하여 사용한다.

52 중량법에 의한 기름 성분 분석방법에 관한 설명으로 가장 거리가 먼 것은?

① 시료 적당량을 분별깔때기에 넣고 메틸오렌지용약(0.1W/V%)을 2~3방울 넣고 황색이 적색으로 변할 때까지 염산(1+1)을 넣어 pH 4 이하로 조절한다.
② 시료가 반고상 또는 고상폐기물인 경우에는 폐기물의 양에 약 2.5배에 해당하는 물을 넣어 잘 혼합한 다음 pH 4 이하로 조절한다.
③ 노말헥산 추출물질의 함량이 5mg/L 이하로 낮은 경우에는 5L 부피 시료병에 시료 4L를 채취하여 염화철(Ⅲ)용액 4mL를 넣고 자석교반기로 교반하면서 탄산나트륨용액(20W/V%)을 넣어 pH 7~9로 조절한다.
④ 증발용기 외부의 습기를 깨끗이 닦고 (80±5)℃의 건조기 중에 2시간 건조하고 황산데시케이터에 넣어 정확히 1시간 식힌 후 무게를 단다.

해설 증발용기 외부의 습기를 깨끗이 닦아 (80±5)℃의 건조기 중에 30분간 건조하고 실리카겔 데시케이터에 넣어 정확히 30분간 식힌 후 무게를 단다.

53 용출 조작 시 진탕횟수 기준으로 옳은 것은?(단, 상온 · 상압 조건, 진폭은 4~5cm)

① 매분당 약 200회 ② 매분당 약 300회
③ 매분당 약 400회 ④ 매분당 약 500회

해설 **용출시험방법(용출조작)**
① 진탕 : 혼합액을 상온 · 상압에서 진탕횟수가 매분당 약 200회, 진폭이 4~5cm인 진탕기를 사용하여 6시간 연속 진탕
⇩
② 여과 : 1.0μm의 유리섬유 여과지로 여과
⇩
③ 여과액을 적당량 취하여 용출실험용 시료용액으로 함

2016

54 유기물 함량이 낮은 시료에 적용하는 산분해법은?

① 염산분해법 ② 황산분해법
③ 질산분해법 ④ 염산 - 질산분해법

해설 **질산분해법**
① 적용 : 유기물 함량이 낮은 시료
② 용액 산농도 : 약 0.7N

정답 49 ② 50 ② 51 ③ 52 ④ 53 ① 54 ③

55 수소이온농도가 2.8×10^{-5}mole/L인 수용액의 pH는?

① 2.8 ② 3.4
③ 4.6 ④ 5.4

해설 $pH = \log\frac{1}{[H^+]} = \log\frac{1}{2.8 \times 10^{-5}} = 4.55$

56 휘발성 유기물질 중에서 트리할로메탄(THMs) 분석 시에 (1+1)HCl을 가하는 이유는?

① THMs이 환원성 물질에 의해 환원되는 것을 막기 위하여
② THMs이 산화성 물질에 의해 산화되는 것을 막기 위하여
③ THMs이 알칼리성 쪽에서 생성되는 것을 막기 위하여
④ THMs이 산성 쪽에서 생성되는 것을 막기 위하여

해설 트리할로메탄(THMs) 분석 시 (1+1)HCl을 가하는 이유는 THMs이 알칼리성 쪽에서 생성되는 것을 막기 위함이다.

[Note] 염산(1+1), 인산(1+10) 또는 황산(1+5)을 1방울/10mL로 가하여 약 pH 2로 조절하고 4℃ 냉암소에서 보관한다.

57 원자흡수분광광도법을 이용한 6가크롬 측정에 관한 설명으로 가장 거리가 먼 것은?

① 정량범위는 사용하는 장치 및 측정조건 등에 따라 다르나 357.9nm에서 최종 용액 중 0.01~5mg/L이다.
② 공기 – 아세틸렌 불꽃에서는 철, 니켈 등의 공존물질에 의한 방해영향이 크므로 이때는 황산나트륨을 1% 정도 넣어서 측정한다.
③ 시료 중에 칼륨, 나트륨, 리튬, 세슘과 같이 이온화가 어려운 원소가 100mg/L 이상의 농도로 존재할 때에는 측정을 간섭한다.
④ 염이 많은 시료를 분석하면 버너 헤드 부분에 고체가 생성되어 불꽃이 자주 꺼지고 버너 헤드를 청소해야 하는데 이를 방지하기 위해서는 시료를 묽혀 분석하거나, 메틸아이소부틸케톤 등을 사용하여 추출하여 분석한다.

해설 시료 중에 칼륨, 나트륨, 리튬, 세슘과 같이 쉽게 이온화되는 원소가 1,000mg/L 이상의 농도로 존재 시 금속 측정을 간섭한다.

58 용매추출법에 의한 GC 분석 시 트리클로로에틸렌의 추출용매로 가장 적당한 것은?

① 디티존 ② 노말헥산
③ 아세톤 ④ 사염화탄소

해설 시료 중의 트리클로로에틸렌을 노말헥산으로 추출하여 기체크로마토그래피로 정량한다.

59 자외선/가시선 분광법으로 6가크롬을 측정할 때 흡수셀 세척 시 사용되는 시약과 가장 거리가 먼 것은?

① 탄산나트륨 ② 질산
③ 과망간산칼륨 ④ 에틸알코올

해설 **흡수셀이 더러워 측정값에 오차가 발생한 경우**

① 탄산나트륨 용액(2W/V%)에 소량의 음이온 계면활성제를 가한 용액에 흡수셀을 담가 놓고 필요하면 40~50℃로 약 10분간 가열한다.
② 흡수셀을 꺼내 정제수로 씻은 후 질산(1+5)에 소량의 과산화수소를 가한 용액에 약 30분간 담가 놓았다가 꺼내어 정제수로 잘 씻는다. 깨끗한 거즈나 흡수지 위에 거꾸로 놓아 물기를 제거하고 실리카겔을 넣은 데시케이터 중에서 건조하여 보존한다.
③ 급히 사용하고자 할 때는 물기를 제거한 후 에틸알코올로 씻고 다시 에틸에테르로 씻은 다음 드라이어로 건조해서 사용한다.

60 유도결합플라스마 – 원자발광분광기 장치의 구성으로 옳은 것은?

① 시료도입부 – 고주파 전원부 – 광원부 – 분광부 – 연산처리부 – 기록부
② 전개부(용리액조 + 펌프) – 분리부 – 검출부(서프레서 + 검출기) – 지시부
③ 가스유로계 – 시료도입부 – 분리관 – 검출기 – 기록계
④ 광원부 – 파장선택부 – 시료부 – 측광부

해설 **유도결합플라스마 – 원자발광분광기 장치 구성**

시료도입부 – 고주파 전원부 – 광원부 – 분광부 – 연산처리부 – 기록부

정답 55 ③ 56 ② 57 ③ 58 ② 59 ③ 60 ①

제4과목 폐기물관계법규

61 사업폐기물을 폐기물처리업자에게 위탁하여 처리하려는 사업장폐기물 배출자가 환경부장관이 고시하는 폐기물 처리가격의 최저액보다 낮은 가격으로 폐기물처리를 위탁하였을 경우 과태료 부과 기준은?

① 300만 원 이하의 과태료
② 500만 원 이하의 과태료
③ 1천만 원 이하의 과태료
④ 2천만 원 이하의 과태료

해설 폐기물관리법 제68조 참조

62 생활폐기물 배출자는 특별자치시, 특별자치도, 시·군·구의 조례로 정하는 바에 따라 스스로 처리할 수 없는 생활폐기물을 종류별, 성질·상태별로 분리하여 보관하여야 한다. 이를 위반한 자에 대한 과태료 부과기준은?

① 100만 원 이하의 과태료
② 200만 원 이하의 과태료
③ 300만 원 이하의 과태료
④ 500만 원 이하의 과태료

해설 폐기물관리법 제68조 참조

63 폐기물처리업자, 폐기물처리시설을 설치·운영하는 자 등이 환경부령이 정하는 바에 따라 장부를 갖추어 두고 폐기물의 발생·배출·처리상황 등을 기록하여 최종 기재한 날부터 얼마 동안 보존하여야 하는가?

① 6개월　② 1년
③ 3년　④ 5년

해설 폐기물처리업자, 폐기물처리시설을 설치·운영하는 자 등은 폐기물의 발생, 배출, 처리상황 등을 기록하여 최종기재한 날부터 3년 동안 보존하여야 한다.

64 폐기물처리업의 변경허가를 받아야 할 중요사항과 가장 거리가 먼 것은?

① 운반차량(임시차량 제외)의 증차
② 폐기물 처분시설의 신설
③ 수집·운반대상 폐기물의 변경
④ 매립시설 제방 신축

해설 매립시설의 제방의 증·개축

65 '대통령령으로 정하는 폐기물처리시설'을 설치·운영하는 자는 그 폐기물처리시설의 설치·운영이 주변지역에 미치는 영향을 3년마다 조사하여 그 결과를 환경부 장관에게 제출하여야 한다. 다음 중 대통령령으로 정하는 폐기물처리시설기준으로 틀린 것은?

① 매립면적 1만 제곱미터 이상의 사업장 지정폐기물 매립시설
② 매립면적 15만 제곱미터 이상의 사업장 일반폐기물 매립시설
③ 시멘트 소성로(폐기물을 연료로 하는 경우로 한정한다)
④ 1일 처분능력이 10톤 이상인 사업장 폐기물 소각시설

해설 **주변지역 영향 조사대상 폐기물처리시설 기준**
① 1일 처리능력이 50톤 이상인 사업장폐기물 소각시설(같은 사업장에 여러 개의 소각시설이 있는 경우에는 각 소각시설의 1일 처리능력의 합계가 50톤 이상인 경우를 말한다)
② 매립면적 1만 제곱미터 이상의 사업장 지정폐기물 매립시설
③ 매립면적 15만 제곱미터 이상의 사업장 일반폐기물 매립시설
④ 시멘트 소성로(폐기물을 연료로 사용하는 경우로 한정한다)
⑤ 1일 재활용능력이 50톤 이상인 사업장폐기물 소각열회수시설(같은 사업장에 여러 개의 소각열회수시설이 있는 경우에는 각 소각열회수시설의 1일 재활용능력의 합계가 50톤 이상인 경우를 말한다)

2016

66 기술관리인을 두어야 할 폐기물처리시설 기준으로 틀린 것은?(단, 폐기물처리업자가 운영하는 폐기물처리시설 제외)

① 용해로(폐기물에서 비철금속을 추출하는 경우로 한정한다)로서 시간당 재활용능력이 600킬로그램 이상인 시설
② 멸균분쇄시설로서 시간당 처분능력이 200킬로그램 이상인 시설
③ 소각열회수시설로서 시간당 재활용능력이 600킬로그램 이상인 시설
④ 사료화·퇴비화 또는 연료화시설로서 1일 재활용능력이 5톤 이상인 시설

정답 61 ① 62 ① 63 ③ 64 ④ 65 ④ 66 ②

해설 **기술관리인을 두어야 하는 폐기물처리시설**

① 매립시설의 경우
- ㉠ 지정폐기물을 매립하는 시설로서 면적이 3천300제곱미터 이상인 시설. 다만, 차단형 매립시설에서는 면적이 330제곱미터 이상이거나 매립용적이 1천 세제곱미터 이상인 시설로 한다.
- ㉡ 지정폐기물 외의 폐기물을 매립하는 시설로서 면적이 1만 제곱미터 이상이거나 매립용적이 3만 세제곱미터 이상인 시설

② 소각시설로서 시간당 처리능력이 600킬로그램(감염성 폐기물을 대상으로 하는 소각시설의 경우에는 200킬로그램) 이상인 시설

③ 압축 · 파쇄 · 분쇄 또는 절단시설로서 1일 처리능력 또는 재활용시설이 100톤 이상인 시설

④ 사료화 · 퇴비화 또는 연료화 시설로서 1일 재활용능력이 5톤 이상인 시설

⑤ 멸균 · 분쇄시설로서 시간당 처리능력이 100킬로그램 이상인 시설

⑥ 시멘트 소성로

⑦ 용해로(폐기물에 비철금속을 추출하는 경우로 한정한다)로서 시간당 재활용능력이 600킬로그램 이상인 시설

⑧ 소각열회수시설로서 시간당 재활용능력이 600킬로그램 이상인 시설

67 설치신고대상 폐기물처리시설 규모기준 틀린 것은?

① 기계적 처분시설 중 연료화시설로서 1일 처분능력이 100kg 미만인 시설

② 기계적 처분시설 또는 재활용시설 중 증발 · 농축 · 정제 또는 유수분리시설로서 시간당 처분능력 또는 재활용능력이 125kg 미만인 시설

③ 소각 열회수시설로서 1일 재활용능력이 100톤 미만인 시설

④ 생물학적 처분시설 또는 재활용시설로서 1일 처분능력 또는 재활용능력이 100톤 미만인 시설

해설 **설치신고대상 폐기물처리시설**

① 일반소각시설로서 1일 처리능력이 100톤(지정폐기물의 경우에는 10톤) 미만인 시설

② 고온소각시설 · 열분해시설 · 고온용융시설 또는 열처리조합시설로서 시간당 처리능력이 100킬로그램 미만인 시설

③ 기계적 처분시설 또는 재활용시설 중 증발 · 농축 · 정제 또는 유수분리시설로서 시간당 처리능력이 125킬로그램 미만인 시설

④ 기계적 처분시설 또는 재활용시설 중 압축 · 파쇄 · 분쇄 · 절단 · 용융 또는 연료화 시설로서 1일 처리능력이 100톤 미만인 시설

⑤ 기계적 처분시설 또는 재활용시설 중 탈수 · 건조시설, 멸균분쇄시설 및 화학적 처리시설

⑥ 생물학적 처분시설 또는 재활용시설로서 1일 처리능력이 100톤 미만인 시설

⑦ 소각열회수시설로서 1일 재활용능력이 100톤 미만인 시설

68 지정폐기물로 볼 수 없는 것은?

① 할로겐족(환경부령으로 정하는 물질 또는 이를 함유한 물질로 한정한다) 폐유기용제

② 폐석면

③ 기름 성분을 5% 이상 함유한 폐유

④ 수소이온 농도지수가 3.0인 폐산

해설 액체상태의 폐기물로서 수소이온농도지수가 2.0 이하인 것을 폐산이라 한다.

69 영업정지기간에 영업을 한 자에 대한 벌칙 기준은?

① 1년 이하의 징역이나 1천만 원 이하의 벌금

② 2년 이하의 징역이나 2천만 원 이하의 벌금

③ 3년 이하의 징역이나 3천만 원 이하의 벌금

④ 5년 이하의 징역이나 5천만 원 이하의 벌금

해설 폐기물관리법 제65조 참조

70 관리형 매립시설에서 침출수 배출량이 1일 2,000m^3 이상인 경우, BOD의 측정주기 기준은?

① 매일 1회 이상

② 주 1회 이상

③ 월 2회 이상

④ 월 1회 이상

해설 **측정주기(관리형 매립시설 침출수)**

① 침출수 배출량이 1일 2천 세제곱미터 이상인 경우
- ㉠ 화학적 산소요구량 : 매일 1회 이상
- ㉡ 화학적 산소량 외의 오염물질 : 주 1회 이상

② 침출수 배출량이 1일 2천 세제곱미터 미만인 경우 : 월 1회 이상

정답 67 ① 68 ④ 69 ③ 70 ②

71 **폐기물처리업의 업종구분과 영업에 관한 내용으로 틀린 것은?**

① 폐기물 수집 · 운반업 : 폐기물을 수집 · 운반시설을 갖추고 재활용 또는 처분장소로 수집 · 운반하는 영업

② 폐기물 최종 처분업 : 폐기물 최종처분시설을 갖추고 폐기물을 매립 등(해역 배출은 제외한다)의 방법으로 최종처분하는 영업

③ 폐기물 종합 처분업 : 폐기물 중간처분시설 및 최종처분시설을 갖추고 폐기물의 중간처분과 최종처분을 함께하는 영업

④ 폐기물 종합 재활용업 : 폐기물 재활용시설을 갖추고 중간재활용업과 최종재활용업을 함께하는 영업

해설 **폐기물처리업의 업종구분과 영업내용**

① 폐기물 수집 · 운반업
폐기물을 수집하여 재활용 또는 처분 장소로 운반하거나 폐기물을 수출하기 위하여 수집 · 운반하는 영업

② 폐기물 중간처분업
폐기물 중간처분시설을 갖추고 폐기물을 소각 처분, 기계적 처분, 화학적 처분, 생물학적 처분, 그 밖에 환경부장관이 폐기물을 안전하게 중간처분할 수 있다고 인정하여 고시하는 방법으로 중간처분하는 영업

③ 폐기물 최종처분업
폐기물 최종처분시설을 갖추고 폐기물을 매립 등(해역 배출은 제외한다)의 방법으로 최종처분하는 영업

④ 폐기물 종합처분업
폐기물 중간처분시설 및 최종처분시설을 갖추고 폐기물의 중간처분과 최종처분을 함께하는 영업

⑤ 폐기물 중간재활용업
폐기물 재활용시설을 갖추고 중간가공 폐기물을 만드는 영업

⑥ 폐기물 최종재활용업
폐기물 재활용시설을 갖추고 중간가공 폐기물을 용도 또는 방법으로 재활용하는 영업

⑦ 폐기물 종합재활용업
폐기물 재활용시설을 갖추고 중간재활용업과 최종재활용업을 함께 하는 영업

72 **폐기물의 재활용 시 에너지의 회수기준으로 틀린 것은?**

① 에너지의 회수효율(회수에너지 총량을 투입에너지 총량으로 나눈 비율)이 75% 이상일 것

② 다른 물질과 혼합하지 아니하고 해당 폐기물의 저위발열량이 3,000kcal/kg 이상일 것

③ 회수열이 50% 이상을 열원으로 이용하거나 다른 사람에게 공급할 것

④ 환경부장관이 정하여 고시하는 경우에는 폐기물의 30% 이상을 원료나 재료로 재활용하고 그 나머지 중에서 에너지의 회수에 이용할 것

해설 **에너지 회수기준**

① 다른 물질과 혼합하지 아니하고 해당 폐기물의 저위발열량이 킬로그램당 3천 킬로칼로리 이상일 것

② 에너지의 회수효율(회수에너지 총량을 투입에너지 총량으로 나눈 비율을 말한다)이 75퍼센트 이상일 것

③ 회수열을 모두 열원으로 스스로 이용하거나 다른 사람에게 공급할 것

④ 환경부장관이 정하여 고시하는 경우에는 폐기물의 30퍼센트 이상을 원료나 재료로 재활용하고 그 나머지 중에서 에너지의 회수에 이용할 것

73 **폐기물 수집 · 운반증을 부착한 차량으로 운반해야 될 경우가 아닌 것은?**

① 사업장폐기물 배출자가 그 사업장에서 발생된 폐기물을 사업장 밖으로 운반하는 경우

② 폐기물처리신고자가 재활용 대상폐기물을 수집 · 운반하는 경우

③ 폐기물처리업자가 폐기물을 수집 · 운반하는 경우

④ 광역폐기물처리시설의 설치 · 운영자가 생활폐기물을 수집 · 운반하는 경우

해설 **폐기물 수집 · 운반증 부착차량으로 운반해야 되는 경우**

① 광역 폐기물 처분시설 또는 재활용시설의 설치 · 운영자가 폐기물을 수집 · 운반하는 경우(생활폐기물을 수집 · 운반하는 경우는 제외한다)

② 음식물류 폐기물 배출자가 그 사업장에서 발생한 음식물류 폐기물을 사업장 밖으로 운반하는 경우

③ 음식물류 폐기물을 공동으로 수집 · 운반 또는 재활용하는 자가 음식물류 폐기물을 수집 · 운반하는 경우

④ 사업장폐기물 배출자가 그 사업장에서 발생한 폐기물을 사업장 밖으로 운반하는 경우

⑤ 사업장폐기물을 공동으로 수집 · 운반, 처분 또는 재활용하는 자가 수집 · 운반하는 경우

⑥ 폐기물처리업자가 폐기물을 수집 · 운반하는 경우

⑦ 폐기물처리 신고자가 재활용 대상폐기물을 수집 · 운반하는 경우

⑧ 폐기물을 수출하거나 수입하는 자가 그 폐기물을 운반하는 경우(컨테이너를 이용하여 운반하는 경우를 포함한다)

정답 71 ① 72 ③ 73 ④

74 **폐기물처리시설 중 소각시설의 기술관리인으로 가장 거리가 먼 것은?**

① 대기환경기사　② 수질환경기사
③ 전기기사　④ 전기공사기사

해설 **폐기물 처분시설 또는 재활용시설의 기술관리인의 자격기준**

구분	자격기준
매립시설	폐기물처리기사, 수질환경기사, 토목기사, 일반기계기사, 건설기계기사, 화공기사, 토양환경기사 중 1명 이상
소각시설(의료폐기물을 대상으로 하는 소각시설은 제외한다), 시멘트 소성로 및 용해로	폐기물처리기사, 대기환경기사, 토목기사, 일반기계기사, 건설기계기사, 화공기사, 전기기사, 전기공사기사 중 1명 이상
의료폐기물을 대상으로 하는 시설	폐기물처리산업기사, 임상병리사, 위생사 중 1명 이상
음식물류 폐기물을 대상으로 하는 시설	폐기물처리산업기사, 수질환경산업기사, 화공산업기사, 토목산업기사, 대기환경산업기사, 일반기계기사, 전기기사 중 1명 이상
그 밖의 시설	같은 시설의 운영을 담당하는 자 1명 이상

75 **폐기물 처리업자가 폐기물의 발생, 배출, 처리상황 등을 기록한 장부의 보존기간은?(단, 최종 기재일기준)**

① 6개월간　② 1년간
③ 2년간　④ 3년간

해설 **폐기물처리시설의 사후관리이행보증금**
환경부장관은 사후관리 대상인 폐기물을 매립하는 시설이 그 사용종료 또는 폐쇄 후 침출수의 누출 등으로 주민의 건강 또는 재산이나 주변환경에 심각한 위해를 가져올 우려가 있다고 인정하면 대통령령으로 정하는 바에 따라 그 시설을 설치한 자에게 그 사후관리의 이행을 보증하게 하기 위하여 사후관리에 드는 비용의 전부 또는 일부를 「환경개선특별회계법」에 따른 환경개선특별회계에 예치하게 할 수 있다.

76 **관련법을 위반한 폐기물처리업자로부터 과징금으로 징수한 금액의 사용용도로서 적합하지 않은 것은?**

① 광역 폐기물처리시설의 확충
② 폐기물처리 관리인의 교육
③ 폐기물처리시설의 지도 · 점검에 필요한 시설 · 장비의 구입 및 운영
④ 폐기물의 처리를 위탁한 자를 확인할 수 없는 폐기물로 인하여 예상되는 환경상 위해를 제거하기 위한 처리

해설 **과징금의 사용용도**
① 광역폐기물 처리시설의 확충
② 공공재활용 기반시설의 확충
③ 폐기물재활용 신고자가 적합하게 재활용하지 아니한 폐기물의 처리
④ 폐기물을 재활용하는 자의 지도 · 점검에 필요한 시설 · 장비의 구입 및 운영

77 **폐기물관리 종합계획에 포함되어야 할 사항과 가장 거리가 먼 것은?**

① 재원 조달계획
② 폐기물별 관리현황
③ 종합계획의 기조
④ 종전의 종합계획에 대한 평가

해설 ※ 법규 변경(삭제)사항이므로 학습 안 하셔도 무방합니다.

78 **시 · 도지사, 시장 · 군수 · 구청장 또는 지방환경관서의 장은 관계공무원이 사업장 등에 출입하여 검사할 때에 배출되는 폐기물이나 재활용한 제품의 성분, 유해물질 함유 여부의 검사를 위한 시험분석이 필요하면 시험분석기관으로 하여금 시험분석하게 할 수 있다. 다음 중 시험분석기관과 가장 거리가 먼 것은?(단, 그 밖에 환경부장관이 인정 · 고시하는 기관은 고려하지 않음)**

① 한국환경시험원
② 한국환경공단
③ 유역환경청 또는 지방환경청
④ 수도권매립지 관리공사

해설 **시험 · 분석기관**
① 국립환경과학원
② 보건환경연구원
③ 유역환경청 또는 지방환경청
④ 한국환경공단
⑤ 「석유 및 석유대체연료 사업법」에 따른 다음의 기관
　㉠ 한국석유관리원
　㉡ 산업통상자원부장관이 지정하는 기관
⑥ 「비료관리법 시행규칙」에 따른 시험연구기관
⑦ 수도권매립지 관리공사
⑧ 전용용기 검사기관(전용용기에 대한 시험분석으로 한정)
⑨ 그 밖에 환경부장관이 재활용 제품을 시험분석할 수 있다고 인정하여 고시하는 시험분석기관

정답 74 ② 75 ④ 76 ② 77 ② 78 ①

79 **폐기물처리시설의 종류 중 기계적 처리시설에 해당되지 않는 것은?**

① 연료화 시설　② 유수분리 시설
③ 응집 · 침전시설　④ 증발 · 농축시설

해설 응집 · 침전시설은 화학적 처분(처리)시설이다.

80 **관리형 매립시설에서 발생되는 침출수의 배출허용기준으로 알맞은 것은?(단, 나지역, COD는 중크롬산칼륨법을 기준, 단위는 mg/L, COD에서 (　)는 처리요율)**

BOD－COD－SS

① 120－600(80%)－120
② 100－600(80%)－100
③ 70－800(80%)－70
④ 50－800(80%)－50

해설 **관리형 매립시설 침출수의 배출허용기준**

구분	생물화학적 산소요구량(mg/L)	화학적 산소요구량(mg/L)			부유물질량(mg/L)
		과망간산칼륨법에 따른 경우		중크롬산칼륨법에 따른 경우	
		1일 침출수 배출량 2,000m^3 이상	1일 침출수 배출량 2,000m^3 미만		
청정지역	30	50	50	400 (90%)	30
가 지역	50	80	100	600 (85%)	50
나 지역	70	100	150	800 (80%)	70

2016

정답 79 ③　80 ③

2016년 4회 기출문제

제1과목 폐기물개론

01 도시쓰레기의 특성으로 가장 거리가 먼 것은?

① 배출량은 생활수준의 향상, 생활양식, 수집형태 등에 따라 좌우된다.
② 쓰레기의 질은 지역, 기후 등에 따라 달라진다.
③ 도시쓰레기의 처리는 성상에 크게 지배된다.
④ 쓰레기 발생량은 계절에 따라 일정하다.

해설 쓰레기 발생량은 계절에 따라 달라지는데, 일반적으로 겨울철에 증가한다.

02 수거대상 인구가 1,200명인 지역에서 1주 동안의 쓰레기 수거상태를 조사하여 다음 표와 같은 결과를 얻었다. 이 지역의 1일당 1인 쓰레기 발생량(kg)은?

- 트럭 수 : 1대
- 쓰레기 수거횟수 : 4회/주
- 트럭용적 : $11m^3$
- 적재 시 쓰레기 밀도 : $0.5ton/m^3$

① 1.21 ② 1.82
③ 2.38 ④ 2.62

해설 쓰레기발생량(kg/인 · 일)

$$= \frac{\text{쓰레기 발생량}}{\text{수거대상 인구수}}$$

$$= \frac{11m^3/\text{대} \times \text{대}/\text{회} \times 4\text{회}/\text{주} \times \text{주}/7day \times 500kg/m^3}{1200\text{인}}$$

=2.62kg/인 · 일

03 $10m^3$의 폐기물을 압축비 8로 압축하였을 때 압축 후의 부피(m^3)는?

① 0.85 ② 0.95
③ 1.15 ④ 1.25

해설 압축비(CR)$= \frac{V_i}{V_f}$, $8 = \frac{10m^3}{V_f}$

압축 후 부피(V_f)$=1.25m^3$

04 밀도가 $550kg/m^3$인 쓰레기 $3m^3$ 중 가연성 쓰레기가 30wt%일 때, 가연성 물질의 중량(kg)은?

① 약 415 ② 약 435
③ 약 455 ④ 약 495

해설 가연성 물질(kg)=쓰레기양×밀도×가연성 물질 함유비율
$=3m^3 \times 550kg/m^3 \times 0.3 = 495kg$

05 다음 중 지정폐기물인 것은?

① 수소이온(H^+) 농도지수가 1.5인 폐산
② 수소이온(H^+) 농도지수가 12.0인 폐알칼리
③ 광재로서 철금속이 함유된 제철소 발생 고로슬래그
④ 폐유로서 튀김 후 폐기되는 폐식용유

해설 **지정폐기물**

① 폐산 : 액상상태의 폐기물로서 수소이온 농도 지수가 2.0 이하인 것으로 한정한다.
② 폐알칼리 : 액체상태의 폐기물로서 수소이온 농도지수가 12.5 이상인 것으로 한정하며, 수산화칼륨 및 수산화나트륨을 포함한다.
③ 광재 : 철광원석의 사용으로 인한 고로슬래그는 제외한다.
④ 폐유 : 기름 성분을 5퍼센트 이상 함유한 것을 포함하며, 폴리클로리네이티드비페닐(PCBs) 함유 폐기물, 폐식용유와 그 잔재물, 폐흡착제 및 폐흡수제는 제외한다.

06 석면 폐기물 발생원이 아닌 것은?

① 보일러 공장 ② 발전소
③ 자동차 공장 ④ 피혁 공장

해설 **석면 폐기물 발생원**

① 보일러 공장
② 발전소
③ 자동차 공장

[Note] 피혁 공장에서는 크롬이 발생된다.

정답 01 ④ 02 ④ 03 ④ 04 ④ 05 ① 06 ④

07 **정원 쓰레기의 재활용 용도로 가장 부적절한 것은?**

① 퇴비의 생산
② 바이오메스 연료로의 이용
③ 매립지 최종 복토재
④ 조경용 멀취(mulch) 생산

해설 정원 쓰레기는 침식에 대한 저항력이 작고 투수계수가 크기 때문에 매립지 최종 복토재로는 적합하지 않다.

08 **폐기물의 소각처리에 중요한 연료 특성인 발열량에 대한 설명으로 옳은 것은?**

① 저위발열량은 연소에 의해 생성된 수분이 응축하였을 경우의 발열량이다.
② 고위발열량은 소각로의 설계기준이 되는 발열량으로 진발열량이라고도 한다.
③ 단열열량계로 측정한 발열량은 고위발열량이다.
④ 발열량은 플라스틱의 혼입률이 많으면 증가하지만 계절적 변동과 상관없이 일정하다.

해설 ① 고위발열량은 연소에 의해 생성된 수분이 응축하였을 경우의 발열량이다.
② 저위발열량은 소각로의 설계기준이 되는 발열량으로 진발열량이라고도 한다.
④ 발열량은 계절적 변동과 관련이 있다.

09 **쓰레기의 발생량 예측에 사용되는 방법으로 가장 거리가 먼 것은?**

① 경향법(Trend Method)
② 물질수지법(Material Balance Method)
③ 다중회귀모델(Multiple Regression Model)
④ 동적모사모델(Dynamic Simulation Model)

해설 ① 쓰레기 발생량 조사방법
㉠ 적재차량 계수분석법
㉡ 직접계근법
㉢ 물질수지법
㉣ 통계조사(표본조사, 전수조사)
② 쓰레기 발생량 예측방법
㉠ 경향법
㉡ 다중회귀모델
㉢ 동적모사모델

10 **폐기물의 성상 분석을 위해 일반적으로 분석하는 항목이 아닌 것은?**

① 진비중 ② 저위발열량
③ 원소분석치 ④ 물리적 조성

해설

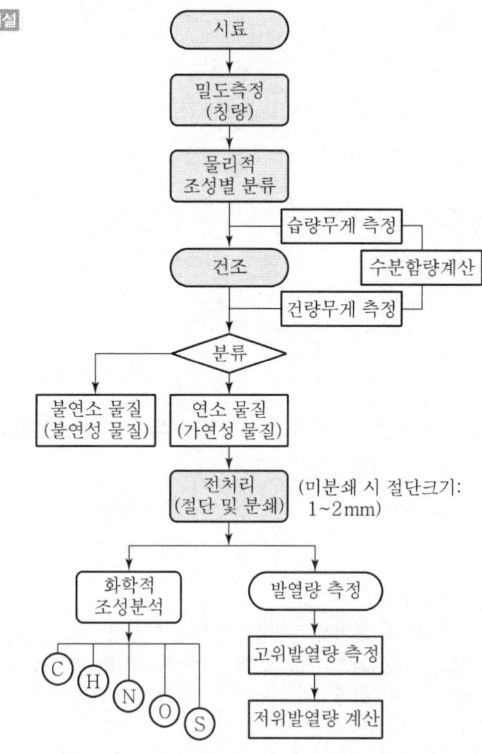

[Note] 비중(밀도)측정은 진비중이 아니고 겉보기 비중을 측정한다.

2016

11 **폐기물의 고위발열량 계산에 기초로 활용되는 것은?**

① 물리적 조성 ② 수분량
③ 화학적 조성 ④ 산성분

해설 고위발열량 계산에 기초로 활용되는 것은 화학적 조성분석(C, H, N, O, S)이다.

12 **쓰레기의 수거방법 중 수거시간이 가장 많이 소요되는 형태는?**

① Alley ② Curb
③ Setout－setback ④ Back Yard Carry

해설 Back Yard Carry는 청소원이 직접 가정 안에까지 들어와 쓰레기를 가져가는 형태로 수거시간이 많이 소요된다.

정답 07 ③ 08 ③ 09 ② 10 ① 11 ③ 12 ④

[Note] Back Yard Carry는 주민의 협조가 필요 없는 방법이다.

13 **pH가 8과 pH가 10인 폐알칼리액을 동일량으로 혼합하였을 경우 이 용액의 pH는?**

① 8.3　② 9.0
③ 9.7　④ 10.0

해설 pH 8은 pOH 6, pH 10은 pOH 4이므로

$[OH^-]=10^{-6}$, $[OH^-]=10^{-4}$, $pOH=\log\frac{1}{[OH^-]}$

$$혼합[OH^-]=\frac{(1\times10^{-6})+(1\times10^{-4})}{1+1}=5.05\times10^{-5}$$

$$pOH=\log\frac{1}{5.05\times10^{-5}}=4.3$$

$pH=14-pOH=14-4.3=9.7$

14 **물질의 전기전도성을 이용하여 도체물질과 부도체물질로 분리하는 선별법은?**

① 자력선별법　② 트롬멜선별법
③ 와전류선별법　④ 정전기선별법

해설 **정전기적 선별기**
폐기물에 전하를 부여하고 전하량의 차에 따른 전기력으로 선별하는 장치. 즉 물질의 전기전도성을 이용하여 도체물질과 부도체물질로 분리하는 방법이며 수분이 적당히 있는 상태에서 플라스틱에서 종이를 선별할 수 있는 장치이다.

15 **목재, 고무, 플라스틱 등의 폐기물을 파쇄하는 데 적당한 형식의 파쇄장치가 아닌 것은?**

① Von Roll　② Hazemag
③ Lindemann　④ Tollemacshe

해설 Hazemag 식 파쇄장치는 충격파쇄기로 유리, 목질류 등을 파쇄한다.

16 **인구 3만 명인 중소도시에서 쓰레기 발생량 $100m^3$/day(밀도는 $650kg/m^3$)를 적재중량 4ton 트럭으로 운반하려면 1일 소요될 트럭 운반대수는?(단, 트럭의 1일 운반횟수는 1회 기준)**

① 11대　② 13대
③ 15대　④ 17대

해설
$$소요차량(대)=\frac{하루\ 쓰레기\ 발생량}{1일\ 1대당\ 운반량}$$
$$=\frac{100m^3/day\times0.65ton/m^3}{4ton/대}=16.25(17대/일)$$

17 **폐기물 발생량 저감 차원에서 중요시되고 있는 폐기물관리의 3R 중에 포함되지 않는 것은?**

① Refuse　② Reduce
③ Reuse　④ Recycle

해설 3R
① Reduction(감량화)
② Reuse(재이용) or Recycle(재활용)
③ Recovery(회수 이용)

18 **전단파쇄기에 관한 설명으로 가장 거리가 먼 것은?**

① 대체로 충격파쇄기에 비해 파쇄속도가 빠르다.
② 이물질의 혼입에 대하여 약하다.
③ 파쇄물의 크기를 고르게 할 수 있다.
④ 주로 목재류, 플라스틱류 및 종이류를 파쇄하는 데 이용된다.

해설 **전단파쇄기**
① 원리
고정칼의 왕복 또는 회전칼(가동칼)의 교합에 의하여 폐기물을 전단한다.
② 특징
㉠ 충격파쇄기에 비하여 파쇄속도가 느리다.
㉡ 충격파쇄기에 비하여 이물질의 혼입에 취약하다.
㉢ 충격파쇄기에 비하여 파쇄물의 입도(크기)를 고르게 할 수 있다.(장점)
㉣ 전단파쇄기는 해머밀 파쇄기보다 저속으로 운전된다.
㉤ 소각로 전처리에 많이 이용되나 처리용량이 작아 대량이나 연쇄파쇄에 부적합하다.
㉥ 분진, 소음, 진동이 적고 폭발위험이 거의 없다.
③ 종류
㉠ Van Roll 식 왕복전단 파쇄기
㉡ Lindemann 식 왕복전단 파쇄기
㉢ 회전식 전단 파쇄기
㉣ Tollemacshe
④ 대상 폐기물
목재류, 플라스틱류, 종이류, 폐타이어(연질플라스틱과 종이류가 혼합된 폐기물을 파쇄하는 데 효과적)

정답 13 ③ 14 ④ 15 ② 16 ④ 17 ① 18 ①

19 폐수처리장에서 발생되는 액상폐기물을 관리할 때 최우선으로 고려할 사항은?

① 소독 ② 탈수
③ 운반 ④ 소각

해설 탈수의 목적은 슬러지(액상폐기물) 내의 수분을 제거 · 처리하여야 할 슬러지양을 감소시키는 데 있다.

20 고로슬래그의 입도분석 결과 입도누적곡선상의 10%, 60%, 입경이 각각 0.5mm, 1.0mm이라면 유효입경(mm)은?

① 0.1 ② 0.5
③ 1.0 ④ 2.0

해설 유효입경은 입도누적곡선상의 10%에 해당하는 입경을 의미하므로 0.5mm이다.

제2과목 폐기물처리기술

21 매립 후 정상상태의 단계에서 발생하는 가스 중 두 번째로 큰 부분을 차지하는 가스는?(단, 가스구성비 %, 부피 기준)

① 이산화탄소(CO_2) ② 메탄(CH_4)
③ 황화수소(H_2S) ④ 수소(H_2)

해설 **매립 후 혐기성 정상상태 가스 조성**
$CH_4 : CO_2 : N_2 = 55\% : 40\% : 5\%$

22 합성차수막 중 PVC에 관한 설명으로 틀린 것은?

① 작업이 용이하다.
② 접합이 용이하고 가격이 저렴하다.
③ 자외선, 오존, 기후에 약하다.
④ 대부분의 유기화학물질에 강하다.

해설 **합성차수막 중 PVC**
① 장점
㉠ 작업이 용이함
㉡ 강도가 높음
㉢ 접합이 용이함
㉣ 가격이 저렴함
② 단점
㉠ 자외선, 오존, 기후에 약함
㉡ 대부분 유기화학물질(기름 등)에 약함

23 매립지 위치 선정 시 적당한 것은?

① 홍수범람지역
② 습지대
③ 단층지역
④ 지하수위 낮은 곳

해설 매립지 위치 선정 시 가능한 한 지하수위가 낮은 곳을 선정하며 홍수범람지역, 습지대, 단층지역은 피한다.

24 고형화 처리된 폐기물 검사항목으로 가장 거리가 먼 것은?

① 투수율 ② 함수율
③ 압축강도 ④ 용출시험

해설 **고화처리 후 적정처리 여부 시험, 조사항목**
① 물리적 시험
㉠ 압축강도시험
㉡ 투수율시험
㉢ 내수성 검사
㉣ 밀도 측정
③ 화학적 시험 : 용출시험

25 내륙매립공법 중 도랑형 공법에 관한 설명으로 가장 거리가 먼 것은? 2016

① 침출수 수집장치나 차수막 설치가 용이
② 사전 정비작업이 그다지 필요하지 않으나 매립 용량 낭비
③ 파낸 흙을 복토재로 이용 가능한 경우 경제적
④ 대개 폭 5~8m 및 깊이 1~2m 정도의 소규모 도랑을 판 후 매립

해설 **도랑형 방식매립(Trench System : 도랑 굴착 매립공법)**
① 도랑을 파고 폐기물을 매립한 후 다짐 후 다시 복토하는 방법이다.
② 매립지 바닥이 두껍고(지하수면이 지표면으로부터 깊은 곳에 있는 경우) 또한 복토를 적합한 지역에 이용하는 방법으로 거의 단층매립만 가능한 공법이다.
③ 도랑의 깊이는 약 2.5~7m(10m)로 하고 폭은 20m 정도이고 파낸 흙을 복토재로 이용 가능한 경우 경제적이다.(소규모 도랑 : 폭 5~8m, 깊이 1~2m)

정답 19 ② 20 ② 21 ① 22 ④ 23 ④ 24 ② 25 ①

④ 도랑에서 굴착된 토사는 매일 또는 중간복토로 사용하여 쓰레기의 날림을 최소화할 수 있다.
⑤ 매립종료 후 토지이용 효율이 증대된다.
⑥ 도랑은 합성수지나 점토를 이용하여 차수시설을 하여 가스나 침출수의 이동을 최소화시킨다.
⑦ 사전 정비작업이 필요하지 않으나 단층매립으로 매립용량의 낭비가 크다.
⑧ 사전작업 시 침출수 수집장치나 차수막 설치가 용이하지 못하다.

26 소각로 중 회전로에 대한 설명으로 가장 거리가 먼 것은?

① 폐기물의 소각에 방해됨이 없이 연속적으로 재를 배출할 수 있다.
② 용융상태의 물질에 의하여 방해받지 않는다.
③ 습식 가스세정시스템과 함께 사용할 수 있다.
④ 대기오염제어시스템에 대한 분진부하율 및 열효율이 낮은 편이다.

해설 **회전로식 소각로(Rotary Kiln Incinerator)**
① 장점
㉠ 넓은 범위의 액상 및 고상폐기물을 소각할 수 있다.
㉡ 전처리(예열, 혼합, 파쇄) 없이 소각물 주입이 가능하다.
㉢ 소각에 방해 없이 연속으로 재의 배출이 가능하다.
㉣ 동력비 및 운전비가 적다.
㉤ 소각물 부하변동에 적응이 가능하다.
② 단점
㉠ 처리량이 적을 경우 설치비가 높다.
㉡ 후처리장치(대기오염 방지장치)에 대한 분진부하율이 높다.
㉢ 비교적 열효율이 낮은 편이다.
㉣ 구형 및 원통형 폐기물은 완전연소 전에 화상에서 이탈할 수 있다.
㉤ 노에서의 공기유출이 크므로 종종 대량의 과잉공기 및 2차 연소실이 필요하다.

27 분뇨처리장에서 생물학적 처리를 함에 있어 보통 희석수는 원수의 얼마 정도인가?

① 약 20배 정도 ② 약 50배 정도
③ 약 100배 정도 ④ 액 200배 정도

해설 분뇨처리장에서 생물학적 처리를 함에 있어 보통 희석수는 원수의 약 20배 정도이다.

28 소화된 슬러지를 토양에 이용하여 얻어지는 토양의 물리적 개량에 대한 설명으로 가장 거리가 먼 것은?

① 수분보유력이 증가하며 경작이 수월해진다.
② 살충제가 스며드는 양이 커져 살충효과가 지속된다.
③ 유기물 함량이 증가되어 토양미생물 성장이 활성화된다.
④ 토양 속의 통기성 및 공극률이 증가된다.

해설 살충제가 스며드는 양이 작게 되어 살충효과가 감소한다.

29 오염된 토양의 현지 생물학적 복원에 대한 설명으로 가장 거리가 먼 것은?

① 저농도의 오염물도 처리가 가능하다.
② 물리화학적 방법에 비하여 처리면적이 작다.
③ 포화 대수층뿐만 아니라 불포화 대수층의 처리도 가능하다.
④ 원래 오염물질보다 독성이 더 큰 중간생성물이 생성될 수 있다.

해설 **현지 생물학적 복원 방법**
① 상온 · 상압상태의 조건에서 이용하기 때문에 많은 에너지가 필요하지 않고 저농도의 오염물도 처리가 가능하다.
② 물리화학적 방법에 비하여 처리면적이 크다.
③ 포화 대수층뿐만 아니라 불포화 대수층의 처리도 가능하다.
④ 원래 오염물질보다 독성이 더 큰 중간생성물이 생성될 수 있다.
⑤ 생물학적 복원은 굴착, 드럼에 의한 폐기 등과 비교하여 낮은 비용으로 적용 가능하다.
⑥ 2차 오염 발생률이 낮으며 원위치에서도 오염정화가 가능하다.
⑦ 유해한 중간물질을 만드는 경우가 있어 분해생성물의 유무를 미리 조사하여야 한다.

30 열분해기술에 대한 내용이 아닌 것은?

① 무산소, 저산소 상태로 가열한다.
② 폐기물 중의 가스, 기름 등을 회수할 수 있는 자원화 기술이다.
③ 환원성 분위기가 유지되므로 Cr^{3+}가 Cr^{6+}로 변할 수 있다.
④ 배기 가스양이 적다.

해설 열분해기술은 환원기가 유지되므로 Cr^{3+}이 Cr^{6+}으로 변화하기 어려우며 대기오염물질의 발생이 적다.

정답 26 ④ 27 ① 28 ② 29 ② 30 ③

31 **퇴비화 과정 중에 출현하는 미생물과 분해작용에 대한 설명으로 가장 거리가 먼 것은?**

① 퇴비화는 중온균과 고온균이 주된 역할을 한다.
② 고온영역에서는 세균과 방선균이 분해에 주된 역할을 한다.
③ 숙성단계에서는 사상균(곰팡이)이 분해에 주된 역할을 한다.
④ 초기에는 중온성 진균과 세균이 주로 분해에 주된 역할을 한다.

해설 퇴비화의 숙성단계에서는 부식질 환경에 적합한 방선균이 주류를 이룬다.

32 **슬러지 함수율을 99%에서 92%로 낮출 경우 감소하는 슬러지 부피는?(단, 슬러지 비중 = 1.0)**

① 1/5 ② 1/6
③ 1/7 ④ 1/8

해설 초기 슬러지양(1 − 0.99) = 처리 후 슬러지양(1 − 0.92)

$$\frac{\text{처리 후 슬러지양}}{\text{초기 슬러지양}} = \frac{1-0.99}{1-0.92} = 0.125$$

즉, 감소하는 부피는 $\frac{1}{8}$이다.

33 **매립지 표면차수막에 관한 설명으로 틀린 것은?**

① 매립지 바닥의 투수계수가 큰 경우에 사용하는 방법이다.
② 매립 전이라면 보수가 용이하지만 매립 후는 어렵다.
③ 지하수 집배수시설이 불필요하다.
④ 차수막 단위면적당 공사비는 싸지만 매립지 전체를 시공하는 경우가 많아 총 공사비는 비싸다.

해설 **표면차수막**

① 적용조건
㉠ 매립지반의 투수계수가 큰 경우에 사용
㉡ 매립지의 필요한 범위에 차수재료로 덮인 바닥이 있는 경우에 사용
② 시공
매립지 전체를 차수재료로 덮는 방식으로 시공
③ 지하수 집배수시설
원칙적으로 지하수 집배수시설을 시공하므로 필요함
④ 차수성 확인
시공 시에는 차수성이 확인되지만 매립 후에는 곤란함
⑤ 경제성
단위면적당 공사비는 저가이나 전체적으로 비용이 많이 듦
⑥ 보수
매립 전에는 보수, 보강 시공이 가능하나 매립 후에는 어려움
⑦ 공법 종류
㉠ 지하연속벽
㉡ 합성고무계 시트
㉢ 합성수지계 시트
㉣ 아스팔트계 시트

34 **안정화방법 중 습식산화에 관한 설명으로 적절치 못한 것은?**

① 액상슬러지에 열과 압력을 작용시켜 용존산소에 의하여 화학적으로 슬러지 내의 유기물을 산화시킨다.
② 반응탑, 고압펌프, 공기압축기, 열교환기 등으로 구성되어 있다.
③ 산화범위에 융통성이 있고 슬러지의 질에 영향을 받지 않으나 냄새가 나고 건설비가 많이 요구된다.
④ 고도의 운전기술이 필요하며 처리된 슬러지의 탈수가 잘 되지 않는 단점이 있다.

해설 **습식 산화법(습식 고온고압 산화처리 : Wet Air Oxidation)**

① 수중에 용해되어 있거나 고체상태로 부유하고 있는 유기물(젖은 폐기물이나 슬러지)을 공기에 의하여 산화시키는 방식으로 Zimmerman Process라고 한다.[Zimmerman Process : 유기물을 포함하는 폐액을 바로 산화 반응물로 예열하여 공기 산화온도까지 높이고, 그곳에 공기를 보내주면 공기 중의 산소에 의하여 유기물이 연소(산화)되는 원리]
② 액상슬러지 및 분뇨에 열(≒150~300℃ ; ≒ 210℃)과 압력(70~100atm ; 70atm)을 작용시켜 용존산소에 의하여 화학적으로 슬러지 내의 유기물을 산화시키는 방식이다.(산소가 있는 고압하의 수중에서 유기물질을 산화시키는 폐기물 열분해기법이며 유기산이 회수됨)
③ 본 장치의 주요기기는 고압펌프, 공기압축기, 열교환기, 반응탑 등이다.
④ 처리시설의 수명이 짧으며 탈수성이 좋고 고액분리가 잘된다.
⑤ 부지소요면적이 적게 들고 슬러지 탈수성이 좋아서 탈수 후 토양개량제로 이용된다.
⑥ 기액분리 시 기체발생량이 많아 탈기해야 한다.
⑦ 건설비, 유지보수비, 전기료가 많이 든다.
⑧ 완전살균이 가능하며 COD가 높은 슬러지 처리에 전용될 수 있다.

정답 31 ③ 32 ④ 33 ③ 34 ④

35 **인공 복토재의 조건으로 가장 거리가 먼 것은?**

① 투수계수가 높아야 한다.
② 연소가 잘 되지 않아야 한다.
③ 생분해가 가능하여야 한다.
④ 살포가 용이해야 한다.

해설 **인공 복토재의 구비조건**
① 투수계수가 낮을 것(우수침투량 감소)
② 병원균 매개체 서식 방지, 악취 제거, 종이 흩날림을 방지할 수 있을 것
③ 미관상 좋고 연소가 잘 되지 않으며 독성이 없어야 할 것
④ 생분해가 가능하고 저렴할 것
⑤ 악천후에도 시공 가능하고 살포가 용이하며 작은 두께로 효과가 있어야 할 것

36 **분뇨처리 과정에서 포기조의 상태를 검사하기 위하여 임호프콘으로 측정한 결과, 유입수의 침전물이 5mL이고 유출수의 침전물이 0.3mL일 때의 제거율(%)은?**

① 85 ② 90
③ 94 ④ 98

해설 $제거율(\%) = \frac{(5-0.3)mL}{5mL} \times 100 = 94\%$

37 **분뇨의 총 고형물(TS)이 40,000mg/L이고, 그중 휘발성 고형물(VS)은 60%이며, CH_4의 발생량은 VS 1kg당 $0.6m^3$이라면 분뇨 $1m^3$당의 CH_4 가스발생량(m^3)은?**

① 16.4 ② 14.4
③ 12.4 ④ 10.4

해설 $CH_4(m^3)$
$= 40,000mg/L \times 0.6 \times 0.6m^3/kg \times 1,000L/m^3 \times kg/10^6mg$
$= 14.4m^3$

38 **유기물(포도당, $C_6H_{12}O_6$) 1kg을 혐기성 소화시킬 때 이론적으로 발생되는 메탄량(kg)은?**

① 약 0.09 ② 약 0.27
③ 약 0.73 ④ 약 0.93

해설 $C_6H_{12}O_6 \rightarrow 3CH_4 + 3CO_2$
180kg : 3×16kg
1kg : CH_4(kg)
$CH_4(kg) = \frac{1kg \times (3 \times 16)kg}{180kg} = 0.27kg$

39 **일반적인 슬러지 처리순서로 가장 거리가 먼 것은?**

① 농축 – 개량 – 탈수 – 최종처분
② 농축 – 안정화 – 개량 – 건조
③ 농축 – 탈수 – 건조 – 최종처분
④ 농축 – 개량 – 안정화 – 탈수

해설 **슬러지 처리 순서**
농축 → 소화(안정화) → 개량 → 탈수 → 건조 → 소각 → 매립

40 **바닥상에서 연소재의 분리가 어렵고, 투입 시 파쇄가 필요하며, 내부에 매체를 간헐적으로 보충해야 하는 단점을 가진 소각로는?**

① 화격자식 소각로 ② 회전원통형 소각로
③ 유동층식 소각로 ④ 다단로상식 소각로

해설 **유동층식 소각로의 단점**
① 층의 유동으로 상으로부터 찌꺼기의 분리가 어려우며 운전비, 특히 동력비가 높다.
② 폐기물의 투입이나 유동화를 위해 파쇄가 필요하다.
③ 상재료의 용융을 막기 위해 연소온도는 816℃를 초과할 수 없다.
④ 유동매체의 손실로 인한 보충이 필요하다.
⑤ 고점착성의 반유동상 슬러지는 처리하기 곤란하다.

제3과목 폐기물공정시험기준(방법)

41 **5g 증발접시에 적당량의 시료를 취하여 증발접시와 무게를 달았더니 20g이었다. 105~110℃ 건조기 안에서 4시간 건조시킨 후 항량으로 무게를 달았더니 10g이었다. 수분과 고형물의 함유율(%)은?**

① 수분 : 50%, 고형물 : 50%
② 수분 : 67%, 고형물 : 33%
③ 수분 : 33%, 고형물 : 67%
④ 수분 : 30%, 고형물 : 70%

해설 $수분(\%) = \frac{(W_2 - W_3)}{(W_2 - W_1)} \times 100$
$= \frac{(20-10)g}{(20-5)g} \times 100 = 66.67\%$
고형물(%) = 100 − 66.67 = 33.33%

정답 35 ① 36 ③ 37 ② 38 ② 39 ④ 40 ③ 41 ②

42 기체크로마토그래피법으로 PCBs 측정 시 시료의 전처리과정에서 유분의 제거를 위한 알칼리 분해제는?

① 수산화나트륨 ② 수산화칼륨
③ 염화나트륨 ④ 수산화칼슘

해설 유분 제거를 위하여 수산화칼륨/에틸알코올용액(1M) 50mL를 첨가하여 환류냉각기를 부착하고 수욕상에서 1시간 정도 알칼리 분해를 시킨다.

43 카드뮴의 분석방법으로 옳은 것은?

① 디페닐카르바지드법
② 디에틸디티오카르바민산법
③ 디티존법
④ 환원기화법

해설 **카드뮴 – 자외선/가시선 분광법(디티존법)**
시료 중에 카드뮴이온을 시안화칼륨이 존재하는 알칼리성에서 디티존과 반응시켜 생성하는 카드뮴착염을 사염화탄소로 추출하고, 추출한 카드뮴착염을 타타르산용액으로 역추출한 다음 수산화나트륨과 시안화칼륨을 넣어 디티존과 반응하여 생성하는 적색의 카드뮴착염을 사염화탄소로 추출하여 그 흡광도를 520nm에서 측정하는 방법이다.

44 폐기물공정시험기준(방법)에서 가스크로마토그래피법에 의하여 분석하는 항목이 아닌 것은?

① PCB
② 유기인
③ 수은
④ 휘발성 저급 염소화 탄화수소류

해설 **수은 적용 가능한 시험방법**
① 원자흡수분광광도법(환원기화법)
② 자외선/가시선 분광법(디티존법)

45 폐기물 중 시안을 측정(이온전극법)할 때 시료채취 및 관리에 관한 내용으로 ( )에 알맞은 것은?

> 시료는 수산화나트륨용액을 가하여 (㉠)으로 조절하여 냉암소에서 보관한다. 최대 보관시간은 (㉡)이며 가능한 한 즉시 실험한다.

① ㉠ pH 10 이상, ㉡ 8시간
② ㉠ pH 10 이상, ㉡ 24시간
③ ㉠ pH 12 이상, ㉡ 8시간
④ ㉠ pH 12 이상, ㉡ 24시간

해설 **시안 – 이온전극법의 시료채취 및 관리**
① 시료는 미리 세척한 유리 또는 폴리에틸렌 용기에 채취한다.
② 시료는 수산화나트륨용액을 가하여 pH 12 이상으로 조절하여 냉암소에서 보관한다.
③ 최대 보관시간은 24시간이며 가능한 한 즉시 실험한다.

46 폐기물 중 기름 성분 추출에 사용되는 물질은?

① 클로로폼 ② 사염화탄소
③ 벤젠 ④ 노말헥산

해설 **기름 성분 – 중량법**
시료를 직접 사용하거나, 시료에 적당한 응집제 또는 흡착제 등을 넣어 노말헥산 추출물질을 포집한 다음 노말헥산으로 추출하고 잔류물의 무게로부터 구하는 방법이다.

47 잔류염소가 함유된 시안측정 시료에서 잔류염소를 제거하기 위해 첨가하는 것은?

① 초산아연용액(10W/V%)
② L－아스코르빈산용액(10W/V%)
③ 10% 황산제일철 암모늄 용액
④ 5% 피로인산나트륨 용액

해설 잔류염소가 함유된 시료는 잔류염소 20mg당 L－아스코르빈산용액(10W/V%) 0.6mL 또는 이산화비소산나트륨용액(10W/V%) 0.7mL를 넣어 제거한다.

2016

48 폐기물 용출조작에 관한 설명으로 틀린 것은?

① 상온, 상압에서 진탕회수를 매분당 약 200회로 한다.
② 진폭 6~8cm의 진탕기를 사용한다.
③ 진탕기로 6시간 연속 진탕한다.
④ 여과가 어려운 경우 원심분리기를 사용하여 매분당 3,000회전 이상으로 20분 이상 원심분리한다.

해설 용출조작 시 혼합액을 상온 · 상압에서 진탕횟수가 매분당 약 200회, 진폭이 4~5cm의 진탕기를 사용하여 6시간 동안 연속진탕한다.

정답 42 ② 43 ③ 44 ③ 45 ④ 46 ④ 47 ② 48 ②

49 Lambert－Beer의 법칙과 관계없는 것은?

① 투광도는 용액의 농도에 반비례한다.
② 투광도는 층장의 두께에 비례한다.
③ 흡광도는 층장의 두께에 비례한다.
④ 흡광도는 용액의 농도에 비례한다.

해설 **램버트－비어의 법칙**

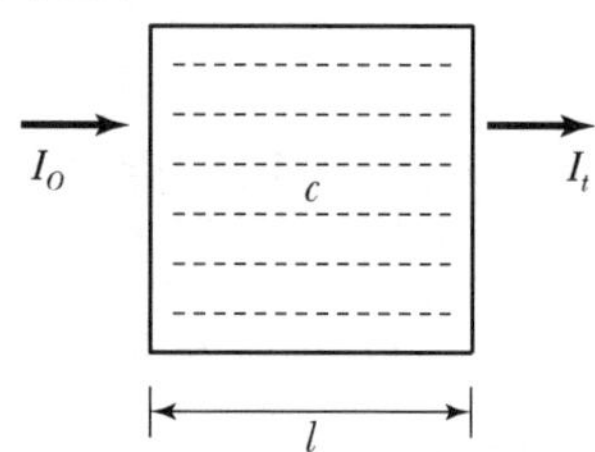

㉠ $I_t = I_o \cdot 10^{-\varepsilon \cdot c \cdot L}$

여기서, I_o : 입사광의 강도
I_t : 투사광의 강도
c : 농도
L : 빛의 투사거리(석영 cell의 두께)
ε : 비례상수로서 흡광계수

㉡ 투과도(투광도, 투과율)(T)

$$T = \frac{I_t}{I_o}$$

㉢ 흡광도(A)

$$A = \xi Lc = \log\frac{I_o}{I_t} = \log\frac{1}{\text{투과율}}$$

여기서, ξ : 몰 흡광계수

투광도는 층장(빛의 투사거리)에 반비례한다.

50 크롬(자외선/가시선 분광법) 측정 시 첨가한 표준물질의 농도에 대한 측정 평균값의 상대백분율로 나타내는 정확도값은?

① 90~110% 이내 ② 85~115% 이내
③ 80~120% 이내 ④ 75~125% 이내

해설 **크롬－자외선/가시선 분광법의 정도관리 목표값**

정도관리 항목	정도관리 목표
정량한계	0.02mg
검정곡선	결정계수(R^2)≥0.98
정밀도	상대표준편차가 ±25% 이내
정확도	75~125%

51 폐기물의 pH(유리전극법) 측정 시 사용되는 표준용액이 아닌 것은?

① 수산염 표준용액
② 수산화칼슘 표준용액
③ 황산염 표준용액
④ 프탈산염 표준용액

해설 **수소이온농도－유리전극법의 표준용액**

① 수산염 표준액
② 프탈산염 표준액
③ 인산염 표준액
④ 붕산염 표준액
⑤ 탄산염 표준액
⑥ 수산화칼슘 표준액

52 자외선/가시선 분광법으로 수은을 측정하는 방법이다. ( )의 내용으로 옳은 것은?

> 수은을 황산 산성에서 디티존사염화탄소로 일차 추출하고, 브롬화칼륨 존재하에 황산산성에서 역추출하여 방해성분과 분리한 다음, 알칼리성에서 디티존사염화탄소로 수은을 추출하여 ( )에서 흡광도 측정

① 340nm ② 490nm
③ 540nm ④ 580nm

해설 **수은－자외선/가시선 분광법**

수은을 황산 산성에서 디티존사염화탄소로 일차 추출하고 브롬화칼륨 존재하에 황산 산성으로 역추출하여 방해성분과 분리한 다음 알칼리성에서 디티존사염화탄소로 수은을 추출하여 490nm에서 흡광도를 측정하는 방법이다.

53 시료의 전처리 방법 중 다량의 점토질 또는 규산염을 함유한 시료에 적용하는 것은?

① 질산－과염소산 분해법
② 질산－과염소산－불화수소산 분해법
③ 질산－과염소산－염화수소산 분해법
④ 질산－과염소산－황화수소산 분해법

해설 **질산－과염소산－불화수소산 분해법**

다량의 점토질 또는 규산염을 함유한 시료에 적용

정답 49 ② 50 ④ 51 ③ 52 ② 53 ②

54 폐기물공정시험법의 시약 및 용액의 조제방법에 대한 내용으로 ( )에 적합한 것은?

> 수산화나트륨용액(1M)을 조제할 때 수산화나트륨 42g을 물 950mL에 넣어 녹이고, 새로 만든 ( )용액을 침전이 생기지 않을 때까지 한 방울씩 떨어트려 잘 섞고, 마개를 하여 24시간 방치한 다음 여과하여 사용한다.

① 시안화칼륨 ② 산화칼슘
③ 수산화바륨 ④ 에틸알코올

해설 **수산화나트륨용액(1M)의 조제방법**
수산화나트륨 42g을 정제수 950mL를 넣어 녹이고, 새로 만든 수산화바륨용액(포화)을 침전이 생기지 않을 때까지 한 방울씩 떨어뜨려 잘 섞고, 마개를 하여 24시간 방치한 다음 여과하여 사용한다.

55 성상에 따른 시료의 채취 방법으로 틀린 것은?

① 고상혼합물의 경우 적당한 채취 도구를 사용하며 한 번에 일정량씩 채취한다.
② 액상혼합물의 경우 원칙적으로 최종지점의 낙하구에서 흐르는 도중에 채취한다.
③ 액상혼합물이 용기에 들어 있는 경우 잘 혼합하여 균일한 상태로 하여 채취한다.
④ 대형 콘크리트 고형화물로서 분쇄가 어려울 경우에는 임의의 5개소에서 채취하여 각각 파쇄하여 50g씩 균등량을 혼합하여 채취한다.

해설 대형 콘크리트 고형화물은 분쇄가 어려울 경우에는 임의의 5개소에서 채취하여 각각 파쇄하여 100g의 균등양을 혼합하여 채취한다.

56 5g의 NaCN를 정제수 4L에 녹이면 이 수용액 중 CN의 농도(mg/L)는?(단, Na 원자량 = 23)

① 433 ② 523
③ 663 ④ 783

해설
NaCN : CN^-
49g : 26g
$\dfrac{5\times10^3\text{mg}}{4\text{L}}$: X

$$X(\text{CN})=\frac{\dfrac{5\times10^3\text{mg}}{4\text{L}}\times26\text{g}}{49\text{g}}=663.27\text{mg/L}$$

57 수소이온농도(pH)가 10이라면 $[OH^-]$의 농도(mol/L)는?

① 10^{-9} ② 10^{-8}
③ 10^{-6} ④ 10^{-4}

해설 pOH = 14 − pH = 14 − 10 = 4
$\text{pOH}=\log\dfrac{1}{[OH^-]}$
$[OH^-]=10^{-\text{pOH}}=10^{-4}\text{mol/L}$

58 폐기물공정시험방법의 총칙에 명시된 용어 설명으로 틀린 것은?

① "항량으로 될 때까지 건조한다."라 함은 같은 조건에서 1시간 더 건조할 때 전후 무게 차가 g당 0.3mg 이하일 때를 말한다.
② "약"이라 함은 기재된 양에 대하여 ±10% 이상의 차가 있어서는 안 된다.
③ "정확히 단다."라 함은 규정된 양의 검체를 취하여 분석용 저울로 0.1mg까지 다는 것을 말한다.
④ "감압 또는 진공"이라 함은 따로 규정이 없는 한 $15\text{mmH}_2\text{O}$ 이하를 말한다.

해설 **감압 또는 진공**
따로 규정이 없는 한 15mmHg 이하를 말한다.

59 폐기물공정시험방법에서 원자흡수분광광도법에 의한 비소의 측정 시 연소가스는?

① 아세틸렌－공기
② 수소－공기
③ 아르곤－수소
④ 아세틸렌－수소

해설 **비소－원자흡수분광광도법**
이염화주석으로 시료 중의 비소를 3가비소로 환원한 다음 아연을 넣어 발생되는 비화수소를 통기하여 아르곤－수소불꽃에서 원자화시켜 193.7nm에서 흡광도를 측정하고 비소를 정량하는 방법이다.

60 수산화나트륨(NaOH) 10g을 정제수 500mL에 용해시킨 용액의 농도(N)는?(단, 나트륨 원자량은 23)

① 0.5 ② 0.4
③ 0.3 ④ 0.2

2016

정답 54 ③ 55 ④ 56 ③ 57 ④ 58 ④ 59 ③ 60 ①

해설 NaOH는 1규정농도(N)가 40g/L
1N : 40g/L = x(N) : 10g/0.5L

$$x(\text{N}) = \frac{1\text{N} \times (10\text{g}/0.5\text{L})}{40\text{g/L}} = 0.5\text{N}$$

제4과목 폐기물관계법규

61 국가 폐기물 관리 종합계획에 포함되어야 하는 사항으로 틀린 것은?

① 재원 조달 계획
② 부문별 폐기물 관리 정책
③ 폐기물 관리계획의 검토 및 평가
④ 종합계획의 기조

해설 ※ 법규 변경(삭제)사항이므로 학습 안 하셔도 무방합니다.

62 폐기물처리시설의 설치기준 중 고온용융시설의 개별기준으로 틀린 것은?

① 시설에서 배출되는 잔재물의 강열감량은 5% 이하가 될 수 있는 성능을 갖추어야 한다.
② 연소가스의 체류시간은 1초 이상이어야 하고, 충분하게 혼합될 수 있는 구조이어야 한다.
③ 연소가스의 체류시간은 섭씨 1,200도에서의 부피로 환산한 연소가스의 체적으로 계산한다.
④ 시설의 출구온도는 섭씨 1,200도 이상이 되어야 한다.

해설 **폐기물처리시설 설치기준 중 고온용융시설**
고온용융시설에서 배출되는 잔재들의 강열감량은 1% 이하가 될 수 있는 성능을 갖추어야 한다.

63 대통령령으로 정하는 폐기물처리시설을 설치운영하는 자 중에 기술관리인을 임명하지 아니하고 기술관리 대행 계약을 체결하지 아니한 자에 대한 과태료 처분기준은?

① 1천만 원 이하 ② 5백만 원 이하
③ 3백만 원 이하 ④ 2백만 원 이하

해설 폐기물관리법 제68조 참조

64 폐기물처리업자가 환경부령이 정하는 양과 기간을 초과하여 폐기물을 보관하였을 경우 벌칙기준은?

① 7년 이하의 징역 또는 7천만 원 이하의 벌금
② 5년 이하의 징역 또는 5천만 원 이하의 벌금
③ 3년 이하의 징역 또는 3천만 원 이하의 벌금
④ 2년 이하의 징역 또는 2천만 원 이하의 벌금

해설 폐기물관리법 제66조 참조

65 폐기물관리법의 적용 범위에 해당하는 물질인 것은?

① 폐기되는 탄약 ② 가축의 사체
③ 가축분뇨 ④ 광재

해설 **폐기물관리법을 적용하지 않는 물질**
① 「원자력안전법」에 따른 방사성 물질과 이로 인하여 오염된 물질
② 용기에 들어 있지 아니한 기체상태의 물질
③ 「물환경보전법」에 따른 수질오염 방지시설에 유입되거나 공공수역으로 배출되는 폐수
④ 「가축분뇨의 관리 및 이용에 관한 법률」에 따른 가축분뇨
⑤ 「하수도법」에 따른 하수 · 분뇨
⑥ 「가축전염병예방법」이 적용되는 가축의 사체, 오염 물건, 수입 금지 물건 및 검역 불합격품
⑦ 「수산생물질병 관리법」에 적용되는 수산동물의 사체, 오염된 시설 또는 물건, 수입 금지 물건 및 검역 불합격품
⑧ 「군수품관리법」에 따라 폐기되는 탄약
⑨ 「동물보호법」에 따른 동물장묘업의 등록을 한 자가 설치 · 운영하는 동물장묘시설에서 처리되는 동물의 사체

66 환경부령으로 정하는 폐기물처리시설의 설치를 마친 자는 환경부령으로 정하는 검사기관으로부터 검사를 받아야 한다. 다음 중 음식물류 폐기물 처리시설의 검사기관으로 옳은 것은?(단, 그 밖에 환경부장관이 정하여 고시하는 기관 제외)

① 한국산업연구원 ② 보건환경연구원
③ 한국농어촌공사 ④ 한국환경공단

해설 **환경부령으로 정하는 검사기관**
① 소각시설
㉠ 한국환경공단
㉡ 한국기계연구원
㉢ 한국산업기술시험원
㉣ 대학, 정부 출연기관, 그 밖에 소각시설을 검사할 수 있다고 인정하여 환경부장관이 고시하는 기관

정답 61 ③ 62 ① 63 ① 64 ④ 65 ④ 66 ④

② 매립시설
　㉠ 한국환경공단
　㉡ 한국건설기술연구원
　㉢ 한국농어촌공사
　㉣ 수도권매립지관리공사
③ 멸균분쇄시설
　㉠ 한국환경공단
　㉡ 보건환경연구원
　㉢ 한국산업기술시험원
④ 음식물 폐기물 처리시설
　㉠ 한국환경공단
　㉡ 한국산업기술시험원
　㉢ 그 밖에 환경부장관이 정하여 고시하는 기관
⑤ 시멘트 소성로
　소각시설의 검사기관과 동일
⑥ 소각열회수시설의 검사기관
　소각시설의 검사기관과 동일(에너지회수 외의 검사)

67 **폐기물 발생 억제지침 준수의무 대상 배출자의 규모기준으로 ( )에 알맞은 것은?**

> 최근 (㉠) 연평균 배출량을 기준으로 지정폐기물 외의 폐기물을 (㉡) 배출하는 자

① ㉠ 2년간, ㉡ 200톤 이상
② ㉠ 2년간, ㉡ 1천 톤 이상
③ ㉠ 3년간, ㉡ 200톤 이상
④ ㉠ 3년간, ㉡ 1천 톤 이상

해설 **폐기물 발생 억제지침 준수의무 대상 배출자의 규모**
① 최근 3년간 연평균 배출량을 기준으로 지정폐기물을 100톤 이상 배출하는 자
② 최근 3년간 연평균 배출량을 기준으로 지정폐기물 외의 폐기물을 1천 톤 이상 배출하는 자

68 **폐기물 수출신고를 하려는 자가 폐기물의 발생지를 관할하는 지방환경관서의 장에게 제출하는 신고서에 첨부하여야 하는 서류가 아닌 것은?**

① 수출폐기물의 운반계획서
② 수출가격이 본선 인도가격(FOB)으로 명시된 수출계약서나 주문서 사본
③ 수출폐기물 처리계획 확인서
④ 수출폐기물의 운반계약서 사본(위탁운반하는 경우에만 첨부한다)

해설 ※ 법규 변경(삭제)사항이므로 학습 안 하셔도 무방합니다.

69 **주변지역 영향 조사대상 폐기물처리시설 기준으로 옳은 것은?(단, 대통령령으로 정하며 폐기물처리업자 설치, 운영)**

① 매립면적 1만 제곱미터 이상의 사업장 지정폐기물 매립시설
② 매립면적 2만 제곱미터 이상의 사업장 지정폐기물 매립시설
③ 매립면적 3만 제곱미터 이상의 사업장 지정폐기물 매립시설
④ 매립면적 5만 제곱미터 이상의 사업장 지정폐기물 매립시설

해설 **주변지역 영향 조사대상 폐기물처리시설 기준**
① 1일 처리능력이 50톤 이상인 사업장폐기물 소각시설(같은 사업장에 여러 개의 소각시설이 있는 경우에는 각 소각시설의 1일 처리능력의 합계가 50톤 이상인 경우를 말한다)
② 매립면적 1만 제곱미터 이상의 사업장 지정폐기물 매립시설
③ 매립면적 15만 제곱미터 이상의 사업장 일반폐기물 매립시설
④ 시멘트 소성로(폐기물을 연료로 사용하는 경우로 한정한다)
⑤ 1일 재활용능력이 50톤 이상인 사업장폐기물 소각열회수시설(같은 사업장에 여러 개의 소각열회수시설이 있는 경우에는 각 소각열회수시설의 1일 재활용능력의 합계가 50톤 이상인 경우를 말한다)

70 **지정폐기물의 수집 · 운반 · 보관기준에 관한 설명으로 옳은 것은?**

① 폐농약 · 폐촉매는 보관개시일부터 30일을 초과하여 보관하여서는 아니 된다.
② 수집 · 운반차량은 녹색도색을 하여야 한다.
③ 지정폐기물과 지정폐기물 외의 폐기물을 구분 없이 보관하여야 한다.
④ 폐유기용제는 휘발되지 아니하도록 밀폐된 용기에 보관하여야 한다.

해설 ① 폐농약 · 폐촉매는 보관개시일부터 45일을 초과하여 보관하여서는 아니 된다.
② 수집 · 운반차량의 차체는 노란색으로 색칠하여야 한다.
③ 지정폐기물은 지정폐기물 외의 폐기물과 구분하여 보관하여야 한다.

2016

정답 67 ④ 68 ③ 69 ① 70 ④

71 시 · 도지사나 지방환경관서의 장이 폐기물처리시설의 개선명령을 명할 때 개선 등에 필요한 조치의 내용, 시설의 종류 등을 고려하여 정하여야 하는 기간은?(단, 연장기간은 고려하지 않음)

① 3개월　　② 6개월
③ 1년　　④ 1년 6개월

해설 ① 개선기간 : 1년
② 개선기간 연장 : 6개월

72 폐기물처리업의 허가를 받을 수 없는 자의 기준으로 틀린 것은?

① 미성년자
② 파산선고를 받은 자로서 파산선고를 받은 날부터 2년이 지나지 아니한 자
③ 폐기물관리법을 위반하여 징역 이상의 형을 선고받고 그 형의 집행이 끝나거나 집행을 받지 아니하기로 확정된 후 2년이 지나지 아니한 자
④ 폐기물처리업의 허가가 취소된 자로서 그 허가가 취소된 날부터 2년이 지나지 아니한 자

해설 **폐기물처리업의 허가를 받을 수 없는 자**
① 미성년자, 피성년후견인 또는 피한정후견인
② 파산선고를 받고 복권되지 아니한 자
③ 이 법을 위반하여 금고 이상의 실형을 선고받고 그 형의 집행이 끝나거나 집행을 받지 아니하기로 확정된 후 10년이 지나지 아니한 자
③의2. 이 법을 위반하여 금고 이상의 형의 집행유예를 선고받고 그 집행유예 기간이 끝난 날부터 5년이 지나지 아니한 자
④ 이 법을 위반하여 대통령령으로 정하는 벌금형 이상을 선고받고 그 형이 확정된 날부터 5년이 지나지 아니한 자
⑤ 폐기물처리업의 허가가 취소되거나 전용용기 제조업의 등록이 취소된 자로서 그 허가 또는 등록이 취소된 날부터 10년이 지나지 아니한 자
⑤의2. 허가취소자 등과의 관계에서 자신의 영향력을 이용하여 허가취소자 등에게 업무집행을 지시하거나 허가취소자 등의 명의로 직접 업무를 집행하는 등의 사유로 허가취소자 등에게 영향을 미쳐 이익을 얻는 자 등으로서 환경부령으로 정하는 자
⑥ 임원 또는 사용인 중에 제1호부터 제5호까지 및 제5호의2의 어느 하나에 해당하는 자가 있는 법인 또는 개인사업자

[Note] 법규 변경사항이므로 해설 내용으로 학습하시기 바랍니다.

73 지정폐기물(의료폐기물은 제외) 보관창고에 설치해야 하는 지정폐기물의 종류, 보관가능용량, 취급 시 주의사항 및 관리책임자 등을 기재한 표지판 표지의 규격기준으로 옳은 것은?(단, 드럼 등 소형 용기에 붙이는 경우 제외)

① 가로 60센티미터 이상×세로 40센티미터 이상
② 가로 80센티미터 이상×세로 60센티미터 이상
③ 가로 100센티미터 이상×세로 80센티미터 이상
④ 가로 120센티미터 이상×세로 100센티미터 이상

해설 **지정폐기물(의료폐기물은 제외)의 표지규격**
가로 60cm 이상×세로 40cm 이상(드럼 등 소형 용기에 붙이는 경우에는 가로 15cm 이상×세로 10cm 이상)

74 폐기물 발생 억제 지침 준수의무 대상 배출자의 규모기준으로 ( )에 알맞은 것은?

> 최근 3년간 연평균 배출량을 기준으로 지정폐기물 외의 폐기물을 ( ) 배출하는 자

① 1톤 이상　　② 10톤 이상
③ 100톤 이상　　④ 1,000톤 이상

해설 **폐기물 발생 억제 지침 준수의무 대상 배출자의 규모**
① 최근 3년간 연평균 배출량을 기준으로 지정폐기물을 100톤 이상 배출하는 자
② 최근 3년간 연평균 배출량을 기준으로 지정폐기물 외의 폐기물을 1천 톤 이상 배출하는 자

75 폐기물처리 담당자 등이 이수하여야 하는 교육과정으로 틀린 것은?

① 사업장폐기물 배출자 과정
② 폐기물처리업 기술요원 과정
③ 폐기물 재활용시설 기술요원 과정
④ 폐기물 처분시설 기술담당자 과정

해설 **폐기물처리 담당자 이수 교육과정**
① 사업장폐기물 배출자 과정
② 폐기물처리업 기술요원 과정
③ 폐기물처리 신고자 과정
④ 폐기물처분시설 또는 재활용시설 기술담당자 과정
⑤ 폐기물분석전문기관 기술요원과정
⑥ 재활용환경성평가기관 기술인력과정

정답 71 ③　72 ②　73 ①　74 ④　75 ③

76 지정폐기물에 함유된 유해물질이 아닌 것은?

① 기름 성분 ② 납
③ 구리 ④ 니켈

해설 **지정폐기물에 함유된 유해물질**
납, 구리, 비소, 수은, 카드뮴, 6가크롬 화합물, 시안화합물, 유기인화합물, 테트라클로로에틸렌, 기름 성분

77 의료폐기물 중 일반의료폐기물에 해당되는 것은?

① 시험 · 검사 등에 사용된 배양액
② 파손된 유리재질의 시험기구
③ 혈액 · 체액 · 분비물 · 배설물이 함유되어 있는 탈지면
④ 한방침

해설 **의료폐기물 중 일반의료폐기물**
혈액 · 체액 · 분비물 · 배설물이 함유되어 있는 탈지면, 붕대, 거즈, 일회용 기저귀, 생리대, 일회용 주사기, 수액세트

78 중간처분시설 중 기계적 처분시설에 해당하는 것은?

① 고형화 · 고화 · 안정화 시설
② 반응시설
③ 소멸화 시설
④ 용융시설

해설 **중간처분시설 중 기계적 처분시설**
① 압축시설(동력 7.5kW 이상인 시설로 한정한다)
② 파쇄 · 분쇄시설(동력 15kW 이상인 시설로 한정한다)
③ 절단시설(동력 7.5kW 이상인 시설로 한정한다)
④ 용융시설(동력 7.5kW 이상인 시설로 한정한다)
⑤ 증발 · 농축시설
⑥ 정제시설(분리 · 증류 · 추출 · 여과 등의 시설을 이용하여 폐기물을 처분하는 단위시설을 포함한다)
⑦ 유수 분리시설
⑧ 탈수 · 건조시설
⑨ 멸균분쇄 시설

79 폐기물처리시설 중 멸균분쇄시설의 정기검사항목이 아닌 것은?

① 자동투입장치와 투입량 자동계측장치의 작동상태
② 자동기록장치의 작동상태
③ 폭발사고와 화재 등에 대비한 구조의 적절유지
④ 멸균조건의 적정유지 여부(멸균검사 포함)

해설 **멸균분쇄시설의 정기검사 항목**
① 멸균조건의 적절유지 여부(멸균검사 포함)
② 분쇄시설의 작동상태
③ 자동기록장치의 작동상태
④ 폭발사고와 화재 등에 대비한 구조의 적절유지
⑤ 악취방지시설 · 건조장치 · 자동투입장치 등의 작동상태

80 '폐기물처리시설의 유지, 관리에 관한 기술관리의 대행을 할 수 있는 자'로 가장 알맞은 것은?

① 한국환경공단
② 국립환경연구원
③ 시 · 도보건환경연구원
④ 지방환경관리청

해설 **기술관리대행자**
① 한국환경공단
② 엔지니어링사업자
③ 기술사사무소(자격을 가진 기술사가 개설한 사무소로 한정한다)
④ 그 밖에 환경부장관이 기술관리를 대행할 능력이 있다고 인정하여 고시하는 자

2016

정답 76 ④ 77 ③ 78 ④ 79 ① 80 ①

2015년 1회 기출문제

제1과목 폐기물개론

01 폐기물의 발생량 조사방법 중 전수조사의 장점이 아닌 것은?

① 조사기간이 짧다.
② 표본치의 보정역할이 가능하다.
③ 행정시책에 대한 이용도가 높다.
④ 표본오차가 작아 신뢰도가 높다.

해설 폐기물 발생량 조사방법 중 전수조사는 조사기간이 길다.

02 유해 폐기물을 소각할 때 발생하는 물질로서 광화학 스모그의 원인이 되는 주된 물질은?

① 일산화탄소(CO)
② 염화수소(HCl)
③ 일산화질소(NO)
④ 이산화황(SO_2)

해설 질소산화물(NO, NO_2)은 대기 중 탄화수소류 및 태양복사에너지 중 자외선과 반응해 오존을 생성, 광화학 smog의 원인이 된다.

03 트롬멜 스크린에 대한 설명으로 옳지 않은 것은?

① [원통의 임계속도×1.45=최적속도]로 나타낸다.
② 원통의 경사도가 크면 부하율이 커진다.
③ 스크린 중에서 선별효율이 좋고 유지관리상의 문제가 적다.
④ 원통의 경사도가 크면 효율이 떨어진다.

해설 트롬멜의 최적회전속도(rpm)=임계속도×0.45

04 폐기물의 80%를 5cm보다 작게 파쇄하고자 할 때 특성입자 크기(X_0)는?(단, Rosin−Rammler 모델 기준, n=1)

① 약 3.1cm ② 약 3.8cm
③ 약 4.2cm ④ 약 4.9cm

해설 $Y=1-\exp\left[-\left(\frac{X}{X_0}\right)^n\right]$

$0.8=1-\exp\left[-\left(\frac{5}{X_0}\right)^1\right]$

$-\frac{5}{X_0}=\ln 0.2$

X_0(특성입자 크기)=3.11cm

05 쓰레기 발생량 조사방법 중 주로 산업폐기물 발생량을 추산할 때 이용하는 방법으로 조사하고자 하는 계의 경계가 정확해야 하는 것은?

① 물질수지법 ② 직접계근법
③ 적재차량 계수분석법 ④ 경향법

해설 **쓰레기 발생량 조사(측정방법)**

조사방법	내용
적재차량 계수분석법 (Load−count analysis)	• 일정기간 동안 특정 지역의 쓰레기 수거·운반차량의 대수를 조사하여, 이 결과로 밀도를 이용하여 질량으로 환산하는 방법(차량의 대수에 폐기물의 겉보기 비중을 선정하여 중량으로 환산하는 방법) • 조사장소는 중간적하장이나 중계처리장이 적합 • 단점으로는 쓰레기의 밀도 또는 압축 정도에 따라 오차가 크다는 것
직접계근법 (Direct weighting method)	• 일정기간 동안 특정 지역의 쓰레기 수거·운반차량을 중간적하장이나 중계처리장에서 직접 계근하는 방법(트럭 스케일 방법) • 입구에서 쓰레기가 적재되어 있는 차량과 출구에서 쓰레기를 적하한 공차량을 계근하여 쓰레기양 산출 • 장점으로는 비교적 정확한 쓰레기 발생량을 파악할 수 있는 방법 • 단점으로는 적재차량 계수분석에 비하여 작업량이 많고 번거로움이 있음
물질수지법 (Material balance method)	• 시스템으로 유입되는 모든 물질들과 유출되는 모든 폐기물의 양에 대하여 물질수지를 세움으로써 폐기물 발생량을 추정하는 방법 • 주로 산업폐기물 발생량을 추산할 때 이용하는 방법 • 단점으로는 비용이 많이 소요되고 작업량이 많아 널리 이용되지 않음, 즉 특수한 경우에만 사용됨

정답 01 ① 02 ③ 03 ① 04 ① 05 ①

		• 우선적으로 조사하고자 하는 계의 경계를 정확하게 설정해야 함 • 물질수지를 세울 수 있는 상세한 데이터가 있는 경우에 가능
통계조사	표본조사(단순 샘플링 검사)	• 조사기간이 짧음 • 비용이 적게 소요됨 • 조사상 오차가 큼
	전수조사	• 표본오차가 작아 신뢰도가 높음(정확함) • 행정시책에 대한 이용도가 높음 • 조사기간이 김 • 표본치의 보정역할이 가능함

06 **수소 15.0%, 수분 0.4%인 중유의 고위 발열량이 12,000 kcal/kg일 때, 저위발열량은?**

① 11,188kcal/kg ② 11,253kcal/kg
③ 11,324kcal/kg ④ 11,496kcal/kg

해설 $H_l(\text{kcal/kg}) = H_h - 600(9\text{H} + \text{W})$
$= 12{,}000 - 600[(9 \times 0.15) + 0.004]$
$= 11{,}187.6\text{kcal/kg}$

07 **쓰레기의 발생량 예측방법 중 최저 5년 이상의 과거처리 실적을 바탕으로 예측하며 시간과 그에 따른 쓰레기의 발생량 간의 상관관계만을 고려하는 방법은 무엇인가?**

① WRAP 모델 ② 경향법
③ 다중회귀모델 ④ 동적모사모델

해설 **쓰레기 발생량 예측방법(경향법)**
① 최저 5년 이상의 과거 처리 실적을 수식 Model에 대하여 과거의 경향을 가지고 장래를 예측하는 방법이다.
② 단지 시간과 그에 따른 쓰레기 발생량(또는 성상) 간의 상관관계만을 고려하며 이를 수식으로 표현하면 $x = f(t)$이다.
③ $x = f(t)$는 선형, 지수형, 대수형 등에서 가장 근사한 형태를 택한다.

08 **다음 중 유해성이 있다고 판단할 수 있는 폐기물의 성질과 가장 거리가 먼 것은?**

① 반응성 ② 인화성
③ 부식성 ④ 부패성

해설 **유해 폐기물의 성질을 판단하는 시험방법(성질), 종류**
① 부식성 ② 독성
③ 유해성 ④ 난분해성
⑤ 반응성 ⑥ 유해 가능성
⑦ 인화성(발화성) ⑧ 감염성
⑨ 용출특성

09 **쓰레기와 슬러지를 혼합하여 퇴비화할 때의 장점이 아닌 것은?**

① 쓰레기 단독으로 퇴비화할 때보다 통기성이 좋다.
② 수분을 슬러지가 보충해 준다.
③ 미생물의 접종 효과가 있다.
④ 쓰레기는 슬러지의 Bulking Agent의 역할을 할 수 있다.

해설 쓰레기 단독으로 퇴비화할 때보다는 통기성이 나빠진다.

10 **쓰레기의 저위발열량을 추정하기 위한 쓰레기 3성분과 가장 거리가 먼 것은?**

① 수분 ② 가연분
③ 고정탄소 ④ 회분

해설 **쓰레기 3성분**
① 수분 ② 가연분 ③ 회분

11 **쓰레기 관리체계에서 비용이 가장 많이 소요되는 것은?**

① 수거 ② 처리
③ 저장 ④ 분석

해설 폐기물 관리에 소요되는 총 비용 중 수거 및 운반단계가 60% 이상을 차지한다. 즉, 이때 폐기물 관리 비용이 가장 많이 소요된다.

2015

12 **폐기물선별방법 중 분쇄한 전기줄로부터 금속을 회수하거나 분쇄된 자동차나 연소재로부터 알루미늄, 구리 등을 회수하는 데 사용되는 선별장치로 가장 옳은 것은?**

① Fluidized Bed Separators
② Stoners
③ Optical Sorting
④ Jigs

해설 **유동상 분리(Fluidized Bed Separators)**
① Ferrosilicon 또는 Iron Powder 속에 폐기물을 넣고 공기를 인입시켜 가벼운 물질은 위로, 무거운 물질은 아래로 내려가는 원리이다.
② 분쇄한 전기줄로부터 금속을 회수하거나 분쇄된 자동차나 연소재로부터 알루미늄, 구리 등을 회수하는 데 사용되는 선별장치이다.

정답 06 ① 07 ② 08 ④ 09 ① 10 ③ 11 ① 12 ①

13 **어떤 공장에서 배출되는 폐기물의 성상을 분석한 결과 비가연성 물질의 함유율이 75%(무게기준)이었다. 이 폐기물의 밀도가 500kg/m^3이라면 20m^3에 포함되어 있는 가연성물질의 양은?**

① 1,500kg ② 2,500kg
③ 3,500kg ④ 4,500kg

해설 가연성 물질(kg) = 부피 × 밀도 × 가연성 물질 함유비율

$$= 20\text{m}^3 \times 500\text{kg/m}^3 \times \left(\frac{100-75}{100}\right)$$

$$= 2,500\text{kg}$$

14 **폐기물 수거를 위한 노선을 결정할 때 고려하여야 할 내용으로 옳지 않은 것은?**

① 언덕지역에서는 언덕의 꼭대기에서부터 시작하여 적재하면서 차량이 아래로 진행하도록 한다.
② 아주 많은 양의 쓰레기가 발생되는 발생원은 하루 중 가장 나중에 수거한다.
③ 적은 양의 쓰레기가 발생하나 동일한 수거빈도를 받기를 원하는 적재지점은 가능한 한 같은 날 왕복 내에서 수거하도록 한다.
④ 가능한 한 시계방향으로 수거노선을 결정한다.

해설 **효과적 · 경제적인 수거노선 결정 시 유의(고려)사항 : 수거노선 설정요령**
① 지형이 언덕인 지역에서는 언덕의 위에서부터 내려가며 적재하면서 차량을 진행하도록 한다.(안전성, 연료비 절약)
② 수거인원 및 차량형식이 같은 기존 시스템의 조건들을 서로 관련시킨다.
③ 출발점은 차고와 가깝게 하고 수거된 마지막 컨테이너가 처분지의 가장 가까이에 위치하도록 배치한다.
④ 가능한 한 지형지물 및 도로경계와 같은 장벽을 사용하여 간선도로 부근에서 시작하고 끝나야 한다.(도로경계 등을 이용)
⑤ 가능한 한 시계방향으로 수거노선을 정한다.
⑥ 적은 양의 쓰레기가 발생하나 동일한 수거빈도를 받기 원하는 적재지점(수거지점)은 가능한 한 같은 날 왕복 내에서 수거한다.
⑦ 아주 많은 양의 쓰레기가 발생되는 발생원은 하루 중 가장 먼저 수거한다.
⑧ 될 수 있는 한 한 번 간 길은 다시 가지 않는다.
⑨ 반복운행 또는 U자형 회전은 피하여 수거한다.
⑩ 교통량이 많거나 출퇴근시간은 피하여 수거한다.
⑪ 수거지점과 수거빈도 결정 시 기존 정책이나 규정을 참고한다.

15 **다음 중 수거효율을 결정하기 위해서 흔히 사용되는 동적 시간조사(Time - Motion Study)를 통한 자료와 거리가 먼 것은?**

① 수거차량당 수거인부 수
② 수거인부의 시간당 수거 가옥 수
③ 수거인부의 시간당 수거 톤 수
④ 수거 톤당 인력 소요시간

해설 **수거효율 관련 단위(자료) : 동적 시간조사(Time - Motion Study)**
① Man/Hour/Ton(MHT) : 수거인부 1인이 1ton의 폐기물을 수거하는 데 소요되는 시간
② Sevice/Day/Truck(SDT) : 수거트럭 1대당 1일 수거가옥 수
③ Service/Man/Hour(SMH) : 수거인부 1인이 1시간에 수거하는 가옥 수
④ Ton/Day/Truck(TDT) : 수거트럭 1대당 1일 수거하는 폐기물량
⑤ Ton/Man/Hr(TMH) : 수거인부 시간당 수거 톤 수

16 **수거대상인구 5,252,000명, 쓰레기 수거량 4,412,000톤/년일 때 쓰레기 발생량은?**

① 1.8kg/인 · 일 ② 2.3kg/인 · 일
③ 2.7kg/인 · 일 ④ 3.2kg/인 · 일

해설 쓰레기 발생량(kg/인 · 일)

$$= \frac{\text{발생쓰레기양}}{\text{대상 인구수}}$$

$$= \frac{4,412,000\text{ton/year} \times 1,000\text{kg/ton} \times \text{year}/365\text{day}}{5,252,000\text{인}}$$

$$= 2.3\text{kg/인} \cdot \text{일}$$

17 **원소분석에 의한 이론적인 발열량을 산출할 수 있는 계산식으로 관계가 적은 것은?**

① Dulong 식 ② Steuer 식
③ Rittinger 식 ④ Scheure - Kestner 식

해설 Rittinger 식은 폐기물 파쇄와 관련된 계산식이다.

18 **어느 도시 쓰레기의 조성이 탄소 48%, 수소 6.4%, 산소 37.6%, 질소 2.6%, 황 0.4% 그리고 회분 5%일 때 고위발열량은?(단, Dulong 식을 적용할 것)**

① 약 7,500kcal/kg ② 약 6,500kcal/kg
③ 약 5,500kcal/kg ④ 약 4,500kcal/kg

정답 13 ② 14 ② 15 ① 16 ② 17 ③ 18 ④

해설 H_h(kcal/kg)

$= 8,100C + 34,000\left(H - \frac{O}{8}\right) + 2,500S$

$= (8,100 \times 0.48) + \left[34,000\left(0.064 - \frac{0.376}{8}\right)\right] + (2,500 \times 0.004)$

$= 4,476$kcal/kg

19 원료의 취득에서 연구개발, 제품의 생산과 포장, 수송·유통·판매 과정, 소비자 사용 및 최종 폐기에 이르는 제품의 전체 과정상에서 환경영향을 평가하고 최소화하기 위한 조직적인 방법론을 의미하는 것은?

① LCA ② ISO 14000
③ EMAS ④ MEP

해설 **전과정평가(Life Cycle Assessment ; LCA)**
① 사용한 자원 및 에너지, 환경으로 배출되는 환경오염물질을 규명하고 정량화함으로써 한 제품이나 공정에 관련된 환경부담을 평가하여 그 에너지와 자원, 환경부하 영향을 평가하여 환경을 개선시킬 수 있는 기회를 규명하는 과정을 전과정평가라 한다.
② 사용하는 자원, 에너지, 환경에 미치는 각종 부하를 원료자원 채취 → 생산 → 유통 → 사용 → 재사용 → 폐기의 전 과정에 걸쳐 가능한 한 정량적으로 분석 및 평가하여 현재 인류가 직면하고 있는 자원의 고갈 및 생태계의 파괴현상과 지구환경문제 등을 근본적으로 해결하기 위한 각종 개선방안을 모색하는 기술적이며 체계적인 과정을 의미한다.(원료의 취득에서 연구개발, 제품의 생산과 포장, 수송·유통·판매과정, 소비자 사용 및 최종 폐기에 이르는 제품의 전체 과정상에서 환경영향을 평가하고 최소화하기 위한 조직적인 방법론을 의미)

20 물렁거리는 가벼운 물질로부터 딱딱한 물질을 선별하는 데 이용되며, 경사진 컨베이어를 통해 폐기물을 주입시켜 회전하는 드럼 위에 떨어뜨려 분류하는 선별방식은?

① Stoners ② Jigs
③ Secators ④ Float Separator

해설 **Secators**
① 경사진 컨베이어를 통해 폐기물을 주입시켜 천천히 회전하는 드럼 위에 떨어뜨려서 선별하는 장치이며 물렁거리는 가벼운 물질(가볍고 탄력 없는 물질)로부터 딱딱한 물질(무겁고 탄력 있는 물질)을 선별하는 데 사용한다.
② 주로 퇴비 중의 유리조각을 추출할 때 이용되는 선별장치이다.

제2과목 폐기물처리기술

21 메탄 $1Sm^3$를 공기과잉계수 1.8로 연소시킬 경우, 실제 습윤연소가스양(Sm^3)은?

① 약 18.1 ② 약 19.1
③ 약 20.1 ④ 약 21.1

해설 $CH_4 + 2O_2 \rightarrow CO_2 + 2H_2O$

실제 습윤연소가스양(G_w : Sm^3)

$= (m - 0.21)A_0 + \left(x + \frac{y}{2}\right)$

$A_0 = \frac{1}{0.21}\left(x + \frac{y}{4}\right) = \frac{1}{0.21}\left(1 + \frac{4}{4}\right) = 9.52Sm^3/Sm^3$

$= (1.8 - 0.21) \times 9.52 + \left(1 + \frac{4}{2}\right)$

$= 18.14Sm^3/Sm^3 \times 1Sm^3 = 18.14Sm^3$

22 1일 쓰레기 발생량이 29.8t인 도시 쓰레기를 깊이 2.5m의 도랑식(Trench)으로 매립하고자 한다. 쓰레기 밀도 $500kg/m^3$, 도랑 점유율 60%, 부피 감소율 40%일 경우 5년간 필요한 부지면적은 약 몇 m^2인가?

① 43,500 ② 56,400
③ 67,300 ④ 78,700

해설 매립부지면적(m^2)

$= \frac{\text{쓰레기 발생량}}{\text{밀도} \times \text{깊이} \times \text{점유율}} \times (1 - \text{부피감소율})$

$= \frac{29.8ton/day \times 365day/year \times 5year}{0.5ton/m^3 \times 2.5m \times 0.6} \times (1 - 0.4)$

$= 43,508m^2$

2015

23 합성차수막 중 PVC의 장단점으로 틀린 것은?

① 접합이 용이하다.
② 자외선, 오존, 기후에 약하다.
③ 대부분의 유기화학물질에 약하다.
④ 강도가 약하다.

해설 **합성차수막 중 PVC**
① 장점
㉠ 작업이 용이함 ㉡ 강도가 높음
㉢ 접합이 용이함 ㉣ 가격이 저렴함
② 단점
㉠ 자외선, 오존, 기후에 약함
㉡ 대부분 유기화학물질(기름 등)에 약함

정답 19 ① 20 ③ 21 ① 22 ① 23 ④

24 **해안매립공법 중 '박층뿌림공법'에 관한 설명으로 틀린 것은?**

① 쓰레기지반 안정화에 유리하다.
② 매립효율이 떨어진다.
③ 매립부지의 조기이용에 유리하다.
④ 호안 측에서부터 쓰레기를 투입하여 순차적으로 육지화한다.

해설 **박층뿌림공법**
① 개량된 지반이 붕괴될 위험성이 있는 경우에 밑면이 뚫린 바지선에 폐기물을 적재하여 쓰레기를 박층으로 떨어뜨려 뿌려줌으로써 바닥지반의 하중을 균등하게 해주는 방법이다.
② 쓰레기 지반 안정화 및 매립부지의 조기 이용에 유리한 방법이다.
③ 대규모 설비의 매립지에 적합하다.
④ 매립효율은 좋지 않다.

[Note] ④의 내용은 순차투입공법에 해당한다.

25 **위생매립(복토+침출수 처리)의 장단점으로 틀린 것은?**

① 처분 대상 폐기물의 증가에 따른 추가인원 및 장비가 크다.
② 인구밀집지역에서는 경제적 수송거리 내에서 부지 확보가 어렵다.
③ 추가적인 처리과정이 요구되는 소각이나 퇴비화와는 달리 위생매립은 최종처분 방법이다.
④ 거의 모든 종류의 폐기물 처분이 가능하다.

해설 **위생매립**
① 장점
㉠ 부지 확보가 가능할 경우 가장 경제적인 방법이다.(소각, 퇴비화의 비교)
㉡ 거의 모든 종류의 폐기물 처분이 가능하다.
㉢ 처분대상 폐기물의 증가에 따른 추가인원 및 장비가 크지 않다.
㉣ 매립 후에 일정기간이 지난 후 토지로 이용될 수 있다.(주차시설, 운동장, 골프장, 공원)
㉤ 추가적인 처리과정이 요구되는 소각이나 퇴비화와는 달리 위생매립은 완전한 최종적인 처리법이다.
㉥ 분해가스(LFG) 회수이용이 가능하다.
㉦ 다른 방법에 비해 초기투자 비용이 낮다.
② 단점
㉠ 경제적 수송거리 내에서 매립지 확보가 곤란하다.(인구밀집지역, 거주자 등의 문제점)
㉡ 매립이 종료된 매립지역에서의 건축을 위해서는 지반침하에 대비한 특수설계와 시공이 요구된다.(유지관리도 요구됨)
㉢ 유독성 폐기물처리에 부적합하다.(방사능, 폐유폐기물, 병원폐기물 등)
㉣ 폐기물 분해 시 발생하는 폭발성 가스인 메탄과 가스가 나쁜 영향을 미칠 수 있다.
㉤ 적절한 위생매립기준이 매일 지켜지지 않으면 불법투기와 차이가 없다.

26 **5%의 고형물을 함유하는 500m^3/일의 슬러지를 진공 여과시켜 80%의 수분을 함유하는 슬러지 케이크를 만들 때 생산되는 슬러지 케이크의 양은?(단, 슬러지 비중은 모두 1.0이다.)**

① 100m^3/일 ② 125m^3/일
③ 150m^3/일 ④ 175m^3/일

해설 슬러지 케이크의 양(m^3/day)

$$= 500m^3/day \times 0.05 \times \frac{100}{100-80} = 125m^3/day$$

27 **분뇨 처리과정 중 고형물 농도 10%, 유기물 함유율 70%인 농축슬러지는 소화과정을 통해 유기물의 100%가 분해되었다. 소화된 슬러지의 고형물 함량이 6.0%일 때, 전체 슬러지양은 얼마가 감소되는가?(단, 비중은 1.0으로 가정한다.)**

① 1/4 ② 1/3
③ 1/2 ④ 1/1.5

해설 소화 후 고형물 중 유기물 함량(VS′)
$=1kg\times0.1\times0.7\times0=0$(슬러지 1kg 기준)
소화 후 고형물 중 무기물 함량(FS)
$=1kg\times0.1\times0.3=0.03kg$
소화 후 고형물량
$=VS'+FS=0+0.03=0.03kg$
소화 후 고형물량=소화 후 슬러지양×소화 후 고형물의 비율
0.03kg=소화 후 슬러지양×0.06
소화 후 슬러지양=0.5kg

슬러지 감소량=최초 슬러지양−소화 후 슬러지양
$=1-0.5=0.5\times100=50\%$(즉, 50% 감소)

정답 24 ④ 25 ① 26 ② 27 ③

28 슬러지의 유량이 $50m^3$/day, 슬러지의 고형물 농도가 10%, 소화조의 부피가 $500m^3$, 슬러지의 고형물 내 VS 함유도가 70%라면 소화조에 주입되는 TS($kg/m^3 \cdot d$), VS($kg/m^3 \cdot d$) 부하는 각각 얼마인가?(단, 슬러지의 비중은 1.0으로 가정한다.)

① TS : 5.0, VS : 0.35
② TS : 5.0, VS : 0.70
③ TS : 10.0, VS : 3.50
④ TS : 10.0, VS : 7.0

해설 $TS(kg/m^3 \cdot day) = \dfrac{50m^3/day \times 0.1 \times 1{,}000kg/ton \times ton/m^3}{500m^3}$

$= 10kg/m^3 \cdot day$

$VS(kg/m^3 \cdot day) = 10kg/m^3 \cdot day \times 0.7$

$= 7kg/m^3 \cdot day$

29 분뇨를 소화 처리함에 있어 소화 대상 분뇨량이 $100m^3$/일이고, 분뇨 내 유기물 농도가 10,000mg/L라면 가스 발생량은?(단, 유기물 소화에 따른 가스발생량은 500L/kg－유기물, 유기물 전량 소화, 분뇨비중은 1.0으로 가정함)

① $500m^3$/일　② $1{,}000m^3$/일
③ $1{,}500m^3$/일　④ $2{,}000m^3$/일

해설 가스발생량(m^3/day)
=단위유기물당 가스발생량×유기물의 양
$= 500L/kg - 유기물 \times 100m^3/day \times 10{,}000mg/L \times kg/10^6mg$
$= 500m^3/day$

30 연직 차수막 공법의 종류와 가장 거리가 먼 것은?

① 강널말뚝
② 어스 라이닝
③ 굴착에 의한 차수시트 매설법
④ 어스댐 코어

해설 **연직차수막 공법의 종류**
① 어스댐 코어 공법
② 강널말뚝 공법
③ 그라우트 공법
④ 굴착에 의한 차수시트 매설 공법

31 어느 매립지의 침출수 농도가 반으로 감소하는 데 4.4년이 소요된다면 이 침출수 농도가 90% 분해되는 데 소요되는 시간은?(단, 1차 반응기준)

① 10.2년　② 11.3년
③ 12.8년　④ 14.6년

해설 $\ln\left(\dfrac{C_t}{C_o}\right) = -kt$

$\ln 0.5 = -k \times 4.4year,\ k = 0.1575year^{-1}$

90% 분해 소요시간(반응 후 농도 10% 의미)

$\ln\left(\dfrac{10}{100}\right) = -0.1575year^{-1}$

소요시간(년) = 14.62년

32 혐기성 소화를 적용하여 분뇨를 처리하는 어느 처리장에서 발생 가스양이 $200m^3$/day였다. 이 소화조가 정상적으로 운영되고 있다면 발생되는 CH_4 가스의 양으로 가장 적절한 것은?

① 약 $120m^3$/day　② 약 $80m^3$/day
③ 약 $60m^3$/day　④ 약 $40m^3$/day

해설 발생가스 중 메탄 함유 비율이 60% 이상이면 정상운영상태이다.
$200m^3/day \times 0.6 = 120m^3/day$

33 분뇨 저류 포기조에 500kL의 분뇨를 유입시켜 5일 동안 연속 포기하였더니 BOD가 50% 제거되었다. BOD 제거 kg당 공기공급량을 $50m^3$로 하였을 때 시간당 공기공급량은?(단, 분뇨의 BOD는 20,000mg/L, 비중 : 1.0)

① 약 $1{,}892m^3$/hr　② 약 $1{,}943m^3$/hr
③ 약 $2{,}083m^3$/hr　④ 약 $2{,}161m^3$/hr

해설 시간당 공기공급량(m^3/hr)
$= 50m^3/kg \times 20{,}000mg/L \times 0.5 \times 500kL/5day \times 10^3L/kL \times kg/10^6mg \times day/24hr$
$= 2{,}083.33m^3/hr$

34 쓰레기 소각로에서 로의 열부하가 $50{,}000kcal/m^3 \cdot hr$이며 쓰레기의 저위발열량 600kcal/kg, 쓰레기중량 20,000kg이다. 노의 용량은?(단, 8시간 가동한다.)

① $15m^3$　② $20m^3$
③ $25m^3$　④ $30m^3$

2015

정답 28 ④　29 ①　30 ②　31 ④　32 ①　33 ③　34 ④

해설 소각로 용량(m^3)$=\dfrac{\text{소각량}\times\text{쓰레기 발열량}}{\text{연소실 부하율}}$

$=\dfrac{20,000\text{kg}\times 600\text{kcal/kg}}{50,000\text{kcal/m}^3\cdot\text{hr}\times 8\text{hr}}=30\text{m}^3$

35 유해 폐기물을 고화 처리하는 방법 중 피막형성법에 대한 설명으로 옳지 않은 것은?

① 낮은 혼합률(MR)을 가진다.
② 에너지 소요가 작다.
③ 화재 위험성이 있다.
④ 침출성이 낮다.

해설 **피막형성법**
① 장점
㉠ 혼합률(MR)이 비교적 낮다.
㉡ 침출성이 고형화 방법 중 가장 낮다.
② 단점
㉠ 많은 에너지가 요구된다.
㉡ 값비싼 시설과 숙련된 기술을 요한다.
㉢ 피막형성용 수지값이 비싸다.
㉣ 화재위험성이 있다.

36 탄소 85%, 수소 13%, 황 2%를 함유하는 중유 10kg 연소에 필요한 이론산소량은?

① 약 9.8Sm^3 ② 약 16.7Sm^3
③ 약 23.3Sm^3 ④ 약 32.4Sm^3

해설 이론산소량(O_0)
$=1.867C+5.6H+0.7S$
$=(1.867\times0.85)+(5.6\times0.13)+(0.7\times0.02)$
$=2.329\text{Sm}^3/\text{kg}\times10\text{kg}=23.29\text{ Sm}^3$

37 BOD 15,000mg/L, Cl^- 800mg/L인 분뇨를 희석하여 활성슬러지법으로 처리한 결과 BOD 100mg/L, Cl^- 50mg/L였을 때 활성슬러지법의 BOD 처리효율(%)은?(단, 염소는 활성슬러지법에 의해 처리되지 않음)

① 83.5 ② 89.3
③ 91.4 ④ 95.1

해설 BOD 처리효율(%)
$=\left(1-\dfrac{BOD_o}{BOD_i}\right)\times100$
$BOD_o=100\text{ mg/L}$
$BOD_i=15,000\text{mg/L}\times50/800=937.5\text{mg/L}$
$=\left(1-\dfrac{100}{937.5}\right)\times100=89.33\%$

38 함수율이 50%인 쓰레기를 건조시켜 함수율이 10%인 쓰레기로 만들기 위한 쓰레기 1ton당 수분 증발량은?(단, 쓰레기 비중은 1.0으로 가정함)

① 375kg ② 415kg
③ 444kg ④ 455kg

해설 1,000kg$(1-0.5)$=처리 후 슬러지양$(1-0.1)$
처리 후 슬러지양= 555.56kg
증발된 수분량= 1,000kg − 555.56kg = 444.44kg

39 분뇨 100kL/day를 중온 소화하였다. 1일 동안 얻어지는 열량은?(단, CH_4 발열량은 6,000 kcal/m^3으로 하며 발생 가스는 전량 메탄으로 가정하고 발생가스양은 분뇨 투입량의 8배로 한다.)

① 2.8×10^6kcal/day ② 3.4×10^7kcal/day
③ 4.8×10^6kcal/day ④ 5.2×10^7kcal/day

해설 열량$=100\text{kL/day}\times\text{m}^3/\text{kL}\times8\times6,000\text{kcal/m}^3$
$=4.8\times10^6\text{kcal/day}$

40 유효 공극률 0.2, 점토층 위의 침출수가 수두 1.5m인 점토 차수층 1.0m를 통과하는 데 10년이 소요되었다면 점토 차수층 투수계수는 몇 cm/sec인가?

① 5.54×10^{-8} ② 5.54×10^{-7}
③ 2.54×10^{-8} ④ 2.54×10^{-7}

해설 $t=\dfrac{d^2\eta}{K(d+h)}$

$315,360,000\text{sec}=\dfrac{1.0^2\text{m}^2\times0.2}{K(1.0+1.5)\text{m}}$

투수계수$(K)=2.54\times10^{-10}\text{m/sec}$
$(2.54\times10^{-8}\text{cm/sec})$

정답 35 ② 36 ③ 37 ② 38 ③ 39 ③ 40 ③

제3과목 폐기물공정시험기준(방법)

41 시료 중의 수은을 금속수은으로 환원시키는 데 사용되는 환원제는?(단, 원자흡수분광광도법 기준)

① 염화제이철
② 아연분말
③ 이염화주석
④ 과망간산칼륨

해설 **수은 – 원자흡수분광광도법**
시료 중 수은을 이염화주석을 넣어 금속수은으로 환원시킨 다음 이 용액에 통기하여 발생하는 수은 증기를 253.7nm의 파장에서 원자흡수분광광도법에 따라 정량하는 방법이다.

42 다음은 용출 시험을 위한 시료 용액 조제에 관한 내용이다. ( ) 안에 옳은 내용은?

> 시료의 조제방법에 따라 조제한 시료 100g 이상을 정확히 달아 정제수에 염산을 넣어 ( )(으)로 한 용매(mL)를 시료 : 용매=1 : 10(W : V)의 비로 2,000mL 삼각플라스크에 넣어 혼합한다.

① pH 3.8~4.5
② pH 4.5~5.8
③ pH 5.8~6.3
④ pH 6.3~7.2

해설 **용출시험 시료용액 조제**
① 시료의 조제 방법에 따라 조제한 시료 100g 이상을 정확히 단다.
⇩
② 용매 : 정제수에 염산을 넣어 pH를 5.8~6.3으로 한다.
⇩
③ 시료 : 용매=1 : 10(w/v)의 비로 2,000mL 삼각 플라스크에 넣어 혼합한다.

43 취급 또는 저장하는 동안에 이물질이 들어가거나 또는 내용물이 손실되지 아니하도록 보호하는 용기는?

① 차광용기 ② 기밀용기
③ 밀봉용기 ④ 밀폐용기

해설 **용기**
시험용액 또는 시험에 관계된 물질을 보존, 운반 또는 조작하기 위하여 넣어두는 것

구분	정의
밀폐 용기	취급 또는 저장하는 동안에 이물질이 들어가거나 또는 내용물이 손실되지 아니하도록 보호하는 용기
기밀 용기	취급 또는 저장하는 동안에 밖으로부터의 공기 또는 다른 가스가 침입하지 아니하도록 내용물을 보호하는 용기
밀봉 용기	취급 또는 저장하는 동안에 기체 또는 미생물이 침입하지 아니하도록 내용물을 보호하는 용기
차광 용기	광선이 투과하지 않는 용기 또는 투과하지 않게 포장한 용기이며 취급 또는 저장하는 동안에 내용물이 광화학적 변화를 일으키지 아니하도록 방지할 수 있는 용기

44 폐기물공정시험기준상 시료를 채취할 때 시료의 양은 1회에 최소 얼마 이상 채취하여야 하는가?(단, 소각재 제외)

① 100g 이상 ② 200g 이상
③ 500g 이상 ④ 1,000g 이상

해설 **시료채취량**
① 1회에 100g 이상 채취
② 소각재의 경우에는 1회에 500g 이상 채취

45 자외선/가시선 분광법에 의한 비소의 측정방법으로 옳은 것은?

① 적자색의 흡광도를 430nm에서 측정
② 적자색의 흡광도를 530nm에서 측정
③ 청색의 흡광도를 430nm에서 측정
④ 청색의 흡광도를 530nm에서 측정

해설 **비소 – 자외선/가시선 분광법**
시료 중의 비소를 3가비소로 환원시킨 다음 아연을 넣어 발생되는 비화수소를 다이에틸다이티오카르바민산은의 피리딘용액에 흡수시켜 이때 나타나는 적자색의 흡광도를 530nm에서 측정하는 방법이다.(흡광도의 눈금보정 시약 : 수산화중크롬산칼륨을 N/20 수산화칼륨용액에 녹여 사용)

46 다음은 시료의 분할채취방법 중 구획법에 관한 내용이다. ( ) 안의 내용으로 옳은 것은?

> ㉠ 모아진 대시료를 네모꼴로 얇게 균일한 두께로 편다.
> ㉡ ( )
> ㉢ 각 부분에서 균등량씩을 취하여 혼합하여 하나의 시료로 한다.

① 이것을 가로 2등분, 세로 3등분하여 6개의 덩어리로 나눈다.

정답 41 ③ 42 ③ 43 ④ 44 ① 45 ② 46 ③

② 이것을 가로 3등분, 세로 4등분하여 12개의 덩어리로 나눈다.
③ 이것을 가로 4등분, 세로 5등분하여 20개의 덩어리로 나눈다.
④ 이것을 가로 5등분, 세로 6등분하여 30개의 덩어리로 나눈다.

해설 **구획법**
① 모아진 대시료를 네모꼴로 엷게 균일한 두께로 편다.
② 이것을 가로 4등분, 세로 5등분하여 20개의 덩어리로 나눈다.
③ 20개의 각 부분에서 균등량을 취한 후 혼합하여 하나의 시료로 만든다.

㉠ 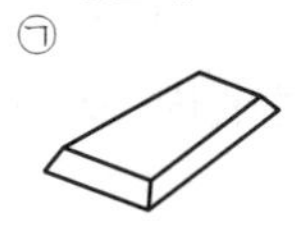 ㉡ 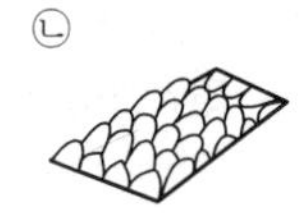 ㉢ 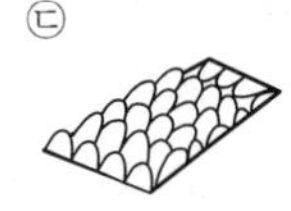

47 다음은 크롬을 원자흡수분광광도법으로 분석할 때 간섭물질에 관한 내용이다. ( ) 안에 옳은 내용은?

> 공기－아세틸렌 불꽃에서는 철, 니켈 등의 공존물질에 의한 방해영향이 크므로 이때는 ( ) 넣어서 측정한다.

① 황산나트륨을 1% 정도
② 시안화칼륨을 1% 정도
③ 수산화칼슘을 1% 정도
④ 수산화칼륨을 1% 정도

해설 **크롬－원자흡수분광광도법(간섭물질)**
① 공기－아세틸렌으로는 아세틸렌 유량이 많은 쪽이 감도가 높지만 철, 니켈의 방해가 많다.
② 아세틸렌－일산화질소는 방해는 적으나 감도가 낮다.
③ 시료 중에 칼륨, 나트륨, 리튬, 세슘과 같이 쉽게 이온화되는 원소가 1,000mg/L 이상의 농도로 존재 시 금속측정을 간섭하는 경우 대책
시료와 표준물질 모두에 이온 억제제로 염화칼륨을 첨가하거나 간섭이온을 매질과 유사하게 표준물질에 넣어 보정한다.
④ 공기－아세틸렌 불꽃에서 철, 니켈 등의 공존물질에 의한 방해영향이 클 경우 대책
황산나트륨을 1% 정도 넣어서 측정한다.

48 자외선/가시선 분광법으로 시안을 분석할 경우에 정량한계는?

① 0.01mg/L
② 0.02mg/L
③ 0.05mg/L
④ 0.1mg/L

해설 **시안－자외선/가시선 분광법**
정량한계 : 0.01mg/L

49 시료 채취 시 사용되는 용기로 갈색 경질의 유리병을 사용하여야 하는 경우가 아닌 것은?

① 휘발성 저급 염소화 탄화수소류 실험을 위한 시료 채취 시
② 유기인 실험을 위한 시료 채취 시
③ PCBs 실험을 위한 시료 채취 시
④ 시안 실험을 위한 시료 채취 시

해설 **갈색 경질 유리병 사용 채취 물질**
① 노말헥산 추출 물질
② 유기인
③ 폴리클로리네이티드비페닐(PCBs)
④ 휘발성 저급 염소화 탄화수소류

50 시료 채취방법에 관한 내용으로 틀린 것은?

① 시료 채취는 일반적으로 폐기물이 생성되는 단위공정별로 구분하여 채취한다.
② 액상혼합물의 경우는 원칙적으로 최종지점의 낙하구에서 흐르는 도중에 채취한다.
③ 일반적으로 서로 다른 종류의 시료가 혼재되어 있을 경우는 잘 섞어서 채취한다.
④ 대형의 콘크리트 고형화물로서 분쇄가 어려운 경우 임의의 5개소에서 채취하여 각각 파쇄하여 100g씩 균등량을 혼합하여 채취한다.

해설 서로 다른 종류의 폐기물이 혼재되어 있다고 판단될 때에는 혼재된 폐기물의 성분별로 각각에 대해 시료를 채취할 수 있다.

정답 47 ① 48 ① 49 ④ 50 ③

51 **유기인의 기체크로마토그래프 분석 시 간섭물질에 관한 내용으로 틀린 것은?**

① 추출 용매 안에 함유되어 있는 불순물이 분석을 방해할 수 있다.
② 고순도의 시약이나 용매를 사용하면 방해물질을 최소화할 수 있다.
③ 매트릭스로부터 추출되어 나오는 방해물질이 있을 수 있는데 이는 시료마다 다르다.
④ 유리기구류는 세정수로 닦아준 후 깨끗한 곳에서 건조하여 사용한다.

해설 유리기구류는 세정제, 수돗물, 정제수 그리고 아세톤으로 차례로 닦아준 후 400℃에서 15~30분 동안 가열한 후 식혀 알루미늄박으로 덮어 깨끗한 곳에 보관하여 사용한다.

52 **다음 농도의 표시방법에 대한 설명 중 틀린 것은?**

① 용액의 농도를 %로만 표시된 것은 W/W% 또는 V/V%를 말한다.
② 백만분율(Parts Per Million)을 표시할 때는 mg/L, mg/kg의 기호를 쓴다.
③ 단위 면적(A, Area) 중 성분의 면적(A)를 표시할 때는 A/A%(Area)의 기호를 쓴다.
④ 기체 중의 농도는 표준상태(0℃, 1기압)로 환산 표시한다.

해설 용액의 농도를 %로만 표시할 때는 W/V%를 말한다.

53 **다량의 점토질 또는 규산염을 함유한 시료에 적용하는 산 분해법은?**

① 질산－염산 분해법
② 질산－과염소산 분해법
③ 질산－염산－과염소산 분해법
④ 질산－과염소산－불화수소산 분해법

해설 **질산－과염소산－불화수소산 분해법**
① 적용 : 다량의 점토질 또는 규산염을 함유한 시료
② 용액 산농도 : 약 0.8N

54 **다음은 감염성 미생물(멸균테이프 검사법) 분석 시 시료 채취 및 관리에 관한 내용이다. ( ) 안에 옳은 내용은?**

> 시료의 채취는 가능한 한 무균적으로 하고 멸균된 용기에 넣어 (㉠)에 실험실로 운반, 실험하여야 하며 그 이상의 시간이 소요될 경우에는 10℃ 이하로 냉장하여 (㉡)에 실험실로 운반하고 실험실에 도착한 후 (㉢)에 배양 조작을 완료하여야 한다.

① ㉠ 1시간 이내, ㉡ 4시간 이내, ㉢ 1시간 이내
② ㉠ 1시간 이내, ㉡ 6시간 이내, ㉢ 2시간 이내
③ ㉠ 2시간 이내, ㉡ 6시간 이내, ㉢ 1시간 이내
④ ㉠ 2시간 이내, ㉡ 8시간 이내, ㉢ 2시간 이내

해설 **감염성 미생물－멸균테이프 검사법(시료채취 및 관리)**
시료의 채취는 가능한 한 무균적으로 하고 멸균된 용기에 넣어 1시간 이내에 실험실로 운반 · 실험하여야 하며, 그 이상의 시간이 소요될 경우에는 10℃ 이하로 냉장하여 6시간 이내에 실험실로 운반하고 실험실에 도착한 후 2시간 이내에 배양조작을 완료하여야 한다.(다만, 8시간 이내에 실험이 불가능할 경우에는 현지 실험용 기구세트를 준비하여 현장에서 배양조작을 하여야 함)

55 **대상폐기물의 양이 150톤일 때 시료의 최소수는?**

① 14
② 20
③ 30
④ 36

해설 **대상폐기물의 양과 시료의 최소 수**

대상 폐기물의 양(단위 : ton)	시료의 최소 수
~ 1 미만	6
1 이상~5 미만	10
5 이상~30 미만	14
30 이상~100 미만	20
100 이상~500 미만	30
500 이상~1,000 미만	36
1,000 이상~5,000 미만	50
5,000 이상 ~	60

56 **다음은 용출시험의 결과 산출 시 시료 중의 수분함량 보정에 관한 설명이다. ( ) 안에 알맞은 것은?**

> 함수율이 85% 이상인 시료에 한하여 ( )을 곱하여 계산된 값으로 한다.

① 15＋{100－시료의 함수율(%)}
② 15－{100－시료의 함수율(%)}
③ 15×{100－시료의 함수율(%)}
④ 15÷{100－시료의 함수율(%)}

정답 51 ④ 52 ① 53 ④ 54 ② 55 ③ 56 ④

2015

해설 **용출시험 결과 보정**

① 용출시험의 결과는 시료 중의 수분함량 보정을 위해 함수율 85% 이상인 시료에 한하여 보정한다.(시료의 수분함량이 85% 이상이면 용출시험 결과를 보정하는 이유는 매립을 위한 최대함수율 기준이 정해져 있기 때문)

② $보정값 = \dfrac{15}{100 - 시료의\ 함수율(\%)}$

57 다음은 반고상 또는 고상폐기물의 유리전극법에 의한 pH 측정에 관한 설명이다. ( ) 안에 알맞은 것은?

> 시료 (㉠)g을 (㉡)mL 비커에 취하여 정제수 (㉢)mL를 넣어 잘 교반하여 30분 이상 방치한 다음 이 현탁액을 시료용액으로 하여 pH를 측정한다.

① ㉠ 10, ㉡ 50, ㉢ 25
② ㉠ 10, ㉡ 100, ㉢ 50
③ ㉠ 50, ㉡ 250, ㉢ 100
④ ㉠ 50, ㉡ 500, ㉢ 200

해설 **반고상 또는 고상폐기물**

① 시료 10g을 50mL 비커에 취한 다음 정제수(증류수) 25mL를 넣어 잘 교반하여 30분 이상 방치한 후 이 현탁액을 시료용액으로 하거나 원심분리한 후 상층액을 시료용액으로 한다.
② 이하의 시험기준은 액상폐기물에 따라 pH를 측정한다.

58 다음은 자외선/가시선 분광법으로 구리를 분석할 때의 간섭물질에 관한 설명이다. ( ) 안에 알맞은 것은?

> 비스무트(Bi)가 구리의 양보다 2배 이상 존재할 경우에는 ( )를 나타내어 방해한다.

① 적자색 ② 황색
③ 청색 ④ 황갈색

해설 **비스무트(Bi)가 구리의 양보다 2배 이상 존재할 경우**

① 황색을 나타내어 방해한다. 이때는 시료의 흡광도를 A_1 으로 하고 따로 같은 양의 시료를 취하여 시료의 시험기준 중 암모니아수(1+1)를 넣어 중화하기 전에 시안화칼륨용액(5W/V%) 3mL를 넣어 구리를 시안착화합으로 만든 다음 중화하여 실험하고 이 액의 흡광도를 A_2 로 한다.
② 구리에 의한 흡광도는 $A_1 - A_2$ 이다.

59 크롬을 자외선/가시선 분광법으로 측정하는 방법에서 적용되는 흡광도 파장(nm)으로 옳은 것은?

① 340
② 440
③ 540
④ 640

해설 **크롬 - 자외선/가시선 분광법**

시료 중에 총 크롬을 과망간산칼륨을 사용하여 6가크롬으로 산화시킨 다음 산성에서 다이페닐카바자이드와 반응하여 생성되는 적자색 착화합물의 흡광도를 540nm에서 측정하여 총 크롬을 정량하는 방법이다.

60 중량법에 의한 기름 성분 분석방법(절차)에 관한 내용으로 틀린 것은?

① 시료 적당량을 분별깔때기에 넣은 후 메틸오렌지용액(0W/V%)을 2~3방울 넣고 황색이 적색으로 변할 때까지 염산(1+1)을 넣어 pH 4 이하로 조절한다.
② 시료가 반고상 또는 고상폐기물인 경우에는 폐기물의 양에 약 2.5배에 해당하는 물을 넣어 잘 혼합한 다음 pH 4 이하로 조절한다.
③ 노말헥산 추출물질의 함량이 5mg/L 이하로 낮은 경우에는 5L 부피의 시료병에 시료 4L를 채취하여 염화철(Ⅲ) 용액 4mL를 넣고 자석교반기로 교반하면서 탄산나트륨 용액(20W/V%)을 넣어 pH 7~9로 조절한다.
④ 증발용기 외부의 습기를 깨끗이 닦고 실리카겔 데시케이터에 넣어 1시간 이상 수분 제거 후 무게를 단다.

해설 증발용기 외부의 습기를 깨끗이 닦아 (80±5)℃의 건조기 중에서 30분간 건조하고 실리카겔 데시케이터에 넣어 정확히 30분간 식힌 후 무게를 단다.

정답 57 ① 58 ② 59 ③ 60 ④

제4과목 폐기물관계법규

[Note] 2012~2015년 폐기물관계법규 관련 문제는 법규의 변경 사항이 많으므로 문제유형만 학습하시기 바랍니다.

61 시 · 도지사가 10년마다 수립하는 폐기물처리 기본계획에 포함되어야 할 사항과 가장 거리가 먼 것은?

① 폐기물의 종류별 발생량과 장래의 발생 예상량
② 폐기물의 처리 현황과 향후 처리 계획
③ 폐기물의 감량화와 재활용 등 자원화에 관한 사항
④ 폐기물사업자 인가 현황 및 계획

62 다음 중 위해의료폐기물인 손상성 폐기물과 가장 거리가 먼 것은?

① 봉합바늘 ② 폐시험관
③ 한방침 ④ 수술용 칼날

63 지정폐기물 배출자가 그의 사업장에서 발생되는 지정폐기물 중 폐산, 폐알칼리의 최대 보관일수는?(단, 보관 개시일로부터)

① 120일 ② 90일
③ 60일 ④ 45일

64 다음은 최종처리시설 중 폐기물매립시설의 설치기준에 관한 사항이다. ( ) 안에 들어갈 숫자로 알맞은 것은?

> 폐기물의 흘러 나감을 방지할 수 있는 축대벽 및 둑은 매립되는 폐기물의 무게, 매립단면 및 침출수위 등을 고려하여 안전하게 설치하여야 한다. 이 경우 축대벽은 저면활동에 대한 안전율이 (㉠) 이상, 쓰러짐에 대한 안전율이 (㉡) 이상, 지지력에 대한 안전율이 (㉢) 이상이어야 한다.

① ㉠ 1.5, ㉡ 2.0, ㉢ 3.0
② ㉠ 2.0, ㉡ 1.5, ㉢ 3.0
③ ㉠ 2.0, ㉡ 3.0, ㉢ 1.5
④ ㉠ 3.0, ㉡ 2.0, ㉢ 1.5

65 환경정책기본법에 따른 용어의 정의로 옳지 않은 것은?

① '환경용량'이란 일정한 지역에서 환경오염 또는 환경훼손에 대하여 환경이 스스로 수용, 정화 및 복원하여 환경의 질을 유지할 수 있는 한계를 말한다.
② '생활환경'이란 지상의 모든 생물과 이들을 둘러싸고 있는 비생물적인 것을 포함한 자연의 상태를 말한다.
③ '환경훼손'이란 야생동식물의 남획 및 그 서식지의 파괴, 생태계질서의 교란, 자연경관의 훼손, 표토의 유실 등으로 자연환경의 본래적 기능에 중대한 손상을 주는 상태를 말한다.
④ '환경보전'이란 환경오염 및 환경훼손으로부터 환경을 보호하고 오염되거나 훼손된 환경을 개선함과 동시에 쾌적한 환경 상태를 유지 · 조성하기 위한 행위를 말한다.

66 폐기물 중간처분시설 중 화학적 처분시설로 분류되는 시설은?

① 고형화 시설
② 유수분리시설
③ 연료화 시설
④ 정제시설

67 폐기물처리시설 중 중간처리시설인 기계적 처리시설 기준에 관한 내용으로 옳지 않은 것은?

① 압축시설(동력 10마력 이상 시설에 한정한다)
② 파쇄 · 분쇄시설(동력 20마력 이상 시설에 한정한다)
③ 용융시설(동력 10마력 이상인 시설로 한정한다)
④ 절단시설(동력 20마력 이상인 시설로 한정한다)

2015

68 관리형 매립시설에서 발생하는 침출수의 배출허용 기준 중 청정지역의 부유물질량에 대한 기준으로 옳은 것은?

① 20mg/L ② 30mg/L
③ 40mg/L ④ 50mg/L

정답 61 ④ 62 ② 63 ④ 64 ① 65 ② 66 ① 67 ④ 68 ②

69 다음은 폐기물 인계 · 인수 내용 등의 전산처리에 관한 내용이다. ( ) 안에 알맞은 것은?

> 환경부장관은 전산기록이 입력된 날부터 ( )간 전산기록을 보존하여야 한다.

① 1년　② 3년
③ 5년　④ 10년

70 폐기물처리업의 변경신고를 하여야 할 사항과 가장 거리가 먼 것은?

① 상호의 변경
② 연락장소 또는 사무실 소재지의 변경
③ 임시차량의 증차 또는 운반차량의 감차
④ 처리용량 누계의 30% 이상 변경

71 폐기물 발생 억제지침 준수의무 대상 배출자의 규모 기준으로 옳은 것은?

① 최근 2년간 연평균 배출량을 기준으로 지정폐기물을 100톤 이상 배출하는 자
② 최근 2년간 연평균 배출량을 기준으로 지정폐기물을 200톤 이상 배출하는 자
③ 최근 3년간 연평균 배출량을 기준으로 지정폐기물을 100톤 이상 배출하는 자
④ 최근 3년간 연평균 배출량을 기준으로 지정폐기물을 200톤 이상 배출하는 자

72 폐기물처리업자는 장부를 갖추어 두고 폐기물의 발생 · 배출 · 처리상황 등을 기록하고, 보존하여야 한다. 장부를 보존해야 할 기간은?

① 마지막으로 기록한 날부터 1년간 보존
② 마지막으로 기록한 날부터 3년간 보존
③ 마지막으로 기록한 날부터 5년간 보존
④ 마지막으로 기록한 날부터 7년간 보존

73 설치신고대상 폐기물처리시설기준으로 알맞지 않은 것은?

① 지정폐기물소각시설로서 1일 처리능력이 10톤 미만인 시설
② 열처리조합시설로서 시간당 처리능력이 100킬로그램 미만인 시설
③ 유수분리시설로서 1일 처리능력이 100톤 미만인 시설
④ 연료화시설로서 1일 처리능력이 100톤 미만인 시설

74 매립시설의 경우 정기검사를 받기 위해 검사신청서에 첨부하여야 하는 서류가 아닌 것은?

① 시방서 및 재료시험성적서 사본
② 설치 및 장비확보 명세서
③ 설계도서 및 구조계산서 사본
④ 유지관리계획서

75 다음 중 의료폐기물의 종류에 해당되지 않는 것은?

① 격리의료폐기물
② 위해의료폐기물
③ 특정의료폐기물
④ 일반의료폐기물

76 폐기물처리시설을 환경부령으로 정하는 기준에 맞게 설치하되 환경부령으로 정하는 규모 미만의 폐기물 소각시설을 설치 · 운영하여서는 아니 된다. 이를 위반하여 설치가 금지되는 폐기물 소각시설을 설치 · 운영한 자에 대한 벌칙 기준은?

① 1년 이하의 징역이나 5백만 원 이하의 벌금
② 1년 이하의 징역이나 1천만 원 이하의 벌금
③ 2년 이하의 징역이나 1천만 원 이하의 벌금
④ 2년 이하의 징역이나 2천만 원 이하의 벌금

정답 69 ② 70 ④ 71 ③ 72 ② 73 ③ 74 ④ 75 ③ 76 ④

77 **폐기물관리법에 따른 용어의 정의로 옳지 않은 것은?**

① 폐기물처리시설 : 폐기물의 중간처분시설, 최종처분시설 및 재활용시설로서 대통령령으로 정하는 시설을 말한다.

② 폐기물감량화 시설 : 생산 공정에서 발생하는 폐기물의 양을 줄이고 사업장 내 재활용을 통하여 폐기물 배출을 최소화하는 시설로서 대통령령으로 정하는 시설을 말한다.

③ 처분 : 폐기물의 소각, 중화, 파쇄, 고형화 등의 중간처분과 매립하거나 해역으로 배출하는 등의 최종처분을 말한다.

④ 재활용 : 폐기물을 재사용, 재생이용하거나 에너지를 회수할 수 있는 상태로 만드는 활동으로서 대통령령으로 정하는 활동을 말한다.

78 **폐기물처리시설 중 기술 관리인을 두어야 할 매립시설의 규모 기준으로 적절한 것은?**

① 면적이 5,000m^2 이상

② 면적이 10,000m^2 이상

③ 매립용적이 5,000m^3 이상

④ 매립용적이 10,000m^3 이상

79 **폐기물처리시설 중 유기성 폐기물을 매립한 폐기물매립시설의 발생가스에 대한 사후관리방법 기준에 관한 내용으로 ( ) 안에 알맞은 법적 기준은?**

> 외기온도, 가스온도, 메탄, 이산화탄소, 암모니아, 황화수소 등의 조사항목을 매립종료 후 5년까지는 (㉠) 이상, 5년이 지난 후에는 (㉡) 이상 조사하여야 한다.

① ㉠ 월 1회, ㉡ 2월 1회

② ㉠ 월 1회, ㉡ 분기1회

③ ㉠ 분기 1회, ㉡ 반기 1회

④ ㉠ 분기 1회, ㉡ 연 1회

80 **폐기물처리시설 주변지역 영향조사 기준 중 조사방법(조사지점)에 관한 기준으로 옳은 것은?**

① 토양 조사지점은 매립시설에 인접한 토양오염이 우려되는 2개소 이상의 일정한 곳으로 한다.

② 토양 조사지점은 매립시설에 인접한 토양오염이 우려되는 3개소 이상의 일정한 곳으로 한다.

③ 토양 조사지점은 매립시설에 인접한 토양오염이 우려되는 4개소 이상의 일정한 곳으로 한다.

④ 토양 조사지점은 매립시설에 인접한 토양오염이 우려되는 5개소 이상의 일정한 곳으로 한다.

2015

정답 77 ④ 78 ② 79 ④ 80 ③

2015년 2회 기출문제

제1과목 폐기물개론

01 선별방식 중 각 물질의 비중차를 이용하는 방법으로 약간 경사진 평판에 폐기물을 흐르게 한 후 좌우로 빠른 진동과 느린 진동을 주어 분류하는 것은?

① Secators ② Stoners
③ Table ④ Jig

해설 **테이블(Table) 선별법**
각 물질의 비중차를 이용하여 약간 경사진 평판에 폐기물을 올려놓고 좌우로 빠른 진동과 느린 진동을 주면 가벼운 입자는 빠른 진동 쪽으로, 무거운 입자는 느린 쪽으로 분류되는 방법이다.

02 다음 중 폐기물이 가지고 있는 특성을 중심으로 위해성을 판단하는 인자로 볼 수 없는 것은?

① 부식성 ② 부패성
③ 반응성 또는 인화성 ④ 용출 특성

해설 **유해 폐기물의 성질을 판단하는 시험방법(성질) 및 종류 : 위해성 판단 인자**
① 부식성 ② 유해성
③ 반응성 ④ 인화성(발화성)
⑤ 용출 특성 ⑥ 독성
⑦ 난분해성 ⑧ 유해 가능성
⑨ 감염성

03 1992년 리우데자네이로에서 가진 유엔환경 개발회의에서 대두된 용어(약자)로 '친환경적이면서 지속 가능한 개발'이란 뜻을 가진 것은?

① EPSS ② ESSK
③ ECCZ ④ ESSD

해설 **ESSD(Environmentally Sound and Sustainable Development)**
① 1992년 리우데자네이루에서 가진 유엔환경개발회의에서 대두된 용어이다.
② 친환경적이면서 지속 가능한 개발을 의미한다.

04 폐기물 중 철금속(Fe)/비철금속(Al, Cu)/유리병의 3종류를 각각 분리할 수 있는 방법으로 가장 적절한 것은?

① 자력 선별법
② 정전기 선별법
③ 와전류 선별법
④ 풍력 선별법

해설 **와전류 선별법**
① 연속적으로 변화하는 자장 속에 비극성(비자성)이고 전기전도도가 우수한 물질(구리, 알루미늄, 아연 등)을 넣으면 금속 내에 소용돌이 전류가 발생하는 와전류현상에 의하여 반발력이 생기는데 이 반발력의 차를 이용하여 다른 물질로부터 분리하는 방법이다.
② 폐기물 중 철금속(Fe), 비철금속(Al, Cu), 유리병의 3종류를 각각 분리할 경우 와전류 선별법이 가장 적절하다.

05 폐기물의 강열감량은 다음 중 어떻게 산출되는가?

① 수분함량+가연분함량+회분함량
② 가연분함량+회분함량
③ 수분함량+회분함량
④ 수분함량+가연분함량

해설 **강열감량(열작감량)**
① 소각재 중 미연분의 양을 중량 백분율로 표시한다.(강열감량=수분함량+가연분함량)
② 소각로의 연소효율을 판정하는 지표 및 설계인자로 사용한다.(소각로의 운전상태를 파악할 수 있는 중요한 지표)
③ 소각잔사의 매립처분에 있어서 중요한 의미가 있다.
④ 3성분 중에서 가연분이 타지 않고 남는 양으로 표현된다.
⑤ 강열감량이 낮을수록 연소효율이 좋다.
⑥ 소각로의 종류, 처리용량에 따른 화격자의 면적을 산정하는데 중요한 자료이다.
⑦ 쓰레기의 가연분, 소각잔사의 미연분, 고형물 중의 유기분을 측정하기 위한 열작감량(완전연소가능량, Ignition Loss)

정답 01 ③ 02 ② 03 ④ 04 ③ 05 ④

06 폐기물 매립 시 파쇄를 통해 얻을 수 있는 이점과 가장 거리가 먼 것은?

① 매립작업만으로 고밀도 매립이 가능하다.
② 표면적 감소로 미생물 작용이 촉진되어 매립지 조기안정화가 가능하다.
③ 곱게 파쇄하면 복토 요구량이 절감된다.
④ 폐기물의 밀도가 증가되어 바람에 멀리 날라갈 염려가 적다.

해설 **쓰레기를 파쇄하여 매립 시 장점(이점)**

① 곱게 파쇄하면 매립 시 복토가 필요 없거나 복토요구량이 절감된다.
② 매립 시 폐기물이 잘 섞여서 호기성 조건을 유지하므로 냄새가 방지된다.
③ 매립작업이 용이하고 압축장비가 없어도 고밀도의 매립이 가능하다.
④ 폐기물 입자의 표면적이 증가되어 미생물작용이 촉진된다. (조기 안정화)
⑤ 병원균의 매개체(쥐 or 해충)의 섭취 가능 음식이 없어져 이들의 서식이 불가능하다.
⑥ 폐기물 밀도가 증가되어 바람에 멀리 날아갈 염려가 없다.(화재위험 없음)
⑦ 압축 시 밀도증가율이 크므로 운반비가 감소한다.

07 폐기물 1ton을 건조시켜 함수율을 50%에서 25%로 감소시켰다. 폐기물의 중량은 얼마로 되겠는가?

① 0.33ton　② 0.5ton
③ 0.67ton　④ 0.75ton

해설 1ton × (1 − 0.5) = 건조 후 중량(ton) × (1 − 0.25)

$$\text{건조 후 중량(ton)} = \frac{1\text{ton} \times 0.5}{0.75} = 0.67\text{ton}$$

08 쓰레기 발생량을 예측하는 방법 중 쓰레기 배출에 영향을 주는 모든 인자를 시간에 대한 함수로 나타낸 후 시간에 대한 함수로 표현된 각 영향인자들 간의 상관관계를 수식화한 것은?

① 경향법
② 추정법
③ 동적모사모델
④ 다중회귀모델

해설 **폐기물 발생량 예측방법**

방법(모델)	내용
경향법 (Trend method) 경향예측모델	• 최저 5년 이상의 과거 처리 실적을 수식 model에 대하여 과거의 경향을 가지고 장래를 예측하는 방법 • 단지 시간과 그에 따른 쓰레기 발생량(또는 성상) 간의 상관관계만을 고려하며 이를 수식으로 표현하면 $x = f(t)$ • $x = f(t)$는 선형, 지수형, 대수형 등에서 가장 근사한 형태를 택함
다중회귀모델 (Multiple regression model)	• 하나의 수식으로 각 인자들의 효과를 총괄적으로 나타내어 복잡한 시스템의 분석에 유용하게 사용할 수 있는 쓰레기 발생량 예측방법 • 각 인자마다 효과를 파악하기보다는 전체 인자의 효과를 총괄적으로 파악하는 것이 간편하고 유용한 예측방법으로 시간을 단순히 하나의 독립된 종속인자로 대입 • 수식 $x = f(X_1 X_2 X_3 \cdots X_n)$, 여기서 $X_1 X_2 X_3 \cdots X_n$은 쓰레기 발생량에 영향을 주는 인자 ※ 인자 : 인구, 지역소득(GNP 또는 GRP), 자원회수량, 상품 소비량 또는 매출액(자원회수량, 사회적 · 경제적 특성이 고려됨)
동적모사모델 (Dynamic simulation model)	• 쓰레기 발생량에 영향을 주는 모든 인자를 시간에 대한 함수로 나타낸 후 시간에 대한 함수로 표현된 각 영향인자들 간의 상관관계를 수식화하는 방법 • 시간만을 고려하는 경향법과 시간을 단순히 하나의 독립적인 종속인자로 고려하는 다중회귀모델의 문제점을 보완한 예측방법 • Dynamo 모델 등이 있음

2015

09 폐기물 성분 중 비가연성이 50wt%를 차지하고 있다. 밀도가 480kg/m^{3}인 폐기물이 12m^3 있을 때 가연성 물질의 양(kg)은?

① 2,240　② 2,430
③ 2,880　④ 2,960

해설 가연성 물질(kg) = 부피 × 밀도 × 가연성 물질 함유비율

$$= 12\text{m}^3 \times 480\text{kg/m}^3 \times \left(\frac{100-50}{100}\right) = 2280\text{kg}$$

정답 06 ② 07 ③ 08 ③ 09 ③

10 하나의 수식으로 각 인자들의 효과를 총괄적으로 나타내어 복잡한 시스템의 분석에 유용하게 사용할 수 있는 쓰레기 발생량 예측방법으로 가장 적절한 것은?

① 경향법　② 동적모사모델
③ 정적모사모델　④ 다중회귀모델

해설 **폐기물 발생량 예측방법**

방법(모델)	내용
경향법 (Trend method) 경향예측모델	• 최저 5년 이상의 과거 처리 실적을 수식 model에 대하여 과거의 경향을 가지고 장래를 예측하는 방법 • 단지 시간과 그에 따른 쓰레기 발생량(또는 성상) 간의 상관관계만을 고려하며 이를 수식으로 표현하면 $x=f(t)$ • $x=f(t)$는 선형, 지수형, 대수형 등에서 가장 근사한 형태를 택함
다중회귀모델 (Multiple regression model)	• 하나의 수식으로 각 인자들의 효과를 총괄적으로 나타내어 복잡한 시스템의 분석에 유용하게 사용할 수 있는 쓰레기 발생량 예측방법 • 각 인자마다 효과를 파악하기보다는 전체 인자의 효과를 총괄적으로 파악하는 것이 간편하고 유용한 예측방법으로 시간을 단순히 하나의 독립된 종속인자로 대입 • 수식 $x=f(X_1X_2X_3\cdots X_n)$, 여기서 $X_1X_2X_3\cdots X_n$은 쓰레기 발생량에 영향을 주는 인자 ※ 인자 : 인구, 지역소득(GNP 또는 GRP), 자원회수량, 상품 소비량 또는 매출액(자원회수량, 사회적 · 경제적 특성이 고려됨)
동적모사모델 (Dynamic simulation model)	• 쓰레기 발생량에 영향을 주는 모든 인자를 시간에 대한 함수로 나타낸 후 시간에 대한 함수로 표현된 각 영향인자들 간의 상관관계를 수식화하는 방법 • 시간만을 고려하는 경향법과 시간을 단순히 하나의 독립적인 종속인자로 고려하는 다중회귀모델의 문제점을 보안한 예측방법 • Dynamo 모델 등이 있음

11 폐기물의 관리에 있어서 가장 우선적으로 고려하여야 할 사항은?

① 재회수　② 재활용
③ 감량화　④ 소각

해설 폐기물 관리에서 가장 우선적으로 고려하여야 할 사항은 폐기물의 감량화이다.

12 쓰레기 발생량 조사방법으로 적절하지 않은 것은?

① 물질수지법(Material Balance Method)
② 적재차량 계수분석법(Load Count Analysis)
③ 수거트럭 수지법(Collection Truck Balance Method)
④ 직접계근법(Direct Weighting Method)

해설 ① 쓰레기 발생량 조사방법
㉠ 적재차량 계수분석법
㉡ 직접계근법
㉢ 물질수지법
㉣ 통계조사(표본조사, 전수조사)
② 쓰레기 발생량 예측방법
㉠ 경향법
㉡ 다중회귀모델
㉢ 동적모사모델

13 쓰레기 수거능을 판별할 수 있는 MHT라는 용어에 대한 설명으로 가장 적절한 것은?

① 1톤의 쓰레기를 수거하는 데 수거인부 1인이 소요하는 총 시간
② 1톤의 쓰레기를 수거하는 데 소요되는 인부 수
③ 수거인부 1인이 시간당 수거하는 쓰레기 톤 수
④ 수거인부 1인이 수거하는 쓰레기 톤 수

해설 **MHT(Man Hour per Ton : 수거노동력)**
① 폐기물 1ton당 인력소요시간, 즉 수거인부 1인이 폐기물 1ton을 수거하는 데 소요되는 시간을 의미한다.
② 쓰레기통의 위치, 거리, 쓰레기통의 종류와 모양, 수거차의 능력과 형태 등에 따라 달라진다.

14 도시 쓰레기 중 연탄재 함량이 감소됨에 따라 나타난 현상 중 틀린 것은?

① 도시 쓰레기를 구성성분으로 분류할 때 회분함량이 감소된다.
② 도시 쓰레기의 겉보기 밀도가 감소되었다.
③ RDF 제조 시 산술적 환산량(Arithmetic Equivalence)이 증가되었다.
④ 연탄재 감소로 매립 시 복토재 사용량이 감소되었다.

해설 연탄재 감소로 매립 시 복토재 사용량은 증가되었다.

정답 10 ④ 11 ③ 12 ③ 13 ① 14 ④

15 쓰레기 3성분의 조성비를 이용하여 쓰레기의 저위발열량을 측정하는 방법은?

① 원소분석에 의한 방법
② 추정식에 의한 방법
③ 조성분석에 의한 방법
④ 단열열량계에 의한 방법

해설 **3성분 조성비에 의한 발열량 산정식(3성분 추정식에 의한 방법)**
① 쓰레기의 저위발열량 추정 시 3성분(가연분, 수분, 회분)의 조성비율을 이용하여 발열량을 산출하는 방법이다.
② 쓰레기가 불균일성 물질이고 수분을 50% 이상 함유하고 있는 경우에는 상당한 오차가 발생한다.

16 어느 도시의 쓰레기를 분류하여 다음 표와 같은 결과를 얻었다. 이 쓰레기의 함수율은?

성분	구성비(중량%)	함수율(%)
연탄재 및 기타	80	20
식품 폐기물	15	70
종이류	5	20

① 20.7%　　② 27.5%
③ 33.3%　　④ 38.5%

해설 $\text{함수율(\%)} = \dfrac{\text{총 수분량}}{\text{총 쓰레기 중량}} \times 100$

$= \dfrac{(80\times0.2)+(15\times0.7)\times(5\times0.2)}{80+15+5} \times 100$

$= 27.5\%$

17 삼성분이 다음과 같은 쓰레기의 저위발열량(kcal/kg)은?

• 수분 : 60%　• 가연분 : 30%　• 회분 : 10%

① 약 890　　② 약 990
③ 약 1,190　　④ 약 1,290

해설 저위발열량(kcal/kg) $= 45\text{VS} - 6\text{W}$

$= (45\times30)-(6\times60) = 990\text{kcal/kg}$

18 어떤 폐기물의 밀도가 200kg/m^3인 것을 500kg/m^3으로 압축시킬 때 폐기물의 부피변화는?

① 60% 감소　　② 64% 감소
③ 67% 감소　　④ 70% 감소

해설 $\text{VR(\%)} = \left(1-\dfrac{V_f}{V_i}\right)\times100$

$V_i = \dfrac{1\text{kg}}{200\text{kg/m}^3} = 0.005\text{m}^3$

$V_f = \dfrac{1\text{kg}}{500\text{kg/m}^3} = 0.002\text{m}^3$

$= \left(1-\dfrac{0.002}{0.005}\right)\times100 = 60\%$

19 쓰레기 10ton을 소각했더니 재의 용적이 1.14m^3 발생되었다. 재의 밀도(kg/m^3)는?(단, 재의 중량은 쓰레기 중량의 1/100이다.)

① 55　　② 67
③ 88　　④ 92

해설 $\text{재의 밀도}(\text{kg/m}^3) = \dfrac{\text{중량(kg)}}{\text{부피}(\text{m}^3)}$

$= \dfrac{10\text{ton}}{1.14\text{m}^3}\times1{,}000\text{kg/1ton}\times0.01$

$= 87.72\text{kg/m}^3$

20 적환장에 대한 설명으로 옳지 않은 것은?

① 최종처리장과 수거지역의 거리가 먼 경우 사용하는 것이 바람직하다.
② 저밀도 거주지역이 존재할 때 설치한다.
③ 재사용 가능한 물질의 선별시설 설치가 가능하다.
④ 대용량의 수집차량을 사용할 때 설치한다.

해설 **적환장 설치가 필요한 경우**
① 작은 용량의 수집차량을 사용할 때(15m^3 이하)
② 저밀도 거주지역이 존재할 때
③ 불법투기와 다량의 어질러진 쓰레기들이 발생할 때
④ 슬러지 수송이나 공기수송방식을 사용할 때
⑤ 처분지가 수집장소로부터 멀리 떨어져 있을 때
⑥ 상업지역에서 폐기물 수집에 소형 용기를 많이 사용하는 경우
⑦ 쓰레기 수송 비용절감이 필요한 경우
⑧ 압축식 수거 시스템인 경우

정답 15 ② 16 ② 17 ② 18 ① 19 ③ 20 ④

제2과목 폐기물처리기술

21 유입수의 BOD가 250ppm이고 정화조의 BOD 제거율이 80%라면 정화조를 거친 방류수의 BOD는?

① 50ppm ② 60ppm
③ 70ppm ④ 80ppm

해설 방류수 BOD(ppm) = 250ppm × (1 − 0.8) = 50ppm

22 내륙매립공법 중 도랑형 공법에 대한 설명으로 옳지 않는 것은?

① 전처리로 압축 시 발생되는 수분처리가 필요하다.
② 침출수 수집장치나 차수막 설치가 어렵다.
③ 사전 정비작업이 그다지 필요하지 않으나 매립용량이 낭비된다.
④ 파낸 흙을 복토재로 이용 가능한 경우 경제적이다.

해설 **도랑형 방식매립(Trench System : 도랑 굴착 매립공법)**
① 도랑을 파고 폐기물을 매립한 후 다짐 후 다시 복토하는 방법이다.
② 매립지 바닥이 두껍고(지하수면이 지표면으로부터 깊은 곳에 있는 경우) 또한 복토를 적합한 지역에 이용하는 방법으로 거의 단층매립만 가능한 공법이다.
③ 도랑의 깊이는 약 2.5~7m(10m)로 하고 폭은 20m 정도이고 파낸 흙을 복토재로 이용 가능한 경우 경제적이다.(소규모 도랑 : 폭 5~8m, 깊이 1~2m)
④ 도랑에서 굴착된 토사는 매일 또는 중간복토로 사용하여 쓰레기의 날림을 최소화할 수 있다.
⑤ 매립종료 후 토지이용 효율이 증대된다.
⑥ 도랑은 합성수지나 점토를 이용하여 차수시설을 하여 가스나 침출수의 이동을 최소화시킨다.
⑦ 사전 정비작업이 필요하지 않으나 단층매립으로 매립용량의 낭비가 크다.
⑧ 사전작업 시 침출수 수집장치나 차수막 설치가 용이하지 못하다.

23 다음 중 탄질비(C/N, 건조질량비)의 값이 가장 작은 것은?

① 소나무 ② 낙엽
③ 돼지 분뇨 ④ 소화전 활성슬러지

해설 **탄질비(C/N비)**
① 소나무(730) ② 낙엽(60)
③ 돼지 분뇨(20) ④ 소화전 활성슬러지(6)

24 유효공극률 0.2, 점토층 위의 침출수 수두 1.5m인 점토 차수층 1.0m를 통과하는 데 10년이 걸렸다면 점토차수층의 투수계수는 몇 cm/sec 인가?

① 1.54×10^{-8} ② 2.54×10^{-8}
③ 3.54×10^{-8} ④ 4.54×10^{-8}

해설 $t = \dfrac{d^2 n}{K(d+h)}$

$315,360,000\text{sec} = \dfrac{1.0^2\text{m}^2 \times 0.2}{K(1.0+1.5)\text{m}}$

투수계수$(K) = 2.54 \times 10^{-10}\text{m/sec}(2.54 \times 10^{-8}\text{cm/sec})$

25 소각 시 다이옥신(Dioxin)의 발생 억제(또는 제거) 방법에 관한 설명으로 틀린 것은?

① 노내 온도를 300~350℃ 범위로 일정하게 운전하여 다이옥신성분 발생을 최소화 한다.
② 배기가스 Conditioning 시 칼슘 및 활성탄분말 투입 시설을 설치하여 다이옥신과 반응 후 집진함으로써 줄일 수 있다.
③ 유기 염소계 화합물(PVC 제품류) 반입을 제한한다.
④ 페인트가 칠해져 있거나 페인트로 처리된 목재, 가구류 반입을 억제 · 제한한다.

해설 노 내 온도 범위를 850~950℃ 정도로 하여 다이옥신 발생을 억제한다.

26 폐기물의 고형화(고체화) 처리에 관한 설명으로 적절하지 않은 것은?

① 재이용 가능한 농도이어야 한다.
② 고형화시킨 후 침출수와는 관련이 없다.
③ 분해 불가능하고, 연소 불가능한 것이어야 한다.
④ Equilibrium Leaching Test로써 유해물질의 침출 여부를 결정한다.

해설 고형화시킨 후 내부에서 용출될 경우 침출수로 발생된다.

정답 21 ① 22 ① 23 ④ 24 ② 25 ① 26 ②

27 **다음과 같은 조성의 쓰레기를 소각처분하고자 할 때 이론적으로 필요한 공기의 양은 표준상태에서 쓰레기 1kg당 얼마인가?**

쓰레기 조성(질량%)	
• 탄소(C) : 9.5%	• 수소(H) : 2.8%
• 산소(O) : 10.5%	• 불연소성분 : 77.2%

① 약 $1.25m^3$ ② 약 $2.25m^3$
③ 약 $3.25m^3$ ④ 약 $4.25m^3$

해설
$$A_0(Sm^3)=\frac{1}{0.21}(1.867C+5.6H-0.7O)$$
$$=\frac{1}{0.21}[(1.867\times0.095)+(5.6\times0.028)-(0.7\times0.105)]$$
$$=1.24Sm^3/kg\times1kg$$
$$=1.24Sm^3$$

28 **대표적인 고형화처리방법인 석회기초법에 관한 설명으로 옳지 않은 것은?**

① 가격이 매우 싸고 널리 이용되고 있다.
② 석회－포졸란 화학반응이 간단하고 용이하다.
③ pH가 낮을 때 폐기물 성분의 용출 가능성이 증가한다.
④ 탈수가 필요하다.

해설 **석회기초법**
① 장점
㉠ 공정운전이 간단하고 용이하다.
㉡ 가격이 매우 저렴하고 광범위하게 이용 가능하다.
㉢ 탈수가 필요하지 않다.
㉣ 동시에 두 가지 폐기물 처리가 가능하다.
㉤ 석회－포졸란 화학반응이 간단하고 기술이 잘 발달되어 있다.
② 단점
㉠ pH가 낮을 때 폐기물 성분의 용출 가능성이 증가한다.
㉡ 최종 폐기물질의 양이 증가된다.

29 **폐기물의 열분해에 관한 설명으로 틀린 것은?**

① 열분해를 통하여 얻어지는 연료의 성질을 결정짓는 요소로는 운전온도, 가열속도, 폐기물의 성질 등으로 알려져 있다.
② 열분해 방법에는 저온법과 고온법이 있는데, 통상적으로 저온은 500~900℃, 고온은 1,100~1,500℃를 말한다.
③ 열분해 온도에 따르는 가스의 구성비는 고온이 될수록 CO_2 함량이 늘고 수소 함량은 줄어든다.
④ 열분해에 의해 생성되는 액체물질에는 식초산, 아세톤, 메탄올, 오일, 타르, 방향성 물질이 있다.

해설 열분해 온도가 증가할수록 수소 함량은 증가, 이산화탄소 함량은 감소한다.

30 **분뇨 100kL에서 SS 24,500mg/L을 제거하였다. SS의 함수율이 96%라고 하면 그 부피는?(단, 비중은 1.0 기준)**

① $25m^3$ ② $40m^3$
③ $61m^3$ ④ $83m^3$

해설 분뇨 부피(m^3)
$$=100m^3\times24{,}500mg/L\times g/1{,}000mg\times L/1{,}000g\times\frac{100}{100-96}$$
$$=61.25m^3$$

31 **유기적 고형화에 대한 일반적 설명과 가장 거리가 먼 것은?**

① 수밀성이 작고 적용 가능 폐기물이 적음
② 처리비용이 고가
③ 방사선 폐기물 처리에 적용함
④ 미생물 및 자외선에 대한 안정성이 약함

해설 **유기적(유기성) 고형화 특징**
① 일반적으로 물리적으로 봉입한다.
② 처리비용이 고가이다.
③ 최종 고화재의 체적 증가가 다양하다.
④ 수밀성이 매우 크고 다양한 폐기물에 적용이 용이하다.
⑤ 미생물, 자외선에 대한 안정성이 약하다.
⑥ 일반 폐기물보다 방사선 폐기물 처리에 적용한다. 즉, 방사성 폐기물을 제외한 기타 폐기물에 대한 적용사례가 제한되어 있다.
⑦ 상업화된 처리법의 현장자료가 미비하다.
⑧ 고도 기술을 필요로 하며 촉매 등 유해물질이 사용된다.
⑨ 역청, 파라핀, PE, UPE 등을 이용한다.

32 **해안매립공법에 대한 설명으로 옳지 않은 것은?**

① 순차투입방법은 호안 측으로부터 순차적으로 쓰레기를 투입하여 육지화하는 방법이다.
② 수심이 깊은 처분장에서는 건설비 과다로 내수를 완전히 배제하기가 곤란한 경우가 많아 순차투입방법을 택하는 경우가 많다.

2015

정답 27 ① 28 ④ 29 ③ 30 ③ 31 ① 32 ④

③ 처분장은 면적이 크고 1일 처분량이 많다.
④ 수중부에 쓰레기를 깔고 압축작업과 복토를 실시하므로 근본적으로 내륙매립과 같다.

해설 **해안매립**
① 처분장의 면적이 크고, 1일 처분량이 많으나 완전한 샌드위치방식에 의한 매립이 곤란하다.
② 수중부에 쓰레기를 깔고 압축작업과 복토를 실시하기 어려우므로 근본적으로 내륙매립과 다르다.

33 **매립지에서 발생하는 침출수의 특성이 COD/TOC : 2.0~2.8, BOD/COD : 0.1~0.5, 매립연한 : 5~10년, COD(mg/L) : 500~10,000일 때 효율성이 가장 양호한 처리공정은?**

① 생물학적 처리 ② 이온교환수지
③ 활성탄 흡착 ④ 역삼투

해설 **침출수 특성에 따른 처리공정 구분**

	항목	Ⅰ	Ⅱ	Ⅲ
침출수 특성	COD(mg/L)	10,000 이상	500~10,000	500 이하
	COD/TOC	2.7(2.8) 이상	2.0~2.7	2.0 이하
	BOD/COD	0.5 이상	0.1~0.5	0.1 이하
	매립연한	초기 (5년 이하)	중간 (5~10년)	오래(고령)됨 (10년 이상)
주처리공정	생물학적 처리	좋음 (양호)	보통	나쁨 (불량)
	화학적 응집 · 침전 (화학적 침전 : 석회투여)	보통 · 불량	나쁨 (불량)	나쁨 (불량)
	화학적 산화	보통 · 나쁨 (불량)	보통	보통
	역삼투(R.O)	보통	좋음 (양호)	좋음 (양호)
	활성탄 흡착	보통 · 좋음 (양호)	보통 · 좋음 (양호)	좋음 (양호)
	이온교환 수지	나쁨 (불량)	보통 · 좋음 (양호)	보통

34 **일반적으로 열용량(kcal/kg)이 가장 높고 회분량(%)이 10~20%, 수분함량이 4% 이하인 RDF의 종류는?**

① Bulk RDF ② Powder RDF
③ Pellet RDF ④ Fluff RDF

해설 **RDF 종류 및 특성**

종류	Powder RDF	Pellet RDF	Fluff RDF
함수율(%)	4% 이하	12~18%	15~20%
회분량(%)	10~20%	12~25%	22~30%
연료형태	분말 (0.5mm 이하)	원통 (직경 10~20mm, 길이 30~50mm)	사각 (25~50mm)
열용량	4,300 kcal/kg	3,300~4,000 kcal/kg	2,500~3,500 kcal/kg
이송방법	공기	제약 없음	공기

35 **매립지에서 발생되는 가스를 회수, 재활용하기 위하여 일반적으로 요구되는 매립 폐기물 및 발생가스 조건으로 옳지 않은 것은?**

① 폐기물 중에는 약 50%의 분해 가능한 물질이 있어야 한다.
② 폐기물 중 분해 가능한 물질의 50% 이상이 실제 분해하여 기체를 발생시켜야 한다.
③ 발생기체의 50% 이상을 포집할 수 있어야 한다.
④ 기체의 발열량은 6,200kcal/Nm^3 이상이어야 한다.

해설 기체의 발열량은 2,200kcal/m^3 이상이어야 한다.

36 **쓰레기 소각로의 저온부식에서 부식속도가 가장 빠른 온도범위는?**

① 100~150℃ ② 150~200℃
③ 200~250℃ ④ 250~300℃

해설 ① 고온부식
㉠ 소각로 화격자에서 고온부식은 국부적으로 연소가 심한 장소에서 화격자의 온도가 상승함에 따라 발생한다.
㉡ 소각로에서의 고온부식은 320℃ 이상에서 소각재가 침착된 금속 면에서 발생, 즉 가스 성분과 소각재 성분에 의하여 부식이 진행된다.
㉢ 고온부식은 600~700℃에서 가장 심하고 700℃ 이상에서는 완만한 속도로 진행된다.
㉣ 폐기물 내의 PVC는 소각로의 부식을 가속시킨다.
㉤ 320~480℃ 사이에서는 염화철이나 알칼리철 황산염 생성에 의한 부식이 발생된다.
㉥ 480~700℃ 사이에서는 염화철이나 알칼리철 황산염 분해에 의한 부식이 발생된다.
② 저온부식
㉠ 소각로 내에 결로로 생성된 수분에 부식성 가스(SO_3 등)가 용해되어 이온상태로 해리되면서 금속부와 전기화학적

정답 33 ④ 34 ② 35 ④ 36 ①

반응에 의해 금속염을 생성함에 따라 부식이 진행된다.
㉡ 저온부식은 100~150℃에서 가장 심하고 150~320℃ 사이에서는 일반적으로 부식이 잘 일어나지 않는다.
㉢ 250℃ 정도의 연소온도에서는 유황성분과 염소성분이 부식을 잘 일으킨다.

37 매립 후 경과기간에 따른 가스 구성성분의 변화단계 중 CH_4와 CO_2의 함량이 거의 일정한 정상상태의 단계로 가장 적절한 것은?

① I단계 – 호기성 단계(초기조절단계)
② II단계 – 혐기성 단계(전이단계)
③ III단계 – 혐기성 단계(산형성 단계)
④ IV단계 – 혐기성 단계(메탄발효단계)

해설 **제4단계(혐기성 정상상태 단계 : 메탄발효 단계)**
① 매립 후 2년이 경과하여 완전한 혐기성(피산소성) 단계로 발생되는 가스의 구성비가 거의 일정한 정상상태의 단계이다.
② 메탄생성균이 우점종이 되어 유기물분해와 동시에 CH_4, CO_2 가스 등이 생성된다.
③ 가스의 조성은 (CH_4 : CO_2 : N_2 = 55% : 40% : 5%)이다.
④ 탄산가스는 침출수의 산도를 높인다.

38 다음 중 퇴비화를 위한 설비와 가장 거리가 먼 것은?

① 공기공급시설 ② 수분조절시설
③ 교반시설 ④ 가온시설

해설 **퇴비화를 위한 설비**
① 공기공급시설
② 수분조절시설
③ 교반시설

39 오염된 토양의 처리법 중 토양세척법과 가장 거리가 먼 것은?

① Steam/고온수법
② 전자수용체 주입법
③ 계면활성제법
④ 용제법

해설 **토양세척법 종류**
① Steam/고온수법
② 계면활성제법
③ 용제법

40 메탄올(CH_3OH) 3kg을 완전연소하는 데 필요한 이론공기량은?

① $10Sm^3$ ② $15Sm^3$
③ $20Sm^3$ ④ $25Sm^3$

해설 $CH_3OH + 1.5O_2 \rightarrow CO_2 + 2H_2O$
32kg : $1.5 \times 22.4Sm^3$
3kg : $O_o(Sm^3)$

$$O_o(Sm^3) = \frac{3kg \times (1.5 \times 22.4)Sm^3}{32kg} = 3.15Sm^3$$

$$A_o(Sm^3) = \frac{3.15Sm^3}{0.21} = 15Sm^3$$

제3과목 폐기물공정시험기준(방법)

41 기름 성분(중량법)의 정량한계는?(단, 폐기물공정시험기준 기준)

① 0.05% 이하 ② 0.1% 이하
③ 0.3% 이하 ④ 0.5% 이하

해설 **기름 성분 – 중량법의 정량한계** : 0.1% 이하

42 기체크로마토그래피로 휘발성 저급염소화 탄화수소류를 측정할 때 간섭물질에 관한 내용으로 틀린 것은?

① 추출용매에는 분석성분의 머무름 시간에서 피크가 나타나는 간섭물질이 있을 수 있다.
② 디클로로메탄과 같이 머무름 시간이 긴 화합물은 용매나 용질의 피크와 겹쳐 분석을 방해할 수 있다.
③ 플루오르화탄소나 디클로로메탄과 같은 휘발성 유기물은 보관이나 운반 중에 격막을 통해 시료 안으로 확산되어 시료를 오염시킬 수 있다.
④ 시료에 혼합표준액 일정량을 첨가하여 크로마토크램을 작성하고 미지의 다른 성분과 피크의 중복 여부를 확인한다.

해설 디클로로메탄과 같이 머무름 시간이 짧은 화합물은 용매의 피크와 겹쳐 분석을 방해할 수 있다.

2015

정답 37 ④ 38 ④ 39 ② 40 ② 41 ② 42 ②

43 다음 중 농도가 가장 낮은 것은?

① 1mg/L ② 100μg/L
③ 100ppb ④ 0.01ppm

해설 ① 1mg/L
② 1,000μg/L=1,000ppb=1ppm=1mg/L
③ 100ppb=0.1ppm=0.1mg/L
④ 0.01ppm=0.01mg/L

44 원자흡수분광광도법에 의한 비소 측정 시 사용하는 아연 분말은 비소함량(ppm)이 얼마 이하의 것을 사용하여야 하는가?

① 5 ② 0.5
③ 0.05 ④ 0.005

해설 **비소 – 원자흡수분광광도법의 정량한계** : 0.005mg/L

45 기름 성분을 분석하기 위한 노말헥산 추출시험법에서 노말헥산을 증발시키기 위한 조작온도는?

① 50℃ ② 60℃
③ 70℃ ④ 80℃

해설 기름 성분–중량법에서 증발용기가 알루미늄박으로 만든 접시 또는 비커일 경우에는 용기의 표면을 깨끗이 닦고 80℃로 유지한 전기열판 또는 전기맨틀에 넣어 노말헥산을 증발시킨다.

46 시료용액의 조제에 관한 설명으로 알맞은 것은?

① 조제한 시료 100g 이상을 정밀히 달아 정제수에 염산을 넣어 pH 5.8~6.3으로 맞춘 용매(mL)를 1 : 10 (W : V)의 비로 2,000mL 삼각플라스크에 넣어 혼합한다.
② 조제한 시료 100g 이상을 정밀히 달아 정제수에 황산을 넣어 pH 5.8~6.3으로 맞춘 용매(mL)를 1 : 10 (W : V)의 비로 2,000mL 삼각플라스크에 넣어 혼합한다.
③ 조제한 시료 100g 이상을 정밀히 달아 정제수에 질산을 넣어 pH 5.8~6.3으로 맞춘 용매(mL)를 1 : 10 (W : V)의 비로 2,000mL 삼각플라스크에 넣어 혼합한다.
④ 조제한 시료 100g 이상을 정밀히 달아 정제수에 탄산을 넣어 pH 5.8~6.3으로 맞춘 용매(mL)를 1 : 10 (W : V)의 비로 2,000mL 삼각플라스크에 넣어 혼합한다.

해설 **용출시험 시료용액 조제**
① 시료의 조제 방법에 따라 조제한 시료 100g 이상을 정확히 단다.
⇩
② 용매 : 정제수에 염산을 넣어 pH를 5.8~6.3으로 한다.
⇩
③ 시료 : 용매=1 : 10(w/v)의 비로 2,000mL 삼각 플라스크에 넣어 혼합한다.

47 기체크로마토그래피 분석법으로 측정하여야 하는 항목은?

① 유기인 ② 시안
③ 기름 성분 ④ 비소

해설 ① 유기인 : 기체크로마토그래피
② 시안 : 자외선/가시선 분광법, 이온전극법
③ 기름 성분 : 중량법
④ 비소 : 원자흡수분광광도법, 유도결합플라스마–원자발광분광법, 자외선/가시선 분광법

48 흡광도가 0.35인 시료의 투과도는 얼마인가?

① 0.447 ② 0.547
③ 0.647 ④ 0.747

해설 $흡광도=\log\frac{1}{투과도}$

$0.35=\log\frac{1}{투과도}$

$투과도=\frac{1}{10^{0.35}}=0.447$

49 $K_2Cr_2O_7$을 사용하여 크롬 표준원액(100mg Cr/L) 100mL를 제조할 때 $K_2Cr_2O_7$은 얼마나 취해야 하는가?(단, 원자량 K=39, Cr=52, O=16)

① 14.1mg ② 28.3mg
③ 35.4mg ④ 56.6mg

해설 $K_2Cr_2O_7$: $2Cr^{3+}$
294g : 2×52g
X : 100mg/L×0.1L

$X(K_2Cr_2O_7)=\frac{294g\times100mg/L\times0.1L}{2\times52g}=28.27mg$

정답 43 ④ 44 ④ 45 ④ 46 ① 47 ① 48 ① 49 ②

50 다음은 자외선/가시선 분광법으로 비소를 측정하는 내용이다. ( ) 안에 옳은 내용은?

> 시료 중의 비소를 3가비소로 환원시킨 다음 아연을 넣어 발생되는 비화수소를 다이에틸다이티오카르바민산은의 피리딘 용액에 흡수시켜 이때 나타나는 ( )에서 측정하는 방법이다.

① 적자색의 흡광도를 430nm
② 적자색의 흡광도를 530nm
③ 청색의 흡광도를 430nm
④ 청색의 흡광도를 530nm

해설 **비소 – 자외선/가시선 분광법**
시료 중의 비소를 3가비소로 환원시킨 다음 아연을 넣어 발생되는 비화수소를 다이에틸다이티오카르바민산은의 피리딘용액에 흡수시켜 이때 나타나는 적자색의 흡광도를 530nm에서 측정하는 방법이다.(흡광도의 눈금보정 시약 : 수산화중크롬산칼륨을 N/20 수산화칼륨용액에 녹여 사용)

51 구리를 정량하기 위해 사용하는 시약과 그 목적이 잘못 연결된 것은?

① 구연산이암모늄용액 – 발색 보조제
② 초산부틸 – 구리의 추출
③ 암모니아수 – pH 조절
④ 디에틸디티오카르바민산 나트륨 – 구리의 발색

해설 구연산이암모늄용액은 pH 조절 보조제(알칼리성으로 만듦)이다.

52 원자흡수분광광도법에 의한 비소 정량에 관한 설명으로 틀린 것은?

① 과망간산칼륨으로 6가비소로 산화시킨다.
② 아연을 넣으면 비화수소가 발생한다.
③ 아르곤 – 수소 불꽃에 주입하여 분석한다.
④ 정량한계는 0.005mg/L이다.

해설 비소 – 원자흡수분광광도법의 분석 시 이염화주석으로 시료 중의 비소를 3가비소로 환원시킨다.

53 시료의 전처리방법 중 회화에 의한 유기물 분해에 대한 설명으로 맞는 것은?

① 목적성분이 600℃ 이상에서 휘산되어 쉽게 회화 가능한 시료에 적용된다.
② 목적성분이 600℃ 이상에서 휘산되지 않고 쉽게 회화 가능한 시료에 적용된다.
③ 목적성분이 400℃ 이상에서 휘산되어 쉽게 회화 가능한 시료에 적용된다.
④ 목적성분이 400℃ 이상에서 휘산되지 않고 쉽게 회화 가능한 시료에 적용된다.

해설 **회화법**
① 적용
목적성분이 400℃ 이상에서 휘산되지 않고 쉽게 회화될 수 있는 시료에 적용한다.
② 주의사항
㉠ 시료 중에 염화암모늄, 염화마그네슘, 염화칼슘 등이 다량 함유된 경우에는 납, 철, 주석, 아연, 안티몬 등이 휘산되어 손실을 가져오므로 주의한다.
㉡ 액상폐기물 시료 또는 용출용액 적당량을 취하여 백금, 실리카 또는 사기제 증발접시에 넣고 수욕 또는 열판에서 가열하여 증발 건조한다. 용기를 회화로에 옮기고 400~500℃에서 가열하여 잔류물을 회화시킨 다음 방랭하고 염산(1+1) 10mL를 넣어 열판에서 가열한다.

54 운반차량에서 시료를 채취할 경우, 5톤 미만의 차량에 폐기물이 적재되어 있을 때 평면상에서 몇 등분하여 각 등분마다 채취하는가?

① 3등분 ② 6등분
③ 9등분 ④ 12등분

해설 ① 5ton 미만의 차량에 적재되어 있는 경우
적재폐기물을 평면상에서 6등분한 후 각 등분마다 시료 채취
② 5ton 이상의 차량에 적재되어 있는 경우
적재폐기물을 평면상에서 9등분한 후 각 등분마다 시료 채취

2015

55 카드뮴을 정량분석하는 방법으로 적절하지 않은 것은?

① 유도결합플라스마 원자발광분광법
② 원자흡수분광광도법
③ 디티존법
④ 이온크로마토그래피법

해설 **카드뮴 정량분석 방법**

카드뮴	정량한계	정밀도(RSD)
원자흡수분광광도법	0.002mg/L	±25% 이내
유도결합플라스마 – 원자발광분광법	0.004mg/L	±25% 이내
자외선/가시선 분광법(디티존법)	0.001mg	±25% 이내

정답 50 ② 51 ① 52 ① 53 ④ 54 ② 55 ④

56 **유기인의 정제용 컬럼으로 사용할 수 없는 것은?**

① 실리카겔 컬럼 ② 인산염 컬럼
③ 플로리실 컬럼 ④ 활성탄 컬럼

해설 **유기인 – 정제용 컬럼**
① 실리카겔 컬럼
② 플로리실 컬럼
③ 활성탄 컬럼

57 **자외선/가시선 분광법에 의한 구리의 정량에 대한 설명으로 틀린 것은?**

① 추출용매는 아세트산부틸을 사용한다.
② 정량한계는 0.002mg이다.
③ 비스무트(Bi)가 구리의 양보다 2배 이상 존재할 경우에는 청색을 나타내어 방해한다.
④ 시료의 전처리를 하지 않고 직접 시료를 사용하는 경우 시료 중에 시안화합물이 함유되어 있으면 염산으로 산성 조건을 만든 후 끓여 시안화물을 완전히 분해 제거한 다음 시험한다.

해설 **비스무트(Bi)가 구리의 양보다 2배 이상 존재할 경우**
① 황색을 나타내어 방해한다. 이때는 시료의 흡광도를 A_1으로 하고 따로 같은 양의 시료를 취하여 시료의 시험기준 중 암모니아수(1+1)를 넣어 중화하기 전에 시안화칼륨용액(5W/V%) 3mL를 넣어 구리를 시안착화합으로 만든 다음 중화하여 실험하고 이 액의 흡광도를 A_2로 한다.
② 구리에 의한 흡광도는 $A_1 - A_2$이다.

58 **폐기물 시료채취를 위한 채취도구 및 시료 용기에 관한 설명으로 옳지 않은 것은?**

① 노말헥산 추출물질 실험을 위한 시료 채취 시는 무색경질의 유리병을 사용하여야 한다.
② 유기인 실험을 위한 시료 채취 시는 무색경질의 유리병을 사용하여야 한다.
③ 시료 중에 다른 물질의 혼입이나 성분의 손실을 방지하기 위하여 코르크 마개를 사용하며, 다만 고무마개는 셀로판지를 씌워 사용할 수도 있다.
④ 시료용기에는 폐기물의 명칭, 대상 폐기물의 양, 채취장소, 채취시간 및 일기, 시료번호, 채취책임자 이름, 시료의 양, 채취방법, 기타 참고자료를 기재한다.

해설 시료 중에 다른 물질의 혼입이나 성분의 손실을 방지하기 위하여 코르크 마개를 사용해서는 안 되며 고무나 코르크 마개에 파라핀지, 유지, 셀로판지를 씌워 사용할 수 있다.

59 **시안(자외선/가시선 분광법) 측정 시 정량한계로 옳은 것은?**

① 0.01mg/L ② 0.001mg/L
③ 0.003mg/L ④ 0.0001mg/L

해설 **시안 – 자외선/가시선 분광법의 정량한계** : 0.01mg/L

60 **폐기물공정시험기준상 측정대상 물질 측정 시 적용되는 시약을 잘못 연결한 것은?(단, 자외선/가시선 분광법 기준)**

① 구리 – 다이에틸다이티오카르바민산나트륨
② 비소 – 다이에틸다이티오카르바민산은
③ 카드뮴 – 디페닐카바지드
④ 시안 – 피리딘 · 피라졸론 혼액

해설 **카드뮴 – 자외선/가시선 분광법**
시료 중에 카드뮴이온을 시안화칼륨이 존재하는 알칼리성에서 디티존과 반응시켜 생성하는 카드뮴착염을 사염화탄소로 추출하고, 추출한 카드뮴착염을 타타르산용액으로 역추출한 다음 수산화나트륨과 시안화칼륨을 넣어 디티존과 반응하여 생성하는 적색의 카드뮴착염을 사염화탄소로 추출하여 그 흡광도를 520nm에서 측정하는 방법이다.

제4과목 폐기물관계법규

[Note] 2012~2015년 폐기물관계법규 관련 문제는 법규의 변경 사항이 많으므로 문제유형만 학습하시기 바랍니다.

61 **폐기물관리법에 적용되지 않는 물질의 기준으로 옳지 않은 것은?**

① 하수도법에 따른 하수
② 용기에 들어 있지 아니한 기체상태의 물질
③ 원자력법에 따른 방사성 물질과 이로 인하여 오염된 물질
④ 수질 및 수생태계 보전에 관한 법률에 의한 오수 · 분뇨

정답 56 ② 57 ③ 58 ③ 59 ① 60 ③ 61 ④

62 다음 중 폐기물처리업의 허가를 받을 수 없는 자에 대한 기준으로 틀린 것은?

① 미성년자
② 파산선고를 받고 복권된 날부터 2년이 지나지 아니한 자
③ 폐기물처리업의 허가가 취소된 자로서 그 허가가 취소된 날부터 2년이 지나지 아니한 자
④ 폐기물관리법을 위반하여 징역 이상의 형의 집행유예를 선고받고 그 집행유예 기간이 지나지 아니한 자

63 지정폐기물 중 유해물질함유 폐기물(환경부령으로 정하는 물질을 함유한 것으로 한정한다)에 대한 기준으로 옳은 것은?

① 분진(대기오염 방지시설에서 포집된 것으로 한정하되, 소각시설에서 발생되는 것은 제외한다)
② 분진(대기오염 방지시설에서 포집된 것으로 한정하되, 소각시설에서 발생되는 것은 포함한다)
③ 분진(소각시설에서 포집된 것으로 한정하되, 대기오염방지시설에서 발생되는 것은 제외한다)
④ 분진(소각시설과 대기오염방지시설에서 포집된 것은 제외한다)

64 폐기물처리시설을 설치·운영하는 자는 그 폐기물처리시설의 설치·운영이 주변 지역에 미치는 영향을 몇 년마다 조사하여 그 결과를 누구에게 제출하여야 하는가?

① 1년, 시·도지사　② 3년, 시·도지사
③ 1년, 환경부장관　④ 3년, 환경부장관

65 폐기물처리 신고자와 광역 폐기물처리시설 설치·운영자의 폐기물처리기간에 대한 설명이다. 다음 (　) 안에 순서대로 알맞게 나열한 것은?(단, 폐기물관리법 시행규칙 기준)

> "환경부령으로 정하는 기간"이란 (　)을 말한다. 다만, 폐기물처리 신고자가 고철을 재활용하는 경우에는 (　)을 말한다.

① 10일, 30일　② 15일, 30일
③ 30일, 60일　④ 60일, 90일

66 폐기물처리시설 주변지역 영향조사 기준 중 결과보고에 관한 내용으로 조사완료 후 며칠 이내에 시·도지사나 지방환경관서의 장에게 그 결과를 제출하여야 하는가?

① 5일　② 10일
③ 15일　④ 30일

67 의료폐기물 중 위해의료폐기물인 생물·화학폐기물에 해당되지 않는 것은?

① 폐백신　② 폐항암제
③ 폐생물치료제　④ 폐화학치료제

68 폐기물처리시설 중 매립시설의 기술관리인의 자격기준으로 틀린 것은?

① 화공기사　② 일반기계기사
③ 건설기계기사　④ 전기공사기사

69 설치신고대상 폐기물처리시설 기준으로 옳지 않은 것은?

① 일반소각시설로서 1일 처분능력이 100톤(지정폐기물의 경우에는 10톤) 미만인 시설
② 생물학적 처분시설로서 1일 처분능력이 100톤 미만인 시설
③ 소각열회수시설로서 시간당 재활용능력이 100킬로그램 미만인 시설
④ 기계적 처분시설 또는 재활용시설 중 탈수·건조시설, 멸균분쇄시설 및 화학적 처분시설 또는 재활용시설

2015

70 폐기물의 재활용을 위한 에너지 회수기준으로 맞는 것은?

① 환경부장관이 정하여 고시하는 경우 외에는 폐기물의 30퍼센트 이상을 원료나 재료로 재활용하고 그 나머지 중에서 에너지의 회수에 이용할 것
② 환경부장관이 정하여 고시하는 경우 외에는 폐기물의 50퍼센트 이상을 원료나 재료로 재활용하고 그 나머지 중에서 에너지의 회수에 이용할 것
③ 환경부장관이 정하여 고시하는 경우에는 폐기물의 30퍼센트 이상을 원료나 재료로 재활용하고 그 나머지 중에서 에너지의 회수에 이용할 것

정답　62 ②　63 ①　64 ④　65 ③　66 ④　67 ③　68 ④　69 ③　70 ③

④ 환경부장관이 정하여 고시하는 경우에는 폐기물의 50퍼센트 이상을 원료나 재료로 재활용하고 그 나머지 중에서 에너지의 회수에 이용할 것

71 **폐기물처리업의 변경허가를 받아야 하는 중요사항과 가장 거리가 먼 것은?**

① 상호의 변경
② 운반차량(임시차량 제외)의 증차
③ 매립시설 제방의 증ㆍ개축
④ 주차장 소재지의 변경(지정폐기물을 대상으로 하는 수집, 운반업에 한한다)

72 **폐기물처리시설 설치승인 신청서에 첨부하여야 하는 서류로 가장 거리가 먼 것은?**

① 처리 후에 발생하는 폐기물의 처리계획서
② 처리대상 폐기물 발생 저감 계획서
③ 폐기물처리시설의 설계도서
④ 폐기물처리시설의 설치 및 장비 확보 계획서

73 **다음 중 폐기물처리시설 설치ㆍ운영자, 폐기물처리업자, 폐기물과 관련된 단체, 그 밖에 폐기물과 관련된 업무에 종사하는 자가 폐기물에 관한 조사연구ㆍ기술개발ㆍ정보보급 등 폐기물 분야의 발전을 도모하기 위하여 환경부장관의 허가를 받아 설립할 수 있는 단체는?**

① 한국폐기물협회
② 한국폐기물학회
③ 폐기물관리공단
④ 폐기물처리공제조합

74 **설치신고대상 폐기물처리시설의 규모 기준으로 옳은 것은?**

① 소각열회수시설로서 1일 재활용능력이 10톤 미만인 시설
② 기계적 처분시설 또는 재활용시설 중 탈수, 건조시설로 1일 처분능력 또는 재활용능력이 100톤 미만인 시설
③ 일반소각시설로서 1일 처분능력이 100톤(지정폐기물의 경우에는 5톤) 미만인 시설
④ 생물학적 처분시설 또는 재활용시설로서 1일 처분능력 또는 재활용능력이 100톤 미만인 시설

75 **폐기물발생억제지침 준수의무대상 배출자의 규모기준으로 옳은 것은?**

① 최근 2년간의 연평균 배출량을 기준으로 지정폐기물을 100톤 이상 배출하는 자
② 최근 2년간의 연평균 배출량을 기준으로 지정폐기물을 200톤 이상 배출하는 자
③ 최근 3년간의 연평균 배출량을 기준으로 지정폐기물을 100톤 이상 배출하는 자
④ 최근 3년간의 연평균 배출량을 기준으로 지정폐기물을 200톤 이상 배출하는 자

76 **다음은 제출된 폐기물 처리사업계획서의 적합통보를 받은 자가 천재지변이나 그 밖의 부득이한 사유로 정해진 기간 내에 허가신청을 하지 못한 경우에 실시하는 연장기간에 대한 설명이다. ( ) 안에 기간이 옳게 나열된 것은?**

> 환경부장관 또는 시ㆍ도지사는 신청에 따라 폐기물 수집ㆍ운반업의 경우에는 총 연장기간 (㉠), 폐기물최종처리업과 폐기물종합처리업의 경우에는 총 연장기간 (㉡)의 범위에서 허가신청기간을 연장할 수 있다.

① ㉠ 6개월, ㉡ 1년
② ㉠ 6개월, ㉡ 2년
③ ㉠ 1년, ㉡ 2년
④ ㉠ 1년, ㉡ 3년

77 **관리형 매립시설 침출수의 생물화학적 산소요구량의 배출허용기준으로 옳은 것은?(단, 단위 : mg/L, 나 지역 기준)**

① 150　　② 120
③ 90　　④ 70

정답 71 ① 72 ② 73 ① 74 ④ 75 ③ 76 ② 77 ④

78 **지정폐기물의 종류 중 폐석면의 기준으로 옳은 것은?**

① 건조고형물의 함량을 기준으로 하여 석면이 1% 이상 함유된 제품, 설비(뿜칠로 사용된 것은 포함한다) 등의 해체, 제거 시 발생되는 것
② 건조고형물의 함량을 기준으로 하여 석면이 2% 이상 함유된 제품, 설비(뿜칠로 사용된 것은 포함한다) 등의 해체, 제거 시 발생되는 것
③ 건조고형물의 함량을 기준으로 하여 석면이 5% 이상 함유된 제품, 설비(뿜칠로 사용된 것은 포함한다) 등의 해체, 제거 시 발생되는 것
④ 건조고형물의 함량을 기준으로 하여 석면이 10% 이상 함유된 제품, 설비(뿜칠로 사용된 것은 포함한다) 등의 해체, 제거 시 발생되는 것

79 **생활폐기물을 버리거나 매립 또는 소각한 자에게 부과되는 과태료는?(단, 폐기물관리법 기준)**

① 1,000만 원 이하　② 500만 원 이하
③ 300만 원 이하　④ 100만 원 이하

80 **다음 중 폐기물처리시설에 해당되지 않는 것은?**

① 소각시설　② 멸균분쇄시설
③ 소각열회수시설　④ 용해시설

2015

정답　78 ①　79 ④　80 ④

2015년 4회 기출문제

제1과목 폐기물개론

01 어떤 쓰레기의 입도를 분석하였더니 입도누적 곡선상의 10%(D_{10}), 30%(D_{30}), 60%(D_{60}), 90%(D_{90})의 입경이 각각 2, 6, 15, 25mm라면 곡률계수는?

① 15 ② 7.5
③ 2.0 ④ 1.2

해설 곡률계수 $= \dfrac{D_{30}^2}{D_{10} \times D_{60}} = \dfrac{6^2}{2\times15} = 1.2$

02 다음은 다양한 쓰레기 수집 시스템에 관한 설명이다. 각 시스템에 대한 설명으로 옳지 않은 것은?

① 모노레일 수송은 쓰레기를 적환장에서 최종처분장까지 수송하는 데 적용할 수 있다.
② 컨베이어 수송은 지상에 설치한 컨베이어에 의해 수송하는 방법으로 신속 정확한 수송이 가능하나 악취와 경관에 문제가 있다.
③ 컨테이너 철도수송은 광대한 지역에서 적용할 수 있는 방법이며 컨테이너의 세정에 많은 물이 요구되어 폐수처리의 문제가 발생한다.
④ 관거를 이용한 수거는 자동화, 무공해화가 가능하나 조대쓰레기는 파쇄, 압축 등의 전처리가 필요하다.

해설 **컨베이어(Conveyor) 수송**
① 지하에 설치된 컨베이어로 쓰레기를 수송하는 방법이다.
② 컨베이어 수송설비를 하수도처럼 배치하여 각 가정의 쓰레기를 처분장까지 운반할 수 있다.
③ 악취문제를 해결하고 경관을 보전할 수 있는 장점이 있다.
④ 전력비, 시설비, 내구성, 미생물 부착 등이 문제가 되며 고가의 시설비와 정기적인 정비로 인한 유지비가 많이 드는 단점이 있다.

03 반경이 2.5m인 트롬멜 스크린의 임계속도는?

① 약 19rpm ② 약 27rpm
③ 약 32rpm ④ 약 38rpm

해설 임계속도
$= \dfrac{1}{2\pi}\sqrt{\dfrac{g}{r}} = \dfrac{1}{2\pi}\sqrt{\dfrac{9.8}{2.5}}$
$= 0.32\text{cycle/sec} \times 60\text{sec/min}$
$= 18.92\text{cycle/min}(18.92\text{rpm})$

04 폐기물의 발생량은 부피와 중량으로 표시 가능하다. 이 중 부피로 표시할 때 반드시 명시하여야 하는 사항은?

① 폐기물의 압축 정도
② 폐기물의 보관기간
③ 폐기물의 발생원
④ 폐기물의 조성

해설 폐기물의 발생량을 부피로 표시할 때 반드시 폐기물의 압축 정도를 명시하여야 한다.

05 다음 중 원소 분석 결과를 이용한 발열량 산정식이 아닌 것은?

① Steuer 식
② Dulong 식
③ Scheurer−Kestner 식
④ Lambert 식

해설 Lambert 식은 빛의 흡광도를 산정하는 식이다.

06 분뇨에 포함되어 있는 협잡물의 양과 질은 도시, 농촌, 공장지대 등 발생지역에 따라서 그 차가 크며, 우리나라의 경우는 평균 4~7% 정도라고 보고 있다. 이러한 우리나라 분뇨의 물리 · 화학적 성질로서 맞지 않는 것은?

① 외관상 황색−다갈색
② 점도는 비점도로 1.2~2.2 정도
③ 비중은 1.02 정도
④ BOD는 8,000~13,500ppm 정도

해설 분뇨의 BOD는 20,000ppm 이상이며 분뇨의 COD는 7,000ppm 정도이다.

정답 01 ④ 02 ② 03 ① 04 ① 05 ④ 06 ④

07 다음 중 조대형 폐기물에 속하지 않는 것은?

① 폐플라스틱 ② 모포
③ 타이어 ④ 나무류

해설 폐플라스틱은 조대형 폐기물이 아니다.

08 쓰레기를 압축시켜 용적 감소율(Volume Reduction)이 45%인 경우 압축비(Compaction Ratio)는?

① 약 1.5 ② 약 1.8
③ 약 2.2 ④ 약 2.8

해설 $압축비(CR) = \frac{100}{100-VR} = \frac{100}{100-45} = 1.82$

09 쓰레기 발생량 조사방법 중 물질수지법에 관한 설명으로 틀린 것은?

① 주로 산업폐기물 발생량을 추산할 때 이용된다.
② 먼저 조사하고자 하는 계의 경계를 정확하게 설정한다.
③ 물질수지를 세울 수 있는 상세한 데이터가 있는 경우에 가능하다.
④ 모든 인자를 수식화하여 비교적 정확하며 비용이 저렴하다.

해설 **쓰레기 발생량 조사방법 중 물질수지법**
① 시스템으로 유입되는 모든 물질들과 유출되는 모든 폐기물의 양에 대하여 물질수지를 세움으로써 폐기물 발생량을 추정하는 방법
② 주로 산업폐기물 발생량을 추산할 때 이용하는 방법
③ 단점으로는 비용이 많이 소요되고 작업량이 많아 널리 이용되지 않음. 즉, 특수한 경우에만 사용됨
④ 우선적으로 조사하고자 하는 계의 경계를 정확하게 설정해야 함
⑤ 물질수지를 세울 수 있는 상세한 데이터가 있는 경우에 가능

10 함수율 40%인 슬러지를 건조시켜 함수율을 20%로 하였을 경우 1톤당 증발되는 수분의 양은?

① 0.15ton ② 0.20ton
③ 0.25ton ④ 0.30ton

해설 1ton(1 − 0.4) = 처리 후 슬러지양(1 − 0.2)
처리 후 슬러지양 = 0.75ton
증발된 수분량(ton) = 1 − 0.75 = 0.25ton

11 어떤 도시에서 발생되는 쓰레기를 인부 50명이 수거 운반할 때의 MHT는?(단, 1일 10시간 작업, 연간수거실적은 1,220,000ton, 휴가일수 60일/년 · 인)

① 약 1.05 ② 약 0.81
③ 약 0.33 ④ 약 0.13

해설 $\text{MHT} = \frac{수거인부 \times 수거인부\ 총\ 수거시간}{총\ 수거량}$

수거일수 = 365 − 60 = 305day

$= \frac{50인 \times 10\text{hr/day} \times 305\text{day/year}}{1,220,000\text{ton/day}} = 0.13\text{MHT}$

12 적환장을 설치하는 경우와 가장 거리가 먼 것은?

① 슬러지 수송이나 공기수송방식을 사용할 경우
② 불법투기가 발생할 경우
③ 작은 용량의 수집차량을 사용할 경우
④ 고밀도 거주지역이 존재할 경우

해설 **적환장 설치가 필요한 경우**
① 작은 용량의 수집차량을 사용할 때($15m^3$ 이하)
② 저밀도 거주지역이 존재할 때
③ 불법투기와 다량의 어질러진 쓰레기들이 발생할 때
④ 슬러지 수송이나 공기수송방식을 사용할 때
⑤ 처분지가 수집장소로부터 멀리 떨어져 있을 때
⑥ 상업지역에서 폐기물 수집에 소형 용기를 많이 사용하는 경우
⑦ 쓰레기 수송 비용절감이 필요한 경우
⑧ 압축식 수거 시스템인 경우

13 3성분의 조성비에 의한 저위발열량 분석 시 3성분에 포함되지 않는 것은?

① 수분 ② 고형분
③ 가연분 ④ 회분

해설 **3성분 조성**
① 수분 ② 가연분 ③ 회분

14 어느 주거지역에서 1일 1인당 1.2kg의 폐기물이 발생되고 1가구당 3인이 살며 이 지역의 총 가구 수는 3,000가구일 때 5일간의 총 폐기물 발생량은?

① 58,000kg ② 54,000kg
③ 31,600kg ④ 30,800kg

2015

정답 07 ① 08 ② 09 ④ 10 ③ 11 ④ 12 ④ 13 ② 14 ②

해설 총 폐기물 발생량(kg)
=1일 1인당 폐기물 발생량×총 가구 인구 수×발생기간
=1.2kg/인 · 일×(3인/가구×3,000가구)×5일
=54,000kg

15 쓰레기 발생량에 영향을 주는 인자에 관한 설명으로 옳은 것은?

① 쓰레기통이 작을수록 쓰레기 발생량이 증가한다.
② 수집빈도가 높을수록 쓰레기 발생량이 증가한다.
③ 생활수준이 높을수록 쓰레기 발생량이 감소한다.
④ 도시규모가 작을수록 쓰레기 발생량이 증가한다.

해설 쓰레기 발생량에 영향을 주는 요인

영향요인	내용
도시규모	도시의 규모가 커질수록 쓰레기 발생량 증가
생활수준	생활수준이 높아지면 발생량이 증가하고 다양화됨(증가율 10% 내외)
계절	겨울철에 발생량 증가
수집빈도	수집빈도가 높을수록 발생량 증가
쓰레기통 크기	쓰레기통이 클수록 유효용적이 증가하여 발생량 증가
재활용품 회수 및 재이용률	재활용품의 회수 및 재이용률이 높을수록 쓰레기 발생량 감소
법규	쓰레기 관련 법규는 쓰레기 발생량에 중요한 영향을 미침
장소	상업지역, 주택지역, 공업지역 등, 장소에 따라 발생량과 성상이 달라짐
사회구조	도시의 평균연령층, 교육수준에 따라 발생량은 달라짐

16 폐기물을 분석한 결과 수분 20%, 회분 15%, 고정탄소 25%, 휘발분이 40%이고, 휘발분을 원소 분석한 결과 수소 20%, 황 5%, 산소 25%, 탄소 50%였다. 이때 이 폐기물의 고위발열량은?(단, Dulong 식 적용)

① 약 6,000kcal/kg ② 약 7,000kcal/kg
③ 약 8,000kcal/kg ④ 약 9,000kcal/kg

해설 H_h(kcal/kg)

$$=8,100\times[(0.5\times0.4)+0.25] +\left\{34,000\times\left[(0.2\times0.4)-\left(\frac{0.25\times0.4}{8}\right)\right]\right\} +[2,500\times(0.05\times0.4)] =5,990\text{kcal/kg}$$

17 MBT에 대한 설명으로 틀린 것은?

① MBT 시설에는 가연성 물질을 고형연료로 가공하는 시설이 포함되어 있다.
② MBT는 주로 생활폐기물 전처리 시스템으로서 재활용 가치가 있는 물질을 회수하는 시설이다.
③ MBT는 주로 생물학적, 화학적 처리를 통해 재활용 가치가 있는 물질을 회수하는 시설이다.
④ MBT는 생활폐기물을 소각 또는 매립하기 전에 재활용 물질을 회수하는 시설 중 한 종류이다.

해설 MBT(생활폐기물 전처리시설)는 주로 선별, 기계적 분리를 통해 재활용 가치가 있는 물질을 회수하는 시설이다.

18 어느 쓰레기 시료의 초기 무게가 70kg이었고 이것을 완전건조(함수율 0%)시킨 후 무게를 측정한 결과 40kg이 되었다면 건조 전 시료의 함수율은?

① 35% ② 43%
③ 57% ④ 60%

해설 70kg(1−건조 전 함수율)=40kg(1−0)
건조 전 함수율=0.4285×100=42.85%

19 어느 도시에서 발생하는 쓰레기의 성분 중 가연성 물질이 약 40%(중량비)를 차지하는 것으로 조사되었다. 밀도 500kg/m^3인 쓰레기 10m^3 중 가연성 물질의 양은?

① 1.2ton ② 1.5ton
③ 2ton ④ 3ton

해설 무게(ton)=(밀도×부피)×가연성 함유 비율
$=0.5\text{ton/m}^3\times10\text{m}^3\times0.4=2\text{ton}$

20 폐기물의 새로운 수송수단 중 Pipeline 수송에 대한 설명으로 가장 거리가 먼 것은?

① 가설 후에 경로변경이 곤란하다.
② 자동화, 무공해화 등의 장점이 있다.
③ 조대쓰레기에 대한 파쇄, 압축 등의 전처리가 필요하다.
④ 쓰레기 발생밀도가 낮은 곳에서 주로 사용한다.

해설 관거(Pipeline) 수송은 폐기물 발생밀도가 상대적으로 높은 인구밀도지역 및 아파트지역 등에서 현실성이 있다.

정답 15 ② 16 ① 17 ③ 18 ② 19 ③ 20 ④

제2과목 폐기물처리기술

21 **다음 중 우리나라 음식물 쓰레기를 퇴비로 재활용하는 데 있어서 가장 큰 문제점으로 지적되는 사항은?**

① 염분 함량 ② 발열량
③ 유기물 함량 ④ 밀도

해설 우리나라 음식물 쓰레기를 퇴비로 재활용하는 데 있어서 가장 큰 문제점은 염분 함량이다.

22 **유동층 소각로의 장점이라 할 수 없는 것은?**

① 기계적 구동부분이 적어 고장률이 낮다.
② 가스의 온도가 낮고 과잉공기량이 적다.
③ 노 내 온도의 자동제어와 열회수가 용이하다.
④ 열용량이 커서 패쇄 등 전처리가 필요 없다.

해설 **유동층 소각로**
① 장점
㉠ 유동매체의 열용량이 커서 액상, 기상, 고형 폐기물의 전소 및 혼소, 균일한 연소가 가능하다.
㉡ 반응시간이 빨라 소각시간이 짧다.(노 부하율이 높다.)
㉢ 연소효율이 높아 미연소분이 적고 2차 연소실이 불필요하다.
㉣ 가스의 온도가 낮고 과잉공기량이 낮다. 따라서 NOx도 적게 배출된다.
㉤ 기계적 구동부분이 적어 고장률이 낮아 유지관리가 용이하다.
㉥ 노 내 온도의 자동제어로 열회수가 용이하다.
㉦ 유동매체의 축열량이 높은 관계로 단시간 정지 후 가동 시 보조연료 사용 없이 정상가동이 가능하다.
㉧ 과잉공기량이 적으므로 다른 소각로보다 보조연료 사용량과 배출가스양이 적다.
㉨ 석회 또는 반응물질을 유동매체에 혼입시켜 노 내에서 산성가스의 제거가 가능하다.
② 단점
㉠ 층의 유동으로 상으로부터 찌꺼기의 분리가 어려우며 운전비, 특히 동력비가 높다.
㉡ 폐기물의 투입이나 유동화를 위해 파쇄가 필요하다.
㉢ 상재료의 용융을 막기 위해 연소온도는 816℃를 초과할 수 없다.
㉣ 유동매체의 손실로 인한 보충이 필요하다.
㉤ 고점착성의 반유동상 슬러지는 처리하기 곤란하다.
㉥ 소각로 본체에서 압력손실이 크고 유동매체의 비산 또는 분진의 발생량이 가장 많다.
㉦ 조대한 폐기물은 전처리가 필요하다. 즉 폐기물의 투입이나 유동화를 위해 파쇄공정이 필요하다.

23 **물리학적으로 분류된 토양수분인 흡습수에 관한 내용으로 틀린 것은?**

① 중력수 외부에 표면장력과 중력이 평형을 유지하며 존재하는 물을 말한다.
② 흡습수는 pF 4.5 이상으로 강하게 흡착되어 있다.
③ 식물이 직접 이용할 수 없다.
④ 부식토에서의 흡습수의 양은 무게비로 70%에 달한다.

해설 **흡습수(PF : 4.5 이상)**
① 상대습도가 높은 공기 중에 풍건토양을 방치하면 토양입자의 표면에 물이 강하게 흡착되는데 이 물을 흡습수라 한다.
② 100~110℃에서 8~10시간 가열하면 쉽게 제거할 수 있다.
③ 강하게 흡착되어 있으므로 식물이 직접 이용할 수 없다.
④ 부식토에서의 흡습수의 양은 무게비로 70%에 달한다.
[Note] ①의 내용은 모세관수에 해당한다.

24 **500ton/day 규모의 폐기물 에너지 전환시설의 폐기물 에너지 함량을 2,400kcal/kg로 가정할 때 이로부터 생성되는 열발생률(kcal/kWh)은?(단, 엔진에서 발생한 전기에너지는 20,000kW이며, 전기 공급에 따른 손실은 10% 라고 가정한다.)**

① 2,778 ② 3,624
③ 4,342 ④ 5,198

해설 열발생률(kcal/kWh)

$$= \frac{500\text{ton/day} \times 2,400\text{kcal/kg} \times 1,000\text{kg/ton} \times \text{day/24hr}}{20,000\text{kW} \times 0.9}$$

$= 2,777.78\text{kcal/kWh}$

2015

25 **폐기물 매립 후 경과 기간에 따른 가스 구성 성분의 변화에 대한 설명으로 가장 거리가 먼 것은?**

① 1단계 : 호기성 단계로 폐기물 내의 수분이 많은 경우에는 반응이 가속화되고 용존산소가 쉽게 고갈된다.
② 2단계 : 호기성 단계로 임의성 미생물에 의해서 SO_4^{2-}와 NO_3^-가 환원되는 단계이다.
③ 3단계 : 혐기성 단계로 CH_4가 생성되며 온도가 약 55℃까지는 증가한다.
④ 4단계 : 혐기성 단계로 가스 내의 CH_4와 CO_2의 함량이 거의 일정한 정상상태의 단계이다.

해설 제2단계는 혐기성 단계이지만 메탄이 형성되지 않는 단계로 임의의 미생물에 의하여 SO_4^{2-}와 NO_3^-가 환원되는 단계이다.

정답 21 ① 22 ④ 23 ① 24 ① 25 ②

26 유기물의 산화공법으로 적용되는 Fenton 산화반응에 사용되는 것으로 가장 적절한 것은?

① 아연과 자외선 ② 마그네슘과 자외선
③ 철과 과산화수소 ④ 아연과 과산화수소

해설 펜톤 산화제의 조성은 [과산화수소+철(염) : $H_2O_2+FeSO_4$]이며 펜톤시약의 반응시간은 철염과 과산화수소의 주입농도에 따라 변화되며 여분의 과산화수소수는 후처리의 미생물 성장에 영향을 미칠 수 있다.

27 고형물 중 유기물이 90%이고 함수율이 96%인 슬러지 $500m^3$를 소화시킨 결과 유기물 중 2/3가 제거되고 함수율 92%인 슬러지로 변했다면 소화슬러지의 부피는?(단, 모든 슬러지의 비중은 1.0 기준)

① $100m^3$ ② $150m^3$
③ $200m^3$ ④ $250m^3$

해설 FS(무기물) $=500m^3\times0.04\times0.1=2m^3$

VS'(잔류유기물) $=500m^3\times0.04\times0.9\times\frac{1}{3}=6m^3$

소화슬러지 부피(m^3) $=FS+VS'\times\frac{100}{100-\text{함수율}}$

$=(2+6)m^3\times\frac{100}{100-92}=100m^3$

28 밀도가 $300kg/m^3$인 폐기물 중 비가연분이 무게비로 50%이다. 폐기물 $10m^3$ 중 가연분의 양은?

① 1,500kg ② 2,100kg
③ 3,000kg ④ 3,500kg

해설 가연분 양(kg) = 밀도×부피×가연분 함유비율
$=300kg/m^3\times10m^3\times0.5=1{,}500kg$

29 소각로 설계의 기준이 되고 있는 발열량은?

① 고위발열량 ② 저위발열량
③ 평균발열량 ④ 최대발열량

해설 소각로 설계의 기준이 되는 것은 저위발열량이다.

30 매립지 발생가스 중 이산화탄소는 밀도가 커서 매립지 하부로 이동하여 지하수와 접촉하게 된다. 지하수에 용해된 이산화탄소에 의한 영향과 가장 거리가 먼 것은?

① 지하수 중 광물의 함량을 증가시킨다.
② 지하수의 경도를 높인다.
③ 지하수의 pH를 낮춘다.
④ 지하수의 SS 농도를 감소시킨다.

해설 지하수에 용해된 이산화탄소는 지하수의 SS 농도를 증가시킨다.

31 다음 중 내륙매립공법에 해당되지 않는 것은?

① 샌드위치공법 ② 셀공법
③ 순차투입공법 ④ 압축매립공법

해설 ① 내륙매립
㉠ 샌드위치공법
㉡ 셀공법
㉢ 압축공법
㉣ 도랑형 공법
② 해안매립
㉠ 내수배제 또는 수중투기공법
㉡ 순차투입공법
㉢ 박층뿌림공법

32 함수율 98%인 슬러지를 농축하여 함수율 92%로 하였다면 슬러지의 부피 변화율은 어떻게 변화하는가?

① 1/2로 감소 ② 1/3로 감소
③ 1/4로 감소 ④ 1/5로 감소

해설 $\text{부피비}=\frac{\text{농축 후 슬러지양}}{\text{농축 전 슬러지양}}$

$=\frac{(1-\text{농축 전 함수율})}{(1-\text{농축 후 함수율})}$

$=\frac{(1-0.98)}{(1-0.92)}$

$=0.25$(1/4로 감소)

33 유효공극률 0.2, 점토층 위의 침출수 수두 1.5m인 점토 차수층 1.0m를 통과하는 데 10년이 걸렸다면 점토 차수층의 투수계수(cm/sec)는?

① 2.54×10^{-7} ② 3.54×10^{-7}
③ 2.54×10^{-8} ④ 3.54×10^{-8}

정답 26 ③ 27 ① 28 ① 29 ② 30 ④ 31 ③ 32 ③ 33 ③

해설 $t = \dfrac{d^2\eta}{k(d+h)}$

$315{,}360{,}000\text{sec} = \dfrac{1.0\text{m}^2 \times 0.2}{k(1.0+1.5)\text{m}}$

투수계수$(k) = 2.54\times10^{-10}\text{m/sec}\times100\text{cm/m}$
$= 2.54\times10^{-8}\text{cm/sec}$

34 **어느 매립지역의 연평균 강수량과 증발산량이 각각 1,400mm와 800mm일 때, 유출량을 통제하여 발생 침출수량을 350mm 이하로 하고자 한다. 이 매립지역의 유출량은?**

① 150mm 이하 ② 150mm 이상
③ 250mm 이하 ④ 250mm 이상

해설 유출량(mm)＝강우량－(유출량＋증발산량)
＝1,400－(350＋800)＝250mm(이상)

35 **혐기성 소화와 호기성 소화를 비교한 내용으로 옳지 않은 것은?**

① 호기성 소화 시 상층액의 BOD 농도가 낮다.
② 호기성 소화 시 슬러지 발생량이 많다.
③ 혐기성 소화 시 슬러지 탈수성이 불량하다.
④ 혐기성 소화 시 운전이 어렵고 반응시간이 길다.

해설 ① 혐기성 소화의 장점
㉠ 호기성 처리에 비해 슬러지 발생량(소화 슬러지)이 적다.
㉡ 동력시설의 소모가 적어 운전비용(동력비)이 저렴하다.(산소공급 불필요)
㉢ 생성슬러지의 탈수 및 건조가 쉽다.(탈수성 양호)
㉣ 메탄가스 회수가 가능하다.(회수된 가스를 연료로 사용 가능함)
㉤ 병원균이나 기생충란의 사멸이 가능하다.(부패성, 유기물을 안정화시킴)
㉥ 고농도 폐수처리가 가능하다.(국내 대부분의 하수처리장에서 적용 중)
㉦ 소화 슬러지의 탈수성이 좋다.
㉧ 암모니아, 인산 등 영양염류의 제거율이 낮다.
② 혐기성 소화의 단점
㉠ 호기성 소화공법보다 운전이 용이하지 않다.(운전이 어려우므로 유지관리에 숙련이 필요함)
㉡ 소화가스는 냄새(NH_3, H_2S)가 문제 된다.(악취 발생 문제)
㉢ 부식성이 높은 편이다.
㉣ 높은 온도가 요구되며 미생물 성장속도가 느리다.
㉤ 상등수의 농도가 높고 반응이 더디어 소화기간이 비교적 오래 걸린다.
㉥ 처리효율이 낮고 시설비가 많이 든다.

36 **배연 탈황 시 발생된 슬러지 처리에 많이 쓰이는 고형화 처리법은?**

① 시멘트기초법 ② 석회기초법
③ 자가시멘트법 ④ 열가소성 플라스틱법

해설 **자가시멘트법(Self－Cementing Techniques)**
FGD 슬러지 중 일부(10%)를 생석회화한 후 여기에 소량의 물(수분량 조절역할)과 첨가제를 가하여 폐기물이 스스로 고형화되는 성질을 이용하는 방법이다. 즉, 연소가스 탈황 시 발생된 높은 황화물을 함유한 슬러지 처리에 사용된다.

37 **퇴비를 효과적으로 생산하기 위하여 퇴비화 공정 중에 주입하는 Bulking Agent에 대한 설명과 가장 거리가 먼 것은?**

① 처리대상물질의 수분함량을 조절한다.
② 미생물의 지속적인 공급으로 퇴비의 완숙을 유도한다.
③ 퇴비의 질(C/N비) 개선에 영향을 준다.
④ 처리대상물질 내의 공기가 원활히 유통될 수 있도록 한다.

해설 **Bulking Agent(통기개량제)**
① 팽화제 또는 수분함량조절제라 하며 퇴비를 효과적으로 생산하기 위하여 주입한다.
② 톱밥, 왕겨, 볏짚 등이 이용된다.(톱밥 기준 C/N비는 150~1,000 정도)
③ 수분 흡수능력이 좋아야 한다.
④ 쉽게 조달이 가능한 폐기물이어야 한다.
⑤ 입자 간의 구조적 안정성이 있어야 한다.
⑥ 퇴비의 질(C/N비) 개선에 영향을 준다.(C/N비 조절효과)
⑦ 처리대상물질 내의 공기가 원활히 유통할 수 있도록 한다.
⑧ pH 조절효과도 있다.

38 **다음 중 주로 이용되는 집진장치의 집진원리(기구)로서 가장 거리가 먼 것은?**

① 원심력을 이용
② 반데르발스힘을 이용
③ 필터를 이용
④ 코로나 방전을 이용

해설 반데르발스힘은 약한 인력으로 유해가스성분을 물리적 흡착으로 처리 시 원리이다.

정답 34 ④ 35 ③ 36 ③ 37 ② 38 ②

39 인간이 1인 1일당 평균 BOD 13g이고 분뇨 평균 배출량이 1L라면 분뇨 BOD 농도(ppm)는?

① 13,000ppm ② 15,000ppm
③ 17,000ppm ④ 20,000ppm

해설 BOD 농도 $= \frac{13g \times 10^3 mg/g}{1L} = 13,000mg/L(ppm)$

40 아래의 폐기물 중간처리기술들에서 처리 후 잔류하는 고형물의 양이 적은 순서대로 나열된 것은?

㉠ 소각	㉡ 용융	㉢ 고화

① ㉠-㉡-㉢ ② ㉢-㉡-㉠
③ ㉠-㉢-㉡ ④ ㉡-㉠-㉢

해설 **처리 후 잔류 고형물의 양**
고화 > 소각 > 용융

제3과목 폐기물공정시험기준(방법)

41 폐기물에 함유되어 있는 수분을 측정코자 한다. 증발접시에 시료를 넣고 물중탕 후 건조시킬 때 건조기 안에서 건조시간 및 건조온도로 맞는 것은?

① 2시간, 105~110℃
② 2시간, 115~120℃
③ 4시간, 105~110℃
④ 4시간, 115~120℃

해설 **수분분석 절차**
① 평량법 또는 증발접시를 미리 105~110℃에서 1시간 건조
② 데시케이터 안에서 식힌 후 사용하기 직전에 무게를 측정
③ 시료 적당량을 취함
④ 증발접시와 시료의 무게를 정확히 측정
⑤ 물중탕에서 수분의 대부분을 날려 보냄
⑥ 105~110℃의 건조기 안에서 4시간 완전 건조시킴
⑦ 실리카겔이 담겨 있는 데시케이터 안에 넣어 식힘
⑧ 무게를 정확히 줄임

42 강도 I_0의 단색광이 정색액을 통과할 때 그 빛의 80%가 흡수되었다면 흡광도는?

① 약 0.5 ② 약 0.6
③ 약 0.7 ④ 약 0.8

해설 흡광도$(A) = \log\frac{1}{\text{투과율}} = \log\frac{1}{(1-0.8)} = 0.7$

43 유도결합플라스마-원자발광분광법에 의한 금속류 분석방법에 관한 설명으로 옳지 않은 것은?

① 시료를 고주파유도코일에 의하여 형성된 석영 플라스마에 주입하여 1,000~2,000K에서 들뜬 원자가 바닥상태로 이동할 때 방출하는 발광선 및 발광강도를 측정한다.
② 대부분의 간섭 물질은 산 분해에 의해 제거된다.
③ 물리적 간섭은 특히 시료 중에 산의 농도가 10v/v% 이상으로 높거나 용존 고형물질이 1,500mg/L 이상으로 높은 반면, 검정용 표준용액의 산의 농도는 5% 이하로 낮을 때에 발생한다.
④ 간섭효과가 의심되면 대부분의 경우가 시료의 매질로 인해 발생하므로 원자흡수분광광도법 또는 유도결합플라스마-질량분석법과 같은 대체방법과 비교하는 것도 간섭효과를 막는 방법이 될 수 있다.

해설 **금속류 : 유도결합플라스마-원자발광분광법**
시료를 고주파유도코일에 의하여 형성된 아르곤 플라스마에 주입하여 6,000~8,000K에서 들뜬 원자가 바닥상태로 이동할 때 방출하는 발광선 및 발광강도를 측정하여 원소의 정성 및 정량분석을 한다.

44 이온전극법에 의한 시안 측정목적으로 ( )의 내용이 순서대로 옳은 것은?

> 액상폐기물과 고상폐기물을 pH ( )의 ( )으로 조절한 후 시안 이온전극과 비교전극을 사용하여 전위를 측정하고 그 전위차로부터 시안을 정량한다.

① 4 이하, 산성 ② 6~8, 중성
③ 9~10, 알칼리성 ④ 12~13, 알칼리성

해설 **시안-이온전극법**
액상폐기물과 고상폐기물을 pH 12~13의 알칼리성으로 조절한 후 시안 이온전극과 비교전극을 사용하여 전위를 측정하고 그 전위차로부터 시안을 정량하는 방법이다.

정답 39 ① 40 ④ 41 ③ 42 ③ 43 ① 44 ④

45 **원자흡수분광광도법을 이용하여 측정할 수 있는 성분은?**

① 시안
② 유기인
③ 수은
④ 할로겐화 유기물질

해설 **수은 분석방법**
① 원자흡수분광광도법
② 자외선/가시선 분광법

46 **다음 물질 중 다이에틸다이티오카르바민산은의 피리딘 용액에 흡수시켜 적자색의 흡광도를 측정하여 정량하는 것은?**

① 6가크롬 ② 구리
③ 수은 ④ 비소

해설 **비소 – 지외선/가시선 분광법**
시료 중의 비소를 3가비소로 환원시킨 다음 아연을 넣어 발생되는 비화수소를 다이에틸다이티오카르바민산은의 피리딘용액에 흡수시켜 이때 나타나는 적자색의 흡광도를 530nm에서 측정하는 방법이다.

47 **다음 중 휘발성 저급 염소화 탄화수소류의 분석방법으로 가장 적합한 것은?(단, 폐기물공정시험기준에 준함)**

① Atomic Absorption Spectrophotometry
② UV/Visible Spectrometry
③ Inductively Coupled Plasma – Atomic Emission Spectrometry
④ Gas Chromatography

해설 **휘발성 저급 염소화 탄화수소류 – 기체크로마토그래피**
시료 중의 트리클로로에틸렌 및 테트라클로로에틸렌을 헥산으로 추출하여 기체크로마토그래피로 정량하는 방법이다.

48 **폐기물 중 기름 성분을 측정하는 방법인 기름 성분 – 중량법에 관한 내용 중 잘못된 것은?**

① 폐기물 중의 비교적 휘발되지 않는 탄화수소, 탄화수소 유도체, 그리스유상물질 중 노말헥산에 용해되는 성분에 적용한다.
② 시료 적당량을 분별깔때기에 넣고 메틸오렌지용액(0.1W/V%)을 2~3방울 떨어뜨려 황색이 적색으로 변할 때까지 염산(1+1)을 넣어 pH 4 이하로 조절한다.
③ 노말헥산층에서 수분을 제거하기 위해서는 무수탄산나트륨을 넣고 흔들어 섞은 후 여과한다.
④ 이 시험기준의 정량한계는 0.1% 이하로 한다.

해설 노말헥산층에서 수분을 제거하기 위해서는 무수황산나트륨 3~5g을 넣고 흔들어 섞은 후 여과한다.

49 **총칙에서 규정하고 있는 내용 중 옳은 것은?**

① '약'이라 함은 기재된 양에 대하여 ±5% 이상의 차가 있어서는 안 된다.
② '방울수'라 함은 0℃에서 정제수 20방울을 적하할 때 그 부피가 약 1mL가 되는 것을 말한다.
③ '감압 또는 진공'이라 함은 5mmHg 이하를 말한다.
④ '냄새가 없다'라고 기재한 것은 냄새가 없거나, 또는 거의 없는 것을 표시하는 것이다.

해설 ① ±5% → ±10%
② 0℃ → 20℃
③ 5mmHg → 15mmHg

50 **폐기물의 노말헥산 추출물질의 양을 측정하기 위해 다음과 같은 결과를 얻었을 때 노말헥산 추출물질의 농도는?**

- 시료의 양 : 500mL
- 시험 전 증발용기의 무게 : 25g
- 시험 후 증발용기의 무게 : 13g
- 바탕시험 전 증발용기의 무게 : 5g
- 바탕시험 후 증발용기의 무게 : 4.8g

① 11,800mg/L
② 23,600mg/L
③ 32,400mg/L
④ 53,800mg/L

해설 노말헥산 추출물질 농도(mg/L)

$$= \frac{(25{,}000-13{,}000)\text{mg}-(5{,}000-4{,}800)\text{mg}}{5{,}000\text{mL}\times \text{L}/1{,}000\text{mL}}$$

$= 23{,}600\text{mg/L}$

51 **대상 폐기물의 양이 550톤이라면 시료의 최소 수는?**

① 32 ② 34
③ 36 ④ 38

2015

정답 45 ③ 46 ④ 47 ④ 48 ③ 49 ④ 50 ② 51 ③

해설 대상폐기물의 양과 시료의 최소 수

대상 폐기물의 양(단위 : ton)	시료의 최소 수
~ 1 미만	6
1 이상~5 미만	10
5 이상~30 미만	14
30 이상~100 미만	20
100 이상~500 미만	30
500 이상~1,000 미만	36
1,000 이상~5,000 미만	50
5,000 이상 ~	60

52 염화암모늄을 다량 함유한 시료를 회화법에 의한 유기물 분해하고자 할 경우 휘산되어 손실의 우려가 있는 금속과 가장 거리가 먼 것은?

① 납 ② 주석
③ 아연 ④ 마그네슘

해설 **회화법**
① 적용
목적성분이 400℃ 이상에서 휘산되지 않고 쉽게 회화될 수 있는 시료에 적용한다.
② 주의사항
시료 중에 염화암모늄, 염화마그네슘, 염화칼슘 등이 다량 함유된 경우에는 납, 철, 주석, 아연, 안티몬 등이 휘산되어 손실을 가져오므로 주의한다.

53 자외선/가시선 분광법에 의한 구리 분석방법에 관한 설명으로 옳은 것은?

① 구리이온은 산성에서 다이에틸다이티오카르바민산나트륨과 반응하여 황갈색의 킬레이트 화합물을 생성한다.
② 구리이온은 산성에서 다이에틸다이티오카르바민산나트륨과 반응하여 적자색의 킬레이트 화합물을 생성한다.
③ 구리이온은 알칼리성에서 다이에틸다이티오카르바민산나트륨과 반응하여 황갈색의 킬레이트 화합물을 생성한다.
④ 구리이온은 알칼리성에서 다이에틸다이티오카르바민산나트륨과 반응하여 적자색의 킬레이트 화합물을 생성한다.

해설 **구리 – 자외선/가시선 분광법**
시료 중에 구리이온이 알칼리성에서 다이에틸다이티오카르바민산나트륨과 반응하여 생성하는 황갈색의 킬레이트 화합물을 아세트산부틸로 추출하여 흡광도를 440nm에서 측정하는 방법이다.

54 $Pb(NO_3)_2$를 사용하여 0.5mg/mL의 납표준원액(1,000mg/L) 1,000mL를 제조하려고 한다. $Pb(NO_3)_2$을 얼마나 취해야 하는가?(단, Pb의 원자량 : 207.2)

① 약 200mg ② 약 400mg
③ 약 600mg ④ 약 800mg

해설 질산납 1mol은 전리하여 Pb(납)이온 1mol을 생성
$Pb(NO_3)_2 \rightarrow Pb^{2+}$
331.2g : 207.2g
x(mg) : 0.5mg/mL × 1,000mL

$$x(\text{mg}) = \frac{331.2\text{g} \times (0.5\text{mg/mL} \times 1{,}000\text{mL})}{207.2\text{g}} = 799.23\text{mg}$$

55 기체크로마토그래피로 유기인화합물을 분리하고자 할 때 사용되는 정제용 컬럼이 아닌 것은?

① 규산 컬럼 ② 플로리실 컬럼
③ 활성탄 컬럼 ④ 실리카겔 컬럼

해설 **유기인 – 정제용 컬럼**
① 실리카겔 컬럼
② 플로리실 컬럼
③ 활성탄 컬럼

56 시료의 조제방법 중 시료의 축소방법이 아닌 것은?

① 구획법 ② 구분축소법
③ 원추 4분법 ④ 교호삽법

해설 **시료의 축소방법**
① 구획법 ② 원추 4분법 ③ 교호삽법

57 유리전극법을 적용한 수소이온농도 측정 개요에 관한 내용으로 틀린 것은?

① pH를 0.01까지 측정한다.
② 유리전극은 일반적으로 용액의 색도, 탁도, 콜로이드성 물질들에 의해 간섭을 받지 않는다.
③ 유리전극은 일반적으로 용액의 산화 및 환원성 물질들 그리고 염도에 의해 간섭을 받지 않는다.
④ pH 4 이하에서는 나트륨에 대한 오차가 발생할 수 있으므로 "낮은 나트륨 오차 전극"을 사용한다.

해설 pH 10 이상에서 나트륨에 의해 오차가 발생하는 경우 "낮은 나트륨 오차 전극"을 사용하여 줄인다.

정답 52 ④ 53 ③ 54 ④ 55 ① 56 ② 57 ④

58 원자흡수분광광도법에 의한 6가크롬의 측정원리에 대한 설명으로 옳은 것은?

① 정량한계는 0.1mg/L이다.
② 아세틸렌 – 일산화이질소는 철, 니켈의 방해는 많으나 감도가 높다.
③ 정량범위는 장치 및 조건에 따라 다르나 267.7nm에서 2.0~5mg/L 정도이다.
④ 공기, 아세틸렌으로는 아세틸렌 유량이 많은 쪽이 감도가 높다.

해설 ① 정량한계는 0.01mg/L이다.
② 아세틸렌 – 산화이질소는 방해는 적으나 감도가 낮다.
③ 6가크롬의 정량범위는 357.9nm에서 0.01~5mg/L 정도이다.

59 시안을 자외선/가시선 분광법으로 측정할 때 클로라민 – T와 피리딘 · 피라졸론 혼합액을 넣어 나타나는 색으로 옳은 것은?

① 적색 ② 황갈색
③ 적자색 ④ 청색

해설 **시안 – 자외선/가시선 분광법**
시료를 pH 2 이하의 산성으로 조절한 후에 에틸렌다이아민테트라아세트산나트륨을 넣고 가열 증류하여 시안화합물을 시안화수소로 유출시켜 수산화나트륨용액을 포집한 다음 중화하고 클로라민 – T와 피리딘 · 피라졸론 혼합액을 넣어 나타나는 청색을 620nm에서 측정하는 방법이다.

60 자외선/가시선 분광광도계 광원부의 광원 중 가시부와 근적외부의 광원으로 주로 사용하는 것은?

① 중소수방전관 ② 광전자증배관
③ 텅스텐램프 ④ 석영방전관

해설 **자외선/가시선 분광광도계의 광원**
① 가시부와 근적외부 : 텅스텐 램프
② 자외부 : 중수소방전관

제4과목 폐기물관계법규

[Note] 2012~2015년 폐기물관계법규 관련 문제는 법규의 변경사항이 많으므로 문제유형만 학습하시기 바랍니다.

61 폐기물 처리시설 종류의 구분이 틀린 것은?

① 물리적 재활용 시설 : 증발 · 농축 시설
② 화학적 재활용 시설 : 고형화 · 고화 시설
③ 생물학적 재활용 시설 : 버섯재배 시설
④ 화학적 재활용 시설 : 응집 · 침전 시설

62 폐기물 관리 종합계획에 포함되어야 할 사항과 가장 거리가 먼 것은?

① 종합계획의 기조
② 폐기물 관리 현황 및 평가
③ 부문별 폐기물 관리 정책
④ 재원 조달 계획

63 의료폐기물(위해의료폐기물) 중 시험 · 검사 등에 사용된 배양액, 배양용기, 보관균주, 폐시험관, 슬라이드, 커버글라스, 폐배지, 폐장갑이 해당되는 것은?

① 병리계 폐기물 ② 손상성 폐기물
③ 위생계 폐기물 ④ 보건성 폐기물

2015

64 방치폐기물의 처리기간에 관한 내용으로 ( )에 알맞은 것은?

> 환경부장관이나 시 · 도지사는 폐기물처리 공제조합에 방치폐기물의 처리를 명하려면 주변환경의 오염 우려 정도와 방치폐기물의 처리량 등을 고려하여 ( )의 범위에서 그 처리기간을 정하여야 한다.

① 1개월 ② 2개월
③ 4개월 ④ 6개월

정답 58 ④ 59 ④ 60 ③ 61 ① 62 ② 63 ① 64 ②

65 용어의 정의로 틀린 것은?

① 폐기물처리시설 : 폐기물의 중간처분시설, 최종처분시설 및 재활용시설로서 대통령령으로 정하는 시설을 말한다.
② 처리 : 폐기물의 소각, 중화, 파쇄, 고형화 등의 중간처리와 매립하거나 해역으로 배출하는 등의 최종처리를 말한다.
③ 지정폐기물 : 사업장폐기물 중 폐유·폐산 등 주변환경을 오염시킬 수 있거나 의료폐기물 등 인체에 위해를 줄 수 있는 해로운 물질로서 대통령령으로 정하는 폐기물을 말한다.
④ 생활폐기물 : 사업장폐기물 외의 폐기물을 말한다.

66 멸균분쇄시설의 검사기관과 가장 거리가 먼 것은?

① 한국환경공단　② 보건환경연구원
③ 한국건설기술연구원　④ 한국산업기술시험원

67 관리형 매립시설에서 발생하는 침출수의 생물화학적 산소요구량, 화학적 산소요구량(중크롬산칼륨법에 따른 경우), 부유물질량의 배출허용기준으로 옳은 것은?(단, 청정지역에 해당하는 경우)

① 30mg/L, 200mg/L, 30mg/L
② 30mg/L, 200mg/L, 50mg/L
③ 30mg/L, 400mg/L, 30mg/L
④ 50mg/L, 600mg/L, 50mg/L

68 폐기물처리업자(폐기물 재활용업자)의 준수사항에 관한 내용으로 (　)에 알맞은 것은?

> 유기성 오니를 화력발전소에서 연료로 사용하기 위하여 가공하는 자는 유기성 오니 연료의 저위발열량, 수분 함유량, 회분 함유량, 황분 함유량, 길이 및 금속성분을 (　) 측정하여 그 결과를 시·도지사에게 제출하여야 한다.

① 매 월 1회 이상　② 매 2월 1회 이상
③ 매 분기당 1회 이상　④ 매 반기당 1회 이상

69 환경부장관 등이 실시하는 폐기물 통계 조사 중 폐기물 발생원 등에 관한 조사의 실시 주기는?

① 매 2년
② 매 3년
③ 매 5년
④ 매 10년

70 폐기물 처리시설을 설치하고자 하는 자는 폐기물 처분시설 또는 재활용시설 설치승인신청서를 누구에게 제출하여야 하는가?

① 환경부장관이나 지방환경관서의 장
② 시·도지사나 지방환경관서의 장
③ 국립환경연구원장이나 지방자치단체의 장
④ 보건환경연구원장이나 지방자치단체의 장

71 토지 이용의 제한기간은 폐기물매립시설의 사용이 종료되거나 그 시설이 폐쇄된 날부터 몇 년 이내로 하는가?

① 10년 이내
② 20년 이내
③ 30년 이내
④ 40년 이내

72 의료폐기물의 수집·운반 차량의 차체는 어떤 색으로 색칠하여야 하는가?

① 청색　② 흰색
③ 황색　④ 녹색

73 다음 중 폐기물처리시설의 유지·관리에 관한 기술관리를 대행할 수 있는 자는?

① 지정 폐기물 최종처리업자
② 환경보전협회
③ 한국환경산업기술원
④ 한국환경공단

정답　65 ②　66 ③　67 ③　68 ③　69 ③　70 ②　71 ③　72 ②　73 ④

74 폐기물 관리의 기본원칙과 가장 거리가 먼 것은?

① 폐기물은 중간처리보다는 소각 및 매립의 최종처리를 우선하여 비용과 유해성을 최소화하여야 한다.
② 폐기물로 인하여 환경오염을 일으킨 자는 오염된 환경을 복원할 책임을 지며, 오염으로 인한 피해의 구제에 드는 비용을 부담하여야 한다.
③ 국내에서 발생한 폐기물은 가능하면 국내에서 처리되어야 하고, 폐기물의 수입은 되도록 억제되어 한다.
④ 누구든지 폐기물을 배출하는 경우에는 주변 환경이나 주민의 건강에 위해를 끼치지 아니하도록 사전에 적절한 조치를 하여야 한다.

75 음식물류 폐기물 처리시설에서 기술관리인의 자격기준에 해당하지 않는 것은?

① 화공산업기사
② 전기기사
③ 산업위생관리기사
④ 토목산업기사

76 폐기물 처리업자가 폐업을 한 경우 폐업 한 날부터 며칠 이내에 구비서류를 첨부하여 시 · 도지사 등에게 제출하여야 하는가?

① 5일 이내 ② 7일 이내
③ 15일 이내 ④ 20일 이내

77 다음 지정폐기물의 처리기준 및 방법이 틀린 것은?

① 폐석면 : 분진이나 부스러기는 고온용융처분하거나 고형화 처분하여야 한다.
② 폐페인트 및 폐래커 : 고온소각 또는 고온용융처분하여야 한다.
③ 폐농약 : 액체상태의 것은 고온소각 또는 고온용융처분하여야 한다.
④ 폴리클로리네이티드비페닐 함유폐기물 : 고온소각하거나 고온용융처분하여야 한다.

78 폐기물처리시설의 유지 · 관리에 관한 기술업무를 담당할 기술관리인을 두어야 하는 폐기물처리시설기준으로 틀린 것은?(단, 폐기물처리업자가 운영하는 폐기물처리시설이 아닌 경우임)

① 멸균분쇄시설로서 1일 처리능력이 5톤 이상인 시설
② 퇴비화시설로서 1일 처리능력이 5톤 이상인 시설
③ 절단시설로서 1일 처리능력이 100톤 이상인 시설
④ 압축시설로서 1일 처리능력이 100톤 이상인 시설

79 폐기물 재활용업자가 시 · 도지사로부터 승인받은 임시보관시설에 태반을 보관하는 경우 시 · 도지사가 임시보관시설을 승인함에 있어 따라야 하는 기준으로 옳은 것은?

① 임시보관시설에서의 태반 보관 허용량은 10톤 미만일 것
② 임시보관시설에서의 태반 보관 허용량은 20톤 미만일 것
③ 태반의 배출장소와 그 태반 재활용시설이 있는 사업장과의 거리가 50킬로미터 이하일 것
④ 임시보관시설에서의 태반 보관 기간은 태반이 임시보관시설에 도착한 날부터 5일 이내일 것

80 생활폐기물의 처리대행자가 아닌 대상은?

① 폐기물처리업자
② 재활용센터를 운용하는 자
③ 한국환경공단
④ 한국자원재생공사

2015

정답 74 ① 75 ③ 76 ④ 77 ② 78 ① 79 ④ 80 ④

2014년 1회 기출문제

제1과목 폐기물개론

01 폐기물을 수거하여 분석한 결과 함수율이 40%이고 총 휘발성 고형물은 총 고형물의 80%, 유기탄소량은 총 휘발성 고형물의 90%였다. 또한 총 질소량은 총 고형물의 2%라 할 때 이 폐기물의 C/N(유기탄소량/총 질소량)은?(단, 비중은 1.0 기준)

① 26 ② 36
③ 46 ④ 56

해설 $\text{C/N비} = \dfrac{\text{탄소의 양}}{\text{질소의 양}} = \dfrac{(1-0.4)\times0.8\times0.9}{(1-0.4\times0.02)} = 36$

02 어느 도시폐기물 중 비가연성분이 40%(W/W%)이다. 밀도가 300kg/m^{3}인 폐기물 10m^3 중 가연성 물질의 양은?(단, 비가연성분과 가연성분으로 구분 기준)

① 1.2ton ② 1.4ton
③ 1.6ton ④ 1.8ton

해설 가연성 물질(kg) = 부피 × 밀도 × 가연성 함유비율
= $10\text{m}^3 \times 0.3\text{ton/m}^3 \times (1-0.4)$
= 1.8ton

03 전단파쇄기에 관한 설명으로 옳지 않은 것은?

① 대체로 충격파쇄기에 비해 파쇄속도가 빠르다.
② 이물질의 흡입에 대하여 약하다.
③ 파쇄물의 크기를 고르게 할 수 있다.
④ 주로 목재류, 플라스틱류 및 종이류를 파쇄 하는 데 이용된다.

해설 **전단파쇄기**

① 원리
고정칼의 왕복 또는 회전칼(가동칼)의 교합에 의하여 폐기물을 전단한다.

② 특징
㉠ 충격파쇄기에 비하여 파쇄속도가 느리다.
㉡ 충격파쇄기에 비하여 이물질의 혼입에 취약하다.
㉢ 충격파쇄기에 비하여 파쇄물의 입도(크기)를 고르게 할 수 있다.(장점)
㉣ 전단파쇄기는 해머밀 파쇄기보다 저속으로 운전된다.
㉤ 소각로 전처리에 많이 이용되나 처리용량이 작아 대량이나 연쇄파쇄에 부적합하다.
㉥ 분진, 소음, 진동이 적고 폭발위험이 거의 없다.

③ 종류
㉠ Van Roll식 왕복전단 파쇄기
㉡ Lindemann식 왕복전단 파쇄기
㉢ 회전식 전단 파쇄기
㉣ Tollemacshe

④ 대상 폐기물
목재류, 플라스틱류, 종이류, 폐타이어(연질플라스틱과 종이류가 혼합된 폐기물을 파쇄하는 데 효과적)

04 적환장의 일반적인 설치 필요조건과 가장 거리가 먼 것은?

① 작은 용량의 수집차량을 사용할 때
② 슬러지 수송이나 공기수송 방식을 사용할 때
③ 불법 투기와 다량의 어질러진 쓰레기들이 발생할 때
④ 고밀도 거주지역이 존재할 때

해설 **적환장 설치가 필요한 경우**

① 작은 용량의 수집차량을 사용할 때(15m^3 이하)
② 저밀도 거주지역이 존재할 때
③ 불법투기와 다량의 어질러진 쓰레기들이 발생할 때
④ 슬러지 수송이나 공기수송방식을 사용할 때
⑤ 처분지가 수집장소로부터 멀리 떨어져 있을 때
⑥ 상업지역에서 폐기물 수집에 소형 용기를 많이 사용하는 경우
⑦ 쓰레기 수송 비용절감이 필요한 경우
⑧ 압축식 수거 시스템인 경우

05 5m^{3}의 용적을 갖는 쓰레기를 압축하였더니 3m^{3}으로 감소되었다. 이때 압축비(CR)는?

① 0.43 ② 0.60
③ 1.67 ④ 2.50

해설 $\text{압축비(CR)} = \dfrac{V_i}{V_f} = \dfrac{5\text{m}^3}{3\text{m}^3} = 1.67$

정답 01 ② 02 ④ 03 ① 04 ④ 05 ③

06 50ton/hr 규모의 시설에서 평균크기가 30.5cm인 혼합된 도시폐기물을 최종크기 5.1cm로 파쇄하기 위해 필요한 동력은?(단, 킥의 법칙 적용, C=13.6, 에너지 단위 : kW · hr/ton)

① 약 1,020kW ② 약 1,120kW
③ 약 1,220kW ④ 약 1,320kW

해설 $E = C\ln\left(\frac{L_1}{L_2}\right) = 13.6 \times \ln\left(\frac{30.5}{5.1}\right) = 24.32\text{kW} \cdot \text{hr/ton}$

동력(kW) = 24.32kW · hr/ton × 50ton/hr
= 1,216.17kW

07 인구가 1,000,000명이고, 1인 1일 쓰레기 배출량은 1.4kg/인 · 일이라 한다. 쓰레기의 밀도가 650kg/m^{3}라고 하면 적재량 12m^{3}인 트럭(1대 기준)으로 1일 동안 배출된 쓰레기 전량을 운반하기 위한 횟수는?

① 150회 ② 160회
③ 170회 ④ 180회

해설 하루 운반횟수(회/일)

$= \frac{\text{총 배출량(kg/일)}}{\text{1회 수거량(kg/1회)}}$

$= \frac{1.4\text{kg/인} \cdot \text{일} \times 1{,}000{,}000\text{인}}{12\text{m}^3/\text{대} \times \text{대/회} \times 650\text{kg/m}^3} = 179.49(180\text{회/일})$

08 CH_3OH이 혐기성 반응으로 완전히 분해되었다. 발생한 CH_4의 양이 2.0L였다면 투입한 CH_3OH의 양(g)은?(단, 표준상태 기준, 최종생성물은 메탄, 이산화탄소, 물이다.)

① 1.8 ② 2.8
③ 3.8 ④ 4.7

해설 $CH_4O \rightarrow 0.75CH_4$

32g : 0.75 × 22.4L

CH_4O(g) : 2.0L

$CH_4O(g) = \frac{32g \times 2.0L}{(0.75 \times 22.4)L} = 3.81g$

[Note] CH_4 계수식 $= \frac{4a+b-2c-3d}{8}$

$= \frac{(4\times1)+4-(2\times1)}{8} = 0.75$

$CH_3OH = CH_4O$: $a=1$, $b=4$, $c=1$

09 어떤 쓰레기의 입도를 분석한 결과 입도누적곡선상의 10%, 40%, 60%, 90%의 입경이 각각 1, 5, 10, 20mm였다고 한다면 유효입경과 균등계수는 각각 얼마인가?

① 5.0mm, 2 ② 5.0mm, 4
③ 1.0mm, 8 ④ 1.0mm, 10

해설 유효입경(D_{10}) = 1.0mm

균등계수(U) $= \frac{D_{60}}{D_{10}} = \frac{10}{1.0} = 10$

10 다음의 폐기물 성상분석 절차 중 가장 먼저 시행하는 것은?

① 분류 ② 물리적 조성
③ 화학적 조성 분석 ④ 발열량 측정

해설 밀도측정 → 물리적 조성 → 건조 → 분류 → 전처리 → 화학적 조성 분석 및 발열량 측정

11 폐기물 발생량이 0.85kg/인 · 일인 지역의 인구가 10만이고, 적재량 8톤 트럭으로 이 폐기물을 모두 운반하고 있다면 1일 필요한 차량 수는?(단, 트럭은 1일 1회 운행하며 기타 조건은 고려하지 않음)

① 9 ② 11
③ 13 ④ 15

해설 소요차량(대) $= \frac{\text{하루 쓰레기 배출량}}{\text{1일 1대 운반량}}$

$= \frac{0.85\text{kg/인} \cdot \text{일} \times 100{,}000}{8\text{m}^3/\text{대} \times 1{,}000\text{kg/m}^3} = 10.63(11\text{대/일})$

12 청소상태를 평가하는 평가법 중 서비스를 받는 시민들의 만족도를 설문조사하여 나타내는 사용자 만족도지수는?

① CEI ② USI
③ PPI ④ CPI

해설 **사용자 만족도 지수(User Satisfaction Index ; USI)**

서비스를 받는 사람들의 만족도를 설문조사하여 계산하는 방법으로 설문 문항은 6개로 구성되어 있으며 총점은 100점이다.

$$\text{USI} = \frac{\sum_{i=1}^{N} R_i}{N}$$

여기서, N : 총 설문회답자의 수
R : 설문지 점수의 합계

2014

정답 06 ③ 07 ④ 08 ③ 09 ④ 10 ② 11 ② 12 ②

13 적재량 $15m^3$인 수거차량으로 연간 10만대분의 쓰레기가 인구 100만 명인 도시에서 발생하고 있다. 이때 쓰레기의 밀도가 $750kg/m^3$라면 1인 1일 발생하는 무게는 몇 kg인가?(단, 1년 = 365일, 적재계수 1.0이고 인구증가율 등은 고려하지 않는다.)

① 약 3.082kg
② 약 3.382kg
③ 약 3.582kg
④ 약 3.882kg

해설 쓰레기 발생량(kg/인 · 일)

$= \frac{\text{수거쓰레기 부피} \times \text{쓰레기 밀도}}{\text{대상인구 수}}$

$= \frac{15m^3/\text{대} \times 100,000\text{대}/year \times year/365day \times 750kg/m^3}{1,000,000}$

$= 3.082kg/\text{인} \cdot \text{일}$

14 소각로에서 발생되는 재의 무게감량비가 60%, 부피감소비가 90%라 할 때 소각 전 폐기물의 밀도가 $0.55t/m^3$라면, 소각재의 밀도는?

① $1.0t/m^3$ ② $1.2t/m^3$
③ $2.0t/m^3$ ④ $2.2t/m^3$

해설 소각재 밀도(ton/m^3)

$= \text{소각 전 폐기물 밀도} \times \left(\frac{100 - \text{무게감소비}}{100 - \text{부피감소비}}\right)$

$= 0.55ton/m^3 \times \left(\frac{100-60}{100-90}\right) = 2.2ton/m^3$

15 쓰레기의 발생량 조사방법인 물질수지법에 관한 설명으로 옳지 않은 것은?

① 주로 산업폐기물 발생량을 추산할 때 이용 된다.
② 비용이 저렴하고 정확한 조사가 가능하여 일반적으로 많이 활용된다.
③ 조사하고자 하는 계의 경계를 정확하게 설정하여야 한다.
④ 물질수지를 세울 수 있는 상세한 데이터가 있는 경우에 가능하다.

해설 쓰레기 발생량 조사(측정방법)

조사방법		내용
적재차량 계수분석법 (Load－count analysis)		• 일정기간 동안 특정 지역의 쓰레기 수거 · 운반차량의 대수를 조사하여, 이 결과로 밀도를 이용하여 질량으로 환산하는 방법(차량의 대수에 폐기물의 겉보기 비중을 선정하여 중량으로 환산하는 방법) • 조사장소는 중간적하장이나 중계처리장이 적합 • 단점으로는 쓰레기의 밀도 또는 압축 정도에 따라 오차가 크다는 것
직접계근법 (Direct weighting method)		• 일정기간 동안 특정 지역의 쓰레기 수거 · 운반차량을 중간적하장이나 중계처리장에서 직접 계근하는 방법(트럭 스케일 방법) • 입구에서 쓰레기가 적재되어 있는 차량과 출구에서 쓰레기를 적하한 공차량을 계근하여 쓰레기양 산출 • 장점으로는 비교적 정확한 쓰레기 발생량을 파악할 수 있는 방법 • 단점으로는 적재차량 계수분석에 비하여 작업량이 많고 번거로움이 있음
물질수지법 (Material balance method)		• 시스템으로 유입되는 모든 물질들과 유출되는 모든 폐기물의 양에 대하여 물질수지를 세움으로써 폐기물 발생량을 추정하는 방법 • 주로 산업폐기물 발생량을 추산할 때 이용하는 방법 • 단점으로는 비용이 많이 소요되고 작업량이 많아 널리 이용되지 않음, 즉 특수한 경우에만 사용됨 • 우선적으로 조사하고자 하는 계의 경계를 정확하게 설정해야 함 • 물질수지를 세울 수 있는 상세한 데이터가 있는 경우에 가능
통계조사	표본조사 (단순 샘플링 검사)	• 조사기간이 짧음 • 비용이 적게 소요됨 • 조사상 오차가 큼
	전수조사	• 표본오차가 작아 신뢰도가 높음(정확함) • 행정시책에 대한 이용도가 높음 • 조사기간이 길 • 표본치의 보정역할이 가능함

16 폐기물의 부피감소를 위하여 압축을 실시하였다. 다음 폐기물의 부피감소율은?(단, 압축 전 부피 : $55m^3$, 압축 후 부피 : $33m^3$)

① 30% ② 40%
③ 50% ④ 60%

해설 부피감소율(%) $= \left(1 - \frac{V_f}{V_i}\right) \times 100 = \left(1 - \frac{33}{55}\right) \times 100 = 40\%$

정답 13 ① 14 ④ 15 ② 16 ②

17 어느 도시의 1년간 쓰레기 수거량은 2,000,000ton이었고, 수거대상 인구는 2,000,000인이었으며, 수거인부는 3,500명이었다. 단위 톤당의 쓰레기 수거에 소요되는 맨 아워(man－hour)는 얼마인가?(단, 수거인부의 작업시간은 하루 8시간이고, 1년 작업일수는 300일이다.)

① 2.6man－hour/ton
② 3.4man－hour/ton
③ 4.2man－hour/ton
④ 5.1man－hour/ton

해설 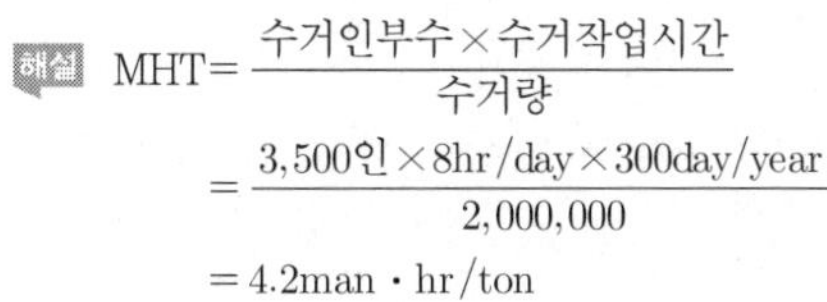

$$MHT=\frac{\text{수거인부수}\times\text{수거작업시간}}{\text{수거량}}=\frac{3{,}500\text{인}\times 8\text{hr/day}\times 300\text{day/year}}{2{,}000{,}000}=4.2\text{man}\cdot\text{hr/ton}$$

18 함수율이 80%이며 건조고형물의 비중이 1.42인 슬러지의 비중은?(단, 물의 비중은 1.0으로 한다.)

① 1.021 ② 1.063
③ 1.127 ④ 1.174

해설 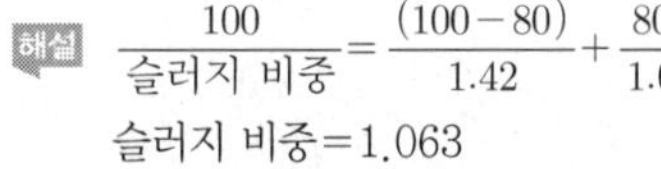

$$\frac{100}{\text{슬러지 비중}}=\frac{(100-80)}{1.42}+\frac{80}{1.0}$$

슬러지 비중＝1.063

19 쓰레기 발생량이 커지는 이유와 가장 거리가 먼 것은?

① 도시의 규모가 커진다.
② 수집빈도가 낮아진다.
③ 쓰레기통이 커진다.
④ 생활수준이 높아진다.

해설 수집빈도가 높을수록 쓰레기 발생량은 증가한다.

20 70%의 함수율을 가진 폐기물을 탈수시켜 40%로 감량시킨다면 폐기물은 초기 무게에서 몇 % 정도가 감량되는가?(단, 폐기물의 비중은 1.0으로 가정한다.)

① 45% ② 50%
③ 55% ④ 60%

해설 초기 폐기물(1－0.7)＝처리 후 폐기물(1－0.4)

$$\frac{\text{처리 후 폐기물}}{\text{초기 폐기물}}=\frac{1-0.7}{1-0.4}=0.5$$

처리 후 폐기물 비율＝0.5×100＝50%

제2과목 폐기물처리기술

21 유기물(포도당, $C_6H_{12}O_6$) 1kg을 혐기성 소화시킬 때 이론적으로 발생되는 메탄양(kg)은?

① 약 0.09 ② 약 0.27
③ 약 0.73 ④ 약 0.93

해설 $C_6H_{12}O_6 \rightarrow 3CH_4+3CO_2$

180kg : (3×16)kg

1kg : CH_4(kg)

$$CH_4(\text{kg})=\frac{1\text{kg}\times(3\times16)\text{kg}}{180\text{kg}}=0.27\text{kg}$$

22 유해폐기물 고화처리 시 흔히 사용하는 지표인 혼합률(MR)은 고화제 첨가량과 폐기물 양의 중량비로 정의된다. 고화처리 전 폐기물의 밀도가 1.0g/cm^3, 고화처리된 폐기물의 밀도가 1.3g/cm^{3}라면 혼합률(MR)이 0.755일 때 고화처리된 폐기물의 부피변화율(VCF)은?

① 1.95 ② 1.56
③ 1.35 ④ 1.15

해설 $$VCF=(1+MR)\times\frac{\rho_r}{\rho_s}=(1+0.755)\times\frac{1.0}{1.3}=1.35$$

23 밀도가 1.0t/m^{3}인 지정폐기물 20m^{3}을 시멘트 고화처리 방법에 의해 고화처리하여 매립하고자 한다. 고화제인 시멘트를 첨가하였다면 고화제의 혼합률(MR)은?(단, 고화제 밀도는 1t/m^3, 고화제 투입량은 폐기물 1m^{3}당 200kg)

① 0.05 ② 0.10
③ 0.15 ④ 0.20

해설 $$\text{혼합률(MR)}=\frac{\text{첨가제의 질량}}{\text{폐기물 질량}}=\frac{200\text{kg/m}^3\times 20\text{m}^3}{1{,}000\text{kg/m}^3\times 20\text{m}^3}=0.2$$

24 고형분 30%인 주방찌꺼기 10톤이 있다. 소각을 위하여 함수율이 50% 되게 건조시켰다면 이때의 무게는?(단, 비중은 1.0 기준)

① 2톤 ② 3톤
③ 6톤 ④ 8톤

2014

정답 17 ③ 18 ② 19 ② 20 ② 21 ② 22 ③ 23 ④ 24 ③

해설 $10ton \times (100-70) =$ 건조 후 무게 $\times (100-50)$

건조 후 무게(ton) $= \dfrac{10ton \times 30}{50} = 6ton$

25 **합성차수막 중 PVC에 관한 설명으로 틀린 것은?**

① 작업이 용이하다.
② 접합이 용이하고 가격이 저렴하다.
③ 자외선, 오존, 기후에 약하다.
④ 대부분의 유기화학물질에 강하다.

해설 **합성차수막 중 PVC**

① 장점
- ㉠ 작업이 용이함
- ㉡ 강도가 높음
- ㉢ 접합이 용이함
- ㉣ 가격이 저렴함

② 단점
- ㉠ 자외선, 오존, 기후에 약함
- ㉡ 대부분 유기화학물질(기름 등)에 약함

26 **고화처리법 중 열가소성 플라스틱법의 장단점으로 틀린 것은?**

① 고화처리된 폐기물 성분을 훗날 회수하여 재활용 가능하다.
② 크고 복잡한 장치와 숙련기술을 요한다.
③ 혼합률(MR)이 비교적 낮다.
④ 고온분해되는 물질에는 사용할 수 없다.

해설 **열가소성 플라스틱의 장단점**

① 장점
- ㉠ 용출 손실률이 시멘트기초법에 비하여 상당히 적다.(플라스틱은 물과 친화성이 없음)
- ㉡ 고화처리된 폐기물 성분을 회수하여 재활용이 가능하다.
- ㉢ 대부분의 매트릭스 물질은 수용액의 침투에 저항성이 매우 크다.

② 단점
- ㉠ 광범위하고 복잡한 장치로 인한 숙련된 기술이 필요하다.
- ㉡ 처리과정에서 화재의 위험성이 있다.
- ㉢ 높은 온도에서 고온분해되는 물질에는 적용할 수 없다.
- ㉣ 폐기물을 건조시켜야 한다.
- ㉤ 혼합률(MR)이 비교적 높다.
- ㉥ 에너지 요구량이 크다.

27 **전처리에서의 SS 제거율은 60%, 1차 처리에서 SS 제거율이 90%일 때 방류수 수질기준 이내로 처리하기 위한 2차 처리 최소효율은?(단, 분뇨 SS : 20,000mg/L, SS 방류수 수질기준 : 60mg/L)**

① 92.5% ② 94.5%
③ 96.5% ④ 98.5%

해설 2차 처리 최소효율(%)

$= \left(1 - \dfrac{SS_o}{SS_i}\right) \times 100$

$SS_o = 60mg/L$

$SS_i = SS \times (1-\eta_1) \times (1-\eta)$

$= 20,000mg/L \times (1-0.9) \times (1-0.6) = 800mg/L$

$= \left(1 - \dfrac{60}{800}\right) \times 100 = 92.5\%$

28 **호기성 처리로 200kL/d의 분뇨를 처리할 경우 처리장에 필요한 송풍량은?(단, BOD 20,000ppm, 제거율 80%, 제거 BOD당 필요 송풍량 $100m^3$/BOD kg, 분뇨비중 1.0, 24시간 연속 가동 기준)**

① 약 $3,333m^3/hr$ ② 약 $13,333m^3/hr$
③ 약 $320,000m^3/hr$ ④ 약 $400,000m^3/hr$

해설 송풍량(m^3/hr)

$= 100m^3/kg \times 20,000mg/L \times 0.8 \times 200kL/day \times 10^3 L/kL \times 1kg/10^6 mg \times day/24hr$

$= 13,333.33m^3/hr$

29 **매립 시 표면차수막(연직차수막과 비교)에 관한 설명으로 가장 거리가 먼 것은?**

① 지하수 집배수시설이 필요하다.
② 경제성에 있어서 차수막 단위면적당 공사비는 고가이나 총 공사비는 싸다.
③ 보수 가능성 면에 있어서는 매립 전에는 용이하나 매립 후에는 어렵다.
④ 차수성 확인에 있어서는 시공 시에는 확인되지만 매립 후에는 곤란하다.

해설 **표면차수막**

① 적용조건
- ㉠ 매립지반의 투수계수가 큰 경우에 사용
- ㉡ 매립지의 필요한 범위에 차수재료로 덮인 바닥이 있는 경우에 사용

정답 25 ④ 26 ③ 27 ① 28 ② 29 ②

② 시공
매립지 전체를 차수재료로 덮는 방식으로 시공
③ 지하수 집배수시설
원칙적으로 지하수 집배수시설을 시공하므로 필요함
④ 차수성 확인
시공 시에는 차수성이 확인되지만 매립 후에는 곤란함
⑤ 경제성
단위면적당 공사비는 저가이나 전체적으로 비용이 많이 듦
⑥ 보수
매립 전에는 보수, 보강 시공이 가능하나 매립 후에는 어려움
⑦ 공법 종류
㉠ 지하연속벽
㉡ 합성고무계 시트
㉢ 합성수지계 시트
㉣ 아스팔트계 시트

30 1일 20톤 폐기물을 소각처리하기 위한 노의 용적(m^3)은?(단, 저위발열량이 700kcal/kg, 노 내 열부하는 20,000kcal/m^3 · hr, 1일 가동시간 14시간)

① 25 ② 30
③ 45 ④ 50

해설 노 용적(m^3)

$$= \frac{\text{소각량} \times \text{폐기물 발열량}}{\text{연소실 열부하율}}$$

$$= \frac{(20\text{ton/day} \times \text{day/14hr} \times 1{,}000\text{kg/ton}) \times 700\text{kcal/kg}}{20{,}000\text{kcal/m}^3 \cdot \text{hr}}$$

$= 50m^3$

31 어느 분뇨처리장에서 20kL/일의 분뇨를 처리하며 여기에서 발생하는 가스의 양은 투입 분뇨량의 8배라고 한다면 이 중 CH_4가스에 의해 생성되는 열량은?(단, 발생가스 중 CH_4가스가 70%를 차지하며, 열량은 6,000 kcal/m^3 − CH_4이다.)

① 84,000kcal/일
② 120,000kcal/일
③ 672,000kcal/일
④ 960,000kcal/일

해설 메탄가스양 = 20kL/day × m^3/kL × 8 × 0.7 = 112m^3/day
열량(kcal/day) = 112$m^3$$CH_4$/day × 6,000kcal/$m^3$ − CH_4
= 672,000kcal/day

32 폐기물 매립지 표면적이 50,000m^2이며 침출수량은 연간 강우량의 10%라면 1년간 침출수에 의한 BOD 누출량은?(단, 연간 평균 강수량 1,300mm, 침출수 BOD 8,000mg/L이다.)

① 40,000kg ② 52,000kg
③ 400,000kg ④ 468,000kg

해설 침출수량(m^3/year) $= \frac{0.1 \times 1{,}300 \times 50{,}000}{1{,}000}$
$= 6{,}500m^3/year$
침출수에 의한 BOD 누출량(kg/year)
= 6,500m^3/year × 8,000mg/L × 1,000L/m^3 × kg/10^6mg
= 52,000kg/year

33 메탄올(CH_3OH) 8kg을 완전연소하는 데 필요한 이론공기량(Sm^3)은?(단, 표준상태 기준)

① 35 ② 40
③ 45 ④ 50

해설 $CH_3OH + 1.5O_2 \rightarrow CO_2 + 2H_2O$
32kg : 1.5 × 22.4Sm^3
8kg : O_o(Sm^3)

$$O_o(Sm^3) = \frac{8kg \times (1.5 \times 22.4)Sm^3}{32kg} = 8.4Sm^3$$

$$A_o(Sm^3) = \frac{8.4Sm^3}{0.21} = 40Sm^3$$

34 분뇨처리장의 방류수량이 1,000m^3/day일 때 15분간 염소소독을 할 경우 소독조의 크기는?

① 약 16.5m^3 ② 약 13.5m^3
③ 약 10.5m^3 ④ 약 8.5m^3

해설 소독조 크기(m^3)
= 1,000m^3/day × 15min × day/1,440min = 10.42m^3

35 $C_4H_9O_3N$으로 표현되는 유기물 1몰이 혐기성 상태에서 다음 식과 같이 분해될 때 발생하는 이산화탄소의 양은?

$$C_4H_9O_3N + (a)\ H_2O \rightarrow (b)\ CO_2 + (c)\ CH_4 + (d)\ NH_3$$

① 1몰 ② 2몰
③ 3몰 ④ 4몰

정답 30 ④ 31 ③ 32 ② 33 ② 34 ③ 35 ②

해설 $C_4H_9O_3N + H_2O \rightarrow 2CO_2 + 2CH_4 + NH_3$

[Note] $C_aH_bO_cN_d + \left(\frac{4a-b-2c+3d}{4}\right)H_2O$

$$\rightarrow \left(\frac{4a+b-2c-3d}{8}\right)CO_2 + \left(\frac{4a-b+2c+3d}{8}\right)CH_4 + dNH_3$$

36 슬러지 $100m^3$의 함수율이 98%이다. 탈수 후 슬러지의 체적을 1/10로 하면 슬러지 함수율은?(단, 모든 슬러지의 비중은 1임)

① 20% ② 40%
③ 60% ④ 80%

해설 $100m^3 \times (100-98)$
$= (100m^3 \times 1/10) \times (100 - \text{처리 후 함수율})$
처리 후 함수율＝80%

37 열분해공정이 소각에 비해 갖는 장점이 아닌 것은?

① 황분, 중금속이 재(Ash) 중에 고정되는 비율이 작다.
② 환원성 분위기가 유지되므로 Cr^{3+}가 Cr^{6+}로 변화되기 어렵다.
③ 배기가스양이 적다.
④ NOx 발생량이 적다.

해설 **열분해공정이 소각에 비하여 갖는 장점**
① 배기가스양이 적게 배출된다.(가스처리장치가 소형화)
② 황, 중금속분이 Ash(회분) 중에 고정되는 비율이 크다.
③ 상대적으로 저온이기 때문에 NOx(질소산화물), 염화수소의 발생량이 적다.
④ 환원기가 유지되므로 Cr^{3+}이 Cr^{6+}으로 변화하기 어려우며 대기오염물질의 발생이 적다.(크롬 산화 억제)
⑤ 폐플라스틱, 폐타이어, 오니류 등 스토커 소각처리가 곤란한 물질도 처리 가능하다.
⑥ 공기공급장치의 소형화 및 감량화로 매립용량이 감소한다.

[Note] 열분해는 예열, 건조과정을 거치므로 보조연료의 소비량이 증가되어 유지관리비가 많이 소요된다.

38 매립된 지 10년 이상인 매립지에서 발생되는 침출수를 처리하기 위한 공정으로 효율성이 가장 양호한 것은?(단, 침출수 특성 : COD/TOC＜2.0, BOD/COD＜0.1, COD＜500ppm)

① 역삼투 ② 화학적 침전
③ 오존처리 ④ 생물학적 처리

해설 **침출수 특성에 따른 처리공정 구분**

	항목	Ⅰ	Ⅱ	Ⅲ
침출수 특성	COD(mg/L)	10,000 이상	500~10,000	500 이하
	COD/TOC	2.7(2.8) 이상	2.0~2.7	2.0 이하
	BOD/COD	0.5 이상	0.1~0.5	0.1 이하
	매립연한	초기 (5년 이하)	중간 (5~10년)	오래(고령)됨 (10년 이상)
주 처리공정	생물학적 처리	좋음 (양호)	보통	나쁨 (불량)
	화학적 응집·침전 (화학적 침전 : 석회투여)	보통·불량	나쁨 (불량)	나쁨 (불량)
	화학적 산화	보통·나쁨 (불량)	보통	보통
	역삼투(R.O)	보통	좋음 (양호)	좋음 (양호)
	활성탄 흡착	보통·좋음 (양호)	보통·좋음 (양호)	좋음 (양호)
	이온교환 수지	나쁨 (불량)	보통·좋음 (양호)	보통

39 소각로 중 다단로 방식의 장점으로 틀린 것은?

① 체류시간이 길어 분진발생률이 낮다.
② 수분함량이 높은 폐기물의 연소가 가능하다.
③ 휘발성이 적은 폐기물 연소에 유리하다.
④ 많은 연소영역이 있으므로 연소효율을 높일 수 있다.

해설 **다단로 소각방식(Multiple Hearth)**
① 장점
㉠ 타 소각로에 비해 체류시간이 길어 연소효율이 높고 특히 휘발성이 낮은 폐기물 연소에 유리하다.
㉡ 다량의 수분이 증발되므로 수분함량이 높은 폐기물도 연소가 가능하다.
㉢ 물리·화학적 성분이 다른 각종 폐기물을 처리할 수 있다. 즉, 다양한 질의 폐기물에 대하여 혼소가 가능하다.
㉣ 많은 연소영역이 있으므로 연소효율을 높일 수 있다.(국소 연소를 피할 수 있음)
㉤ 보조연료로 다양한 연료(천연가스, 프로판, 오일, 석탄가루, 폐유 등)를 사용할 수 있다.
㉥ 클링커 생성을 방지할 수 있다.
㉦ 온도제어가 용이하고 동력이 적게 들며 운전비가 저렴하다.

정답 36 ④ 37 ① 38 ① 39 ①

② 단점
- ㉠ 체류시간이 길어 온도반응이 느리다.(휘발성이 적은 폐기물 연소에 유리)
- ㉡ 늦은 온도반응 때문에 보조연료 사용을 조절하기 어렵다.
- ㉢ 분진발생률이 높다.
- ㉣ 열적 충격이 쉽게 발생하고 내화물이나 상에 손상을 초래한다.(내화재의 손상을 방지하기 위해 1,000℃ 이상으로 운전하지 않는 것이 좋음)
- ㉤ 가동부(교반팔, 회전중심축)가 있으므로 유지비가 높다.
- ㉥ 유해폐기물의 완전분해를 위해서는 2차 연소실이 필요하다.

40 1일 폐기물 발생량이 100ton인 폐기물을 깊이 3m인 도랑식으로 매립하고자 한다. 발생 폐기물의 밀도는 $400kg/m^3$, 매립에 따른 부피 감소율은 20%일 경우, 1년간 필요한 매립지의 면적은 몇 m^2인가?(단, 기타 조건은 고려하지 않음)

① 약 16,083 ② 약 24,333
③ 약 30,417 ④ 약 91,250

해설 매립면적(m^2/year)

$$= \frac{\text{폐기물 발생량}}{\text{밀도}\times\text{깊이}} \times (1-\text{부피감소율})$$

$$= \frac{100\text{ton/day}\times 365\text{day/year}}{0.4\text{ton/m}^3\times 3\text{m}} \times (1-0.2)$$

$$= 24,333.33\text{m}^2/\text{year}$$

제3과목 폐기물공정시험기준(방법)

41 자외선/가시선 분광법에 의해 크롬을 정량하기 위해서는 크롬이온 전체를 6가크롬으로 변화시켜야 하는데 이때 사용하는 시약은?

① 디페닐카르바지드 ② 질산암모늄
③ 과망간산칼륨 ④ 염화제일주석

해설 **크롬 – 자외선/가시선 분광법**
시료 중에 총 크롬을 과망간산칼륨을 사용하여 6가크롬으로 산화시킨 다음 산성에서 다이페닐카바자이드와 반응하여 생성되는 적자색 착화합물의 흡광도를 540nm에서 측정하여 총 크롬을 정량하는 방법이다.

42 폐기물 시료 200g을 취하여 기름 성분(중량법)을 시험한 결과, 시험 전후의 증발용기 무게 차가 13.591g으로 나타났고, 바탕시험 전후의 증발용기 무게 차는 13.557g으로 나타났다. 이때의 노말헥산 추출물질농도(%)는?

① 0.013% ② 0.017%
③ 0.023% ④ 0.034%

해설 노말헥산 추출물질(%) $= \frac{(a-b)}{V} \times 100$

$$= \frac{(13.591-13.557)\text{g}}{200\text{g}} \times 100 = 0.017\%$$

43 용출조작 시 진탕 횟수 기준으로 옳은 것은?(단, 상온 · 상압 조건, 진폭은 4~5cm)

① 매분당 약 200회 ② 매분당 약 300회
③ 매분당 약 400회 ④ 매분당 약 500회

해설 **용출시험방법(용출조작)**
① 진탕 : 혼합액을 상온 · 상압에서 진탕 횟수가 매분당 약 200회, 진폭이 4~5cm의 진탕기를 사용하여 6시간 연속 진탕한다.
⇩
② 여과 : 1.0μm의 유리섬유여과지로 여과한다.
⇩
③ 여과액을 적당량 취하여 용출실험용 시료용액으로 사용한다.

44 다음은 폐기물 시료의 채취에 관한 내용이다. ( ) 안에 옳은 내용은?

> 시료의 양은 1회에 100g 이상 채취한다. 다만 소각재의 경우에는 1회에 ( ) 이상을 채취한다.

① 200g ② 300g
③ 500g ④ 1,000g

2014

해설 시료채취량은 1회에 최소 100g 이상으로 한다. 다만 소각재의 경우에는 1회에 500g 이상을 채취한다.

45 자외선/가시선 분광법을 이용한 시안분석방법에 관한 설명으로 옳지 않은 것은?

① 포집된 시안이온을 중화하고 클로라민 T와 피리딘 피라졸론 혼합액을 넣어 적자색 510nm에서 측정한다.
② 시료를 pH 2 이하의 산성으로 조절한 후 에틸렌다이아민테트라아세트산이나트륨을 넣고 가열 증류한다.

정답 40 ② 41 ③ 42 ② 43 ① 44 ③ 45 ①

③ 잔류염소가 함유된 시료는 잔류염소 20mg 당 L－아스코빈산(10W/V%) 0.6mL를 넣어 제거한다.
④ 황화합물이 함유된 시료는 아세트산아연용액(10W/V%) 2mL를 넣어 제거한다.

해설 **시안－자외선/가시선 분광법**
포집된 시안이온을 중화하고 클로라민－T와 피리딘 피라졸론 혼합액을 넣어 나타나는 청색을 620nm에서 측정하는 방법이다.

46 대상폐기물의 양이 2,000톤인 경우 채취시료의 최소 수는?

① 24 ② 36
③ 50 ④ 60

해설 **대상폐기물의 양과 시료의 최소 수**

대상 폐기물의 양(단위 : ton)	시료의 최소 수
~ 1 미만	6
1 이상~5 미만	10
5 이상~30 미만	14
30 이상~100 미만	20
100 이상~500 미만	30
500 이상~1,000 미만	36
1,000 이상~5,000 미만	50
5,000 이상 ~	60

47 다음은 용출시험을 위한 시료 용액의 조제에 관한 내용이다. ( ) 안에 옳은 내용은?

> 시료의 조제방법에 따라 조제한 시료 100g 이상을 정확히 달아 정제수에 염산을 넣어 pH를 (㉠)으로 한 용매(mL)를 시료 : 용매 = 1 : 10(W : V)의 비로 (㉡)mL 삼각플라스크에 넣어 혼합한다.

① ㉠ 5.3~6.8, ㉡ 1,000
② ㉠ 5.3~6.8, ㉡ 2,000
③ ㉠ 5.8~6.3, ㉡ 1,000
④ ㉠ 5.8~6.3, ㉡ 2,000

해설 **용출시험 시료용액 조제**
① 시료의 조제 방법에 따라 조제한 시료 100g 이상을 정확히 단다.
⇩
② 용매 : 정제수에 염산을 넣어 pH를 5.8~6.3으로 한다.
⇩
③ 시료 : 용매＝1 : 10(w/v)의 비로 2,000mL 삼각 플라스크에 넣어 혼합한다.

48 유도결합플라스마－원자발광분광법을 분석에 사용하지 않는 측정 항목은?(단, 폐기물공정시험기준(방법) 기준)

① 납 ② 비소
③ 수은 ④ 6가크롬

해설 **수은에 적용 가능한 시험방법**
① 원자흡수분광광도법(환원기화법)
② 자외선/가시선 분광법(디티존법)

49 다음의 pH 표준액 중 pH 4에 가장 근접한 용액은?

① 수산염 표준액 ② 프탈산염 표준액
③ 인산염 표준액 ④ 붕산염 표준액

해설 **0℃에서 표준액의 pH값**
① 수산염 표준액 : 1.67
② 프탈산염 표준액 : 4.01
③ 인산염 표준액 : 6.98
④ 붕산염 표준액 : 9.46
⑤ 탄산염 표준액 : 10.32
⑥ 수산화칼슘 표준액 : 13.43

50 자외선/가시선 분광법에 의하여 구리를 정량하는 방법에 관한 설명이 틀린 것은?

① 정량한계는 0.002mg이다.
② 흡광도는 440nm에서 측정한다.
③ 비스무트가 구리의 양보다 2배 이상 존재하는 경우에는 황색을 나타내어 방해한다.
④ 시료 중 시안화합물이 존재하는 경우 과망간산칼륨(10W/V%) 용액으로 완전 산화시켜야 한다.

해설 시료 중에 시안화합물이 함유되어 있으면 염산으로 산성조건을 만든 후 끓여 시안화합물을 완전히 분해 제거한 다음 실험한다.

51 크롬(자외선/가시선 분광법) 측정 시 첨가한 표준물질의 농도에 대한 측정 평균값의 상대 백분율로서 나타내는 정확도 값으로 옳은 것은?

① 90~110% 이내 ② 85~115% 이내
③ 80~120% 이내 ④ 75~125% 이내

해설 **크롬－자외선/가시선 분광법의 정확도** : 75~125% 이내

정답 46 ③ 47 ④ 48 ③ 49 ② 50 ④ 51 ④

52 고형물 함량이 50%, 강열감량이 80%인 폐기물의 유기물 함량(%)은?

① 30 ② 40
③ 50 ④ 60

해설 유기물 함량(%)

$$= \frac{\text{휘발성 고형물(\%)}}{\text{고형물(\%)}} \times 100$$

휘발성 고형물 = 강열감량 − 수분
= 80 − 50 = 30%

$$= \frac{30}{50} \times 100 = 60\%$$

53 다음은 유리전극법에 의한 pH 측정 시 정밀도에 관한 설명이다. ( ) 안에 알맞은 것은?

> pH 미터는 임의의 한 종류의 pH 표준용액에 대하여 검출부를 정제수로 잘 씻은 다음 5회 되풀이하여 pH를 측정하였을 때 그 재현성이 ( ) 이내이어야 한다.

① ±0.01 ② ±0.05
③ ±0.1 ④ ±0.5

해설 **정밀도**
임의의 한 종류의 pH 표준용액에 대하여 검출부를 정제수로 잘 씻은 다음 5회 되풀이하여 pH를 측정했을 때 그 재현성이 ±0.05 이내이어야 한다.

54 총칙에서 규정하고 있는 사항 중 옳은 것은?

① 진공이라 함은 15mmH_2O 이하를 말한다.
② 실온은 15~25℃이고 상온은 1~35℃로 한다.
③ 찬 곳은 따로 규정이 없는 한 0~15℃의 곳을 말한다.
④ 제반 시험조작은 따로 규정이 없는 한 실온에서 실시한다.

해설

용어	온도(℃)
표준온도	0
상온	15~25
실온	1~35
찬 곳	0~15의 곳(따로 규정이 없는 경우)
냉수	15 이하
온수	60~70
열수	≒100

55 폐기물 시료 채취 시 갈색경질 유리병을 사용하여야 하는 측정 대상 항목이 아닌 것은?

① 유기인
② 휘발성 저급 염소화탄화수소류
③ PCBs
④ 수은

해설 **갈색경질 유리병 사용 채취물질**
① 노말헥산 추출물질
② 유기인
③ 폴리클로리네이티드비페닐(PCBs)
④ 휘발성 저급 염소화탄화수소류

56 자외선/가시선 분광법에 의한 카드뮴 분석 방법에 관한 설명으로 옳지 않은 것은?

① 황갈색의 카드뮴착염을 사염화탄소로 추출하여 그 흡광도를 480nm에서 측정하는 방법이다.
② 카드뮴의 정량범위는 0.001~0.03mg이고, 정량한계는 0.001mg이다.
③ 시료 중 다량의 철과 망간을 함유하는 경우 디티존에 의한 카드뮴 추출이 불완전하다.
④ 시료에 다량의 비스무트(Bi)가 공존하면 시안화칼륨 용액으로 수회 씻어도 무색이 되지 않는다.

해설 **카드뮴 – 자외선/가시선 분광법**
적색의 카드뮴착염을 사염화탄소로 추출하여 그 흡광도를 520nm에서 측정하는 방법이다.

57 폐기물공정시험기준(방법) 중 용어의 정의가 틀린 것은?

① 반고상폐기물은 고형물의 함량 5% 이상 15% 미만인 것을 말한다.
② 방울수는 20℃에서 정제수 20방울을 적하할 때 그 부피가 약 1mL 되는 것을 말한다.
③ '감압 또는 진공'은 따로 규정이 없는 한 15mmHg 이하를 뜻한다.
④ '항량으로 될 때까지 건조한다.'는 같은 조건에서 1시간 더 건조할 때 전후 무게의 차가 g당 0.1mg 이하일 때를 말한다.

해설 **항량으로 될 때까지 건조한다.**
같은 조건에서 1시간 더 건조할 때 전후 무게의 차가 g당 0.3mg 이하를 뜻한다.

2014

정답 52 ④ 53 ② 54 ③ 55 ④ 56 ① 57 ④

58 함수율이 90%인 슬러지를 용출시험하여 구리의 농도를 측정하니 1.0mg/L로 나타났다. 수분함량을 보정한 용출시험 결과치는?

① 0.6mg/L　② 0.9mg/L
③ 1.1mg/L　④ 1.5mg/L

해설 수분보정농도(mg/L)= $1.0\text{mg/L} \times \frac{15}{100-90} = 1.5\text{mg/L}$

59 원자흡수분광광도법을 이용한 비소 측정에 사용되는 불꽃으로 가장 옳은 것은?

① 아르곤－수소　② 아르곤－질소
③ 질소－수소　④ 질소－공기

해설 **비소－원자흡수분광광도법의 불꽃** : 아르곤－수소

60 폐기물 중 시안을 측정(이온전극법)할 때 시료채취 및 관리에 관한 내용으로 옳은 것은?

① 시료는 수산화나트륨용액을 가하여 pH 10 이상으로 조절하여 냉암소에서 보관한다. 최대 보관시간은 8시간이며 가능한 한 즉시 실험한다.
② 시료는 수산화나트륨용액을 가하여 pH 10 이상으로 조절하여 냉암소에서 보관한다. 최대 보관시간은 24시간이며 가능한 한 즉시 실험한다.
③ 시료는 수산화나트륨용액을 가하여 pH 12 이상으로 조절하여 냉암소에서 보관한다. 최대 보관시간은 8시간이며 가능한 한 즉시 실험한다.
④ 시료는 수산화나트륨용액을 가하여 pH 12 이상으로 조절하여 냉암소에서 보관한다. 최대 보관시간은 24시간이며 가능한 한 즉시 실험한다.

해설 **시안－이온전극법의 시료채취 및 관리**
① 시료는 미리 세척한 유리 또는 폴리에틸렌 용기에 채취한다.
② 시료는 수산화나트륨용액을 가하여 pH 12 이상으로 조절하여 냉암소에서 보관한다.
③ 최대 보관시간은 24시간이며 가능한 한 즉시 실험한다.

제4과목 폐기물관계법규

[Note] 2012~2015년 폐기물관계법규 관련 문제는 법규의 변경사항이 많으므로 문제유형만 학습하시기 바랍니다.

61 폐기물 발생 억제 지침 준수의무 대상 배출자의 규모기준으로 옳은 것은?

① 최근 3년간의 연평균 배출량을 기준으로 지정폐기물을 300톤 이상 배출하는 자
② 최근 3년간의 연평균 배출량을 기준으로 지정폐기물을 500톤 이상 배출하는 자
③ 최근 3년간의 연평균 배출량을 기준으로 지정폐기물 외의 폐기물을 500톤 이상 배출하는 자
④ 최근 3년간의 연평균 배출량을 기준으로 지정폐기물 외의 폐기물을 1,000톤 이상 배출하는 자

62 폐기물 감량화시설의 종류와 가장 거리가 먼 것은?

① 폐기물 자원화시설　② 폐기물 재이용시설
③ 폐기물 재활용시설　④ 공정개선시설

63 다음은 폐기물처리업에 대한 과징금에 관한 내용이다. (　) 안에 옳은 내용은?

> 환경부장관이나 시·도지사는 사업장의 사업규모, 사업지역의 특수성, 위반행위의 정도 및 횟수 등을 고려하여 법의 규정에 따른 과징금 금액의 (　) 범위에서 가중하거나 감경할 수 있다. 다만 가중하는 경우에는 과징금의 총액이 1억 원을 초과할 수 없다.

① 2분의 1　② 3분의 1
③ 4분의 1　④ 5분의 1

64 음식물류 폐기물 발생억제 계획의 수립주기는?

① 1년　② 2년
③ 3년　④ 5년

정답 58 ④ 59 ① 60 ④ 61 ④ 62 ① 63 ① 64 ④

65 폐기물 처분시설 또는 재활용시설 중 음식물류 폐기물을 대상으로 하는 시설의 기술관리인 자격기준으로 틀린 것은?

① 산업위생산업기사 ② 화공산업기사
③ 토목산업기사 ④ 전기기사

66 관리형 매립시설의 침출수의 배출 허용기준으로 옳은 것은?(단, 가 지역 기준)

① BOD(mg/L) − 50 ② BOD(mg/L) − 70
③ BOD(mg/L) − 90 ④ BOD(mg/L) − 110

67 폐기물 처리시설의 종류 중 재활용시설 기준에 관한 내용으로 틀린 것은?

① 용해로(폐기물에서 비철금속을 추출하는 경우로 한정한다)
② 소성(시멘트 소성로는 제외한다) 탄화시설
③ 골재세척시설(동력 10마력 이상인 시설로 한정한다)
④ 의약품 제조시설

68 폐기물처리시설의 사후관리기준 및 방법 중 침출수 관리방법으로 매립시설의 차수시설 상부에 모여 있는 침출수의 수위는 시설의 안정 등을 고려하여 얼마로 유지되도록 관리하여야 하는가?

① 0.6미터 이하 ② 1.0미터 이하
③ 1.5미터 이하 ④ 2.0미터 이하

69 법에서 사용하는 용어의 뜻으로 틀린 것은?

① '처분'이란 폐기물의 소각, 중화, 파쇄, 고형화 등의 중간처분과 매립하거나 해역으로 배출하는 등의 최종처분을 말한다.
② '재활용'이란 에너지를 회수하거나 회수할 수 있는 상태로 만들거나 폐기물을 연료로 사용하는 활동으로서 대통령령으로 정하는 활동을 말한다.
③ '폐기물처리시설'이란 폐기물의 중간처분시설, 최종처분시설 및 재활용시설로서 대통령령으로 정하는 시설을 말한다.
④ '처리'란 폐기물의 수집, 운반, 보관, 재활용, 처분을 말한다.

70 폐기물 처리업의 업종 구분과 영업내용의 범위를 벗어나는 영업을 한 자에 대한 벌칙기준으로 옳은 것은?

① 1년 이하의 징역 또는 5백만 원 이하의 벌금
② 1년 이하의 징역 또는 1천만 원 이하의 벌금
③ 2년 이하의 징역 또는 1천만 원 이하의 벌금
④ 2년 이하의 징역 또는 2천만 원 이하의 벌금

71 기술관리인을 두어야 할 폐기물처리시설 기준으로 옳은 것은?(단, 폐기물처리업자가 운영하는 폐기물처리시설은 제외)

① 시멘트 소성로로서 시간당 처분능력이 600킬로그램 이상인 시설
② 멸균분쇄시설로서 시간당 처분능력이 600킬로그램 이상인 시설
③ 사료화, 퇴비화 또는 연료화시설로서 1일 재활용능력이 1톤 이상인 시설
④ 압축, 파쇄, 분쇄 또는 절단시설로서 1일 처분능력 또는 재활용능력이 100톤 이상인 시설

72 생활폐기물배출자는 특별자치시, 특별자치도, 시·군·구의 조례로 정하는 바에 따라 스스로 처리할 수 없는 생활폐기물을 종류별, 성질·상태별로 분리하여 보관하여야 한다. 이를 위반한 자에 대한 과태료 부과 기준은?

① 100만 원 이하의 과태료
② 200만 원 이하의 과태료
③ 300만 원 이하의 과태료
④ 500만 원 이하의 과태료

73 주변지역 영향 조사대상 폐기물처리시설(폐기물 처리업자가 설치·운영하는 시설) 기준으로 옳은 것은?

① 매립면적 3만 제곱미터 이상의 사업장 일반폐기물 매립시설
② 매립면적 5만 제곱미터 이상의 사업장 일반폐기물 매립시설
③ 매립면적 10만 제곱미터 이상의 사업장 일반폐기물 매립시설
④ 매립면적 15만 제곱미터 이상의 사업장 일반폐기물 매립시설

2014

정답 65 ① 66 ① 67 ③ 68 ④ 69 ② 70 ④ 71 ④ 72 ① 73 ④

74 **의료폐기물의 종류 중 일반의료폐기물이 아닌 것은?**

① 일회용 주사기
② 수액세트
③ 혈액 · 체액 · 분비물 · 배설물이 함유되어 있는 탈지면
④ 파손된 유리재질의 시험기구

75 **국가 폐기물 관리 종합계획에 포함되어야 할 사항과 가장 거리가 먼 것은?**

① 재원 조달 계획
② 폐기물 관리 여건 및 전망
③ 종합계획의 기조
④ 폐기물 관리 정책의 평가

76 **폐기물 수집 · 운반업의 변경허가를 받아야 할 중요사항으로 틀린 것은?**

① 수집 · 운반대상 폐기물의 변경
② 영업구역의 변경
③ 처분시설 소재지의 변경
④ 운반차량(임시차량은 제외한다)의 증차

77 **폐기물처리 신고자의 준수사항 기준으로 옳은 것은?**

① 정당한 사유 없이 계속하여 6개월 이상 휴업하여서는 아니 된다.
② 정당한 사유 없이 계속하여 1년 이상 휴업하여서는 아니 된다.
③ 정당한 사유 없이 계속하여 2년 이상 휴업하여서는 아니 된다.
④ 정당한 사유 없이 계속하여 3년 이상 휴업하여서는 아니 된다.

78 **다음은 폐기물처리업자 중 폐기물 재활용업자의 준수사항에 관한 내용이다. ( ) 안에 옳은 내용은?**

> 유기성 오니를 화력발전소에서 연료로 사용하기 위해 가공하는 자는 유기성 오니 연료의 저위발열량, 수분 함유량, 회분 함유량, 황분 함유량, 길이 및 금속성분을 ( ) 이상 측정하여 그 결과를 시 · 도지사에게 제출하여야 한다.

① 매년당 1회 ② 매 분기당 1회
③ 매월당 1회 ④ 매주당 1회

79 **다음은 방치 폐기물의 처리기간에 대한 내용이다. ( ) 안에 옳은 내용은?(단, 연장 기간은 고려하지 않음)**

> 환경부장관이나 시 · 도지사는 폐기물처리 공제조합에 방치폐기물의 처리를 명하려면 주변 환경의 오염 우려 정도와 방치폐기물의 처리량 등을 고려하여 ( ) 범위에서 그 처리기간을 정하여야 한다.

① 3개월 ② 2개월
③ 1개월 ④ 15일

80 **폐기물매립시설의 사후관리 업무를 대행할 수 있는 자는?(단, 그 밖에 환경부장관이 사후관리를 대행할 능력이 있다고 인정하여 고시하는 자의 경우 제외)**

① 유역 · 지방 환경청
② 국립환경과학원
③ 한국환경공단
④ 시 · 도 보건환경연구원

정답 74 ④ 75 ④ 76 ③ 77 ② 78 ② 79 ② 80 ③

2014년 2회 기출문제

제1과목 폐기물개론

01 인구 3,800명인 어느 지역에서 발생되는 폐기물을 1주일에 1일 수거하기 위하여 용량 $8m^3$인 청소차량이 5대, 1일 2회 수거, 1일 근무시간이 8시간인 환경미화원이 5명 동원된다. 쓰레기의 적재밀도가 $0.4ton/m^3$일 때 1인 1일 폐기물 발생량은?

① 0.9kg/인 · 일　② 1.0kg/인 · 일
③ 1.2kg/인 · 일　④ 1.3kg/인 · 일

해설 폐기물 발생량(kg/인 · 일)

$$= \frac{\text{수거폐기물부피} \times \text{밀도}}{\text{대상 인구 수}}$$

$$= \frac{8m^3/\text{대} \times 5\text{대}/\text{회} \times 1\text{회}/\text{주} \times \text{주}/7\text{day} \times 2 \times 400kg/m^3}{3{,}800\text{인}}$$

$=1.2$kg인 · 일

02 쓰레기와 하수처리장에서 얻어진 슬러지를 함께 매립하려 한다. 쓰레기와 슬러지의 함수율을 각각 40%와 80%라 한다면 쓰레기와 슬러지를 중량비 7 : 3 비율로 섞을 때 혼합체의 함수율은?

① 32%　② 42%
③ 52%　④ 62%

해설 $\text{혼합함수율}(\%) = \frac{(7 \times 0.4) + (3 \times 0.8)}{7+3} \times 100 = 52\%$

03 수소의 함량(원소분석에 의한 수소의 조성비)이 22%이고 수분함량이 20%인 폐기물의 고위발열량이 3,000kcal/kg일 때 저위발열량은?(단, 원소분석법 기준)

① 1,397kcal/kg　② 1,438kcal/kg
③ 1,582kcal/kg　④ 1,692kcal/kg

해설 $H_l(\text{kcal/kg}) = H_h - 600(9\text{H}+\text{W})$

$= 3{,}000 - 600 \times [(9 \times 0.22) + 0.2]$

$= 1{,}692\text{kcal/kg}$

04 부피감소율이 60%인 쓰레기의 압축비는?

① 1.5　② 2.0
③ 2.5　④ 3.0

해설 $\text{압축비(CR)} = \frac{100}{100-\text{VR}} = \frac{100}{100-60} = 2.5$

05 쓰레기 발생량 조사방법으로 틀린 것은?

① 직접계근법
② 성상분석계근법
③ 적재차량계수분석법
④ 물질수지법

해설 ① 쓰레기 발생량 조사방법
㉠ 적재차량 계수분석법
㉡ 직접계근법
㉢ 물질수지법
㉣ 통계조사(표본조사, 전수조사)
② 쓰레기 발생량 예측방법
㉠ 경향법
㉡ 다중회귀모델
㉢ 동적모사모델

06 물렁거리는 가벼운 물질로부터 딱딱한 물질을 선별하는 데 사용되는 것으로 경사진 Conveyor를 통해 폐기물을 주입시켜 천천히 회전하는 드럼 위에 떨어뜨려서 분류하는 선별장치는?

① Stoners
② Ballistic Separator
③ Fluidized Bed Seprators
④ Secators

해설 Secators
① 경사진 컨베이어를 통해 폐기물을 주입시켜 천천히 회전하는 드럼 위에 떨어뜨려서 선별하는 장치이며 물렁거리는 가벼운 물질(가볍고 탄력 없는 물질)로부터 딱딱한 물질(무겁고 탄력 있는 물질)을 선별하는 데 사용한다.
② 주로 퇴비 중의 유리조각을 추출할 때 이용되는 선별장치이다.

2014

정답 01 ③ 02 ③ 03 ④ 04 ③ 05 ② 06 ④

07 **인구 35만 명인 도시의 쓰레기 발생량이 1.2kg/인 · 일이고, 이 도시의 쓰레기 수거율은 90%이다. 적재정량이 10ton인 수거차량으로 수거한다면 아래의 조건으로 하루에 몇 대로 운반해야 하는가?**

> • 차량당 하루 운전시간은 6시간
> • 처리장까지 왕복 운반시간은 42분
> • 차량당 수거시간은 20분
> • 차량당 하역시간은 10분
> (단, 기타 조건은 고려하지 않음)

① 8대　　② 10대
③ 12대　　④ 14대

해설 소요차량(대)

$$= \frac{\text{하루 쓰레기 수거량(kg/일)}}{\text{1일 1대당 운반량(kg/인 · 대)}}$$

하루 쓰레기 수거량

$= 1.2\text{kg/인} \cdot \text{일} \times 350{,}000\text{인} \times 0.9 = 378{,}000\text{kg/일}$

1일 1대당 운반량

$$= \frac{10\text{ton/대} \times 6\text{hr/대} \cdot \text{일} \times 1{,}000\text{kg/ton}}{(42+20+10)\text{min/대} \times \text{hr/60min}}$$

$= 50{,}000\text{kg/일} \cdot \text{대}$

$$= \frac{378{,}000\text{kg/일}}{50{,}000\text{kg/일} \cdot \text{대}} = 7.56(8\text{대})$$

08 **매립 시 쓰레기 파쇄로 인한 이점으로 옳은 것은?**

① 압축장비가 없어도 고밀도의 매립이 가능하다.
② 매립 시 복토 요구량이 증가된다.
③ 폐기물 입자의 표면적이 감소되어 미생물작용이 촉진된다.
④ 매립 시 폐기물이 잘 섞여 혐기성 조건을 유지한다.

해설 **쓰레기를 파쇄하여 매립 시 장점(이점)**

① 곱게 파쇄하면 매립 시 복토가 필요 없거나 복토요구량이 절감된다.
② 매립 시 폐기물이 잘 섞여서 호기성 조건을 유지하므로 냄새가 방지된다.
③ 매립작업이 용이하고 압축장비가 없어도 고밀도의 매립이 가능하다.
④ 폐기물 입자의 표면적이 증가되어 미생물작용이 촉진된다. (조기 안정화)
⑤ 병원균의 매개체(쥐 or 해충)의 섭취 가능 음식이 없어져 이들의 서식이 불가능하다.
⑥ 폐기물 밀도가 증가되어 바람에 멀리 날아갈 염려가 없다.(화재위험 없음)
⑦ 압축 시 밀도증가율이 크므로 운반비가 감소한다.

[Note] ② 매립 시 복토 요구량이 절감된다.
③ 폐기물 입자의 표면적이 증가되어 미생물작용이 촉진된다.
④ 매립 시 폐기물이 잘 섞여 호기성 조건을 유지한다.

09 **와전류 선별기로 주로 분리하는 비철금속에 관한 내용으로 가장 옳은 것은?**

① 자성이며 전기전도성이 좋은 금속
② 자성이며 전기전도성이 나쁜 금속
③ 비자성이며 전기전도성이 좋은 금속
④ 비자성이며 전기전도성이 나쁜 금속

해설 **와전류 선별법**

① 연속적으로 변화하는 자장 속에 비극성(비자성)이고 전기전도도가 우수한 물질(구리, 알루미늄, 아연 등)을 넣으면 금속 내에 소용돌이 전류가 발생하는 와전류현상에 의하여 반발력이 생기는데 이 반발력의 차를 이용하여 다른 물질로부터 분리하는 방법이다.
② 폐기물 중 철금속(Fe), 비철금속(Al, Cu), 유리병의 3종류를 각각 분리할 경우 와전류 선별법이 가장 적절하다.

10 **A도시에서 1주일 동안 쓰레기 수거상황을 조사한 다음, 결과를 적용한 1인당 1일 쓰레기 발생량(kg/인 · 일)은?**

> • 1일 수거대상 인구 : 800,000명
> • 1주일 수거하여 적재한 쓰레기 용적 : 15,000m^3
> • 적재한 쓰레기 밀도 : 0.3t/m^3

① 약 0.6　　② 약 0.7
③ 약 0.8　　④ 약 0.9

해설 쓰레기 발생량(kg/인 · 일)

$$= \frac{\text{쓰레기 발생량}}{\text{수거인구수}}$$

$$= \frac{15{,}000\text{m}^3 \times 0.3\text{ton/m}^3 \times 1{,}000\text{kg/ton}}{800{,}000\text{인/일} \times 7\text{일}}$$

$= 0.8\text{kg/인} \cdot \text{일}$

11 **폐기물 중 80%를 3cm보다 작게 파쇄하려 할 때 Rosin-Rammler 입자크기분포모델을 이용한 특성입자의 크기는?(단, $n = 1$)**

① 1.36cm　　② 1.86cm
③ 2.36cm　　④ 2.86cm

정답 07 ① 08 ① 09 ③ 10 ③ 11 ②

해설 $Y = 1 - \exp\left[-\left(\frac{X}{X_o}\right)^n\right]$

$0.8 = 1 - \exp\left[-\left(\frac{X}{X_o}\right)^n\right]$

$\exp\left[-\left(\frac{X}{X_o}\right)^n\right] = 1 - 0.8$, 양변에 ln을 취하면

$-\left(\frac{3}{X_o}\right)^n = \ln 0.2$

X_o(특성입자의 크기) = 1.86cm

12 수거노선 설정 시 유의할 사항에 관한 설명으로 틀린 것은?

① 언덕길은 내려가면서 수거한다.
② 발생량이 많은 곳은 하루 중 가장 먼저 수거한다.
③ U자형 회전을 피해 수거한다.
④ 가능한 한 반시계방향으로 수거노선을 정한다.

해설 **효과적 · 경제적인 수거노선 결정 시 유의(고려)사항 : 수거노선 설정요령**

① 지형이 언덕인 지역에서는 언덕의 위에서부터 내려가며 적재하면서 차량을 진행하도록 한다.(안전성, 연료비 절약)
② 수거인원 및 차량형식이 같은 기존 시스템의 조건들을 서로 관련시킨다.
③ 출발점은 차고와 가깝게 하고 수거된 마지막 컨테이너가 처분지의 가장 가까이에 위치하도록 배치한다.
④ 가능한 한 지형지물 및 도로경계와 같은 장벽을 사용하여 간선도로 부근에서 시작하고 끝나야 한다.(도로경계 등을 이용)
⑤ 가능한 한 시계방향으로 수거노선을 정한다.
⑥ 적은 양의 쓰레기가 발생하나 동일한 수거빈도를 받기 원하는 적재지점(수거지점)은 가능한 한 같은 날 왕복 내에서 수거한다.
⑦ 아주 많은 양의 쓰레기가 발생되는 발생원은 하루 중 가장 먼저 수거한다.
⑧ 될 수 있는 한 한 번 간 길은 다시 가지 않는다.
⑨ 반복운행 또는 U자형 회전은 피하여 수거한다.
⑩ 교통량이 많거나 출퇴근시간은 피하여 수거한다.
⑪ 수거지점과 수거빈도 결정 시 기존 정책이나 규정을 참고한다.

13 적환 및 적환장에 관한 설명으로 옳지 않은 것은?

① 적환장은 수송차량의 적재용량에 따라 직접적환, 간접적환, 복합적환으로 구분된다.
② 적환장은 소형 수거를 대형 수송으로 연결해주는 곳이며 효율적인 수송을 위하여 보조적인 역할을 수행한다.
③ 적환장의 설치장소는 수거하고자 하는 개별적 고형폐기물 발생지역의 하중중심에 되도록 가까운 곳이어야 한다.
④ 적환을 시행하는 이유는 종말처리장이 대형화하여 폐기물의 운반거리가 연장되었기 때문이다.

해설 적환장의 형식은 직접투하방식, 저장투하방식, 직접 · 저장투하 결합방식으로 구분된다.

14 A도시의 폐기물 수거량이 2,000,000ton/year이며, 수거인부는 1일 3,255명이고 수거 대상 인구는 5,000,000인이다. 수거인부의 일 평균작업시간을 5시간이라고 할 때, MHT는?(단, 1년은 365일 기준)

① 1.83MHT ② 2.97MHT
③ 3.65MHT ④ 4.21MHT

해설 $\text{MHT} = \frac{\text{수거인부} \times \text{수거인부 총 수거시간}}{\text{총 수거량}}$

$= \frac{3{,}255\text{인} \times 5\text{hr/day} \times 365\text{day/year}}{2{,}000{,}000\text{ton/year}}$

$= 2.97\text{MHT}(\text{man} \cdot \text{hr/ton})$

15 95%의 함수율을 가진 폐기물을 탈수시켜 함수율을 60%로 한다면 폐기물은 초기무게의 몇 %로 되겠는가?(단, 폐기물 비중은 1.0 기준)

① 18.5% ② 17.5%
③ 12.5% ④ 10.5%

해설 초기 폐기물량$(1-0.95)$ = 처리 후 폐기물량$(1-0.6)$

$\frac{\text{처리 후 폐기물량}}{\text{초기 폐기물량}} = \frac{1-0.95}{1-0.6} = 0.125$

처리 후 폐기물 비율 $= 0.125 \times 100 = 12.5\%$

2014

16 채취한 쓰레기 시료 분석 시 가장 먼저 진행하여야 하는 분석절차는?

① 절단 및 분쇄 ② 건조
③ 분류(가연성, 불연성) ④ 밀도측정

해설 **쓰레기 성상분석 순서**

밀도측정 → 건조 → 분류 → 절단 및 분쇄

정답 12 ④ 13 ① 14 ② 15 ③ 16 ④

17 10,000명이 거주하는 지역에서 한 가구당 20L 종량제 봉투가 1주일에 2개씩 발생되고 있다. 한 가구당 2.5명이 거주할 때 지역에서 발생되는 쓰레기 발생량은?

① 15.0L/인 · 주 ② 16.0L/인 · 주
③ 17.0L/인 · 주 ④ 18.0L/인 · 주

해설 $\text{쓰레기 발생량(L/인·주)} = \frac{\text{쓰레기 발생량}}{\text{인구수}}$

$= \frac{20\text{L/가구} \times 2/\text{주}}{2.5\text{인/가구}} = 16\text{L/인·주}$

18 비가연성 성분이 90wt%이고 밀도가 900 kg/m^3인 쓰레기 20m^3에 함유된 가연성 물질의 중량은?

① 1,600kg ② 1,700kg
③ 1,800kg ④ 1,900kg

해설 가연성 물질(kg) = 부피 × 밀도 × 가연성 물질 함유비율
$= 20\text{m}^3 \times 900\text{kg/m}^3 \times (1-0.9) = 1{,}800\text{kg}$

19 함수율 90%인 폐기물에서 수분을 제거하여 무게를 반으로 줄이고 싶다면 함수율을 얼마로 감소시켜야 하는가? (단, 비중은 1.0 기준)

① 45% ② 60%
③ 65% ④ 80%

해설 $1 \times (1-0.9) = 0.5 \times (1 - \text{처리 후 함수율})$
처리 후 함수율(%) = 0.8 × 100 = 80%

20 폐기물은 단순히 버려져 못 쓰는 것이라는 인식을 바꾸어 폐기물 = 자원이라는 공감대를 확산시킴으로써 재활용 정책에 활력을 불어 넣은 생산자책임 재활용 제도를 나타낸 것은?

① RoHS ② ESSD
③ EPR ④ WEE

해설 **생산자책임 재활용 제도(Extended Producer Responsibility ; EPR)**
폐기물은 단순히 버려져 못쓰는 것이라는 의식을 바꾸어 '폐기물 = 자원'이라는 공감대를 확산시킴으로써 재활용 정책에 활력을 불어넣는 제도이며, 폐기물의 자원화를 위해 EPR의 정착과 활성화가 필수적이다.

제2과목 폐기물처리기술

21 고형화 방법 중 자가시멘트법에 관한 설명으로 옳지 않은 것은?

① 혼합률(MR)이 낮다.
② 고농도 황화물 함유 폐기물에 적용된다.
③ 탈수 등 전처리가 필요 없다.
④ 보조에너지가 필요 없다.

해설 **자가시멘트법(Self-cementing Techniques)**
① FGD 슬러지 중 일부(10%)를 생석회화한 후 여기에 소량의 물(수분량 조절역할)과 첨가제를 가하여 폐기물이 스스로 고형화되는 성질을 이용하는 방법이다. 즉, 연소가스 탈황 시 발생된 높은 황화물을 함유한 슬러지 처리에 사용된다.
② 장점
㉠ 혼합률(MR)이 비교적 낮다.
㉡ 중금속의 고형화 처리에 효과적이다.
㉢ 전처리(탈수 등)가 필요 없다.
③ 단점
㉠ 장치비가 크며 숙련된 기술이 요구된다.
㉡ 보조에너지가 필요하다.
㉢ 많은 황화물을 가지는 폐기물에 적합하다.

22 연소과정에서 열평형을 이해하기 위하여 필요한 등가비를 옳게 나타낸 것은?(단, ϕ : 등가비)

① $\phi = \frac{(\text{실제의 연료량/산화제})}{(\text{완전연소를 위한 이상적 연료량/산화제})}$

② $\phi = \frac{(\text{완전연소를 위한 이상적 연료량/산화제})}{(\text{실제의 연료량/산화제})}$

③ $\phi = \frac{(\text{실제의 공기량/산화제})}{(\text{완전연소를 위한 이상적 공기량/산화제})}$

④ $\phi = \frac{(\text{완전연소를 위한 이상적 공기량/산화제})}{(\text{실제의 공기량/산화제})}$

해설 **등가비(ϕ)**
① 연소과정에서 열평형을 이해하기 위한 관계식이다.
$\phi = \frac{(\text{실제의 연료량/산화제})}{(\text{완전연소를 위한 이상적 연료량/산화제})}$
② ϕ에 따른 특성
㉠ $\phi = 1$
ⓐ 완전연소에 알맞은 연료와 산화제가 혼합된 경우이다.
ⓑ $m = 1$
㉡ $\phi > 1$
ⓐ 연료가 과잉으로 공급된 경우이다.
ⓑ $m < 1$

정답 17 ② 18 ③ 19 ④ 20 ③ 21 ④ 22 ①

㉢ $\phi < 1$
ⓐ 과잉공기가 공급된 경우이다.
ⓑ $m > 1$
ⓒ CO는 완전연소를 기대할 수 있어 최소가 되나 NO(질소산화물)은 증가된다.

23 **다음의 건조기준 연소가스 조성에서 공기 과잉계수는? [배출가스 조성 : CO_2 = 9%, O_2 = 6%, N_2 = 85%](단, 표준상태 기준)**

① 1.03　　② 1.11
③ 1.28　　④ 1.36

해설 $공기비(m) = \frac{N_2}{N_2 - 3.76O_2} = \frac{85}{85-(3.76\times6)} = 1.36$

24 **매립지의 차수막 중 연직차수막에 대한 설명으로 틀린 것은?**

① 지중에 수평방향의 차수층 존재 시에 사용한다.
② 지하수 집배수시설이 불필요하다.
③ 종류로는 어스 댐 코어, 강널말뚝 등이 있다.
④ 차수막 단위면적당 공사비는 싸지만 매립지 전체를 시공하는 경우, 총 공사비는 비싸다.

해설 **연직차수막**
① 적용조건 : 지중에 수평방향의 차수층이 존재할 때 사용
② 시공 : 수직 또는 경사시공
③ 지하수 집배수시설 : 불필요
④ 차수성 확인 : 지하매설로서 차수성 확인이 어려움
⑤ 경제성 : 단위면적당 공사비는 많이 소요되나 총 공사비는 적게 듦
⑥ 보수 : 지중이므로 보수가 어렵지만 차수막 보강시공이 가능
⑦ 공법 종류
㉠ 어스 댐 코어 공법
㉡ 강널말뚝(sheet pile) 공법
㉢ 그라우트 공법
㉣ 차수시트 매설 공법
㉤ 지중 연속벽 공법

25 **CSPE 합성 차수막의 장단점으로 옳지 않은 것은?**

① 접합이 용이하다.
② 강도가 높다.
③ 산 및 알칼리에 강하다.
④ 기름, 탄화수소 및 용매류에 약하다.

해설 **합성차수막(CSPE)**
① 장점
㉠ 미생물에 강함
㉡ 접합이 용이함
㉢ 산과 알칼리에 특히 강함
② 단점
㉠ 기름, 탄화수소, 용매류에 약함
㉡ 강도가 낮음

26 **굴뚝에 설치되며 보일러 전열면을 통하여 연소가스의 여열로 보일러 급수를 예열함으로써 보일러의 효율을 높이는 장치는?**

① 재열기　　② 절탄기
③ 과열기　　④ 예열기

해설 **절탄기(이코노마이저)**
① 폐열회수를 위한 열교환기로, 연도에 설치하며 보일러 전열면을 통과한 연소가스의 예열로 보일러 급수를 예열하여 보일러 효율을 높이는 장치이다.
② 급수예열에 의해 보일러수와의 온도차가 감소되므로 보일러 드럼에 발생하는 열응력이 감소된다.
③ 급수온도가 낮을 경우, 연소가스 온도가 저하되면 절탄기 저온부에 접하는 가스온도가 노점에 대하여 절탄기를 부식시키는 것을 주의하여야 한다.
④ 절탄기 자체로 인한 통풍저항 증가와 연도의 가스온도 저하로 인한 연도통풍력의 감소를 주의하여야 한다.

27 **부탄가스(C_4H_{10})를 이론공기량으로 연소시킬 때 건조가스 중 $(CO_2)_{max}$%는?**

① 약 10%　　② 약 12%
③ 약 14%　　④ 약 16%

해설 $CO_{2max}(\%) = \frac{CO_2 양}{G_{od}} \times 100$

$$C_4H_{10} + 6.5O_2 \rightarrow 4CO_2 + 5H_2O$$
$$22.4m^3 : 6.5\times22.4m^3$$
$$1m^3 : 6.5m^3 \quad [CO_2 \rightarrow 4m^3]$$
$$G_{od} = (1-0.21)A_o + CO_2$$
$$= \left[(1-0.21)\times\frac{6.5}{0.21}\right] + 4 = 25.45m^3/m^3$$
$$= \frac{4}{28.45}\times100 = 14.06\%$$

정답 23 ④　24 ④　25 ②　26 ②　27 ③

28 생분뇨의 SS가 20,000mg/L이고, 1차 침전지에서 SS 제거율은 90%이다. 1일 100kL 분뇨를 투입할 때 1차 침전지에서 1일 발생되는 슬러지양은?(단, 발생슬러지 함수율은 97%이고 비중은 1.0)

① 32ton/d ② 54ton/d
③ 60ton/d ④ 89ton/d

해설 슬러지양(ton/day)

$= \text{유입 SS양} \times \text{제거량} \times \frac{100}{100 - X_w}$

$= 100\text{kL/day} \times 20{,}000\text{mg/L} \times 1{,}000\text{L/kL} \times \text{ton}/10^9\text{mg} \times 0.9 \times \frac{100}{100-97}$

$= 60\text{ton/day}$

29 인구가 50,000명인 도시에서 발생한 폐기물을 압축하여 도랑식 위생매립방법으로 처리하고자 한다. 1년 동안 매립에 필요한 매립지의 부지면적은?

- 도랑깊이 : 3.5m
- 발생 폐기물의 밀도 : 500kg/m^3
- 폐기물 발생량 : 1.5kg/인 · 일
- 쓰레기 부피감소율(압축) : 70%

① 약 3,300m^2 ② 약 3,700m^2
③ 약 4,300m^2 ④ 약 4,700m^2

해설 연간매립면적(m^2/year)

$= \frac{\text{폐기물 발생량}}{\text{밀도} \times \text{깊이}} \times (1 - \text{부피감소율})$

$= \frac{1.5\text{kg/인} \cdot \text{일} \times 50{,}000\text{인} \times 365\text{day/year}}{500\text{kg/m}^3 \times 3.5\text{m}} \times (1 - 0.7)$

$= 4{,}692.86\text{m}^2/\text{year}$

30 매립지에 매립된 쓰레기양이 1,000ton이고 이 중 유기물 함량이 40%이며, 유기물에서 가스로의 전환율이 70%이다. 만약 유기물 kg당 0.5m^3의 가스가 생성되고 가스 중 메탄 함량이 40%라면 발생되는 총 메탄의 부피는?(단, 표준상태로 가정)

① 46,000m^3 ② 56,000m^3
③ 66,000m^3 ④ 76,000m^3

해설 총 메탄 부피(m^3)

$= 0.5\text{m}^3/\text{kg} \times 1{,}000\text{ton} \times 1{,}000\text{kg/ton} \times 0.4 \times 0.7 \times 0.4$

$= 56{,}000\text{m}^3$

31 3%의 고형물을 함유하는 슬러지를 하루에 100m^3씩 침전지로부터 제거하는 처리장에서 운영기술의 숙달로 8%의 고형물을 함유하는 슬러지로 제거할 수 있다면 제거되는 슬러지양은?(단, 제거되는 고형물의 무게는 같으며 비중은 1.0 기준)

① 약 38m^3 ② 약 43m^3
③ 약 59m^3 ④ 약 63m^3

해설 $100\text{m}^3 \times 0.03 = \text{제거 슬러지양}(\text{m}^3) \times 0.08$

제거 슬러지양(m^3) = 37.5m^3

32 다이옥신 저감방안에 관한 설명으로 옳지 않은 것은?

① 소각로를 가동개시할 때 온도를 빨리 승온시킨다.
② 연소실의 형상을 클링커의 축적이 생기지 않는 구조로 한다.
③ 배출가스 중 산소와 일산화탄소를 측정하여 연소상태를 제어한다.
④ 소각 후 연소실 온도는 300℃를 유지하여 2차 발생을 억제한다.

해설 소각 후 연소실 온도는 850℃ 이상 유지하여 2차 발생을 억제한다.

33 유동층 소각로의 장단점에 대한 설명으로 옳지 않은 것은?

① 기계적 구동부분이 많아 고장률이 높다.
② 가스의 온도가 낮고 과잉공기량이 낮다.
③ 반응시간이 빨라 소각시간이 짧고 로 부하율이 높다.
④ 상(床)으로부터 슬러지의 분리가 어렵다.

해설 유동층 소각로는 기계적 구동부분이 적어 고장률이 낮으므로 유지관리에 용이하다.

34 폐기물의 수분이 적고 저위발열량이 높을 때 일반적으로 적용되는 연소실 내의 연소가스와 폐기물의 흐름 형식은?

① 역류식 ② 교류식
③ 복류식 ④ 병류식

해설 **소각로 내 연소가스와 폐기물 흐름에 따른 구분**

① 역류식(향류식)
㉠ 폐기물의 이송방향과 연소가스의 흐름을 반대로 하는 형식이다.
㉡ 난연성 또는 착화하기 어려운 폐기물 소각에 가장 적합한

정답 28 ③ 29 ④ 30 ② 31 ① 32 ④ 33 ① 34 ④

방식이다.
㉢ 열가스에 의한 방사열이 폐기물에 유효하게 작용하므로 수분이 많다.
㉣ 후연소 내의 온도저하나 불완전연소가 발생할 수 있다.
㉤ 복사열에 의한 건조에 유리하며 저위발열량이 낮은 폐기물에 적합하다.

② 병류식
㉠ 폐기물의 이송방향과 연소가스의 흐름방향이 같은 형식이다.
㉡ 수분이 적고(착화성이 좋고) 저위발열량이 높을 때 적용한다.
㉢ 폐기물의 발열량이 높을 경우 적당한 형식이다.
㉣ 건조대에서의 건조효율이 저하될 수 있다.

③ 교류식(중간류식)
㉠ 역류식과 병류식의 중간적인 형식이다.
㉡ 중간 정도의 발열량을 가지는 폐기물에 적합하다.
㉢ 두 흐름이 교차하여 폐기물 질의 변동이 클 때 적합하다.

④ 복류식(2회류식)
㉠ 2개의 출구를 가지고 있는 댐퍼의 개폐로 역류식, 병류식, 교류식으로 조절할 수 있는 형식이다.
㉡ 폐기물의 질이나 저위발열량의 변동이 심할 경우에 적합하다.

35 **소각로의 화격자 연소율이 $340kg/m^2 \cdot hr$, 1일 처리할 쓰레기의 양이 20,000kg이다. 1일 10시간 소각하면 필요한 화상(화격자)의 면적은?**

① 약 $4.7m^2$　　② 약 $5.9m^2$
③ 약 $6.5m^2$　　④ 약 $7.8m^2$

해설 $\text{화상면적}(m^2) = \dfrac{\text{시간당 소각량}}{\text{화상부하율}}$

$$= \frac{20{,}000kg/day \times day/10hr}{340kg/m^2 \cdot hr} = 5.88m^2$$

36 **옥탄(C_8H_{18})이 완전 연소되는 경우에 공기연료비(AFR, 무게기준)는?**

① 13kg 공기/kg 연료　　② 15kg 공기/kg 연료
③ 17kg 공기/kg 연료　　④ 19kg 공기/kg 연료

해설 C_8H_{18}의 연소반응식
$C_8H_{18} + 12.5O_2 \rightarrow 8CO_2 + 9H_2O$
1 mole : 12.5 mole

$$\text{부피기준 AFR} = \frac{\frac{1}{0.21} \times 12.5}{1}$$

$= 59.5\text{moles air/moles fuel}$

$$\text{중량기준 AFR} = 59.5 \times \frac{28.95}{114}$$

$= 15.14\text{kg air/kg fuel}$
(28.95 ; 건조공기분자량)

37 **분료처리장 1차 침전지에서 1일 슬러지 제거량이 $80m^3$/day이고, SS농도가 30,000mg/L이었다. 이 슬러지를 탈수했을 때 탈수된 슬러지의 함수율이 89%였다면 탈수된 슬러지양은?(단, 슬러지 비중 1.0)**

① 10ton/day　　② 12ton/day
③ 14ton/day　　④ 16ton/day

해설 슬러지양(ton/day)

$$= 80m^3/day \times 30{,}000mg/L \times 1{,}000L/m^3 \times ton/10^9mg \times \frac{100}{100-80} = 12ton/day$$

38 **분뇨를 혐기성 소화방식으로 처리하기 위하여 직경 10m, 높이 6m의 소화조를 시설하였다. 분뇨주입량을 1일 $24m^3$으로 할 때 소화조 내 체류시간은?**

① 약 10일　　② 약 15일
③ 약 20일　　④ 약 25일

해설 $\text{체류시간(day)} = \dfrac{V}{Q}$

$$= \frac{\left(\frac{3.14 \times 10^2}{4}\right)m^2 \times 6m}{24m^3/day} = 19.63day$$

39 **세로, 가로, 높이가 각각 1.0m, 1.5m, 2.0m인 연소실에서 연소실 열 발생률을 $3 \times 10^5kcal/m^3 \cdot h$으로 유지하려면 저위발열량이 25,000kcal/kg인 중유를 매시간 얼마나 연소시켜야 하는가?(단, 연속 연소 기준)**

2014

① 18kg　　② 24kg
③ 36kg　　④ 42kg

해설 시간당 연소량(kg/hr)

$$= \frac{\text{열발생률} \times \text{연소실 부피}}{\text{저위발열량}}$$

$$= \frac{3 \times 10^5kcal/m^3 \cdot hr \times (1.0 \times 1.5 \times 2.0)m^3}{25{,}000kcal/m^3} = 36kg$$

정답 35 ② 36 ② 37 ② 38 ③ 39 ③

40 **호기성 퇴비화 설계 · 운영 시 고려인자인 C/N비에 관한 내용으로 옳은 것은?**

① 초기 C/N비 5~10이 적당하다.
② 초기 C/N비 25~50이 적당하다.
③ 초기 C/N비 80~150이 적당하다.
④ 초기 C/N비 200~350이 적당하다.

해설 퇴비화에 적합한 폐기물의 초기 C/N비는 26~35 정도이며 퇴비화 시 적정 C/N비는 25~50 정도이고 조절은 C/N비가 서로 다른 폐기물을 적절히 혼합하여 최적 조건으로 맞춘다.

제3과목 폐기물공정시험기준(방법)

41 **다음은 시료를 분할채취하여 균일화하는 방법에 관한 설명이다. 어떤 방법에 해당하는가?**

- 모아진 대시료를 네모꼴로 엷게 균일한 두께로 편다.
- 이것을 가로 4등분, 세로 5등분하여 20개의 덩어리로 나눈다.
- 20개의 각 부분에서 균등량씩을 취하여 혼합하여 하나의 시료로 한다.

① 교호삽법 ② 구획법
③ 균등분할법 ④ 원추4분법

해설 **구획법**
① 모아진 대시료를 네모꼴로 엷게 균일한 두께로 편다.
② 이것을 가로 4등분, 세로 5등분하여 20개의 덩어리로 나눈다.
③ 20개의 각 부분에서 균등량을 취한 후 혼합하여 하나의 시료로 만든다.

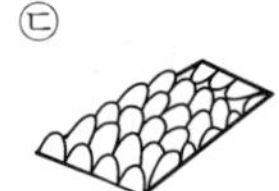

42 **다음은 pH 측정의 정밀도에 관한 내용이다. ( ) 안에 옳은 내용은?**

임의의 한 종류의 pH 표준용액에 대하여 검출부를 정제수로 잘 씻은 다음 (㉠) 되풀이하여 pH를 측정했을 때 그 재현성이 (㉡) 이내 이어야 한다.

① ㉠ 3회, ㉡ ±0.5 ② ㉠ 3회, ㉡ ±0.05
③ ㉠ 5회, ㉡ ±0.5 ④ ㉠ 5회, ㉡ ±0.05

해설 **정밀도**
임의의 한 종류의 pH 표준용액에 대하여 검출부를 정제수로 잘 씻은 다음 5회 되풀이하여 pH를 측정했을 때 그 재현성이 ±0.05 이내이어야 한다.

43 **폐기물 중 6가크롬을 분석하는 방법이 아닌 것은?(단, 폐기물공정시험기준(방법) 기준)**

① 원자흡수분광광도법
② 기체크로마토그래피법
③ 자외선/가시선 분광법
④ 유도결합플라스마 – 원자발광분광법

해설 **6가크롬을 적용 가능한 시험방법**

구분	정량한계	정밀도(RSD)
원자흡수분광광도법	0.01mg/L	25% 이내
유도결합플라스마 – 원자발광분광법	0.007mg/L	25% 이내
자외선/가시선 분광법 (다이페닐카바자이드법)	0.002mg	25% 이내

44 **다음은 이온전극법을 활용한 시안 측정에 관한 내용이다. ( ) 안에 옳은 내용은?**

이 시험기준은 폐기물 중 시안을 측정하는 방법으로 액상폐기물과 고상폐기물을 ( )으로 조절한 후 시안 이온전극과 비교전극을 사용하여 전위를 측정하고 그 전위차로부터 시안을 정량하는 방법이다.

① pH 4 이하의 산성
② pH 6~7의 중성
③ pH 10의 알칼리성
④ pH 12~13의 알칼리성

해설 **시안 – 이온전극법**
액상폐기물과 고상폐기물을 pH 12~13의 알칼리성으로 조절한 후 시안 이온전극과 비교전극을 사용하여 전위를 측정하고 그 전위차로부터 시안을 정량하는 방법이다.

정답 40 ② 41 ② 42 ④ 43 ② 44 ④

45 **편광현미경과 입체현미경으로 고체 시료 중 석면의 특성을 관찰하여 정성과 정량분석할 때 입체현미경의 배율범위로 가장 옳은 것은?**

① 배율 2~4배 이상 ② 배율 4~8배 이상
③ 배율 10~45배 이상 ④ 배율 50~200배 이상

해설 **입체 현미경** : 배율 10~45배 이상

46 **폐기물 중 기름 성분을 중량법으로 측정할 때 정량한계는?**

① 0.1% 이하 ② 0.2% 이하
③ 0.3% 이하 ④ 0.5% 이하

해설 **기름 성분 – 중량법 정량한계** : 0.1% 이하

47 **폐기물공정시험기준(방법)의 적용범위에 관한 내용으로 틀린 것은?**

① 폐기물 관리법에 의한 오염실태 조사 중 폐기물에 대한 것은 따로 규정이 없는 한 공정시험기준의 규정에 의하여 시험한다.
② 공정시험기준에서 규정하지 않은 사항에 대해서는 일반적인 화학적 상식에 따르도록 한다.
③ 공정시험기준에 기재한 방법 중 세부조작은 시험의 본질에 영향을 주지 않는다면 실험자가 일부를 변경할 수 있다.
④ 하나 이상의 공정시험기준으로 시험한 결과가 서로 달라 제반 기준의 적부 판정에 영향을 줄 경우에는 판정을 유보하고 재 실험하여야 한다.

해설 하나 이상의 공정시험 기준으로 시험한 결과가 서로 달라 제반 기준의 적부판정에 영향을 줄 경우에는 공정시험기준의 항목별 주시험법에 의한 분석 성적에 의하여 판정한다.

48 **시료용기로 갈색경질의 유리병을 사용하여야 하는 경우와 가장 거리가 먼 것은?**

① 노말헥산 추출물질 분석실험을 위한 시료 채취시
② 시안화물 분석실험을 위한 시료 채취시
③ 유기인 분석실험을 위한 시료 채취시
④ PCBs 및 휘발성 저급 염소하 탄화수소류 분석실험을 위한 시료 채취 시

해설 **갈색경질 유리병 사용 채취물질**
① 노말헥산 추출물질
② 유기인
③ 폴리클로리네이티드 비페닐(PCB)
④ 휘발성 저급 염소화탄화수소류

49 **표준용액의 pH 값으로 틀린 것은?(단, 0℃ 기준)**

① 수산염 표준용액 : 1.67
② 붕산염 표준용액 : 9.46
③ 프탈산염 표준용액 : 4.01
④ 수산화칼슘 표준용액 : 10.43

해설 **0℃에서 표준액의 pH 값**
① 수산염 표준액 : 1.67
② 프탈산염 표준액 : 4.01
③ 인산염 표준액 : 6.98
④ 붕산염 표준액 : 9.46
⑤ 탄산염 표준액 : 10.32
⑥ 수산화칼슘 표준액 : 13.43

50 **기체크로마토그래피로 유기인 측정 시 사용되는 정제용 컬럼으로 틀린 것은?**

① 구데루나다나쉬 컬럼 ② 플로리실 컬럼
③ 실리카겔 컬럼 ④ 활성탄 컬럼

해설 **정제용 컬럼(유기인 – 기체크로마토그래피)**
① 플로리실 컬럼
② 실리카겔 컬럼
③ 활성탄 컬럼

51 **시료의 전처리 방법 중 다량의 점토질 또는 규산염을 함유한 시료에 적용하는 것은?**

① 질산 – 과염소산 분해법
② 질산 – 과염소산 – 불화수소산 분해법
③ 질산 – 과염소산 – 염화수소산 분해법
④ 질산 – 과염소산 – 황화수소산 분해법

해설 **질산 – 과염소산 – 불화수소산 분해법**
① 적용 : 다량의 점토질 또는 규산염을 함유한 시료
② 용액 산농도 : 약 0.8N

정답 45 ③ 46 ① 47 ④ 48 ② 49 ④ 50 ① 51 ②

52 다음은 회분식 연소방식의 소각재 반출설비에서의 시료 채취에 관한 내용이다. ( ) 안에 옳은 내용은?

> 회분식 연소방식의 소각재 반출설비에서 채취하는 경우에는 하루 동안의 운전횟수에 따라 매 운전 시마다 2회 이상 채취하는 것을 원칙으로 하고, 시료의 양은 1회에 ( ) 이상으로 한다.

① 100g ② 200g
③ 300g ④ 500g

해설 **회분식 연소방식의 소각재 반출 설비에서 시료 채취**
① 하루 동안의 운전횟수에 따라 매 운전 시마다 2회 이상 채취
② 시료의 양은 1회에 500g 이상

53 강열감량 및 유기물 함량(중량법)의 분석을 위해 도가니 또는 접시에 취하는 시료 적당량에 대한 기준으로 가장 적절한 것은?

① 10g 이상 ② 20g 이상
③ 30g 이상 ④ 50g 이상

해설 **강열감량 및 유기물 함량 – 중량법(분석절차)**
① 도가니 또는 접시를 미리 (600±25)℃에서 30분간 강열
⇩
② 데시케이터 안에서 식힌 후 사용하기 직전에 무게를 측정
⇩
③ 시료 적당량(20g 이상)을 취함
⇩
④ 도가니 또는 접시의 무게를 정확히 측정
⇩
⑤ 질산암모늄용액(25%)을 넣어 시료에 적시고 천천히 가열하여 탄화시킴
⇩
⑥ (600±25)℃의 전기로 안에서 3시간 강열함
⇩
⑦ 실리카겔이 담겨 있는 데시케이터 안에 넣어 식힘
⇩
⑧ 무게를 정확히 측정

54 할로겐화 유기물질(기체크로마토그래피 – 질량분석법)의 정량한계로 옳은 것은?

① 시험기준에 의해 시료 중에 정량한계는 각 할로겐화 유기물질에 대하여 0.1mg/kg
② 시험기준에 의해 시료 중에 정량한계는 각 할로겐화 유기물질에 대하여 1.0mg/kg
③ 시험기준에 의해 시료 중에 정량한계는 각 할로겐화 유기물질에 대하여 10mg/kg
④ 시험기준에 의해 시료 중에 정량한계는 각 할로겐화 유기물질에 대하여 100mg/kg

해설 **할로겐화 유기물질 – 기체크로마토그래피 질량 분석법의 정량한계** : 10mg/kg

55 시료용액의 조제를 위한 용출조작 중 진탕횟수와 진폭으로 옳은 것은?(단, 상온, 상압 기준)

① 분당 약 200회, 진폭 4~5cm
② 분당 약 200회, 진폭 5~6cm
③ 분당 약 300회, 진폭 4~5cm
④ 분당 약 300회, 진폭 5~6cm

해설 **용출 조작**
① 진탕 : 혼합액을 상온, 상압에서 진탕횟수가 매분당 약 200회, 진폭이 4~5cm의 진탕기를 사용하여 6시간 동안 연속 진탕
⇩
② 여과 : 1.0μm의 유리 섬유여과지로 여과
⇩
③ 여과액을 적당량 취하여 용출 실험용 시료 용액으로 함

56 폐기물공정시험기준(방법)의 총칙에 관한 내용 중 옳은 것은?

① 용액의 농도를 (1 → 10)으로 표시한 것은 고체성분 1mg을 용매에 녹여 전량을 10 mL로 하는 것이다.
② 염산(1+2)라 함은 물 1mL와 염산 2mL를 혼합한 것이다.
③ 감압 또는 진공이라 함은 따로 규정이 없는 한 15mmH_2O 이하를 말한다.
④ '정밀히 단다.'라 함은 규정된 양의 시료를 취하여 화학저울 또는 미량정울로 칭량함을 말한다.

해설 ① 용액의 농도를(1 → 10)으로 표시한 것은 고체성분 1g을 용매에 녹여 전체 양을 10mL로 하는 비율을 표시한 것이다.
② 염산(1+2)라 함은 염산 1mL와 물 2mL를 혼합하여 조제한 것이다.
③ 감압 또는 진공이라 함은 따로 규정이 없는 한 15mmHg 이하를 말한다.

정답 52 ④ 53 ② 54 ③ 55 ① 56 ④

57 폐기물 중에 구리를 분석하기 위한 방법인 원자흡수분광광도법에 관한 설명으로 틀린 것은?

① 측정파장은 324.7nm이다.
② 정확도는 상대표준편차(RSD) 결과치의 25% 이내이다.
③ 공기-아세틸렌 불꽃에 주입하여 분석한다.
④ 정량한계는 0.008mg/L이다.

해설 **구리 - 원자흡수분광광도법**
① 정확도는 첨가한 표준물질의 농도에 대한 측정 평균값의 상대 백분율로 나타내며 그 값이 75~125% 이내이어야 함
② 정밀도는 측정값의 % 상대표준편차(RSD)로 계산하며 측정값이 25% 이내이어야 한다.

58 폐기물 공정시험기준(방법)에서 정의하고 있는 방울수에 대한 설명으로 옳은 것은?

① 15℃에서 정제수 10방울을 적하할 때 그 부피가 약 1mL 되는 것을 뜻한다.
② 15℃에서 정제수 20방울을 적하할 때 그 부피가 약 1mL 되는 것을 뜻한다.
③ 20℃에서 정제수 10방울을 적하할 때 그 부피가 약 1mL 되는 것을 뜻한다.
④ 20℃에서 정제수 20방울을 적하할 때 그 부피가 약 1mL 되는 것을 뜻한다.

해설 **방울수**
20℃에서 정제수 20방울을 적하할 때 그 부피가 약 1mL 되는 것을 뜻한다.

59 폐기물 용출시험방법 중 시료용액 조제 시 용매의 pH 범위로 가장 옳은 것은?

① pH 4.3~5.2
② pH 5.2~5.8
③ pH 5.8~6.3
④ pH 6.3~7.2

해설 **용출시험 시료용액 조제**
① 시료의 조제 방법에 따라 조제한 시료 100g 이상을 정확히 단다.
⇩
② 용매 : 정제수에 염산을 넣어 pH를 5.8~6.3으로 한다.
⇩
③ 시료 : 용매=1 : 10(w/v)의 비로 2,000mL 삼각 플라스크에 넣어 혼합한다.

60 대상 폐기물의 양이 600톤인 경우 시료의 최소 수는?

① 30　　② 36
③ 50　　④ 60

해설 **대상폐기물의 양과 시료의 최소 수**

대상 폐기물의 양(단위 : ton)	시료의 최소 수
~ 1 미만	6
1 이상~5 미만	10
5 이상~30 미만	14
30 이상~100 미만	20
100 이상~500 미만	30
500 이상~1,000 미만	36
1,000 이상~5,000 미만	50
5,000 이상 ~	60

제4과목 폐기물관계법규

[Note] 2012~2015년 폐기물관계법규 관련 문제는 법규의 변경 사항이 많으므로 문제유형만 학습하시기 바랍니다.

61 폐기물처리시설의 사후관리기준 및 방법에 규정된 사후관리 항목 및 방법에 따라 조사한 결과를 토대로 매립시설이 주변 환경에 미치는 영향에 대한 종합보고서를 매립시설의 사용종료신고 후 몇 년마다 작성하여야 하는가?

① 1년　　② 2년
③ 3년　　④ 5년

2014

62 폐기물처리업자의 폐기물보관량 및 처리기한에 관한 내용으로 옳은 것은?(단, 폐기물 수집 운반업자가 임시보관장소에 폐기물을 보관하는 경우 의료폐기물 외의 폐기물 기준)

① 중량 450톤 이하이고 용적이 300세제곱미터 이하, 5일 이내
② 중량 500톤 이하이고 용적이 350세제곱미터 이하, 5일 이내
③ 중량 500톤 이하이고 용적이 400세제곱미터 이하, 5일 이내

정답 57 ② 58 ④ 59 ③ 60 ② 61 ④ 62 ①

④ 중량 550톤 이하이고 용적이 450세제곱미터 이하, 5일 이내

63 폐기물 처분시설 중 의료폐기물을 대상으로 하는 시설의 기술관리인의 자격으로 옳지 않은 것은?

① 폐기물처리산업기사 ② 임상병리사
③ 보건위생관리사 ④ 위생사

64 폐기물처리시설 주변지역 영향조사 기준 중 조사방법(조사지점)에 관한 기준으로 옳은 것은?

① 미세먼지와 다이옥신 조사지점은 해당 시설에 인접한 주거지역 중 2개소 이상의 일정한 곳으로 한다.
② 미세먼지와 다이옥신 조사지점은 해당 시설에 인접한 주거지역 중 3개소 이상의 일정한 곳으로 한다.
③ 미세먼지와 다이옥신 조사지점은 해당 시설에 인접한 주거지역 중 4개소 이상의 일정한 곳으로 한다.
④ 미세먼지와 다이옥신 조사지점은 해당 시설에 인접한 주거지역 중 5개소 이상의 일정한 곳으로 한다.

65 폐기물처리시설의 종류인 재활용시설 중 기계적 재활용 시설 기준으로 틀린 것은?

① 연료화 시설
② 증발 · 농축시설(동력 10마력 이상인 시설로 한정한다)
③ 세척시설(철도용 폐목재 침목을 재활용하는 경우로 한정한다)
④ 절단시설(동력 10마력 이상인 시설로 한정한다)

66 매립지의 사후관리 기준 및 방법에 관한 내용 중 토양조사 횟수 기준(토양조사방법)으로 옳은 것은?

① 월 1회 이상 조사
② 매 분기 1회 이상 조사
③ 매 반기 1회 이상 조사
④ 연 1회 이상 조사

67 누구든지 특별자치시장, 특별자치도지사, 시장, 군수, 구청장이나 공원 · 도로 등 시설의 관리자가 폐기물의 수집을 위하여 마련한 장소나 설비 외의 장소에 폐기물을 버려서는 아니 된다. 이를 위반하여 사업장 폐기물을 버린 자에 대한 벌칙 기준은?

① 2년 이하의 징역 또는 2천만 원 이하의 벌금에 처함
② 3년 이하의 징역 또는 3천만 원 이하의 벌금에 처함
③ 5년 이하의 징역 또는 5천만 원 이하의 벌금에 처함
④ 7년 이하의 징역 또는 7천만 원 이하의 벌금에 처함

68 폐기물처리시설을 설치 · 운영하는 자는 환경부령으로 정하는 기간마다 검사기관으로부터 정기검사를 받아야 한다. 환경부령으로 정하는 폐기물처리시설의 정기검사 기간 기준에 대한 설명으로 옳은 것은?(단, 폐기물처리시설 : 멸균분쇄시설 기준)

① 최초 정기검사는 사용개시일부터 1개월, 2회 이후의 정기검사는 최종 정기검사일부터 3개월
② 최초 정기검사는 사용개시일부터 3개월, 2회 이후의 정기검사는 최종 정기검사일부터 3개월
③ 최초 정기검사는 사용개시일부터 3개월, 2회 이후의 정기검사는 최종 정기검사일부터 6개월
④ 최초 정기검사는 사용개시일부터 6개월, 2회 이후의 정기검사는 최종 정기검사일부터 6개월

69 다음은 폐기물처분 또는 재활용시설 관리기준 중 공통기준에 관한 내용이다. (　) 안의 내용으로 옳은 것은?

> 자동 계측장비에 사용한 기록지는 (　) 보전하여야 한다. 다만, 대기환경보전법에 따라 측정기기를 붙이고 같은 법 시행령에 따라 굴뚝자동측정관제센터와 연결하여 정상적으로 운영하면서 온도 데이터를 저장매체에 기록, 보관하는 경우는 그러하지 아니하다.

① 1년 이상 ② 2년 이상
③ 3년 이상 ④ 5년 이상

70 위해의료폐기물 중 생물 · 화학폐기물이 아닌 것은?

① 폐백신 ② 폐혈액제
③ 폐항암제 ④ 폐화학치료제

정답 63 ③ 64 ② 65 ② 66 ④ 67 ④ 68 ② 69 ③ 70 ②

71 에너지 회수 기준을 측정하는 기관과 가장 거리가 먼 것은?

① 한국환경공단 ② 한국기계연구원
③ 한국산업기술시험원 ④ 한국시설안전공단

72 관리형 매립시설에서 발생하는 침출수의 배출허용기준으로 옳은 것은?(단, 청정지역, 단위 mg/L, 중크롬산칼륨법에 의한 화학적 산소요구량 기준이며 ( ) 안의 수치는 처리효율을 표시함)

① 200(90%) ② 300(90%)
③ 400(90%) ④ 500(90%)

73 다음 중 기술관리인을 두어야 할 "대통령령으로 정하는 폐기물처리시설"에 해당되지 않는 것은?(단, 폐기물처리업자가 운영하는 폐기물처리시설은 제외)

① 지정폐기물 외의 폐기물을 매립하는 시설로서 면적이 12,000m^2인 시설
② 멸균분쇄시설로서 시간당 처분능력이 150kg인 시설
③ 용해로로서 시간당 재활용능력이 300kg인 시설
④ 사료화 · 퇴비화 또는 연료화 시설로서 1일 재활용능력이 10ton인 시설

74 폐기물처리시설 설치자는 해당 폐기물 처리시설의 사용개시일 며칠 전까지 사용개시신고서를 시 · 도지사나 지방환경관서의 장에게 제출하여야 하는가?

① 5일 전까지 ② 10일 전까지
③ 15일 전까지 ④ 20일 전까지

75 폐기물 처리 기본계획에 포함되어야 할 사항과 가장 거리가 먼 것은?

① 재원의 확보 계획
② 폐기물 처리업 허가현황 및 향후계획
③ 폐기물의 수집 · 운반 · 보관 및 그 장비 · 용기 등의 개선에 관한 사항
④ 폐기물의 종류별 발생량과 장래의 발생 예상량

76 매립시설 검사기관으로 틀린 것은?

① 한국매립지관리공단
② 한국환경공단
③ 한국건설기술연구원
④ 한국농어촌공사

77 주변 지역에 미치는 영향을 조사하여야 하는 폐기물처리업자가 설치 · 운영하는 폐기물 처리시설기준으로 틀린 것은?

① 매립면적 1만 제곱미터 이상의 사업장 지정폐기물 매립시설
② 매립면적 3만 제곱미터 이상의 사업장 일반폐기물 매립시설
③ 1일 처분능력이 50톤 이상인 사업장폐기물 소각시설(같은 사업장에 여러 개의 소각시설이 있는 경우에는 각 소각시설의 1일 처분능력의 합계가 50톤 이상인 경우를 말한다)
④ 시멘트 소성로(폐기물을 연료로 사용하는 경우로 한정한다)

78 다음 중 폐기물처리업의 변경허가를 받아야 하는 중요사항으로 가장 거리가 먼 것은?(단, 폐기물 중간처분업, 폐기물 최종처분업 및 폐기물종합처분인 경우)

① 주차장 소재지의 변경
② 운반차량(임시차량은 제외한다)의 증차
③ 처분대상 폐기물의 변경
④ 폐기물 처분시설의 신설

79 환경부령으로 정하는 가연성 고형폐기물로부터 에너지를 회수하는 활동기준으로 틀린 것은?

① 다른 물질과 혼합하지 아니하고 해당 폐기물의 고위발열량이 킬로그램당 3천 킬로칼로리 이상일 것
② 에너지 회수효율(회수에너지 총량을 투입에너지 총량으로 나눈 비율을 말한다)이 75% 이상일 것
③ 회수열을 모두 열원으로 스스로 이용하거나 다른 사람에게 공급할 것

정답 71 ④ 72 ③ 73 ③ 74 ② 75 ② 76 ① 77 ② 78 ① 79 ①

④ 환경부장관이 정하여 고시하는 경우에는 폐기물의 30% 이상을 원료나 재료로 재활용하고 그 나머지 중에서 에너지의 회수에 이용할 것

80 특별자치시장, 특별자치도지사, 시장, 군수, 구청장은 조례로 정하는 바에 따라 종량제 봉투 등의 제작, 유통, 판매를 대행하게 할 수 있다. 이를 위반하여 대행계약을 체결하지 않고 종량제 봉투 등을 제작, 유통한 자에 대한 벌칙기준은?

① 2년 이하의 징역이나 2천만 원 이하의 벌금에 처한다.
② 3년 이하의 징역이나 3천만 원 이하의 벌금에 처한다.
③ 5년 이하의 징역이나 5천만 원 이하의 벌금에 처한다.
④ 7년 이하의 징역이나 7천만 원 이하의 벌금에 처한다.

정답 80 ③

2014년 4회 기출문제

제1과목 폐기물개론

01 A, B, C 세 가지 물질로 구성된 쓰레기 시료를 채취하여 분석한 결과 함수율이 55%인 A물질이 35% 발생되고, 함수율 5%인 B물질이 60% 발생되었다. 나머지 C물질은 함수율이 10%인 것으로 나타났다면 전체 쓰레기의 함수율은?

① 23% ② 28%
③ 32% ④ 37%

해설 혼합 쓰레기 함수율(%)

$$=\frac{(35\times0.55)+(60\times0.05)+(10\times0.1)}{35+60+10}\times100=23.25\%$$

02 고형분이 45%인 주방쓰레기 10톤을 소각하기 위해 함수율이 30% 되도록 건조시켰다. 이 건조 쓰레기의 중량은?(단, 비중은 1.0 기준)

① 4.3톤 ② 5.5톤
③ 6.4톤 ④ 7.2톤

해설 $10\text{ton}\times0.45=$ 건조 쓰레기 중량 $\times(1-0.3)$

건조 쓰레기 중량(ton) $=\dfrac{10\text{ton}\times0.45}{0.7}=6.43\text{ton}$

03 인구 1,200만 명인 도시에서 연간 배출된 총 쓰레기양이 970만 톤이었다면 1인당 하루 배출량(kg/인 · 일)은?

① 2.0 ② 2.2
③ 2.4 ④ 2.6

해설 쓰레기 발생량(kg/인 · 일)

$$=\frac{\text{발생쓰레기양}}{\text{대상 인구수}}$$

$$=\frac{9,700,000\text{ton/year}\times1,000\text{kg/ton}\times\text{year}/365\text{day}}{12,000,000\text{인}}$$

$=2.21$kg/인 · 일

04 다음 중 관거(Pipeline) 수거에 대한 설명으로 옳지 않은 것은?

① 쓰레기 발생밀도가 높은 인구밀집지역에서 현실성이 있다.
② 가설 후에 관로 변경 등 사후관리가 용이하다.
③ 조대폐기물은 파쇄 등의 전처리가 필요하다.
④ 장거리 이송에서는 이용이 곤란하다.

해설 관거(Pipeline) 수거는 가설(설치) 후에 경로변경이 곤란하고 설치비가 비싸다.

05 쓰레기의 발생량 조사방법인 직접계근법에 관한 내용으로 옳지 않은 것은?

① 입구에서 쓰레기가 적재되어 있는 차량과 출구에서 쓰레기를 적하한 공차량을 각각 계근하여 그 차이로 쓰레기양을 산출한다.
② 적재차량 계수분석에 비하여 작업량이 적고 간단하다.
③ 비교적 정확한 쓰레기 발생량을 파악할 수 있다.
④ 일정기간 동안 특정지역의 쓰레기 수거, 운반차량을 중간적하장이나 중계처리장에서 직접 계근하는 방법이다.

해설 **쓰레기 발생량 조사(측정방법)**

조사방법	내용
적재차량 계수분석법 (Load-count analysis)	• 일정기간 동안 특정 지역의 쓰레기 수거 · 운반차량의 대수를 조사하여, 이 결과로 밀도를 이용하여 질량으로 환산하는 방법(차량의 대수에 폐기물의 겉보기 비중을 선정하여 중량으로 환산하는 방법) • 조사장소는 중간적하장이나 중계처리장이 적합 • 단점으로는 쓰레기의 밀도 또는 압축 정도에 따라 오차가 크다는 것
직접계근법 (Direct weighting method)	• 일정기간 동안 특정 지역의 쓰레기 수거 · 운반차량을 중간적하장이나 중계처리장에서 직접 계근하는 방법(트럭 스케일 방법) • 입구에서 쓰레기가 적재되어 있는 차량과 출구에서 쓰레기를 적하한 공차량을 계근하여 쓰레기양 산출 • 장점으로는 비교적 정확한 쓰레기 발생량

정답 01 ① 02 ③ 03 ② 04 ② 05 ②

		을 파악할 수 있는 방법 • 단점으로는 적재차량 계수분석에 비하여 작업량이 많고 번거로움이 있음
물질수지법 (Material balance method)		• 시스템으로 유입되는 모든 물질들과 유출되는 모든 폐기물의 양에 대하여 물질수지를 세움으로써 폐기물 발생량을 추정하는 방법 • 주로 산업폐기물 발생량을 추산할 때 이용하는 방법 • 단점으로는 비용이 많이 소요되고 작업량이 많아 널리 이용되지 않음, 즉 특수한 경우에만 사용됨 • 우선적으로 조사하고자 하는 계의 경계를 정확하게 설정해야 함 • 물질수지를 세울 수 있는 상세한 데이터가 있는 경우에 가능
통계조사	표본조사 (단순 샘플링 검사)	• 조사기간이 짧음 • 비용이 적게 소요됨 • 조사상 오차가 큼
	전수조사	• 표본오차가 작아 신뢰도가 높음(정확함) • 행정시책에 대한 이용도가 높음 • 조사기간이 긺 • 표본치의 보정역할이 가능함

06 **전단파쇄기에 관한 설명으로 옳지 않은 것은?**

① 충격파쇄기에 비해 이물질의 혼입에 약하나 폐기물의 입도가 고르다.
② 고정칼, 왕복 또는 회전칼과의 교합에 의하여 폐기물을 전단한다.
③ 주로 목재류, 플라스틱류 및 종이류를 파쇄하는 데 이용된다.
④ 충격파쇄기에 비해 대체적으로 파쇄속도가 빠르다.

해설 **전단파쇄기**

① 원리
고정칼의 왕복 또는 회전칼(가동칼)의 교합에 의하여 폐기물을 전단한다.
② 특징
㉠ 충격파쇄기에 비하여 파쇄속도가 느리다.
㉡ 충격파쇄기에 비하여 이물질의 혼입에 취약하다.
㉢ 충격파쇄기에 비하여 파쇄물의 입도(크기)를 고르게 할 수 있다.(장점)
㉣ 전단파쇄기는 해머밀 파쇄기보다 저속으로 운전된다.
㉤ 소각로 전처리에 많이 이용되나 처리용량이 작아 대량이나 연쇄파쇄에 부적합하다.
㉥ 분진, 소음, 진동이 적고 폭발위험이 거의 없다.
③ 종류
㉠ Van Roll식 왕복전단 파쇄기
㉡ Lindemann식 왕복전단 파쇄기
㉢ 회전식 전단 파쇄기
㉣ Tollemacshe
④ 대상 폐기물
목재류, 플라스틱류, 종이류, 폐타이어(연질플라스틱과 종이류가 혼합된 폐기물을 파쇄하는 데 효과적)

07 **인구 35만 도시의 쓰레기 발생량이 1.5kg/인 · 일이고, 이 도시의 쓰레기 수거율은 90%이다. 적재용량이 10ton인 수거차량으로 수거한다면 하루에 몇 대로 운반해야 하는가?**

• 차량당 하루 운전시간은 6시간
• 처리장까지 왕복 운반시간은 21분
• 차량당 수거시간은 10분
• 차량당 하역시간은 5분
(단, 기타 조건은 고려하지 않음)

① 3대 ② 5대
③ 7대 ④ 9대

해설 소요차량(대)

$$= \frac{\text{하루 폐기물 수거량(kg/일)}}{\text{1일 1대당 운반량(kg/일·대)}}$$

하루 폐기물 수거량

$=1.5\text{kg/인·일}\times 350{,}000\text{인}\times 0.9 = 472{,}500\text{kg/일}$

1일 1대당 운반량

$$= \frac{10\text{ton/대}\times 6\text{hr/대·일}\times 1{,}000\text{kg/ton}}{(21+10+5)\text{min/대}\times \text{hr}/60\text{min}}$$

$= 100{,}000\text{kg/일·대}$

$$= \frac{472{,}500\text{kg/일}}{100{,}000\text{kg/일·대}} = 4.73(5\text{대})$$

08 **폐기물을 분쇄하거나 파쇄하는 목적과 가장 거리가 먼 것은?**

① 겉보기 비중의 감소
② 유가물의 분리
③ 비표면적의 증가
④ 입경분포의 균일화

해설 폐기물을 분쇄하거나 파쇄하는 목적 중 하나는 겉보기 비중의 증가이다.

정답 06 ④ 07 ② 08 ①

09 **청소상태 만족도 평가를 위한 지역사회 효과 지수인 CEI(Community Effects Index)에 관한 설명으로 옳은 것은?**

① 적환장 크기와 수거량의 관계로 결정한다.
② 수거방법에 따른 MHT 변화로 측정한다.
③ 가로(街路) 청소상태를 기준으로 측정한다.
④ 일반대중들에 대한 설문조사를 통하여 결정한다.

해설 **지역사회 효과지수(Community Effect Index ; CEI)**
① 가로 청소상태를 기준으로 측정(평가)한다.
② CEI 지수에서 가로청결상태 S의 scale은 1~4로 정하여 각각 100, 75, 50, 25, 0점으로 한다.

10 **쓰레기를 압축시켜 용적 감소율(Volume Reduction)이 61%인 경우 압축비(Compactor Ratio)는?**

① 2.1　　② 2.6
③ 3.1　　④ 3.6

해설 압축비(CR) $= \dfrac{100}{(100-VR)} = \dfrac{100}{100-61} = 2.56$

11 **건조된 고형분 비중이 1.54이고 건조 전 슬러지의 고형분 함량이 60%, 건조중량이 400kg이라 할 때 건조 전 슬러지의 비중은?**

① 약 1.12　　② 약 1.16
③ 약 1.21　　④ 약 1.27

해설 $\dfrac{666.67}{\text{슬러지 비중}} = \dfrac{400}{1.54} + \dfrac{266.67}{1.0}$

슬러지양

$= \text{고형물량} \times \dfrac{1}{\text{슬러지 중 고형물 함량}}$

$= 400\text{kg} \times \dfrac{1}{0.6} = 666.67\text{kg}$

슬러지 비중 = 1.27

12 **다음 중 적환장의 형식과 가장 거리가 먼 것은?**

① Direct Discharge
② Storage Discharge
③ Compact Discharge
④ Direct and Storage Discharge

해설 **적환장의 형식**
① Direct discharge(직접투하방식)
② Storage discharge(저장투하방식)
③ Direct and storage discharge(직접 · 저장투하 결합방식)

13 **쓰레기 수거노선 선정 시 고려할 내용으로 옳지 않은 것은?**

① 출발점은 차고와 가까운 곳으로 한다.
② 언덕지역은 올라가면서 수거한다.
③ 가능한 한 시계방향으로 수거한다.
④ 발생량이 많은 곳은 하루 중 가장 먼저 수거한다.

해설 **효과적 · 경제적인 수거노선 결정 시 유의(고려)사항 : 수거노선 설정요령**
① 지형이 언덕인 지역에서는 언덕의 위에서부터 내려가며 적재하면서 차량을 진행하도록 한다.(안전성, 연료비 절약)
② 수거인원 및 차량형식이 같은 기존 시스템의 조건들을 서로 관련시킨다.
③ 출발점은 차고와 가깝게 하고 수거된 마지막 컨테이너가 처분지의 가장 가까이에 위치하도록 배치한다.
④ 가능한 한 지형지물 및 도로경계와 같은 장벽을 사용하여 간선도로 부근에서 시작하고 끝나야 한다.(도로경계 등을 이용)
⑤ 가능한 한 시계방향으로 수거노선을 정한다.
⑥ 적은 양의 쓰레기가 발생하나 동일한 수거빈도를 받기 원하는 적재지점(수거지점)은 가능한 한 같은 날 왕복 내에서 수거한다.
⑦ 아주 많은 양의 쓰레기가 발생되는 발생원은 하루 중 가장 먼저 수거한다.
⑧ 될 수 있는 한 한 번 간 길은 다시 가지 않는다.
⑨ 반복운행 또는 U자형 회전은 피하여 수거한다.
⑩ 교통량이 많거나 출퇴근시간은 피하여 수거한다.
⑪ 수거지점과 수거빈도 결정 시 기존 정책이나 규정을 참고한다.

14 **쓰레기 발생량에 관한 내용으로 옳지 않은 것은?**

① 가정의 부엌에서 음식쓰레기를 분쇄하는 시설이 있으면 음식쓰레기의 발생량이 감소된다.
② 일반적으로 수집빈도가 높을수록 쓰레기 발생량이 감소한다.
③ 일반적으로 쓰레기통이 클수록 쓰레기 발생량이 증가한다.
④ 대체로 생활수준이 증가되면 쓰레기의 발생량도 증가한다.

해설 일반적으로 수집 빈도가 높을수록 쓰레기 발생량이 증가한다.

정답 09 ③　10 ②　11 ④　12 ③　13 ②　14 ②

15 **인구 1인당 1일 1.5kg의 쓰레기를 배출하는 4,000명이 거주하는 지역의 쓰레기를 적재능력 $10m^3$, 압축비 2인 쓰레기차로 수거할 때 1일 필요한 차량 수는?(단, 발생 쓰레기 밀도는 $120kg/m^3$이며, 쓰레기차는 1회 운행)**

① 2대 ② 3대
③ 4대 ④ 5대

해설 소요차량(대) $= \dfrac{\text{쓰레기 배출량}}{\text{적재차량 용적}} \times \dfrac{1}{\text{압축비}}$

$= \dfrac{1.5\text{kg/인} \cdot \text{일} \times 4{,}000\text{인}}{10\text{m}^3/\text{대} \times 120\text{kg/m}^3} \times \dfrac{1}{2}$

$= 2.5$대/일(3대/일)

16 **폐기물 발생량의 조사방법 중 물질수지법에 관한 설명으로 옳지 않은 것은?**

① 물질수지를 세울 수 있는 상세한 데이터가 있는 경우에 가능하다.
② 주로 생활폐기물의 종류별 발생량 추산에 사용된다.
③ 조사하고자 하는 계(System)의 경계를 명확하게 설정하여야 한다.
④ 계(System)로 유입되는 모든 물질들과 유출되는 물질들 간의 물질수지를 세움으로써 폐기물 발생량을 추정한다.

해설 **쓰레기 발생량 조사(측정방법)**

조사방법		내용
적재차량 계수분석법 (Load-count analysis)		• 일정기간 동안 특정 지역의 쓰레기 수거·운반차량의 대수를 조사하여, 이 결과로 밀도를 이용하여 질량으로 환산하는 방법(차량의 대수에 폐기물의 겉보기 비중을 선정하여 중량으로 환산하는 방법) • 조사장소는 중간적하장이나 중계처리장이 적합 • 단점으로는 쓰레기의 밀도 또는 압축 정도에 따라 오차가 크다는 것
직접계근법 (Direct weighting method)		• 일정기간 동안 특정 지역의 쓰레기 수거·운반차량을 중간적하장이나 중계처리장에서 직접 계근하는 방법(트럭 스케일 방법) • 입구에서 쓰레기가 적재되어 있는 차량과 출구에서 쓰레기를 적하한 공차량을 계근하여 쓰레기양 산출 • 장점으로는 비교적 정확한 쓰레기 발생량을 파악할 수 있는 방법 • 단점으로는 적재차량 계수분석에 비하여 작업량이 많고 번거로움이 있음
물질수지법 (Material balance method)		• 시스템으로 유입되는 모든 물질들과 유출되는 모든 폐기물의 양에 대하여 물질수지를 세움으로써 폐기물 발생량을 추정하는 방법 • 주로 산업폐기물 발생량을 추산할 때 이용하는 방법 • 단점으로는 비용이 많이 소요되고 작업량이 많아 널리 이용되지 않음, 즉 특수한 경우에만 사용됨 • 우선적으로 조사하고자 하는 계의 경계를 정확하게 설정해야 함 • 물질수지를 세울 수 있는 상세한 데이터가 있는 경우에 가능
통계조사	표본조사 (단순 샘플링 검사)	• 조사기간이 짧음 • 비용이 적게 소요됨 • 조사상 오차가 큼
	전수조사	• 표본오차가 작아 신뢰도가 높음(정확함) • 행정시책에 대한 이용도가 높음 • 조사기간이 길 • 표본치의 보정역할이 가능함

17 **쓰레기의 압축 전 밀도가 $0.52ton/m^3$이던 것을 압축기로 압축하여 $0.85ton/m^3$로 되었다. 부피의 감소율은?**

① 28% ② 39%
③ 46% ④ 51%

해설 $VR = \left(1 - \dfrac{V_f}{V_i}\right) \times 100(\%)$

$V_i = \left(\dfrac{1\text{ton}}{0.52\text{ton/m}^3}\right) = 1.923\text{m}^3$

$V_f = \left(\dfrac{1\text{ton}}{0.85\text{ton/m}^3}\right) = 1.176\text{m}^3$

$= \left(1 - \dfrac{1.176}{1.923}\right) \times 100 = 38.85\%$

18 **자력선별을 통해 철캔을 알루미늄캔으로부터 분리 회수한 결과가 다음과 같다면 Worrell 식에 의한 선별효율(%)은?(투입량 = 2톤, 회수량 = 1.5톤, 회수량 중 철캔 = 1.3톤, 제거량 중 알루미늄캔 = 0.4톤)**

① 69% ② 67%
③ 65% ④ 62%

해설 x_1이 1.3ton → y_1 0.2ton

x_2가(0.5−0.4)ton → y_2(2−1.5−0.1)ton

$x_0 = x_1 + x_2 = 1.3 + 0.1 = 1.4\text{ton}$

$y_0 = y_1 + y_2 = 0.2 + 0.4 = 0.6\text{ton}$

정답 15 ② 16 ② 17 ② 18 ④

$$E(\%) = \left[\left(\frac{x_1}{x_0}\right)\times\left(\frac{y_2}{y_0}\right)\right]\times 100$$
$$= \left[\left(\frac{1.3}{1.4}\right)\times\left(\frac{0.4}{0.6}\right)\right]\times 100 = 61.91\%$$

[Note] x_0 : 투입량 중 회수대상물질
y_0 : 제거량 중 비회수대상물질
x_1 : 회수량 중 회수대상물질
y_1 : 회수량 중 비회수대상물질
x_2 : 제거량 중 회수대상물질
y_2 : 제거량 중 비회수대상물질

19 **가볍고 물렁거리는 물질로부터 무겁고 딱딱한 물질을 분리해 낼 때 사용하며, 주로 퇴비 중의 유리조각을 추출할 때 사용하는 선별방법은?**

① Tables ② Secators
③ Jigs ④ Stoners

해설 **Secators**
① 경사진 컨베이어를 통해 폐기물을 주입시켜 천천히 회전하는 드럼 위에 떨어뜨려서 선별하는 장치이며 물렁거리는 가벼운 물질(가볍고 탄력 없는 물질)로부터 딱딱한 물질(무겁고 탄력 있는 물질)을 선별하는 데 사용한다.
② 주로 퇴비 중의 유리조각을 추출할 때 이용되는 선별장치이다.

20 **쓰레기 발생량 예측모델 중 쓰레기 발생량에 영향을 주는 모든 인자를 시간에 대한 함수로 하여 각 영향 인자들 간의 상관관계를 수식화 하는 방법은?**

① 시간경향모델 ② 다중회귀모델
③ 동적모사모델 ④ 시간수지모델

해설 **폐기물 발생량 예측방법**

방법(모델)	내용
경향법 (Trend method) 경향예측모델	• 최저 5년 이상의 과거 처리 실적을 수식 model에 대하여 과거의 경향을 가지고 장래를 예측하는 방법 • 단지 시간과 그에 따른 쓰레기 발생량(또는 성상) 간의 상관관계만을 고려하며 이를 수식으로 표현하면 $x=f(t)$ • $x=f(t)$는 선형, 지수형, 대수형 등에서 가장 근사한 형태를 택함
다중회귀모델 (Multiple regression model)	• 하나의 수식으로 각 인자들의 효과를 총괄적으로 나타내어 복잡한 시스템의 분석에 유용하게 사용할 수 있는 쓰레기 발생량 예측방법 • 각 인자마다 효과를 파악하기보다는 전체 인자의 효과를 총괄적으로 파악하는 것이 간편하고 유용한 예측방법으로 시간을 단순히 하나의 독립된 종속인자로 대입 • 수식 $x=f(X_1X_2X_3\cdots X_n)$, 여기서 $X_1X_2X_3\cdots X_n$은 쓰레기 발생량에 영향을 주는 인자 ※ 인자 : 인구, 지역소득(GNP 또는 GRP), 자원회수량, 상품 소비량 또는 매출액(자원회수량, 사회적 · 경제적 특성이 고려됨)
동적모사모델 (Dynamic simulation model)	• 쓰레기 발생량에 영향을 주는 모든 인자를 시간에 대한 함수로 나타낸 후 시간에 대한 함수로 표현된 각 영향인자들 간의 상관관계를 수식화하는 방법 • 시간만을 고려하는 경향법과 시간을 단순히 하나의 독립적인 종속인자로 고려하는 다중회귀모델의 문제점을 보안한 예측방법 • Dynamo 모델 등이 있음

제2과목 폐기물처리기술

21 **매립 시 적용되는 연직차수막과 표면차수막에 관한 설명으로 옳지 않은 것은?**

① 연직차수막은 지중에 수평방향의 차수층 존재 시 사용된다.
② 연직차수막은 지하수 집배수시설이 불필요하다.
③ 연직차수막은 지하매설로서 차수성 확인이 어려우나 표면차수막은 시공 시 확인이 가능하다.
④ 연직차수막은 단위면적당 공사비는 싸지만 총 공사비는 비싸다.

해설 **연직차수막**
① 적용조건 : 지중에 수평방향의 차수층이 존재할 때 사용
② 시공 : 수직 또는 경사시공
③ 지하수 집배수시설 : 불필요
④ 차수성 확인 : 지하매설로서 차수성 확인이 어려움
⑤ 경제성 : 단위면적당 공사비는 많이 소요되나 총 공사비는 적게 듦
⑥ 보수 : 지중이므로 보수가 어렵지만 차수막 보강시공이 가능
⑦ 공법 종류
㉠ 어스 댐 코어 공법

2014

정답 19 ② 20 ③ 21 ④

㉡ 강널말뚝(sheet pile) 공법
㉢ 그라우트 공법
㉣ 차수시트 매설 공법
㉤ 지중 연속벽 공법

22 **다음과 같은 조건의 축분과 톱밥 쓰레기를 혼합한 후 퇴비화하여 함수량 20%의 퇴비를 만들었다면 퇴비량은?(단, 퇴비화 시 수분 감량만 고려하며, 비중은 1.0)**

성분	쓰레기양(t)	함수량(%)
축분	12.0	85.0
톱밥	2.0	5.0

① 4.63ton ② 5.23ton
③ 6.33ton ④ 7.83ton

해설 혼합함수율(%)$=\dfrac{(12\times0.85)+(2\times0.05)}{12+2}\times100=73.57\%$

$14\text{ton}\times(1-0.7357)=$ 퇴비량 $\times(1-0.2)$

퇴비량(ton)$=\dfrac{14\text{ton}\times0.2643}{0.8}=4.63\text{ton}$

23 **합성차수막 중 CR에 관한 설명으로 옳지 않은 것은?**

① 가격이 싸다.
② 대부분의 화학물질에 대한 저항성이 높다.
③ 마모 및 기계적 충격에 강하다.
④ 접합이 용이하지 못하다.

해설 **합성차수막 중 CR**
① 장점
㉠ 대부분의 화학물질에 대한 저항성이 높음
㉡ 마모 및 기계적 충격에 강함
② 단점
㉠ 접합이 용이하지 못함
㉡ 가격이 고가임

24 **어떤 액체 연료를 보일러에서 완전 연소시켜 그 배기가스를 분석한 결과 CO_2 13%, O_2 3%, N_2 84%였다. 이때 공기비는?**

① 1.16 ② 1.26
③ 1.36 ④ 1.46

해설 공기비$(m)=\dfrac{N_2}{N_2-3.76O_2}=\dfrac{84}{84-(3.76\times3)}=1.16$

25 **용량 10^5m^3의 매립지가 있다. 밀도 0.5t/m^3인 도시 쓰레기가 400,000kg/일 율로 발생된다면 매립지 사용일수는?(단, 매립지 내의 다짐에 의한 쓰레기 부피 감소율은 고려하지 않음)**

① 125일 ② 275일
③ 345일 ④ 445일

해설 매립지 사용일수(day)$=\dfrac{\text{매립용적}}{\text{쓰레기 발생량}}$

$=\dfrac{10^5\text{m}^3\times0.5\text{t/m}^3}{400{,}000\text{kg/일}\times\text{ton}/1{,}000\text{kg}}$

$=125\text{day}$

26 **분뇨를 호기성 소화방식으로 처리하고자 한다. 소화조의 처리용량이 $100\text{m}^3\text{/day}$인 처리장에 필요한 산기관 수는?(단, 분뇨의 BOD 20,000mg/L, BOD 처리효율 75%, 소모공기량 $100\text{m}^3\text{/BOD kg}$, 산기관 1개당 통풍량 $0.2\text{m}^3\text{/min}$, 연속 산기방식)**

① 약 420개 ② 약 470개
③ 약 520개 ④ 약 570개

해설 산기관 수(개)

$=\dfrac{\text{BOD 처리 필요 폭기량(공기량)}}{\text{1개 산기관의 송풍량}}$

$=\dfrac{100\text{m}^3/\text{day}\times20{,}000\text{mg/L}\times1{,}000\text{L/m}^3\times1\text{kg}/10^6\text{mg}\times100\text{m}^3/\text{BOD}\cdot\text{kg}\times0.75\times\text{day}/24\text{hr}\times1\text{hr}/60\text{min}}{0.2\text{m}^3/\text{min}\cdot\text{개}}$

=520.8(521개)

27 **RDF(Refuse Derived Fuel)의 구비조건과 가장 거리가 먼 것은?**

① 재의 양이 적을 것 ② 대기오염이 적을 것
③ 함수율이 낮을 것 ④ 균일한 조성을 피할 것

해설 RDF의 구비조건 중 배합률은 조성이 균일해야 한다.

28 **처리용량이 20kL/day인 분뇨처리장에 가스저장 탱크를 설계하고자 한다. 가스 저류기간을 3hr으로 하고 생성 가스양을 투입량의 8배로 가정한다면 가스탱크의 용량은?(단, 비중은 1.0 기준)**

① 20m^3 ② 60m^3
③ 80m^3 ④ 120m^3

정답 22 ① 23 ① 24 ① 25 ① 26 ③ 27 ④ 28 ①

해설 가스탱크용량(m^3)
$=20kL/day \times m^3/kL \times day/24hr \times 3hr \times 8 = 20m^3$

29 **고형물 중 VS 60%이고, 함수율 97%인 농축슬러지 $100m^3$를 소화시켰다. 소화율(VS 대상)이 50%이고, 소화 후 함수율이 95%라면 소화 후의 부피는?(단, 모든 슬러지의 비중은 1.0이다.)**

① $32m^3$ ② $35m^3$
③ $42m^3$ ④ $48m^3$

해설 소화 후 TS = VS′(잔류유기물) + FS(무기물)
$VS' = 3TS \times 0.6 \times 0.5 = 0.9$
$FS = 3TS \times 0.4 = 1.2$
$= 0.9 + 1.2 = 2.1$
부피(m^3) $= 100m^3 \times 0.021 \times \frac{100}{100-95} = 42m^3$

30 **분뇨처리장 1차 침전지에서 1일 슬러지의 제거량이 $50m^3$/day이고 SS농도가 20,000mg/L이었으며 이를 원심분리기에 의하여 탈수시켰을 때 탈수 슬러지의 함수율이 80%였다면 탈수된 슬러지양은?(단, 원심분리기의 SS회수율은 100%, 슬러지 비중은 1.0)**

① 3ton/day ② 5ton/day
③ 8ton/day ④ 10ton/day

해설 탈수 슬러지양(ton/day)
$= 50m^3/day \times 20,000mg/L \times 1,000L/m^3 \times ton/10^9mg \times \frac{100}{100-80}$
$= 5ton/day$

31 **토양공기의 조성에 관한 설명으로 틀린 것은?**

① 토양 성분과 식물 양분에 산화적 변화를 일으키는 원인이 된다.
② 대기에 비하여 토양공기 내 탄산가스의 함량이 낮다.
③ 대기에 비하여 토양공기 내 수증기의 함량이 높다.
④ 토양이 깊어질수록 토양공기 내 산소함량은 감소한다.

해설 토양공기는 대기와 비교하여 N_2, CO_2, Ar, 상대습도는 높은 편이며 O_2는 낮은 편이다.

32 **아래와 같이 운전되는 Batch Type 소각로의 쓰레기 kg당 전체발열량(저위발열량 + 공기예열에 소모된 열량)은?**

- 과잉공기비 : 2.4
- 이론공기량 : $1.8Sm^3$/kg 쓰레기
- 공기예열온도 : 180℃
- 공기정압비열 : $0.32kcal/Sm^3 \cdot ℃$
- 쓰레기 저위발열량 : 2,000kcal/kg
- 공기온도 : 0℃

① 약 2,050kcal/kg
② 약 2,250kcal/kg
③ 약 2,450kcal/kg
④ 약 2,650kcal/kg

해설 전체발열량(kcal/kg)
= 단위열량 + 저위발열량
단위열량
= 과잉공기비 × 이론공기량 × 비열 × 온도차
$= 2.4 \times 1.8Sm^3/kg \times 0.32kcal/Sm^3 \cdot ℃ \times 180℃$
$= 248.83kcal/kg$
$= 248.83kcal/kg + 2,000kcal/kg$
$= 2,248.83kcal/kg$

33 **폐기물 고화처리방법 중 자가시멘트법의 장단점으로 옳지 않은 것은?**

① 혼합률이 높은 단점이 있다.
② 중금속 저지에 효과적인 장점이 있다.
③ 탈수 등 전처리가 필요 없는 장점이 있다.
④ 보조에너지가 필요한 단점이 있다.

해설 **자가시멘트법(Self-cementing Techniques)**
① FGD 슬러지 중 일부(10%)를 생석회화한 후 여기에 소량의 물(수분량 조절역할)과 첨가제를 가하여 폐기물이 스스로 고형화되는 성질을 이용하는 방법이다. 즉, 연소가스 탈황 시 발생된 높은 황화물을 함유한 슬러지 처리에 사용된다.
② 장점
㉠ 혼합률(MR)이 비교적 낮다.
㉡ 중금속의 고형화 처리에 효과적이다.
㉢ 전처리(탈수 등)가 필요 없다.
③ 단점
㉠ 장치비가 크며 숙련된 기술이 요구된다.
㉡ 보조에너지가 필요하다.
㉢ 많은 황화물을 가지는 폐기물에 적합하다.

2014

정답 29 ③ 30 ② 31 ② 32 ② 33 ①

34 침출수를 혐기성 공정으로 처리하는 경우, 장점이라 볼 수 없는 것은?

① 고농도의 침출수를 희석 없이 처리할 수 있다.
② 중금속에 의한 저해효과가 호기성 공정에 비해 적다.
③ 대부분의 염소계 화합물은 혐기성 상태에서 분해가 잘 일어나므로 난분해성 물질을 함유한 침출수의 처리 시 효과적이다.
④ 호기성 공정에 비해 낮은 영양물 요구량을 가지므로 인(P) 부족현상을 일으킬 가능성이 적다.

해설 침출수 혐기성 공정은 중금속에 의한 저해효과가 호기성 공정에 비해 크다.

35 유기성 폐기물 퇴비화에 대한 설명으로 가장 거리가 먼 것은?

① 다른 폐기물처리 기술에 비하여 고도의 기술수준이 요구되지 않는다.
② 퇴비화 과정에서 부피가 90% 이상 줄어 최종 처리 시 비용이 절감된다.
③ 다양한 재료를 이용하므로 퇴비제품의 품질표준화가 어렵다.
④ 초기 시설 투자가 적으며 운영 시에 소요되는 에너지도 낮다.

해설 퇴비화가 완성되어도 부피가 크게 감소되지는 않는다.(완성된 퇴비의 감용률은 50% 이하이므로 다른 처리방식에 비하여 낮다.)

36 점토가 매립지에서 차수막으로 적합하기 위한 액성한계 기준으로 가장 적절한 것은?

① 10% 미만 ② 10% 이상 30% 미만
③ 20% 이하 ④ 30% 이상

해설 **차수막 적합조건(점토)**

항목	적합기준
투수계수	10^{-7} cm/sec 미만
점토 및 마사토 함량	20% 이상
소성지수(PI)	10% 이상 30 미만
액성한계(LL)	30% 이상
자갈함유량	10% 미만
직경 2.5 cm 이상 입자 함유량	0%

37 1차 반응속도에서 반감기(초기농도가 50% 줄어드는 시간)가 10분이다. 초기농도의 75%가 줄어드는 데 걸리는 시간은?

① 20분 ② 30분
③ 40분 ④ 50분

해설 $\ln 0.5 = -k \times 10\text{min}$
$k = 0.0693\text{min}^{-1}$
$\ln \frac{25}{100} = -0.0693\text{min}^{-1} \times t$
소요시간$(t) = 20\text{min}$

38 어느 매립지의 쓰레기 수송량은 1,635,200m^{3}이고, 수거 대상 인구는 100,000명, 1인 1일 쓰레기 발생량은 2.0kg, 매립 시의 쓰레기 부피 감소율은 30%라 할 때 매립지의 사용 연수는?(단, 쓰레기 밀도는 500kg/m^{3}으로 수거 시의 밀도임)

① 6년 ② 8년
③ 12년 ④ 16년

해설 매립지 사용연수(year)
$= \frac{\text{매립용적}}{\text{쓰레기 발생량}}$
$= \frac{1,635,200\text{m}^3 \times 500\text{kg/m}^3}{2.0\text{kg/인} \cdot \text{일} \times 100,000\text{인} \times 365\text{일/year} \times 0.7} = 16\text{year}$

39 메탄올(CH_3OH) 5kg이 연소하는 데 필요한 이론공기량은?

① 15Sm^3 ② 20Sm^3
③ 25Sm^3 ④ 30Sm^3

해설 $CH_3OH + 1.5O_2 \rightarrow CO_2 + 2H_2O$
32kg : $1.5 \times 22.4\text{Sm}^3$
5kg : $O_o(\text{Sm}^3)$
$O_o(\text{Sm}^3) = \frac{5\text{kg} \times (1.5 \times 22.4)\text{Sm}^3}{32\text{kg}} = 5.25\text{ Sm}^3$
$A_o(\text{Sm}^3) = \frac{5.25\text{Sm}^3}{0.21} = 25\text{Sm}^3$

40 Rotary Kiln 소각로의 장단점으로 틀린 것은?

① 습식가스 세정시스템과 함께 사용할 수 있는 장점이 있다.
② 비교적 열효율이 낮은 단점이 있다.

정답 34 ② 35 ② 36 ④ 37 ① 38 ④ 39 ③ 40 ③

③ 용융상태의 물질에 의하여 방해를 받는 단점이 있다.

④ 폐기물의 체류시간을 노의 회전속도 조절로 제어할 수 있는 장점이 있다.

해설 **회전로(Rotary Kiln : 회전식 소각로)**

① 장점
- ㉠ 넓은 범위의 액상 및 고상폐기물을 소각할 수 있다.
- ㉡ 액상이나 고상폐기물을 각각 수용하거나 혼합하여 처리할 수 있고 건조효과가 매우 좋고 착화, 연소가 용이하다.
- ㉢ 경사진 구조로 용융상태의 물질에 의하여 방해 받지 않는다.
- ㉣ 드럼이나 대형 용기를 그대로 집어 넣을 수 있다.(전처리 없이 주입 가능)
- ㉤ 고형 폐기물에 높은 난류도와 공기에 대한 접촉을 크게 할 수 있다.
- ㉥ 폐기물의 소각에 방해 없이 연속적 재의 배출이 가능하다.
- ㉦ 습식 가스세정시스템과 함께 사용할 수 있다.
- ㉧ 전처리(예열, 혼합, 파쇄) 없이 주입 가능하다.
- ㉨ 폐기물의 체류시간을 노의 회전속도 조절로 제어할 수 있는 장점이 있다.
- ㉩ 독성물질의 파괴에 좋다.(1,400℃ 이상 가동 가능)

② 단점
- ㉠ 처리량이 적을 경우 설치비가 높다.
- ㉡ 노에서의 공기유출이 크므로 종종 대량의 과잉공기가 필요하다.
- ㉢ 대기오염 제어시스템에 대한 분진부하율이 높다.
- ㉣ 비교적 열효율이 낮은 편이다.
- ㉤ 구형 및 원통형 형태의 폐기물은 완전연소가 끝나기 전에 굴러 떨어질 수 있다.
- ㉥ 대기 중으로 부유물질이 발생할 수 있다.
- ㉦ 대형 폐기물로 인한 내화재의 파손에 주의를 요한다.

제3과목 폐기물공정시험기준(방법)

41 고상 또는 반고상폐기물의 pH 측정법 중 옳은 것은?

① 시료 10g을 100mL 비커에 취한 다음 정제수 50mL를 넣어 잘 교반하여 10분 이상 방치

② 시료 10g을 100mL 비커에 취한 다음 정제수 50mL를 넣어 잘 교반하여 30분 이상 방치

③ 시료 10g을 50mL 비커에 취한 다음 정제수 25mL를 넣어 잘 교반하여 10분 이상 방치

④ 시료 10g을 50mL 비커에 취한 다음 정제수 25mL를 넣어 잘 교반하여 30분 이상 방치

해설 **반고상 또는 고상폐기물**

① 시료 10g을 50mL 비커에 취한 다음 정제수(증류수) 25mL를 넣어 잘 교반하여 30분 이상 방치한 후 이 현탁액을 시료용액으로 하거나 원심분리한 후 상층액을 시료용액으로 한다.

② 이하의 시험기준은 액상폐기물에 따라 pH를 측정한다.

42 대상폐기물의 양이 50ton인 경우 시료는 최소한 몇 개가 필요한가?

① 6　　② 10

③ 14　　④ 20

해설 **대상폐기물의 양과 시료의 최소 수**

대상 폐기물의 양(단위 : ton)	시료의 최소 수
~ 1 미만	6
1 이상~5 미만	10
5 이상~30 미만	14
30 이상~100 미만	20
100 이상~500 미만	30
500 이상~1,000 미만	36
1,000 이상~5,000 미만	50
5,000 이상 ~	60

43 유도결합플라스마-원자발광분광법으로 측정할 수 있는 항목과 가장 거리가 먼 것은?(단, 폐기물공정시험기준 기준)

① 6가크롬　　② 수은

③ 비소　　④ 크롬

해설 **각 항목별 시험방법**

① 6가크롬 : 원자흡수분광광도법, 유도결합플라스마-원자발광분광법, 자외선/가시선 분광법(다이페닐카바자이드법)

② 수은 : 원자흡수분광광도법(환원기화법), 자외선/가시선 분광법(디티존법)

③ 비소 : 원자흡수분광광도법, 유도결합플라스마-원자발광분광법, 자외선/가시선 분광법

④ 크롬 : 원자흡수분광광도법, 유도결합플라스마-원자발광분광법, 자외선/가시선 분광법(다이페닐카바자이드법)

2014

44 고형물의 함량이 50%, 수분 함량이 50%, 강열감량이 85%인 폐기물이 있다. 이때 폐기물의 고형물 중 유기물 함량은?

① 50%　　② 60%

③ 70%　　④ 80%

정답 41 ④ 42 ④ 43 ② 44 ③

해설 유기물 함량(%) $= \frac{\text{휘발성 고형물}}{\text{고형물}} \times 100$

휘발성 고형물 = 강열감량 − 수분
= 85 − 50 = 35%

$= \frac{35}{50} \times 100 = 70\%$

45 편광현미경법으로 석면 분석 시 시료의 채취량에 관한 내용으로 옳은 것은?

① 시료의 양은 1회에 최소한 면적단위로는 $1cm^2$, 부피단위로 $1cm^3$, 무게단위는 1g 이상 채취한다.
② 시료의 양은 1회에 최소한 면적단위로는 $1cm^2$, 부피단위로 $1cm^3$, 무게단위는 2g 이상 채취한다.
③ 시료의 양은 1회에 최소한 면적단위로는 $1cm^2$, 부피단위로 $2cm^3$, 무게단위는 3g 이상 채취한다.
④ 시료의 양은 1회에 최소한 면적단위로는 $2cm^2$, 부피단위로 $2cm^3$, 무게단위는 3g 이상 채취한다.

해설 **석면 – 편광현미경법(시료채취량)**
1회에 최소한 면적단위로는 $1cm^2$, 부피단위로는 $1cm^3$, 무게단위로는 2g 이상 채취한다.

46 자외선/가시선 분광법으로 구리를 측정할 때 간섭물질에 대한 내용으로 옳은 것은?

① 비스무트(Bi)가 구리의 양보다 2배 이상 존재할 경우에는 적자색을 나타내어 방해한다.
② 비스무트(Bi)가 구리의 양보다 2배 이상 존재할 경우에는 청색을 나타내어 방해한다.
③ 비스무트(Bi)가 구리의 양보다 2배 이상 존재할 경우에는 적색을 나타내어 방해한다.
④ 비스무트(Bi)가 구리의 양보다 2배 이상 존재할 경우에는 황색을 나타내어 방해한다.

해설 **비스무트(Bi)가 구리의 양보다 2배 이상 존재할 경우**
① 황색을 나타내어 방해한다. 이때는 시료의 흡광도를 A_1으로 하고 따로 같은 양의 시료를 취하여 시료의 시험기준 중 암모니아수(1+1)를 넣어 중화하기 전에 시안화칼륨용액(5W/V%) 3mL를 넣어 구리를 시안착화합으로 만든 다음 중화하여 실험하고 이 액의 흡광도를 A_2로 한다.
② 구리에 의한 흡광도는 $A_1 - A_2$이다.

47 이온전극법을 이용한 시안측정에 관한 설명으로 옳지 않은 것은?

① pH 4 이하의 산성으로 조절한 후 시안 이온전극과 비교전극을 사용하여 전위를 측정한다.
② 시안화합물을 측정할 때 방해물질들은 증류하면 대부분 제거된다.
③ 다량의 지방 성분을 함유한 시료는 아세트산 또는 수산화나트륨용액으로 pH 6~7로 조절한 후 시료의 약 2%에 해당하는 부피의 노말 헥산 또는 클로로폼을 넣어 추출하여 유기층은 버리고 수층을 분리하여 사용한다.
④ 시료는 미리 세척한 유리 또는 폴리에틸렌 용기에 채취한다.

해설 **시안 – 이온전극법**
액상폐기물과 고상폐기물을 pH 12~13의 알칼리성으로 조절한 후 시안 이온전극과 비교전극을 사용하여 전위차를 측정한다.

48 기체크로마트그래피 – 질량분석법에 의한 유기인 분석방법에 관한 설명으로 옳지 않은 것은?

① 운반기체는 부피백분율 99.999% 이상의 헬륨을 사용한다.
② 질량분석기는 자기장형, 사중극자형 및 이온트랩형 등의 성능을 가진 것을 사용한다.
③ 질량분석기의 이온화방식은 전자충격법(EI)을 사용하며 이온화 에너지는 35~70eV을 사용한다.
④ 정성분석에는 메트릭스 검출법을 이용하는 것이 바람직하다.

해설 **유기인 – 기체크로마토그래피 – 질량분석법**
질량분석기 정량분석에는 선택이온검출법(SIM)을 이용하는 것이 바람직하다.

49 무게를 '정확히 단다.'라 함은 규정된 수치의 무게를 몇 mg까지 다는 것을 말하는가?

① 0.0001mg ② 0.001mg
③ 0.01mg ④ 0.1mg

해설 **정확히 단다.**
규정된 수치의 무게를 0.1mg까지 다는 것을 말한다.

정답 45 ② 46 ④ 47 ① 48 ④ 49 ④

50 다음 설명하는 시료의 분할채취방법은?

> • 분쇄한 대시료를 단단하고 깨끗한 평면위에 원추형으로 쌓는다.
> • 원추를 장소를 바꾸어 다시 쌓는다.
> • 원추에서 일정량을 취하며 장방형으로 도포하고 계속해서 일정량을 취하여 그 위에 입체로 쌓는다.
> • 육면체의 측면을 교대로 돌면서 균등량씩을 취하여 두 개의 원추를 쌓는다.
> • 하나의 원추는 버리고 나머지 원추를 앞의 조작을 반복하면서 적당한 크기까지 줄인다.

① 구획법 ② 교호삽법
③ 원추4분법 ④ 원추분할법

해설 **교호삽법**

① 분쇄한 대시료를 단단하고 깨끗한 평면 위에 원추형으로 쌓는다.
② 원추를 장소를 바꾸어 다시 쌓는다.
③ 원추에서 일정한 양을 취하여 장방형으로 도포하고 계속해서 일정한 양을 취하여 그 위에 입체로 쌓는다.
④ 육면체의 측면을 교대로 돌면서 각각 균등한 양을 취하여 두 개의 원추를 쌓는다.
⑤ 하나의 원추는 버리고 나머지 원추를 앞의 조작을 반복하면서 적당한 크기까지 줄인다.

51 유기물 함량이 비교적 높지 않고 금속의 수산화물, 산화물, 인산염 및 황화물을 함유하고 있는 시료에 적용되는 산분해법은?

① 질산－황산 분해법
② 질산－염산 분해법
③ 질산－과염소산 분해법
④ 질산－불화수소산 분해법

해설 **질산－염산 분해법**

① 적용
유기물 함량이 비교적 높지 않고 금속의 수산화물, 산화물, 인산염 및 황화물을 함유하고 있는 시료에 적용한다.
② 용액 산농도
약 0.5N

52 다음은 폐기물 소각시설의 소각재 시료 채취 방법 중 연속식 연소방식의 소각재 반출 설비에서의 시료 채취에 관한 내용이다. ( ) 안에 옳은 것은?

> 야적더미에서 채취하는 경우는 야적더미를 ( ) 높이마다 각각의 층으로 나누고 각 층별로 적절한 지점에서 500g 이상의 시료를 채취한다.

① 0.3m ② 0.5m
③ 1m ④ 2m

해설 **연속식 연소방식의 소각재 반출설비에서 시료채취**

채취장소	채취방법
소각재 저장조	• 저장조에 쌓여 있는 소각재를 평면상에서 5등분 • 시료는 대표성이 있다고 판단되는 곳에서 각 등분마다 500g 이상을 채취
낙하구 밑	• 시료의 양은 1회에 500g 이상 채취
야적더미	• 야적더미를 2m 높이마다 각각의 층으로 나눔 • 각 층별로 적절한 지점에서 500g 이상 채취

53 유도결합플라스마 원자발광분광법으로 금속류를 분석하는 경우에 관한 설명으로 틀린 것은?

① 대부분의 간섭물질은 산 분해에 의해 제거된다.
② 장비가 허용된다면 가능한 파장의 간섭을 알기 위해 전파장 분석을 수행한다.
③ 플라스마 가스는 액화 또는 압축헬륨으로 순도는 99.99% 이상인 것을 사용한다.
④ 분석장치는 시료도입부, 고주파전원부, 광원부, 분광부, 연산처리부 및 기록부로 구성되어 있다.

해설 **금속류 : 유도결합플라스마 원자발광분광법**

플라스마 가스는 액화 또는 압축 아르곤으로서 99.99W/V% 이상의 순도를 갖는 것이어야 한다.

54 다음은 유리 전극법에 의한 pH 측정 시에 정밀도에 관한 내용이다. ( ) 안에 들어갈 내용으로 옳은 것은?

> 임의의 한 종류의 pH 표준용액에 대하여 검출부를 정제수로 잘 씻은 다음 5회 되풀이하여 pH를 측정하였을 때 그 재현성이 ( ) 이내이어야 한다.

① ±0.01 ② ±0.05
③ ±0.1 ④ ±0.5

2014

정답 50 ② 51 ② 52 ④ 53 ③ 54 ②

해설 정밀도
임의의 한 종류의 pH 표준용액에 대하여 검출부를 정제수로 잘 씻은 다음 5회 되풀이하여 pH를 측정했을 때 그 재현성이 ±0.05 이내이어야 한다.

55 총칙에서 규정하고 있는 사항 중 옳은 것은?

① "약"이라 함은 기재된 양에 대하여 ±5% 이상의 차이가 있어서는 안 된다.
② "감압 또는 진공"이라 함은 따로 규정이 없는 한 5mmHg 이하를 말한다.
③ "정확히 취하여"라 함은 규정한 양의 액체 또는 고체 시료를 화학저울 또는 미량저울로 정확히 취하는 것을 말한다.
④ "정량적으로 씻는다."라 함은 어떤 조작으로부터 다음 조작으로 넘어갈 때 사용한 비커, 플라스크 등의 용기 및 여과막 등에 부착한 정량 대상 성분을 사용한 용매로 씻어 그 씻어낸 용액을 합하고 먼저 사용한 같은 용매를 채워 일정용량으로 하는 것을 뜻한다.

해설 ① ±5% → ±10%
② 5mmHg → 15mmHg
③ 정확히 취한다. → 규정된 양의 액체를 홀피펫으로 눈금까지 취하는 것을 말한다.

56 폐기물 용출조작에 관한 설명으로 틀린 것은?

① 상온, 상압에서 진탕횟수가 매분당 약 200회로 한다.
② 진폭이 5~6cm인 진탕기를 사용한다.
③ 진탕기로 6시간 연속 진탕한다.
④ 여과가 어려운 경우 원심분리기를 사용하여 매분당 3,000회전 이상으로 20분 이상 원심 분리한다.

해설 용출시험방법(용출조작)
① 진탕 : 혼합액을 상온 · 상압에서 진탕횟수가 매분당 약 200회, 진폭이 4~5cm인 진탕기를 사용하여 6시간 연속 진탕
⇩
② 여과 : 1.0μm의 유리섬유여과지로 여과
⇩
③ 여과액을 적당량 취하여 용출실험용 시료용액으로 함

57 원자흡수분광광도법(공기 – 아세틸렌 불꽃)으로 크롬을 분석할 때, 철, 니켈 등의 공존물질에 의한 방해영향이 크다. 이때 어떤 시약을 넣어 측정하는가?

① 질산나트륨　　② 인산나트륨
③ 황산나트륨　　④ 염산나트륨

해설 크롬 – 원자흡수분광광도법(간섭물질)
① 공기 – 아세틸렌으로는 아세틸렌 유량이 많은 쪽이 감도가 높지만 철, 니켈의 방해가 많다.
② 아세틸렌 – 일산화질소는 방해는 적으나 감도가 낮다.
③ 시료 중에 칼륨, 나트륨, 리튬, 세슘과 같이 쉽게 이온화되는 원소가 1,000mg/L 이상의 농도로 존재 시 금속측정을 간섭하는 경우 대책
시료와 표준물질 모두에 이온 억제제로 염화칼륨을 첨가하거나 간섭이온을 매질과 유사하게 표준물질에 넣어 보정한다.
④ 공기 – 아세틸렌 불꽃에서 철, 니켈 등의 공존물질에 의한 방해영향이 클 경우 대책
황산나트륨을 1% 정도 넣어서 측정한다.

58 다음은 용출을 위한 시료용액의 조제에 관한 내용이다. ( ) 안에 옳은 내용은?

> 시료의 조제방법에 따라 조제한 시료 (㉠) 이상을 정확히 달아 정제수에 염산을 넣어 pH를 (㉡)으로 한 용매(mL)를 시료 : 용매 = 1 : 10(W : V)의 비로 2,000mL 삼각플라스크에 넣어 혼합한다.

① ㉠ 50g　㉡ 5.8~6.3
② ㉠ 100g　㉡ 5.8~6.3
③ ㉠ 50g　㉡ 4.3~5.8
④ ㉠ 100g　㉡ 4.3~5.8

해설 용출시험 시료용액 조제
① 시료의 조제 방법에 따라 조제한 시료 100g 이상을 정확히 단다.
⇩
② 용매 : 정제수에 염산을 넣어 pH를 5.8~6.3으로 한다.
⇩
③ 시료 : 용매 = 1 : 10(w/v)의 비로 2,000mL 삼각 플라스크에 넣어 혼합한다.

59 편광현미경법으로 석면을 측정할 때 석면의 정량범위는?

① 1~25%　　② 1~50%
③ 1~75%　　④ 1~100%

해설 석면 – 편광현미경법의 정량범위 : 1~100%

정답 55 ④　56 ②　57 ③　58 ②　59 ④

60 용출실험 결과 시료 중의 수분 함량을 보정해 주기 위해 적용(곱)하는 식으로 옳은 것은?(단, 함수율 85% 이상인 시료에 한함)

① 85/(100－함수율(%))
② (100－함수율(%))/85
③ 15/(100－함수율(%))
④ (100－함수율(%))/15

해설 **용출시험 결과 보정**

① 용출시험의 결과는 시료 중의 수분함량 보정을 위해 함수율 85% 이상인 시료에 한하여 보정한다.(시료의 수분함량이 85% 이상이면 용출시험 결과를 보정하는 이유는 매립을 위한 최대함수율 기준이 정해져 있기 때문)

② 보정값 $= \dfrac{15}{100-\text{시료의 함수율}(\%)}$

제4과목 폐기물관계법규

[Note] 2012~2015년 폐기물관계법규 관련 문제는 법규의 변경 사항이 많으므로 문제유형만 학습하시기 바랍니다.

61 다음은 폐기물처리업자 또는 폐기물처리신고자의 휴업 · 폐업 등의 신고에 관한 내용이다. (　) 안에 옳은 내용은?

> 폐기물처리업자나 폐기물처리 신고자가 휴업 · 폐업 또는 재개업을 한 경우에는 휴업 · 폐업 또는 재개업을 한 날부터 (　)에 신고서에 해당 서류를 첨부하여 시 · 도지사나 지방환경관서의 장에게 제출하여야 한다.

① 10일 이내　② 15일 이내
③ 20일 이내　④ 30일 이내

62 사업장폐기물을 폐기물처리업자에게 위탁하여 처리하려는 사업장폐기물 배출자는 환경부장관이 고시하는 폐기물 처리가격의 최저액보다 낮은 가격으로 폐기물을 위탁하여서는 아니 된다. 이를 위반하여 폐기물 처리가격의 최저액보다 낮은 가격으로 폐기물 처리를 위탁한 자에 대한 벌칙 또는 과태료 처분 기준은?

① 300만 원 이하의 과태료
② 500만 원 이하의 과태료
③ 1,000만 원 이하의 과태료
④ 1년 이하의 징역 또는 5백만 원 이하의 벌금

63 지정 폐기물 중 유해물질 함유 폐기물(환경부령으로 정하는 물질을 함유한 것으로 한정한다)에 관한 기준으로 옳지 않은 것은?

① 광재(철광 원석의 사용으로 인한 고로슬래그는 제외한다)
② 분진(대기오염 방지시설 및 소각시설에서 발생되는 것을 포함한다)
③ 폐내화물 및 재벌구이 전에 유약을 바른 도자기 조각
④ 안정화 또는 고형화 · 고화 처리물

64 폐기물처리 기본계획에 포함되어야 하는 사항과 가장 거리가 먼 것은?

① 재원의 확보 계획
② 폐기물의 처리현황과 향후 처리계획
③ 폐기물의 감량화와 재활용 등 자원화에 관한 사항
④ 폐기물의 종류별 관리 여건 및 전망

65 폐기물 관리법에 적용되지 아니하는 물질에 대한 기준으로 틀린 것은?

① 수질 및 수생태계 보전에 관한 법률에 따른 수질오염 방지시설에 유입되거나 공공수역으로 배출되는 폐수
② 원자력안전법에 따른 방사성 물질과 이로 인하여 오염된 물질
③ 용기에 들어 있는 기체상태의 물질
④ 하수도법에 따른 하수 · 분뇨

66 의료폐기물 중 재활용하는 태반의 용기에 표시하는 도형의 색상은?

① 노란색　② 녹색
③ 붉은색　④ 검은색

정답 60 ③　61 ③　62 ①　63 ②　64 ④　65 ③　66 ②

67 폐기물 감량화 시설 종류의 구분으로 틀린 것은?(단, 환경부 장관이 정하여 고시하는 시설 제외)

① 공정 개선시설
② 폐기물 파쇄 · 선별시설
③ 폐기물 재이용시설
④ 폐기물 재활용시설

68 다음은 사후관리이행보증금의 사전적립에 관한 설명이다. ( ) 안에 알맞은 것은?

> 사후관리이행보증금의 사전적립 대상이 되는 폐기물을 매립하는 시설은 면적이 (㉠)인 시설로 한다. 이에 따른 매립시설의 설치자는 그 시설의 사용을 시작한 날부터 (㉡)에 환경부령으로 정하는 바에 따라 사전적립금 적립계획서를 환경부장관에게 제출하여야 한다.

① ㉠ 1만제곱미터 이상, ㉡ 1개월 이내
② ㉠ 1만제곱미터 이상, ㉡ 15일 이내
③ ㉠ 3천300제곱미터 이상, ㉡ 1개월 이내
④ ㉠ 3천300제곱미터 이상, ㉡ 15일 이내

69 다음 중 설치를 마친 후 검사기관으로부터 정기검사를 받아야 하는 환경부령으로 정하는 폐기물처리시설만을 옳게 짝지은 것은?

① 소각시설 – 매립시설 – 멸균분쇄시설 – 소각열회수시설
② 소각시설 – 매립시설 – 소각열분해시설 – 멸균분쇄시설
③ 소각시설 – 매립시설 – 분쇄 · 파쇄시설 – 열분해시설
④ 매립시설 – 증발 · 농축 · 정제 · 반응시설 – 멸균분쇄시설 – 음식물류 폐기물처리시설

70 특별자치시장, 특별자치도지사, 시장 · 군수 · 구청장이 생활폐기물 수집 · 운반 대행자에게 영업의 정지를 명하려는 경우, 그 영업정지를 갈음하여 부과할 수 있는 최대 과징금은?

① 2천만 원 ② 5천만 원
③ 1억 원 ④ 2억 원

71 음식물류 폐기물 처리시설의 검사기관으로 옳은 것은?

① 한국산업기술시험원
② 한국환경자원공사
③ 시 · 도 보건환경연구원
④ 수도권매립지관리공사

72 다음은 매립시설 및 소각시설의 주변지역 영향조사 횟수 기준에 관한 내용이다. ( ) 안에 옳은 내용은?

> 각 항목 당 계절을 달리하여 (㉠) 측정하되, 악취는 여름(6월부터 8월까지)에 (㉡) 측정하여야 한다.

① ㉠ 2회 이상, ㉡ 1회 이상
② ㉠ 1회 이상, ㉡ 2회 이상
③ ㉠ 2회 이상, ㉡ 4회 이상
④ ㉠ 1회 이상, ㉡ 3회 이상

73 관리형 매립시설에서 발생되는 침출수의 배출량이 1일 2,000세제곱미터 이상인 경우 오염물질 측정주기 기준은?

① 화학적 산소요구량 : 매일 2회 이상, 화학적 산소요구량 외의 오염물질 : 주 1회 이상
② 화학적 산소요구량 : 매일 1회 이상, 화학적 산소요구량 외의 오염물질 : 주 1회 이상
③ 화학적 산소요구량 : 주 2회 이상, 화학적 산소요구량 외의 오염물질 : 월 1회 이상
④ 화학적 산소요구량 : 주 1회 이상, 화학적 산소요구량 외의 오염물질 : 월 1회 이상

74 폐기물 처리 담당자 등은 3년마다 교육을 받아야 하는데 폐기물처분시설의 기술관리인이나 폐기물처분시설의 설치자로서 스스로 기술 관리를 하는 자에 대한 교육기관에 해당하지 않는 것은?

① 환경보전협회 ② 한국폐기물협회
③ 국립환경인력개발원 ④ 한국환경공단

정답 67 ② 68 ③ 69 ① 70 ③ 71 ① 72 ① 73 ② 74 ①

75 **다음은 폐기물처리 신고자의 준수사항에 관한 내용이다. ( ) 안에 옳은 내용은?**

> 폐기물처리 신고자는 폐기물의 재활용을 위탁한 자와 폐기물 위탁재활용(운반) 계약서를 작성하고, 그 계약서를 ( ) 보관하여야 한다.

① 1년간 ② 2년간
③ 3년간 ④ 5년간

76 **의료폐기물 전용 용기 검사기관으로 옳은 것은?**

① 환경의료기기시험연구원
② 환경보전협회
③ 한국건설생활환경시험연구원
④ 한국화학시험연구원

77 **폐기물처리시설에 대한 기술관리 대행계약에 포함될 점검항목으로 틀린 것은?(단, 중간처분시설 중 소각시설 및 고온열분해시설)**

① 안전설비의 정상가동 여부
② 배출가스 중의 오염물질의 농도
③ 연도 등의 기밀유지상태
④ 유해가스처리시설의 정상가동 여부

78 **주변지역에 대한 영향조사를 하여야 하는 '대통령령으로 정하는 폐기물처리시설' 기준으로 옳지 않은 것은?(단, 폐기물처리업자가 설치, 운영)**

① 시멘트 소성로(폐기물을 연료로 사용하는 경우로 한정한다)
② 매립면적 3만 제곱미터 이상의 사업장 일반폐기물 매립시설
③ 매립면적 1만 제곱미터 이상의 사업장 지정폐기물 매립시설
④ 1일 처분능력이 50톤 이상인 사업장폐기물 소각시설(같은 사업장에 여러 개의 소각시설이 있는 경우에는 각 소각시설의 1일 처분능력의 합계가 50톤 이상인 경우를 말한다)

79 **다음 중 폐기물처리업자에게 징수된 과징금의 사용용도와 가장 거리가 먼 것은?**

① 광역폐기물처리시설(지정폐기물의 공공처리시설을 포함)의 확충
② 폐기물처리기준에 적합하지 아니하게 처리한 폐기물 중 그 폐기물을 처리한 자 또는 그 폐기물의 처리를 위탁한 자를 확인할 수 없는 폐기물로 인하여 예상되는 환경상 위해의 제거를 위한 처리
③ 폐기물처리시설의 지도 · 점검에 필요한 시설 · 장비의 구입 및 운영
④ 폐기물처리기술의 연구 · 개발을 위해 소요되는 비용

80 **특별자치시장, 특별자치도지사, 시장 · 군수 · 구청장이 관할구역의 음식물류 폐기물의 발생을 최대한 줄이고 발생한 음식물류 폐기물을 적절하게 처리하기 위하여 수립하는 음식물류 폐기물발생 억제계획에 포함되어야 하는 사항과 가장 거리가 먼 것은?**

① 음식물류 폐기물 재활용 및 재이용 방안
② 음식물류 폐기물의 발생 억제 목표 및 목표 달성 방안
③ 음식물류 폐기물의 발생 및 처리현황
④ 음식물류 폐기물 처리시설의 설치현황 및 향후 설치계획

2014

정답 75 ③ 76 ③ 77 ④ 78 ② 79 ④ 80 ①

폐기물처리산업기사 필기
핵심요점 과년도 기출문제 해설

발행일 | 2021. 1. 15 초판발행
2022. 1. 25 개정 1판1쇄
2023. 1. 30 개정 2판1쇄
2024. 1. 10 개정 3판1쇄
2025. 1. 10 개정 4판1쇄

저 자 | 서영민
발행인 | 정용수
발행처 | 예문사

주 소 | 경기도 파주시 직지길 460(출판도시) 도서출판 예문사
T E L | 031) 955-0550
F A X | 031) 955-0660
등록번호 | 11-76호

정가 : 28,000원

ISBN 978-89-274-5562-2 13530